Química Orgânica Experimental

Q6 Química orgânica experimental : técnicas de escala pequena / Donald L. Pavia ... [et al.] ; tradução de Ricardo Bicca de Alencastro. – Porto Alegre : Bookman, 2009.
880 p. ; il.; 28 cm.

ISBN 978-85-7780-515-0

1. Química orgânica. 2. Técnicas laboratoriais – Pequena escala. I. Pavia, Donald L. II. Lampman, Gary M. III. Kriz, George S. IV. Engel, Randall G.

CDU 547

Catalogação na publicação: Renata de Souza Borges CRB-10/1922

Donald L. Pavia
Gary M. Lampman
George S. Kriz
Western Washington University

Randall G. Engel
North Seattle Community College

Química Orgânica Experimental
Técnicas de escala pequena

SEGUNDA EDIÇÃO

Tradução:
Ricardo Bicca de Alencastro
Doutor em Físico-química pela Universidade de Montreal, Quebéc, Canadá
Professor Titular do Instituto de Química da UFRJ

2009

Obra originalmente publicada sob o título *Introduction to Organic Laboratory Techniques: A Small Scale Approach*, 2nd Edition
ISBN 0-534-40833-8

COPYRIGHT © 2005 Brooks/Cole, a division of Thomson Learning, Inc. Thomson Learning™ is a trademark used herein under license.

Capa: *Gustavo Demarchi*

Leitura final: *Andrea Czarnobay Perrot*

Supervisão editorial: *Denise Weber Nowaczyk* e *Júlia Angst Coelho*

Editoração eletrônica: *Techbooks*

Reservados todos os direitos de publicação, em língua portuguesa, à
ARTMED® EDITORA S.A.
(BOOKMAN® COMPANHIA EDITORA é uma divisão da ARTMED® EDITORA S.A.)
Av. Jerônimo de Ornelas, 670 - Santana
90040-340 Porto Alegre RS
Fone (51) 3027-7000 Fax (51) 3027-7070

É proibida a duplicação ou reprodução deste volume, no todo ou em parte,
sob quaisquer formas ou por quaisquer meios (eletrônico, mecânico, gravação,
fotocópia, distribuição na Web e outros), sem permissão expressa da Editora.

SÃO PAULO
Av. Angélica, 1091 - Higienópolis
01227-100 São Paulo SP
Fone (11) 3665-1100 Fax (11) 3667-1333

SAC 0800 703-3444

IMPRESSO NO BRASIL
PRINTED IN BRAZIL

*Este livro é dedicado à memória
de John Vondeling.*

PREFÁCIO

Quando começamos a escrever a primeira edição de *Química Orgânica Experimental: Técnicas de Escala Pequena*, nós a víamos como sendo a "quarta edição" do nosso livro-texto sobre o laboratório de química orgânica em "escala grande", o qual fez muito sucesso. Naquela mesma época, porém, já tínhamos adquirido experiência com o uso das técnicas de escala pequena no laboratório de química orgânica através do desenvolvimento de experimentos para as versões em escala pequena de nosso livro-texto. A experiência nos ensinou que os estudantes *podem* aprender a fazer um trabalho cuidadoso no laboratório de química orgânica em escala pequena. Eles não precisam consumir grandes quantidades de produtos químicos e trabalhar em frascos muito grandes para aprender as técnicas-padrão. Vimos, também, que muitos professores não desejam abandonar os procedimentos tradicionais de escala grande, e que muitas faculdades e universidades não têm como converter toda a vidraria para o trabalho em escala pequena. Alguns professores preferem usar equipamentos que se parecem mais com os utilizados em pesquisa. Como conseqüência, convertemos nosso livro-texto de "escala grande" para **escala pequena**. Esta segunda edição de *Química Orgânica Experimental: Técnicas de Escala Pequena* é um desenvolvimento destas idéias.

Na metodologia tradicional de ensino deste assunto (em **escala grande**), as quantidades de produtos químicos usadas são da ordem de 5 a 100 gramas. A metodologia usada neste livro-texto, em **escala pequena**, difere da metodologia tradicional pelo fato de que quase todos os experimentos envolvem quantidades menores de produtos químicos (de 1 a 10 gramas). Entretanto, a vidraria e os métodos usados de escala pequena são idênticos aos usados nos experimentos em escala grande.

As vantagens da metodologia de escala pequena incluem o aumento da segurança no laboratório, o risco reduzido de fogo e explosões e a menor exposição a vapores tóxicos. A metodologia reduz a quantidade de resíduos perigosos, levando à menor contaminação do meio ambiente.

Outra metodologia, em **escala muito pequena**, usada em várias faculdades e universidades, difere das técnicas tradicionais de laboratório porque os experimentos envolvem quantidades *muito* pequenas de produtos químicos (de 0,050 a 1,000 grama). Parte da vidraria usada nesta escala é bastante diferente da utilizada na metodologia tradicional, e algumas técnicas especiais são exclusivas do trabalho em escala muito pequena. Devido ao uso generalizado de métodos de escala muito pequena, faremos referência a técnicas de escala muito pequena nos capítulos deste livro reservados às técnicas. Alguns experimentos deste livro-texto são, na verdade, de escala muito pequena, mas eles foram desenhados para serem feitos com a vidraria comum e não exigem equipamento especializado.

Assim, quando preparamos a primeira edição, colocamos o foco na conversão de nossos experimentos anteriores para a escala pequena. Além dessas alterações, nos esforçamos bastante para aumentar a segurança de todos os experimentos. O Capítulo 1 da Sexta Parte, "Segurança no Laboratório", enfatiza o uso seguro de produtos químicos e seu descarte. Incluímos informações sobre Segurança de Materiais e Regulamentos de Segurança. Continuamos a atualizar e a melhorar as instruções para o manuseio dos resíduos químicos produzidos nos experimentos. Recomendamos fortemente, neste livro-texto, que praticamente todos os resíduos, incluindo soluções em água, sejam colocados em reservatórios apropriados.

O QUE É NOVO NESTA EDIÇÃO

Não incluímos técnicas especiais nas edições anteriores de nossos livros-texto sobre metodologias de "escala grande". Sabemos, porém, que os professores de muitas escolas utilizam nosso livro-texto ampliado por seus próprios experimentos. Por causa disto e porque nossa filosofia de ensino evoluiu nos últimos vinte e cinco anos, incluímos neste texto cinco novos experimentos: Cristalização, Extração, Cromatografia, Destilação e Espectroscopia de Infravermelho e Determinação do Ponto de Ebulição

(Experimentos 2 a 6). Incluímos, também, um experimento introdutório envolvendo a solubilidade (Experimento 1) porque os princípios que regem a solubilidade são a base de várias técnicas fundamentais. Estes seis experimentos enfatizam a compreensão e a competência na execução das técnicas. Para melhorar a compreensão e encorajar os estudantes a pensar de forma crítica, incluímos algumas seções de "Aplicação do Pensamento Crítico" ao final de vários desses experimentos. Trata-se de pequenos exercícios nos quais os estudantes devem fornecer soluções experimentais para problemas relacionados às técnicas e aos princípios envolvidos no experimento.

Os professores que desejarem continuar a ensinar as técnicas no contexto de experimentos relevantes podem ignorar os experimentos introdutórios e usar o livro a partir do Experimento 7.

Adicionamos uma nova seção (Quinta Parte) intitulada "Experimentos Orientados para Projetos". Em todos estes experimentos os estudantes devem resolver um problema significativo ou gerar um procedimento ou parte dele. O objetivo desses experimentos é estimular o pensamento crítico e desafiar os estudantes. Com a adição desses experimentos "abertos" esperamos mostrar aos estudantes um pouco do esforço intelectual essencial para a pesquisa científica ou para a prática da química na indústria.

Novos experimentos, além dos introdutórios da Primeira Parte acrescentados a esta edição do livro-texto, incluem:

Experimento 32   Nitração de Compostos Aromáticos Usando um Catalisador Reciclável
Experimento 57   Um Esquema de Separação e Purificação
Experimento 60   Análise de Anti-histamínicos por Cromatografia a Gás-Espectrometria de Massas
Experimento 62   O Enigma do Aldeído
Experimento 63   Síntese de Chalconas Substituídas: Uma Experiência de Pesquisa Orientada
Experimento 66   Um Problema de Oxidação

O Experimento 31 ("Redução Quiral do Acetoacetato de Etila: Determinação da Pureza Óptica") foi totalmente revisado. O experimento de análise orgânica qualitativa (Experimento 55, "Identificação de Desconhecidos") foi melhorado. A lista de desconhecidos possíveis foi significativamente expandida, e novos exercícios envolvendo modelagem molecular e química computacional foram adicionados a vários experimentos.

Uma nova dissertação, "Química Verde", foi acrescentada, e vários experimentos foram modificados para torná-los "mais verdes". Nós acreditamos que uma tendência importante no laboratório de química orgânica será a introdução de métodos ambientalmente responsáveis para realizar os experimentos. Essas alterações são nossas tentativas naquela direção.

A Sexta Parte deste livro contém os capítulos referentes às técnicas. Eles foram reorganizados a partir da primeira edição do livro-texto que trata da escala pequena. Os capítulos foram escritos com o foco nas técnicas tradicionais de laboratório, mas como o uso de métodos de escala muito pequena é cada vez mais popular, incluímos também uma discussão sobre esses métodos.

Gostaríamos de enfatizar que um *Instructor Manual* está disponível para os professores que adotarem esta obra como livro-texto. O *Instructor Manual* contém instruções completas (em inglês) para a preparação dos reagentes e equipamentos usados em cada experimento, assim como respostas para todas as questões. Ele contém, também, outros comentários que podem ser úteis ao professor. Os professores interessados em obter este material devem acessar a Área do Professor no site da Bookman Editora (www.bookman.com.br).

Devemos agradecimentos sinceros aos muitos colegas que usaram nossos livros-texto e deram sugestões de alterações e melhorias em nossos procedimentos de laboratório. Embora não possamos citar todos, temos de mencionar especialmente Frank Deering e Jim Patterson. Recebemos, também, assistência importante de colegas de nosso próprio campus. Agradecemos, especialmente, a James Vyvyan e a Charles Wandler. A produção deste livro-texto foi competentemente feita por Brooks/Cole Publishers e G&S Typesetters. Agradecemos a todos que contribuíram, especialmente a nosso editor, Peter McGahey, e a Jamie Armstrong da G&S Typesetters.

Agradecemos em particular aos estudantes e amigos que participaram voluntariamente no desenvolvimento de experimentos ou que ofereceram apoio e crítica. Agradecemos a Carolyn Agasinski, Kathleen Barry, Roxana Blythe, Jessica Brooks, Steve Chrisman, Sky Countryman, Kathleen Holt, Laura Hooper, Matthew Hovde, Peter Kasselman, Erika Larson, Rachel Meyer e Dawn Wagner.

Se você desejar entrar em contato conosco para comentários, perguntas ou sugestões, temos um endereço eletrônico especial para isto (plke@chem.wwu.edu). Convidamos você a visitar nossa página eletrônica em http://lightning.chem.wwu.edu/dept/staff/org/plkhome.html.

Finalmente, queremos agradecer a nossas famílias e a amigos especiais, particularmente a Neva-Jean Pavia, Marian Lampman, Carolyn Kriz e Tawny por seu encorajamento, apoio e paciência.

Donald L. Pavia
Gary M. Lampman
George S. Kriz
Randall G. Engel

CONTEÚDO

Introdução

Bem-vindo à Química Orgânica!

Parte Um
Introdução às Técnicas Básicas de Laboratório

Experimento 1	Solubilidade	22
Experimento 2	Cristalização	29
Experimento 3	Extração	37
Experimento 4	Cromatografia	45
Experimento 5	Destilação Simples e Fracionada	52
Experimento 6	Espectroscopia de Infravermelho e Determinação do Ponto de Ebulição	56
Dissertação	**Aspirina**	**59**
Experimento 7	Ácido Acetil-salicílico	61
Dissertação	**Analgésicos**	**64**
Experimento 8	Acetanilida	67
Experimento 9	Acetaminofeno	70
Dissertação	**Identificação de Fármacos**	**72**
Experimento 10	Análise CCF de Analgésicos	74
Dissertação	**Cafeína**	**78**
Experimento 11	Isolamento da Cafeína	80
Experimento 11A	Isolamento da Cafeína de Folhas de Chá	83
Experimento 11B	Isolamento da Cafeína a Partir de Saquinhos de Chá	85
Dissertação	**Ésteres – Sabores e Aromas**	**87**
Experimento 12	Acetato de Isopentila (Óleo de Banana)	89
Experimento 13	Salicilato de Metila (Óleo de Sempre-viva)	92
Dissertação	**Terpenos e Fenil-propanóides**	**96**
Experimento 14	Isolamento do Eugenol a Partir de Cravos-da-Índia	100
Dissertação	**Teoria Estereoquímica do Odor**	**102**
Experimento 15	Óleos de Hortelã e de Alcarávia: (+)-Carvona e (−)-Carvona	105
Dissertação	**A Química da Visão**	**112**
Experimento 16	Isolamento de Clorofila e de Pigmentos Carotenóides a Partir do Espinafre	116
Dissertação	**O Etanol e a Química da Fermentação**	**122**
Experimento 17	Etanol a Partir da Sacarose	124

Parte Dois
Introdução à Modelagem Molecular

Dissertação	**Modelagem Molecular e Mecânica Molecular**	**130**
Experimento 18	Uma Introdução à Modelagem Molecular	134
Experimento 18A	As Conformações do *n*-Butano: Mínimos Locais	134
Experimento 18B	Conformações Cadeira e Bote do Ciclo-hexano	135
Experimento 18C	Anéis de Ciclo-hexano Substituídos	136
Experimento 18D	*cis*-2-Buteno e *trans*-2-Buteno	136

Dissertação	**Química Computacional – Métodos *ab Initio* e Semi-empíricos**	**137**
Experimento 19	Química Computacional	144
Experimento 19A	Calores de Formação: Isomeria, Tautomeria e Regiosseletividade	145
Experimento 19B	Calores de Reação: Velocidades das Reações S_N1	146
Experimento 19C	Mapas de Densidade-potencial Eletrostático: Acidez de Ácidos Carboxílicos	147
Experimento 19D	Mapas de Densidade-Potencial Eletrostático: Carbocátions	148
Experimento 19E	Mapas Densidade-LUMO: Reatividade do Grupo Carbonila	148

Parte Três
Propriedades e Reações de Compostos Orgânicos

Experimento 20	Reatividade de Alguns Halogenetos de Alquila	152
Experimento 21	Reações de Substituição Nucleofílica: Nucleófilos em Competição	154
Experimento 21A	Nucleófilos em Competição com 1-Butanol ou 2-Butanol	157
Experimento 21B	Nucleófilos em Competição com 2-Metil-2-Propanol	158
Experimento 21C	Análise	159
Experimento 22	Hidrólise de Alguns Cloretos de Alquila	162
Experimento 23	Síntese de Brometo de *n*-Butila e Cloreto de *t*-Pentila	167
Experimento 23A	Brometo de *n*-Butila	169
Experimento 23B	Cloreto de *t*-Pentila	171
Experimento 24	4-Metil-ciclo-hexeno	173
Experimento 25	Catálise por Transferência de Fase: Adição de Dicloro-carbeno ao Ciclo-hexeno	176
Dissertação	**Gorduras e Óleos**	**183**
Experimento 26	Estearato de Metila a Partir de Oleato de Metila	188
Dissertação	**Sabões e Detergentes**	**192**
Experimento 27	Preparação de Sabões	197
Experimento 28	Preparação de um Detergente	199
Dissertação	**Petróleo e Combustíveis Sólidos**	**202**
Experimento 29	Análise de Gasolina por Cromatografia a Gás	208
Dissertação	**Detecção de Álcool: O Bafômetro**	**212**
Experimento 30	Oxidação de Álcoois com Ácido Crômico	215
Experimento 30A	Oxidação de Álcoois com Ácido Crômico – Método Espectrofotométrico no Visível	220
Experimento 30B	Oxidação de Álcoois com Ácido Crômico – Método Espectrofotométrico no UV-VIS	221
Dissertação	**Química Verde**	**223**
Experimento 31	Redução Quiral do Acetoacetato de Etila; Determinação da Pureza Óptica	226
Experimento 31A	Redução Quiral do Acetoacetato de Etila	227
Experimento 31B (Opcional)	Determinação da Pureza Óptica do (S)-3-Hidróxi-butanoato de Etila por RMN	230
Experimento 32	Nitração de Compostos Aromáticos Usando um Catalisador Reciclável	234
Experimento 33	Um Esquema de Oxidação – Redução: Borneol, Cânfora, Isoborneol	238
Experimento 34	Seqüências de Reações em Muitas Etapas: A Conversão de Benzaldeído em Ácido Benzílico	250
Experimento 34A	Preparação da Benzoína pela Catálise por Tiamina	251
Experimento 34B	Preparação da Benzila	256
Experimento 34C	Preparação do Ácido Benzílico	258
Experimento 35	Tetrafenil-ciclo-pentadienona	261
Experimento 36	Trifenil-metanol e Ácido Benzóico	263

Experimento 36A	Trifenil-metanol	269
Experimento 36B	Ácido Benzóico	271
Experimento 37	Resolução da (±)-α-Fenil-etilamina e Determinação da Pureza Óptica	273
Experimento 37A	Resolução da (±)-α-Fenil-etilamina	276
Experimento 37B	Determinação da Pureza Óptica Usando RMN e um Agente Quiral de Resolução	278
Experimento 38	A Reação de Condensação de Aldol: Preparação de Benzalacetofenonas (Chalconas)	279
Experimento 39	Preparação de uma Cetona α,β-Insaturada Via Reações de Michael e de Condensação de Aldol	283
Experimento 40	Reações de Enamina: 2-Acetil-ciclo-hexanona	287
Experimento 41	1,4-Difenil-1,3-butadieno	297
Experimento 42	Reatividades Relativas de Alguns Compostos Aromáticos	302
Experimento 43	Nitração do Benzoato de Metila	306
Dissertação	**Anestésicos Locais**	**310**
Experimento 44	Benzocaína	313
Dissertação	**Feromônios: Atraentes e Repelentes de Insetos**	**315**
Experimento 45	N,N-Dietil-m-toluamida: O Repelente de Insetos "OFF"	321
Dissertação	**Sulfas**	**325**
Experimento 46	Sulfas: Preparação da Sulfanilamida	328
Dissertação	**Corantes de Alimentos**	**333**
Experimento 47	Cromatografia de Algumas Misturas de Corantes	336
Dissertação	**Polímeros e Plásticos**	**340**
Experimento 48	Preparação e Propriedades de Polímeros: Poliéster, Náilon e Poliestireno	348
Experimento 48A	Poliésteres	349
Experimento 48B	Poliamida (náilon)	350
Experimento 48C	Poliestireno	352
Experimento 48D	Espectros de Infravermelho de Amostras de Polímeros	353
Dissertação	**Reações de Diels–Alder e Inseticidas**	**355**
Experimento 49	A Reação de Diels–Alder do Ciclo-pentadieno com o Anidrido Maléico	359
Experimento 50	Fotorredução da Benzofenona e Rearranjo do Benzopinacol a Benzopinacolona	363
Experimento 50A	Fotorredução da Benzofenona	363
Experimento 50B	Síntese da β-Benzopinacolona: O Rearranjo do Benzopinacol Catalisado por Ácidos	369
Dissertação	**Vaga-lumes e Fotoquímica**	**371**
Experimento 51	Luminol	373
Dissertação	**A Química dos Adoçantes**	**377**
Experimento 52	Carboidratos	380
Experimento 53	Análise de um Refrigerante de Dieta por CLAE	388
Dissertação	**Química do Leite**	**390**
Experimento 54	Isolamento da Caseína e da Lactose a Partir do Leite	395
Experimento 54A	Isolamento da Caseína a Partir do Leite	397
Experimento 54B	Isolamento da Lactose a Partir do Leite	398

Parte Quatro
Identificação de Substâncias Orgânicas

Experimento 55	Identificação de Desconhecidos	402
Experimento 55A	Testes de Solubilidade	407
Experimento 55B	Testes para os Elementos (N, S, X)	411

Experimento 55C	Testes para Insaturação	416
Experimento 55D	Aldeídos e Cetonas	420
Experimento 55E	Ácidos Carboxílicos	425
Experimento 55F	Fenóis	428
Experimento 55G	Aminas	430
Experimento 55H	Álcoois	433
Experimento 55I	Ésteres	437

Parte Cinco
Experimentos Orientados para Projetos

Experimento 56	Preparação de um Acetato C-4 ou C-5	442
Experimento 57	Um Esquema de Separação e Purificação	444
Experimento 57A	Extração em um Funil de Separação	445
Experimento 57B	Extrações com um Tubo de Centrífuga com Tampa de Rosca	446
Experimento 58	Isolamento de Óleos Essenciais a Partir de Pimenta-da-Jamaica, Cravo-da-Índia, Alcarávia, Cominho-da-Armênia, Canela ou Erva-doce	446
Experimento 58A	Isolamento de Óleos Essenciais por Destilação com Vapor	448
Experimento 58B	Identificação dos Constituintes de Óleos Essenciais por Cromatografia a Gás–Espectrometria de Massas	450
Experimento 58C	Investigação dos Óleos Essenciais de Ervas e Temperos – Pequeno Projeto de Pesquisas	451
Experimento 59	Acilação de Friedel-Crafts	452
Experimento 60	Análise de Anti-histamínicos por Cromatografia a Gás–Espectrometria de Massas	458
Experimento 61	Carbonação de um Halogeneto Aromático Desconhecido	459
Experimento 62	O Enigma do Aldeído	462
Experimento 63	Síntese de Chalconas Substituídas: Uma Experiência de Pesquisa Orientada	464
Experimento 64	Reações de Michael e Condensação de Aldol	466
Experimento 65	Reações de Esterificação da Vanilina: Uso de RMN na Determinação de uma Estrutura	469
Experimento 66	Um Problema de Oxidação	471

Parte Seis
As Técnicas

Técnica 1	Segurança no Laboratório	476
Técnica 2	O Caderno de Laboratório, Cálculos e Registros de Laboratório	490
Técnica 3	Vidraria de Laboratório: Cuidados e Limpeza	497
Técnica 4	Como Encontrar Informações sobre Compostos: Manuais de Laboratório e Catálogos	505
Técnica 5	Medida do Volume e do Peso	511
Técnica 6	Métodos de Aquecimento e Resfriamento	521
Técnica 7	Métodos de Reação	531
Técnica 8	Filtração	549
Técnica 9	Constantes Físicas dos Sólidos: O Ponto de Fusão	561
Técnica 10	Solubilidade	570
Técnica 11	Cristalização: Purificação de Sólidos	578
Técnica 12	Extrações, Separações e Agentes de Secagem	594
Técnica 13	Constantes Físicas de Líquidos: O Ponto de Ebulição e a Densidade	614

Técnica 14	Destilação Simples	623
Técnica 15	Destilação Fracionada, Azeótropos	632
Técnica 16	Destilação a Vácuo, Manômetros	649
Técnica 17	Sublimação	662
Técnica 18	Destilação com Vapor	668
Técnica 19	Cromatografia em Coluna	674
Técnica 20	Cromatografia em Camada Fina	694
Técnica 21	Cromatografia Líquida de Alta Eficiência (CLAE)	705
Técnica 22	Cromatografia a Gás	709
Técnica 23	Polarimetria	725
Técnica 24	Refratometria	733
Técnica 25	Espectrometria de Infravermelho	738
Técnica 26	Espectroscopia de Ressonância Magnética Nuclear (RMN de Hidrogênio)	769
Técnica 27	Espectroscopia de Ressonância Magnética Nuclear de Carbono-13	801
Técnica 28	Espectrometria de Massas	818
Técnica 29	Guia da Literatura Química	835

Apêndices

Apêndice 1	Tabelas de Desconhecidos e Derivados	848
Apêndice 2	Procedimentos de Preparação de Derivados	860
Apêndice 3	Índice de Espectros	863
	Índice	867

Introdução

BEM-VINDO À QUÍMICA ORGÂNICA!

A química orgânica pode ser divertida, e esperamos provar isto a você. O trabalho nesta disciplina de laboratório vai lhe ensinar muito. A satisfação pessoal obtida ao realizar um experimento complexo com sucesso e competência será muito grande.

Para obter o máximo da disciplina de laboratório você deve fazer várias coisas. Em primeiro lugar, você deve verificar todo o material de segurança. Depois, deve entender a organização deste manual de laboratório e saber como usá-lo com eficiência. O manual é o seu guia no aprendizado. Depois, você deve tentar entender os objetivos e princípios que estão por trás de cada experimento que você fizer. Finalmente, você deve tentar organizar seu tempo de forma eficiente antes de cada sessão de laboratório.

SEGURANÇA NO LABORATÓRIO

Antes de realizar qualquer trabalho no laboratório, é essencial que você se familiarize com os procedimentos de segurança apropriados e que entenda as precauções que deve tomar. Sugerimos veementemente que você leia a Técnica 1, "Segurança no Laboratório" (página 476) antes de começar os experimentos de laboratório. É sua responsabilidade saber como realizar os experimentos com segurança e como entender e avaliar os riscos envolvidos no trabalho de laboratório. Saber o que fazer e o que não fazer no laboratório é de enorme importância porque muitos riscos potenciais estão associados ao laboratório.

ORGANIZAÇÃO DO LIVRO-TEXTO

Considere brevemente como este livro-texto está organizado. Depois desta introdução, o livro está dividido em seis partes. A Primeira Parte contém 17 experimentos que mostram a você a maior parte das operações básicas e importantes da química orgânica. A Segunda Parte contém 2 experimentos que introduzem as modernas técnicas, baseadas em computadores, de modelagem molecular e química computacional. A Terceira Parte é formada por 35 experimentos, dos quais seu professor escolherá um conjunto para compor a disciplina prática.

A Quarta Parte é dedicada à identificação de compostos orgânicos e contém 1 experimento que lhe dará experiência nos aspectos analíticos da química orgânica. Entremeando essas primeiras quatro partes do livro-texto, há numerosas dissertações que lhe darão informações relacionadas aos experimentos, colocando-os em um contexto maior, mais geral, mostrando como os experimentos e os compostos podem ser aplicados a áreas de interesse e preocupação diários. A Quinta Parte contém 11 experimentos orientados para projetos que lhe permitirão desenvolver o seu pensamento crítico. Muitos desses experimentos apresentam resultados que não são facilmente previstos. Para chegar a uma conclusão apropriada você terá de usar muitos processos de pensamento importantes na pesquisa científica. A Sexta Parte contém uma série de instruções e de explicações detalhadas relacionadas às técnicas da química orgânica.

As técnicas são bem-desenvolvidas e testadas, e você se familiarizará com elas no contexto dos experimentos. Os capítulos envolvendo técnicas incluem a espectroscopia de infravermelho, a ressonância magnética nuclear de hidrogênio, a ressonância magnética nuclear de carbono-13 e a espectrometria de massas. Muitos dos experimentos incluídos nas primeiras cinco partes utilizam essas técnicas espectroscópicas, e seu professor pode decidir adicioná-las a outros experimentos. Em cada experimento você encontrará a seção "Leitura necessária", que lhe dirá quais técnicas você deve estudar para realizar aquele experimento. Referências cruzadas aos capítulos envolvendo técnicas da Sexta Parte foram incluídas nos experimentos. Muitos deles também contêm uma seção denominada "Instruções especiais", que lista precauções especiais de segurança e instruções especiais a você, estudante. Por fim, muitos experimentos contêm uma seção intitulada "Sugestão para eliminação de resíduos", a qual fornece instruções de como descartar corretamente os reagentes e materiais utilizados no experimento.

PREPARAÇÃO INICIAL

É essencial planejar cuidadosamente cada sessão de laboratório para que você possa dominar seu aprendizado na disciplina de laboratório de química orgânica. Você não deve tratar estes experimentos como um cozinheiro novato trataria o *Bom Livro de Cozinha da Casa*. Você deve chegar ao laboratório com um plano para o uso do tempo e alguma compreensão do que vai fazer. Um cozinheiro muito bom não segue a receita linha por linha nem um bom mecânico conserta o seu carro com um manual de instruções em uma das mãos e uma chave inglesa na outra. Além disso, é pouco provável que você aprenda alguma coisa se tentar seguir cegamente as instruções sem endendê-las. Não podemos enfatizar suficientemente que você deve chegar ao laboratório *preparado*.

Se você não entender algum detalhe ou técnica, não hesite em perguntar. Você aprenderá mais, entretanto, se descobrir sozinho do que se trata. Não deixe que os outros pensem por você.

Você deveria ler a Técnica 2, "O Caderno de Laboratório, Cálculos e Registros de Laboratório" imediatamente. Embora seu professor provavelmente tenha um formato preferencial para os relatórios de laboratório, o material apresentado ajudará você a pensar construtivamente nos experimentos a fazer. Você também ganhará tempo se ler, assim que possível, os capítulos correspondentes às nove primeiras técnicas da Sexta Parte. Estas técnicas são usadas em todos os experimentos deste livro-texto. As aulas de laboratório já começam com experimentos, e se você conhecer bem este material, ganhará muito tempo importante no laboratório.

CONTROLE DO TEMPO

Como mencionamos na "Preparação Inicial", você deveria ler vários dos capítulos envolvendo técnicas antes da primeira aula prática. Você deveria ler também, com cuidado, antes da aula, o experimento a ser realizado. Isso permitirá que você organize bem o seu tempo. Com freqüência você terá de fazer mais de um experimento simultaneamente. Experimentos como a fermentação do açúcar ou a redução quiral do acetoacetato de etila exigem alguns minutos de preparação por vários dias antes da realização do experimento propriamente dito. Em outras ocasiões, você terá de completar alguns detalhes de um experimento já realizado. Assim, por exemplo, não será possível, usualmente, determinar um rendimento com acurácia ou o ponto de fusão de um produto imediatamente após sua preparação. É preciso remover o solvente para obter o peso das amostras ou a faixa de ponto de fusão. Elas devem estar "secas". A secagem é feita, usualmente, deixando-se o produto em um recipiente em sua bancada ou em seu armário. Assim que você tiver uma oportunidade, durante um experimento subseqüente, pode obter esses resultados com a amostra já seca. Através do planejamento cuidadoso do tempo você pode completar todos os detalhes dos experimentos.

OBJETIVOS

O objetivo principal de uma disciplina experimental de química orgânica é ensinar as técnicas necessárias a uma pessoa que lida com produtos químicos orgânicos. Você aprenderá, também, as técnicas necessárias para separar e purificar compostos orgânicos. Se os experimentos apropriados forem incluídos na disciplina, você poderá aprender, também, a identificar compostos desconhecidos. Os experimentos por si só são somente veículos para o aprendizado das técnicas. Os capítulos envolvendo as técnicas, na Sexta Parte, são o coração deste livro-texto, e você deve dominá-las. Seu professor pode dar aulas e fazer demonstrações para explicar as técnicas, mas cabe a você o trabalho de dominá-las, familiarizando-se com os capítulos da Sexta Parte.

Além da boa técnica de laboratório e da metodologia necessárias para executar os procedimentos básicos de laboratório você aprenderá, nesta disciplina:

1. Como registrar dados cuidadosamente
2. Como registrar observações relevantes
3. Como usar seu tempo com eficiência
4. Como avaliar a eficiência de seu método experimental

5. Como planejar o isolamento e a purificação da substância a ser preparada
6. Como trabalhar com segurança
7. Como resolver problemas e pensar como um químico

Ao escolher os experimentos, tentamos, sempre que possível, torná-los relevantes e, mais importante, interessantes. Para isto, tentamos torná-los um experimento de tipo diferente. A maior parte dos experimentos é precedida por uma dissertação que coloca as coisas em contexto e lhe dá algumas novas informações. Esperamos mostrar que a química orgânica está em toda sua vida (fármacos, alimentos, plásticos, perfumes, etc). Além disto, ao completar a disciplina, você deve estar bem-treinado nas técnicas do laboratório de química orgânica. Somos entusiasmados por nosso trabalho e esperamos que você o receba com o mesmo espírito.

Este livro-texto discute importantes técnicas de laboratório de química orgânica e ilustra muitas reações e conceitos importantes. No método tradicional de ensino do assunto (**escala grande**), as quantidades de produtos químicos usadas são da ordem de 5 a 100 gramas. A metodologia usada neste livro-texto (**escala pequena**) difere da metodologia tradicional pelo fato de que quase todos os experimentos utilizam quantidades menores de produtos químicos (de 1 a 10 gramas). A vidraria e os métodos utilizados em escala pequena, entretanto, são idênticos aos usados em escala grande.

As vantagens da metodologia de escala pequena incluem o aumento da segurança no laboratório, a redução do risco de fogo e explosões e a menor exposição a vapores tóxicos. Esta metodologia reduz o descarte de resíduos perigosos e, como conseqüência, reduz a contaminação do ambiente.

Outra metodologia, a de **escala muito pequena**, difere do laboratório tradicional pelo fato de utilizar quantidades muito pequenas de produtos químicos (de 0,050 a 1,000 grama). Parte da vidraria usada em escala muito pequena é muito diferente da usada em escala grande, e algumas técnicas são exclusivas da escala muito pequena. Como os métodos de escala muito pequena são de uso generalizado, faremos referências a estas técnicas nos capítulos dedicados às técnicas. Alguns experimentos deste livro-texto, na verdade, envolvem técnicas de escala muito pequena. Estes experimentos foram desenhados para serem feitos com vidraria convencional e dispensam equipamentos especializados de escala muito pequena.

PARTE UM

■ Introdução às Técnicas Básicas de Laboratório

EXPERIMENTO 1

Solubilidade

Solubilidade
Polaridade
Química de ácidos e bases
Aplicação do pensamento crítico

Conhecer bem o fenômeno da solubilidade é essencial para compreender muitos procedimentos e técnicas do laboratório de química orgânica. Para uma discussão mais completa da solubilidade, leia o capítulo sobre este conceito (Técnica 10, página 570) antes de continuar, já que a compreensão deste material é necessária para este experimento.

Nas partes A e B deste experimento, você vai investigar a solubilidade de várias substâncias em diferentes solventes. Ao fazer estes testes, é útil prestar atenção às polaridades dos solutos e solventes e até mesmo fazer predições com base nisto (veja "Diretrizes para a Predição de Polaridade e de Solubilidade", página 571). O objetivo da Parte C é semelhante ao das partes A e B, exceto que você estará estudando pares de líquidos miscíveis e imiscíveis. Na Parte D, você investigará a solubilidade de ácidos e bases orgânicos. O material da Seção 10.2B, na página 573, o ajudará a entender e explicar estes resultados.

Leitura necessária

Nova: Técnica 5   Medida do Volume e do Peso
        Técnica 10   Solubilidade

Sugestão para eliminação de resíduos

Coloque todos os resíduos que contêm cloreto de metileno no recipiente reservado a resíduos halogenados. Coloque os demais resíduos orgânicos no recipiente reservado aos resíduos orgânicos não halogenados.

Notas para o professor

É importante, na Parte A do procedimento, que os estudantes sigam cuidadosamente as instruções, senão os resultados podem ser de difícil interpretação. É particularmente importante manter a agitação em cada teste de solubilidade. Isto pode ser feito mais facilmente com o auxílio da espátula mostrada na Figura 3.5 da página 503.

Descobrimos que alguns estudantes têm dificuldades para seguir as "Aplicações do Pensamento Crítico 2" (página 25) no mesmo dia em que completam o restante deste experimento. Muitos estudantes precisam de tempo para assimilar o material apresentado antes de poder completar o exercício. Uma maneira de contornar isto é reservar uma sessão de laboratório para Aplicações do Pensamento Crítico de vários experimentos (por exemplo, do Experimento 1 ao Experimento 3) após os estudantes terem completado estes exercícios. Isto permite também a revisão efetiva de algumas das técnicas básicas.

Procedimento

> **Nota:** É muito importante que você siga estas instruções cuidadosamente e mantenha a agitação em cada teste de solubilidade.

PARTE A. SOLUBILIDADE DE COMPOSTOS SÓLIDOS

Coloque cerca de 40 mg (0,040 g) de benzofenona em cada um de quatro tubos de ensaio secos.[1] (Não tente ser exato: com 1 a 2 mg de diferença o experimento ainda funciona.) Marque os tubos de ensaio e coloque 1 mL de água no primeiro tubo, 1 mL de álcool metílico no segundo tubo e 1 mL de hexano no terceiro tubo. O quarto tubo servirá de controle. Determine a solubilidade de cada amostra da seguinte maneira: use o bordo redondo de uma espátula pequena (como a da Figura 3.5, página 503) para agitar cada amostra continuamente por 60 segundos, girando a espátula rapidamente. Se o sólido se dissolver completamente, anote o tempo necessário. *Após 60 segundos* (não ultrapasse este tempo), observe se o composto é solúvel (dissolve completamente), insolúvel (não se dissolve) ou parcialmente solúvel. Compare cada tubo com o tubo de controle para fazer esta observação. Você deve considerar a amostra como sendo parcialmente solúvel somente se uma quantidade significativa (pelo menos 50%) do sólido se dissolver. Se isto não ficar claro, considere a amostra insolúvel. Se praticamente todos os grãos se dissolverem, considere a amostra solúvel. Outro critério para determinar a solubilidade parcial de uma amostra é dado no próximo parágrafo. Registre seus resultados no caderno de laboratório na forma de uma tabela, como mostrado abaixo. No caso das substâncias que se dissolvem completamente, anote o tempo que o sólido levou para se dissolver.

Embora as instruções dadas acima devam permitir determinar se uma substância é parcialmente solúvel, você pode usar o seguinte procedimento de confirmação. Use uma pipeta Pasteur para remover a maior parte do solvente do tubo de ensaio, *sem arrastar o sólido*. Transfira o líquido para outro tubo de ensaio e faça evaporar o solvente por aquecimento em um banho de água quente. Passe uma corrente de ar ou de nitrogênio no tubo para acelerar a evaporação (veja a Técnica 7, Seção 7.10, página 531). Quando o solvente evaporar totalmente, examine o tubo de ensaio para ver se houve solidificação do material. Se houver sólido no tubo de ensaio, o composto é parcialmente solúvel. Se não houver ou se houver muito pouco sólido no tubo de ensaio, você pode registrar o composto como insolúvel.

Repita as instruções acima, substituindo a benzofenona por ácido malônico e por bifenila. Registre os resultados em seu caderno de laboratório.

	Solventes		
Compostos Orgânicos	Água (polaridade alta)	Álcool Metílico (polaridade intermediária)	Hexano (apolar)
Benzofenona			
Ácido malônico			
Bifenila			

---

[1] Nota para o professor: Reduza os flocos de benzofenona a pó.

PARTE B. SOLUBILIDADE DE DIFERENTES ÁLCOOIS

Em cada teste de solubilidade (ver tabela), coloque 1 mL de solvente (água ou hexano) em um tubo de ensaio. A seguir, adicione um dos álcoois, gota a gota. Observe cuidadosamente o que acontece quando você adiciona as gotas. Se o soluto líquido for solúvel, você verá pequenas linhas horizontais no solvente. Essas linhas de mistura indicam que a solubilização está ocorrendo. *Agite o tubo após adicionar cada gota*. Ao agitar o tubo, o líquido adicionado pode se quebrar em pequenas esferas que desaparecem em poucos segundos. Isto também indica que a solubilização está ocorrendo. Continue adicionando o álcool com agitação até chegar a 20 gotas. Se um álcool é parcialmente solúvel, você verá que inicialmente as gotas se dissolvem, mas, eventualmente, uma segunda camada de líquido (álcool que não se dissolveu) irá se formar no tubo de ensaio. Registre seus resultados (solúvel, insolúvel ou parcialmente solúvel) em seu caderno de laboratório na forma de uma tabela.

	Solventes	
Álcoois	Água	Hexano
1-Octanol $CH_3(CH_2)_6CH_2OH$		
1-Butanol $CH_3CH_2CH_2CH_2OH$		
Álcool metílico CH_3OH		

PARTE C. PARES MISCÍVEIS OU IMISCÍVEIS

Para cada um dos pares de compostos abaixo, coloque 1 mL de cada líquido no mesmo tubo de ensaio. Use um tubo de ensaio diferente para cada par. Agite o tubo por 10 a 20 segundos para determinar se os dois líquidos são miscíveis (formam uma única camada) ou imiscíveis (formam duas camadas). Registre os resultados em seu caderno de laboratório.

Água e álcool etílico

Água e éter dietílico

Água e cloreto de metileno

Água e hexano

Hexano e cloreto de metileno

PARTE D. SOLUBILIDADE DE ÁCIDOS E BASES ORGÂNICOS

Coloque cerca de 30 mg (0,030 g) de ácido benzóico em cada um de três tubos de ensaio e adicione 1 mL de água ao primeiro tubo, 1 mL de NaOH 1,0 *M* ao segundo e 1 mL de HCl 1,0 *M* ao terceiro. Agite a mistura colocada em cada tubo de ensaio com uma microespátula por 10 a 20 segundos. Observe se o composto é solúvel (dissolve completamente) ou insolúvel (não se dissolve). Registre os resultados na forma de uma tabela. Agora, pegue o tubo que contém ácido benzóico e NaOH 1,0 *M* e adicione a ele HCl 6 *M* gota a gota até que a mistura fique ácida. Teste a mistura com papel de tornassol ou papel de pH para determinar quando ela se torna ácida.[2] Quando ela estiver ácida, agite a mistura por 10 a 20 segundos e registre o resultado (solúvel ou insolúvel) na tabela.

---

[2] Não coloque o papel de tornassol ou o papel de pH na amostra porque o corante irá se dissolver. Coloque uma gota da solução retirada com a espátula sobre o papel de teste. Com este método, vários testes podem ser feitos com uma única fita de papel.

Repita o experimento com 4-amino-benzoato de etila e os mesmos três solventes. Registre os resultados. Agora, pegue o tubo que contém 4-amino-benzoato de etila e HCl 1,0 M e adicione NaOH 6 M, gota a gota, com agitação, até que a mistura fique básica. Teste a mistura com papel de tornassol ou papel de pH para determinar quando ela fica básica. Agite a mistura por 10 a 20 segundos e registre o resultado

Compostos	Solventes		
	Água	NaOH 1,0 M	HCl 1,0 M
Ácido benzóico (estrutura)			Adicione HCl 6,0 M
4-Amino-benzoato de etila (estrutura)			Adicione NaOH 6,0 M

PARTE E. APLICAÇÕES DO PENSAMENTO CRÍTICO

1. Determine experimentalmente se cada um dos seguintes pares de líquidos é miscível ou imiscível.

   Acetona e água

   Acetona e hexano

   Como você pode explicar estes resultados, sabendo que água e hexano são imiscíveis?

2. Você receberá um tubo de ensaio contendo dois líquidos imiscíveis e um composto orgânico sólido dissolvido em um dos líquidos.[3] Você será informado sobre a identidade dos dois líquidos e do composto sólido mas não saberá as posições relativas dos dois líquidos no tubo de ensaio ou em que líquido o sólido está dissolvido. Imagine o exemplo em que os líquidos são água e hexano e o composto sólido é bifenila.

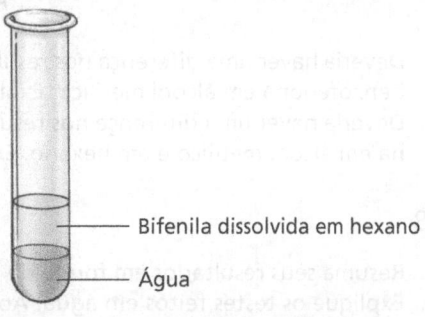

   a. Sem fazer nenhum trabalho experimental, prediga a posição relativa dos líquidos no tubo de ensaio (acima ou abaixo) e em que líquido o sólido está dissolvido. Justifique

---

[3] A amostra que você recebeu pode conter uma das seguintes combinações de sólido e líquidos (o sólido é listado primeiro): fluoreno, cloreto de metileno, água; trifenil-metanol, dietil-éter, água; ácido salicílico, cloreto de metileno, NaOH 1 M; 4-amino-benzoato de etila, dietil-éter, HCl 1 M; naftaleno, hexano, água; ácido benzóico, dietil-éter, NaOH 1 M; p-amino-acetofenona, cloreto de metileno, HCl 1 M.

sua predição. Você talvez queira consultar um manual de laboratório como o *The Merck Index* ou o *CRC Handbook of Chemistry and Physics* para determinar a estrutura molecular de um composto ou encontrar outras informações relevantes.

b. Tente agora demonstrar experimentalmente sua predição, isto é, mostre em que líquido o composto sólido está dissolvido e a posição relativa dos dois líquidos no tubo de ensaio. Você pode usar qualquer uma das técnicas discutidas neste experimento ou qualquer outra técnica que seu professor permitir. Para executar esta parte do experimento, pode ser útil separar as duas camadas que estão no tubo de ensaio. Isto pode ser feito fácil e efetivamente com uma pipeta Pasteur. Aperte o bulbo da pipeta e coloque a ponta no fundo do tubo de ensaio. Retire apenas a camada que está no fundo e transfira-a para outro tubo de ensaio. Observe que evaporar a água de uma amostra dissolvida em água toma muito tempo, mas esta pode ser uma boa maneira de mostrar que uma solução contém um composto dissolvido em água. Outros solventes, entretanto, evaporam mais facilmente (ver a página 575). Explique o que você fez e se os resultados do trabalho experimental foram coerentes com sua predição.

3. Coloque 0,025 g de tetrafenil-ciclo-pentadienona em um tubo de ensaio seco. Adicione 1 mL de álcool metílico ao tubo e agite por 60 segundos. O sólido é solúvel, parcialmente solúvel ou insolúvel? Explique sua resposta.

RELATÓRIO

Parte A

1. Resuma seus resultados na forma de uma tabela.
2. Explique os resultados de todos os testes que você fez. Ao explicar os resultados, leve em consideração as polaridades dos compostos e do solvente, além da possibilidade de ligação de hidrogênio. Considere, por exemplo, um teste de solubilidade semelhante para o *p*-dicloro-benzeno em hexano. O teste indica que o *p*-dicloro-benzeno é solúvel em hexano. Este resultado pode ser explicado pelo fato de que o hexano é apolar e de que o *p*-dicloro-benzeno é ligeiramente polar. Como as polaridades do solvente e do soluto são semelhantes, o sólido é solúvel. (Lembre-se de que a presença de um halogênio não aumenta significativamente a polaridade de um composto.)

Cl—⟨⟩—Cl

p-dicloro-benzeno

3. Deveria haver uma diferença nos resultados obtidos para as solubilidades da bifenila e da benzofenona em álcool metílico. Explique esta diferença.
4. Deveria haver uma diferença nos resultados obtidos para as solubilidades da benzofenona em álcool metílico e em hexano. Explique esta diferença.

Parte B

1. Resuma seus resultados em forma de uma tabela.
2. Explique os testes feitos em água. Ao explicar estes resultados, leve em consideração as polaridades dos álcoois e da água.
3. Explique, em termos de polaridades, os resultados dos testes feitos em hexano.

Parte C

1. Resuma seus resultados em forma de uma tabela.
2. Explique os resultados em termos de polaridades e de ligação de hidrogênio.

Parte D

1. Resuma seus resultados na forma de uma tabela.
2. Explique os resultados obtidos para o tubo em que NaOH 1,0 *M* foi adicionado ao ácido benzóico. Escreva uma equação para isto. Descreva o que aconteceu quando HCl 6,0 *M* foi adicionado a este mesmo tubo e explique este resultado.
3. Explique os resultados obtidos para o tubo em que HCl 1,0 *M* foi adicionado ao 4-amino-benzoato de etila. Escreva uma equação para isto. Descreva o que aconteceu quando NaOH 6 *M* foi adicionado a este mesmo tubo e explique este resultado.

Parte E

Dê os resultados das Aplicações do Pensamento Crítico completadas e responda a todas as questões dadas no Procedimento para estes exercícios.

QUESTÕES

1. Para cada um dos seguintes pares de soluto e solvente prediga se o soluto será solúvel ou insolúvel. Após fazer a predição, você poderá verificar suas respostas procurando os compostos no *The Merck Index* ou no *CRC Handbook of Chemistry and Physics*. O primeiro é de uso mais fácil. Se a substância tiver solubilidade superior a 40 mg/mL, você pode considerá-la como solúvel.

   a. Ácido málico em água

   Ácido málico

   b. Naftaleno em água

   Naftaleno

   c. Anfetamina em álcool etílico

   Anfetamina

   d. Aspirina em água

   Aspirina

e. Ácido succínico em hexano (*Nota*: a polaridade do hexano é semelhante à do éter de petróleo.)

$$HO-\underset{\underset{\text{Ácido succínico}}{}}{\overset{\overset{O}{\|}}{C}}-CH_2CH_2-\overset{\overset{O}{\|}}{C}-OH$$

f. Ibuprofeno em dietil-éter

Ibuprofeno: (CH₃)₂CHCH₂—C₆H₄—CH(CH₃)—COOH

g. 1-Decanol (álcool *n*-decílico) em água

$$CH_3(CH_2)_8CH_2OH$$
1-Decanol

2. Prediga quais dentre os seguintes pares de líquidos seriam miscíveis ou imiscíveis:
   a. Água e álcool metílico
   b. Hexano e benzeno
   c. Cloreto de metileno e benzeno
   d. Água e tolueno

   Tolueno: C₆H₅—CH₃

   e. Álcool etílico e álcool isopropílico

   Álcool isopropílico: CH₃CH(OH)CH₃

3. Você esperaria que o ibuprofeno (ver **1f**) fosse solúvel ou insolúvel em NaOH 1,0 *M*? Explique.
4. Timol é muito pouco solúvel em água e muito solúvel em NaOH 1,0 *M*. Explique.

Timol: 2-isopropil-5-metilfenol

5. Embora o canabinol e o álcool metílico sejam álcoois, o canabinol é muito pouco solúvel em álcool metílico na temperatura normal. Explique.

Canabinol

EXPERIMENTO 2
Cristalização

Cristalização
Filtração a vácuo
Ponto de fusão
Seleção de um solvente de cristalização
Ponto de fusão de misturas
Aplicação do pensamento crítico

O objetivo deste experimento é introduzir a técnica da cristalização, o procedimento mais comum de purificação de sólidos impuros no laboratório de química orgânica. Para uma discussão mais completa leia o capítulo sobre esta técnica (páginas 578) antes de continuar, porque a compreensão deste material é necessária para o experimento.

Na Parte A deste experimento você vai cristalizar sulfanilamida impura usando álcool etílico 95% como solvente. A impureza é a acetanilida, usada com freqüência como material de partida na síntese da sulfanilamida (veja o Experimento 46, página 328). A sulfanilamida é um dos fármacos conhecidos como sulfas, a primeira geração de antibióticos a ser usada com sucesso no tratamento de doenças importantes como a malária, a tuberculose e a lepra (veja a dissertação "Sulfas", página 325).

Na Parte A deste experimento e na maior parte dos experimentos deste livro-texto você saberá qual solvente usar na cristalização. Alguns dos fatores envolvidos na seleção de um solvente para a cristalização da sulfanilamida são discutidos na Seção 11.5, página 586. O fator mais importante a considerar é a forma da curva de solubilidade contra a temperatura. Como se pode ver na Figura 11.2, página 579, a curva de solubilidade da sulfanilamida em álcool etílico 95% indica que o álcool etílico é um solvente ideal para a cristalização da sulfanilamida.

A pureza do material final após a cristalização será determinada pelo ponto de fusão da amostra. Você também terá de pesar a amostra para calcular a percentagem de recuperação. É impossível obter 100% de recuperação, e isto acontece por várias razões. Ocorrem perdas durante o experimento, a amostra original não é 100% sulfanilamida e parte da sulfanilamida é solúvel no solvente utilizado mesmo em 0°C. Por causa disto, uma parte da sulfanilamida fica dissolvida no **licor-mãe** (o líquido que permanece após a cristalização). Algumas vezes vale a pena isolar uma segunda quantidade de cristais a partir do licor-mãe, especialmente se a síntese levou muitas horas e se a quantidade de produto é relativamente pequena. Isto pode ser feito por aquecimento do licor-mãe para evaporar parte do solvente e por resfriamento da solução resultante para induzir uma segunda cristalização. A pureza da segunda colheita de cristais não é tão alta como a da primeira, entretanto, porque a concentração de impurezas é maior no licor-mãe após a evaporação parcial do solvente.

Na parte B você receberá uma amostra impura do composto orgânico fluoreno (veja a estrutura a seguir). Você utilizará um procedimento experimental para determinar qual, dentre três solventes possíveis, é o mais apropriado. Os três solventes irão ilustrar três comportamentos de solubilidade muito diferentes: Um dos solventes será apropriado para a cristalização do fluoreno. Em um segundo solvente, o fluoreno será muito solúvel, até mesmo na temperatura normal. No terceiro solvente, o fluoreno será relativamente insolúvel, mesmo na temperatura de ebulição do solvente. Sua tarefa será encontrar o solvente apropriado e, depois, fazer a cristalização de uma amostra de fluoreno.

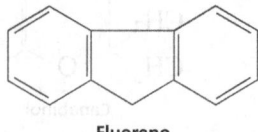

Fluoreno

Note que as cristalizações não são todas iguais. Os cristais têm muitas formas e tamanhos, e a quantidade de licor-mãe visível no fim da cristalização pode variar significativamente. A cristalização da sulfanilamida e do fluoreno parecerão bem diferentes mesmo que a pureza dos cristais em cada caso seja muito boa.

Na Parte C deste experimento você determinará a identidade de um desconhecido usando a técnica do ponto de fusão. A técnica do **ponto de fusão de misturas** será introduzida nesta parte.

Leitura necessária

Revisão: Técnica 10 Solubilidade
Nova: Técnica 8   Filtração. Seções 8.3 e 8.5
         Técnica 9   Constantes Físicas de Sólidos: O Ponto de Fusão
         Técnica 11 Cristalização: Purificação de Sólidos

Sugestão para eliminação de resíduos

Coloque todos os resíduos orgânicos no recipiente destinado aos resíduos orgânicos halogenados

PARTE A. CRISTALIZAÇÃO EM ESCALA GRANDE

Este experimento supõe familiaridade com o procedimento geral usado na cristalização em escala grande (Técnica 11, Seção 11.3, página 581). Neste experimento, a etapa 2 da Figura 11.4 (remoção de impurezas insolúveis) não será necessária. Embora a amostra impura possa ter alguma coloração não será necessário, também, usar um agente de descoloração (Seção 11.7, página 589). Pular estas etapas torna a cristalização mais fácil de fazer. Além disto, em muito poucos experimentos deste livro-texto usaremos uma destas técnicas. Se for absolutamente necessário, a Técnica 11 descreve a etapa de descoloração em detalhes

Cálculos preliminares

1. Calcule a quantidade de álcool etílico 95% necessária para dissolver 0,75 g de sulfanilamida em 78°C. Use o gráfico da Figura 11.2, página 579, para isto. A razão para este cálculo é que você poderá saber antes da operação a quantidade aproximada de solvente quente que você estará adicionando.
2. Use o volume de solvente calculado na etapa 1 para estimar a quantidade de sulfanilamida que ficará dissolvida no licor-mãe quando a mistura for esfriada até 0°C.

Para dissolver a sulfanilamida na menor quantidade possível de solvente quente (em ebulição ou quase), você deve manter a mistura no ponto de ebulição (ou quase) do álcool etílico 95% durante todo o procedimento. Você terá de adicionar mais solvente do que a quantidade calculada na etapa 1 porque parte do solvente irá evaporar. A quantidade calculada só indica a quantidade aproximada de solvente necessária. Para determinar a quantidade correta de solvente você deve seguir o procedimento.

Procedimento

Preparações. Pese 0,75 g de sulfanilamida impura e transfira o sólido para um frasco de Erlenmeyer de 25 mL.[1] Coloque cerca de 15 mL de álcool etílico 95% em um segundo frasco de Erlenmeyer e algumas pérolas de vidro. Aqueça o solvente em uma placa com aquecimento moderado até que o solvente entre em ebulição.[2] Como o álcool etílico 95% ferve em temperatura relativamente baixa (78°C), ele evapora muito rapidamente. Manter a temperatura da placa de aquecimento muito alta causa muita perda de solvente por evaporação.

Dissolução da Sulfanilamida. *Antes de aquecer o frasco que contém a sulfanilamida*, adicione, com uma pipeta Pasteur, solvente suficiente para cobrir os cristais. Aqueça, então, o frasco que contém a sulfanilamida até que o solvente entre em ebulição. No começo isto pode ser difícil de ver porque pouco solvente está presente. Adicone um pouco mais de solvente (cerca de 0,5 mL) e continue a aquecer o frasco com agitação constante. Você pode agitar o frasco colocando-o sobre a placa de aquecimento ou, para agitação mais vigorosa, removendo-o da placa por alguns segundos. Após 10 a 15 segundos de agitação observe se o sólido dissolveu. Se não, adicione outra porção do solvente. Aqueça novamente o frasco até que o solvente entre em ebulição. Mantenha a agitação por 10 a 15 segundos, recolocando o frasco com freqüência sobre a placa de aquecimento para que a temperatura da mistura não caia. Repita essas operações até que todo o sólido tenha se dissolvido completamente. Observe que é essencial adicionar solvente suficiente para dissolver o sólido – nem mais nem menos. Como o álcool etílico 95% é muito volátil, é preciso executar estes procedimentos com rapidez senão você vai perder o solvente com a mesma rapidez com que o adiciona e o procedimento levará muito tempo. O tempo entre a primeira adição de solvente até a dissolução total do sólido não deve ultrapassar 10 a 15 minutos.

Cristalização. Remova o frasco da placa aquecida e deixe a solução esfriar *lentamente* (veja a Seção 11.3, Parte C, página 585, para sugestões). Cubra o frasco com um vidro de relógio pequeno ou feche com uma rolha. A cristalização deve começar assim que o frasco chegar à temperatura normal. Se isto não acontecer, raspe a parte interna do frasco com um bastão de vidro (que não tenha sido polido ao calor) para induzir a cristalização (Técnica 11, Seção 11.8, página 590). Quando cessar a cristalização nestas condições, coloque o frasco em um bécher contendo água e gelo (Técnica 6, Seção 6.9, página 531). Assegure-se de que água e gelo estejam presentes e de que o bécher seja suficientemente pequeno para que o frasco não emborque.

Filtração. Quando a cristalização se completar filtre os cristais a vácuo usando um pequeno funil de Büchner (veja a Técnica 8, Seção 8.3, e Figura 8.5, página 555). (Se você for fazer o Exercício Opcional no fim deste procedimento, guarde o licor-mãe obtido nesta filtração. Logo, o frasco que receberá o filtrado deve estar limpo e seco.) Umedeça o papel de filtro com algumas gotas de álcool etílico 95% e coloque o vácuo (ou o aspirador) no máximo. Use uma espátula para deslocar os cristais do fundo do frasco antes de transferir o material para o funil de Büchner. Agite a mistura no frasco e derrame-a sobre o papel no funil, tentando transferir simultaneamente os cristais e o solvente. Faça isto rapidamente, antes que os cristais voltem a se depositar no fundo do frasco. (Talvez voce tenha de fazer isto em etapas, dependendo do tamanho de seu funil de Büchner.) Quando todo o líquido que estiver no funil tiver passado pelo filtro, repita o procedimento até a transferência completa do líquido para o funil de Büchner. Neste ponto, usualmente pode-se observar alguns cristais que permanecem no frasco. Use sua espátula para retirar a maior quantidade possível de cristais do frasco. Adicione cerca de 2 mL de álcool etílico 95% gelado (medido com uma pipeta Pasteur calibrada) ao frasco. Agite o líquido e derrame no funil de Büchner o álcool gelado e os cristais remanescentes. O solvente adicional ajuda a transferir os cristais remanescentes para o funil e lava os cristais que já estão nele. Esta etapa de lavagem deve ser feita mesmo que não tenha sido necessário adicionar solvente para retirar cristais remanescentes. Se necessário, re-

---

[1] A sulfanilamida impura contém 5% de acetanilida.

[2] Para impedir projeções do solvente em ebulição, talvez seja necessário colocar uma pipeta Pasteur no frasco. Neste caso, use um frasco de 50 mL para que a pipeta Pasteur não desequilibre o frasco. Este é um método conveniente porque a pipeta Pasteur também pode ser usada para transferir o solvente.

pita a lavagem com outra porção de 2 mL de álcool gelado. Lave os cristais com um total de cerca de 4 mL de solvente gelado.

Continue passando ar pelos cristais que estão no funil de Büchner por sucção durante cerca de cinco minutos. Transfira os cristais para um vidro de relógio previamente pesado para secagem ao ar. (Se você for fazer o Exercício Opcional, guarde o licor-mãe que está no frasco do funil de filtração.) Separe os cristais o mais que puder com uma espátula. Os cristais devem estar secos em 10 a 20 minutos. Você pode saber se os cristais ainda estão úmidos verificando se eles grudam na espátula ou se preferem se agrupar. Pese os cristais secos e calcule a percentagem de recuperação. Determine o ponto de fusão da sulfanilamida pura e do material impuro original. Se for a orientação do professor, guarde o material cristalizado em um frasco identificado.

Comentários sobre o procedimento de cristalização

1. Não aqueça a sulfanilamida bruta até adicionar um pouco de solvente. Caso contrário o sólido pode fundir e transformar-se em um óleo de difícil cristalização.
2. Ao dissolver o sólido no solvente quente, adicione o solvente em pequenas porções com agitação e aquecimento. O procedimento pede uma quantidade especificada (cerca de 0,5 mL), apropriada para este experimento. Entretanto a cristalização pode variar dependendo do tamanho da amostra e da natureza do sólido e do solvente. Você terá de julgar por si mesmo quando estiver executando esta etapa.
3. Um dos erros mais freqüentes é a adição de excesso de solvente. Isto pode acontecer facilmente se o solvente não estiver quente o suficiente ou se a mistura não for agitada adequadamente. Se muito solvente for adicionado, a percentagem de recuperação será reduzida e pode acontecer, até mesmo, de a cristalização não ocorrer quando a solução for esfriada. Se isto acontecer, evapore o excesso aquecendo a mistura. Passe uma corrente de ar ou de nitrogênio diretamente pelo frasco para acelerar a evaporação (veja a Técnica 7, Seção 7.10, página 545).
4. A sulfanilamida deveria cristalizar como belas agulhas grandes, mas isto nem sempre acontece porque se os cristais se formam muito rapidamente ou se a quantidade de solvente não é suficiente, a tendência é de que os cristais fiquem menores, aparecendo até mesmo como um pó. Além disto, muitas substâncias cristalizam em outras formas características, como placas ou prismas.
5. Quando o solvente é água ou quando os cristais aparecem como um pó, é necessário secá-los por tempo superior a 10 – 15 minutos. Pode ser necessário deixar secar durante a noite, especialmente no caso da água.

Exercício Opcional. Transfira o licor-mãe para um frasco de Erlenmeyer tarado (pesado vazio) de 25 mL. Coloque o frasco em um banho de água quente e evapore todo o solvente do licor-mãe. Use uma corrente de ar ou de nitrogênio para acelerar o processo de filtração (veja a Técnica 7, Seção 7.10, página 545). Esfrie o frasco até a temperatura normal e seque a parte exterior. Pese o frasco que contém o sólido. Compare o valor encontrado com o peso calculado nos Cálculos Preliminares. Determine o ponto de fusão deste sólido e compare com o ponto de ebulição obtido por cristalização.

PARTE B. SELEÇÃO DE UM SOLVENTE PARA CRISTALIZAR UMA SUBSTÂNCIA

Neste experimento você receberá uma amostra impura de fluoreno.[3] Seu objetivo é encontrar um bom solvente para cristalizar a amostra. Você deve tentar a água, o álcool metílico e o tolueno. Após ter determinado qual é o melhor solvente, cristalize o material restante. Determine, por fim, o ponto de fusão do composto purificado e da amostra impura.

---
[3] O fluoreno impuro contém 5% de fluorenona, um composto amarelo.

Procedimento

Seleção de um Solvente. Execute o procedimento dado na Seção 11.6, na página 588, com três amostras diferentes de fluoreno impuro. Use os seguintes solventes: álcool metílico, água e tolueno.

Cristalização da Amostra. Depois de ter encontrado um bom solvente, cristalize 0,75 g de fluoreno impuro usando o procedimento descrito na Parte A deste experimento. Pese cuidadosamente a amostra impura e guarde um pouco dela para obter o ponto de fusão. Filtre os cristais no funil de Büchner, transfira-os para um vidro de relógio e deixe-os secar ao ar. Se você usar água como solvente, será necessário deixar secar os cristais durante a noite porque a água é menos volátil do que a maior parte dos solventes orgânicos. Pese a amostra seca e calcule a percentagem de recuperação. Determine o ponto de fusão da amostra pura e do material impuro original. Se for a orientação do professor, coloque o material cristalizado em um frasco identificado.

PARTE C. PONTOS DE FUSÃO DE MISTURAS

Nas partes A e B deste experimento, o ponto de ebulição foi usado para determinar a pureza de uma substância conhecida. Em algumas situações o ponto de fusão pode ser usado para determinar a identidade de uma substância desconhecida.

Na Parte C, você receberá uma amostra de uma substância desconhecida pura tirada da seguinte lista:

Composto	Ponto de fusão (°C)
Ácido acetil-salicílico	138-140
Ácido benzóico	121-122
Benzoína	135-136
Dibenzoil-etileno	108-111
Succinamida	122-124
Ácido o-tolúico	108-110

Seu objetivo é determinar a identidade do desconhecido usando a técnica do ponto de fusão. Se todos os compostos da lista tivessem pontos de fusão bem diferentes, seria possível determinar a identidade do desconhecido somente pela obtenção do ponto de fusão. Cada composto desta lista, entretanto, tem ponto de fusão muito próximo de um outro composto da lista. Portanto, o ponto de fusão do desconhecido permitirá reduzir a escolha a dois compostos. Para determinar a identidade de seu composto, será preciso obter o ponto de fusão de misturas entre seu desconhecido e cada um dos dois compostos com pontos de fusão semelhantes. Um ponto de fusão de mistura que é inferior ao dos compostos originais indica que os dois compostos da mistura são diferentes.

Procedimento

Escolha uma amostra desconhecida e determine seu ponto de fusão. Determine os pontos de fusão das misturas (veja a Técnica 9, Seção 9.4, página 564) de seu desconhecido com todos os compostos da lista precedente que têm ponto de fusão semelhante ao do desconhecido. A fim de preparar a amostra para obter o ponto de fusão da mistura, use uma espátula ou um bastão de agitação de vidro para moer quantidades iguais de seu desconhecido e do composto conhecido em um vidro de relógio. Registre todos os pontos de fusão e esclareça a identidade de seu desconhecido.

PARTE D. APLICAÇÃO DO PENSAMENTO CRÍTICO

O objetivo do exercício é encontrar um solvente apropriado para um determinado composto. Em vez de fazer isto experimentalmente, você deverá tentar predizer qual dentre três solventes conhecidos é o melhor. Para cada composto, um dos solventes tem as características de solubilidade desejadas para um bom solvente de cristalização. Em um segundo solvente o composto será muito solúvel, mesmo na temperatura normal. O composto será relativamente insolúvel no terceiro solvente, mesmo no ponto de ebulição do solvente. Após fazer a predição, você deverá verificar se ela está correta consultando a informação apropriada no *The Merck Index*. Imagine o naftaleno, que tem a seguinte estrutura:

Naftaleno

Os três solventes são éter, água e tolueno. (Procure suas estruturas se você não está seguro. Lembre-se de que o éter também é chamado de dietil-éter.) Com base em seu conhecimento sobre a polaridade e o comportamento da solubilidade, faça sua predição. Deveria estar claro que o naftaleno é insolúvel em água porque o dietil-éter é um hidrocarboneto apolar e a água é muito polar. O tolueno e o éter têm polaridade muito baixa; logo, o naftaleno deve ser solúvel em ambos. Espera-se que o naftaleno seja mais solúvel em tolueno porque ambos são hidrocarbonetos. Além disto, eles têm anéis de benzeno, o que significa que suas estruturas são muito semelhantes. Assim, de acordo com a regra de solubilidade "semelhante dissolve semelhante", espera-se que o naftaleno seja muito solúvel em tolueno. Se ele for solúvel demais em tolueno para que este seja um bom solvente de cristalização, então o éter deveria ser o melhor solvente para cristalização do naftaleno.

Estas predições podem ser verificadas no *The Merck Index*. Encontrar a informação apropriada pode ser um pouco difícil, especialmente para os que estão iniciando seus estudos em química orgânica. Procure *naphthalene* no *The Merck Index*. A entrada para naftaleno diz "Placas prismáticas monoclínicas a partir de éter". Isto significa que o naftaleno pode ser cristalizado a partir do éter. A entrada dá também o tipo de estrutura cristalina. Infelizmente, às vezes a estrutura cristalina é dada sem referência ao solvente. Outra maneira de encontrar o melhor solvente é verificar a curva de solubilidade com a temperatura. Um bom solvente é aquele em que a solubilidade cresce rapidamente com o aumento da temperatura. Para saber se o sólido é muito solúvel em um determinado solvente, anote a solubilidade na temperatura normal. Na Técnica 11, na página 578, você foi instruído a adicionar 0,5 mL de solvente a 0,05 g do composto. Se o sólido dissolver completamente, então a solubilidade do sólido é muito grande. Siga esta regra aqui. No caso do naftaleno, a solubilidade em tolueno é dada como sendo de 1 g em 3,5 mL. Quando não se registra a temperatura, entende-se que ela é a temperatura normal. Ao comparar com a razão 0,05 g em 0,5 mL, fica óbvio que o naftaleno é muito solúvel em tolueno na temperatura ambiente para que este seja um bom solvente de cristalização. Por fim, o *The Merck Index* declara que o naftaleno é insolúvel em água. Às vezes, nenhuma informação é dada sobre os solventes em que um determinado composto é insolúvel. Neste caso, só resta confiar em seu conhecimento sobre a solubilidade para confirmar suas predições.

Ao usar o *The Merck Index*, você deve reparar que o álcool é listado com freqüência como solvente. Isto geralmente se refere ao álcool etílico 95% ou 100%. Como o álcool etílico 100% (absoluto) é mais caro do que o álcool etílico 95%, usa-se, em geral, este último no laboratório de química. Por fim, o benzeno também é listado freqüentemente como solvente, mas como ele é carcinogênico, raramente é usado nos laboratórios de estudantes. O tolueno é um substituto adequado. A solubilidade de uma substância em benzeno e em tolueno é tão semelhante que você pode considerar qualquer declaração dada sobre o benzeno como valendo também para o tolueno.

Para cada um dos seguintes conjuntos de compostos (o sólido é listado primeiro, seguido pelos três solventes), use seu conhecimento sobre a polaridade e a solubilidade para predizer

1. O melhor solvente para a cristalização
2. O solvente em que o composto é muito solúvel
3. O solvente em que o composto não é suficientemente solúvel

Confirme suas predições procurando cada composto no *The Merck Index*.

1. Fenantreno; tolueno, álcool etílico 95%, água

Fenantreno

2. Colesterol; éter, álcool etílico 95%, água

Colesterol

3. Acetaminofeno; tolueno, álcool etílico 95%, água

Acetaminofeno

4. Uréia; hexano, álcool etílico 95%, água

Uréia $H_2N-\overset{\overset{O}{\|}}{C}-NH_2$

RELATÓRIO

Parte A

1. Registre os pontos de fusão da sulfanilamida impura e da sulfanilamida cristalizada e comente as diferenças. Compare seus resultados com os valores da literatura. Inclua estes resultados em seu relatório. Registre o peso original da sulfanilamida impura e o peso da sulfanilamida cristalizada. Calcule a percentagem de recuperação e identifique criticamente as possíveis fontes de perdas.
2. Se você completou o Exercício Opcional (isolamento do sólido dissolvido no licor-mãe):
   a. Faça uma tabela com a seguintes informações
      i. Peso da sulfanilamida impura usada nos procedimento de cristalização
      ii. Peso da sulfanilamida após a cristalização
      iii. Peso da sulfanilamida mais a impureza recuperada do licor-mãe (veja a página 32)
      iv. Total dos itens ii e iii (pelo total da sulfanilamida mais impureza isolada)
      v. Peso calculado da sulfanilamida no licor-mãe (veja a página 31)

b. Comente as diferenças entre os valores dos itens i e iv. Será que eles deveriam ser iguais? Explique.
c. Comente as diferenças entre os valores dos itens iii e v. Será que eles deveriam ser iguais? Explique.
d. Registre o ponto de fusão do sólido recuperado do licor-mãe. Compare este valor com os pontos de fusão da sulfanilamida cristalizada. Será que eles deveriam ser iguais? Explique.

Parte B

1. Para cada um dos três solventes (álcool metílico, água e tolueno), descreva os resultados dos testes de seleção de um bom solvente para a cristalização do fluoreno. Explique estes resultados em termos das predições de polaridade e solubilidade (ver Diretrizes para a Predição de Polaridade e Solubilidade, página 571).
2. Registre os pontos de fusão do fluoreno impuro e cristalizado e comente as diferenças. Qual é o valor dado na literatura para o ponto de fusão do fluoreno? Registre o peso original do fluoreno impuro e do fluoreno cristalizado. Calcule a percentagem de recuperação e comente as possíveis fontes de perdas.
3. A solubilidade do fluoreno em cada um dos solventes usados na Parte B corresponde a uma das curvas mostrada na Figura 11.1 (página 579). Indique, para cada solvente, qual é a curva que melhor descreve a solubilidade do fluoreno naquele solvente.

Parte C

Registre todos os pontos de fusão e identifique seu desconhecido.

Parte D

Faça suas predições para cada composto e explique seu raciocínio. Registre a informação relevante do *The Merck Index* que suporta ou contradiz suas predições. Tente explicar as diferenças entre suas predições e a informação dada pelo *The Merck Index*.

QUESTÕES

1. Imagine uma operação de cristalização da sulfanilamida na qual 10 mL de álcool etílico 95% quente são adicionados a 0,10 g de sulfanilamida impura. Após a dissolução do sólido, a solução é esfriada até a temperatura normal e, então, é colocada em um banho de gelo e água. Não ocorre a formação de cristais, mesmo após a raspagem com um bastão de vidro. Explique por que esta cristalização falhou. O que você poderia fazer para que a cristalização funcionasse? (Você terá de consultar a Figura 11.2, na página 579)
2. O álcool benzílico (pe 205°C) foi selecionado por um estudante para a cristalização do fluorenol (pf 153-154°C) porque as características deste solvente são apropriadas. Entretanto, este solvente não é uma boa escolha. Explique.
3. Um estudante está fazendo a cristalização de uma amostra impura de bifenila. A amostra pesa 0,5 g e contém cerca de 5% de impureza. Com base em seu conhecimento de solubilidade, o estudante decide usar benzeno como solvente. Após a cristalização, os cristais são secos e o peso final encontrado é igual a 0,02 g. Imagine que todas as etapas da cristalização foram feitas corretamente, que não houve nenhum derramamento e que o estudante perdeu muito pouco sólido na vidraria ou nas transferências. Por que a recuperação foi tão baixa?

EXPERIMENTO 3
Extração

Extração
Aplicação do pensamento crítico

A extração é uma das técnicas mais importantes para o isolamento e a purificação de substâncias orgânicas. Neste método, uma solução é agitada com um segundo solvente que é **imiscível** com o primeiro solvente. (Lembre-se de que líquidos imiscíveis não se misturam. Eles formam duas fases ou camadas.) O soluto é extraído de um solvente para o outro porque ele é mais solúvel no segundo solvente do que no primeiro.

A teoria da extração é descrita em detalhes na Técnica 12, Seções 12.1 e 12.2, página 594. Você deveria ler estas seções antes de continuar este experimento. Como a solubilidade é o fenômeno fundamental envolvido na extração, talvez você queira ler novamente a Técnica 10.

A extração é uma técnica usada pelos químicos orgânicos, mas ela também é usada para produzir produtos comuns que lhe são familiares. O extrato da baunilha, por exemplo, um flavorizante muito usado, é extraído das vagens de baunilha por álcool como solvente orgânico. O café descafeinado é feito a partir de grãos de café que foram descafeinados por uma técnica de extração (veja a dissertação "Cafeína", página 78). Este processo é semelhante ao procedimento descrito na Parte A deste experimento, no qual você irá extrair cafeína de uma solução em água.

O objetivo deste experimento é introduzir a técnica de escala grande para fazer extrações e permitir que você pratique esta técnica. Este experimento também demonstra como a extração é usada nos experimentos orgânicos.

Leitura necessária

Revisão: Técnica 10 Solubilidade
Nova: Técnica 12 Extração
Dissertação Cafeína (página 78)

Instruções especiais

Seja cuidadoso ao manusear o cloreto de metileno. É um solvente tóxico e você não deve aspirar seu vapor ou deixar que ele respingue em você.

É desejável, na Parte B, juntar os dados de coeficiente de distribuição e calcular as médias por classe. Isto irá compensar as diferenças dos valores devidas ao erro experimental.

Sugestão para eliminação de resíduos

Você deve colocar todo o cloreto de metileno no recipiente destinado aos resíduos orgânicos halogenados. Coloque os demais resíduos orgânicos no recipiente destinado aos resíduos orgânicos não-halogenados. As soluções em água devem ser colocadas em um recipiente próprio.

PARTE A. EXTRAÇÃO DA CAFEÍNA

Um dos procedimentos mais comuns de extração envolve o uso de um solvente orgânico (apolar ou pouco polar) para extrair um composto orgânico de uma solução em água. Como a água é muito polar, a mistura irá se separar em duas camadas ou fases, uma sendo a água, e a outra, o solvente orgânico (apolar).

Neste experimento, você irá extrair cafeína de uma solução em água usando cloreto de metileno. Execute a operação de extração em três etapas, usando três porções distintas de cloreto de metileno. Como o cloreto de metileno é mais denso do que a água, a camada orgânica (cloreto de metileno) estará embaixo. Após cada extração, remova a camada orgânica. A seguir, combine as três porções de cloreto de etileno e faça-as secar com sulfato de sódio anidro. Após a secagem, transfira a solução seca para um frasco de peso conhecido e faça evaporar o cloreto de metileno. Determine o peso da cafeína extraída da solução em água. Este processo de extração é eficiente porque a cafeína é muito mais solúvel em cloreto de metileno do que em água.

Cálculos prévios

Neste experimento, 0,170 g de cafeína são dissolvidos em 10,0 mL de água. A extração é feita três vezes com porções de 5,0 mL de cloreto de metileno. Calcule a quantidade total de cafeína que pode ser extraída nas três porções de cloreto de etileno (veja a Técnica 12, Seção 12.2, páginas 594-595). A cafeína tem o coeficiente de distribuição igual a 4,6 entre cloreto de metileno e água.

Procedimento

Preparação. Coloque exatamente 0,170 g de cafeína e 10,0 mL de água em um tubo de centrífuga com tampa de rosca. Feche o tubo e agite vigorosamente por vários minutos até que a cafeína se dissolva completamente. Pode ser necessário aquecer ligeiramente a mistura para dissolver toda a cafeína.

Extração. Use uma pipeta Pasteur para transferir a solução de cafeína em água para um funil de separação de 125 mL. (Não esqueça de fechar antes a torneira!) Meça 5,0 mL de cloreto de metileno em uma proveta e transfira para o funil de separação. Tampe o funil e segure-o como mostrado na Figura 12.6, página 600. Mantenha *com firmeza* a tampa no lugar e inverta cuidadosamente o funil de separação. Com o funil invertido, reduza a pressão abrindo lentamente a torneira. Repita a operação de inversão e alívio de pressão até que a pressão esteja equalizada. Misture as duas camadas para transferir o máximo possível de cafeina da água para o cloreto de metileno. Cuidado para não misturar as duas camadas violentamente para que não se forme uma emulsão. A emulsão tem o aspecto de uma terceira camada espumosa entre as outras duas e pode tornar difícil a separação das camadas. Siga estas instruções cuidadosamente para evitar a formação de emulsão. Agite cuidadosamente a mistura, invertendo repetidamente o funil em um movimento de rotação. Uma boa velocidade inicial seria de uma rotação a cada dois segundos. Quando perceber que não há formação de emulsão, você poderá agitar mais vigorosamente, talvez uma vez por segundo. (Observe que usualmente não é prudente dar uma sacudidela forte no funil!) Agite a mistura por pelo menos um minuto. Ao terminar, coloque o funil de separação no anel de suporte e deixe em repouso até que as camadas se separem completamente[1]. Coloque um frasco de Erlenmeyer sob o funil de separação e remova a tampa do funil. Abra parcialmente a torneira para que a camada inferior (orgânica) escoe lentamente. Feche imediatamente a torneira quando a interface entre as duas camadas começar a entrar no cilindro interno da torneira.

Repita a extração por mais duas vezes, usando duas novas porções de 5,0 mL de cloreto de metileno. Combine as três camadas orgânicas.

Secagem das Camadas Orgânicas. Se houver sinais visíveis de água no frasco que contém as camadas orgânicas combinadas, *você deve fazer outra transferência antes da adição do agente de secagem*. Se não fizer isto, você precisará adicionar uma quantidade excessiva de agente de secagem, o que pode levar à perda de cafeína.[2] Sinais visíveis de água incluem gotas de água nas paredes do frasco ou no cloreto de metileno, ou uma camada de água na superfície.

Para fazer esta transferência extra, use uma pipeta Pasteur limpa e seca para transferir a solução de cloreto de metileno, sem incluir a água, a outro frasco de Erlenmeyer seco e limpo. Coloque os dois frascos de Erlenmeyer um ao lado do outro para evitar perdas durante a transferência. Adicione 3 g de sulfato de sódio anidro em grãos para secar a camada orgânica. Se o sulfato

---

[1] Caso se forme uma emulsão, as duas camadas não vão se separar quando em repouso. Se elas não se separarem após 1-2 minutos, agite levemente o funil, por rotação, para quebrar a emulsão. Se isto não funcionar, tente o método 5 da página 608.

[2] Ocorre perda de produto porque parte da solução que contém cafeína adere à superfície do agente de secagem.

de sódio se aglomerar quando a mistura for agitada com uma espátula, adicione mais agente de secagem. Feche o frasco e deixe a mistura em repouso por 10 a 15 minutos. Agite ocasionalmente o frasco, sem abri-lo. Após esse tempo, a solução deve estar clara. Se isto não acontecer, adicione mais sulfato de sódio, agite o frasco e deixe em repouso por mais 10 a 15 minutos.

Evaporação do Solvente. Com uma pipeta Pasteur seca e limpa, transfira o cloreto de metileno seco para um frasco de Erlenmeyer de 50 mL de peso conhecido, sem carregar o agente de secagem. Evapore o cloreto de metileno por aquecimento em um banho de água na temperatura de cerca de 45°C.[3] Isto deve ser feito em uma capela, e a evaporação será mais rápida se uma corrente de ar ou de gás nitrogênio for dirigida para a superfície do líquido (veja a Técnica 7, Seção 7.10, página 545). Após a evaporação do solvente, retire o frasco do banho e seque a parte externa do frasco. Não deixe o frasco de Erlenmeyer muito tempo no banho de água após a evaporação do solvente porque a cafeína pode sublimar. Quando o frasco estiver na temperatura normal, pese-o para determinar a quantidade de cafeína que estava na solução de cloreto de metileno. Compare o peso com o previamente calculado.

PARTE B. DISTRIBUIÇÃO DE UM SOLUTO ENTRE DOIS SOLVENTES IMISCÍVEIS

Neste experimento você vai investigar como vários sólidos orgânicos se distribuem entre água e cloreto de metileno. Misture um composto sólido com os dois solventes até que o equilíbrio se estabeleça. Remova a camada orgânica, seque-a sobre sulfato de sódio anidro e a transfira para um frasco de peso conhecido. Após a evaporação do cloreto de metileno, determine o peso do sólido que estava na camada orgânica. Pela diferença você pode determinar a quantidade de soluto orgânico que estava na camada de água. O coeficiente de distribuição do sólido entre as duas camadas pode, então, ser calculado e relacionado à polaridade do sólido e dos dois líquidos.

Três compostos serão usados: ácido benzóico, ácido succínico e benzoato de sódio. Suas estruturas são dadas a seguir. Você deve executar o experimento com um dos sólidos e partilhar seus resultados com dois outros estudantes que trabalharam com os outros dois sólidos. Uma alternativa seria juntar os resultados de toda a turma e calcular a média.

Ácido benzóico   Ácido succínico   Benzoato de sódio

Procedimento

Coloque 0,075 g de um dos sólidos (ácido benzóico, ácido succínico ou benzoato de sódio) em um tubo de centrífuga com tampa de rosca. Adicione 3,0 mL de cloreto de metileno e 3,0 mL de água ao tubo. Tampe o tubo e agite-o por 1 minuto. A maneira correta de agitar é inverter o tubo varias vezes em um movimento alternado. Uma boa velocidade de agitação é uma volta por segundo. Quando estiver claro que não há formação de emulsão, você pode acelerar o movimento, talvez até duas ou três vezes por segundo. Verifique se há sólido que não se dissolveu. Continue o processo até que a dissolução seja completa.

---

[3] Um procedimento mais favorável ao ambiente é usar um evaporador rotatório (veja a Técnica 7, Seção 7.11, página 547). Com este método, o cloreto de metileno pode ser recuperado e usado novamente.

Deixe o tubo de centrífuga em repouso até que as camadas se separem. Use uma pipeta Pasteur para transferir a camada orgânica (inferior) para um tubo de ensaio. O ideal é remover toda a camada orgânica sem contaminação pela camada de água. Isto, porém, é difícil de ser feito. Tente apertar o bulbo de modo que, quando ele estiver completamente solto, você retire a quantidade de líquido que deseja. Se tiver de manter o bulbo em uma posição parcialmente pressionada enquanto estiver fazendo uma transferência, você provavelmente perderá gotas de líquido. Será necessário, também, tranferir o líquido em duas ou três etapas. Na primeira, aperte o bulbo completamente, de modo a transferir o máximo possível de líquido da camada inferior para a pipeta. Coloque a ponta da pipeta exatamente sobre o V do fundo do tubo de centrífuga e solte o bulbo lentamente. Enquanto estiver fazendo a transferência, é essencial que o tubo de centrífuga e o tubo de ensaio estejam próximos. A Figura 12.8, página 603, ilustra uma boa técnica para isto. Após transferir a primeira porção, repita o processo até que toda a camada inferior tenha sido transferida para o tubo de ensaio. A cada vez, pressione o bulbo o suficiente e coloque a ponta da pipeta no fundo do tubo.

Se notar sinais visíveis de água no tubo de ensaio que contém as camadas orgânicas combinadas, você *deve fazer outra transferência antes de adicionar o agente secante*. Sinais visíveis de água incluem gotas de água nas paredes do tubo ou no cloreto de metileno, ou uma camada de água na superfície.

Use, neste caso, uma pipeta Pasteur limpa e seca para transferir a solução de cloreto de metileno sem incluir a água para outro tubo de ensaio limpo e seco. Adicione cerca de 0,5 g de sulfato de sódio anidro em grãos para secar a camada orgânica. Se o sulfato de sódio se aglomerar quando a mistura for agitada com uma espátula, adicione mais agente secante. Feche o tubo e deixe a mistura em repouso por 10 a 15 minutos. Sacuda o tubo ou agite-o ocasionalmente com uma espátula.

Com uma pipeta Pasteur seca e limpa, transfira a solução de cloreto de metileno para um tubo de ensaio de peso conhecido sem arrastar o agente de secagem. Aqueça o tubo de ensaio em um banho de água morna para evaporar o cloreto de metileno. Passe uma corrente de ar seco ou de gás nitrogênio pela superfície do líquido. Após a evaporação do solvente, retire o tubo de ensaio do banho e seque a parede externa do tubo. Pese o tubo de ensaio para determinar a quantidade de soluto sólido que estava na camada de cloreto de metileno. Determine, por diferença, a quantidade de sólido que estava dissolvido na camada de água. Calcule o coeficiente de distribuição do sólido entre cloreto de metileno e água. Como os volumes de cloreto de metileno e de água eram iguais, o coeficiente de distribuição pode ser calculado divindo-se o peso do soluto no cloreto de metileno pelo peso do soluto em água.

Exercício Opcional. Repita o procedimento acima usando 0,075 g de cafeína, 3,0 mL de cloreto de metileno e 3,0 mL de água. Determine o coeficiente de distribuição da cafeína entre o cloreto de metileno e a água. Compare o valor encontrado com o valor da literatura, 4,6.

PARTE C. COMO VOCÊ DETERMINA QUAL É A CAMADA ORGÂNICA?

Um problema comum que você pode encontrar durante um procedimento de extração é não saber com certeza qual é a camada de solvente orgânico e qual é a camada de água. Embora, neste livro-texto, os procedimentos indiquem quase sempre as posições relativas das duas camadas, nem sempre isto é feito, e você deve estar preparado para surpresas. Às vezes não basta conhecer as densidades dos dois solventes porque as substâncias dissolvidas podem alterar significativamente a densidade de uma solução. É muito importante saber a posição relativa das duas camadas porque geralmente uma delas contém o produto desejado e a outra deve ser descartada. Um engano neste ponto do experimento seria desastroso!

O objetivo deste experimento é dar-lhe alguma prática na determinação da natureza das duas camadas (veja a Técnica 12, Seção 12.8, página 605). Como descrito na Seção 12.8, uma técnica efetiva é adicionar algumas gotas de água a cada camada após a separação. Se a camada for água, as gotas adicionadas irão se dissolver e aumentar o volume da camada. Se houver formação de gotas ou de uma nova camada, então trata-se do solvente orgânico.

Procedimento

Tome três tubos de ensaio, cada um contendo duas camadas.[4] Você conhece a identidade dos solventes, mas não, a posição relativa deles. Determine experimentalmente qual é a camada orgânica e qual é a camada de água. Coloque as misturas no recipiente designado para rejeitos orgânicos halogenados. Após a determinação, encontre as densidades dos vários líquidos em um manual para ver se há correlação entre as densidades e os seus resultados.

PARTE D. USO DA EXTRAÇÃO PARA ISOLAR UM COMPOSTO NEUTRO DE UMA MISTURA QUE CONTÉM UMA IMPUREZA ÁCIDA OU BÁSICA

Para este experimento você receberá uma amostra sólida que contém um composto neutro desconhecido e uma impureza ácida ou básica. O objetivo é retirar o ácido ou a base por extração e isolar o composto neutro. A obtenção do ponto de fusão do composto neutro permitirá sua identificação em uma lista de possíveis compostos. Em muitas reações orgânicas o produto desejado, um composto neutro, está contaminado por impurezas ácidas ou básicas. Este experimento mostra como se pode usar a extração para isolar o produto quando isto acontece.

Na Técnica 10, "Solubilidade", você aprendeu que ácidos e bases orgânicas podem tornar-se íons em reações ácido-base (veja "Soluções em que o soluto se ioniza e dissocia", página 573). Se necessário, releia este material antes de continuar. Usando este princípio, você pode separar uma impureza ácida ou básica de um composto neutro. O esquema a seguir, que mostra como uma impureza ácida e uma impureza básica são removidas do produto desejado, ilustra o procedimento:

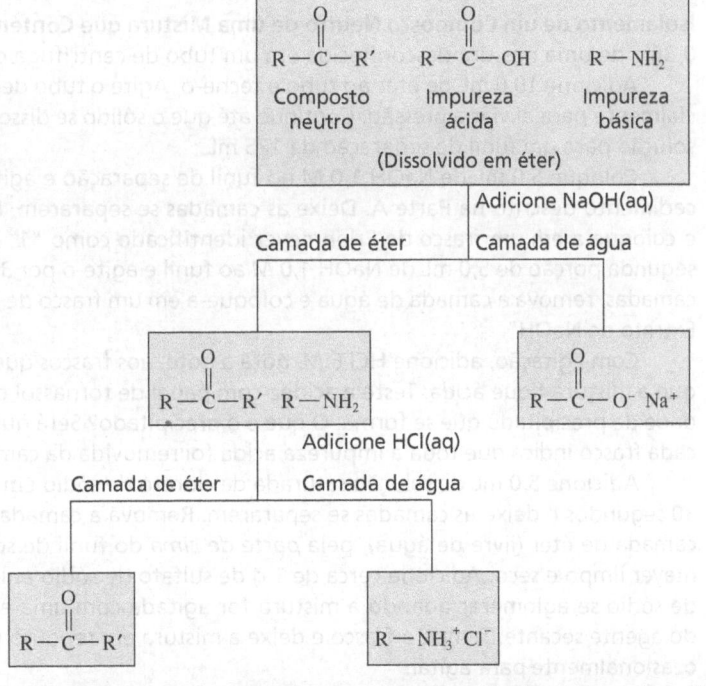

```
        O           O
        ||          ||
     R—C—R'      R—C—OH       R—NH₂
     Composto    Impureza     Impureza
      neutro      ácida        básica
           (Dissolvido em éter)
                     |
                     | Adicione NaOH(aq)
        Camada de éter    Camada de água
              |                  |
        O                        O
        ||                       ||
     R—C—R'  R—NH₂            R—C—O⁻ Na⁺
              |
              | Adicione HCl(aq)
        Camada de éter    Camada de água
              |                  |
        O
        ||
     R—C—R'                  R—NH₃⁺ Cl⁻
```

Diagrama de fluxo que mostra como remover impurezas ácidas e básicas do produto desejado.

---

[4] As três misturas podem ser (1) água e cloreto de *n*-butila, (2) água e brometo de *n*-butila e (3) brometo de *n*-butila e uma solução saturada de brometo de sódio em água.

O produto neutro pode, agora, ser isolado por remoção da água dissolvida no éter e pela evaporação do éter. Como o éter dissolve uma quantidade relativamente grande de água (1,5%), a remoção da água deve ser feita em duas etapas. Na primeira, a solução de éter é misturada com uma solução saturada de NaCl em água. A maior parte da água contida na camada de éter passará para a camada de água (veja a Técnica 12, Seção 12.9, página 606). Por fim, a água restante é removida por secagem da camada de éter sobre sulfato de sódio anidro. O composto orgânico pode, agora, ser obtido por evaporação do éter. Na maior parte dos experimentos orgânicos que usam um esquema de separação semelhante a este, seria necessária uma etapa de cristalização para purificar o composto neutro. Neste experimento, porém, o composto neutro está suficientemente puro para permitir a sua identificação pelo ponto de fusão.

O solvente orgânico usado neste experimento é o éter. Note que o nome completo do éter é dietil-éter. Como o éter é menos denso do que a água, este experimento vai lhe dar prática em extrações nas quais o solvente apolar é menos denso do que a água.

O procedimento abaixo mostra em detalhes como remover uma impureza ácida de um composto neutro e como isolar o composto neutro. Ele inclui uma etapa que normalmente não faz parte de esquemas de separação deste tipo: as camadas de água de cada extração são separadas e acidificadas com HCl em água. O objetivo desta etapa é verificar se a impureza ácida foi removida completamente da camada de éter. No Exercício Opcional, a amostra contém um composto neutro com uma impureza básica, mas não mostramos um procedimento detalhado. Você deve criar seu próprio procedimento usando os princípios discutidos nesta introdução e estudando o procedimento descrito abaixo para o isolamento de um composto neutro de uma impureza ácida.

Procedimento

Isolamento de um Composto Neutro de uma Mistura que Contém uma Impureza Ácida. Coloque 0,36 g de uma mistura desconhecida em um tubo de centrífuga com tampa de rosca.[5]

Adicione 10,0 mL de éter ao tubo e feche-o. Agite o tubo delicadamente, destampando-o parcialmente para aliviar a pressão. Continue até que o sólido se dissolva completamente. Transfira esta solução para um funil de separação de 125 mL.

Coloque 5,0 mL de NaOH 1,0 *M* no funil de separação e agite por 30 segundos usando o procedimento descrito na Parte A. Deixe as camadas se separarem. Remova a camada inferior (água) e coloque-a em um frasco de Erlenmeyer identificado como "1° Extrato de NaOH". Adicione uma segunda porção de 5,0 mL de NaOH 1,0 *M* ao funil e agite-o por 30 segundos. Após a separação das camadas, remova a camada de água e coloque-a em um frasco de Erlenmeyer identificado como "2° Extrato de NaOH".

Com agitação, adicione HCl 6 *M*, gota a gota, aos frascos que contêm os extratos de NaOH até que a mistura fique ácida. Teste a acidez com papel de tornassol ou papel de pH. Observe a quantidade de precipitado que se forma. O que é o precipitado? Será que a quantidade de precipitado em cada frasco indica que toda a impureza ácida foi removida da camada de éter?

Adicione 5,0 mL de solução saturada de cloreto de sódio em água à camada de éter. Agite por 30 segundos e deixe as camadas se separarem. Remova a camada de água e descarte-a. Derrame a camada de éter (livre de água), pela *parte de cima* do funil de separação, em um frasco de Erlenmeyer limpo e seco. Adicione cerca de 1 g de sulfato de sódio anidro para secar o éter. Se o sulfato de sódio se aglomerar quando a mistura for agitada com uma espátula, adicione um pouco mais do agente secante. Tampe o frasco e deixe a mistura em repouso por 10 a 15 minutos. Gire o frasco ocasionalmente para agitar.

Com uma pipeta Pasteur seca e limpa, transfira a solução de éter seco para um frasco de Erlenmeyer seco, de peso conhecido, sem arrastar o agente de secagem. Evapore o éter por aquecimento em um banho de água morna. Esta operação deve ser feita em capela e pode ser acelerada se você passar uma corrente de ar seco ou de gás nitrogênio pela superfície do líquido (veja a Técnica 7, Seção 7.10, página 545).[6] Após a evaporação do solvente, remova o frasco do banho e seque sua parte

---

[5] A mistura contém 0,24 g de um dos compostos neutros da lista da página 43 e 0,12 g de ácido benzóico, a impureza ácida.

[6] Ver a nota 3, página 32.

externa. Deixe o frasco esfriar até a temperatura normal e pese-o para determinar a quantidade de soluto sólido que estava na camada de éter. Obtenha o ponto de fusão do sólido e identifique-o usando a tabela seguinte:

	Ponto de fusão (°C)
Fluorenona	82–85
Fluoreno	116–117
1,2,4,5-Tetracloro-benzeno	139–142
Trifenil-metanol	162–164

Exercício Opcional: Isolamento de um Composto Neutro de uma Mistura que Contém uma Impureza Básica. Use 0,36 g de uma mistura desconhecida que contém um composto neutro e uma impureza básica.[7] Desenvolva um procedimento para isolar o composto neutro usando o procedimento precedente como modelo. Após o isolamento do composto neutro, obtenha seu ponto de fusão e identifique-o na lista de compostos dada acima.

PARTE E. APLICAÇÃO DO PENSAMENTO CRÍTICO

Procedimento

1. Coloque 4 mL de água e 2 mL de cloreto de metileno em um tubo de centrífuga com tampa de rosca.
2. Coloque no tubo 4 gotas da solução A. A solução A é uma solução diluída de hidróxido de sódio em água que contém um composto orgânico.[8] Agite a mistura por cerca de 30 segundos com um movimento circular rápido. Descreva a cor de cada camada (ver tabela seguinte).

		Cor
Etapa 2	Água	
	Cloreto de etileno	
Etapa 3	Água	
	Cloreto de etileno	
Etapa 4	Água	
	Cloreto de etileno	

3. Adicione 2 gotas de HCl 1 M. Deixe em repouso por 1 minuto e observe a alteração de cor. Agite por cerca de 1 minuto usando um movimento circular rápido. Descreva a cor de cada camada.
4. Adicione 4 gotas de NaOH 1 M e agite novamente por cerca de 1 minuto. Descreva a cor de cada camada.

---

[7] A mistura contém 0,24 g de um dos compostos neutros listados acima e 0,12 g de 4-amino-benzoato de etila, a impureza básica.

[8] Solução A: Misture 25 mg de 2,6-dicloro-indofenol (sal de sódio) com 50 mL de água e 1 mL de NaOH 1 M. Esta solução deve ser usada no mesmo dia em que for preparada.

RELATÓRIO

Parte A

1. Mostre seus cálculos da quantidade de cafeína que deveria ser extraída pelas três porções de 5,0 mL de cloreto de metileno (veja Cálculo Preliminar).
2. Registre a quantidade de cafeína isolada. Compare este peso com a quantidade calculada no Cálculo Preliminar. Comente a semelhança ou a diferença.

Parte B

1. Registre em uma tabela os coeficientes de distribuição dos três sólidos: ácido benzóico, ácido succínico e benzoato de sódio.
2. Existe uma correlação entre os valores dos coeficientes de distribuição e as polaridades dos três compostos? Explique.
3. Se você completou o Exercício Opcional, compare o coeficiente de distribuição obtido para a cafeína com o valor correspondente da literatura. Comente a semelhança ou a diferença.

Parte C

1. Para cada uma das três misturas, registre qual camada estava no fundo e qual camada estava acima. Explique como você chegou a esta conclusão.
2. Registre as densidades dos líquidos dadas em um manual.
3. Há correlação entre as densidades e seus resultados? Explique.

Parte D

1. Responda às seguintes questões sobre o primeiro e o segundo extratos de NaOH.
   a. Comente a quantidade de precipitado em ambos os extratos quando da adição de NaOH.
   b. Qual é o precipitado que se forma quando HCl é adicionado?
   c. Será que a quantidade de precipitado em cada tubo indica que toda a impureza ácida foi removida da camada de éter que contém o composto neutro desconhecido?
2. Registre o ponto de fusão e o peso do composto neutro que você isolou.
3. Com base no ponto de fusão, qual é a identidade do composto isolado?
4. Calcule a percentagem de recuperação do composto neutro. Liste as possíveis fontes de perdas.

Se você completou o Exercício Opcional, complete as etapas de 1 a 4 para a Parte D.

Parte E

Descreva em detalhes o que ocorreu nas etapas 2, 3 e 4. Para cada etapa inclua (1) a natureza (cátion, ânion ou neutro) do composto orgânico, (2) uma explicação para todas as mudanças de cor e (3) uma explicação da cor de cada etapa. Sua explicação para o ítem (3) deve ser baseada em princípios de solubilidade e nas polaridades dos dois solventes. (*Sugestão*: pode ser útil rever as seções de seu livro-texto de química geral que tratam de ácidos, bases e indicadores ácido-base.)

REFERÊNCIA

Kelly, T. R. "A Simple, Colorful Demonstration of Solubility and Acid/Base Extraction." *Journal of Chemical Education*, 70 (1993): 848.

QUESTÃO

1. A cafeína tem coeficiente de distribuição entre cloreto de metileno e água igual a 4,6. Se 52 mg de cafeína são colocados em um frasco cônico contendo 2 mL de água e 2 mL de cloreto de metileno, qual será a quantidade de cafeína em cada camada após agitação?

EXPERIMENTO 4

Cromatografia

Cromatografia em camada fina
Cromatografia em coluna
Como seguir uma reação com a cromatografia em camada fina

A cromatografia é, talvez, a técnica mais importante usada pelos químicos para separar os componentes de uma mistura. A técnica envolve a distribuição de compostos ou íons diferentes da mistura entre duas fases, uma estacionária, e outra, móvel. O princípio de funcionamento da cromatografia é muito semelhante ao da extração com solvente. Na extração, os componentes da mistura distribuem-se entre dois solventes de acordo com sua solubilidade nos dois solventes. Na cromatografia, o processo de separação depende das diferenças de adsorção dos componentes da mistura na fase estacionária e de quão solúvel eles são na fase móvel. Estas diferenças dependem principalmente das polaridades relativas dos componentes da mistura.

Existem muitos tipos diferentes de técnicas cromatográficas que vão da cromatografia em camada fina, que é relativamente simples e barata, à cromatografia líquida de alta eficiência, que é muito complexa e cara. Neste experimento, você vai usar duas das técnicas cromatográficas mais utilizadas: a cromatografia em camada fina e a cromatografia em coluna. O objetivo deste experimento é dar-lhe prática nestas duas técnicas, ilustrar os princípios das separações cromatográficas e mostrar como as cromatografias em camada fina e em coluna são usadas na química orgânica.

Leitura necessária

Nova: Técnica 19   Cromatografia em Coluna
        Técnica 20   Cromatografia em Camada Fina

Instruções especiais

Muitos solventes inflamáveis são utilizados neste experimento. Use o bico de Bunsen para fazer micropipetas em uma parte afastada do laboratório, longe de onde os solventes estão sendo usados. A cromatografia em camada fina deve ser feita na capela.

Sugestão para eliminação de resíduos

Coloque o cloreto de metileno no recipiente destinado aos rejeitos orgânicos halogenados. Coloque os demais solventes orgânicos no recipiente destinado aos rejeitos orgânicos não-halogenados. Coloque a alumina no recipiente destinado à alumina úmida.

Notas para o professor

A coluna cromatográfica deve ser feita com alumina ativada de EM Science (No. AX0612-1). O tamanho das partículas deve ser de 80 a 200 mesh e o material, do tipo F-20. A alumina deve ser colocada em estufa durante a noite em 110°C para secar e deve ser guardada em uma garrafa bem-selada. Alumina guardada há muito tempo pode exigir um tempo mais longo de secagem em temperatura mais elevada.

Use, no caso da cromatografia em camada fina (CCF), placas de sílica gel flexível da Whatman, com um indicador fluorescente (No. 4410 222). Se as placas foram adquiridas há muito tempo, elas devem ser colocadas em uma estufa em 100°C por 30 minutos e guardadas em um dessecador até o uso. Se você for usar alumina ou placas de camada fina de diferentes origens, tente executar o experimento antes de usá-las com uma turma. Materiais diferentes dos especificados aqui podem dar resultados diferentes dos indicados neste experimento.

Moa os flocos de fluorenona em pedaços menores para melhor distribuição pelos alunos.

PARTE A. CROMATOGRAFIA EM CAMADA FINA

Neste experimento você vai usar a cromatografia em camada fina (CCF) para separar uma mistura de três compostos: fluoreno, fluorenol e fluorenona.

Fluoreno   Fluorenol   Fluorenona

Usando resultados obtidos de amostras conhecidas destes compostos, você vai determinar quais deles estão presentes em uma amostra desconhecida. O uso de CCF para identificar os componentes de uma amostra é uma aplicação comum desta técnica.

Procedimento

Preparação da Placa de CCF. A Técnica 20 descreve os procedimentos usados na cromatografia em camada fina. Use uma placa de 10 cm por 5,3 cm de CCF (Whatman Silica Gel No. 4410 222). Estas placas são flexíveis, mas não devem ser curvadas excessivamente. Elas devem ser manipuladas com cuidado, pois o adsorvente pode se esfarelar. Toque-as somente pelas bordas, nunca toque a superfície das placas. Use um lápis marcador (não uma caneta) para marcar uma linha horizontal (na dimensão menor da placa) a cerca de 1 cm da extremidade (ver a figura da página seguinte). Use uma régua, afaste-a cerca de 0,6 cm da extremidade da placa e faça cinco leves marcas verticais a intervalos de 1 cm na placa. O cruzamento das linhas corresponde aos pontos em que as amostras serão aplicadas.

Prepare cinco micropipetas, uma para cada um dos cinco pontos de aplicação (*spots*). A preparação das pipetas é descrita e ilustrada na Técnica 20, Seção 20.4, página 697. Prepare a câmara de desenvolvimento da CCF com cloreto de metileno (veja a Técnica 20, Seção 20.5, página 698). Um bécher coberto com folha de alumínio ou uma garrafa de rolha em rosca com boca larga são apropriados (veja a Figura 20.4, página 698.). O suporte das placas de CCF é muito fino; logo, se eles tocarem o papel de filtro da câmara de desenvolvimento, o solvente começará a se difundir na superfície do adsorvente naquele ponto. Para evitar que isto aconteça, garanta que o papel de filtro não cubra completamente o interior da câmara. Um espaço de cerca de 6 cm de largura deve ser utilizado. (*Nota*: esta câmara de desenvolvimento será usada também nas Partes C e D deste experimento.)

Começando pela esquerda da placa, aplique fluoreno, fluorenol, fluorenona, a mistura desconhecida e a mistura de referência com os três compostos.[1] Use uma micropipeta diferente para

---

[1] Nota para o professor: As soluções dos compostos e da mistura com os três compostos devem estar na concentração de 2% em acetona. A mistura desconhecida pode conter um, dois ou três dos compostos em acetona.

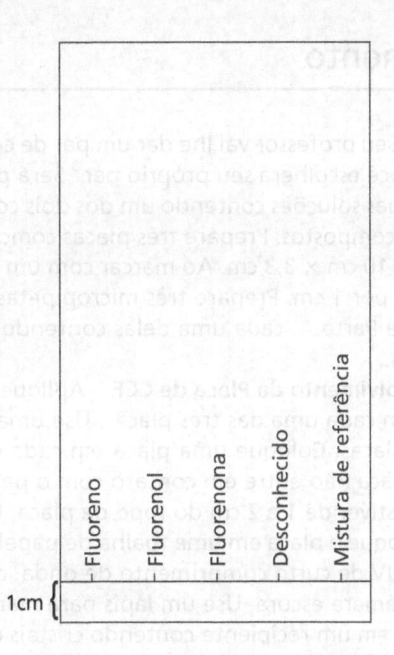

Preparação de uma placa de CCF.

(Etiquetas na placa: Fluoreno | Fluorenol | Fluorenona | Desconhecido | Mistura de referência)

cada uma das cinco amostras. O método correto de aplicação de amostras em uma placa de CCF está descrito na Técnica 20, Seção 20.4, página 697. Admita parte da amostra na pipeta (não use um bulbo de borracha, a capilaridade é suficiente). Aplique a amostra com um *leve* toque da pipeta na placa. O diâmetro da mancha não deve ser superior a 2 mm. Usualmente é suficiente tocar a placa uma ou duas vezes, deixando o solvente evaporar entre aplicações sucessivas, e tocar a placa sempre da mesma maneira a cada vez. Guarde as amostras para o caso de ser preciso repetir o experimento.[2]

Desenvolvimento da Placa de CCF. Coloque a placa de CCF na câmara de desenvolvimento. Tenha o cuidado de não deixar a placa entrar em contato com o papel de filtro. Remova a placa quando a frente de solvente tiver chegado a 1-2 cm do topo da placa. Use um lápis para marcar a posição da frente de solvente. Coloque a placa sobre uma toalha de papel para secar. Quando a placa estiver seca, coloque-a em um recipiente contendo cristais de iodo, tampe o frasco e aqueça-o *levemente* em uma placa de aquecimento até que as manchas comecem a aparecer. Remova a placa e marque com cuidado as manchas que aparecerem com o tratamento com iodo. Meça a distância em milímetros que cada mancha viajou relativa à posição da frente de solvente. Calcule o valor de R_f de cada mancha (veja a Técnica 20, Seção 20.9, página 701). Explique as posições relativas dos três compostos em termos de suas polaridades. Identifique os compostos que estão na mistura desconhecida. A critério do professor, inclua a placa de CCF em seu relatório.

PARTE B. SELEÇÃO DO SOLVENTE CORRETO PARA A CROMATOGRAFIA EM CAMADA FINA

Na parte A, você conhecia o solvente a ser usado no desenvolvimento da placa de CCF. Em alguns experimentos, entretanto, será necessário determinar o solvente apropriado por tentativas (Técnica 20, Seção 20.6, página 699). Neste experimento você será instruído a tentar separar um par de compostos com polaridades ligeiramente diferentes usando três solventes. Somente um dos solventes irá separar os dois compostos o suficiente para que eles possam ser identificados com facilidade. Você deverá explicar em termos de polaridades por que os outros dois solventes falharam.

---

[2] Após ter desenvolvido a placa e visto as manchas você saberá se será necessário repetir o experimento. Se as manchas estiverem muito fracas para serem vistas claramente será necessário aplicar mais amostra. Se alguma mancha mostrar uma cauda (veja a página 701), menos amostra será necessária.

Procedimento

Preparação. Seu professor vai lhe dar um par de compostos para correr uma placa de CCF. Alternativamente, você escolherá seu próprio par.[3] Será preciso preparar cerca de 0,5 mL de três soluções diferentes: duas soluções contendo um dos dois compostos separadamente e uma solução contendo ambos os compostos. Prepare três placas como descrito na Parte A, à exceção de que as placas devem ser de 10 cm × 3,3 cm. Ao marcar com um lápis as posições para a aplicação, faça três marcas afastadas por 1 cm. Prepare três micropipetas para aplicar as soluções. Prepare três câmaras, como feito na Parte A, cada uma delas contendo um dos três solventes sugeridos para o seu par de compostos.

Desenvolvimento da Placa de CCF. Aplique os dois compostos isolados e a mistura dos dois compostos em cada uma das três placas. Use uma micropipeta diferente para aplicar cada amostra nas três placas. Coloque uma placa em cada câmara de desenvolvimento, tomando cuidado para que a placa não entre em contato com o papel de filtro. Remova as placas quando a frente de solvente estiver de 1 a 2 cm do topo da placa. Use um lápis para marcar a posição da frente de solvente. Coloque a placa em uma toalha de papel para secar. Quando a placa estiver seca use uma lâmpada de UV de curto comprimento de onda, de preferência em uma capela com luz apagada ou em uma câmara escura. Use um lápis para marcar as manchas que aparecerem. A seguir, coloque as placas em um recipiente contendo cristais de iodo, tampe o frasco e aqueça-o *suavemente* em uma placa de aquecimento até que as manchas comecem a aparecer. Remova as placas e marque cuidadosamente todas as manchas visíveis após o tratamento com iodo. Meça a distância que cada mancha percorreu em relação à frente de solvente. Calcule o valor de R_f de cada mancha. A critério do professor, inclua a placa de CCF em seu relatório.

Qual dos três solventes resolveu os dois compostos? Explique em termos de polaridades por que os outros dois solventes não separaram os compostos.

PARTE C. COMO SEGUIR UMA REAÇÃO COM A CROMATOGRAFIA EM CAMADA FINA

A cromatografia em camada fina é um método conveniente para acompanhar o progresso de uma reação (Técnica 20, Seção 20.10, página 701). A técnica é especialmente útil quando as condições ótimas de reação ainda não foram estabelecidas. Usar a CCF para seguir o desaparecimento de um reagente e o aparecimento de um produto torna relativamente fácil decidir quando uma reação se completou. Neste experimento você vai seguir a redução de fluorenona a fluorenol.

$$\text{Fluorenona} \xrightarrow[\text{CH}_3\text{OH}]{\text{NaBH}_4} \text{Fluorenol}$$

Embora as condições de reação apropriadas para esta reação já sejam conhecidas, o uso da CCF para acompanhar a reação vai lhe mostrar como usar esta técnica.

---

[3] Observação para o professor: A lista seguinte sugere possíveis pares de compostos. Os dois compostos do par são dados primeiro, seguindo-se os três solventes a tentar. (1) benzoína e benzila; acetona, cloreto de metileno e hexano; (2) vanilina e álcool vanilílico; acetona, tolueno-acetato de etila 1/1, hexano; (3) difenil-metanol e benzofenona; acetona, hexano(70%)-acetona(30%), hexano. Cada composto do par deve ser preparado isoladamente e como uma mistura de dois compostos. Prepare todos eles em soluções em acetona a 1%.

Procedimento

Preparação. Trabalhe com um colega nesta parte do experimento. Prepare duas placas para CCF como você fez na Parte A, à exceção de que uma das placas deve ser de 10 cm × 5,3 cm, e a outra, de 10 cm × 4,3 cm. Ao marcar as placas com um lápis para aplicação, faça cinco marcas separadas por 1 cm na primeira placa e quatro na segunda. Durante a reação, você retirará cinco amostras nos tempos de 0, 15, 30, 60 e 120 segundos. Três destas amostras devem ser colocadas na placa maior, e duas, na placa menor. Além disto, aplique em cada placa duas soluções de referência, uma contendo fluorenona, e a outra, fluorenol. Use um lápis para indicar no topo de cada placa de que amostra se trata. Escreva o tempo em segundos e uma abreviação para os compostos de referência. Use a mesma câmara de desenvolvimento com cloreto de metileno que você usou na Parte A. Prepare sete micropipetas para aplicar as misturas nas placas.

Corrida da Reação. Após adicionar o boro-hidreto de sódio à mistura de reação (veja o próximo parágrafo), retire amostras nos tempos indicados. Como isto deve ser feito em tempos muito curtos, você deve estar bem-preparado antes de começar a reação. Uma pessoa deveria marcar o tempo, e a outra, retirar as amostras e aplicá-las nas placas. Aplique cada amostra uma vez, usando uma pipeta diferente para cada amostra.

Coloque uma barra de agitação magnética (Figura 7.8A ou 7.8C, página 537) em um frasco de Erlenmeyer de 25 mL. Coloque 0,4 g de fluorenona e 8 mL de metanol no frasco. Coloque-o em uma placa de agitação magnética e agite a mistura até a total dissolução do sólido. Retire a primeira amostra (a amostra de 0 segundos) e aplique-a na placa. Use um papel liso de pesagem, pese 0,040 g de boro-hidreto de sódio e coloque rapidamente o material no frasco de reação.[4] Se você demorar muito, o boro-hidreto ficará pegajoso, porque ele absorve umidade do ar. Comece a marcar o tempo de reação assim que o boro-hidreto for adicionado. Use micropipetas para retirar amostras da mistura de reação nos seguintes tempos: 15, 30, 60 e 120 segundos. Use uma micropipeta diferente a cada vez e aplique cada amostra em uma placa de CCF como descrito acima. Aplique em cada placa as soluções de referência contendo fluorenona e fluorenol em acetona. Após o desenvolvimento e a secagem da placa, visualize as manchas com iodo, como descrito na Parte A. Faça um esboço de suas placas e registre os resultados em seu caderno. Será que estes resultados indicam que a reação chegou ao fim? Além dos resultados da CCF, que outra evidência visível indica que a reação terminou? Explique.

Exercício Opcional: Isolamento do Fluorenol. Use uma pipeta Pasteur para transferir a mistura de reação para outro frasco de Erlenmeyer de 25 mL, deixando a barra magnética de agitação no frasco inicial. Adicione 2 mL de água e aqueça a mistura quase até a fervura por cerca de 2 minutos. Deixe-a esfriar lentamente até a temperatura normal para cristalizar o produto. Coloque o frasco em um banho de gelo e água por vários minutos para completar a cristalização. Colete os cristais por filtração a vácuo usando um funil de Büchner pequeno (Técnica 8, Seção 8.3, página 554). Lave os cristais com três porções de 2 mL de uma mistura bem-gelada de 80% de metanol e 20% de água. Após secar os cristais, pese-os e determine o ponto de fusão (literatura, 153-154°C).

PARTE D. CROMATOGRAFIA EM COLUNA

Os princípios da cromatografia em coluna são muito semelhantes aos da cromatografia em camada fina. A principal diferença é que a fase móvel, na cromatografia em coluna, viaja de cima para baixo, enquanto na CCF o solvente sobe a placa. A cromatografia em coluna é usada mais freqüentemente do que a CCF para separar quantidades relativamente grandes de compostos. Com a cromatografia em coluna é possível coletar amostras puras dos compostos separados e testá-las. Neste experimento, o fluoreno e a fluorenona serão separados com alumina como adsorvente. Como a fluorenona é mais polar do que o fluoreno, ela vai adsorver mais fortemente na alumina. O fluoreno vai eluir com um solvente apolar, o hexano, enquanto a fluorenona só sairá com um solvente mais polar (30% de acetona-70% de hexano) na coluna. A pureza dos dois compostos será testada por CCF e pontos de fusão.

---

[4] Nota para o professor: O boro-hidreto de sódio deve ser examinado para determinarmos se continua ativo. Coloque uma pequena quantidade do material em pó em metanol e aqueça cuidadosamente. Se o hidreto estiver ativo, a solução irá borbulhar vigorosamente.

Procedimento

Preparação Prévia. Antes de correr a coluna, separe a vidraria e os reagentes seguintes. Prepare quatro tubos de ensaio (16 × 100 mm) secos e numere-os de 1 a 4. Prepare duas pipetas Pasteur secas com bulbos de borracha. Coloque 9,0 mL de hexano, 2,0 mL de acetona e 2,0 mL de uma solução de 70% de hexano-30% de acetona (por volume) em três frascos de Erlenmeyer separados. Identifique cada frasco e feche-o. Coloque 0,3 mL de uma solução contendo fluoreno e fluorenona em um tubo de ensaio pequeno.[5] Feche o tubo de ensaio. Prepare uma placa de CCF de 10 cm × 4,3 cm com quatro marcas para aplicação. Use a mesma câmara de desenvolvimento usada na Parte A. Prepare quatro micropipetas para aplicação nas placas.

Prepare uma coluna de cromatografia empacotada com alumina. Coloque uma chumaço de algodão em uma pipeta Pasteur (15 cm) em posição com a ajuda de um bastão de vidro (veja na figura a posição correta do chumaço de algodão). *Não empurre o chumaço de algodão com força porque isto fará com que o solvente percole a coluna muito lentamente.* Use uma lima para marcar a pipeta Pasteur cerca de 1 cm abaixo do chumaço de algodão. Para quebrar a ponta da pipeta, ponha seus dois polegares sobre a posição marcada e empurre-a rapidamente com ambos os polegares.

Cuidado: Use luvas ou uma toalha para proteger suas mãos de cortes antes de quebrar a pipeta.

Coloque 1,25 g de alumina (EM Science, No. AX0612-1) na pipeta batendo ligeiramente na coluna com seu dedo. Após adicionar toda a alumina, bata com o dedo na coluna por vários segundos para garantir que a alumina esteja bem-empacotada. Prenda a coluna na posição vertical de modo que a base da coluna fique exatamente acima dos tubos de ensaio que você preparou para coletar as frações. Coloque o tubo de ensaio 1 sob a coluna.

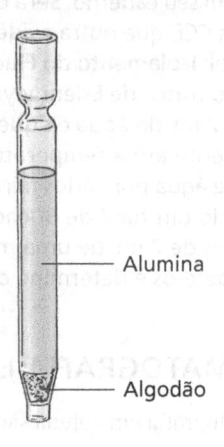

Coluna de cromatografia.

Corrida da Coluna. Use uma pipeta Pasteur para colocar cuidadosamente 3 mL de hexano na coluna. A coluna deve estar completamente umidecida pelo solvente. Retire o excesso de hexano até que ele esteja imediatamente acima da alumina. Após a adição do hexano, o topo da coluna não deve ficar seco. Se necessário, adicione mais hexano.

---

[5] Nota para o professor: Esta solução deve ser preparada para toda a turma por dissolução de 0,3 g de fluoreno e 0,3 g de fluorenona em 9,0 mL de uma mistura de 5% de cloreto de metileno e 95% de hexano. Guarde a solução em um recipiente fechado para evitar a evaporação do solvente. Isto dará uma quantidade suficiente para 20 estudantes, imaginando que ocorrerão poucas perdas por derramamento ou por outras razões.

> **Nota:** É essencial que o nível do líquido não fique abaixo da superfície de alumina em nenhum momento do procedimento

Quando o nível do hexano estiver imediatamente acima da alumina, coloque na coluna, com uma pipeta Pasteur, a solução contendo fluoreno e fluorenona. Comece a coletar o eluente no tubo de ensaio 2. Assim que a solução penetrar na coluna, adicione 1 mL de hexano e deixe eluir até que a superfície do líquido fique imediatamente acima da alumina. Adicione mais 5 mL de hexano. Quando o fluoreno começar a eluir e sair da coluna, ocorrerá evaporação do hexano e formação de cristais na ponta do tubo. Use uma pipeta Pasteur para dissolver os cristais com algumas gotas de acetona. Poderá ser necessário repetir esta operação várias vezes. Colete as soluções de acetona no tubo de ensaio 2.

Após ter adicionado todo o hexano, passe ao solvente mais polar (70% de hexano e 30% de acetona).[6] Ao trocar o solvente, não adicione o novo solvente até que o solvente anterior tenha penetrado ligeiramente na coluna. A banda amarela (fluorenona) deveria, agora, começar a descer na coluna. Assim que a banda amarela atingir o fundo da coluna, coloque o tubo de ensaio 3 sob a coluna. Quando o eluente ficar incolor novamente, coloque o tubo de ensaio 4 sob a coluna e pare o experimento.

O tubo de ensaio 2 deve conter o fluoreno, e o tubo de ensaio 3, a fluorenona. Teste a pureza destas amostras com CCF. Você terá de aplicar várias vezes a solução do tubo de ensaio 2 a fim de transferir amostra suficiente para que se possa ver as manchas. Aplique na placa, também, as duas soluções de referência contendo fluoreno e fluorenona. Após desenvolver a placa e secá-la, visualize as manchas com iodo. O que os resultados da CCF indicam sobre as purezas das duas amostras?

Use um banho de água morna (de 40 a 60°C) e uma corrente de ar ou de gás nitrogênio para evaporar o solvente dos tubos de ensaio 2 e 3. Assim que todo o solvente se evaporar, remova os tubos de ensaio do banho de água. É possível que o tubo 3 mostre um óleo amarelo, mas este deve se solidificar quando o tubo esfriar até a temperatura normal. Se isto não acontecer, esfrie o tubo em um banho de gelo e água e raspe o fundo do tubo com um bastão de vidro ou uma espátula. Determine os pontos de fusão do fluoreno e da fluorenona. O ponto de fusão do fluoreno é 116-117°C, e o da fluorenona é 82-85°C.

RELATÓRIO

Parte A

1. Calcule os valores de R_f para cada mancha. Inclua a placa ou um esboço da placa em seu relatório.
2. Explique os valores relativos de R_f do fluoreno, fluorenol e fluorenona em termos de suas polaridades e estruturas.
3. Dê a composição do desconhecido que você recebeu.

Parte B

1. Registre os nomes e as estruturas dos dois compostos que você separou na CCF.
2. Que solvente resolveu os dois compostos?
3. Explique, em termos de polaridades, por que os outros solventes não funcionaram.

---

[6] Às vezes a fluorenona também se move na coluna com o hexano. Se a banda amarela começar a sair da coluna, passe para o tubo de ensaio 3.

Parte C

1. Faça um esboço da placa de CCF ou inclua a própria placa em seu relatório. Interprete os resultados. Quando a reação se completou?
2. Que outra evidência visível indicou que a reação se completou?
3. Se você isolou o fluorenol, registre o ponto de fusão e o peso do produto.

Parte D

1. Descreva os resultados de CCF das amostras dos tubos de ensaio 2 e 3. O que isto indica sobre as purezas das duas amostras?
2. Registre os pontos de fusão dos sólidos secos encontrados nos tubos de ensaio 2 e 3. O que eles indicam sobre a pureza das duas amostras?

QUESTÕES

1. Cada um dos solventes mencionados deveria separar efetivamente uma das seguintes misturas por CCF. Faça corresponder o solvente apropriado e a mistura que você esperaria que fosse separada naquele solvente. Selecione seu solvente dentre os seguintes: hexano, cloreto de metileno ou acetona. Talvez você precise conferir as estruturas dos solventes e dos compostos em um manual.
   a. 2-Fenil-etanol e acetofenona
   b. 4-Bromo-benzeno e p-xileno
   c. Ácido benzóico, ácido 2,4-dinitro-benzóico e ácido 2,4,6-trinitro-benzóico
2. As questões seguintes relacionam-se ao experimento de cromatografia em coluna feito na Parte D.
   a. Por que o fluoreno elui primeiro da coluna?
   b. Por que o solvente foi trocado no meio do desenvolvimento da coluna?
3. Examine as seguintes fontes de erro possíveis durante a corrida de CCF. Indique o que pode ser feito para corrigir o erro.
   a. Uma mistura de dois componentes contendo 1-octeno e 1,4-dimetil-benzeno deu apenas uma mancha com R_f igual a 0,95. O solvente usado foi acetona.
   b. Uma mistura de dois componentes contendo um ácido dicarboxílico e um ácido tricarboxílico deu apenas uma mancha com R_f igual a 0,05. O solvente usado foi hexano.
   c. Quando uma placa de CCF foi desenvolvida, a frente de solvente atingiu o topo da placa.

EXPERIMENTO 5

Destilação Simples e Fracionada

Destilação simples
Destilação fracionada
Cromatografia a gás

A destilação é uma técnica freqüentemente usada para separar e purificar um componente líquido de uma mistura. De forma simples, a destilação envolve o aquecimento de uma mistura líquida até o ponto de ebulição em que o líquido se converte em vapor. Os vapores, ricos no componente mais volátil, são, então, condensados em um recipiente separado. Quando as pressões de vapor (ou pontos de ebulição) são suficientemente diferentes, os líquidos podem ser separados por destilação.

O Experimento 5 baseia-se em um experimento semelhante desenvolvido por James Patterson, University of Washington, Seattle.

Experimento 5 Destilação simples e fracionada

O objetivo deste experimento é ilustrar o uso da destilação para separar uma mistura de dois líquidos voláteis com pontos de ebulição diferentes. Cada mistura, fornecida como um desconhecido, terá dois líquidos retirados da tabela a seguir.

Composto	Ponto de ebulição (°C)
Hexano	69
Ciclo-hexano	80,7
Heptano	98,4
Tolueno	110,6
Etil-benzeno	136

Os líquidos da mistura serão separados por duas técnicas de destilação: destilação simples e fracionada. Os resultados destes dois métodos serão comparados pela análise da composição do **destilado** (o líquido destilado) por cromatografia a gás. Você construirá um gráfico da temperatura da destilação *versus* o volume total coletado do destilado. Este gráfico permitirá que você determine os pontos de ebulição aproximados dos dois líquidos e compare graficamente os dois métodos de destilação.

Leitura necessária

Nova: Técnica 14   Destilação Simples
Técnica 15   Destilação Fracionada. Azeótropos
Técnica 22   Cromatografia a Gás

Instruções especiais

Muitos solventes inflamáveis são usados neste experimento; portanto, não acenda fogo no laboratório.

Trabalhe em pares neste experimento. Cada par de estudantes receberá um desconhecido contendo dois líquidos dentre os listados na tabela anterior. Um estudante do par deverá fazer a destilação simples, e o outro, a destilação fracionada. Os resultados dos dois métodos serão comparados.

Sugestão para eliminação de resíduos

Coloque todos os líquidos orgânicos no recipiente destinado a solventes orgânicos não-halogenados.

Notas para o professor

A aparelhagem da destilação fracionada deve ser isolada como descrito no procedimento, ou a perda de calor poderá tornar impossível a destilação. A temperatura medida durante a destilação será mais acurada se for usado um termômetro de mercúrio de imersão parcial. Veja o *Instructor Manual* para comentários adicionais sobre o uso de outros termômetros neste experimento.

Prepare misturas desconhecidas formadas pelos seguintes pares de líquidos: hexano e heptano; hexano e tolueno; ciclo-hexano e tolueno; e heptano e etil-benzeno. Use o mesmo volume de cada líquido em cada mistura. A destilação destas misturas deve resultar em um bom contraste entre os dois métodos de destilação. É *importante* que você leia o *Instructor Manual* para sugestões úteis sobre estas misturas.

O cromatógrafo a gás deve estar nessas condições: temperatura da coluna, 140°C; temperatura de injeção, 150°C; temperatura do detetor, 140°C; velocidade de fluxo do gás de arraste, 100 mL/min. A coluna recomendada deve ter 2,50 m de comprimento com uma fase estacionária como Carbowax 20M.

Determine tempos de retenção e fatores de resposta para os cinco líquidos dados na tabela da página 53. Como os dados deste experimento são fornecidos em volume, os fatores de resposta devem se basear em volume. Injete uma mistura contendo volumes iguais de cada um dos cinco compostos e determine a área relativa dos picos. Escolha um composto como padrão e defina seu fator de resposta como sendo igual a 1,00. Calcule os outros fatores de resposta em relação a este.

Procedimento

Você deve trabalhar com outro colega neste experimento. Cada par de estudantes receberá uma mistura desconhecida contendo volumes iguais de dois dos líquidos da tabela da página 53. Um estudante deverá fazer uma destilação simples da mistura, e o outro, uma destilação fracionada.

Aparelhagem. Se você está fazendo o experimento da destilação simples, separe a aparelhagem da Figura 14.1 na página 623. Se você está fazendo a destilação fracionada, separe a aparelhagem da Figura 15.2 na página 633. Use, em ambas as aparelhagens, um balão de fundo redondo de 50 mL como frasco de destilação e substitua o frasco de recebimento por uma proveta de 25 mL. Será mais fácil montar a aparelhagem de modo seguro se você usar pinças de plástico (Técnica 7, Seção 7.1, Parte A, página 532). Observe cuidadosamente a posição do termômetro nas Figuras 14.1, página 623, e 15.2, página 633. O bulbo do termômetro deve estar abaixo da saída lateral ou ele não lerá a temperatura corretamente. Para acompanhar a temperatura com mais acurácia, use um termômetro de imersão parcial. Se estiver fazendo a destilação fracionada, empacote a coluna de fracionamento (o condensador com o maior diâmetro interno) com 3,6 g de palha de aço inoxidável de limpeza. A maneira mais fácil de empacotar a coluna é cortar uma peça retangular do material com o peso correto. Enrole a peça, amarre um fio em uma das pontas e empurre-a pelo condensador. Corte o fio e use uma espátula de metal ou um bastão de vidro para ajustar a posição do material de aço. Não o aperte muito fortemente em momento nenhum.

> **Cuidado:** Você deve usar luvas reforçadas de algodão para manipular a palha de aço inoxidável. As bordas são muito afiadas e podem causar cortes na pele facilmente.

Isole a coluna de fracionamento e a cabeça de destilação enrolando sobre eles uma corda de algodão. Mantenha a corda de algodão no lugar, enrolando-a completamente com folha de alumínio (com a parte espelhada para dentro).

Coloque, na destilação simples e na destilação fracionada, pérolas de vidro no balão de fundo redondo de 50 mL. Coloque no balão, também, 28,0 mL da mistura desconhecida (medida com uma proveta). Use uma manta de aquecimento no experimento.

Destilação. Estas instruções se aplicam à destilação simples e à destilação fracionada. Comece fazendo circular a água de resfriamento pelo condensador, ajustando o aquecimento para que o líquido entre rapidamente em ebulição. Nos estágios iniciais da destilação, mantenha uma velocidade alta de ebulição. Na medida em que os vapores quentes começarem a subir, a vidraria irá se aquecer e, no caso da destilação fracionada, a coluna de fracionamento também. Como a massa de vidro e dos outros materiais é razoavelmente grande, serão necessários de 10 a 20 minutos de aquecimento até que a temperatura de destilação comece a subir rapidamente e a se aproximar do ponto de ebulição do destilado. (Note que isto pode levar mais tempo para a destilação fracionada.) Quando a temperatura começar a se estabilizar, você passará a ver algumas gotas de destilado caírem na proveta.

> **Nota:** É muito importante, no restante da destilação, regular a temperatura da manta de aquecimento de modo que a destilação ocorra em uma velocidade de 1 gota a cada 2 segundos. Se a distilação for feita em uma velocidade maior do que isto, a separação entre os líquidos não será muito boa.

A partir deste ponto, talvez seja necessário controlar o calor para chegar à velocidade de destilação desejada. Além disto, pode ser útil você baixar um pouco a manta de aquecimento, afastando-a da base do balão de fundo redondo por cerca de um minuto para resfriar a mistura mais rapidamente. Você deve começar a registrar a temperatura de destilação em função do volume total de destilado coletado. Comece com o volume de 1,0 mL e registre a temperatura a intervalos de 1,0 mL, medidos pelo volume do destilado na proveta de 25 mL. Após coletar 4 mL de destilado, remova o cilindro graduado e receba as próximas gotas em um pequeno frasco. Identifique este frasco como "Amostra de 4 mL". Feche o frasco, se não o componente mais volátil evaporará mais rapidamente e a composição da amostra mudará. Volte a coletar o destilado na proveta. Na medida em que a temperatura aumenta, talvez seja preciso aumentar o controle de temperatura para manter a mesma velocidade de destilação. Continue a registrar a temperatura e o volume. Após recolher o total de 20 mL de destilado, tome um pouco da amostra de destilado em um segundo frasco pequeno. (Se o volume total de destilado que você pôde coletar for menor do que 20 mL, tome as últimas gotas.) Tampe o frasco e identifique-o como "Amostra de 20 mL". Continue a destilação até que reste somente um pouco da amostra (cerca de 1,0 mL) de liquido no balão de destilação.

> **Nota:** Nunca destile até a secura! Um balão seco pode quebrar se for muito aquecido.

A melhor maneira de parar a destilação é cortar o calor e abaixar imediatamente a manta de aquecimento.

ANÁLISE

Curva de Destilação. Use os dados coletados para a temperatura de destilação e o volume total de destilado e construa gráficos separados para a destilação simples e para a destilação fracionada. Registre o volume em incrementos de 1,0 mL no eixo x e a temperatura no eixo y. A comparação dos dois gráficos deixa claro que a destilação fracionada separa melhor os dois líquidos. Use o gráfico da destilação fracionada para estimar o ponto de ebulição dos dois componentes de sua mistura, anotando as duas regiões do gráfico em que a temperatura se estabiliza. Use estes pontos de ebulição aproximados para tentar identificar os dois líquidos de sua amostra (veja a tabela da página 53). Note que o ponto de ebulição do primeiro componente pode ser um pouco mais alto do que o verdadeiro ponto de ebulição e que o ponto de ebulição observado para o segundo componente pode ser um pouco inferior ao ponto verdadeiro. A razão para que isto ocorra é que a coluna de fracionamento pode não ser suficientemente eficiente para separar completamente todos os pares de líquidos deste experimento. Pode ser, portanto, mais fácil identificar os dois compostos por cromatografia a gás, como descrito na próxima seção.

Cromatografia a Gás. A cromatografia a gás é um método instrumental que separa os componentes de uma mistura na base dos pontos de ebulição. O componente de ponto de ebulição mais baixo passa primeiro pela coluna, seguindo-se os componentes de ponto de ebulição mais alto. O tempo necessário para que um composto passe pela coluna é chamado de **tempo de retenção** do composto. Quando o componente deixa a coluna, ele passa por um detetor, e um pico de tamanho proporcional à quantidade de substância é registrado.

A cromatografia a gás pode ser usada para determinar a composição das amostras que você coletou nos frascos pequenos. O professor ou um assistente de laboratório pode injetar as amostras no cromatógrafo ou permitir que você faça isto. Neste último caso, seu professor vai lhe dar as instruções adequadas para fazê-lo. Uma quantidade razoável de amostra é 2 μL. Injete a amostra no cromatógrafo e registre o cromatograma. Dependendo da qualidade da separação obtida na destilação, você verá um ou dois picos. O componente de ponto de ebulição mais baixo tem tempo de retenção menor do que o outro. Seu professor vai lhe dar os tempos de retenção medidos para cada composto para que você possa identificar o composto que corresponde a cada pico. Isto permitirá a identificação dos dois líquidos da mistura

Obtido o cromatograma, determine as áreas relativas dos dois picos (Técnica 22, Seção 22.11, página 718). Você pode calcular as áreas por triangulação ou pode usar o instrumento para fazer isto eletronicamente. Em ambos os casos você deve dividir a área por um fator de resposta para corrigir a resposta do detetor aos diferentes compostos.[1] Calcule as percentagens dos dois compostos em ambas as amostras. Compare os resultados obtidos na destilação simples e na destilação fracionada.

RELATÓRIO

Curva de destilação

Registre os dados da temperatura de destilação em função do volume de destilado. Contrua um gráfico com estes dados (Veja "Análise", página 55). Compare os gráficos das destilações simples e fracionada da mesma mistura. Que tipo de destilação resultou em uma melhor separação? Explique. Registre os pontos de ebulição aproximados dos dois compostos e identifique-os, se possível.

Cromatografia a gás

Determine, para a amostra de 4 mL e para a amostra de 20 mL, as áreas relativas dos dois picos, a menos que só haja um. Divida as áreas pelos fatores de resposta apropriados e calcule a composição percentual dos dois compostos em cada amostra. Compare estes resultados para a destilação simples e para a destilação fracionada da mesma mistura. Que método de destilação separou melhor a mistura? Explique. Identifique os dois compostos da sua mistura. Se for a opção de seu professor, inclua os cromatogramas em seu relatório.

EXPERIMENTO 6

Espectroscopia de Infravermelho e Determinação do Ponto de Ebulição

Espectroscopia de infravermelho
Determinação do ponto de ebulição
Nomenclatura orgânica
Aplicação do pensamento crítico

A capacidade de identificar compostos orgânicos é uma habilidade usada com freqüência no laboratório orgânico. Embora existam vários métodos espectroscópicos e testes físicos que podem ser usados para a identificação, o objetivo deste experimento é usar a espectroscopia de infravermelho e a determinação do ponto de ebulição para identificar um líquido desconhecido. Os dois métodos são apresentados neste experimento.

Leitura necessária

Nova: Técnica 4   Como Encontrar Dados de Compostos: Manuais e Catálogos
             Técnica 13   Constantes Físicas de Líquidos: O Ponto de Ebulição e a Densidade, Parte A. "Pontos de Ebulição e Correção do Termômetro
             Técnica 25   Espectroscopia de Infravermelho

---

[1] Como os fatores de resposta dependem do instrumento usado, os números que você vai receber são os do aparelho do laboratório. Valores típicos obtidos em um cromatógrafo a gás GowMac 69-350 são: hexano (1,50), ciclo-hexano (1,80), heptano (1,63), tolueno (1,41) e etil-benzeno (1,00). Estes valores foram determinados por injeção de uma mistura dos cinco líquidos em volumes iguais e por determinação das áreas relativas dos picos.

Instruções especiais

Muitos dos líquidos usados neste experimento são inflamáveis, portanto não acenda fogo no laboratório. Seja cuidadoso, também, ao manipular os líquidos, porque muitos deles são potencialmente tóxicos.

Este experimento pode ser feito individualmente, com cada estudante trabalhando com um desconhecido. Entretanto, a oportunidade de aprender é maior se os estudantes trabalharem em grupos de três. Neste caso, três desconhecidos são dados a cada grupo. Cada estudante do grupo obtém um espectro de infravermelho e determina o ponto de ebulição de um dos desconhecidos. Subseqüentemente, o estudante passa esta informação para os outros dois estudantes do grupo. Cada estudante deverá analisar os resultados dos três desconhecidos e escrever um relatório que inclua todos os três. Seu professor decidirá se o trabalho será individual ou em grupos.

Sugestão para eliminação de resíduos

Se você não identificou o desconhecido no fim do período de aula, devolva o líquido desconhecido, no frasco original que você recebeu, ao professor. Se você identificou o composto, coloque-o no recipiente destinado aos resíduos halogenados ou não-halogenados, conforme apropriado.

Notas para o professor

Se você decidiu que os estudantes devem trabalhar em grupos de três, dê a eles desconhecidos que diferem na estrutura *e* no grupo funcional, com pelo menos um composto aromático em cada conjunto. Se o experimento for feito no começo do ano, os estudantes podem ter alguma dificuldade em encontrar as estruturas dos compostos que estão na lista dos possíveis desconhecidos (veja a página 58) e precisar de ajuda. Para cada desconhecido serão necessárias estruturas para vários compostos da lista de desconhecidos. Na verdade, compostos com pontos de ebulição até 5°C superiores aos determinados devem ser considerados porque os valores obtidos pelos estudantes são, com freqüência, baixos. Isto vai depender do método usado e da prática da pessoa que faz o experimento. O *The Merck Index*, o *CRC Handbook of Chemistry and Physics* e o livro-texto podem ser úteis na localização das estruturas. A Técnica 4, "Como Encontrar Dados de Compostos: Manuais e Catálogos" dá informações úteis para os estudantes que estão aprendendo a usar manuais. A parte de ressonância magnética nuclear (RMN) do experimento é opcional. Sugerimos que o acesso à RMN só seja permitido quando uma solução plausível for apresentada. Se você não tem acesso a um espectrômetro de RMN, existem várias bases de dados disponíveis onde você pode obter cópias dos espectros para passá-las aos estudantes.

É melhor, na determinação do ponto de ebulição, usar termômetros de mercúrio de imersão parcial na maior parte dos métodos. Os resultados são geralmente melhores com termômetros de mercúrio do que com os outros tipos, e se você usar termômetros de imersão parcial não terá de fazer a correção da haste.

Procedimento

PARTE A. ESPECTRO DE INFRAVERMELHO

Obtenha o espectro de infravermelho de seu líquido desconhecido (Técnica 25, Seção 25.2, página 739). Se você está trabalhando em grupo, passe cópias de seu espectro para os demais membros do grupo. Identifique os picos de absorção significativos *marcando-os no espectro* e o inclua no relatório. Os picos de absorção correspondentes aos seguintes grupos devem ser identificados:

    C—H (sp^3)
    C—H (sp^2)
    C—H (aldeído)
    O—H
    C=O
    C=C (aromático)

detalhes da região de aromáticos substituídos
C—O
C—X (se for o caso)
N—H

PARTE B. DETERMINAÇÃO DO PONTO DE EBULIÇÃO

Determine o ponto de ebulição de seu líquido desconhecido (Técnica 13, Seção 13.2, página 615). Seu professor dirá que método usar. Dependendo do método e da habilidade da pessoa que faz a determinação, o ponto de ebulição pode ser ligeiramente impreciso. Quando isto acontece é mais

Lista de líquidos desconhecidos possíveis

Composto	PE (°C)	Composto	PE (°C)
acetona	56	acetato de butila	127
2-metil-pentano	62	2-hexanona	128
sec-butilamina	63	morfolina	129
isobutiraldeído	64	3-metil-1-butanol	130
metanol	65	hexanal	130
isobutilamina	69	cloro-benzeno	132
hexano	69	2,4-pentanodiona	134
acetato de vinila	72	ciclo-hexilamina	135
1,3,5-trifluoro-benzeno	75	etil-benzeno	136
butanal	75	p-xileno	138
acetato de etila	77	1-pentanol	138
butilamina	78	ácido propiônico	141
etanol	78	acetato de pentila	142
2-butanona	80	4-heptanona	144
ciclo-hexano	81	2-etil-1-butanol	146
álcool isopropílico	82	N-metil-ciclo-hexilamina	148
ciclo-hexeno	83	2,2,2-tricloro-etanol	151
acetato de isopropila	85	2-heptanona	151
trietilamina	89	heptanal	153
3-metil-butanal	92	ácido isobutírico	154
3-metil-2-butanona	94	bromo-benzeno	156
1-propanol	97	ciclo-hexanona	156
heptano	98	dibutilamina	159
acetato de terc-butila	98	ciclo-hexanol	160
2,2,4-trimetil-pentano	99	ácido butírico	162
2-butanol	99	furfural	162
ácido fórmico	101	diisobutil-cetona	168
2-pentanona	101	álcool furfurílico	170
2-metil-2-butanol	102	octanal	171
pentanal	102	decano	174
3-pentanona	102	ácido isovalérico	176
acetato de propila	102	limoneno	176
piperidina	106	1-heptanol	176
2-metil-1-propanol	108	benzaldeído	179
1-metil-ciclo-hexeno	110	ciclo-heptanona	181
tolueno	111	1,4-dietil-benzeno	184
acetato de sec-butila	111	iodo-benzeno	186
piridina	115	1-octanol	195
4-metil-2-pentanona	117	benzoato de metila	199
2-etil-butanal	117	fenil-metil-cetona	202
3-metil-butanoato de metila	117	álcool benzílico	204
ácido acético	118	4-metil-benzaldeído	204
1-butanol	118	benzoato de etila	212
octano	126		

comum que eles estejam baixos em relação aos valores da literatura. A diferença pode chegar a 5°C, especialmente no caso de líquidos de ponto de ebulição elevado. Seu professor poderá lhe dar assistência sobre o nível de acurácia que você pode esperar.

PARTE C. ANÁLISE E RELATÓRIO

Use a informação estrutural dada pelo espectro de infravermelho e o ponto de ebulição de seu desconhecido para identificá-lo a partir da lista de compostos desta página. Se você estiver trabalhando em um grupo, precisará fazer isto para os três desconhecidos. Para poder usar a informação estrutural dada pelo espectro de infravermelho, você precisará conhecer as estruturas dos compostos que têm pontos de ebulição próximos ao valor experimental que você determinou. Talvez você precise consultar *The Merck Index* ou o *CRC Handbook of Chemistry and Physics*. Pode ser útil procurar estes compostos em seu livro-texto. Se mais de um composto explicar o espectro de infravermelho e tiver ponto de ebulição muito próximo ao valor experimental, você deve listá-los em seu relatório.

Inclua em seu relatório (1) o espectro de infravermelho com os picos de absorção significativos identificados *no corpo do espectro*. (2) o ponto de ebulição experimental de seu desconhecido e (3) sua identificação do desconhecido. Explique seu raciocínio para fazer esta identificação e dê a estrutura do composto.

Exercício Opcional: Espectro de RMN. Seu professor poderá pedir que você determine o espectro de ressonância magnética nuclear do líquido desconhecido (Técnica 26, Seção 26.1, página 772). Ele pode, também, dar-lhe uma cópia do espectro de seu composto obtido anteriormente. Você deve explicar com estruturas todos os grupos de hidrogênios presentes. Faça isto *diretamente no espectro*. Se você identificou corretamente o seu desconhecido, todos os grupos de hidrogênios (e seus deslocamentos químicos) devem caber em sua estrutura. Inclua o espectro marcado em seu relatório e explique por que ele corresponde à estrutura sugerida.

DISSERTAÇÃO

Aspirina

A aspirina é uma das panacéias mais populares da vida moderna. Embora sua curiosa história tenha começado cerca de 200 anos atrás, ainda temos muito que aprender sobre este remédio enigmático. Ninguém sabe exatamente como e por que ele funciona, porém mais de 15 bilhões de pastilhas são consumidas por ano somente nos Estados Unidos da América.

A história da aspirina começou em 2 de junho de 1763, quando Edward Stone, um religioso, expôs um trabalho na Royal Society of London, intitulado "Relatório do Sucesso da Casca do Salgueiro na Cura da Malária". Seu uso da palavra *cura* era muito otimista. O que o extrato da casca do salgueiro realmente fazia era reduzir os sintomas febris da doença. Quase cem anos depois, um médico escocês descobriu que os extratos da casca de salgueiro também aliviavam os sintomas do reumatismo agudo. Posteriormente, descobriu-se que o extrato continha um fármaco **analgésico** (alivia a dor), **antipirético** (reduz a febre) e **antiinflamatório** (reduz o inchaço).

Logo depois, químicos orgânicos que trabalhavam com extratos de casca de salgueiro e flores de ulmeira que davam um composto semelhante, isolaram e identificaram o princípio ativo como sendo o ácido salicílico (de *salix*, o nome latino do salgueiro). A substância pôde, então, ser sintetizada quimicamente em grandes quantidades para uso médico. Ficou logo claro que o uso de ácido salicílico como remédio estava severamente limitado pelas propriedades ácidas. A substância irritava as membranas mucosas da boca, da garganta e do estômago. As primeiras tentativas para evitar este problema pelo uso do sal de sódio (salicilato de sódio), menos ácido, teve sucesso parcial. A substância era menos irritante, mas o gosto adocicado era tão desagradável que as pessoas não podiam ser induzidas a usá-la. A solução veio no fim do século (1893), quando Felix Hofmann, um químico a serviço da firma alemã Bayer, imaginou um modo prático de sintetizar o ácido acetil-salicílico, que tem todas as propriedades medicinais do ácido salicílico sem o gosto desagradável ou o alto grau de irritação das mucosas e membranas. A Bayer chamou seu novo produto de "aspirina", um nome derivado de *a-* para acetil e a raiz *-spir*, do nome latino da ulmeira, *spirea*.

Ácido salicílico   **Salicilato de sódio**   **Ácido acetil-salicílico (aspirina)**

A história da aspirina é típica de muitos dos fármacos de uso corrente. Muitos começam como extratos de plantas ou remédios populares, cujos ingredientes ativos foram isolados e cujas estruturas foram determinadas pelos químicos, que, então, melhoraram o original.

Nos últimos anos, o modo de ação da aspirina começou a ser desvendado. Descobriu-se uma nova classe de compostos, chamados de **prostaglandinas**, envolvidos nas respostas imunológicas do corpo. Sua síntese é provocada por interferências no funcionamento normal do corpo causadas por substâncias exógenas ou estímulos incomuns.

Prostaglandina E_2   **Prostaglandina $F_{2\alpha}$**

Estas substâncias estão envolvidas em muitos e variados processos fisiológicos, e acredita-se que elas estejam ligadas à dor, à febre e às inflamações locais. Mostrou-se recentemente que a aspirina impede a síntese de prostaglandinas no organismo e alivia, assim, a parte sintomática (febre, dor, inflamação, cólicas menstruais) das respostas imunológicas do organismo (isto é, o que avisa você de que algo está errado). Um dos trabalhos sugere que a aspirina pode inativar uma das enzimas responsáveis pela síntese das prostaglandinas. O precursor natural da síntese das prostaglandinas é o **ácido araquidônico**. Esta substância converte-se em um peróxido intermediário por uma enzima chamada de **ciclo-oxigenase**, ou prostaglandina sintase. Este intermediário é convertido, a seguir, em prostaglandinas. O papel aparente da aspirina é transferir um grupo acetila para o sítio ativo da ciclo-oxigenase, tornando-a incapaz de converter o ácido araquidônico no peróxido intermediário. Isto provoca o bloqueio da síntese das prostaglandinas.

O_2 + **Ácido araquidônico** $\xrightarrow{\text{ciclo-oxigenase}}$

↓ Série de etapas

Prostaglandinas

Os tabletes de aspirina são feitos usualmente com cerca de 0,32 g de ácido acetil-salicílico prensado com uma pequena quantidade de amido para ligar os ingredientes. A aspirina tamponada contém usualmente um agente tampão básico para reduzir a irritação ácida da membrana mucosa do estômago, já que o produto acetilado não está totalmente livre deste efeito irritante. Bufferin contém 0,324 g de aspirina, juntamente com carbonato de cálcio, óxido de magnésio e carbonato de magnésio como agentes tampões. Combinações de remédios contra a dor usualmente contêm aspirina, acetaminofeno e cafeína. Excedrin ultraforte, por exemplo, contém 0,250 g de aspirina, 0,250 g de acetaminofeno e 0,065 g de cafeína.

REFERÊNCIAS

"Aspirin Cuts Deaths after Heart Attacks." *New Scientist*, 118 (April 7, 1988): 22.
Collier, H. O. J. "Aspirin." *Scientific American*, 209 (November 1963): 96.
Collier, H. O. J. "Prostaglandins and Aspirin." *Nature*, 232 (July 2, 1971): 17.
Disla, E., Rhim, H. R., Reddy, A., and Taranta, A. "Aspirin on Trial as HIV Treatment." *Nature*, 366 (November 18, 1993): 198.
Kingman, S. "Will an Aspirin a Day Keep the Doctor Away?" *New Scientist*, 117 (February 11, 1988): 26.
Kolata, G. "Study of Reye's–Aspirin Link Raises Concerns." *Science*, 227 (January 25, 1985): 391.
Macilwain, C. "Aspirin on Trial as HIV Treatment." *Nature*, 364 (July 29, 1993): 369.
Nelson, N. A., Kelly, R. C., and Johnson, R. A. "Prostaglandins and the Arachidonic Acid Cascade." *Chemical and Engineering News* (August 16, 1982): 30.
Pike, J. E. "Prostaglandins." *Scientific American*, 225 (November 1971): 84.
Roth, G. J., Stanford, N., and Majerus, P. W. "Acetylation of Prostaglandin Synthase by Aspirin." *Proceedings of the National Academy of Science of the U.S.A.*, 72 (1975): 3073.
Street, K. W. "Method Development for Analysis of Aspirin Tablets." *Journal of Chemical Education*, 65 (October 1988): 914.
Vane, J. R. "Inhibition of Prostaglandin Synthesis as a Mechanism of Action for Aspirin-Like Drugs." *Nature–New Biology*, 231 (June 23, 1971): 232.
Weissmann, G. "Aspirin." *Scientific American*, 264 (January 1991): 84.

EXPERIMENTO 7

Ácido Acetil-salicílico

Cristalização a vácuo
Filtração a vácuo
Ponto de fusão
Esterificação

A aspirina (ácido acetil-salicílico) pode ser preparada pela reação entre o ácido salicílico e o anidrido acético:

Ácido salicílico + Anidrido acético $\xrightleftharpoons{H^+}$ Ácido acetil-salicílico + CH_3COOH (Ácido acético)

Nesta reação, o **grupo hidroxila** (—OH) do anel de benzeno do ácido salicílico reage com o anidrido acético para formar um grupo funcional **éster**. Assim, a reação de formação do ácido acetil salicílico é uma reação de **esterificação**. Esta reação exige a presença de um catalisador ácido, indicado pelo H^+ colocado acima das setas de equilíbrio.

Quando a reação estiver completa, o ácido salicílico e o anidrido acético que não reagiram estarão presentes na mistura, juntamente com o ácido acetil-salicílico, o ácido acético e o catalisador. A técnica usada para purificar o ácido acetil-salicílico, separando-o das demais substâncias, é chamada de **cristalização**. O princípio básico é muito simples. Quando a reação terminar, a mistura estará quente e todas as substâncias estarão dissolvidas. Quando a mistura esfria, a solubilidade do ácido acetil-salicílico diminui e ele sai, gradualmente, da solução, isto é, se cristaliza. Como as outras substâncias são líquidas na temperatura normal ou estão presentes em quantidades muito pequenas, os cristais formados serão compostos principalmente por ácido acetil-salicílico. Desta forma, consegue-se a separação do ácido acetil-salicílico dos outros compostos. O processo de purificação é facilitado pela adição de água após a formação dos cristais. A água reduz a solubilidade do ácido acetil-salicílico e dissolve parte das impurezas.

Um procedimento de recristalização será feito também para purificar ainda mais o produto. Para evitar a decomposição do ácido acetil-salicílico pela água, usa-se acetato de etila como solvente de recristalização.

A impureza mais provável do produto após a purificação é o ácido salicílico, que pode vir da reação incompleta dos reagentes ou da **hidrólise** (reação com água) do produto durante as etapas de isolamento. A hidrólise do ácido acetil-salicílico produz o ácido salicílico. O ácido salicílico e outros compostos, em que um grupo hidroxila está ligado a um anel de benzeno, são conhecidos como **fenóis**. Os fenóis formam um complexo muito colorido com cloreto férrico (íon Fe^{3+}). A aspirina não é um fenol porque não tem um grupo hidroxila diretamente ligado ao anel e, por isto, não dá a reação colorida com o cloreto férrico e permite a fácil detecção de ácido salicílico no produto final. A pureza do produto será também determinada pelo ponto de fusão.

Leitura necessária

Revisão:	Técnica 8	Filtração. Seções 8.1-8.6
	Técnica 9	Constantes Físicas dos Sólidos: O Ponto de Fusão
Nova:	Técnica 5	Medida do Volume e do Peso
	Técnica 6	Métodos de Aquecimento e Resfriamento
	Técnica 7	Métodos de Reação. Seções 7.1, 7.4-7.6
	Técnica 11	Cristalização: Purificação de Sólidos
	Dissertação	Aspirina

Instruções especiais

Este experimento envolve ácido sulfúrico concentrado, que é muito corrosivo. Ele provocará queimaduras se tocar a pele. Muito cuidado ao manuseá-lo.

Sugestão para eliminação de resíduos

Coloque o filtrado de água no recipiente próprio. O filtrado da recristalização em acetato de etila deve ser colocado no recipiente reservado aos solventes orgânicos não-halogenados.

Procedimento

Preparação do Ácido Acetil-salicílico (Aspirina). Pese 2,0 g de ácido salicílico ($PM = 138,1$) e coloque o material em um frasco de Erlenmeyer de 125 mL. Adicione 5,0 mL de anidrido acético ($PM = 102,1$, $d = 1,08$ g/mL), seguido de 5 gotas de ácido sulfúrico concentrado. Agite o frasco suavemente até

> **Cuidado:** O ácido sulfúrico concentrado é muito corrosivo. Você deve manuseá-lo com muita cautela.

dissolver o ácido salicílico. Aqueça o frasco cuidadosamente em um banho de vapor ou em um banho de água quente em cerca de 50°C (veja a Técnica 6, Figura 6.4, página 524) por 10 minutos, pelo menos. Deixe o frasco esfriar até a temperatura normal. O ácido acetil-salicílico deve começar a cristalizar. Se isto não acontecer, raspe as paredes do frasco com um bastão de vidro e esfrie a mistura ligeiramente em um banho de gelo. Quando a cristalização se completar (o produto aparecerá como uma massa sólida), adicione 50 mL de água e esfrie a mistura em um banho de gelo.

Filtração a Vácuo. Colete o produto por filtração a vácuo em um funil de Büchner (veja a Técnica 8, Seção 8.3, página 554, e Figura 8.5, página 555). Use uma pequena quantidade adicional de água gelada para ajudar a transferir os cristais para o funil. Enxágüe os cristais várias vezes com pequenas porções de água gelada. Continue passando ar por sucção através dos cristais que estão no funil de Büchner até que os cristais estejam livres do solvente (5-10 minutos). Remova os cristais para secar ao ar. Pese o produto bruto, que pode conter ainda um pouco de ácido salicílico que não reagiu, e calcule o rendimento percentual de ácido acetil-salicílico bruto (PM = 180,2).

Teste de Pureza com Cloreto Férrico. Você pode fazer este teste mesmo se seu produto não estiver completamente seco. Para determinar a presença de ácido salicílico em seu produto, siga o seguinte procedimento. Separe três tubos de ensaio pequenos. Coloque 0,5 mL de água em cada um deles. Dissolva uma pequena quantidade de ácido salicílico no primeiro tubo. Coloque uma quantidade semelhante do seu produto no segundo tubo. O terceiro tubo de ensaio, que contém somente o solvente, servirá de controle. Adicione uma gota de solução de cloreto férrico a 1% em cada tubo e registre a cor após agitação. A formação de um complexo ferro-fenol com Fe(III) dá cor entre vermelho e violeta, dependendo do fenol presente.

Exercício Opcional: Recristalização.[1] A água não é um bom solvente para a recristalização porque a aspirina se decompõe quando aquecida em água. Siga as instruções gerais descritas na Técnica 11, Seção 11.3, página 581, e na Figura 11.4, página 582. Dissolva o produto na menor quantidade possível de acetato de etila quente (não mais do que 2-3 mL) em um frasco de Erlenmeyer de 25 mL, mantendo o aquecimento suave da mistura com um banho de vapor ou uma placa de aquecimento.[2]

Quando a mistura atingir a temperatura normal, a aspirina deve cristalizar. Se isto não acontecer, evapore um pouco do acetato de etila para concentrar a solução e esfrie em um banho de água e gelo, raspando a face interior do frasco com um bastão de vidro (que não tenha sido polido no fogo). Colete o produto por filtração a vácuo. Qualquer material restante no frasco pode ser arrastado com algumas gotas de éter de petróleo gelado. Coloque os solventes descartados no recipiente destinado a resíduos orgânicos não-halogenados. Teste a pureza da aspirina com cloreto férrico como foi descrito acima. Determine o ponto de fusão de seu produto (veja a Técnica 9, Seções 9.5-9.8, páginas 563-568. O ponto de fusão deve ser obtido com uma amostra completamente seca. A aspirina pura tem ponto de fusão igual a 135-136°C.

Coloque seu produto em um pequeno frasco, identifique-o (página 497) e entregue-o a seu professor.

TABLETES DE ASPIRINA

Os tabletes de aspirina são compostos de ácido acetil-salicílico prensado com uma pequena quantidade de material ligante inerte. Os ligantes mais comuns incluem amido, metil-celulose e celulose microcristalina. Você pode testar a presença de amido por aquecimento de uma solução contendo um quarto de um tablete de aspirina e 2 mL de água até a ebulição. Esfrie o líquido e adicione uma gota de solução de iodo. Na presença de amido ele forma um complexo azul-violeta intenso com iodo. Repita o teste com um tablete comercial de aspirina e com o ácido acetil-salicílico que você preparou neste experimento.

---

[1] Não é necessário cristalizar. O produto bruto é suficientemente puro e pode ser degradado no processo de cristalização (como se pode verificar usando $FeCl_3$).

[2] Não é necessário, usualmente, filtrar a mistura a quente. Se uma quantidade apreciável de material sólido permanecer, adicione mais 5 mL de acetato de etila, aqueça a solução até a ebulição e filtre a solução quente por gravidade em um frasco de Erlenmeyer. Use um filtro estriado. Pré-aqueça o funil de tubo curto fazendo passar acetato de etila quente por ele (veja a Técnica 8, Seção 8.1, página 549, e Técnica 11, Seção 11.3, página 581). Reduza o volume até o aparecimento dos cristais. Adicione a menor quantidade possível de acetato de etila quente até dissolver os cristais. Deixe a solução filtrada em repouso.

QUESTÕES

1. Qual é o objetivo da adição de ácido sulfúrico na primeira etapa?
2. O que aconteceria se o ácido sulfúrico não tivesse sido adicionado?
3. Se você usasse 5,0 g de ácido salicílico e excesso de ácido acético na síntese da aspirina descrita acima, qual seria o rendimento teórico de ácido acetil-salicílico em moles? Em gramas?
4. Qual é a equação da reação de decomposição que pode ocorrer com a aspirina?
5. Os tabletes de aspirina contêm cinco grãos (medida inglesa de peso) de ácido acetil-salicílico. Isto corresponde a quantos miligramas?
6. Um estudante fez a reação deste experimento usando um banho de água em 90°C em vez de 50°C. O produto final foi testado para fenóis com cloreto férrico. Este teste foi negativo (não se observou cor), entretanto o ponto de fusão do produto seco foi 122-125°C. Explique estes resultados da forma mais completa possível.
7. Se os cristais de aspirina não estiverem completamente secos antes da determinação do ponto de fusão, que efeito isto terá no ponto de fusão?

DISSERTAÇÃO

Analgésicos

Aminas aromáticas aciladas (aminas que têm um grupo acila R—C(=O)— ligado ao nitrogênio) são importantes medicamentos de uso livre para dores de cabeça. Medicamentos de uso livre são os que você pode comprar sem receita médica. Acetanilida, fenacetina e acetaminofeno são analgésicos (aliviam a dor) leves e antipiréticos (reduzem a febre) e são importantes, juntamente com a aspirina, em muitos medicamentos de uso livre.

Acetanilida   **Fenacetina** (OCH$_2$CH$_3$)   **Acetaminofeno** (OH)

A descoberta de que a acetanilida era um antipirético efetivo ocorreu por acidente, em 1886. Dois médicos, Cahn e Hepp, estavam testando naftaleno como um possível **vermífugo** (um agente que expele vermes). Seus resultados em casos simples de infestação por vermes foram desencorajadores e, por isso, o Dr. Hepp decidiu testar o composto em um paciente com uma grande variedade de sintomas, inclusive vermes – uma espécie de tiro no escuro. Pouco depois, o Dr. Hepp disse animadamente a seu colega, Dr. Cahn, que o naftaleno tinha propriedades miraculosas na redução da febre.

Ao verificar esta observação, os doutores descobriram que a garrafa que pensavam conter naftaleno estava identificada erradamente. O rótulo da garrafa trazida pelo assistente estava, na verdade, quase ilegível, mas eles estavam seguros de que ela não continha naftaleno porque não tinha cheiro. Naftaleno tem o odor forte da naftalina. Tão perto de uma descoberta importante, os médicos não desanimaram e

Naftaleno

apelaram para um primo de Hepp, que era químico de uma fábrica de corantes próxima, para ajudá-los a identificar o composto desconhecido. O composto foi identificado como acetanilida, cuja estrutura não tinha nada a ver com a do naftaleno. Com certeza, a metodologia nada científica e arriscada de Hepp seria muito criticada pelos médicos modernos e certamente a Food and Drug Administration americana (FDA) jamais permitiria testes em humanos sem muitos testes em animais (a proteção ao consumidor progrediu muito). No entanto, Cahn e Hepp fizeram uma descoberta importante.

Em outro evento casual, a publicação de Cahn e Hepp em que descreviam seus experimentos com a acetanilida chamaram a atenção de Carl Duisberg, diretor de pesquisas da Companhia Bayer, na Alemanha. Duisberg tinha em mãos o problema de livrar-se de cerca de 50 toneladas de *p*-amino-fenol, um subproduto da síntese de um dos produtos comerciais da Bayer. Ele viu, imediatamente, a possibilidade de converter *p*-amino-fenol em um composto de estrutura semelhante à da acetanilida, colocando um grupo acil no nitrogênio. Acreditava-se, naquela época, que todos os compostos que tinham um grupo hidroxila em um anel de benzeno (isto é, fenóis) fossem tóxicos. Duisberg imaginou um esquema de modificação estrutural do *p*-amino-fenol para sintetizar o composto fenacetina. O esquema de reação é mostrado aqui:

Descobriu-se que a fenacetina era um analgésico e antipirético muito efetivo, e uma forma comum de analgésico, chamada de tablete APC, tornou-se rapidamente disponível. Um tablete de APC é uma combinação de **A**spirina, Fenacetina (em inglês **P**henacetin) e **C**afeína (daí **APC**). A fenacetina não é mais usada em preparações comerciais analgésicas. Descobriu-se, desde então, que nem todos os compostos que contém grupos hidroxila ligados a anéis aromáticos são tóxicos, e hoje o composto acetaminofeno é muito usado como analgésico no lugar da fenacetina.

Outro analgésico de estrutura semelhante à da aspirina que está em uso é a **salicilamida**, ingrediente encontrado em algumas preparações analgésicas. Seu uso, porém, está em declínio.

Quando usado continuadamente ou de modo excessivo, a acetanilida pode causar uma doença séria do sangue chamada de **metemoglobinemia**. Nesta doença, o átomo central da hemoglobina passa de Fe(II) a Fe(III) para dar metemoglobina, que não funciona como carreador de oxigênio no sangue. O resultado é um tipo de anemia (deficiência de hemoglobina ou falta de células vermelhas do sangue). Fenacetina e acetaminofeno causam o mesmo problema, mas em grau muito menor. Como eles são também antipiréticos e analgésicos muito mais efetivos do que a acetanilida, eles têm a preferência como fármacos. Acetaminofeno é vendido com vários nomes comerciais, incluindo Tilenol, Datril e Panadol, e é freqüentemente usado com sucesso por pessoas alérgicas à aspirina.

Analgésicos e Cafeína em Algumas Preparações Comuns

	Aspirina	Acetaminofeno	Cafeína	Salicilamida	Ibuprofeno	Cetoprofeno	Naproxeno
Aspirina*	0,325 g	—	—	—	—	—	—
Anacin	0,400 g	—	0,032 g	—	—	—	—
Bufferin	0,325 g	—	—	—	—	—	—
Cope	0,421 g	—	0,032 g	—	—	—	—
Excedrin (Ultraforte)	0,250 g	0,250 g	0,065 g	—	—	—	—
Tilenol	—	0,325 g	—	—	—	—	—
Tabletes B.C.	0,325 g	—	0,016 g	0,095 g	—	—	—
Advil	—	—	—	—	0,200 g	—	—
Aleve	—	—	—	—	—	—	0,220 g
Orudis	—	—	—	—	—	0,0125 g	—

Nota: Ingredientes não-analgésicos (por exemplo, tampões) não foram listados.
*Tablete de 5 grãos (1 grão = 0,0648 g).

Porção Heme do carreador de oxigênio do sangue, a hemoglobina.

Um novo fármaco usado em medicamentos de uso livre apareceu recentemente. Trata-se do **ibuprofeno**, que era vendido nos Estados Unidos da América, com receita médica, sob o nome de Motrin. O ibuprofeno foi desenvolvido inicialmente na Inglaterra, em 1964. Direitos de venda nos Estados Unidos da América foram obtidos em 1974. O ibuprofeno é vendido hoje em dia sem receita médica, sob nomes comerciais que incluem Advil, Motrin e Nuprin. O ibuprofeno é um fármaco antiinflamatório, mas ele também tem ação analgésica e antipirética. Ele é especialmente efetivo no tratamento da artrite reumatóide e das cólicas menstruais. O ibuprofeno aparentemente controla a produção de prostaglandinas, um modo de ação semelhante ao da aspirina. Uma vantagem importante do ibuprofeno é que ele é muito poderoso no alívio da dor. Um tablete de 200 mg é tão efetivo quanto dois tabletes (650 mg) de aspirina. Além disto, a curva dose-resposta do ibuprofeno é mais vantajosa, o que significa que o uso de dois tabletes desta droga é aproximadamente duas vezes mais efetivo do que um tablete para certos tipos de dor. A aspirina e o acetaminofeno atingem sua dose efetiva máxima em dois tabletes. Pouco alívio adicional é ganho com doses superiores a esta. O ibuprofeno, entretanto, continua a aumentar sua efetividade até o nível de 400 mg (o equivalente a quatro tabletes de aspirina ou de acetaminofeno). O ibuprofeno é um fármaco relativamente seguro, mas deve ser evitado em casos de alergia à aspirina, problemas renais, úlceras, asma, hipertensão ou doenças cardíacas.

Ibuprofeno

A Food and Drug Administration americana também aprovou outros dois fármacos com estruturas semelhantes à do ibuprofeno para uso em medicamentos contra a dor de uso livre. Estes dois novos fármacos são conhecidos pelos nomes genéricos, **naproxeno** e **cetoprofeno**. O naproxeno é comumente administrado na forma do sal de sódio. O naproxeno e o cetoprofeno podem ser usados para aliviar dores de cabeça, dores de dentes, dores musculares e das costas, artrite e cólicas menstruais. A duração de ação destes fármacos é, aparentemente, maior do que a dos analgésicos mais antigos.

Naproxeno

Cetoprofeno

REFERÊNCIAS

Barr, W. H., and Penna, R. P. "O-T-C Internal Analgesics." In G. B. Griffenhagen, ed., *Handbook of Non-Prescription Drugs,* 7th ed. Washington, DC: American Pharmaceutical Association, 1982.

Bugg, C. E., Carson, W. M., and Montgomery, J. A. "Drugs by Design." *Scientific American,* 269 (December 1993): 92.

Flower, R. J., Moncada, S., and Vane, J. R. "Analgesic-Antipyretics and Anti-inflammatory Agents; Drugs Employed in the Treatment of Gout." In A. G. Gilman, L. S. Goodman, T. W. Rall, and F. Murad, *The Pharmacological Basis of Therapeutics,* 7th ed. New York: Macmillan, 1985.

Hansch, C. "Drug Research or the Luck of the Draw." *Journal of Chemical Education,* 51 (1974): 360.

"The New Pain Relievers." *Consumer Reports,* 49 (November 1984): 636–638.

Ray, O. S. "Internal Analgesics." *Drugs, Society, and Human Behavior,* 2nd ed. St. Louis: C. V. Mosby, 1978.

Senozan, N. M. "Methemoglobinemia: An Illness Caused by the Ferric State." *Journal of Chemical Education,* 62 (March 1985): 181.

EXPERIMENTO 8

Acetanilida

Cristalização
Filtração por gravidade
Filtração a vácuo
Descoloração
Preparação de uma amida

Uma amina pode ser tratada com um anidrido de ácido para formar uma amida. Neste experimento, anilina, a amina, reage com anidrido acético para formar acetanilida, a amida, e ácido acético. A acetanilida bruta contém uma impureza colorida que é removida por descoloração com carvão. A acetanilida é purificada em água quente.

Anilina + Anidrido acético → Acetanilida + CH_3COOH

Ácido acético

As aminas podem ser aciladas de várias maneiras. Dentre elas estão o uso de anidrido acético, cloreto de acetila ou ácido acético glacial. O procedimento com ácido acético glacial é de interesse comercial porque é econômico. Exige, entretanto, aquecimento por longo tempo. O cloreto de acetila é insatisfatório por várias razões. A principal é que a reação é vigorosa, com liberação de HCl, que converte metade da amina no cloridrato, o que impede a reação. O uso de anidrido acético é preferível no laboratório e foi utilizado neste experimento. A velocidade de hidrólise (reação com água) é suficientemente lenta para que a acetilação das aminas seja feita em água. O procedimento dá um produto de alta pureza e bom rendimento, mas que não pode ser usado com aminas desativadas (bases fracas) como *orto*-nitro-anilina e *para*-nitro-anilina.

A acetilação é usada com freqüência para "proteger" o grupo funcional amina primária ou secundária. As aminas aciladas são menos suscetíveis à oxidação, menos reativas em reações de substituição em aromáticos (Experimentos 42 e 46) e têm menos tendência a participar em muitas das reações típicas das aminas livres porque são menos básicas. O grupo amina pode ser regenerado facilmente por hidrólise em meio ácido ou básico (Experimento 46).

Leitura necessária

Revisão: Técnicas 5 e 6
 Técnica 7 Métodos de Reação, Seção 7.4
 Técnica 8 Filtração, Seções 8.1-8.5
 Técnica 9 Constantes Físicas dos Sólidos: O Ponto de Fusão
Nova: Técnica 11 Cristalização: Purificação de Sólidos
 Dissertação Analgésicos

Instruções especiais

O anidrido acético pode causar irritação dos tecidos, especialmente do nariz. Evite aspirar o vapor e o contato com a pele e os olhos. A anilina é uma substância tóxica e pode ser absorvida pela pele. Cuidado com o seu manuseio. Tenha cuidado para não interromper o experimento em nenhum ponto em que o sólido esteja em solução.

Sugestão para eliminação de resíduos

As soluções em água obtidas nas operações de filtração devem ser colocadas no recipiente apropriado.

Notas para o professor

Quando em repouso, a anilina adquire cor preta devido à oxidação ao ar. Como o carvão é muito efetivo na descoloração da acetanilida, recomenda-se que os estudantes usem anilina impura neste experimento. O uso de anilina muito escura permite que os estudantes vejam como o carvão é eficiente na purificação de compostos orgânicos.

Procedimento

Mistura de Reação. Use um frasco de Erlenmeyer de 125 mL para pesar 2,0 g de anilina. Transfira, com uma pipeta Pasteur, a anilina para o frasco para evitar derramamento ou contato com a pele. Adicione 15 mL de água. Agite o frasco cuidadosamente, por rotação, adicionando, ao mesmo tempo, 2,5 mL de anidrido acético (d = 1,08 g/mL). Registre em seu caderno de laboratório todas as alterações que você perceber durante a reação.

Cristalize a acetanilida bruta quando ela precipitar durante a reação. A cristalização deve ser feita no mesmo frasco em que a reação foi conduzida. Adicione 50 mL de água juntamente com pérolas de vidro. Aqueça a mistura em uma placa de aquecimento até que todo o sólido e os materiais oleosos tiverem dissolvido. Após remover o frasco da placa, derrame cerca de 1 mL da solução quente em um pequeno bécher e deixe esfriar.

> **Cuidado:** O frasco de Erlenmeyer estará quente; logo, recomenda-se manipulá-lo com uma toalha de papel. Não use um grampo de tubo de ensaio ou tesouras de cadinho para remover o frasco.

Descoloração. Coloque uma pequena quantidade de carvão ativado, ou Norit, no frasco de Erlenmeyer e leve a mistura até a ebulição. Uma carga de espátula de carvão deve ser suficiente. É importante *não* adicionar o carvão à solução quando ela estiver fervendo vigorosamente, pois poderá ocorrer formação violenta de espuma. Agite a mistura por rotação e deixe-a ferver levemente por alguns minutos.

Filtração por Gravidade. Com a solução fervendo, monte um aparelho para filtração por gravidade, equipado com um funil (se possível sem haste) e um papel de filtro, dobrado em estrela, em um frasco de Erlenmeyer de 125 ou 250 mL (veja a Técnica 8, Seção 8.1, página 549). Prepare cerca de 25 mL de água em ebulição para ser usada como solvente de lavagem nas próximas etapas.

Aqueça o funil fazendo passar cerca de 10 mL de água fervente. Descarte esta porção de água. Coloque no lugar o papel de filtro (Figura 8.3, página 552) e filtre a mistura acetanilida-carvão o mais rápido que puder, mas em pequenas porções, passando-a pelo papel de filtro. Durante a operação de filtração, mantenha o frasco de coleta aquecido na placa de aquecimento. O objetivo de colocar estes frascos na placa de aquecimento é permitir que o vapor de água mantenha aquecida a haste do funil para reduzir a possibilidade de formação de cristais na haste e o entupimento. Se tudo correr bem, o carvão ficará retido no papel de filtro e a solução em água que contém a acetanilida passará pelo papel. Se a acetanilida começar a cristalizar no funil, adicione um pouco de água quente para dissolver os cristais. Lave o frasco e os materiais sólidos retidos no papel de filtro com um pouco de água quente e deixe o frasco que contém o filtrado esfriar lentamente até a temperatura normal.

Cristalização e Filtração a Vácuo. Coloque o frasco em um banho de gelo por cerca de 15 minutos para completar a cristalização. Siga as instruções dadas na Seção 8.3 e prepare um funil de Büchner equipado com um papel de filtro. Colete os cristais por filtração a vácuo e seque-os o mais possível, deixando passar o ar pelo funil. Complete a secagem espalhando os cristais em um vidro de relógio coberto com um bécher invertido e deixe-os em repouso até a próxima aula.

Coloque os cristais que não foram tratados com carvão em um funil de Hirsch ou em um funil de Büchner pequeno e compare a cor destes cristais com a cor dos cristais tratados com carvão. Anote os resultados em seu caderno de laboratório.

Anote o peso do produto cristalizado puro e calcule o rendimento percentual. Determine o ponto de fusão das amostras pura e impura da acetanilida seca. Coloque cada amostra de cristal em um vidro diferente, identificados, e entregue-os ao professor com seu relatório.

QUESTÕES

1. A anilina é básica, mas a acetanilida, não. Explique esta diferença.
2. Se 10 g de anilina reagem com anidrido acético em excesso, qual é o rendimento teórico da acetanilida em moles? Em gramas?
3. Escreva as equações das reações da anilina com o cloreto de acetila e com o ácido acético para dar acetanilida.
4. Na introdução deste experimento, a hidrólise do anidrido acético é mencionada como reação de competição. Escreva uma equação para esta reação.
5. Por que, durante a cristalização da acetanilida, a mistura foi resfriada em um banho de gelo?
6. Dê duas razões para que o produto bruto, na maior parte das reações, não esteja puro.

EXPERIMENTO 9
Acetaminofeno

Filtração a vácuo
Descoloração
Cristalização
Preparação de uma amida

A preparação do acetaminofeno envolve o tratamento de uma amina com um anidrido ácido para formar uma amida. Neste caso, o *p*-amino-fenol, a amina, é tratado com anidrido acético para formar o acetaminofeno (*p*-amido-fenol), a amida.

O acetaminofeno sólido e impuro contém impurezas escuras provenientes do reagente, o *p*-amino-fenol. Estas impurezas, corantes de estrutura desconhecida, formam-se por oxidação do fenol. Embora a quantidade de impurezas seja pequena, a cor é suficientemente intensa para colorir o acetaminofeno. A maior parte da impureza é destruida por aquecimento do produto bruto com ditionito de sódio (hidrossulfito de sódio, $Na_2S_2O_4$). O ditionito reduz as ligações duplas dos corantes e os transforma em substâncias incolores.

$$\text{HO-}\underset{p\text{-Amino-fenol}}{\text{C}_6\text{H}_4\text{-NH}_2} + \underset{\text{Anidrido acético}}{CH_3\text{-CO-O-CO-}CH_3} \longrightarrow \underset{\text{Acetaminofeno}}{\text{HO-}\text{C}_6\text{H}_4\text{-NH-CO-}CH_3} + \underset{\text{Ácido acético}}{CH_3COOH}$$

O acetaminofeno descolorido é coletado em um funil de Büchner. Ele é purificado por cristalização a partir de uma mistura de metanol e água.

Leitura necessária

Revisão:	Técnicas 5 e 6	
	Técnica 7	Métodos de Reação, Seção 7.4
	Técnica 8	Filtração, Seções 8.1-8.5
	Técnica 9	Constantes Físicas de Sólidos: O Ponto de Fusão
Nova:	Técnica 11	Cristalização: Purificação de Sólidos
	Dissertação	Analgésicos

Instruções especiais

O anidrido acético pode causar irritação dos tecidos, especialmente nasais. Evite aspirar o vapor e evite o contato com a pele e os olhos. O *p*-amino-fenol é irritante para a pele e é tóxico.

Sugestão para eliminação de resíduos

As soluções em água das operações de filtração devem ser colocadas no recipiente destinado aos resíduos em água. Isto inclui o filtrado da mistura metanol/água usada nas etapas de cristalização.

Notas para o professor

O *p*-amino-fenol adquire cor escura com o tempo devido à oxidação pelo ar. É melhor usar uma amostra recém-adquirida, que tem usualmente cor acinzentada. Se necessário, o material escuro pode ser descolorido por aquecimento com uma solução de ditionito de sódio (hidrossulfito de sódio) a 10% em água antes de começar o experimento.

Procedimento

Mistura de Reação. Pese cerca de 1,5 g de *p*-amino-fenol (*PM* = 109,1) e transfira para um frasco de Erlenmeyer de 50 mL. Use uma proveta para adicionar 4,5 mL de água e 1,7 mL de anidrido acético (*PM* = 102,1, *d* = 1,08 g/mL). Coloque uma barra de agitação magnética no frasco.

Aquecimento. Aqueça a mistura de reação, com agitação, diretamente em uma placa de aquecimento, usando um termômetro para acompanhar a temperatura interna (cerca de 100°C). Após dissolução do sólido (ele pode dissolver, precipitar e redissolver), aqueça a mistura por mais 10 minutos em cerca de 100°C para completar a reação.

Isolamento do Acetaminofeno Bruto. Remova o frasco da placa de aquecimento e deixe-o esfriar até a temperatura normal. Se a cristalização não ocorrer, raspe o interior do frasco com um bastão de vidro para iniciar a cristalização (Técnica 11, Seção 11.8, página 590). Esfrie a mistura em um banho de gelo por 15-20 minutos e colete os cristais por filtração a vácuo em um funil de Büchner pequeno (Técnica 8, Seção 8.3, página 554). Lave o frasco com cerca de 5 mL de água gelada e transfira esta mistura para o funil de Büchner. Lave os cristais que estão no funil com duas outras porções de água gelada. Seque os cristais no funil de Büchner por 5-10 minutos, deixando o ar passar por eles. Durante a secagem, use uma espátula para quebrar os pedaços grandes aglomerados. Transfira o produto para um vidro de relógio e deixe-o secar ao ar. A secagem completa levará várias horas, mas você pode prosseguir o experimento antes disto. Pese o produto bruto e separe uma pequena porção para a determinação do ponto de fusão e para a comparação da cor com o resultado da próxima etapa. Calcule o rendimento percentual do acetaminofeno bruto (*PM* = 151,2). Registre a formação dos cristais em seu caderno de laboratório.

Descoloração do Acetaminofeno Bruto. Dissolva 2,0 de ditionito de sódio (hidrossulfito de sódio) em 15 mL de água em um frasco de Erlenmeyer de 50 mL. Coloque no frasco o acetaminofeno bruto que você preparou. Aqueça a mistura em cerca de 100°C por 15 minutos, com agitação ocasional com uma espátula. Parte do acetaminofeno se dissolve durante o processo de descoloração. Esfrie a mistura em um banho de gelo por cerca de 10 minutos para reprecipitar o acetaminofeno descolorido (raspe o interior do frasco, se necessário, para induzir a cristalização). Colete o material purificado por filtração a vácuo em um funil de Büchner pequeno, usando porções pequenas (cerca de 5 mL no total) de água gelada para ajudar a transferência. Seque os cristais que estão no funil de Büchner por 5-10 minutos, deixando passar o ar por eles. Você pode passar para a próxima etapa antes que o material esteja totalmente seco. Pese o acetaminofeno purificado e compare a cor do material purificado com a do material obtido na etapa anterior.

Cristalização do Acetaminofeno. Coloque o acetaminofeno purificado em um frasco de Erlenmeyer de 50 mL. Cristalize o material a partir de uma mistura de solventes composta por 50% de água e 50% de metanol por volume. Siga o procedimento de cristalização descrito na Técnica 11, Seção 11.3, página 581). A solubilidade do acetaminofeno neste solvente quente (próximo da ebulição) é de cerca de 1 g por 5 mL. Embora você possa usar este número para estimar a quantidade de solvente necessária para dissolver o sólido, é melhor usar a técnica da Figura 11.4, página 582 para determinar a quantidade necessária de solvente. Adicione pequenas quantidades de solvente quente até dissolver completamente o sólido. A etapa 2 da Figura 11.4 (remoção de impurezas insolúveis) não deve ser necessária nesta cristalização. Após a dissolução do sólido, deixe a mistura esfriar lentamente até a temperatura normal.

Quando a mistura estiver fria, coloque o frasco em um banho de gelo por pelo menos 10 minutos. Se necessário, induza a cristalização raspando o interior do frasco com um bastão de vidro. Como a cristalização do acetaminofeno pode ser *lenta*, é necessário esfriar o frasco no banho de gelo pelo período de 10 minutos. Colete os cristais em um funil de Büchner, como mostrado na Técnica 8, Figura 8.5, página 555. Seque os cristais do funil de Büchner por 5-10 minutos, deixando passar o ar por eles. Você pode, também, deixar os cristais para secar até a próxima aula.

Cálculo do Rendimento e Determinação do Ponto de Fusão. Pese o acetaminofeno cristalizado (*PM* 151,2) e calcule o rendimento percentual. Este cálculo deve basear-se na quantidade de *p*-amino-fenol usada no começo do procedimento. Determine o ponto de fusão do produto. Compare o ponto de fusão deste produto final com o do acetaminofeno bruto. Compare também as cores do material bruto, do material descolorido e do acetaminofeno puro. O ponto de fusão do acetaminofeno puro é 169,5-171°C. Coloque seu produto em um frasco identificado e entregue-o a seu professor.

QUESTÕES

1. Por que, durante a cristalização do acetaminofeno, a mistura teve de ser resfriada em um banho de gelo?
2. Na reação entre o *p*-amino-fenol e o anidrido acético para formar o acetaminofeno, 4,5 mL de água foram adicionados. Qual é o objetivo da adição da água?
3. Por que você usou a menor quantidade possível de água para lavar o frasco durante a transferência do acetaminofeno purificado para o funil de Büchner?
4. Se 1,30 g de *p*-amino-fenol reagem com excesso de anidrido acético, qual é o rendimento teórico do acetaminofeno em moles? Em gramas?
5. Dê duas razões para que o produto bruto da maior parte das reações não seja puro.
6. A fenacetina tem a estrutura dada abaixo. Escreva uma equação para sua preparação a partir da 4-etóxi-anilina.

$$CH_3-CH_2-O-C_6H_4-NH-\overset{O}{\underset{\|}{C}}-CH_3$$

DISSERTAÇÃO

Identificação de Fármacos

Os químicos devem, com freqüência, identificar substâncias de estrutura desconhecida. Na ausência de informações que sirvam de ponto de partida, esta tarefa pode ser formidável. Existem milhões de compostos conhecidos, inorgânicos e orgânicos. No caso de substâncias completamente desconhecidas, o químico tem de usar, geralmente, todos os métodos disponíveis. Se a substância desconhecida é uma mistura, ela deve ser separada em seus componentes e cada componente deve ser identificado separadamente. Um composto puro pode, muitas vezes, ser identificado por suas propriedades físicas (ponto de fusão, ponto de ebulição, densidade, índice de refração e assim por diante) e pelo conhecimento de seus grupos funcionais. Estes podem ser identificados pelas reações do composto ou por espectroscopia (infravermelho, ultravioleta, ressonância magnética nuclear e espectrometria de massas). As técnicas necessárias para este tipo de identificação serão apresentadas em uma seção posterior.

Uma situação um pouco mais simples ocorre muitas vezes na identificação de fármacos. O escopo da identificação de fármacos é mais limitado e o químico que trabalha em um hospital e tenta identificar a fonte de uma sobredose de drogas ou o policial que tenta identificar uma droga ilícita suspeita ou um veneno tem, usualmente, algumas informações a partir das quais pode trabalhar. O mesmo acontece com o químico medicinal que trabalha para uma indústria farmacêutica e tenta descobrir por que o produto de um competidor funciona melhor.

Imagine o caso da sobredose de drogas como um exemplo. O paciente chega à emergência de um hospital. Esta pessoa pode estar em coma ou em um estado de superexcitação, pode estar tendo um ataque alérgico ou alucinações. Estes sintomas fisiológicos são uma indicação da natureza da droga. Amostras da droga podem podem estar em poder do paciente. O tratamento médico correto pode exigir a identificação rápida e acurada do pó ou da cápsula. Se o paciente está consciente, a informação necessária pode ser obtida oralmente. Se não, a droga deve ser analisada. Se a droga é um tablete ou uma cápsula, o processo é usualmente simples, porque muitas drogas são codificadas com a marca registrada ou o logotipo do fabricante. A forma (redonda, oval, em forma de bala), a formulação (tablete, gelatina, cápsula, microcápsulas de liberação lenta) e a cor ajudam na identificação. Algumas drogas têm um número ou um código impresso.

É mais difícil identificar um pó, mas em alguns casos a identificação pode ser mais fácil. Drogas de origem vegetal são, muitas vezes, facilmente identificadas porque contêm pedaços microscópicos da planta de onde provêm. Estes fragmentos celulares são freqüentemente característicos de certos tipos de drogas, e elas podem ser identificadas somente com base nisso. Só é necessário um microscópio. Às vezes, testes químicos coloridos podem ser usados como confirmação. Certas drogas dão cores características quando tratadas com reagentes especiais. Outras drogas formam precipitados de cor e estrutura cristalina característicos quando tratadas com reagentes apropriados.

Se a droga não está disponível ou se o paciente estiver inconsciente (ou morto), a identificação pode ser mais difícil. Pode ser necessário bombear o conteúdo do estômago ou da bexiga do paciente (ou cadáver) ou obter uma amostra de sangue para trabalhar. Amostras de fluido estomacal, urina ou sangue são extraídas com um solvente orgânico apropriado, e o extrato é analisado.

Freqüentemente, a identificação final de uma droga em um extrato de urina, serum ou fluido estomacal depende de algum tipo de **cromatografia**. A cromatografia em camada fina (CCF) é bastante usada. Em certas condições, muitas drogas podem ser identificadas por seus valores de R_f e pelas cores que assumem as manchas de CCF quando tratadas com vários reagentes ou quando observadas sob certos métodos de visualização. No experimento que se segue, usa-se a CCF para analisar um analgésico desconhecido.

REFERÊNCIAS

Keller, E. "Origin of Modern Criminology." *Chemistry, 42* (1969): 8.
Keller, E. "Forensic Toxicology: Poison Detection and Homicide." *Chemistry, 43* (1970): 14.
Lieu, V. T. "Analysis of APC Tablets." *Journal of Chemical Education, 48* (1971): 478.
Neman, R. L. "Thin Layer Chromatography of Drugs." *Journal of Chemical Education, 49* (1972): 834.
Rodgers, S. S. "Some Analytical Methods Used in Crime Laboratories." *Chemistry, 42* (1969): 29.
Tietz, N. W. *Fundamentals of Clinical Chemistry.* Philadelphia:W. B. Saunders, 1970.
Walls, H. J. *Forensic Science.* New York: Praeger, 1968.
Uma coleção de artigos em química forense pode ser encontrda em
Berry, K., and Outlaw, H. E., eds. "Forensic Chemistry—A Symposium Collection." *Journal of Chemical Education, 62* (December 1985): 1043–1065.

EXPERIMENTO 10

Análise CCF de Analgésicos

Cromatografia em camada fina

Neste experimentos usaremos a cromatografia em camada fina (CCF) para determinar a composição de vários analgésicos de uso livre. O professor pode pedir que você determine os componentes e a identidade (nome comercial) de um analgésico desconhecido. Você receberá duas ou três placas comerciais de CCF com suporte plástico flexível e uma camada de sílica gel com um indicador fluorescente. Na primeira placa você deverá aplicar cinco padrões de uso freqüente em formulações analgésicas. Além disto, você aplicará uma mistura padrão que contém quatro destes mesmos compostos. O ibuprofeno foi omitido porque ele iria se sobrepor à salicilamida após o desenvolvimento da placa. A critério de seu professor, você aplicará cinco outras substâncias de referência em uma segunda placa, incluindo os analgésicos mais recentes. Na última placa (a placa da amostra), você aplicará diversas preparações analgésicas comerciais para determinar sua composição. A critério de seu professor, uma ou mais de uma delas poderá ser um desconhecido.

Os padrões estão disponíveis na forma de soluções com 1 g de cada um dissolvido em 20 mL de uma mistura 50:50 de cloreto de metileno e etanol. O objetivo da primeira placa de referência é determinar a ordem de eluição (valores de R_f) das substâncias conhecidas e indexar a mistura padrão de referência. Na segunda placa de referência (opcional), várias substâncias têm valores semelhantes de R_f, mas você notará o comportamento diferente de cada mancha quando variar os métodos de visualização. Na placa da amostra será observada a mistura padrão de referência, juntamente com as várias soluções que você irá preparar a partir de tabletes de analgésicos comerciais. Estes tabletes serão moídos e dissolvidos em uma mistura 50:50 de cloreto de metileno e etanol para aplicação na placa.

Placa de referência 1		Placa de referência 2 (opcional)		Placa das amostras
Acetaminofeno	(Ac)	Aspirina	(Asp)	Cinco preparações comerciais ou desconhecidos mais a mistura de referência
Aspirina	(Asp)	Ibuprofeno	(Ibu)	
Cafeína	(Cf)	Cetoprofeno	(Kpf)	
Ibuprofeno	(Ibu)	Naproxeno-sódio	(Nap)	
Salicilamida	(Sal)	Salicilamida	(Sal)	
Mistura de referência 1	(Ref-1)	Mistura de referência 2	(Ref-2)	

Dois métodos de visualização serão usados para observar as posições das manchas nas placas de CCF desenvolvidas. Primeiramente, as placas serão observadas sob iluminação com uma lâmpada de ultravioleta (UV) de comprimento de onda curto. O resultado pode ser visto melhor em uma câmara escura ou em uma capela escurecida com papel de embrulho ou papel de alumínio com a janela abaixada. Nestas condições, algumas das manchas aparecerão como áreas escuras na placa, enquanto outras fluorescerão fortemente. Este comportamento sob iluminação UV ajudará a diferenciar algumas substâncias de outras. Será conveniente marcar suavemente com um *lápis* as manchas observadas e marcar com um pequeno **x** o interior das manchas que fluorescem. O segundo método de visualização será o vapor de iodo. Nem todas as manchas serão visíveis quando tratadas com iodo, mas algumas ficarão amarelas, marrom claras ou marrom escuras. Este comportamento ajudará a diferenciar as manchas.

É possível usar diversos solventes de desenvolvimento neste experimento, mas acetato de etila com 0,5% de ácido acético glacial é melhor. A pequena quantidade de ácido acético glacial fornece prótons e suprime a ionização da aspirina, do ibuprofeno, do naproxeno-sódio e do cetoprofeno, permitindo que eles corram nas placas na forma protonada. Sem o ácido, estes compostos não se movem.

Em algumas preparações analgésicas você pode encontrar outros ingredientes além dos já mencionados. Alguns incluem um anti-histamínico, e outros, um sedativo leve. O Midol, por exemplo, contém *N*-cinamil-efedrina (cinamedrina), um anti-histamínico, e Excedrin PM contém o sedativo cloridrato de metapirileno. Cope contém o sedativo fumarato de metapirileno. Alguns tabletes podem ser coloridos com um corante químico.

Leitura necessária

Revisão: Dissertação Analgésicos

Nova: Técnica 19 Cromatografia em Coluna, Seções 19.1-19.3
Técnica 20 Cromatografia em Camada Fina
Dissertação Identificação de Fármacos

Instruções especiais

Você deve examinar primeiro as placas sob luz ultravioleta. Só depois de você ter comparado *todas* as placas é que o vapor de iodo pode ser usado. O iodo afeta permanentemente algumas das manchas e torna impossível a visualização das manchas originais sob luz UV. Observe com especial cuidado as substâncias que têm valores de R_f semelhantes. Estas manchas têm aparência diferente sob luz UV ou cor diferente com iodo, o que permite que você faça distinção entre elas.

A aspirina é um problema especial porque ela ocorre em grande quantidade em muitos dos analgésicos e se hidrolisa com facilidade. Por isso, as manchas de aspirina mostram com freqüência uma cauda acentuada.

Sugestão para eliminação de resíduos

Coloque todos os solventes de desenvolvimento no recipiente destinado a solventes orgânicos nãohalogenados. Coloque a mistura etanol-cloreto de metileno no recipiente destinado a solventes orgânicos halogenados. As micropipetas usadas para aplicar a solução devem ser colocadas em um recipiente especial identificado. As placas de CCF devem ser grampeadas em seu caderno de laboratório.

Notas para o professor

Neste experimento, você pode fazer os estudantes trabalharem em pares, cada um deles preparando uma das duas placas de referência e cooperando na terceira placa. Você pode, também, omitir a placa 2 e não identificar os dois analgésicos mais recentes (cetoprofeno e naproxeno-sódio), especialmente se os estudantes forem trabalhar isoladamente.

Use placas flexíveis Silica Gel 60 F-254 (EM Science, No. 5554-7) na cromatografia em camada fina. Se as placas de CCF não tiverem sido compradas recentemente, coloque-as em estufa em 100°C por 30 minutos e guarde-as em um dessecador até o momento do uso. Se você usar placas de camada fina diferentes, teste o experimento antes dos estudantes. Outras placas podem não resolver todas as substâncias.

Ibuprofeno e salicilamida têm aproximadamente o mesmo R_f, mas comportam-se diferentemente nos dois métodos de detecção. Por razões que não são claras, o ibuprofeno dá, às vezes, duas ou mesmo três manchas. O naproxeno-sódio e o cetoprofeno têm aproximamene o mesmo R_f da aspirina, entretanto eles se comportam diferentemente nos dois métodos de detecção. Felizmente, os novos fármacos não são usados em combinação, ou com aspirina ou ibuprofeno, em nenhum produto comercial em uso.

Procedimento

Preparações Iniciais. Você precisará de pelo menos 12 micropipetas capilares (18, se ambas as placas de referência forem preparadas) para aplicar as soluções nas placas. A preparação destas pipetas é descrita e ilustrada na Técnica 20, Seção 20.4, página 697. Um erro comum é puxar muito a seção central ao preparar as pipetas, o que faz com que muito pouca amostra seja aplicada na placa. Se isto acontecer, você não verá *nenhuma* mancha. Siga cuidadosamente as instruções.

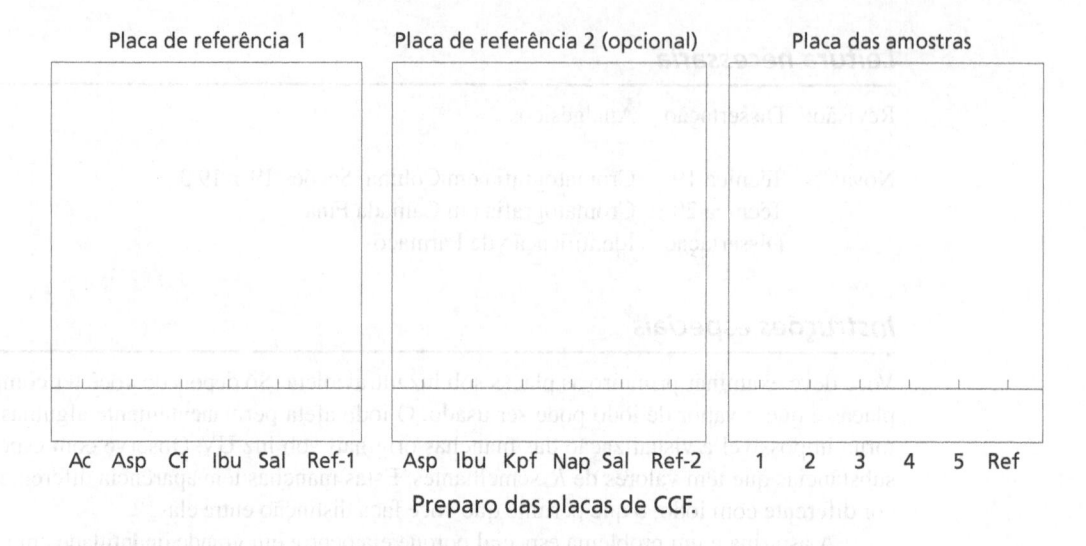

Placa de referência 1	Placa de referência 2 (opcional)	Placa das amostras
Ac Asp Cf Ibu Sal Ref-1	Asp Ibu Kpf Nap Sal Ref-2	1 2 3 4 5 Ref

Preparo das placas de CCF.

Depois de preparar as micropipetas, obtenha duas (ou três) placas de CCF de 10 cm por 6,6 cm (EM Science Silica Gel 60 F-254, No. 5554-7) com seu professor. Estas placas são flexíveis, mas não devem ser curvadas excessivamente. Manipule-as com cuidado ou o adsorvente poderá se esfarelar. Segure-as pelas bordas, nunca pela superfície. Use um lápis (não uma caneta) para marcar *cuidadosamente* uma linha através das placas (pela menor dimensão), a cerca de 1 cm de uma extremidade. Use uma régua com a marca de zero colocada a 0,6 cm da borda e marque com cuidado seis pontos na linha (veja a figura acima). Estes são os pontos em que serão aplicadas as amostras. Se você estiver preparando duas placas de referência, seria uma boa idéia colocar um número 1 ou 2 à direita, no topo da placa, para facilitar a identificação.

Aplicações na Primeira Placa de Referência. Aplique na primeira placa (a que tem a marca 1), da esquerda para a direita, acetaminofeno, aspirina, cafeína, ibuprofeno e salicilamida. A ordem é alfabética e impedirá problemas de memória ou confusão. Soluções destes compostos estarão em garrafas pequenas na prateleira da bancada. A mistura padrão de referência (Ref-1), que também está na prateleira, é aplicada na última posição. O método correto para aplicar amostras em uma placa de CCF está descrito na Técnica 20, Seção 20.4, página 697. É importante que as manchas sejam pequenas, mas não muito. Com muita amostra, as manchas formarão caudas e se misturarão umas com as outras após o desenvolvimento. Com muito pouca amostra, as manchas não serão observadas após o desenvolvimento. A aplicação deve ter cerca de 1-2 mm de diâmetro. Se for possível, use restos de placas de CCF para praticar a aplicação das soluções antes de preparar as placas de amostra.

Aplicações na Segunda Placa de Referência (Opcional). Aplique na segunda placa (a que tem a marca 2), da esquerda para a direita, aspirina, ibuprofeno, cetoprofeno, naproxeno-sódio, salicilamida e a mistura de referência (Ref-2). Siga o procedimento e as precauções listadas acima para a primeira placa.

Preparação da Câmara de Desenvolvimento. Após a aplicação da placa de referência (ou placas), use uma jarra de 500 mL com tampa de rosca (ou outro recipiente adequado) para uso como câmara de desenvolvimento. A preparação da câmara de desenvolvimento está descrita na Técnica 20, Seção 20.5, página 698. Como o suporte das placas de CCF é muito fino, se ele tocar o papel de filtro da câmara de desenvolvimento *em qualquer ponto*, o solvente começará a difundir na superfície adsorvente naquele ponto. Para evitar isto, voce deve eliminar o papel ou fazer a seguinte modificação.

Se você quiser usar o papel, use uma tira de papel muito estreita (cerca de 5 cm de largura). Dobre-o em forma de L de modo que ele atravesse o fundo e chegue ao topo do recipiente. As placas de CCF colocadas no recipiente devem se apoiar na parede do recipiente sobre a tira de papel, mas sem tocá-la (ver Figura 20.4, página 698).

Após preparar a câmara de desenvolvimento, separe uma pequena quantidade do solvente (uma solução 0,5% de ácido acético glacial em acetato de etila). Esta solução deve ser preparada previamente pelo professor. Ela contém uma quantidade muito pequena de ácido acético glacial, o que torna muito difícil preparar pequenas quantidades individualmente. Encha a câmara de desenvolvimento com o solvente de desenvolvimento até a profundidade de 0,5-0,7 cm. Se você estiver usando papel de filtro, assegure-se de que ele esteja saturado com solvente. Lembre-se de que o nível do solvente não deve estar acima dos pontos de aplicação da placa, pois, nesse caso, as amostras se dissolverão no solvente e as placas não serão desenvolvidas.

Desenvolvimento das Placas de Referência. Coloque na câmara a placa (ou placas) em que as aplicações foram feitas (sem deixar que toque(m) o papel de filtro) e deixe que as amostras se desenvolvam. Se você estiver desenvolvendo duas placas de referência, coloque-as no mesmo recipiente. Assegure-se de que as placas foram colocadas no recipiente de desenvolvimento de modo que a extremidade esteja paralela ao fundo do recipiente (sem curvar-se). Se isto não for feito, a frente de solvente não avançará por igual, aumentando a dificuldade de comparação. As placas devem estar uma na frente da outra em paredes opostas do recipiente. Quando o solvente chegar a 0,5 cm do topo das placas, remova-as (na capela) e use um lápis para marcar a posição da frente. Coloque as placas em um pedaço de papel para secar. Talvez valha a pena apoiar uma das extremidades em um pequeno objeto para permitir o fluxo de ar em volta da placa.

Visualização UV das Placas de Referência. Quando as placas estiverem secas, coloque-as sob uma lâmpada UV de curto comprimento de onda, de preferência em uma câmara escura ou em uma capela escurecida. Marque cuidadosamente, com um lápis, todas as manchas observadas. Observe as diferenças de comportamento das manchas, especialmente na placa 2. Vários dos compostos têm valores de R_f semelhantes, mas as manchas têm aparência diferente sob luz UV ou tratamento com iodo. Não existem, no momento, preparações analgésicas comerciais contendo compostos com os mesmos R_f, mas você deverá ser capaz de distingui-los uns dos outros para identificar os que estão presentes. Antes de continuar, faça um desenho das placas em seu caderno de laboratório e registre as diferenças que você observou. Use uma régua milimetrada para medir a distância que cada mancha correu em relação à frente de solvente. Calcule os valores de R_f para cada mancha (Técnica 20, Seção 20.9, página 701).

Análise de Analgésicos Comerciais ou Desconhecidos (Placa da Amostra). Separe meio tablete de cada um dos analgésicos a serem analisados na última placa de CCF. Se você recebeu um desconhecido, pode analisar outros quatro analgésicos de sua escolha. Se não, você pode analisar cinco. O experimento ficará mais interessante se você escolher as amostras de modo a obter um largo espectro de resultados. Tente pegar pelo menos um analgésico que contenha aspirina, acetaminofeno, ibuprofeno, um analgésico novo e, se disponível, salicilamida. Se você tiver um analgésico de preferência, talvez queira incluí-lo em suas análises. Pegue a metade de tablete de analgésico, coloque-a em um pedaço de papel e reduza-a a pó com uma espátula. Transfira o pó para um tubo de ensaio identificado ou para um frasco de Erlenmeyer pequeno. Use uma proveta e misture bem 15 mL de etanol absoluto e 15 mL de cloreto de metileno. Coloque 5 mL deste solvente em cada frasco que contém uma amostra diferente. Aqueça as amostras *suavemente* por alguns minutos em um banho de vapor ou de areia em 100°C. Nem todo o pó se dissolve porque os analgésicos usualmente contêm um ligante insolúvel. Além disso, muitos deles contêm agentes tampões inorgânicos ou materiais de encapsulamento que são insolúveis nesta mistura de solventes. Após aquecer as amostras deixe-as em repouso e aplique os extratos líquidos transparentes na placa de amostra. Coloque a solução padrão de referência (Ref-1 ou Ref-2) na sexta posição. Desenvolva a placa em ácido acético glacial/acetato de etila, como antes. Observe a placa sob iluminação UV e marque as manchas visíveis, como você fez com a primeira placa. Desenhe a placa em seu caderno de laboratório e registre suas conclusões sobre o conteúdo de cada tablete. Isto pode ser feito por comparação direta de sua placa com as placas de referência – elas podem ser colocadas sob luz UV ao mesmo tempo. Se você recebeu um desconhecido, tente determinar sua identidade (nome comercial).

Análise com Iodo. Não comece esta parte antes de completar todo o trabalho de comparação no UV. Coloque as placas em um recipiente contendo alguns cristais de iodo, tampe o recipiente e aqueça-o suavemente em um banho de vapor ou em uma placa de aquecimento morna até que as manchas comecem a aparecer. Anote as manchas visíveis e suas cores relativas. Você pode comparar diretamente as cores das manchas de referência com as das manchas da placa de desconhecidos. Remova as placas do recipiente e registre suas observações no caderno de laboratório.

QUESTÕES

1. O que aconteceria se muita amostra fosse aplicada no preparo de uma placa de CCF para desenvolvimento?
2. O que aconteceria se pouca amostra fosse aplicada no preparo de uma placa de CCF para desenvolvimento?
3. Por que os pontos de aplicação das amostras devem estar acima do solvente na câmara de desenvolvimento?
4. O que aconteceria se a linha e se os pontos de aplicação fossem feitos com uma caneta esferográfica?
5. É possível distinguir duas manchas que têm o mesmo R_f, mas que correspondem a compostos diferentes? Indique dois métodos diferentes para isto.
6. Liste algumas vantagens do uso de acetaminofeno (Tilenol) no lugar da aspirina como analgésico.

DISSERTAÇÃO

Cafeína

As origens do uso do café e do chá como bebidas são tão antigas que se perderam na lenda. Diz-se que o café foi descoberto por um pastor de cabras abissínio que notou que suas cabras ficavam mais agitadas quando consumiam uma determinada planta com frutos vermelhos. Ele decidiu testar os frutos e descobriu o café. Os árabes cedo cultivaram a planta do café, e uma das descrições mais antigas de seu uso se encontra em um livro de medicina árabe de cerca de 900 d.C. O grande cientista da botânica sistemática, Linnaeus, chamou a árvore de *Coffea arabica*.

Uma das lendas da descoberta do chá – vinda do Oriente, como se poderia esperar – atribui a descoberta a Daruma, o fundador do Zen. A lenda conta que um dia ele dormiu, sem querer, durante suas meditações costumeiras. Para evitar que isto ocorresse novamente, ele cortou ambas as pálpebras. Onde elas caíram no chão, nasceu uma nova planta que tinha o poder de manter uma pessoa acordada. Embora alguns especialistas afirmem que o uso médico do chá foi descrito já em 2737 a.C. na farmacopéia de Shen Nung, um Imperador da China, a primeira referência indiscutível vem do dicionáro chinês de Kuo P'o, que apareceu em 350 d.C. O uso popular do chá, fora da Medicina, espalhou-se lentamente e somente em cerca de 700 d.C. o chá passou a ser cultivado extensivamente. O chá é nativo da Indochina e do norte da Índia; logo, ele deve ter sido cultivado nestes lugares antes de chegar à China. Linnaeus chamou o chá de *Thea sinensis*. O chá, entretanto, se relaciona mais propriamente com a camélia, e os botânicos renomearam a planta como *Camellia thea*.

O ingrediente ativo que torna o chá e o café importante para os humanos é a **cafeína**. A cafeína é um **alcalóide**, uma classe de compostos naturais que contêm nitrogênio e têm as propriedades de uma base amina orgânica (alcalina, daí, *alcalóide*). O chá e o café não são as únicas fontes vegetais de cafeína. Outras fontes incluem as nozes de cola, as folhas do mate, as sementes do guaraná e, em menor escala, os frutos do cacau. O alcalóide puro foi isolado pela primeira vez, a partir do café, pelo químico francês Pierre Jean Robiquet.

XANTINAS
Xantina R = R' = R" = H
Cafeína R = R' = R" = CH_3
Teofilina R = R" = CH_3, R' = H
Teobromina R = H, R' = R" = CH_3

A cafeína pertence a uma família de compostos naturais chamados de **xantinas**. As xantinas, na forma dos precursores nas plantas, são provavelmente os estimulantes conhecidos mais antigos. Elas, em graus variados, estimulam o sistema nervoso central e os músculos do esqueleto. Este estímulo tem como resultado um estado de alerta aumentado, a capacidade de evitar o sono e o aumento da concentração. Neste aspecto, a cafeína é a xantina mais poderosa. Ela é o ingrediente principal dos tabletes populares "No-Doz fique alerta". Embora a cafeína tenha um efeito poderoso sobre o sistema nervoso central, nem todas as xantinas são tão eficientes. Assim, a teobromina, a xantina encontrada no cacau, tem pouco efeito no sistema nervoso central. Ela é, entretanto, um poderoso **diurético** (faz urinar) e é usada pelos médicos em pacientes com problemas severos de retenção de água. A teofilina, uma segunda xantina encontrada no chá, também tem menos efeito sobre o sistema nervoso central, mas é um estimulante efetivo do **miocárdio** (músculo do coração). Ela dilata (relaxa) a artéria coronária que fornece sangue ao coração. Seu uso mais importante é no tratamento da asma dos brônquios, porque é um **broncodilatador** (relaxa os bronquíolos do pulmão). Ela também é um **vasodilatador** (relaxa os vasos sanguíneos) e é freqüentemente usada no tratamento das dores de cabeça ligadas à hipertensão. Também é usada para aliviar e reduzir a freqüência dos ataques de **angina pectoris** (dor severa no peito). Além disto, é um diurético mais potente do que a teobromina.

Pode-se desenvolver tolerância às ou dependência das xantinas, particularmente a cafeína. A dependência é real, e um usuário contumaz (> 5 taças de café por dia) sentirá letargia, dor de cabeça e, talvez, náuseas, após cerca de 18 horas de abstinência. O uso excessivo de cafeína pode levar à inquietação, à irritabilidade, à insônia e aos tremores musculares. A cafeína pode ser tóxica, mas para atingir uma dose letal de cafeína seria necessário beber cerca de 100 taças de café em um período de tempo relativamente curto.

A cafeína é um constituinte natural do café, do chá e da noz de cola (*Kola nitida*). A teofilina é um constituinte menor do chá. O constituinte principal do cacau é a teobromina. A quantidade de cafeína no chá varia de 2 a 5%. Uma análise do chá preto revelou os seguintes compostos: cafeína, 2,5%; teobromina, 0,17%; teofilina, 0,013%, adenina, 0,014%, e guanina e xantina, traços. A cola comercial é uma bebida baseada no extrato das nozes da cola. Não é fácil obter nozes de cola nos Estados Unidos da América, mas é possível conseguir o extrato comercial na forma de xarope. O xarope pode ser convertido em "cola". O xarope contém cafeína, taninos, pigmentos e açúcar. Adiciona-se ácido fosfórico e caramelo para escurecer a mistura. O refrigerante final é preparado pela adição de água e dióxido de carbono sob pressão para fazer a mistura borbulhar. Antes da descafeinação, a FDA americana exigia que uma "cola" contivesse cafeína (cerca de 0,07 g por kg). Em 1990, quando novos rótulos de nutrição foram adotados, esta exigência foi retirada. A FDA exige, atualmente, que uma "cola" contenha *alguma* cafeína, mas limita a quantidade ao máximo de 1,75 g por kg. Para obter um nível regular de cafeína, muitos fabricantes removem toda a cafeína do extrato de cola e adicionam, novamente, a quantidade correta ao xarope. A quantidade de cafeína de várias bebidas estão na tabela abaixo.

Quantidade de cafeína encontrada em bebidas (g/kg)

Café comum	0,3-1	Chá	0,1-0,7
Café instantâneo	0,2-0,7	Cacau (com 0,7 g/kg de teobromina)	0,012-0,1
Café Expresso (taça de 45–60 g)	1,2-2,3	Coca-Cola	1,125
Café descafeinado	0,01-0,025		

Nota: A taça média de café ou chá contém cerca de 150 a 210 g de líquido. A garrafa média de cola contém cerca de 360 g de líquido.

Com a crescente popularidade dos grãos de café especiais, vale a pena saber o conteúdo de cafeína destas bebidas. O café especial tem, certamente, mais sabor do que o café moído típico, que você encontra em qualquer armazém, e a concentração deste café tende a ser mais alta do que a do café comum. O café especial contém provavelmente cerca de 0,7 a 0,8 g de cafeína por kg de líquido. O café expresso é um café muito concentrado e escuro. Embora os grãos torrados, mais escuros, usados na preparação do café expresso contenham menos cafeína por quilograma do que os grãos regulares torrados, o método de preparação do expresso (extração por vapor pressurizado) é mais eficiente, e uma percentagem mais alta da cafeína total dos grãos é extraída. O conteúdo de cafeína por quilograma de líquido, portanto, é substancialmente superior ao de muitos cafés comuns. A taça usada no café expresso, entretanto, é muito menor (cerca de 45 a 60 g de líquido); logo, a cafeína total da taça de café expresso é mais ou menos a mesma do café ordinário.

Devido aos efeitos da cafeína sobre o sistema nervoso central, muitas pessoas preferem o café **descafeinado**. A cafeína é removida do café por extração dos grãos inteiros com um solvente orgânico. Remove-se, depois, o solvente e trata-se os grãos com vapor para remover resíduos de solvente. Após secagem, os grãos são torrados para dar o aroma. A descafeinação reduz a percentagem de cafeína para a faixa de 0,03 a 1,2%. A cafeína extraída é usada em vários produtos farmacêuticos como os tabletes APC.

Entre os apreciadores de café existe controvérsia sobre a melhor maneira de remover a cafeína dos grãos de café. A descafeinação por **contato direto** usa um solvente orgânico (usualmente cloreto de metileno) para remover a cafeína. Quando os grãos são posteriormente torrados em 200°C, os traços de solvente são removidos porque o cloreto de metileno ferve em 40°C. A vantagem do contato direto é que o método remove apenas a cafeína (e algumas ceras), mas deixa as substâncias responsáveis pelo aroma nos grãos. A desvantagem é que todos os solventes orgânicos são tóxicos em maior ou menor grau.

O **processo da água** é o preferido de muitos adeptos do café descafeinado porque não usa solventes orgânicos. Neste método, usa-se água quente e vapor para remover a cafeína e outras substâncias solúveis. A solução resultante passa por filtros de carvão ativado para remover a cafeína. Embora este método não use solventes orgânicos, a desvantagem é que a água não é um agente de descafeinação muito seletivo, e muitos dos óleos flavorizantes do café são removidos, dando como resultado um café com um sabor um pouco inferior.

Um terceiro método, o **processo de descafeinação com dióxido de carbono**, está sendo usado com freqüência cada vez maior. Os grãos de café são umedecidos com vapor e água e colocados em um extrator, onde são tratados com dióxido de carbono em temperatura e pressão altas. Nestas condições, o gás dióxido de carbono está em um estado **supercrítico**, isto é, tem propriedades de líquido e de gás. O dióxido de carbono supercrítico é um solvente seletivo da cafeína e a extrai dos grãos.

A cafeína sempre foi um composto controverso. Do ponto de vista médico, suas ações são suspeitas. Ela age fortemente sobre o coração e os vasos sanguíneos e aumenta a pressão arterial. Ela estimula o sistema nervoso central, tornando a pessoa mais alerta, porém mais nervosa. Muita gente considera a cafeína uma droga perigosa que vicia, e algumas religiões, por esta razão, proíbem o uso de bebidas que contêm cafeína.

Outro problema, que não está relacionado com a cafeína, mas com o chá como bebida, é que em alguns casos as pessoas que o consomem em grandes quantidades mostram sintomas de deficiência de vitamina B1 (tiamina). Tem-se sugerido que os taninos do chá podem complexar a tiamina, tornando-a indisponível. Outra possibilidade é a de que a cafeína possa reduzir os níveis da enzima transcetolase, cuja atividade depende da tiamina. Baixos níveis de transcetolase produzem os mesmos sintomas de baixos níveis de tiamina.

REFERÊNCIAS

Emboden,W. "The Stimulants." *Narcotic Plants,* rev. ed. New York: Macmillan, 1979.
Ray, O. S. "Caffeine." *Drugs, Society and Human Behavior,* 7th ed. St. Louis: C. V. Mosby, 1996.
Ritchie, J. M. "Central Nervous System Stimulants. II: The Xanthines." In L. S. Goodman and A. Gilman, *The Pharmacological Basis of Therapeutics,* 8th ed. New York: Macmillan, 1990.
Taylor, N. *Plant Drugs That Changed the World.* New York: Dodd, Mead, 1965. Pp. 54–56.
Taylor, N. "Three Habit-Forming Nondangerous Beverages." In *Narcotics—Nature's Dangerous Gifts.* New York: Dell, 1970. (Paperbound revision of Flight from Reality.)

EXPERIMENTO 11

Isolamento da Cafeína

Isolamento de um produto natural
Extração
Sublimação

Neste experimento, a cafeína é isolada de folhas de chá. O problema principal é que a cafeína não é a única substância encontrada nas folhas de chá. Outros produtos naturais estão presentes e devem ser separados O componente principal das folhas de chá é a celulose, o material estrutural mais importante de todas as células de vegetais. A celulose é um polímero da glicose. Como a celulose é praticamente insolúvel em água, ela não é um problema no processo de isolamento. A cafeína, por outro lado, é solúvel em água e é uma das substâncias mais importantes extraídas para a solução a que chamamos de chá. A cafeína chega a 5% por peso das folhas de chá.

Os taninos também se dissolvem na água quente usada para extrair as folhas de chá. O termo **tanino** não se refere a um composto homogêneo e nem a substâncias com estruturas químicas semelhantes. O termo se refere a uma classe de compostos que têm certas propriedades em comum. Os taninos são fenóis de peso molecular entre 500 e 3.000. Eles são muito usados para curtir couros. Eles precipitam alcalóides e proteínas de soluções em água. Os taninos são divididos usualmente em duas classes: os que podem ser **hidrolisados** (reagem com água) e os que não podem. Os taninos do primeiro tipo, encontrados no chá, geralmente dão glicose e ácido gálico quando hidrolisados. Eles são, portanto, ésteres de ácido gálico e glicose. São estruturas em que alguns dos grupos hidroxila da glicose foram esterificados por grupos digaloíla. Os taninos não-hidrolisáveis encontrados no chá são polímeros de condensação de catequina. Estes polímeros não têm estrutura uniforme. As moléculas de catequina ligam-se usualmente nas posições 4 e 8 do anel.

Após extração pela água quente, alguns taninos hidrolisam-se parcialmente e liberam ácido gálico. Devido aos grupos fenol dos taninos e aos grupos carboxila do ácido gálico, estes compostos são ácidos. A adição de carbonato de sódio, uma base, à água do chá converte estes ácidos em sais de sódio, muito solúveis em água.

Embora a cafeína seja solúvel em água, ela é muito mais solúvel no solvente orgânico cloreto de metileno. A cafeína pode ser extraída da solução básica do chá com cloreto de metileno, mas os sais de sódio do ácido gálico e dos taninos permanecem na camada de água.

Glicose se R = H
Um tanino se alguns R = digaloíla

Um grupo digaloíla

Catequina

A cor marrom da solução de chá é decorrente de pigmentos flavonóides e clorofilas e a seus produtos de oxidação. Embora as clorofilas sejam solúveis em cloreto de metileno, a maior parte das outras substâncias do chá não são. Assim, a extração da solução básica de chá com cloreto de metileno remove a cafeína quase pura. O cloreto de metileno é facilmente removido por evaporação (pe 40°C) e deixa a cafeína bruta, que é purificada por sublimação.

O Experimento 11A descreve o isolamento da cafeína do chá por técnicas de escala grande. Um procedimento opcional ao Experimento 11A permite que o estudante converta a cafeína em um **derivado**. Um derivado de um composto é um segundo composto, de ponto de fusão conhecido, formado a partir do primeiro por uma reação química simples. Quando se tenta identificar um composto orgânico freqüentemente é necessário convertê-lo em um derivado. Se o primeiro composto, cafeína neste caso, e seu derivado têm pontos de fusão iguais aos encontrados na literatura química (um manual de laboratório, por exemplo), admite-se que não há coincidência e que a identidade do primeiro composto, cafeína neste caso, foi estabelecida.

A cafeína é uma base e reage com um ácido para dar um sal. Com o ácido salicílico, um derivado, um **sal** de cafeína como o salicilato de cafeína, permite estabelecer a identidade da cafeína extraída das folhas de chá.

No Experimento 11B, o isolamento da cafeína é feito usando métodos de escala pequena. Neste experimento, você deverá isolar a cafeína contida em um saquinho de chá.

Leitura necessária

Revisão: Técnicas 5 e 6
  Técnica 7   Métodos de Reação, Seções 7.2 e 7.10
  Técnica 9   Constantes Físicas dos Sólidos: O Ponto de Fusão

Nova: Técnica 12   Extrações, Separações e Agentes de Secagem, Seções 12.1-12.5 e 12.7-12.9
  Técnica 17   Sublimação
  Dissertação Cafeína

Instruções especiais

Cuidado ao lidar com o cloreto de metileno. Ele é um solvente tóxico e você não deve aspirá-lo ou derramá-lo em você. No Experimento 11B, o procedimento de extração exige dois tubos de centrífuga com tampas de rosca. Também pode-se usar rolhas para selar os tubos, mas as rolhas absorvem uma pequena quantidade do líquido. Em vez de agitar o tubo de centrífuga, você pode usar um misturador de vórtice.

Sugestão para eliminação de resíduos

Descarte o cloreto de metileno no recipiente destinado aos resíduos orgânicos halogenados. Ao descartar as folhas de chá, não as jogue na pia. Coloque-as em uma lata de lixo. Faça o mesmo com os saquinhos de chá. As soluções em água obtidas após as etapas de extração devem ser colocadas no recipiente próprio.

EXPERIMENTO 11A
Isolamento da Cafeína de Folhas de Chá

Procedimento

Preparo da Solução de Chá. Coloque 5 g de folhas de chá, 2 g de carbonato de cálcio em pó e 50 mL de água em um balão de fundo redondo equipado com um condensador de refluxo (Técnica 7, Figura 7.6, páginas 533-535). Aqueça a mistura por cerca de 20 minutos em refluxo suave, tendo o cuidado de não deixar formar bolhas grandes. Use manta de aquecimento. Agite o frasco ocasionalmente durante o aquecimento. Com a solução ainda quente filtre a vácuo através de um papel de filtro rápido como E&D No. 617 ou S&S No. 595 (Técnica 8, Seção 8.3, página 554). Um kitazato de 125 mL é apropriado para esta etapa.

Extração e Secagem. Esfrie o filtrado (o líquido) até a temperatura normal e use um funil de separação de 125 mL para a extração (Técnica 12, Seção 12.4, página 598) com uma porção de 10 mL de cloreto de metileno (dicloro-metano). Agite a mistura vigorosamente por um minuto. As camadas devem separar-se após vários minutos de repouso, embora um pouco de emulsão ainda permaneça na camada orgânica inferior (Técnica 12, Seção 12.10, página 608). A emulsão pode ser quebrada enquanto a camada orgânica seca se você passar a camada inferior, *lentamente*, por sulfato de magnésio anidro, de acordo com o seguinte método. Insira um pedaço pequeno de algodão (não use lã de vidro) no pescoço de um funil cônico e coloque uma camada de 1 cm de sulfato de magnésio anidro sobre o algodão. Faça passar a camada orgânica diretamente do funil de separação pelo agente de secagem e colete o filtrado em um frasco de Erlenmeyer seco. Lave o sulfato de magnésio com 1 ou 2 mL de cloreto de metileno. Com outra porção de cloreto de metileno, repita a extração da camada de água que permaceu no funil de separação. Repita a secagem, como descrito acima, usando uma *nova* porção de sulfato de magnésio anidro. Colete a camada orgânica no frasco que contém o primeiro extrato de cloreto de metileno. Estes extratos deveriam ser transparentes, sem sinais visíveis de contaminação por água. Se um pouco de água passar pelo filtro, repita a secagem, como descrito anteriormente, com uma *nova* porção de sulfato de magnésio. Colete os extratos secos em um frasco de Erlenmeyer seco.

Destilação. Derrame os extratos orgânicos secos em um balão de fundo redondo de 50 mL. Monte uma aparelhagem de destilação simples (Técnica 14, Figura 14.1, página 623), adicione pérolas de vidro e remova o cloreto de metileno por destilação em um banho de vapor ou com o auxílio de uma manta de aquecimento. O resíduo do balão de destilação contém a cafeína que deve ser purificada por cristalização e sublimação. Guarde o cloreto de metileno destilado. Você deverá usar um pouco dele na próxima etapa. O cloreto de metileno restante deve ser colocado no recipiente destinado aos rejeitos halogenados. Ele *não* deve ser jogado na pia.

Cristalização (Purificação). Dissolva o resíduo da extração da solução de chá com cloreto de metileno em cerca de 5 mL do cloreto de metileno destilado que você guardou. Talvez você tenha de aquecer a mistura em um banho de vapor ou usar uma manta de aquecimento para dissolver o sólido. Transfira a solução para um frasco de Erlenmeyer de 25 mL. Lave o balão de destilação com 2-3 mL de cloreto de metileno e combine esta solução com o conteúdo do frasco de Erlenmeyer. Adicione pérolas de vidro e evapore a solução esverdeada até a secura, aquecendo-a em um banho de vapor ou em uma placa quente *na capela*.

Cristalize, a seguir, o resíduo obtido na evaporação do cloreto de metileno pelo método do solvente misto (Técnica 11, Seção 11.10, página 592). Use um banho de vapor ou uma placa quente para dissolver o resíduo em uma pequena quantidade (cerca de 2 mL) de acetona quente e adicione, gota a gota, éter de petróleo de baixo ponto de ebulição (pe 30-60°C) em quantidade suficiente para que a solução fique levemente turva.[1] Esfrie a solução e colete o produto cristalino por filtração a vácuo usando um funil de Büchner pequeno. Use uma pequena quantidade de éter de petróleo para ajudar a transferir os cristais para o funil de Büchner. Uma quantidade um pouco maior de cristais pode ser obtida por concentração do filtrado. Calcule a percentagem por peso (veja a página 493) com base nos 5 g de chá originalmente usados e determine o ponto de fusão. O ponto de fusão da cafeína pura é 236°C. Observe a cor do sólido para compará-la com a do material obtido após a sublimação.

Sublimação da Cafeína. A cafeína pode ser purificada por sublimação (Técnica 17, página 662). Monte a aparelhagem de sublimação da Figura 17.2C, página 665. Se possível, monte a aparelhagem da Figura 17.2A, que dá melhores resultados. Insira um tubo de ensaio de 15 mm × 125 mm em um adaptador de neopreno No. 2, usando um *pouco* de água como lubrificante, até que o tubo esteja no lugar. Coloque a cafeína bruta em um tubo de ensaio de 20 mm × 150 mm com cadeia lateral. A seguir, coloque o tubo de ensaio de 15 mm × 120 mm no interior do tubo de ensaio com cadeia lateral, tomando cuidado para que eles se encaixem com justeza. Aplique o vácuo para ter certeza de que o selo é bom. Quando isto acontecer, você ouvirá ou observará mudança na velocidade da água da trompa d'água. Neste ponto, assegure-se de que o tubo central está no centro do tubo de ensaio com saída lateral. Isto permitirá a melhor coleta da cafeína purificada. Quando o vácuo tiver sido estabelecido, coloque pequenos pedaços de gelo no tubo de ensaio até enchê-lo.[2] Após obter um bom vácuo e ter adicionado gelo no tubo interior, aqueça a amostra cuidadosamente com uma chama pequena para sublimar a cafeína. Mantenha o bico de aquecimento em sua mão (segure-o *na base*, não no tubo quente) e aplique o calor movimentando a chama para a frente e para trás, no tubo externo, e para cima, pelos lados. Se a amostra começar a fundir, remova a chama por alguns segundos antes de voltar a aquecê-la. Quando a sublimação estiver completa, remova o bico de aquecimento e deixe a aparelhagem esfriar. Remova a água e o gelo do tubo interno (usando uma pipeta Pasteur) enquanto a aparelhagem estiver esfriando e antes de desconectar o vácuo.

Assim que a aparelhagem estiver fria e que a água tiver sido removida do tubo, você pode desconectar o vácuo. Faça-o com cuidado, para evitar deslocar os cristais que estão no tubo interno quando o ar entrar na aparelhagem. Remova *cuidadosamente* o tubo interno da aparelhagem de sublimação. Se esta operação for feita sem cuidado, os cristais sublimados serão deslocados e cairão sobre o resíduo. Com o auxílio de uma pequena espátula, raspe a cafeína sublimada sobre um papel de filtro. Determine o ponto de fusão da cafeína purificada e compare-o com o ponto de fusão e com a cor da cafeína obtida por cristalização. Entregue as amostras ao professor em um frasco identificado ou, se for o caso, prepare o derivado, o salicilato de cafeína.

---

[1] Se o resíduo não se dissolver nesta quantidade de acetona, o sulfato de magnésio pode estar presente como impureza (agente de secagem). Adicione um pouco mais de acetona (até cerca de 5 mL), filtre a mistura por gravidade para remover a impureza sólida e reduza o volume do filtrado para cerca de 2 mL. Adicione, agora, o éter de petróleo conforme indicado no procedimento.

[2] É muito importante não colocar gelo no tubo de ensaio interno até que o vácuo tenha sido estabelecido. Se isto acontecer, a condensação de vapor nas paredes externas do tubo interno irá contaminar a cafeína sublimada.

DERIVATIVO (OPCIONAL)

As quantidades dadas nesta parte, incluindo os solventes, devem ser ajustadas para a quantidade de cafeína que você obteve. Use uma balança analítica. Dissolva 25 mg de cafeína e 18 mg de ácido salicílico em 2 mL de tolueno em um pequeno frasco de Erlenmeyer, aquecendo a mistura em um banho de vapor ou em uma placa de aquecimento. Adicione cerca de 0,5 mL (10 gotas) de éter de petróleo de alto ponto de ebulição (pe 60-90°C) ou de ligroína e deixe a mistura esfriar e cristalizar. Se necessário, esfrie ainda mais o frasco em um banho de água gelada ou adicione uma pequena quantidade de éter de petróleo para induzir a cristalização. Colete o produto cristalino por filtração a vácuo com o auxílio de um funil de Hirsch ou de um pequeno funil de Büchner. Seque o produto ao ar e determine seu ponto de fusão. O salicilato de cafeína puro funde em 137°C. Entregue a amostra a seu professor em um frasco identificado.

EXPERIMENTO 11B

Isolamento da Cafeína a Partir de Saquinhos de Chá

Procedimento

Preparação da Solução de Chá. Coloque 20 mL de água em um bécher de 50 mL. Cubra o bécher com um vidro de relógio e aqueça a água em uma placa de aquecimento até quase a fervura. Coloque o saquinho de chá na água quente de modo que ele fique no fundo do bécher, o mais coberto possível pela água.[3] Coloque o vidro de relógio no lugar, novamente, e continue o aquecimento por cerca de 15 minutos. É importante empurrar cuidadosamente o saquinho de chá com um tubo de ensaio para que todas as folhas fiquem em contato constante com a água. Com uma pipeta Pasteur, substitua a água que evapora durante esta etapa de aquecimento.

Use uma pipeta Pasteur para transferir a solução concentrada de chá para dois tubos de centrífuga com tampas de rosca. Tente manter o volume de líquido em cada tubo aproximadamente igual. Para retirar mais líquido do saquinho de chá, aperte-o *suavemente* contra a parede interna do bécher, rolando o tubo de ensaio de um lado para o outro. Retire o máximo possível de líquido sem romper o saquinho. Combine este líquido com a solução que está nos tubos de centrífuga. Coloque novamente o saquinho de chá no fundo do bécher e adicione 2 mL de água quente sobre ele. Retire o líquido como descrito acima e transfira-o para os tubos de centrífuga. Adicione 0,5 g de carbonato de sódio ao líquido quente de cada tubo de centrífuga. Feche os tubos e agite a mistura até a dissolução do sólido.

Extração e Secagem. Deixe a solução de chá esfriar até a temperatura normal. Use uma pipeta Pasteur calibrada (página 517) para colocar 3 mL de cloreto de metileno em cada tubo de centrífuga e extrair a cafeína (Técnica 12, Seção 12.7, página 605). Tampe os tubos de centrífuga e agite suavemente a mistura por vários segundos. Abra devagar os tubos para aliviar a pressão. Tome cuidado para que o líquido não derrame. Agite por mais 30 segundos, aliviando a pressão de vez em quando. Para separar as camadas e quebrar a emulsão (veja a Técnica 12, Seção 12.10, página 608), centrifugue a mistura por vários minutos (balanceie a centrífuga colocando os dois tubos em lados opostos). Se a emulsão ainda permanecer (indicada por uma camada marron esverdeada entre a camada transparente de cloreto de metileno e a camada de água do topo), torne a centrifugar a mistura.

Remova a camada orgânica inferior com uma pipeta Pasteur e transfira-a para um tubo de ensaio. Certifique-se de apertar o bulbo antes de colocar a ponta da pipeta Pasteur no líquido e não arraste a solução escura de água junto com o cloreto de metileno. Adicione 3 mL de cloreto de metileno à camada de água que ficou nos tubos de centrífuga, tampe-os e agite-os para fazer uma segunda extração. Separe as camadas por centrifugação como acima. Combine as camadas orgânicas de cada

---

[3] A massa de chá do saquinho será dada a você pelo professor. Isto pode ser determinado abrindo-se vários saquinhos de chá e determinando o seu peso médio. Se isto for feito com cuidado, o chá pode ser recolocado nos saquinhos, e estes podem ser fechados.

extração em um único tubo de ensaio. Se gotas da solução escura (em água) forem visíveis, transfira a solução de cloreto de metileno para outro tubo de ensaio, usando uma pipeta Pasteur seca e limpa. Se necessário, deixe uma pequena quantidade da solução de cloreto de metileno no tubo de ensaio inicial para evitar a presença da solução de água. Adicione uma pequena quantidade de sulfato de sódio anidro para secar a camada orgânica (Técnica 12, Seção 12.9, página 606). Se o sulfato de sódio se aglomerar quando você misturar a solução com uma espátula, adicone mais agente secante. Deixe a mistura em repouso por 10-15 minutos. Agite ocasionalmente com uma espátula.

Evaporação. Transfira a solução seca de cloreto de metileno com uma pipeta Pasteur para um frasco de Erlenmeyer seco de 25 mL de peso conhecido. Não arraste o agente secante. Evapore o cloreto de metileno aquecendo o frasco em um banho de água quente (Técnica 7, Seção 7.10, página 545). A evaporação deve ser feita em capela e pode ser mais rápida se você fizer passar uma corrente de ar ou gás nitrogênio pela superfície do líquido. Após evaporação do solvente a cafeína bruta cobre o fundo do frasco. Não aqueça o frasco após a evaporação do solvente ou ocorrerá sublimação parcial da cafeína. Pese o frasco e determine o peso da cafeína bruta. Calcule o rendimento percentual por peso (veja a página....) da cafeína das folhas usando o peso do chá dado pelo professor. Você pode guardar a cafeína tapando bem o frasco.

Sublimação da cafeína. A cafeína pode ser purificada por sublimação (Técnica 17, Seção 17.5, página 665). Siga o método descrito no Experimento 11A. Coloque aproximadamente 0,5 mL de cloreto de metileno no frasco de Erlenmeyer e transfira a solução para a aparelhagem de sublimação usando uma pipeta Pasteur limpa e seca. Coloque mais algumas gotas de cloreto de metileno no frasco para arrastar completamente a cafeína. Transfira este líquido para a aparelhagem de sublimação. Evapore o cloreto de metileno do tubo externo da aparelhagem de sublimação com aquecimento suave em um banho de água morna sob uma corrente de ar seco ou de gás nitrogênio.

Monte a aparelhagem descrita no Experimento 11A ou use a aparelhagem mostrada na Figua 17.2A, na página 665, se for possível. Assegure-se de que o interior da aparelhagem montada está limpo e seco. Se você estiver usando uma trompa d'água instale um frasco de proteção entre a trompa e a aparelhagem de sublimação para reter a água. Ligue o vácuo e verifique se todas as juntas da aparelhagem estão na posição correta. Coloque *água gelada* no tubo interno da aparelhagem. Aqueça a amostra suavemente com um bico de aquecimento para sublimar a cafeína. Mantenha o bico de aquecimento em sua mão (ssegure-o *na base*, não no tubo quente) e aplique o calor movimentando a chama para a frente e para trás, no tubo externo, e para cima, pelos lados. Se a amostra começar a fundir, remova a chama por alguns segundos antes de voltar a aquecê-la. Quando a sublimação estiver completa, remova o bico de aquecimento. Remova a água gelada e o gelo que restou no tubo interno e deixe a aparelhagem esfriar. Manhenha o vácuo.

Assim que a aparelhagem estiver fria e a água tiver sido removida do tubo, você pode desconectar o vácuo. Faça-o com cuidado para evitar deslocar os cristais que estão no tubo interno quando o ar entrar na aparelhagem. Remova *cuidadosamente* o tubo interno da aparelhagem de sublimação. Se esta operação for feita sem cuidado, os cristais sublimados serão deslocados e cairão sobre o resíduo. Com o auxílio de uma pequena espátula, raspe a cafeína sublimada sobre um papel de filtro e determine o peso da cafeína recuperada. Calcule o rendimento percentual em peso (Veja a página 496) da cafeína após a sublimação. Compare este valor com a percentagem de recuperação após a etapa de evaporação. Determine o ponto de fusão da cafeína purificada. O ponto de fusão da cafeína pura é 236°C, mas o valor observado será inferior. Coloque a amostra em um frasco identificado e entregue-o ao professor.

QUESTÕES

1. Sugira um esquema de separação para isolar a cafeína do chá (Experimento 11A ou Experimento 11B). Use um gráfico semelhante ao mostrado na Técnica 2 (veja a página 493).
2. Qual é a razão para a adição de carbonato de sódio no Experimento 11B? Por que no Experimento 11A foi adicionado carbonato de cálcio?
3. A cafeína bruta isolada do chá tem coloração verde. Por quê?
4. Sugira algumas explicações para que o ponto de fusão da cafeína que você isolou seja menor do que o da literatura (236°C).
5. O que aconteceria com a cafeína se a etapa de sublimação fosse feita sob a pressão atmosférica?

DISSERTAÇÃO
Ésteres – Sabores e Aromas

Os **ésteres** são uma classe de compostos bem-distribuídos na natureza. Eles têm a fórmula geral

$$R-\overset{\overset{O}{\|}}{C}-OR'.$$

Os ésteres simples têm odor agradável. Em muitos casos, ainda que não de modo exclusivo, os sabores e aromas de flores e frutos devem-se a compostos que têm o grupo funcional éster. Uma exceção é o caso dos óleos essenciais. As propriedades **organolépticas** (sabores e aromas) de frutos e flores podem ser, muitas vezes, devidas a um único éster, mas, com freqüência, o sabor ou o aroma depende de uma mistura complexa que tem a predominância de um éster. A Tabela Um lista alguns ésteres responsáveis por sabores característicos. Os fabricantes de comidas e bebidas conhecem muito bem estes ésteres, que são usados como aditivos para realçar o sabor ou o aroma de uma sobremesa ou de uma bebida. Muitas vezes estes sabores e aromas não têm base natural, como acontece com o sabor de certa goma de mascar, o acetato de isopentenila. Um pudim instantâneo com sabor de rum pode não ter nada a ver com a bebida alcoólica – este sabor pode ser copiado pela adição, juntamente com outros componentes menos importantes, de formato de etila e propionato de isobutila. O sabor e o aroma não são exatamente copiados, mas a maior parte das pessoas não percebe isto. Muito freqüentemente, somente uma pessoa treinada e com alto grau de percepção gustatória pode reconhecer a diferença

Apenas um composto raramente é utilizado como agente flavorizante em imitações de boa qualidade. A Tabela Dois lista uma receita de sabor artificial do abacaxi que poderia enganar um especialista. A receita inclui 10 ésteres e ácidos carboxílicos que podem ser facilmente sintetizados no laboratório. Os demais sete óleos são isolados de fontes naturais.

O sabor é uma combinação de gosto, sensibilidade e odor transmitida por receptores da boca (papilas gustativas) e do nariz (receptores olfativos). A teoria estereoquímica do odor é discutida na dissertação que precede o Experimento 15. Os quatro gostos básicos (doce, azedo, salgado e amargo) são reconhecidos em áreas específicas da língua. Os lados da língua percebem os gostos azedo e salgado; a ponta é mais sensível ao gosto doce; e o fundo da língua detecta o gosto amargo. A percepção do sabor não é, entretanto, tão simples. Se fosse, bastaria formular várias combinações das quatro substâncias básicas – uma substância amarga (uma base), uma substância azeda (um ácido), uma substância salgada (cloreto de sódio) e uma substância doce (açúcar) – para copiar qualquer sabor! Na realidade, não podemos copiar sabores desta maneira. Os humanos possuem 9.000 papilas gustativas. A resposta combinada das papilas gustativas é o que permite a percepção de um determinado sabor.

Embora os gostos afrutados e os odores de ésteres sejam agradáveis, raramente eles são usados em perfumes e fragrâncias aplicados no corpo. A razão para isto é química. O grupo éster não é tão estável sob a transpiração como os ingredientes dos perfumes à base de óleos essenciais mais caros. Estes últimos são, geralmente, hidrocarbonetos (terpenos), cetonas e éteres extraídos de fontes naturais. Os ésteres são usados somente nas águas de toalete mais baratas porque, em contato com o suor, eles se hidrolisam, para dar ácidos orgânicos. Estes ácidos, ao contrário de seus precursores, não têm odores agradáveis.

O ácido butírico, por exemplo, tem odor semelhante ao da manteiga rançosa (da qual ele é um ingrediente) e é um componente daquilo que chamamos de odor corporal. É esta substância que torna os humanos de mau cheiro tão facilmente reconhecidos por animais quando estão na direção do vento. O ácido butírico também é de grande ajuda para os cães de caça, que são treinados para seguir traços deste odor.

$$R-\overset{\overset{O}{\|}}{C}-OR' + H_2O \longrightarrow R-\overset{\overset{O}{\|}}{C}-OH + R'OH$$

O butirato de etila e o butirato de metila, entretanto, que são *ésteres* do ácido butírico, têm cheiro de abacaxi e maçã, respectivamente.

TABELA UM Sabores e Aromas de Ésteres

Estrutura	Nome
CH₃–C(=O)–OCH₂CH₂CH(CH₃)₂	**Acetato de isoamila** (banana) (feromônio de alarme das abelhas)
CH₃CH₂CH₂–C(=O)–OCH₂CH₃	**Butirato de etila** (abacaxi)
CH₃CH₂–C(=O)–OCH₂CH(CH₃)₂	**Propionato de isobutila** (rum)
CH₃–C(=O)–O–CH₂(CH₂)₆CH₃	**Acetato de octila** (laranja)
2-NH₂-C₆H₄–C(=O)–OCH₃	**Antranilato de metila** (uva)
CH₃–C(=O)–O–CH₂CH=C(CH₃)₂	**Acetato de isopentenila** ("tutti fruti")
CH₃–C(=O)–O–CH₂–C₆H₅	**Acetato de benzila** (pêssego)
CH₃–C(=O)–O–CH₂CH₂CH₃	**Acetato de n-propila** (pêra)
CH₃CH₂CH₂–C(=O)–OCH₃	**Butirato de metila** (maçã)
C₆H₅–CH₂–C(=O)–OCH₂CH₃	**Fenil-acetato de etila** (mel)

Um odor adocicado, frutado, tem também a desvantagem de poder atrair moscas de frutos e outros insetos em procura de comida. O acetato de isoamila, o conhecido solvente chamado óleo de banana, é particularmente interessante. Ele é idêntico a um componente do **feromônio** de alarme das abelhas. Feromônio é o nome dado a um produto químico, secretado por um organismo, que provoca uma resposta específica de outro membro da mesma espécie. Este meio de comunicação é comum entre os insetos, que não podem fazê-lo de outro modo. Quando uma abelha trabalhadora pica um intruso, o feromônio de alarme, composto parcialmente de acetato de isoamila, é ejetado juntamente com o veneno da picada. Este composto químico causa o ataque agressivo das outras abelhas sobre o intruso. Obviamente, não seria prudente usar um perfume contento acetato de isoamila perto de uma colméia. Os feromônios são discutidos em mais detalhes na Dissertação que precede o Experimento 45.

TABELA DOIS Sabor artificial de abacaxi

Compostos puros	%	Óleos essenciais	%
Caproato de alila	5	Óleo de bétula	1
Acetato de isoamila	3	Óleo de abeto	2
Isovalerato de isoamila	3	Bálsamo do Peru	4
Acetato de etila	15	Óleo volátil de mostarda	1
Butirato de etila	22	Óleo de conhaque	5
Propionato de terpinila	3	Óleo de laranja concentrado	4
Crotonato de etila	5	Óleo destilado de lima	2
Ácido capróico	8		19
Ácido butírico	12		
Ácido acético	5		
	81		

REFERÊNCIAS

Bauer, K., and Garbe, D. *Common Fragrance and Flavor Materials.* Weinheim: VCH Publishers, 1985.

The Givaudan Index. NewYork: Givaudan-Delawanna, 1949. (Dá indicações de produtos isolados ou de síntese para a indústria de perfumes.)

Gould, R. F., ed. *Flavor Chemistry, Advances in Chemistry,* No. 56. Washington, DC: American Chemical Society, 1966.

Layman, P. L. "Flavors and Fragrances Industry Taking on New Look." *Chemical and Engineering News* (July 20, 1987): 35.

Moyler, D. "Natural Ingredients for Flavours and Fragrances." *Chemistry and Industry* (January 7, 1991): 11.

Rasmussen, P. W. "Qualitative Analysis by Gas Chromatography—G.C. versus the Nose in Formulation of Artificial Fruit Flavors." *Journal of Chemical Education,* 61 (January 1984): 62.

Shreve, R. N., and Brink, J. *Chemical Process Industries,* 4th ed. New York: McGraw-Hill, 1977.

Welsh, F. W., and Williams, R. E. "Lipase Mediated Production of Flavor and Fragrance Esters from Fusel Oil." *Journal of Food Science, 54* (November/December 1989): 1565.

EXPERIMENTO 12

Acetato de Isopentila (Óleo de Banana)

Esterificação
Aquecimento sob refluxo
Funil de separação
Extração
Destilação simples

Neste experimento você vai preparar um éster, o acetato de isopentila. Este éster também é conhecido como óleo de banana porque tem o odor familiar desta fruta.

O acetato de isopentila é preparado pela esterificação direta do ácido acético com o álcool isopentílico. Como o equilíbrio não favorece a formação do éster, ele deve ser deslocado para a direita, em favor do produto, com excesso de um dos reagentes. O ácido acético é o escolhido porque ele é menos caro do que o álcool isopentílico e é removido com mais facilidade da mistura de reação.

No processo de isolamento, boa parte do ácido acético em excesso e o álcool isopentílico restante são removidos por extração com bicarbonato de sódio e água. Após a secagem com sulfato de sódio anidro, o éster é purificado por destilação. A pureza do produto líquido é analisada pelo espectro de infravermelho.

$$\underset{\substack{\text{Ácido acético} \\ \text{(excesso)}}}{CH_3-\overset{O}{\underset{\|}{C}}-OH} + \underset{\text{Álcool isopentílico}}{CH_3-\underset{\underset{CH_3}{|}}{CH}-CH_2-CH_2-OH} \underset{}{\overset{H^+}{\rightleftarrows}}$$

$$\underset{\text{Acetato de isopentila}}{CH_3-\overset{O}{\underset{\|}{C}}-O-CH_2-CH_2-\underset{\underset{CH_3}{|}}{CH}-CH_3} + H_2O$$

Leitura necessária

Revisão: Técnicas 5 e 6
Nova: Técnica 7   Métodos de Reação
        Técnica 12   Extrações, Separaçõe e Agentes de Secagem
        Técnica 13   Constantes Físicas dos Líquidos, Parte A. Pontos de Ebulição e Correção do Termômetro
        Técnica 14   Destilação Simples
        Dissertação Ésteres – sabores e aromas

Se você for fazer o experimento de espectroscopia de infravermelho, leia também:

Técnica 25, página 738

Instruções especiais

Cuidado quando manipular o ácido sulfúrico e o ácido acético glacial. Eles são muito corrosivos e atacarão a pele se entrarem em contato. Se isto acontecer, lave a área afetada com grande quantidade de água corrente durante 10-15 minutos.

Como será necessária 1 hora de refluxo, você deve começar o experimento assim que a aula prática começar. Durante o período de refluxo, você pode completar outros trabalhos experimentais.

Sugestão para eliminação de resíduos

As soluções em água devem ser colocadas em um recipiente próprio. Coloque o éster em excesso no recipiente destinado aos compostos orgânicos não-halogenados.

Notas para o professor

Este experimento funciona muito bem quando a resina de troca iônica Dowex 50X2-100 substitui o ácido sulfúrico.

Procedimento

Aparelhagem. Monte a aparelhagem de refluxo usando um balão de fundo redondo de 25 mL e um condensador refrigerado a água (veja a Técnica 7, Figura 7.6, página 535). Use uma manta de aquecimento. Para controlar os vapores, coloque um tubo de secagem empacotado com cloreto de cálcio no topo do condensador.

Mistura de Reação. Pese (tare) uma proveta de 10 mL e registre o peso. Coloque cerca de 5,0 mL de álcool isopentílico na proveta e pese novamente para registrar o peso do álcool. Desconecte o balão de fundo redondo e transfira o álcool para ele. Não limpe ou lave a proveta. Use a

Experimento 13 Salicilato de metila (óleo de sempre-viva) 91

mesma proveta, meça aproximadamente 7,0 mL de ácido acético glacial ($PM = 60{,}1$, $d = 1{,}06$ g/mL) e coloque no balão que já contém o álcool. Use uma pipeta Pasteur calibrada para colocar 1 mL de ácido sulfúrico concentrado no balão, mexendo *imediatamente* (por rotação). Adicione pérolas de coríndon e recoloque o frasco na aparelhagem. Não use pérolas de mármore porque elas se dissolvem no meio ácido.

Refluxo. Faça circular água pelo condensador e leve a mistura à ebulição. Continue aquecendo sob refluxo por 60-75 minutos. Remova a fonte de aquecimento e deixe a mistura resfriar até a temperatura normal.

Extrações. Desmonte a aparelhagem e transfira a mistura de reação para um funil de separação (125 mL) colocado em um anel preso a um suporte. Verifique se a torneira está fechada e use um funil colocado no topo do funil de separação para transferir a mistura. Cuidado para não arrastar as pérolas de coríndon, ou você terá de retirá-las após a transferência. Adicione 10 mL de água, feche o funil de separação e misture as fases cuidadosamente, por agitação e equalização da pressão (Técnica 12, Seção 12.4 e Figura 12.6, páginas 598 e 600). Deixe em repouso para que as fases se separem, destampe o funil e transfira pela torneira a camada inferior de água para um bécher ou para outro recipiente adequado. A seguir, extraia a camada orgânica com 5 mL de bicarbonato a 5% em água, como você fez antes com a água. Extraia a camada orgânica mais uma vez, agora com 5 mL de solução saturada de cloreto de sódio em água.

Secagem. Transfira o éster bruto para um frasco de Erlenmeyer de 25 mL, seco e limpo, e adicione aproximadamente 1,0 g de sulfato de sódio anidro em grãos. Tampe a mistura com uma rolha e deixe em repouso por 10-15 minutos enquanto você prepara a aparelhagem de destilação. Se a mistura não estiver seca (o agente de secagem se aglomera e não "corre" livremente, a solução está turva ou há gotas de água visíveis), transfira o éster para um novo frasco de Erlenmeyer de 25 mL, limpo e seco, e adicione uma porção de 0,5 g de sulfato de sódio anidro para completar a secagem.

Destilação. Monte a aparelhagem de destilação usando o menor balão de fundo redondo disponível (Técnica 14, Figura 14.1, página 623). Use uma manta de aquecimento. Pese (tare) outro balão de fundo redondo ou un frasco de Erlenmeyer para recolher o produto da destilação. Coloque o frasco de recolhimento em um bécher com gelo para garantir a condensação e reduzir o odor. Veja o ponto de ebulição do seu produto em um manual de laboratório para saber o que esperar. Continue a destilação até que uma ou duas gotas de líquido fiquem no balão de destilação. Registre em seu caderno de laboratório a faixa de ponto de ebulição observada.

Determinação do Rendimento. Pese o produto e calcule o rendimento percentual do éster. Se o professor pedir, determine o ponto de ebulição usando um dos métodos descritos na Técnica 13, Seções 13.2 e 13.3, páginas 615 e 617.

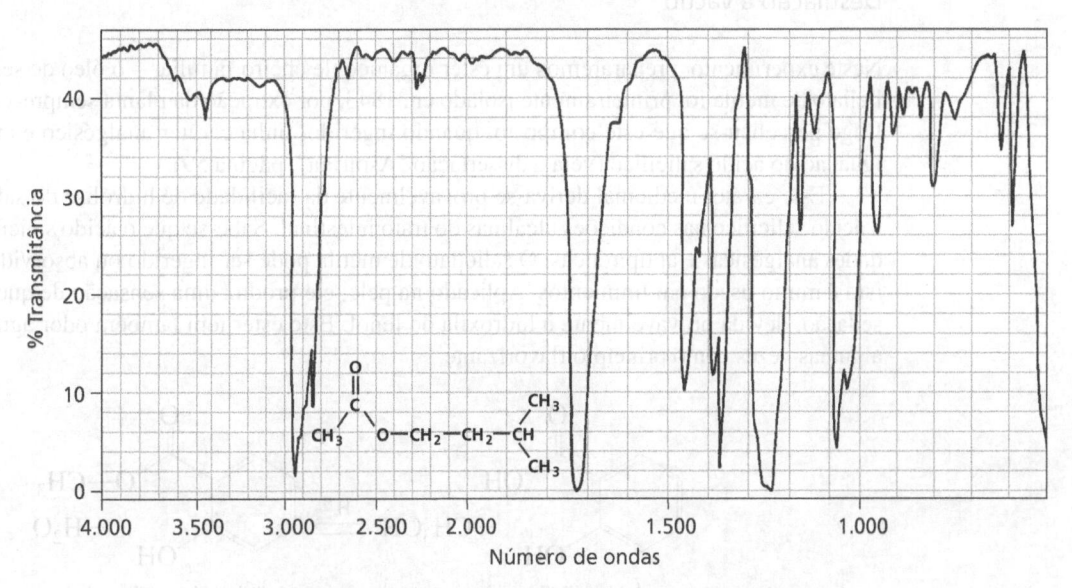

Espectro de infravermelho do acetato de isopentila (puro).

Espectroscopia. Se for o caso, obtenha o espectro de infravermelho usando placas de sal (Técnica 25, Seção 25.2, página 739). Compare seu espectro com o que está reproduzido neste texto. Interprete o espectro e inclua-o em seu relatório ao professor. Pode ser necessário determinar e interpretar os espectros de RMN de hidrogênio e de carbono-13 (Técnica 26, Parte A, página 771 e Técnica 27, Seção 27.1, página 802). Coloque sua amostra em um recipiente identificado juntamente com seu relatório.

QUESTÕES

1. Um método de favorecer a formação de um éster é adicionar excesso de ácido acético. Sugira um outro método, envolvendo o lado direito da equação, que favoreça a formação do éster.
2. Por que a mistura é extraída com bicarbonato de sódio? Escreva uma equação e explique sua relevância.
3. Por que se observa bolhas de gás ao se adicionar bicarbonato de sódio?
4. Que reagente é limitante neste procedimento? Que reagente é usado em excesso? Qual é o excesso molar (quantas vezes maior)?
5. Sugira um esquema de separação para o isolamento da mistura de reação.
6. Intreprete as bandas de absorção principais do espectro de infravermelho do acetato de isopentila ou, se você não determinou o espectro de infravermelho de sua amostra, faça isto para o espectro do acetato de isopentila mostrado na figura anterior. (A Técnica 25 pode ajudar.)
7. Escreva um mecanismo para a esterificação do ácido acético por álcool isopentílco catalisada por ácido.
8. Por que o ácido acético glacial é chamado de "glacial"? (*Sugestão*: Consulte um manual de propriedades físicas.)

EXPERIMENTO 13

Salicilato de Metila (Óleo de Sempre-viva)

Síntese de um éster
Funil de separação
Extração
Destilação a vácuo

Neste experimento, prepararemos um éster orgânico de cheiro familiar – o óleo de sempre-viva. O salicilato de metila foi primeiramente isolado em 1843, por extração da planta sempre-viva (*Gaultheria*). Logo percebeu-se que este composto, quando ingerido, tinha caráter analgésico e antipirético quase igual ao do ácido salicílico (veja a dissertação "Aspirina", página 59).

Este caráter medicinal deriva-se provavelmente da facilidade de hidrólise do salicilato de metila a ácido salicílico nas condições alcalinas do trato intestinal. Sabe-se que o ácido salicílico tem propriedades analgésicas e antipiréticas. O salicilato de metila pode ser ingerido ou absorvido pela pele e por isto é muito usado em linimentos. Aplicado na pele, ele produz uma sensação de queimadura leve ou sedação, devida provavelmente à hidroxila de fenol. Este éster tem também odor agradável e é usado algumas vezes como princípio flavorizante.

Ácido salicílico + CH_3OH $\underset{}{\overset{H^+}{\rightleftarrows}}$ Salicilato de metila (Óleo de sempre-viva) + H_2O

Experimento 13 Salicilato de metila (óleo de sempre-viva)

O salicilato de metila será preparado a partir do ácido salicílico, que é esterificado no grupo carboxila por metanol. Você deve se lembrar, de suas aulas de química orgânica, que a esterificação é uma reação de equilíbrio catalisada por ácido. Quando quantidades equimolares dos reagentes são usadas, o equilíbrio não se desloca para a direita o suficiente para favorecer o éster em alto rendimento. Pode-se obter maior quantidade do produto de interesse aumentando-se a concentração de um dos reagentes. Neste experimento, usaremos um grande excesso de metanol para deslocar o equilíbrio na direção da formação do éster.

O experimento também ilustra o uso da destilação sob pressão reduzida (destilação a vácuo) na purificação de líquidos de ponto de ebulição elevado. A destilação de líquidos de alto ponto de ebulição na temperatura normal com freqüência é insatisfatória. Nas temperaturas elevadas necessárias, o material a destilar (o éster, neste caso) pode decompor-se parcial ou totalmente e provocar perda de produto e contaminação do destilado. Quando a pressão total no interior da aparelhagem de destilação é reduzida, entretanto, o ponto de ebulição diminui. Assim, a substância pode ser convenientemente destilada sem que ocorra decomposição.

Leitura necessária

Revisão: Técnicas 5 e 6
Experimento 12
Técnica 13 Constantes Físicas de Líquidos, Parte A.
Pontos de Ebulição e Correção do Termômetro

Nova: Dissertação Ésteres – Sabores e Aromas
Técnica 12 Extrações, Separações e Agentes de Secagem
Técnica 14 Destilação Simples
Técnica 16 Destilação a Vácuo, Manômetros

Instruções especiais

Tenha cuidado ao manusear o ácido sulfúrico. Ele é muito corrosivo e atacará sua pele se houver contato. Se isto acontecer, lave as partes atingidas com grande quantidade de água corrente por 10-15 minutos.

Recomenda-se que dois estudantes combinem o éster impuro produzido e trabalhem como um par para fazer a destilação a vácuo. A destilação funciona melhor com uma quantidade maior de material.

O experimento deve começar no início da aula porque é necessário um tempo longo de refluxo para esterificar o ácido salicílico e obter um rendimento apropriado. É preciso reservar tempo suficiente no fim da aula para fazer as extrações e colocar o produto para secar com o agente secante. A destilação a vácuo é, às vezes, complicada, e por isto ela deveria ser feita em uma outra aula, se possível.

Sugestão para eliminação de resíduos

As soluções em água devem ser colocadas no recipiente próprio. Coloque o éster em excesso no recipiente para resíduos orgânicos não-halogenados.

Procedimento

Aparelhagem. Monte a aparelhagem de refluxo usando um balão de fundo redondo de 100 mL e um condensador refrigerado a água (ver Técnica 7, Figura 7.6, páginas 533-535). Use um único suporte para que a mistura de reação possa ser agitada, se necessário. Use uma manta para aquecer a reação.

Mistura de Reação. Coloque 9,7 g de ácido salicílico (0,07 moles) e 25 mL de metanol (densidade 0,8 g/mL) no balão. Agite o balão e aqueça ligeiramente o conteúdo para facilitar a dissolução do ácido salicílico. Adicione *cuidadosamente* à mistura 10 mL de ácido sulfúrico concentrado em *pequenas porções*. Após cada adição, agite imediatamente o balão. Pode ocorrer formação de precipitado branco, mas ele se dissolverá quando a mistura for aquecida. Coloque pérolas de coríndon no balão e reponha-o no lugar. Não use pérolas de carbonato de cálcio (mármore) porque elas se dissolvem em meio ácido.

Refluxo. Aqueça a mistura levemente, em refluxo, por uma hora. Agite ocasionalmente o conteúdo do balão para que os reagentes fiquem bem-misturados. Durante o período de aquecimento, a mistura ficará turva e uma camada de produto se formará no topo da mistura. Ao terminar o período de refluxo, remova o aquecimento e deixe a mistura esfriar até a temperatura normal.

Extrações. Desmonte a aparelhagem e transfira a mistura de reação para um funil de separação (125 mL) colocado em um anel ligado a um suporte. Verifique se a torneira está fechada e, usando um funil, derrame a mistura pelo topo do funil de separação. Cuidado para não arrastar as pérolas de coríndon, ou você terá de removê-las após a transferência. Lave o balão de reação com 25 mL de cloreto de metileno e adicione o líquido de lavagem ao líquido que está no funil de separação. Tampe o funil e misture as fases com agitação contínua e equilibração da pressão (Técnica 12, Seção 12.4 e Figura 12.6, páginas 598 e 600). Deixe em repouso para que as fases se separem, abra o funil e deixe sair pela torneira a camada inferior de cloreto de metileno para um bécher ou outro recipiente apropriado. A seguir, extraia o produto bruto com uma segunda porção de 25 mL de cloreto de metileno e combine-a no bécher com o resultado da primeira extração. Coloque o conteúdo remanescente do funil de separação no recipiente destinado aos rejeitos orgânicos halogenados porque eles contêm um pouco de cloreto de metileno. Coloque o cloreto de metileno que está no bécher no funil de separação. Extraia as camadas combinadas de cloreto de metileno com 25 mL de água. Retire a camada orgânica inferior, coloque a camada de água no recipiente destinado aos rejeitos de água e recoloque a camada orgânica no funil de separação. Extraia a camada orgânica com 25 mL de solução a 5% de bicarbonato de sódio em água, como você fez antes com a água. Repita a extração com outra porção de 25 mL de bicarbonato de sódio a 5%.

Secagem. Transfira o éster bruto para um frasco de Erlenmeyer de 125 mL, limpo e seco, e adicione aproximadamente 2,0 g de sulfato de sódio anidro em grãos. Tampe a mistura, agite-a e deixe-a em repouso por 10-15 minutos. Se a mistura não parecer seca (o agente de secagem se aglomera e não "corre" livremente, a solução está turva ou há gotas de água visíveis), transfira o éster para um novo frasco de Erlenmeyer de 125 mL, limpo e seco, e adicione uma nova porção de 1,0 g de sulfato de sódio anidro em grãos. Se você vai esperar até a próxima aula para destilar seu produto, pode fechar o frasco de Erlenmeyer neste ponto (sobre sulfato de sódio) com uma rolha (não use rolha de borracha) e deixá-lo em seu armário.

Destilação. Monte a aparelhagem de destilação sob pressão reduzida usando o menor balão de fundo redondo disponível como balão de destilação (Técnica 16, Figura 16.1, página 650). Use uma manta de aquecimento e instale um manômetro no sistema, se estiver disponível (Técnica 16, Figura 16.9, página 659). Coloque no balão de destilação um tubo capilar que atinja o fundo do balão (Técnica 16, Figura 16.1, página 650). O tubo de ebulição fornecido com os kits orgânicos servirá se estiver equipado com um tubo de borracha. O tubo de borracha é fechado com um grampo com parafuso e deixa entrar uma pequena corrente de bolhas de ar na solução quando o vácuo é aplicado. Coloque um Erlenmeyer de proteção entre a trompa d'água (ou linha de vácuo) e a aparelhagem de destilação (Técnica 16, Figura 16.3 ou 16.4, página 652). Todas as juntas devem ser levemente engraxadas. Pese (tare) outro balão de fundo redondo para coletar o produto. Seu professor pode pedir que você combine sua amostra com a de outro estudante para fazer a destilação a vácuo.

Use um funil para separar cuidadosamente seu produto do agente de secagem e transferi-lo para o balão de destilação. (O funil evita a contaminação de seu produto com a graxa.) Coloque o balão na aparelhagem de destilação e teste o vácuo antes de começar. É importante que as conexões do vácuo e as juntas estejam corretamente no lugar. Se você não tem um vácuo adequado, teste cada conexão cuidadosamente. Comece a destilação aplicando o vácuo e ajustando o grampo do tubo de ebulição até que uma pequena corrente de bolhas saia do tubo. Quando o vácuo for satisfatório, aqueça a mistura com a manta e comece a destilação. Siga as orientações

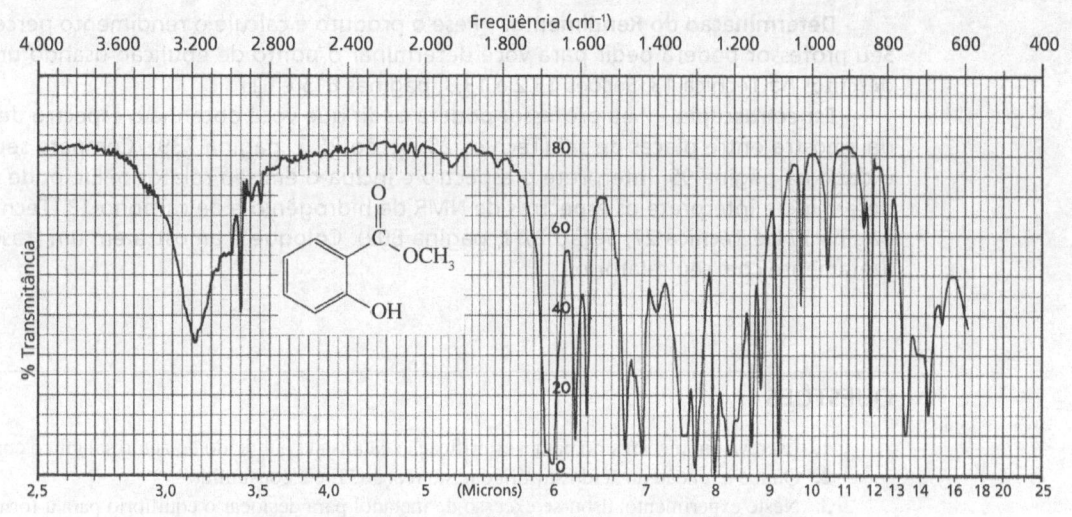

Espectro de infravermelho do salicilato de metila (puro).

da Técnica 16 (Seção 16.2, página 654) ao começar a destilação. Colete todo o líquido que destilar em temperaturas iguais ou superiores a 100°C.[1] Se você estiver usando um manômetro, registre a pressão. Anote a *faixa* de pontos de ebulição do produto em seu caderno de laboratório. Pare o aquecimento quando quase todo o líquido tiver destilado, remova a mangueira da trompa d'água ou abra a válvula do Erlenmeyer de proteção e interrompa o fluxo de água da trompa. Desconecte sempre a mangueira de vácuo antes de fechar a água que corre pela trompa.

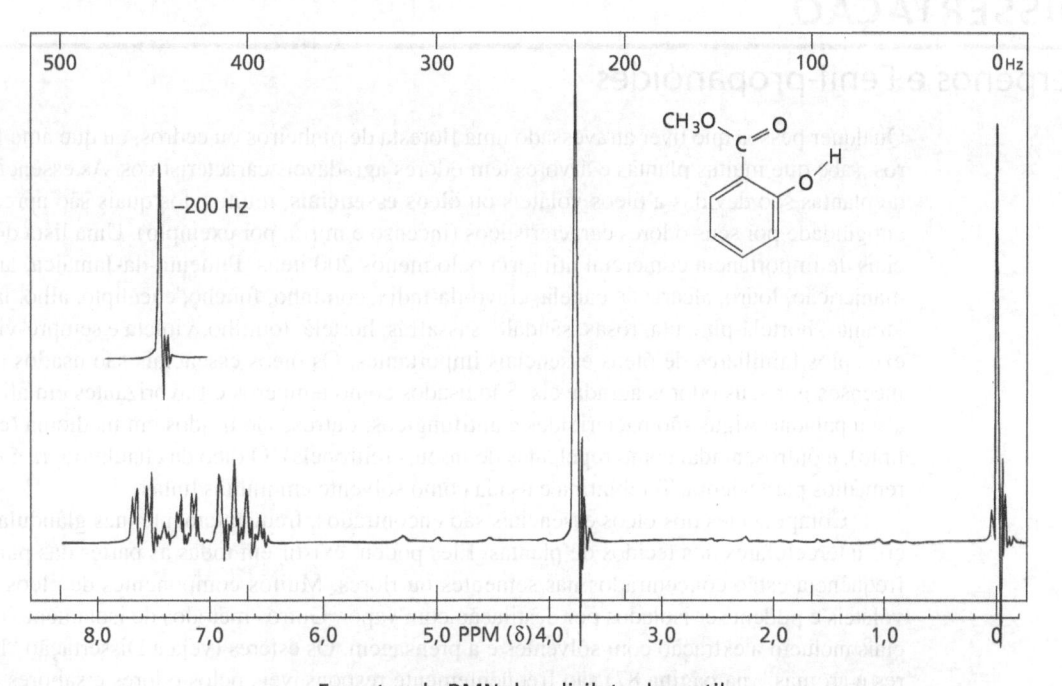

Espectro de RMN do salicilato de metila.

---

[1] O ponto de ebulição do salicilato de metila na pressão normal é 222°C, mas o éster destila em 105°C na pressão de 14 mmHg. Esta pressão é a mais baixa que se pode obter com uma boa trompa d'água e com a água na temperatura de 16,5°C. Um manômetro deve estar ligado ao sistema para medir a pressão com acurácia (Técnica 16, Seção 16.8, página 661).

Determinação do Rendimento. Pese o produto e calcule o rendimento percentual do éster. Seu professor poderá pedir para você determinar o ponto de ebulição usando um dos métodos descritos na Técnica 13, Seções 13.2 e 13.3, páginas 615 e 617.

Espectroscopia. Seu professor poderá pedir que você obtenha o espectro de infravermelho da amostra entre placas de sal (Técnica 25, Seção 25.2, página 739). Compare seu espectro com o dado na página 95. Interprete o espectro e inclua-o em seu relatório. Ele pode pedir que você determine e interprete os espectros de NMR de hidrogênio e de carbono-13 (Técnica 26, Parte A, página 771 e Técnica 27, Seção 27.1, página 802). Coloque a amostra em um frasco identificado juntamente com seu relatório.

QUESTÕES

1. Escreva um mecanismo para a esterificação catalisada por ácido do ácido salicílico com metanol.
2. Qual é a função do ácido sulfúrico nesta reação? Ele é consumido?
3. Neste experimento, usou-se excesso de metanol para deslocar o equilíbrio para a formação de produto. Descreva outros métodos para chegar ao mesmo resultado.
4. Como o ácido sulfúrico e o metanol em excesso foram removidos do éster bruto após o término da reação?
5. Por que foi usada uma solução a 5% de $NaHCO_3$ na extração? O que teria acontecido se fosse usada uma solução a 5% de NaOH?
6. Interprete as bandas de absorção principais dos espectros de infravermelho e de RMN do salicilato de metila.

DISSERTAÇÃO

Terpenos e Fenil-propanóides

Qualquer pessoa que tiver atravessado uma floresta de pinheiros ou cedros, ou que ame flores e temperos, sabe que muitas plantas e árvores têm odores agradáveis característicos. As essências, ou aromas, de plantas são devidas a óleos voláteis ou **óleos essenciais**, muitos dos quais são apreciados desde a antiguidade por seus odores característicos (incenso e mirra, por exemplo). Uma lista dos óleos essenciais de importância comercial atingiria pelo menos 200 itens. Pimenta-da-Jamaica, amêndoas, anis, manjericão, louro, alcarávia, canela, cravo-da-índia, cominho, funcho, eucalipto, alho, jasmin, zimbro, laranjas, hortelã-pimenta, rosas, sândalo, sassafrás, hortelã, tomilho, violeta e sempre-vivas são alguns exemplos familiares de óleos essenciais importantes. Os óleos essenciais são usados em perfumes e incensos por seus odores agradáveis. São usados como temperos e flavorizantes em alimentos devido a seu paladar. Algus são bactericidas e antifúngicos; outros, são usados em medicina (cânfora e eucalipto); e outros, ainda, como repelentes de insetos (citronela). O óleo da chaulmoogra é um dos poucos remédios para a lepra. Terebintina é usada como solvente em muitas tintas.

Componentes dos óleos essenciais são encontrados, freqüentemente, nas glândulas ou nos espaços intercelulares dos tecidos de plantas. Eles podem existir em todas as partes das plantas, mas com freqüência estão concentrados nas sementes ou flores. Muitos componentes de óleos essenciais são voláteis e podem ser isolados por destilação com vapor. Outros métodos de isolamento de óleos essenciais incluem a extração com solventes e a prensagem. Os ésteres (veja a Dissertação "Ésteres – sabores e aromas", na página 87) são freqüentemente responsáveis pelos odores e sabores característicos de frutas e flores, mas outros tipos de substâncias podem ser também componentes importantes dos princípios ativos do odor e do sabor. Além dos ésteres, os ingredientes dos óleos essenciais podem ser misturas complexas de hidrocarbonetos, álcoois e compostos carbonilados. Estes outros componentes usualmente pertencem a um dos dois grupos de produtos naturais, chamados de **terpenos** e **fenil-propanóides**.

TERPENOS

A investigação química dos óleos essenciais no século XIX mostrou que muitos dos compostos responsáveis pelos odores agradáveis tinham exatamente 10 átomos de carbono. Estes compostos de 10 átomos de carbono ficaram conhecidos como terpenos, quando são hidrocarbonetos, e como **terpenóides**, quando contêm oxigênio e são álcoois, cetonas ou aldeídos.

Descobriu-se, eventualmente, que existem, em menor quantidade, constituintes de plantas menos voláteis com 15, 20, 30 e 40 átomos de carbono. Como os compostos de 10 carbonos foram originalmente chamados de terpenos, eles passaram a ser conhecidos como **monoterpenos**. Os demais terpenos foram classificados da seguinte maneira.

Classe	Número de carbonos	Classe	Número de carbonos
Hemiterpenos	5	Diterpenos	20
Monoterpenos	10	Triterpenos	30
Sesquiterpenos	15	Tetraterpenos	40

A investigação química posterior mostrou que os terpenos, todos com número de carbonos múltiplo de cinco, tinham uma unidade estrutural básica repetitiva com cinco átomos de carbono, a qual corresponde ao arranjo dos átomos do composto simples chamado de isopreno. O isopreno foi primeiramente obtido pelo craqueamento térmico da borracha natural.

Como resultado desta semelhança estrutural, foi formulada uma regra diagnóstica para os terpenos, chamada de **regra do isopreno**. Esta regra estabelece que um terpeno deve ser divisível, pelo menos formalmente, em **unidades isopreno**. As estruturas de alguns terpenos, juntamente com uma divisão formal de suas estruturas em unidades isopreno, está na figura seguinte. Muitos destes compostos correspondem a odores ou sabores muito familiares.

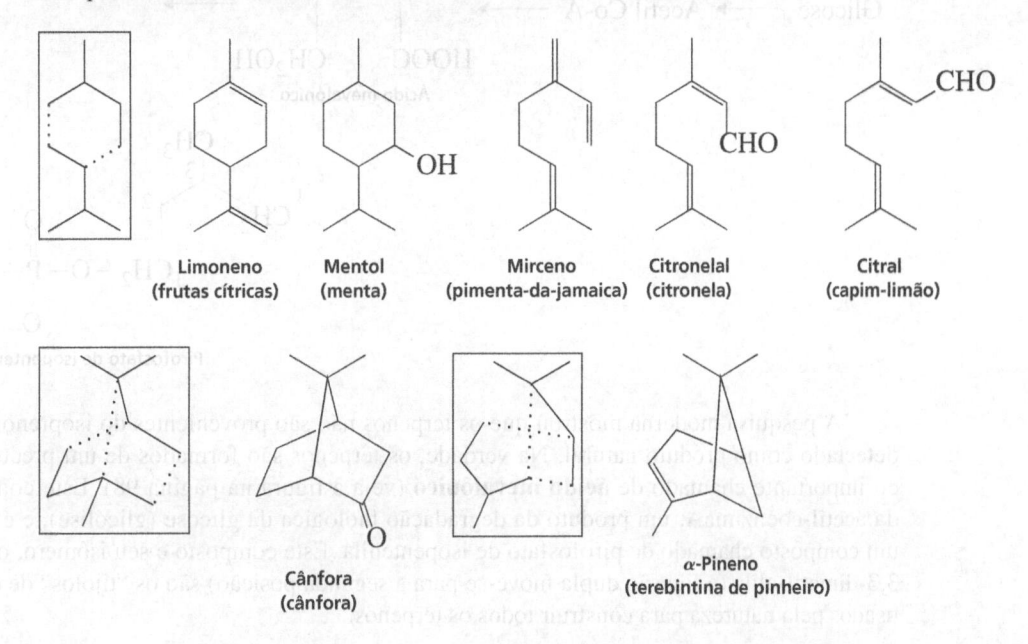

Limoneno (frutas cítricas) **Mentol** (menta) **Mirceno** (pimenta-da-jamaica) **Citronelal** (citronela) **Citral** (capim-limão)

Cânfora (cânfora) **α-Pineno** (terebintina de pinheiro)

Farnesol
(lírio-do-vale)

Cedrol
(cedro)

1,8-Cineol
(eucalipto)

Ácido abiético
(resina de pinheiro)

β-Caroteno
(cenouras)

Terpenos selecionados

Glicose ⟶ Acetil Co-A ⟶ Ácido mevalônico ⟶

Pirofosfato de isopentenila

A pesquisa moderna mostrou que os terpenos não são provenientes do isopreno, que nunca foi detectado como produto natural. Na verdade, os terpenos são formados de um precursor bioquímico importante chamado de **ácido mevalônico** (veja a figura na página 98). Este composto provém da acetil-coenzimaA, um produto da degradação biológica da glicose (glicólise), e é convertido em um composto chamado de pirofosfato de isopentenila. Este composto e seu isômero, o pirofosfato de 3,3-dimetil-alila (a ligação dupla move-se para a segunda posição) são os "tijolos" de cinco carbonos usados pela natureza para construir todos os terpenos.

FENIL-PROPANÓIDES

Compostos aromáticos, isto é, que contém um anel de benzeno, são também um tipo importante de compostos encontrados nos óleos essenciais. Alguns destes compostos, como o *p*-cimeno, são terpenos cíclicos que foram aromatizados (seus anéis se converteram em anéis de benzeno), mas muitos têm outras origens.

Benzeno   ***p*-Cimeno**   **Fenil-propano**   **Fenil-alanina & Tirosina**
(R = H)   (R = OH)

Muitos dos compostos aromáticos são **fenil-propanóides**, compostos baseados em um esqueleto de fenil-propano. Os fenil-propanóides são relacionados, em estrutura, aos aminoácidos comuns fenil-alanina e tirosina, e muitos deles são derivados de uma via bioquímica conhecida como **via do ácido chiquímico**.

Ácido caféico (café)   **Eugenol (cravo-da-índia)**   **Vanilina (baunilha)**

quebra da cadeia lateral

É comum, também, encontrar compostos originados de fenil-propanóides com a cadeia lateral de três átomos quebrada. O resultado são derivados de fenil-metano, como a vanilina, muito comuns em plantas.

REFERÊNCIAS

Cornforth, J. W. "Terpene Biosynthesis." *Chemistry in Britain, 4* (1968): 102.
Geissman, T. A., and Crout, D. H. G. *Organic Chemistry of Secondary Plant Metabolism*. San Francisco: Freeman, Cooper and Co., 1969.
Hendrickson, J. B. *The Molecules of Nature*. New York: W. A. Benjamin, 1965.
Pinder, A. R. *The Terpenes*. New York: John Wiley & Sons, 1960.
Ruzicka, L. "History of the Isoprene Rule." *Proceedings of the Chemical Society (London)* (1959): 341.
Sterret, F. S. "The Nature of Essential Oils, Part I. Production." *Journal of Chemical Education, 39* (1962): 203.
Sterret, F. S. "The Nature of Essential Oils, Part II. Chemical Constituents. Analysis." *Journal of Chemical Education, 39* (1962): 246.

EXPERIMENTO 14

Isolamento do Eugenol a Partir de Cravos-da-Índia

Uso de um manual de laboratório
Destilação com vapor
Extração
Espectroscopia de infravermelho

Neste experimento, você destilará o óleo essencial eugenol com vapor a partir do tempero cravo-da-Índia. Depois de isolar o eugenol, você determinará seu espectro de infravermelho e relacionará os picos mais importantes observados no espectro à estrutura da molécula. Se for possível, seu professor pedirá que você obtenha os espectros de RMN de hidrogênio e de carbono-13 e os interprete.

Antes de chegar ao laboratório, você deveria olhar a estrutura do eugenol e suas propriedades físicas em um manual como *The Merck Index* ou o *CRC Handbook of Chemistry and Physics*. O uso da Técnica 4 o ajudará a encontrar estas informações.

Leitura necessária

Revisão: Técnicas 4 e 12
Nova: Dissertação   Terpenos e Fenil-propanóides
           Técnica 18   Destilação com Vapor

Instruções especiais

A formação de espuma pode ser um problema sério se você usar cravos-da-Índia em pó. Recomenda-se que você use peças inteiras. Você deve, entretanto, cortar ou quebrar as peças ou esmagá-las com um pilão em um gral.

Sugestão para eliminação de resíduos

As soluções em água devem ser colocadas no recipiente próprio. Os resíduos sólidos de cravo-da-Índia devem ser postos na lata de lixo, senão entupirão a pia.

Notas para o professor

Se for preciso usar o tempero moído (não-recomendado), faça os alunos colocarem uma cabeça de Claisen entre o frasco de fundo redondo e a cabeça de destilação para inserir um volume extra no caso de formação de espuma.

Procedimento

Aparelhagem. Monte uma aparelhagem de destilação semelhante à da Figura 14.1, página 623. Use um balão de fundo redondo de 100 mL para destilar e um de 50 mL para coletar. Use uma manta de aquecimento. O balão de coleta deve estar imerso em gelo para garantir a condensação do destilado.

Preparação do Cravo-da-Índia. Pese aproximadamente 3,0 g de cravo-da-Índia em um papel de pesagem e registre o peso exato. Se o material já estiver moído, continue sem moer. Se não, quebre as peças usando um gral e um pilão ou corte em pedaços com uma tesoura. Misture

Experimento 14 Isolamento do Eugenol a partir de cravos-da-índia

o tempero com 35-40 mL de água no balão de fundo redondo de 100 mL, adicione uma pedra de destilação e recoloque o balão na aparelhagem de destilação. Deixe em repouso durante 15 minutos, para melhor contato do tempero com a água antes de aquecer. Os pedaços de tempero devem estar bem-molhados. Se necessário, agite o frasco com cuidado.

Destilação com Vapor. Deixe correr água no condensador e comece a aquecer a mistura de modo a garantir uma velocidade constante de destilação. Se você alcançar o ponto de ebulição muito rapidamente, terá dificuldades com a formação de espuma ou grandes bolhas de ar. Controle a velocidade de aquecimento para conseguir uma velocidade razoável de destilação sem formação de espuma ou bolhas. Uma boa velocidade corresponde à coleta de uma gota de líquido a cada 2-5 segundos. Continue a destilação até obter 15 mL de destilado.

Normalmente, em uma destilação com vapor, o destilado ficará um pouco turvo devido à separação do óleo essencial quando o vapor esfria. Você pode, entretanto, não observar isto e, ainda assim, obter resultados satisfatórios.

Extração do Óleo Essencial. Transfira o destilado para um funil de separação e adicione 5,0 mL de cloreto de metileno (dicloro-metano) para extrair o destilado. Agite o funil vigorosamente, equalizando a pressão com freqüência. Deixe separar as camadas.

A mistura pode ser centrifugada se as camadas não se separarem bem. Mexer cuidadosamente com uma espátula às vezes ajuda a quebrar uma emulsão. Pode também ser útil adicionar 1 mL de uma solução saturada de cloreto de sódio. Ao seguir as recomendações seguintes, entretanto, lembre-se de que a solução salina é muito densa e que a camada de água troca de lugar com a de cloreto de metileno, usualmente embaixo.

Transfira a camada de cloreto de metileno para um frasco de Erlenmeyer. Repita o procedimento de extração com uma nova porção de 5,0 mL de cloreto de metileno e coloque o material extraído no frasco de Erlenmeyer em que está o primeiro extrato. Se gotas de água forem visíveis, será necessário transferir o cloreto de metileno cuidadosamente para outro frasco de Erlenmeyer, limpo e seco, sem arrastar a água.

Secagem. Adicione 1 g de sulfato de sódio anidro em grãos para secar a solução de cloreto de metileno que está no frasco de Erlenmeyer (Técnica 12, Seção 12.9, página 606). Deixe a solução em repouso por 10-15 minutos, com eventual agitação.

Evaporação. Enquanto a solução orgânica estiver secando, separe um tubo de ensaio de tamanho médio, seco e limpo, e pese-o (tare-o) acuradamente. Decante uma porção (cerca de um terço) da camada orgânica seca para o tubo de ensaio, sem arrastar o agente de secagem. Coloque pérolas de vidro no tubo e, trabalhando em capela, evapore o cloreto de metileno com o auxílio de uma corrente de ar ou de gás nitrogênio e aquecendo em 40°C com um banho de água (Técnica 7, Seção 7.10, página 545). Quando a primeira porção se reduzir a um pequeno volume de líquido, adicione uma segunda porção da solução de cloreto de metileno e evapore, como antes. Ao adicionar a derradeira porção, use pequenas quantidades de cloreto de metileno para lavar o agente de secagem e transferir a solução restante para o tubo de ensaio. Cuidado para não arrastar o sulfato de sódio durante a transferência.

> **Cuidado:** A corrente de ar ou de gás nitrogênio deve ser muito bem-controlada ou você soprará sua solução para fora do tubo de ensaio. Não superaqueça a amostra ou a bolha formada poderá jogar a solução para fora do tubo. Não continue a evaporar depois que todo o cloreto de metileno tiver sido eliminado. Seu produto é um óleo volátil (isto é, líquido). Se você continuar a aquecê-lo e evaporá-lo, irá perdê-lo. É melhor deixar um pouco de cloreto de metileno do que perder a amostra.

Determinação do Rendimento. Após a remoção do solvente, pese o tubo de ensaio. Calcule a percentagem de recuperação do óleo, por peso, em relação à quantidade original de cravo-da-índia.

ESPECTROSCOPIA

Infravermelho. Obtenha o espectro de infravermelho do óleo como amostra líquida pura (Técnica 25, Seção 25.2, página 739). Pode ser necessário usar uma pipeta Pasteur com uma saída estreita a fim de transferir uma quantidade suficiente para as placas de sal. Se isto falhar, adicione uma ou duas gotas de tetracloreto de carbono (tetracloro-metano) para facilitar a transferência. Este solvente não interfere no espectro de infravermelho. Inclua o espectro de infravermelho em seu relatório, juntamente com uma interpretação dos picos principais.

Ressonância Magnética Nuclear. A critério do professor, obtenha o espectro de ressonância magnética nuclear do óleo (Técnica 26, Parte A, página 771).

RELATÓRIO

Inclua seu espectro de infravermelho no relatório e marque os picos principais com os tipos de ligação ou grupos de átomos responsáveis pela absorção. Se você obteve os espectros de RMN, atribua os picos a átomos de hidrogênio ou de carbono e explique o desdobramento dos sinais. Inclua, também, seus cálculos de percentagem de recuperação por peso.

QUESTÕES

1. Use um manual de laboratório como o *CRC Handbook of Chemistry and Physics* ou *The Merck Index* para localizar as seguintes propriedades do eugenol:

    ponto de fusão   densidade   solubilidade em água, clorofórmio, etanol e éter dietílico
    ponto de ebulição   índice de refração

2. Use o *Physicinans'Desk Reference* (PDR) ou o *PDR for Nonprescription Drugs and Dietary Supplements* para achar um uso médico para o eugenol (óleo de cravo-da-índia).
3. Um terpeno, o cariofileno, é o maior subproduto do óleo de cravo-da-índia. Encontre a estrutura do cariofileno em um manual de laboratório e mostre como ela se encaixa na "regra do terpeno" (veja a Dissertação "Terpenos e Fenil-propanóides").
4. Encontre o ponto de ebulição do cariofileno. Se o ponto de ebulição não estiver na pressão normal, corrija-o para 760 mmHg (veja a Técnica 13, página 614).
5. O cariofileno é uma molécula quiral. Encontre no manual de laboratório a rotação específica do cariofileno, desenhe sua estrutura e localize os estereocentros colocando um asterisco próximo a eles. O eugenol é quiral?
6. Por que usar a destilação com vapor e não a destilação simples no isolamento do eugenol?
7. Por que o condensado da destilação com vapor é, no princípio, turvo?
8. Após a etapa de secagem, que observações permitirão afirmar que o produto está "seco" (isto é, sem água)?
9. Um produto natural ($PM = 150$) destila com vapor à temperatura de $99°C$ na pressão atmosférica. A pressão de vapor da água em $99°C$ é 733 mmHg.
    a. Calcule o peso do produto natural que codestila com cada grama de água em $99°C$.
    b. Que quantidade de água deve ser removida por destilação com vapor para recuperar o produto natural de 3,0 g de um tempero que contém 10% da substância desejada?

DISSERTAÇÃO

Teoria Estereoquímica do Odor

O nariz humano tem capacidade quase inacreditável de distinguir odores. Imagine por alguns momentos as substâncias diferentes que você pode reconhecer somente pelo cheiro. Sua lista será muito longa. Uma pessoa com o olfato treinado, um perfumista, por exemplo, pode com freqüência reconhecer até mesmo componentes de uma mistura. Quem ainda não encontrou um bom cozinheiro capaz de cheirar um prato de comida e identificar os temperos que foram usados? Os centros olfativos no nariz podem identificar odores de substâncias presentes até mesmo em quantidades muito pequenas. Estudos mostraram que, no caso de algumas substâncias, cerca de um decimomilhonésimo de um grama (10^{-7} g) pode ser percebido. Muitos animais, como cachorros e insetos, por exemplo, têm um limite ainda mais baixo de olfato do que os humanos (veja a Dissertação sobre feromônios que precede o Experimento 45).

Tivemos muitas teorias do odor, mas muito poucas permaneceram durante muito tempo. Por incrível que pareça, uma das mais antigas, embora em trajes modernos, ainda é a teoria mais corrente. Lucrécio, um dos primeiros atomistas gregos, sugeriu que as substâncias que têm odor liberariam um vapor de pequenos "átomos", todos de mesmo tamanho e forma, que dariam origem à percepção do odor ao entrar em poros do nariz. Os poros teriam de ter várias formas, e o odor percebido dependeria dos poros que os átomos eram capazes de penetrar. Temos agora muitas teorias semelhantes para explicar a ação de fármacos (teoria do sítio receptor) e a interação substrato-enzima (a hipótese chave-fechadura).

Uma substância deve ter certas características físicas para ter a propriedade do odor. Primeiramente, ela deve ser suficientemente volátil para desprender um vapor que chegue às narinas. Uma vez lá, ela deve ser um pouco solúvel em água para poder atravessar a camada úmida (muco) que cobre os terminais nervosos da área olfativa sensível. Em terceiro lugar, ela deve ter solubilidade suficiente em lipídeos para penetrar as camadas lipídicas (gordura) que formam as membranas dos terminais nervosos.

Tendo atingido estes critérios, chegamos ao coração da questão. Por que as substâncias têm odores diferentes? Em 1949, R. W. Moncrieff, um escocês, ressuscitou a hipótese de Lucrécio. Ele propôs que na área olfativa do nariz existe um sistema de células receptoras de vários tipos e formas diferentes. Ele sugeriu, também, que cada tipo diferente de sítio receptor corresponderia a um tipo diferente de odor primário. Moléculas que coubessem nestes sítios receptores exibiriam as características daquele

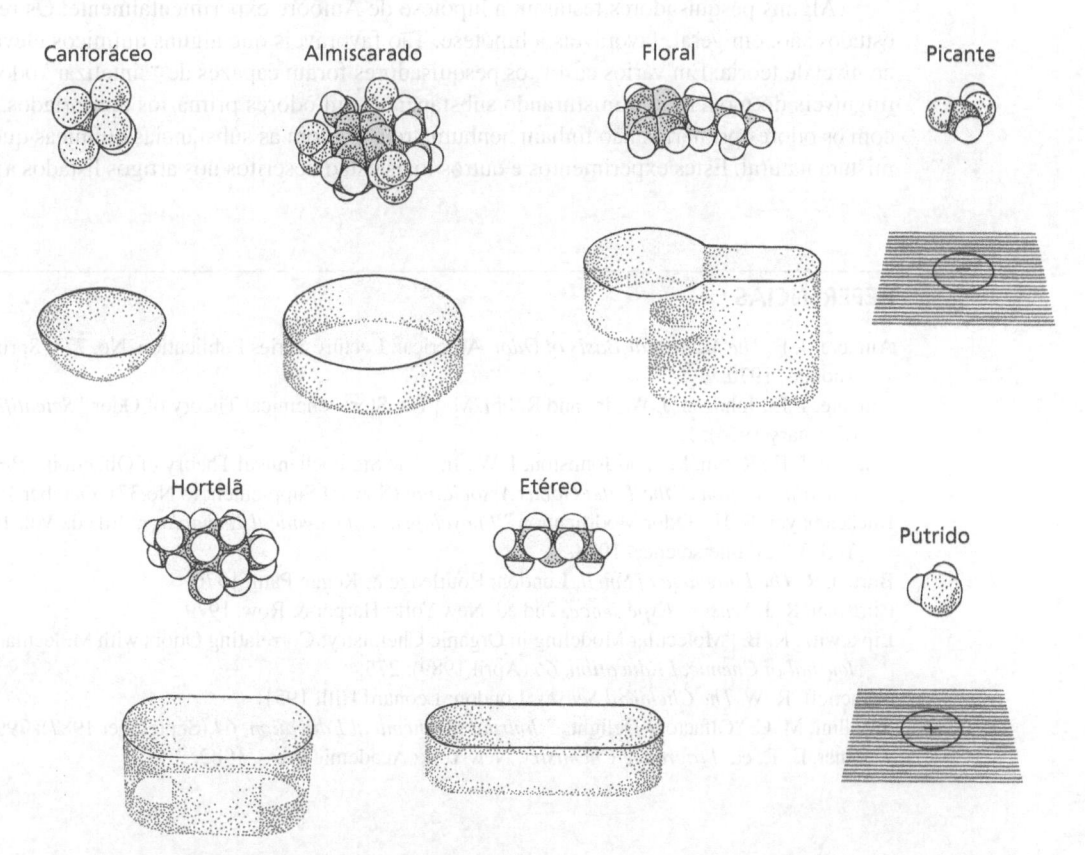

De "The Stereochemical Theory of Odor," by J. E. Amoore, J. W. Johnston Jr. and M. Rubin. Copyright © 1964 pela Scientific American, Inc. Todos os direitos reservados.

odor primário. Não seria necessário que a molécula penetrasse completamente no receptor, e, no caso de moléculas maiores, qualquer porção poderia entrar no receptor e ativá-lo. Moléculas com odores complexos poderiam, em princípio, ser capazes de ativar vários tipos diferentes de receptores.

A hipótese de Moncrieff foi reforçada substancialmente pelo trabalho de J. E. Amoore, que começou a estudar o assunto ainda como aluno de graduação da Universidade de Oxford, em 1952. Após uma investigação aprofundada da literatura química, Amoore concluiu que existiam somente sete odores primários fundamentais. Ao escolher moléculas com tipos de odor semelhantes, ele foi capaz de propor formas possíveis para os sete receptores correspondentes. Assim, por exemplo, ele encontrou na literatura mais de 100 compostos com "odor de cânfora". Comparando os tamanhos e formas de todas essas moléculas, ele postulou uma forma tridimensional para o sítio receptor do tipo cânfora. Do mesmo modo, ele derivou formas para os outros seis sítios receptores. Os sete sítios receptores que ele formulou estão na figura da página anterior, juntamente com um exemplo típico de molécula com a forma apropriada para se ajustar ao receptor. As formas dos sítios estão em perspectiva. Odores picantes e pútridos não requerem uma forma particular das moléculas com odor, mas um tipo particular de distribuição de cargas.

Você pode verificar facilmente que compostos cujas moléculas têm forma mais ou menos semelhante têm odores semelhantes se comparar nitro-benzeno e acetofenona com benzaldeído ou *d*-cânfora, e hexacloro-etano com ciclo-octano. Cada grupo de substâncias tem o mesmo tipo de odor fundamental (primário), mas cada molécula difere na *qualidade* do odor. Alguns dos odores são fortes, alguns picantes, outros adocicados e assim por diante. O segundo grupo de substâncias tem odor canforado, e as moléculas das substâncias têm aproximadamente a mesma forma.

Um corolário interessante da teoria de Amoore é o postulado que diz que se os sítios receptores são quirais, então isômeros ópticos (enantiômeros) de uma dada substância podem ter odores *diferentes*. Isto é verdadeiro em vários casos. É verdade para (+)-carvona e (−)-carvona. Nós exploramos esta idéia no Experimento 15 deste livro-texto.

Alguns pesquisadores testaram a hipótese de Amoore experimentalmente. Os resultados desses estudos são, em geral, favoráveis à hipótese. Tão favoráveis que alguns químicos elevaram a hipótese ao nível de teoria. Em vários casos, os pesquisadores foram capazes de "sintetizar" odores quase indistinguíveis do modelo real misturando substâncias com odores primários apropriados. As substâncias com os odores primários não tinham nenhuma relação com as substâncias químicas que compunham a mistura natural. Estes experimentos e outros mais estão descritos nos artigos listados a seguir.

REFERÊNCIAS

Amoore, J. E. *The Molecular Basis of Odor.* American Lecture Series Publication, No. 773. Springfield, IL: Thomas, 1970.

Amoore, J. E., Johnson, J. W., Jr., and Rubin, M. "The Stereochemical Theory of Odor." *Scientific American, 210* (February 1964): 1.

Amoore, J. E., Rubin, M., and Johnston, J. W., Jr. "The Stereochemical Theory of Olfaction." *Proceedings of the Scientific Section of the Toilet Goods Association* (Special Supplement to No.37) (October 1962): 1–47.

Buckenmayer, R. H. "Odor Modification." *Encyclopedia of Chemical Technology,* 3rd ed., Vol. 16. New York:Wiley-Interscience, 1978.

Burton, R. *The Language of Smell.* London: Routledge & Kegan Paul, 1976.

Christian, R. J. *Sensory Experience,* 2nd ed. New York: Harper & Row, 1979.

Lipkowitz, K. B. "Molecular Modeling in Organic Chemistry: Correlating Odors with Molecular Structure." *Journal of Chemical Education, 66* (April 1989): 275.

Moncrieff, R. W. *The Chemical Senses.* London: Leonard Hill, 1951.

Sbrollini, M. C. "Olfactory Delights." *Journal of Chemical Education, 64* (September 1987): 799.

Theimer, E. T., ed. *Fragrance Chemistry.* New York: Academic Press, 1982.

EXPERIMENTO 15
Óleos de Hortelã e de Alcarávia: (+)-Carvona e (−)-Carvona

Estereoquímica
Cromatografia a gás
Polarimetria
Espectroscopia
Refratometria

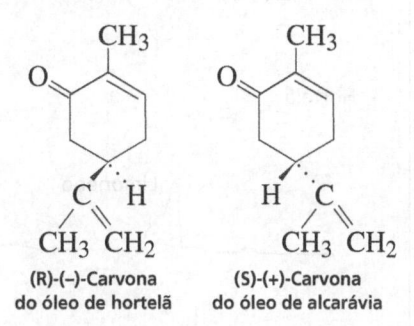

(R)-(−)-Carvona
do óleo de hortelã

(S)-(+)-Carvona
do óleo de alcarávia

Neste experimento você irá comparar (+)-carvona, do óleo de alcarávia, com (−)-carvona, do óleo de hortelã, usando a cromatografia a gás. Se você tiver acesso ao equipamento de cromatografia a gás preparativa será possível preparar amostras puras das duas carvonas a partir dos óleos respectivos. Se este equipamento não estiver disponível, o professor providenciará amostras puras das duas carvonas de fontes comerciais e o trabalho com a cromatografia a gás será puramente analítico.

Os odores das duas carvonas enantioméricas são bem diferentes. A presença de um ou de outro isômero é responsável pelo odor característico do óleo respectivo. A diferença de odor é esperada porque os receptores de odores localizados no nariz são quirais (veja a dissertação "Teoria Estereoquímica do Odor", página 102). O fenômeno de um receptor quiral interagir diferentemente com cada enantiômero de um composto quiral é chamado de **reconhecimento quiral**.

Devemos esperar que a rotação óptica dos isômeros (enantiômeros) tenha sinais opostos, porém as demais propriedades físicas são iguais. Assim, para a (+)-carvona e (−)-carvona, podemos predizer que os espectros de infravermelho e de ressonância magnética nuclear, os tempos de retenção na cromatografia, os índices de refração e os pontos de ebulição serão idênticos. Por isso, as únicas propriedades diferentes que você observará nas duas carvonas são os odores e o sinal da rotação em um polarímetro.

O **óleo de alcarávia** contém principalmente limoneno e (+)-carvona. O cromatograma a gás deste óleo está reproduzido na figura da página seguinte. A (+)-carvona (pe 230°C) pode ser facilmente separada do limoneno, que tem ponto de ebulição mais baixo (pe 177°C), por cromatografia a gás, como se vê na figura da página seguinte. Se um cromatógrafo a gás preparativo estiver disponível, pode-se coletar separadamente a (+)-carvona e o limoneno quando eles eluírem da coluna.

O **óleo de hortelã** contém principalmente (−)-carvona, com uma menor quantidade de limoneno e quantidades muito pequenas dos terpenos de baixo ponto de ebulição, α-felandreno e β-felandreno. O cromatograma a gás deste óleo também é mostrado na figura a seguir. Com equipamento preparativo, você pode coletar facilmente a (−)-carvona quando ela sai da coluna. É mais difícil, entretanto, coletar o limoneno na forma pura. Ele provavelmente estará contaminado com os outros terpenos porque eles têm pontos de ebulição semelhantes.

α-Felandreno   β-Felandreno   Limoneno

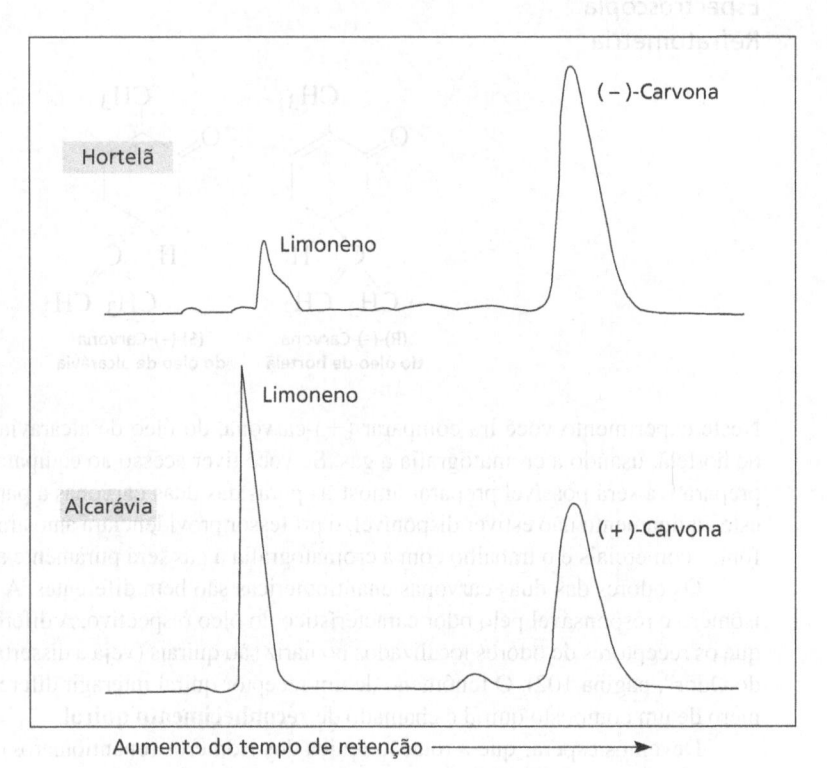

Cromatogramas a gás dos óleos de alcarávia e hortelã.

(Hortelã: Limoneno, (−)-Carvona)
(Alcarávia: Limoneno, (+)-Carvona)
Aumento do tempo de retenção →

Leitura necessária

Revisão: Técnica 25   Espectroscopia de Infravermelho, Seções 25.1-25.3

Nova: Técnica 22   Cromatografia a Gás
          Técnica 23   Polarimetria
          Dissertação Toeria estereoquímica do odor

Se for fazer algum dos procedimentos opcionais, leia, conforme a necessidade,

Técnica 13   Constantes Físicas dos Líquidos, Parte A.
             Pontos de Ebulição e Correção do Termômetro
Técnica 24   Refratometria
Técnica 26   Espectroscopia de Ressonância Magnética Nuclear, Seções 26.1-26.3
Técnica 27   Espectroscopia de Ressonância Magnética Nuclear de Carbono-13

Instruções especiais

Seu professor lhe dará o óleo de hortelã ou o óleo de alcarávia, ou pedirá para que você escolha um. Você também receberá instruções sobre os procedimentos da Parte A que deverá executar. Compare seus resultados com os de alguém que estudou o outro enantiômero.

> **Nota:** Se um cromatógrafo a gás não estiver disponível, este experimento pode ser executado com óleos de hortelã e de cuminho e amostras comerciais puras de (+)-carvona e (−)-carvona.

Se o equipamento apropriado estiver disponível, seu professor poderá pedir que você faça a análise por cromatografia a gás. Se a cromatografia a gás preparativa estiver disponível, ele pedirá que você isole a carvona de seu óleo (Parte B). Por outro lado, se você estiver usando equipamento analítico, será capaz de comparar somente os tempos de retenção e as curvas de integração de seu óleo com os do outro óleo essencial.

Embora a cromatografia a gás preparativa forneça material suficiente para fazer os espectros, não haverá o suficiente para a polarimetria. Portanto, se você tiver de determinar a rotação óptica de amostras puras, fazendo ou não a cromatografia a gás preparativa, seu professor providenciará um tubo de polarímetro contendo cada amostra.

Notas para o professor

Este experimento pode ser programado junto com outro experimento. É melhor que os estudantes trabalhem em pares, cada um usando um óleo diferente. Uma programação do uso do cromatógrafo a gás deve ser feita de modo que os estudantes possam fazer uso eficiente de seu tempo. Sugerimos a preparação de cromatogramas usando os isômeros da carvona e o limoneno como padrões de referência. Padrões de referência apropriados incluem uma mistura de (+)-carvona e limoneno e uma segunda mistura de (−)-carvona e limoneno Os cromatogramas deveriam ser afixados com os tempos de retenção ou cada estudante deveria ter uma cópia do cromatograma apropriado.

O cromatógrafo a gás deveria ser preparado como se segue: temperatura da coluna 200°C; temperatura de injeção e do detetor, 210°C; velocidade do gás de arraste, 20 mL/min. A coluna recomendada tem 2,60 m de comprimento com uma fase estacionária como Carbowax 20M. É conveniente usar um Gow-Mac 69-350 com o acessório preparativo para este experimento.

Você deveria encher células de polarímetro (0,5 dm) antes da aula com (+)-carvona e (−)-carvona puras. Deveriam estar disponíveis quatro garrafas contendo óleos de hortelã e alcarávia e (+)-carvona e (−)-carvona. Os enantiômeros da carvona estão disponíveis comercialmente.

Procedimento

PARTE A. ANÁLISE DAS CARVONAS

As amostras (obtidas por cromatografia a gás, Parte B, ou amostras comerciais) deveriam ser analisadas pelos métodos seguintes. O professor indicará que métodos usar. Compare seus resultados com os obtidos por alguém que usou um óleo diferente. Além disto, meça a rotação observada das amostras comerciais de (+)-carvona e (−)-carvona. O professor fornecerá tubos de polarímetro cheios.

Análises a serem feitas nos óleos de hortelã e de alcarávia

Odor. Cheire cuidadosamente os recipientes de óleos de hortelã e de alcarávia. Cerca de 8-10% da população não consegue distinguir a diferença de odor dos isômeros ópticos. A maior parte das pessoas, entretanto, sente claramente a diferença. Registre suas impressões.

Cromatografia a Gás Analítica. Se você separou sua amostra por cromatografia a gás preparativa, já deve ter seu cromatograma. Neste caso, compare-o a um cromatograma feito por alguém que usou o outro óleo. Assegure-se de que você obteve tempos de retenção e curvas de integração e obtenha cópia do cromatograma da outra pessoa.

Se você não fez a Parte B, obtenha o cromatograma a gás do óleo que lhe foi atribuído, óleo de hortelã ou óleo de alcarávia, e obtenha de outra pessoa o resultado do outro óleo. O professor poderá injetar as amostras ele mesmo ou ter um assistente de laboratório para fazê-lo. O procedimento de injeção da amostra exige técnica cuidadosa e seringas de microlitro especiais, muito delicadas e caras. Se você for injetar as amostras, o professor lhe mostrará de antemão como fazê-lo.

Determine os tempos de retenção dos componentes para um dos óleos (veja a Técnica 22, Seção 22.7, página 715). Calcule a composição percentual dos dois óleos essenciais usando um dos métodos explicados nas Seções 21 ou 22.

Análises a serem feitas nas carvonas purificadas

Polarimetria. Com a ajuda do professor ou do assistente, obtenha a rotação óptica observada, α, das amostras de (+)-carvona e (−)-carvona. Elas serão fornecidas em tubos de polarímetro já cheios. A rotação específica, $[\alpha]_D$, é calculada pela relação dada na página 727 da Técnica 23. A concentração c será igual à densidade das substâncias analisadas em 20°C. Os valores obtidos de amostras comerciais são 0,9608 g/mL para a (+)-carvona e 0,9593 g/mL para a (−)-carvona. Os valores da literatura para a rotação específica são: $[\alpha]_D^{20} = +61{,}7°$ para a (+)-carvona e $-62{,}5°$ para a (−)-carvona. Os valores não são iguais devido a traços de impurezas presentes.

A polarimetria não funciona bem nos óleos brutos de hortelã e de alcarávia devido à presença de grandes quantidades de limoneno e de outras impurezas.

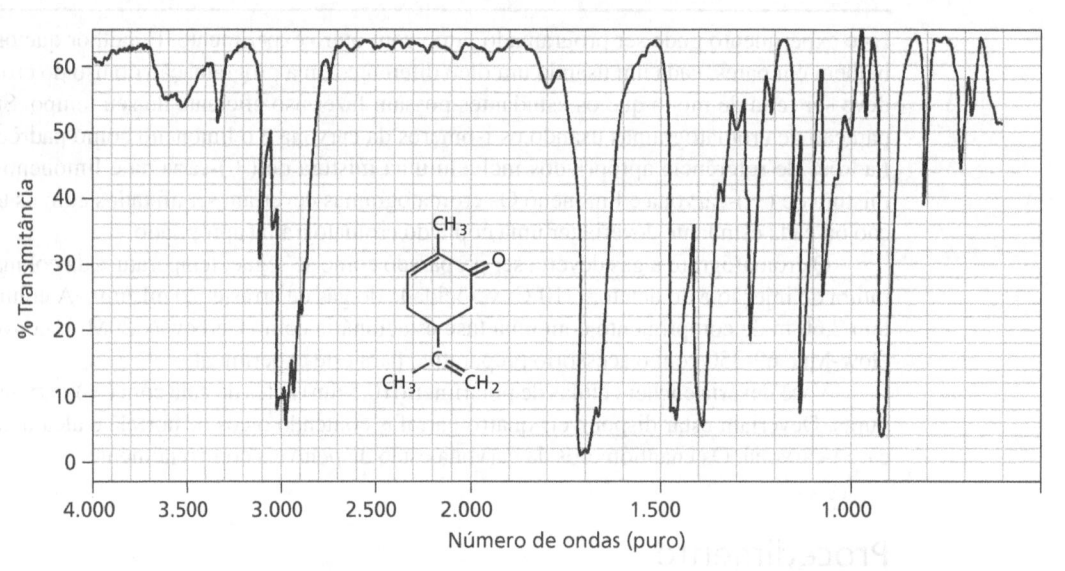

Espectro de infravermelho do (+)-carvona do óleo de alcarávia (puro).

Espectroscopia de Infravermelho. Obtenha o espectro de infravermelho da amostra de (−)-carvona do óleo de hortelã ou da amostra de (+)-carvona do óleo de alcarávia (veja Técnica 25, Seção 25.2, página 739). Compare seus resultados com os de alguém que trabalhou com o outro isômero. A critério de seu professor, obtenha o espectro de infravermelho do (+)-limoneno, encontrado em ambos os óleos. Se possível, determine todos os espectros usando amostras puras. Se você isolou a amostra por cromatografia a gás preparativa, poderá ser necessário adicionar uma ou duas gotas de tetracloreto de carbono à amostra. Misture os dois líquidos puxando a mistura em uma pipeta Pasteur e expelindo-a várias vezes. Pode ser útil usar uma pipeta com a ponta bem fina para retirar todo o líquido do frasco de fundo cônico. Uma alternativa é usar uma microsseringa. Obtenha um espectro desta solução como descrito na Técnica 25, Seção 25.6, página 745.

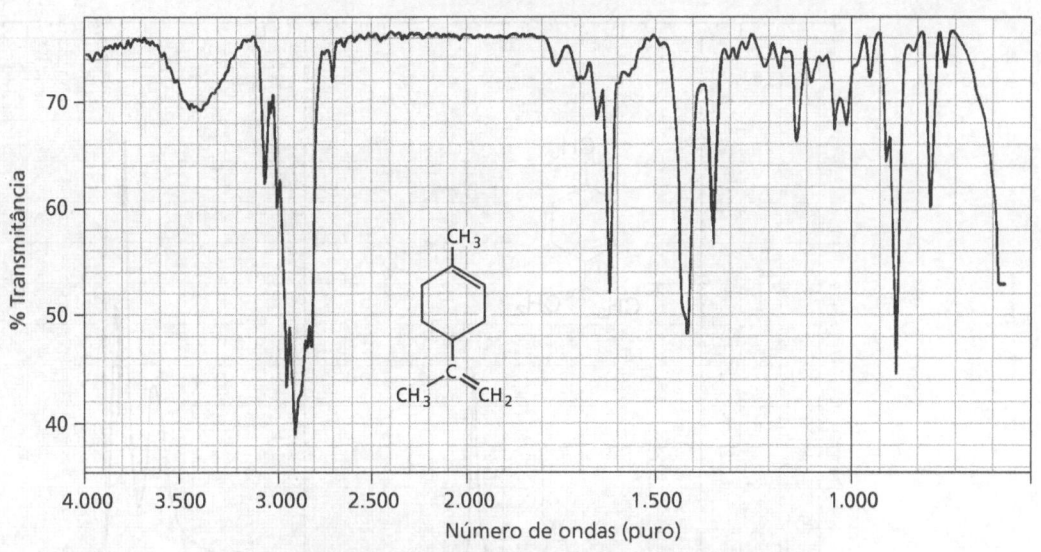

Espectro de infravermelho do (+)-limoneno (puro).

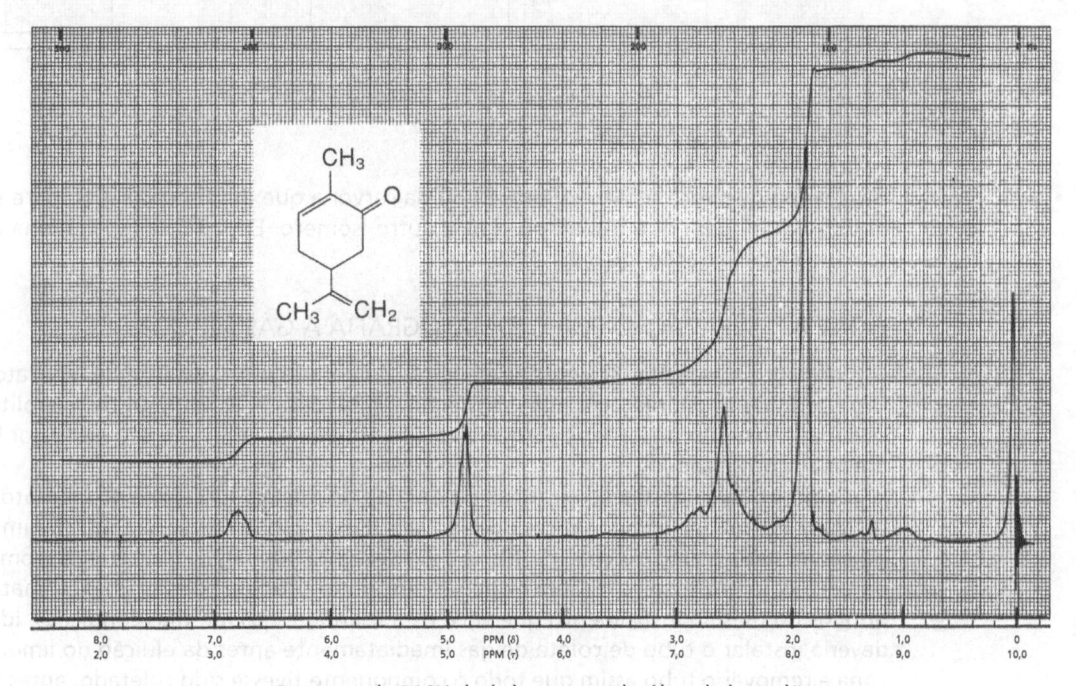

Espectro de RMN da (−)-carvona do óleo de hortelã.

Espectroscopia de Ressonância Nuclear Magnética. Use um instrumento de RMN para obter um espectro de sua carvona. Compare seu espectro com os espectros de RMN da (−)-carvona e do (+)-limoneno mostrados neste experimento. Tente assinalar o maior número possível de picos. Se seu instrumento é capaz de obter um espectro de RMN de carbono-13, obtenha o espectro de sua amostra. Compare seu espectro da carvona com o espectro de RMN de carbono-13 mostrado neste experimento. Uma vez mais, tente assinalar os picos.

Ponto de Ebulição. Determine o ponto de ebulição da carvona que lhe foi dada. Use a microtécnica do ponto de ebulição (Técnica 13, Seção 13.3, página 617). O ponto de ebulição das duas carvonas é 230°C na pressão atmosférica. Compare seu resultado com o de alguém que usou a outra carvona.

Índice de Refração. Use a técnica de obtenção do índice de refração em um pequeno volume de líquido, como descrito na Técnica 24, Seção 24.2, página 734. Obtenha o índice de refração

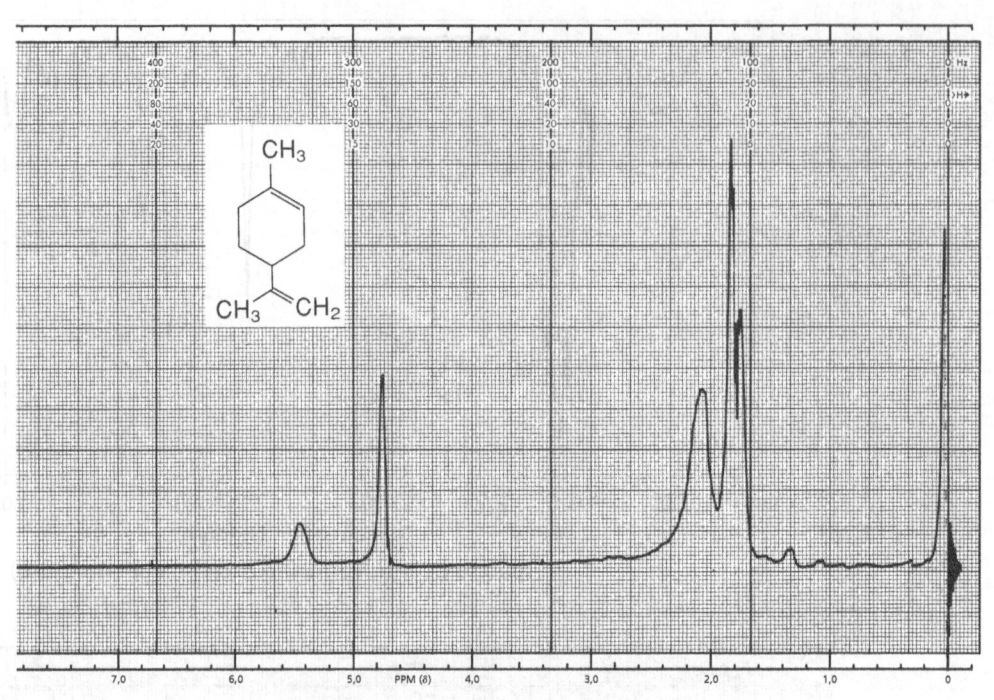

Espectro de RMN do (+)-limoneno.

da carvona que você separou (Parte B) ou da carvona que lhe foi dada. Compare seu valor com o obtido por alguém que trabalhou com o outro isômero. Em 20°C, a (+)-carvona e a (−)-carvona têm índice de refração igual a 1,4989.

PARTE B. SEPARAÇÃO POR CROMATOGRAFIA A GÁS (OPCIONAL)

O professor pode preferir injetar as amostras ou pedir a um assistente de laboratório que o faça. O procedimento de injeção exige uma técnica cuidadosa, e as seringas de microlitro especiais necessárias são muito delicadas e caras. Se você for injetar as amostras, seu professor lhe mostrará de antemão como fazê-lo.

Injete 50 µL de óleo de alcarávia ou de óleo de hortelã na coluna do cromatógrafo. Um pouco antes de um dos componentes do óleo sair (limoneno ou carvona), instale um tubo de coleta de gás na saída, como descrito na Técnica 22, Seção 22.10, página 717. Use os cromatogramas preparados pelo professor para saber quando instalar o tubo de coleta. Estes cromatogramas foram obtidos no mesmo instrumento que você está usando e nas mesmas condições. Idealmente, você deveria instalar o tubo de coleta de gás imediatamente antes da eluição do limoneno ou da carvona e remover o tubo assim que todo o componente tivesse sido coletado, antes que outro componente começasse a eluir. Você pode conseguir isto mais facilmente se acompanhar o registrador enquanto sua amostra passa pela coluna. Instale o tubo de coleta (se possível) assim que um pico começar a aparecer ou assim que uma deflexão for observada. Quando a pena voltar para a linha de base, remova o tubo de coleta de gás.

Este procedimento torna relativamente fácil coletar a carvona de ambos os óleos e o limoneno do óleo de alcarávia. Devido à presença de vários terpenos no óleo de hortelã, é muito mais difícil isolar uma amostra pura de limoneno (veja o cromatograma na figura da página 106). Neste caso, tente coletar somente o limoneno, desprezando os terpenos que produzem um ombro no pico do limoneno no cromatograma do óleo de hortelã.

Após coletar as amostras, insira a junta do tubo de coleta em um frasco de fundo cônico de 0,1 mL usando um anel de borracha e uma tampa de rosca para manter as duas peças juntas. Coloque o conjunto em um tubo de centrífuga, como mostrado na Técnica 22, Figura 22.10, página 718. Coloque um chumaço de algodão no fundo do tubo de centrífuga e use um septo de borracha no topo para manter o conjunto no lugar e evitar a quebra. Balanceie a centrífuga colocando um

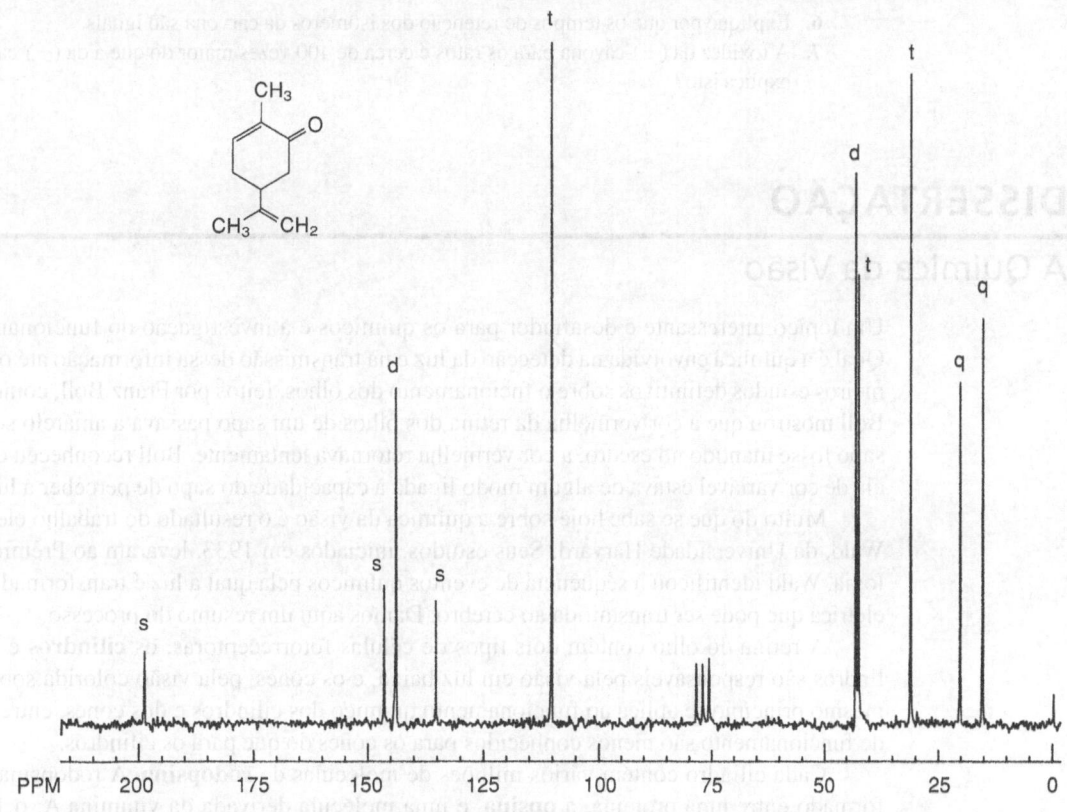

Experimento 15 Óleos de hortelã e de alcarávia: (+)-carvona e (−)-carvona   **111**

Espectro desacoplado de carbono-13 da carvona, CDCl$_3$. As letras indicam a aparência do espectro quando os carbonos estão acoplados a hidrogênios (s = singleto, d = dubleto, t = tripleto, q = quarteto).

tubo de igual peso no lado oposto (pode ser sua outra amostra ou a de alguém mais). Durante a centrifugação, a amostra passa para o fundo do frasco cônico. Desmonte a aparelhagem, tampe o frasco cônico e faça as análises descritas na Parte A. Você deve ter amostra suficiente para fazer as espectroscopias de infravermelho e de RMN, mas talvez seu professor tenha de lhe dar mais material para os demais procedimentos.

REFERÊNCIAS

Friedman, L., and Miller, J. G. "Odor, Incongruity and Chirality." *Science, 172* (1971): 1044.
Murov, S. L., and Pickering, M. "The Odor of Optical Isomers." *Journal of Chemical Education, 50* (1973): 74.
Russell, G. F., and Hills, J. I. "Odor Differences between Enantiomeric Isomers." *Science, 172* (1971): 1043.

QUESTÕES

1. Interprete os espectros de infravermelho da carvona e do limoneno e os espectros de RMN de hidrogênio e de carbono-13 da carvona
2. Identifique os centros quirais do α-felandreno, do β-felandreno e do limoneno.
3. Explique como a carvona obedece à regra do isopreno (veja a Dissertação "Terpenos e Fenil-propanóides", página 96).
4. Use as regras de seqüência de Cahn-Ingold-Prelog para atribuir prioridades aos grupos ligados ao carbono quiral da carvona. Desenhe as fórmulas estruturais da (+)-carvona e da (−)-carvona de modo a mostrar as configurações R e S.
5. Explique por que o limoneno elui antes da (+)-carvona e da (−)-carvona.

6. Explique por que os tempos de retenção dos isômeros da carvona são iguais.
7. A toxidez da (+)-cavona para os ratos é cerca de 400 vezes maior do que a da (−)-carvona. Como você explica isto?

DISSERTAÇÃO

A Química da Visão

Um tópico interessante e desafiador para os químicos é a investigação do funcionamento dos olhos. Qual é a química envolvida na detecção da luz e na transmissão dessa informação até o cérebro? Os primeiros estudos definitivos sobre o fncionamento dos olhos, feitos por Franz Boll, começaram em 1877. Boll mostrou que a cor vermelha da retina dos olhos de um sapo passava a amarelo sob luz forte. Se o sapo fosse mantido no escuro, a cor vermelha retornava lentamente. Boll reconheceu que uma substância de cor variável estava de algum modo ligada à capacidade do sapo de perceber a luz.

Muito do que se sabe hoje sobre a química da visão é o resultado do trabalho elegante de George Wald, da Universidade Harvard. Seus estudos, iniciados em 1933, levaram ao Prêmio Nobel em Biologia. Wald identificou a seqüência de eventos químicos pela qual a luz é transformada em informação elétrica que pode ser transmitida ao cérebro. Damos aqui um resumo do processo.

A retina do olho contém dois tipos de células fotorreceptoras, os **cilindros** e os **cones**. Os cilindros são responsáveis pela visão em luz baixa, e os cones, pela visão colorida sob luz brilhante. O mesmo princípio se aplica ao funcionamento químico dos cilindros e dos cones, entretanto os detalhes de funcionamento são menos conhecidos para os cones do que para os cilindros.

Cada cilindro contém vários milhões de moléculas de **rodopsina**. A rodopsina é um complexo formado entre uma proteína, a **opsina**, e uma molécula derivada da vitamina A, o 11-*cis*-retinal (às vezes chamado de **retineno**). Pouco se sabe sobre a estrutura da opsina. A estrutura do 11-*cis*-retinal é dada aqui.

11-*cis*-retinal

A detecção da luz envolve a conversão inicial de 11-*cis*-retinal em isômero 11-*trans*. Este é o único papel óbvio da luz no processo. A elevada energia de um quantum de luz visível promove a fissão da ligação π entre os carbonos 11 e 12. Com a quebra da ligação π, pode ocorrer rotação na ligação σ do radical resultante. Quando a ligação π se forma novamente, leva ao produto *trans*. O 11-*trans*-retinal é mais estável do que o 11-*cis*-retinal, e por esta razão o processo espontâneo ocorre na direção indicada.

As duas moléculas têm formas diferentes devido às estruturas diferentes. O 11-*cis*-retinal é mais compacto, e as partes da molécula que estão no mesmo lado da ligação dupla tendem a ficar em planos diferentes. Como as proteínas têm formas tridimensionais muito complexas e específicas (estruturas terciárias), o 11-*cis*-retinal se associa à proteína de um modo particular. O 11-*trans*-retinal tem forma alongada, e toda a molécula tende a ficar no mesmo plano. Esta forma diferente da molécula, comparada com a do isômero 11-*cis*, significa que ela se associa com a proteína opsina de forma diferente.

Na verdade, o isômero *trans* se associa fracamente com a opsina porque sua forma não se ajusta bem à proteína. Em consequência, a etapa seguinte é a dissociação do isômero *trans* da opsina. A proteína muda sua conformação simultaneamente com a dissociação do *trans*-retinal.

11-*cis*-retinal

11-*trans*-retinal

Algum tempo depois de o 11-*cis*-retinal receber um fóton, o cérebro recebe uma mensagem. Pensava-se, originalmente, que a isomerização do 11-*cis*-retinal a 11-*trans*-retinal ou que mudança conformacional da opsina fosse o evento que gerava a mensagem elétrica enviada ao cérebro. Pesquisas recentes, entretanto, indicam que esses eventos são muito lentos em relação à velocidade com que o cérebro recebe a mensagem. As hipóteses mais recentes invocam explicações quantomecânicas, as quais ressaltam que os cromóforos (grupos que absorvem luz) estão arranjados em uma geometria muito precisa nos cilindros e cones, permitindo que o sinal seja transmitido rapidamente através do espaço. A figura abaixo ilustra, para fácil visualização, os eventos físicos e químicos descobertos por Wald. A questão de como o sinal elétrico é transmitido permanece sem solução.

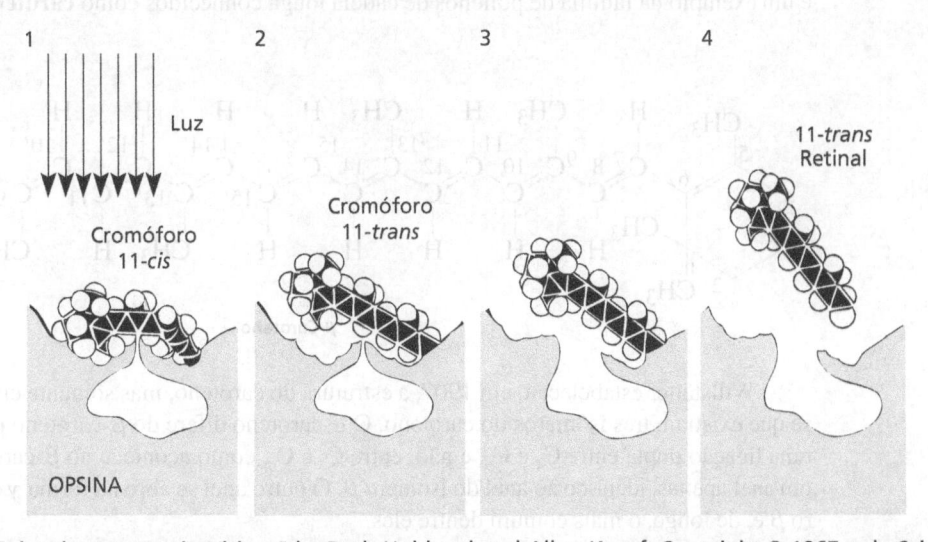

De "Molecular Isomers in Vision," by Ruth Hubbard and Allen Kropf. Copyright © 1967 pela Scientific American, Inc. Todos os direitos reservados.

Wald foi capaz, também, de explicar a seqüência de eventos que levam à regeneração da rodopsina. Após a dissociação do 11-*trans*-retinal da proteína, ocorrem as seguintes reações catalisadas por enzimas. O 11-*trans*-retinal é reduzido ao 11-*trans*-retinol, também chamado de vitamina A totalmente *trans*.

Vitamina A totalmente *trans*

O 11-*trans*-retinol é isomerizado a 11-*cis*-retinol e depois oxidado a 11-*cis*-retinal, que se recombina com a opsina para formar a rodopsina. A rodopsina regenerada está, então, pronta para recomeçar o ciclo, como mostra o diagrama.

```
                          Rodopsina              Sinal
                         ↗          ↘ Luz     ↗ visual
        ─────────────────────────────────────────────────
        11-cis-retinal + opsina        11-trans-retinal + opsina
                ↕                              ↕
        11-cis-retinol + opsina  ⇌  11-trans-retinol + opsina
```

Por este processo, pode-se detectar 10^{-14} do número de fótons emitidos por uma lâmpada comum. A isomerização do 11-*cis*-retinal pela luz tem eficiência quântica extraordinariamente alta. Praticamente cada quantum de luz absorvido por uma molécula de rodopsina causa a isomerização do 11-*cis*-retinal a 11-*trans*-retinal.

Como você pode ver no esquema de reações, o retinal provém do 11-*cis*-retinol (vitamina A), que exige apenas a oxidação de um grupo $-CH_2OH$ a $-CHO$ para se transformar em 11-*cis*-retinal. O precursor da vitamina A na dieta é o β-caroteno. O β-caroteno é o pigmento alaranjado das cenouras e é um exemplo da família de polienos de cadeia longa conhecidos como **carotenóides**.

β-Caroteno

Willstätter estabeleceu, em 1907, a estrutura do caroteno, mas somente em 1931-1933 descobriu-se que existiam três isômeros do caroteno. O α-caroteno difere do β-caroteno porque o isômero α tem uma ligação dupla entre C_4 e C_5, e não, entre C_5 e C_6, como acontece no β-caroteno. O isômero γ tem um anel apenas, idêntico ao anel do isômero β. O outro anel se abre na forma γ entre C_1' e C_6'. O isômero β é, de longe, o mais comum dentre eles.

A substância β-caroteno converte-se em vitamina A no fígado. Teoricamente, uma molécula de β-caroteno deveria dar origem a duas moléculas de vitamina A pela quebra da ligação C_{15}-C_{15}', porém somente uma molécula de vitamina A é produzida por cada molécula de caroteno. A vitamina A produzida é convertida a 11-*cis*-retinal no interior do olho.

Além do problema de como o sinal elétrico é transmitido, a percepção da cor também está em estudo. No olho humano existem três tipos de cones que absorvem luz em 440, 535 e 575 nm, respectivamente. Estas células discriminam as cores primárias. Quando combinações delas são estimuladas, o cérebro recebe a visão colorida como mensagem.

Como os três tipos de cone usam 11-*cis*-retinal para o reconhecimento da luz, suspeita-se há muito tempo que devem existir três proteínas opsinas diferentes. Trabalhos recentes estão começando a mostrar como as opsinas variam a sensibilidade espectral dos cones, ainda que todas elas tenham o mesmo tipo de cromóforo.

Rodopsina.

O retinal é um aldeído que se liga ao grupo amino terminal de um resíduo de lisina da proteína opsina para formar uma base de Schiff, ou ligação imina ($>C=N-$). Acredita-se que esta ligação imina está protonada (tem uma carga +) e é estabilizada por uma carga negativa de um resíduo de aminoácido da cadeia da proteína. Acredita-se que uma segunda carga negativa se localiza perto da ligação dupla 11-*cis*. Pesquisadores mostraram recentemente, usando modelos sintéticos com proteínas mais simples do que a opsina, que a colocação de cargas negativas em distâncias diferentes da ligação imina faz variar o máximo de absorção do cromóforo 11-*cis*-retinal em uma faixa suficientemente grande para explicar a visão colorida.

Não saberemos se existem três opsinas diferentes ou se existem três conformações diferentes da mesma proteína nos três tipos de cones até que outros estudos sobre a estrutura da opsina ou das opsinas sejam completados.

REFERÊNCIAS

Borman, S. "New Light Shed on Mechanism of Human Color Vision." *Chemical and Engineering News* (April 6, 1992): 27.

Fox, J. L. "Chemical Model for Color Vision Resolved." *Chemical and Engineering News*, 57 (46) (November 12, 1979): 25. Uma revisão de artigos de Honig e Nakanishi no *Journal of the American Chemical Society*, 101 (1979): 7082, 7084, 7086.

Hubbard, R., and Kropf, A. "Molecular Isomers in Vision." *Scientific American, 216* (June 1967): 64.

Hubbard, R., and Wald, G. "Pauling and Carotenoid Stereochemistry." In A. Rich and N. Davidson, eds., *Structural Chemistry and Molecular Biology*. San Francisco: W. H. Freeman, 1968.

MacNichol, E. F., Jr. "Three Pigment Color Vision." *Scientific American, 211* (December 1964): 48.

"Model Mechanism May Detail Chemistry of Vision." *Chemical and Engineering News* (January 7, 1985): 40.

Rushton, W. A. H. "Visual Pigments in Man." *Scientific American, 207* (November 1962): 120.

Wald, G. "Life and Light." *Scientific American, 201* (October 1959): 92.

Zurer, P. S. "The Chemistry of Vision." *Chemical and Engineering News, 61* (November 28, 1983): 24.

EXPERIMENTO 16

Isolamento de Clorofila e de Pigmentos Carotenóides a Partir do Espinafre

Isolamento de um produto natural
Extração
Cromatografia em coluna
Cromatografia em camada fina

A fotossíntese nas plantas ocorre em organelas chamadas de **cloroplastos**. Os cloroplastos contém um certo número de compostos coloridos (pigmentos) que se situam em duas categorias: **clorofilas** e **carotenóides**.

Os carotenóides são pigmentos amarelo-alaranjados que também estão envolvidos no processo da fotossíntese. As estruturas do **α-caroteno** e do **β-caroteno** foram dadas na dissertação precedente. Os cloroplastos também contêm vários derivados oxigenados dos carotenos, chamados de **xantofilas**.

Neste experimento, você extrairá clorofila e pigmentos carotenóides do espinafre usando acetona como solvente. Os pigmentos serão separados por cromatografia em coluna usando alumina como adsorvente. Solventes de caráter polar crescente serão usados para eluir os vários componentes. As frações coloridas coletadas serão analisadas por cromatografia em camada fina. Após o desenvolvimento das placas, será possível identificar muitos dos pigmentos já discutidos.

Clorofila a

Fitil = $-CH_2-CH=C(CH_3)-CH_2-(CH_2-CH_2-CH(CH_3)-CH_2)_2-CH_2-CH_2-CH(CH_3)-CH_3$

As **clorofilas** são os pigmentos verdes que funcionam como as moléculas fotorreceptoras principais das plantas. Elas são capazes de absorver certos comprimentos de onda que são, então, convertidos pelas plantas em energia química. Duas formas diferentes desses pigmentos de plantas são a **clorofila *a*** e a **clorofila *b***. As duas formas são idênticas, exceto pelo grupo metila sombreado na fórmula estrutural da clorofila *a* ser substituído por um grupo $-CHO$ na clorofila *b*. A **feofitina *a*** e a **feofitina *b*** são idênticas à clorofila *a* e à clorofila *b*, respectivamente, exceto pela substituição do íon magnésio Mg^{2+} por dois íons hidrogênio $2H^+$.

Experimento 16 Isolamento de clorofila e pigmentos carotenóides a partir do espinafre

Leitura necessária

Revisão: Técnicas 5 e 6
Técnica 7   Métodos de Reação, Seção 7.10
Técnica 12   Extrações, Separações e Agentes de Secagem, Seções 12.7 e 12.9
Técnica 20   Cromatografia em Camada Fina

Nova: Técnica 19   Cromatografia em Coluna
Dissertação   A química da visão

Instruções especiais

O hexano e a acetona são muito inflamáveis. Evite usar fogo enquanto estiver trabalhando com estes solventes. Faça o experimento da cromatografia em camada fina na capela. O procedimento pede um tubo de centrífuga com uma tampa bem-apertada. Se isto não for possível, use um misturador. Outra alternativa é usar uma rolha para fechar o tubo, entretanto a rolha absorve um pouco de líquido.

É melhor usar espinafre fresco, de preferência espinafre congelado. Devido aos procedimentos industriais, o espinafre congelado contém outros pigmentos difíceis de identificar. Como os pigmentos são sensíveis à luz e podem se oxidar ao ar, trabalhe rapidamente. É muito importante, portanto, que todos os materiais necessários para esta parte do experimento tenham sido preparados de antemão e que você saiba exatamente o que vai fazer, antes de usar a coluna. Se for preciso preparar a mistura solvente hexano-acetona 70%-30%, não se esqueça de misturá-la bem antes de usar.

Sugestão para eliminação de resíduos

Coloque todos os solventes orgânicos no recipiente destinado a solventes orgânicos não-halogenados. Coloque a alumina no recipiente reservado à alumina úmida.

Notas para o professor

A cromatografia em coluna deve ser feita com alumina ativada de EM Science (No. AX0612-1). As partículas têm 8–200 mesh e o material é Tipo F-20. Seque a alumina durante a noite em estufa em 110°C e guarde-a em uma garrafa bem-fechada. Talvez seja necessário secar a alumina muito antiga por mais tempo e em temperatura mais elevada. Dependendo do grau de secura da alumina, solventes de polaridades diferentes serão necessários para eluir os componentes.

Use, na cromatografia em camada fina, placas flexíveis de sílica gel da Whatman com indicador fluorescente (No. 4410-222). Se as placas de CCF não tiverem sido adquiridas recentemente, coloque-as em estufa em 100°C por 30 minutos e guarde-as em um dessecador até o momento do uso.

Se você for usar alumina ou placas diferentes, faça o experimento antes dos estudantes. Materiais diferentes dos especificados podem levar a resultados diferentes dos indicados.

Procedimento

PARTE A. EXTRAÇÃO DOS PIGMENTOS

Pese 0,5 g de espinafre fresco (ou 0,25 g de espinafre congelado) evitando caules ou veias grandes. O espinafre fresco, se disponível, é preferível. Se você for usar espinafre congelado, seque as folhas pressionando-as entre várias camadas de papel-toalha. Corte ou rasgue as folhas em pequenas peças e coloque-as em um gral juntamente com 1,0 mL de acetona gelada. Moa até reduzir as folhas a partículas muito pequenas para serem vistas claramente. Se muita acetona tiver evaporado você terá de adicionar outra porção de acetona (0,5-1,0 mL) para continuar. Use uma pipeta Pasteur para transferir a mistura para um tubo de centrífuga. Lave o gral e o pistilo com 1,0 mL de acetona gelada e transfira a mistura restante para o tubo de centrífuga. Centrifugue a mistura (lembre-se de balancear a centrífuga). Use uma pipeta Pasteur e transfira o líquido para um tubo de centrífuga com tampa bem-ajustada (veja "Instruções Especiais" se o equipamento não estiver disponível).

Adicione 2,0 mL de hexano ao tubo, tampe-o e agite vigorosamente a mistura. Adicione 2,0 mL de água e agite vigorosamente, eventualmente equalizando a pressão. Centrifugue a mistura para quebrar a emulsão que aparece como uma camada verde turva no meio da mistura. Com uma pipeta Pasteur, remova a camada de água do fundo. Use outra pipeta Pasteur para preparar uma coluna contendo sulfato de sódio anidro para secar a camada de hexano remanescente que contém os pigmentos dissolvidos. Coloque um chumaço de algodão em uma pipeta Pasteur (15 cm) e ajuste-o com o auxílio de um bastão de vidro. A figura mostra a posição correta do algodão no tubo. Adicione cerca de 0,5 g de sulfato de sódio em pó ou granulado e bata na coluna com seu dedo, para empacotar o material.

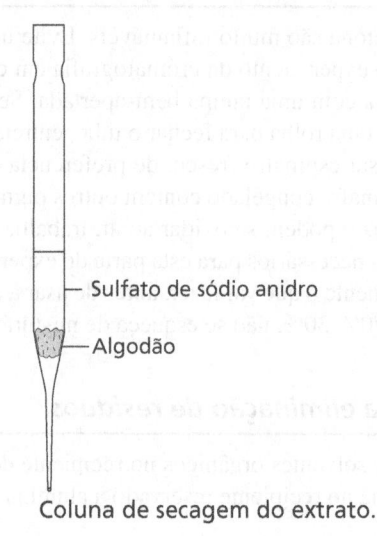

— Sulfato de sódio anidro
— Algodão

Coluna de secagem do extrato.

Prenda a coluna na posição vertical e coloque um tubo de ensaio seco (13 mm × 100 mm) sob a coluna. Marque este tubo de ensaio com um "E" (para extrato) para não confundí-lo com os tubos de ensaio com os quais você estará trabalhando mais tarde no experimento. Use uma pipeta Pasteur para transferir a camada de hexano para a coluna. Quando toda a solução tiver passado pela coluna, passe mais 0,5 mL de hexano para extrair todos os pigmentos do agente de secagem. Evapore o solvente colocando um tubo de ensaio em um banho de água morna (40-60°C) e passando uma corrente de gás nitrogênio (ou de ar seco) pelo tubo. Dissolva o resíduo em 0,5 mL de hexano. Feche o tubo de ensaio e coloque-o em sua gaveta até que você esteja pronto para correr a coluna de cromatografia em alumina.

PARTE B. CROMATOGRAFIA EM COLUNA

Introdução. Os pigmentos são separados em uma coluna empacotada com alumina. Embora existam muitos componentes diferentes na amostra, eles geralmente formam duas bandas importantes na coluna. A primeira banda que passa pela coluna é amarelada e contém os carotenos. Esta banda pode ter menos de 1mm de espessura e passar rapidamente pela coluna. É fácil não vê-la passar pela alumina. A segunda banda contém os demais pigmentos mencionados na introdução deste experimento. Embora os pigmentos sejam verdes e amarelos, a banda fica verde na coluna. A banda verde se espalha mais na coluna do que a banda amarela e move-se mais lentamente. Eventualmente, os componentes amarelos e verdes desta banda se separam quando a banda se move na coluna. Se isto começar a acontecer, troque o solvente por um de maior polaridade para que os componentes saiam da coluna como uma única banda. Quando as bandas eluírem, colete a banda amarela (carotenos) em um tubo de ensaio, e a banda verde, em outro.

Como o grau de umidade da alumina é difícil de controlar, diferentes amostras de alumina podem ter atividades diferentes. A atividade da alumina é um fator importante na determinação da polaridade necessária do solvente para eluir cada banda de pigmentos. Vários solventes co-

Experimento 16 Isolamento de clorofila e pigmentos carotenóides a partir do espinafre

brindo uma faixa de polaridades são usados neste experimento. Os solventes e suas polaridades relativas são os seguintes:

Hexano   ⎫
Hexano-acetona 70%-30%   ⎬ polaridade
Acetona   ⎪ aumenta
Acetona-metanol 80%-20%   ⎭ ↓

Um solvente de menor polaridade elui a banda amarela, e um solvente de maior polaridade, a banda verde. Neste experimento, você deve primeiro tentar eluir a banda amarela com hexano. Se a banda amarela não se mover com hexano, passe ao próximo solvente mais polar. Continue o processo até encontrar o solvente que movimenta a banda amarela. Após encontrar o solvente apropriado, continue usando-o até que a banda amarela seja eluída. Depois que isto acontecer, passe para o próximo solvente mais polar. Quando você encontrar um solvente que mova a banda verde, continue a usá-lo até que a banda verde seja eluída. Lembre-se de que eventualmente uma segunda banda amarela começará a se mover pela coluna antes da banda verde. Se isto acontecer, mude para um solvente mais polar. Isto fará todos os componentes da banda verde eluírem ao mesmo tempo.

Preparação Preliminar. Antes de correr a coluna, junte a seguinte vidraria e líquidos. Separe cinco tubos de ensaio secos (16 mm × 100 mm) e numere-os de 1 a 5. Prepare duas pipetas Pasteur secas com bulbos. Calibre uma delas para o volume de 0,25 mL (Técnica 5, Seção 5.4, página 517). Coloque 10,0 mL de hexano, 6,0 mL de uma solução hexano-acetona 70%-30% (por volume), 6,0 mL de acetona e 6,0 mL de acetona-metanol 80%-20% (por volume) em quatro recipientes diferentes. Identifique claramente cada recipiente.

Prepare uma coluna de cromatografia empacotada com alumina. Coloque um chumaço de algodão, *sem apertar*, em uma pipeta Pasteur. Use um bastão para isto (a figura na página 118 mostra a posição correta do chumaço). Coloque 1,25 g de alumina (EM Science, No. AX0612-1) na pipeta enquanto bate levemente com o dedo nela. Após completar a adição da alumina, bata por vários segundos com o dedo na pipeta para que a alumina fique bem-empacotada. Prenda a coluna na posição vertical de modo que a saída da coluna esteja um pouco acima da altura do tubo de ensaio que você vai usar para coletar as frações. Coloque o tubo 1 sob a coluna.

> **Nota:** Leia o procedimento abaixo sobre como correr a coluna. O procedimento de cromatografia leva menos de 15 minutos e você não pode parar até que todo o material tenha eluído. Você deve compreender bem o processo antes de começar a correr a coluna.

Corrida da Coluna. Use uma pipeta Pasteur para adicionar lentamente cerca de 3,0 mL de hexano à coluna. A coluna deve ficar completamente umedecida pelo solvente. Retire o excesso de hexano até que o nível de líquido atinja o topo da alumina. Depois que você começar a adicionar hexano à alumina, o topo da coluna não pode ficar seco. Se necessário, adicione mais hexano.

> **Nota:** É essencial que o nível do líquido não fique abaixo da superfície da alumina em nenhum momento durante o procedimento.

Quando o nível do hexano atingir o topo da alumina, coloque na coluna cerca da metade (0,25 mL) dos pigmentos dissolvidos. Deixe o restante no tubo de ensaio para uso no procedimento de cromatografia em camada fina. (Coloque uma tampa no tubo e guarde-o em seu armário.) Continue a coletar o eluente no tubo de ensaio 1. Assim que a solução que contém os pigmentos entrar na coluna, adicione 1 mL de hexano e deixe escorrer até que a superfície do líquido atinja a alumina.

Adicione cerca de 4 mL de hexano. Se a banda amarela começar a separar-se da banda verde, continue a adicionar hexano até que a banda amarela elua. Se a banda amarela não se separar da banda verde, troque o solvente pelo próximo solvente mais polar (hexano-acetona 70%-30%). Ao trocar de solvente, não adicione o novo solvente até que o último solvente tenha quase penetrado a alumina. Quando encontrar o solvente apropriado, adicione este solvente até que a banda amarela elua completamente. Assim que a banda amarela atingir a base da coluna, coloque o tubo 2 sob a coluna. Quando o eluente ficar incolor novamente (o volume total do material amarelo deve ser inferior a 2 mL), coloque o tubo 3 sob a coluna.

Quando o nível do último solvente estiver quase no topo da alumina, adicione vários mL do próximo solvente mais polar. Se a banda verde começar a se mover na coluna, continue a adicionar este solvente até a eluição total da banda verde. Se a banda verde não se mover ou se uma banda amarela difusa começar a se mover, troque o solvente para um mais polar. Troque o solvente novamente se necessário. Colete a banda verde no tubo de ensaio 4. Quando a cor verde do eluente ficar muito fraca ou desaparecer, coloque o tubo 5 sob a coluna e pare o procedimento.

Use um banho de água morna em 40-60°C e uma corrente de gás nitrogênio para evaporar o solvente do tubo que contém a banda amarela (tubo 2), do tubo que contém a banda verde (tubo 4) e do tubo que contém a solução do pigmento original (tubo E). Assim que todo o solvente evaporar, remova os tubos do banho de água. Não deixe os tubos no banho de água após a evaporação do solvente. Tampe os tubos e guarde-os em seu armário.

PARTE C. CROMATOGRAFIA EM CAMADA FINA

Preparação da Placa de CCF. A Técnica 20 descreve os procedimentos para a cromatografia em camada fina. Use placas de 10 cm × 3,3 cm (Placs Whatman Silica Gel No. 4410 222). Estas placas são flexíveis e não devem ser vergadas excessivamente. Manuseie-as cuidadosamente, ou o adsorvente pode se descolar. Manuseie-as pelas bordas; a superfície não deve ser tocada. Use um lápis (e não, uma caneta) para traçar *cuidadosamente* uma linha através da placa (na dimensão curta) a cerca de 1 cm da extremidade inferior (veja a figura). Use uma régua, coloque o zero a 0,6 cm da borda da placa e marque três pontos a intervalos de 1 cm. Estes são os pontos de aplicação da amostra.

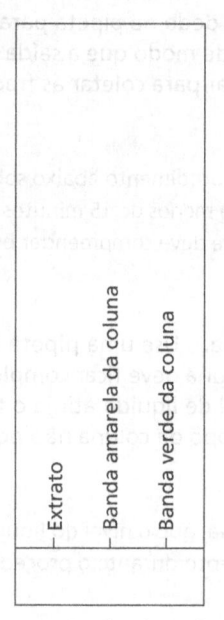

Preparação da placa de CCF.

Prepare três micropipetas para as aplicações na placa. A preparação dessas pipetas está descrita e ilustrada na Técnica 20, Seção 20.4, página 697. Prepare uma câmara de desenvolvimento com hexano-acetona 70%-30% (veja a Técnica 20, Seção 20.5, página 698). Um bécher coberto com folha de alumínio ou uma garrafa de boca larga e tampa de rosca são adequados (veja a Figura 20.4, página 698). O suporte das placas de CCF é muito fino, e se elas tocarem o papel de filtro da câmara de desenvolvimento, *em qualquer ponto*, o solvente começará a se difundir na superfície do adsorvente naquele ponto. Para evitar isto, não deixe o papel de filtro cobrir completamente a superfície interna da câmara. Deixe um espaço de cerca de 5,0 cm.

Use uma pipeta Pasteur para colocar duas gotas da solução hexano-acetona 70%-30% em cada um dos três tubos de ensaio que contêm os pigmentos secos. Agite os tubos para que as gotas de solvente dissolvam o máximo possível dos pigmentos. A placa de CCF deve ter três aplicações: o extrato, a banda amarela da coluna e a banda verde da coluna. Use uma micropipeta diferente para aplicar cada uma das três amostras na placa. O método correto para aplicar uma amostra em uma placa de CCF está descrito na Técnica 20, Seção 20.4, página 697. Deixe entrar parte da amostra na pipeta (não use um bulbo, a ação capilar é suficiente). Para o extrato (tubo E) e a banda verde (tubo 4), toque a placa uma vez, *cuidadosamente*, e deixe o solvente evaporar. A aplicação não deve ter mais de 2 mm de diâmetro e deve ser verde escura. Para a banda amarela (tubo 2), repita a aplicação 5-10 vezes até que a mancha adquira uma cor amarela bem-definida. Deixe o solvente evaporar completamente entre aplicações sucessivas e faça as aplicações exatamente na mesma posição a cada vez. Guarde as amostras para o caso de ter de repetir a CCF.

Desenvolvimento da Placa de CCF. Coloque a placa de CCF na câmara de desenvolvimento sem deixar que a placa toque o papel de filtro da câmara. Remova a placa quando a frente de solvente estiver a 1-2 cm do topo da placa. Use um lápis para marcar a posição da frente de solvente. Assim que as placas secarem, marque as manchas com um lápis e indique as cores. É importante fazer isto assim que as placas secarem porque alguns dos pigmentos mudarão de cor por exposição ao ar.

Análise dos Resultados. Você deve encontrar no extrato bruto os seguintes compontentes (na ordem de valores de R_f decrescentes):

Carotenos (1 mancha) (amarela alaranjada)
Feofitina *a* (cinzenta, quase tão intensa quanto a clorofila *b*)
Feofitina *b* (cinzenta, pode não ser visível)
Clorofila *a* (azul esverdeada, mais intensa do que a clorofila *b*)
Clorofila *b* (verde)
Xantofilas (possivelmente 3 manchas: amarela)

Dependendo da amostra de espinafre, das condições do experimento e da quantidade de amostra aplicada na placa de CCF, você pode observar outros pigmentos. Estes componentes adicionais podem resultar da oxidação ao ar, de hidrólise ou de outras reações envolvendo os pigmentos discutidos neste experimento. É muito comum observar outros pigmentos em amostras de espinafre congelado. É também comum observar componentes da banda verde que não estavam presentes originalmente no extrato.

Identifique o maior número possível de manchas em suas amostras. Determine os pigmentos que estão presentes na banda amarela e na banda verde. Faça um esquema da placa de CCF em seu caderno de laboratório. Marque cada mancha com sua cor e sua identidade, quando possível. Calcule os valores de R_f de cada mancha produzida pela cromatografia do extrato (veja a Técnica 20, Seção 20.9, página 701). Se o professor o solicitar, junte a placa de CCF a seu relatório.

QUESTÕES

1. Por que as clorofilas são menos móveis na cromatografia em coluna e por que elas têm valores de R_f inferiores aos dos carotenos?
2. Proponha fórmulas estruturais para a feofitina *a* e para a feofitina *b*.
3. O que aconteceria aos valores de R_f dos pigmentos se você aumentasse a concentração relativa da acetona no solvente de desenvolvimento?
4. Use seus resultados como guia para comentar a pureza do material nas bandas verde e amarela.

DISSERTAÇÃO

O Etanol e a Química da Fermentação

Os processos de fermentação envolvidos na fabricação do pão, do vinho e da cerveja estão entre os processos químicos mais antigos. Embora a fermentação seja conhecida como arte há séculos, somente no século XIX os químicos começaram a entender o processo do ponto de vista científico. Em 1810, Gay-Lussac descobriu a equação química geral da decomposição de açúcar em etanol e dióxido de carbono. A maneira como isto acontecia foi objeto de muita especulação até Louis Pasteur começar a estudar a fermentação. Pasteur mostrou que as leveduras eram necessárias para o processo. Ele conseguiu identificar outros fatores que controlam a ação das células de levedura. Seus resultados foram publicados entre 1857 e 1866.

Por muito tempo os cientistas acreditaram que o processo de transformação de açúcar em etanol e dióxido de carbono pelas leveduras estava inseparavelmente ligado aos processos vitais das células de levedura. Esta visão foi abandonada em 1897, quando Büchner mostrou que os extratos de levedura eram capazes de efetuar a fermentação alcoólica na ausência de células de levedura. A atividade fermentativa das leveduras era devida a um catalisador muito ativo, de origem bioquímica, a enzima zimase. Reconhece-se, hoje, que a maior parte das transformações químicas que ocorrem nas células de plantas e animais dependem de enzimas. As enzimas são compostos orgânicos, geralmente proteínas, e o estabelecimento das estruturas e mecanismos de reação destes compostos é um campo muito ativo da pesquisa moderna. Sabemos agora que a zimase é um complexo de pelo menos 22 enzimas diferentes, cada uma das quais catalisa uma etapa específica da seqüência de reações da fermentação.

As enzimas têm especifidade extraordinária – uma determinada enzima age sobre um composto específico ou sobre um grupo muito semelhante de compostos. Assim, a zimase age sobre alguns açúcares, não sobre todos os açúcares. As enzimas digestivas do trato alimentar são igualmente específicas.

As fontes principais de açúcares fermentáveis são os resíduos de amido e melaços obtidos durante o refino do açúcar. O milho é a fonte principal de amido nos Estados Unidos da América e o álcool etílico feito de milho é conhecido como **álcool de cereais**. Na preparação de álcool a partir do milho, o grão, com ou sem o gérmen, é moído e cozinhado para dar o **mingau** ("mash"). A enzima diástase é adicionada na forma de **malte** (brotos de cevada secados ao ar em 40°C e moídos) ou de um fungo como o *Aspergillus oryzae*. A mistura é mantida em 40°C até que todo o amido se converta ao açúcar **maltose** pela hidrólise de ligações éter e acetal. Esta solução é conhecida como **mosto**.

Amido
Um polímero de glicose com ligações
glicosídicas nas posições 1,4- e
1,6-. As ligações C-1 são α.

Maltose (C$_{12}$H$_{22}$O$_{11}$)
A ligação α ainda existe em C-1.
O grupo—OH é α em C-1 (axial)
mas pode ser também ß (equatorial).

Esfria-se o mosto até 20°C, dilui-se com água até 10% de maltose e adiciona-se uma cultura de levedura pura. A cultura de levedura é usualmente uma cepa de *Saccharomyces cerevisiae* (ou *ellipsoidus*). As células de levedura secretam dois sistemas enzimáticos: maltase, que converte a maltose em glicose, e zimase, que converte a glicose em dióxido de carbono e álcool. Ocorre liberação de calor, e a mistura deve ser resfriada e mantida abaixo de 35°C para evitar a destruição das enzimas. O oxigênio é necessário no início do processo para garantir a reprodução ótima das células de levedura, mas a produção de álcool é anaeróbica. Durante a fermentação, a evolução de dióxido de carbono estabelece rapidamente as condições anaeróbicas. Se oxigênio estiver disponível em grande quantidade, somente dióxido de carbono e água serão produzidos.

Após 40-60 horas, a fermentação se completa, e o produto é destilado para separar o álcool do material sólido. O destilado é fracionado em uma coluna eficiente. Uma pequena quantidade de acetaldeído (pe 21°C) destila primeiro e é seguida por álcool 95%. As frações de ponto de ebulição mais elevado contêm óleo fúsel, uma mistura de álcoois mais pesados, principalmente 1-propanol, 2-metil-1-propanol, 3-metil-1-butanol e 2-metil-1-butanol. A composição do óleo fúsel varia muito e depende principalmente do tipo de matéria-prima fermentada. Estes álcoois mais pesados não são formados pela fermentação da glicose. Eles provêm de certos aminoácidos derivados das proteínas presentes na matéria-prima e na levedura. O óleo fúsel causa as dores de cabeça associadas com as bebidas alcoólicas.

Maltose + H$_2$O $\xrightarrow{\text{maltase}}$ 2

β-D-(+)-Glicose
(α-D-(+)-Glicose, com um
—OH axial também é produzida.)

Glicose $\xrightarrow{\text{zimase}}$ 2 CO$_2$ + 2 CH$_3$CH$_2$OH + 26 Kcal
C$_6$H$_{12}$O$_6$

O álcool industrial é álcool etílico que não é usado como bebida. A maior parte do álcool comercial é desnaturada para evitar o pagamento de impostos, o item mais alto no preço da bebida. A desnaturação torna o álcool impróprio para consumo. Metanol, gasolina de aviação e outras substâncias são usadas para este fim. A diferença de preço entre o álcool desnaturado e o álcool de consumo humano nos Estados Unidos da América é superior ao equivalente a R$ 8,00 o litro. Antes do desenvolvimento de processos sintéticos eficientes, a fonte principal de álcool industrial era o molasso fermentado do resíduo não-cristalizável do refino do açúcar de cana (sacarose). A maior parte do etanol industrial usado nos Estados Unidos da América é feita a partir do etileno, um produto do craqueamento dos hidrocarbonetos do petróleo. O etileno reage com ácido sulfúrico concentrado, transformando-se em sulfato ácido de etila, que é hidrolisado a etanol por diluição com água. Os álcoois 2-propanol, 2-butanol, 2-metil-2-propanol e álcoois secundários e terciários de peso molecular mais alto são também produzidos em escala grande a partir de alquenos obtidos por craqueamento.

Leveduras, fungos e bactérias são usados comercialmente para a produção em escala grande de vários compostos orgânicos. Um exemplo importante, além da produção de etanol, é a fermentação anaeróbica de amido por algumas bactérias para dar 1-butanol, acetona, etanol, dióxido de carbono e hidrogênio.

REFERÊNCIAS

Amerine, M. A. "Wine." *Scientific American, 211* (August 1964): 46.
Hallberg, D. E. "Fermentation Ethanol." *ChemTech, 14* (May 1984): 308.
Ough, C. S. "Chemicals Used in Making Wine." *Chemical and Engineering News, 65* (January 5, 1987): 19.
Van Koevering, T. E., Morgan, M. D., and Younk, T. J. "The Energy Relationships of Corn Production and Alcohol Fermentation." *Journal of Chemical Education, 64* (January 1987): 11.
Webb, A. D. "The Science of Making Wine." *American Scientist, 72* (July–August 1984): 360.
Os estudantes que quiserem investigar o alcoolismo e possíveis explicações químicas para o vício do álcool podem consultar as seguintes referências:
Cohen, G., and Collins, M. "Alkaloids from Catecholamines in Adrenal Tissue: Possible Role in Alcoholism." *Science, 167* (1970): 1749.
Davis, V. E., and Walsh, M. J. "Alcohol Addiction and Tetrahydropapaveroline." *Science, 169* (1970): 1105.
Davis, V. E., and Walsh, M. J. "Alcohols, Amines, and Alkaloids: A Possible Biochemical Basis for Alcohol Addiction." *Science, 167* (1970): 1005.
Seevers, M. H., Davis, V. E., and Walsh, M. J. "Morphine and Ethanol Physical Dependence: A Critique of a Hypothesis." *Science, 170* (1970): 1113.
Yamanaka, Y., Walsh, M. J., and Davis, V. E. "Salsolinol, an Alkaloid Derivative of Dopamine Formed in Vitro during Alcohol Metabolism." *Nature, 227* (1970): 1143.

EXPERIMENTO 17

Etanol a Partir da Sacarose

Fermentação
Destilação Fracionada
Azeótropos

Pode-se usar sacarose ou maltose como matéria-prima na manufatura de etanol. A sacarose é um dissacarídeo de fórmula $C_{12}H_{22}O_{11}$. É uma unidade glicose ligada a uma unidade frutose. A maltose é formada por duas unidades maltose. A enzima **invertase** é usada para catalisar a hidrólise da sacarose. A **maltase** é mais efetiva na catálise da hidrólise da maltose. A hidrólise da maltose é discutida na dissertação sobre etanol e fermentação (página 122). A **zimase** é usada para converter os açúcares hidrolisados em álcool e dióxido de carbono. Pasteur observou que o crescimento e a fermentação eram estimulados pela adição de pequenas quantidades de sal mineral aos nutrientes. Mais tarde descobriu-se que, antes de começar a fermentação, as hexoses se combinam com o ácido fosfórico, e a combinação hexose-ácido fosfórico se degrada a dióxido de carbono e etanol. O dióxido de carbono é um subproduto da fermentação comercial e é usado na forma de gelo seco.

A fermentação é inibida pelo produto final, o etanol. Não é possível preparar por este método soluções contendo mais de 10-15% de etanol. Etanol mais concentrado pode ser obtido por destilação fracionada. Etanol e água formam uma mistura azeotrópica, contendo 95% de etanol e 5% de água por peso, que é o etanol mais concentrado que pode ser obtido por fracionamento de misturas diluídas de etanol e água.

Experimento 17 Etanol a partir da sacarose

Sacarose
+ H$_2$O
invertase

Frutose   α-D-(+)-Glicose
(β-D-(+)-glicose, com um
—OH equatorial também é produzida)

↓ zimase

$$4\ CH_3CH_2OH + 4\ CO_2$$

Leitura necessária

Revisão:	Técnica 8	Filtração, Seções 8.3 e 8.4
	Técnica 13	Constantes Físicas dos Líquidos, Parte A.
		Pontos de Ebulição e Correção do Termômetro
Nova:	Técnica 13	Constantes Físicas dos Líquidos, Parte B. Densidade
	Técnica 15	Destilação Fracionada, Azeótropos
	Dissertação	O etanol e a química da fermentação

Instruções especiais

Comece a fermentação pelo menos uma semana antes do isolamento do etanol. Quando estiver separando a solução de álcool diluído das células de levedura, é importante transferir cuidadosamente o máximo possível do líquido límpido, sobrenadante, sem agitar a mistura.

Sugestão para eliminação de resíduos

Coloque todas as soluções em água no recipiente apropriado. A terra diatomácea pode ser colocada na lata de lixo.

Notas para o professor

Pode ser necessário usar uma fonte externa de calor para manter a temperatura de 30-35°C. Coloque uma lâmpada na capela para agir como fonte de calor.

Este experimento pode ser feito também sem a fermentação. Forneça, neste caso, 20 mL de uma solução de etanol a 10% a cada aluno. Esta solução será usada para substituir a mistura da fermentação na seção de destilação fracionada do Procedimento.

Procedimento

Fermentação. Coloque 20,0 g de sacarose em um frasco de Erlenmeyer de 250 mL. Adicione 175 mL de água aquecida em 25-30°C, 20 mL de sais de Pasteur[1] e 2,0 g de fermento de padaria *seco*. Agite o conteúdo vigorosamente, para misturá-los, e coloque no frasco uma rolha de borracha com um furo, dotada de um tubo de vidro que leva a um bécher ou de um tubo de ensaio contendo uma solução de hidróxido de bário. Proteja o hidróxido de bário do ar adicionando óleo mineral ou xileno para formar uma camada acima do hidróxido de bário (veja a figura abaixo). Um precipitado de carbonato de bário irá ocorrer, indicando a formação de CO_2. Alternativamente, um balão de borracha pode substituir a proteção de hidróxido de bário. Desta maneira, o oxigênio da atmosfera é excluído da reação química. Se oxigênio estiver em contato com a solução em fermentação, o etanol poderá ser oxidado a ácido acético ou até mesmo a dióxido de carbono e água. Enquanto dióxido de carbono estiver sendo liberado, etanol está sendo formado.

Deixe a mistura repousar em cerca de 30-35°C até completar a fermentação, o que é indicado pela pausa na produção de gás. Normalmente, é necessário esperar uma semana. Após este tempo, afaste *cuidadosamente* o frasco da chama e remova a tampa. Sem perturbar os sedimentos, transfira o líquido claro, sobrenadante, para outro frasco por decantação.

Se o líquido não estiver límpido, proceda como a seguir. Coloque 1 colher de mesa de terra diatomácea (Celite – Johns-Manville) em um bécher com cerca de 100 mL de água. Agite a mistura vigorosamente e coloque o conteúdo em um funil de Büchner (com papel de filtro) sob vácuo,

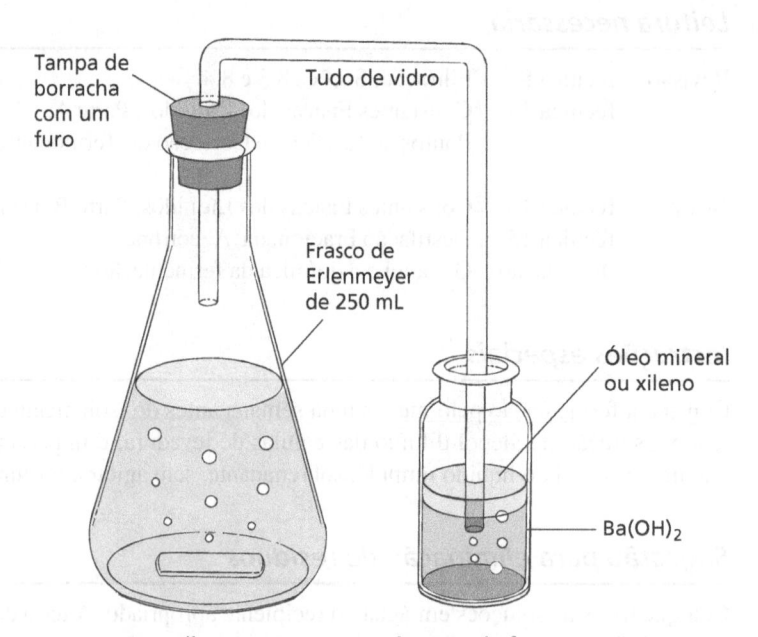

Aparelhagem para o experimento de fermentação

---

[1] A solução de sais de Pasteur contém 2,0 g de fosfato de potássio, 0,20 g de fosfato de cálcio, 0,20 g de sulfato de magnésio e 10,0 g de tartarato de amônio dissolvidos em 860 mL de água.

como na filtração a vácuo (Técnica 8, Seção 8.3, página 554). Este procedimento fará com que uma camada fina de terra diatomácea se deposite sobre o papel de filtro (Técnica 8, Seção 8.4, página 556). Retire a água que passa pelo filtro. Passe pelo filtro, sob leve sucção, a solução de etanol. As partículas muito pequenas de levedura ficam retidas nos poros da terra diatomácea. O líquido contém etanol em água, além de pequenas quantidades de metabólitos dissolvidos (óleo fúsel) da levedura.

Destilação Fracionada. Monte a aparelhagem mostrada na Técnica 15, Figura 15.2, página 633. Selecione um balão de fundo redondo em que o líquido a destilar ocupe de metade a dois terços do volume do balão. Use uma manta de aquecimento como fonte de calor. Empacote o condensador *uniformemente* com palha de aço de limpeza (sem o sabão!) (Técnica 15, Figura 15.2, página 633 e Seção 15.5, página 638).

> **Cuidado:** Use luvas pesadas de algodão ao manusear a palha de aço. As bordas são afiadas e podem cortar a pele facilmente.

Adicione à solução filtrada cerca de 10 g de carbonato de potássio por cada 20 mL de líquido. Após saturar a solução com carbonato de potássio, transfira-a para o balão de destilação. Distile lentamente pela coluna de fracionamento para conseguir a melhor separação possível. Quando a destilação começar, a temperatura na cabeça de destilação aumentará até cerca de 78°C e depois aumentará gradualmente enquanto a fração que contém etanol é destilada. Colete a fração que ferve entre 78°C e 88°C e descarte o resíduo do balão de destilação. Você deve coletar cerca de 4-5 mL de destilado. Interrompa a destilação removendo a fonte de calor.

Análise do Destilado. Determine o peso total do destilado. Determine a densidade aproximada do destilado transferindo, com uma pipeta automática ou uma pipeta graduada, um volume conhecido do líquido para um pequeno frasco previamente pesado. Pese novamente o frasco e calcule a densidade. Este método é bom até duas casas decimais. Use a tabela para determinar a composição percentual por peso do etanol em seu destilado a partir da densidade da amostra. A extensão da purificação do etanol é limitada porque o etanol e a água formam uma mistura de ponto de ebulição constante, um azeótropo cuja composição é 95% de etanol e 5% de água.

Calcule o rendimento percentual do álcool e entregue o etanol produzido ao professor em um frasco identificado.[2]

Percentagem de etanol por peso	Densidade em 20°C (g/mL)	Densidade em 25°C (g/mL)
75	0,856	0,851
80	0,843	0,839
85	0,831	0,827
90	0,818	0,814
95	0,804	0,800
100	0,789	0,785

---

[2] A análise cuidadosa, por cromatografia a gás com ionização de chama, de uma amostra de etanol preparada por um estudante típico deu os seguintes resultados:

Acetaldeído	0,060%
Dietil-acetal do acetaldeído	0,005%
Etanol	88,3% (por hidrômetro)
1-Propanol	0,032%
2-Metil-1-propanol	0,092%
Álcoois de 5 carbonos ou maiores	0,140%
Metanol	0,040%
Água	11,3% (por diferença)

QUESTÕES

1. Escreva uma equação balanceada para a conversão de sacarose em etanol.
2. Vá à biblioteca e veja se você pode encontrar o método ou os métodos comerciais usados para produzir **etanol absoluto**.
3. Por que a proteção contra o ar é necessária na fermentação?
4. Como a impureza acetaldeído se forma na fermentação?
5. O dietil-acetal do acetaldeído pode ser detectado por cromatografia a gás. Como esta impureza se forma na fermentação?
6. Calcule quantos mililitros de dióxido de carbono seriam teoricamente formados a partir de 20 g de sacarose em 25°C e 1 atmosfera.

PARTE DOIS

Introdução à Modelagem Molecular

DISSERTAÇÃO

Modelagem Molecular e Mecânica Molecular

Desde os primórdios da química orgânica, em meados do século XIX, os químicos procuraram visualizar as características tridimensionais das moléculas invisíveis que participam das reações químicas. Modelos que podiam ser manuseados foram desenvolvidos. Muitos tipos de modelos, como o de armação, o de bolas e palitos e o de espaço cheio, permitem que as pessoas visualizem as relações espaciais e direcionais das moléculas. Estes modelos, ainda em uso, são interativos e podem ser facilmente manipulados.

Hoje, podemos também usar o computador para visualizar as moléculas. As imagens de computador também são completamente interativas e permitem a rotação das moléculas, a mudança de escala e a troca do tipo de modelo apenas com a pressão sobre um botão ou com o clicar de um mouse. Além disto, o computador pode calcular rapidamente muitas propriedades das moléculas que vemos. A combinação de visualização e cálculo é chamada, com feqüência, de **química computacional** ou, mais coloquialmente, **modelagem molecular**.

Dois métodos distintos de modelagem molecular são costumeiramente empregados pelos químicos orgânicos modernos. O primeiro é a **mecânica quântica**, que envolve o cálculo de orbitais e de suas energias usando soluções da Equação de Schrödinger. O segundo não se baseia em orbitais, mas em nosso conhecimento do comportamento das ligações e dos ângulos das moléculas. Usa-se as equações clássicas que descrevem as deformações axiais e angulares das moléculas. Este segundo método é conhecido como **mecânica molecular**. Os dois tipos de cálculo são usados com objetivos diferentes e não descrevem os mesmos tipos de propriedades moleculares. Nesta dissertação, discutiremos a mecânica molecular.

MECÂNICA MOLECULAR

A mecânica molecular (MM) começou a ser desenvolvida no começo dos anos 1970 por dois grupos de pesquisadores químicos, o grupo de Engler, Andose e Schleyer e o grupo de Allinger. Na mecânica molecular, um **campo de forças** mecânicas e definido e usado para calcular uma energia para a molécula em estudo. A energia calculada é chamada habitualmente de **energia de tensão** ou de **energia estérica** da molécula. O campo de forças tem vários componentes, como a energia de deformação axial das ligações, a energia de deformação angular das ligações e a energia de torção das ligações. A expressão típica de um campo de forças poderia ser representada pela seguinte expressão:[1]

$$E_{tensão} = E_{estiramento} + E_{ângulo} + E_{torção} + E_{dfp} + E_{vdW} + E_{dipolo}$$

Para calcular a energia de tensão final de uma molécula, o computador muda cada comprimento de onda, cada ângulo de ligação e cada ângulo de torção da molécula, recalculando a cada vez a energia de tensão, mantendo as alterações que diminuem a energia total e rejeitando as que aumentam a energia total. Em outras palavras, todos os comprimentos e ângulos de ligação são alterados até que a energia da molécula atinja um *mínimo*.

Os termos da expressão ($E_{tensão}$) estão definidos na Tabela Um. Estes termos vêm todos da física clássica, e não, da mecânica quântica. Não discutiremos cada termo, mas usaremos $E_{estiramento}$ como ilustração. A mecânica clássica diz que uma ligação se comporta como uma mola. É possível atribuir a cada tipo de ligação de uma molécula um comprimento de ligação normal (x_0). Se a ligação é estirada ou comprimida, sua energia potencial aumentará e uma força restauradora tentará restabelecer o comprimento de ligação normal. De acordo com a Lei de Hooke, a força restauradora é proporcional ao tamanho do deslocamento

$$F = -k_i(x_f - x_0) \text{ ou } F = -k_i(\Delta x)$$

---

[1] Outros campos de forças incluem maior número de termos e métodos mais elaborados de cálculo do que os mostrados aqui.

TABELA UM Alguns dos fatores que contribuem para um campo de forças moleculares

Tipo de contribuição	Ilustração	Equação típica
$E_{tensão}$ (estiramento da ligação)		$E_{tensão} = \sum_{i=1}^{n\_ligações} (k_i/2)(x_i - x_0)^2$
$E_{ângulo}$ (deformação angular)		$E_{ângulo} = \sum_{j=1}^{n\_ângulos} (k_j/2)(\theta_j - \theta_0)^2$
$E_{torção}$ (torção de ângulo)		$E_{torção} = \sum_{k=1}^{n\_torções} (k_k/2)[1 + sp_k(\cos p_k \theta)]$
E_{dfp} (deformação angular fora do plano)		$E_{dfp} = \sum_{m=1}^{n\_dfps} (k_m/2)d_m^2$
E_{vdW} (repulsão de van der Waals)		$E_{vdW} = \sum_{i=1}^{n\_átomos} \sum_{j=1}^{n\_átomos} (E_i E_j)^{1/2} \left[\dfrac{1}{a_{ij}^{12}} - \dfrac{2}{a_{ij}^{6}} \right]$ $a_{ij} = r_{ij}/(R_i + R_j)$
E_{dipolo} (repulsão ou atração do dipolo elétrico)		$E_{dip} = K \sum_{i=1}^{n\_átomos} \sum_{j=i+1}^{n\_átomos} Q_i Q_j / r_{ij}^2$

Nota: Os fatores selecionados aqui são semelhantes ao "Tripos force field" usado no programa de modelagem Alchemy III.

em que k_i é a constante de força da ligação sob estudo (isto é, a "resistência" da mola) e Δx é a mudança de comprimento da ligação a partir do comprimento normal (x_0). A Tabela Um descreve o termo de energia completo que é minimizado. A equação indica que todas as ligações da molécula contribuem para a tensão. Ela é uma soma (Σ) que começa pela contribuição da primeira ligação ($n = 1$) e inclui sucessivamente a contribuição de todas as outras ligações (n ligações).

Estes cálculos baseiam-se em dados empíricos. Para fazer os cálculos, o sistema deve ser **parametrizado** com dados experimentais. Na parametrização, uma tabela dos comprimentos de ligação normais (x_0) e das constantes de força de cada tipo de ligação da molécula tem de ser criada. O programa usa estes parâmetros experimentais para o cálculo. A qualidade dos resultados de qualquer método de mecânica molecular depende de como foi feita a parametrização de cada tipo de átomo e de ligação que têm de ser considerados. O procedimento MM exige que cada um dos fatores da Tabela Um tenha sua parametrização própria.

Os primeiros quatro termos da Tabela Um são tratados como molas, como fizemos para a deformação axial (estiramento) das ligações. Um ângulo, por exemplo, também tem uma constante de força k que se opõe à mudança do tamanho do ângulo θ. Na prática, os primeiro quatro termos são tratados como um sistema de molas que interagem, e é a energia desse sistema que deve ser minimizada. Os dois últimos termos baseiam-se em repulsões eletrostáticas ou de "coulomb". Sem descer aos detalhes da energia destes termos, deve ficar claro que eles também devem ser minimizados.

MINIMIZAÇÃO E CONFORMAÇÃO

O objetivo da minimização da energia de tensão é encontrar a *conformação* de menor energia de uma molécula. A mecânica molecular funciona muito bem para encontrar as conformações porque ela varia distâncias de ligação, ângulos de ligação, ângulos de torção e a posição dos átomos no espaço. Muitos programas de minimização de energia, porém, têm limitações que devem ser do conhecimento dos usuários. Muitos programas usam um procedimento de minimização capaz de localizar um mínimo local de energia, mas não necessariamente o mínimo global. A figura desta página ilustra este problema.

Na figura, a molécula tem duas conformações que representam os mínimos de energia. Muitos programas não encontrarão automaticamente a conformação de energia mais baixa, o **mínimo global**. O mínimo global só será encontrado quando a estrutura inicial da molécula já estiver perto da conformação do mínimo global. Assim, por exemplo, se a estrutura inicial corresponde ao ponto B na curva da figura, então o mínimo global será encontrado. Entretanto, se a conformação da molécula não estiver próxima do mínimo global, o programa poderá encontrar um **mínimo local** (o mais próximo). Na figura, se a estrutura inicial corresponde ao ponto A, o programa encontra um mínimo local, e não, o mínimo global. Alguns programas mais caros sempre encontram o mínimo global porque eles usam procedimentos mais complexos que dependem de trocas randômicas (Monte Carlo), e não, de trocas seqüenciais. Portanto, a menos que o programa trate especificamente deste problema, o usuário deve ter cuidado para não encontrar um mínimo local quando esperava encontrar o mínimo global. Pode ser necessário usar diferentes estruturas de partida para achar o mínimo global de uma dada molécula.

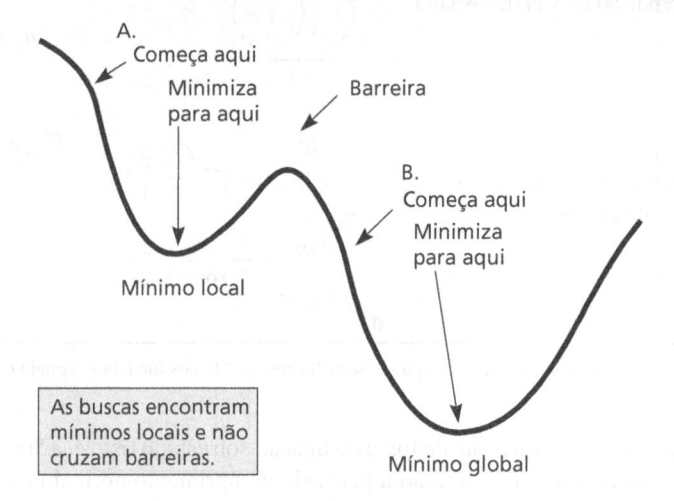

LIMITAÇÕES DA MECÂNICA MOLECULAR

Do que vimos até aqui, deveria ser óbvio que a mecânica molecular foi desenvolvida para encontrar a conformação de menor energia de uma molécula ou para comparar as energias de várias conformações de uma dada molécula. A mecânica molecular calcula uma "energia de tensão", e não, uma energia termodinâmica, como o calor de formação. Procedimentos que envolvem a mecânica quântica e a mecânica estatística são necessários para o cálculo de energias termodinâmicas. Por isto, é muito perigoso comparar as energias de tensão de duas moléculas *diferentes*. Por exemplo, a mecânica molecular pode fazer uma boa avaliação das energias relativas das conformações *anti* e *vici* (*gauche*) do butano, mas não pode comparar com segurança o butano e o ciclo-butano. Os isômeros só podem ser comparados se forem muito parecidos. Os isômeros *cis* e *trans* do 1,2-dimetil-ciclo-hexano, ou os do 2-buteno podem ser comparados, mas os isômeros 1-buteno e 2-buteno, não. Um é um alqueno monossubstituído, e o outro, é dissubstituído.

A mecânica molecular pode fazer muito bem os seguintes cálculos:

1. Dará boa estimativa dos comprimentos e dos ângulos de ligação de uma molécula.
2. Encontrará a melhor conformação de uma molécula, mas é necessário ter cuidado com os minimos locais!

A mecânica molecular não pode calcular as seguintes propriedades:

1. Não calculará propriedades termodinâmicas como o calor de formação de uma molécula.[2]
2. Não calculará distribuições eletrônicas, cargas ou momentos de dipolo.
3. Não calculará orbitais moleculares e suas energias.
4. Não calculará espectros de infravermelho, RMN ou ultravioleta.

IMPLEMENTAÇÕES EM ANDAMENTO

Com o tempo, a versão da mecânica molecular desenvolvida por Norman Allinger e seu grupo de pesquisas tornou-se a mais popular. O programa original deste grupo chamava-se MM1. O programa sofreu revisões e melhorias, e as versões correntes quando da publicação deste livro-texto são chamadas de MM2 e MM3. Entretanto, muitas outras versões de mecânica molecular estão agora disponíveis em fontes comerciais e privadas. Alguns programas comerciais em voga, que utilizam campos de forças próprios, incluem Alchemy III, Alchemy 2000, CAChe, Personal CAChe, HyperChem, Insight II, PC Model, MacroModel, Spartan, PC Spartan, MacSpartan e Sybyl. Porém você deve saber, também, que existem muitos programas de modelagem que não incluem a mecânica molecular ou a minimização de energia. Estes programas irão "simplificar" qualquer estrutura que você criar, tentando tornar "ideais" todos os comprimentos e ângulos de ligação. Com estes programas, todo carbono sp^3 terá ângulos de 109°, e todos os carbonos sp^2, ângulos de 120°. Usar um destes programas é equivalente a usar um conjunto modelo padrão com conectores e ligações com ângulos e distâncias perfeitos. Se você pretende encontrar a conformação preferida de uma molécula, use sempre um programa que tenha um campo de forças e algoritmos de minimização. Lembre-se, também, de que talvez você tenha de controlar a geometria das estruturas iniciais para encontrar o resultado correto.

REFERÊNCIAS

Casanova, J. "Computer-Based Molecular Modeling in the Curriculum." Computer Series 155. *Journal of Chemical Education, 70* (November 1993): 904.

Clark, T. *A Handbook of Computational Chemistry—A Practical Guide to Chemical Structure and Energy Calculations.* New York: John Wiley & Sons, 1985.

Lipkowitz, K. B. "Molecular Modeling in Organic Chemistry—Correlating Odors with Molecular Structure." *Journal of Chemical Education, 66* (April 1989): 275.

Tripos Associates. *Alchemy III—User's Guide.* St. Louis: Tripos Associates, 1992.

Ulrich, B., and Allinger, N. L. *Molecular Mechanics,* ACS Monograph 177. Washington, DC: American Chemical Society, 1982.

---

[2] Algumas das versões mais recentes já estão parametrizadas para dar calores de formação.

EXPERIMENTO 18

Uma Introdução à Modelagem Molecular

Modelagem molecular
Mecânica molecular

Leitura necessária

Revisão: As seções do seu livro-texto teórico que tratam de
1. Conformação de compostos cíclicos e acíclicos
2. Energias de alquenos em relação ao grau de substituição
3. Energias relativas de *cis*-alquenos e *trans*-alquenos.

Nova: Dissertação Modelagem molecular e mecânica molecular

Instruções especiais

Neste experimento, você deve usar um programa capaz de fazer cálculos de mecânica molecular (MM2 ou MM3) com minimização da energia de tensão. Seu professor lhe dirá como usar o programa ou você receberá uma apostila com instruções.

Notas para o professor

Este experimento de mecânica molecular foi desenhado para o uso do programa de modelagem Alchemy III. Entretanto, é possível usar muitos outros programas de mecânica molecular. Outros programas disponíveis incluem Alchemy 2000, Spartan, PC Spartan, MacSpartan, HyperChem, CAChe e Personal CAChe, PCModel, Insight II, Nemesis e Sybyl. Você deverá fornecer aos estudantes uma introdução à sua implementação específica. A introdução deve mostrar aos estudantes como construir uma molécula, como minimizar a energia e como carregar e salvar arquivos. Os estudantes precisarão saber, também, como medir distâncias e ângulos de ligação.

EXPERIMENTO 18A

As Conformações do *n*-Butano: Mínimos Locais

A molécula do butano, acíclica, tem várias conformações derivadas da rotação em torno da ligação C_2-C_3. As energias relativas dessas conformações, muito bem-estabelecidas experimentalmente, são listadas na seguinte tabela.

Conformação	Ângulo torcional	Energia relativa (kcal/mol)	Energia relativa (kJ/mol)	Tipos de tensão
Syn	0°	6,0	25,0	Estérica/torcional
Vici (Gauche)	60°	1,0	4,2	Estérica
Em coincidência (Eclipsada)	120°	3,4	14,2	Torcional
Anti	180°	0	0	Sem tensão

Mostraremos, nesta seção, que embora a mecânica molecular não calcule as energias termodinâmicas das conformações do butano, ela dá energias de tensão que predizem corretamente a *ordem* de estabilidade. Investigaremos também a diferença entre um mínimo local e um mínimo global.

Você esperaria, ao construir um esqueleto de butano, que a minimização chegasse sempre à conformação *anti*, que tem a menor energia. Na verdade, na maior parte dos programas de mecânica molecular isto só acontece se você forçar a minimização começando com um esqueleto de butano muito parecido com a conformação *anti*. Quando isto é feito, a minimização chega à conformação *anti*, o mínimo *global*. Entretanto, se o esqueleto construído não for muito parecido com a conformação *anti*, o butano será minimizado para a conformação *vici* (*gauche*), o mínimo *local* mais próximo, sem prosseguir até o mínimo *global*. Para as duas conformações em oposição, voce começará pela construção das moléculas de butano com ângulos de torção ligeiramente afastados dos dois mínimos. Coloque as conformações em coincidência nos ângulos exatos para ver se elas serão minimizadas. Organize seus dados em uma tabela com os títulos de colunas: *Ângulo Inicial*, *Ângulo Minimizado*, *Conformação Final* e *Energia Minimizada*.

Seu programa deveria permitir a fixação de comprimentos de ligação, ângulos de ligação e ângulos de torção.[1] Se isto for possível, selecione o ângulo de torção C_1-C_2-C_3-C_4 e especifique $160°$ para a primeira estrutura de partida. Selecione o minimizador e deixe correr até parar. Será que ele parou na conformação *anti* ($180°$)? Registre a energia. Repita o processo começando com os ângulos $0°$, $45°$ e $120°$. Registre as energias de tensão e as conformações finais obtidas em cada caso. Quais são suas conclusões? Seus resultados finais concordam com os da tabela?

Se seu programa girou as duas conformações em coincidência ($0°$ e $120°$) até a conformação em oposição mais próxima (mínimo), você terá de restringir a minimização a uma única interação para calcular sua energia. Esta restrição calcula a energia em **um único ponto**, e a energia não é minimizada. Se necessário, calcule as energias em um único ponto das conformações em coincidência e registre seus resultados.

A lição aqui é que você talvez tenha de tentar vários pontos de partida para poder achar a estrutura correta da conformação de energia mais baixa de uma molécula! Não aceite cegamente seu primeiro resultado. Veja-o com o olho cético de um químico experiente e teste-o mais profundamente.

Exercício opcional. Obtenha as energias de um único ponto para cada rotação de $30°$, começando em $0°$ e terminando em $360°$. Quando colocar estas energias contra os ângulos, o gráfico ficará semelhante às curvas de energia rotacional mostradas para o butano na maior parte dos livros-texto de química orgânica.

EXPERIMENTO 18B

Conformações Cadeira e Bote do Ciclo-hexano

Estudaremos, neste exercício, as conformações cadeira e bote do ciclo-hexano. Muitos programas terão estas estruturas guardadas na memória como modelos ou fragmentos. Se elas estiverem disponíveis, você só terá de adicionar os hidrogênios. A conformação cadeira não é difícil de obter se você desenhar o ciclo-hexano na tela de modo a sugerir uma cadeira (isto é, do mesmo modo como você a desenharia em um papel). Este modelo bruto geralmente minimiza a uma cadeira. A conformação bote é mais difícil de obter. Quando você desenhar um bote na tela, a estrutura minimizará a um bote *torcido*, e não, ao bote simétrico desejado.

Antes de você construir os ciclo-hexanos, construa uma molécula de propano. Minimize-a e meça os comprimentos das ligações CH e CC e o ângulo CCC. Registre estes valores, que serão usados como referência.

---

[1] Se o programa não permitir isto, você pode chegar aos ângulos especificados construindo as moléculas de partida na tela em forma de Z para uma e em forma de U para a outra.

Construa agora um ciclo-hexano na conformação cadeira e minimize-o. Meça os comprimentos das ligações CH e CC e o angulo CCC no anel. Compare estes valores com os obtidos para o propano. Qual é a sua conclusão? Gire a molécula de modo a vê-la do topo, olhando para duas das ligações simultaneamente (como na projeção de Newman). Estão todos os hidrogênios em oposição? Gire a cadeira e olhe-a do topo em uma posição diferente. Os hidrogênios ainda estão todos em oposição? O raio de van der Waals do átomo de hidrogênio é de 1,20 Ångstroms. Os átomos de hidrogênio que estão mais próximos do que 2,40 Ångstroms entram em contato e criam energia estérica. Será que os hidrogênios do ciclo-hexano na conformação cadeira estão suficientemente próximos para gerar tensão estérica? Quais são suas conclusões?

Construa agora um ciclo-hexano na conformação bote (use um modelo) e não o minimize.[2] Meça os comprimentos das ligações CH e CC e os ângulos de ligação CCC nas pontas e bordas do bote. Compare estes valores aos obtidos para o propano. Gire a molécula de modo a olhá-la do topo pelas duas ligações paralelas das bordas do barco. Os hidrogênios estão em coincidência? Meça agora as distâncias entre os vários hidrogênios do anel, incluindo os hidrogênios dos átomos das pontas e das bordas do bote. Será que alguns dos hidrogênios estão gerando tensão estérica?

Minimize agora o bote até a conformação bote torcido e repita todas as medidas. Inclua todas as suas conclusões sobre cadeiras, botes e botes torcidos em seu relatório.

EXPERIMENTO 18C

Anéis de Ciclo-hexano Substituídos

Use um modelo de ciclo-hexano para construir o *cis*(a,a)-1,3-dimetil-ciclo-hexano, o *cis*(e,e)-1,3-dimetil-ciclo-hexano e o *trans*(a,e)-1,3-dimetil-ciclo-hexano e meça suas energias. Meça, no isômero diaxial, a distância entre os dois grupos metila diaxiais. Qual é sua conclusão?

Exercício Opcional. Comparações semelhantes podem ser feitas para o *cis*-1,2-dimetil-ciclo-hexano e o *trans*-1,2-dimetil-ciclo-hexano e para o *cis*-1,4-dimetil-ciclo-hexano e o *trans*-1,4-dimetil-ciclo-hexano.

Construa, agora, o *cis*(e,a)-1,4-di-*terc*-butil-ciclo-hexano na conformação bote. Minimize este isômero a um bote torcido e registre sua energia.

EXPERIMENTO 18D

cis-2-Buteno e *trans*-2-Buteno

A tabela abaixo mostra os calores de hidrogenação dos três isômeros do buteno. Construa o *cis*-buteno e o *trans*-buteno, minimize as estruturas e registre as energias. Qual é o isômero de energia mais baixa? Você pode dizer por quê?

Composto	ΔH(kcal/mol)	ΔH (kJ/mol)
trans-2-buteno	−27,6	−115
cis-2-buteno	−28,6	−120
1-buteno	−30,3	−126

Agora, construa e minimize o 1-buteno. Registre sua energia. Obviamente o 1-buteno não está de acordo com os dados de hidrogenação. A mecânica molecular funciona muito bem para o *cis*-2-buteno e para o *trans*-2-buteno porque eles são isômeros muito semelhantes. Ambos são alquenos

---

[2] Uma energia de um único ponto (ver página 135) pode ser obtida se você o desejar.

1,2-dissubstituídos. O 1-buteno, entretanto, é um alqueno monossubstituído, e a comparação direta com os 2-butenos não pode ser feita. As diferenças de estabilidade entre os alquenos monossubstituídos e dissubstituídos exigem a inclusão de fatores que não são considerados na mecânica molecular. Estes fatores são causados por diferenças eletrômicas e de ressonância. Os orbitais moleculares dos grupos metila interagem com as ligações pi dos alquenos dissubstituídos (hiperconjugação) e ajudam a estabilizá-los. Dois grupos metila (como no 2-buteno) são melhores do que um (como no 1-buteno). Portanto, embora os comprimentos e os ângulos de ligação do 1-buteno sejam bem-calculados, a energia obtida não pode ser comparada com as energias dos 2-butenos. A mecânica molecular não inclui termos que consideram estes fatores. É necessário usar métodos quantomecânicos semi-empíricos ou *ab initio*, que são baseados em orbitais moleculares.

DISSERTAÇÃO

Química Computacional – Métodos *ab Initio* e Semi-empíricos

Em uma dissertação anterior (página 130), discutimos a aplicação da **mecânica molecular** à resolução de problemas químicos. A mecânica molecular funciona muito bem no cálculo dos comprimentos das ligações e dos ângulos de uma molécula. Ela pode encontrar a melhor geometria e a melhor conformação de uma molécula. Entretanto, é necessário usar a **mecânica quântica** para obter uma boa estimativa das propriedades termodinâmicas, espectroscópicas e eletrônicas de uma molécula. Nesta dissertação, veremos a aplicação da mecânica quântica a moléculas orgânicas.

Os programas de computador que usam a mecânica quântica podem calcular os calores de formação e as energias de estados de transição. As formas dos orbitais podem ser vistas em três dimensões. Propriedades importantes podem ser mapeadas na superfície de uma molécula. Com estes programas os químicos podem visualizar conceitos e propriedades muito mais facilmente do que a mente pode imaginar. Com freqüência, a visualização é a chave da compreensão ou da solução de um problema.

INTRODUÇÃO AOS TERMOS E MÉTODOS

Para estabelecer a estrutura eletrônica e a energia de uma molécula, a mecânica quântica exige a formulação de uma função de onda Ψ (psi) que descreva a distribuição de todos os elétrons do sistema. Considera-se que os núcleos têm movimentos relativamente pequenos e que eles estão praticamente fixos nas posiçõe de equilíbrio (aproximação de Born-Oppenheimer). A energia média do sistema é calculada pela equação de Schrödinger:

$$E = \int \Psi^* H \Psi d\tau \Big/ \int \Psi^* \Psi d\tau$$

em que **H**, o operador Hamiltoniano, é uma função de muitos termos que inclui todas as contribuições para a energia potencial (repulsões elétron-elétron e atrações núcleo-elétron) e os termos de energia cinética de cada elétron do sistema.

Como não é possível conhecer a função de onda verdadeira Ψ da molécula, temos de imaginar a forma desta função. De acordo com o **Princípio Variacional**, uma idéia central da mecânica quântica, podemos imaginar a forma desta função eternamente e nunca obter a energia verdadeira do sistema, que será sempre menor do que nossa melhor função. Devido ao Princípio Variacional, podemos usar uma função de onda aproximada e variá-la de forma coerente até minimizar a energia do sistema (calculada pela equação de Schrödinger). Alcançado o mínimo variacional, a função de onda encontrada é uma boa aproximação para o sistema em estudo. É claro que não podemos usar qualquer equação e obter bons resultados. Os químicos teóricos levaram muito tempo para aprender como formular funções de onda e operadores que dão resultados muito próximos aos valores experimentais. Hoje, porém, os métodos de cálculo estão bem-estabelecidos, e os químicos computacionais desenvolveram programas de computador que podem ser usados por qualquer químico para calcular funções de onda moleculares.

Os cálculos quantomecânicos de moléculas podem ser divididos em duas classes: *ab initio* (do latim, "do início" ou "de primeiros princípios") e *semi-empíricos*.

1. Os **cálculos *ab initio*** usam o Hamiltoniano correto do sistema e tentam obter uma solução completa sem usar parâmetros experimentais.
2. Os **cálculos semi-empíricos** geralmente usam um operador Hamiltaniano simplificado e incorporam dados experimentais ou um conjunto de parâmetros que podem ser ajustados para igualar dados experimentais.

Os cálculos *ab initio* precisam de um longo tempo de computador e de muita memória, porque cada termo é calculado explicitamente. Os cálculos semi-empíricos são menos exigentes computacionalmente e permitem cálculos em tempos mais curtos e tratamento de moléculas maiores. Os químicos geralmente usam os métodos semi-empíricos sempre que possível, mas é importante entender ambos os métodos ao resolver um problema.

RESOLUÇÃO DA EQUAÇÃO DE SCHRÖDINGER

O Hamiltoniano. A forma exata do operador Hamiltoniano, uma coleção de termos de energia potencial (termos de atração e repulsão eletrostáticas) e de energia cinética, está padronizada e não vamos falar dela. Entretanto, todos os programas precisam das **coordenadas Cartesianas** (posições no espaço tridimensional) de todos os átomos e de uma **matriz de conectividade** que especifica as ligações dos átomos e sua natureza (simples, dupla, tripla, ligação de hidrogênio, etc). Nos programas modernos, o usuário desenha ou constrói a molécula na tela do computador e o programa define as matrizes de coordenadas atômicas e de conectividade.

A Função de Onda. O leitor não precisa se preocupar em construir ou imaginar uma função de onda tentativa. O programa fará isto. Entretanto, é importante entender como as funções de onda são construídas, porque com freqüência o usuário pode escolher o método. A função de onda molecular completa é composta por um determinante de orbitais moleculares:

$$\Psi = \begin{vmatrix} \phi_1(1) & \phi_2(1) & \phi_3(1) & \cdots & \phi_n(1) \\ \phi_1(2) & \phi_2(2) & \phi_3(2) & \cdots & \phi_n(2) \\ \phi_1(n) & \phi_2(n) & \phi_3(n) & \cdots & \phi_n(n) \end{vmatrix}$$

Os orbitais moleculares $\phi_i(n)$ são construídos a partir de algum tipo de função matemática. Eles são usualmente uma **combinação linear de orbitais atômicos,** χ_j, (LCAO) de cada um dos átomos que formam a molécula.

$$\phi_i(n) = \sum_j c_{ji} \chi_j = c_1 \chi_1 + c_2 \chi_2 + c_3 \chi_3 \ldots$$

Esta combinação inclui todos os orbitais do *caroço* e da *camada de valência* de cada átomo da molécula. O conjunto completo de orbitais, χ_j, é chamado de **conjunto de base** do cálculo. Quando um cálculo *ab initio* é feito, a maior parte dos programas pede ao usuário para escolher o **conjunto de base**.

ORBITAIS DO CONJUNTO DE BASE

Deveria ser evidente que o conjunto de base de uso mais óbvio em um cálculo *ab initio* é o conjunto de orbitais hidrogenóides $1s$, $2s$, $2p$, etc com o qual estamos todos acostumados pela estrutura atômica e pela teoria da ligação química. Infelizmente, estes orbitais levam a dificuldades computacionais porque eles têm nodos radiais quando associados com as camadas superiores de um átomo. Em conseqüência disto, um conjunto mais conveniente de funções foi definido por Slater. Estes **orbitais de Slater** (**STO**s) diferem dos orbitais hidrogenóides porque não têm nodos radiais, mas têm os mesmos termos angulares e forma geral. Mais importante é o fato de eles darem bons resultados (os resultados que estão de acordo com o experimento) quando usados nos cálculos semi-empíricos e *ab initio*.

Orbitais de Slater. O termo radial de um STO é uma função exponencial com a forma $R_{nl} = r^{(n-1)} e^{[-(-z-s)r/n]}$, em que Z é a carga do núcleo do átomo e s é uma "constante de blindagem" que reduz a carga do núcleo que é "vista" por um elétron. Slater compilou uma série de regras para determinar o valor de s que produz orbitais com a forma geral dos orbitais hidrogenóides.

Expansão e Contração Radial. Um problema dos STOs simples é que eles não têm a capacidade de variar o tamanho radial. Hoje é comum usar dois ou mais STOs simples para que possa ocorrer expansão e contração radial durante o cálculo. Por exemplo, se tomarmos duas funções como $R(r) = r\, e^{(-\zeta r)}$ com valores diferentes de ζ, o valor maior de ζ dá um orbital mais contraído em torno do núcleo (um STO interno), e o valor menor de ζ dá um orbital que se afasta mais do núcleo (um STO externo). O uso destas duas funções em combinações diferentes permite gerar STOs de qualquer tamanho.

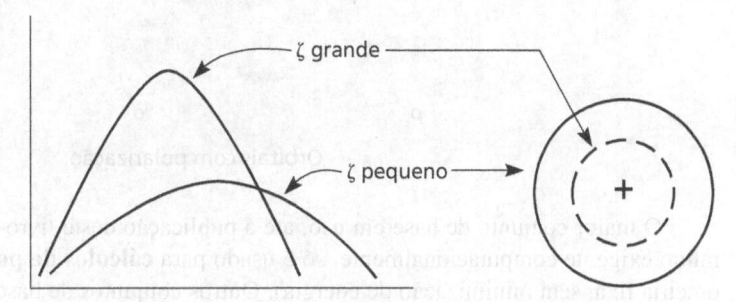

Variação do tamanho radial de um STO com o valor do expoente ζ (zeta).

Orbitais Gaussianos. Eventualmente, os orbitais de Slater foram abandonados, e STOs *simulados*, construídos a partir de funções de Gauss, passaram a ser usados. O conjunto de base mais comum deste tipo é o **conjunto de base STO-3G** que usa três funções de Gauss para simular cada orbital de um elétron. Uma função de Gauss tem a forma $R(r) = re^{(-\alpha r^2)}$.

No conjunto de base STO-3G, os coeficientes das funções de Gauss são selecionados para dar o melhor ajuste possível aos orbitais de Slater correspondentes. Nesta formulação, por exemplo, um elétron de hidrogênio é representado por um único STO (um orbital do tipo 1s), que é simulado por uma combinação de três funções de Gauss. Um elétron de qualquer elemento do segundo período (Li a Ne) será representado por cinco STOs (1s, 2s, 2p_x, 2p_y e 2p_z), cada um deles simulado por três funções de Gauss. Cada elétron de uma molécula terá seu próprio STO. (A molécula é literalmente construída com uma série de orbitais de um elétron. Uma função de spin também é incluída para que não ocorram dois orbitais iguais.)

Conjuntos de Base com Valência Separada ("Split-Valence"). Em outra etapa de evolução, é comum, agora, não tentar simular orbitais hidrogenóides com STOs e usar simplesmente uma combinação otimizada das funções de Gauss como conjunto de base. O conjunto de base 3-21G substituiu o conjunto de base STO-3G para todas as moléculas, exceto as muito grandes. O simbolismo 3-21G significa que três funções Gaussianas são usadas para a função de onda dos elétrons do caroço, mas as funções de onda dos elétrons de valência são "separadas" dois-a-um (21) entre as funções de Gauss interna e externa, o que permite que a camada de valência possa se expandir ou contrair em tamanho.

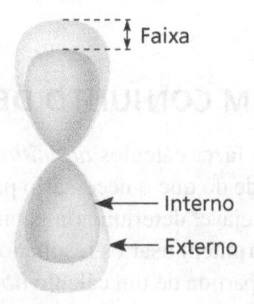

Orbitais de valência separada.

Um conjunto de base maior (e que exige maior tempo de cálculo) é 6-31G, que usa seis Gaussianas "primitivas" e uma separação três-a-um dos orbitais da camada de valência.

Conjuntos de Base com Polarização. Os conjuntos de base 3-21G e 6-31G podem ser ampliados para 3-21G* e 6-31G*. O asterisco (*) significa que estes são **conjuntos com polarização**, em que o próximo orbital de mais alta energia é incluído (por exemplo, um orbital p pode ser polarizado pela adição de uma função de orbital d). A polarização permite que ocorra a deformação do orbital na direção da ligação em um dos lados do átomo.

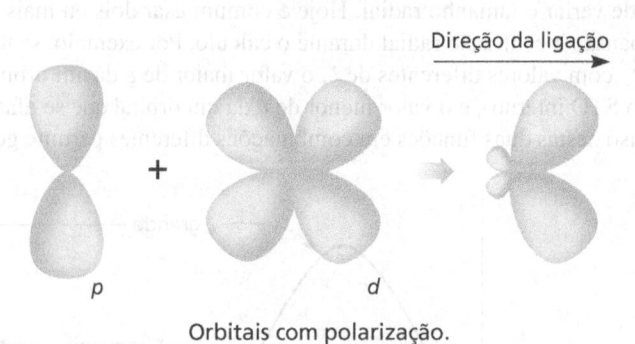

Orbitais com polarização.

O maior conjunto de base em uso, até a publicação deste livro-texto, é o 6-311G*. Como ele é muito exigente computacionalmente, só é usado para **cálculos de ponto único** (um cálculo com geometria fixa, sem minimização de energia). Outros conjuntos de base incluem 6-31G** (que inclui 6 orbitais d por átomo, em vez dos cinco usuais) e os conjuntos 6-31+G* e 6-31++G*, que incluem funções s difusas (elétrons em distâncias maiores do núcleo) para lidar melhor com os ânions.

MÉTODOS SEMI-EMPÍRICOS

É impossível dar uma visão rápida e completa dos vários métodos semi-empíricos desenvolvidos ao longo do tempo. Seria preciso ir aos detalhes matemáticos dos métodos para entender as aproximações feitas em cada caso e os tipos de dados experimentais incluídos. Em muitos destes métodos, é comum omitir integrais que devem ter (pela experiência ou por razões teóricas) valores quase nulos. Certas integrais são guardadas na forma de uma tabela e não são recalculadas a cada vez. A **aproximação do caroço congelado**, por exemplo, é muito usada. Nesta aproximação, considera-se que as *camadas completas* do átomo não diferem de um átomo para outro do mesmo período. Os cálculos referentes ao caroço são registrados em uma tabela e usados quando necessário. Isto facilita muito a computação.

Um dos métodos semi-empíricos de maior uso hoje em dia é o AM-1. Os parâmetros deste método funcionam especialmente bem para moléculas orgânicas. Na verdade, sempre que possível você deveria tentar resolver seu problema usando um metoodo semi-empírico como o AM-1 antes de recorrer a um cálculo *ab initio*. Também são muito usados o MINDO/3 e o MNDO, encontrados em um pacote computacional chamado MOPAC. Se você estiver fazendo cálculos semi-empíricos em moléculas inorgânicas, assegure-se de que o método que está usando está otimizado para metais de transição. Dois métodos muito usados por químicos inorgânicos que desejam incluir metais em seus cálculos são o PM-3 e o ZINDO.

ESCOLHA DE UM CONJUNTO DE BASE PARA CÁLCULOS *AB INITIO*

As vezes é difícil, ao fazer cálculos *ab initio*, saber que conjunto de base usar. Normalmente não se usa mais complexidade do que o necessário para responder uma questão ou resolver um problema. Na verdade, pode ser desejável determinar a geometria aproximada da molécula por *mecânica molecular*. Muitos programas permitem usar os resultados de uma **otimização de geometria** por mecânica molecular como ponto de partida de um cálculo *ab initio*. Se possível, você deveria fazer isto para reduzir o tempo de computação.

Na maior parte dos casos, 3-21G é um bom ponto de partida para um cálculo *ab initio*, mas se sua molécula é muito grande, você talvez prefira usar STO-3G, uma base mais simples. Evite fazer otimizações de geometria com os conjuntos de base mais complexos. Você pode, com freqüência, fazer a otimização de geometria primeiramente com 3-21G (ou com um método semi-empírico) e depois melhorar o resultado com um **cálculo de ponto único** com um conjunto de base mais complexo, 6-31G. Você deveria "subir a ladeira": AM1 para STO-3G, depois 3-21G, 6-31G e assim por diante. Se você não perceber mudanças nos resultados ao passar para bases mais complexas, geralmente será, inútil continuar. Se você tiver de incluir elementos além do segundo período, use conjuntos com polarização (PM3 para o semi-empírico). Alguns programas têm conjuntos de base especiais para cátions e ânions ou para radicais. Se os resultados não reproduzem os resultados experimentais, talvez você não tenha usado a base correta.

CALORES DE FORMAÇÃO

Na termodinâmica clássica, o **calor de formação**, ΔH_f, é definido como sendo a energia consumida (reação endotérmica) ou liberada (reação exotérmica) na reação de formação da molécula a partir de seus elementos em condições padrão de pressão e temperatura. Os elementos devem estar nos estados padrão.

$$2\ C\ (\text{grafite}) + 3\ H_2\ (g) \longrightarrow C_2H_6\ (g) + \Delta H_f \qquad (25°C)$$

Os programas de métodos *ab initio* e semi-empíricos calculam a energia de uma molécula como seu "calor de formação". Esta quantidade, entretanto, não é idêntica à função termodinâmica, e nem sempre é possível fazer comparações diretas.

Os calores de formação nos métodos semi-empíricos são geralmente calculados em kcal/mol (1 kcal = 4,18 kJ) e são semelhantes, mas não idênticos, à função termodinâmica. Os métodos AM1, PM3 e MNDO são parametrizados pelo ajuste a um conjunto de entalpias determinadas experimentalmente. Elas são calculadas a partir da energia de ligação do sistema. A **energia de ligação** é a energia liberada quando as moléculas são formadas a partir dos elétrons e núcleos separados. O calor de formação semi-empírico é calculado pela subtração dos calores atômicos de formação da energia de ligação. O método AM1 calcula, para a maior parte das moléculas orgânicas, o calor de formação correto com desvio de algumas poucas quilocalorias por mol.

Nos cálculos *ab initio*, o calor de formação é dado em **hartrees** (1 hartree = 627,5 kcal/mol = 2.625 kJ/mol). Nos cálculos *ab initio*, o calor de formação é melhor descrito como energia total. Como a energia de ligação, a **energia total** é a energia liberada quando as moléculas se formam a partir dos elétrons e núcleos separados. Este "calor de formação" tem sempre um grande valor negativo e não se relaciona bem com a função termodinâmica.

Embora estes valores não se relacionem diretamente com os valores termodinâmicos, eles podem ser usados para comparar as energias de isômeros (moléculas com a mesma fórmula) como *cis*-2-buteno e *trans*-2-buteno, ou de tautômeros, como a acetona nas formas ceto e enol.

$$\Delta E = \Delta H_f(\text{isômero 2}) - \Delta H_f(\text{isômero 1})$$

Também é possível comparar as energias de equações químicas balanceadas por subtração das energias dos produtos da energia dos reagentes.

$$\Delta E = [\Delta H_f(\text{produto 1}) + \Delta H_f(\text{produto 2})] - [\Delta H_f(\text{reagente 1}) + \Delta H_f(\text{reagente 2})]$$

MODELOS GRÁFICOS E VISUALIZAÇÃO

Embora a solução da equação de Schrödinger minimize a *energia* do sistema e dê um calor de formação, ela também calcula as formas e energias de todos os orbitais moleculares do sistema. Uma grande vantagem dos cálculos semi-empírico e *ab initio*, portanto, é a capacidade de determinar as energias dos orbitais moleculares individualmente e obter suas formas em três dimensões. Para os químicos que investigam reações químicas, dois orbitais moleculares são importantes: o **HOMO** e o **LUMO**.

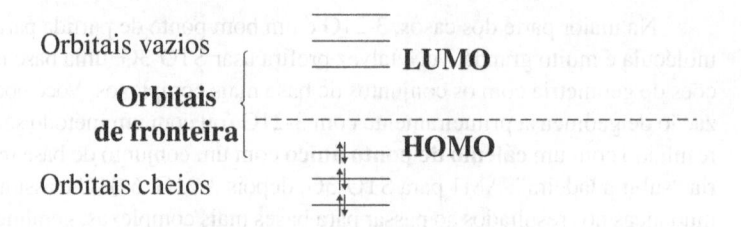

Orbitais vazios ═══ **LUMO**
Orbitais de fronteira { ─────────
─↑↓─ **HOMO**
Orbitais cheios ─↑↓─
─↑↓─

O **HOMO**, o orbital ocupado de energia mais alta, é o último orbital da molécula cheio de elétrons. O **LUMO**, orbital vazio de energia mais baixa, é o primeiro orbital molecular vazio da molécula. Estes dois orbitais são chamados, com freqüência, de **orbitais de fronteira**.

Os orbitais de fronteira são semelhantes à camada de valência da molécula. É onde a maior parte das reações químicas ocorre. Assim, por exemplo, se um composto vai reagir com uma base de Lewis, o par de elétrons da base deve ocupar um orbital vazio da molécula do aceptor. O orbital mais disponível é o **LUMO**. Ao examinar a estrutura do LUMO, pode-se determinar a posição mais provável de adição – usualmente no átomo em que o LUMO tem o maior lobo. Inversamente, se um ácido de Lewis ataca uma molécula, ele se ligará aos elétrons que já existem na molécula atacada. O ponto mais provável de ataque é o átomo em que o HOMO tem o maior lobo (a densidade de elétrons deve ser maior naquele ponto). Quando não for óbvio qual é a molécula que doa o par de elétrons, o HOMO que tem a maior energia será, usualmente, o doador de par de elétrons, colocando elétrons no LUMO da outra molécula. A maior parte das reações químicas envolve o HOMO e o LUMO.

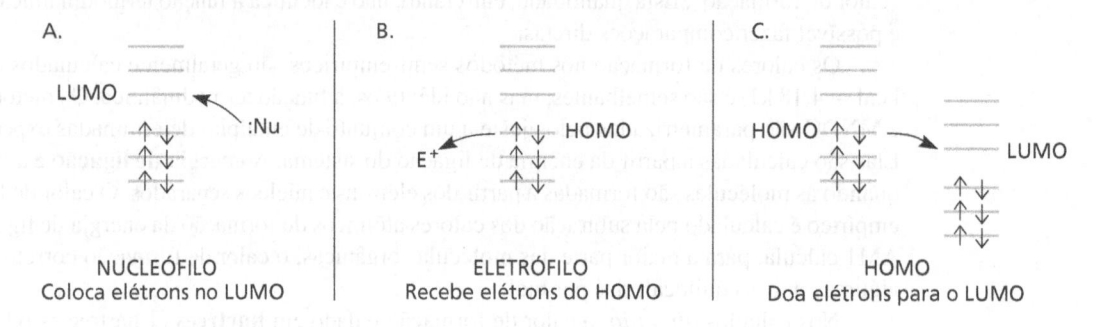

A.
LUMO ─── ← :Nu
─↑↓─
─↑↓─
─↑↓─
NUCLEÓFILO
Coloca elétrons no LUMO

B.
─── ─── ───
─↑↓─ ← HOMO
E⁺ ─↑↓─
─↑↓─
ELETRÓFILO
Recebe elétrons do HOMO

C.
─── ─── ───
HOMO ─↑↓─ → LUMO
─↑↓─
─↑↓─
─↑↓─
HOMO
Doa elétrons para o LUMO

SUPERFÍCIES

Os químicos usam muitos modelos manuais para visualizar as moléculas. Um modelo do tipo esqueleto mostra melhor os ângulos, as distâncias de ligação e a direção das ligações. O modelo de espaço cheio provavelmente representa melhor o tamanho da molécula e a sua forma. Na mecânica quântica, um modelo semelhante ao modelo de espaço cheio pode ser gerado pelo gráfico da superfície que representa todos

Ciclo-pentano

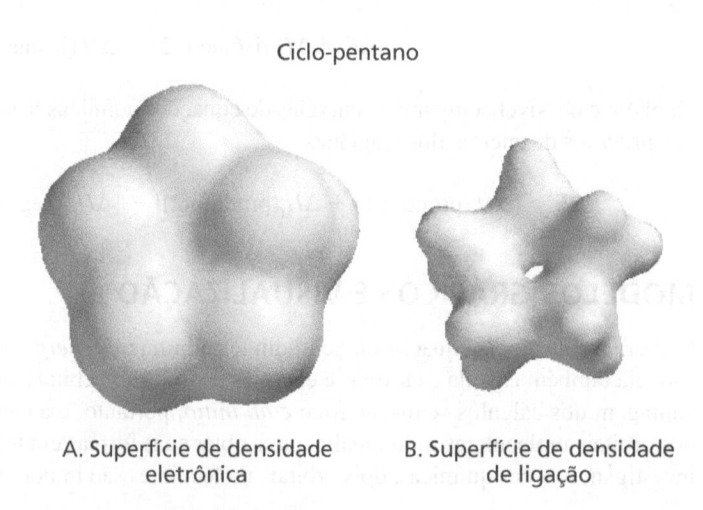

A. Superfície de densidade eletrônica

B. Superfície de densidade de ligação

os pontos em que a densidade eletrônica das funções de onda da molécula tem valor constante. Se este valor for corretamente obtido, a superfície resultante ficará muito semelhante à de um modelo de espaço cheio. Este tipo de superfície é conhecido como **superfície de densidade eletrônica**. A superfície de densidade eletrônica é útil para visualizar o tamanho e a forma da molécula, mas ela não mostra a posição dos núcleos, as distâncias de ligação ou os ângulos porque não se tem acesso ao interior da superfície. O valor de densidade eletrônica usado para definir esta superfície é muito pequeno porque a densidade eletrônica, cai rapidamente com o aumento da distância do núcleo. Se você escolher um valor mais alto de densidade eletrônica quando definir a superfície, uma **superfície de densidade de ligação** será obtida. Esta superfície não dará uma idéia do tamanho ou da forma da molécula, mas mostrará onde as ligações estão localizadas porque a densidade eletrônica será mais elevada nos pontos que definem a ligação.

MAPEAMENTO DE PROPRIEDADES EM UMA SUPERFÍCIE DE DENSIDADE

Também é possível mapear uma propriedade calculada em uma superfície de densidade eletrônica. Como as três coordenadas Cartesianas são usadas para definir os pontos da superfície, a propriedade deve ser mapeada com as cores do espectro, vermelho-laranja-amarelo-verde-azul, representando uma faixa de valores. Na verdade, trata-se de uma representação em quatro dimensões (x, y, z e propriedade mapeada). Um dos gráficos mais comuns deste tipo é o gráfico de **densidade-potencial eletrostático** ou "**densidade-elpot**". O potencial eletrostático é determinado com a colocação de uma carga positiva unitária em cada ponto da superfície e com a medida da interação entre esta carga e o núcleo e os elétrons da molécula. Dependendo da magnitude da interação, aquele ponto receberá uma das cores do espectro. No programa Spartan, as áreas de alta densidade de elétrons recebem a cor vermelha ou laranja, e as áreas de baixa densidade de elétrons, a cor azul ou verde. Quando você vê um gráfico deste tipo, a polaridade da molécula é imediatamente aparente.

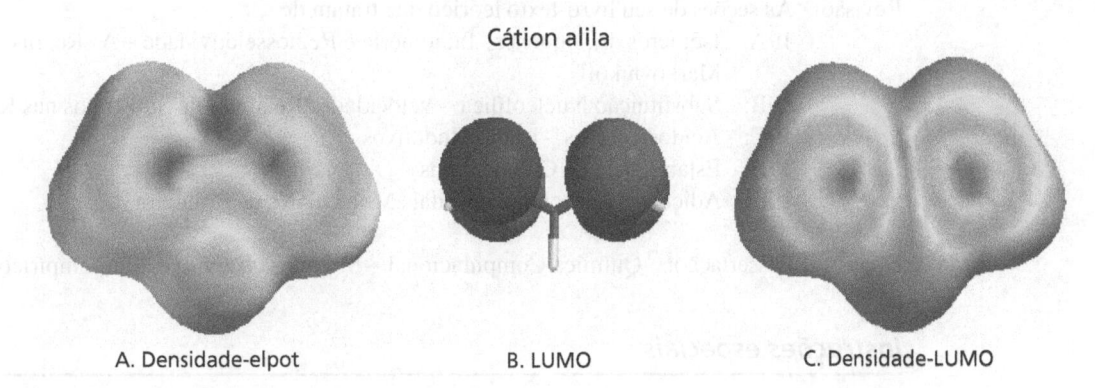

Cátion alila

A. Densidade-elpot B. LUMO C. Densidade-LUMO

O segundo tipo comum de mapeamento coloca valores de um dos orbitais de fronteira (o HOMO ou o LUMO) em cores na superfície de potencial. As cores correspondem ao valor do orbital no ponto em que ele intercepta a superfície. No caso de um mapa densidade-LUMO, por exemplo, o "ponto importante" é aquele em que o LUMO tem seu lobo maior. Como o LUMO está vazio, esta área aparece em azul forte. Em um mapa densidade-HOMO, a área vermelha intensa seria o "ponto importante".

REFERÊNCIAS

Introdutórias
Hehre, W. J., Burke, L. D., Shusterman, A. J., and Pietro, W. J. *Experiments in Computational Organic Chemistry*. Irvine, CA:Wavefunction, Inc., 1993.

Hehre, W. J., Shusterman, A. J., and Nelson, J. E. *The Molecular Modeling Workbook for Organic Chemistry*. Irvine, CA:Wavefunction, Inc., 1998.

Hypercube, Inc. *HyperChem Computational Chemistry*. Waterloo, Ontario, Canada: HyperCube, Inc., 1996.

Shusterman, G. P., and Shusterman, A. J. "Teaching Chemistry with Electron Density Models." *Journal of Chemical Education, 74* (July 1997): 771.

Wavefunction, Inc. "PC-Spartan—Tutorial and User's Guide." Irvine, CA:Wavefunction, Inc., 1996.

Avançadas

Clark, T. *Computational Chemistry.* NewYork:Wiley-Interscience, 1985.

Fleming, I. *Frontier Orbitals and Organic Chemical Reactions.* New York: John Wiley & Sons, 1976.

Fukui, K. *Accounts of Chemical Research, 4* (1971): 57.

Hehre, W. J., Random, L., Schleyer, P. v. R., and Pople, J. A. *Ab Initio Molecular Orbital Theory.* New York:Wiley-Interscience, 1986.

Woodward, R. B., and Hoffmann, R. *Accounts of Chemical Research, 1* (1968): 17.

Woodward, R. B., and Hoffmann, R. *The Conservation of Orbital Symmetry.* Weinheim: Verlag Chemie, 1970.

EXPERIMENTO 19

Química Computacional

Métodos semi-empíricos
Calores de formação
Superfícies mapeadas

Leitura necessária

Revisão: As seções de seu livro-texto teórico que tratam de
    19A: Isômeros de Alquenos, Tautomeria e Regiosseletividade – As Regras de Zaitsev e Markovnikoff
    19B: Substituição Nucleofílica – Velocidades Relativas de Substratos nas Reações S_N1
    19C: Ácidos e Bases – Efeitos Indutivos
    19D: Estabilidade de Carbocátions
    19E: Adições à Carbonila – Orbitais Moleculares de Fronteira

Novas: Dissertação: Química Computacional – Métodos *ab Initio* e Semi-empíricos

Instruções especiais

Para fazer este experimento, você deve usar um programa de computador capaz de cálculos semi-empíricos de orbitais moleculares no nível AM1 ou MNDO. Além disto, os últimos experimentos requerem um programa capaz de mostrar as formas dos orbitais e de mapear várias propriedades em uma superfície de densidade eletrônica. O professor lhe mostrará como usar o programa ou você receberá instruções por escrito.

Notas para o professor

Esta série de experimentos computacionais foi imaginada para o uso dos programas PC Spartan e MacSpartan. É possível, porém, usar muitas outras implementações semi-empíricas da teoria dos orbitais moleculares. Alguns outros programas para PC e Macintosh incluem HyperChem Release 5 e CAChe Workstation. Você deverá fornecer aos estudantes uma introdução a seu próprio tratamento do assunto. A introdução deve mostrar aos estudantes como construir uma molécula, como selecionar e submeter os cálculos e modelos de superfície e como implementar e salvar arquivos.

Não se espera que estes experimentos sejam feitos em uma única sessão. Seu objetivo é ilustrar o que pode ser feito com a química computacional, mas eles não são completos. Você pode querer que eles leiam tópicos específicos ou complementar um experimento em particular. Outra possibilidade é usar os experimentos de modo que os estudantes desenhem seus próprios procedimentos computacionais para resolver um novo problema.

No caso dos experimentos 19A e 19B, se seu programa é capaz de utilizar AM1 (ou outro procedimento MNDO semelhante) e cálculos que incluem o efeito da solvatação em água (como AM1-SM2), seria instrutivo fazer os estudantes trabalharem em pares. Um estudante pode fazer os cálculos da fase gás, e o outro, os mesmos cálculos, incluindo o efeito de solvente. Eles poderiam, então, comparar os resultados nos relatórios.

EXPERIMENTO 19A

Calores de Formação: Isomeria, Tautomeria e Regiosseletividade

PARTE A: ISOMERIA

A estabilidade de isômeros pode ser diretamente comparada pelo exame de seus calores de formação. Em cálculos separados, construa modelos de *cis*-2-buteno, *trans*-2-buteno e 1-buteno. Submeta os modelos ao cálculo AM1 de energia (calor de formação). Use a otimização de geometria para encontrar, em cada caso, a melhor energia. O que seus resultados sugerem? Será que eles estão de acordo com os dados experimentais do Exercício 18D (página 136)?

PARTE B: ACETONA E SEU ENOL

Neste exercício, vamos comparar as energias de um par de tautômeros usando os calores de formação calculados pelo método semi-empírico AM1. Estes dois tautômeros podem ser comparados diretamente porque têm a mesma fórmula: C_3H_6O. A maior parte dos livros-texto de química orgânica discutem a estabilidade relativa das cetonas e suas formas tautoméricas, os enóis. No caso da acetona, existem dois tautômeros em equilíbrio.

$$CH_3-\underset{\text{Ceto}}{\overset{\overset{O}{\|}}{C}}-CH_3 \rightleftharpoons CH_3-\underset{\text{Enol}}{\overset{\overset{OH}{|}}{CH}}=CH_2$$

Construa modelos, em cálculos separados, da acetona e de seu enol. Submeta cada modelo ao cálculo AM1 da energia (calor de formação). Use, em cada caso, a opção de otimização de energia para obter a melhor energia possível.

Os resultados experimentais indicam que existe muito pouco enol (<0,0002%) em equilíbrio com acetona. Será que seus cálculos sugerem uma explicação?

PARTE C: REGIOSSELETIVIDADE

As reações de adição iônica em alquenos são muito regiosseletivas. A adição de HCl concentrado ao 2-metil-propeno, por exemplo, produz principalmente 2-cloro-2-metil-propano e muito menos 1-cloro-2-metil-propano. Isto pode ser explicado pelo exame da energia dos dois carbocátions intermediários formados pela adição de um próton na primeira etapa da reação:

$$H_3C-\underset{H}{\overset{\overset{CH_3}{|}}{C}}-CH_3 \xleftarrow{+H^+} H_3C-\overset{\overset{CH_3}{|}}{C}-CH_3 \xrightarrow{+H^+} H_3C-\underset{+}{\overset{\overset{CH_3}{|}}{C}}-CH_3$$

A primeira etapa (adição do próton) é a etapa determinante da reação, e espera-se que as energias de ativação da formação destes dois intermediários reflitam suas energias relativas. Em outras palavras, a energia de ativação que leva ao intermediário de energia mais baixa será menor do que a que leva ao intermediário de energia mais alta. Devido a esta diferença de energia, a reação seguirá principalmente o caminho que passa pelo intermediário de energia mais baixa. Como os dois carbocátions são isômeros, e porque ambos se formam a partir do mesmo material, a comparação direta de suas energias (calores de formação) determinará o caminho principal da reação.

Em cálculos separados, construa modelos dos dois carbocátions e calcule suas energias por AM1. Faça a otimização da energia. Ao montar o modelo, muitos programas pedirão que você construa o esqueleto do hidrocarboneto mais semelhante e retire o hidrogênio desejado *e sua valência livre*.

$$H_3C-CH(CH_3)-CH_2-H \xrightarrow{\text{retire o hidrogênio}} H_3C-CH(CH_3)-CH_2 \xrightarrow{\text{retire a valência}} H_3C-CH(CH_3)-CH_2 \xrightarrow{\text{adicione uma carga positiva}}$$

Lembre-se de adicionar uma carga positiva à molécula antes de submetê-la a seu cálculo. Isto é feito usualmente nos menus em que você seleciona o tipo de cálculo. Compare os resultados dos dois cálculos. Qual é o carbocátion que leva ao produto principal? Será que seus resultados estão de acordo com a previsão da Regra de Markovnikoff?

EXPERIMENTO 19B

Calores de Reação: Velocidades das Reações S_N1

Neste experimento, tentaremos determinar as velocidades relativas de determinados substratos em reações S_N1. O efeito do grau de substituição será examinado para os seguintes compostos:

$$CH_3-Br \quad CH_3-CH_2-Br \quad CH_3-CH(CH_3)-Br \quad CH_3-C(CH_3)_2-Br$$

Metil   **Etil**   **Isopropil**   ***t*-Butil**

Como os quatro carbocátions não são isômeros, não podemos comparar diretamente seus calores de formação. Para determinar as velocidades relativas com as quais estes compostos reagem, temos de determinar a *energia de ativação* necessária para formar o carbocátion intermediário em cada caso. A ionização é a etapa que determina a velocidade de reação, e temos de aceitar que a energia de cada ionização é *semelhante em magnitude* (Postulado de Hammond) à diferença de energia calculada entre o halogeneto de alquila e os dois íons que forma.

$$R\text{-}Br \longrightarrow R^+ + Br^- \qquad [1]$$

$$\Delta E_{\text{ativação}} \cong \Delta H_f(\text{produtos}) - \Delta H_f(\text{reagentes}) \qquad [2]$$

$$\Delta E_{\text{ativação}} \cong \Delta H_f(R^+) + \Delta H_f(Br^-) - \Delta H_f(RBr) \qquad [3]$$

Como a energia do íon brometo é constante, ela poderia ser omitida do cálculo, mas iremos incluí-la porque ela só precisa ser computada uma vez.

PARTE A: ENERGIAS DE IONIZAÇÃO

Use o nível de cálculo semi-empírico AM1 para computar as energias (calores de formação) de cada um dos materiais de partida. Registre-os. A seguir, compute as energias de cada carbocátion que resultaria da ionização de cada substrato – siga as instruções dadas na Parte C do Experimento 19A – e registre os resultados. Assegure-se de que adicionou a carga positiva. Compute, por fim, a energia do íon brometo, lembrando de eliminar a valência livre e de adicionar uma carga negativa. Assim que todos os cálculos estiverem completos, use a equação 3 para calcular a energia necessária para formar o carbocátion em cada caso. Qual é sua conclusão sobre as velocidades relativas dos quatro compostos?

PARTE B: EFEITOS DE SOLVATAÇÃO (OPCIONAL)

Os cálculos feitos na Parte A não levaram em consideração o efeito da solvatação dos íons. Seu instrutor pode pedir que você repita seus cálculos (se você tiver o programa correto) incluindo a estabilização dos íons por solvatação. Será que a solvatação aumenta ou diminui as energias de ionização? Qual dentre os reagentes e produtos será melhor solvatado na etapa de ionização? O que você conclui a partir de seus resultados?

EXPERIMENTO 19C

Mapas de Densidade-Potencial Eletrostático: Acidez de Ácidos Carboxílicos

Neste experimento, compararemos a acidez dos ácidos acético, cloro-acético e tricloro-acético. Este experimento pode ser feito do mesmo modo que as velocidades relativas do Experimento 19B, usando as energias de ionização para determinar a acidez relativa

$$RCOOH + H_2O \longrightarrow RCOO^- + H_3O^+$$
$$\Delta E = [\Delta H_f(RCOO^-) + \Delta H_f(H_3O^+)] - [\Delta H_f(RCOOH) + \Delta H_f(H_2O)].$$

Na verdade, os termos referentes à água e ao íon hidrônio poderiam ser omitidos porque eles são constantes em cada caso.

Em vez de calcular as energias de ionização, usaremos uma metodologia mais visual, envolvendo um mapa de propriedades. Otimize a geometria de cada um dos ácidos por AM1. Calcule uma superfície de densidade de elétrons usando cores para representar o potencial eletrônico. Neste procedimento, o programa registra a superfície de densidade e determina a densidade eletrônica em cada ponto usando uma carga positiva de teste naquela posição e calculando a interação de Coulomb. A superfície é colorida usando as cores do espectro – azul para as áreas positivas (baixa densidade de elétrons) e vermelho para as áreas mais negativas (alta densidade de elétrons). O mapa mostrará a polarização da molécula.

Depois de terminar os cálculos, coloque os três mapas na tela ao mesmo tempo. Para poder compará-los, você deve ajustá-los ao mesmo conjunto de valores de cores. Isto pode ser feito observando os valores de máximo e de mínimo em cada mapa no menu de mapa de superfície. Quando tiver todos os seis valores (salve-os), determine quais são os dois números que dão os valores do máximo e do mínimo. Volte ao menu do mapa de superfície para cada uma das moléculas e reajuste os limites dos valores de cor aos mesmos valores de máximo e de mínimo. Isto fará com que os mapas estejam ajustados à mesma escala de cores. O que você observa em relação aos prótons dos ácidos acético, cloro-acético e tricloro-acético? Os três valores de mínimos que você salvou podem ser comparados para determinar a densidade eletrônica relativa de cada próton.

EXPERIMENTO 19D

Mapas de Densidade-Potencial Eletrostático: Carbocátions

PARTE A: AUMENTO DA SUBSTITUIÇÃO

Neste experimento, você usará um mapa de densidade para determinar como uma série de carbocátions dispersa uma carga positiva. De acordo com a teoria, o aumento do número de grupos alquila ligados ao centro do carbocátion ajuda a espalhar a carga (por hiperconjugação) e reduz a energia do carbocátion. Tratamos este problema do ponto de vista computacional (numérico) no Experimento 19B. Agora, prepararemos uma solução visual para o problema.

Comece por otimizar com AM1 a geometria dos carbocátions metila, etila, isopropila e *terc*-butila. Estes carbocátions são construídos como foi descrito na Parte C do Experimento 19A. Não se esqueça de especificar a carga positiva de cada um. Obtenha uma superfície de densidade para cada um, com o potencial eletrostático mapeado na superfície.

Quando os cálculos estiverem completos, coloque os quatro mapas na mesma tela e ajuste os valores de cores para a mesma faixa, como descrito no Experimento 19C. O que você observa? A carga positiva está localizada no carbocátion *terc*-butila como no carbocátion metila?

PART B: RESSONÂNCIA

Repita o experimento computacional descrito na Parte A usando mapas de densidade-potencial eletrostático para os carbocátions alila e benzila. Estes dois experimentos podem ser feitos sem colocá-los na mesma tela. O que você observa sobre a distribuição de carga destes dois carbocátions?

EXPERIMENTO 19E

Mapas Densidade-LUMO: Reatividade do Grupo Carbonila

Neste experimento, investigaremos como os orbitais moleculares de fronteira se aplicam à reatividade de um composto carbonilado. Considere a reação de um nucleófilo, como os íons hidreto ou cianeto, com um composto carbonilado.

De acordo com a teoria dos orbitais moleculares de fronteira (veja a dissertação, página 137), o nucleófilo que está doando os elétrons deve colocá-los em um orbital vazio do composto carbonilado. Logicamente, este orbital vazio seria o LUMO – o orbital vazio de mais baixa energia.

Faça um modelo da acetona e minimize sua geometria por AM1. Selecione duas superfícies para mostrar, o LUMO e um mapa do LUMO em uma superfície de densidade.

Após terminar o cálculo, coloque ambas as superfícies na tela ao mesmo tempo. Onde está o maior lobo do LUMO, no carbono ou no oxigênio? Onde o nucleófilo vai atacar? A superfície densidade-LUMO mostra a mesma coisa, mas com o código de cores. Este mapa mostra uma mancha azul na superfície onde o LUMO tem a maior densidade.

Experimento 19E Mapas densidade-LUMO: Reatividade do grupo carbonila

A seguir, continue este experimento calculando o LUMO e os mapas de densidade-LUMO para as cetonas 2-ciclo-hexenona e norbornanona.

Onde estão os sítios reativos da ciclo-hexenona? De acordo com a literatura, bases fortes como os reagentes de Grignard, atacam a carbonila, e bases fracas ou nucleófilos melhores, como as aminas, atacam o carbono beta da ligação dupla para dar uma adição conjugada. Será que você pode explicar isto? Será que um nucleófilo ataca a norbornanona pela face exo (acima) ou endo (abaixo)? Veja o Experimento 33 para uma resposta.

PARTE TRÊS

Propriedades e Reações de Compostos Orgânicos

EXPERIMENTO 20

Reatividade de Alguns Halogenetos de Alquila

Reações S_N1/S_N2
Velocidades relativas
Reatividades

A reatividade de halogenetos de alquila em reações de substituição nucleofílica depende de dois fatores importantes: as condições de reação e a estrutura do substrato. Neste experimento, você examinará a reatividade de vários tipos de substratos em condições de reação S_N1 e S_N2.

IODETO DE SÓDIO OU IODETO DE POTÁSSIO EM ACETONA

O reagente formado por iodeto de sódio ou iodeto de potássio dissolvido em acetona é útil na classificação dos halogenetos de alquila de acordo com sua reatividade em uma reação S_N2. O íon iodeto é um excelente nucleófilo e a acetona é um solvente apolar. A tendência de formação de precipitado torna a reação mais completa. O iodeto de sódio e o iodeto de potássio são solúveis em acetona, mas os brometos e cloretos correspondentes não são. Em conseqüência, quando o íon brometo, ou o íon cloreto, se forma, ele precipita. De acordo com o Princípio de LeChâtelier, a precipitação de um dos produtos de uma reação em solução desloca o equilíbrio para a direita. Este é o caso na reação aqui descrita:

$$R-Cl + Na^+I^- \longrightarrow RI + NaCl\downarrow$$

$$R-Br + Na^+I^- \longrightarrow RI + NaBr\downarrow$$

NITRATO DE PRATA EM ETANOL

O reagente formado por nitrato de prata dissolvido em etanol é útil na classificação de halogenetos de alquila de acordo com sua reatividade em uma reação S_N1. O íon nitrato é um nucleófilo ruim, e o etanol é um solvente moderadamente ionizante. O íon prata, devido a sua capacidade de coordenar o íon halogeneto de saída e de precipitar como halogeneto de prata, facilita a ionização do halogeneto de alquila. Novamente, a formação de precipitado facilita a reação.

$$R-Cl \longrightarrow \begin{array}{l} R^+ \xrightarrow{C_2H_5OH} R-OC_2H_5 \\ + \\ Cl^- \xrightarrow{Ag^+} AgCl\downarrow \end{array}$$

$$R-Br \longrightarrow \begin{array}{l} R^+ \xrightarrow{C_2H_5OH} R-OC_2H_5 \\ + \\ Br^- \xrightarrow{Ag^+} AgBr\downarrow \end{array}$$

Experimento 20 Reatividade de Alguns Halogenetos de Alquila

Leitura necessária

Antes de realizar o experimento, reveja os capítulos do seu livro-texto teórico que tratam da substituição nucleofílica.

Instruções especiais

Alguns dos compostos usados neste experimento, particularmente o cloreto de crotila e o cloreto de benzila, são lacrimejantes potentes. Os **lacrimejantes** irritam os olhos e provocam lágrimas.

> **Cuidado:** Como alguns destes compostos são lacrimejantes, faça o experimento em capela. Cuidado quando descartar as soluções no recipiente destinado aos rejeitos orgânicos halogenados. Após os testes, lave os tubos de ensaio com acetona e coloque o líquido de lavagem no mesmo recipiente.

Sugestão para eliminação de resíduos

Coloque os rejeitos contendo halogenetos no recipiente destinado aos rejeitos orgânicos halogenados. Coloque as soluções de lavagem com acetona neste mesmo recipiente. As sobras de iodeto de sódio em acetona ou de nitrato de prata em etanol devem ser colocadas nos recipientes destinados a eles. Seu professor pode sugerir outra maneira de descartar os resíduos.

Notas para o professor

Os halogenetos devem ser avaliados com NaI/acetona e $AgNO_3$/etanol antes da aula, para testar sua pureza.

Procedimento

PARTE A. IODETO DE SÓDIO EM ACETONA

Experimento. Identifique, de 1 a 10, um conjunto de 10 tubos de ensaio, limpos e secos (use tubos de ensaio de 10 mm × 75 mm). Coloque em cada tubo 2mL de uma solução de NaI em acetona a 15%. Coloque no tubo apropriado 4 gotas de um dos seguintes halogenetos: (1) 2-cloro-butano, (2) 2-bromo-butano, (3) 1-cloro-butano, (4) 1-bromo-butano, (5) 2-cloro-2-metil-propano (cloreto de *t*-butila), (6) cloreto de crotila, $CH_3CH=CHCH_2Cl$ (veja Instruções Especiais), (7) cloreto de benzila (α-cloro-tolueno) (veja Instruções Especiais), (8) bromo-benzeno, (9) bromo-ciclo-hexano e (10) bromo-ciclo-pentano. Tenha o cuidado de recolocar os conta-gotas no recipiente apropriado para não contaminar os halogenetos.

Reação na Temperatura Normal. Após adicionar o halogeneto, agite o tubo de ensaio para garantir a mistura do halogeneto e do solvente. Registre o tempo necessário para que ocorra precipitação ou turvação.

Reação em Temperatura Alta. Espere cerca de 5 minutos e coloque os tubos de ensaio em que não ocorreu precipitação em um banho de água em 50°C. Cuidado para não deixar a temperatura passar de 50°C, porque a acetona vai evaporar ou ferver. Após cerca de 1 minuto, esfrie o tubo de ensaio até a temperatura normal e observe se ocorreu reação. Registre os resultados.

Observações. Os halogenetos reativos geralmente dão um precipitado em até 3 minutos na temperatura normal, os moderadamente reativos dão precipitado quando aquecidos e os inertes não dão precipitado mesmo quando aquecidos. Ignore eventuais mudanças de cor.

Relatório. Registre seus resultados em forma de tabela no seu caderno de laboratório. Explique por que cada composto tem a reatividade que você observou. Explique as reatividades em termos de estrutura.

PARTE B. NITRATO DE PRATA EM ETANOL

Experimento. Identifique, de 1 a 10, um conjunto de 10 tubos de ensaio, limpos e secos, como descrito anteriormente. Coloque em cada tubo 2 mL de uma solução de nitrato de prata em etanol a 1%. Coloque 4 gotas do halogeneto apropriado em cada tubo de ensaio usando o mesmo esquema de números usado na Parte A. Tenha o cuidado de recolocar os conta-gotas no recipiente apropriado para não contaminar os halogenetos.

Reação na Temperatura Normal. Após adicionar o halogeneto, agite o tubo de ensaio para garantir a mistura do halogeneto e do solvente. Registre o tempo necessário para que ocorra precipitação ou turvação. Registre os resultados como "precipitado denso", "ocorre turvação" ou "não precipita/turva".

Reação em Temperatura Alta. Espere cerca de 5 minutos e coloque os tubos de ensaio em que não ocorreu precipitação em um banho de água em cerca de 100°C. Após cerca de 1 minuto, esfrie o tubo de ensaio até a temperatura normal e observe se ocorreu reação. Registre os resultados como "precipitado denso", "ocorre turvação" ou "não precipita/turva".

Observações. Os halogenetos reativos geralmente dão um precipitado (ou turvação) em até 3 minutos na temperatura normal, os moderadamente reativos dão precipitado (ou turvação) quando aquecidos e os inertes não dão precipitado mesmo quando aquecidos. Ignore eventuais mudanças de cor.

Relatório. Registre seus resultados em forma de tabela no seu caderno de laboratório. Explique por que cada composto tem a reatividade que você observou. Explique as reatividades em termos de estrutura. Compare as reatividades relativas dos compostos de estrutura semelhante.

QUESTÕES

1. Por que, nos testes com iodeto de sódio em acetona e nitrato de prata em etanol, o 2-bromo-butano reage mais depressa do que o 2-cloro-butano?
2. Por que o cloreto de benzila reage em ambos os testes, mas o bromo-benzeno não reage?
3. Quando tratado com iodeto de sódio em acetona, o cloreto de benzila reage muito mais rapidamente do que o 1-cloro-butano embora os dois sejam cloretos de alquila primários. Explique esta diferença.
4. No teste do nitrato de prata, o 2-cloro-butano reage muito mais lentamente do que o 2-cloro-2-metil-propano. Explique esta diferença de reatividade.
5. O bromo-ciclo-pentano é mais reativo do que o bromo-ciclo-hexano quando aquecido com iodeto de sódio em acetona. Explique esta diferença de reatividade.
6. Como você espera que se comporte a seguinte série de compostos em relação aos dois testes?

$$CH_3-CH=CH-CH_2-Br \qquad CH_3-\underset{\underset{Br}{|}}{C}=CH-CH_3 \qquad CH_3-CH_2-CH_2-CH_2-Br$$

EXPERIMENTO 21

Reações de Substituição Nucleofílica: Nucleófilos em Competição

Substituição nucleofílica
Aquecimento sob refluxo
Extração
Cromatografia a gás
Espectroscopia de RMN

O objetivo deste experimento é comparar as nucleofilicidades dos íons cloreto e brometo em relação aos seguintes álcoois: 1-butanol (álcool *n*-butílico), 2-butanol (álcool *sec*-butílico) e 2-metil-2-propanol

Experimento 21   Reações de Substituição Nucleofílica: Nucleófilos em Competição

(álcool *terc*-butílico). Os dois nucleófilos estarão presentes ao mesmo tempo em cada reação, em concentração equimolar, e estarão competindo pelo substrato.

Em geral, os álcoois não reagem facilmente em reações simples de substituição nucleofílica. Se eles forem atacados diretamente por nucleófilos, uma base forte, no caso o íon hidróxido, terá de ser deslocada. Este deslocamento não é energeticamente favorável e não pode ocorrer em extensão razoável.

$$X^- + ROH \not\longrightarrow R-X + OH^-$$

Para evitar este problema, você deve conduzir as reações de substituição nucleofílica de álcoois em meio ácido. Em uma primeira etapa, muito rápida, ocorre protonação do álcool e, depois, deslocamento de água, uma molécula muito estável. Este deslocamento é energeticamente muito favorável, e a reação ocorre em rendimento muito alto.

$$ROH + H^+ \rightleftharpoons R-\overset{+}{O}H_2$$

$$X^- + R-\overset{+}{O}H_2 \longrightarrow R-X + H_2O$$

Após a protonação, a reação seguirá o mecanismo S_N1 ou S_N2, dependendo da estrutura do grupo alquila do álcool. Consulte, para uma breve revisão destes mecanismos, os capítulos que se referem à substituição nucleofílica em seu livro-texto teórico.

Neste experimento, você analisará os produtos das três reações usando várias técnicas para determinar as quantidades relativas do cloreto de alquila e do brometo de alquila formados em cada reação. Em outras palavras, você tentará determinar, usando concentrações equimolares de íons cloreto e brometo em reação com 1-butanol, 2-butanol e 2-metil-2-propanol, qual dos dois íons é o melhor nucleófilo. Além disto, você tentará determinar para qual dos três substratos (reações) esta diferença é importante e que mecanismo, S_N1 ou S_N2, predomina em cada caso.

Leitura necessária

Revisão:	Técnicas 5 e 6
	Técnica 7 Métodos de Reação, Seções 7.2, 7.4 e 7.8
	Técnica 22 Cromatografia a Gás
	Técnica 24 Refratometria
	Técnica 26 Espectroscopia de Ressonância Magnética Nuclear

Antes de começar o experimento, reveja os capítulos que se referem à substituição nucleofílica em seu livro-texto teórico.

Instruções especiais

Todos os estudantes farão a reação do 2-metil-2-propanol. Seu professor lhe dará o 1-butanol ou o 2-butanol. Partilhe seus resultados com outro estudante para obter resultados dos três álcoois. Comece este experimento preparando o meio solvente-nucleófilo e depois vá para o Experimento 21A. Durante o processo de refluxo, vá para o Experimento 21B. Depois de preparar o produto deste experimento, você voltará ao Experimento 21A e o completará. Quando for o momento de analisar os resultados dos dois experimentos, seu professor dirá que procedimentos a turma utilizará no Experimento 21C.

O meio solvente-nucleófilo contém alta concentração de ácido sulfúrico. O ácido sulfúrico é muito corrosivo. Tenha cuidado ao manuseá-lo.

Em cada experimento, quanto maior for o tempo de contato de seu produto com a água ou com o bicarbonato de sódio em água, maior será o risco de decomposição do produto, levando a resultados analíticos errados. Antes de ir para a aula, prepare-se de modo a saber exatamente o que você irá fazer durante o estágio de purificação do experimento.

Sugestão para eliminação de resíduos

Após ter completado os três experimentos e todas as análises, descarte os restos das misturas que contêm halogeneto de alquila no recipiente reservado às substâncias halogenadas. As soluções em água devem ser colocadas no recipiente próprio. Seu professor poderá estabelecer outro método de coleta de resíduos.

Notas para o professor

Faça fundir o álcool *terc*-butilíco antes do início da aula.

O cromatógrafo a gás deveria estar nas seguintes condições: temperatura da coluna, 100°C; temperatura de injeção e detecção, 130°C; velocidade do gás de arraste, 50 mL/min. A coluna recomendada tem 2,50 m de comprimento com a fase estacionária Carbowax 20M. Se você quiser analisar os produtos da reação do álcool *terc*-butilíco (Experimento 21B) por cromatografia a gás, assegure-se de que os halogenetos de *terc*-butila não se decompõem nas condições usadas no cromatógrafo. Lembre-se de que o brometo de *terc*-butila sofre eliminação com facilidade.

Procedimento

Cuidado: Tenha muito cuidado com o ácido sulfúrico concentrado. Ele provoca queimaduras severas.

Coloque 10 g de gelo em um bécher de 100 mL e adicione cuidadosamente 7,6 mL de ácido sulfúrico concentrado. Pese, com cuidado, 1,90 g de cloreto de amônio e 3,50 g de brometo de amônio em um bécher. Pulverize os reagentes e transfira, com a ajuda de um funil de sólidos, os halogenetos para um frasco de Erlenmeyer de 125 mL. Adicione, com muito cuidado, a mistura contendo o ácido sulfúrico aos sais de amônio. Agite a mistura vigorosamente, para dissolver os sais. Talvez seja necessário aquecer a mistura em um banho de vapor ou em uma placa para total solubilização. Se for necessário, adicione, neste estágio, até 1 mL de água. Não se preocupe se alguns pequenos grãos não se dissolverem.

Após a dissolução, deixe o líquido esfriar um pouco. Se você deixar esfriar demais e os sais começarem a precipitar, será necessário reaquecer a mistura para redissolver os sólidos. Coloque 6,0 mL de água em um tubo de centrífuga de 15 mL com tampa de rosca. Marque o tubo no nível de 6,0 mL e descarte a água. Coloque o tubo de centrífuga perto do frasco de Erlenmeyer que contém a mistura solvente-nucleófilo e use uma pipeta Pasteur para transferir cuidadosamente 6,0 mL da mistura do frasco para o tubo de centrífuga. Coloque a sobra da mistura em um balão de fundo redondo de 25 mL. Uma pequena parte dos sais que estão no tubo de centrífuga e no balão pode precipitar quando a mistura esfriar. Não se preocupe com isto, porque os sais se dissolverão durante as reações.

EXPERIMENTO 21A

Nucleófilos em Competição com 1-Butanol ou 2-Butanol

Procedimento

Aparelhagem. Monte uma aparelhagem para refluxo usando o balão de fundo redondo que contém a mistura solvente-nucleófilo, um condensador de refluxo e um retentor ("trap"), como aparece na figura. Use uma manta de aquecimento. O bécher de água reterá os gases cloreto de hidrogênio e brometo de hidrogênio formados na reação.

Use o procedimento descrito a seguir para adicionar 1,0 mL de 1-butanol (álcool *n*-butílico) ou 1,0 mL de 2-butanol (álcool *sec*-butílico), dependendo do álcool que você recebeu, à mistura que está na aparelhagem de refluxo. Remova o condensador e use uma pipeta Pasteur para transferir o álcool para o balão de fundo redondo. Adicione pérolas de vidro.[1]

Recoloque o condensador no lugar e comece a passar a água de refrigeração. Ajuste o calor da manta de aquecimento de modo a ferver a mistura *cuidadosamente*. Mantenha o anel de refluxo, se ele for visível, na quarta parte inferior do condensador. A fervura violenta causará perda de produto. Continue a aquecer a mistura de reação que contém 1-butanol por 75 minutos. Continue a aquecer a mistura que contém 2-butanol por 60 minutos. Durante o período de aquecimento, passe ao Experimento 21B e adiante-o o quanto puder antes de voltar a este experimento.

Purificação. Após o período de refluxo, interrrompa o aquecimento, remova a manta e deixe a mistura esfriar. Não remova o condensador até que o balão esteja frio. Cuidado para não sacudir a solução quente ao retirar o balão da manta de aquecimento ou poderá ocorrer fervura e formação de bolhas que causarão perda de material no condensador. Espere cerca de 10 minutos após ter retirado a manta de aquecimento, mergulhe o balão de fundo redondo (com o condensador ainda ligado ao balão) em um bécher contendo água fria (não use gelo) e deixe a mistura esfriar até a temperatura normal.

Deve separar-se uma camada orgânica no topo da mistura de reação. Adicione 1,0 mL de pentano à mistura e agite *cuidadosamente*. O objetivo da adição de pentano é aumentar o volume da camada orgânica e facilitar as próximas operações. Use uma pipeta Pasteur para transferir a maior parte (cerca de 10 mL) da camada inferior (que contém água) para outro recipiente. Tenha cuidado para manter toda a camada orgânica no balão de aquecimento. Transfira o que restou da camada de água e a camada orgânica para um tubo de centrífuga com uma tampa bem-ajustada. Deixe no balão qualquer precipitado que se formar. Deixe que as fases se separem e remova a camada inferior (que contém água) com uma pipeta Pasteur.

> **Nota:** Prepare-se bem antes de fazer a próxima seqüência de etapas. Se cinco minutos se passarem e você não tiver completado a seqüência de extração, seus resultados estarão comprometidos!

Coloque 1,5 mL de água no tubo de centrífuga, tampe o tubo e agite cuidadosamente. Deixe que as amostras se separem e remova a camada de água que está no fundo. Extraia a camada de água com 2 mL de uma solução saturada de bicarbonato de sódio e remova a camada inferior que contém água.

Secagem. Use uma pipeta Pasteur limpa e seca para transferir o que restou da camada orgânica para um tubo de ensaio pequeno (10 mm × 75 mm) contendo cerca de 0,4 g de sulfato de sódio anidro granulado. Agite a mistura com uma espátula pequena, tampe o tubo e deixe-o em repouso por 10-15 minutos ou até que a solução fique límpida. Se isto não acontecer, adicione mais

---

[1] Não use esferas baseadas em carbonato de cálcio ou "Boileezers" (grãos de alumina inerte) porque eles se dissolverão na mistura de reação, fortemente ácida.

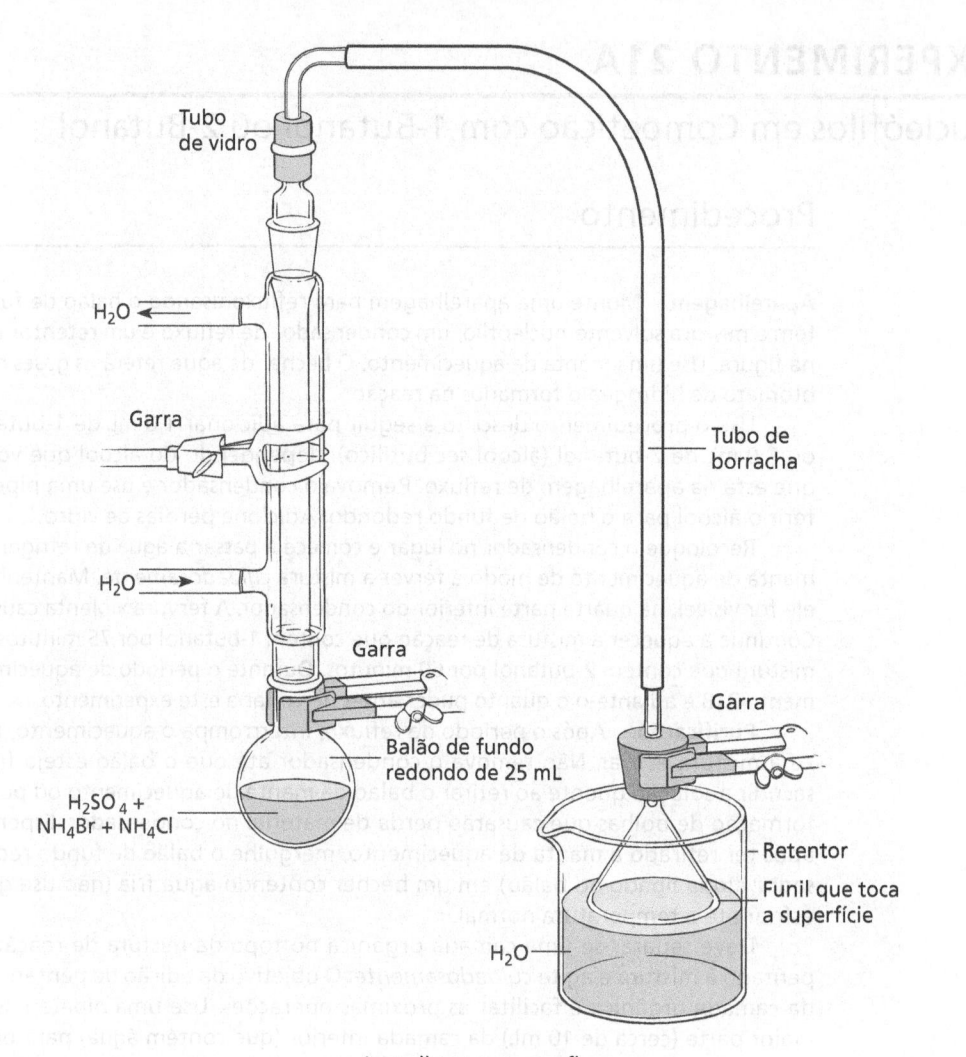

Aparelhagem para refluxo.

sulfato de sódio. Transfira a solução que contém halogeneto com uma pipeta Pasteur limpa e seca para um pequeno frasco seco, tendo o cuidado de não transferir o sólido. *Verifique se a tampa do frasco está bem-atarraxada*. É uma boa idéia cobrir a tampa com Parafilm. Não guarde o líquido em um frasco com tampa de cortiça ou de borracha porque esses materiais absorverão os halogenetos. Se for necessário guardar a amostra durante a noite, coloque o frasco no refrigerador. Esta amostra está em condições de ser analisada pelos métodos do Experimento 21C indicados pelo professor, porém ela não pode ser analisada por refratometria devido à presença do pentano.

EXPERIMENTO 21B

Nucleófilos em Competição com 2-Metil-2-Propanol

Procedimento

Transfira 1,0 mL de 2-metil-2-propanol (álcool *terc*-butílico, pf 25°C) para o tubo de centrífuga de 15 mL que contém a outra porção da mistura solvente-nucleófilo, que já deve estar fria. Recoloque a tampa e verifique se não existe vazamento.

> **Cuidado:** A mistura solvente-nucleófilo contém ácido sulfúrico concentrado.

Agite o tubo vigorosamente, liberando eventualmente a pressão, por 5 minutos. Os sólidos presentes no tubo de centrífuga devem se dissolver durante este período. Deixe separar a camada de halogeneto de alquila (de 10 a 15 minutos, no máximo). Após algum tempo, deve se separar uma camada superior bem-distinta que contém os produtos.

> **Nota:** Os halogenetos de *terc*-butila são muito voláteis e não devem permanecer em um frasco aberto por muito tempo.

Use uma pipeta Pasteur para transferir cuidadosamente a camada inferior que contém água para um bécher. Espere mais 10-15 segundos e remova o que sobrou da camada inferior do tubo de centrífuga, incluindo uma pequena quantidade da camada orgânica superior para garantir que ela não seja contaminada com água.

> **Nota:** Prepare-se bem antes de fazer a próxima seqüência de etapas. Se cinco minutos se passarem e você não tiver completado a seqüência de extração, seus resultados estarão comprometidos!

Use uma pipeta Pasteur seca para transferir a camada de halogeneto de alquila restante para um tubo de ensaio pequeno (10 mm × 75 mm) que contém cerca de 0,05 g de bicarbonato de sódio sólido. Quando a formação de bolhas parar e o líquido ficar límpido, transfira-o com uma pipeta Pasteur para um frasco pequeno, seco, sem transferir o sólido. *Verifique se a tampa do frasco está bem-atarraxada*. Novamente, é uma boa idéia cobrir a tampa com Parafilm. Não guarde o líquido em um frasco com tampa de cortiça ou de borracha porque esses materiais absorverão os halogenetos. Se for necessário guardar a amostra durante a noite, coloque o frasco no refrigerador. Esta amostra está em condições de ser analisada pelos métodos do Experimento 21C indicados pelo professor. Quando tiver terminado este experimento, volte para o Experimento 21A.

EXPERIMENTO 21C
Análise

Procedimento

A razão entre 1-cloro-butano e 1-bromo-butano; 2-cloro-butano e 2-bromo-butano; e cloreto de terc-butila e brometo de *terc*-butila deve ser determinada. Seu professor poderá pedir-lhe que faça isto por um de três métodos: cromatografia a gás, índice de refração ou espectroscopia de RMN. Os produtos obtidos das reações de 1-butanol e 2-butanol, entretanto, não podem ser analisados pelo método do índice de refração (eles contém pentano). Os produtos obtidos na reação do álcool *terc*-butílico podem ser difíceis de analisar por cromatografia a gás porque eles sofrem, às vezes, eliminação no cromatógrafo.

CROMATOGRAFIA A GÁS[1]

O professor ou um assistente de laboratório pode injetar as amostras ou permitir que você o faça. Neste último caso, o professor lhe dará instruções adequadas sobre como proceder. Uma amostra razoável tem 2,5 µL. Injete a amostra no cromatógrafo a gás e registre o cromatograma. O cloreto de alquila, devido à sua maior volatilidade, tem tempo de retenção inferior ao do brometo de alquila.

Após obter os cromatogramas, determine as áreas relativas dos dois picos (Técnica 22, Seção 22.11, página 718 ou Seção 22.12, página 720). Se o cromatógrafo tiver um integrador, ele dará as áreas dos picos. Se não, a triangulação é o melhor método.

ÍNDICE DE REFRAÇÃO

Meça o índice de refração da mistura de produtos (Técnica 24). Para determinar a composição da mistura imagine uma relação linear entre o índice de refração e a composição molar da mistura. Em 20°C, os índices de refração dos halogenetos de alquila são

cloreto de *terc*-butila	1,3877
brometo de *terc*-butila	1,4280

Se a temperatura do laboratório não for 20°C, o índice de refração deverá ser corrigido. Adicione 0,00045 unidades de índice de refração à leitura para cada grau acima de 20°C e subtraia o mesmo valor para cada grau abaixo desta temperatura. Registre as percentagens de cloreto de alquila e brometo de alquila presentes na mistura de reação.

ESPECTROSCOPIA DE RESSONÂNCIA MAGNÉTICA NUCLEAR

O professor ou um assistente de laboratório obterá o espectro de RMN da mistura.[2] Submeta um frasco contendo a mistura para este teste. O espectro também mostrará a integração dos picos importantes (Técnica 26, "Espectroscopia de Ressonância Magnética Nuclear").

Se o substrato tiver sido 1-butanol, a mistura do halogeneto resultante e do pentano dará um espectro complicado. Cada halogeneto de alquila dará um tripleto em campo baixo devido ao grupo CH_2 vizinho do halogênio. Este tripleto aparecerá em campo mais baixo para o cloreto de alquila do que para o brometo de alquila. Em um espectro obtido em 60 MHz, estes tripletos se recobrirão, mas uma parte de cada tripleto estará disponível para a comparação. Compare a integral da parte do tripleto do 1-cloro-butano que está em campo mais baixo com a da parte do tripleto do 1-bromo-butano que está em campo mais alto. O primeiro espectro da página seguinte dá um exemplo. As alturas relativas destas integrais correspondem às quantidades relativas de cada halogeneto na mistura.

Se o substrato tiver sido o 2-metil-2-propanol, a mistura resultante de halogenetos mostrará dois picos no espectro de RMN. Cada halogeneto mostrará um singleto porque os três grupos CH_3 são equivalentes e não se acoplam. Na mistura de reação, o pico em campo mais alto é devido ao cloreto de *terc*-butila, e o pico em campo mais baixo, ao brometo de *terc*-butila. Compare as integrais destes picos. O segundo espectro da página seguinte é um exemplo. As alturas relativas destas integrais correspondem às quantidades relativas de cada halogeneto na mistura.

RELATÓRIO

Registre as percentagens de cloreto de alquila e de brometo de alquila na mistura de reação dos três álcoois. Para fazer isto, você terá de partilhar seus dados da reação do 1-butanol ou do 2-butanol com outros estudantes. O relatório deve incluir as percentagens de cada halogeneto de alquila,

---

[1] Nota para o professor: Para obter resultados razoáveis na análise dos halogenetos de *terc*-butila por cromatografia a gás, pode ser necessário dar aos estudantes as correções para o fator de resposta (Técnica 22, Seção 22.12, página 720). Se amostras puras de cada produto estiverem disponíveis, verifique a afirmativa usada aqui de que o cromatógrafo a gás responde igualmente a cada substância. Fatores de resposta (sensibilidades relativas) são facilmente determinados pela injeção de uma mistura equimolar de produtos e pela comparação das áreas dos picos.

[2] É difícil determinar a razão entre o 2-cloro-butano e o 2-bromo-butano usando a ressonância magnética nuclear. Este método exige pelo menos um instrumento de 90 MHz. Em 300 MHz, os picos estão completamente resolvidos.

$\% \ n\text{-BuCl} = \dfrac{4,5}{4,5 + 24} \times 100 = 16\%$

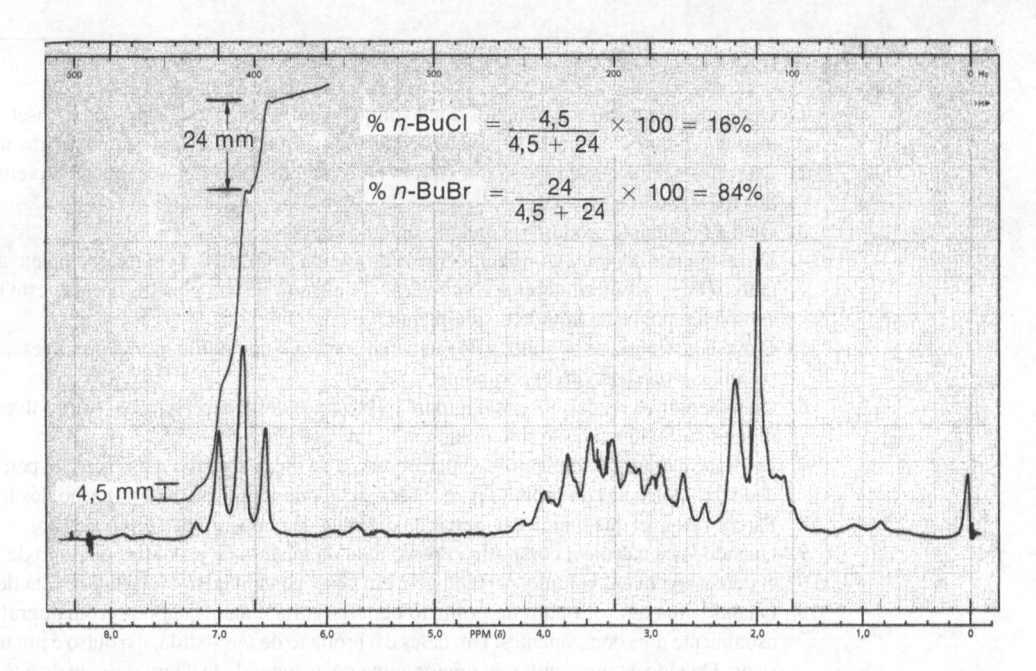

$\% \ n\text{-BuBr} = \dfrac{24}{4,5 + 24} \times 100 = 84\%$

Espectro de RMN em 60 MHz do 1-cloro-butano e do 1-bromo-butano, varredura 250 MHz (sem pentano na amostra).

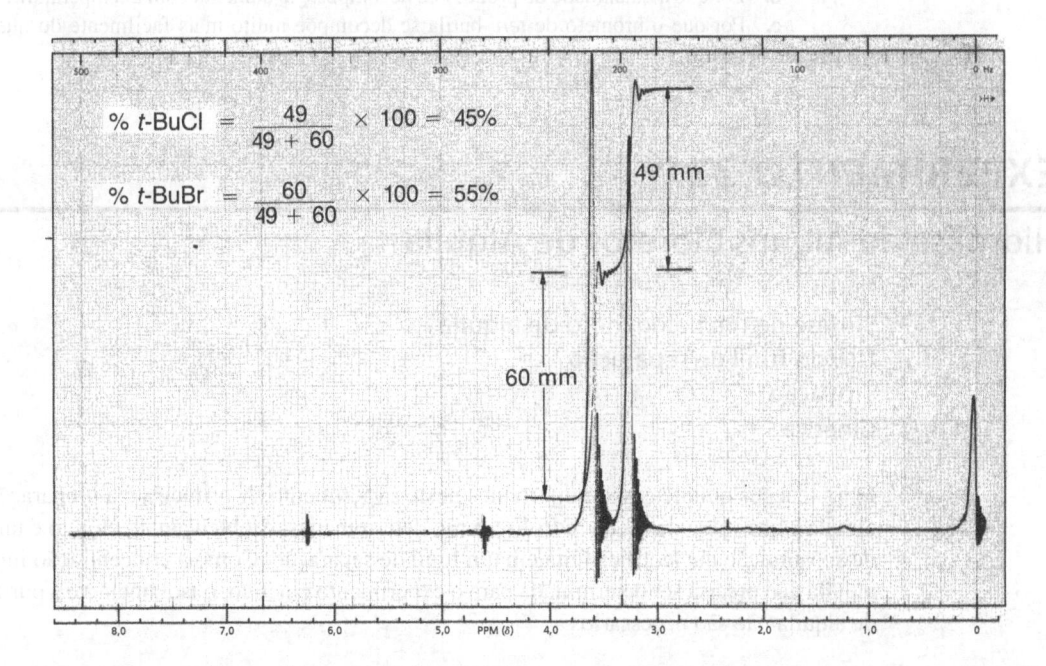

$\% \ t\text{-BuCl} = \dfrac{49}{49 + 60} \times 100 = 45\%$

$\% \ t\text{-BuBr} = \dfrac{60}{49 + 60} \times 100 = 55\%$

Espectro de RMN em 60 MHz do cloreto de *terc*-butila e do brometo de *terc*-butila, varredura 250 MHz.

determinado por cada método usado neste experimento para os dois álcoois estudados. Levando em conta a distribuição dos produtos, desenvolva um argumento sobre os mecanismos (S_N1 ou S_N2) que predominam no caso dos três álcoois. O relatório deve discutir, levando em conta os resultados experimentais, qual é o melhor nucleófilo, o íon cloreto ou o íon brometo. Todos os cromatogramas, dados de índice de refração e espectros devem ser anexados ao relatório.

QUESTÕES

1. Descreva mecanismos completos que expliquem a distribuição dos produtos observados nas reações do álcool *terc*-butílico e do 1-butanol nas condições de reação usadas neste experimento.
2. Qual é o melhor nucleófilo, o íon cloreto ou o íon brometo? Tente explicar isto em termos da natureza dos íons cloreto e brometo.
3. Qual é o principal produto secundário orgânico dessas reações?
4. Um estudante deixou alguns halogenetos de alquila (RCl e RBr) em um recipiente aberto por vários minutos. O que aconteceu com a composição da mistura de halogenetos durante este tempo? Imagine que sobrou um pouco de líquido no recipiente.
5. O que aconteceria se os sólidos do meio que contém o nucleófilo não se dissolvessem? Como isto poderia afetar o resultado do experimento?
6. Quais seriam as razões observadas entre os produtos deste experimento se um solvente aprótico, como o dimetil-sulfóxido, tivesse sido usado em vez de água?
7. Explique a ordem de eluição que você observou na cromatografia a gás neste experimento. Que propriedade das moléculas do produto parece ser a mais importante na determinação dos tempos de retenção?
8. Parece razoável que o índice de refração dependa da temperatura? Tente explicar.
9. Quando você calcula a composição percentual da mistura de produtos, que tipo de "percentagem" (isto é, percentagem em volume, percentagem em peso, percentagem molar) você está determinando?
10. Quando uma amostra pura de brometo de *terc*-butila é analisada por cromatografia a gás, observa-se usualmente dois componentes. Um deles é o brometo de *terc*-butila, e o outro é um produto de decomposição. Quando a temperatura do injetor aumenta, a quantidade de produto de decomposição aumenta e a quantidade de brometo de *terc*-butila diminui.
    a. Qual é a estrutura do produto de decomposição?
    b. Por que a quantidade de produto de decomposição aumenta com a temperatura?
    c. Por que o brometo de *terc*-butila se decompõe muito mais facilmente do que o cloreto de *terc*-butila?

EXPERIMENTO 22

Hidrólise de Alguns Cloretos de Alquila

Síntese de um halogeneto de alquila
Uso do funil de separação
Titulação
Cinética

Duas reações químicas são importantes neste experimento. A primeira é a preparação dos cloretos de alquila cujas velocidades de hidrólise serão determinadas. A obtenção do cloreto é uma reação simples de substituição nucleofílica feita em um funil de separação. Como a concentração inicial do cloreto de alquila não precisa ser determinada para o experimento cinético, o isolamento e a purificação do cloreto de alquila não são necessários.

$$ROH + HCl \longrightarrow RCl + H_2O$$

A segunda reação é a hidrólise do halogeneto. Nas condições deste experimento, a reação segue o mecanismo S_N1. A velocidade da reação é acompanhada pela medida da velocidade de aparecimento de ácido clorídrico. Neste experimento, a concentração de ácido clorídrico é determinada por titulação com hidróxido de sódio em água (Experimento 22, Parte B).

$$R-Cl + H_2O \xrightarrow{\text{solvente}} R-OH + HCl$$

A equação de velocidade da hidrólise $S_N 1$ de um cloreto de alquila é

$$+\frac{d[\text{HCl}]}{dt} = k[\text{RCl}] \tag{1}$$

Seja c a concentração inicial de RCl. No tempo t, x moles por litro do cloreto de alquila se decompuseram e x moles por litro de HCl se formaram. A concentração remanescente de cloreto de alquila no tempo t é igual a $c - x$. A equação de velocidade passa a ser

$$+\frac{dx}{dt} = k(c - x) \tag{2}$$

A integração dá

$$\ln\left(\frac{c}{c - x}\right) = kt \tag{3}$$

que, convertida em logaritmos decimais, é

$$2{,}303 \log\left(\frac{c}{c - x}\right) = kt \tag{4}$$

Esta é a equação de uma reta $y = mx + b$ com inclinação m e intercepto b igual a zero. Se a reação é de primeira ordem, um gráfico de $\log\{c/(c - x)\}$ versus t dará uma reta com inclinação $k/2{,}303$.

A computação do termo $c/(c - x)$ permanece um problema porque é experimentalmente difícil determinar a concentração do cloreto de alquila. Podemos, entretanto, determinar, por titulação com base, a concentração do ácido clorídrico produzido. Como a estequiometria da reação indica que o número de moles consumidos de cloreto de alquila é igual ao número de moles produzidos de ácido clorídrico, c deve ser também igual ao número de moles produzidos de HCl quando a reação se completa (a chamada concentração de HCl ao infinito) e x é igual ao número de moles de HCl produzido no tempo t. Podemos reescrever a expressão da velocidade integrada em termos do volume de base usado na titulação. No ponto final da titulação,

número de moles de HCl = número de moles de NaOH

ou

x = número de moles de NaOH no tempo t

e

c = número de moles de NaOH no tempo ∞

número de moles de NaOH = [NaOH]V

em que V é o volume. Substituindo e cancelando, tem-se

$$\left(\frac{c}{c - x}\right) = \frac{[\text{NaOH}]V_\infty}{[\text{NaOH}](V_\infty - V_t)}$$

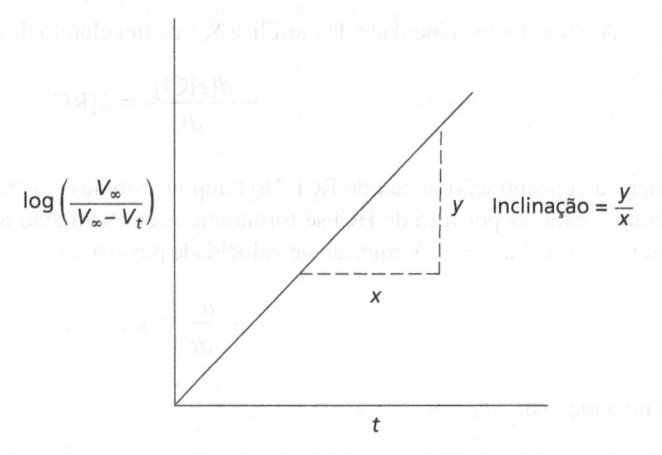

O gráfico de log[$V_\infty/(V_\infty - V_t)$] *versus* t é uma linha reta com inclinação igual a $k/2{,}303$.

em que V_∞ é o volume de NaOH utilizado quando a reação se completa e V_t é o volume de NaOH usado no tempo t. A equação da velocidade integrada passa a ser

$$2{,}303 \log\left(\frac{V_\infty}{V_\infty - V_t}\right) = kt$$

A concentração de base utilizada na titulação se cancela nesta equação, de modo que não é necessário conhecer nem a concentração de base nem a quantidade de cloreto de alquila usada no experimento.

O gráfico de log[$V_\infty/(V_\infty - V_t)$] *versus* t é uma linha reta com inclinação igual a $k/2{,}303$. A inclinação é determinada de acordo com a figura acima. Se o tempo é medido em minutos, a unidade de k é $\min^{-1}$. Os pontos experimentais usados no gráfico podem se espalhar um pouco, mas a linha desenhada é a melhor linha *reta*. A linha deve passar pela origem do gráfico. Em alguns casos, processos em competição podem introduzir alguma curvatura. Quando isto acontece, usa-se a inclinação da parte inicial da linha, antes da curvatura começar a ser importante.

Resumindo, o valor de c é determinado pelo valor final da concentração de HCl (c_∞) corrigido por subtração do valor *inicial* da concentração, isto é, antes de a reação começar ($c_\infty - c_0$). Neste experimento, imaginaremos que a concentração inicial é muito pequena e pode ser desprezada. Assim, c nas Equações 2-4 será igual a c_∞.

Uma outra grandeza muito citada em estudos cinéticos é a **meia-vida** da reação, τ. A meia-vida é o tempo necessário para a metade do reagente se converter em produtos. Durante a primeira meia-vida, 50% do reagente disponível se converte em produtos; no fim da segunda meia-vida, 75% do reagente foi consumido. Para uma reação de primeira ordem, a meia-vida é calculada por

$$\tau = \frac{\ln 2}{k} = \frac{0{,}69315}{k}$$

Os dois cloretos de alquila serão estudados em vários solventes pelo tipo de cloreto. Os resultados dos vários tipos serão comparados para estabelecer as reatividades relativas dos cloretos de alquila.

Leitura necessária

Revisão: Antes de começar este experimento, leia o material que trata dos métodos de cinética em seu livro-texto teórico.

Nova: Técnica 12 Extrações, Separações e Agentes de Secagem, especialmente a Seção 12.4

Instruções especiais

Vocês devem trabalhar em pares neste experimento para fazerem as medidas com rapidez. Alternem as tarefas em cada corrida: um parceiro deve fazer a titulação, e o outro, ler o relógio e registrar os dados.

> **Cuidado:** O ácido clorídrico concentrado é corrosivo. Evite o contato direto e evite respirar os vapores.

Sugestão para eliminação de resíduos

Coloque as soluções de cloretos de alquila em acetona que não foram usadas no recipiente reservado para os rejeitos orgânicos halogenados. As soluções em água produzidas neste experimento devem ser colocadas no recipiente adequado. A concentração de cloreto de alquila presente após a titulação na mistura de reação é muito baixa para exigir tratamento especial. Seu professor, entretanto, pode estabelecer outro procedimento para o tratamento dos resíduos.

Procedimento

PARTE A. PREPARAÇÃO DOS CLORETOS DE ALQUILA

Seleção de um álcool. As escolhas incluem o álcool *terc*-butílico (2-metil-2-propanol) e o álcool α-fenil-etílico (1-fenil-etanol). Coloque o álcool (11 mL) em um funil de separação de 125 mL juntamente com 25 mL de ácido clorídrico concentrado, gelado (gravidade específica 1,18; 37,3% de cloreto de hidrogênio). Agite o funil de separação vigorosamente, equalizando freqüentemente a pressão, por pelo menos 30 minutos. Remova a camada de água. Lave rapidamente a fase orgânica com três porções de 5 mL de água gelada e, em seguida, com uma porção de 5 mL de uma solução a 5% de bicarbonato de sódio. Coloque o produto orgânico em um frasco de Erlenmeyer pequeno juntamente com 3-4 g de cloreto de cálcio anidro. Agite eventualmente o frasco por pelo menos cinco minutos. Decante cuidadosamente o cloreto de alquila, separando-o do agente de secagem, para um frasco de Erlenmeyer pequeno dotado de uma tampa justa. O cloreto de alquila será usado neste experimento sem prévia destilação. Como a concentração verdadeira do cloreto de alquila que sofre hidrólise é determinada por titulação, não é necessário purificar o produto preparado nesta parte do experimento.

PARTE B. ESTUDO CINÉTICO DA HIDRÓLISE DE UM CLORETO DE ALQUILA

Como os cloretos se hidrolisam rapidamente nas condições usadas neste experimento, trabalhem em pares para fazer os estudos cinéticos. Um parceiro faz as titulações enquanto o outro mede o tempo e registra os resultados.

Prepare uma solução estoque de cloreto de alquila. Dissolva cerca de 0,6 g de cloreto de alquila em 50 mL de acetona seca de categoria reagente. Guarde esta solução em um recipiente com tampa para protegê-la da umidade. Use um frasco de Erlenmeyer de 125 mL para fazer a hidrólise. O frasco deve conter uma barra de agitação magnética, 50 mL de solvente (veja a Tabela Um para escolher o solvente apropriado) e duas ou três gotas do indicador azul de bromotimol. Use etanol absoluto para preparar o solvente etanol em água. Não use álcool desnaturado porque os agentes de desnaturação podem interferir nas reações em estudo. O azul de bromotimol tem cor amarela em meio ácido, e azul em meio alcalino.

Coloque acima do frasco uma bureta de 50 mL cheia de hidróxido de sódio 0,01 *M*. A concentração exata do hidróxido de sódio não precisa ser conhecida. Registre o volume inicial do hidróxido de sódio no tempo *t* igual a 0,0 minutos. Transfira cerca de 2 mL do hidróxido de sódio da bureta para o frasco de Erlenmeyer e registre com precisão o novo volume da bureta. Comece a agitação. No tempo

0,0 minutos, adicione rapidamente 1,0 mL da solução de cloreto de alquila em acetona contida em uma pipeta. Comece a registrar o tempo quando a pipeta estiver meio vazia. O indicador muda de cor, passando de azul a verde e, depois, a amarelo, quando se forma cloreto de hidrogênio suficiente para neutralizar o hidróxido de sódio que está no frasco. Registre o momento em que a cor mudou. A mudança de cor pode ser lenta. Tente usar a mesma cor como ponto final a cada vez. Transfira outra porção de 2 mL de hidróxido de sódio da bureta e registre com precisão o volume e o tempo que esta segunda porção de hidróxido de sódio leva para ser consumida. Repita a transferência de hidróxido de sódio por mais duas vezes (um total de quatro). Por fim, deixe a reação se completar por uma hora sem adicionar hidróxido de sódio em excesso. Mantenha o frasco fechado durante este tempo.

TABELA UM Condições experimentais

Composto	Misturas de solventes (percentagem em volume da fase orgânica em água)
Cloreto de *terc*-butila	Etanol a 40%
	Acetona a 25%
	Acetona a 10%
Cloreto de α-fenil-etila	Etanol a 50%
	Etanol a 40%
	Etanol a 35%

Quando a reação tiver terminado, titule *acuradamente* a quantidade de cloreto de hidrogênio em solução no ponto final. O ponto final é alcançado quando a cor da solução permanecer constante por 30 segundos, pelo menos. O tempo correspondente a este volume final é infinito ($t = \infty$). Repita o processo para as outras duas misturas de solventes indicadas na Tabela Um. Estes experimentos podem ser feitos enquanto você estiver esperando pela titulação ao infinito dos experimentos anteriores, desde que use uma bureta diferente para cada corrida, de modo a que se possa determinar com acurácia as concentrações de cloreto de hidrogênio.

Relatório

Prepare o relatório para seu professor. Inclua a constante de velocidade (k) e o tempo de meia-vida (τ) de cada corrida cinética e para cada solvente que você testou. O relatório deve incluir os gráficos, bem como uma tabela de dados. A Tabela Dois é um exemplo de tabela de amostra.

TABELA DOIS Hidrólise de cloreto de α-fenil-etila em etanol 50%

Tempo (min)	Volume de NaOH registrado	Volume de NaOH usado	$V_\infty - V_t$	$\dfrac{V_\infty}{V_\infty - V_t}$	$\ln\left(\dfrac{V_\infty}{V_\infty - V_t}\right)$
0,00	0,2	0,0	6,9	21,00	0,000
8,46	2,2	2,0	4,9	21,41	0,343
18,25	4,2	4,0	2,9	22,37	0,863
31,80	5,9	5,7	1,2	25,75	1,750
47,72	6,8	6,6	0,3	23,00	3,136
100 (∞)	7,1	6,9	0,0	...	...

Explique seus resultados, especialmente o efeito da mudança da percentagem de água do solvente na velocidade da reação. Se o professor o desejar, os resultados de toda a turma podem ser comparados.

QUESTÕES

1. Coloque em gráfico os dados da Tabela Dois. Determine a constante de velocidade e o tempo de meia-vida deste exemplo.
2. Quais são os subprodutos principais destas reações? Escreva as equações de velocidade dessas reações em competição. Será que a produção destes subprodutos ocorrerá na mesma velocidade que as reações de hidrólise? Explique.
3. Compare os diagramas de energia de uma reação S_N1 em solventes com duas percentagens diferentes de água. Explique as diferenças nos diagramas e seu efeito na velocidade de reação.
4. Compare as velocidades de hidrólise esperadas para o cloreto de *terc*-cumila (2-cloro-2-fenil-propano) e para o cloreto de α-fenil-etila (1-cloro-1-fenil-etano) no mesmo solvente. Explique as diferenças que poderiam ser esperadas.

EXPERIMENTO 23

Síntese de Brometo de *n*-Butila e Cloreto de *t*-Pentila

Síntese de halogenetos de alquila
Extração
Destilação simples

A síntese de dois halogenetos de alquila a partir de álcoois é a base destes experimentos. No primeiro, um halogeneto primário, o brometo de *n*-butila, é preparado segundo a equação 1.

$$CH_3\text{-}CH_2\text{-}CH_2\text{-}CH_2\text{-}OH + NaBr + H_2SO_4 \longrightarrow$$
Álcool *n*-butílico

$$CH_3\text{-}CH_2\text{-}CH_2\text{-}CH_2\text{-}Br + NaHSO_4 + H_2O \quad (1)$$
Brometo de *n*-butila

No segundo experimento um halogeneto terciário, o cloreto de *t*-pentila, é preparado de acordo com a equação 2.

$$CH_3-CH_2-\underset{\underset{\text{OH}}{|}}{\overset{\overset{\text{CH}_3}{|}}{C}}-CH_3 + HCl \longrightarrow CH_3-CH_2-\underset{\underset{\text{Cl}}{|}}{\overset{\overset{\text{CH}_3}{|}}{C}}-CH_3 + H_2O \quad (2)$$
Álcool *t*-pentílico   **Cloreto de *t*-pentila**

Estas reações mostram um contraste interessante de mecanismos. A síntese do brometo de *n*-butila segue um mecanismo S_N2, e a síntese do cloreto de *t*-pentila, um mecanismo S_N1.

BROMETO DE *N*-BUTILA

O halogeneto primário brometo de *n*-butila pode ser preparado facilmente pela reação do álcool *n*-butílico com brometo de sódio e ácido sulfúrico, segundo a equação 1. O brometo de sódio reage com o ácido sulfúrico para produzir o ácido bromídrico.

$$2\ NaBr + H_2SO_4 \longrightarrow 2\ HBr + Na_2SO_4$$

O excesso de ácido sulfúrico serve para deslocar o equilíbrio e acelerar a reação pelo aumento da concentração de ácido bromídrico. O ácido sulfúrico também protona o grupo hidroxila do álcool *n*-butílico e desloca a água, e não, o íon hidróxi, OH⁻. O ácido também protona a água produzida e a desativa como nucleófilo. A desativação da água impede a conversão do haleto de alquila de volta a álcool pelo ataque nucleofílico da água. A reação do substrato primário segue um mecanismo S_N2.

$$CH_3-CH_2-CH_2-CH_2-O-H + H^+ \xrightarrow{rápido} CH_3-CH_2-CH_2-CH_2-\overset{+}{\underset{H}{O}}-H$$

$$CH_3-CH_2-CH_2-CH_2-\overset{+}{\underset{H}{O}}-H + Br^- \xrightarrow[S_N2]{lento} CH_3-CH_2-CH_2-CH_2-Br + H_2O$$

Durante o isolamento do brometo de *n*-butila, o produto bruto é lavado sucessivamente com ácido sulfúrico, água e bicarbonato de sódio para remover resíduos de ácido ou álcool *n*-butílico.

CLORETO DE *T*-PENTILA

O halogeneto terciário cloreto de *t*-pentila pode ser preparado pela reação do álcool *t*-pentílico com ácido clorídrico concentrado, segundo a equação 2. A reação pode ser obtida facilmente por agitação dos dois reagentes em um funil de separação. Conforme a reação prossegue, o halogeneto de alquila, insolúvel, forma uma fase superior. A reação do substrato terciário segue um mecanismo S_N1.

$$CH_3-CH_2-\underset{\underset{OH}{|}}{\overset{\overset{CH_3}{|}}{C}}-CH_3 + H^+ \xrightarrow{rápido} CH_3-CH_2-\underset{\underset{\overset{+}{O}H_2}{|}}{\overset{\overset{CH_3}{|}}{C}}-CH_3$$

$$CH_3-CH_2-\underset{\underset{\overset{+}{O}H_2}{|}}{\overset{\overset{CH_3}{|}}{C}}-CH_3 \xrightarrow{lento} CH_3-CH_2-\underset{+}{\overset{\overset{CH_3}{|}}{C}}-CH_3 + H_2O$$

$$CH_3-CH_2-\underset{+}{\overset{\overset{CH_3}{|}}{C}}-CH_3 + Cl^- \xrightarrow{rápido} CH_3-CH_2-\underset{\underset{Cl}{|}}{\overset{\overset{CH_3}{|}}{C}}-CH_3$$

Uma pequena quantidade de alqueno, o 2-metil-2-buteno, também se forma como um subproduto da reação. Se ácido sulfúrico tivesse sido usado, como no caso do brometo de *n*-butila, uma quantidade muito maior do alqueno seria produzida.

Leitura necessária

Revisão: Técnicas 5, 6, 7, 12 e 14

Instruções especiais

> **Cuidado:** Tenha muito cuidado com o ácido sulfúrico concentrado, ele causa queimaduras graves.

A critério de seu professor, siga o procedimento do brometo de *n*-butila ou o do cloreto de *t*-pentila, ou ambos.

Sugestão para eliminação de resíduos

Coloque todas as soluções produzidas em água neste experimento no recipiente apropriado. Se o professor pedir-lhe que você descarte seu halogeneto de alquila, coloque-o no recipiente destinado aos halogenetos de alquila. Note que o professor pode dar instruções diferentes destas para a eliminação de resíduos.

EXPERIMENTO 23A

Brometo de *n*-Butila

Procedimento

Preparação do Brometo de n-Butila. Coloque 17,0 g de brometo de sódio em um balão de fundo redondo de 100 mL e adicione 17 mL de água e 10,0 mL de álcool n-butílico (1-butanol, $PM = 74{,}1$; $d = 0{,}81$ g/mL). Resfrie a mistura em um banho de gelo e adicione lentamente 14 mL de ácido sulfúrico concentrado, com agitação, mantendo o balão no banho de gelo. Adicione pérolas de vidro à mistura e monte a aparelhagem de refluxo com retentor como na figura abaixo. A água do bécher absorve o gás brometo de hidrogênio que se forma durante a reação. Ferva a mistura cuidadosamente por 60-75 minutos.

Extração. Remova a fonte de calor e deixe a aparelhagem esfriar até que você possa separar o balão sem queimar seus dedos.

> **Nota:** Não deixe a mistura de reação esfriar até a temperatura normal. Complete a operação deste parágrafo o mais rapidamente possível. Se não, pode ocorrer precipitação de sais, tornando a operação mais difícil de executar.

Separe o balão de fundo redondo e derrame cuidadosamente a mistura de reação em um funil de separação de 125 mL. A camada de brometo de *n*-butila deve estar no topo. Se a reação não tiver se completado, o restante do álcool *n*-butílico poderá formar uma *segunda camada orgânica* acima da camada de brometo de *n*-butila. Trate ambas as camadas orgânicas como se fossem uma só. Retire do funil a camada inferior de água.

Separe as duas camadas, a orgânica e a de água, como descrito nas instruções seguintes. Entretanto, para ter certeza de que você não vai descartar a camada errada, é uma boa idéia adicionar uma gota de água à camada que você planeja descartar. Se a gota de água se dissolver no líquido você pode confiar que se trata da camada de água. Adicione 14 mL de H_2SO_4 9 *M* ao funil de separação e agite a mistura (Técnica 12, Seção 12.4, página 598). Deixe as camadas se separarem. Como um eventual resíduo de álcool *n*-butílico será extraído pela solução de H_2SO_4, restará

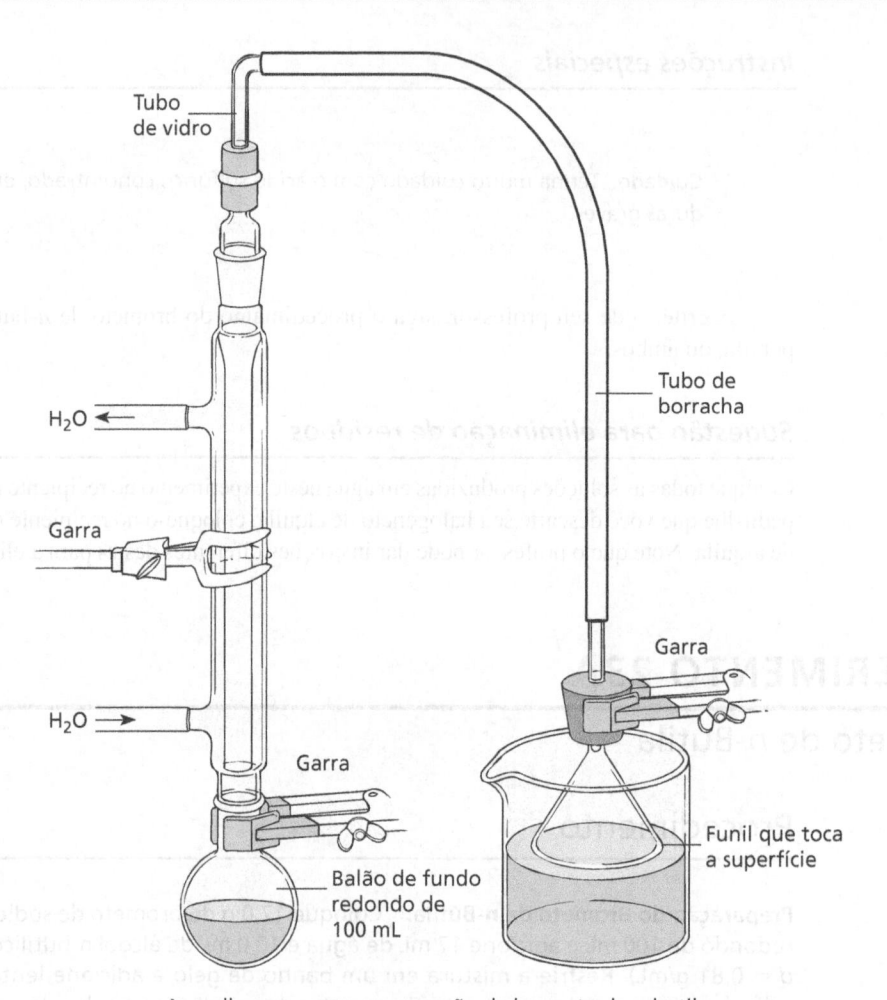

Aparelhagem para a preparação de brometo de *n*-butila.

apenas uma camada orgânica, que deve ser a camada superior. Retire e descarte a camada inferior de água.

Coloque 14 mL de H₂O no funil de separação. Tampe o funil e agite, equalizando eventualmente a pressão. Deixe as camadas se separarem. Transfira a camada inferior que contém o brometo de *n*-butila ($d = 1,27$ g/mL) para um bécher pequeno. Descarte a camada de água após certificar-se de que a camada correta foi guardada. Recoloque o halogeneto de alquila no funil e adicione 14 mL de uma solução saturada de bicarbonato de sódio, um pouco de cada vez, com agitação suave. Tampe o funil e agite mais vigorosamente por 1 minuto, equilibrando a pressão com freqüência. Transfira a camada inferior que contém o halogeneto de alquila para um frasco de Erlenmeyer seco. Adicione 1,0 g de cloreto de cálcio anidro para secar a solução (Técnica 12, Seção 12.9, página 606). Tampe o frasco e agite suavemente até que o líquido fique *límpido*. O processo de secagem pode ser acelerado por um leve aquecimento da mistura em um banho de vapor.

Destilação. Use uma pipeta Pasteur para transferir o líquido límpido para um balão de fundo redondo de 25 mL, *seco*. Adicione pérolas de vidro e destile o brometo de *n*-butila bruto em uma aparelhagem *seca* (Técnica 14, Seção 14.1, Figura 14.1, página 623). Colete o material que ferve entre 94°C e 102°C. Pese o produto, calcule o rendimento percentual e determine o ponto de ebulição em escala pequena. Obtenha o espectro de infravermelho do produto entre placas de sal (Técnica 25, Seção 25.2, página 739). Entregue ao professor o restante de sua amostra em um frasco identificado, juntamente com o espectro de infravermelho, ao submeter seu relatório.

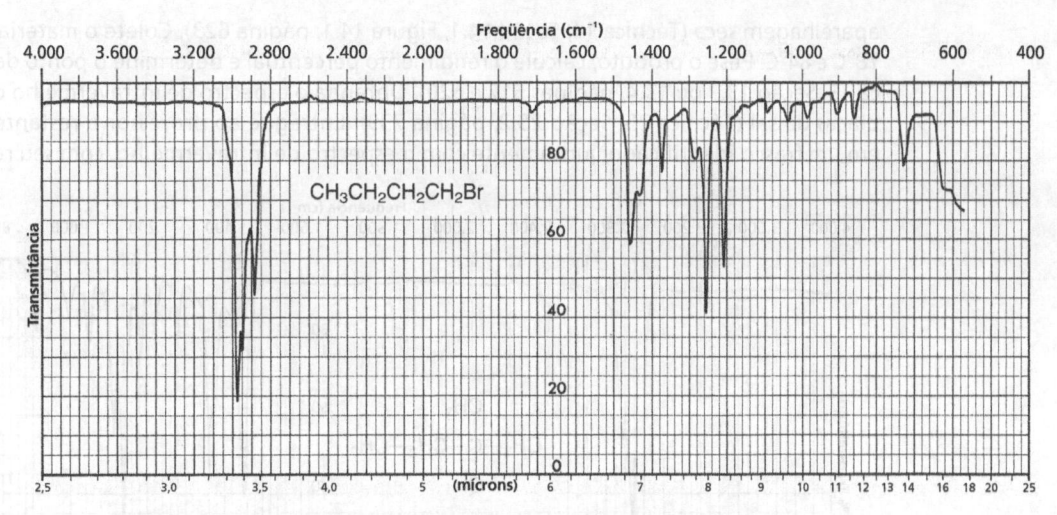

Espectro de infravermelho do brometo de *n*-butila (puro).

EXPERIMENTO 23B

Cloreto de *t*-Pentila

Procedimento

Preparação do Cloreto de *t*-Pentila. Coloque 10,0 mL de álcool *t*-pentílico (2-metil-2-butanol; PM = 88,2; $d = 0,805$) e 25 mL de ácido clorídrico concentrado ($d = 1,18$ g/mL) em um funil de separação de 125 mL. Não tampe o funil. Agite suavemente por cerca de 1 minuto a mistura que está no funil de separação e após tampe o funil e o inverta cuidadosamente. Abra a torneira imediatamente, sem agitação, para aliviar a pressão. Feche a torneira novamente e agite o funil várias vezes, equalizando a pressão (Técnica 12, Seção 12.4, página 598). Agite o funil por 2-3 minutos, equalizando a pressão ocasionalmente. Deixe a mistura em repouso no funil até a separação completa das duas camadas. O cloreto de *t*-pentila ($d = 0,865$ g/mL) deve estar na camada superior, mas certifique-se disto adicionando algumas gotas de água. A água deve dissolver-se na camada inferior de água. Retire a camada inferior e descarte-a.

Extração. A operação deste parágrafo deve ser feita o mais rapidamente possível porque o cloreto de *t*-pentila é instável em água e na solução de bicarbonato de sódio. Ele se hidrolisa facilmente a álcool. Nas próximas etapas, a camada orgânica deve estar no topo, mas certifique-se disto adicionando algumas gotas de água. Lave (agite) a camada orgânica com 10 mL de água. Separe as camadas e retire a camada de água depois de verificar se a camada correta está sendo retida. Adicione ao funil uma porção de 10 mL de bicarbonato de sódio a 5% em água. Agite suavemente o funil (destampado) até misturar completamente o conteúdo. Tampe o funil e inverta-o cuidadosamente. Equalize a mistura pela torneira. Agite cuidadosamente o funil de separação, equalizando a pressão com freqüência. Em seguida, agite o funil mais vigorosamente, com equalização de pressão, por cerca de 1 minuto. Deixe que as camadas se separem e retire a camada inferior de água. Lave (agite) a camada orgânica com uma porção de 10 mL de água e retire a camada inferior de água.

Transfira a camada orgânica para um frasco de Erlenmeyer pequeno, seco, derramando o líquido pela parte superior do funil de separação. Seque o cloreto de *t*-butila bruto sobre 1,0 g de cloreto de cálcio anidro até que ele esteja límpido (Técnica 12, Seção 12.9, página 606). Agite suavemente o halogeneto de alquila com o agente secante para facilitar a operação.

Destilação. Use uma pipeta Pasteur para transferir o líquido límpido para um balão de fundo redondo de 25 mL, *seco*. Adicione pérolas de vidro e destile o cloreto de *t*-pentila bruto em uma aparelhagem *seca* (Técnica 14, Seção 14.1, Figura 14.1, página 623). Colete o material que ferve entre 78°C e 84°C. Pese o produto, calcule o rendimento percentual e determine o ponto de ebulição (Técnica 13, Seção 13.3 ou 13.4, páginas 617 e 620). Obtenha o espectro de infravermelho do produto entre placas de sal (Técnica 25, Seção 25.2, página 739). Entregue ao professor o restante de sua amostra em um frasco identificado, juntamente com o espectro de infravermelho, com seu relatório.

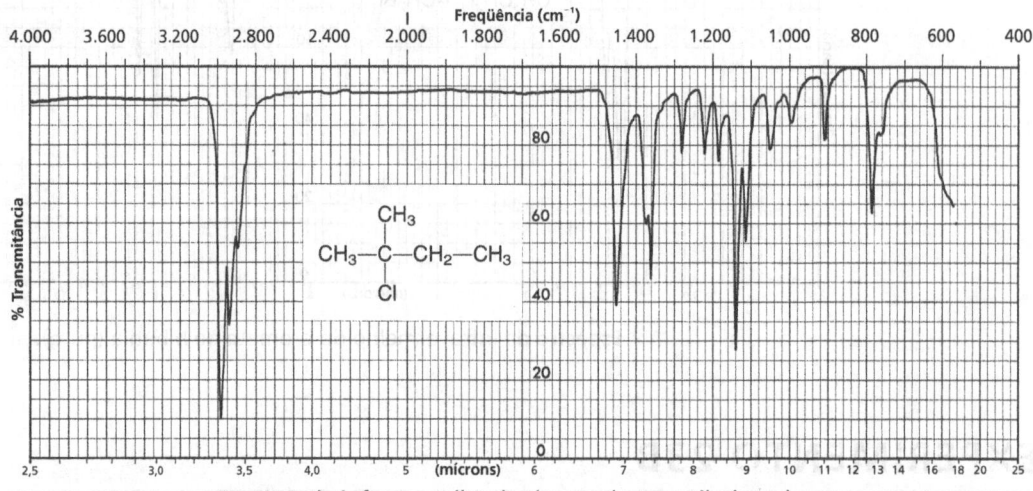

Espectro de infravermelho do cloreto de *t*-pentila (puro).

QUESTÕES

Brometo de *n*-butila

1. Quais são as fórmulas dos sais que podem precipitar quando a mistura de reação esfria?
2. Por que a camada de halogeneto de alquila muda de posição, da parte superior para a inferior no ponto em que a água é usada para extrair a camada orgânica?
3. Um éter e um alqueno são subprodutos desta reação. Dê as estruturas destes subprodutos e os mecanismos de sua formação.
4. Foi usado bicarbonato de sódio em água para lavar o brometo de *n*-butila bruto.
   a. Qual é o propósito da lavagem? Dê as equações.
   b. Por que seria indesejável lavar o halogeneto bruto com hidróxido de sódio em água?
5. Procure a densidade do cloreto de *n*-butila (1-cloro-butano). Imagine que este halogeneto de alquila foi preparado em vez do brometo. Decida se o cloreto de alquila iria ficar na camada superior ou na camada inferior em cada etapa da separação: após o refluxo, após a adição de água e após a adição de bicarbonato de sódio.
6. Por que se deve secar cuidadosamente o halogeneto de alquila com cloreto de cálcio anidro antes da destilação? (Sugestão: Veja a Técnica 15, Seção 15.8.)

Cloreto de *t*-pentila

1. Foi usado bicarbonato de sódio em água para lavar o cloreto de *t*-pentila bruto.
   a. Qual é o propósito da lavagem? Dê as equações.
   b. Por que seria indesejável lavar o halogeneto bruto com hidróxido de sódio em água?
2. Um pouco de 2-metil-2-buteno pode ser um subproduto da reação. Dê um mecanismo para sua produção
3. Como o álcool *t*-pentílico que não reagiu é removido neste experimento? Veja a solubilidade do álcool e do halogeneto de alquila em água.
4. Por que deve-se secar cuidadosamente o halogeneto de alquila com cloreto de cálcio anidro antes da destilação? (Sugestão: Veja a Técnica 15, Seção 15.8.)
5. Será que o cloreto de *t*-pentila (2-cloro-2-metil-butano) flutua na superfície da água? Veja sua densidade em um manual de laboratório.

EXPERIMENTO 24

4-Metil-ciclo-hexeno

Preparação de um alqueno
Desidratação de um álcool
Destilação
Testes do bromo e do permanganato para insaturação

$$\text{4-Metil-ciclo-hexanol} \xrightarrow[\Delta]{H_3PO_4/H_2SO_4} \text{4-Metil-ciclo-hexeno} + H_2O$$

A desidratação é uma reação catalisada por ácidos minerais fortes concentrados, como os ácidos sulfúrico e fosfórico. O ácido protona o grupo hidroxila dos álcoois, permitindo sua dissociação como água. A perda de um próton do intermediário (eliminação) leva a um alqueno. Como o ácido sulfúrico causa, com freqüência, muita carbonização, o ácido fosfórico, comparativamente livre deste problema, é uma escolha melhor. Para que a reação ocorra mais rapidamente, entretanto, você usará também uma pequena quantidade de ácido sulfúrico.

O equilíbrio desta reação será deslocado na direção desejada por destilação do produto da mistura de reação assim que formado. O 4-metil-ciclo-hexeno (pe 101-102°C) codestila com a água que também se forma. A remoção contínua dos produtos permite isolar o 4-metil-ciclo-hexeno em alto rendimento. Como o material inicial, o 4-metil-ciclo-hexanol, tem ponto de ebulição relativamente baixo (pe 171-173°C), a destilação deve ser feita cuidadosamente para que o álcool não destile também.

Inevitavelmente, uma pequena quantidade de ácido fosfórico codestila com o produto. Ele é removido pela lavagem do destilado com uma solução saturada de cloreto de sódio. Esta etapa também remove parcialmente a água da camada de 4-metil-ciclo-hexeno. O processo de secagem se completa pelo tratamento com sulfato de sódio anidro.

Compostos que contêm ligações duplas reagem com uma solução de bromo (vermelha), descolorando-a. Eles reagem também com uma solução de permanganato de potássio (púrpura) que perde a cor com precipitação de um precipitado castanho (MnO_2). Estas reações são freqüentemente utilizadas como testes qualitativos para determinar a presença de ligações duplas em moléculas orgânicas (veja o Experimento 55). Ambos os testes serão feitos no 4-metil-ciclo-hexeno formado neste experimento.

$$\underset{\text{(incolor)}}{\overset{Br_2}{\longleftarrow}} \underset{\text{(vermelho)}}{} \text{4-metil-ciclo-hexeno} \xrightarrow[\text{(violeta)}]{KMnO_4} \underset{\text{(incolor)}}{\text{diol}} + MnO_2 \text{ (castanho)}$$

Leitura necessária

Revisão: Técnicas 5 e 6
Técnica 12   Extrações, Separações e Agentes de Secagem, Seções 12.7 e 12.9
Nova: Técnica 14   Destilação Simples

Se fizer a espectroscopia de infravermelho opcional, leia também a

Técnica 25   Espectroscopia de Infravermelho

Instruções especiais

Os ácidos fosfórico e sulfúrico são muito corrosivos. Não deixe que toquem sua pele.

Sugestão para eliminação de resíduos

Elimine as soluções em água colocando-as no recipiente a elas reservado. Os resíduos da primeira destilação podem ser colocados neste mesmo recipiente. Elimine as soluções restantes após o teste do bromo no recipiente destinado aos resíduos *halogenados*. As soluções restantes após o teste do permanganato de potássio devem ser colocadas em um recipiente especificamente destinado aos resíduos de permanganato de potássio.

Procedimento

Montagem da Aparelhagem. Coloque 7,5 mL de 4-metil-ciclo-hexanol ($PM = 114,2$) em um balão de fundo redondo, tarado, de 50 mL. Pese novamente o balão para determinar o peso acurado do álcool. Adicione 2,0 mL de ácido fosfórico a 85% e 30 gotas (0,40 mL) de ácido sulfúrico concentrado ao conteúdo do balão. Misture vigorosamente os líquidos com um bastão de vidro e adicione pérolas de vidro. Monte uma aparelhagem de destilação semelhante à da Técnica 14, Figura 14.1, página 623 (omita o condensador), usando um balão de 25 mL para receber o destilado. Coloque este balão em um banho de água e gelo para reduzir a possibilidade de escape de vapores de 4-metil-ciclo-hexeno.

Desidratação. Faça passar a água de resfriamento pelo condensador e aqueça a mistura com uma manta de aquecimento até que o produto comece a destilar. Colete o destilado no balão. O aquecimento deve ser regulado de modo que a destilação leve cerca de 30 minutos. Se a destilação for muito rápida, a reação ficará incompleta e muito material de partida, o 4-metil-ciclo-hexanol, será recuperado. Continue a destilação até que não haja mais formação de gotas de destilado. O destilado contém 4-metil-ciclo-hexeno e água.

Isolamento e Secagem do Produto. Transfira o destilado para um tubo de centrífuga com a ajuda de 1 ou 2 mL de solução saturada de cloreto de sódio. Deixe que as camadas se separem e remova a camada inferior de água com uma pipeta Pasteur (descarte-a). Use uma pipeta Pasteur seca para transferir a camada orgânica restante do tubo de centrífuga para um frasco de Erlenmeyer contendo uma pequena quantidade de sulfato de sódio em grãos. Tampe o frasco e deixe-o em repouso por 10-15 minutos para remover traços de água. Neste intervalo, lave e seque a aparelhagem de destilação usando pequenas quantidades de acetona e uma corrente de ar para ajudar a secagem.

Destilação. Transfira o máximo possível do líquido seco para um balão de fundo redondo de 50 mL limpo e seco. Tome cuidado para não arrastar o agente de secagem. Adicione pérolas de vidro ao balão e monte novamente a aparelhagem de destilação usando um balão de 25 mL de peso conhecido para receber o destilado. Como o 4-metil-ciclo-hexeno é muito volátil, você obterá melhor rendimento se esfriar o balão de recepção do destilado em um banho de água e gelo.

Use uma manta de aquecimento para destilar o 4-metil-ciclo-hexeno, coletando o material que ferve na faixa de 100-105°C. Registre em seu caderno de laboratório a faixa de destilação observada. Muito pouco ou nenhum líquido destilará antes do 4-metil-ciclo-hexano, e muito pouco líquido restará no balão de destilação no fim da operação. Pese novamente o balão de coleta para saber a quantidade de produto. Calcule o rendimento percentual de 4-metil-ciclo-hexeno ($PM = 96,2$).

Espectroscopia. A critério do professor, obtenha o espectro de infravermelho do 4-metil-ciclo-hexeno (Técnica 25, Seção 25.2, página 739 ou 25.3, página 741). Como o 4-metil-ciclo-hexeno é muito volátil, você deve trabalhar depressa para obter um bom espectro se usar placas de sal.

Experimento 24 4-Metil-ciclo-hexeno 175

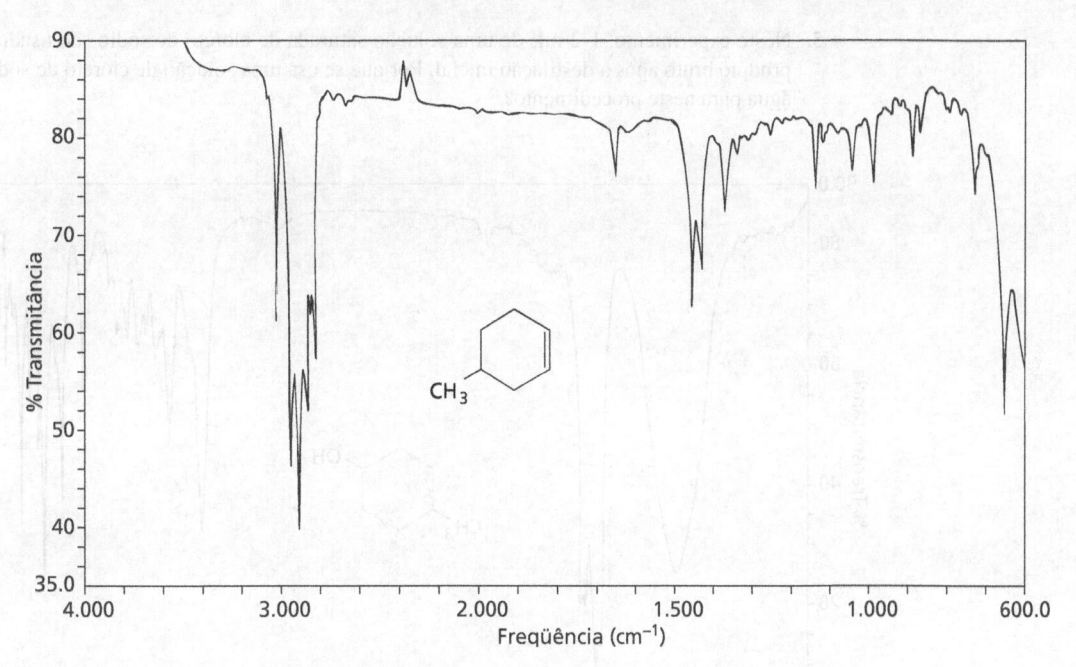

Espectro de infravermelho do 4-metil-ciclo-hexeno (puro).

Compare o espectro com o mostrado neste experimento. Após fazer os testes seguintes, entregue sua amostra, juntamente com o relatório, ao professor.[1]

TESTES PARA INSATURADOS

Coloque 4-5 gotas de 4-metil-ciclo-hexanol em dois tubos de ensaio pequenos, separadamente. Coloque em dois outros tubos de ensaio pequenos, separadamente, 4-5 gotas do 4-metil-ciclo-hexeno que você preparou. Tome um tubo de ensaio de cada grupo e adicione uma solução de bromo em tetracloreto de carbono ou em cloreto de metileno, gota a gota, até que a cor vermelha não descore mais. Registre o resultado, incluindo o número de gotas necessário. Teste os dois tubos de ensaio restantes com uma solução de permanganato de potássio. Use o mesmo procedimento. Como o permanganato de potássio não é miscível com compostos orgânicos, você terá de adicionar cerca de 0,3 mL de 1,2-dimetóxi-etano a cada tubo antes de fazer o teste. Registre seus resultados e explique-os.

QUESTÕES

1. Proponha um mecanismo para a desidratação do 4-metil-ciclo-hexanol catalisada pelo ácido fosfórico.
2. Qual é o alqueno produzido em maior quantidade pela desidratação dos seguintes álcoois?
   a. Ciclo-hexanol
   b. 1-Metil-ciclo-hexanol
   c. 2-Metil-ciclo-hexanol
   d. 2,2-Dimetil-ciclo-hexanol
   e. 1,2-Ciclo-hexanodiol (*Sugestão*: Leve em conta a tautomeria ceto-enólica.)
3. Compare e interprete os espectros de infravermelho do 4-metil-ciclo-hexeno e do 4-metil-ciclo-hexanol.
4. Identifique as vibrações de C–H fora do plano no espectro do 4-metil-ciclo-hexeno. Que informações estruturais podem ser obtidas destas bandas?

---

[1] O produto da destilação também pode ser analisado por cromatografia a gás. Descobrimos que quando se usa cromatografia a gás-espectrometria de massas para analisar os produtos desta reação, é possível observar a presença de isômeros de metil-ciclo-hexeno. Estes isômeros provêm de reações de rearranjo que ocorrem durante a desidratação.

5. Neste experimento, 1-2 mL de uma solução saturada de cloreto de sódio são usados para transferir o produto bruto após a destilação inicial. Por que se usa uma solução de cloreto de sódio saturada, e não, água pura neste procedimento?

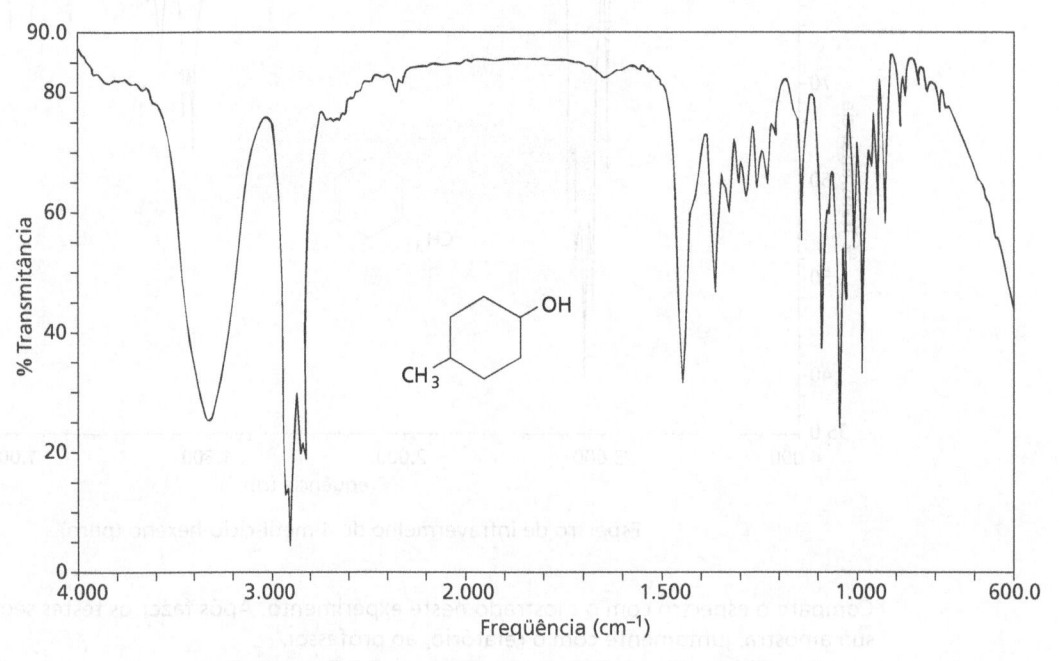

Espectro de infravermelho do 4-metil-ciclo-hexanol (puro).

EXPERIMENTO 25

Catálise por Transferência de Fase: Adição de Dicloro-carbeno ao Ciclo-hexeno

Formação de carbeno
Catálise por transferência de fase

Sabe-se, há muito tempo, que um halofórmio CHX_3 reage com uma base forte e produz uma espécie muito reativa, um carbeno CX_2, segundo as reações 1 e 2. Este carbeno se adiciona à ligação dupla de um alqueno para formar um anel de ciclo-propano (reação 3).

$$X_2CH-X + {}^-{:}\ddot{O}-H \rightleftharpoons X_2C{:}^- {+} H\ddot{O}H \tag{1}$$

$$X_2C{:}^- \underset{\text{lento}}{\rightleftharpoons} X-C{:} + {:}\ddot{X}{:}^- \tag{2}$$

$$X-C: + C=C \longrightarrow -\overset{|}{C}-\overset{|}{C}- \qquad (3)$$
$$\underset{X}{|}\underset{\underset{XX}{C}}{|}$$

A reação é feita, tradicionalmente, em *uma fase homogênea* no álcool *t*-butílico anidro como solvente, usando o íon *t*-butóxido como base [*t*-Bu = $C(CH_3)_3$].

$$HCX_3 + {}^-Ot\text{-Bu} + C=C \xrightarrow[\text{(solvente)}]{t\text{-BuOH}} -\overset{|}{\underset{\underset{XX}{C}}{C}}-\overset{|}{C}- + HOt\text{-Bu} + X^-$$
Halofórmio

Infelizmente, esta técnica requer tempo e muito trabalho para dar bons resultados. Além disto, deve-se evitar a presença de água para impedir a conversão do halofórmio e do carbeno em íon formato e monóxido de carbono, respectivamente, através das reações indesejáveis 4 e 5.

$$H-\overset{\overset{X}{|}}{\underset{\underset{X}{|}}{C}}-X + 2\,H_2O \longrightarrow H-\overset{\overset{}{|}}{\underset{\underset{O}{\|}}{C}}-OH + 3\,HX \qquad (4)$$

$$H-\underset{\underset{O}{\|}}{C}-OH + {}^-OH \longrightarrow H-\underset{\underset{O}{\|}}{C}-O^- + H_2O$$

$$:CX_2 + H_2O \xrightarrow{{}^-OH} :C\equiv O + 2\,HX \qquad (5)$$

CATÁLISE COM SAIS QUATERNÁRIOS DE AMÔNIO

Uma alternativa à reação homogênea é fazer a reação em *duas fases*: a fase orgânica contendo o alqueno e o halofórmio CHX_3 e a fase de água contendo a base OH^-. Infelizmente, nestas condições, a reação é muito lenta, porque os dois reagentes primários, CHX_3 e OH^-, estão em fases diferentes. A velocidade da reação pode ser, entretanto, substancialmente aumentada pela adição de um sal quaternário de amônio, como o cloreto de benzil-trietilamônio, como **catalisador de transferência de fase**.

$$\text{Ph}-CH_2-\overset{\overset{CH_2CH_3}{|}}{\underset{\underset{CH_2CH_3}{|}}{\overset{+}{N}}}-CH_2CH_3 \quad Cl^-$$

Um catalisador de transferência de fase: Cloreto de benzil-trietilamônio.

Outros catalisadores comuns são o bissulfato de tetrabutilamônio, o cloreto de trioctil-metilamônio e o cloreto de cetil-trimetilamônio. Todos estes catalisadores, incluindo o cloreto de benzil-trietilamônio, têm pelo menos 13 carbonos. O grande número de átomos da carbono dá ao catalisador caráter orgânico (hidrofóbico) e solubilidade na fase orgânica. Ao mesmo tempo, o catalisador têm caráter iônico (hidrofílico) e pode se solubilizar na fase água.

Devido a esta natureza *dual*, o cátion volumoso pode cruzar a interface eficientemente e transportar um íon hidróxido da fase da água para a fase orgânica (veja a figura seguinte). Enquanto estiver na fase orgânica, o íon hidróxido reage com o halofórmio para dar o di-halocarbeno pelas reações 1 e

2. A água, produto da reação, passa da fase orgânica para a fase de água, mantendo a concentração de água na fase orgânica em nível muito baixo. Por causa disto, a água não interfere na reação desejada do carbeno com o alqueno (reação 3). Isto faz com que as reações indesejadas 4 e 5 sejam reduzidas. Por fim, o íon halogeneto, que também é produzido nas reações 1 e 2 é transportado pelo cátion tetraalquilamônio para a fase de água. Assim, a neutralidade elétrica se mantém, e o catalisador de transferência de fase, R_4N^+, retorna à fase de água para repetir o procedimento. A figura nesta página sumariza o processo global. O processo ocorre, provavelmente, na interface, e não, no interior da fase orgânica.

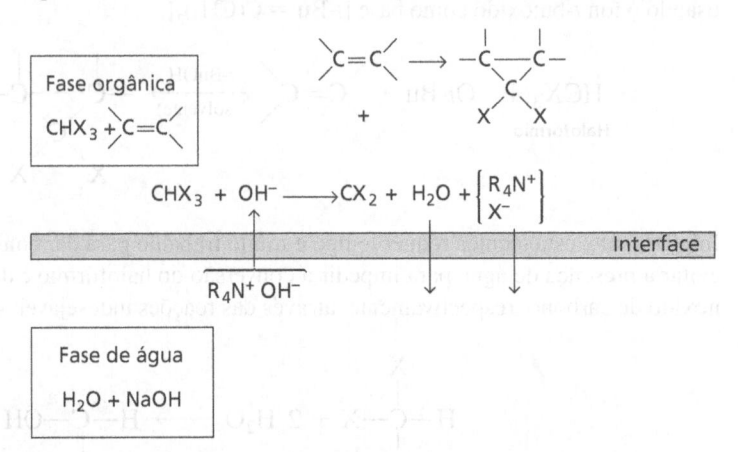

$$\text{Fase orgânica: } CHX_3 + \text{C=C} \longrightarrow -\overset{|}{\underset{X}{C}}-\overset{|}{\underset{X}{C}}-$$

$$CHX_3 + OH^- \longrightarrow CX_2 + H_2O + \begin{bmatrix} R_4N^+ \\ X^- \end{bmatrix}$$

Interface

$R_4N^+ OH^-$

Fase de água: $H_2O + NaOH$

Uma reação em duas fases. A fase orgânica contém o alqueno e o halofórmio, CHX_3. A fase de água contém a base, OH^-.

Existem muitos exemplos de outras reações que podem ser aceleradas efetivamente por um sal quaternário de amônio ou por outros agentes de transferência de fase (veja Referências). Estas reações envolvem, com freqüência, técnicas experimentais simples, ocorrem em tempos de reação inferiores aos das reações não-catalisadas e evitam os solventes apróticos relativamente caros, muito usados nas reações em uma fase. São exemplos destas reações

Síntese de éteres
$$ROH + R'Cl \xrightarrow[NaOH \text{ aq.}]{\text{catalisador}} ROR'$$

Síntese de nitrilas
$$R-Cl + CN^- \xrightarrow[H_2O]{\text{catalisador}} RCN$$

Reações de oxidação
$$\underset{H}{\overset{R}{>}}C=C\underset{H}{\overset{R}{<}} + K^+MnO_4^- \xrightarrow{\text{catalisador}} \underset{H}{\overset{R}{\underset{OH}{>}}}C-C\underset{OH}{\overset{R}{\underset{H}{<}}}$$

Reações de alquilação
$$PhCH_2\underset{O}{\overset{\|}{C}}CH_3 + RBr \xrightarrow[NaOH \text{ aq.}]{\text{catalisador}} PhCH\underset{R}{\overset{}{|}}\underset{O}{\overset{\|}{C}}CH_3$$

Reações de Wittig
$$\underset{R}{\overset{R}{>}}C=O + Ph_3^+P-CH_2-R \xrightarrow[NaOH \text{ aq.}]{\text{catalisador}} \underset{R}{\overset{R}{>}}C=C\underset{R}{\overset{H}{<}}$$

Sais de fosfônio agem como catalisadores.

Nucleofilicidade aumentada Os ânions são muito solvatados em água e são nucleófilos fracos em algumas reações S_N2. Quando transportado para a fase orgânica pelo catalisador R_4N^+, o íon X^- não está mais solvatado pela água e sua reatividade aumenta.

CATALISADORES ÉTERES-COROA

Uma outra classe importante de catalisadores de transferência de fase incluem os éteres-coroa (que não serão usados neste experimento). Os éteres-coroa são usados para dissolver sais orgânicos e inorgânicos de metais alcalinos em solventes orgânicos. O éter-coroa complexa o cátion e lhe fornece uma proteção externa orgânica (hidrofóbica) que o torna solúvel em solventes orgânicos. O ânion é transportado para a solução como contra-íon. Um exemplo de éter-coroa é o diciclo-hexil-18-coroa-6. O permanganato de potássio complexado com o éter-coroa é solúvel em benzeno e é conhecido como "benzeno violeta". Ele é muito útil em reações de oxidação. Os éteres-coroa catalisam muitos dos tipos de reações listadas na seção que trata dos sais quaternários de amônio como catalisadores. Os ésteres-coroa são muito caros em relação aos sais de amônio e não são tão usados nas reações em escala maior. Em alguns casos, entretanto, estes éteres podem ser necessários para aumentar a eficiência e o rendimento das reações.

$$\text{(diciclo-hexil-18-coroa-6)} + K^+MnO_4^- \longrightarrow [\text{complexo K}^+]\ MnO_4^-$$

O EXPERIMENTO

Neste experimento você preparará o 7,7-dicloro-biciclo[4.1.0]-heptano, também conhecido como 7,7-dicloro-norcarano, pela reação

$$\text{ciclo-hexeno} + CHCl_3 + OH^- \longrightarrow \text{7,7-dicloro-norcarano} + H_2O + Cl^-$$

Clorofórmio, $CHCl_3$, e base são usados em excesso nesta reação. Embora a maior parte do clorofórmio reaja para dar o 7,7-dicloro-norcarano via intermediário carbeno, uma porção significativa é hidrolisada pela base a íon formato e monóxido de carbono (equações 4 e 5, páginas 177). Bromofórmio, $CHBr_3$, pode ser usado para preparar o análogo 7,7-dibromo-norcarano via dibromo-carbeno.

Leitura necessária

Revisão: Técnica 12

Nova: Técnica 25   Espectroscopia de Infravermelho
        Técnica 26   Espectroscopia de Ressonância Magnética Nuclear
        Técnica 27   Espectroscopia de Ressonância Magnética Nuclear de Carbono-13

Instruções especiais

> **Cuidado:** Clorofórmio pode ser cancerígeno. Não deixe que ele toque sua pele e não respire o vapor.

Este experimento deve ser todo feito em uma capela. Evite todo contato com o hidróxido de sódio 50% em água porque ele é cáustico.

Sugestão para eliminação de resíduos

Coloque todas as soluções em água produzidas neste expermento no recipiente a elas reservado. Seu professor pode sugerir um modo diferente de eliminar os resíduos.

Procedimento

> **Cuidado:** O clorofórmio e o ciclo-hexeno devem ser guardados em capela. Evite contato com estas substâncias e não respire seus vapores. Faça todas as operações na capela.

Mistura de Reação. Pese um balão de fundo redondo de 25 mL com tampa de vidro. Transfira, na capela, 2,0 mL de ciclo-hexeno (*PM* = 82,2) para o balão. Tampe o balão e pese-o novamente para determinar o peso de ciclo-hexeno. Adicione 5,0 mL de solução de hidróxido de sódio a 50%[1] em água ao balão, tendo o cuidado de não molhar a junta de vidro.

Adicione, na capela, 5,0 mL de clorofórmio (*PM* = 119,4; *d* = 1,49 g/mL). Coloque uma barra de agitação magnética no balão. Pese 0,20 g do catalisador de transferência de fase, o cloreto de benzil-trietilamônio, em um pedaço de papel liso e *feche a garrafa imediatamente*. (Ele é higroscópico!)[2] Coloque o catalisador no balão e tampe-o.

Período de Reação. Prepare, na capela, um banho de água em 40°C usando um bécher de 250 mL e uma placa de aquecimento. Monte uma aparelhagem de refluxo como mostrado na Técnica 7, Figura 7.6A, página 535. Prenda o condensador de modo a que o balão fique imerso no banho de água. Agite a mistura o mais *rapidamente* possível por 1 hora. Forma-se uma emulsão.

Extração do Produto. Após esse tempo, remova o balão do banho de água e deixe a mistura de reação esfriar até a temperatura normal. Derrame a mistura em um bécher pequeno e remova a barra de agitação. Transfira a mistura para um funil de separação de 125 mL. Adicione 8 mL de água e 5 mL de cloreto de metileno à mistura. Agite, equalizando a pressão por cerca de 30 segundos, e deixe que as camadas se separem. Agite lentamente o funil para quebrar a emulsão. Transfira a camada inferior de cloreto de metileno para um frasco de Erlenmeyer pequeno. Deixe a pequena quantidade de emulsão que se forma na interface junto com a camada de água. Adicione outra porção de 5 mL de cloreto de metileno, agite a mistura por 30 segundos e deixe que as camadas se separem. Pode ser necessário agitar levemente o funil ou bater levemente com o dedo para ajudar a quebrar a emulsão. Combine a camada orgânica inferior com o primeiro extrato. Descarte a camada de água que restou, colocando-a no recipiente adequado. Evite contato com a solução básica. Lave o funil com água e recoloque as camadas orgânicas combinadas no funil de separação. Extraia a mistura com 10 mL de solução de cloreto de sódio saturado. Transfira a camada inferior

---

[1] Este reagente deveria ser preparado pelo professor. Dissolva 50 g de hidróxido de sódio em 50 mL de água. Esfrie a solução até a temperatura normal e guarde-a em uma garrafa de plástico.

[2] Nota para o professor: A atividade do cloreto de benzil-trietilamônio varia dependendo do fabricante do catalisador. Teste a reação antes da aula para certificar-se de que ela funciona corretamente. Nós usamos Aldrich Chemical Co., #14,655-2.

Experimento 25 Catálise por Transferência de Fase: Adição de Dicloro-carbeno ao Ciclo-hexeno

de cloreto de metileno, evitando arrastar a emulsão que pode estar presente na interface, para um frasco de Erlenmeyer *seco* contendo 0,5 g de sulfato de sódio anidro. Feche o frasco e agite-o ocasionalmente por 10 minutos, pelo menos, para secar a camada orgânica.

Evaporação do Solvente. Use uma pipeta Pasteur seca para transferir cerca da metade da camada orgânica seca para um tubo de centrífuga seco de massa conhecida. Evapore o cloreto de metileno, juntamente com o ciclo-hexano e o clorofórmio que podem estar presentes, usando um banho de água quente, em capela. Passe uma corrente de ar seco ou de nitrogênio para ajudar a evaporação. Evapore o solvente até um volume inferior a cerca de 3 mL. Adicione o restante do líquido e continue a evaporação. *Tenha muito cuidado ou você fará evaporar também o produto!* O produto, 7,7-dicloro-norcarano, é um líquido. Continue a evaporação até que o volume do líquido não varie mais (cerca de 1-1,5 mL).

Análise do Produto. Após a remoção do cloreto de metileno, você tem 7,7-dicloro-norcarano de pureza suficiente para a espectroscopia. Pese o tubo de centrífuga, determine o peso do produto e calcule o rendimento percentual. Obtenha o espectro de infravermelho (Técnica 25, Seção 25.2, página 739). Pode ser interessante obter os espectros acoplado e desacoplado de carbono-13 de seu produto. Entregue o produto restante a seu professor em um frasco identificado, juntamente com seu relatório.

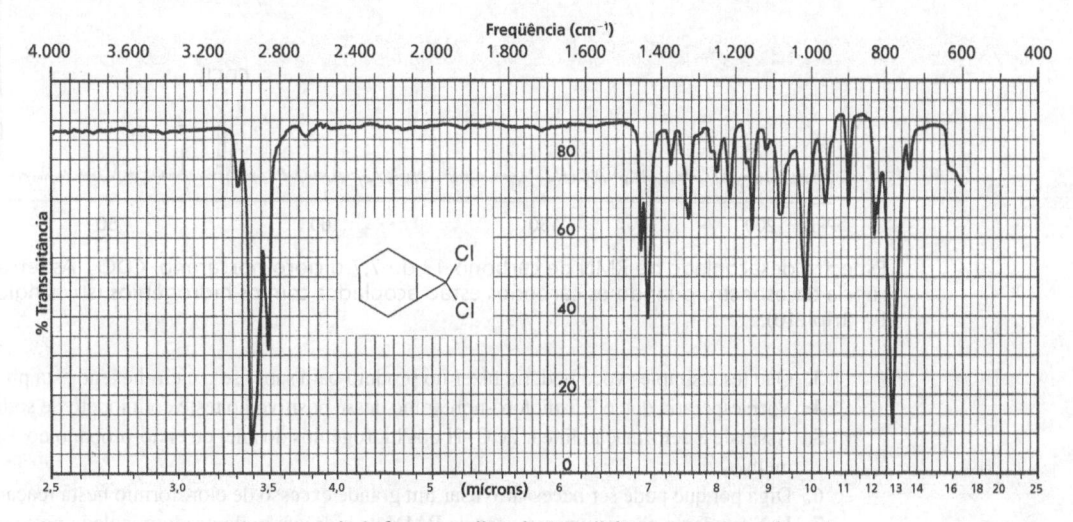

Espectro de infravermelho do 7,7-dicloro-norcarano (puro).

REFERÊNCIAS

Dehmlow, E. V. "Phase-Transfer Catalyzed Two-Phase Reactions in Preparative Organic Chemistry." *Angewandte Chemie, International Edition in English*, 13 (1974): 170.

Dehmlow, E. V. "Advances in Phase-Transfer Catalysis." *Angewandte Chemie, International Edition in English*, 16 (1977): 493.

Dehmlow, E. V., and Dehmlow, S. S. *Phase-Transfer Catalysis*, 3rd ed. Weinheim: VCH Publishers, 1992.

Gokel, G. W., and Weber, W. P. "Phase Transfer Catalysis." *Journal of Chemical Education*, 55 (1978): 350, 429.

Lee, A. W. M., and Yip, W. C. "Fabric Softeners as Phase-Transfer Catalysts in Organic Synthesis." *Journal of Chemical Education*, 68 (1991): 69.

Makosza, M., and Wawrzyniewicz, M. "Catalytic Method for Preparation of Dichlorocyclopropane Derivatives in Aqueous Medium." *Tetrahedron Letters* (1969): 4659.

Starks, C. M. "Phase-Transfer Catalysis." *Journal of the American Chemical Society*, 93 (1971): 195.

Starks, C. M., Liotta, C. L., and Halpern, M. *Phase-Transfer Catalysis*. New York: Chapman and Hall, 1993.

Weber, W. P., and Gokel, G. W. *Phase Transfer Catalysis in Organic Synthesis*. Berlin: Springer-Verlag, 1977.

QUESTÕES

1. Por que é necessário agitar vigorosamente a mistura durante a reação?
2. Por que lavar a fase orgânica com solução saturada de cloreto de sódio?

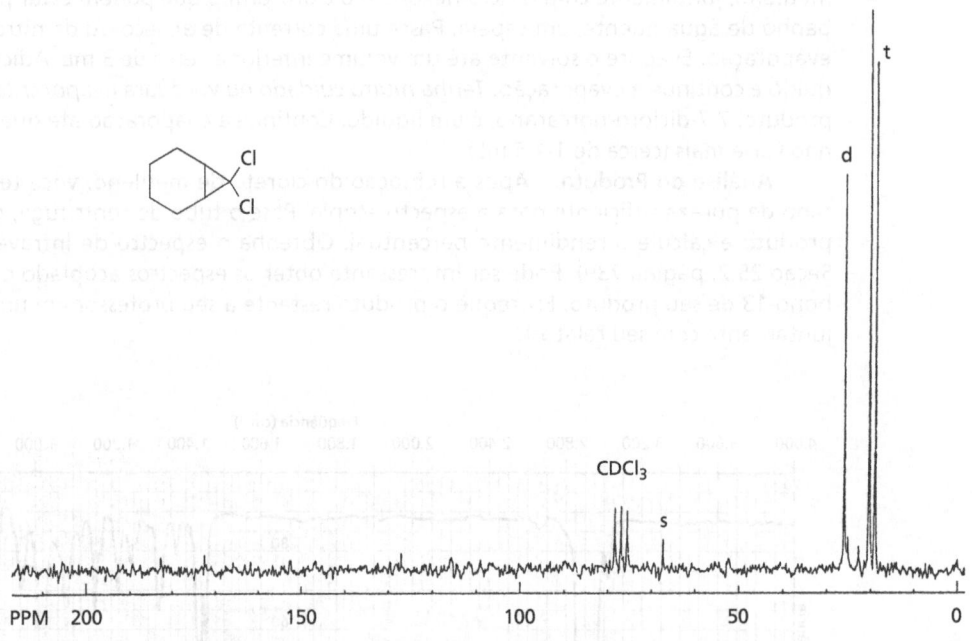

Espectro desacoplado de RMN de carbono-13 do 7,7-dicloro-norcarano, $CDCl_3$. As letras indicam a aparência do espectro quando os carbonos estão acoplados com os hidrogênios (s = singleto, d = dubleto, t = tripleto).

3. Que teste simples você poderia fazer no produto para saber se o ciclo-hexeno está presente ou ausente?
4. Você esperaria que o 7,7-dicloro-norcarano desse positivo no teste com iodeto de sódio em acetona?
5. Assinale a deformação linear de C–H dos hidrogênios do anel de ciclo-propano no espectro de infravermelho.
6. Diga por que pode ser necessário usar um grande excesso de clorofórmio nesta reação.
7. Um estudante obteve um espectro de RMN de hidrogênio do produto isolado neste experimento. O espectro mostrou picos em cerca de 7,3 e 5,6 ppm. O que você acha que estes picos indicam? Eles são parte do espectro do 7,7-dicloro-norcarano?
8. Desenhe as estruturas dos produtos que você esperaria das reações do *cis*-2-buteno e do *trans*-2-buteno com o dicloro-carbeno.
9. Dê a estrutura do aduto esperado entre o dicloro-carbeno e o metacrilato de metila (2-metil-propenoato de metila). Com compostos deste tipo, outro produto poderia ter se formado. Seria o aduto do clorofórmio à ligação dupla (reação do tipo Michael). Como seria sua estrutura?
10. Dê mecanismos para as seguintes reações anormais de adição de dicloro-carbeno. Em ambos os casos, o aduto usual é obtido primeiramente e, em seguida, outra reação ocorre.

DISSERTAÇÃO
Gorduras e Óleos

Na dieta normal humana, cerca de 25% a 50% das calorias ingeridas provêm de gorduras e óleos. Estas substâncias são a forma mais concentrada de energia alimentar de nossa dieta. Quando metabolizadas, as gorduras produzem cerca de 9,5 kcal de energia por grama. Os açúcares e proteínas produzem menos da metade disto. Por esta razão, os animais tendem a adquirir depósitos de gorduras como reserva de energia. Eles fazem isto, é claro, somente quando ingerem comida além da energia de que necessitam. Em tempos de fome, o corpo metaboliza as gorduras acumuladas. Além disto, uma certa quantidade de gordura é usada pelos animais para isolamento térmico corporal e como camada protetora de certos órgãos vitais.

A composição de gorduras e óleos foi investigada primeiramente pelo químico francês Chevreul entre os anos de 1810 e 1820. Ele descobriu que quando gorduras e óleos eram hidrolisados, transformavam-se em vários "ácidos graxos" e no álcool tri-hidroxilado glicerol. Assim, as gorduras e óleos são **ésteres** do glicerol, chamados de **glicerídeos** ou **acil-gliceróis**. Como o glicerol tem três grupos hidroxila, podem existir monoglicerídeos, diglicerídeos e triglicerídeos. As gorduras e óleos são predominantemente triglicerídeos (triacil-gliceróis), formados como:

$$R_1-\overset{O}{\underset{}{C}}-OH \quad H-O-CH_2 \qquad R_1-\overset{O}{\underset{}{C}}-O-CH_2$$
$$R_2-\overset{O}{\underset{}{C}}-OH \quad H-O-CH \longrightarrow R_2-\overset{O}{\underset{}{C}}-O-CH$$
$$R_3-\overset{O}{\underset{}{C}}-OH \quad H-O-CH_2 \qquad R_3-\overset{O}{\underset{}{C}}-O-CH_2$$

3 ácidos graxos + glicerol = Um triglicerídeo

Assim, a maior parte de gorduras e óleos são ésteres do glicerol, e suas diferenças provêm dos diversos ácidos graxos com os quais o glicerol pode se combinar. Os ácidos graxos mais comuns têm 12 14, 16 ou 18 carbonos, embora existam ácidos com um número menor e com um número maior de carbonos em várias gorduras e óleos. A Tabela Um lista os ácidos graxos comuns juntamente com suas estruturas. Como você pode ver, os ácidos são saturados ou insaturados. Os ácidos saturados tendem a ser sólidos, e os insaturados, líquidos. Isto também ocorre com as gorduras e óleos. As gorduras são feitas de ácidos graxos predominantemente saturados, mas os óleos são compostos primariamente de ácidos graxos com um elevado número de ligações duplas. Em outras palavras, a insaturação diminui o

TABELA UM Ácidos graxos comuns

Ácidos C_{12}	Láurico	$CH_3(CH_2)_{10}COOH$
Ácidos C_{14}	Mirístico	$CH_3(CH_2)_{12}COOH$
Ácidos C_{16}	Palmítico	$CH_3(CH_2)_{14}COOH$
	Palmitoléico	$CH_3(CH_2)_5CH=CH-CH_2(CH_2)_6COOH$
Ácidos C_{18}	Esteárico	$CH_3(CH_2)_{16}COOH$
	Oléico	$CH_3(CH_2)_7CH=CH-CH_2(CH_2)_6COOH$
	Linoléico	$CH_3(CH_2)_4(CH=CH-CH_2)_2(CH_2)_6COOH$
	Linolênico	$CH_3CH_2(CH=CH-CH_2)_3(CH_2)_6COOH$
	Ricinoléico	$CH_3(CH_2)_5CH(OH)CH_2CH=CH(CH_2)_7COOH$

ponto de fusão. As gorduras (sólidos) são obtidas usualmente de fonte animal, e os óleos (líquidos), de fonte vegetal. Logo, os óleos vegetais têm usualmente um grau de insaturação maior.

Cerca de 20 a 30 ácidos graxos diferentes são encontrados nas gorduras e óleos, e não é incomum para uma dada gordura ou óleo ser composta por 10 ou 12 (ou mais) ácidos graxos diferentes. Estes ácidos graxos distribuem-se entre as moléculas de triglicerídeos, e o químico só pode identificar a composição média de uma dada gordura ou óleo. A Tabela Dois, na página seguinte, dá a composição média de ácidos graxos de algumas gorduras e óleos. Como indicado, os valores da tabela variam em percentagem, dependendo do local de crescimento da planta ou da dieta do animal. Por isso, talvez haja uma base para o dito de que porcos ou gado alimentados com milho têm, quando preparados, melhor gosto do que animais mantidos com outras rações.

As gorduras e óleos vegetais são usualmente encontrados em frutas e sementes e são extraídos por três métodos principais. No primeiro método, **prensagem a frio**, a parte apropriada da planta seca é colocada em uma prensa hidráulica que espreme o óleo. O segundo método é a **prensagem a quente**, o mesmo método, porém em temperatura elevada. Dos dois métodos, a prensagem a frio dá usualmente um produto de melhor qualidade (mais suave). O método da prensagem a quente tem um rendimento melhor, mas extrai alguns componentes indesejáveis (odor e sabor mais fortes). O terceiro método é a **extração com solvente**. Este último método tem o melhor rendimento e pode ser regulado para dar óleos comestíveis suaves de alta qualidade.

As gorduras animais são usualmente recuperadas por derretimento, o que envolve retirar a gordura dos tecidos por aquecimento em alta temperatura. Um método alternativo é colocar o tecido gorduroso em água fervente. A gordura flutua na superfície e é facilmente retirada. As gorduras animais mais comuns, toucinho (de porcos) e sebo (do gado), podem ser preparadas por ambos os métodos.

Muitas gorduras e óleos com estrutura de triglicerídeo são usados na cozinha, para fritar carnes e outros alimentos e para preparar pastas para sanduíches. As gorduras e os óleos comerciais de uso na cozinha, exceto o toucinho, são, quase todos, preparados a partir de vegetais. Os óleos vegetais são líquidos na temperatura normal. Se as ligações duplas de um óleo vegetal são hidrogenadas, o produto resultante é um sólido. Os fabricantes de gorduras de cozinha comerciais (Crisco, Spry, Fluffo e outros) hidrogenam o óleo vegetal líquido até o grau desejado de consistência. Isto produz um material que ainda tem alto grau de insaturação (ligações duplas). A mesma técnica é usada para a margarina. A margarina vegetal "poliinsaturada" é produzida pela hidrogenação parcial de óleos de milho, algodão, amendoim e soja. Adiciona-se ao produto final um corante amarelo-alaranjado (β-caroteno), para fazê-lo parecer manteiga, e cerca de 15%, por volume, de leite para formar a emulsão final. Adiciona-se comumente Vitaminas A e D. Como o produto final não tem gosto, adiciona-se com freqüência sal, acetoína e biacetila. Estes dois últimos imitam o gosto característico da manteiga.

$$CH_3-\underset{\underset{H}{|}}{\overset{\overset{HO}{|}}{C}}-\overset{\overset{O}{\|}}{C}-CH_3 \qquad CH_3-\overset{\overset{O}{\|}}{C}-\overset{\overset{O}{\|}}{C}-CH_3$$

Acetoína   **Biacetila**

Muitos produtores de margarina dizem que ela é mais benéfica para a saúde porque é "rica em poliinsaturados". As gorduras animais têm baixo conteúdo de ácidos graxos insaturados e são geralmente excluídas das dietas de pessoas com níveis altos de colesterol no sangue. Estas pessoas têm dificuldade em metabolizar corretamente as gorduras saturadas e devem evitá-las porque elas induzem à formação de depósitos de colesterol nas artérias, o que pode levar a altas pressões sanguíneas e a problemas cardíacos. Pessoas que controlam a ingestão de gorduras tendem a evitar o consumo de grandes quantidades de gorduras saturadas porque elas aumentam o risco de doenças do coração. As pessoas que controlam a dieta tentam limitar o consumo de gorduras a gorduras insaturadas e, para isto, costumam consultar as etiquetas das comidas, hoje obrigatórias, para obter informações sobre o conteúdo de gordura dos alimentos que consomem.

TABELA DOIS Composição média (por percentagem) de ácidos graxos de algumas gorduras e óleos

	C_{10} C_8 C_6 C_4	C_{12} Láurico	C_{14} Mirístico	C_{16} Palmítico	C_{18} Esteárico	C_{20} C_{22} C_{24}	C_{16} Palmitoleico	C_{18} Oleico	C_{18} Ricinoleico	C_{18} Linoleico (2)	C_{18} Linolênico (3)	C_{18} Eleosteárico (3)	C_{20} C_{22} C_{24}
				Ácidos graxos saturados (sem ligações duplas)			Insaturados (1 ligação dupla)			Insaturados (>1 ligação dupla)			Insaturados
Gorduras animais													
Sebo			2–3	24–32	14–32		1–3	35–48		2–4			
Manteiga	7–10	2–3	7–9	23–26	10–13		5	30–40		4–5			
Toucinho			1–2	28–30	12–18		1–3	41–48		6–7			
Óleos animais													
Óleo de pé de vaca			4–5	17–18	2–3			74–77		←— 24–30 —→			
Baleia			6–8	11–18	2–4		13–18	33–38					17–31
Sardinha				10–16	1–2		6–15						12–19
Óleos vegetais													
Milho			0–2	7–11	3–4		0–2	43–49		34–42			
Oliva			0–1	5–15	1–4		0–1	69–84		4–12			
Amendoim				6–9	2–6	3–10	0–1	50–70		13–26			2
Soja			0–1	6–10	2–6			21–29		50–59			2
Açafroa				6–10	1–4			8–18		70–80			
Mamona (de rícino)				0–1				0–9	80–92	3–7			
Algodão			0–2	19–24	1–2	←— 2–6 —→	0–2	23–33		40–48			
Linho				4–7	2–5			9–38		3–43	25–58		
Côco	10–22	45–51	17–20	4–10	1–5			2–10		0–2	4–8		
Palma			1–3	34–43	3–6			38–40		5–11	2–4		
Tungue								4–16		0–1		74–91	

Infelizmente, nem todas as gorduras insaturadas são igualmente seguras. Quando nós comemos gorduras parcialmente hidrogenadas, aumentamos o consumo de **ácidos graxos** *trans*. Estes ácidos, que são isômeros dos ácidos graxos *cis*, naturais, estão implicados em vários problemas de saúde, incluindo doenças cardíacas, câncer e diabetes. A evidência mais forte de que os ácidos graxos *trans* podem ser perigosos vem de estudos sobre a incidência de doenças coronarianas. A ingestão de ácidos graxos *trans* parece aumentar os níveis de colesterol, em particular a razão entre lipoproteínas de baixa densidade (LDL ou colesterol "ruim") e lipoproteínas de alta densidade (HDL ou colesterol "bom"). Os ácidos graxos *trans* aparentemente produzem efeitos danosos no coração muito semelhantes aos dos ácidos graxos saturados.

Os ácidos graxos *trans* praticamente não ocorrem naturalmente. Eles se formam durante a hidrogenação parcial dos óleos vegetais na produção de margarina e de outras gorduras vegetais. Em uma pequena percentagem das moléculas de ácidos graxos *cis* submetidas à hidrogenação, somente um átomo de hidrogênio é adicionado à cadeia de carbonos. Este processo forma um radical livre intermediário que pode rodar, mudando em 180° sua conformação, antes de devolver o hidrogênio extra para o meio de reação. O resultado é a isomerização da ligação dupla.

A preocupação com a saúde e com a nutrição do público, particularmente com a quantidade média de ingestão de gordura da maior parte dos americanos, fez com que os químicos e tecnólogos de alimentos procurassem desenvolver vários **substitutos de gorduras**. O objetivo é descobrir substâncias que tenham o gosto e o paladar de uma gordura real, mas que não tenham efeitos deletérios no sistema cardiovascular. Um produto que apareceu recentemente em lanches rápidos é a **olestra** (comercializada com a marca **Olean** pela Procter and Gamble Company). A olestra não é um acil-glicerol. Ela é composta por uma molécula de **sacarose** ligada a várias cadeias longas de ácidos graxos. Ela é um **poliéster**, e os sistemas enzimáticos do organismo não são capazes de atacá-la e de catalisar sua quebra em moléculas menores.

Como as enzimas do organismo são incapazes de quebrar esta molécula, ela não contém calorias dietéticas. Além disto, ela é estável no calor, o que a torna ideal para frituras e alimentos cozidos. Infelizmente, ela pode ter efeitos colaterais desagradáveis ou perigosos em alguns indivíduos. O uso de olestra pode causar a diminuição do nível de certas vitaminas solúveis em gorduras, particularmente as vitaminas A, D, E e K. Por isto, adiciona-se estas vitaminas aos produtos preparados com olestra para reduzir este efeito. Algumas pessoas também podem apresentar diarréia e dores abdominais.

Será que o desenvolvimento de substitutos de gorduras como a olestra continuará a ser importante no futuro? Como o apetite do americano médio por lanches rápidos continua a crescer e os problemas de saúde causados pela obesidade também aumentam, a demanda por comidas que engordem menos será sempre muito forte. A longo prazo, entretanto, seria provavelmente melhor se aprendêssemos a reduzir nosso apetite por alimentos gordurosos e aumentássemos o consumo de frutas, vegetais e outras comidas saudáveis. Ao mesmo tempo, trocar o estilo de vida sedentário por outro que inclua exercícios regulares seria muito mais benéfico para a saúde do que a procura por aditivos alimentares sem gordura.

Olestra

$$R = -CH_2-CH_2-CH_2-CH_2-CH_2-CH_2-CH_2-CH_2-\underset{H}{C}=\underset{H}{C}-CH_2-CH_2-CH_2-CH_2-CH_2-CH_2-CH_2-CH_3$$

REFERÊNCIAS

Dawkins, M. J. R., and Hull, D. "The Production of Heat by Fat." *Scientific American, 213* (August 1965): 62.
Dolye, E. "Olestra? The Jury's Still Out." *Journal of Chemical Education, 74* (April 1997): 370.
Eckey, E. W., and Miller, L. P. *Vegetable Fats and Oils.* ACS Monograph No. 123. New York: Reinhold, 1954.
Farines, M., Soulier, F., and Soulier, J. "Analysis of the Triglycerides of Some Vegetable Oils." *Journal of Chemical Education, 65* (May 1988): 464.
Gunstone, F. D. "The Composition of Hydrogenated Fats Determined by High Resolution 13C NMR Spectroscopy." *Chemistry and Industry* (November 4, 1991): 802.
Heinzen, H., Moyna, P., and Grompone, A. "Gas Chromatographic Determination of Fatty Acid Compositions." *Journal of Chemical Education, 62* (May 1985): 449.
Jandacek, R. J. "The Development of Olestra, a Noncaloric Substitute for Dietary Fat." *Journal of Chemical Education, 68* (June 1991): 476.
Kalbus, G. E., and Lieu, V. T. "Dietary Fat and Health: An Experiment on the Determination of Iodine Number of Fats and Oils by Coulometric Titration." *Journal of Chemical Education, 68* (January 1991): 64.
Lemonick, M. D. "Are We Ready for Fat-Free Fat?" *Time, 147* (January 8, 1996): 52.
Martin, C. "TFA's—a Fat Lot of Good?" *Chemistry in Britain, 32* (October 1996): 34.
Nawar, W. W. "Chemical Changes in Lipids Produced by Thermal Processing." *Journal of Chemical Education, 61* (April 1984): 299.
Shreve, R. N., and Brink, J. "Oils, Fats, and Waxes." *The Chemical Process Industries,* 4th ed. New York: McGraw-Hill, 1977.
Thayer, A. M. "Food Additives." *Chemical and Engineering News, 70* (June 15, 1992): 26.
Wootan, M., Liebman, B., and Rosofsky, W. "*Trans:* The Phantom Fat." *Nutrition Action Health Letter, 23* (September 1996): 10.

EXPERIMENTO 26

Estearato de Metila a Partir de Oleato de Metila

Hidrogenação catalítica
Filtração (pipeta Pasteur)
Recristalização
Testes de insaturação

Neste experimento, você converterá o líquido oleato de metila, um éster de ácido graxo "insaturado", no sólido estearato de metila, um éster de ácido graxo "saturado", por hidrogenação catalítica.

$$CH_3(CH_2)_7-CH=CH-(CH_2)_7-\overset{O}{\underset{\|}{C}}-O-CH_3 \xrightarrow[H_2]{Pd/C}$$

Oleato de metila
(*cis*-9-octadecenoato de metila)

$$CH_3(CH_2)_7-\underset{H}{\underset{|}{CH}}-\underset{H}{\underset{|}{CH}}-(CH_2)_7-\overset{O}{\underset{\|}{C}}-O-CH_3$$

Estearato de metila
(octadecanoato de metila)

Métodos comerciais semelhantes aos descritos neste experimento convertem os ácidos graxos insaturados de óleos vegetais em margarina (veja a Dissertação "Gorduras e Óleos"). Não usaremos a mistura de triglicerídeos de um óleo de cozinha como Mazola (óleo de milho), mas o composto químico puro, o oleato de metila, como modelo.

Neste procedimento, um químico usaria um cilindro de gás hidrogênio. Como muitos estudantes estarão fazendo o experimento simultaneamente, porém, usaremos a reação simples do metal zinco com o ácido sulfúrico diluído:

$$Zn + H_2SO_4 \xrightarrow{H_2O} H_2(g) + ZnSO_4$$

O hidrogênio assim gerado passa por uma solução que contém oleato de metila e o catalisador paládio sobre carbono (Pd/C a 10%).

Leitura necessária

Revisão: Técnicas 5, 6 e 8
Nova: Técnica 8   Filtração, Seções 8.3-8.5
           Técnica 9   Constantes Físicas dos Sólidos: O Ponto de Fusão
           Dissertação   Gorduras e Óleos

Leia também as seções de seu livro-texto teórico que tratam da hidrogenação catalítica. Se o professor pedir que você aplique os testes opcionais de insaturação no reagente e no produto, leia a descrição do teste Br_2/CH_2Cl_2 na página 192 e no Experimento 24, página 173.

Experimento 26 Estearato de Metila a partir de Oleato de Metila

Instruções especiais

Como hidrogênio será gerado durante o experimento, não poderá haver fogo aceso no laboratório.

Cuidado: Não acenda fogo.

Como o hidrogênio pode se acumular no interior da aparelhagem, é especialmente importante não esquecer de usar óculos de segurança. Assim, você estará protegido contra a possibilidade de pequenas "explosões" de juntas que se abrem, de fogo ou de algum pedaço de vidro quebrado provocado pela pressão.

Cuidado: Use óculos de proteção.

Quando estiver operando o gerador de hidrogênio, tome cuidado para adicionar ácido sulfúrico em velocidade tal que não provoque evolução muito rápida do gás. A pressão de hidrogênio no balão não deve superar muito a pressão atmosférica. Não deixe cessar a produção de hidrogênio porque se isto acontecer, a mistura de reação será sugada para o gerador de hidrogênio.

Sugestão para eliminação de resíduos

Dilua cuidadosamente o ácido sulfúrico (do gerador de hidrogênio) com água e coloque-o no recipiente próprio. Coloque o resíduo de zinco no recipiente preparado para os resíduos de zinco. Após centrifugação, transfira o catalisador Pd/C a um recipiente especial para reciclagem posterior. Após coletar o estearato de metila por filtração, coloque o metanol filtrado no recipiente destinado aos resíduos orgânicos não-halogenados. Coloque as soluções que restarem após o teste do bromo no recipiente destinado aos solventes orgânicos halogenados. Seu professor pode determinar um método diferente de coleta de rejeitos.

Notas para o professor

Use oleato de metila 100% puro, ou quase. Evite o grau prático que pode conter somente 70-80% de oleato de metila. Nós usamos Aldrich Chemical Co., No. 31,111-1. Pode-se usar, neste experimento, um óleo de cozinha em lugar do oleato de metila, mas os resultados não serão tão claros.

Procedimento

Aparelhagem. Monte uma aparelhagem semelhante à ilustrada na figura da páginas 190. A aparelhagem tem basicamente três partes:

1. Gerador de hidrogênio
2. Balão de reação
3. Borbulhador de óleo mineral

O **gerador de hidrogênio** é um tubo de ensaio com saída lateral de 20 mm × 150 mm com uma rolha de borracha No. 3. O **balão de reação** é um balão de fundo redondo de 50 mL ligado a uma cabeça de Claisen. O hidrogênio entra no balão por um tubo de vidro ligado ao topo da cabeça de Claisen por um adaptador de termômetro. Coloca-se uma barra magnética pequena no balão, e o tubo de vidro fica logo acima, evitando contato, para permitir a passagem do gás *pela* solução. Um segundo adaptador de termômetro ligado a uma pequeno tubo de vidro permite a ligação com o borbulhador de óleo mineral. (Pode-se usar uma rolha de borracha No. 2 com um furo no lugar dos adaptadores de termômetro se as juntas forem TS19/22.) Um bécher de 150 mL, cheio de água, colocado sobre uma placa de aquecimento e agitação, serve como fonte de aquecimento. O **borbulhador de óleo mineral** é um tubo de ensaio de 20 mm × 150 mm com saída lateral e tem duas funções. A primeira é controlar a pressão do hidrogênio, permitindo que você a mantenha um pouco acima da pressão atmosférica. A segunda é impedir a entrada de ar no sistema. A função das outras duas unidades é auto-explicável.

Para que não haja vazamento de hidrogênio, os tubos de borracha usados na ligação devem ser novos, sem rachaduras ou furos ou, então, devem ser tubos de Tygon. Teste os tubos de borracha para rachaduras ou furos puxando-os e torcendo-os. Escolha um diâmetro que permita a eles que se ajustem firmemente a todas as conexões. Se rolhas de borracha forem usadas, os tubos de vidro devem se ajustar muito bem aos furos. Se os buracos forem muito pequenos, não será fácil colocar os tubos de vidro em posição.

Preparação para a Reação. Coloque óleo mineral no borbulhador (o segundo tubo de ensaio com saída lateral) até um quarto do volume. A extremidade do tubo de vidro deve mergulhar no óleo.

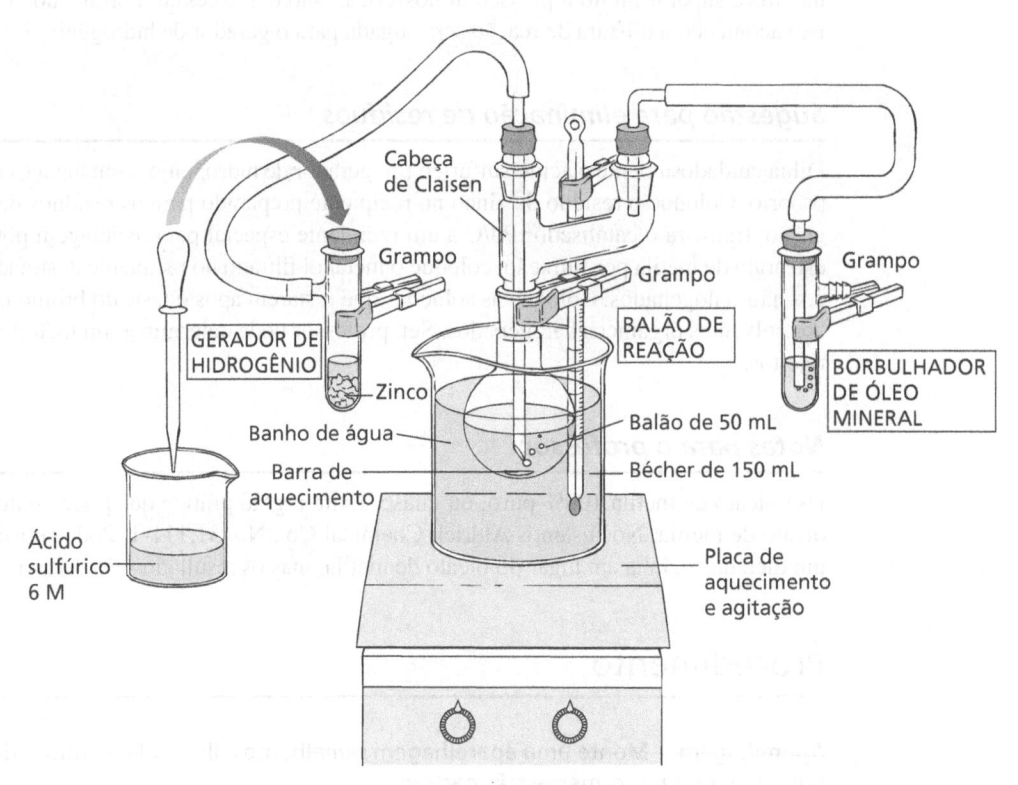

Aparelhagem de hidrogenação para o Experimento 26.

Para carregar o gerador de hidrogênio, pese cerca de 3 g de zinco em grãos e coloque no tubo de ensaio com saída lateral. Sele a abertura maior no topo com um uma rolha de borracha. Coloque cerca de 10 mL de ácido sulfúrico 6 M em um frasco de Erlenmeyer pequeno ou em um bécher, mas não o adicione ainda.

Pese uma proveta de 10 mL e registre o peso. Coloque 2,5 mL de oleato de metila na proveta e pese-a novamente para medir a quantidade exata do material. Separe o balão de fundo redondo de 50 mL, coloque-o em um bécher pequeno para mantê-lo firme e transfira o oleato de metila.

Experimento 26 Estearato de Metila a partir de Oleato de Metila **191**

Não limpe a proveta. Coloque duas porções consecutivas de 8 mL de metanol (16 mL no total) na proveta para lavá-la e coloque-as no balão de reação. Lembre-se também de colocar uma barra de agitação magnética no balão de reação. Use um papel de filtração liso e pese cerca de 0,050 g (50 mg) de Pd/C a 10%. Coloque cerca de um terço do catalisador no balão e agite cuidadosamente, girando-o, até que o catalisador sólido afunde. Repita o procedimento com o restante do catalisador, um terço de cada vez.

> **Cuidado:** Tenha cuidado na adição do catalisador. Às vezes, ele provoca fogo. Não segure o balão. Ele deve estar dentro de um bécher pequeno sobre a bancada. Mantenha por perto um vidro de relógio para cobrir a abertura e cortar a chama se ocorrer fogo.

Reação. Complete a montagem da aparelhagem e assegure-se de que todos os selos são à prova de gás. Coloque o balão de fundo redondo em um banho de água mantido em 40°C. Isto ajudará a manter o produto em solução durante toda a reação. Se a temperatura passar de 40°C, você perderá uma quantidade significativa do solvente metanol (pe 65°C). Se isto acontecer, coloque mais metanol no balão de reação pela saída lateral da cabeça de Claisen. Comece a agitar a mistura de reação com a barra de aquecimento. Não agite muito rapidamente porque um vértice irá se formar, deixando o tubo de borbulhamento fora da solução. Comece a evolução de hidrogênio removendo a rolha de borracha e colocando uma porção da solução de ácido sulfúrico 6 M (cerca de 6 mL) no gerador de hidrogênio (use uma pipeta Pasteur pequena). Recoloque a rolha de borracha. Uma boa velocidade de borbulhamento no balão de reação é cerca de três ou quatro bolhas por segundo. Mantenha a evolução de hidrogênio por 60 minutos, pelo menos. Se for necessário, abra o gerador, esvazie-o e reponha o zinco e o ácido sulfúrico. (Lembre-se de que o ácido é consumido quando o hidrogênio se forma e fica mais diluído quando o zinco reage. Quando a solução ácida se dilui, a velocidade de evolução de hidrogênio diminui.)

Interrupção da Reação. Quando a reação se completar, pare a reação separando o gerador e o balão de reação. Decante o ácido que está no tubo de ensaio com saída lateral para um recipiente adequado, sem transferir o zinco, e descarte-o. Lave várias vezes o zinco que está no tubo de ensaio com água e coloque-o em um recipiente próprio.

Mantenha a temperatura da reação em cerca de 40°C até a centrifugação, senão o estearato de metila pode cristalizar e interferir na remoção do catalisador. Não deve haver formação de um sólido branco (produto) no balão de fundo redondo. Se isto acontecer, adicione mais metanol e agite até a dissolução do sólido.

Remoção do Catalisador. Coloque a mistura de reação em um tubo de centrífuga. Mantenha-o no banho de água, em 40°C, até você estar preparado para a centrifugação. (Se a solução não couber em um tubo de centrífuga, divida-a em dois tubos e coloque-os em lados opostos na centrífuga.) Centrifugue a mistura por vários minutos. Quando a centrifugação terminar, o catalisador negro deverá estar no fundo do tubo. Se um pouco de catalisador estiver ainda em suspensão, aqueça a mistura em 40°C e centrifugue-a novamente. Remova o líquido sobrenadante (use uma pipeta Pasteur) cuidadosamente (deixando o catalisador no tubo de centrífuga) para um bécher pequeno e deixe-o esfriar até a temperatura normal.

Cristalização e Isolamento do Produto. Coloque o bécher em um banho de gelo para induzir a cristalização. Se não se formarem cristais, você terá de reduzir o volume de solvente. Para isto, aqueça o bécher em um banho de água e dirija uma corrente de ar para a superfície de líquido com o auxílio de uma pipeta Pasteur (Técnica 7, Figura 7.18A, página 547). Se os cristais começarem a se formar enquanto você estiver evaporando o solvente, retire o bécher do banho de água. Se não se formarem cristais, reduza o volume de solvente até cerca de dois terços. Deixe a solução esfriar e coloque-a em um banho de gelo.

Colete os cristais por filtração a vácuo. Use um funil de Büchner pequeno (Técnica 8, Seção 8.3, página 554). Guarde os cristais e o filtrado para os testes opcionais. Seque os cristais, pese-os e determine o ponto de fusão (literatura, 39°C). Calcule o rendimento percentual. Entregue ao professor o restante da amostra, juntamente com seu relatório, em um frasco identificado.

Opcional: Testes de insaturação. Use uma solução de bromo em cloreto de metileno e teste o número de gotas desta solução descolorida por

1. Cerca de 0,1 mL de oleato de metila dissolvido em uma pequena quantidade de cloreto de metileno
2. Uma pequena quantidade (uma ponta de espátula) do estearato de metila produzido, dissolvido em cloreto de metileno
3. Cerca de 0,1 mL do filtrado que você guardou.

Use tubos de ensaio e pipetas Pasteur pequenos nestes testes. Inclua os resultados e suas conclusões no relatório.

QUESTÕES

1. Use as informações dadas na dissertação sobre gorduras e óleos para desenhar a estrutura do triacil-glicerol (triglicerídeo) formado pelos ácidos oléico, linoléico e esteárico. Escreva uma equação balanceada que mostre a quantidade de hidrogênio necessária para reduzir completamente o triacil-glicerol. Dê a estrutura do produto.
2. Uma amostra de 0,150 g de um composto puro submetida à hidrogenação catalítica consome 25,0 mL de H_2 em 25°C e 1 atm. Calcule o peso molecular do composto imaginando que ele só tem uma ligação dupla.
3. Um composto tem a fórmula C_5H_6 e consome 2 moles de H_2 por hidrogenação catalítica. Dê uma estrutura que satisfaça estes dados.
4. Um composto de fórmula C_6H_{10} consome 1 mol de H_2 na redução. Dê uma estrutura que satisfaça estes dados.
5. Quais seriam as diferenças observadas neste experimento se você usasse um óleo de cozinha comercial no lugar do oleato de metila?

DISSERTAÇÃO

Sabões e Detergentes

Os sabões, como os conhecemos hoje, eram praticamente desconhecidos antes do primeiro século d.C. As roupas eram lavadas principalmente pela ação abrasiva da raspagem em pedras na água. Algum tempo depois, descobriu-se que certos tipos de folhas, raízes, nozes, frutos e cascas formam espumas que solubilizam e removem a sujeira das roupas. Agora, nós chamamos estes materiais naturais de **saponinas**. Muitas saponinas contêm ácidos carboxílicos triterpênicos pentacíclicos, como os ácidos oleanólico e ursólico, combinados quimicamente com uma molécula de açúcar. Estes ácidos também são encontrados no estado livre. As saponinas foram provavelmente os primeiros "sabões" conhecidos. Elas podem ter sido também uma das primeiras fontes de poluição, já que elas são tóxicas para os peixes. O problema da poluição associado com o desenvolvimento dos sabões e detergentes ocorre há muito tempo e é controverso.

Ácido oleanóico

Ácido ursólico

O sabão como o conhecemos hoje desenvolveu-se por muitos séculos a partir de experimentos com misturas brutas de materiais alcalinos e gordurosos. Plínio, o Velho, descreveu a fabricação de sabão durante o primeiro século d.C. Uma pequena fábrica de sabão foi encontrada em Pompéia. Durante a Idade Média, a limpeza do corpo ou das roupas não era considerada importante. As pessoas que podiam comprá-los usavam perfumes para disfarçar o cheiro corporal. Perfumes, como as belas roupas, eram símbolos de riqueza. O interesse pela limpeza voltou a aparecer durante o século XVIII, quando os microorganismos que causam doenças foram descobertos.

SABÕES

A fabricação de sabões praticamente não mudou em 2.000 anos. O processo envolve a hidrólise básica ou **saponificação** de uma gordura animal ou de um óleo vegetal. Quimicamente, as gorduras e os óleos são chamados de **triglicerídeos** ou **triacil-gliceróis**. Eles contêm os grupos funcionais éster. A saponificação envolve o aquecimento de gordura ou óleo com uma solução alcalina. A solução alcalina utilizada era originalmente obtida por lixiviação de cinzas de madeira ou pela evaporação de águas alcalinas. Hoje, soda (hidróxido de sódio) é a fonte do álcali. A solução alcalina hidrolisa a gordura ou óleo, decompondo-os em seus componentes, o sal de sódio do ácido carboxílico de cadeia longa (sabão) e o álcool (glicerol). Ao se adicionar o sal comum, o sabão precipita. Lava-se o sabão para retirar o hidróxido de sódio que não reagiu e molda-se em barras. A seguinte equação mostra como o sabão se forma a partir de uma gordura ou óleo.

$$\begin{array}{c} R_1\overset{O}{\overset{\|}{C}}-O-CH_2 \\ R_2\overset{O}{\overset{\|}{C}}-O-CH \\ R_3\overset{O}{\overset{\|}{C}}-O-CH_2 \end{array} \xrightarrow[\text{ou hidrólise}]{\text{NaOH saponificação}} \begin{array}{c} R_1COO^-Na^+ \\ R_2COO^-Na^+ \\ R_3COO^-Na^+ \end{array} + \begin{array}{c} HO-CH_2 \\ HO-CH \\ HO-CH_2 \end{array}$$

Triglicerídeos (gordura ou óleo) — Sais de ácido carboxílico (sabão) — Glicerol

Os ácidos carboxílicos representados acima como "sabão" raramente são do mesmo tipo em qualquer gordura ou óleo. A molécula de triglicerídeo (triacil-glicerol) pode conter três resíduos diferentes de ácidos (R_1COOH, R_2COOH, R_3COOH), e os triglicerídeos da substância também não são necessariamente idênticos. As gorduras ou óleos têm uma *distribuição estatística* dos vários tipos de ácidos possíveis. Os sais de ácido carboxílico do sabão contêm usualmente 12-18 carbonos em cadeia linear. Os ácidos carboxílicos de número par de átomos de carbono predominam, e as cadeias podem ser insaturadas. A composição das gorduras e óleos comuns é dada na Dissertação "Gorduras e Óleos" (página 183).

As gorduras e óleos mais comuns na fabricação de sabões são toucinho e sebo, de fontes animais, e óleos de côco, palma e oliva, de fontes vegetais. O comprimento da cadeia de hidrocarboneto e o número de ligações duplas da porção ácido carboxílico determinam as propriedades do sabão resultante. O sal de um ácido de cadeia longa saturada dá um sabão mais duro e mais insolúvel. O tamanho da cadeia também afeta a sua solubilidade.

O sebo é o principal material gorduroso usado na fabricação de sabão. As gorduras sólidas do gado são fundidas com vapor, e a camada de sebo que se forma no topo é removida. Os fabricantes de sabão geralmente misturam o sebo ao óleo de côco e saponificam a mistura. O sabão resultante contém, principalmente, os sais dos ácidos palmítico, esteárico e oléico do sebo e os sais dos ácidos láurico e mirístico do óleo de côco. A adição do óleo de côco leva a um sabão mais mole e solúvel. O toucinho (de porcos) difere do sebo (de gado ou carneiros) porque contém mais ácido oléico.

O óleo de côco puro dá um sabão muito solúvel em água. O sabão contém essencialmente o sal do ácido láurico e um pouco do sal de ácido mirístico. É tão mole (solúvel) que dá espuma mesmo na água do mar. O óleo de palma contém dois ácidos, principalmente o ácido palmítico e o ácido oléico, em proporções aproximadamente iguais. A saponificação deste óleo dá um constituinte importante dos sabões de higiene pessoal. O óleo de oliva contém principalmente ácido oléico. Ele é usado para preparar o sabão de Castela, cujo nome vem da região da Espanha na qual ele foi primeiramente preparado.

Sebo $CH_3(CH_2)_{14}COOH$ $CH_3(CH_2)_{16}COOH$
Ácido palmítico Ácido esteárico

$CH_3(CH_2)_7CH=CH(CH_2)_7COOH$
Ácido oléico

Óleo de côco $CH_3(CH_2)_{10}COOH$ $CH_3(CH_2)_{12}COOH$
Ácido láurico Ácido mirístico

Os sabões usados na higiene pessoal são, em geral, purificados e estão livres do álcali residual da saponificação. Deixa-se o máximo possível de glicerol no sabão e adiciona-se perfumes e, eventualmente, agentes medicinais. Sabões que flutuam são produzidos por injeção de ar na massa de sabão em solidificação. Sabões moles são feitos com hidróxido de potássio, levando aos sais de potássio em vez dos sais de sódio dos ácidos. Eles são usados em cremes de barbear e sabões líquidos. Sabões de arear contém abrasivos, como areia fina ou pedra-pomes.

Uma desvantagem do sabão é que ele não funciona muito bem em água dura. A água dura contém sais de magnésio, cálcio e ferro. Quando se usa sabão em água dura, o "sabão de cálcio", os sais insolúveis de cálcio dos ácidos graxos e outros precipitados coagulam. Este precipitado, ou **coágulo**, é conhecido como "anel de banheira". Embora o sabão não funcione bem em água dura, é muito eficiente em água mole.

$$2\ R-\overset{O}{\underset{\|}{C}}-O^-Na^+ + Ca^{2+} \longrightarrow \left(R-\overset{O}{\underset{\|}{C}}-\bar{O}\right)_2 Ca^{2+}$$
Sabão **Coágulo**

Costuma-se adicionar amolecedores de água aos sabões para ajudar a remover os íons que provocam o coágulo em água dura. Carbonato de sódio ou fosfato de trissódio precipitam os íons como carbonato ou fosfato. Infelizmente, o precipitado pode se alojar no tecido das peças que estão sendo lavadas, causando uma aparência acinzentada ou listrada.

$$Ca^{2+} + CO_3^{2-} \longrightarrow CaCO_3(s)$$

$$3\ Ca^{2+} + 2\ PO_4^{3-} \longrightarrow Ca_3(PO_4)_2(s)$$

Uma vantagem importante dos sabões é que eles são **biodegradáveis**. Microrganismos podem consumir as moléculas lineares do sabão e convertê-las em dióxido de carbono e água, eliminando-as, assim, do meio ambiente.

AÇÃO DO SABÃO NA LIMPEZA

Roupas sujas, a pele ou outras superfícies contêm partículas suspensas em uma camada de óleo ou gordura. As moléculas polares de água não podem remover a sujeira embebida nos óleos e gorduras não-polares. É possível remover a sujeira com sabão, entretanto, porque ele tem natureza dupla. A

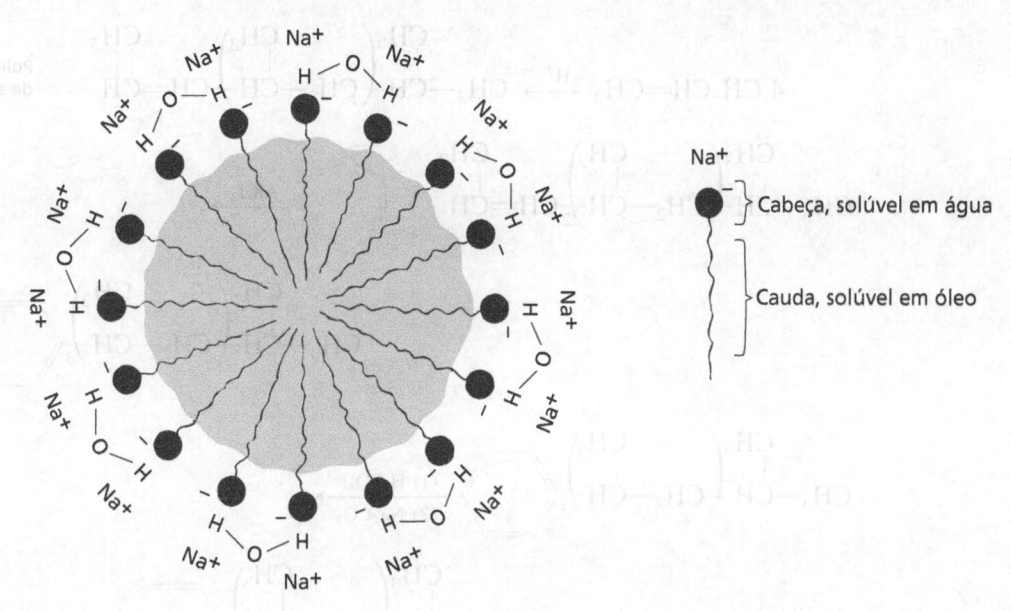

Uma micela de sabão solvatando uma gota de álcool (de Linstromberg, Walter. W. *Organic Chemistry: A Brief Course*, D. C. Heath, 1978).

molécula de sabão tem uma cabeça polar, *solúvel em água* (sal de ácido carboxílico), e uma cauda, *solúvel em óleo* (a cadeia de hidrocarboneto). A cauda de hidrocarboneto do sabão dissolve-se na substância oleosa, mas a cabeça iônica permanece na parte externa da superfície do óleo. Quando um número suficiente de moléculas de sabão se posiciona em torno da gota de óleo, com as terminações de hidrocarboneto dissolvidas, ela é removida, juntamente com as partículas de sujeira em suspensão que estão na roupa ou na pele. A gota de óleo é removida porque agora ela tem muitas cargas negativas na superfície, as quais são fortemente atraídas pela água e solvatadas. A gota de óleo solvatada é chamada de **micela**.

DETERGENTES

Os detergentes são compostos sintéticos de limpeza, às vezes chamados de "**sindets**". Eles foram desenvolvidos como uma alternativa para os sabões porque são efetivos em água mole *e* em água dura. Não ocorrem precipitados na presença de íons cálcio, magnésio ou ferro nas soluções de detergentes. Um dos primeiros detergentes desenvolvidos foi o sulfato de laurila e sódio. Ele é preparado pela reação entre os ácidos sulfúrico ou clorossulfônico e o álcool láurico (1-decanol). Entretanto, este detergente é relativamente caro. As reações usadas em um dos métodos industriais de sua preparação são

$$CH_3(CH_2)_{10}CH_2OH + H_2SO_4 \longrightarrow CH_3(CH_2)_{10}CH_2OSO_3H + H_2O$$
Álcool láurico

$$CH_3(CH_2)_{10}CH_2OSO_3H + Na_2CO_3 \longrightarrow CH_3(CH_2)_{10}CH_2OSO_3^-Na^+ + NaHCO_3$$
Sulfato de laurila e sódio

O primeiro dos detergentes baratos apareceu em 1950. Estes detergentes, os alquil-benzenossulfonatos (ABS), podem ser preparados a partir de fontes baratas de petróleo pelas reações

$$4\ CH_3CH=CH_2 \xrightarrow{H^+} CH_3-\underset{CH_3}{CH}-\left(CH_2-\underset{CH_3}{CH}\right)_2 CH=\underset{CH_3}{CH} \quad \text{Polimerização de alquenos}$$

$$CH_3-\underset{CH_3}{CH}-\left(CH_2-\underset{CH_3}{CH}\right)_2 CH=\underset{CH_3}{CH} + C_6H_6 \xrightarrow{AlCl_3}$$

$$CH_3-\underset{CH_3}{CH}-\left(CH_2-\underset{CH_3}{CH}\right)_3 C_6H_5 \quad \text{Alquilação de Friedel-Crafts}$$

$$CH_3-\underset{CH_3}{CH}-\left(CH_2-\underset{CH_3}{CH}\right)_3 C_6H_5 \xrightarrow[(2)\ Na_2CO_3]{(1)\ H_2SO_4;}$$

$$CH_3-\underset{CH_3}{CH}-\left(CH_2-\underset{CH_3}{CH}\right)_3 C_6H_4-SO_3^-Na^+ \quad \text{Sulfonação}$$

Um alquil-benzenossulfonato (ABS)

Os detergentes tornaram-se muito populares porque podem ser usados em qualquer tipo de água e são baratos. Eles rapidamente ultrapassaram os sabões e tornaram-se os agentes de limpeza mais usados. Um problema com os detergentes é que eles passam pelas usinas de tratamento de esgoto sem serem degradados pelos microrganismos, um processo essencial no tratamento completo do esgoto. Os rios e riachos de muitas partes do mundo ficaram poluídos com espuma de detergentes. Os detergentes conseguiram até poluir a água corrente de muitas cidades. A razão desta persistência é que as enzimas de bactérias capazes de degradar as cadeias lineares de sabões e de sulfato de laurila e sódio não conseguiam destruir os detergentes muito ramificados como o ABS.

Descobriu-se, rapidamente, que as enzimas de bactérias só podiam degradar uma cadeia de carbonos com, no máximo, uma ramificação. Muitos países proibiram a venda de detergentes não-biodegradáveis e, por volta de 1966, eles foram substituídos pelos novos detergentes biodegradáveis chamados de alquilsulfonatos lineares (LAS). Mostramos um exemplo de LAS. Observe que existe uma ramificação no átomo ligado ao anel aromático.

$$CH_3(CH_2)_9-\underset{CH_3}{CH}-C_6H_4-SO_3^-Na^+$$

Um detergente alquilsulfonato linear (LAS)

NOVOS PROBLEMAS COM OS DETERGENTES

Os detergentes, como os sabões, não são vendidos como compostos puros. Um "**sudser**" (detergente comercial) para uso geral só pode conter de 8 a 20% do alquilsulfonato linear. O material pode conter uma grande percentagem (30-50%) de um **builder**, como o tri(polifosfato) de sódio, $Na_5P_3O_{10}$. Outros aditivos incluem inibidores de corrosão, agentes contra deposição e perfumes. Agentes de brilho absorvem luz ultravioleta invisível e emitem luz visível, fazendo com que a roupa lavada pareça mais branca e, portanto, mais "limpa". A carga de fosfato complexa os íons da água dura, cálcio e magnésio e os mantêm em solução. O builder parece aumentar a capacidade de lavagem dos LAS e age como carga barata.

Infelizmente, os fosfatos aumentam a **eutroficação** de lagos e depósitos de água. Os fosfatos, juntamente com outras substâncias, são nutrientes de algas. Quando as algas começam a morrer e se decompor, elas consomem muito oxigênio dissolvido na água e impedem a existência de outro tipo de vida naquele ambiente. O lago "morre" rapidamente. Este fenômeno é a eutroficação.

Como os fosfatos têm este efeito indesejável, começou-se a buscar um substitutivo para os builders de fosfato. Alguns foram sugeridos, mas a maior parte também tem problemas. Dois deles, o metassilicato de sódio e o perborato de sódio, são muito básicos e já provocaram problemas em crianças. Além disto, eles aparentemente destroem as bactérias das estações de tratamento de esgotos e podem ter outros efeitos desconhecidos sobre o ambiente.

Muita gente sugere o retorno ao sabão. O problema principal é que não conseguiremos produzir sabão suficiente para atender à demanda devido à oferta limitada de gordura animal. E daqui, para onde iremos?

REFERÊNCIAS

Ainsworth, S. J. "Soaps and Detergents." *Chemical and Engineering News, 72* (January 24, 1994): 34.
Ainsworth, S. J. "Soaps and Detergents." *Chemical and Engineering News, 73* (January 23, 1995): 30.
Ainsworth, S. J. "Soaps and Detergents." *Chemical and Engineering News, 74* (January 22, 1996): 32.
Davidson, A., and Milwidsky, B. M. *Synthetic Detergents,* 6th ed. New York:Wiley, 1978.
Greek, B. F. "Detergent Components Become Increasingly Diverse, Complex." *Chemical and Engineering News, 66* (January 25, 1988): 21.
Greek, B. F., and Layman, P. L. "Higher Costs Spur New Detergent Formulations." *Chemical and Engineering News, 67* (January 23, 1989): 29.
"LAS Detergents End Stream Foam." *Chemical and Engineering News, 45* (1967): 29.
Levey, M. "The Early History of Detergent Substances." *Journal of Chemical Education, 31* (1954): 521.
Meloan, C. E. "Detergents—Soaps and Syndets." *Chemistry, 49* (September 1976): 6.
Rosen, M. J. "Surfactants: Designing Structure for Performance." *Chemtech, 15* (May 1985): 292.
Rosen, M. J. *Surfactants and Interfacial Phenomena,* 2nd ed. New York:Wiley, 1989.
Rosen, M. J. "Geminis: A New Generation of Surfactants." *Chemtech, 23* (March 1993): 30.
Snell, F. D. "Soap and Glycerol." *Journal of Chemical Education, 19* (1942): 172.
Snell, F. D., and Snell, C. T. "Syndets and Surfactants." *Journal of Chemical Education, 35* (1958): 271.
Stinson, S. C. "Consumer Preferences Spur Innovation in Detergents." *Chemical and Engineering News, 65* (January 26, 1987): 21.
Thayer, A. M. "Soaps and Detergents." *Chemical and Engineering News, 71* (January 25, 1993): 26.

EXPERIMENTO 27

Preparação de Sabões

Hidrólise de uma gordura (éster)
Filtração

Neste experimento, prepararemos sabão a partir de uma gordura animal (toucinho). As gorduras animais e os óleos vegetais são ésteres de ácidos carboxílicos de alto peso molecular e do álcool glicerol. Quimicamente, estas gorduras e óleos são chamados de **triglicerídeos**. Os ácidos mais importantes das gorduras de animais e dos óleos vegetais podem ser preparados a partir de triglicerídeos naturais por hidrólise alcalina (saponificação). Veja a dissertação precedente para uma discussão mais completa sobre sabões e detergentes.

$$\begin{array}{c}\text{O}\\\|\\R_1C-O-CH_2\\\text{O}\\\|\\R_2C-O-CH\\\text{O}\\\|\\R_3C-O-CH_2\end{array} \xrightarrow[\text{ou}]{\text{NaOH}\\\text{saponificação}\\\text{hidrólise}} \begin{array}{c}R_1COO^-Na^+\\\\R_2COO^-Na^+\\\\R_3COO^-Na^+\end{array} + \begin{array}{c}HO-CH_2\\\\HO-CH\\\\HO-CH_2\end{array}$$

Triglicerídeos (gordura ou óleo) → Sais de ácidos carboxílicos (sabão) + Glicerol

Leitura necessária

Revisão: Técnicas 6 e 8
Nova: Dissertação Sabões e detergentes

Instruções especiais

Este experimento é curto e pode ser programado para ser feito com outro experimento. Evite o contato com o hidróxido de sódio; ele é muito cáustico.

Sugestão para eliminação de resíduos

Coloque todos os filtrados deste experimento no recipiente reservado às soluções em água.

Procedimento

Mistura de Reação. Prepare uma solução de 2,5 g de hidróxido de sódio em uma mistura de 10 mL de água e 10 mL de etanol a 95%. Coloque 5 g de gordura vegetal, óleo de cozinha, gordura ou toucinho (gordura vegetal sólida funciona melhor) em um bécher de 250 mL e adicione a solução de base.

> **Cuidado:** Esta solução é cáustica. Evite o contato com a pele.

Aqueça a mistura em um banho de água fervente. O banho de água consiste em um bécher maior, parcialmente cheio de água fervente, aquecido em uma placa. Aqueça a mistura por pelo menos 45 minutos no banho de água fervente. Prepare 20 mL de uma solução 50:50 de etanol e água e adicione-a à mistura em pequenas porções durante o aquecimento. Agite a mistura ocasionalmente com um bastão de vidro.

Isolamento do Sabão. Prepare uma solução de 25 g de cloreto de sódio em 75 mL de água num bécher de 400 mL. Se for necessário aquecer a solução para dissolver o sal, deixe-a esfriar antes de continuar. Derrame a mistura de reação quente sobre a solução salina fria. Agite vigorosamente por vários minutos e deixe esfriar em um banho de gelo até a temperatura normal.

Isole o sabão precipitado por filtração a vácuo em um funil de Büchner equipado com um papel de filtro rápido (Técnica 8, Seções 8.2 e 8.3, página 554). Lave o sabão que está no funil com porções de água gelada. Continue a passar ar pelo sabão para secar parcialmente o produto. Deixe secar até a próxima aula de laboratório. Pese, então, o produto.

Se você for preparar o detergente do Experimento 28, guarde uma pequena amostra do sabão para alguns testes de comparação. Entregue o sabão restante a seu professor em um frasco identificado.

QUESTÕES

1. Por que os sais de potássio dos ácidos graxos dão sabões moles?
2. Por que o sabão do óleo de côco é tão solúvel?
3. Por que a adição da solução de sal precipita o sabão?
4. Por que uma mistura de etanol e água, e não simplesmente água, é usada na saponificação?
5. O acetato de sódio e o propionato de sódio são sabões ruins. Por quê?

EXPERIMENTO 28

Preparação de um Detergente

Preparação de um éster sulfonato
Propriedades de sabões e detergentes

Neste experimento você preparará o detergente sulfato de laurila e sódio. Um detergente é geralmente definido como um agente de limpeza sintético, enquanto os sabões são derivados de fontes naturais – uma gordura ou um óleo.

$$CH_3(CH_2)_{10}CH_2O-\overset{\overset{O}{\|}}{\underset{\underset{O}{\|}}{S}}-O^-Na^+ \qquad CH_3(CH_2)_{16}-\overset{\overset{O}{\|}}{C}-O^-Na^+$$

Sulfato de laurila e sódio **Estearato de sódio**
(um detergente) (um sabão)

As diferenças entre os dois tipos básicos de agentes de limpeza são discutidas na Dissertação "Sabões e detergentes" que precede o Experimento 27. Após preparar o sulfato de laurila e sódio você comparará as propriedaes do sabão com as propriedades do detergente preparado.

Na primeira parte da síntese, o álcool láurico reage com o ácido clorossulfônico para dar o éster de laurila do ácido sulfúrico. Na segunda parte, adiciona-se carbonato de sódio em água para produzir o sal de sódio (detergente).

$$CH_3(CH_2)_{10}CH_2OH + Cl-\overset{\overset{O}{\|}}{\underset{\underset{O}{\|}}{S}}-OH \longrightarrow CH_3(CH_2)_{10}CH_2O-\overset{\overset{O}{\|}}{\underset{\underset{O}{\|}}{S}}-OH + HCl \qquad (1)$$

Álcool láurico **Ácido** **Éster de laurila do**
clorossulfônico acido sulfúrico

$$2\ CH_3(CH_2)_{10}CH_2-O-\underset{\underset{O}{\|}}{\overset{\overset{O}{\|}}{S}}-OH + Na_2CO_3 \longrightarrow$$

$$2\ CH_3(CH_2)_{10}CH_2O-\underset{\underset{O}{\|}}{\overset{\overset{O}{\|}}{S}}-O^-Na^+ + H_2O + CO_2 \quad (2)$$

Sulfato de laurila e sódio

A mistura em água é saturada com carbonato de sódio sólido e extraída com 1-butanol. O carbonato de sódio tem de ser adicionado para permitir a separação de fase. De outro modo, o 1-butanol seria solúvel em água. O sal de sódio (detergente) é mais solúvel em 1-butanol do que na camada de água por causa da cadeia longa de hidrocarboneto, que dá ao sal carater orgânico (não-polar) considerável.

Leitura necessária

Revisão: Técnicas 6, 7 e 12
Nova: Dissertação Sabões e detergentes

Instruções especiais

Manipule o ácido cloro-sulfônico com cuidado, porque ele é um líquido corrosivo que reage violentamente com a água. Use sempre vidraria seca. Use luvas de proteção e óculos de segurança.

Sugestão para eliminação de resíduos

Você pode eliminar as camadas de água colocando-as no recipiente destinado às soluções em água.

Notas para o professor

É mais fácil manipular o 1-dodecanol (álcool láurico) na forma líquida. Se necessário, funda o álcool (pf 24-27°C) e derrame o líquido em um frasco pequeno. Mantenha o álcool no estado líquido colocando o frasco em uma placa de aquecimento. Assim, o álcool estará disponível para a turma no estado líquido.

Procedimento

PARTE A. SULFATO DE LAURILA E SÓDIO

Preparação da Solução de Ácido Clorossulfônico/Ácido Acético. Transfira 1,0 mL de ácido acético (glacial) concentrado para um frasco de Erlenmeyer de 25 mL *seco*. Tampe o frasco com uma rolha e esfrie-o em um banho de gelo por 5 minutos. Em uma capela, use uma pipeta cuidadosamente calibrada, dada pelo professor, para coletar 0,350 mL de ácido clorossulfônico (d = 1,77 g/mL). Transfira o ácido clorossulfônico gota a gota para o frasco com o ácido acético que está no banho de gelo. (Use óculos de segurança!)

> **Cuidado:** Manipule o ácido clorossulfônico com extremo cuidado. Evite ter água ou gelo no frasco. O ácido clorossulfônico reage violentamente com a água para dar ácido clorídrico. Transfira o material diretamente para seu frasco sem deixar pingar. O ácido clorossulfônico é extremamente forte, semelhante ao ácido sulfúrico. Ele causa queimaduras graves na pele. Use luvas de proteção.

Reação do Ácido Clorossulfônico com o 1-Dodecanol. Remova, em uma capela, o frasco do banho de gelo e adicione *lentamente* 1,2 mL de 1-dodecanol (álcool láurico, d = 0,831 g/mL). Deixe a mistura em repouso por 15 minutos, com ocasional agitação por rotação. Após este tempo, use uma pipeta Pasteur para adicionar *cuidadosamente* ao frasco *gota a gota*, 5 mL de água gelada no período de 5 minutos. Agite por rotação ocasionalmente enquanto estiver adicionando a água.

> **Cuidado:** Excesso de ácido clorossulfônico reagirá violentamente com a água. Trabalhe em uma boa capela e adicione a água gota a gota, pelo menos no começo.

Extração do Detergente com 1-Butanol. Adicione 3 mL de 1-butanol ao frasco e agite ocasionalmente a mistura por 5 minutos. Enquanto estiver agitando com um bastão de vidro, adicione lentamente 1,5 g de carbonato de sódio (anidro) para neutralizar os ácidos e ajudar a separar as camadas. O carbonato de sódio se dissolverá. Transfira a mistura para um tubo de centrífuga com tampa de rosca (Técnica 12, Seção 12.7, página 605). Inverta cuidadosamente o tubo de centrífuga várias vezes durante alguns minutos para que o 1-butanol extraia o detergente da camada de água. Evite a agitação vigorosa para que não ocorra uma emulsão difícil (Técnica 12, Seção 12.10, página 608). Deixe em repouso por 5-10 minutos, ou até que haja separação completa das camadas (talvez seja necessário adicionar um pouco de água para quebrar a emulsão). A camada de 1-butanol estará no topo. Remova a camada de água do tubo de centrífuga e transfira-a para outro tubo de centrífuga (guarde-o). Guarde a camada orgânica no tubo de centrífuga porque ela contém o detergente.

Extraia novamente a camada de água. Para fazer isto, adicione 3 mL de 1-butanol à camada de água, tampe o tubo de centrífuga e agite-o cuidadosamente. Deixe em repouso por 10 minutos, ou até que a separação se complete. Remova a camada de água com uma pipeta Pasteur e descarte-a.

Combine as duas camadas orgânicas de 1-butanol em um tubo de centrífuga *seco*. Deixe as camadas combinadas em repouso por alguns minutos para ver se ainda ocorre separação de camadas. Se isto acontecer, remova a camada inferior de água e descarte-a. Se não, transfira os extratos em 1-butanol para um bécher de peso conhecido.

Evaporação do 1-Butanol. Siga as instruções do professor. Guarde a solução de detergente em 1-butanol no armário ou coloque-a em uma capela até a próxima aula de laboratório. Durante este tempo, o 1-butanol deve evaporar e deixar o detergente. Se não tiver evaporado, coloque o bécher em um banho em 80°C e dirija uma pequena corrente de ar para o bécher até obter um sólido. Se persistir o cheiro de 1-butanol, coloque o bécher em uma estufa, em cerca de 130°C, até que o sólido fique completamente seco e livre do odor.

Use sua espátula para quebrar o sólido. Pese o produto e calcule o rendimento percentual (*PM* = 288,4). Se o detergente não estiver completamente livre de 1-butanol, o rendimento aparente será superior a 100%. Se necessário continue a secar a amostra. Após fazer os testes que se seguem, entregue o detergente que sobrou ao professor em um frasco identificado.

PARTE B. TESTES NOS SABÕES E DETERGENTES

Sabão. Coloque 3 mL de solução de sabão em uma proveta de 10 mL.[1] Coloque seu polegar sobre a abertura da proveta e agite-a vigorosamente por cerca de 15 segundos. Deixe a solução em repouso

---

[1] Uma grande quantidade de solução de sabão deve ser preparada pelo professor como se segue: Adicione uma barra de sabão a 1 L de água destilada. Agite a solução ocasionalmente e deixe a mistura em repouso durante a noite. Remova o restante da barra. A mistura pode ser usada diretamente. Como alternativa, adicione 0,05 g do sabão preparado no Experimento 27 a 10 mL de água destilada.

por 30 segundos e observe o nível da espuma. Use uma pipeta Pasteur e adicione 2 gotas de solução de cloreto de cálcio a 4%. Agite a mistura por 15 segundos e deixe-a repousar por cerca de 30 segundos. Observe o efeito do cloreto de cálcio sobre a espuma. Será que você observa mais alguma coisa? Adicione 0,3 g de fosfato de trissódio e agite a mistura novamente por 15 segundos. Deixe-a em repouso por mais 30 segundos. O que você observa? Explique estes testes em seu relatório.

Detergente. Coloque 0,05 g do detergente que você preparou em uma proveta de 10 mL e adicione 3 mL de água destilada. Coloque seu polegar sobre a abertura da proveta e agite-a vigorosamente por cerca de 30 segundos. Deixe a solução em repouso por 30 segundos e observe o nível da espuma. Use uma pipeta Pasteur e adicione 2 gotas de solução de cloreto de cálcio a 4%. Agite a mistura por 15 segundos e deixe-a repousar por cerca de 30 segundos. O que você observa? Explique os resultados destes testes em seu relatório.

QUESTÕES

1. Dê um mecanismo para a reação do álcool láurico com o ácido clorossulfônico.
2. Por que, em sua opinião, usa-se carbonato de sódio, e não, outra base para a neutralização?
3. Proponha um modelo para explicar como funciona um detergente catiônico. Um detergente catiônico tem a cabeça polar com carga positiva.
4. O sulfato de metila e sódio é um detergente ruim. Por quê?
5. O sulfato de laurila e sódio pode ser preparado pela substituição do ácido clorossulfônico por outro reagente. O que poderia ser usado? Mostre as equações.
6. Sugira um método de síntese do detergente alquilsulfonato linear, mostrado na páginas 196, a partir de álcool láurico, benzeno e compostos inorgânicos necessários.

DISSERTAÇÃO

Petróleo e Combustíveis Sólidos

O petróleo bruto é um líquido que contém hidrocarbonetos, além de compostos de enxofre, oxigênio e nitrogênio. Traços de outros elementos, inclusive metais, podem estar presentes. O petróleo bruto é formado pela decomposição de organismos animais e vegetais que viveram milhões de anos atrás. Durante este tempo, sob a influência de temperatura, pressão, catalisadores, radioatividade e bactérias, o material decomposto converteu-se no que chamamos de óleo bruto. O petróleo bruto fica preso em depósitos subterrâneos em diversas formações geológicas.

A maior parte dos petróleos brutos tem gravidade específica entre 0,78 e 1,00 g/mL. O óleo bruto líquido pode ser espesso e preto como asfalto fundido ou fluido e incolor como a água. Suas características dependem da jazida petrolífera da qual foi extraído. Os petróleos brutos da Pennsylvania são ricos em alcanos de cadeia linear (chamados de **parafinas** na indústria petrolífera). Estes óleos são muito úteis na fabricação de óleos lubrificantes. Os campos da Califórnia e do Texas produzem petróleo com uma percentagem maior de ciclo-alcanos (chamados de **naftenos** na indústria petrolífera). Alguns campos do Oriente Médio produzem petróleo que contém até 90% de hidrocarbonetos cíclicos. O petróleo contém moléculas cujo número de carbonos varia entre 1 e 60.

Quando o petróleo é refinado para conversão em vários produtos úteis, ele é inicialmente submetido a uma destilação fracionada. A Tabela Um lista as várias frações obtidas neste processo. Cada uma delas tem sua utilidade. Elas podem ser purificadas, dependendo da aplicação desejada.

A fração de gasolina obtida por destilação direta do óleo bruto é chamada de **gasolina de destilação direta** (*straight-run*). Um barril médio de óleo bruto fornece cerca de 19% de gasolina de destilação direta. Isto leva a dois problemas. Primeiro, não existe gasolina suficiente no óleo bruto atualmente disponível para satisfazer à demanda corrente para os motores de automóveis. Segundo, a gasolina de destilação direta obtida do óleo bruto é um combustível ruim para os motores modernos. Ela tem de ser "refinada" em uma refinaria.

TABELA UM Frações obtidas na destilação do óleo bruto

Fração do petróleo	Composição	Uso comercial
Gás natural	C_1 a C_4	Combustível para aquecimento
Gasolina	C_5 a C_{10}	Combustível para motores
Querosene	C_{11} a C_{12}	Combustível para motores a jato e para aquecimento
Gasóleo leve	C_{13} a C_{17}	Fornalhas, motores a diesel
Gasóleo pesado	C_{18} a C_{25}	Óleo de motores, parafina, geléia de petróleo
Resíduo	C_{26} a C_{60}	Asfalto, óleos residuais, graxas

O primeiro problema, o da pequena quantidade de gasolina no óleo bruto, pode ser resolvido por **craqueamento** e **polimerização**. O craqueamento é um processo de refinaria em que moléculas de hidrocarbonetos de alto peso molecular são quebradas em moléculas menores. O craqueamento exige calor e pressão, além de catalisadores. Óxido de silício-óxido de alumínio e óxido de silício-óxido de magnésio estão dentre os catalisadores de craqueamento mais efetivos. O craqueamento produz uma mistura de hidrocarbonetos saturados e insaturados. Na presença de gás hidrogênio, o craqueamento produz somente hidrocarbonetos saturados. As misturas de hidrocarbonetos produzidas nestes processos têm um grau relativamente alto de isômeros de cadeia ramificada, que melhoram a qualidade da gasolina.

$$C_{16}H_{34} + H_2 \xrightarrow[\text{calor}]{\text{catalisador}} 2\ C_8H_{18} \quad \text{Craqueamento}$$

No processo de polimerização, feito também em refinarias, moléculas pequenas de alquenos reagem umas com as outras para formar alquenos de maior peso molecular.

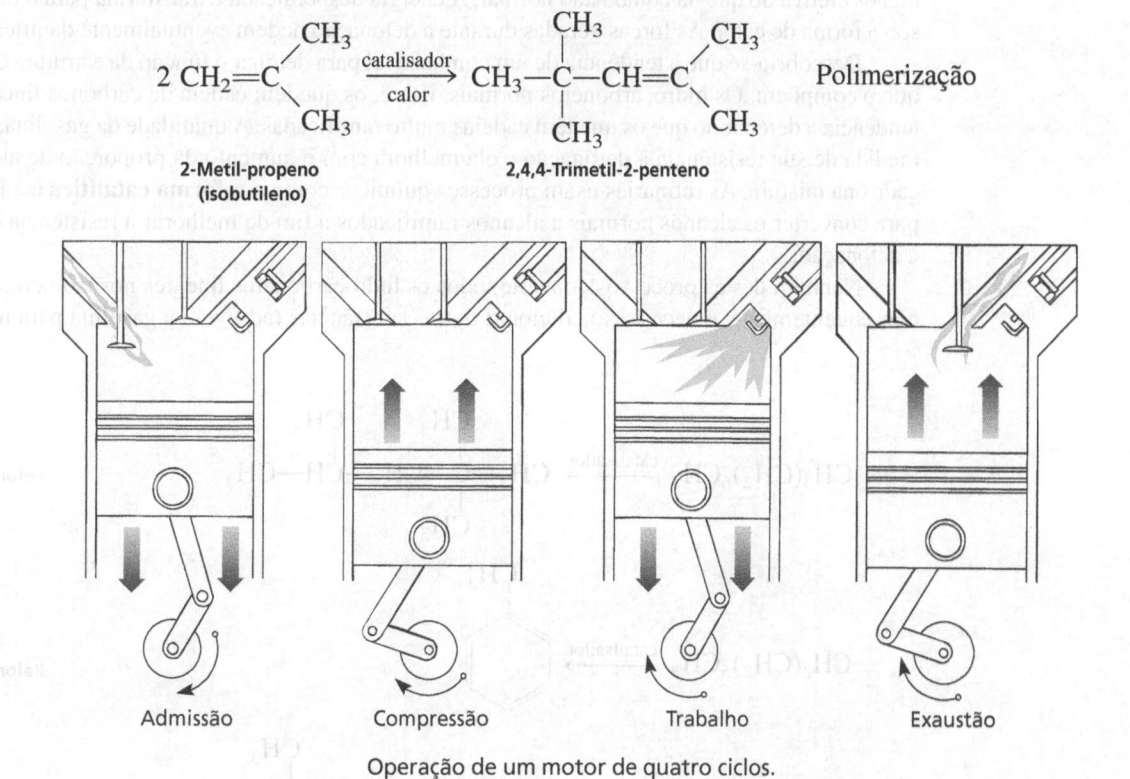

$$2\ CH_2{=}C(CH_3)_2 \xrightarrow[\text{calor}]{\text{catalisador}} CH_3{-}C(CH_3)_2{-}CH{=}C(CH_3)_2 \quad \text{Polimerização}$$

2-Metil-propeno (isobutileno) → 2,4,4-Trimetil-2-penteno

Admissão — Compressão — Trabalho — Exaustão

Operação de um motor de quatro ciclos.

O alqueno assim formado pode ser hidrogenado a alcanos. A seqüência de reações aqui mostrada é muito comum e importante no refino do petróleo porque o produto, 2,2,4-trimetil-pentano (ou "isooctano") é um dos padrões de qualidade da gasolina. Com estes métodos de refino, a percentagem de gasolina que pode ser obtida de um barril de óleo bruto pode aumentar para 45 ou 50%.

$$\underset{\underset{CH_3}{|}}{\overset{\overset{CH_3}{|}}{CH_3-C-}}CH=C\underset{CH_3}{\overset{CH_3}{\diagup}} + H_2 \xrightarrow{catalisador} \underset{\underset{CH_3}{|}}{\overset{\overset{CH_3}{|}}{CH_3-C-}}CH_2-\overset{\overset{CH_3}{|}}{CH}-CH_3$$

2,2,4-Trimetil-pentano
(isooctano)

O motor de combustão interna, encontrado na maior parte dos automóveis, opera em quatro ciclos ou **momentos**. Eles estão ilustrados na figura. O momento de trabalho é o de maior interesse do ponto de vista químico porque é nesta etapa que ocorre a combustão.

Quando a mistura ar-gasolina é acesa, não explode. Ela queima em velocidade uniforme e controlada. Os gases próximos da centelha acendem primeiro e, por sua vez, acendem as moléculas cada vez mais distantes da centelha. O processo de combustão prossegue em uma onda de chama ou **frente de chama** que começa na vela e se espalha uniformemente para fora até que todo o gás do cilindro se acenda. Como um certo tempo é necessário para o processo, a centelha inicial é ajustada para ocorrer assim que o pistão chegar ao máximo do percurso. Deste modo, o pistão atinge o máximo do percurso no instante preciso em que a frente de chama e o aumento de pressão que a acompanha o atingem. O resultado é uma força aplicada sobre o pistão, a qual o empurra para baixo.

Se o calor e a compressão fizerem a mistura ar-combustível acender antes da frente de chama alcançá-lo ou se ela queimar mais depressa do que o esperado, a regulagem da combustão será perturbada. A frente de chama atinge o pistão antes de ele atingir o máximo do percurso. Se isto acontecer, observa-se uma **detonação** (pré-ignição). A transferência de potência para o pistão, nessas condições, é muito menos efetiva do que na combustão normal. A energia desperdiçada é transferida para o bloco do motor sob a forma de calor. As forças geradas durante a detonação podem eventualmente danificar o motor.

Descobriu-se que a tendência de um combustível para detonar é função da estrutura das moléculas que o compõem. Os hidrocarbonetos normais, isto é, os que têm cadeia de carbonos linear, têm maior tendência a detonar do que os que têm cadeias muito ramificadas. A qualidade da gasolina, então, é uma medida de sua resistência à detonação e ela melhora com o aumento da proporção de alcanos ramificados na mistura. As refinarias usam processos químicos como a **reforma catalítica** e a **isomerização** para converter os alcanos normais a alcanos ramificados a fim de melhorar a resistência das gasolinas à detonação.

Nenhum destes processos converte todos os hidrocarbonetos lineares nos isômeros ramificados; conseqüentemente, é necessário adicionar outras substâncias (aditivos) à gasolina para melhorar a re-

$$CH_3(CH_2)_6CH_3 \xrightarrow{catalisador} \underset{\underset{CH_3}{|}}{\overset{\overset{CH_3}{|}}{CH_3-C-}}CH_2-\overset{\overset{CH_3}{|}}{CH}-CH_3 \quad \textbf{Reforma}$$

$$CH_3(CH_2)_5CH_3 \xrightarrow{catalisador} \underset{}{C_6H_5CH_3} \quad \textbf{Reforma}$$

$$CH_3-CH_2-CH_2-CH_2-CH_3 \xrightarrow{AlBr_3} \overset{\overset{CH_3}{|}}{CH_3-CH}-CH_2-CH_3 \quad \textbf{Isomerização}$$

sistência do combustível à detonação. Muitos hidrocarbonetos aromáticos são aditivos eficientes e são adicionados às gasolinas sem chumbo e com chumbo. O aditivo redutor de detonação mais comum é o **tetraetil-chumbo**. A gasolina que contém tetraetil-chumbo é chamada de **gasolina com chumbo**, e as que não contêm o aditivo são chamadas de **gasolina sem chumbo**. Recentemente, graças à preocupação causada pela possibilidade de problemas de saúde provocados pela emissão de chumbo na atmosfera e porque a presença de chumbo inativa os conversores catalíticos dos automóveis modernos, a Agência de Proteção Ambiental americana determinou a eliminação gradual do uso do tetraetil-chumbo em gasolinas. Isto fez com que as companhias petrolíferas começassem a testar outros aditivos capazes de reduzir a detonação sem produzir emissões perigosas.

$$CH_3-CH_2-\underset{\underset{CH_2-CH_3}{|}}{\overset{\overset{CH_2-CH_3}{|}}{Pb}}-CH_2-CH_3$$

Tetraetil-chumbo

Os novos carros foram concebidos para funcionar com gasolina sem chumbo. A qualidade da gasolina é mantida pela adição de hidrocarbonetos que têm propriedades anidetonantes. São típicos os hidrocarbonetos aromáticos, incluindo benzeno, tolueno e xilenos.

Benzeno   **Tolueno**   **Xileno**
(1,3-dimetil-benzeno)

Processos mais caros de refino, como o **hidrocraqueamento** (craqueamento na presença de gás hidrogênio) e a **reforma**, produzem misturas de hidrocarbonetos mais resistentes à detonação do que os componentes típicos da gasolina. A adição de produtos de hidrocraqueamento e de reforma à gasolina melhora seu desempenho. O aumento da proporção de hidrocarbonetos aromáticos, entretanto, tem problemas. Estas substâncias são tóxicas, e o benzeno é um cancerígeno severo. O risco de doenças aumenta para os trabalhadores de refinarias e de postos de serviço.

Muitas pesquisas estão sendo dirigidas para o desenvolvimento de compostos capazes de melhorar a qualidade da gasolina sem chumbo e que não sejam hidrocarbonetos. Neste sentido, compostos como *terc*-butil-metil-éter (MTBE), etanol e outros compostos oxigenados (compostos que contêm oxigênio) são usados como aditivos. O etanol, em particular, é interessante porque é formado na fermentação de material vivo, uma fonte renovável (veja a dissertação "Etanol e Química da Fermentação", página 122). O etanol não somente melhora as propriedades antidetonantes das gasolinas, mas ajuda os países a reduzir sua dependência de petróleo importado. A substituição dos hidrocarbonetos do petróleo por etanol tem o efeito de aumentar o "rendimento" do combustível produzido por um barril de óleo bruto. Como acontece com muitas histórias que são muito boas para ser verdade, não está claro se a energia necessária para produzir o etanol por fermentação e destilação é significativamente menor do que a quantidade de energia produzida quando o etanol é queimado em um motor!

$$CH_3-O-\underset{\underset{CH_3}{|}}{\overset{\overset{CH_3}{|}}{C}}-CH_3 \qquad CH_3-CH_2-OH$$

terc-**Butil-metil-éter**   **Etanol**

Em um esforço para melhorar a qualidade do ar em áreas urbanas, a lei americana determinou a adição de compostos que contêm oxigênio à gasolina durante os meses de inverno (de novembro a fevereiro). Espera-se que estes compostos reduzam as emissões de CO produzidas pela queima de gasolina em motores frios por oxidação do monóxido de carbono a dióxido de carbono. As refinarias adicionam "oxigenados", como etanol e *terc*-butil-metil-éter, à gasolina vendida nas áreas em que há restrições. A lei determina que a gasolina deve conter pelo menos 2,7% de oxigênio por peso, e nas áreas restritas ela deve ser usada no mínimo nos quatro meses de inverno. A percentagem de 2,7% corresponde a 15% por volume de MTBE na gasolina.

Embora o *terc*-butil-metil-éter seja ainda o aditivo oxigenado mais usado, o etanol está se tornando mais comum. Existem muitas razões para o aumento da preferência pelo etanol. Em primeiro lugar, é mais barato do que o MTBE devido às reduções de impostos e aos subsídios concendidos aos produtores de etanol por fermentação. Depois, existe a preocupação sobre a segurança do MTBE para a saúde. Sabe-se que as pessoas sentem o odor de gasolina com mais facilidade se ela contiver MTBE. O problema da volatilidade pode ser resolvido parcialmente pela substituição do *terc*-butil-metil-éter pelo *terc*-butil-etil-éter, que é menos volátil. Não existem evidências muito fortes, entretanto, de que o MTBE pode ser um problema para a saúde. Ele tem sido usado como antidetonante desde 1979, sem problemas maiores. O uso do MTBE está agora proibido, porém por razões ambientais.

O uso de etanol e de *terc*-butil-etil-éter nos meses do verão é controverso. Há evidências de que a inclusão de aditivos oxigenados aumenta a volatilidade dos combustíveis. Isto teria o efeito de aumentar as emissões de compostos orgânicos voláteis (VOCs) para o ar, aumentando a poluição durante os meses de verão. Existem também evidências de que a presença de aditivos oxigenados nos combustíveis não reduz as emissões de monóxido de carbono, mesmo nos meses de inverno. Um estudo estatístico mostrou que a redução de monóxido de carbono é consideravelmente menor do que o esperado. Tem-se sugerido até que a substituição dos carros antigos por novos pode ter um efeito mais significativo sobre a redução do monóxido de carbono devido ao melhor desempenho dos motores modernos. Além disto, estudos sugerem que os combustíveis oxigenados aumentam a formação de aldeídos atmosféricos, como o acetaldeído, formado do etanol. Como o acetaldeído é um precursor do peróxi-acetil-nitrato (veja a página 207), é possível que o uso de combustíveis oxigenados *aumente* a poluição do ar.

Um combustível pode ser classificado de acordo com suas características antidetonantes. O índice mais importante é o **índice de octanas** (**octanagem**) da gasolina. Neste método de classificação, as propriedades antidetonantes de um combustível são comparadas, em um motor de teste, com as propriedades antidetonantes de uma mistura padrão de heptano e 2,2,4-trimetil-pentano. Este último é chamado de "isooctano", daí o nome índice de octanas. Um combustível que tem as mesmas propriedades de uma dada mistura de heptano e isooctano tem um índice de octanas numericamente igual à percentagem de isooctano na mistura de referência. A gasolina sem shumbo de 87 octanas de hoje é uma mistura de compostos que têm as mesmas características de um combustível de teste com 13% de heptano e 87% de isooctano. Outras substâncias, além de hidrocarbonetos, também podem ter alta resistência à detonação. A Tabela Dois mostra uma lista de compostos orgânicos e de seus índices de octanas.

TABELA DOIS Índices de octanas de compostos orgânicos

Composto	Número de octanas	Composto	Número de octanas
Octano	−19	1-Buteno	97
Heptano	0	2,2,4-Trimetil-pentano	100
Hexano	25	Ciclo-pentano	101
Pentano	62	Etanol	105
Ciclo-hexano	83	Benzeno	106
1-Penteno	91	Metanol	106
2-Hexeno	93	*m*-Xileno	118
Butano	94	Tolueno	120
Propano	97		

Nota: Os valores de octanagem desta tabela foram determinados pelo **método da pesquisa**.

O número de gramas de ar necessários para a combustão completa de um mol de gasolina (considerando a fórmula C_8H_{18}) é 1,735 g. Isto leva à razão teórica ar-combustível de 15,1:1 para a combustão completa. Por diversas razões, entretanto, não é fácil nem aconselhável dar a cada cilindro uma mistura ar-combustível teoricamente correta. A potência e o desempenho de um motor aumentam quando a mistura é ligeiramente mais rica (razão ar-combustível menor). A potência máxima de um motor é obtida quando a razão ar-combustível está próxima de 12,5:1, e a economia máxima, quando a razão está próxima de 16:1. Em condições de repouso ou máxima carga (isto é, aceleração), a razão ar-combustível é menor do que seria teoricamente correto. Em conseqüência, a combustão não se completa em um motor de combustão interna, e monóxido de carbono (CO) é produzido juntamente com os gases de exaustão. Outros tipos de combustão não-ideal dão origem a hidrocarbonetos não-queimados nos gases de exaustão. As elevadas temperaturas da combustão fazem reagir o oxigênio e o nitrogênio do ar para formar uma série de óxidos de nitrogênio nos gases de exaustão. Todos estes materiais contribuem para a poluição do ar. Sob o efeito da luz do sol, que tem energia suficiente para quebrar ligações covalentes, esses materiais podem reagir uns com os outros e com o ar para produzir um **nevoeiro enfumaçado** ("smog"). O nevoeiro é formado por **ozônio**, que estraga a borracha e danifica as plantas; **matéria particulada**, que produz neblina; **óxidos de nitrogênio**, que dão cor marrom à atmosfera; e uma série de irritantes oculares, como o **peróxi-acetil-nitrato** (PAN). Partículas de chumbo do tetraetil-chumbo também podem causar problemas porque são tóxicas. Os compostos de enxofre da gasolina podem produzir gases tóxicos na exaustão.

$$CH_3-\overset{\overset{\displaystyle O}{\|}}{C}-O-O-NO_2$$

Peróxi-acetil-nitrato
(PAN)

Os esforços atuais para inverter a tendência à piora da qualidade do ar provocada pelos gases de exaustão dos automóveis tomaram muitas formas. Esforços iniciais para modificar a mistura ar-combustível de motores melhoraram um pouco as emissões de monóxido de carbono, porém com o custo do aumento das emissões de óxidos de nitrogênio e do pior desempenho do motor. Com os padrões mais severos impostos pela EPA americana, a atenção voltou-se para fontes alternativas. O interesse pelos **motores diesel** em carros de passageiros aumentou muito recentemente. O motor diesel tem a vantagem de produzir quantidades muito pequenas de monóxido de carbono e de hidrocarbonetos não-queimados. Ele produz, entretanto, grandes quantidades de óxidos de nitrogênio, fuligem (contendo hidrocarbonetos aromáticos polinucleares) e compostos com cheiro forte. No momento, não existem padrões para a emissão de fuligem ou de compostos com cheiro forte por veículos a motor. Isto não significa que essas substâncias sejam inofensivas, somente que não existe um método confiável de analisar quantitativamente estes materiais nos gases de exaustão. A fuligem e o odor podem muito bem ser perigosos, mas sua emissão permanece desregulada. Uma outra vantagem dos motores diesel, importante nestes tempos de preços elevados de óleo bruto, é que eles tendem a dar uma quilometragem maior do que os motores a gasolina de tamanho semelhante. Pesquisas também procuram desenvolver motores de combustão interna que operam ccm propano, metano e, até mesmo, hidrogênio. Estes motores não devem estar em uso comercial no futuro próximo, porém, porque problemas técnicos importantes precisam ainda ser resolvidos.

Enquanto isto não acontece, como o motor padrão de gasolina ainda é o mais atraente devido à sua grande flexibilidade e à sua confiabilidade, os esforços para controlar suas emissões continuam. O advento dos **conversores catalíticos**, dispositivos silenciosos que contêm catalisadores capazes de converter monóxido de carbono, hidrocarbonetos não-queimados e óxidos de nitrogênio em gases inofensivos, é um produto desses esforços. Infelizmente, os catalisadores são inativados pelos aditivos de chumbo da gasolina. Deve-se usar gasolina sem chumbo, mas isto leva a um consumo mais alto de óleo bruto na produção de gasolina sem chumbo. Outros hidrocarbonetos têm de ser adicionados para substituir o tetraetil-chumbo. Os metais ativos dos conversores catalíticos, principalmente platina, paládio e ródio, são escassos e extremamente caros. Além disso, há preocupação com a formação catalítica de traços de outras substâncias perigosas nos gases de exaustão.

Algum sucesso na redução de emissões de gases de exaustão foi conseguido pela modificação do desenho das câmaras de combustão de motores de combustão interna. Além disto, o uso do controle computadorizado dos sistemas de ignição promete. Esforços também foram dirigidos ao desenvolvimento de combustíveis alternativos que pudessem dar melhor quilometragem, emissões mais baixas, melhor desempenho e menor demanda de óleo bruto. O metanol foi proposto como alternativa à gasolina como combustível. Alguns testes preliminares indicaram que a quantidade dos poluentes principais do ar nos gases de exaustão de automóveis diminui muito quando se usa metanol no lugar de gasolina. Experimentos com metano também são animadores. O metano tem um número de octanas muito alto, e a proporção de monóxido de carbono e hidrocarbonetos não-queimados nos gases de exaustão de motores movidos a metanol é muito baixa. A produção de metano não exige os processos caros e ineficientes de refino, necessários para produzir gasolina. Experimentos para testar o uso de hidrogênio também estão em andamento. Embora a tecnologia necessária para o uso destes combustíveis alternativos precise ainda ser melhor desenvolvida, o futuro deve trazer alguns avanços interessantes ao desenho de motores, em um esforço para resolver nossas necessidades de transporte e, ao mesmo tempo, melhorar a qualidade de nosso ar.

REFERÊNCIAS

Anderson, E. V. "Health Studies Indicate MTBE Is Safe Gasoline Additive." *Chemical and Engineering News, 71* (September 20, 1993): 9.

Anderson, E. V. "Brazil's Program to Use Ethanol as Transportation Fuel Loses Steam." *Chemical and Engineering News, 71* (October 18, 1993): 13.

Calvin, M. "High-Energy Fuels and Materials from Plants." *Journal of Chemical Education, 64* (April 1987): 335.

Chen, C. T. "Understanding the Fate of Petroleum Hydrocarbons in the Subsurface Environment." *Journal of Chemical Education, 69* (May 1992): 357.

Haggin, J. "Interest in Coal Chemistry Intensifies." *Chemical and Engineering News, 60* (August 9, 1982): 17.

Illman, D. "Oxygenated Fuel Cost May Outweigh Effectiveness." *Chemical and Engineering News, 71* (April 12, 1993): 28.

Kimmel, H. S., and Tomkins, R. P. T. "A Course on Synthetic Fuels." *Journal of Chemical Education, 62* (March 1985): 249.

Schriescheim, A., and Kirschenbaum, I. "The Chemistry and Technology of Synthetic Fuels." *American Scientist, 69* (September–October 1981): 536.

Shreve, R. N., and Brink, J. "Petrochemicals." *The Chemical Process Industries,* 4th ed. New York: McGraw-Hill, 1977.

Shreve, R. N., and Brink, J. "Petroleum Refining." *The Chemical Process Industries,* 4th ed. New York: McGraw-Hill, 1977.

Vartanian, P. F. "The Chemistry of Modern Petroleum Product Additives." *Journal of Chemical Education, 68* (December 1991): 1015.

EXPERIMENTO 29

Análise de Gasolina por Cromatografia a Gás

Gasolina
Cromatografia a gás

Neste experimento, você analisará amostras de gasolina por cromatografia a gás. Você aprenderá, com a análise, um pouco sobre a composição desses combustíveis. Embora todas as gasolinas sejam baseadas nos mesmos hidrocarbonetos, cada companhia mistura os componentes em proporções diferentes para obter uma gasolina com propriedades semelhantes às dos concorrentes.

Experimento 29 Análise de Gasolina por Cromatografia a Gás

Às vezes, a composição da gasolina varia, dependendo da composição do petróleo bruto de que provém. As refinarias, com freqüência, mudam a composição da gasolina em resposta às diferenças de clima, às estações do ano ou a preocupações com o ambiente. Durante o inverno ou em climas frios, a proporção relativa de isômeros do butano e do pentano aumenta para corrigir a volatilidade do combustível. A maior volatilidade facilita a partida do motor. Durante o verão ou em climas quentes, as proporções relativas destes hidrocarbonetos voláteis diminui. A redução da volatilidade reduz a possibilidade de formação de tamponamento ("vaporlock"). Às vezes, é possível acompanhar a variação da composição pelo exame dos cromatogramas a gás de uma dada gasolina durante vários meses. Não tentaremos detectar estas pequenas diferenças neste experimento.

O número de octanas das gasolinas "regular" e "premium" é diferente. Você poderá observar diferenças de composição entre estes dois tipos de combustíveis. Preste atenção ao aumento da proporção dos hidrocarbonetos que aumentam a octanagem da gasolina "premium".

Em alguns lugares, os fabricantes têm de controlar a quantidade de monóxido de carbono que se forma quando a gasolina queima. Para isto, eles adicionam compostos de oxigênio, como etanol ou *terc*-butil-metil-éter (MTBE), à gasolina. Tente observar a presença destes dois compostos de oxigênio em gasolinas produzidas em áreas com controle de CO.

A turma analisará amostras de gasolina regular sem chumbo, premium sem chumbo e regular com chumbo. Ela analisará gasolinas aditivadas com compostos oxigenados, se possível. Se gasolinas de fabricantes diferentes forem analisadas, a comparação deve ser feita com gasolinas de mesmo tipo.

Os postos de gasolina autônomos geralmente compram a gasolina de uma das refinadoras de petróleo importantes. Se você for analisar a gasolina de um posto autônomo, talvez ache interessante compará-la com a de grau equivalente de um grande fornecedor, anotando principalmente as semelhanças.

Leitura necessária

Nova: Técnica 22   Cromatografia a gás
        Dissertação   Petróleo e combustíveis fósseis

Instruções especiais

O professor pode pedir que cada aluno traga uma amostra de gasolina de um posto. Ele fará uma lista das diferentes companhias de gasolina que servem a área próxima. Cada estudante deverá obter gasolina de uma delas. Colete a gasolina em um recipiente com tampa de rosca. Um modo fácil de coletar a amostra de gasolina para este experimento é drenar a gasolina em excesso da mangueira da bomba para o recipiente após o abastecimento do tanque de gasolina de um carro. A coleta da gasolina deve ser feita *imediatamente* após o uso da bomba de gasolina, senão os componentes voláteis da gasolina podem evaporar, mudando sua composição. Basta uma quantidade muito pequena de amostra (alguns mililitros) porque a análise por cromatografia a gás exige alguns microlitros (μL), apenas, de material. Tenha o cuidado de fechar bem a tampa do recipiente para evitar a evaporação seletiva dos componentes mais voláteis. A etiqueta do recipiente deve listar a marca da gasolina e o tipo (regular sem chumbo, premium sem chumbo, oxigenada sem chumbo e assim por diante). Seu professor pode preferir fornecer as amostras.

> **Cuidado:** A gasolina contém muitos componentes voláteis e inflamáveis. Não respire os vapores e não use chama perto da gasolina. A gasolina com chumbo contém tetraetil-chumbo, que é tóxico.

Este experimento pode ser feito juntamente com outro experimento curto porque ele só toma alguns minutos do tempo do estudante para fazer a cromatografia a gás. Para que o experimento funcione com a eficiência máxima, você terá de entrar na fila de uso do cromatógrafo.

Sugestão para eliminação de resíduos

Coloque as amostras de gasolina no recipiente destinado aos resíduos orgânicos não-halogenados.

Notas para o professor

Ajuste seu cromatógrafo a gás para as condições ótimas de análise. Recomendamos que você prepare e analise a mistura de referência listada na seção Procedimento. A maior parte dos cromatógrafos poderá separar facilmente esta mistura, com a possível exceção dos xilenos. Um conjunto satisfatório de condições para um cromatógrafo Gow-Mac modelo 69-350 é: temperatura da coluna, 110-115°C; temperatura do bloco de injeção, 110-115°C; velocidade do gás de arraste, 40-50 mL/min; comprimento da coluna, 4 m. A coluna deve ser empacotada com uma fase estacionária semelhante ao óleo de silicone (SE-30) em Chromosorb W ou com outra fase estacionária que separe os componentes principalmente pelo ponto de ebulição.

Os cromatogramas mostrados neste experimento foram obtidos em um cromatógrafo Hewlett-Packard modelo 5890, com uma coluna capilar DB 5 (0,32 mm, com filme de 0,25 μm) de 30 m. O programa de temperatura começou em 5°C e aumentou até 150°C. Cada corrida durou 8 minutos, com detecção por ionização de chama. As condições são dadas no Manual do Instrutor. Recomendamos as separações em colunas capilares, que dão melhores resultados. Eles são ainda melhores com colunas longas.

Procedimento

Mistura de Referência. Primeiramente, analise uma mistura padrão que inclui pentano, hexano (ou hexanos), benzeno, heptano, tolueno e xilenos (uma mistura de isômeros *orto*, *meta* e *para*). Injete 0,5 μL da amostra no cromatógrafo ou use a quantidade indicada por seu professor. Meça o tempo de retenção de cada componente da mistura de referência em seu cromatograma (Técnica 22, Seção 22.7, página 715). Os compostos listados acima eluem na ordem dada (pentano primeiro e xilenos no fim). Compare o seu cromatograma com o padrão dado pelo professor ou com o reproduzido neste experimento. Seu professor ou o assistente de laboratório pode preferir injetar a amostra. As seringas de microlitros especiais usadas neste experimento são muito delicadas e caras. Se você tiver de injetar as amostras, obtenha de antemão as instruções.

Mistura de Referência de Combustível Oxigenado. Compostos de oxigênio são adicionados às gasolinas em áreas onde o monóxido de carbono é controlado, de novembro a fevereiro. No momento, etanol e *terc*-butil-metil-éter são os mais comuns. Seu professor pode ter à disposição uma mistura de referência que inclui todos os compostos já listados e etanol ou *terc*-butil-metil-éter. Novamente, será necessário injetar uma amostra desta mistura e analisar o cromatograma para obter os tempos de retenção de cada componente da mistura.

Amostras de Gasolina. Injete no cromatógrafo amostras de gasolina regular sem chumbo, premium sem chumbo ou oxigenada e registre o cromatograma. Compare o resultado com a mistura de referência. Determine o maior número de componentes possível. Os cromatogramas de uma gasolina premium sem chumbo e da mistura de referência estão nesta página e na seguinte, para comparação. Uma lista dos principais componentes das gasolinas está na página seguinte. Observe que o *terc*-butil-metil-éter aparece na região de C_6. Será que seu combustível oxigenado mostra este componente? Veja se você pode identificar diferenças entre as gasolinas regular e premium sem chumbo.

Análise. Compare cuidadosamente os tempos de retenção dos componentes de cada amostra de combustível com os dos padrões da mistura de referência. Os tempos de retenção dos compostos variam com as condições de análise. É melhor analisar a mistura de referência e as amostras de gasolina em seqüência para reduzir as variações eventuais do tempo de retenção. Compare seus cromatogramas com os dos estudantes que analisaram a gasolina de outros postos.

Relatório. O relatório deve incluir os cromatogramas e a identificação do maior número possível dos componentes da gasolina.

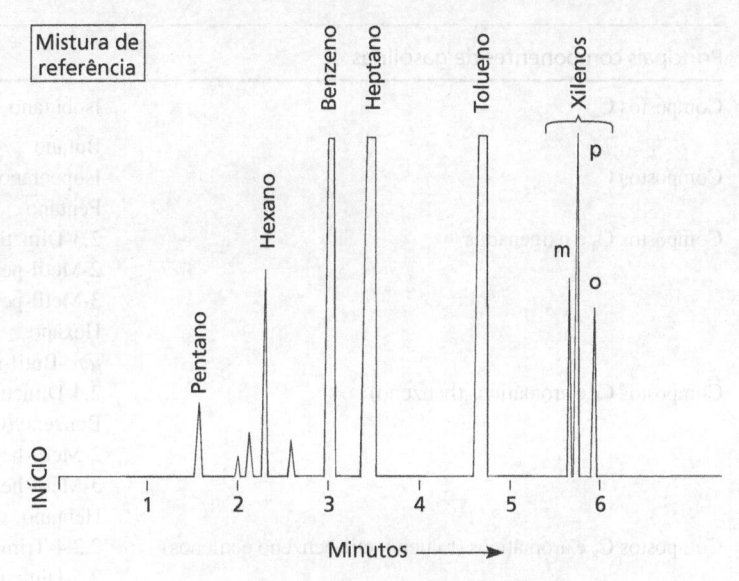

Experimento 29 Análise de Gasolina por Cromatografia a Gás

Cromatograma da mistura de referência.

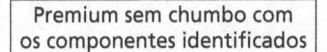

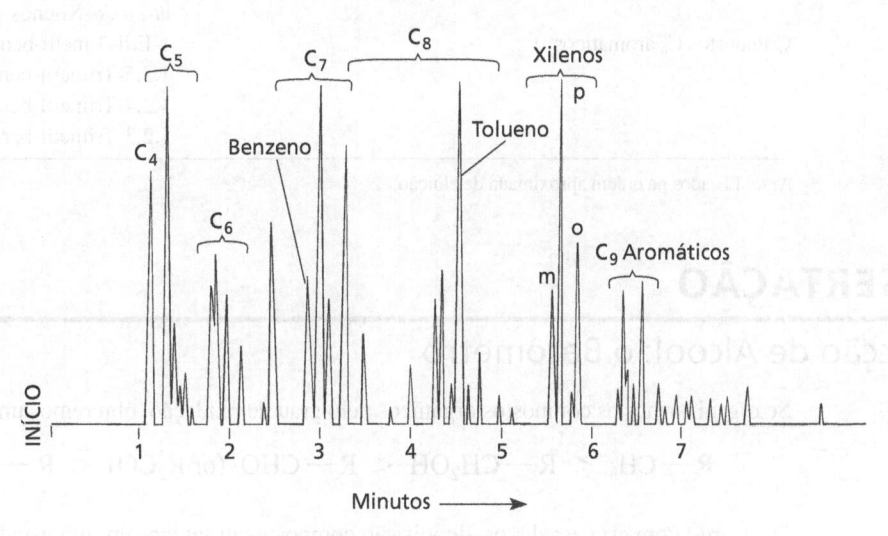

Cromatograma de uma gasolina premium sem chumbo.

QUESTÕES

1. Se você tivesse de analisar uma mistura de benzeno, tolueno e *m*-xileno, qual seria a ordem esperada dos tempos de retenção? Explique.
2. Se você estivesse trabalhando para a polícia como um químico forense e um bombeiro trouxesse uma amostra de gasolina encontrada na cena de uma tentativa de incêndio criminoso, será que você poderia identificar o posto de gasolina em que o criminoso comprou a gasolina? Explique.
3. Como você usaria a espectroscopia de infravermelho para detectar a presença de etanol em um combustível oxigenado?

Principais componentes de gasolinas	
Compostos C_4	Isobutano
	Butano
Compostos C_5	Isopentano
	Pentano
Compostos C_6 e oxigenados	2,3-Dimetil-butano
	2-Metil-pentano
	3-Metil-pentano
	Hexano
	terc-Butil-metil-éter (oxigenado)
Compostos C_7 e aromáticos (benzeno)	2,4-Dimetil-pentano
	Benzeno (C_6H_6)
	2-Metil-hexano
	3-Metil-hexano
	Heptano
Compostos C_8 e aromáticos (tolueno, etil-benzeno e xilenos)	2,2,4-Trimetil-pentano (isooctano)
	2,5-Dimetil-hexano
	2,4-Dimetil-hexano
	2,3,4-Trimetil-pentano
	2,3-Dimetil-hexano
	Tolueno (C_7H_8)
	Etil-benzeno (C_8H_{10})
	m-, *p*-, *o*-Xilenos
Compostos C_9 aromáticos	1-Etil-3-metil-benzeno
	1,3,5-Trimetil-benzeno
	1,2,4-Trimetil-benzeno
	1,2,3-Trimetil-benzeno

Nota: Listados na ordem aproximada de eluição.

DISSERTAÇÃO

Detecção de Álcool: o Bafômetro

Se organizarmos os compostos orgânicos pelo grau de oxidação, obteremos uma ordem geral como esta:

$$R-CH_3 < R-CH_2OH < R-CHO \text{ (or } R_2CO) < R-COOH < CO_2$$

De acordo com esta escala, os álcoois são compostos orgânicos em um estado relativamente reduzido, e os compostos carbonilados e os derivados de ácidos carboxílicos estão em um estado muito mais oxidado. Deveria ser possível, usando oxidantes apropriados, oxidar o álcool a aldeído, cetona ou ácido carboxílico, dependendo do substrato e das condições de oxidação.

Os álcoois primários podem ser oxidados a aldeídos com vários oxidantes, incluindo permanganato de potássio, dicromato de potássio e ácido nítrico:

$$R-CH_2OH \xrightarrow{[O]} \left[R-\overset{\overset{O}{\|}}{C}-H \right] \xrightarrow{[O]} R-\overset{\overset{O}{\|}}{C}-OH$$

O aldeído formado na reação é instável e sofre oxidação ao ácido carboxílico. O aldeído é raramente isolado em uma reação deste tipo, exceto quando o oxidante é relativamente fraco.

O cromo(VI) é um agente de oxidação muito útil. Ele aparece sob várias formas, incluindo trióxido de cromo CrO_3, íon cromato CrO_4^{2-} e íon dicromato $Cr_2O_7^{2-}$. Os compostos de Cr(VI) têm, tipicamente, cores do amarelo ao vermelho. Durante a oxidação, eles são reduzidos a Cr^{3+}, que é verde. Em conseqüência, a reação de oxidação pode ser acompanhada pela mudança de cor. Uma oxidação de Cr(VI) típica, para ilustrar o papel das espécies oxidante e redutora, é a oxidação do etanol a acetaldeído pelo dicromato.

$$3\ CH_3CH_2OH + Cr_2O_7^{2-} + 8\ H^+ \longrightarrow 3\ CH_3-\overset{O}{\overset{\|}{C}}-H + 2\ Cr^{3+} + 7\ H_2O$$

Como o aldeído é instável nestas condiçõe, ocorre uma segunda reação de oxidação a ácido acético:

$$3\ CH_3-\overset{O}{\overset{\|}{C}}-H + Cr_2O_7^{2-} + 8\ H^+ \longrightarrow 3\ CH_3-\overset{O}{\overset{\|}{C}}-OH + 2\ Cr^{3+} + 4\ H_2O$$

Esta reação de oxidação de álcoois pelo íon dicromato é o método padrão de análise de álcoois. O material a ser testado é tratado com uma solução de dicromato de potássio em meio ácido, e o íon cromo, verde, formado na oxidação do álcool é medido espectrofotometricamente em 600 nm. Este método permite determinar indiretamente de 1 a 10 mg de etanol por litro de sangue com acurácia de 5%. O conteúdo de álcool da cerveja pode ser determinado com acurácia de 1,4%.

O BAFÔMETRO

Uma aplicação interessante da oxidação dos álcoois é um método usado para determinar a quantidade de etanol no sangue de uma pessoa que bebeu. O etanol das bebidas alcoólicas pode ser oxidado por dicromato, de acordo com a equação dada anteriormente. Durante a oxidação, a cor do reagente de cromo passa de laranja avermelhado ($Cr_2O_7^{2-}$) a verde (Cr^{+3}). Os policiais usam esta reação para estimar o conteúdo de álcool no bafo de motoristas que beberam. O número obtido pode ser convertido na quantidade de álcool no sangue.

Em muitos estados americanos, a definição legal usual de indivíduo alcoolizado é 0,10% de álcool no sangue. Como o ar do interior dos pulmões está em equilíbrio com o sangue que passa pelas artérias pulmonares, a percentagem de álcool no sangue pode ser determinada pela medida do conteúdo de álcool no bafo. A relação bafo-sangue pode ser determinada pelo teste simultâneo do bafo e do sangue. Em conseqüência desse equilíbrio, os policiais não precisam ser treinados na administração de testes de sangue. Um instrumento simples, o bafômetro, que não exige operação complexa, pode ser usado no campo.

Na forma mais simples, o bafômetro inclui o reagente dicromato de potássio-ácido sulfúrico que impregna partículas de sílica gel em uma ampola de vidro selada. Antes do uso, as extremidades da ampola são quebradas, uma delas ligada a uma boqueira, e a outra, à entrada de um saco plástico. A pessoa sob teste sopra no tubo para encher o saco plástico. Quando o ar que contém o etanol passa pelo tubo, a reação química ocorre e o reagente dicromato avermelhado se reduz ao sulfato de cromo esverdeado (Cr^{3+}). Quando a cor verde passa de um certo ponto no tubo (a metade), considera-se que existe uma concentração relativamente alta de álcool no bafo do motorista. Este é, então, levado ao posto policial para um teste mais preciso. Este aparelho é simples e sua precisão é pequena. Ele é usado principalmente para a identificação inicial de motoristas suspeitos de excesso de bebida. A Figura 1 mostra um esquema do **bafômetro de varredura simples**. O uso deste tipo de aparelho foi superado, nos últimos anos, por instrumentos portáteis mais simples e mais acurados.

A Figura 2 mostra um esquema de um instrumento mais preciso, o "bafômetro de análise". O ar do pulmão penetra um cilindro *A* e empurra um pistão. Quando o cilindro está cheio, o pistão cai e empurra um volume determinado de ar através de uma ampola de reação *B* que contém a solução de dicromato de potássio em ácido sulfúrico. Ao borbulhar, o álcool contido no ar se oxida a acetaldeído e, depois, a ácido acético, e o íon dicromato se reduz a Cr^{3+}. O instrumento inclui uma fonte de luz *C*. Filtros selecionam a luz da região azul do espectro. A luz azul passa pela ampola de reação e é detectada

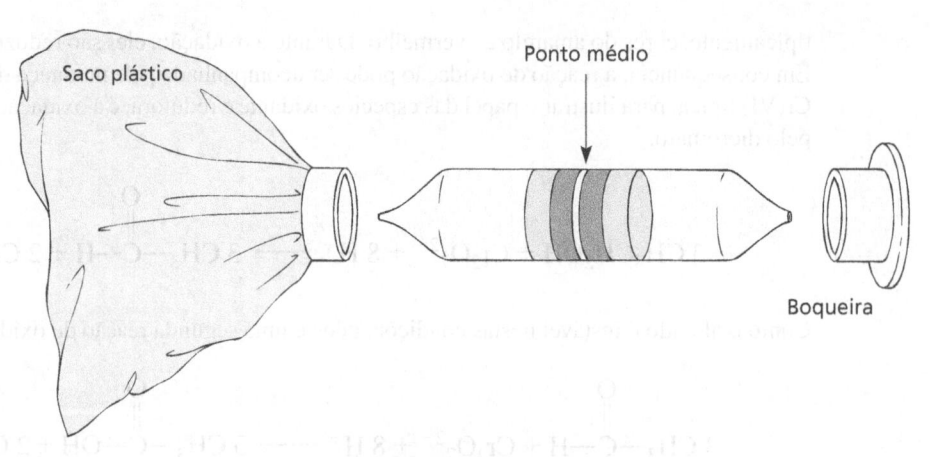

Figura 1 Bafômetro de varredura simples.

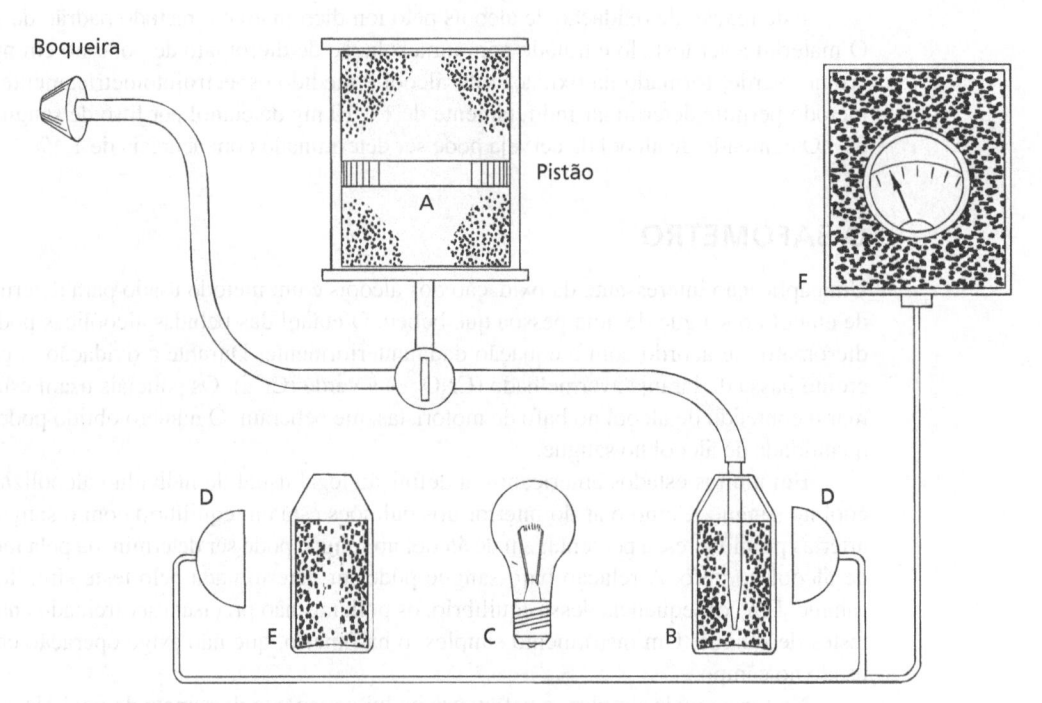

Figura 2 Um bafômetro de análise.

por uma fotocélula D. A luz passa também por uma ampola de referência E, que contém, como padrão, uma solução de dicromato de potássio em ácido sulfúrico na mesma concentração inicial da solução da ampola B. Esta ampola de referência não entra em contato com o álcool. A luz que passa pela ampola de referência é detectada em outra fotocélula. Um medidor F, calibrado em miligramas de álcool por 100 mL de sangue ou em percentagem de álcool no sangue, registra a diferença entre as duas fotocélulas. Antes do teste, as duas ampolas transmitem a mesma intensidade de luz azul, e a leitura do medidor é igual a zero. Após o teste, a ampola de reação transmite mais luz azul do que a de referência, e o medidor registra uma voltagem.

Um instrumento como este, embora mais complicado e delicado do que o esquematizado na Figura 1, pode ser operado no campo, sem um laboratório de suporte. O instrumento é portátil e pode ser facilmente transportado em um carro de polícia.

Um método semelhante é usado no Experimento 30 para seguir a velocidade de oxidação de vários álcoois pelo íon dicromato. A mudança de cor que acompanha a oxidação é monitorada por um espectrômetro.

MÉTODOS MODERNOS DE TESTE DO BAFO

Os métodos mais usados na determinação da concentração de álcool no sangue baseiam-se na espectroscopia de infravermelho. Um bafômetro típico contém um espectrômetro de infravermelho simples (veja a Técnica 25) capaz de medir a absorbância em duas freqüências. Ele mede a absorbância em 2.910 cm^{-1} e em 2.880 cm^{-1}. Estas bandas correspondem às deformações lineares de C–H dos grupos metila e metileno do etanol. O instrumento determina a absorbância total na amostra de bafo para estimar a percentagem de etanol presente. O instrumento também mede a razão das absorbâncias em 2.910 cm^{-1} e 2.880 cm^{-1} para confirmar que o composto sob análise é o etanol. Embora a maior parte dos compostos orgânicos absorva nestas duas freqüências, nenhum dos compostos encontrados no bafo humano, exceto o etanol, tem a mesma *razão* de absorbâncias nestas duas freqüências. O microprocessador do instrumento tem várias rotinas que mantêm a calibração e garantem que uma amostra representativa do bafo foi obtida e que a interferência de outras substâncias é muito pequena. Uma impressora produz um relatório com as percentagens de álcool determinadas e a identificação do suspeito.

Este tipo de instrumento não é usualmente transportado em um carro de polícia. Em geral, ele fica no posto policial. Como vimos antes, o policial usa, no campo, bafômetro de varredura para saber se o suspeito pode estar intoxicado. Se for o caso, o suspeito é levado ao posto policial, onde é submetido a uma análise completa com o bafômetro de infravermelho.

REFERÊNCIAS

Anderson, J. M. "Oxidation–Reduction in Blood Analysis: Demonstrating the Reaction in a Breathalyzer." *Journal of Chemical Education, 67* (March 1990): 263.
Denney, R. C. "Analysing for Alcohol." *Chemistry in Britain, 6* (1970): 533.
Labianca, D. A. "The Chemical Basis of the Breathalyzer." *Journal of Chemical Education, 67* (March 1990): 259.
Labianca, D. A. "Estimation of Blood-Alcohol Concentration." *Journal of Chemical Education, 69* (August 1992): 628.
Lovell, W. S. "Breath Tests for Determining Alcohol in the Blood." *Science, 178* (1972): 264.
Timmer, W. C. "An Experiment in Forensic Chemistry—the Breathalyzer." *Journal of Chemical Education, 63* (October 1986): 897.
Treptow, R. S. "Determination of Alcohol in Breath for Law Enforcement." *Journal of Chemical Education, 51* (1974): 651.

EXPERIMENTO 30

Oxidação de Álcoois com Ácido Crômico

Oxidação de um álcool com ácido crômico
Cinética
Espectrofotometria de ultravioleta-visível

A reação química de interesse neste experimento é a oxidação de um álcool ao aldeído correspondente por uma solução ácida de dicromato de potássio:

$$3\ RCH_2OH + Cr_2O_7^{2-} + 8\ H^+ \longrightarrow 3\ R-\overset{\overset{O}{\|}}{C}-H + 2\ Cr^{3+} + 7\ H_2O$$

Normalmente, o íon dicromato oxida o aldeído formado ao ácido correspondente:

$$3\ R-\underset{\underset{H}{\|}}{\overset{O}{\|}}C-H + Cr_2O_7^{2-} + 8\ H^+ \longrightarrow 3\ R-\overset{O}{\underset{\|}{C}}-OH + 2\ Cr^{3+} + 4\ H_2O$$

Neste experimento, entretanto, o álcool está em grande excesso, e a possibilidade de uma segunda reação é muito reduzida. Um álcool secundário se oxida a cetona em um processo semelhante. O reagente dicromato não oxida a cetona formada.

$$3\ R-\underset{\underset{R'}{|}}{CH}-OH + Cr_2O_7^{2-} + 8\ H^+ \longrightarrow 3\ R-\overset{O}{\underset{\|}{C}}-R' + 2\ Cr^{3+} + 7\ H_2O$$

Embora vários mecanismos tenham sido propostos para explicar a oxidação de álcoois pelo íon dicromato, o mecanismo mais aceito foi proposto primeiramente por F. H. Westheimer, em 1949. Em solução ácida, o íon dicromato forma duas moléculas de ácido crômico:

$$2\ H_3O^+ + Cr_2O_7^{2-} \underset{}{\overset{\text{rápido}}{\rightleftarrows}} 2\ H_2CrO_4 + H_2O \qquad \text{etapa 1}$$

O ácido crômico, em uma etapa rápida e reversível, forma um éster cromato com o álcool:

$$RCH_2OH + H_2CrO_4 \overset{\text{rápido}}{\rightleftarrows} R-CH_2-O-\underset{\underset{O}{\|}}{\overset{\overset{O}{\|}}{Cr}}-OH + H_2O \qquad \text{etapa 2}$$

O éster cromato, então, se decompõe lentamente por transferência de dois elétrons e quebra da ligação carbono-α-hidrogênio, como se pode ver na etapa 3.

$$R-\underset{\underset{H}{|}}{\overset{\overset{H}{|}}{C}}-O-\underset{\underset{O}{\|}}{\overset{\overset{O}{\|}}{Cr}}-OH \overset{\text{lenta}}{\longrightarrow} R-\underset{\underset{H}{|}}{C}=O + H_2CrO_3 \qquad \text{etapa 3}$$

Cr no estado   Cr no estado
de oxidação 6   de oxidação 4

O H_2CrO_3 se reduz a Cr^{3+} por interação com o cromo em vários estados de oxidação e com outras moléculas de álcool. Todas essas etapas são mais rápidas do que a etapa 3. Conseqüentemente, elas não estão envolvidas na etapa que determina a velocidade do mecanismo e não precisam ser levadas em conta no que se segue.

A etapa determinante da velocidade, etapa 3, envolve apenas uma molécula do éster cromato, que, por sua vez, vem de um equilíbrio anterior que envolve a combinação de uma molécula de álcool e uma molécula de ácido crômico (etapa 2). Como resultado, esta reação, que é de primeira ordem em éster cromato, é de *segunda ordem* nos reagentes álcool e dicromato. A equação cinética, portanto, é

$$-\frac{d[Cr_2O_7^{2-}]}{dt} = k[RCH_2OH][Cr_2O_7^{2-}] \qquad (1)$$

A presença do átomo de cromo afeta fortemente a distribuição dos elétrons da molécula de éster cromato. Elétrons têm de ser transferidos para o átomo de cromo durante a etapa de quebra. Se o grupo R inclui um grupo que retira elétrons, ele diminui a densidade de elétrons necessária para a reação, que, em conseqüência, é mais lenta. Espera-se que um grupo que fornece elétrons tenha o efeito oposto.

O MÉTODO EXPERIMENTAL

Mede-se a velocidade de reação seguindo a velocidade de desaparecimento do íon dicromato em função do tempo. O íon dicromato, $Cr_2O_7^{2-}$, é amarelo alaranjado e absorve luz em 350 e 440 nm. O cromo se reduz a Cr^{3+}, de cor verde, durante a reação. O íon Cr^{3+} não absorve luz significativamente em 350 ou 440 nm. A absorção de luz por este íon ocorre em 406, 574 e 666 nm. Portanto, se medirmos a luz absorvida em um único comprimento de onda, em 440 nm, por exemplo, podemos seguir a velocidade de desaparecimento do íon dicromato sem interferência do íon Cr^{3+}.

O **espectrofotômetro** é o instrumento usado para medir a quantidade de luz visível absorvida em um determinado comprimento de onda. Este tipo de instrumento pode ser explicado com simplicidade. A luz visível comum passa por uma amostra e, depois, por um prisma, que seleciona a luz de um comprimento de onda a ser determinada. A luz selecionada é dirigida para uma fotocélula que mede sua intensidade. A agulha da tela de um medidor mostra a intensidade da luz no comprimento de onda desejado.

A equação da velocidade desta reação é de segunda ordem. Entretanto, como usaremos um grande excesso de álcool, sua concentração mudará muito pouco durante a reação. Nestas condições, a equação da velocidade se reduz a uma equação de pseudo-primeira ordem, simplificando a matemática envolvida.

A equação da velocidade de uma reação de primeira ordem (ou pseudo-primeira ordem) é

$$-\frac{d[A]}{dt} = k[A] \qquad (2)$$

Neste experimento, a equação de velocidade torna-se

$$-\frac{d[Cr_2O_7^{2-}]}{dt} = k[Cr_2O_7^{2-}] \qquad (3)$$

Seja a igual à concentração inicial do íon dicromato. No tempo t, uma quantidade igual a x moles/L de dicromato reagiu, e x moles/L de aldeído foram produzidos. A concentração do dicromato resultante no tempo t é $a - x$. A equação da velocidade passa a ser

$$-\frac{dx}{dt} = k(a - x) \qquad (4)$$

Integrando, temos

$$\ln\left(\frac{a}{a - x}\right) = kt \qquad (5)$$

Convertendo para logaritmos na base 10,

$$2{,}303 \log\left(\frac{a}{a - x}\right) = kt \qquad (6)$$

Esta equação é da forma apropriada para uma linha reta com intercepto igual a zero. Se a reação for mesmo de primeira ordem, um gráfico de $\log[a/(a - x)]$ *versus* t dará uma reta com inclinação igual a $k/2{,}303$.

Como é experimentalmente muito difícil a medida direta da quantidade de íon dicromato consumida durante esta reação, a medida do termo $[a/(a - x)]$ tem de ser indireta. É necessário uma quantidade mensurável que permita derivar a concentração de dicromato, como luz absorvida pela solução em 440 nm.

A Lei de Beer-Lambert relaciona a quantidade de luz absorvida por uma molécula, ou íon, à sua concentração de acordo com a equação

$$A = \epsilon c l \qquad (7)$$

em que A é a absorbância da solução, ϵ é a absortividade molar (a medida da eficiência com que a amostra absorve a luz), c é a concentração da solução e l é o passo óptico da célula que contém a solução. A absorbância é lida pelo espectrofotômetro.

Na concentração inicial a de íon dicromato, podemos escrever

$$A_0 = \epsilon a l \qquad (8)$$

ou

$$a = \frac{A_0}{\epsilon l} \qquad (9)$$

A quantidade de íon dicromato que não reagiu no tempo t, que é igual $a - x$, passa a ser

$$A_t = \epsilon(a - x)l \qquad (10)$$

ou

$$a - x = \frac{A_t}{\epsilon l} \qquad (11)$$

Substituindo as absorbâncias por concentrações e cancelando, temos

$$\frac{a}{a - x} = \frac{A_0}{\cancel{\epsilon l}} \frac{\cancel{\epsilon l}}{A_t} \qquad (12)$$

ou

$$\frac{a}{a - x} = \frac{A_0}{A_t} \qquad (13)$$

Neste ponto, uma correção tem de ser feita. Quando a reação se completa no tempo "infinito", ainda resta absorção em 440 nm. Em outras palavras, no tempo t = ∞ o valor de A não é zero. Por isto, esta absorbância residual tem de ser subtraída de cada termo de absorbância da Equação 13. A diferença $A_0 - A_\infty$ dá a quantidade de íon dicromato inicialmente presente, e a diferença $A_t - A_\infty$, a quantidade de íon dicromato que não reagiu no tempo t. A introdução destas correções dá

$$\frac{a}{a - x} = \frac{A_0 - A_\infty}{A_t - A_\infty} \qquad (14)$$

A equação de velocidade integrada fica

$$2{,}303 \log\left(\frac{A_0 - A_\infty}{A_t - A_\infty}\right) = kt \qquad (15)$$

Como as dimensões da célula e a absortividade molar se cancelam, não é necessário conhecer estes parâmetros.

Um gráfico de log $[(A_0 - A_\infty)/(A_t - A_\infty)]$ *versus* tempo (veja a figura) dará uma linha reta com inclinação k. O gráfico mostra como determinar a inclinação. Se o tempo está em segundos, as unidades de k são seg^{-1}. Os pontos experimentais do gráfico podem se espalhar um pouco, mas a linha mostrada é a melhor **linha reta** (use algum método matemático, como o método das médias ou dos mínimos quadrados).

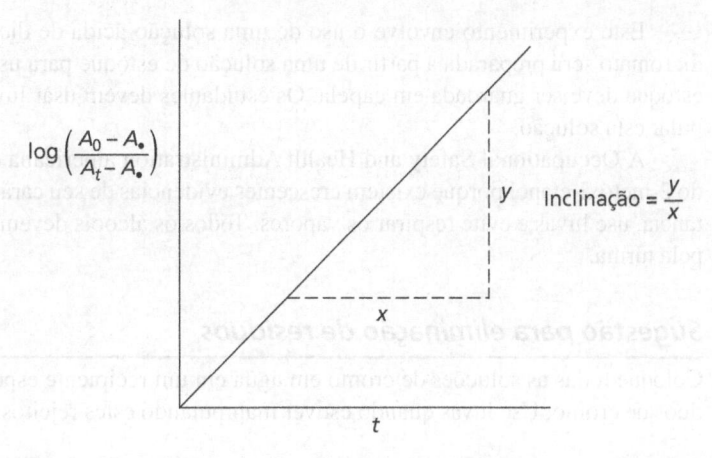

Um gráfico de log $[(A_0 - A_\infty)/(A_t - A_\infty)]$ *versus* tempo dá uma linha reta com inclinação igual a $k/2{,}303$.

Outra grandeza muito citada em estudos cinéticos é a **meia-vida** τ da reação. A meia-vida é o tempo necessário para que metade do reagente se converta a produtos. Durante a primeira meia-vida, 50% do reagente é consumido. No fim da segunda meia vida, 75% do reagente foi consumido. Em uma reação de primeira ordem, a meia-vida é calculada por

$$\tau = \frac{\ln 2}{k} = \frac{0{,}69315}{k} \tag{16}$$

Neste experimento, a turma estudará diversos álcoois. Os dados de todos serão comparados para a determinação da reatividade relativa dos álcoois. Dois álcoois em particular, o 2-metóxi-etanol e o 2-cloro-etanol, reagem mais lentamente do que os outros álcoois usados neste experimento. Apesar da menor reatividade, as reações não serão seguidas por mais de alguns minutos porque nestes compostos a segunda reação – a oxidação do aldeído ao ácido carboxílico – fica mais importante em tempos longos de reação. Em conseqüência desta segunda reação, o íon dicromato é consumido mais rapidamente do que os cálculos predizem, e o gráfico de log $[(A_0 - A_\infty)/(A_t - A_\infty)]$ *versus* tempo torna-se uma curva. Para evitar esta complicação, somente os primeiros minutos da reação serão usados para calcular a velocidade inicial, que corresponde à reação estudada neste experimento. Os outros álcoois são suficientemente reativos para que a segunda reação não introduza erros significativos.

Leitura necessária

Revisão: Leia as seções sobre cinética em seu livro-texto teórico
Nova: Dissertação   Detecção de álcoois: o bafômetro

Instruções especiais

Os álcoois primários e secundários são oxidados neste experimento a aldeídos e cetonas, respectivamente. O procedimento experimental é idêntico para os dois tipos de álcoois. Este experimento deveria ser feito por pares de estudantes para facilitar a preparação das soluções e as medidas. Dois métodos alternativos podem ser usados neste experimento. O Experimento 30A usa um espectrofotômetro Bausch & Lomb Spectronic 21 para obter os resultados. O Experimento 30B é semelhante ao Experimento 30A, exceto pelo fato de ter sido planejado para o uso de um espectrofotômetro Hewlett-Packard 8452 Diode-Array UV-VIS. Cada corrida cinética requer de 1,5 a 2 horas.

Cuidado: As soluções de dicromato de potássio são cancerígenas em potencial.

Este experimento envolve o úso de uma solução ácida de dicromato de potássio. A solução de dicromato será preparada a partir de uma solução de estoque para uso de toda a turma. Esta solução de estoque deve ser guardada em capela. Os estudantes devem usar luvas e pipetas com bulbos ao manipular esta solução.

A Occupational Safety and Health Administration americana está estudando a regulação do uso do 2-metóxi-etanol porque existem crescentes evidências de seu caráter tóxico. Ao manipular esta substância, use luvas e evite respirar os vapores. Todos os álcoois devem ser guardados em capela para uso pela turma.

Sugestão para eliminação de resíduos

Coloque todas as soluções de cromo em água em um recipiente especialmente designado para os resíduos de cromo. Use luvas quando estiver manipulando estes rejeitos.

EXPERIMENTO 30A
Oxidação de Álcoois com Ácido Crômico – Método Espectrofotométrico no Visível

Procedimento

Preparação de Reagentes. Selecione um álcool dentre os seguintes: etanol, 1-propanol, 2-propanol, 2-metóxi-etanol, 2-cloro-etanol, etilenoglicol e 1-fenil-etanol. Uma solução de estoque de ácido sulfúrico 3,9 M e uma solução cuidadosamente preparada de dicromato de potássio 0,0196 M (preparada com água destilada em um balão volumétrico) devem estar disponíveis para uso da turma.

Preparação do Instrumento. Ligue o instrumento e deixe-o aquecer. Selecione a lâmpada de tungstênio como fonte de luz. Selecione um modo de operação que permita que o instrumento opere no comprimento de onda fixo de 440 nm e registre dados como absorbância.

Execução do Experimento. Use um frasco pequeno para preparar a solução. Transfira 1 mL da solução estoque de dicromato e 10 mL da solução estoque de ácido sulfúrico para o frasco. Use pipetas volumétricas fornecidas pelo professor. (**Cuidado:** *Use pipetas com bulbos.*) Agite bem a solução. Enxágüe uma cubeta de amostra três vezes com esta solução ácida de dicromato e depois encha a cubeta. Limpe e seque a cubeta. Coloque-a no compartimento da amostra e coloque uma cubeta cheia de água destilada no compartimento de referência. Feche o compartimento da célula e permita que a solução de ácido crômico atinja a temperatura de equilíbrio deixando-a no instrumento (com o instrumento ligado) por 20 minutos. Este pré-aquecimento diminui o problema do aquecimento da solução pela lâmpada de tungstênio, a fonte de luz do espectrofotômetro. O aquecimento tenderia a acelerar a reação com o passar do tempo.

Após o pré-aquecimento, registre a absorbância A_0 da solução de ácido crômico, bem como o tempo 0,0 minutos. Retire, com uma seringa hipodérmica, uma amostra de 10,0 µL do álcool a ser estudado e transfira-a rapidamente para a solução de ácido crômico. Quando tiver terminado a transferência, comece a marcar o tempo. Retire a cubeta do compartimento de amostra e agite-a vigorosamente por 20 a 30 segundos. Recoloque a cubeta no compartimento de amostra. Certifique-se de que a cubeta está limpa e seca. Feche o compartimento e comece a fazer as medidas.

Anote a absorbância A_t em intervalos de 1 minuto no tempo total de 6 minutos (8 minutos para o 2-propanol). Ao final deste tempo, remova a cubeta do compartimento do espectrômetro e deixe a solução em repouso por pelo menos uma hora (outro estudante pode usar o instrumento durante este tempo). Após este período, recoloque a cubeta no compartimento da amostra (deixe esquentar o instrumento se ele foi desligado) e anote a absorbância. Este valor final corresponde ao tempo "infinito", A_∞.

O professor pode pedir a cada estudante que faça o experimento em duplicata. Se for o caso, repita o experimento exatamente nas mesmas condições usadas da primeira vez.

Análise dos Dados. Lance os dados em gráfico de acordo com o método descrito na seção introdutória deste experimento. Uma tabela de dados está na página 222. Registre o valor de cada constante de velocidade determinada neste experimento (e a média das constantes de velocidade se determinações em duplicata tiverem sido feitas). Registre também o valor da meia-vida, τ. Inclua todos os dados e gráficos no relatório. O professor pode pedir que os resultados de toda a turma sejam comparados.

EXPERIMENTO 30B

Oxidação de Álcoois com Ácido Crômico – Método Espectrofotométrico no UV-VIS

Procedimento

Preparação dos Reagentes. Prepare os reagentes de acordo com o procedimento descrito no Experimento 30A.

Ajuste do Instrumento. Ligue o espectrofotômetro e o computador conectado a ele. O programa da Hewlett-Packard deve aparecer na tela. Use as chaves com setas para mover a barra iluminada para **OPERATOR NAME** e pressione **ENTER**. Coloque o nome do operador, pressione **ENTER**. Coloque a barra iluminada em **GENERAL SCANNING** e pressione **ENTER**. Verifique se a célula de escoamento foi removida do caminho do feixe óptico e se o suporte de cubeta foi instalado. Neste ponto, a tela de direções deveria estar à mostra com as chaves de comando (F1...F10) listadas abaixo. Selecione **ACQUISITION** (F4), movimente a barra iluminada para **STANDARD DEVIATION**. Se um X não aparecer nos colchetes à esquerda de **STANDARD DEVIATION**, pressione **ENTER**. Pressione **ESC** para voltar à tela de direções. Selecione **SAMP. INPUT** (F8), ilumine **MANUAL INPUT** e pressione **ENTER**. Pressione **ESC** para sair. Mude para **OPTIONS** (F5) e escolha **OVERLAY SPECTRA**. Continue no modo direções, insira uma cubeta cheia de água desionizada (DI-H_2O) no suporte da amostra e selecione **MEAS. BLANK** pressionando F2.

Varredura das Amostras. Um espectro de DI-H_2O deveria aparecer na tela no modo Gráfico. Selecione **REGISTERS** (F5) e pressione **F3** para esvaziar todos os registros. A varredura do branco é automaticamente gravada em outro arquivo e não precisa ser incluída no espectro da amostra. Pressione **ESC** para voltar ao modo Gráfico. O espectrômetro está, agora, pronto para as corridas da amostra. Use a mesma cubeta do branco para manter a coerência do experimento.

Use um frasco pequeno. Prepare a solução de teste transferindo 1 mL da solução de estoque de dicromato e 10 mL da solução de estoque de ácido sulfúrico para o frasco. Use a pipeta volumétrica fornecida. Agite bem a solução. Enxágue a cubeta de amostra três vezes com a solução ácida de dicromato e depois encha a cubeta. Limpe e seque a cubeta. Coloque-a no compartimento da amostra.

Retire uma amostra de 10 μL de etanol com uma seringa hipodérmica e transfira-a rapidamente para a solução de ácido crômico. Pressione **F1** simultaneamente à transferência da amostra. Isto inicia a contagem de tempo e grava o valor da absorbância, A_0. Retire a cubeta do compartimento de amostra e agite vigorosamente por 20 a 30 segundos. Recoloque a cubeta no compartimento de amostra. Certifique-se de que a cubeta está limpa e seca. Feche o compartimento.

Quando o experimento tiver começado, basta pressionar **F1** (**MEAS. SAMPLE**) no fim de cada intervalo de tempo. Só é preciso registrar o tempo. A absorbância e outros dados podem ser recuperados depois. A cada vez que **F1** for pressionado, um espectro aparece na tela, por cima dos anteriores.

Anote a absorbância A_t em intervalos de 1 minuto no tempo total de 6 minutos. Ao final deste tempo, remova a cubeta do compartimento do espectrômetro e deixe a solução em repouso por pelo menos uma hora. Após este período, recoloque a cubeta no compartimento da amostra e anote a absorbância. Este valor final corresponde ao tempo "infinito", A_∞.

Tratamento dos Dados. O pico de interesse neste experimento é o valor da absorbância em 440 nm. Selecione a função **RESCALE** (F3) e ilumine **ZOOM IN**. Pressione **ENTER**, e um cursor aparecerá na tela. Use as chaves com setas para mover o cursor a um ponto abaixo e à esquerda da área que você quer expandir. Pressione **ENTER** e mova o cursor para cima e à direita da área a ser isolada, desenhando uma caixa no entorno da área. Pressione **ENTER** para mostrar a porção do espectro selecionada. Se um erro for cometido, selecione **RESCALE** (F3) novamente e escolha **ZOOM OUT**. Isto fará com que o espectro completo retorne à tela, e o processo poderá ser repetido.

Cada pico desta porção do espectro pode ser marcado com o cursor. Selecione **CURSOR** (F2) e uma seta aparecerá em Register A. (Veja no espectro, na parte inferior, uma descrição da colocação da seta e em que espectro ela está.) As chaves com as setas à esquerda e à direita moverão a seta no espectro, e as chaves com as setas para cima e para baixo moverão a seta para um registro/espectro diferente. Coloque a seta em Register A, que deveria corresponder ao espectro no tempo = 0,0 minutos. Mova a seta para o pico em 440 nm e pressione **MARK** (F1). Mova para o Register B, marque o pico em 440 nm e repita o procedimento para todos os espectros restantes. Quando todos os picos estiverem marcados, pressione **LIST MARKS** (F3) para mostrar as absorbâncias de cada pico em 440 nm. Deixe o modo cursor selecionando **RETURN** (F10) para voltar ao modo Graphics.

Para obter uma cópia impressa do espectro e das absorbâncias, selecione **HARDCOPY** (F9), ilumine **PRINT SPECTRA** e pressione **RETURN**. (*NOTA*: Não selecione **TABULATE SPECTRA**, ou você receberá cerca de 30 segundos de material inútil!)

Análise dos Dados. Lance os dados em gráfico, de acordo com o método descrito no Experimento 30A, página 220. Registre o valor da constante de velocidade determinada neste experimento. Registre também o valor da meia-vida, τ. Inclua todos os dados e gráficos no relatório. O professor pode pedir que os resultados de toda a turma sejam comparados.

REFERÊNCIAS

Lanes, R. M., and Lee, D. G. "Chromic Acid Oxidation of Alcohols." *Journal of Chemical Education, 45* (1968): 269.

Pavia, D. L., Lampman, G. M., and Kriz, G. S. *Introduction to Spectroscopy: A Guide for Students of Organic Chemistry,* 3rd ed. Philadelphia: Saunders, 2001. Chap. 7.

Westheimer, F. H. "The Mechanism of Chromic Acid Oxidations." *Chemical Reviews, 45* (1949): 419.

Westheimer, F. H., and Nicolaides, N. "Kinetics of the Oxidation of 2-Deuterio-2-Propanol by Chromic Acid." *Journal of the American Chemical Society, 71* (1949): 25.

QUESTÕES

1. Coloque em gráfico os dados da tabela. Determine a constante de velocidade e a meia-vida deste exemplo.

Oxidação do etanol

Tempo (min)	Absorbância (440 nm)	$A_t - A_\infty$	$\dfrac{A_0 - A_\infty}{A_t - A_\infty}$	$\log\left(\dfrac{A_0 - A_\infty}{A_t - A_\infty}\right)$
0,0	0,630	0,578	1,000	0,000
1,0	0,535	0,483	1,197	0,078
2,0	0,440	0,388	1,490	0,173
3,0	0,365	0,313	1,847	0,266
4,0	0,298	0,246	2,350	0,371
5,0	0,247	0,195	2,964	0,472
6,0	0,202	0,150	3,853	0,586
66,0 (∞)	0,052	0,000	...	...

2. Use os dados coletados pela turma para comparar as velocidades relativas de etanol, 1-propanol e 2-metóxi-etanol. Explique a ordem observada para as reatividades, em relação ao mecanismo da reação de oxidação.
3. Use os dados coletados pela turma para comparar as velocidades relativas de 1-propanol e 2-propanol. Explique as diferenças eventualmente observadas.
4. Balanceie as seguintes reações de oxidação-redução:

a. $HO-CH_2CH_2-OH + K_2Cr_2O_7 \xrightarrow{H_2SO_4}$ H—C(=O)—C(=O)—H + Cr^{3+}

b. (toluene with CH_3) + $KMnO_4 \longrightarrow$ (benzoate) $C(=O)—O^- + MnO_2$

c. $HO-CH_2CH_2CH_2CH_2-OH + K_2Cr_2O_7 \xrightarrow{H_2SO_4}$ HO—C(=O)—CH_2CH_2—C(=O)—H + Cr^{3+}

d. $CH_3CH_2CH_2CH{=}CH_2 + KMnO_4 \xrightarrow{KOH} CH_3CH_2CH_2C-O^- + CO_2 + MnO_2$

e. (methylcyclohexene) + $KMnO_4 \xrightarrow{KOH} CH_3-C(=O)-CH_2CH_2CH_2CH_2-C(=O)-O^- + MnO_2$

DISSERTAÇÃO

Química Verde

A prosperidade econômica de países como os Estados Unidos da América exige que eles continuem a ter uma indústria química robusta. Nesta época de consciência ambiental, entretanto, não se pode tolerar que as indústrias que utilizam práticas características de outras épocas continuem a operar da mesma maneira. Existe uma real necessidade de desenvolvimento de uma tecnologia benigna para o ambiente, ou "verde". Os químicos devem criar novos produtos, mas também devem desenhar as sínteses químicas de modo a considerar cuidadosamente suas ramificações ambientais.

Começando com a primeira celebração do Dia da Terra, em 1970, os cientistas e o público em geral começaram a entender que a Terra é um sistema fechado no qual o consumo dos recursos e o descarte indiscriminado dos rejeitos certamente terá efeitos profundos e duradouros. Na última década, começou a crescer o interesse pela iniciativa conhecida como Química Verde.

A **Química Verde** pode ser definida como a invenção, o desenho e a aplicação de produtos e de processos para reduzir ou eliminar o uso e a geração de substâncias perigosas. Os praticantes da Química Verde lutam para proteger o ambiente através da limpeza de depósitos de rejeitos tóxicos e da invenção de novos métodos químicos que não poluem e diminuem o consumo de energia e de recursos naturais. Recomendações para o desenvolvimento de tecnologias de Química Verde estão resumidos nos doze princípios da Química Verde mostrados na tabela acima.

O programa da Química Verde começou logo após a edição do Pollution Prevention Act de 1990 e é o foco central do programa Design for the Environment Program da Environmental Protection Agency americana. Como forma de estimular a pesquisa na área da redução do impacto da indústria química no meio ambiente, o prêmio Presidential Green Chemistry Challenge Award começou a ser atribuído em 1995. O tema do Green Chemistry Challenge é "Química não é o problema, é a solução". Desde 1995, os vencedores do prêmio foram responsáveis pela eliminação de mais de 50 milhões de toneladas de produtos químicos perigosos e recuperaram mais de 600 milhões de litros de água e 26 milhões de barris de óleo.

Os doze princípios da Química Verde

1. É melhor evitar rejeitos do que tratá-los ou limpá-los depois de formados.
2. Os métodos de síntese devem otimizar a incorporação de todos os materiais usados no processo ao produto final.
3. Sempre que possível, as metodologias de síntese devem usar e gerar substâncias com pouca ou nenhuma toxidez para a saúde humana e o ambiente.
4. Os produtos químicos devem preservar a eficácia da função com toxidez reduzida.
5. O uso de substâncias auxiliares (solventes, agentes de separação, etc.) deve ser evitado sempre que possível e elas devem ser inócuas, se necessárias.
6. As necessidades de energia devem ser avaliadas por seu impacto econômico e ambiental e devem ser reduzidas. Os métodos de síntese devem priorizar a temperatura e a pressão normais.
7. Os insumos devem ser renováveis sempre que for técnica e economicamente viável.
8. Alterações desnecessárias (grupos de bloqueio, proteção/desproteção, modificações temporárias de processos físicos ou químicos) devem ser evitadas sempre que possível.
9. Catalisadores (o mais seletivos possível) são melhores do que reagentes estequiométricos.
10. Os produtos químicos devem ser desenhados de modo que, após seu uso, não permaneçam no meio ambiente e se degradem em produtos inócuos.
11. As metodologias analíticas devem ser desenvolvidas de modo a permitir o acompanhamento e o controle do processo em tempo real antes da formação de produtos tóxicos.
12. As substâncias usadas em um processo químico e seu estado físico devem ser escolhidos de modo a reduzir o potencial para acidentes químicos, inclusive derramamentos, explosões e fogo.

Fonte: Da Figura 4.1 (páginas 39-40) *The Twelve Principles of Green Chemistry*, de "*Green Chemistry*". editada por Anastas, P. T. & Warner, J. C. (1998). Reimpresso com permissão da Oxford University Press.

Os vencedores do Green Chemistry Challenge Award desenvolveram espumas que retardam incêndios e não usam compostos halogenados (que contêm flúor, cloro ou bromo); agentes de limpeza que não empregam tetracloro-etileno; métodos para facilitar a reciclagem de garrafas de refrigerantes feitas com poli(tereftalato de etileno); um método de síntese de ibuprofeno que reduz o uso de solventes e a geração de rejeitos; e uma formulação que facilita a liberação eficiente de amônia de fertilizantes à base de uréia. Esta última contribuição permite o uso de métodos de aplicação de fertilizantes ambientalmente mais favoráveis, sem a necessidade de arar o terreno e de remexer (e perder) a camada fértil.

As sínteses verdes do futuro exigirão a escolha de reagentes, solventes e condições de reação que reduzam o consumo de recursos e a produção de rejeitos. Precisamos pensar em como obter uma síntese que não consuma quantidades excessivas de recursos (para, com isso, gastarmos menos energia com mais economia), não produza quantidades excessivas de subprodutos tóxicos ou perigosos e funcione em condições mais brandas de reação.

Um método já desenvolvido e de uso corrente é utilizar dióxido de carbono supercrítico como solvente. O **dióxido de carbono supercrítico** forma-se sob alta pressão. As fases líquido e gás combinam-se em uma única fase compressível que funciona como um solvente ambientalmente benigno (temperatura = -31°C; pressão = 7.280 kPa ou 72 atmosferas). Ele se comporta como um material cujas propriedades são intermediárias entre as de um sólido e as de um líquido. As propriedades podem ser controladas pela temperatura e pela pressão. O CO_2 supercrítico é bom para o ambiente graças à sua baixa toxidez e fácil reciclagem. O dióxido de carbono não passa para a atmosfera. Na verdade, ele é removido da atmosfera para uso em processos químicos. É usado como meio de muitas reações que, de outro modo, teriam muitas conseqüências ambientais negativas. É até mesmo possível conduzir sínteses estereosseletivas em CO_2 supercrítico.

Pesquisas também se concentram em **líquidos iônicos**, sais que são líquidos à temperatura normal e não se evaporam. Os líquidos iônicos são excelentes solventes para muitos materias e podem ser reciclados. Um exemplo de líquido iônico é

Embora muitos dos líquidos iônicos sejam muito caros, seu alto custo inicial é reduzido pela reciclagem. Eles não são consumidos nem descartados.

Métodos que não usam solventes foram desenvolvidos, alguns dos quais utilizando líquidos iônicos no lugar dos solventes comuns. Outros métodos utilizam catalisadores ligados em polímeros.

Estão sendo desenvolvidos processos industriais baseados no conceito de economia de átomos. A **economia de átomos** significa que se presta muita atenção ao planejamento das reações de modo a fazer com que todos ou quase todos os átomos dos reagentes sejam convertidos em moléculas do produto desejado, e não, em subprodutos. A economia de átomos no mundo industrial é o equivalente a garantir que uma reação química ocorra com um rendimento percentual muito alto em um experimento de aula prática.

Para ilustrar os benefícios da economia de átomos, vamos considerar a síntese do ibuprofeno, mencionada acima, que venceu o Presidential Green Chemistry Challenge Award em 1997. No processo anterior, desenvolvido nos anos 1960, somente 40% dos átomos do reagente se transformavam no ibuprofeno produzido. Os 60% dos átomos de reagente restantes passavam a fazer parte de subprodutos indesejados ou de rejeitos que precisavam ser eliminados. O novo método exige um menor número de etapas e transforma 77% dos átomos de reagente no produto desejado. Este processo "verde" elimina milhares de toneladas de rejeitos químicos a cada ano e economiza milhares de toneladas dos reagentes necessários para preparar este analgésico muito utilizado.

A indústria descobriu que o direcionamento ambiental tem bom senso econômico, e existe um interesse renovado em limpar os processos de fabricação e os produtos. Apesar da natureza da oposição entre a indústria e os ambientalistas, as companhias estão descobrindo que a prevenção da poluição em primeiro lugar, usando menos energia e desenvolvendo métodos de economia de átomos, é tão importante como gastar menos dinheiro com a matéria-prima ou ganhar uma fatia maior do mercado para seu produto. Embora as indústrias químicas americanas não estejam nem perto de seu objetivo declarado de reduzir a emissão de substâncias tóxicas a zero ou quase zero, progressos importantes estão ocorrendo.

Existem muitos outros processos industriais que reduzem o uso de reagentes e solventes perigosos, que exigem menor consumo de energia e que produzem menos rejeitos. Certamente, o campo da Química Verde é muito ativo, e não podemos fazer uma revisão completa de seu progresso nesta dissertação.

O ensino dos princípios da Química Verde está começando a entrar na sala de aula. Neste livro, tentamos melhorar as qualidades "verdes" de alguns dos experimentos. Quando você examinar os experimentos listados, repare que existem reações de oxidação que usam hipoclorito em vez de reagentes de cromo, usam enzimas ou outros sistemas biológicos para substituir reagentes químicos agressivos e usam catalisadores recicláveis. O Experimento 32, "Nitração de Compostos Aromáticos Usando um Catalisador Reciclável" ilustra o uso de um triflato (trifluoro-metanossulfonato) de itérbio como catalisador juntamente com uma quantidade estequiométrica de ácido nítrico concentrado para obter a nitração do aromático.

Certamente, enormes desafios permanecem. Gerações de novos cientistas devem aprender que é importante considerar o impacto ambiental de qualquer método novo a ser introduzido. Os líderes da indústria e dos negócios devem aprender que o uso de métodos de economia de átomos no desenvolvimento de processos químicos faz sentido econômico a longo prazo e é um modo responsável de conduzir os negócios. Os líderes políticos devem desenvolver, também, boa compreensão dos benefícios da tecnologia "verde" e de por que é importante encorajar estas iniciativas.

REFERÊNCIAS

Amato, I. "Green Chemistry Proves It Pays Companies to Find New Ways to Show That Preventing Pollution Makes More Sense Than Cleaning Up Afterward." *Fortune* (July 24, 2000). Disponível em www.fortune.com/fortune/articles/0.15114.368198.00.html.

Matlack, A. "Some Recent Trends and Problems in Green Chemistry." *Green Chemistry* (February 2003): G7–G11.

Oakes, R. S., Clifford, A. A., Bartle, K. D., Pett, M. T., and Rayner. C. M. "Sulfur Oxidation in Supercritical Carbon Dioxide: Dramatic Pressure Dependent Enhancement of Diastereoselectivity for Sulfoxidation of Cysteine Derivatives." *Chemical Communications* (1999): 247–248.

EXPERIMENTO 31

Redução Quiral do Acetoacetato de Etila; Determinação da Pureza Óptica

Química verde
Estereoquímica
Redução com leveduras
Uso do funil de separação
Cromatografia quiral a gás
Polarimetria
Determinação da pureza óptica (excesso enantiomérico)
Ressonância magnética nuclear (opcional)
Reagente quiral de deslocamento (opcional)

O Experimento 31A usa fermento de padeiro como meio quiral de redução para transformar um reagente aquiral, o acetoacetato de etila, em um produto quiral. Quando um único estereoisômero se forma em uma reação química a partir de um reagente aquiral, diz-se que o processo é **enantioespecífico**. Em outras palavras, um dos estereoisômeros (enantiômeros) forma-se de preferência a um outro. Neste experimento, o isômero (*S*)-3-hidróxi-butanoato de etila forma-se preferencialmente. Na verdade, forma-se também um pouco do enantiômero (*R*). A reação, portanto, é descrita como um **processo enantiosseletivo** porque a reação não produz exclusivamente um dos enantiômeros. Usaremos a cromatografia quiral a gás e a polarimetria para determinar as percentagens de cada enantiômero. Em geral, a redução quiral produz menos de 8% do (*R*)-3-hidróxi-butanoato de etila.

Acetoacetato de etila —(fermento de padeiro, sacarose, H₂O)→ (*S*)-3-hidróxi-butanoato de etila

Em comparação, quando o acetoacetato de etila é reduzido com boro-hidreto de sódio a metanol, a reação leva a mistura 50-50 dos estereoisômeros (*R*) e (*S*). Forma-se a mistura racêmica porque a reação não está sendo feita em meio quiral.

Acetoacetato de etila —(NaBH₄, CH₃OH)→ (*S*) + (*R*)

No Experimento 31B (opcional), você deve usar a espectroscopia de ressonância magnética nuclear para determinar as quantidades relativas dos enantiômeros (*R*) e (*S*) produzidos na redução quiral do acetoacetato de etila. Esta parte do experimento requer o uso de um reagente quiral de deslocamento.

Agradecemos ao Dr. Snorri Sigurdsson e a James Patterson, University of Washington, Seattle, pelas melhorias sugeridas.

EXPERIMENTO 31A

Redução Quiral do Acetoacetato de Etila

Leitura necessária

Revisão: Técnica 8   Filtração, Seções 8.3 e 8.4
          Técnica 12   Extrações, Separações e Agentes Secantes, Seções 12.4 e 12.10
          Técnicas 22 e 25
          Técnicas 26 e 27 (opcionais)
Nova: Técnica 23
          Dissertação   Química Verde

Instruções especiais

O primeiro dia do experimento envolve a preparação da reação. Outro experimento pode ser feito simultaneamente com este. Parte deste primeiro período de laboratório é usada para misturar o fermento, a sacarose e o acetoacetato de etila em um frasco de Erlenmeyer de 500 mL. A mistura é agitada durante parte do primeiro período. Ela é, então, coberta e guardada até o próximo período. A redução exige pelo menos 2 dias.

O segundo dia do experimento é usado para isolar o 3-hidróxi-butanoato de etila quiral. Após o isolamento, o produto de cada aluno é analisado por cromatografia quiral a gás e polarimetria para determinar as percentagens de cada enantiômero. Em um experimento opcional (Experimento 31B), os produtos podem ser também analisados por RMN com o uso de um reagente quiral de deslocamento para determinar as percentagens de cada enantiômero presente no 3-hidróxi-butanoato de etila produzido na redução quiral.

Sugestão para eliminação de resíduos

A celite, os resíduos de levedura e o pano de gase ("cheesecloth") usados na redução podem ser jogados na lata de lixo. As soluções em água e a emulsão deixadas na extração com cloreto de metileno devem ser colocadas no recipiente para soluções em água. Os resíduos de cloreto de metileno devem ser colocados no recipiente reservado aos rejeitos halogenados.

Notas para o professor

Recomendamos fortemente o uso de evaporadores rotatórios neste experimento. Aproximadamente 90 mL de cloreto de metileno serão usados por cada estudante. O experimento será mais verde se o solvente puder ser recuperado. O professor deverá fornecer a cada estudante um funil de Büchner grande (10 cm), um kitazato de 500 mL, um frasco de Erlenmeyer de 500 mL, barras de agitação magnética de 3 ou 5 cm e um funil de separação de 500 mL. É melhor usar levedura seca empacotada. Sugerimos o fermento Fleischmann de crescimento rápido (de padeiro), que contém 7 g de levedura por pacote. Nós usamos panos de gase com 100% de algodão em camadas triplas (não separe as camadas). Corte os panos em tiras de 10 cm × 20 cm para serem dobradas em seções de 10 cm × 10 cm e usadas no funil de Büchner. Em alguns casos, a levedura não cresce substancialmente durante a primeira meia hora. É melhor descartar a mistura e recomeçar a reação se a levedura não estiver crescendo. Em muitos casos, a temperatura pode não ter sido controlada com cuidado. Recomenda-se que, se possível, os frascos que contêm a mistura de reação sejam guardados em uma área onde a temperatura possa ser mantida a 25°C. O período ótimo de reação é de 4 dias. Uma pequena quantidade de acetoacetato de etila permanece após 2 dias de redução (menos de 1%) e desaparece após 4 dias de redução. O valor esperado para o rendimento em hidróxi-éster quiral é de cerca de 65%, contendo de 92 a 94% de (S)-3-hidróxi-butanoato de etila.

Procedimento

Redução da Levedura. Coloque, em um frasco de Erlenmeyer de 500 mL, 150 mL de água desionizada (DI) e uma barra de aquecimento de 3 ou 5 cm. Use uma placa com o botão na posição "baixo" e aqueça a água até 35-40°C. Coloque 7 g de sacarose e 7 g de fermento Fleischmann de crescimento rápido (fermento seco de padeiro) no frasco. Agite o frasco de Erlenmeyer suavemente, por rotação, para distribuir o fermento pela solução, senão ele ficará na superfície. Agite por 15 minutos, mantendo a temperatura em 35°C. Durante este tempo, a levedura será ativada e crescerá substancialmente. Adicione 3,0 g de acetoacetato de etila e 8 mL de hexano à mistura. Agite com um agitador magnético por 1,5 hora. Como a mistura pode ficar espessa, verifique periodicamente se ela está sendo agitada. A reação é ligeiramente exotérmica; logo, não será necessário aquecer a mistura. Entretanto, você deve monitorar a temperatura para mantê-la em 30°C, aproximadamente. Ajuste a temperatura para 30°C se ela ficar abaixo deste valor.

Marque o frasco de Erlenmeyer com seu nome e peça a seu professor para guardá-lo. Cubra o frasco com uma folha de alumínio, mas deixe espaço para que o dióxido de carbono possa escapar durante a redução. A mistura ficará em repouso, sem agitação, até a próxima aula (de 2 a 4 dias). Em algum momento durante o período da aula, obtenha o espectro de infravermelho do acetoacetato de etila com o propósito de compará-lo com o produto reduzido.

> **Cuidado:** Não respire o pó de Celite.

Isolamento do Álcool Produzido. Consiga com seu professor um funil de separação de 500 mL, um funil de Büchner grande (10 cm) e um kitazato de 500 mL. Adicione 5 g de Celite à solução que contém a levedura e agite a mistura com o agitador magnético por 1 minuto (Técnica 8, Seção 8.4, página 556). Deixe o sólido se depositar o máximo possível (pelo menos 5 minutos). Monte uma aparelhagem para filtração a vácuo usando o funil de Büchner grande (Técnica 8, Seção 8.3, página 554). Molhe uma folha de papel com água e coloque-a no funil. Consiga uma tira de pano de gase de 10 cm × 20 cm e dobre-a para fazer um quadrado de 10 cm × 10 cm. Molhe-a com água e coloque-a sobre o papel de filtro de modo a cobri-lo completamente (alcançando o lado do funil de Büchner). Você está, agora, pronto para filtrar a solução. Ligue a fonte de vácuo (trompa d'água ou bomba de vácuo). Decante lentamente o líquido claro sobrenadante no funil de Büchner. Se você fizer isto, poderá evitar o entupimento do papel de filtro pelas partículas pequenas. Terminada a decantação, coloque a suspensão de Celite no funil de Büchner. Enxágüe o frasco com 20 mL de água e coloque a mistura restante de Celite no funil de Büchner. Descarte a Celite, a levedura e o pano de gase colocando-os na lata de lixo. A Celite ajuda a reter as partículas muito finas de levedura. Parte da levedura e da Celite passarão pelo filtro para o frasco. Isto é inevitável.

Adicione 20 g de cloreto de sódio ao filtrado que está no kitazato e agite lentamente, com rotação, até a dissolução do cloreto de sódio. Se houver formação de emulsão, você agitou o kitazato muito vigorosamente. Coloque o filtrado em um funil de separação de 500 mL. Adicione 30 mL de cloreto de metileno e tampe o funil (Técnica 12, Seção 12.4, página 598). Evite a formação de uma emulsão difícil de quebrar. Não sacuda o funil de separação. Inverta o funil e traga-o de volta à posição original. Repita o movimento várias vezes durante 5 minutos. Equalize eventualmente a pressão. Passe a camada inferior de cloreto de metileno para um frasco de Erlenmeyer de 250 mL, deixando no funil de separação uma pequena quantidade de emulsão e a camada de água. Coloque outra porção de 30 mL de cloreto de metileno no funil e repita o procedimento de extração. Passe a camada inferior de cloreto de metileno para o frasco que contém o primeiro extrato. Repita a extração uma terceira vez com uma nova porção de cloreto de metileno. Descarte a emulsão e a camada de água do funil de separação, colocando-as no recipiente reservado para as soluções em água.

Seque os três extratos de cloreto de metileno combinados sobre 1 g de sulfato de sódio anidro em grãos por pelo menos 5 minutos. Agite ocasionalmente o frasco, com rotação, para ajudar a secar a solução. Decante o líquido para um bécher de 250 mL e evapore o solvente usando uma corrente de ar ou de nitrogênio até que o volume do líquido permaneça constante (1-2 mL, aproximadamente). (Como alternativa, use um evaporador rotatório ou uma aparelhagem de destilação para remover o cloreto de metileno.)[1] O líquido remanescente, com freqüência, contém água. Para removê-la, adicione 10 mL de cloreto de metileno para dissolver o produto e adicione 0,5 g de sulfato de sódio anidro em grãos à solução. Decante a solução de cloreto de metileno para um bécher de 50 mL de peso conhecido. Cuidado para não arrastar o sulfato de sódio. Evapore o solvente usando uma corrente de ar ou de nitrogênio até que o volume permaneça constante. O líquido contém o (S)-3-hidróxi-butanoato de etila produzido pela redução quiral do acetoacetato de etila. Uma pequena quantidade de acetoacetato de etila pode não ter se reduzido e permanecer na amostra. Pese novamente o bécher para determinar o peso do produto. Calcule o rendimento percentual do produto.

Espectroscopia de Infravermelho. Determine o espectro do produto que você isolou. O espectro de infravermelho dá a melhor evidência direta da redução do acetoacetato de etila. Procure pela banda do grupo hidroxila (está em 3.440 cm^{-1}, aproximadamente) produzido pela redução do grupo carbonila. Compare o espectro do produto, o 3-hidróxi-butanoato de etila, com o do material inicial, o acetoacetato de etila. Que diferenças você encontrou nos dois espectros? Interprete os picos dos dois espectros e inclua-os em seu relatório.

Cromatografia Quiral a Gás. A cromatografia quiral a gás dará diretamente as quantidades de cada estereoisômero em sua amostra quiral de 3-hidróxi-butanoato de etila. Um Varian CP-3800 equipado com uma coluna capilar Cyclosil B da Alltech (30 m, diâmetro interno = 0,25 mm, 0,25 μm) separa muito bem os enantiômeros (R) e (S). Regule o detetor FID em 270°C e a temperatura do injetor em 250°C com uma razão de divisão ("split ratio") igual a 50:1. Coloque a temperatura do forno da coluna em 90°C e a mantenha por 20 minutos. A velocidade de fluxo do hélio é 1 mL/min. Os compostos eluem na seguinte ordem: (S)-3-hidróxi-butanoato de etila (14,3 min) e o enantiômero (R) (15,0 min). Se houver acetoacetato de etila na amostra você observará um pico com tempo de retenção = 14,1 minutos. Os tempos de retenção que você irá observar poderão ser um pouco diferentes dos mencionados aqui, mas a ordem de eluição será a mesma. Calcule as percentagens de cada um dos enantiômeros a partir dos resultados da cromatografia quiral a gás. Usualmente, obtém-se cerca de 92-94% do enantiômero (S) na redução.

Polarimetria. Encha uma célula de polarímetro de 0,5 dm com seu hidróxi-éster (são necessários cerca de 2 mL). Talvez você tenha de combinar seu produto com o material obtido por outro estudante para poder encher a célula. Registre a rotação óptica observada para o material quiral. Seu professor lhe dirá como operar o polarímetro. Calcule a rotação específica da amostra usando a equação dada na Técnica 23 (página 725). O valor da concentração c na equação é 1,02 g/mL. Use o valor publicado da rotação *específica* do (S)-(1)-3-hidróxi-butanoato de etila, $[\alpha_D^{25}] = +43,5°$, para calcular a pureza óptica (excesso enantiomérico) da amostra (Técnica 23, Seção 23.5, página 731). Registre em seu relatório a rotação observada, a rotação específica calculada, a pureza óptica (excesso enantiomérico) e as percentagem dos enantiômeros. Como se comparam as percentagens dos enantiômeros calculadas a partir das medidas com o polarímetro e a partir das medidas com a cromatografia quiral a gás?[2]

Espectroscopia de RMN de Hidrogênio e Carbono (Opcional). O professor pode pedir que você obtenha os espectros de RMN de hidrogênio (mostrados nas Figuras 1 e 2 e interpretados no Experimento 31B) e de carbono do produto. O Espectro de RMN de carbono mostra picos em 14,3; 22,6; 43,1; 60,7; 64,3 e 172 ppm.

---

[1] Derrame os extratos secos de cloreto de metileno em um balão de fundo redondo e remova o solvente com um evaporador rotatório ou por destilação. Após remover o solvente, coloque no balão 10 mL de uma nova porção de cloreto de metileno e 0,5 g de sulfato de sódio anidro em grãos. Decante a solução para um bécher de peso conhecido, como indicado no procedimento.

[2] As percentagens calculadas pela polarimetria podem ser muito diferentes das obtidas pela cromatografia quiral a gás. As amostras contêm, com freqüência, solventes e outras impurezas que reduzem a rotação óptica observada. O solvente e as impurezas não influenciam as percentagens mais acuradas obtidas diretamente por cromatografica quiral a gás.

EXPERIMENTO 31B (OPCIONAL)

Determinação da Pureza Óptica do (S)-3-Hidróxi-butanoato de Etila por RMN

No Experimento 31A, a redução do acetoacetato de etila por levedura forma um produto em que predomina o enantiômero (S) do 3-hidróxi-butanoato de etila. Nesta parte do experimento, usaremos RMN para determinar as percentagens de cada enantiômero no produto. A Figura 1 mostra o espectro de RMN de hidrogênio, em 300 MHz, do 3-hidróxi-butanoato de etila racêmico. A Figura 2 mostra expansões dos sinais da Figura 1. Os hidrogênios de metila (H_a) aparecem como um dubleto em 1,23 ppm, e os hidrogênios de metila (H_b) como um tripleto em 1,28 ppm. Os hidrogênios de metileno (H_c e H_d) são diastereotópicos (não-equivalentes) e são observados em 2,40 e 2,49 ppm (um dubleto de dubletos cada um deles). O grupo hidroxila aparece em cerca de 3,1 ppm. O quarteto em 4,17 ppm corresponde aos hidrogênios de metileno (H_e) divididos pelos hidrogênios (H_b). O hidrogênio de metino (H_f) está escondido pelo quarteto em 4,2 ppm, aproximadamente.

$$\underset{H_a\ \ H_f\ \ H_c\ \ \ \ \ \ \ \ \ \ H_e\ \ H_b}{\underset{H_d}{CH_3-\overset{OH}{\underset{|}{CH}}-CH_2-\overset{O}{\overset{\|}{C}}-O-CH_2-CH_3}}$$

Embora o espectro de RMN do 3-hidróxi-butanoato de etila seja igual aos espectros de RMN dos enantiômeros em um **ambiente aquiral**, a introdução de um reagente quiral de deslocamento cria um **ambiente quiral**. Este ambiente quiral permite a distinção dos dois enantiômeros. A Técnica 26, Seção

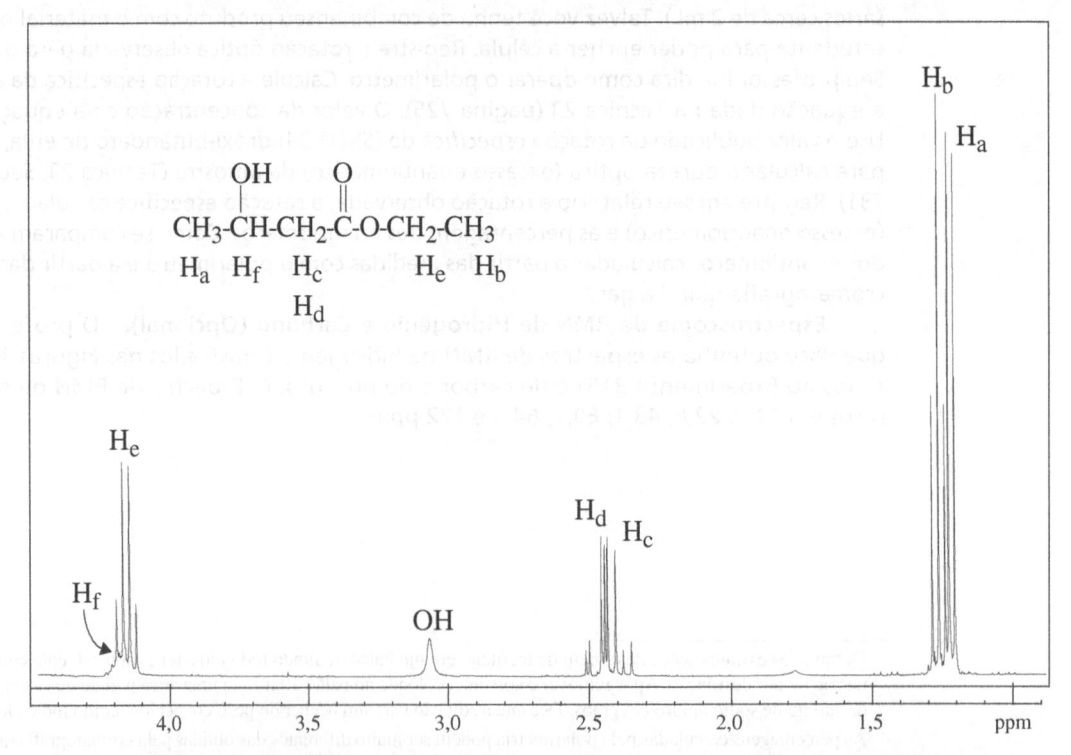

$$\underset{H_a\ \ H_f\ \ H_c\ \ \ \ \ \ \ \ \ \ H_e\ \ H_b}{\underset{H_d}{CH_3-\overset{OH}{\underset{|}{CH}}-CH_2-\overset{O}{\overset{\|}{C}}-O-CH_2-CH_3}}$$

Figura 1 Espectro de RMN (300 MHz) do 3-hidróxi-butanoato de etila racêmico na ausência de um reagente quiral de deslocamento.

Experimento 31B (OPCIONAL) Determinação da Pureza Óptica do (S)-3-Hidróxi-butanoato... **231**

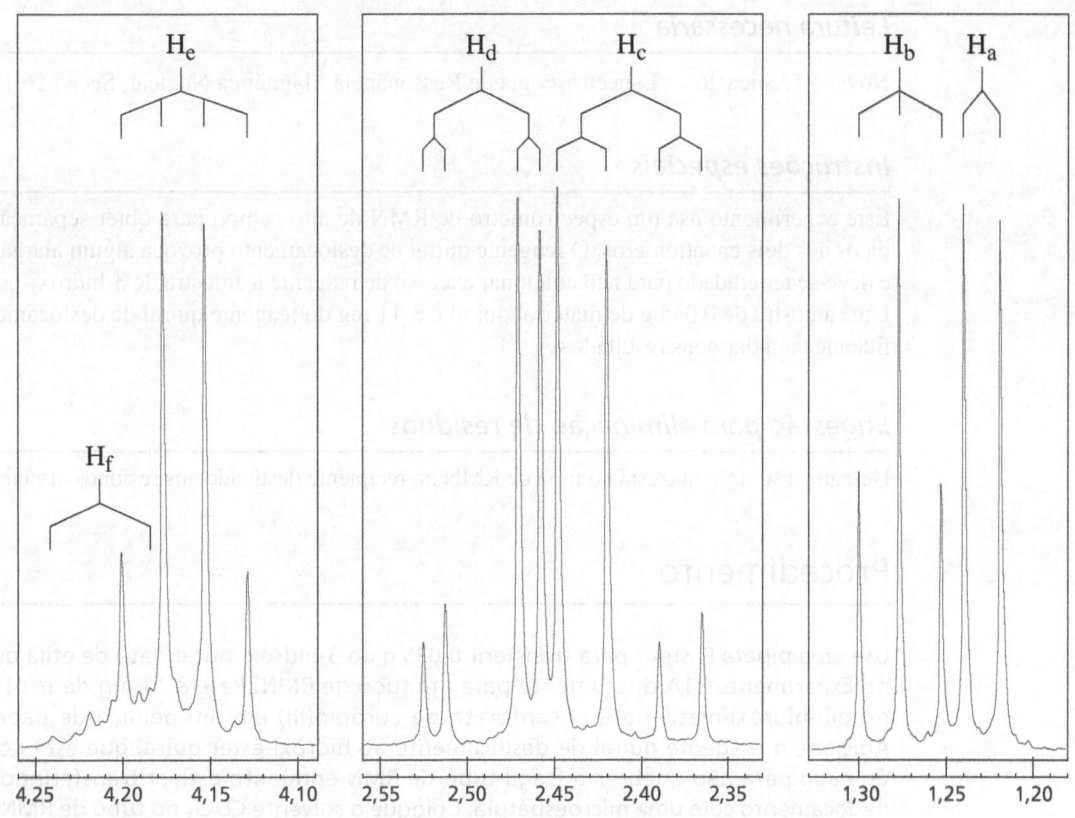

Figura 2 Expansões do espectro de RMN do hidróxi-butanoato de etila racêmico.

26.15, página 795, discute, de forma geral, os reagentes quirais de deslocamento. Estes reagentes espalham as linhas de ressonância do composto em que são usados, aumentando mais os deslocamentos químicos dos hidrogênios mais próximos do centro do complexo de metal. Como os espectros de ambos os enantiômeros são idênticos nestas condições, os reagentes de deslocamento usuais não seriam úteis para nossa análise. Se usarmos, entretanto, um reagente de deslocamento quiral, poderemos distinguir os dois enantiômeros usando seus espectros de RMN. Os dois enantiômeros, quirais, interagirão diferentemente com o reagente quiral de deslocamento. Os complexos formados pelos enantiômeros (R) e (S) e o reagente quiral de deslocamento serão diastereoisômeros. Os diastereoisômeros têm propriedades físicas diferentes, e os espectros de RMN não são exceção. Os dois complexos terão geometrias ligeiramente diferentes. Embora o efeito possa ser pequeno, é suficientemente grande para acusar as diferenças nos espectros de RMN dos dois enantiômeros.

O reagente quiral de deslocamento usado neste experimento é o *tris*-[3-(heptafluoro-propil)-hidróxi-metileno]-(+)-canforato] de európio(III), ou Eu(hfc)$_3$. Neste complexo, o európio está em um ambiente quiral porque está complexado com a cânfora, cuja molécula é quiral. A estrutura do Eu(hfc)$_3$ está abaixo do espectro de RMN desta página.

Leitura necessária

Nova: Técnica 26 Espectroscopia de Ressonância Magnética Nuclear, Seção 26.15

Instruções especiais

Este experimento usa um espectrômetro de RMN de alto campo para obter separação suficiente dos picos dos dois enantiômeros. O reagente quiral de deslocamento provoca algum alargamento dos picos e deve-se ter cuidado para não adicionar excesso de reagente à amostra de 3-hidróxi-butanoato de etila. Uma amostra de 0,035 g de material quiral e 8-11 mg do reagente quiral de deslocamento deve ser suficiente para dar bons resultados.

Sugestão para eliminação de resíduos

Descarte a solução que está no tubo de RMN no recipiente destinado aos resíduos orgânicos halogenados.

Procedimento

Use uma pipeta Pasteur para transferir 0,035 g do 3-hidróxi-butanoato de etila quiral preparado no Experimento 31A diretamente para um tubo de RMN. Pese 8-11 mg de *tris*-[3-(heptafluoropropil)-hidróxi-metileno]-(+)-canforato de európio(III) em um pedaço de papel de pesagem. Adicione o reagente quiral de deslocamento ao hidróxi-éster quiral que está no tubo de RMN. Cuidado para não quebrar o frágil tubo de RMN enquanto estiver transferindo o reagente de deslocamento com uma microespátula. Coloque o solvente $CDCl_3$ no tubo de RMN até que o nível atinja 50 mm. Tampe o tubo e inverta-o para misturar a amostra. Deixe a amostra de RMN em repouso por, no mínimo, 5-8 minutos antes de obter o espectro de RMN. Registre em seu caderno de laboratório os pesos exatos da amostra e do reagente quiral de deslocamento usados.

Obtenha o espectro de RMN da amostra. Os picos de interesse são os hidrogênios de metila, H_a (dubleto) e H_b (tripleto). Observe na Figura 3 que os picos de dubleto e tripleto dos dois grupos metila do 3-hidróxi-butanoato de etila *racêmico* são duplos. O dubleto (1,412 e 1,391 ppm) e o tripleto (1,322; 1,298 e 1,274 ppm) em campo baixo são atribuídos ao enantiômero (*S*). O dubleto (1,405 e 1,384 ppm) e o tripleto (1,316; 1,293 e 1,269 ppm) em campo alto são atribuídos ao enantiômero (*R*). A expansão de seu espectro de RMN deve mostrar também os picos duplos da Figura 3 mas o dubleto em campo alto do enantiômero (*R*) será menor. O mesmo acontecerá no tripleto com o enantiômero (*R*). Determine, por integração, as percentagens dos enantiômeros (*S*) e (*R*) do hidróxi-butanoato de etila quiral preparado no Experimento 31A. Embora as posições dos picos possam variar um pouco em relação aos da Figura 3, você encontrará o dubleto e o tripleto do enantiômero (*S*) em campo mais baixo em relação aos do enantiômero (*R*).

As atribuições dos enantiômeros (*S*) e (*R*) da Figura 3 foram feitas com a obtenção do espectro RMN de amostras puras de cada enantiômero na presença do reagente quiral de deslocamento (Figuras 4 e 5). Note que o dubleto se moveu mais para campo baixo em relação ao tripleto (compare com as Figuras 2 e 3). A razão para isto é que a complexação do reagente quiral de deslocamento ocorre no grupo hidroxila. Como o grupo metila (H_a) está mais perto do átomo de európio, espera-se que este grupo se desloque mais para campo baixo em relação ao outro grupo metila (H_b).

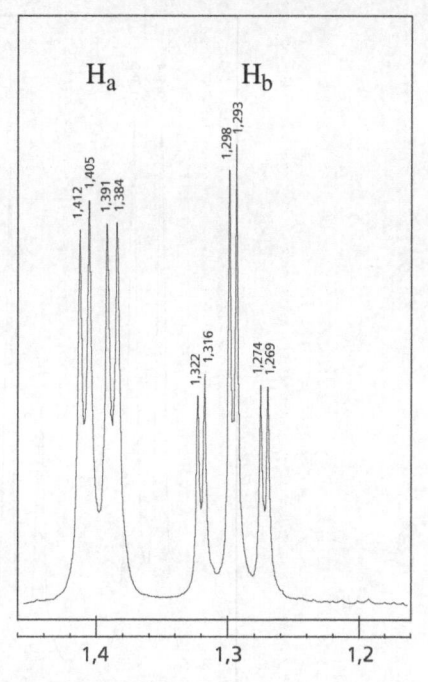

Experimento 31B (OPCIONAL) Determinação da Pureza Óptica do (S)-3-Hidróxi-butanoato... **233**

Figura 3 Espectro de RMN (300 MHz) do 3-hidróxi-butanoato de etila racêmico na presença de um reagente quiral de deslocamento.

Nota: H_a do enantiômero (S) = 1,412, 1,391; H_b do enantiômero (S) = 1,322, 1,298, 1,274; H_a do enantiômero (R) = 1,405, 1,384; H_b do enantiômero (R) = 1,316, 1,293, 1,269.

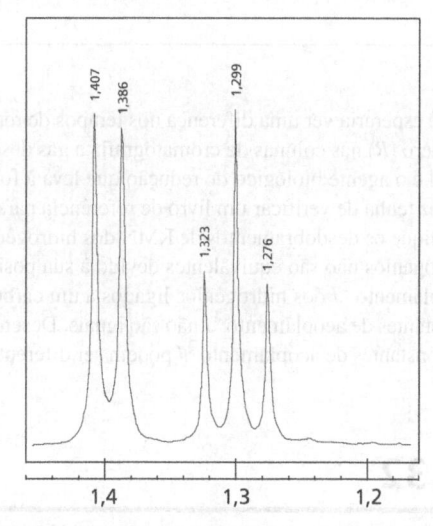

Figura 4 Espectro de RMN (300 MHz) do (S)-3-hidróxi-butanoato de etila racêmico na presença de um reagente quiral de deslocamento.

REFERÊNCIAS

Cui, J-N, Ema, T., Sakai, T., and Utaka, M. "Control of Enantioselectivity in the Baker's Yeast Asymmetric Reduction of Chlorodiketones to Chloro (S)-Hydroxyketones." *Tetrahedron; Asymmetry, 9* (1998): 2681–2692.

Naoshima, Y., Maeda, J., and Munakata, Y. "Control of the Enantioselectivity of Bioreduction with Immobilized Bakers' Yeast in a Hexane Solvent System." *Journal of the Chemical Society, Perkin Trans. 1* (1992): 659–660.

Seebach, D., Sutter, M. A., Weber, R. H., and Züger, M. F. "Yeast Reduction of Ethyl Acetoacetate: (S)-(1)-Ethyl 3-Hydryoxybutanoate." *Organic Syntheses, 63* (1984): 1–9.

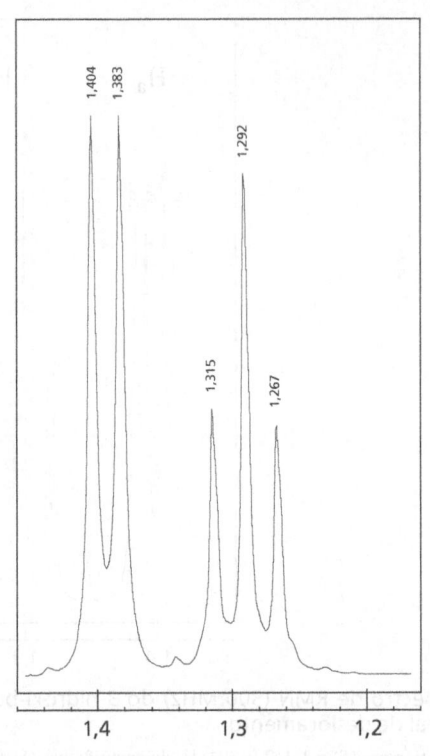

Figura 5 Espectro de RMN (300 MHz) do (R)-3-hidróxi-butanoato de etila racêmico na presença de um reagente quiral de deslocamento.

QUESTÕES

1. Você esperaria ver uma diferença nos tempos de retenção do (S)-3-hidróxi-butanoato de etila e do enantiômero (R) nas colunas de cromatografia a gás descritas na Técnica 22?
2. Qual é o agente biológico de redução que leva à formação do 3-hidróxi-butanoato de etila quiral? Você talvez tenha de verificar um livro de referência para encontrar uma resposta para esta questão.
3. Explique os desdobramentos de RMN dos hidrogênios H_c e H_d mostrados na Figura 2 (*Sugestões*: Estes hidrogênios não são equivalentes devido à sua posição, adjacente a um estereocentro. As constantes de acoplamento ^2J dos hidrogênios ligados a um carbono sp^3 são muito grandes – neste caso, 16,5 Hz. As constantes de acoplamento ^3J não são iguais. Desenhe a molécula em perspectiva. Você pode ver por que as constantes de acoplamento ^3J podem ser diferentes?)

EXPERIMENTO 32

Nitração de Compostos Aromáticos Usando um Catalisador Reciclável

Química Verde
Nitração
Reação com economia de átomos
Catalisador reciclável
Evaporador rotatório (opcional)
Espectrometria de massas
Cromatografia a gás

Experimento 32 Nitração de Compostos Aromáticos Usando um Catalisador Reciclável

Os químicos, na academia e na indústria, estão tentando desenvolver reações químicas ambientalmente mais favoráveis (veja a dissertação "Química Verde"). Um modo de conseguir isto é usar quantidades exatas (estequiométricas) dos reagentes para não ter de descartar o excesso, contribuindo, assim para uma maior economia de átomos. Um outro mandamento da Química Verde é que os químicos deveriam usar catalisadores. Estes materiais têm a vantagem de permitir que as reações ocorram em condições mais brandas. Além disto, os catalisadores também podem ser reutilizados. A Química Verde ajuda a manter o ambiente limpo, e mesmo assim produz substâncias úteis.

Neste experimento, empregamos um ácido de Lewis, o trifluoro-metanossulfonato de itérbio(III), como catalisador da nitração de uma série de substratos aromáticos com ácido nítrico. O catalisador será reciclado (recuperado e usado novamente).

$$R-C_6H_5 \xrightarrow[Yb(OSO_2CF_3)_3]{HNO_3} R-C_6H_4-NO_2$$

O solvente usado nesta reação, o 1,2-dicloro-etano, é agressivo para o ambiente, mas pode ser recuperado com um evaporador rotatório.

O mecanismo proposto para esta reação envolve as três etapas seguintes para gerar o íon nitrônio.[1] Os íons trifluoro-metanossulfonato (triflato) agem como espectadores. O cátion itérbio é hidratado pela água presente na solução de ácido nítrico. O ácido nítrico liga-se fortemente ao cátion itérbio hidratado, como mostra a equação 1. Um próton é gerado, segundo a equação 2, pelo forte efeito de polarização do metal. O íon nitrônio forma-se, então, pelo processo descrito na equação 3. Embora o íon nitrônio possa ser a espécie eletrofílica ativa, é mais provável que um transportador de nitrônio, como o intermediário formado na equação 2, sirva de eletrófilo. De qualquer modo, a reação leva a um composto aromático nitrado.

$$Yb(H_2O)_x^{3+} + H\text{-}O\text{-}NO_2 \longrightarrow H\text{-}O\text{-}NO_2\cdots Yb(H_2O)_y^{3+} \quad (1)$$

Ácido nítrico

$$H\text{-}O\text{-}NO_2\cdots Yb(H_2O)_y^{3+} \longrightarrow O=NO_2\cdots Yb(H_2O)_y^{3+} + H^+ \quad (2)$$

$$H^+ + HNO_3 \longrightarrow NO_2^+ + H_2O \quad (3)$$

Íon nitrônio

Neste experimento, você irá nitrar um substrato aromático e analisar a composição da mistura resultante por cromatografia a gás/espectrometria de massas (CG/EM). Em alguns casos, um pouco dos reagentes ficará na mistura. Você deveria ser capaz de explicar, via mecanismos, por que os produtos observados são obtidos na reação.

---

[1] C. Braddock, "Novel Recyclable Catalysts for Atom Economic Aromatic Nitration," *Green Chemistry*, 3 (2001): G26–G32.

Leitura necessária

Revisão: Técnica 7   Métodos de Reação, Seções 7.2 e 7.10
Técnica 7   Seção 7.11 (opcional)
Técnica 12   Extrações, Separações e Agentes de Secagem, Seção 12.4
Técnica 22   Cromatografia a Gás

Nova: Dissertação   Química Verde
Técnica 28   Espectrometria de Massas

Instruções especiais

Alguns dos produtos nitrados podem ser tóxicos. Todo o trabalho deve ser feito em capela. Use luvas de proteção para evitar o contato com os produtos nitrados.

Sugestão para eliminação de resíduos

A camada de água contém o catalisador, o triflato de itérbio. Não a descarte. Evapore a água em uma placa de aquecimento para reciclar o catalisador para uso futuro. Transfira o sólido incolor para um recipiente próprio ou entregue-o ao professor. Se o material estiver colorido, peça auxílio a seu professor. Se o solvente, o 1,2-dicloro-etano, tiver sido recuperado em um evaporador rotatório, coloque-o em um recipiente para que seja reciclado.

Notas para o professor

Sugerimos que cada par de estudantes escolha um substrato diferente na lista fornecida. Em muitos casos a reação não será completa e, como esperado, levará a isômeros. O tolueno, por exemplo, dará os produtos *orto* e *para*, com uma pequena quantidade do isômero *meta* sendo formada. Os produtos serão analisados por CG/EM. Este experimento fornece uma boa oportunidade para uma discussão sobre a espectrometria de massas porque a maior parte dos compostos dá íons molecurares abundantes. Os produtos são identificados por comparação com o banco de dados do NIST (National Institute of Standards and Technology). Embora seja melhor procurar os compostos no banco de dados para identificá-los, o experimento também pode ser feito com cromatografia a gás. Se for este o caso, pode-se considerar que os compostos nitro aparecerão na ordem: *orto*, *meta* e *para*. Uma boa separação pode ser obtida com um CG/EM usando uma coluna capilar J&W DB-5MS ou Varian CP-Sil 5CB (30 m, 0,25 mm ID, 0,25 µm). Regule a temperatura do injetor para 260°C. As condições do forno da coluna são: início em 60°C (manter por 1 min); aumento até 280°C, com 20°C/min; e manutenção em 280°C, por 17 minutos. A velocidade de fluxo do hélio é 1 mL/min. A faixa de massas deve variar entre 40 e 400 m/e.

Procedimento

Selecione um dos seguintes compostos aromáticos:

Tolueno	Bifenila
Etil-benzeno	4-Metil-bifenila
Isopropil-benzeno	Difenil-metano
terc-Butil-benzeno	Ácido fenil-acético
orto-Xileno	Fluoro-benzeno
meta-Xileno	Naftaleno
para-Xileno	Fluoreno
Anisol	Acetanilida

Experimento 32 Nitração de Compostos Aromáticos Usando um Catalisador Reciclável

1,2-Dimetóxi-benzeno (Veratrol)   Fenol
1,3-Dimetóxi-benzeno   α-Naftol
1,4-Dimetóxi-benzeno   β-Naftol
4-Metóxi-tolueno

Coloque 0,375 g do catalisador hidrato de trifluoro-metanossulfonato de itérbio(III) (triflato de itérbio) em um balão de fundo redondo de 25 mL. Adicione 10 mL do solvente 1,2-dicloro-etano, seguidos por 0,400 mL de ácido nítrico concentrado (pipeta automática). Coloque duas pérolas de vidro no frasco. Pese aproximadamente 6 milimoles do substrato aromático e adicione-os à solução. Ligue o balão de fundo redondo a um condensador de refluxo e prenda-o sobre um anel a uma haste. Mantenha um fluxo muito baixo de água no condensador. Use uma placa de aquecimento e mantenha a mistura em refluxo por uma hora.

Após este tempo, deixe a mistura esfriar até a temperatura normal e adicione 8 mL de água. Transfira a mistura para um funil de separação. Agite cuidadosamente a mistura e deixe que as duas fases se separem. Passe a fase orgânica (camada inferior) para um frasco de Erlenmeyer de 25 mL. Seque a camada orgânica com um pouco de sulfato de magnésio anidro (cerca de 0,5 g). Se for possível usar um evaporador rotatório, transfira a camada orgânica para um balão de fundo redondo de 50 mL, de peso conhecido, para a remoção do solvente. Esta aparelhagem permite a recuperação da maior parte do 1,2-dicloro-etano. Após a remoção do solvente, retire o balão e pese-o.

O solvente pode ser removido, também, com a aparelhagem da Figura 7.17C, página 546. Transfira a camada orgânica seca para um kitazato de 125 mL de peso conhecido. Coloque um capilar de ponto de fusão no kitazato (com a abertura para baixo) e feche. O capilar de ponto de fusão acelera a evaporação. Ligue a saída lateral do kitazato a uma retentor de segurança refrigerado em gelo e, depois, ao sistema de vácuo. A temperatura do kitazato baixará; logo, você precisará aquecê-lo um pouco (o botão da placa de aquecimento na posição mais baixa). A maior parte do solvente terá evaporado após uma hora sob vácuo e aquecimento suave. Pese o kitazato.

A camada de água que ficou no funil de separação contém o catalisador de itérbio. Transfira a camada de água pela parte superior do funil de separação para um frasco de Erlenmetyer de 50 mL de peso conhecido. Evapore a água completamente em uma placa de aquecimento. Pese o frasco para determinar quanto do catalisador você pode recuperar. Transfira o catalisador para um recipiente próprio para uso futuro.

A menos que receba outras instruções, prepare a amostra para análise por CG/EM. Dissolva 2 gotas da mistura de compostos aromáticos nitrados em cerca de 1 mL de cloreto de metileno. Estas amostras serão analisadas no modo automatizado do CG/EM.

Depois da análise de CG/EM, você terá a oportunidade de consultar a biblioteca de espectros de massas do NIST para determinar a estrutura dos produtos da nitração. Determine a estrutura e as percentagens de cada componente. Muito possivelmente, haverá uma certa quantidade do material de partida na mistura de reação. Seria interessante comparar a razão dos produtos que você obteve com os valores da literatura (veja as Referências).

REFERÊNCIAS

Braddock, C. "Novel Recyclable Catalysts for Atom Economic Aromatic Nitration." *Green Chemistry, 3* (2001): G26–G32.

Schofield, K. "Aromatic Nitration." London: Cambridge University Press, 1980.

Waller, F. J, Barrett, G. M., Braddock, D. C., and Ramprasad, D. "Lanthanide (III) Triflates as Recyclable Catalysts for Atom Economic Aromatic Nitration." *Chem Communications* (1997): 613–614.

QUESTÕES

1. Interprete o espectro de massas dos compostos formados na nitração de seu substrato aromático.
2. Formule um mecanismo que explique como os produtos aromáticos nitrados de sua reação se formaram.

EXPERIMENTO 33

Um Esquema de Oxidação – Redução: Borneol, Cânfora, Isoborneol

Química Verde
Hipoclorito de sódio (alvejante)
Oxidação
Análise de reações por cromatografia em camada fina (CCF)
Redução com boro-hidreto de sódio
Sublimação (opcional)
Estereoquímica
Cromatografia a gás
Espectroscopia (infravermelho, RMN de hidrogênio, RMN de carbono-13)
Química computacional (opcional)

Este experimento ilustrará o uso de um agente oxidante "verde", o hipoclorito de sódio (alvejante) em ácido acético, para converter um álcool secundário (borneol) a uma cetona (cânfora). Esta reação será analisada por CCF para acompanhar o progresso da oxidação. A cânfora será, então, reduzida por boro-hidreto de sódio para dar o álcool isômero, o isoborneol. Os espectros do borneol, da cânfora e do isoborneol serão comparados entre si para a detecção de diferenças estruturais e para determinação do rendimento da etapa final da produção do isômero do borneol.

OXIDAÇÃO DO BORNEOL COM HIPOCLORITO

O hipoclorito de sódio, o alvejante, pode ser usado para oxidar álcoois secundários a cetonas. Como esta reação ocorre mais rapidamente em um ambiente ácido, é provável que o agente de oxidação verdadeiro seja o ácido hipocloroso, HOCl. Este ácido é gerado pela reação entre o hipoclorito de sódio e o ácido acético.

$$NaOCl + CH_3COOH \longrightarrow HOCl + CH_3COONa$$

Embora o mecanismo não seja completamente entendido, existem evidências de que há produção de um hipoclorito de alquila intermediário que dá, então, o produto via uma eliminação E2:

REDUÇÃO DA CÂNFORA COM BORO-HIDRETO DE SÓDIO

Os hidretos de metais (fontes de H:⁻) do Grupo III, como o hidreto de alumínio e lítio, $LiAlH_4$, e o boro-hidreto de sódio, $NaBH_4$, são muito usados na redução de grupos carbonila. O hidreto de alumínio e lítio, por exemplo, reduz muitos compostos que contêm grupos carbonila, como aldeídos, cetonas, ácidos carboxílicos, ésteres ou amidas, mas o boro-hidreto de sódio só reduz aldeídos e cetonas. A menor reatividade do boro-hidreto permite seu uso mesmo em água e em álcoois como solventes. Já o hidreto de alumínio e lítio reage violentamente com estes solventes com produção de gás hidrogênio e, portanto, tem de ser utilizado em solventes não-hidroxilados. Neste experimento, usamos o boro-hidreto porque ele pode ser manipulado com facilidade e porque o resultado das reduções é praticamente o mesmo com ambos os reagentes. No caso do boro-hidreto de sódio, não é necessário tomar a precaução, como com o hidreto de alumínio e lítio, de mantê-lo longe da água.

O mecanismo da redução de uma cetona com o boro-hidreto de sódio é o seguinte:

Observe que neste mecanismo todos os quatro átomos de hidrogênio estão disponíveis como hidreto (H:⁻) e que, portanto, um mol de boro-hidreto pode reduzir quatro moles de cetona. Todas as etapas são irreversíveis. Usa-se, em geral, boro-hidreto em excesso porque sua pureza é duvidosa e porque ele reage parcialmente com o solvente.

Após a formação do composto tetralcóxi-boro final (1), ele se decompõe (juntamente com o excesso de boro-hidreto) em temperatura alta segundo a reação

$$(R_2CH-O)_4B^-Na^+ + 4\,R'OH \longrightarrow 4\,R_2CHOH + (R'O)_4B^-Na^+$$
(1)

A estereoquímica da reação é muito interessante. O hidreto pode se aproximar da molécula de cânfora mais facilmente pela parte de baixo (**endo**) do que pela parte de cima (**exo**). No ataque pela parte de cima ocorre forte repulsão estérica com um dos grupos metila **geminais**. Grupos metila geminais são grupos metila ligados no mesmo carbono. O ataque por baixo evita esta interação estérica.

Espera-se, portanto, que o **isoborneol**, o álcool produzido pelo ataque na posição *menos* impedida, *predomine, mas não que seja o produto exclusivo* na mistura final de reação. A composição percentual da mistura pode ser determinada por espectroscopia.

É interessante notar que quando os grupos metila são retirados (como na 2-norbornanona), o lado de cima (**exo**) é favorecido, e o resultado estereoquímico oposto é obtido. De novo, a reação não forma exclusivamente um produto.

Sistemas bicíclicos como a cânfora e a 2-norbornanona reagem da forma predita, de acordo com influências estéricas. Este efeito é chamado de **controle estérico do ataque**. A redução de cetonas acíclicas e monocíclicas simples, entretanto, parece ser influenciada primariamente por fatores termodinâmicos. Este efeito é chamado de **controle por desenvolvimento do produto**. Na redução da 4-*t*-butil-ciclo-hexanona, o produto termodinamicamente mais estável é produzido pelo controle por desenvolvimento do produto.

Experimento 33 Um Esquema de Oxidação–Redução: Borneol, Cânfora, Isoborneol

[Esquema reacional mostrando 4-t-Butil-ciclohexanona com ataque equatorial (10% OH) e ataque axial (90% OH) — "produto equatorial favorecido / controle por desenvolvimento do produto"]

Leitura necessária

Revisão:	Técnica 6	Métodos de Aquecimento e Resfriamento, Seções 6.1-6.3
	Técnica 7	Métodos de Reação, Seções 7.1-7.4 e 7.10
	Técnica 8	Filtração, Seção 8.3
	Técnica 9	Constantes Físicas de Sólidos: O Ponto de Fusão, Seções 9.7 e 9.8
	Técnica 12	Extrações, Separações e Agentes de Secagem, Seção 12.4
	Técnicas 20, 22, 25, 26 e 27	
Nova:	Técnica17	Sublimação (opcional)
	Dissertação	Química Verde
	Dissertação e Experimento 19	Química computacional (opcional)

Instruções especiais

Os reagentes e produtos são todos muito voláteis e devem ser guardados em recipientes bem-fechados. A reação deve ser feita em uma sala bem-ventilada ou em capela, porque uma pequena quantidade de gás cloro é eliminada da mistura de reação.

Sugestão para eliminação de resíduos

As soluções em água obtidas nas etapas de extração devem ser colocadas no recipiente reservado para as soluções em água. Resíduos de metanol devem ser colocados no recipiente reservado para os compostos orgânicos não-halogenados. O cloreto de metileno deve ser colocado no recipiente destinado aos rejeitos halogenados.

Notas para o professor

Usamos nesta reação uma solução comercial de hipoclorito de sódio a 6% (VWR Scientific Products, No.VW3248-1) porque ela oxida o borneol a cânfora sem dificuldade. Mesmo com esta solução, alguns estudantes não conseguirão oxidar completamente o borneol. É aconselhável acompanhar o progresso da reação por CCF. Se ainda restar borneol após o tempo normal de reação, deve-se usar mais hipoclorito de sódio. Alguns estudantes obterão um produto líquido. Se isto acontecer é porque o borneol não se oxidou completamente. Se o espectro de infravermelho mostrar a presença de borneol (deformação axial de OH), é aconselhável usar cânfora comercial na parte B. Um procedimento opcional para os estudantes é sublimar a cânfora. Recomenda-se que os estudantes usem um dos dois sublimadores em microescala mostrados na Técnica 17, Figuras 17.2A e B, página 665.

O boro-hidreto de sódio deve ser testado para a atividade. Coloque um pouco do material em pó em metanol e aqueça cuidadosamente. Se o hidreto estiver ativo, a solução deve borbulhar vigorosamente.

As percentagens de borneol e isoborneol podem ser determinadas por cromatografia a gás. Qualquer cromatógrafo deve permitir esta análise. Um Gow-Mac 69-930 com uma coluna de 2,50 m de Carbowax 20M (a 10%), em 180°C, com fluxo de hélio igual a 40 mL/min, por exemplo, dará uma boa separação. Os compostos eluem na seguinte ordem: cânfora (8 min), isoborneol (10 min) e borneol (11 min). Um Varian CP-3800 com amostrador automático equipado com uma coluna capilar J & W DB-5 ou um Varian CP-Sil 5CB (30 m, 0,25 mm ID, 0,25 μm) também dá uma boa separação. Coloque a temperatura do injetor em 250°C. As condições do forno da coluna são as seguintes: comece em 75°C (mantenha por 10 min), aumente até 200°C (com velocidade de 35°C/min), e mantenha a 200°C (1 min). Cada corrida leva cerca de 15 minutos. A velocidade do fluxo de hélio é 1 mL/min. Os compostos eluem na seguinte ordem: cânfora (12,9 min), isoborneol (13,1 min) e borneol (13,2 min). Um procedimento opcional envolve a química computacional.

Procedimento

PARTE A. OXIDAÇÃO DO BORNEOL A CÂNFORA

Montagem da Aparelhagem. Coloque 1,0 g de borneol racêmico, 3 mL de acetona e 0,8 mL de ácido acético em um balão de fundo redondo de 50 mL. Coloque no balão, também, uma barra de agitação magnética. Ligue um condensador de água e coloque o balão em um banho de água em 50°C, como descrito na Técnica 6, Figura 6.4, página 524. A aparelhagem deve estar em uma boa capela ou em um laboratório bem-ventilado, porque há a possibilidade de evolução de gás cloro. É importante manter a temperatura do banho de água em 50°C durante toda a reação. Agite a mistura para que o borneol se dissolva. Se isto não acontecer, adicione cerca de 1 mL de acetona.

Adição de Hipoclorito de Sódio. Meça cerca de 18 mL de uma solução de hipoclorito de sódio a 6% em uma proveta.[1] Faça passar 1,5 mL da solução de hipoclorito, gota a gota, a cada 4 minutos, pelo alto do condensador de água. A operação levará 48 minutos para se completar. Continue a agitar e a aquecer a mistura durante este tempo. Terminada a adição, continue a aquecer e a agitar por mais 15 minutos. Deixe esfriar até a temperatura normal. Remova o condensador.

Monitoração da Oxidação por Crometografia em Camada Fina (CCF). O progresso da reação pode ser acompanhado por CCF (Técnica 20, Seção 20.10, Figura 20.7, página 703. Com uma pipeta Pasteur, remova cerca de 1 mL da mistura de reação e coloque-a em um tubo de centrífuga. Adicione cerca de 1 mL de cloreto de metileno, tampe o tubo e agite-o durante alguns minutos. Remova a camada inferior de cloreto de metileno com uma pipeta Pasteur, evitanto arrastar a camada de água. Coloque o extrato em um tubo de ensaio seco.

Prepare uma placa de CCF de 30 mm × 70 mm com sílica gel (Whatman Silica Gel com suporte de alumínio, No. 4420-222) na qual serão aplicadas três soluções com micropipetas (Técnica 20, Seção 20.4, página 697). Aplique uma solução de borneol a 2% em cloreto de metileno no ponto 1, de cânfora (em cloreto de metileno a 2%) no ponto 2 e a mistura de reação, dissolvida em cloreto de metileno, no ponto 3. Aplique 5 ou 6 vezes, sempre sobre o ponto da aplicação anterior (deixe secar antes de aplicar novamente). Prepare a câmara de desenvolvimento com um frasco de boca larga com tampa de rosca (ver Técnica 20, Seção 20.5, página 698) usando cloreto de metileno como solvente. Coloque a placa na câmara de desenvolvimento. Remova a placa quando a frente de solvente tiver chegado a 5 cm, deixe evaporar o solvente e coloque-a em outro frasco

---

[1] Nós usamos uma solução comercial de hipoclorito de sódio a 6% (VWR Scientific Products, No. VW3248-1).

com alguns cristais de iodo (Técnica 20, Seção 20.7, página 699). Aqueça o frasco em uma placa de aquecimento. Os vapores de iodo revelarão as manchas. A cânfora terá um R_f maior do que o borneol. Infelizmente, a cânfora e o borneol não dão manchas intensas com iodo, mas deve ser possível vê-las. As quantidades relativas de borneol e de cânfora podem ser determinadas pela intensidade relativa das manchas. A reação estará completa se a mancha de borneol no ponto 3 não for visível. Se o método de CCF mostrar a mancha de borneol, recoloque o condensador de água, reaqueça a mistura de reação que está no balão de fundo redondo e adicione mais 3 mL da solução de hipoclorito de sódio, gota a gota, durante 15 minutos. Analise a mistura novamente usando o procedimento já descrito e uma nova placa de CCF. Idealmente, o borneol deve ter sido todo consumido e somente a mancha da cânfora será visível.

Extração da Cânfora. Quando a reação estiver completa, deixe a mistura esfriar até a temperatura normal. Remova o condensador de água e transfira a mistura para um funil de separação. Use 10 mL de cloreto de metileno para facilitar a transferência. Agite o funil de separação da forma usual (Técnica 12, Seção 12.4, página 598). Remova a camada orgânica inferior e extraia a camada de água que ficou no funil com uma outra porção de 10 mL de cloreto de metileno. Combine as duas frações orgânicas. Extraia as camadas de cloreto de metileno com 6 mL de solução saturada de bicarbonato de sódio, tendo o cuidado de equalizar a pressão com freqüência para liberar o gás dióxido de carbono formado na reação com ácido acético. Retire a camada orgânica inferior e descarte a camada de água. Recoloque a camada orgânica no funil de separação e extraia com 6 mL de solução de bissulfito de sódio a 5%. Retire a camada orgânica inferior e descarte a camada de água. Recoloque a camada orgânica no funil e extraia com 6 mL de água. Passe a camada orgânica para um frasco de Erlenmeyer seco e adicione 2 g de sulfato de sódio anidro em grãos. Agite-o cuidadosamente, por rotação, até desaparecer a turvação. Se o sulfato de sódio se aglomerar quando a mistura for agitada com uma espátula, adicione mais agente de secagem. Tampe o frasco e deixe-o secar por cerca de 15 minutos.

Isolamento do Produto. Transfira o extrato seco de cloreto de metileno para um frasco de Erlenmeyer de 50 mL de peso conhecido. Evapore o solvente na capela com um fluxo cuidadoso de ar seco ou de gás nitrogênio, mantendo o frasco de Erlenmeyer em um banho de água em 40-50°C (veja a Figura 7.17A, página 546). Depois que todo o líquido evaporar e um sólido aparecer, remova o frasco. Se os cristais estiverem úmidos, aplique vácuo por alguns minutos para remover o solvente residual.

Análise da Cânfora. Pese o frasco para determinar o peso do produto e calcule o rendimento percentual. Se o professor desejar, determine o ponto de fusão do produto. O ponto de fusão da cânfora é 174°C, mas é provável que o ponto de fusão determinado seja inferior a este valor porque a presença de impurezas afeta drasticamente seu ponto de fusão (veja a questão 4 na página 250). Seu professor pode pedir que você purifique a cânfora por sublimação. Se for o caso, obtenha o ponto de fusão após a sublimação.

Espectro de Infravermelho. Antes de passar para a Parte B, verifique se a oxidação funcionou. Isto pode ser feito com o espectro de infravermelho do produto. O melhor método é o do filme seco (veja a Técnica 25, Seção 25.4, página 742). Observe os picos de infravermelho e determine se o borneol (a deformação linear de OH) está ausente ou quase ausente e se o borneol foi oxidado a cânfora (a deformação linear de C=O de cetona). Compare seu espectro com o da cânfora, na página 244. Se sua oxidação não funcionou como devia, consulte o professor sobre o que fazer. A cânfora será reduzida a isoborneol na Parte B. Guarde a cânfora em um frasco bem-fechado.

Exercício Opcional: Sublimação. Se necessário, purifique a cânfora por sublimação a vácuo usando uma trompa ou bomba de vácuo e o procedimento e a aparelhagem mostrados na Técnica 17, Seções 17.5 e 17.6, páginas 665 e 666. Assegure-se de que ninguém está usando éter por perto. Consulte o professor. Você deve sublimar a cânfora por partes. Use uma espátula para transferir o material purificado do dedo frio para um pedaço de papel liso de peso conhecido, pese e determine a quantidade do material recuperado. Calcule o rendimento percentual de cânfora purificada em relação à quantidade original de borneol utilizada. Determine o ponto de fusão da cânfora purificada. Você pode obter também o espectro de infravermelho da cânfora purificada.

PARTE B. REDUÇÃO DA CÂNFORA A ISOBORNEOL

Redução. A cânfora obtida na Parte A não deve conter borneol. Se isto acontecer, mostre seu espectro de infravermelho ao professor e peça ajuda. Se a quantidade de cânfora obtida na Parte A, ou após a sublimação, é menor do que 0,25 g, consiga um pouco mais de cânfora com o professor. Se a quantidade obtida foi superior a 0,25 g, aumente de forma apropriada a escala dos reagentes listados a seguir. Adicione 1,5 mL de metanol à cânfora em um frasco de 50 mL. Mexa com um bastão de vidro até dissolver toda a cânfora. Use uma espátula para adicionar cuidadosamente, pouco a pouco, 0,25 g de boro-hidreto de sódio à solução. Ao terminar, leve o conteúdo do frasco à ebulição em uma placa de aquecimento (botão na posição mais baixa) por 2 minutos.

Isolamento e Análise do Produto. Deixe a mistura de reação esfriar por alguns minutos e adicione cuidadosamente 10 mL de água gelada. Colete o sólido branco por filtração em um funil de Hirsch e use sucção por alguns minutos para secar o sólido. Transfira o sólido para um frasco de Erlenmeyer seco. Adicione cerca de 10 mL de cloreto de metileno para dissolver o produto. Após a dissolução (adicione mais solvente se necessário), seque a solução com 0,5 g de sulfato de sódio anidro em grãos. A solução deve estar límpida após a secagem. Se isto não acontecer, adicione mais sulfato de sódio anidro em grãos. Transfira, sem arrastar o agente de secagem, a solução para um frasco de peso conhecido. Evapore o solvente em capela, como já foi descrito.

Determine o peso do produto e calcule o rendimento percentual. Se o professor o desejar, determine o ponto de fusão. O isoborneol puro funde em 212°C. Determine o espectro de infravermelho do produto pelo método do filme seco, usado anteriormente para a cânfora. Compare o espectro de infravermelho com os de borneol e isoborneol mostrados nas figuras.

PARTE C. PERCENTAGENS DE ISOBORNEOL E BORNEOL OBTIDOS NA REDUÇÃO DA CÂNFORA

Determinação por RMN. A percentagem de cada álcool isomérico da mistura de boro-hidreto pode ser determinada pelo espectro de RMN (veja a Técnica 26, Seção 26.1, página 772). Os espectros de RMN dos álcoois está nas páginas 246 e 247. O átomo de hidrogênio do carbono ligado ao grupo hidroxila aparece em 4,0 ppm no borneol e em 3,6 ppm no isoborneol. Para obter a razão dos produtos, integre estes picos (usando uma expansão do espectro) no espectro de RMN da amostra obtida na redução com boro-hidreto. No espectro da página 249, a razão isoborneol-borneol é de 6:1. As percentagens obtidas são 85% de isoborneol e 15% de borneol.

Cromatografia a Gás. A razão entre os isômeros e as percentagens podem também ser obtidas por cromatografia a gás. Seu professor dará instruções para a preparação da amostra. Um instrumento Gow-Mac com uma coluna de 2,50 m de Carbowax 20 M a 10%, com o forno em 180°C e fluxo de hélio em 40 mL/min separará completamente o isoborneol e o borneol. Pode-se observar também resíduos eventuais de cânfora. Os tempos de retenção da cânfora, do isoborneol e do borneol são 8, 10 e 11 minutos, respectivamente. Outras condições instrumentais estão nas Notas para o professor.

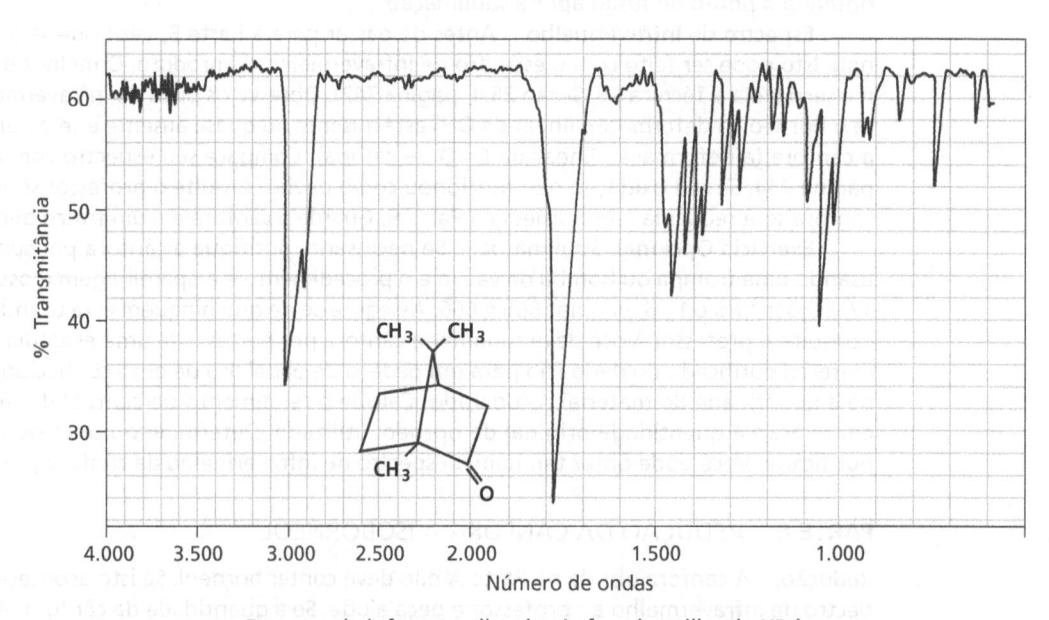

Espectro de infravermelho da cânfora (pastilha de KBr).

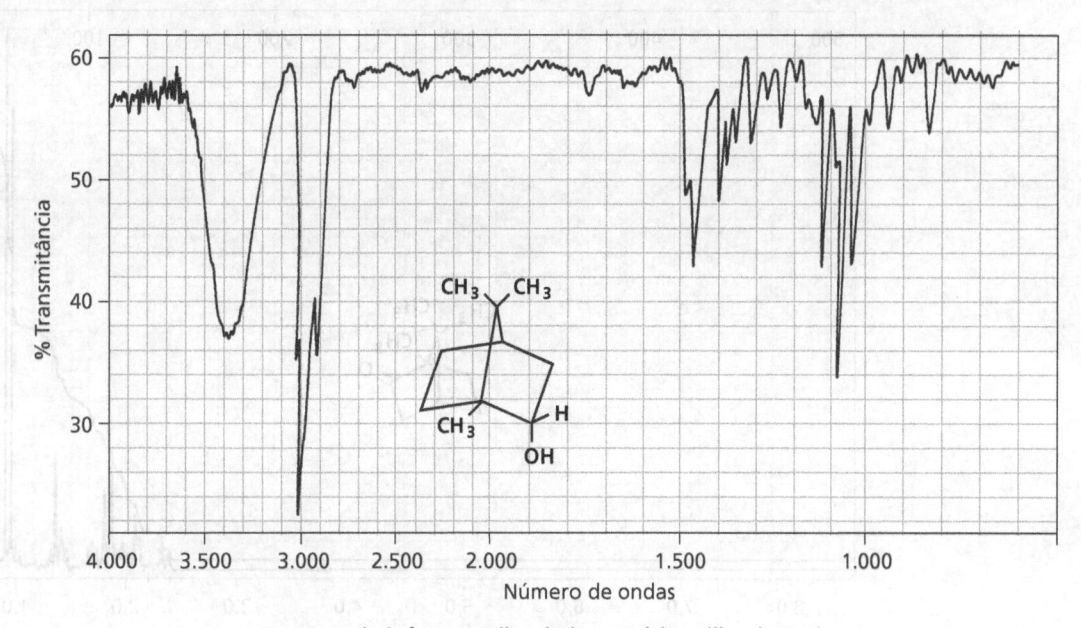

Experimento 33 Um Esquema de Oxidação–Redução: Borneol, Cânfora, Isoborneol

Espectro de infravermelho do borneol (pastilha de KBr).

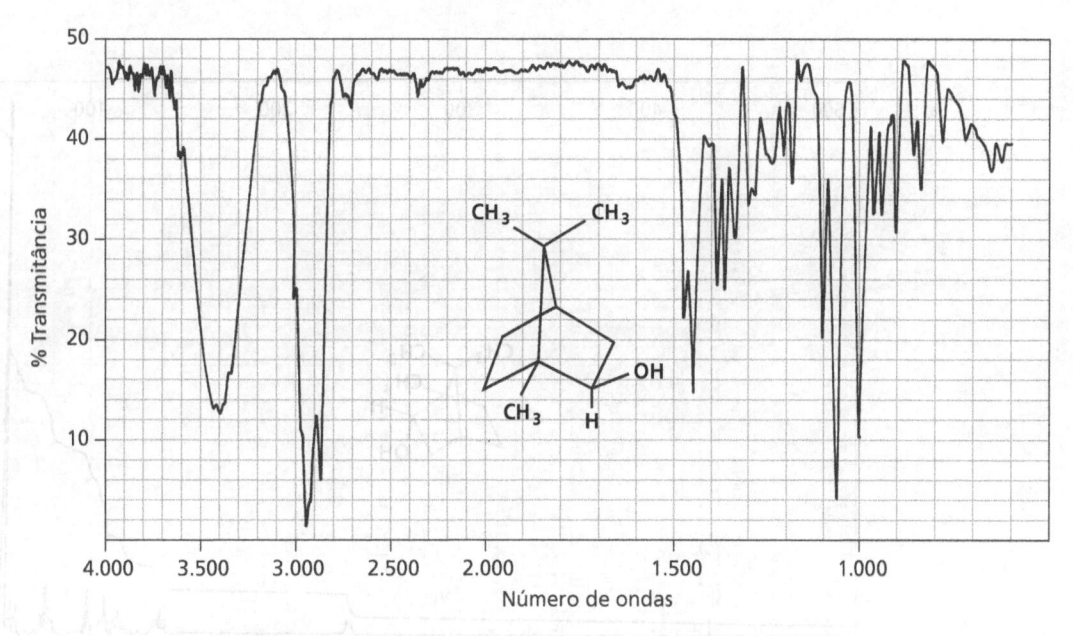

Espectro de infravermelho do isoborneol (pastilha de KBr).

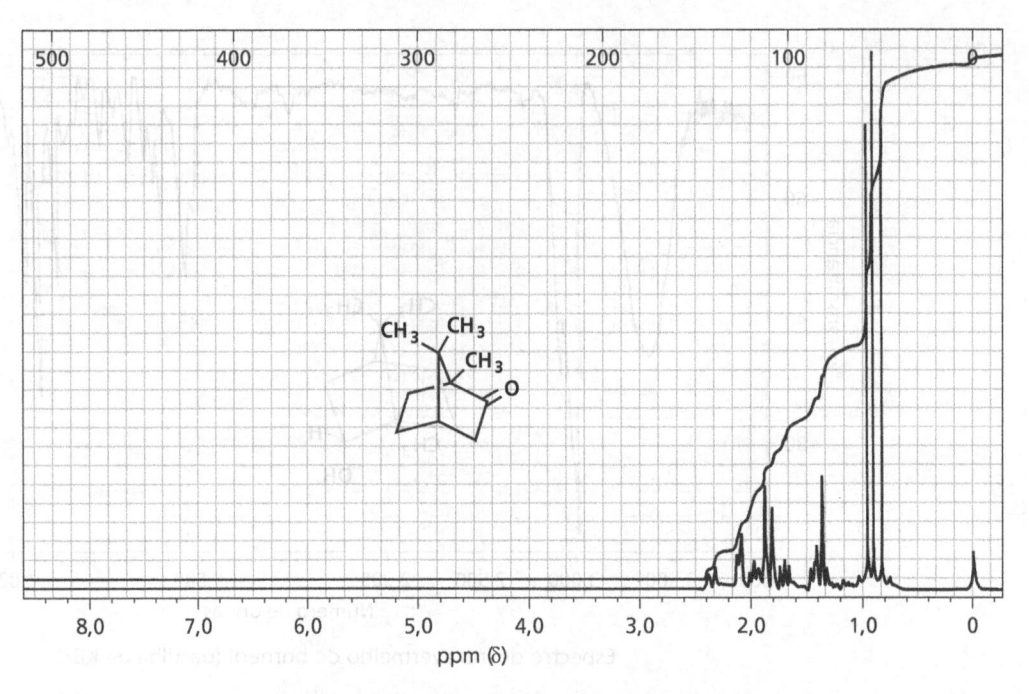

Espectro de RMN em 300 MHz da cânfora, CDCl₃.

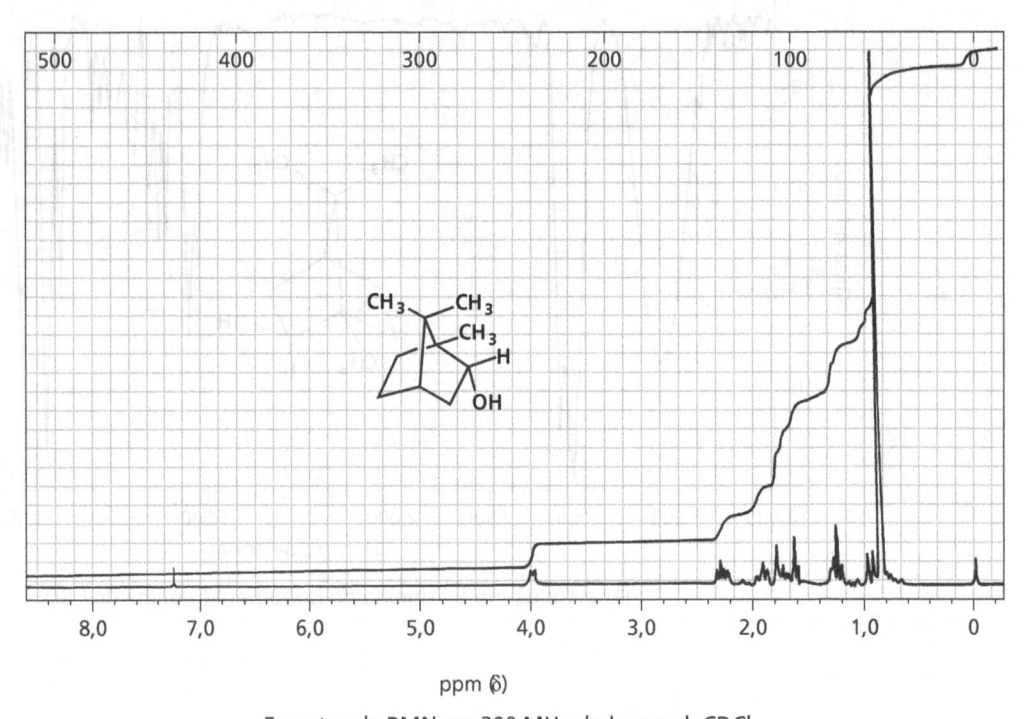

Espectro de RMN em 300 MHz do borneol, CDCl₃.

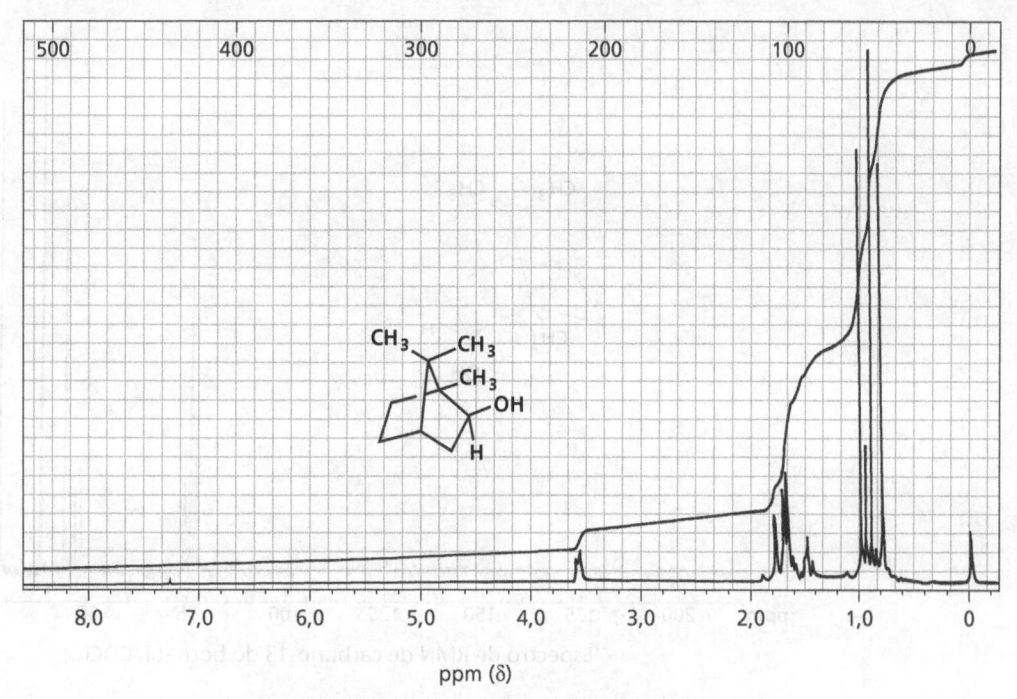

Espectro de RMN em 300 MHz do isoborneol, CDCl$_3$.

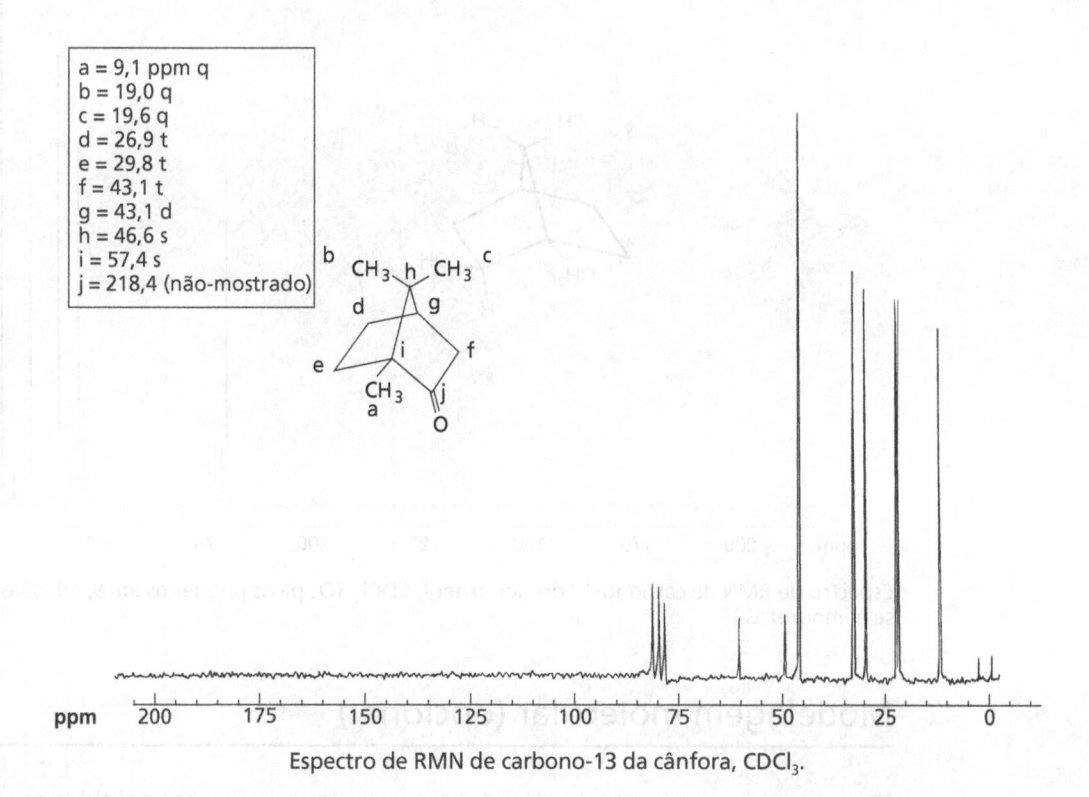

a = 9,1 ppm q
b = 19,0 q
c = 19,6 q
d = 26,9 t
e = 29,8 t
f = 43,1 t
g = 43,1 d
h = 46,6 s
i = 57,4 s
j = 218,4 (não-mostrado)

Espectro de RMN de carbono-13 da cânfora, CDCl$_3$.

Espectro de RMN de carbono-13 do borneol, CDCl₃.

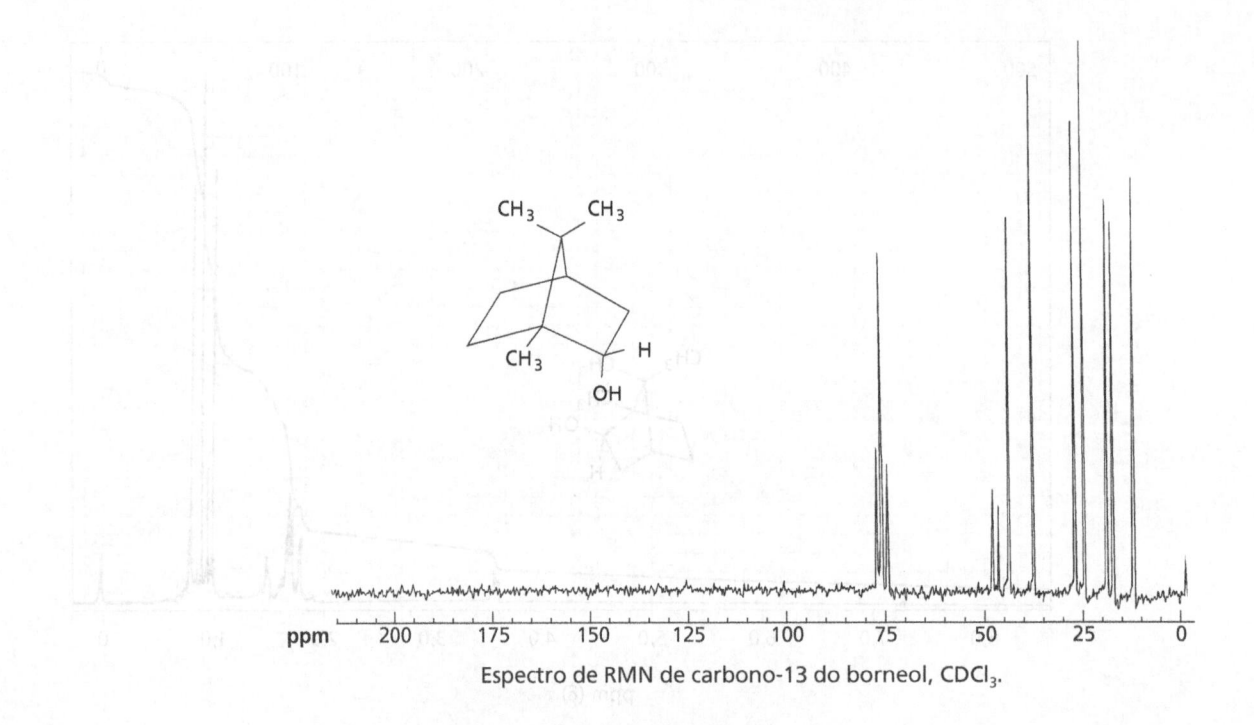

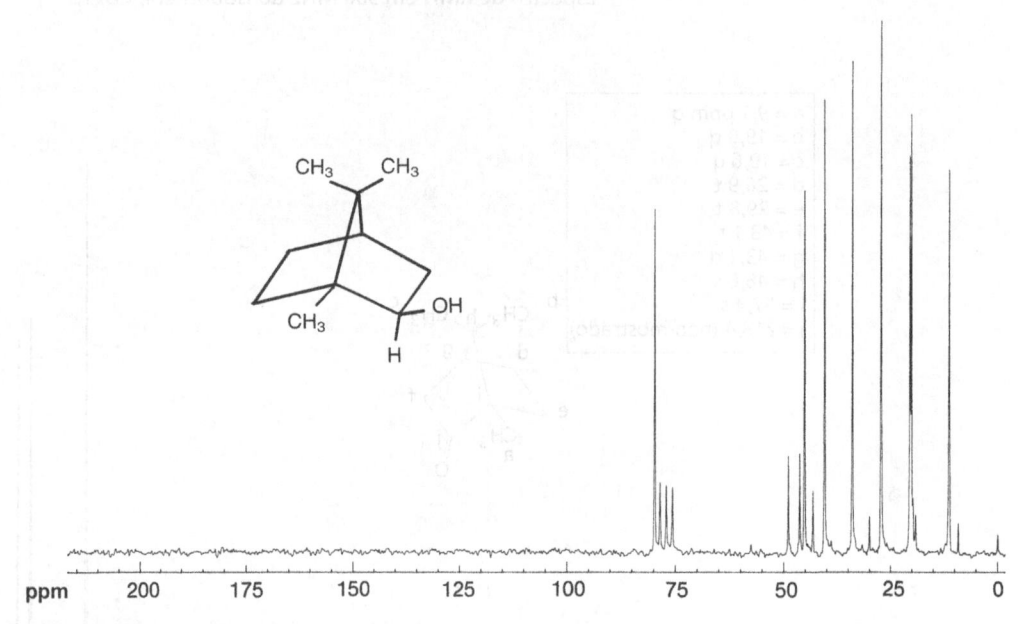

Espectro de RMN de carbono-13 do isoborneol, CDCl₃. (Os picos pequenos em 9, 19, 30 e 43 ppm devem-se a impurezas.)

Modelagem molecular (opcional)

Neste exercício, procuraremos entender os resultados experimentais obtidos na redução da cânfora com boro-hidreto e compará-los com os resultados obtidos com um sistema mais simples, a norbornanona (sem grupos metila). Como o íon hidreto é um doador de elétrons, ele deve colocar seus elétrons em um orbital vazio do substrato para formar uma nova ligação. O orbital mais lógico para isto é o LUMO (orbital molecular vazio de menor energia). Por isto, o foco de nossos cálculos será a forma e a localização do LUMO.

Experimento 33 Um Esquema de Oxidação–Redução: Borneol, Cânfora, Isoborneol

Parte A. Monte um modelo da norbornanona (página 240) e faça um cálculo AM1 para otimizar a geometria e obter sua energia. Calcule também a superfície de densidade eletrônica e a superfície de energia potencial do LUMO, assim como uma superfície densidade-LUMO (um mapa do LUMO na superfície de densidade).

Quando o cálculo estiver completo, coloque o LUMO no esqueleto da norbornanona. Onde o tambanho (densidade) do LUMO é maior? Que átomo é este? Este é o sítio esperado de adição. Coloque agora uma superfície de densidade eletrônica na mesma superfície da norbornanona. Em relação à aproximação do íon boro-hidreto, qual é a face menos impedida? A aproximação favorecida é *endo* ou *exo*? Um modo mais fácil de decidir é analisar a superfície densidade-LUMO. Nesta superfície, a interseção do LUMO com a superfície de densidade tem código de cores. O ponto em que o acesso ao LUMO é o mais fácil (a localização de seu maior valor) terá o código azul. Este ponto está na face *endo* ou na face *exo*? Será que seus resultados de modelagem estão de acordo com as percentagens observadas na reação (veja a Parte C)?

Parte B. Siga as mesmas instruções dadas para a norbornanona usando a cânfora (página 238) – isto é, calcule e visualize a superfície de densidade, a superfície do LUMO e a superfície densidade-LUMO. Você chega às mesmas conclusões a que chegou para a norbornanona? Existem novas considerações estereoquímicas? Suas conclusões estão de acordo com os resultados experimentais (a razão borneol/isoborneol)? Discuta em seu relatório os resultados da modelagem e como eles se relacionam com os resultados experimentais.

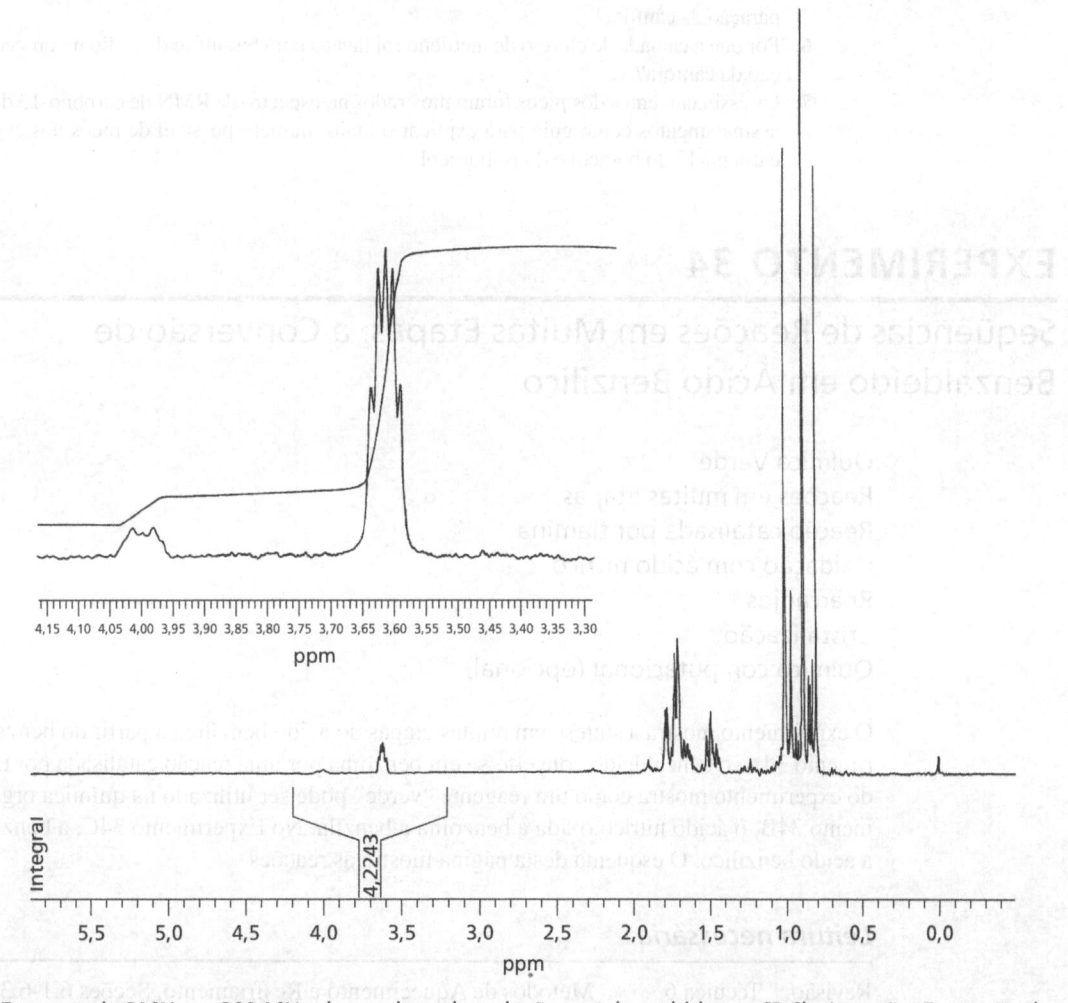

Espectro de RMN em 300 MHz do produto da redução com boro-hidreto, $CDCl_3$. *Inserção*: Expansão da região 3,5-4,1 ppm.

REFERÊNCIAS

Brown, H. C., and Muzzio, J. "Rates of Reaction of Sodium Borohydride with Bicyclic Ketones." *Journal of the American Chemical Society, 88* (1966): 2811.

Dauben, W. G., Fonken, G. J., and Noyce, D. S. "Stereochemistry of Hydride Reductions." *Journal of the American Chemical Society, 78* (1956): 2579.

Markgraf, J. H. "Stereochemical Correlations in the Camphor Series." *Journal of Chemical Education, 44* (1967): 36.

QUESTÕES

1. Interprete os picos de absorção principais do espectro de infravermelho da cânfora, do borneol e do isoborneol.
2. Explique por que os grupos *gem*-dimetila estão em picos separados no espectro de RMN do isoborneol, mas quase se sobrepõem no borneol.
3. Uma amostra de isoborneol preparada por redução da cânfora foi analisada por espectroscopia de infravermelho e mostrou uma banda em 1.750 cm^{-1}. Este resultado era inesperado. Por quê?
4. O ponto de fusão observado para a cânfora é freqüentemente baixo. Procure a constante molal de depressão do ponto de congelamento K da cânfora e calcule a depressão do ponto de fusão de uma amostra que contém 0,5 molal de impurezas. (*Sugestão*: Verifique, em um livro de química geral, "depressão do ponto de congelamento" ou "propriedades coligativas de soluções".)
5. Por que a camada de cloreto de metileno foi lavada com bicarbonato de sódio no procedimento de preparação da cânfora?
6. Por que a camada de cloreto de metileno foi lavada com bissulfito de sódio no procedimento de preparação da cânfora?
7. Os assinalamentos dos picos foram mostrados no espectro de RMN de carbono-13 da cânfora. Use estes assinalamentos como guia para explicar o maior número possível de picos nos espectros de RMN de carbono-13 do borneol e do isoborneol.

EXPERIMENTO 34

Seqüências de Reações em Muitas Etapas: a Conversão de Benzaldeído em Ácido Benzílico

Química Verde
Reações em muitas etapas
Reação catalisada por tiamina
Oxidação com ácido nítrico
Rearranjos
Cristalização
Química computacional (opcional)

O experimento mostra a síntese em muitas etapas do ácido benzílico a partir do benzaldeído. No Experimento 34A, o benzaldeído converte-se em benzoína por uma reação catalisada por tiamina. Esta parte do experimento mostra como um reagente "verde" pode ser utilizado na química orgânica. No Experimento 34B, o ácido nítrico oxida a benzoína a benzila. No Experimento 34C, a benzila sofre rearranjo a ácido benzílico. O esquema desta página mostra as reações.

Leitura necessária

Revisão:	Técnica 6	Métodos de Aquecimento e Resfriamento, Seções 6.1-6.3
	Técnica 7	Métodos de Reação, Seções 7.1-7.4
	Técnica 8	Filtração, Seção 8.3

Técnica 9   Constantes Físicas dos Sólidos: O Ponto de Fusão, Seções 9.7 e 9.8
Técnica 11 Cristalização: Purificação de Sólidos, Seção 11.3
Técnica 12 Extrações, Separações e Agentes de Secagem, Seção 12.4
Técnica 25 Espectroscopia de Infravermelho, Seção 25.4

Nova: Dissertação e Experimento 19   Química Computacional (Opcional)

Notas para o professor

Embora este experimento tenha sido imaginado para ilustrar uma síntese em muitas etapas, cada parte pode ser feita separadamente ou, então, duas das três reações podem ser ligadas. As seções Instruções Especiais e Sugestão para eliminação de resíduos foram incluídas nas três partes do experimento. Você pode criar outra síntese em muitas etapas, ligando a benzoína (Experimento 34A), a benzila (Experimento 34B) e a tetrafenil-ciclo-pentadienona (Experimento 35).

EXPERIMENTO 34A

Preparação da Benzoína pela Catálise por Tiamina

Neste experimento, duas moléculas de benzaldeído convertem-se em benzoína com o cloridrato de tiamina funcionando como catalisador. Esta reação é conhecida como reação de condensação da benzoína:

O cloridrato de tiamina é estruturalmente semelhante ao pirofosfato de tiamina (TPP). O TPP é uma coenzima universalmente presente nos sistemas vivos. Ele catalisa várias reações bioquímicas em sistemas naturais. Ele foi descoberto originalmente como um fator nutricional, necessário para humanos (vitamina), graças à sua ligação com a doença beribéri. O **Beribéri** é uma doença do sistema nervoso periférico cuja causa é a deficiência de Vitamina B1 na dieta. Os sintomas incluem dor e paralise das extremidades, emagrecimento extremo e inchaço do corpo. A doença é muito comum na Ásia.

Pirofosfato de tiamina

Cloridato de tiamina

A tiamina se liga a uma enzima antes de sua ativação. A enzima também se liga ao substrato (uma grande proteína). Sem a coenzima, tiamina, não ocorre reação. A coenzima é o *reagente químico*. A molécula de proteína (a enzima) ajuda e media a reação através do controle de fatores estereoquímicos, energéticos e entrópicos, mas não é essencial para o conjunto das reações que catalisa. Dá-se o nome de vitaminas às coenzimas essenciais para a nutrição do organismo.

A parte mais importante da molécula de tiamina é o anel central, o anel tiazol, que contém nitrogênio e enxofre. Este anel é a parte da coenzima que *reage*. Experimentos com o composto modelo brometo de 3,4-dimetil-tiazólio explicaram como funcionam as reações catalisadas por tiamina. Viu-se que este composto modelo troca rapidamente o hidrogênio de C-2 por deutério em uma solução em D_2O. No pD igual a 7 (não é pH, aqui), este hidrogênio é trocado completamente em segundos!

Isto significa que o hidrogênio de C-2 é mais ácido do que o esperado. Ele é removido facilmente porque a base conjugada é um ilídeo muito estabilizado. Um **ilídeo** é um composto ou intermediário com cargas formais positiva e negativa em átomos adjacentes.

Brometo de 3,4-dimetil-triazólio   **Ilídeo**

O átomo de enxofre tem o papel importante de estabilizar este ilídeo. Viu-se isto por comparação da velocidade de troca do íon 1,3-dimetil-imidazólio com a velocidade de troca do composto de tiazólio mostrado na equação anterior. O composto de dinitrogênio troca o hidrogênio de C-2 mais lentamente do que o íon que contém enxofre. O enxofre, sendo da terceira camada da tabela periódica, tem orbitais *d* disponíveis para ligação com os átomos adjacentes. Assim, ele tem menos restrições geométricas do que o carbono e o nitrogênio para formar ligações múltiplas carbono-enxofre em situações nas quais o carbono e o nitrogênio não o fazem.

Brometo de 1,3-dimetil-imidazólio

Experimento 34A Preparação da Benzoína por Catálise por Tiamina

No Experimento 34A, utilizaremos o cloridrato de tiamina, e não, o pirofosfato de tiamina (TPP) para catalisar a condensação da benzoína. O mecanismo está ilustrado nesta página. Para simplificar, só mostramos o anel tiazol.

Cloridrato de tiamina

Anel tiazol no cloridrato de tiamina

O mecanismo envolve a remoção do hidrogênio de C-2 do anel tiazol com uma base fraca para dar o ilídeo (etapa 1). O ilídeo age como um nucleófilo e se adiciona ao grupo carbonila do benzaldeído para formar um intermediário (etapa 2). Um próton é removido para formar um novo intermediário com uma ligação dupla (etapa 3). Observe que o átomo de nitrogênio ajuda a aumentar a acidez daquele próton. Este intermediário pode, agora, reagir com uma segunda molécula de benzaldeído para dar um novo intermediário (etapa 4). Uma base remove um próton para produzir a benzoína e regenerar o ilídeo (etapa 5). O ilídeo volta à reação para formar mais benzoína por condensação de duas outras moléculas de benzaldeído.

carbono 2

Ilídeo

Benzoína

Instruções especiais

Este experimento deve ser feito ao mesmo tempo que outro. Ele envolve alguns minutos do começo da aula prática para misturar reagentes. O resto do tempo pode ser usado para outro experimento.

Sugestão para eliminação de resíduos

Coloque todas as soluções em água produzidas neste experimento no recipiente a elas destinado. As misturas em etanol obtidas na cristalização da benzoína impura devem ser colocadas no recipiente destinado aos resíduos orgânicos não-halogenados.

Notas para o professor

É essencial que o benzaldeído usado neste experimento esteja *puro*. O benzaldeído se oxida facilmente, no ar, a ácido benzóico. Mesmo que o benzaldeído *pareça* estar livre do ácido benzóico no infravermelho, você deve testar a pureza de seu benzaldeído e de sua tiamina seguindo as instruções dadas no primeiro parágrafo do Procedimento ("Mistura de Reação"). Quando o benzaldeído está puro, a solução ficará tomada quase que completamente por benzoína sólida após dois dias (talvez seja preciso esfregar a parede interior do frasco para induzir a cristalização). Se não ocorrer formação de sólido ou aparecer muito pouco, há algum problema com a pureza do benzaldeído. Use, se possível, uma garrafa fechada comprada recentemente. *Entretanto, é essencial que você teste o benzaldeído, antigo e novo, antes de fazer o experimento de laboratório.*

Descobrimos que o seguinte procedimento purifica adequadamente o benzaldeído. Ele não exige a destilação do benzaldeído. Agite o benzaldeído em um funil de separação com uma quantidade igual de solução de carbonato de sódio a 5% em água. Agite suavemente com eventual equalização da pressão pela torneira do funil para liberar o gás dióxido de carbono. Forma-se uma emulsão que pode levar 2-3 horas para separar. A agitação ocasional da mistura durante este tempo ajuda a quebrar a emulsão. Remova a camada inferior de carbonato de sódio, incluindo um pouco da emulsão. Adicione cerca de 1/4 do volume em água ao benzaldeído e agite cuidadosamente para evitar a formação de uma nova emulsão. Remova a camada orgânica turva *inferior* e seque o benzaldeído com cloreto de cálcio até o dia seguinte. Qualquer turvação remanescente é removida pela filtração por gravidade em papel de filtro pregueado. O benzaldeído purificado e *límpido* resultante deve funcionar bem neste experimento, sem necessidade de destilação a vácuo. *Teste a pureza do benzaldeído purificado para saber se ele pode ser usado no experimento. Siga as instruções dadas no primeiro parágrafo do Procedimento*

É aconselhável usar uma garrafa fechada de cloridrato de tiamina guardada em um refrigerador. A pureza da tiamina não parece ser tão importante para o sucesso deste experimento como a pureza do benzaldeído.

Procedimento

Mistura de Reação. Coloque 1,5 g de cloridrato de tiamina em um frasco de Erlenmeyer de 50 mL. Dissolva o sólido em 2 mL de água girando o frasco. Adicione 15 mL de etanol a 95% e gire o frasco até que a solução fique homogênea. A esta solução, adicione 4,5 mL uma solução de hidróxido de sódio em água e gire o frasco até que a cor amarela brilhante passe a amarelo pálido.[1] Meça cuidadosamente 4,5 mL de benzaldeído puro (densidade 5 1,04 g/mL) e coloque-os no frasco. Agite o conteúdo do frasco por rotação até que a solução fique homogênea. Tampe o frasco e deixe-o em repouso em um lugar escuro por dois dias, pelo menos.

Isolamento da Benzoína Bruta. Se não se formarem cristais após dois dias, provoque a cristalização raspando a parede interna do frasco com um bastão de vidro. Espere 5 minutos para que

---
[1] Dissolva 40 g de NaOH em 500 mL de água.

os cristais de benzoína se formem totalmente. Coloque o frasco com os cristais em um banho de gelo por 5-10 minutos.

Se por alguma razão o produto tomar a forma de um óleo, pode ser necessário raspar o frasco com um bastão de vidro ou provocar a cristalização fazendo secar uma pequena quantidade de solução na ponta de um bastão de vidro e mergulhando-o na mistura. Esfrie a mistura em um banho de gelo antes da filtração.

Quebre a massa cristalina com uma espátula, gire o frasco rapidamente e transfira a benzoína para um funil de Büchner sob vácuo (Técnica 8, Seção 8.3, e Figura 8.5, página 555). Lave os cristais com duas porções de 5 mL de água gelada. Deixe a benzoína secar no funil de Büchner passando ar pelos cristais por cerca de 5 minutos. Transfira a benzoína para um vidro de relógio e deixe-a secar ao ar até a próxima aula. Pode-se secar o produto, também, em alguns minutos em uma estufa em cerca de 100°C.

Cálculo do Rendimento e Determinação de Ponto de Fusão. Pese a benzoína e calcule o rendimento percentual na base da quantidade de benzaldeído usada inicialmente. Determine o ponto de fusão (a benzoína pura funde entre 134°C e l35°C). Como a benzoína bruta funde normalmente entre 129°C e 132°C, ela deve ser cristalizada antes da conversão em benzila (Experimento 34B).

Cristalização da Benzoína. Purifique a benzoína bruta por cristalização em etanol quente a 95% (use 8 mL de álcool/g de benzoína bruta). Use um frasco de Erlenmeyer para a cristalização (Técnica 11, Seção 11.3, página 581. Omita a etapa 2 da Figura 11.4). Após esfriar os cristais em um banho de gelo, colete-os em um funil de Büchner. O produto pode secar em alguns minutos em uma estufa em cerca de 100°C. Determine o ponto de fusão da benzoína purificada. Se você não vai fazer o Experimento 34B, entregue a amostra de benzoína, juntamente com o relatório, ao professor.

Espectroscopia. Determine o espectro de infravermelho da benzoína pelo método do filme seco (Técnica 25, Seção 25.4, página 742). Mostramos aqui um espectro para comparação.

QUESTÕES

1. Os espectros de infravermelho da benzoína e do benzaldeído são dados neste experimento. Interprete os picos principais dos espectros.

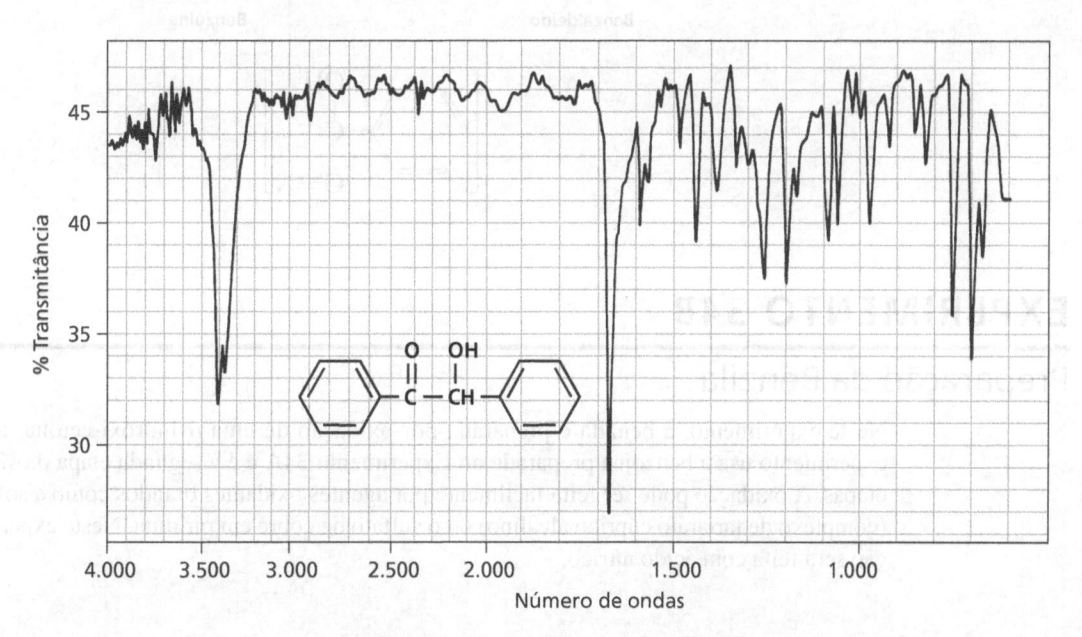

Espectro de infravermelho da benzoína, KBr.

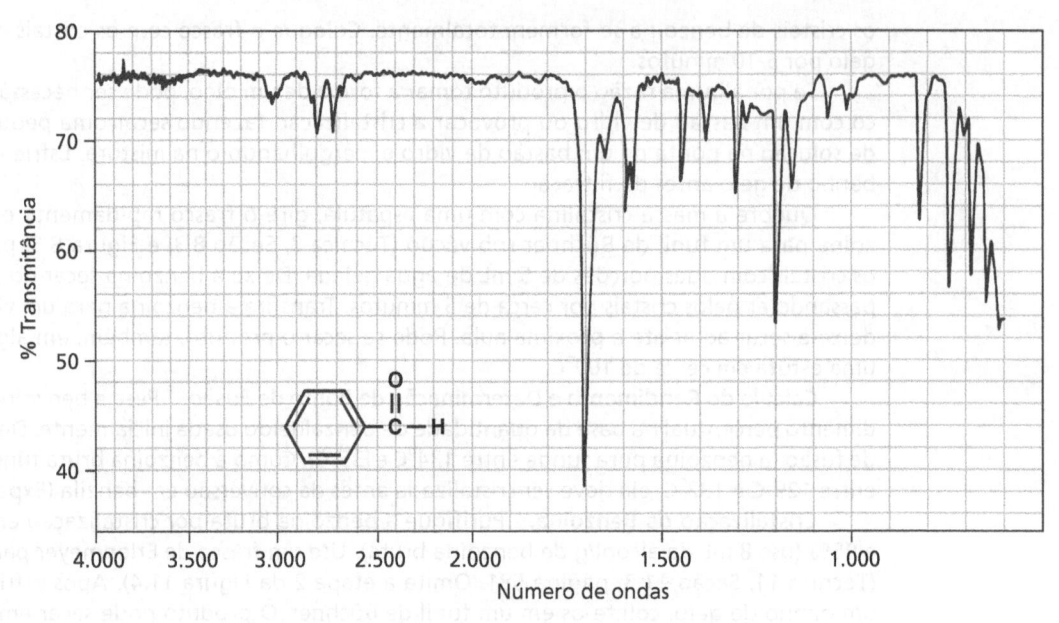

Espectro de infravermelho do benzaldeído (puro).

2. Como você acha que a enzima apropriada teria afetado a reação (extensão da reação, rendimento, estereoquímica)?
3. Que modificações de condições seriam apropriadas se a enzima tivesse de ser usada?
4. Formule um mecanismo para a conversão de benzaldeído em benzoína catalisada por cianeto. O intermediário, mostrado entre colchetes, aparentemente está envolvido no mecanismo.

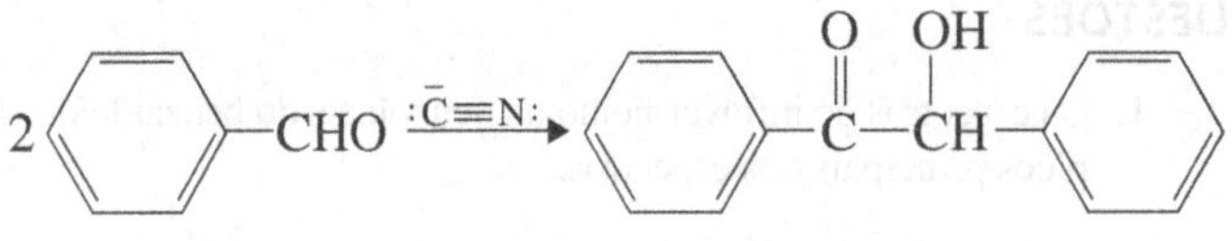

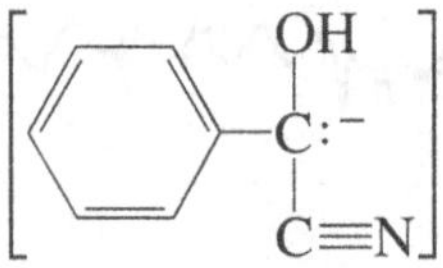

EXPERIMENTO 34B

Preparação da Benzila

Neste experimento, a benzila é preparada por oxidação de uma α-hidróxi-cetona, a benzoína. Este experimento usa a benzoína preparada no Experimento 34A e é a segunda etapa da síntese em muitas etapas. A oxidação pode ser feita facilmente por agentes oxidantes brandos como a solução de Fehling (complexo de tartarato cúprico alcalino) ou o sulfato de cobre em piridina. Neste experimento, a oxidação será feita com ácido nítrico.

Benzoína → HNO₃ (Experimento 34B) → Benzila

Instruções especiais

O ácido nítrico deve ser manipulado em uma boa capela para evitar o forte odor da substância. Os vapores irritam os olhos. Evite contato com a pele. Durante a reação, formam-se quantidades consideráveis do gás óxido de nitrogênio, que é tóxico. A reação também deve ser conduzida em uma boa capela.

Sugestão para eliminação de resíduos

Os resíduos de ácido nítrico em água devem ser colocados em um recipiente destinado aos rejeitos de ácido nítrico. Não os coloque no recipiente destinado às soluções em água. Os rejeitos de etanol da cristalização devem ser colocados no recipiente destinado às soluções orgânicas não-halogenadas.

Procedimento

Mistura de Reação. Coloque 2,5 g de benzoína (Experimento 34A) em um balão de fundo redondo e adicione 12 mL de ácido nítrico concentrado. Coloque uma barra de agitação magnética no balão e ligue-o a um condensador de água. Use uma capela para montar a aparelhagem de aquecimento em banho de água quente, como na Figura 6.4, página 524. Aqueça a mistura no banho de água quente em ~70°C, por 1 hora, com agitação. Não aqueça a mistura acima desta temperatura para evitar a possibilidade de formação de um subproduto.[1] Durante o aquecimento, ocorrerá evolução do gás óxido de nitrogênio (vermelho). Se após o período de aquecimento ainda evoluir gás, aqueça por mais 15 minutos e interrompa o aquecimento.

Isolamento da Benzila Bruta. Derrame a mistura de reação em 40 mL de água fria e agite vigorosamente até que o óleo se cristalize completamente na forma de um sólido amarelo. Será necessário arranhar as paredes do frasco ou plantar cristais para induzir a cristalização. Use um funil de Büchner para filtrar a vácuo a benzila bruta. Lave-a bem com água fria para remover o ácido nítrico. Deixe-a secar passando ar pelo filtro. Pese a benzila bruta e calcule o rendimento percentual do produto.

Cristalização do Produto. Purifique o sólido por dissolução em etanol quente a 95% em um frasco de Erlenmeyer (cerca de 5 mL por 0,5 g de produto). Use uma placa de aquecimento, mas tenha cuidado para não fundir o sólido. Um modo de fazer isto é levantar o frasco e agitar o seu conteúdo, girando o frasco. Você quer dissolver o sólido no solvente quente, e não fundi-lo. Você obterá cristais melhores se adicionar um pouco mais de solvente após a dissolução completa do sólido. Remova o frasco e deixe a solução esfriar lentamente. Enquanto isto acontece, mergulhe uma espátula na solução, deixe secar a ponta e recoloque o sólido formado na solução. A solução poderá ficar supersaturada se isto não for feito, e a cristalização ocorrerá muito rapidamente. Formam-se cristais amarelos. Esfrie a mistura em um banho de gelo para completar a cristalização. Colete o produto em um funil de Büchner, sob vácuo. Enxágue o frasco com pequenas quantidades (3 mL no total) de etanol gelado a 95% para completar a transferência do produto para o funil

---

[1] Em temperaturas superiores, um pouco de 4-nitro-benzila irá se formar juntamente com a benzila.

de Büchner. Continue passando ar pelos cristais usando sucção por cerca de 5 minutos. Remova os cristais e seque-os ao ar.

Cálculo do Rendimento e Determinação do Ponto de Fusão. Pese a benzila seca e calcule o rendimento percentual. Determine o ponto de fusão. O ponto de fusão da benzila pura é 95°C. Entregue a benzila ao professor, a menos que for usá-la para produzir o ácido benzílico (Experimento 34C) ou o tetrafenil-ciclo-pentadieno (Experimento 35). Obtenha o espectro de infravermelho da benzila usando o método do filme seco. Compare o espectro com o mostrado abaixo. Compare o espectro, também, com o da benzoína, mostrado na página 255. Que diferenças você encontrou?

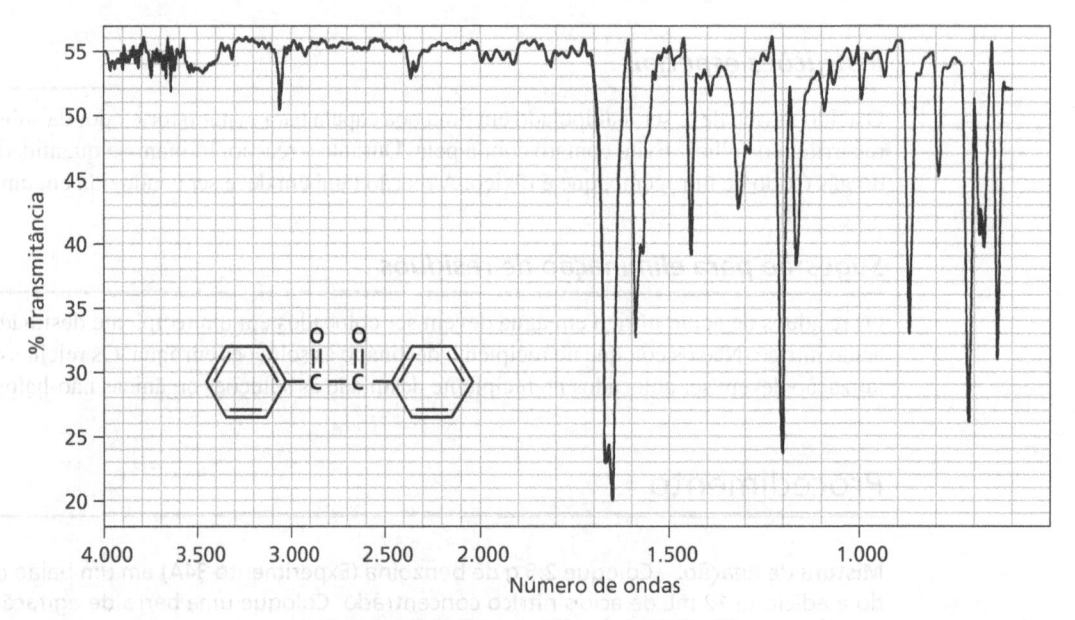

Espectro de infravermelho da benzila, KBr.

EXPERIMENTO 34C

Preparação do Ácido Benzílico

Neste experimento, o ácido benzílico será preparado pelo rearranjo da benzila, uma α-dicetona. A preparação da benzila está descrita no Experimento 34B. O rearranjo da benzila segue o seguinte esquema:

O impulso para a reação é dado pela formação de um sal carboxilato estável (benzilato de potássio). Após a produção do sal, a acidificação leva ao ácido benzílico. A reação pode ser usada, de forma geral, para converter α-dicetonas aromáticas em α-hidróxi-ácidos aromáticos. Outros compostos, entretanto, também sofrem rearranjos semelhantes ao do ácido benzílico (veja as questões).

Instruções especiais

Este experimento funciona melhor com benzila pura. A benzila preparada no Experimento 34B tem, usualmente, pureza suficiente após a cristalização.

Sugestão para eliminação de resíduos

Coloque todos os filtrados com água no recipiente destinado às soluções em água. Os filtrados com etanol devem ser colocados no recipiente destinado aos rejeitos orgânicos não-halogenados.

Procedimento

Condução da Reação. Coloque em um balão de fundo redondo 2,00 g de benzila e 6 mL de etanol a 95%. Coloque pérolas de vidro no balão e ligue-o a um condensador de refluxo. Use um filme fino de graxa de torneira ao ligar o condensador ao balão. Aqueça a mistura com uma manta ou placa de aquecimento até dissolver a benzila (veja a Técnica 6, Figura 6.2, página 523). Use uma pipeta Pasteur para adicionar, gota a gota, 5 mL de uma solução de hidróxido de potássio em água pelo tubo interno do condensador ao balão.1 Aqueça suavemente a mistura com agitação ocasional por rotação do balão. Aqueça em refluxo por 15 minutos. A mistura terá cor azul-escuro profundo. Durante a reação, a cor passará a castanho, e o sólido se dissolverá completamente. Forma-se benzilato de potássio sólido durante a reação. Após o período de aquecimento, retire a aparelhagem da fonte de calor e deixe-a esfriar por alguns minutos.

Cristalização do Benzilato de Potássio. Desmonte a aparelhagem assim que ela estiver fria o suficiente para manipulação. Use uma pipeta Pasteur para transferir a mistura de reação, que pode conter um pouco de sólido, para um pequeno bécher. Deixe a mistura esfriar até a temperatura normal e depois coloque o bécher em um banho de água e gelo por cerca de 15 minutos para completar a cristalização. Será necessário arranhar as paredes do frasco com um bastão de vidro para induzir a cristalização, que se completará quando toda a mistura se solidificar. Colete os cristais em um funil de Büchner por filtração a vácuo. Lave os cristais com três porções de 4 mL de etanol gelado a 95%. O solvente deve remover a maior parte da cor dos cristais.

Transfira o sólido, que é principalmente benzilato de potássio, para um frasco de Erlenmeyer de 100 mL contendo 60 mL de água quente (70°C). Agite o frasco até que todo o sólido tenha se dissolvido ou até que o sólido restante pareça não se dissolver. Este sólido provavelmente estará na forma de uma suspensão de partículas finas. *Se algum sólido permanecer no frasco*, filtre a solução quente por gravidade em um papel de filtro preguedo até que o filtrado fique transparente (Técnica 8, Seção 8.1, página 549). *Se não restar sólido no frasco*, omita a filtração por gravidade. Nos dois casos, passe para a próxima etapa.

Formação do Ácido Benzílico. Enquanto agitar o frasco por rotação, adicione 1,3 mL de ácido clorídrico concentrado, lentamente, gota a gota, à solução morna de benzilato de potássio. Quando a solução se acidificar, o ácido benzílico sólido começará a precipitar. Continue a adicionar o ácido clorídrico até que o sólido pare de precipitar. Comece a acompanhar o pH. O pH ideal está em cerca de 2. Se estiver acima deste valor, adicione mais ácido e verifique o pH. Deixe a mistura esfriar até a temperatura normal e complete o resfriamento em um banho de gelo. Colete o ácido benzílico por filtração a vácuo em um funil de Büchner. Lave os cristais com duas porções de 30 mL

---

[1] A solução de hidróxido de sódio em água deve ser preparada para toda a turma por dissolução de 55,0 g de hidróxido de potássio em 20 mL de água. Isto dará solução suficiente para 20 alunos, desde que não haja desperdício.

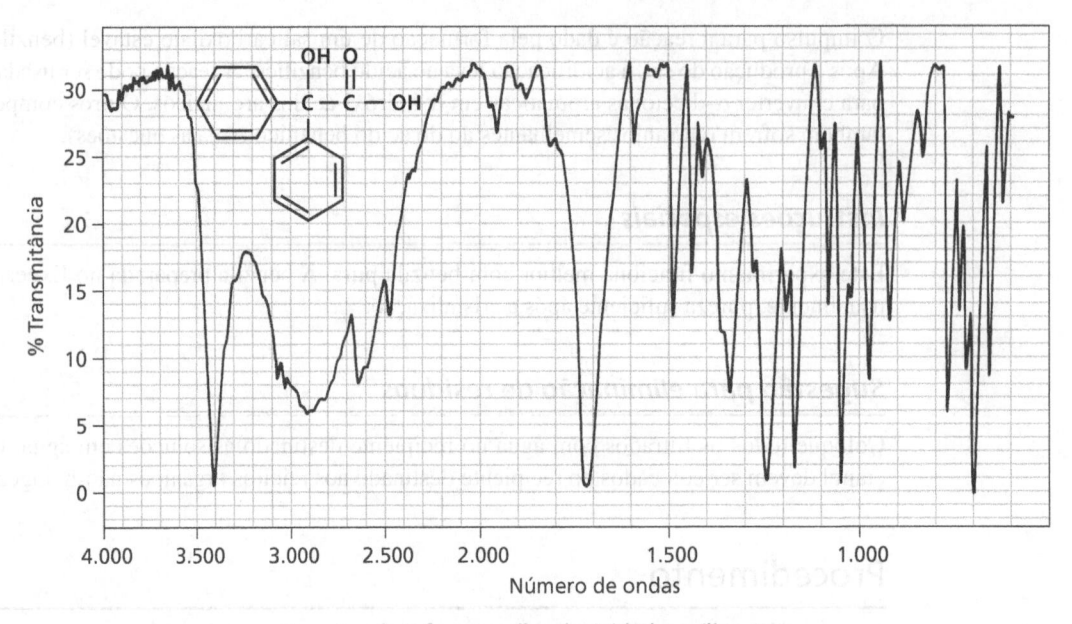

Espectro de infravermelho do ácido benzílico, KBr.

de água gelada para remover o cloreto de potássio, um sal que algumas vezes coprecipita com o ácido benzílico durante a neutralização com ácido clorídrico. Remova a água de lavagem passando ar pelo filtro. Seque o produto completamente, deixando-o secar até a próxima aula prática.

Ponto de Fusão e Cristalização do Ácido Benzílico. Pese o ácido benzílico seco para obter o rendimento percentual. Determine o ponto de fusão do produto seco. O ácido benzílico puro funde em 150°C. Se necessário, cristalize o produto usando a menor quantidade possível de água quente para dissolver o sólido (Técnica 11, Seção 11.3 e Figura 11.4, página 582). Se algumas impurezas não se dissolverem, filtre a mistura quente por gravidade em um papel de filtro pregueado (Técnica 8, Seção 8.1, páginas 549). Mantenha a mistura quente durante a etapa de filtração por gravidade. Esfrie a solução e induza a cristalização (Técnica 11, Seção 11.8, página 590), se necessário, quando a mistura atingir a temperatura normal. Deixe a mistura em repouso até que se complete a cristalização (cerca de 15 minutos). Esfrie a mistura em um banho de gelo e colete os cristais por filtração a vácuo em um funil de Büchner. Determine o ponto de fusão do produto cristalizado após a secagem. Se o professor solicitar, determine o espectro de infravermelho do ácido benzílico em brometo de potássio (Técnica 25, Seção 25.5, página 742). Calcule o rendimento percentual. Entregue a amostra em um frasco identificado a seu professor.

QUESTÕES

1. Mostre como preparar os seguintes compostos a partir do aldeído apropriado.

2. Dê os mecanismos das seguintes transformações:

(a) [estrutura de fenantreno-9,10-diona] $\xrightarrow[(2) H^+]{(1) KOH, \text{ álcool}}$ [estrutura de ácido benzílico com HO e CO$_2$H]

(b) $HO-\overset{O}{\overset{\|}{C}}-CH_2-\overset{O}{\overset{\|}{C}}-\overset{O}{\overset{\|}{C}}-CH_2-\overset{O}{\overset{\|}{C}}-OH$ $\xrightarrow[(2) H^+]{(1) KOH, H_2O}$ $HO-\overset{O}{\overset{\|}{C}}-CH_2-\underset{\underset{CO_2H}{|}}{\overset{\overset{OH}{|}}{C}}-CH_2-\overset{O}{\overset{\|}{C}}-OH$

Ácido cítrico

(c) $Ph-\overset{O}{\overset{\|}{C}}-\overset{O}{\overset{\|}{C}}-Ph$ $\xrightarrow[CH_3OH]{-OCH_3}$ $Ph-\underset{\underset{Ph}{|}}{\overset{\overset{OH}{|}}{C}}-\underset{O}{\overset{}{C}}OCH_3$

3. Interprete o espectro de infravermelho do ácido benzílico.

EXPERIMENTO 35

Tetrafenil-Ciclo-Pentadienona

Condensação de Aldol

Neste experimento, a tetrafenil-ciclo-pentadienona será preparada pela reação da dibenzil-cetona (1,3-difenil-2-propanona) com a benzila (Experimento 34B) na presença de base.

$PhCH_2-\overset{O}{\overset{\|}{C}}-CH_2Ph + Ph-\overset{O}{\overset{\|}{C}}-\overset{O}{\overset{\|}{C}}-Ph$ $\xrightarrow{-OH}$ [Tetrafenil-ciclo-pentadienona] $+ 2 H_2O$

Dibenzil-cetona   **Benzila**   **Tetrafenil-ciclo-pentadienona**

Esta reação é uma reação de condensação de aldol seguida por desidratação que leva à cetona cíclica insaturada de cor púrpura. As etapas do mecanismo da reação podem ser:

$$Ph-CH_2-\underset{\underset{O}{\|}}{C}-CH_2-Ph + {}^-OH \rightleftharpoons Ph-\overset{..}{CH}-\underset{\underset{O}{\|}}{C}-CH_2-Ph + H_2O$$

[Reaction scheme showing formation of Aldol intermediário (A) and subsequent dehydration to (B), followed by repeated steps (−H₂O) to form the cyclic dienone.]

Aldol intermediário (A)

(B)

O aldol intermediário **A** perde água facilmente para dar o sistema altamente conjugado **B**, que continua a reagir para formar um anel por condensação de aldol intramolecular. Após uma etapa de desidratação (perda de água), forma-se a dienona.

Leitura necessária

Revisão: Técnica 8   Filtração, Seção 8.3
          Técnica 11 Cristalização: Purificação de Sólidos, Seção 11.3

Instruções especiais

Esta reação pode se completar em 1 hora. A solução de hidróxido de potássio em etanol deve ser preparada antes da aula pelo professor. Outra síntese em muitas etapas pode ser feita ligando os Experimentos 34A e 34B com o Experimento 35.

Sugestão para eliminação de resíduos

Coloque todos os resíduos orgânicos no recipiente destinado aos rejeitos orgânicos não-halogenados.

Procedimento

Condução da Reação. Coloque 1,5 g de benzila (Experimento 34B), 1,5 g de dibenzil-cetona (1,3-difenil-2-propanona, 1,3-difenil-acetona) e 12 mL de etanol absoluto em um balão de fundo redondo de 50 mL. Coloque uma barra magnética no balão. Aplique um pouco de graxa de torneira na junta inferior de um condensador e ligue-o ao balão. Prepare um banho de água quente em 70°C. Aqueça a mistura no banho de água, com agitação, para dissolver os sólidos.

Eleve a temperatura do banho de água quente até cerca de 80°C. Continue a agitar a mistura. Use uma pipeta Pasteur de 20 cm para adicionar ao balão, gota a gota, 2,25 mL de hidróxido de potássio em etanol pela boca superior do condensador.[1]

> **Cuidado:** Pode haver formação de espuma.

A mistura adquirirá imediatamente a cor púrpura escura. Após a adição do hidróxido de potássio, aumente a temperatura do banho para cerca de 85°C. Aqueça a mistura com agitação por 15 minutos.

Isolamento do Produto. Após o período de aquecimento, remova o balão do banho de água quente. Deixe a mistura resfriar até a temperatura normal. Coloque o balão, então, em um banho de água gelada para completar a cristalização do produto. Colete os cristais de cor púrpura escura em um funil de Büchner. Lave os cristais com três porções de 4 mL de etanol frio a 95%. O solvente de lavagem também pode ser usado para ajudar a transferir os cristais do balão de fundo redondo para o funil de Büchner. Seque a tetrafenil-ciclo-pentadienona em estufa por 30 minutos ou ao ar, durante a noite.

Cálculo do Rendimento e Determinação do Ponto de Fusão. Pese o produto e calcule o rendimento percentual. Determine o ponto de fusão (pf 218-220°C). Se o professor determinar, uma pequena porção pode ser cristalizada a partir de uma mistura 1:1 de etanol a 95% e tolueno (12 mL/0,5 g; pf 219-220°C). Por opção do professor, determine o espectro de infravermelho da tetrafenil-ciclo-pentadienona em brometo de potássio (Técnica 25, Seção 25.5, página 742). Entregue o produto ao professor em um frasco identificado.

QUESTÕES

1. Dê a estrutura do produto que você esperaria para a reação do benzaldeído e da acetofenona com base.
2. Sugira vários possíveis subprodutos desta reação.

EXPERIMENTO 36

Trifenil-metanol e Ácido Benzóico

Reação de Grignard
Extração
Cristalização

Neste experimento, você preparará um reagente de Grignard ou reagente de organomagnésio. O reagente é o brometo de fenil-magnésio.

---

[1] Nota para o professor: Prepare a solução por dissolução de 6 g de hidróxido de potássio em 60 mL de etanol absoluto. São necessários 30 minutos, com agitação vigorosa, para a dissolução do sólido. Na medida em que se dissolver, quebre o sólido em pedaços com uma espátula para ajudar o processo de dissolução. Isto dará solução suficiente para 20 estudantes, se não houver desperdício.

$$\text{C}_6\text{H}_5\text{-Br} + \text{Mg} \xrightarrow{\text{éter}} \text{C}_6\text{H}_5\text{-MgBr}$$

Bromo-benzeno   **Brometo de fenil-magnésio**

Este reagente será convertido em álcool terciário ou ácido carboxílico, dependendo do experimento selecionado.

EXPERIMENTO 36A

$$\text{C}_6\text{H}_5\text{-MgBr} + \underset{\text{Benzofenona}}{\text{C}_6\text{H}_5\text{-CO-C}_6\text{H}_5} \xrightarrow{\text{éter}} (\text{C}_6\text{H}_5)_3\text{C-OMgBr}^{-+} \xrightarrow{\text{H}_3\text{O}^+} \underset{\text{Trifenil-metanol}}{(\text{C}_6\text{H}_5)_3\text{C-OH}} + \text{MgBr(OH)}$$

EXPERIMENTO 36B

$$\text{C}_6\text{H}_5\text{-MgBr} + \text{CO}_2 \xrightarrow{\text{éter}} \text{C}_6\text{H}_5\text{-C(=O)-OMgBr}^{-+} \xrightarrow{\text{H}_3\text{O}^+} \underset{\text{Ácido benzóico}}{\text{C}_6\text{H}_5\text{-C(=O)-OH}} + \text{MgBr(OH)}$$

A porção alquila do reagente de Grignard reage como se tivesse as características de um **carbânion**. Podemos escrever a estrutura do reagente como a de um composto parcialmente iônico:

$$\overset{\delta-}{\text{R}} \cdots \overset{\delta+}{\text{MgX}}$$

O carbânion parcialmente ligado é uma base de Lewis. Ela reage com ácidos para dar, como você deveria esperar, um alcano:

$$\overset{\delta-}{R} \cdots \overset{\delta+}{MgX} + HX \longrightarrow R-H + MgX_2$$

Qualquer composto que tenha um hidrogênio ácido dará um próton para destruir o reagente. Água, álcoois, acetilenos terminais, fenóis e ácidos carboxílicos são suficientemente ácidos para completar esta reação.

O reagente de Grignard funciona também como um bom nucleófilo nas reações de adição nucleofílica do grupo carbonila. O grupo carbonila tem caráter eletrofílico no átomo de carbono (devido à ressonância), e um bom nucleófilo se adiciona a este centro.

$$\left[\overset{\ddot{O}}{\underset{}{C}} \longleftrightarrow \overset{:\ddot{O}:^-}{\underset{+}{C}} \right] \quad \overset{\delta+}{C}=\overset{\delta-}{\ddot{O}:}$$

O sal de magnésio produzido forma um complexo com o produto da adição, um alcóxido. Na segunda etapa da reação, ocorre hidrólise (protonação) por adição de ácido diluído em água.

$$\underset{\text{Etapa 1}}{\overset{O}{\underset{}{C}} + RMgX \longrightarrow -\underset{R}{\overset{O-MgX}{\underset{|}{C}}}-} \xrightarrow[H_2O]{HX} \underset{\text{Etapa 2}}{-\underset{R}{\overset{OH}{\underset{|}{C}}}- + MgX_2}$$

A reação de Grignard é usada em sínteses para preparar álcoois secundários a partir de aldeídos e álcoois terciários a partir de cetonas. O reagente de Grignard reage duas vezes com ésteres para dar álcoois terciários. Ele pode reagir com dióxido de carbono para dar ácidos carboxílicos e com oxigênio para dar hidro-peróxidos:

$$RMgX + O=C=O \longrightarrow R-\overset{O}{\underset{}{C}}-OMgX \xrightarrow[H_2O]{HX} R-\overset{O}{\underset{}{C}}-OH$$
Ácido carboxílico

$$RMgX + O_2 \longrightarrow ROOMgX \xrightarrow[H_2O]{HX} ROOH$$
Hidro-peróxido

Como o reagente de Grignard reage com água, dióxido de carbono e oxigênio, ele deve ser protegido do ar e da umidade quando usado. A aparelhagem em que a reação vai ser feita deve estar completamente seca (lembre-se de que 18 mL de H_2O corresponde a 1 mol) e o solvente, livre de água (anidro). Durante a reação, o balão deve estar protegido por um tubo de secagem contendo cloreto de cálcio. Oxigênio também deve ser excluído. Na prática, isto pode ser feito com o solvente, éter, em refluxo. Uma camada de vapor de solvente impede o ar de atingir a superfície da mistura de reação.

No experimento descrito aqui, a impureza principal é a **bifenila**, formada pela reação de acoplamento catalisada por calor ou pela luz entre o reagente de Grignard e o bromo-benzeno que não reagiu. Uma temperatura alta de reação favorece a formação deste produto. Bifenila é muito solúvel em éter de petróleo e é facilmente separada do trifenil-metanol. A bifenila pode ser separada do ácido benzóico por extração.

$$\text{C}_6\text{H}_5\text{MgBr} + \text{C}_6\text{H}_5\text{Br} \longrightarrow \text{C}_6\text{H}_5\text{-C}_6\text{H}_5 + \text{MgBr}_2$$

Leitura necessária

Revisão: Técnica 8   Filtração, Seção 8.3
Técnica 11   Cristalização: Purificação de Sólidos, Seção 11.3
Técnica 12   Extrações, Separações e Agentes de Secagem, Seções 12.4, 12.5, 12.8 e 12.10
Técnica 25   Espectroscopia de Infravermelho, Seção 25.5

Instruções especiais

Este experimento deve ser feito em uma sessão de laboratório até o ponto em que a benzofenona é adicionada (Experimento 36A) ou até o ponto em que o reagente de Grignard é derramado sobre gelo seco (Experimento 36B). O reagente de Grignard não pode ser guardado; você tem de fazê-lo reagir antes de parar. Este experimento usa dietil-éter, que é extremamente inflamável. Assegure-se de que não exista fogo na vizinhança enquanto estiver usando éter.

Você terá de usar dietil-éter *anidro*, usualmente guardado em recipientes metálicos com tampa de rosca. Você deverá transferir, durante o experimento, uma pequena porção deste solvente para um frasco de Erlenmeyer com tampa. Reduza ao máximo possível todo contato com o vapor de água do ar durante a transferência. Tampe a lata de éter imediatamente após o uso. Não use éter comercial porque ele contém um pouco de água.

Todos os estudantes irão preparar o mesmo reagente de Grignard, o brometo de fenil-magnésio. Por opção do professor, você deve passar ao Experimento 36A (trifenil-metanol) ou ao Experimento 36B (ácido benzóico) assim que o seu reagente estiver pronto.

Sugestão para eliminação de resíduos

Todas as soluções em água devem ser colocadas no recipiente a elas destinado. Assegure-se de que separou estas soluções de qualquer resíduo de magnésio antes de descartá-las. O magnésio não-tratado deve ser colocado em um recipiente para resíduos sólidos destinado a este fim. Coloque todas as soluções em éter no recipiente destinado aos resíduos orgânicos não-halogenados. O licor-mãe da cristalização com álcool isopropílico (Experimento 36A) também deve ser colocado neste recipiente.

Notas para o professor

Sempre que possível, peça a seus alunos que limpem e sequem a vidraria necessária *na aula anterior à desse experimento*. Não é boa idéia usar vidraria lavada no início da aula, mesmo se foi seca na estufa. Enquanto o material estiver secando, assegure-se de que a estufa não contém objetos feitos de plástico.

Procedimento

$$\text{C}_6\text{H}_5\text{-Br} + \text{Mg} \xrightarrow{\text{éter}} \text{C}_6\text{H}_5\text{-MgBr}$$

PREPARAÇÃO DO REAGENTE DE GRIGNARD: BROMETO DE FENIL-MAGNÉSIO

Vidraria. A seguinte vidraria será usada:
balão de fundo redondo de 100 mL   cabeça de Claisen
funil de separação de 125 mL   condensador de água
tubos de secagem de $CaCl_2$ (dois)   frascos de Erlenmeyer de 50 mL (dois)
proveta de 10 mL

Preparação da Vidraria. Se necessário, seque todas as peças de *vidraria* (sem partes plásticas) listadas acima em uma estufa em 110°C por pelo menos 30 minutos. Esta etapa pode ser omitida se sua vidraria estiver limpa, não tiver sido usada e estiver em seu armário por pelo menos dois ou três dias. Além disto, toda a vidraria usada em sua reação de Grignard deve estar meticulosamente seca. Quantidades surpreendentemente altas de água aderem às paredes dos aparelhos de vidro, mesmo quando eles estão aparentemente secos. Vidraria lavada e seca no mesmo dia em que será usada poderá dar problemas para iniciar uma reação de Grignard.

Aparelhagem. Coloque uma barra de agitação, limpa e seca, em um balão de fundo redondo de 100 mL e monte a aparelhagem da figura. Coloque tubos de secagem (cheios de cloreto de cálcio nunca usado) no funil de separação e no topo do condensador. Uma placa de aquecimento e de agitação será usada para agitar e aquecer a reação.[2] Assegure-se de que a aparelhagem pode se mover facilmente para cima e para baixo no suporte de apoio. O movimento para cima e para baixo em relação à placa de aquecimento será usado para controlar a quantidade de calor aplicada na reação.

> **Cuidado:** Não coloque nenhuma peça de plástico na estufa porque elas podem fundir, queimar ou amolecer. Na dúvida, pergunte ao professor.

Formação do Reagente de Grignard. Use papel liso ou um bécher pequeno para pesar cerca de 0,5 g de fios de magnésio (*PA* = 24,3). Coloque-os no balão de fundo redondo de 100 mL. Use uma proveta de 10 mL de peso conhecido para medir aproximadamente 2,1 mL de bromo-benzeno (*PM* = 157,0). Pese novamente a proveta para determinar a massa exata do bromo-benzeno. Transfira o bromo-benzeno para um frasco de Erlenmeyer de 50 mL com tampa. Sem limpar a proveta, meça uma porção de 10 mL de éter anidro e transfira-o para o frasco de Erlenmeyer que já contém o bromo-benzeno. Misture a solução por rotação e, então, use uma pipeta Pasteur seca, descartável, para transferir cerca de metade dela para o balão de fundo redondo que contém os fios de magnésio. Coloque o restante da solução no funil de separação de 125 mL. Adicione outra porção de 7,0 mL de éter anidro à solução de bromo-benzeno que está no funil de separação. Verifique, neste ponto, se todas as juntas estão seladas e se os tubos de secagem estão no lugar.

Coloque a aparelhagem imediatamente acima da placa de aquecimento e agite a mistura *suavemente* para evitar jogar o magnésio para fora da solução por sobre o lado do balão. Você deve observar a evolução de bolhas na superfície do metal, o que significa que a reação começou. Provavelmente será necessário aquecer a mistura para começar a reação. A placa deve estar na posição mais baixa de aquecimento. Como o éter tem ponto de ebulição em 35°C, deve ser suficiente, para aquecer a reação, colocar o balão logo acima da placa de aquecimento. Quando começar a ebulição, verifique se a formação de bolhas continua quando o balão é afastado da placa de aquecimento. Se isto acontecer, o magnésio estará reagindo. Talvez você tenha de repetir a operação várias vezes até que a reação comece. Após algumas tentativas por aquecimento, a reação deve começar, mas se você ainda estiver tendo dificuldades, passe ao próximo parágrafo.

Etapas Opcionais. Talvez seja necessário usar outros procedimentos se o aquecimento não iniciar a reação. Se você tiver dificuldades, remova o funil de separação. Introduza um bastão de

---

[2] Um banho de vapor ou cone de vapor pode ser usado, mas você provavelmente terá de desistir da agitação e usar esferas de vidro em vez de uma barra de agitação. Uma manta de aquecimento pode ser usada. Com uma manta, é provavelmente melhor fixar a aparelhagem de forma segura e colocar sob a manta que está abaixo do balão blocos de madeira que podem ser adicionados ou removidos. Quando os blocos são removidos, a manta de aquecimento pode ser abaixada.

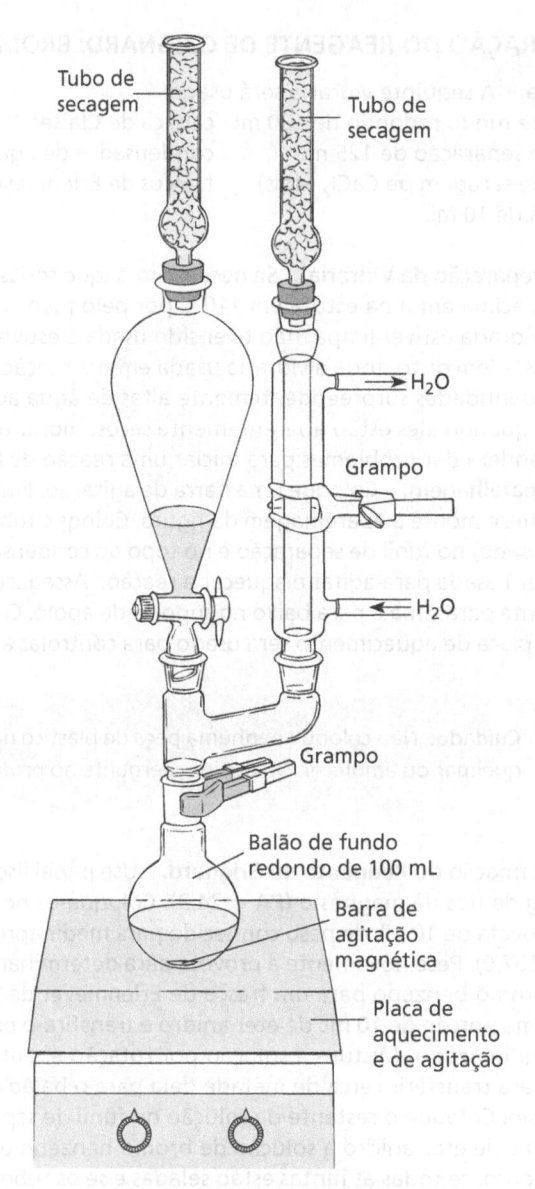

Aparelhagem para as reações de Grignard.

vidro, longo e *seco*, no balão e amasse o magnésio contra a superfície do vidro. *Cuidado para não furar o fundo do balão de vidro. Faça isso delicadamente*! Recoloque o funil de separação e aqueça novamente a mistura. Repita o procedimento várias vezes, se necessário. Se mesmo assim não conseguir fazer começar a reação, então coloque um pequeno cristal de iodo no balão. Aqueça novamente a mistura *com cuidado*. A ação mais drástica, exceto começar tudo novamente, é preparar uma pequena quantidade de reagente de Grignard *externamente*, em um tubo de ensaio. Quando esta reação começar no tubo de ensaio, adicione-a à mistura de reação principal. Esta "injeção de reforço" reagirá com a água presente na mistura e fará com que a reação comece.

Complementação da Preparação de Grignard. Assim que a reação começar, você deve observar a formação de uma solução turva castanho-acinzentada. Adicione lentamente o restante da solução de bromo-benzeno por um período de 5 minutos, de modo a manter a reação em ebulição suave. Se a formação de bolhas parar, adicione mais bromo-benzeno. Pode ser necessário aquecer ocasionalmente a mistura com a placa durante a adição. Se a reação ficar muito vigorosa, reduza a adição da solução de bromo-benzeno e eleve a aparelhagem, afastando-a da placa de aquecimento. *É importante aquecer a mistura se o refluxo se reduzir ou parar.* Com a continuação da reação, você deve observar a desintegração gradual do magnésio. Quando tiver completado a adição do bromo-benzeno, coloque mais 1,0 mL de éter *anidro* no funil de separação para lavá-lo e adicione o éter à mistura de reação. Remova o funil de separação e substitua-o por uma tampa. Aqueça suavemente a solução até o refluxo e mantenha a temperatura até que a maior parte do magnésio restante se dissolva (não se preocupe com algumas pequenas peças). A operação deve levar cerca de 15 minutos. Observe o volume da solução no balão. Adicione mais éter anidro para substituir o que se perdeu durante o refluxo. Enquanto o refluxo estiver funcionando, você pode preparar as soluções necessárias para o Experimento 36A ou para o Experimento 36B. Quando terminar a operação de refluxo, deixe a mistura esfriar até a temperatura ambiente. Siga as instruções de seu professor e passe para o Experimento 36A ou para o Experimento 36B.

EXPERIMENTO 36A

Trifenil-metanol

$$\text{Ph-MgBr} + \text{Ph}_2\text{C=O} \xrightarrow{\text{ether}} \text{Ph}_3\text{C-OMgBr} \xrightarrow{\text{H}_3\text{O}^+} \text{Ph}_3\text{C-OH} + \text{MgBr(OH)}$$

Aduto

Procedimento

Adição de Benzofenona. Enquanto a solução de brometo de fenil-magnésio está sendo aquecida e agitada sob refluxo, dissolva 2,4 g de benzofenona em 9,0 mL de éter *anidro* colocado em um frasco de Erlenmeyer de 50 mL. Tampe o frasco até que o período de refluxo tenha terminado. Quando o reagente de Grignard estiver na temperatura normal, recoloque o funil de separação e transfira para ele a solução de benzofenona. Adicione esta solução o mais rápido possível ao reagente de Grignard, sempre sob agitação, mas em uma velocidade tal que o refluxo da solução não seja muito vigoroso. Lave o frasco de Erlenmeyer que continha a solução de benzofenona com cerca de 5,0 mL de éter anidro e transfira o líquido para a mistura de reação. Após completar a adição, deixe a mistura esfriar até a temperatura normal. A solução adquire a cor rosa e gradualmente se solidifica com a formação do aduto. Quando a agitação magnética não for mais eficiente, agite a mistura com uma espátula. Remova o frasco de reação da aparelhagem e feche-o. Agite ocasionalmente o conteúdo do frasco. O aduto deve se formar após cerca de 15 minutos. Você pode parar aqui.

Hidrólise. Adicione ácido clorídrico 6 *M* (*gota a gota, no início*) suficiente para neutralizar a mistura de reação (cerca de 7,0 mL). Você saberá que adicionou ácido suficiente quando a camada inferior de água mudar a cor do papel de tornassol de azul para vermelho. O ácido converte o aduto em trifenil-metanol e em compostos inorgânicos (MgX_2). Você obterá, eventualmente, duas fases distintas: a camada superior de éter conterá o trifenil-metanol, e a camada inferior de água, os compostos inorgânicos. Use uma espátula para quebrar o sólido durante a adição do ácido clorídrico. Agite ocasionalmente o frasco, por rotação, para que a mistura ocorra. Como a neutralização libera calor, um pouco de éter evapora. Adicione éter suficiente para manter o volume da fase orgânica superior entre 5 e 10 mL. Assegure-se de que existem duas fases distintas antes de passar à separação das camadas. Se necessário, adicione éter ou ácido clorídrico para dissolver o sólido restante.[3]

Se parte do sólido não se dissolver ou se aparecerem três camadas, transfira todos os líquidos para um frasco de Erlenmeyer de 250 mL, adicione éter e ácido clorídrico e agite por rotação para misturar o conteúdo. Continue a adicionar pequenas porções de éter e de ácido clorídrico por agitação até que a dissolução seja completa. Neste ponto, você deverá ter duas camadas límpidas.

Separação e Secagem. Transfira a mistura para um funil de separação de 125 mL sem deixar passar a barra magnética ou as pérolas de vidro. Agite e equalize a pressão da mistura e deixe que as camadas se separem. Na presença de resíduos do metal magnésio que não reagiu, você notará a formação de bolhas de hidrogênio. Remova a camada de água mesmo que ainda haja produção de hidrogênio. Retire a camada inferior de água e coloque-a em um bécher. Passe a *camada superior de éter* para um frasco de Erlenmeyer. Ela contém o trifenil-metanol produzido. Extraia novamente a camada de água com 5,0 mL de éter. Remova a camada de água e descarte-a. Combine as camadas de éter e transfira a solução para um frasco de Erlenmeyer. Adicione cerca de 1,0 g de sulfato de sódio anidro em grãos para secar a solução. Se necessário, adicione mais agente de secagem.

Evaporação. Separe por decantação a solução seca de éter do agente de secagem para um frasco de Erlenmeyer pequeno e lave o agente de secagem com uma porção de éter. Evapore o solvente, em capela, por aquecimento em um banho de água morna. A evaporação será mais rápida se você fizer passar uma corrente de nitrogênio ou de ar pelo interior do frasco. O resultado deve ser uma mistura que varia de um óleo castanho a uma mistura de sólido colorido com óleo. Esta mistura bruta contém o trifenil-metanol e o subproduto bifenila. A maior parte da bifenila pode ser removida por adição de cerca de 10 mL de éter de petróleo (pe 30-60°C). Éter de petróleo é uma mistura de hidrocarbonetos que dissolve facilmente o hidrocarboneto bifenila, deixando para trás o álcool trifenil-metanol. Não confunda este solvente com o dietil-éter ("éter"). Aqueça ligeiramente a mistura, agite e deixe-a esfriar até a temperatura normal. Colete o trifenil-metanol por filtração a vácuo em um funil de Büchner pequeno. Lave os cristais com pequenas porções de éter de petróleo

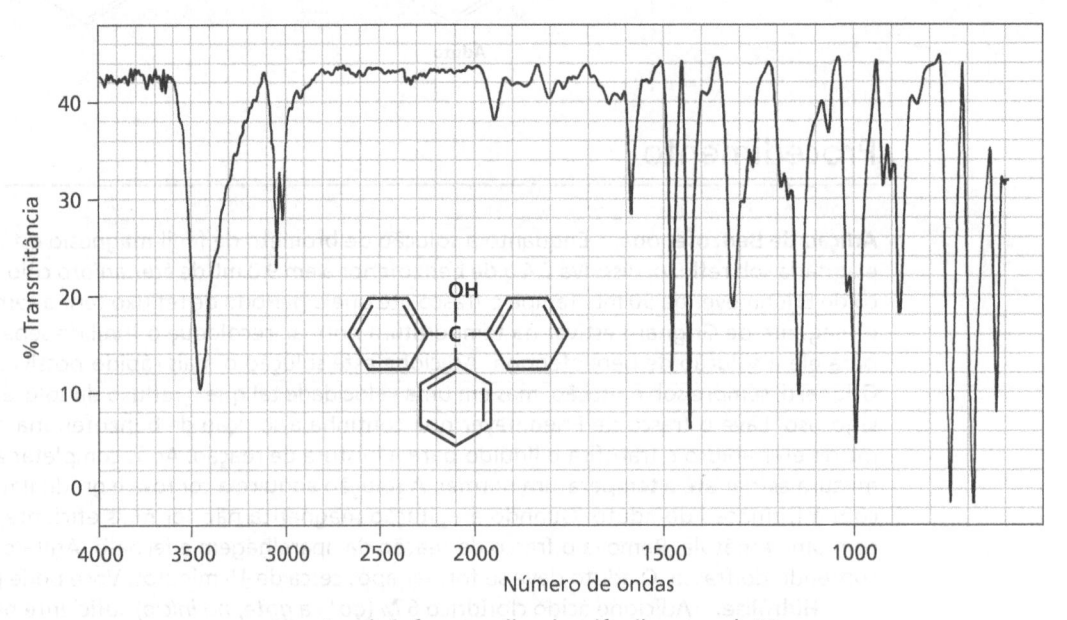

Espectro de infravermelho do trifenil-metanol, KBr.

---

[3] Em alguns casos, pode ser necessário adicionar água em vez de ácido clorídrico.

(Técnica 8, Seção 8.3, página 554 e Figura 8.5, página 555). Seque o sólido ao ar, pese e calcule o rendimento percentual do trifenil-metanol bruto ($PM = 260{,}3$).

Cristalização. Cristalize o produto em álcool isopropílico quente e colete os cristais em um funil de Büchner (Técnica 11, Seção 11.3, página 581 e Figura 11.4, página 582). A etapa 2 da Figura 11.4 (remoção de impurezas insolúveis) não deve ser necessária nesta cristalização. Deixe os cristais secarem ao ar. Registre no relatório o ponto de fusão do trifenil-metanol purificado (literatura, 162°C). Entregue a amostra ao professor.

Espectroscopia. Segundo as instruções do professor, determine o espectro de infravermelho do material purificado em uma pastilha de KBr (Técnica 25, Seção 25.5, página 742). Seu professor pode pedir que você faça alguns testes no produto preparado. Estes testes estão descritos no *Instructor Manual*.

EXPERIMENTO 36B

Ácido Benzóico

$$\text{Ph-MgBr} + CO_2 \xrightarrow{\text{éter}} \text{Ph-C(=O)-OMgBr} \xrightarrow{H_3O^+} \text{Ph-C(=O)-OH (Ácido benzóico)} + \text{MgBr(OH)}$$

Procedimento

Adição de Gelo Seco. Assim que a solução de brometo de fenil-magnésio tiver atingido a temperatura normal, derrame-a o mais rapidamente possível sobre 10 g de gelo seco moído em pequenos pedaços em um bécher de 250 mL. Pese o gelo seco o mais rápido que puder pare evitar contato com o ar atmosférico úmido. A pesagem não precisa ser exata. Lave o frasco em que o brometo de fenil-magnésio foi preparado com 2 mL de éter anidro e coloque a solução no bécher que contém o gelo seco.

> **Cuidado:** Tenha cuidado ao manusear o gelo seco. O contato com a pele pode causar queimaduras severas. Use sempre luvas ou pinças. Reduza o gelo seco a pedaços pequenos, envolvendo os pedaços maiores em uma toalha seca e batendo neles com um martelo ou com um bloco de madeira. O material esmagado deve ser usado assim que possível para evitar contato com a água do ar.

Cubra a mistura de reação com um vidro de relógio e deixe-a em repouso até a total sublimação do excesso de gelo seco. O composto de Grignard de adição terá o aspecto de uma massa vítrea viscosa.

Hidrólise. Hidrolise o aduto de Grignard por adição lenta de cerca de 8 mL de ácido clorídrico 6 *M* ao bécher e por agitação da mistura com uma vara de vidro ou uma espátula. O magnésio residual reagirá com o ácido com evolução de hidrogênio. Neste ponto, você deve ter duas fases líquidas distintas no bécher. Se sólidos estiverem presentes (que não sejam o magnésio), tente a adição de um pouco de éter. Se os sólidos forem insolúveis em éter, tente a adição de um pouco de ácido clorídrico 6 M ou de água. O ácido benzóico é solúvel em éter e os compostos inorgânicos (MgX_2) são solúveis na solução ácida. Transfira as fases líquidas para um frasco de Erlenmeyer, sem arrastar o magnésio residual. Coloque uma porção de éter no bécher para lavá-lo e transfira a solução para o frasco de Erlenmeyer. Você pode parar neste ponto. Tampe o frasco com uma rolha e continue o experimento na próxima aula prática.

Isolamento do Produto. Se você guardou seu produto e o éter evaporou, adicione vários mililitros de éter. Se os sólidos não se dissolverem quando você agitar o frasco ou se uma camada de água não for visível, adicione um pouco de água. Transfira a mistura para um funil de separação de 125 mL. Se um pouco do material não se dissolver ou se aparecerem três fases, coloque uma porção de éter e uma de ácido clorídrico no funil, feche-o, agite-o e deixe as camadas se separarem. Continue a colocar pequenas porções de éter e de ácido clorídrico no funil de separação, com agitação, até total dissolução. Após a separação das camadas, remova a camada inferior de água. A fase de água contém os sais inorgânicos e pode ser descartada. A camada de éter contém o ácido benzóico produzido e o subproduto, bifenila. Adicione 5,0 mL de uma solução de hidróxido de sódio a 5%, feche o funil e agite. Deixe que as camadas se separem e *transfira a camada inferior de água para um bécher*. Esta extração remove o ácido benzóico da camada de éter por conversão em benzoato de sódio. O subproduto bifenila permanece, juntamente com um pouco do ácido benzóico, na camada de éter. Coloque no funil uma segunda porção de 5,0 mL de hidróxido de sódio a 5%, agite-o, deixe que as camadas se separem e transfira a camada inferior de água para o mesmo bécher da extração anterior. Repita a extração com uma terceira porção (5,0 mL) de hidróxido de sódio a 5% e transfira a camada de água para o bécher. Coloque a camada de éter que contém a impureza bifenila no recipiente destinado aos rejeitos orgânicos não-halogenados.

Aqueça os extratos básicos combinados por cerca de cinco minutos, com agitação, em uma placa (100-120°C), para remover o éter residual dissolvido na fase de água. A solubilidade do éter em água é de 7%. Durante o aquecimento, você poderá observar a formação de bolhas, mas o volume do líquido *não diminuirá* substancialmente. Se o éter não for removido antes da precipitação do ácido benzóico, o produto terá o aspecto de um sólido gorduroso, e não, de cristais.

Esfrie a solução alcalina e precipite o ácido benzóico por adição, com agitação, de 10,0 mL de ácido clorídrico 6 M. Esfrie a mistura em um banho de gelo. Colete o sólido por filtração a vácuo em um funil de Büchner (Técnica 8, Seção 8.3, página 554 e Figura 8.5, página 555). A transferência é mais fácil, com lavagem simultânea dos cristais, quando se usa várias porções de água fria. Deixe

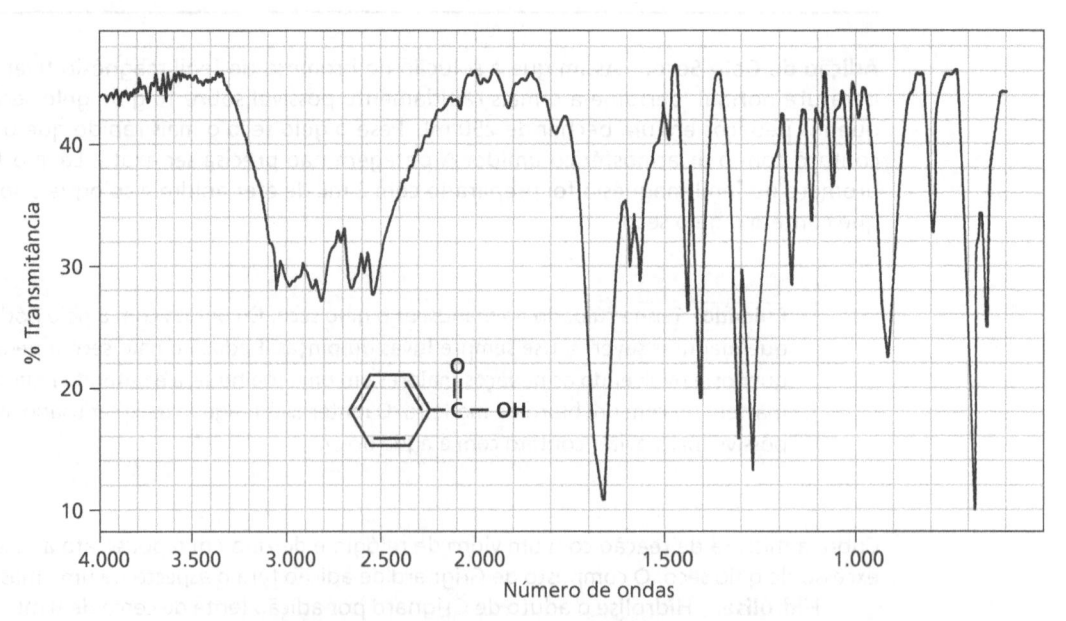

Espectro de infravermelho do ácido benzóico, KBr.

os cristais secarem na temperatura normal por pelo menos uma noite. Pese o sólido e calcule o rendimento percentual do ácido benzóico ($PM = 122,1$).

Cristalização. Cristalize seu produto em água quente usando um funil de Büchner para coletar o produto por filtração a vácuo (Técnica 11, Seção 11.3, página 581 e Figura 11.4, página 582). A etapa 2 da Figura 11.4 (remoção de impurezas insolúveis) não deve ser necessária nesta cristalização. Deixe os cristais secarem ao ar na temperatura normal antes de determinar o ponto de fusão do ácido benzóico purificado (literatura, 122°C). Determine o rendimento de recuperação em gramas.[1] Entregue o produto a seu professor em um frasco com identificação.

Espectroscopia. Segundo as instruções do professor, determine o espectro de infravermelho do material purificado em uma pastilha de KBr (Técnica 25, Seção 25.5, página 742). Seu professor pode pedir que você faça alguns testes no produto preparado. Estes testes estão descritos no *Instructor Manual*.

QUESTÕES

1. O benzeno é um subproduto comum das reações de Grignard com brometo de fenil-magnésio. Como você explica este fato? Dê uma equação balanceada para sua formação.
2. Escreva uma reação balanceada para a reação do ácido benzóico com o íon hidróxido. Por que é necessário extrair a camada de éter com hidróxido de sódio?
3. Interprete os principais picos do espectro de infravermelho do trifenil-metanol ou do ácido benzóico, dependendo do procedimento que você usou neste experimento.
4. Sugira um esquema de separação que leve ao isolamento do trifenil-metanol ou do ácido benzóico, dependendo do procedimento que você usou neste experimento.
5. Sugira métodos de preparação dos seguintes compostos pelo método de Grignard:

    (a) $CH_3CH_2CHCH_2CH_3$ com OH

    (b) $CH_3CH_2-C(CH_3)(OH)-CH_2CH_3$

    (c) $CH_3CH_2CH_2CH_2CH_2-C(=O)-OH$

    (d) Ph-CH(OH)-CH_2CH_3

EXPERIMENTO 37

Resolução da (±)-α-Fenil-etilamina e Determinação da Pureza Óptica

Resolução de enantiômeros
Uso do funil de separação
Polarimetria
Espectroscopia de RMN
Agente de resolução quiral
Grupos metila diastereoisoméricos

---

[1] Se necessário, seque os cristais em estufa em temperatura baixa (cerca de 50°C) por um período curto de tempo. Cuidado, porque o ácido benzóico sublima e seu aquecimento por longos períodos em temperaturas elevadas pode levar à perda de produto.

Embora a (±)-α-fenil-etilamina racêmica seja fácil de obter no comércio, os enantiômeros puros são mais difíceis. Neste experimento, você isolará um dos enantiômeros, o levógiro, com alto grau de pureza óptica. A **resolução**, ou separação, dos enantiômeros será feita usando o ácido (+)-tartárico como agente de resolução. Após a obtenção do produto, você testará sua pureza pelo método clássico, usando um polarímetro, ou pelo método mais moderno, usando a espectroscopia de ressonância magnética nuclear e um agente de resolução quiral.

RESOLUÇÃO DE ENANTIÔMEROS

O agente de resolução usado será o ácido (+)-tartárico, que forma sais diastereoisoméricos com a (±)-α-fenil-etilamina racêmica. As reações importantes para este experimento são

(±)-Amina   Ácido(+)-tartárico   (+)-Tartarato de-(+)-amina

+

(+)-Tartarato de-(−)-amina

O ácido (+)-tartárico opticamente puro é muito abundante na natureza. Ele é um subproduto freqüente da fabricação do vinho. A separação baseia-se no fato de que os diastereoisômeros têm, usualmente, propriedades físicas e químicas diferentes. O (+)-tartarato de (−)-amina tem solubilidade mais baixa do que seu diastereoisômero, o (+)-tartarato de (+)-amina. Com algum cuidado, pode-se induzir a cristalização do (+)-tartarato de (−)-amina, deixando o (+)-tartarato de (+)-amina em solução. Os cristais são removidos por filtração e purificados. A (−)-amina pode ser obtida dos cristais por tratamento com base. Isto quebra o sal por remoção do próton e regenera a (−)-amina livre, desprotonada.

DETERMINAÇÃO DA PUREZA ÓPTICA POR RMN

Pode-se usar um polarímetro para medir a rotação observada α da amostra resolvida de amina. A partir deste valor você pode calcular a rotação específica $[\alpha]_D$ e a pureza óptica da amina. Um modo alternativo, talvez mais acurado, de medir a pureza óptica da amostra é a espectroscopia de RMN. Um grupo ligado a um carbono quiral tem, normalmente, o mesmo deslocamento químico, seja o carbono quiral *R* ou *S*. Os grupos tornam-se diastereotópicos no espectro de RMN (têm deslocamentos químicos diferentes) quando o composto racêmico é tratado com um agente de resolução quiral para produzir diastereoisômeros. Neste caso, o grupo não está em dois enantiômeros, mas em dois diastereoisômeros, com deslocamentos químicos diferentes.

Neste experimento, a amina parcialmente resolvida (contém os enantiômeros *R* e *S*) é misturada com o ácido *S*-(+)-O-acetil-mandélico, opticamente puro, em um tubo de RMN que contém $CDCl_3$. Dois diastereoisômeros se formam:

Experimento 37 Resolução da (±)-α-Fenil-etilamina e Determinação da Pureza Óptica

$$\underset{\underset{\alpha\text{-fenil-etilamina}}{}}{\overset{(R/S)}{CH_3-CH-NH_2}} + \underset{\underset{\text{ácido S-(+)-O-acetil-mandélico}}{}}{\overset{(S)}{Ph-CH-COOH}} \longrightarrow \left[\overset{(R)}{CH_3-CH-NH_3^+} + \overset{(S)}{Ph-CH-COO^-}\right]$$
$$\underset{Ph}{} \underset{OAc}{}$$
$$+$$
$$\left[\overset{(S)}{CH_3-CH-NH_3^+} + \overset{(S)}{Ph-CH-COO^-}\right]$$
$$\underset{Ph}{} \underset{OAc}{}$$

Diastereoisômeros

Os grupos metila no resíduo de amina dos dois sais diastereoisoméricos estão ligados a um centro quiral, S em um caso, e R, no outro. Como resultado, os grupos metila passam a ser diastereoisoméricos e têm deslocamentos químicos diferentes. Neste caso, o isômero *R* absorve em campo mais baixo e o isômero *S*, em campo mais alto. Estes grupos metila aparecem aproximadamente (variam) em 1,1 e 1,2 ppm, respectivamente, no espectro de RMN de hidrogênio da mistura. Como os grupos metila são adjacentes a um grupo metino (CH), eles aparecem como dubletos. Esses dubletos podem ser integra-

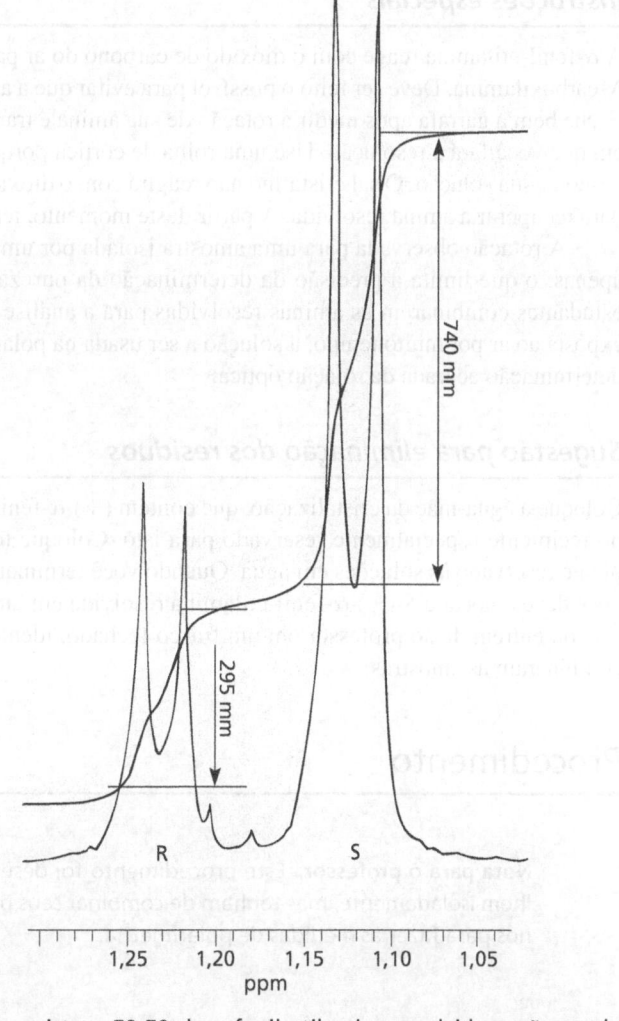

Espectro de RMN de uma mistura 50-50 de α-fenil-etilamina resolvida e não-resolvida em 300 MHz, $CDCl_3$. O agente quiral de resolução, ácido S-(+)-O-acetil-mandélico, foi adicionado.

dos para determinar a percentagem das aminas *R* e *S* na α-etil-fenil-amina resolvida. No exemplo, o espectro de RMN foi determinado com uma mistura de quantidades iguais (mistura 50-50) da (±)-α-fenil-etilamina e de um produto resolvido de um estudante, que continha predominantemente a *S*(−)-α-fenil-etilamina.

EXPERIMENTO 37A

Resolução da (±)-α-Fenil-etilamina

Neste experimento, você resolverá a (±)-α-fenil-etilamina racêmica usando o ácido (+)-tartárico como agente de resolução.

Leitura necessária

Revisão: Técnica 8   Filtração, Seção 8.3
Técnica 12 Extrações, Separações e Agentes de Secagem, Seções 12.4 e 12.9
Técnica 23 Polarimetria

Instruções especiais

A α-fenil-etilamina reage com o dióxido de carbono do ar para formar um sólido branco, um derivado *N*-carboxilamina. Deve ser feito o possível para evitar que a amina fique exposta ao ar por muito tempo. Feche bem a garrafa após medir a rotação de sua amina e transfira rapidamente a amostra para o frasco em que você fará a resolução. Use uma rolha de cortiça porque a rolha de borracha pode se dissolver e descorar sua solução. O sal cristalino não reagirá com o dióxido de carbono até que você o decomponha para recuperar a amina resolvida. A partir deste momento, tenha, novamente, muito cuidado.

A rotação observada para uma amostra isolada por um único estudante pode ser de alguns graus apenas, o que limita a precisão da determinação da pureza óptica. O resultado será melhor se dois estudantes combinarem as aminas resolvidas para a análise polarográfica. Se você deixou sua amina exposta ao ar por muito tempo, a solução a ser usada na polarimetria pode estar turva. Isto dificultará a determinação acurada da rotação óptica.

Sugestão para eliminação dos resíduos

Coloque a água-mãe da cristalização, que contém (+)-α-fenil-etilamina, ácido (+)-tartárico e metanol, no recipiente especialmente reservado para isto. Coloque todas as outras soluções em água no recipiente reservado às soluções em água. Quando você terminar a polarimetria, dependendo do professor, você deve colocar a *S*-(−)-α-fenil-etilamina resolvida em um recipiente especialmente designado para isso ou entregá-la ao professor em um frasco fechado, identificado com os nomes dos estudantes que combinaram as amostras.

Procedimento

> **Nota para o professor:** Este procedimento foi desenhado para que os alunos trabalhem isoladamente, mas tenham de combinar seus produtos com mais três outros alunos para fazer as medidas de polarimetria.

Preparações. Coloque 7,8 g de ácido L-(+)-tartárico e 125 mL de metanol em um frasco de Erlenmeyer de 250 mL. Aqueça a mistura em uma placa até quase a fervura. Remova o frasco da placa de aquecimento e adicione, *lentamente*, 6,25 g de α-fenil-etilamina (α-metil-benzilamina) à solução quente.

> **Cuidado:** Neste ponto, a mistura tende a borbulhar e a derramar.

Cristalização. Feche o frasco e deixe-o em repouso durante a noite. Os cristais formados devem ser prismas. Se agulhas se formarem, elas não terão pureza óptica suficiente para dar uma resolução completa dos enantiômeros – *os prismas devem se formar*. Dissolva as agulhas (com aquecimento cuidadoso) e deixe-as esfriar lentamente para cristalizar de novo. Quando você estiver fazendo a recristalização, pode "plantar" na mistura um cristal prismático como semente, se disponível. Se parece que você tem prismas, mas eles estão cobertos com agulhas, a mistura deve ser aquecida até que a *maior parte* do sólido se dissolva. As agulhas dissolvem-se com facilidade, e, usualmente, uma pequena quantidade dos cristais prismáticos permanece e serve de semente para a recristalização. Após dissolver as agulhas, deixe que a solução esfrie lentamente e que se formem cristais prismáticos a partir das sementes.

Desenvolvimento. Filtre os cristais em um funil de Büchner (Técnica 8, Seção 8.3 e Figura 8.5, página 555) e lave-os com algumas porções de metanol frio. Dissolva parcialmente o sal tartarato de amina em 25 mL de água, adicione 4 mL de hidróxido de sódio a 50% e extraia a mistura com três porções de cloreto de metileno em um funil de separação (Técnica 12, Seção 12.4, página 598). Combine as camadas orgânicas de cada extração em um frasco com tampa e seque-as por mais ou menos 10 minutos sobre cerca de 1 g de sulfato de sódio anidro em grãos. Se o sulfato de sódio se agregar, adicione mais agente de secagem. Durante a espera, pese um frasco de Erlenmeyer de 25 mL, seco e limpo, fechado com uma rolha. Você precisará deste frasco de Erlenmeyer tarado e com tampa na próxima seção. Decante a solução seca para um kitazato de 125 mL. Coloque no kitazato um tubo capilar de ponto de fusão de cabeça para baixo. Tampe o kitazato e ligue a saída lateral a um sistema de vácuo incluindo um retentor (veja a Técnica 7, Figura 7.17C, página 546). Evapore o cloreto de metileno, sob vácuo, até que permaneçam 2-3 mL de líquido no kitazato ou até que o volume aparentemente não mude mais. O kitazato se esfria durante a remoção do solvente. Aqueça-o suavemente para acelerar a remoção do solvente. Se a mistura começar a espumar excessivamente ou a borbulhar muito rapidamente, desligue o tubo de vácuo da saída lateral. Os sólidos que eventualmente se formarem provêm da reação da amina com o dióxido de carbono da atmosfera.

Cálculo do Rendimento e Armazenamento. Transfira cuidadosamente a amina líquida para o frasco de Erlenmeyer de 25 mL de peso conhecido. Se possível, evite arrastar o sólido branco. Feche o frasco e pese-o para determinar o rendimento. Calcule o rendimento percentual da S-(−)-amina com base na quantidade inicial.

Polarimetria. Combine seu produto com os de outros três alunos. Se o produto de algum deles estiver turvo e opaco, não o use. Se sólidos brancos estiverem flutuando na amostra de alguém, tente não arrastá-los. Mantenha o frasco que contém a amina bem-fechado. Misture os líquidos combinados e transfira-os para uma proveta de 10 mL de peso conhecido. Pese a proveta para determinar o peso de amina e calcule a densidade (concentração) em g/mL. Você deve obter um valor próximo de 0,94 g/mL. Isto deve ser material suficiente para prosseguir as medidas de polarimetria sem diluir sua amostra. Se os produtos combinados não atingirem 10 mL de amina, você deverá diluir a amostra com metanol (pergunte ao professor).

Se você tiver menos de 10 mL de produto, pese a proveta para determinar a quantidade de amina presente. Encha a proveta até a marca de 10 mL com metanol absoluto e misture bem. A concentração de sua solução, em gramas por mililitro, é facilmente calculada.

Transfira a solução para um tubo de polarímetro de 0,5 dm e determine a rotação observada. Seu professor lhe dirá como usar o polarímetro. Registre os valores de rotação observada, de rotação específica e de pureza óptica e informe-os ao professor. O valor publicado para a rotação específica é $[\alpha]_D^{22} = -40,3°$. Calcule a percentagem de cada um dos enantiômeros da amostra (Técnica 23, Seção 23.5, página 731) e inclua todos os resultados no relatório.

EXPERIMENTO 37B

Determinação da Pureza Óptica Usando RMN e um Agente Quiral de Resolução

Neste procedimento, você usará a espectroscopia de RMN com o agente quiral de resolução ácido S-(+)-O-acetil-mandélico para determinar a pureza óptica da S-(−)-α-fenil-etilamina que você isolou no Experimento 37A.

Leitura necessária

Nova: Técnica 26 Espectroscopia de Ressonância Magnética Nuclear, Seção 26.1

Instruções especiais

Assegure-se de usar uma pipeta Pasteur limpa toda vez que remover $CDCl_3$ do frasco de estoque. Evite a contaminação do solvente de RMN!

Sugestão para eliminação de resíduos

Quando descartar a amostra de RMN, que contém $CDCl_3$, coloque-a no recipiente destinado aos resíduos halogenados.

Procedimento

Use um tubo de ensaio pequeno para pesar aproximadamente 0,05 mmole (0,006 g, PM = 121) de sua amina resolvida. Use uma pipeta Pasteur para adicionar, gota a gota, a amina ao tubo de ensaio. Tampe o tubo para protegê-lo do dióxido de carbono da atmosfera. O dióxido de carbono reage com a amina para formar um carbonato de amina (sólido branco). Use um papel de pesagem para pesar cerca de 0,06 mmoles (0,012 g, PM = 194) de ácido S-(+)-O-acetil-mandélico e adicione-os à amina que está no tubo de ensaio. Use uma pipeta Pasteur limpa para adicionar cerca de 0,25 mL de $CDCl_3$ para dissolver os sólidos. Você pode misturar a solução sugando-a com a pipeta Pasteur e devolvendo-a, várias vezes, para o tubo de ensaio. Quando a dissolução se completar, use uma pipeta Pasteur para tranferir a mistura para um tubo de RMN. Use outra pipeta Pasteur, limpa, para adicionar $CDCl_3$ suficiente para completar 50 mm do tubo de RMN.

Determine o espectro de RMN de hidrogênio, de preferência em 300 MHz, usando um método que permita a expansão e a integração dos picos de interesse. Use as integrais para calcular as percentagens dos isômeros R e S na amostra e sua pureza óptica.[1] Compare os resultados da determinação de RMN com os que você obteve por polarimetria (Experimento 37A).

REFERÊNCIAS

Ault, A. "Resolution of D,L-α-Phenylethylamine." *Journal of Chemical Education*, 42 (1965): 269.
Jacobus, J., and Raban, M. "An NMR Determination of Optical Purity." *Journal of Chemical Education*, 46 (1969): 351.

---

[1] Nota para o professor: Em alguns casos, a resolução é tão boa que é muito difícil detectar o dubleto do diastereoisômero R-(+)-α-fenil-etilamina + ácido S-(+)-O-acetil-mandélico. Se isto ocorrer, é interessante pedir aos alunos que adicionem uma gota de α-fenil-etilamina racêmica ao tubo de RMN e redeterminar o espectro. Isto fará com que ambos os diastereoisômeros possam ser claramente vistos.

Parker, D., and Taylor, R. J. "Direct ¹H NMR Assay of the Enantiomeric Composition of Amines and β-Amino Alcohols Using *O*-Acetyl Mandelic Acid as a Chiral Solvating Agent." *Tetrahedron, 43,* No. 22 (1987): 5451.

QUESTÕES

1. Use um livro-texto de referência para encontrar exemplos de reagentes usados para a resolução química de compostos racêmicos ácidos, básicos e neutros.
2. Proponha métodos de resolução de cada um dos seguintes compostos racêmicos:

    (a) $CH_3-CH(Br)-C(=O)-OH$

    (b) 1,3-dimetil-1,2,3,4-tetra-hidroquinolina

3. Explique como proceder para isolar a *R*-(+)-α-fenil-etilamina do *licor-mãe* que resta após a cristalização da *S*-(−)-α-fenil-etilamina.
4. O que é o sólido branco que se forma quando a α-fenil-etilamina entra em contato com o dióxido de carbono? Escreva uma equação para esta reação.
5. Qual dos métodos, a polarimetria ou a espectroscopia de RMN, dá os resultados mais acurados neste experimento? Explique.
6. Dê a estrutura tridimensional da *S*-(−)-α-fenil-etilamina.
7. Dê a estrutura tridimensional do diastereoisômero formado quando a *S*-(−)-α-fenil-etilamina reage com o ácido *S*-(+)-O-acetil-mandélico.

EXPERIMENTO 38

A Reação de Condensação de Aldol: Preparação de Benzalacetofenonas (Chalconas)

Condensação de aldol
Cristalização
Modelagem molecular (opcional)

O benzaldeído reage com uma cetona na presença de base para dar cetonas α,β-insaturadas. Esta reação é um exemplo de uma condensação de aldol cruzada em que o intermediário se desidrata para produzir uma cetona insaturada estabilizada por ressonância.

$$C_6H_5-CHO + CH_3-C(=O)-R \xrightarrow{OH^-} C_6H_5-CH(OH)-CH_2-C(=O)-R \xrightarrow{-H_2O} C_6H_5-CH=CH-C(=O)-R$$

Intermediário

As condensações de aldol deste tipo têm grande rendimento porque o benzaldeído não pode reagir com ele mesmo, já que não tem α-hidrogênio. As cetonas também não reagem facilmente com elas mesmas em meio básico em água. Assim, só resta à cetona reagir com o benzaldeído.

Neste experimento, os procedimentos são dados para a preparação de benzalacetofenonas (chalconas). Você deverá escolher um dos benzaldeídos substituídos e fazê-lo reagir com uma cetona, a acetofenona. Todos os produtos são sólidos que podem ser recristalizados com facilidade.

As benzalacetofenonas (chalconas) são preparadas pela reação de um benzaldeído substituído com a acetofenona em meio básico em água. Usaremos o piperonaldeído, o *p*-anisaldeído e o 3-nitrobenzaldeído.

$$\underset{\text{Um benzaldeído}}{\overset{Ar}{\underset{H}{>}}C=O} + \underset{\text{Acetofenona}}{CH_3-\overset{O}{\underset{\|}{C}}-C_6H_5} \xrightarrow{OH^-} \underset{\text{Uma benzalacetofenona (}trans\text{)}}{\overset{Ar}{\underset{H}{>}}C=C\overset{H}{\underset{\overset{C-C_6H_5}{\|}}{<}}} + H_2O$$

Piperonaldeído   ***p*-Anisaldeído**   **3-Nitro-benzaldeído**

Um exercício opcional de modelagem molecular também é fornecido neste experimento. Examinaremos a reatividade do íon enolato de uma cetona para ver que átomo, o oxigênio ou o carbono, é mais nucleofílico. A parte de modelagem molecular deste experimento ajudará você a racionalizar os resultados experimentais obtidos. Seria bom olhar o Experimento 19E, que começa na página 149, além do material dado neste experimento.

Leitura necessária

Revisão: Técnica 8   Filtração, Seção 8.3
           Técnica 11   Cristalização: Purificação de Sólidos, Seção 11.3

Nova: Dissertação e Experimento 19   Química Computacional (Opcional)

Instruções especiais

Antes de começar o experimento, escolha um dos benzaldeídos substituídos. Pode ser que o professor resolva indicar o aldeído que você deverá usar.

Sugestão para eliminação de resíduos

Todos os filtrados devem ser colocados no recipiente destinado aos rejeitos orgânicos não-halogenados.

Procedimento

Corrida da Reação. Escolha um dos três aldeídos para este experimento: piperonaldeído (sólido), 3-nitro-benzaldeído (sólido) ou *p*-anisaldeído (líquido). Coloque 0,75 g de piperonaldeído (3,4-metilenodióxi-benzaldeído, $PM = 150,1$) ou 0,75 g de 3-nitro-benzaldeído ($PM = 151,1$) em um frasco de Erlenmeyer de 50 mL. Alternativamente, transfira 0,65 mL de *p*-anisaldeído (4-metóxi-benzaldeído, $PM = 136,2$) para um frasco de Erlenmeyer de 50 mL de *peso conhecido*. Pese novamente o frasco para determinar o peso do material transferido.

Adicione 0,60 mL de acetofenona ($PM = 120,2$; $d = 1,03$ g/mL) e 4,0 mL de etanol a 95% ao frasco do aldeído que você escolheu. Agite o frasco, por rotação, para misturar os reagentes e dissolver os sólidos presentes. Pode ser necessário aquecer um pouco a mistura em um banho de vapor ou em uma placa para dissolver os sólidos. Se for o caso, a solução deve esfriar até a temperatura normal antes de você passar à próxima etapa.

Adicione 0,5 mL de uma solução de hidróxido de sódio à solução de aldeído/acetofenona.[1] Agite o frasco por rotação, até a solidificação ou até que a mistura fique bastante turva (cerca de 3 minutos).

Isolamento do Produto Bruto. Adicione 10 mL de água gelada ao frasco. Se um sólido estiver presente, agite a mistura com uma espátula para quebrá-lo. Se um óleo estiver presente, agite a mistura até que o óleo se solidifique. Transfira a mistura para um bécher com 15 mL de água gelada. Agite o precipitado para quebrá-lo e colete o sólido em um funil de Büchner. Lave o produto com água gelada. Deixe o sólido secar ao ar por cerca de 30 minutos. Pese o sólido e determine o rendimento percentual.

Cristalização da Benzalacetofenona (chalcona). Cristalize total ou parcialmente a chalcona como se segue:

3,4-metilenodióxi-chalcona (a partir do piperonal). Cristalize toda a amostra a partir de etanol a 95%. Use cerca de 12,5 mL de etanol por grama de sólido. O ponto de fusão da literatura é 122°C.

4-metóxi-chalcona (a partir do *p*-anisaldeído). Cristalize toda a amostra a partir de etanol a 95%. Use cerca de 4 mL de etanol por grama de sólido. Raspe o frasco para induzir a cristalização enquanto ele esfria. O ponto de fusão da literatura é 74°C.

3-nitro-chalcona (a partir de 3-nitro-benzaldeído). Cristalize 0,5 g de amostra a partir de 20 mL de metanol quente. Raspe o frasco cuidadosamente para induzir a cristalização enquanto ele esfria. O ponto de fusão da literatura é 146°C.

Relatório. Determine o ponto de fusão do produto purificado. Se o professor o desejar, obtenha os espectros de RMN de hidrogênio e de carbono-13. Inclua uma equação balanceada em seu relatório. Entregue ao professor as amostras brutas e purificadas em frascos identificados.

Modelagem molecular (opcional)

Examinaremos, neste exercício, o íon enolato da acetona para determinar qual é, entre o oxigênio e o carbono, o sítio mais nucleofílico. Duas estruturas de ressonância podem ser escritas para o íon enolato da acetona: uma com a carga negativa no oxigênio, a estrutura **A**, e uma com a carga negativa no carbono, a estrutura **B**.

$$H_2C=\underset{A}{C}-CH_3 \quad \longleftrightarrow \quad H_2\ddot{C}-\underset{B}{\overset{\ddot{O}}{\underset{\|}{C}}}-CH_3$$

O íon enolato é um **nucleófilo ambidentado** – um nucleófilo que tem dois sítios nucleofílicos possíveis. A estrutura de ressonância indica que a estrutura **A** deveria ser a que mais contribui porque

---

[1] Este reagente deve ser preparado pelo professor, antes da aula, com 6,0 g de hidróxido de sódio em 10 mL de água.

a carga negativa se acomoda melhor no oxigênio, um átomo mais eletronegativo do que o carbono. Entretanto, o sítio reativo deste íon é o carbono, e não, o oxigênio. Condensações de aldol, bromações e alquilações ocorrem no carbono, mas não, no oxigênio. Em termos de orbitais de fronteira (veja a Dissertação da página 137), o íon enolato é um doador de um par de elétrons e deveríamos esperar que ele viesse do orbital molecular ocupado mais alto, o HOMO.

Construa a estrutura A usando o editor de estruturas de seu programa de modelagem. Delete uma valência não-ocupada do oxigênio e coloque uma carga –1 na molécula. Otimize a geometria no nível AM1. Obtenha a superfície do HOMO, mapas do HOMO e do potencial eletrostático na superfície de densidade de elétrons. Coloque o gráfico do HOMO na tela. Onde estão os maiores lobos do HOMO, no carbono ou no oxigênio? Coloque na tela o HOMO na superfície de densidade eletrônica. O "ponto crítico", o lugar em que o HOMO tem a densidade mais alta na interseção com a superfície, terá cor azul brilhante. O que você conclui? Agora, coloque na tela o potencial eletrostático na superfície de densidade de elétrons. Este mapa mostra a distribuição dos elétrons na molécula. Onde é que a densidade total de elétrons é maior, no oxigênio ou no carbono?

Por fim, construa a estrutura **B** e calcule as mesmas superfícies, como anteriormente. Você obteve superfícies idênticas às que obteve para a estrutura **A**? O que você conclui? Inclua os resultados e suas conclusões no relatório do experimento.

QUESTÕES

1. Dê um mecanismo para a preparação da benzalacetofenona apropriada usando o aldeído que você selecionou para este experimento.
2. Dê a estrutura dos isômeros *cis* e *trans* do composto que você preparou. Por que você obtém o isômero *trans*?
3. Como você determinaria experimentalmente, usando o RMN de hidrogênio, que você obteve o isômero *trans*, e não, o *cis*? (*Sugestão*: Use as constantes de acoplamento dos hidrogênios vinílicos.)
4. Quais são os materiais de partida necessários para preparar os seguintes compostos?

(a) $CH_3CH_2CH=C(CH_3)-C(=O)-H$

(b) $(CH_3)_2C=CHC(=O)-CH_3$

(c) $Ph(CH_3)C=CH-C(=O)-Ph$

(d) $CH_3O-C_6H_4-CH=CH-C(=O)-CH=CH-C_6H_4-OCH_3$

(e) $O_2N-C_6H_4-CH=CH-C(=O)-C_6H_4-Br$

(f) $Cl-C_6H_4-CH=CH-C(=O)-C_6H_4-NO_2$

5. Prepare os seguintes compostos a partir de benzaldeído e da cetona apropriada. Escreva as reações de preparação das cetonas a partir de hidrocarbonetos aromáticos (veja o Experimento 59).

Ph—CH=CH—C(O)—C₆H₄—CH₂CH₃

Ph—CH=C(CH₃)—C(O)—C₆H₃(CH₃)₂

EXPERIMENTO 39

Preparação de uma Cetona α,β-Insaturada Via Reações de Michael e de Condensação de Aldol

Cristalização
Reação de Michael (adição conjugada)
Reação de condensação de aldol

Este experimento ilustra como duas reações importantes de síntese podem ser combinadas para a preparação de uma cetona α,β-insaturada, a 6-etoxicarbonil-3,5-difenil-2-ciclo-hexenona. A primeira etapa desta síntese é a adição conjugada do acetoacetato de etila à *trans*-chalcona, catalisada por hidróxido de sódio (uma reação de adição de Michael). O hidróxido de sódio é uma fonte de íons hidróxido que catalisam a reação.[1] Nas reações que se seguem, Ph e Et são abreviações para os grupos fenila e etila, respectivamente.

Acetoacetato de etila: Et-O-C(O)-CH₂-C(O)-CH₃

Chalcona: Ph-CH=CH-C(O)-Ph

NaOH →

Et-O-C(O)-CH(-C(O)-CH₃)-CH(Ph)-CH₂-C(O)-Ph

A segunda etapa da síntese é uma reação de condensação de aldol catalisada por base. O grupo metila perde um próton em presença de base, e o carbânion de metileno resultante faz um ataque nucleofílico no grupo carbonila. Forma-se um anel estável de seis átomos. O etanol fornece o próton para dar o aldol intermediário.

---
[1] Hidróxido de bário também é usado como catalisador (veja as Referências).

$$\underset{\text{Ph}}{\overset{\text{Et-O}}{\underset{\text{CH}}{\overset{\text{O}}{\underset{\|}{\text{C}}}}}}\overset{\text{O}}{\underset{\|}{\text{CH}}}\overset{\text{O}}{\underset{\|}{\text{C}}}\text{CH}_3 \xrightarrow{\text{NaOH}}$$

Por fim, o aldol intermediário se desidrata para formar o produto final, a 6-etoxicarbonil-3,5-difenil-2-ciclo-hexenona. A cetona α,β-insaturada que se forma é muito estável devido à conjugação da ligação dupla com o grupo carbonila e com o grupo fenila.

6-Etoxicarbonil-3,5-difenil-2-ciclo-hexenona

Leitura necessária

Revisão: Técnicas 7, 8, 11 e 12

Instruções especiais

O catalisador hidróxido de sódio usado neste experimento deve ser mantido seco. Mantenha a garrafa fechada quando não estiver em uso.

Sugestão para eliminação de resíduos

Coloque todos os rejeitos de água e etanol no recipiente destinado aos rejeitos de água. Os filtrados de etanol da cristalização do produto devem ser colocados no recipiente destinado aos resíduos orgânicos não-halogenados.

Notas para o professor

A *trans*-chalcona (Aldrich Chemical Co., No. 13,612-3) deve ser pulverizada para uso pela turma. O etanol a 95% usado neste experimento contém 5% de água.

Procedimento

Montagem da Aparelhagem. Coloque em um balão de fundo redondo 1,2 g de *trans*-chalcona bem-pulverizada, 0,75 g de acetoacetato de etila e 25 mL de etanol a 95%. Agite o balão, por rotação, até que todo o sólido se dissolva e coloque nele pérolas de vidro. Adicione 1 bolinha de hidróxido de sódio (entre 0,090 e 0,120 g). Pese a bolinha rapidamente antes que ela comece a absorver água. Ligue um condensador de refluxo ao balão e leve a mistura à ebulição usando uma placa ou uma manta de aquecimento. Mantenha a mistura a ferver suavemente durante 1 hora, pelo menos. A mistura ficará bastante turva, e pode ocorrer precipitação de um sólido. A fervura pode ficar violenta durante o refluxo. Se isto acontecer, o sólido pode se espalhar e atingir o condensador de refluxo. Reduza a temperatura para evitar este problema.

Isolamento do Produto Bruto. Após completar o refluxo, deixe a mistura esfriar até a temperatura normal. Adicione 10 mL de água e raspe o interior do balão com um bastão de vidro para induzir a cristalização (se ocorrer formação de um óleo, raspe vigorosamente). Coloque o balão em um banho de gelo por pelo menos 30 minutos. É essencial esfriar a mistura para completar a cristalização do produto. Como a precipitação é lenta, raspe, de vez em quando, a parede interior do balão durante o período de 30 minutos e esfrie-o no banho de gelo.

Filtre os cristais a vácuo em um funil de Büchner, usando 4 mL de água gelada para ajudar a transferência do sólido. Lave o balão com 3 mL de etanol a 95% gelado para transferir o sólido remanescente para o funil de Büchner. Deixe que os cristais sequem ao ar durante a noite. Você pode, também, secá-los por 30 minutos em uma estufa a 75-80°C. Pese o produto seco. O sólido contém um pouco de hidróxido de sódio e de carbonato de sódio, que serão removidos na próxima etapa.

Remoção do Catalisador. Coloque o produto sólido em um bécher de 100 mL. Adicione 7 mL de acetona P.A. e agite com uma espátula.[2] A maior parte do sólido dissolve-se em acetona. Não espere que ocorra dissolução total do sólido. Use uma pipeta Pasteur para remover todo o líquido e transferi-lo para um ou mais tubos de centrífuga, procurando não arrastar o sólido. Como é impossível evitar que sólidos sejam arrastados, a solução conterá sólidos em suspensão e estará turva. Não se preocupe com isto, porque a centrifugação deixará o líquido completamente límpido. Centrifugue o extrato de acetona por 2-3 minutos, aproximadamente, ou até que o líquido fique límpido. Use uma pipeta Pasteur seca e limpa para transferir o extrato de acetona *límpido* do tubo de centrífuga para um frasco de Erlenmeyer de 50 mL *de peso conhecido*. Se a operação de transferência for feita com cuidado, o sólido ficará no tubo de centrífuga. O sólido que ficou no bécher e no tubo de centrífuga inclui materiais inorgânicos relacionados com o hidróxido de sódio usado originalmente como catalisador.

Evapore o solvente acetona, aquecendo cuidadosamente o frasco de Erlenmeyer em um banho de água quente. Dirija uma corrente *leve* de ar seco ou de nitrogênio para o interior do frasco. Cuidado para não soprar o produto para fora do frasco de Erlenmeyer. Após a evaporação da acetona, pode ter ficado um sólido oleoso no fundo do balão. Raspe o produto oleoso com uma espátula para induzir a cristalização. Você talvez tenha de direcionar novamente uma corrente de ar ou de nitrogênio para o balão para remover todos os traços de acetona. Pese novamente o balão para determinar o rendimento deste produto parcialmente purificado.

Cristalização do Produto. Cristalize o produto usando a menor quantidade possível (cerca de 9 mL) de etanol a 95% em ebulição.[3] Depois que o sólido tiver dissolvido, deixe o frasco esfriar um pouco. Raspe o interior do frasco com um bastão de vidro até que apareçam cristais. Deixe o frasco em repouso na temperatura normal por alguns minutos. Coloque, então, o frasco em um banho de água gelada por 15 minutos, pelo menos.

Colete os cristais por filtração a vácuo em um funil de Büchner. Use três porções de 1 mL de etanol a 95% gelado para ajudar a transferência. Deixe que os cristais sequem até a próxima aula prática ou, então, seque-os por 30 minutos em uma estufa em 75-80°C. Pese a 6-etoxicarbonil-3,5-difenil-2-ciclo-hexenona e calcule o rendimento percentual. Determine o ponto de fusão do produto (literatura, 111-112°C). Entregue o produto a seu professor em um frasco identificado.

Espectroscopia. Se o professor o determinar, obtenha o espectro de infravermelho pelo método do filme seco (Técnica 25.4, página 742). Você deve encontrar máximos de absorbância

---

[2] Você talvez tenha de adicionar mais acetona do que o indicado no procedimento porque o rendimento do produto pode ter sido maior. Cerca de 15-20 mL de acetona podem ser necessários para dissolver seu produto. O excesso de acetona não afetará os resultados.

[3] Os 9 mL de etanol indicados no procedimento são uma estimativa. Você poderá ter de adicionar *mais* ou *menos* etanol a 95% quente para dissolver o sólido. Adicione etanol em ebulição na quantidade necessária para dissolver o sólido.

em 1.734 e 1.660 cm⁻¹ para a carbonila do éster e grupos enona, respectivamente. Compare seu espectro com o mostrado neste experimento. Seu professor pode querer que você determine os espectros de RMN de hidrogênio e de carbono. Eles devem ser obtidos em $CDCl_3$.[4]

REFERÊNCIAS

García-Raso, A., García-Raso, J., Campaner, B., Mestres, R., and Sinisterra, J. V. "An Improved Procedure for the Michael Reaction of Chalcones." *Synthesis* (1982), 1037.

García-Raso, A., García-Raso, J., Sinisterra, J. V., and Mestres, R. "Michael Addition and Aldol Condensation: A Simple Teaching Model for Organic Laboratory." *Journal of Chemical Education, 63* (May 1986): 443.

QUESTÕES

1. Por que foi possível separar com acetona o produto e o hidróxido de sódio?
2. O sólido branco que permanece no tubo de centrífuga após a extração com acetona forma espuma quando se adiciona o ácido clorídrico, sugerindo a presença de carbonato de sódio. Como esta substância se formou? Dê uma equação balanceada para sua formação. Dê também a equação da reação do carbonato de sódio com o ácido clorídrico.
3. Escreva um mecanismo para cada uma das três etapas da preparação da 6-etoxicarbonil-3,5-difenil-2-ciclo-hexenona. O hidróxido de sódio funciona como base, e o etanol, como fonte de próton.
4. Diga como sintetizar a *trans*-chalcona. (*Sugestão*: Veja o Experimento 38.)

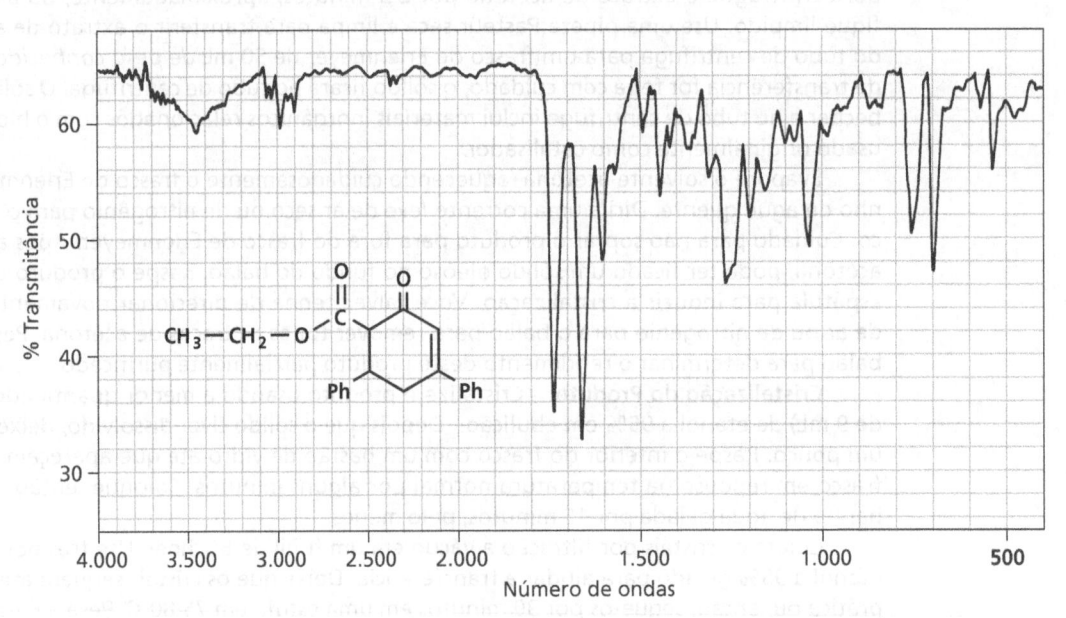

Espectro de infravermelho da 6-etoxicarbonil-3,5-difenil-2-ciclo-hexenona, KBr.

---

[4] Espectro de RMN determinado em 300 MHz: 1,05 ppm (tripleto, 3H; J = 7,1 Hz), 2,95–3,05 ppm (multipleto, 1 H), 3,05–3,15 ppm (multipleto, 1 H), 3,80 ppm (multipleto, 2 H), 4,05 ppm (quarteto, 2 H; J = 7,1 Hz), 6,57 ppm (dubleto, 1 H; J = 2,0 Hz) e 7,30–7,45 (multipletos, 10 H). Espectro de RMN de carbono determinado em 75 MHz: 17 picos; 14,1; 36,3; 44,3; 59,8; 61,1; 124,3; 126,4; 127,5; 127,7; 129,0; 129,1; 130,7; 137,9; 141,2; 158,8; 169,5 e 194,3 ppm.

EXPERIMENTO 40

Reações de Enamina: 2-Acetil-ciclo-hexanona

Reação da enamina
Cromatografia em coluna
Tautomeria ceto-enólica
Espectroscopia de infravermelho e de RMN

Os hidrogênios do carbono α de cetonas, aldeídos e outros compostos carbonilados são fracamente ácidos e são removidos em meio básico (equação 1). Embora a ressonância estabilize a base conjugada **A** nestas reações, o equilíbrio ainda é desfavorável devido ao alto pK_a (cerca de 20) de um composto carbonilado.

$$R-CH_2\overset{O}{\overset{\|}{C}}CH_2R + {}^-OH \rightleftharpoons \left[RCH_2-\overset{O}{\overset{\|}{C}}-\overset{..}{C}HR \longleftrightarrow RCH_2-\overset{O^-}{\overset{|}{C}}=CHR \right] + H_2O \quad (1)$$

$$\hspace{5cm} A$$

Os compostos carbonilados são normalmente alquilados (equação 2) ou acilados (equação 4) com dificuldade na presença de hidróxido de sódio em água, devido a reações secundárias mais importantes (equações 3, 5 e 6). A concentração da base conjugada nucleofílica (**A**, na equação 1) é baixa devido ao equilíbrio desfavorável (equação 1), mas a concentração do nucleófilo em competição (OH^-) é muito alta. Uma importante reação lateral ocorre quando o íon hidróxido reage com um halogeneto de alquila pela equação 3, ou com um halogeneto de acila, pela equação 5. Além disso, a base conjugada pode reagir com o composto carbonilado restante por uma equação de condensação de aldol (equação 6). As reações de enamina, descritas na próxima seção, evitam muitos dos problemas citados aqui.

Alquilação

$$RCH_2\overset{O}{\overset{\|}{C}}-\overset{..}{C}HR + R-X \longrightarrow RCH_2\overset{O}{\overset{\|}{C}}-\overset{R}{\overset{|}{C}}HR + X^- \quad (2)$$
$$\text{Pequena quantidade}$$

$$HO^- + R-X \longrightarrow ROH + X^- \quad \text{Reação em competição} \quad (3)$$
$$\text{Grande quantidade}$$

Acilação

$$RCH_2\overset{O}{\overset{\|}{C}}-\overset{..}{C}HR + R\overset{O}{\overset{\|}{C}}-Cl \longrightarrow RCH_2-\overset{O}{\overset{\|}{C}}-\overset{R}{\overset{|}{C}}H-\overset{O}{\overset{\|}{C}}R + Cl^- \quad (4)$$
$$\text{Pequena quantidade}$$

$$HO^- + R\overset{O}{\overset{\|}{C}}-Cl \longrightarrow R\overset{O}{\overset{\|}{C}}-OH + Cl^- \quad \text{Reação em competição} \quad (5)$$
$$\text{Grande quantidade}$$

Condensação de aldol

$$RCH_2\overset{O}{\underset{..}{C}}CHR + RCH_2\overset{O}{C}CH_2R \longrightarrow RCH_2\overset{O}{C}CH-\overset{O^-}{C}CH_2R \longrightarrow$$
$$\underset{R}{|}\underset{\underset{R}{CH_2}}{|}$$

$$RCH_2\overset{O}{C}CH-\overset{OH}{C}CH_2R \quad (6)$$
$$\underset{R}{|}\underset{\underset{R}{CH_2}}{|}$$

FORMAÇÃO E REATIVIDADE DE ENAMINAS

As enaminas são facilmente preparadas a partir de compostos carbonilados (ciclo-hexanona, por exemplo) e uma amina secundária (pirrolidina, por exemplo) por uma reação de adição-eliminação catalisada por ácido. O excesso da amina pode ser usado para deslocar o equilíbrio para a direita:

[Esquema de reação: ciclo-hexanona + pirrolidina $\rightleftharpoons$ (H$^+$) intermediário HO-N $\rightleftharpoons$ (H$^+$) Enamina + H$_2$O]

Uma enamina tem a propriedade desejável de ser nucleofílica (a alquilação no carbono é mais importante do que a alquilação no nitrogênio) e de ser facilmente alquilada:

[Esquema: enamina + R—X → produto com N$^+$—R + X$^-$ Alquilação N (secundária)]

[Esquema: enamina + R—X → produto com C—R + X$^-$ Alquilação C (principal)]

O *ponto importante* é que o híbrido de ressonância **B** é semelhante ao híbrido de ressonância **A** mostrado na equação 1. Entretanto, **B** formou-se em condições quase neutras; logo, é o **único** nucleófilo presente.

Ponha em contraste esta situação com a da equação 1, em que o íon hidróxido, presente em grande quantidade, produz reações laterais indesejáveis (equações 3 e 5).

A etapa de alquilação é seguida pela remoção da amina secundária por uma hidrólise catalisada por ácido:

EXEMPLOS DE REAÇÕES DE ENAMINA

Alquilação

Acilação

Adição conjugada (reação de Michael)

REAÇÃO DE ANELAÇÃO DE ROBINSON (FORMAÇÃO DE ANEL)

As reações que combinam a reação de adição de Michael com a condensação de aldol para formar um anel de seis átomos fundido em outro anel são bem-conhecidas no campo dos esteróides. Estas reações são conhecidas como **reações de anelação de Robinson**. Um exemplo é a formação da $\Delta^{1,9}$-2-octalona.

As reações de anelação de Robinson também podem ser feitas pela química da enamina. Uma vantagem das enaminas é que as cetonas insaturadas não se polimerizam facilmente nas condições brandas usadas nesta reação. As reações catalisadas por base dão, com freqüência, polímeros em grande quantidade.

O EXPERIMENTO

Neste experimento, a pirrolidina reage com a ciclo-hexanona para dar a enamina. Esta enamina é usada para preparar a 2-acetil-ciclo-hexanona.

Experimento 40 Reações de Enamina: 2-Acetil-ciclo-hexanona

Leitura necessária

Revisão: Técnica 7   Métodos de Reação, Seções 7.1-7.4
          Técnica 12 Extrações, Separações e Agentes de
                      Secagem, Seções 12.4 e 12.9
          Técnica 14 Destilação Simples, Seção 14.3
          Técnica 19 Cromatografia em Coluna, Seções 19.6-19.10

Instruções especiais

A pirrolidina e o anidrido acético são tóxicos e perigosos. Meça e transfira estas substâncias em uma capela. Se você não for cuidadoso, o laboratório inteiro ficará empesteado pelos vapores de pirrolidina e não será nada agradável trabalhar.

A enamina deve ser feita durante a primeira aula e usada assim que possível. Após a adição do anidrido acético, a mistura de reação deve ficar em repouso em seu armário por pelo menos 48 horas para que a reação se complete. A segunda aula deve ser usada para o tratamento da mistura e para a cromatografia em coluna. Os rendimentos destas reações são baixos (menos de 50%), em parte devido à necessidade de reduzir o tempo de reação para que o experimento possa ser convenientemente feito em períodos de três horas de laboratório.

Sugestão para eliminação de resíduos

Coloque os destilados no recipiente destinado aos solventes orgânicos não-halogenados. Todas as soluções em água produzidas devem ser colocadas no recipiente destinado a este fim.

Procedimento

PARTE A. PREPARAÇÃO DA ENAMINA

Desenvolvimento da Reação. Coloque 3,2 mL de ciclo-hexanona (PM = 98,1) em um balão de fundo redondo de 50 mL de peso conhecido e determine o peso do material transferido. Adicione 15 mL de tolueno ao balão. Coloque cerca de 0,1 g de ácido *p*-toluenossulfônico mono-hidratado no balão. Use a capela para transferir 4,0 mL de pirrolidina (PM = 71,1; d = 0,85 g/mL) para o balão. Resfrie a garrafa do reagente em um banho de gelo, para reduzir sua volatilidade, antes de

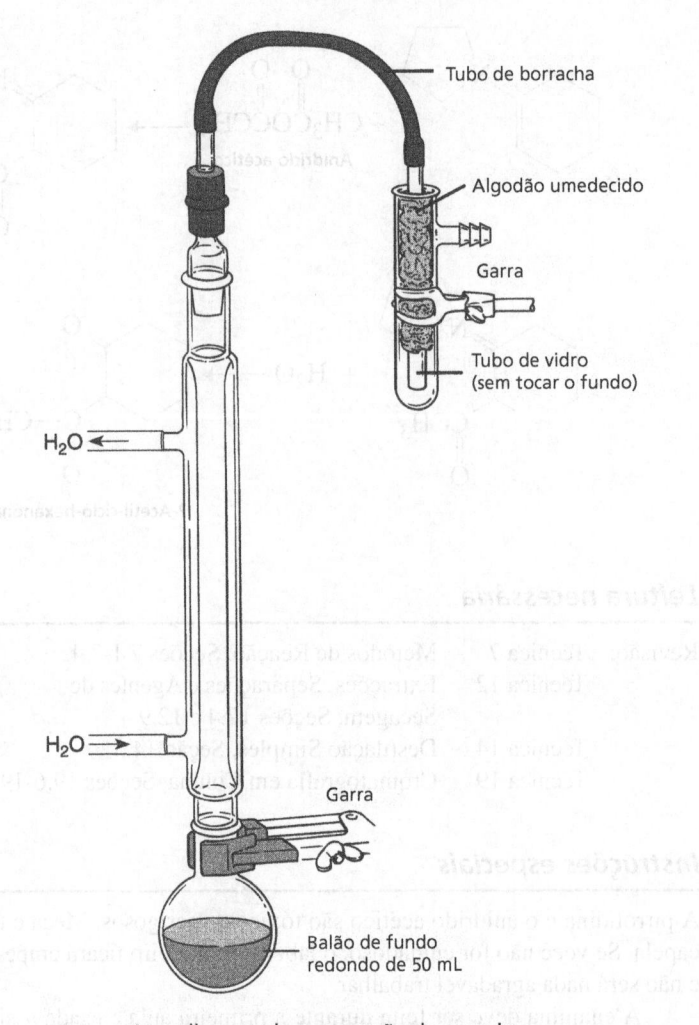

Aparelhagem de preparação da enamina.

abri-la. Coloque esferas de vidro no balão e monte a aparelhagem mostrada na figura da página seguinte. O objetivo do retentor é controlar a liberação de pirrolidina para a atmosfera do laboratório. Use uma manta para aquecer em refluxo por 30 minutos.

Destilação. Deixe a mistura de reação esfriar um pouco e rearrume a aparelhagem para destilação simples (Técnica 14, Figura 14.1, página 623). Esfrie o balão de recolhimento em um banho de gelo para evitar que os vapores desagradáveis de pirrolidina sejam liberados para o laboratório. Destile a mistura até que a temperatura atinja 108-110°C (ponto de ebulição do tolueno) e interrompa a operação. Neste ponto, a maior parte da pirrolidina restante e da água foram removidas. A enamina e o solvente tolueno permanecem no balão de destilação. *Guarde este líquido para a próxima etapa*. Para isto, deixe o balão esfriar até a temperatura normal. Remova o balão e prepare a 2-acetil-ciclo-hexanona segundo a descrição dada na próxima seção. Passe à etapa seguinte nesta mesma aula. Descarte o destilado, que contém pirrolidina, tolueno e água, em um recipiente adequado.

PARTE B. PREPARAÇÃO DA 2-ACETIL-CICLO-HEXANONA

Desenvolvimento da Reação. Dissolva, em uma capela, 3,2 mL de anidrido acético (PM = 102,1; d = 1,08 g/mL) em 5,0 mL de tolueno em um bécher pequeno. Adicione esta solução à solução de enamina que está no balão de fundo redondo. Feche o balão com uma tampa de vidro e agite-o por rotação durante alguns minutos na temperatura normal. Deixe a mistura em repouso por pelo menos 48 horas.

Experimento 40 Reações de Enamina: 2-Acetil-ciclo-hexanona

Após este tempo, adicione 5,0 mL de água. Ligue um condensador e aqueça a mistura em refluxo por 30 minutos. Esfrie o balão até a temperatura normal. Transfira o líquido para um funil de separação. Adicione mais 5,0 mL de água, feche o balão, agite-o e deixe que as camadas se separem. O 2-acetil-ciclo-hexano está na camada superior de tolueno. Remova a camada inferior de água e descarte-a.

Extração. Adicione 10 mL de ácido clorídrico 6 *M* à camada de tolueno que está no funil e agite a mistura para extrair os contaminantes nitrogenados da fase orgânica. Deixe que as camadas se separem, remova a camada inferior de água e descarte-a. Por fim, agite a fase orgânica com 5,0 L de água, remova a camada inferior de água e descarte-a. Passe a camada orgânica para um frasco de Erlenmeyer pequeno e adicione 1 g de sulfato de magnésio para secar o líquido. Quando ela estiver límpida, separe a fase orgânica seca do agente de secagem e transfira-a para um balão de fundo redondo de 25 mL. Monte uma aparelhagem para destilação simples e remova a maior parte do tolueno (pe 110°C) por destilação. Pare a operação quando a temperatura subir acima de 110°C. Descarte o tolueno em um recipiente adequado. Transfira o líquido remanescente no balão para um tubo de centrífuga.

Evapore o tolueno em um banho de água em cerca de 70°C, passando uma corrente de ar seco ou de nitrogênio. *Observe cuidadosamente o líquido durante este procedimento ou seu produto poderá evaporar*. Após a remoção do tolueno residual, o volume de líquido permanecerá constante (2-2,5 mL). Guarde o líquido amarelado para purificação por cromatografia em coluna.

Cromatografia em Coluna. Prepare uma coluna para cromatografia usando um tubo de 20 cm de comprimento e 10 mm de diâmetro com uma constrição em uma das extremidades (Técnica 19, Seção 19.7, página 684). Coloque um chumaço de algodão na coluna e empurre-o cuidadosamente até a constrição. Coloque lentamente 5,0 g de alumina na coluna.[1] Durante a adição da alumina, bata com cuidado na coluna com um lápis ou com um dedo. Separe 20 mL de cloreto de metileno, a ser usado para preparar a coluna, dissolver o produto bruto e eluir o produto purificado.

Dissolva o produto bruto em 2,5 mL de cloreto de metileno. Prenda a coluna sobre um frasco de Erlenmeyer de 50 mL. Use uma pipeta Pasteur para colocar 5 mL de cloreto de metileno na coluna e deixe que percole pela alumina. Deixe o solvente escorrer até que a superfície superior quase comece a entrar na alumina. Coloque o produto bruto no topo da coluna e deixe que a mistura passe por ela. Use 5 mL de cloreto de metileno para lavar o tubo de centrífuga que continha o produto bruto. Quando a superfície do líquido do primeiro carregamento de produto bruto estiver quase penetrando a camada de alumina, coloque na coluna o cloreto de metileno de lavagem. Deixe correr o solvente, adicionando mais cloreto de metileno com uma pipeta Pasteur para eluir o produto colorido pela coluna. Colete todo o líquido que passa pela coluna como uma única fração.

Evaporação do Solvente. Transfira cerca da metade do líquido que está no frasco de Erlenmeyer para um tubo de centrífuga de 15 mL de peso conhecido. Coloque o tubo em um banho de água quente (cerca de 50°C) e evapore, em capela, o cloreto de metileno com uma leve corrente de ar ou de nitrogênio até que o volume atinja 3 mL. Transfira o líquido remanescente no frasco de Erlenmeyer para o tubo de centrífuga e continue evaporando o cloreto de metileno para obter a 2-acetil-ciclo-hexanona como um líquido amarelo. Após a remoção do solvente, pese novamente o tubo para determinar o peso do produto. Calcule o rendimento percentual (*PM* = 140,2).

A pedido do professor, obtenha os espectros de infravermelho ou de RMN. O espectro de RMN pode ser usado para determinar a percentagem de enol na 2-acetil-ciclo-hexanona. Este composto tem alto caráter enólico, com valores calculados entre 25 e 70%. A percentagem de enol depende do tempo transcorrido entre a síntese do composto e a medida da quantidade de enol. Efeitos de solvente também influenciam a percentagem de enol. Entregue ao professor a amostra restante em um frasco identificado, juntamente com seu relatório.

---

[1] Alumina: EM Science (No. AX 0612-1). Tamanho das partículas: 80–200 mesh. Material do tipo F-20.

Nota: A percentagem de enol pode ser calculada usando o espectro de RMN em 60 MHz reproduzido neste experimento. O pico do encarte é do hidrogênio enólico (altura integrada, 10 mm). As absorções restantes em 1,5-2,85 ppm (altura integrada, 155 mm) correspondem aos 11 hidrogênios restantes da estrutura do enol e aos 12 hidrogênios da estrutura ceto. Assim, 110 mm (10 × 11) dos 155 mm da altura integrada correspondem ao enol. A percentagem do enol é 110/155 = 71; a percentagem de ceto é 45/155 = 29. Em 300 MHz, pode-se integrar o hidrogênio de enol em 16 ppm e compará-lo com os hidrogênios de metila em 2,15 ppm. Em 60 MHz, os grupos metila não estão claramente resolvidos.

REFERÊNCIAS

Augustine, R. L., and Caputa, J. A. "$\Delta^{1,9}$-2-Octalone." *Organic Syntheses,* Coll. Vol. 5 (1973): 869.
Cook, A. G., ed. *Enamines: Synthesis, Structure, and Reactions.* New York: Marcel Dekker, 1969.
Dyke, S. F. *The Chemistry of Enamines.* London: Cambridge University Press, 1973.
Mundy, B. P. "The Synthesis of Fused Cycloalkenones via Annelation Methods." *Journal of Chemical Education,* 50 (1973): 110.
Stork, G., Brizzolara, A., Landesman, H., Szmuszkovicz, J., and Terrell, R. "The Enamine Alkylation and Acylation of Carbonyl Compounds." *Journal of the American Chemical Society,* 85 (1963): 207.

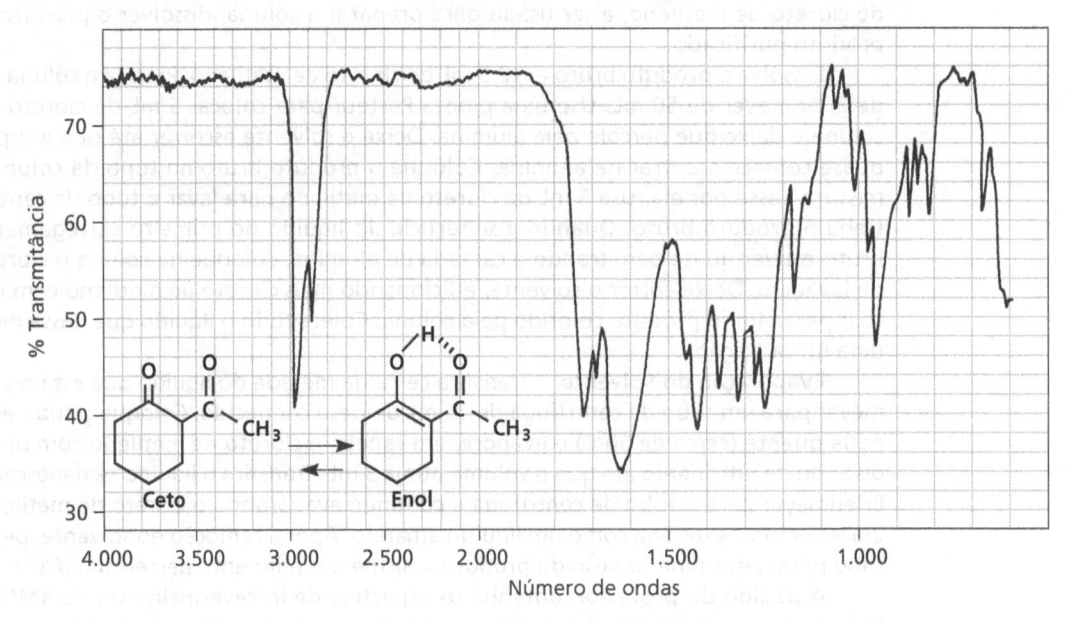

Espectro de infravermelho da 2-acetil-ciclo-hexanona.

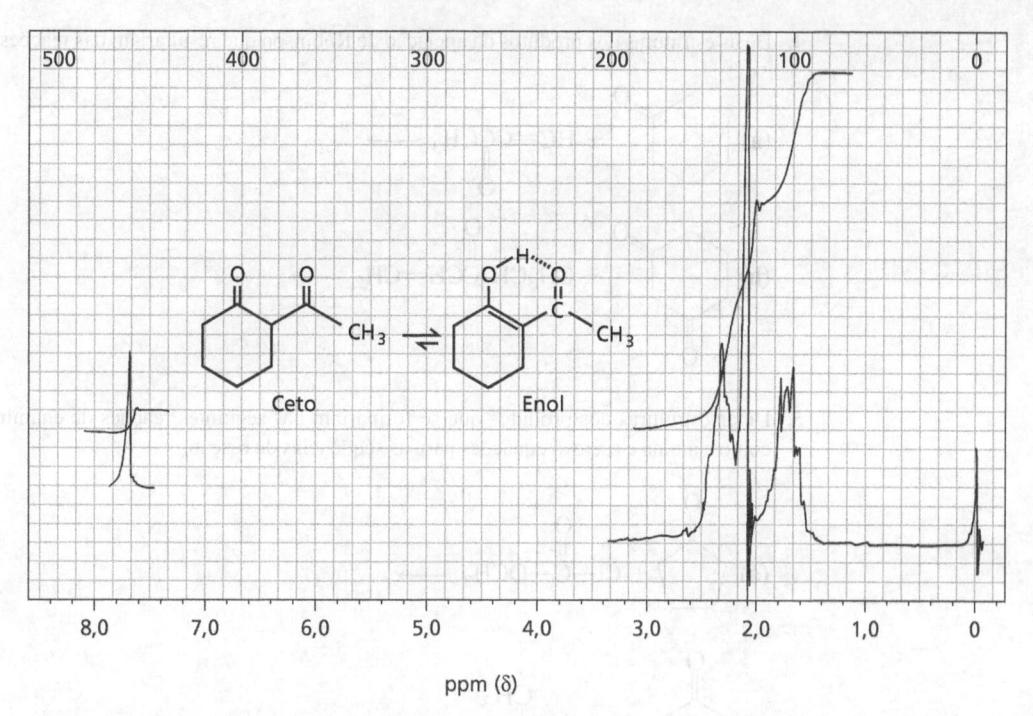

Espectro de RMN da 2-acetil-ciclo-hexanona, CDCl$_3$, pico do encarte deslocado por 500 MHz.

QUESTÕES

1. Dê um mecanismo para a síntese da enamina da $\Delta^{1,9}$-2-octalona. Por que esta octalona, e não, a $\Delta^{9,10}$-2-octalona é o produto principal da reação? Por outro lado, por que se forma uma quantidade substancial da $\Delta^{9,10}$-2-octalona na reação?
2. (a) A enamina que se forma a partir da pirrolidina e da 2-metil-ciclo-hexanona tem a estrutura **A**. Por que se forma a enamina menos substituída, e não, a enamina mais substituída, **B**? (*Sugestão*: Lembre-se dos efeitos estéricos.)

    (b) Dê a estrutura do produto que se formaria na reação da enamina A com a metil-vinil-cetona. Compare sua estrutura com a do produto obtido na questão 3.
3. (a) O enolato da 2-metil-ciclo-hexanona tem a estrutura dada abaixo. Qual é a estrutura do outro enolato possível e por que ele não é tão estável como o mostrado aqui?

    (b) Dê a estrutura do produto que se formaria na reação com a metil-vinil-cetona. Compare sua estrutura com a do produto obtido na questão 2.

4. Dê as estruturas dos produtos da anelação de Robinson que resultariam das reações abaixo.

(a) ciclohexanona + HC≡CCCH$_3$ ⟶
             ‖
             O

(b) 1,3-ciclohexanodiona + CH$_3$CH$_2$CCH=CH$_2$ ⟶
                              ‖
                              O

5. Dê as estruturas dos produtos que se formariam nas seguintes reações de enamina. Use a pirrolidina como a amina e escreva equações para as seqüências de reação.

(a) ciclopentanona + Cl—C—OCH$_3$ ⟶
                       ‖
                       O

(b) ciclohexanona + CH$_2$=C(CH$_3$)—CO$_2$CH$_3$ ⟶

(c) 2-metilciclohexanona + CH$_3$I ⟶ (ver questão 2)

(d) β-tetralona + CH$_2$=CH—CH$_2$—Br ⟶

6. Interprete o espectro da 2-acetil-ciclo-hexanona, especialmente nas regiões de deformação axial de O—H e C=O do espectro.

7. Escreva equações que mostrem como fazer a seguinte transformação em muitas etapas, a partir dos materiais indicados. Não é necessário usar a síntese da enamina.

2-metil-1,3-ciclohexanodiona + CH$_3$CCH$_2$Cl ⟶ produto bicíclico
                                    ‖
                                    O

EXPERIMENTO 41
1,4-Difenil-1,3-butadieno

Reação de Wittig
Uso do étoxido de sódio
Cromatografia em camada fina
Espectroscopia de UV/RMN (opcional)

A reação de Wittig é muito usada para formar alquenos a partir de compostos carbonilados. Neste experimento, os dienos isômeros *cis,trans*-1,4-difenil-1,3-butadieno e *trans,trans*-1,4-difenil-1,3-butadieno serão obtidos a partir do cinamaldeído e de um reagente de Wittig, o cloreto de benzil-trifenilfosfônio. Somente o isômero *trans, trans* será isolado.

$$Ph_3\overset{+}{P}-CH_2Ph \;\; Cl^- \xrightarrow{Na^+ \;\; ^-O-CH_2-CH_3} Ph_3\overset{+}{P}-\overset{-}{C}HPh \xrightarrow{PhCH=CHCHO}$$

trans,trans + *cis,trans*

A reação é feita em duas etapas,. Primeiro, forma-se o sal de fosfônio pela reação da trifenilfosfina com o cloreto de benzila. A reação é a substituição nucleofílica do íon cloreto por trifenilfosfina. O sal formado é chamado de "reagente de Wittig" ou "sal de Wittig".

$$(Ph)_3P: + Ph-CH_2Cl \longrightarrow [(Ph)_3\overset{+}{P}-CH_2-Ph]\;Cl^-$$

Cloreto de benzil-trifenilfosfônio "sal de Wittig"

Por tratamento com base, o sal de Wittig forma um **ilídeo**. Um ilídeo é uma espécie que possui cargas opostas em átomos adjacentes. O ilídeo se estabiliza porque o fósforo é capaz de aceitar mais de oito elétrons em sua camada de valência. O fósforo usa seus orbitais 3d para a sobreposição com o orbital 2p do carbono, necessária para a estabilização por ressonância que estabiliza o carbânion.

$$(Ph)_3\overset{+}{P}-CH_2-Ph\;\;Cl^- \xrightarrow{Na^+\overline{O}CH_2CH_3} (Ph)_3\overset{+}{P}-\overset{-}{\underset{..}{C}}H-Ph + HOCH_2CH_3 + NaCl$$

Um ilídeo

$$\left\{ \left(\text{Ph}\right)_3 \overset{+}{\text{P}} - \overset{-}{\underset{..}{\text{C}}}\text{H} - \text{Ph} \longleftrightarrow \left(\text{Ph}\right)_3 \text{P} = \text{CH} - \text{Ph} \right\}$$

O ilídeo é um carbânion que age como nucleófilo. Ele se adiciona ao grupo carbonila na primeira etapa do mecanismo. Após a adição nucleofílica inicial, ocorre uma seqüência notável de eventos, esquematizada no seguinte mecanismo:

Óxido de trifenilfosfina   **Um alqueno**

O intermediário da adição, formado pelo ilídeo e pelo composto carbonilado, cicliza-se para formar um anel de quatro átomos. Este novo intermediário é instável e se fragmenta, formando um alqueno e o óxido de frifenilfosfina. Observe que a quebra do anel é diferente da sua formação. Isto acontece porque a quebra leva a uma substância muito estável, o óxido de trifenilfosfina. A formação deste composto termodinamicamente estável diminui muito a energia potencial.

Neste experimento, o cinamaldeído, usado como o composto de carbono, dá, principalmente, o *trans,trans*-1,4-difenil-1,3-butadieno, obtido como um sólido. O isômero *cis,trans* forma-se em menor quantidade, na forma de um óleo que não será isolado neste experimento. O isômero *trans,trans* é o mais estável e se forma preferencialmente.

Experimento 41 1,4-Difenil-1,3-butadieno

$$(C_6H_5)_3\overset{+}{P}-\overset{..}{C}H-C_6H_5 \;+\; C_6H_5-CH=CH-\overset{\overset{O}{\|}}{C}-H$$

Cinamaldeído

$$\downarrow$$

trans,trans-1,4-Difenil-1,3-butadieno + cis,trans + Óxido de trifenilfosfina $(C_6H_5)_3\overset{+}{P}-\overset{..}{\underset{..}{O}}:^{-}$

Leitura necessária

Revisão: Técnica 8   Filtração, Seção 8.3
          Técnica 20 Cromatografia em Camada Fina

Instruções especiais

Seu professor pode pedir-lhe que prepare o 1,4-difenil-1,3-butadieno a partir de cloreto de benzil-trifenilfosfônio, disponível no comércio. Se isto acontecer, comece pela parte B do experimento. A solução de etóxido de sódio preparada deve ser mantida em um frasco rigorosamente fechado quando não estiver em uso, porque ela reage facilmente com a água da atmosfera. *Importante*: Procure usar cinamaldeído fresco neste experimento. Amostras mais antigas devem ser analisadas por infravermelho para garantir que não contêm ácido cinâmico.

Se o seu professor pedir que você prepare o cloreto de benzil-trifenilfosfônio na primeira parte do experimento, você pode fazer outro experimento durante as 1,5 horas de duração do refluxo. A trifenilfosfina é bastante tóxica. Cuidado para não inalar a poeira. O cloreto de benzila é irritante da pele e lacrimejante. Manipule-o na capela, com cuidado.

Sugestão para eliminação dos resíduos

Coloque os resíduos de álcool, éter de petróleo e xileno no recipiente destinado aos solventes orgânicos não-halogenados. As misturas em água devem ser colocadas no recipiente apropriado.

Procedimento

PARTE A. CLORETO DE BENZIL-TRIFENILFOSFÔNIO (SAL DE WITTIG)

Coloque 2,2 g de trifenilfosfina (PM = 262,3) em um balão de fundo redondo de 100 mL. Use uma capela para transferir 1,44 mL de cloreto de benzila (PM = 126,6; d = 1,10 g/mL) para o balão e adicione 8 mL de xilenos (mistura dos isômeros *orto*, *meta* e *para*).

> **Cuidado:** O cloreto de benzila é um lacrimejante, isto é, uma substância que provoca lágrimas.

Coloque uma barra magnética no balão e ligue-o a um condensador refrigerado a água. Use uma manta de aquecimento colocada sobre uma placa de agitação magnética para ferver a mistura em refluxo por pelo menos 1,5 hora. O rendimento melhora quando o tempo de refluxo é maior. No começo, a solução será homogênea, mas logo depois o sal de Wittig começará a precipitar. Mantenha a agitação durante todo o período de aquecimento, ou poderá ocorrer liberação violenta de vapor. Após o período de refluxo, separe a aparelhagem e a manta e deixe a solução esfriar por alguns minutos. Remova o balão e deixe-o esfriar completamente, mantendo-o em um banho de gelo por cinco minutos.

Colete o sal de Wittig por filtração a vácuo em um funil de Büchner. Use três porções de 4 mL de éter de petróleo frio (pe = 60-90°C) para facilitar a transferência e lavar os cristais, eliminando o solvente xileno. Seque os cristais, pese-os e calcule o rendimento percentual do sal de Wittig. Se o professor o desejar, obtenha o espectro de RMN de hidrogênio do sal em $CDCl_3$. O grupo metileno é um dubleto (J = 14 Hz) em 5,5 ppm devido ao acoplamento ^1H-^{31}P.

PARTE B.   1,4-DIFENIL-1,3-BUTADIENO

Nas próximas operações, tampe, sempre que possível, o balão de fundo redondo para evitar contato com a umidade do ar. Se você preparou seu próprio cloreto de benzil-trifenilfosfônio na Parte A, será necessário completar a quantidade a ser usada nesta parte do experimento.

Preparação do Ilídeo. Coloque 1,92 g de cloreto de benzil-trifenilfosfônio (PM = 388,9) em um balão de fundo redondo, *seco*, de 50 mL. Coloque uma barra magnética no balão e adicione 8,0 mL de etanol absoluto (anidro). Agite a mistura para dissolver o sal de fosfônio (sal de Wittig). Use uma pipeta seca para transferir 3,0 mL de etóxido de sódio para o balão, sob agitação constante.[1] Feche o balão e agite a mistura por 15 minutos. Durante este período, a solução turva adquire a cor amarela característica do ilídeo.

Reação do Ilídeo com o Cinamaldeído. Meça 0,60 mL de cinamaldeído *puro* (PM = 132,2; d = 1,11 g/mL) e coloque-o em um tubo de ensaio pequeno.[2] Adicione 2,0 mL de etanol absoluto ao cinamaldeído. Mantenha o tubo de ensaio tampado até que ele seja necessário. Após o período de 15 minutos, use uma pipeta Pasteur para misturar o cinamaldeído com o etanol e adicione esta solução ao ilídeo que está no balão de fundo redondo. Observe que a cor muda quando a reação do ilídeo com o aldeído começa e o produto precipita. Agite a mistura com um bastão por 10 minutos.

Separação dos Isômeros do 1,4-Difenil-1,3-butadieno. Esfrie o balão em um banho de água gelada (10 minutos), agite a mistura com uma espátula e transfira o material do balão para um funil de Büchner pequeno sob vácuo. Use duas porções de 4 mL de etanol absoluto gelado para facilitar a transferência e lavar o produto. Seque o *trans,trans*-1,4-difenil-1,3-butadieno passando ar pelo sólido. O produto contém uma pequena quantidade de cloreto de sódio que é removida como será descrito no próximo parágrafo. O material turvo no kitazato contém óxido de trifenil-

---

[1] Este reagente será preparado previamente pelo professor e será suficiente para 12 estudantes. Seque cuidadosamente um frasco de Erlenmeyer de 250 mL e fixe um tubo de secagem cheio de cloreto de cálcio a uma rolha de borracha com um furo. Colete um grande pedaço de sódio e limpe-o, cortando a superfície oxidada. Pese um pedaço de 2,30 g, corte-o em 20 peças menores e guarde sob xileno. Use pinças para remover as peças, secar o xileno de cada uma e adicioná-las lentamente, uma a uma, durante 30 minutos a 40 mL de etanol absoluto (anidro) no frasco de Erlenmeyer de 250 mL. Após a adição de cada peça, recoloque a tampa. O etanol se aquecerá ao reagir com o sódio, mas não esfrie o frasco. Após completar a adição do sódio, aqueça a solução e agite-a *cuidadosamente* até que todo o sódio reaja. Deixe esfriar o etóxido de sódio até a temperatura normal. Este reagente deve ser preparado antes da aula, mas pode ser guardado em uma geladeira entre os períodos de aula por no máximo 3 dias. Antes de usar o reagente, deixe que ele atinja a temperatura normal e agite-o para redissolver o etóxido de sódio precipitado. Mantenha o frasco bem-tampado quando não estiver usando o reagente.

[2] O cinamaldeído não deve conter ácido cinâmico. Use um frasco novo e obtenha o espectro de infravermelho para verificar a pureza do reagente.

fosfina, o isômero *cis,trans* e um pouco do produto *trans,trans*. Derrame o filtrado em um bécher e guarde-o para o experimento de cromatografia em camada fina descrito na próxima seção.

Remova o *trans,trans*-1,4-difenil-1,3-butadieno do papel de filtro, coloque o sólido em um bécher e adicione 12 mL de água. Agite a mistura e filtre-a a vácuo em um funil de Büchner para coletar o produto *trans,trans* quase incolor. Use uma pequena quantidade de água para facilitar a transferência. Deixe o sólido secar completamente.

Análise do Filtrado. Use a cromatografia em camada fina para analisar o filtrado que você guardou. Esta mistura deve ser analisada o mais depressa possível para que o isômero *cis,trans* não se converta fotoquimicamente no composto *trans,trans*. Use uma placa de CCF de 2 cm por 8 cm de sílica-gel com um indicador de fluoresência (Eastman Chromatogram Sheet, No. 13181). Aplique em um ponto da placa de CCF o filtrado como ele está, sem diluição. Dissolva alguns cristais do *trans,trans*-1,4-difenil-1,3-butadieno em algumas gotas de acetona e aplique a solução em outro ponto da placa. Use éter de petróleo (pe 60-90°C) como solvente de desenvolvimento.

Visualize as manchas com uma lâmpada de UV usando os controles de comprimentos de onda longo e curto. A ordem de valores de R_f crescentes é: óxido de trifenilfosfina; dieno *trans,trans*; dieno *cis,trans*. É fácil localizar a mancha do isômero *trans,trans* porque ele fluoresce fortemente. Que conclusões você pode tirar sobre o conteúdo do filtrado e sobre a pureza do produto *trans,trans*? Registre seus resultados no relatório, inclusive os valores de R_f e o aspecto das manchas sob iluminação. Descarte o filtrado no recipiente destinado aos rejeitos não-halogenados.

Cálculo do Rendimento e Determinação do Ponto de Fusão. Assim que o *trans,trans*-1,4-difenil-1,3-butadieno estiver seco, determine o ponto de fusão (literatura, 152°C). Pese o sólido e determine o rendimento percentual. Se o ponto de fusão estiver abaixo de 145°C, recristalize uma porção do composto em etanol a 95% quente. Determine o ponto de fusão novamente.

Exercício Opcional: Obtenha o espectro de RMN de hidrogênio em $CDCl_3$ ou o espectro de ultravioleta em hexano. No caso do espectro de UV, dissolva uma amostra de 10 mg em 100 mL de hexano. Use um balão volumétrico. Remova 10 mL desta solução e dilua-a até 100 mL em outro balão volumétrico. Esta concentração deve ser adequada para a análise. O isômero *trans,trans* absorve em 328 nm e tem estrutura fina. O isômero *cis,trans* absorve em 313 nm e não tem estrutura fina.[3] Veja se seu espectro está conforme estas observações. Anexe os dados de espectroscopia a seu relatório.

QUESTÕES

1. Existe um outro isômero do 1,4-difenil-1,3-butadieno (pf 70°C) que não foi mostrado neste experimento. Dê sua estrutura e seu nome. Por que ele não é produzido neste experimento?
2. Por que o isômero *trans,trans* é o mais estável termodinamicamente?
3. Obtém-se um rendimento mais baixo de sal de fosfônio quando se faz o refluxo em benzeno do que quando o solvente é xileno. Verifique os pontos de ebulição destes solventes e explique por que a diferença de ponto de ebulição pode influenciar o rendimento.
4. Sugira uma síntese para o *cis*-estilbeno e para o *trans*-estilbeno (os 1,2-difenil-etenos) usando a reação de Wittig.
5. O feromônio sexual da fêmea da mosca (*Musca domestica*) é chamado de **muscalure** e tem a estrutura dada abaixo. Sugira uma síntese da muscalure usando a reação de Wittig. Será que sua síntese levará ao produto *cis*?

$$CH_3(CH_2)_7 \diagdown \diagup (CH_2)_{12}CH_3$$
$$C=C$$
$$H \diagup \diagdown H$$

Muscalure

---

[3] O estudo comparativo dos 1,4-difenil-1,3-butadienos isômeros foi publicado: J. H. Pinkard, B. Wille, and L. Zechmeister, *Journal of the American Chemical Society, 70* (1948): 1938.

EXPERIMENTO 42

Reatividades Relativas de Alguns Compostos Aromáticos

Substituição em aromáticos
Capacidade relativa de ativação de substituintes aromáticos
Cristalização

Quando os benzenos substituídos sofrem reações de substituição eletrofílica, a reatividade e a orientação do ataque são afetadas pela natureza dos grupos originalmente ligados ao anel de benzeno. Substituintes que tornam o anel mais reativo do que o benzeno são chamados de **ativantes**. Estes grupos são também chamados de orientadores **orto,para** porque nos produtos formados a substituição ocorre nas posições orto ou para em relação ao grupo ativante. Vários produtos podem ser formados, dependendo da substituição em orto ou em para e do número de vezes que ocorre substituição na mesma molécula. Alguns grupos ativam o anel de benzeno tão fortemente que normalmente ocorre a substituição múltipla, enquanto outros grupos são ativantes moderados e levam a uma única substituição. O objetivo deste experimento é determinar os efeitos ativantes relativos de vários grupos substituintes.

Neste experimento, você estudará a bromação da acetanilida, da anilina e do anisol:

Acetanilida   Anilina   Anisol

Os grupos acetamido, $-NHCOCH_3$; amino, $-NH_2$; e metóxi, $-OCH_3$ são ativantes e orientam orto e para. Cada estudante fará a bromação de um destes compostos e determinará seu ponto de fusão. Ao partilhar seus dados, você terá conhecimento dos pontos de fusão dos produtos bromados da acetanilida, da anilina e do anisol. Usando a tabela da página 303, vocês poderão colocar os três substituintes em ordem de poder de ativação.

O método clássico de bromação de compostos aromáticos usa Br_2 e um catalisador como $FeBr_3$, que age como um ácido de Lewis:

$$Br_2 + FeBr_3 \longrightarrow [FeBr_4^- \; Br^+]$$

O íon bromo positivo reage, então, com o anel aromático em uma reação de substituição eletrofílica em aromáticos:

Os compostos aromáticos que contém grupos ativantes podem ser bromados sem a necessidade do catalisador ácido de Lewis, porque os elétrons π do anel de benzeno estão mais disponíveis e polarizam a molécula do bromo o suficiente para produzir o eletrófilo Br⁺. Isto é ilustrado com a primeira etapa da reação entre o anisol e o bromo:

Neste experimento, a mistura de bromação contém bromo, ácido bromídrico (HBr) e ácido acético. A presença do íon brometo do ácido bromídrico ajuda a solubilizar o bromo e aumenta a concentração do eletrófilo.

Pontos de fusão de compostos relevantes

Composto	Ponto de fusão (°C)
o-Bromo-acetanilida	99
p-Bromo-acetanilida	168
2,4-Dibromo-acetanilida	145
2,6-Dibromo-acetanilida	208
2,4,6-Tribromo-acetanilida	232
o-Bromo-anilina	32
p-Bromo-anilina	66
2,4-Dibromo-anilina	80
2,6-Dibromo-anilina	87
2,4,6-Tribromo-anilina	122
o-Bromo-anisol	3
p-Bromo-anisol	13
2,4-Dibromo-anisol	60
2,6-Dibromo-anisol	13
2,4,6-Tribromo-aniso	87

Leitura necessária

Revisão: Técnica 11 Cristalização

Você deveria rever os capítulos de seu livro-texto teórico que tratam da substituição eletrofílica em aromáticos. Preste atenção especial às reações de halogenação e aos efeitos dos grupos ativantes.

Instruções especiais

O bromo é um irritante da pele, e seus vapores causam irritação severa do trato respiratório. Ele também oxidará muitos tipos de joias. O ácido bromídrico pode causar irritação da pele e dos olhos. A anilina é muito tóxica e suspeita-se que seja teratogênica. Todas as bromo-anilinas são tóxicas. Este experimento deve ser feito em uma capela ou em um laboratório muito bem-ventilado.

Cada aluno fará a bromação de um único composto aromático, de acordo com as instruções do professor. Os procedimentos são os mesmos, exceto pelo composto inicial usado e pela etapa final de recristalização.

Sugestão para eliminação de resíduos

Coloque o filtrado do produto bruto obtido no funil de Hirsch em um recipiente especialmente designado para isto. Coloque os demais filtrados no recipiente destinado aos solventes orgânicos halogenados.

Notas para o professor

Prepare a mistura de bromação antes da aula.

Procedimento

Reação. Coloque as quantidades dadas de um dos compostos seguintes em um balão de fundo redondo de peso conhecido: 0,45 g de acetanilida, 0,30 mL de anilina, ou 0,35 mL de anisol. Pese o balão e determine o peso do composto aromático. Adicione 2,5 mL de ácido acético glacial e uma barra de agitação magnética. Monte a aparelhagem da figura da página seguinte. Encha o tubo de secagem com lã de vidro, sem apertar muito. Coloque, gota a gota, cerca de 2,5 mL de uma solução 1,0 M de bissulfito de sódio na lã de vidro para que ela esteja umedecida, mas não ensopada. O tubo reterá o bromo que escapar durante a reação. Agite a mistura até dissolver completamente o composto aromático.

> **Cuidado:** O procedimento do próximo parágrafo deve ser feito em capela. Desprenda a aparelhagem mostrada na figura da página seguinte e leve-a para uma capela.

Na capela, separe uma mistura de 5,0 mL da mistura bromo/ácido bromídrico em uma proveta de 10 mL.[1] Remova a tampa de vidro da cabeça de Claisen. Derrame a mistura bromo/ácido bromídrico, pela cabeça de Claisen, no balão.

> **Cuidado:** Não derrame a mistura de bromação.

Recoloque a tampa de vidro na cabeça de Claisen antes de retornar à bancada. Prenda a aparelhagem acima do agitador magnético e agite a mistura na temperatura normal por 20 minutos.

Cristalização e Isolamento do Produto. Quando a reação estiver completa, transfira a mistura para um frasco de Erlenmeyer de 125 mL contendo 25 mL de água e 2,5 mL de uma solução saturada de bissulfito de sódio. Agite esta mistura com um bastão de vidro até que a cor vermelha do bromo desapareça.[2] Se ocorrer formação de óleo, será necessário agitar a mistura por vários minutos para remover toda a cor. Coloque o frasco de Erlenmeyer em um banho de gelo por 10 minutos. Se o produto não solidificar, arranhe o fundo do frasco com um bastão de vidro para induzir a cristalização. Pode levar 10-15 minutos para que a cristalização do anisol bromado comece a ocorrer.[3] Filtre o produto em um funil de Hirsch com sucção e lave-o com várias porções de 5 mL de água fria. Seque o produto com um jato de ar no funil por cerca de 10 minutos. Mantenha o vácuo.

---

[1] Nota para o professor: A mistura de bromação é preparada pela adição de 13,0 mL de bromo a 87,0 mL de ácido bromídrico a 48%. Isto deve dar para 20 estudantes, se não houver desperdício. A solução deve ser guardada em capela.

[2] Se a cor do bromo não desaparecer, adicione algumas gotas da solução saturada de bissulfito de sódio e agite a mistura por mais alguns minutos. A mistura, incluindo líquido e sólido (ou óleo), deve ficar incolor.

[3] Se não se formarem cristais após 15 minutos, use um pequeno cristal de produto para induzir a cristalização.

Experimento 42 Reatividades Relativas de Alguns Compostos Aromático

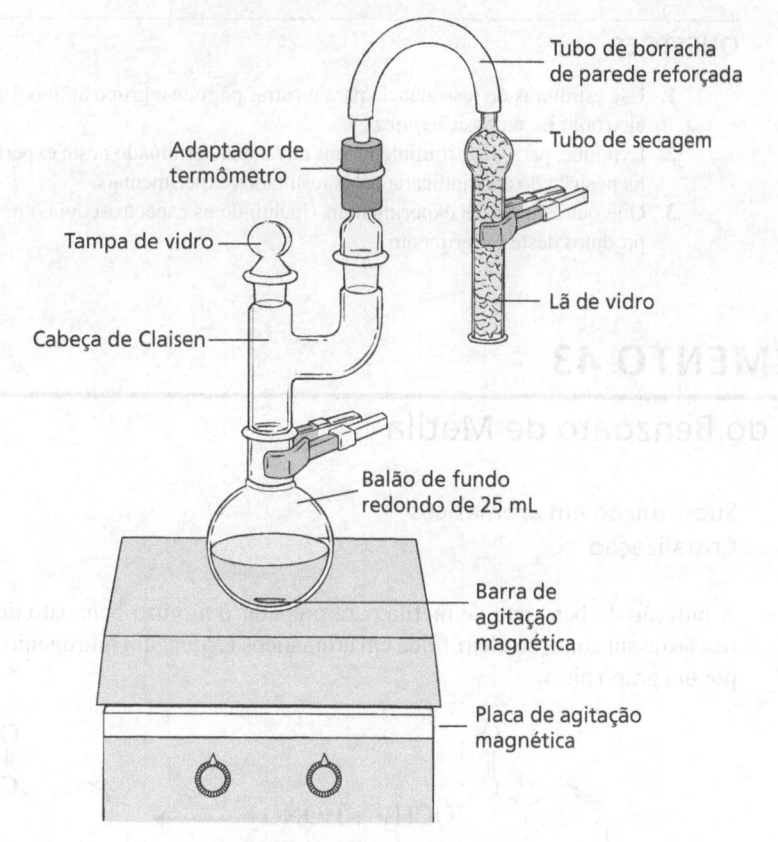

Aparelhagem para a bromação (diagrama com: Tubo de borracha de parede reforçada, Adaptador de termômetro, Tubo de secagem, Tampa de vidro, Lã de vidro, Cabeça de Claisen, Balão de fundo redondo de 25 mL, Barra de agitação magnética, Placa de agitação magnética)

Recristalização e Ponto de Fusão do Produto. Recristalize seu produto a partir da menor quantidade possível de solvente quente (veja a Técnica 11, Seção 11.3, página 581, e Figura 11.4, página 582). Use etanol a 95% para recristalizar a anilina bromada ou a acetanilina bromada. Use hexano para recristalizar o anisol bromado. Deixe os cristais secarem no ar e determine o peso e o ponto de fusão.

Use o ponto de fusão e a tabela precedente para identificar o seu produto. Calcule o rendimento percentual e entregue seu produto, juntamente com seu relatório, ao professor.

RELATÓRIO

Coletando os dados de outros estudantes, você deve ser capaz de determinar o produto obtido na bromação de cada um dos três compostos aromáticos. Use esta informação para colocar os três substituintes (acetamido, amino e metóxi) na ordem decrescente de capacidade de ativar o anel de benzeno.

REFERÊNCIA

Zaczek, N. M., and Tyszklewicz, R. B. "Relative Activating Ability of Various Ortho, Para-Directors." *Journal of Chemical Education, 63* (1986): 510.

QUESTÕES

1. Use estruturas de ressonância para mostrar por que o grupo amino é ativante. Considere um ataque pelo eletrófilo E^+ na posição *para*.
2. Explique, para o substituinte menos ativante determinado neste experimento, por que a bromação ocorre na posição do anel indicada pelos resultados experimentais.
3. Que outras técnicas experimentais (incluindo as espectroscopias) podem ser usadas para identificar os produtos deste experimento?

EXPERIMENTO 43

Nitração do Benzoato de Metila

Substituição em aromáticos
Cristalização

A nitração do benzoato de metila para preparar o *m*-nitro-benzoato de metila é um exemplo de uma reação de substituição eletrofílica em aromáticos na qual um hidrogênio do anel aromático é substituído por um grupo nitro:

$$\text{Benzoato de metila} + HONO_2 \xrightarrow{H_2SO_4} \text{\textit{m}-Nitro-benzoato de metila} + H_2O$$

Muitas dessas reações de substituição em aromáticos ocorrem quando um substrato aromático reage com um reagente eletrofílico adequado. Muitos outros grupos, além do grupo nitro, podem ser colocados no anel.

Lembre-se de que os alquenos (que são ricos em elétrons devido ao excesso de elétrons do sistema π) podem reagir com um reagente eletrofílico. O intermediário formado é deficiente de elétrons. A seqüência total é uma **adição eletrofílica**. A adição de HX ao ciclo-hexeno é um exemplo.

Ciclo-hexeno + H^+ (Ataque do alqueno ao eletrófilo (H^+)) → Intermediário carbocátion → (Adição de HX)

Os compostos aromáticos não são fundamentalmente diferentes do ciclo-hexeno. Eles também podem reagir com eletrófilos. Entretanto, devido à ressonância do anel, os elétrons do sistema π estão menos disponíveis para as reações de adição porque isto levaria à perda da estabilização dada pela ressonância. Na prática, isto significa que os compostos aromáticos só reagem com *reagentes eletrofílicos poderosos*, usualmente em temperaturas mais altas.

Experimento 43 Nitração do Benzoato de Metila

O benzeno, por exemplo, pode ser nitrado em 50°C com uma mistura de ácido nítrico e ácido sulfúrico concentrados. O eletrófilo é o NO_2^+ (íon nitrônio), cuja formação é promovida nestas condições:

$$\text{Ácido nítrico} + H^+ \rightleftharpoons [\ldots] \rightleftharpoons :\ddot{O}=\overset{+}{N}=\ddot{O}: + H_2O$$

Ácido nítrico   Íon nitrônio

O íon nitrônio é suficientemente eletrofílico para se adicionar ao anel de benzeno, interrompendo *temporariamente* a ressonância do anel:

O intermediário inicialmente formado é estabilizado parcialmente por ressonância e não reage imediatamente com o nucleófilo. Sob este aspecto, ele é diferente do carbocátion formado na reação do ciclo-hexeno com um eletrófilo. Na verdade, a aromaticidade do anel pode ser restaurada se ocorrer *eliminação*. (Lembre-se de que a eliminação é, com freqüência, uma reação que envolve carbocátions.) A remoção de um próton do carbono sp³ do anel, provavelmente por HSO_4^-, restaura o *sistema aromático* e promove a substituição do hidrogênio por um grupo nitro como resultado final. Muitas reações semelhantes são conhecidas, e elas são chamadas de **reações de substituição eletrofílica em aromáticos**.

A substituição de um hidrogênio por um grupo nitro ocorre com o benzoato de metila da mesma maneira que com o benzeno. Em princípio, deveríamos esperar que qualquer hidrogênio do anel pudesse ser substituído pelo grupo nitro. Entretanto, por razões que não vamos detalhar (veja seu livro-texto de teoria), o grupo carbometóxi dirige a substituição preferencialmente para as posições *meta*. Como resultado, o *m*-nitro-benzoato de metila é o produto principal da reação. Além disto, poderíamos esperar que mais de uma nitração pudesse ocorrer no anel. Entretanto, tanto o grupo carbometóxi como o grupo nitro que já entrou *desativam* o anel, impedindo a nitração subseqüente. Em outras palavras, a formação do dinitrobenzoato de metila é muito menos favorecida do que a formação do produto da mononitração.

Embora os produtos descritos anteriormente sejam os principais, é possível obter, como impurezas da reação, pequenas quantidades dos isômeros orto e para do *m*-nitro-benzoato de metila e produtos da dinitração. Estes subprodutos são removidos na lavagem do produto desejado com metanol e na sua purificação por cristalização.

A água retarda a nitração porque interfere no equilíbrio entre o ácido nítrico e o ácido sulfúrico e, portanto, na formação dos íons nitrônio. Quanto menor for a quantidade de água presente, mais ativa será a mistura de nitração. A reatividade da mistura de nitração pode, também, ser controlada, variando-se a quantidade de ácido sulfúrico usada. Este ácido deve protonar o ácido nítrico, que é uma base *fraca*, e quanto maior for a quantidade de ácido disponível, maior será o número de espécies protonadas e, em conseqüência, maior será a concentração de NO_2^+ na solução. A água interfere porque é uma base mais forte do que H_2SO_4 e HNO_3. A temperatura também influencia o rendimento da nitração. Quanto maior for a temperatura, maior será a quantidade de produtos de dinitração formados na reação.

Leitura necessária

Revisão: Técnica 11   Cristalização: Purificação de Sólidos
          Técnica 25   Espectroscopia de Infravermelho, Seções 25.4 e 25.5

Instruções especiais

É importante que a temperatura da mistura da reação seja mantida em 15°C ou abaixo disso. O ácido nítrico e o ácido sulfúrico, especialmente em mistura, são substâncias muito corrosivas. Cuidado para não deixar que toquem sua pele. Se isto acontecer, lave rapidamente a área afetada com muita água.

Sugestão para eliminação de resíduos

Todas as soluções em água devem ser colocadas em um recipiente próprio. Coloque o metanol usado na recristalização do nitro-benzoato de metila no recipiente destinado aos rejeitos orgânicos não-halogenados.

Procedimento

Esfrie, em um bécher de 100 mL, 6 mL de ácido sulfúrico concentrado até cerca de 0°C e adicione 3,05 g de benzoato de metila. Use um banho de gelo e sal (Técnica 6, Seção 6.9, página 531) para esfriar a mistura até 0°C ou abaixo disto. Use uma pipeta Pasteur para adicionar uma mistura fria de 2 mL de ácido sulfúrico concentrado e 2 mL de ácido nítrico concentrado. Durante a adição dos ácidos, agite a mistura continuamente com um bastão e mantenha a temperatura da reação abaixo de 15°C. Se a temperatura subir além deste ponto, a formação de subprodutos aumenta rapidamente, reduzindo o rendimento do produto desejado.

Após completar a adição do ácido, aqueça a mistura até a temperatura normal. Espere 15 minutos e derrame a mistura ácida sobre 25 g de gelo pilado colocados em um bécher de 150 mL. Deixe o gelo derreter e isole o produto por filtração a vácuo em um funil de Büchner. Lave o produto com duas porções de 12 mL de água fria e, depois, com duas porções de 5 mL de metanol gelado. Pese o produto e recristalize-o a partir de um peso igual de metanol (Técnica 11, Seção 11.3, página 581). O ponto de fusão do produto recristalizado deve ser igual a 78°C. Obtenha o espectro de infravermelho usando a técnica do filme seco (Técnica 25, Seção 25.4, página 742) ou com uma pastilha de KBr (Técnica 25, Seção 25.5, página 742). Compare o espectro de infravermelho com o reproduzido aqui. Calcule o rendimento percentual e entregue o produto ao professor em um frasco identificado.

Modelagem molecular (Opcional)

Se você estiver trabalhando sozinho, complete a Parte A. Se você estiver trabalhando em dupla, complete a Parte A enquanto seu companheiro completa a Parte B. Se for este o caso, combinem os resultados no fim do experimento.

Parte A: Nitração do Benzoato de Metila. Neste exercício, você tentará explicar o resultado observado na nitração do benzoato de metila. O produto principal desta reação é o *m*-nitro-benzoato de metila, isto é, o grupo nitro foi colocado na posição *meta* do anel. A etapa determinante desta reação é o ataque do íon nitrônio ao anel aromático. Três íons benzênio intermediários (*orto*, *meta* e *para*) são possíveis:

Você calculará os calores de formação destes três intermediários para determinar qual deles tem a energia mais baixa. Imagine que as energias de ativação são semelhantes às energias dos intermediários. Isto é uma aplicação do Postulado de Hammond, que diz que a energia de ativação que leva a um intermediário de energia mais alta é maior do que a energia de ativação que leva a um intermediário de energia mais baixa. Embora existam exceções importantes, este postulado é geralmente verdadeiro.

Construa modelos de cada íon benzênio intermediário (separadamente) e calcule seus calores de formação usando um programa no nível AM1 com otimização de energia. Não se esqueça de especificar uma carga positiva ao submeter o cálculo. O que você conclui?

Pegue um pedaço de papel e desenhe as estruturas de ressonância possíveis para cada intermediário. Não se preocupe com as estruturas que envolvem o grupo nitro. Veja onde a carga do anel pode estar deslocalizada. Note a polaridade do grupo carbonila colocando um símbolo Δ^+ no carbono e um símbolo Δ^- no oxigênio. O que você conclui da análise por ressonância?

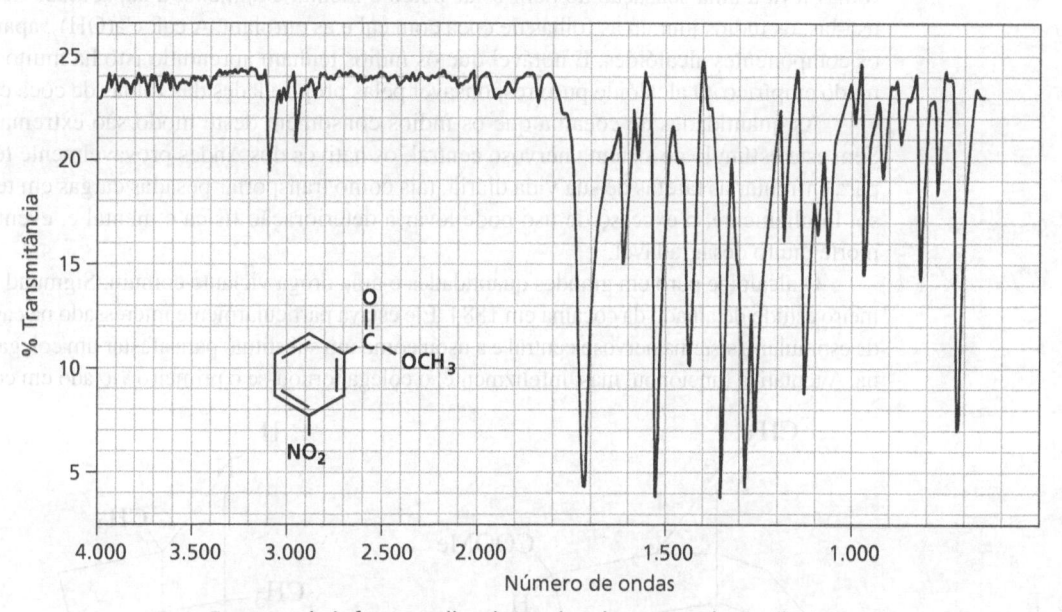

Espectro de infravermelho do *m*-nitro-benzoato de metila, KBr.

Parte B: Nitração do Anisol. Nesta computação, você analisará os três íons benzênio intermediários formados na reação entre o anisol (metóxi-benzeno) e o íon nitrônio (veja a Parte A). Calcule seus calores de formação usando um programa no nível AM1 com otimização de energia. Não se esqueça de especificar uma carga positiva ao submeter o cálculo. O que você conclui para o anisol? Como estes resultados se comparam aos do benzoato de metila?

Pegue um pedaço de papel e desenhe as estruturas de ressonância possíveis para cada intermediário. Não se preocupe com as estruturas que envolvem o grupo nitro. Veja onde a carga do anel pode estar deslocalizada. Não se esqueça de que os elétrons do oxigênio podem participar da ressonância. O que você conclui da análise por ressonância?

QUESTÕES

1. Por que se forma o *m*-nitro-benzoato de metila nesta reação, e não, os isômeros *orto* e *para*?
2. Por que a quantidade de produtos de dinitração aumenta em temperaturas mais altas?
3. Por que é importante adicionar à mistura ácido nítrico-ácido sulfúrico lentamente, usando um período de 15 minutos?
4. Interprete o espectro de infravermelho do *m*-nitro-benzoato de metila.
5. Diga qual é o produto formado na nitração de cada um dos seguintes compostos: benzeno, tolueno, cloro-benzeno e ácido benzóico.

DISSERTAÇÃO

Anestésicos Locais

Os anestésicos locais, ou "corta-dor", são uma classe de compostos bem-estudada. Os químicos já demostraram sua capacidade de estudar as características essenciais de um fármaco natural e de melhorar seu desempenho, substituindo-o por compostos semelhantes totalmente sintéticos. Muitas vezes, estes substitutos são superiores nos efeitos terapêuticos desejados e causam menos efeitos colaterais indesejáveis e menos riscos.

O arbusto da coca (*Erythroxylon coca*) cresce no Peru, especialmente nos Andes, entre 500 e 2.000 m de altitude. Os nativos da América do Sul há muito tempo mastigam as folhas por seus efeitos estimulantes. Folhas de coca já foram encontradas em urnas funerárias pré-incaicas. A mastigação das folhas leva a uma sensação de bem-estar físico e mental e aumenta a capacidade de resistência. Para usá-las, os índios juntam as folhas de coca com cal e as enrolam. A cal, $Ca(OH)_2$, aparentemente libera os componentes alcalóides. É notável que os índios tenham aprendido isto há muito tempo, de algum modo empírico. O alcalóide puro responsável pelas propriedades das folhas de coca é a **cocaína**.

As quantidades de cocaína que os índios consomem deste modo são extremamente pequenas. Sem este estímulo ao sistema nervoso central, os nativos dos Andes provavelmente teriam dificuldade para enfrentar as tarefas de sua vida diária, tais como transportar pesadas cargas em terreno montanhoso. Infelizmente, o excesso de uso pode levar à deterioração física e mental e, eventualmente, a uma morte muito desagradável.

O alcalóide puro em grandes quantidades é uma droga viciante comum. Sigmund Freud fez um primeiro estudo detalhado da cocaína em 1884. Ele estava particularmente interessado na capacidade da droga de estimular o sistema nervoso central e a usou como um substituto para afastar um colega viciado da morfina. A tentativa funcionou, mas, infelizmente, o colega tornou-se o primeiro viciado em cocaína conhecido.

Cocaína   Eucaína

Um extrato de folhas de coca era um dos ingredientes originais da Coca-Cola. Entretanto, no começo do século XX, funcionários do governo americano, contra muitas dificuldades de ordem legal, forçaram os fabricantes a retirar a coca da formulação. A companhia conseguiu manter até hoje a expressão *coca* no nome comercial, embora a "Coca" não esteja presente.

Nosso interesse na cocaína está em suas propriedades anestésicas. O alcalóide puro foi isolado em 1862 por Niemann, que notou que ele tinha gosto amargo e produzia a sensação de dormência na língua, deixando-a quase insensível. (Estes bravos, mas tolos, químicos de antigamente, que testavam o gosto de tudo!) Em 1880, Von Anrep descobriu que a pele ficava dormente e insensível à ponta de uma agulha quando a cocaína era injetada sob a pele. Freud e seu assistente Karl Koller, falhando suas tentativas de reabilitar viciados em morfina, se dedicaram ao estudo das propriedades anestésicas da cocaína. As cirurgias do olho são dificultadas por movimentos reflexos involuntários do olho em resposta ao menor toque. Koller descobriu que algumas gotas de uma solução de cocaína evitaria este problema. A cocaína é um anestésico local que pode ser também usado para produzir **midríase** (dilatação da pupila). A capacidade da cocaína de bloquear a condução dos sinais dos nervos (particularmente a dor) levou ao uso médico quase imediato, apesar

$$\text{N}-\text{CH}_2\text{CH}_2\text{CH}_2-\text{O}-\underset{\text{O}}{\overset{}{\text{C}}}-\text{C}_6\text{H}_5 \qquad \text{Piperocaína}$$
(com grupo CH₃ no nitrogênio do anel)

de seus perigos. Ela logo encontrou uso também como anestésico local em odontologia (1884) e cirurgia (1885). Neste tipo de aplicação, ela era injetada diretamente nos nervos que devia amortecer.

Assim que a estrutura da cocaína foi estabelecida, os químicos começaram a procurar um substituto. A cocaína tem problemas sérios para uso médico como anestésico. Na cirurgia do olho, ela causa midríase. Ela também vicia. Por fim, ela é perigosa para o sistema nervoso central.

O primeiro substituto totalmente sintético foi a eucaina. Ela foi sintetizada por Harries, em 1918, e retém muitas das características estruturais da molécula de cocaína. O desenvolvimento deste novo anestésico confirmou parcialmente a porção da estrutura da cocaína responsável pela ação anestésica local. A vantagem da eucaina sobre a cocaína é que ela não produz midríase e não vicia. Infelizmente, ela é muito tóxica. Outra tentativa de simplificação levou à piperocaína. A porção em comum com a cocaína e a eucaína está destacada por linhas tracejadas na estrutura abaixo. A piperocaína tem somente um terço da toxicidade da cocaína.

O produto sintético de maior sucesso por muitos anos foi a procaína, mais conhecida pelo nome comercial Novocaína (veja a tabela). A Novocaína tem somente um quarto da toxicidade da cocaína, o que dá uma melhor margem de segurança de uso. A dose tóxica é quase dez vezes maior do que a dose efetiva e ela não vicia.

No decorrer dos anos, centenas de novos anestésicos locais foram sintetizados e testados. Por uma razão ou por outra, a maior parte deles não tem uso geral. A procura por um anestésico local perfeito continua. Todas as drogas ativas têm algumas particularidades estruturais em comum. Em uma das extremidades, a molécula tem um anel aromático. Na outra, existe uma amina secundária ou terciária. Estas duas características essenciais estão separadas por uma cadeia de átomos, geralmente de uma a quatro unidades. A parte aromática é usualmente um éster de ácido aromático. Este grupo éster é importante para a desintoxicação do corpo. A primeira etapa da desativação é a hidrólise desta ligação éster, um processo que ocorre na corrente sanguínea. Compostos que não têm a ligação éster permanecem mais tempo no organismo e são, em geral, mais tóxicos. Uma exceção é a lidocaina, uma amida. O grupo amino terciário é aparentemente necessário para aumentar a solubilidade dos compostos no solvente de injeção. Muitos desses compostos são usados na forma do sal cloridrato, que é solúvel em água.

$$-\underset{R}{\overset{R}{\ddot{N}}}- + \text{HCl} \longrightarrow -\underset{R}{\overset{R}{\overset{\oplus}{N}}}-\text{H} \quad \text{Cl}^{\ominus}$$

A benzocaína, em contraste, é ativa como anestésico local, mas não é usada na forma injetável. Ela não penetra bem nos tecidos e não é solúvel em água. Ela é usada principalmente em preparações para a pele, em ungüentos ou em aplicação direta. Ela é usada em muitas preparações para queimaduras solares.

Não se sabe bem como essas drogas agem para eliminar a condução da dor. O sítio principal de ação é a membrana do nervo. Aparentemente, elas competem com o íon cálcio em algum sítio receptor, alterando a permeabilidade da membrana e mantendo o nervo ligeiramente despolarizado eletricamente.

REFERÊNCIAS

Doerge, R. F. "Local Anesthetic Agents." Chap. 22 in C. O. Wilson, O. Gisvold, and R. F. Doerge, eds., *Textbook of Organic Medicinal and Pharmaceutical Chemistry*, 6th ed. Philadelphia: J. B. Lippincott, 1971.

Foye, W. O. "Local Anesthetics." Chap. 14 in *Principles of Medicinal Chemistry*. Philadelphia: Lea & Febiger, 1974.

Resíduo aromático	Cadeia intermediária	Grupo amino	
			Cocaína
			Procaína (Novocaína)
			Lidocaína
			Tetracaína
			Benzocaína
A	B	C	Estrutura geral de um anestésico local

Anestésicos locais.

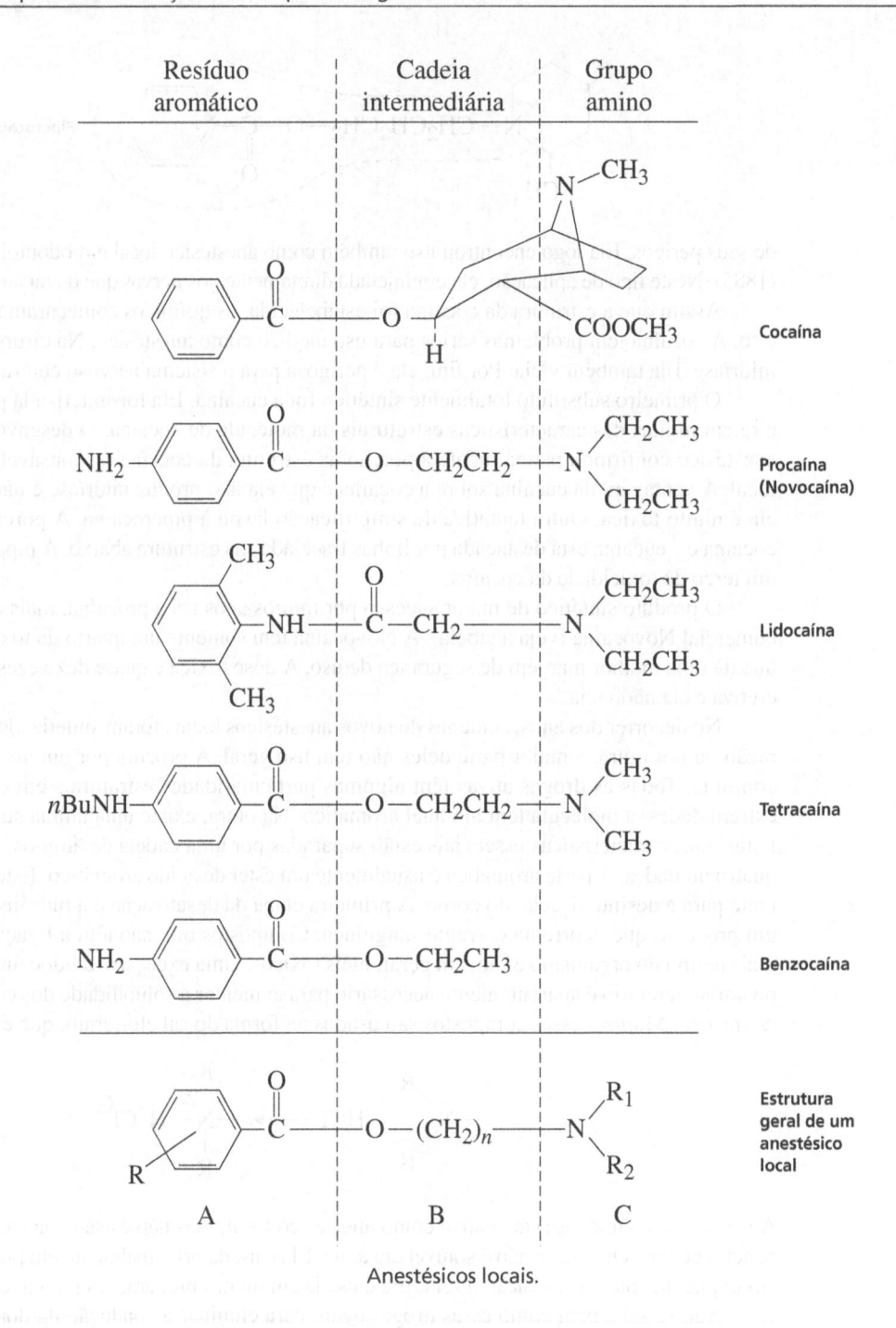

Ray, O. S. "Stimulants and Depressants." Chap. 11 in *Drugs, Society, and Human Behavior,* 3rd ed. St. Louis: C. V. Mosby, 1983.

Ritchie, J. M., et al. "Cocaine, Procaine and Other Synthetic Local Anesthetics." Chap. 15 in L. S. Goodman and A. Gilman, eds., *The Pharmacological Basis of Therapeutics,* 8th ed. New York: Pergamon Press, 1990.

Snyder, S. H. "The Brain's Own Opiates." *Chemical and Engineering News* (November 28, 1977): 26–35.

Taylor, N. *Plant Drugs That Changed the World.* New York: Dodd, Mead, 1965. Pp. 14–18.

Taylor, N. "The Divine Plant of the Incas." Chap. 3 in *Narcotics: Nature's Dangerous Gifts.* New York: Dell, 1970. (revisão impressa de *Flight from Reality.*)

EXPERIMENTO 44

Benzocaína

Esterificação
Cristalização (método do solvente misto)

Neste experimento, dá-se um procedimento para a preparação de um anestésico local, a benzocaína, pela esterificação direta do ácido *p*-amino-benzóico com etanol. Por opção do professor, você poderá testar o anestésico preparado em um músculo de perna de rã.

$$\underset{\substack{\text{NH}_2 \\ \text{Ácido } p\text{-amino-benzóico}}}{\text{HOOC-C}_6\text{H}_4\text{-NH}_2} + \text{CH}_3\text{CH}_2\text{OH} \;\overset{\text{H}^+}{\rightleftharpoons}\; \underset{\substack{\text{NH}_2 \\ p\text{-Amino-benzoato de etila} \\ \text{(benzocaína)}}}{\text{CH}_3\text{CH}_2\text{OOC-C}_6\text{H}_4\text{-NH}_2}$$

Leitura necessária

Revisão:	Técnica 8	Filtração, Seção 8.3
	Técnica 11	Cristalização: Purificação de Sólidos, Seções 11.3 e 11.10
Nova:	Dissertação	Anestésicos locais

Instruções especiais

O ácido sulfúrico é muito corrosivo. Não deixe que toque sua pele. Use uma pipeta Pasteur para transferir o líquido.

Notas para o professor

A benzocaína pode ser testada para seu efeito sobre um músculo de perna de rã. Veja o *Instructor Manual* para instruções.

Sugestão para eliminação de resíduos

Coloque todos os filtrados no recipiente destinado aos solventes orgânicos não-halogenados.

Procedimento

Corrida de Reação. Coloque 1,2 g de ácido *p*-amino-benzóico e 12 mL de etanol absoluto em um balão de fundo redondo de 100 mL. Agite o balão, girando-o, até que o sólido dissolva totalmente. Continue agitando e com uma pipeta Pasteur, adicione, gota a gota, 1,0 mL de ácido sulfúrico concentrado. Uma grande quantidade de precipitado formar-se-á durante a adição do ácido sulfúrico, mas este sólido dissolver-se-á lentamente durante a operação de refluxo. Coloque pérolas de vidro no balão, ajuste um condensador de refluxo e aqueça com uma manta a mistura em refluxo baixo por 60-75 minutos. Agite ocasionalmente a mistura de reação para evitar formação violenta de bolhas.

Precipitação da Benzocaína. Após completar a reação, remova a aparelhagem da manta de aquecimento e deixe a mistura resfriar por alguns minutos. Use uma pipeta Pasteur para transferir o conteúdo do balão para um bécher com 30 mL de água. Quando o líquido tiver atingido a temperatura normal, adicione, gota a gota, uma solução de carbonato de sódio a 10% (serão necessários cerca de 10 mL) para neutralizar a mistura. Agite o conteúdo do bécher com um bastão de vidro ou uma espátula. Após cada adição de carbonato de sódio, ocorrerá evolução de gás (formação de bolhas), perceptível até que o ponto de neutralização da mistura esteja próximo. Quando o pH aumenta, produz-se um precipitado branco de benzocaína. Se o gás parar de evoluir quando você adicionar uma gota de solução de carbonato de sódio, observe o pH da solução e adicione porções de carbonato até que o pH atinja cerca de 8.

Colete a benzocaína por filtração a vácuo em um funil de Büchner. Use três porções de 10 mL de água para facilitar a transferência e lavar o produto que está no funil. Assegure-se de que a lavagem com água foi completa e de que o sulfato de sódio da neutralização foi eliminado. Deixe secar durante a noite, pese o produto, calcule o rendimento percentual e determine o ponto de fusão. O ponto de fusão da benzocaína pura é 92°C.

Recristalização e Caracterização da Benzocaína. Embora o produto deva estar razoavelmente puro, ele pode ser recristalizado pela técnica do solvente misto com metanol e água (Técnica 11, Seção 11.10, página 592). Coloque o produto em um frasco de Erlenmeyer pequeno e acrescente metanol quente até que o sólido se dissolva completamente. Após dissolução do sólido, adicione água quente gota a gota até que a mistura fique turva ou se forme um precipitado branco. Adicione algumas gotas a mais de metanol até redissolução completa do óleo ou precipitado. Deixe a solução esfriar lentamente até a temperatura normal. Raspe o interior do frasco enquanto o conteúdo esfria para ajudar a cristalizar a benzocaína, senão formar-se-á um óleo. Complete a cristalização deixando esfriar a mistura em um banho de gelo e colete os cristais por filtração a vácuo. Use a menor quantidade possível de metanol gelado para facilitar a transferência do sólido do frasco para o filtro. Quando a benzocaína estiver seca, pese o material purificado, calcule o rendimento percentual de benzocaína e determine o ponto de fusão.

Por opção do professor, obtenha o espectro de infravermelho usando o método do filme seco (Técnica 25, Seção 25.4, página 742) ou como uma pastilha de KBr (Técnica 25, Seção 25.5, página 742), e o espectro de RMN em tetracloreto de carbono ou $CDCl_3$ (Técnica 26, Seção 26.1, página 772). Entregue a amostra em um frasco identificado ao professor.

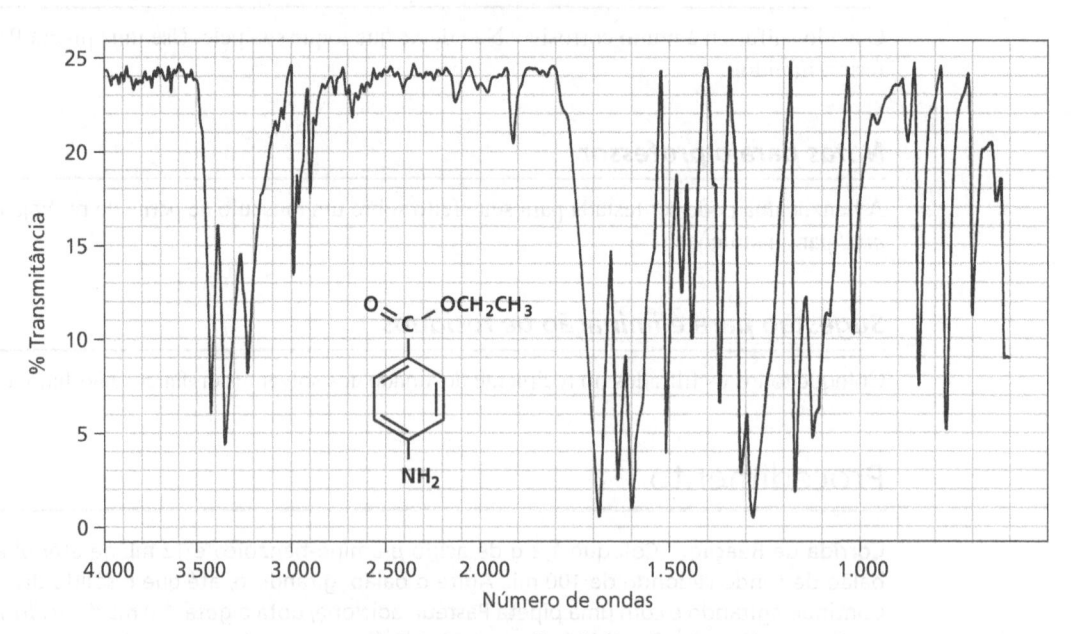

Espectro de infravermelho da benzocaína, KBr.

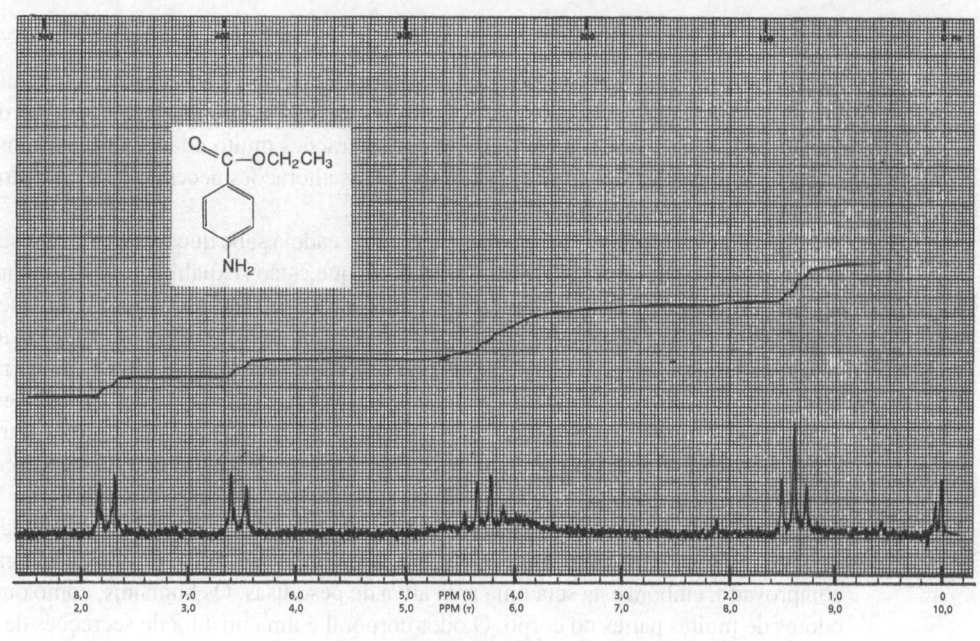

Espectro de RMN da benzocaína, CCl$_4$.

QUESTÕES

1. Interprete os espectros de infravermelho e de RMN da benzocaína.
2. Qual é a estrutura do precipitado que se forma após a adição do ácido sulfúrico?
3. Quando a solução de carbonato de sódio a 10% é adicionada, ocorre evolução de gás. Qual é o gás? Dê uma equação balanceada para esta reação.
4. Explique por que a benzocaína precipita durante a neutralização.
5. Localize a estrutura da procaína na tabela da Dissertação "Anestésicos Locais". Use o ácido *p*-aminobenzóico e dê equações que mostrem como a procaína e o cloridrato de procaína podem ser preparados. Qual dos dois grupos funcionais amino da procaína será protonado primeiro? Defenda sua escolha. (*Sugestão*: Leve em conta a ressonância.)

DISSERTAÇÃO

Feromônios: Atraentes e Repelentes de Insetos

É difícil para os humanos, acostumados a formas visuais e verbais de comunicação, imaginar que existem formas de vida que dependem principalmente da produção e da percepção de *odores* para se comunicar. Entre insetos, porém, esta é, talvez, a forma principal de comunicação. Muitas espécies de insetos desenvolveram uma "linguagem" baseada na troca de odores. Estes insetos têm glândulas de odores bem-desenvolvidas, freqüentemente de tipos diferentes, cujo propósito único é a síntese e a liberação de substâncias químicas. Quando estas substâncias, conhecidas como **feromônios**, são secretadas por insetos e detectadas por outros membros da espécie, induzem uma resposta específica e característica. Os feromônios são, usualmente, de dois tipos: feromônios de aviso ("releaser") e feromônios de modificação ("primer"). Os feromônios de aviso produzem uma resposta imediata de *comportamento* no inseto que os recebe. Os feromônios de modificação disparam uma série de alterações *fisiológicas* no inseto que os recebe. Alguns feromônios, porém, combinam ambos os efeitos.

ATRAENTES SEXUAIS

Dentre os tipos mais importantes de feromônios de aviso estão os atraentes sexuais. Os **atraentes sexuais** são feromônios liberados pela fêmea ou, menos comumente, pelo macho da espécie para atrair o sexo oposto para o acasalamento. Em concentrações muito altas, os feromônios sexuais também induzem uma resposta fisiológica (por exemplo, as alterações necessárias para o ato de acasalamento) e, portanto, também têm um efeito de modificação.

Qualquer pessoa que teve uma gata ou uma cadela sabe que os feromônios sexuais não se limitam aos insetos. Elas avisam claramente, pelo odor, que estão sexualmente livres quando estão no cio. Este tipo de feromônio não é incomum em mamíferos. Algumas pessoas acreditam que existam feromônios humanos responsáveis pela atração de homens e mulheres uns pelos outros. Esta idéia é, claro, responsável por muitos perfumes disponíveis no comércio. Se a idéia é correta, ainda não foi demonstrado, mas já foi provado que existem diferenças, entre os sexos, na capacidade de sentir o odor de certas substâncias. O odor de exaltolido, uma lactona sintética do ácido 14-hidróxi-tetradecanóico, só pode ser percebido por mulheres ou, então, por homens que receberam uma injeção de um estrogênio. O exaltolido é muito semelhante, em estrutura, à civetona (do gato almiscarado) e à muscona (do gamo almiscarado), dois compostos naturais que, se acredita, são feromônios sexuais de mamíferos.

Se os humanos usam, ou não, feromônios para atrair o sexo oposto nunca foi completamente comprovado, embora esta seja uma área ativa de pesquisas. Os humanos, como outros animais, emitem odores de muitas partes do corpo. O odor corporal é uma mistura de secreções de vários tipos de glândulas da pele, concentradas nas axilas. Será que estas secreções podem agir como atraentes sexuais em humanos?

As pesquisas mostraram que uma mãe pode identificar corretamente o cheiro de seu filho recém-nascido, ou de crianças mais velhas, quando cheiram roupas usadas pela criança e podem distingui-las das de outras crianças da mesma idade. Estudos feitos há 30 anos mostraram que os ciclos menstruais de mulheres que co-habitam ou são amigas íntimas tendem a se alinhar com o tempo. Estas e outras investigações semelhantes sugerem que algumas formas de comunicação com características de feromônio podem ocorrer em humanos.

Estudos recentes identificaram claramente uma estrutura especializada, chamada de **órgão vomeronasal**, no nariz. Este órgão parece responder a um certo número de estímulos químicos. Em um artigo recente, pesquisadores da Universidade de Chicago mostraram que quando eles eliminavam os odores corporais de um grupo de muheres perto de outras, o segundo grupo mudava o ciclo menstrual. As mulheres afetadas afirmavam que elas só sentiam o cheiro do álcool dos chumaços de algodão. O álcool, por si só, não afeta os ciclos menstruais femininos. O período de ovulação do conjunto de teste de mulheres foi afetado de maneira semelhante. Embora a natureza das substâncias responsáveis por esses efeitos não tenha sido identificada, ficou claramente comprovado que a comunicação química na regulagem das funções sexuais em humanos é possível.

Um dos atraentes de insetos primeiramente identificados pertence à lagarta do sobreiro, *Lymantria dispar*. Esta lagarta é uma praga comum na agricultura, e esperava-se poder usar o atraente sexual emitido pelas fêmeas para atrair os machos para uma armadilha. Este método de controle de pragas seria preferível a contaminar grandes áreas com DDT e seria específico para a espécie. Cerca de 50 anos de trabalho foram gastos na identificação da substância química responsável. No começo do estudo, os pesquisadores descobriram que um extrato da cauda das fêmeas, quando estão na forma de mariposas, era capaz de atrair machos mesmo a longas distâncias. Em experimentos com o feromônio isolado, descobriu-se que o macho, na forma alada, tinha uma capacidade quase inacreditável de detectar quantidades extremamente pequenas da substância. Ele pode detectá-la em concentrações inferiores a algumas centenas de *moléculas* por centímetro cúbico (cerca de 10^{-19}-10^{-20} g/cm^3)! Quando um macho da espécie detecta uma pequena concentração do feromônio, ele imediatamente se coloca contra o vento e voa na direção das concentrações mais altas e, obviamente, da fêmea. Em uma brisa leve, uma fêmea que emite constantemente pode ativar um volume de 100 m de altura, 250 m de largura e quase 5 quilômetros de comprimento!

Em trabalho subseqüente, os pesquisadores isolaram 20 mg de uma substância química pura, a partir da extração com solvente, de dois segmentos extremos da cauda, coletados de 500.000 fêmeas (cerca de 0,1 mg/mariposa). Isto enfatiza que feromônios são efetivos em quantidades muito pequenas e que os químicos devem trabalhar com quantidades muito pequenas para isolá-los e demostrar sua estrutura. Não é pouco comum ter de processar milhares de insetos para conseguir uma quantidade mínima destas substâncias. Métodos analíticos e instrumentais complexos, como a espectroscopia, têm de ser usados para determinar a estrutura de um feromônio.

Apesar dessas técnicas, os pesquisadores originais atribuiram a uma estrutura incorreta o feromônio da lagarta do sobreiro e propuseram o nome **gyplure**. Devido à sua grande promessa como método de controle de insetos, o gyplure foi rapidamente sintetizado. O material sintético foi totalmente inativo. Após alguma controvérsia sobre os motivos da incapacidade do material sintético em atrair as lagartas do sobreiro machos (veja as Referências para ler a história completa), verificou-se que a estrutura proposta para o feromônio (isto é, a estrutura do gyplure), estava incorreta. O feromônio correto era o *cis*,7,8-epóxi-2-metil-octadecano, também chamado de $(7R,8S)$-epóxi-2-metil-octadecano. Esta substância foi sintetizada e era ativa. Ela recebeu o nome de **disparlure**. Recentemente, armadilhas contendo disparlure mostraram ser um método econômico e conveniente para controlar as lagartas do sobreiro.

Uma história semelhante de identidade trocada pode ser relatada para a estrutura do feromônio da lagarta rosada, *Pectinophora gossypiella*. A estrutura originalmente proposta foi chamada de **propilure**. O propilure sintético era inativo. Mostrou-se, subseqüentemente, que o feromônio era uma mistura de dois isômeros do acetato de 7,11-hexadecadieno-1-ila, o isômero *cis*,*cis* $(7Z,11Z)$ e o *cis*,*trans* $(7Z,11E)$. Foi bastante fácil sintetizar uma mistura 1:1 dos dois isômeros, que foi chamada de **gossiplure**. Curiosamente, a adição de até 10% de qualquer um dos outros dois isômeros, o *trans*,*cis* $(7E,11Z)$ ou *trans*,*trans* $(7E,11E)$ à mistura 1:1, diminui sua atividade, aparentemente por mascaramento. A isomeria geométrica pode ser importante! Os detalhes da história do gossiplure podem ser também encontrados nas Referências.

Estas histórias foram parcialmente repetidas aqui para acentuar as dificuldades envolvidas na pesquisa com feromônios. O método usual é propor uma estrutura determinada a partir de quantidades *extremamente pequenas* do material natural. A margem de erro é grande. Estas propostas usualmente só são consideradas como "provadas" se o material sintético é pelo menos tão ativo biologicamente quanto o feromônio natural.

OUTROS FEROMÔNIOS

O exemplo mais importante de um feromônio de modificação é encontrado entre as abelhas. Uma colônia de abelhas inclui uma abelha rainha, várias centenas de zangões e milhares de abelhas operárias (fêmeas não-desenvolvidas). Foi descoberto, recentemente, que a rainha, a única fêmea totalmente desenvolvida e com capacidade de reprodução, secreta um feromônio de modificação, chamado a **substância da rainha**. As operárias, enquanto cuidam da abelha rainha, ingerem continuamente a substância da rainha. Este feromônio, que é uma mistura de compostos, impede as operárias de cuidar de outras rainhas competidoras e impede o desenvolvimento de ovários em todas as outras fêmeas da colmeia. A substância também funciona como atraente sexual. Ela atrai zangões durante o "vôo nupcial" da rainha. A figura da página seguinte mostra o componente principal da substância da rainha.

As abelhas produzem, também, vários outros tipos importantes de feromônios. É experiência antiga que as abelhas atacam os intrusos em enxames. Sabe-se que o acetato de isopentila induz um comportamento semelhante nas abelhas. O acetato de isopentila é um **feromônio de alarme**. Quando uma abelha operária pica um intruso, ela descarrega, juntamente com o veneno do ferrão, uma mistura de feromônios que incita as outras abelhas a juntar-se em um enxame e a atacar o intruso. O acetato de isopentila é um componente importante da mistura do feromônio de alarme. Feromônios de alarme foram também identificados em muitos outros insetos. Em insetos menos agressivos do que abelhas ou formigas, o feromônio de alarme pode tomar a forma de um **repelente**, que induz os insetos a se esconderem ou fugirem.

As abelhas também liberam **feromônios de recrutamento** ou **de caminho**. Estes feromônios atraem outras abelhas para uma fonte de alimento. As abelhas secretam feromônios de recrutamento quando localizam flores que contêm grandes quantidades de xarope de açúcar. Embora o feromônio de recrutamento seja uma mistura complexa, geraniol e citral foram identificados como componentes.

ATRAENTES SEXUAIS DE INSETOS

Dispalure
(lagartas do sobreiro)

Gossiplure
(lagartas rosada)

FEROMÔNIOS DE RECRUTAMENTO

Geraniol
(abelhas)

Citral
(abelhas)

FEROMÔNIOS DE MODIFICAÇÃO

Substância da rainha
(abelhas)

FEROMÔNIOS DE ALARME

Acetato de isopentila
(abelhas)

Citral

Citronelal
(formigas)

Periplanona B
(baratas)

FEROMÔNIOS DE MAMÍFEROS (?)

Exaltolido
(sintético)

Citetona
(gatos almiscarados)

Muscona
(gamos almiscarados)

Também as formigas, quando localizam uma fonte de comida, arrastam suas caudas no chão em sua volta para o formigueiro e liberam continuamente um feromônio de caminho. Outras formigas seguem a trilha até a fonte de comida.

Os feromônios de reconhecimento de algumas espécies de insetos foram identificados. No caso das formigas-de-cupim (*carpenter ants*), uma secreção específica da casta foi encontrada nas glândulas das mandíbulas dos machos de cinco espécies diferentes. Estas secreções têm várias funções, uma das quais é permitir que membros da mesma espécie se reconheçam. Os insetos que não têm o odor de reconhecimento correto são imediatamente atacados e expulsos do formigueiro. Em uma das espécies de formigas-de-cupim, o feromônio de reconhecimento contém o antranilato de metila como componente importante.

Não conhecemos ainda todos os tipos de feromônios que uma dada espécie de insetos pode usar, mas parece que um mínimo de 10 ou 12 feromônios bastam para constituir uma "linguagem" que pode regular adequadamente o ciclo de vida de uma colônia de insetos sociais.

REPELENTES DE INSETOS

No momento, o **repelente de insetos** mais usado é a substância sintética *N,N*-dietil-*m*-toluamida (Experimento 45), também chamada Deet. Ela é efetiva contra moscas, mosquitos, bichos-de-pé, carrapatos, mutucas, mosquitos-pólvora e piolhos. Um repelente específico é conhecido para cada um destes tipos de insetos, mas nenhum tem o largo espectro de atividades deste repelente. Por que, exatamente, estas substâncias repelem os insetos ainda não é bem-compreendido. As investigações mais completas foram conduzidas para os mosquitos.

Inicialmente, muitos investigadores imaginavam que os repelentes fossem simplesmente compostos com cheiros desagradáveis ou repugnantes para muitas variedades de insetos. Outros pensavam que eles poderiam ser feromônios de alarme das espécies envolvidas ou de espécies hostis. Pesquisas iniciais com o mosquito mostraram que pelo menos para algumas variedades de mosquito, nenhuma dessas hipóteses é correta.

Os mosquitos parecem ter cabelos em suas antenas que funcionam como receptores que permitem que eles encontrem vítimas de sangue quente. Os receptores detectam as correntes de convecção produzidas por um animal quente e úmido. Quando um mosquito encontra uma corrente de ar quente e úmida, ele se move na contra-corrente. Se ele sai da corrente para o ar seco, ele volta até achar novamente a corrente de convecção. Eventualmente, ele encontra a vítima e pousa. Os repelentes fazem com que o mosquito saia da corrente e fique confuso. Mesmo se pousar, ele continua confuso e voa novamente.

Os pesquisadores descobriram que o repelente impede que os receptores de umidade do mosquito respondam normalmente ao aumento da umidade da vítima. Pelo menos dois sensores estão envolvidos, um que responde ao dióxido de carbono, e outro, ao vapor de água. O sensor de dióxido de carbono é ativado pelo repelente, mas se a exposição ao produto químico continua, ocorre adaptação, e o sensor volta ao nível inicial de sinal. O sensor de umidade, por outro lado, aparentemente é desligado pelo repelente. Por isso, os mosquitos têm grande dificuldade em localizar e interpretar uma vítima quando estão em um ambiente saturado com repelente. Somente o tempo dirá se outros insetos responderão de forma semelhante.

REFERÊNCIAS

Agosta, W. C. "Using Chemicals to Communicate." *Journal of Chemical Education, 71* (March 1994): 242.
Batra, S. W. T. "Polyester-Making Bees and Other Innovative Insect Chemists." *Journal of Chemical Education, 62* (February 1985): 121.
Katzenellenbogen, J. A. "Insect Pheromone Synthesis: New Methodology." *Science, 194* (October 8, 1976): 139.
Leonhardt, B. A. "Pheromones." *ChemTech, 15* (June 1985): 368.
Prestwick, G. D. "The Chemical Defenses of Termites." *Scientific American, 249* (August 1983): 78.
Silverstein, R. M. "Pheromones: Background and Potential Use for Insect Control." *Science, 213* (September 18, 1981): 1326.

Stine, W. R. "Pheromones: Chemical Communication by Insects." *Journal of Chemical Education, 63* (July 1986): 603.

Villemin, D. "Olefin Oxidation: A Synthesis of Queen Bee Pheromone." *Chemistry and Industry* (January 20, 1986): 69.

Wilson, E. O. "Pheromones." *Scientific American, 208* (May 1963): 100.

Winston, M. L., and Slessor, K. N. "The Essence of Royalty: Honey Bee Queen Pheromone." *American Scientist, 80* (July–August 1992): 374.

Wood, W. F. "Chemical Ecology: Chemical Communication in Nature." *Journal of Chemical Education, 60* (July 1983): 531.

Wright, R. H. "Why Mosquito Repellents Repel." *Scientific American, 233* (July 1975): 105.

Yu, H., Becker, H., and Mangold, H. K. "Preparation of Some Pheromone Bouquets." *Chemistry and Industry* (January 16, 1989): 39.

Lagartas do Sobreiro

Beroza, M., and Knipling, E. F. "Gypsy Moth Control with the Sex Attractant Pheromone." *Science, 177* (1972): 19.

Bierl, B. A., Beroza, M., and Collier, C. W. "Potent Sex Attractant of the Gypsy Moth: Its Isolation, Identification, and Synthesis." *Science, 170* (1970): 87.

Lagartas Rosadas

Anderson, R. J., and Henrick, C. A. "Preparation of the Pink Bollworm Sex Pheromone Mixture, Gossyplure." *Journal of the American Chemical Society, 97* (1975): 4327.

Hummel, H. E., Gaston, L. K., Shorey, H. H., Kaae, R. S., Byrne, K. J., and Silverstein, R. M. "Clarification of the Chemical Status of the Pink Bollworm Sex Pheromone." *Science, 181* (1973): 873.

Baratas

Adams, M. A., Nakanishi, K., Still, W. C., Arnold, E. V., Clardy, J., and Persoon, C. J. "Sex Pheromone of the American Cockroach: Absolute Configuration of Periplanone-B." *Journal of the American Chemical Society, 101* (1979): 2495.

Still, W. C. "(6)-Periplanone-B: Total Synthesis and Structure of the Sex Excitant Pheromone of the American Cockroach." *Journal of the American Chemical Society, 101* (1979): 2493.

Stinson, S. C. "Scientists Synthesize Roach Sex Excitant." *Chemical and Engineering News, 57* (April 30, 1979): 24.

Aranhas

Schulz, S., and Toft, S. "Identification of a Sex Pheromone from a Spider." *Science, 260* (June 11, 1993): 1635.

Bichos-da-Seda

Emsley, J. "Sex and the Discerning Silkworm." *New Scientist, 135* (July 11, 1992): 18.

Afídeos

Coghlan, A. "Aphids Fall for Siren Scent of Pheromones." *New Scientist, 127* (July 21, 1990): 32.

Cobras

Mason, R. T., Fales, H. M., Jones, T. H., Pannell, L. K., Chinn, J. W., and Crews, D. "Sex Pheromones in Snakes." *Science, 245* (July 21, 1989): 290.

Mariposas Orientais

Mithran, S., and Mamdapur, V. R. "A Facile Synthesis of the Oriental Fruit Moth Sex Pheromone." *Chemistry and Industry* (October 20, 1986): 711.

Humanos

Stern, K., and McClintock, M. K. "Regulation of Ovulation by Human Pheromones." *Nature, 392* (March 12, 1998): 177.

Weller, A. "Communication through Body Odour." *Nature, 392* (March 12, 1998): 126.

EXPERIMENTO 45

N,N-Dietil-m-toluamida: O Repelente de Insetos "OFF"

Preparação de uma amida
Extração
Cromatografia em coluna

Neste experimento, você sintetizará o ingrediente ativo do repelente de insetos "OFF", a N,N-dietil-m-toluamida. Esta substância pertence à classe de compostos chamados de **amidas**. As amidas tem a estrutura geral

$$R-\underset{\underset{O}{\|}}{C}-NH_2$$

A amida a ser preparada neste experimento é uma amida dissubstituída, isto é, os dois hidrogênios do grupo–NH_2 foram substituídos por grupos etila. As amidas não podem ser preparadas diretamente pela mistura de um ácido carboxílico e uma amina. Se um ácido carboxílico e uma amina se misturam, ocorre uma reação ácido-base para dar a base conjugada do ácido que não reage mais em solução:

$$RCOOH + R_2NH \longrightarrow [RCOO^- R_2NH_2^+]$$

Entretanto, se o sal de amina for isolado como um sólido cristalino e for aquecido fortemente, a amida pode ser preparada:

$$[RCOO^- R_2NH_2^+] \xrightarrow{calor} [RCONR_2 + H_2O]$$

Devido às temperaturas elevadas necessárias para esta reação, ela não é um método conveniente de laboratório.

As amidas são usualmente preparadas via cloreto de acila, como neste experimento. Na etapa 1, o ácido m-tolúico reage com o cloreto de tionila ($SOCl_2$) para dar o cloreto de acila.

Etapa 1 Ácido m-tolúico + $SOCl_2$ (Cloreto de tionila) → Cloreto de acila + SO_2 + HCl

O cloreto de acila não é isolado ou purificado, ele reage diretamente com a dietilamina na etapa 2. Usa-se um excesso de dietilamina para reagir com o cloreto de hidrogênio que se forma na etapa 2.

Etapa 2 Cloreto de acila + Dietilamina ($CH_3CH_2)_2NH$ → N,N-Dietil-m-toluamida ("OFF") + HCl

$$\begin{array}{c}CH_3-CH_2\\ \diagdown\\ CH_3-CH_2\end{array}NH + HCl \longrightarrow \begin{array}{c}CH_3-CH_2\\ \diagdown\\ CH_3-CH_2\end{array}NH_2^+\;Cl^-$$

Cloridrato de dietilamina

Leitura necessária

Revisão: Técnica 7   Métodos de Reação, Seções 7.2, 7.3, 7.5, 7.8B e 7.10
        Técnica 12   Extrações, Separações e Agentes de Secagem, Seções 12.4, 12.10 e 12.11
        Técnica 19   Cromatografia em Coluna, Seções 19.6, 19.7, 19.9 e 19.10
Nova: Dissertação   Feromônios: Atraentes e Repelentes de Insetos

Instruções especiais

Todos os equipamentos usados neste experimento devem estar secos porque o cloreto de tionila reage com água para liberar HCl e SO_2. Pela mesma razão, deve-se usar éter *anidro*. A água também reage com o cloreto de acila intermediário.

    O cloreto de tionila é um produto químico tóxico e corrosivo e deve ser manipulado com cuidado. Se ele pingar na pele, causará queimaduras sérias. O cloreto de tionila e a dietilamina devem ser retirados, *em capela*, de garrafas que devem ser mantidas bem-fechadas quando não estiverem em uso. A dietilamina também é venenosa e corrosiva. Além disso, ela é muito volátil (pe 56°C) e deve ser resfriada em capela antes do uso.

Sugestão para eliminação de resíduos

Todos os extratos em água devem ser colocados no recipiente próprio.

Procedimento

Montagem da Aparelhagem. Monte em uma boa capela a aparelhagem mostrada na figura da página seguinte. Não inclua a seringa por ora. O retentor de gás mostrado na figura servirá para eliminar os gases cloreto de hidrogênio e dióxido de enxofre que se desprendem durante a reação (Técnica 7, Seção 7.8, página 541). Umedeça o algodão com um pouco de água, mas não deixe que a água passe para o condensador. Se a capela for boa, você não precisará do retentor de gás (consulte o professor). Você pode ganhar tempo se aquecer um bécher com água até 90°C na placa de aquecimento antes de medir os reagentes (você pode, também, usar uma manta de aquecimento para evitar a possibilidade de vapor de água entrar em contato com o cloreto de tionila).

Preparação do Cloreto de Acila. Coloque 1,81 g de ácido *m*-tolúico (ácido 3-metil-benzóico, *PM* = 136,1) em um balão de fundo redondo de 100 mL. Transfira, em capela, 2,0 mL de cloreto de tionila (*PM* = 118,9; *d* = 1,64 g/mL) para um tubo de ensaio. Use a pipeta graduada fornecida com o reagente. Tampe o tubo de ensaio enquanto estiver transportando-o até sua capela de trabalho.

> **Cuidado:** O cloreto de tionila deve ser mantido na capela. Não respire os vapores deste líquido venenoso e corrosivo. Use equipamento seco quando estiver manipulando este reagente, porque ele reage violentamente com água. Não deixe que ele toque sua pele. Se você estiver usando um banho de água quente, remova-o das proximidades de sua aparelhagem para que não haja perigo do cloreto de tionila entrar em contato com a água.

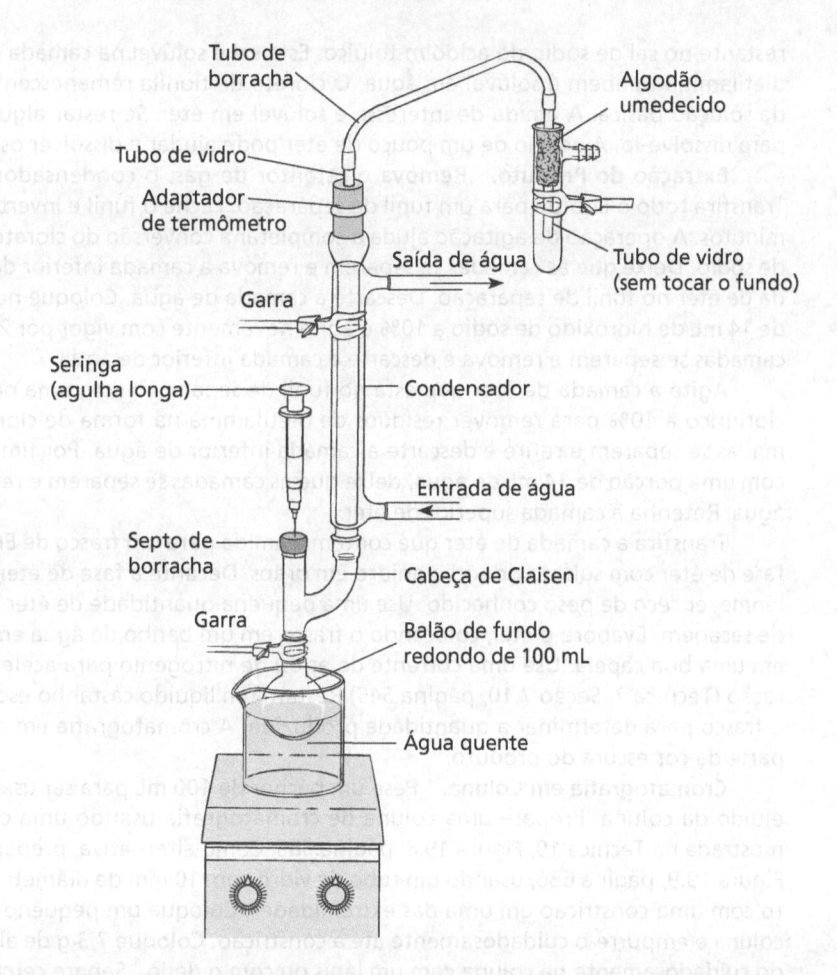

Experimento 45 N,N-Dietil-m-toluamida: O Repelente de Insetos "OFF"

Aparelhagem para o Experimento 45. *Nota*: Recomenda-se o uso de uma agulha longa na seringa.

Remova o septo de borracha e transfira o cloreto de tionila para o frasco. Use, para isso, uma pipeta Pasteur. Coloque pérolas de vidro no balão. Recoloque o septo no lugar, faça circular a água pelo condensador e aqueça a mistura até o refluxo. Ferva a mistura cuidadosamente por 15 minutos.

Preparação da Amida. Retire a aparelhagem do banho de água e deixe o balão esfriar até a *temperatura normal*. Remova a placa de aquecimento e o banho, porque a próxima reação da seqüência é feita na temperatura normal.

Quando a mistura estiver fria, remova o septo de borracha e coloque 25,0 mL de éter *anidro* no balão. Recoloque o septo no lugar. Segure a haste de sustentação e agite a mistura, sem sacolejar, até que a solução fique homogênea. Em capela, obtenha 4,5 mL de dietilamina gelada (*PM* = 73,1; *d* = 0,71 g/mL) e coloque-os em um frasco de Erlenmeyer pequeno. Adicione 8 mL de éter *anidro* à amina que está no frasco.

Retire um pouco da solução de dietilamina do frasco com uma seringa *seca* e passe a agulha da seringa pelo septo de borracha da aparelhagem. Transfira para o balão a solução de dietilamina e éter, *gota a gota*, por um período de 15 minutos. Use a solução amina-éter que está no frasco de Ernenmeyer para encher a seringa quando necessário. A adição da solução forma uma nuvem volumosa de cloridrato de dietilamina no balão. Segure a haste de sustentação e, com movimentos circulares, agite ocasionalmente a mistura.

Após adicionar toda a dietilamina, agite a mistura eventualmente por um período de 10 minutos. Remova, em seguida, o septo de borracha e coloque 14 mL de uma solução de hidróxido de sódio a 10% em água. Faça a adição em pequenas porções, uma de cada vez. Agite ocasionalmente por 15 minutos. Neste intervalo, o hidróxido de sódio converte quase todo o cloreto de acila restante no sal de sódio do ácido *m*-tolúico. Este sal é solúvel na camada de água. O cloridrato de dietilamina também é solúvel em água. O cloreto de tionila remanescente é destruído pela água da solução básica. A amida de interesse é solúvel em éter. Se restar algum sólido, adicione água para dissolvê-lo. A adição de um pouco de éter pode ajudar a dissolver os resíduos.

Extração do Produto. Remova o retentor de gás, o condensador e a cabeça de Claisen. Transfira todo o líquido para um funil de separação. Feche o funil e inverta-o rapidamente por 2-3 minutos. A operação de agitação ajuda a completar a conversão do cloreto de acila restante em sal de sódio. Deixe que as camadas se separem e remova a camada inferior de água. Retenha a camada de éter no funil de separação. Descarte a camada de água. Coloque no funil uma outra porção de 14 mL de hidróxido de sódio a 10% e agite novamente com vigor por 2-3 minutos. Deixe que as camadas se separem e remova e descarte a camada inferior de água.

Agite a camada de éter que está no funil de separação com uma porção de 14 mL de ácido clorídrico a 10% para remover resíduos de dietilamina na forma de cloridrato. Deixe que as camadas se separem e retire e descarte a camada inferior de água. Por fim, agite a camada de éter com uma porção de 14 mL de água, deixe que as camadas se separem e retire a camada inferior de água. Retenha a camada superior de éter.

Transfira a camada de éter que contém a amida para um frasco de Erlenmeyer seco e seque a fase de éter com sulfato de sódio anidro em grãos. Decante a fase de éter para outro frasco de Erlenmeyer *seco* de peso conhecido. Use uma pequena quantidade de éter seco para lavar o agente de secagem. Evapore o éter, colocando o frasco em um banho de água em cerca de 50°C. Faça isso em uma boa capela. Use uma corrente de ar ou de nitrogênio para acelerar o processo de evaporação (Técnica 7, Seção 7.10, página 545) Restará um líquido castanho escuro, a amida bruta. Pese o frasco para determinar a quantidade produzida. A cromatografia em coluna removerá a maior parte da cor escura do produto.

Cromatografia em Coluna. Pese um bécher de 100 mL para ser usado na coleta do material eluído da coluna. Prepare uma coluna de cromatografia usando uma coluna comercial como a mostrada na Técnica 19, Figura 19.8, página 685. Como alternativa, prepare uma coluna como a da Figura 19.9, página 686, usando um tubo de vidro com 10 mm de diâmetro e 20 cm de comprimento com uma constrição em uma das extremidades. Coloque um pequeno chumaço de algodão na coluna e empurre-o cuidadosamente até a constrição. Coloque 7,3 g de alumina na coluna, batendo cuidadosamente na coluna com um lápis ou com o dedo.[1] Separe cerca de 30 mL de hexano. O hexano será usado para preparar a coluna, dissolver o produto bruto e eluir o produto purificado, como descrito no próximo parágrafo.

Prenda a coluna acima do bécher de peso conhecido. Coloque 7 mL de hexano na coluna e deixe que percole pela alumina. Deixe o solvente escorrer até que atinja a superfície da alumina. Dissolva o produto bruto em cerca de 2 mL de hexano antes de adicioná-lo à coluna pelo topo. Use uma pipeta Pasteur para esta operação. Deixe a mistura penetrar na coluna. Use cerca de 4 mL de hexano para lavar o frasco que continha o produto bruto. Quando a primeira aplicação de produto bruto tiver penetrado completamente na coluna e o líquido começar a encostar na alumina, adicione o hexano de lavagem. Use uma pipeta Pasteur para isto.

Quando o nível de solvente tiver novamente encostado na alumina, adicione mais hexano, com uma pipeta, para eluir o produto. Você deve adicionar à coluna cerca de 14 mL de hexano, em porções, para eluir o produto. Colete todo o líquido que passa pela coluna em uma única fração (material amarelo). Coloque o bécher em um banho de água morna (cerca de 50°C) e evapore o hexano com a ajuda de uma corrente de ar ou de nitrogênio. Use uma capela. Você obterá a *N,N*-dietil-*m*-toluamida na forma de um líquido castanho-amarelado. Se necessário, use algumas gotas de hexano para arrastar o produto das paredes do bécher para o fundo. Evapore este solvente.

Análise do Produto. Pese novamente o bécher para determinar o peso do produto. Calcule o rendimento percentual (*PM* = 193,1) do produto bruto e do produto purificado na coluna. Determine o espectro de infravermelho do produto. Entregue a amostra restante ao professor. Compare o espectro de infravermelho que você obteve com o da página 325.

---

[1] EM Science (No. AX0612-1). O tamanho das partículas é de 80 a 200 mesh, e o material é Type F-20.

REFERÊNCIA

Wang, B. J-S. "An Interesting and Successful Organic Experiment." *Journal of Chemical Education, 51* (October 1974): 631. (The synthesis of *N,N*-diethyl-*m*-toluamide.)

QUESTÕES

1. Escreva uma equação que descreva a reação do cloreto de tionila com a água.
2. Que reação ocorreria se o cloreto de acila do ácido *m*-tolúico fosse misturado com água?
3. Por que é necessário extrair a mistura de reação com hidróxido de sódio a 10%? Escreva uma equação.
4. Escreva um mecanismo para cada etapa da preparação da *N,N*-dietil-*m*-toluamida.
5. Interprete cada um dos picos principais do espectro de infravermelho da *N,N*-dietil-*m*-toluamida.
6. Um estudante obteve o espectro de infravermelho do produto e encontrou uma absorção em 1785 cm^{-1}. O resto do espectro era semelhante ao dado neste experimento. Assinale este pico e de uma explicação para este resultado inesperado.

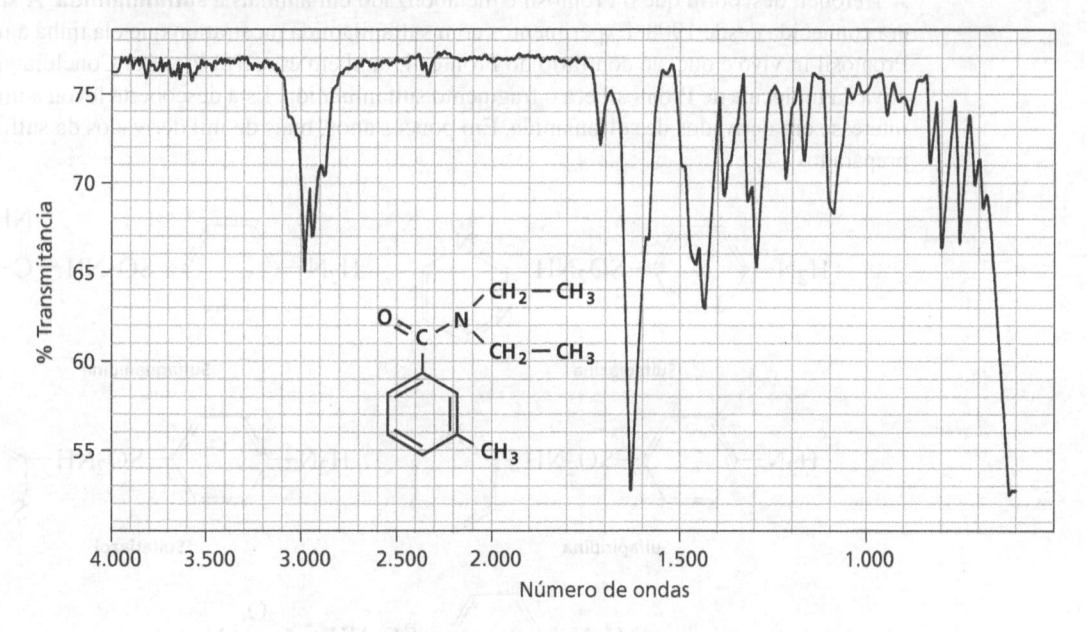

Espectro de infravermelho da *N,N*-dietil-*m*-toluamida (pura).

DISSERTAÇÃO

Sulfas

A história da quimioterapia começou em 1909, quando Paul Ehrlich usou o termo pela primeira vez. Embora a definição que ele propôs fosse limitada, Erlich é reconhecido como um dos gigantes da química medicinal. A **quimioterapia** pode ser definida como "o tratamento da doença com reagentes químicos". É preferível que estes reagentes sejam tóxicos apenas para o organismo patogênico, e não, para o organismo e o hospedeiro. Um agente quimioterapêutico não seria útil se ele envenenasse o paciente e curasse a doença!

Em 1932, o fabricante de corantes alemão I. G. Farbenindustrie patenteou um novo fármaco, Prontosil. O prontosil é um corante azo vermelho que foi preparado inicialmente por suas propriedades de corante. Descobriu-se, porém, que o Prontosil tinha ação bactericida quando usado para colorir a lã. A descoberta levou a estudos do Prontosil como fármaco capaz de inibir o crescimento de bactérias. No

Prontosil: H₂N–C₆H₃(NH₂)–N=N–C₆H₄–SO₂NH₂

Sulfanilamida: H₂N–C₆H₄–SO₂NH₂

ano seguinte, o Prontosil foi usado com sucesso contra a septicemia por estafilococos, uma infecção do sangue. Em 1935, Gerhard Domagk publicou os resultados de seus estudos que indicavam que o Prontosil era capaz de curar infecções de estreptococos em ratos e coelhos. Trabalhos posteriores mostraram que Prontosil era ativo contra muitas bactérias. Esta importante descoberta, que abriu o caminho para uma quantidade muito grande de pesquisas na quimioterapia de infecções bacterianas, deu a Domagk o Prêmio Nobel de Medicina em 1939. Uma ordem de Hitler impediu Domagk de aceitar a honra.

O Prontosil é um agente antibacteriano efetivo **in vivo**, isto é, quando injetado em um animal vivo. O Prontosil não é ativo medicinalmente quando testado **in vitro**, isto é, contra uma cultura de bactérias cultivada em laboratório. Em 1935, o grupo de pesquisas do Instituto Pasteur, em Paris, liderado por J. Tréfouël, descobriu que o Prontosil é metabolizado em animais a **sulfanilamida**. A sulfanilamida já era conhecida desde 1908. Experimentos com sulfanilamida mostraram que ela tinha a mesma ação do Prontosil in vivo e que, ao contrário do Prontosil, também era ativa in vitro. Concluiu-se que a porção ativa da molécula de Prontosil era o fragmento sulfanilamida. Esta descoberta levou a uma explosão de interesse em derivados de sulfonamida. Em poucos anos, mais de mil derivados da sulfonamida foram preparados.

Sulfadiazina: H₂N–C₆H₄–SO₂NH–(pirimidina)

Sulfaguanidina: H₂N–C₆H₄–SO₂NH–C(=NH)–NH₂

Sulfapiridina: H₂N–C₆H₄–SO₂NH–(piridina)

Sulfatiazol: H₂N–C₆H₄–SO₂NH–(tiazol)

Sulfisoxazol: H₂N–C₆H₄–SO₂NH–(3,4-dimetilisoxazol)

Embora muitos derivados da sulfonamida tivessem sido preparados, somente alguns deles tinham propriedades antibacterianas úteis. Como eram os primeiros fármacos antibacterianos efetivos, as sulfonamidas terapeuticamente ativas, ou **sulfas**, tornaram-se as drogas milagrosas de sua época. Um fármaco antibacteriano pode ser **bacteriostático** ou **bactericida**. Um fármaco bacteriostático suprime o crescimento das bactérias, e um bactericida, as mata. Estritamente falando, as sulfas são bacteriostáticos. As estruturas de algumas das sulfas mais comuns são dadas aqui. Estas sulfas mais complexas têm várias aplicações importantes. Embora elas não tenham a estrutura simples caracteristica da sulfanilamida, elas tendem a ser menos tóxicas do que o composto mais simples.

As sulfas começaram a perder sua importância como agentes gerais antibacterianos quando começou a produção de antibióticos em grandes quantidades. Em 1929, Sir Alexander Fleming fez sua famosa descoberta da **penicilina**. Em 1941, a penicilina foi usada com sucesso em humanos. Desde então, o estudo de antibióticos chegou a moléculas que têm pouca ou nenhuma semelhança estrutural com as sulfonamidas. Além de derivados da penicilina, antibióticos derivados da **tetraciclina**, inclusive a Aureomicina e a Terramicina, foram descobertos. Estes novos antibióticos têm grande atividade contra bactérias, usualmente sem os efeitos colaterais desagradáveis de muitas sulfas. Entretanto, as sulfas são ainda muito usadas no tratamento da malária, da tuberculose, da lepra, da meningite, da pneumonia, da escarlatina, da peste e de infecções respiratórias, intestinais e do trato urinário.

Penicilina G

Tetraciclina

Embora a importância das sulfas tenha diminuido, estudos de sua ação dão uma idéia muito interessante de como agem os quimioterápicos. Em 1940, Woods e Fildes descobriram que o ácido *p*-amino-benzóico (PABA) inibe a ação da sulfanilamida. Eles concluiram que a sulfanilamida e o PABA devem, devido à sua semelhança estrutural, competir entre si no organismo, embora não tenham a mesma função química. Outros estudos mostraram que a sulfanilamida não mata as bactérias, mas inibe o seu crescimento. Para crescer, as bactérias precisam de uma reação catalisada por enzimas que usam o **ácido fólico** como cofator. As bactérias sintetizam o ácido fólico usando o PABA como um de seus componentes. Quando a sulfanilamida entra na célula bacteriana, ela compete com o PABA pelo sítio ativo da enzima que provoca a incorporação do PABA à molécula do ácido fólico. Como a sulfanilamida e o PABA competem pelo sítio ativo porque têm estruturas semelhantes, e como a sulfanilamida não pode realizar as transformações químicas características do PABA, uma vez formado o complexo com a enzima, a sulfanilamida é chamada de um **inibidor competitivo** da enzima. Após a formação do complexo com a sulfanilamida a enzima é incapaz de catalisar a reação necessária para a síntese do ácido fólico. Sem ácido fólico, a bactéria não pode sintetizar os ácidos nucléicos necessários para o seu crescimento. Em conseqüência, o crescimento das bactérias se interrompe até que o sistema imunológico do corpo possa responder e matá-las.

Alguém poderia perguntar: "Por que, quando alguém toma sulfanilamida, ela não inibe o crescimento de *todas* as células, das bactérias e humanas?" A resposta é simples. As células de mamíferos não podem sintetizar o ácido fólico. Ele é parte da dieta dos animais e, por isso, é uma vitamina essencial. Como as células de animais recebem o ácido fólico já sintetizado, somente as células de bactérias são afetadas pela sulfanilamida e somente seu crescimento é afetado.

O mecanismo de ação da maior parte dos fármacos é desconhecido. As sulfas, porém, são um exemplo raro, a partir do qual podemos teorizar a ação medicinal de outros agentes terapêuticos.

Ácido *p*-amino-benzóico (PABA)

Resíduo de PABA (ácido fólico)

REFERÊNCIAS

Amundsen, L. H. "Sulfanilamide and Related Chemotherapeutic Agents." *Journal of Chemical Education, 19* (1942): 167.

Evans, R. M. *The Chemistry of Antibiotics Used in Medicine.* London: Pergamon Press, 1965.

Fieser, L. F., and Fieser, M. "Chemotherapy." Chap. 7 in *Topics in Organic Chemistry.* New York: Reinhold, 1963.

Garrod, L. P., and O'Grady, F. *Antibiotic and Chemotherapy.* Edinburgh: E. and S. Livingstone, Ltd., 1968.

Mandell, G. L., and Sande, M. A. "The Sulfonamides." Chap. 45 in L. S. Goodman and A. Gilman, eds., *The Pharmacological Basis of Therapeutics,* 8th ed. NewYork: Pergamon Press, 1990.

Sementsov, A. "The Medical Heritage from Dyes." *Chemistry, 39* (November 1966): 20.

Zahner, H., and Maas,W. K. *Biology of Antibiotics.* Berlin: Springer-Verlag, 1972.

EXPERIMENTO 46

Sulfas: Preparação da Sulfanilamida

Cristalização
Grupos de proteção
Teste da ação de fármacos sobre bactérias
Preparação de uma sulfonamida
Substituição em aromáticos

Neste experimento, você preparará a sulfanilamida pelo esquema de síntese dado abaixo. A síntese desta sulfa envolve a conversão de acetanilida no intermediário cloreto de *p*-acetamido-benzenossulfonila (etapa 1). A seguir, este intermediário converte-se em sulfanilamida a partir da *p*-acetamido-benzenossulfonamida (etapa 2).

Acetanilida → (HOSO$_2$Cl) → Cloreto de *p*-acetamido-benzenossulfonila (1)

Cloreto de *p*-acetamido-benzenossulfonila → (NH$_3$ / Amônia) → *p*-Acetamido-benzenossulfonamida → (1) HCl, H$_2$O (2) NaHCO$_3$ → Sulfanilamida (2)

A acetanilida, que pode ser preparada facilmente a partir da anilina, reage com o ácido clorossulfônico para dar o cloreto de *p*-acetamido-benzenossulfonila. O grupo acetamido dirige a substituição quase totalmente para a posição *para*. A reação é um exemplo de substituição nucleofílica em aromáticos. Teríamos dois problemas se a anilina fosse usada na reação. Em primeiro lugar, o grupo amino seria protonado no meio fortemente ácido e se tornaria dirigente *meta*. Depois, o ácido clorossulfônico iria reagir com o grupo amino, e não, com o anel, para dar C_6H_5–$NHSO_3H$. Por isso, foi necessário "proteger" o grupo amino por acetilação. O grupo acetila será removido na etapa final, quando não for mais necessário, com a regeneração do grupo amino livre da sulfanilamida.

O cloreto de *p*-acetamido-benzenossulfonila é isolado pela adição da mistura de reação à água gelada, que decompõe o excesso de ácido clorossulfônico. Este intermediário é razoavelmente estável em água. Como, porém, ele se converte lentamente no ácido sulfônico correspondente (Ar–SO_3H), ele deve ser isolado da água por filtração assim que possível.

Cloreto de *p*-acetamido-benzenossulfonila → Ácido *p*-acetamido-benzenossulfônico + HCl

O cloreto de sulfonila intermediário se converte em *p*-acetamido-benzenossulfonamida por reação com amônia em água (etapa 2). O excesso de amônia neutraliza o cloreto de hidrogênio produzido. A única reação lateral é a hidrólise do cloreto de sulfonila a ácido *p*-acetamido-benzenossulfônico.

O grupo de proteção acetila é removido por hidrólise catalisada por ácido para dar o cloridrato do produto, sulfanilamida. Observe que das duas ligações amida presentes, só a amida do ácido carboxílico (grupo acetamido) se quebra. O sal da sulfa converte-se em sulfanilamida com adição da base bicarbonato de sódio.

p-Acetamido-benzenossulfonamida → (HCl, H_2O) → + CH_3–C(=O)–OH → (NaHCO$_3$) → Sulfanilamida + $CH_3C(=O)O^-$

Leitura necessária

Revisão: Técnica 7   Métodos de Reação, Seções 7.2 e 7.8A
         Técnica 8   Filtração, Seção 8.3
         Técnica 11   Cristalização: Purificação de Sólidos, Seção 11.3
         Técnica 25   Espectroscopia de Infravermelho, Seções 25.4 e 25.5
Nova: Dissertação Sulfas

Instruções especiais

Se possível, todo o experimento deve ser completado em capela. Se isto não for possível, use uma capela onde estiver indicado no procedimento.

O ácido clorossulfônico deve ser manipulado com cuidado porque é um líquido corrosivo que reage violentamente com a água. Tenha muito cuidado quando estiver lavando a vidraria que entrou em contato com o ácido clorossulfônico. Até mesmo uma pequena quantidade do ácido reagirá violentamente com a água.

O cloreto de *p*-acetamido-benzenossulfonila deve ser usado na mesma aula em que foi preparado. Ele é instável e não aguenta o armazenamento por muito tempo. A sulfa pode ser testada em vários tipos de bactérias (veja o *Instructor Manual*).

Sugestão para eliminação de resíduos

Coloque todos os filtrados em água no recipiente destinado aos resíduos em água. Coloque os resíduos orgânicos no recipiente destinado aos resíduos orgânicos não-halogenados. Coloque a lã de vidro umedecida com hidróxido de sódio 0,1 M no recipiente a ela destinado.

Procedimento

PARTE A. CLORETO DE *P*-ACETAMIDO-BENZENOSSULFONILA

Aparelhagem da Reação. Monte a aparelhagem mostrada na figura da página seguinte. Prepare o tubo de ensaio com saída lateral para uso como retentor de gás. Coloque uma porção de lã de vidro frouxamente em volta do tubo de vidro. Adicione cerca de 2,5 mL de solução de hidróxido de água 0,1 M, gota, a gota à lã de vidro, para que ela fique úmida, mas não ensopada. Esta aparelhagem reterá o cloreto de hidrogênio que se desprende durante a reação. Ligue-a ao frasco de Erlenmeyer após a adição da acetanilida e do ácido clorossulfônico, como indicado no próximo parágrafo.

Reação da Acetanilida com o Ácido Clorossulfônico. Coloque 1,80 g de acetanilida em um frasco de Erlenmeyer de 50 mL, *seco*. Funda a acetanilida (pf 113°C) por aquecimento brando com uma chama. Remova o frasco do fogo e agite, por rotação, o óleo pesado para que ele se deposite uniformemente pela parede inferior e pelo fundo do frasco. Deixe-o esfriar até a temperatura normal e depois coloque-o em um banho de água gelada. Deixe o frasco no banho até novas instruções.

> **Cuidado:** O ácido clorossulfônico é extremamente venenoso e corrosivo e deve ser manipulado com cuidado. Use somente vidraria seca com este reagente. Se ele espirrar em sua pele, lave imediatamente com muita água. Tenha muito cuidado quando estiver lavando a vidraria que entrou em contato com o ácido clorossulfônico. Uma pequena quantidade do ácido reagirá vigorosamente com água e poderá espirrar. Use óculos de segurança.

Transfira, em capela, 5,0 mL de ácido clorossulfônico, $ClSO_2OH$ (*PM* = 116,5; d = 1,77 g/mL), para o frasco que contém a acetanilida. Ligue o frasco ao retentor de gás em sua bancada, remova o frasco do banho de água gelada e agite-o por rotação. Ocorrerá formação do gás cloreto de hidrogênio; logo, certifique-se de que a rolha de borracha está bem-colocada na tampa do frasco. A mistura de reação geralmente não precisa ser esfriada. Se a reação ficar muito violenta, entretanto, será preciso fazê-lo. Após 10 minutos, a reação deve perder intensidade, e um pouco de acetanilida deve permanecer no frasco. Aqueça o frasco por mais 10 minutos em um banho de vapor ou de água em 70°C para completar a reação (continue a usar o retentor de gás). Após esse tempo, remova a armadilha de gás e esfrie o frasco em um banho de gelo.

Isolamento do Cloreto de p-Acetamido-benzenossulfonila. As operações descritas neste parágrafo devem ser conduzidas o mais rápido possível porque o cloreto de *p*-acetamido-benzenossulfonila reage com a água. Coloque 30 g de gelo pilado em um bécher de 250 mL. Em uma capela, use uma pipeta Pasteur para transferir lentamente a mistura de reação fria (ela pode espirrar um

Experimento 46 Sulfas: Preparação da Sulfanilamida

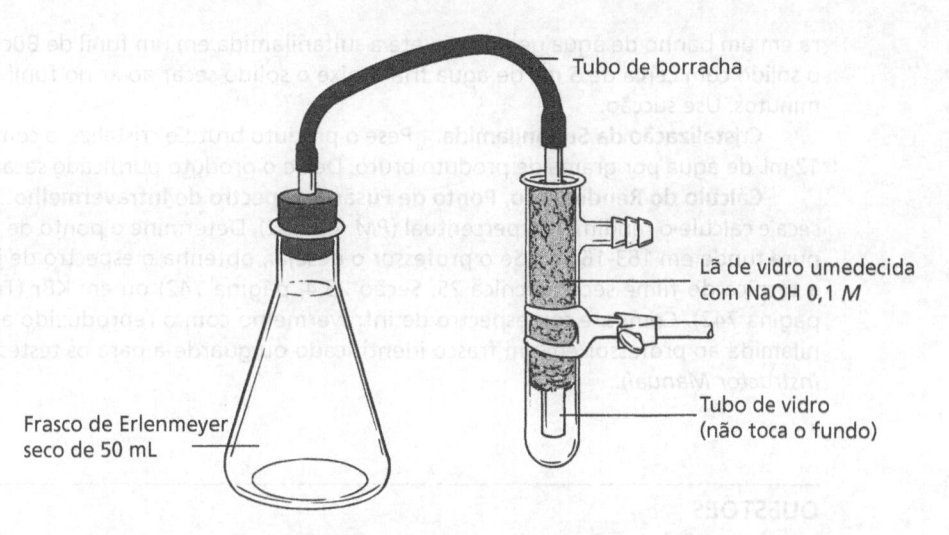

Aparelhagem para a obtenção do cloreto de p-acetamido-benzenossulfonila

pouco) para o gelo. Manhenha a mistura agitada com um bastão de vidro. (As operações restantes podem ser completadas em sua bancada.) Lave o frasco com 5 mL de água fria e transfira o conteúdo para o frasco que contém gelo. Agite o precipitado para quebrar os aglomerados e filtre o cloreto de p-acetamido-benzenossulfonila em um funil de Büchner (Técnica 8, Seção 8.3, página 554, e Figura 8.5, página 555). Lave o frasco e o bécher com duas porções de 5 mL de água gelada. Use estas porções de água para lavar o produto bruto que está no funil. Coverta o sólido em p-acetamido-benzenossulfonamida na mesma aula.

PARTE B. SULFANILAMIDA

Preparação da p-Acetamido-benzenossulfonamida. Use um bécher de 250 mL para preparar, em capela, um banho de água em 70°C. Coloque o cloreto de p-acetamido-benzenossulfonila bruto em um frasco de Erlenmeyer de 50 mL e adicione 11 mL de solução de hidróxido de amônio diluído.[1]

Aqueça bem a mistura com um bastão de vidro para quebrar os aglomerados. Aqueça a mistura no banho de água quente por 10 minutos, com agitação ocasional. Deixe o frasco esfriar até que você possa tocá-lo e coloque-o em um banho de água gelada por alguns minutos. O resto deste experimento pode ser completado em sua bancada. Colete a p-acetamido-benzenossulfonamida em um funil de Büchner e lave o frasco e o produto com cerca de 10 mL de água gelada. Você pode parar aqui.

Hidrólise da p-Acetamido-benzenossulfonamida. Transfira o sólido para um balão de fundo redondo de 25 mL e adicone 5,3 mL de ácido clorídrico diluído e pérolas de vidro.[2] Ligue um condensador de refluxo ao balão. Use uma manta para manter a mistura em refluxo até dissolução do sólido por cerca de 10 minutos, e, depois, por mais 5 minutos. Deixe a mistura esfriar até a temperatura normal. Se aparecer um sólido (material que não reagiu), torne a aquecer a mistura até a ebulição, mantendo-a por mais alguns minutos. Deixe-a esfriar até a temperatura normal. Não deve aparecer material sólido.

Isolamento da Sulfanilamida. Use uma pipeta Pasteur para transferir a solução para um bécher de 100 mL. Adicione à mistura, cautelosamente, gota a gota, agitando com um bastão de vidro, uma suspensão de 5 g de bicarbonato de sódio em cerca de 10 mL de água. Ocorrerá formação de espuma após cada adição de bicarbonato (formação de dióxido de carbono). Deixe que a evolução de gás pare antes de adicionar a próxima porção de bicarbonato. Eventualmente, a sulfanilamida começará a precipitar. Neste ponto, comece a observar o pH da solução. Continue a adicionar o bicarbonato de sódio até que o pH da solução fique entre 4,0 e 6,0. Esfrie bem a mistu-

---
[1] Solução preparada pela mistura de 110 mL de hidróxido de amônio concentrado e 110 mL de água.
[2] Solução preprarada pela mistura de 70 mL de água e 36 mL de ácido clorídrico concentrado.

ra em um banho de água gelada. Colete a sulfanilamida em um funil de Büchner e lave o bécher e o sólido com cerca de 5 mL de água fria. Deixe o sólido secar ao ar no funil de Büchner por vários minutos. Use sucção.

Cristalização da Sulfanilamida. Pese o produto bruto e cristalize-o com água quente. Use 10-12 mL de água por grama de produto bruto. Deixe o produto purificado secar até a próxima aula.

Cálculo do Rendimento, Ponto de Fusão e Espectro de Infravermelho. Pese a sulfanilamida seca e calcule o rendimento percentual ($PM = 172,2$). Determine o ponto de fusão (a sulfanilamida pura funde em 163-164°C). Se o professor o desejar, obtenha o espectro de infravermelho usando a técnica do filme seco (Técnica 25, Seção 25.4, página 742) ou em KBr (Técnica 25, Seção 25.5, página 742). Compare seu espectro de infravermelho com o reproduzido aqui. Entregue a sulfanilamida ao professor em um frasco identificado ou guarde-a para os testes com bactérias (veja o *Instructor Manual*).

QUESTÕES

1. Escreva uma equação que mostre como o excesso de ácido clorossulfônico se decompõe em água.
2. Por que, na preparação da sulfanilamida, usou-se bicarbonato de sódio, e não, hidróxido de sódio em água para neutralizar a solução na última etapa?
3. À primeira vista, poderia ser possível preparar a sulfanilamida a partir do ácido sulfanílico pela seqüência de reações mostrada aqui.

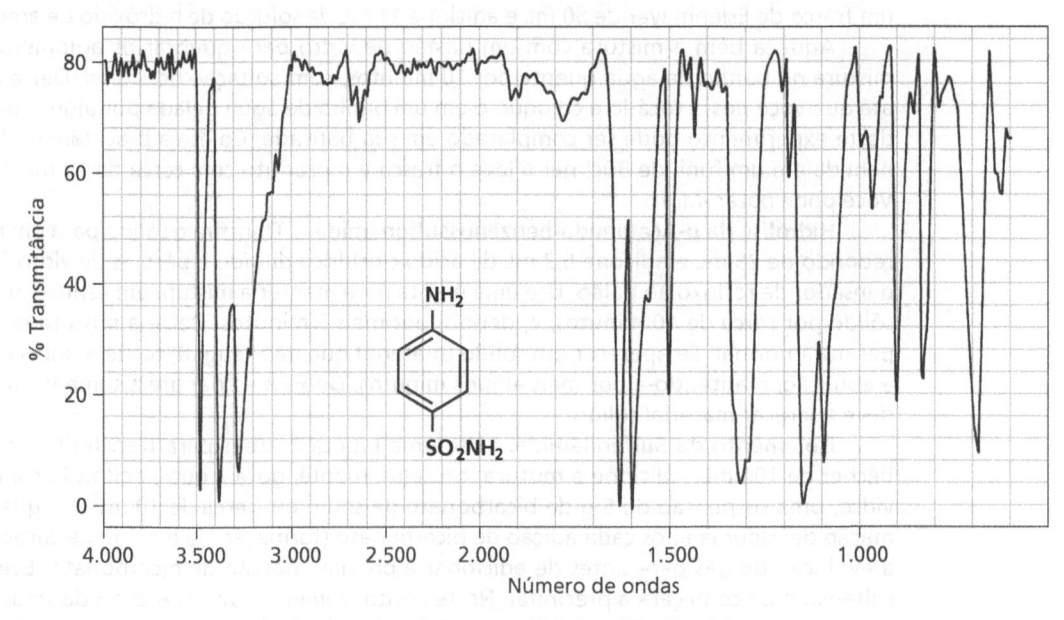

Espectro de infravermelho da sulfanilamida, KBr.

Quando a reação é feita desta maneira, entretanto, produz-se um produto polimérico após a etapa 1. Qual é a estrutura do polímero? Por que o cloreto de *p*-acetamido-benzenossulfonila não produz um polímero?

DISSERTAÇÃO

Corantes de Alimentos

Antes de 1850, a maior parte dos corantes de alimentos provinha de fontes naturais. Alguns destes corantes naturais estão listados aqui.

Vermelho	Raiz de blugossa	Amarelo	Urucum (bixina)
	Beterraba (betanina)		Cenoura (β-caroteno)
	Cochonilha (ácido carmínico)		Açafrão (safranina)
	Sândalo vermelho		Açafrão da terra (rizoma)
Laranja	Pau-brasil	Verde	Clorofila
Castanho	Caramelo (açúcar queimado)	Azul	Cascas de uva vermelha (oenina)

Muitas cores, algumas das quais ainda são usadas, podem ser obtidas dessas fontes naturais, mas elas foram suplantadas por corantes sintéticos.

Após 1856, quando Perkin conseguiu sintetizar a malva – o primeiro corante de alcatrão – e quando os químicos começaram a descobrir novos corantes sintéticos, os corantes artificiais começaram a ser usados em alimentos com regularidade crescente. Hoje, mais de 90% dos corantes adicionados aos alimentos são sintéticos.

Os corantes sintéticos têm certas vantagens sobre os naturais. Muitos corantes naturais degradam-se sob luz e oxigênio ou por ação de bactérias. Por isso, não são estáveis ou duradouros. Corantes sintéticos com durabilidade muito maior podem ser imaginados. Os corantes sintéticos são, também, mais resistentes e dão cores mais intensas. Eles podem ser usados em menor quantidade para dar a cor desejada. Com freqüência eles são mais baratos do que os corantes naturais. Este aspecto econômico é importante quando se leva em conta que as quantidades necessárias são muito menores.

Por que adicionar corantes aos alimentos? É mais fácil responder a esta questão do ponto de vista do fabricante do que do usuário. O fabricante sabe que, até certo ponto, o apelo visual de um produto afetará sua venda. Por exemplo, um usuário tende a comprar uma laranja que tem uma casca laranja brilhante do que uma cuja casca mostra manchas verde-amareladas. Isto é verdade, ainda que o gosto e o valor nutritivo da laranja não seja afetado pela cor da casca. Às vezes, mais do que o apelo visual está envolvido. O usuário tem seus hábitos e está acostumado à comida de uma determinada cor. Como você reagiria diante de uma margarina verde ou de um bife azul? Por razões evidentes, estes produtos não teriam muita saída no mercado. A manteiga e a margarina são coloridas artificialmente. A manteiga natural tem cor amarela somente no verão. No inverno, ela é incolor, e os fabricantes usualmente adicionam corantes amarelos. A margarina sempre recebe uma cor amarela artificial.

Assim, as cores são adicionadas aos alimentos por motivos diferentes dos de outros aditivos, que podem ser adicionados por razões nutricionais ou tecnológicas. Alguns desses aditivos podem ser justificados com bons argumentos. Por exemplo, durante o processamento de muitos alimentos, perde-se uma boa quantidade de vitaminas e sais minerais. Muitos fabricantes substituem os nutrientes perdidos, "enriquecendo" seus produtos. Em outro exemplo, algumas vezes se adiciona conservante aos alimentos para evitar que se estraguem por oxidação ou crescimento de bactérias, leveduras e mofos. Com as práticas modernas de mercado, que envolvem o transporte e o armazenamento de produtos por longos períodos e distâncias, os conservantes são uma virtual necessidade. Outros aditivos, como espessantes e emulsificantes, são com freqüência adotados por razões tecnológicas – por exemplo, para melhorar a textura dos alimentos.

Não existem necessidades nutricionais ou tecnológicas para o uso de corantes em alimentos. Em alguns casos, inclusive, os corantes foram usados para enganar os consumidores. Corantes amarelos, por exemplo, foram utilizados em misturas de bolos e macarrões para sugerir um conteúdo maior de ovos do que o real. Na base da idéia de que corantes sintéticos de alimentos são desnecessários e, talvez, perigosos, muitas pessoas defendem o abandono de seu uso.

Dentre todos os aditivos de alimentos, os corantes estão sob o ataque mais severo. No começo do século XX, mais de 90 corantes eram usados em alimentos. Não existiam regulamentos governamentais, e os mesmos corantes usados em roupas podiam ser usados em alimentos. A primeira legislação de controle de corantes foi implementada em 1906, quando corantes de alimentos sabidamente perigosos foram banidos do mercado. Naquele momento, somente 7 corantes foram aprovados para uso em alimentos. Em 1938, a lei foi ampliada, e qualquer batelada de corante para uso em alimentos tinha de ser **certificada** para a pureza química. Antes disso, a certificação era voluntária para o fabricante. Naquele tempo, 15 cores eram de uso geral, e a cada uma era dada uma cor e um número dentro da sigla F,D&C ("Food, Drug and Cosmetic"), e não, um nome químico. Em 1950, quando o número de corantes em uso havia chegado a 19, um incidente infeliz levou à suspensão do uso de três deles: F,D&C Laranjas Número 1 e Número 2 e F,D&C Vermelho Número 32. Estes corantes foram proibidos porque várias crianças ficaram doentes após comer pipoca colorida com eles.

Desde então, pesquisas mostram que muitos destes corantes são tóxicos, causam defeitos de nascença ou problemas de coração ou são **carcinogênicos** (induzem o câncer). Devido a evidências experimentais, principalmente com embriões de galinha, ratos e cachorros, os corantes Vermelho Números 1 e 4 e Amarelo Números 1, 2, 3 e 4 também foram proibidos em 1960. Subseqüentemente, os corantes Vermelho Números 4 e 32 foram permitidos novamente, mas restritos a certos usos. Em 1965, a proibição do Vermelho Número 4 foi parcialmente suspensa para que ele pudesse ser usado como corante de cerejas ao marasquino. Este uso foi permitido porque nenhum outro corante funcionava para cerejas, e como pensava-se que as cerejas ao marasquino eram só decorativas, elas não seriam exatamente um alimento. Este uso do Vermelho Número 4 era considerado pouco importante. Semelhantemente, o Vermelho Número 32, que não pode ser usado para colorir alimentos comestíveis, é agora chamado de Citrus Vermelho Número 2 e só pode ser usado para colorir as cascas de laranja.

As estruturas dos principais corantes de alimentos estão na tabela da página 335. Note que muitos deles são corantes azo. Como muitos corantes com a ligação azo são carcinógenos, muita gente suspeita de todos esses corantes. Em 1960, a lei foi alterada para exigir que qualquer novo corante submetido à aprovação deveria ser muito testado para poder ser aprovado. Deve-se provar que eles não causam defeitos de nascença, disfunção de órgãos e câncer. A autorização dada a corantes antigos pode ser reconsiderada se evidências experimentais sugerirem que isto é necessário.

Vários estudos recentes sugerem que corantes sintéticos de alimentos podem ser responsáveis, pelo menos em parte, pela hiperatividade de algumas crianças. Muitas dessas crianças, mantidas em dietas que excluíam corantes sintéticos de alimentos, revertiam a um comportamento mais normal. Quando elas recebiam uma cápsula contendo uma mistura de corantes sintéticos de alimentos juntamente com essa dieta, a hiperatividade muitas vezes retornava. Vários grupos estão atualmente envolvidos no estudo desta relação aparente.

O corante Vermelho Número 2 recentemente foi envolvido em uma controvérsia sobre sua segurança. Muitos testes, alguns deles feitos por químicos da FDA americana, mostraram evidências de que este corante poderia ser perigoso, causando defeitos de nascença, aborto espontâneo e, possivelmente, câncer. Os estudos de outros pesquisadores, entretanto, contradizem estes resultados. Muita discussão, envolvendo a FDA, os oponentes e a justiça, se seguiu. Em fevereiro de 1976, finalmente, o corante foi proibido depois que a FDA e a justiça decidiram que as evidências eram suficientes para justificar a ação. Mais detalhes sobre esta história interessante podem ser encontrados nas Referências.

Embora o uso do Vermelho Número 2 tenha sido proibido nos Estados Unidos da América, ele ainda pode ser usado no Canadá e na Comunidade Européia, podendo ser encontrado nos produtos originados nestes países. Antes da proibição, o Vermelho Número 2 era o corante de alimentos mais utilizado na indústria, aparecendo em tudo, do sorvete aos refrigerantes de cereja. Felizmente, a proibição do Vermelho Número 2 não foi desastrosa para a indústria porque, para muitos usos, o Vermelho Número 3 ou o Vermelho Número 40 podem substituí-lo. O conhecimento disto provavelmente influenciou a decisão judicial de banir o corante.

O vermelho Número 40, o corante de alimentos mais aceito recentemente, foi autorizado em 1971. Antes da aprovação, a Allied Chemical Corporation, que tem os direitos exclusivos de patente do corante, realizou o programa de testes mais completo e caro jamais feito com um corante de alimentos. Os testes incluíram até mesmo um estudo de possíveis defeitos de nascença. O Vermelho Número 40,

Nove corantes de alimentos aprovados pela FDA em 1975*

F,D&C Azul No.1 (Azul brilhante FCF)

F,D&C Vermelho No.2 (Amaranto)

F,D&C Azul No.2 (Índigo carmim)

F,D&C Vermelho No.3 (Eritrosina)

F,D&C Verde No.3 (Verde rápido FCF)

F,D&C Vermelho No.40 (Vermelho de Allura)

F,D&C Amarelo No.5 (Tartrazina)

F,D&C Violeta No.1 (Violeta de benzila)

F,D&C Amarelo No.6 (Amarelo poente)

*Estão todos em uso, exceto o Vermelho No.2 (Amaranto), que foi proibido em 1976.

chamado de Vermelho de Allura, parece destinado a substituir o Vermelho Número 2 devido à sua grande variedade de aplicações, incluindo a coloração das cerejas ao marrasquino. Neste aspecto, ele pode substituir o Vermelho Número 4, também proibido em 1976.

No momento, oito corantes são de uso permitido em alimentos. As estruturas desses corantes estão na tabela da página anterior. O uso desses oito corantes é irrestrito. Além deles, dois outros corantes estão aprovados para uso restrito, o Citrus Vermelho Número 2 (antigo Vermelho Número 32), que pode ser usado para colorir as cascas de laranjas, e o Laranja B, que pode ser usado para colorir as peles de salsichas.

REFERÊNCIAS

Augustine, G. J., Jr., and Levitan, H. "Neurotransmitter Release from a Vertebrate Neuromuscular Synapse Affected by a Food Dye." *Science, 207* (March 28, 1980): 1489.

Boffey, P. M. "Color Additives: Botched Experiment Leads to Banning of Red Dye No. 2." *Science, 191* (February 6, 1976): 450.

Boffey, P. M. "Color Additives: Is Successor to Red Dye No. 2 Any Safer?" *Science, 191* (February 22, 1976): 832.

Feingold, B. F. *Why Your Child Is Hyperactive.* New York: Random House, 1975.

Mebane, R. C., and Rybolt, T. R. "Chemistry in the Dyeing of Eggs." *Journal of Chemical Education, 64* (April 1987): 291.

National Academy of Sciences, National Research Council. *Food Colors.* Washington, DC: Printing and Publishing Office of the National Academy of Sciences, 1971.

Sanders, H. J. "Food Additives." *Chemical and Engineering News,* Part 1 (October 10, 1966): 100; Part 2 (October 17, 1966): 108.

Swanson, J. M., and Kinsbourne, M. "Food Dyes Impair Performance of Hyperactive Children on a Laboratory Learning Test." *Science, 207* (March 28, 1980): 1485.

Weiss, B., et al. "Behavioral Responses to Artificial Food Colors." *Science, 207* (March 28, 1980): 1487.

EXPERIMENTO 47

Cromatografia de Algumas Misturas de Corantes

Cromatografia em camada fina
Placas preparadas
Cromatografia em papel

Neste experimento, você usará dois tipos diferentes de cromatografia, em papel e em camada fina, para separar misturas de corantes. Dois tipos de misturas de corantes estão envolvidos. O primeiro tipo de mistura está representado pelos corantes de alimentos que podem ser comprados em qualquer armazém (Partes A e C). Eles estão usualmente disponíveis em pequenos pacotes contendo garrafas de misturas de corantes de alimentos vermelhas, amarelas, azuis e verdes. Como o experimento mostrará, raramente cada cor é formada por um único corante. O corante azul está misturado com um pouco de corante vermelho para tornar a cor mais brilhante. Um corante vermelho é freqüentemente adicionado ao corante amarelo pela mesma razão. O corante verde é geralmente uma mistura de corantes azul e amarelo.

O segundo tipo de mistura contém os corantes obtidos de uma mistura comercial de bebida em pó, como Kool-Aid (Parte B). Neste caso, você deverá tentar identificar os corantes usados na preparação.

As Referências listadas no fim do experimento dão, para os estudantes interessados, métodos de extração de corantes de vários outros tipos de alimentos.

Leitura necessária

Nova: Técnica 19   Cromatografia em Coluna, Seções 19.1-19.4
       Técnica 20   Cromatografia em Camada Fina
       Dissertação   Corantes de alimentos

Instruções especiais

O professor pode pedir que você faça o experimento em parte ou no todo. Vários experimentos podem ser feitos de cada vez porque grande parte do tempo é gasta esperando que o solvente suba nos cromatogramas. Para ajudar no planejamento do experimento, uma estimativa do tempo necessário para o desenvolvimento ou separação é dada no começo de cada seção. Este tempo não inclui a preparação dos solventes, das câmaras de desenvolvimento ou dos procedimentos de aplicação.

Sugestão para eliminação de resíduos

Por opção do professor, os cromatogramas desenvolvidos devem ser pregados ou colados com fita em seu relatório, ou eles podem ser guardados em seu caderno de laboratório. Assegure-se de que eles estão secos antes de prendê-los. Todas as micropipetas de vidro devem ser colocadas em um recipiente destinado a vidros quebrados. Como os solventes contêm amônia, coloque os solventes usados ou os excessos em um recipiente especial. Não os coloque no recipiente destinado aos rejeitos orgânicos não-halogenados. Os corantes de alimentos e as soluções da bebida que não forem usados podem ser colocados em um recipiente destinado aos rejeitos em água.

Procedimento

PARTE A. CROMATOGRAFIA EM PAPEL DE CORANTES DE ALIMENTOS (TEMPO DE DESENVOLVIMENTO: 40 MINUTOS)

Pelo menos 12 micropipetas capilares serão necessárias para o experimento. Prepare-as de acordo com o método descrito e ilustrado na Técnica 20, Seção 20.4, página 697.

Prepare cerca de 90 mL de um solvente de desenvolvimento contendo

30 mL 2 M NH_4OH (4 mL NH_4OH conc. + 26 mL H_2O)
30 mL 1-Pentanol (álcool *n*-amílico ou álcool *n*-pentílico)
30 mL Etanol absoluto

A mistura pode ser preparada em uma proveta de 100 mL. Misture bem o solvente e coloque-o na câmara de desenvolvimento para armazenamento. Um frasco de 900 mL com boca larga de rosca (ou uma jarra de Mason) é apropriado para a câmara de desenvolvimento. Tampe bem o frasco pare evitar perda de solvente por evaporação.

Separe, a seguir, uma folha de papel Whatman No. 1 de 12 cm × 24 cm. Use um lápis (não uma caneta) para traçar uma linha de 24 cm cerca de 2 cm acima da extremidade longa da folha. Use uma régua e marque duas linhas tracejadas a cerca de 2 cm de cada uma das extremidades curtas do papel. Marque nove pontos pequenos em intervalos de 2 cm na linha que está no eixo longo do papel. As aplicações serão feitas nestes pontos (veja a ilustração a seguir).

Se estiverem disponíveis, começando da esquerda para a direita, aplique os corantes de referência F,D&C Vermelho Número 3 (Eritrosina); F,D&C Vermelho Número 40 (Vermelho de Allura);[1] F,D&C Azul Número 1 (Erioglaucina), F,D&C Amarelo Número 5 (Tartrazina) e F,D&C Amarelo Número 6 (Amarelo poente). Os corantes devem estar em solução em água a 2%. Talvez seja bom treinar a técnica de aplicação em um pequeno pedaço de papel de filtro Whatman No. 1 antes de tentar as aplicações no cromatograma. O método correto de aplicação está descrito na Técnica 20, Seção 20.4B, página 697. É importante que os pontos de aplicação sejam bem pequenos e que o papel não fique sobrecarregado. Se uma dessas condições não for atendida, as manchas deixarão caudas e se misturarão durante o desenvolvimento. Os pontos de aplicação devem ter 1-2 mm de diâmetro.

---

[1] No Canadá ou na Inglaterra, substitua o F,D&C Vermelho No. 40 pelo F,D&C Vermelho No. 2 (Amaranto).

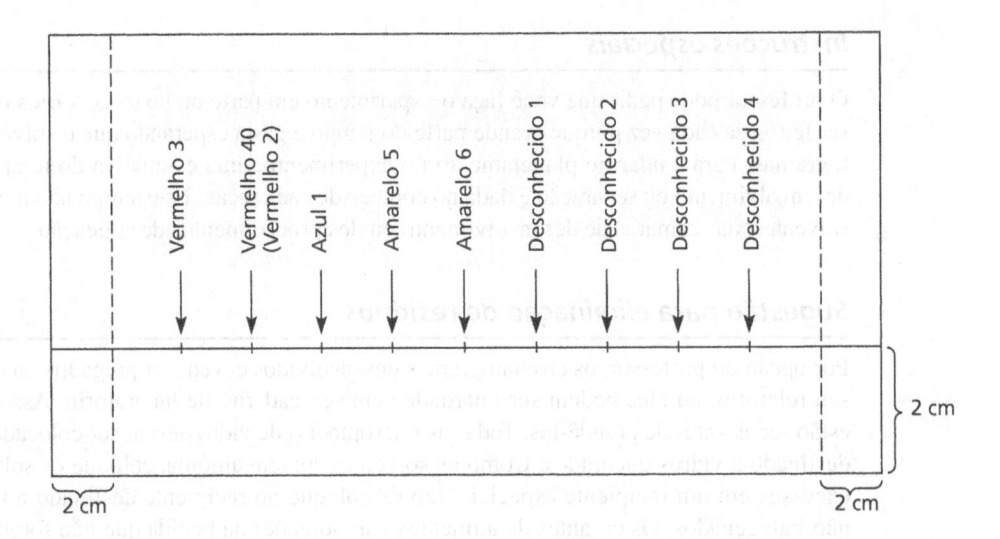

[Diagrama: folha de papel cromatográfico com marcações verticais indicando, da esquerda para a direita: Vermelho 3, Vermelho 40 (Vermelho 2), Azul 1, Amarelo 5, Amarelo 6, Desconhecido 1, Desconhecido 2, Desconhecido 3, Desconhecido 4. Margens de 2 cm nas laterais inferiores e 2 cm na parte inferior.]

Nas quatro posições remanescentes (nove, se os padrões não forem usados), você pode aplicar os corantes de sua escolha. Sugerimos o uso dos corantes vermelho, azul, verde e amarelo de um mesmo fabricante. Se os corantes estiverem em frascos com tampa de rosca, as pipetas podem ser enchidas por imersão. Se os corantes estiverem em frascos de pressão, é mais fácil colocar uma gota do corante em uma lâmina de microscópio e mergulhar a pipeta nela. Uma lâmina de microscópio é suficiente para todas as amostras.

Após a aplicação das amostras, mantenha o papel na vertical, com os pontos de aplicação embaixo, e enrole-o em um cilindro. Superponha as áreas indicadas pelas linhas tracejadas e prenda o cilindro (manchas para dentro) com um clipe ou grampo de papel. Quando os pontos de aplicação tiverem secado, coloque o cilindro na câmara de desenvolvimento com os pontos de aplicação na parte inferior. O nível do solvente deve estar abaixo dos pontos de aplicação, ou haverá dissolução dos corantes. Tampe o frasco e espere que o solvente suba até o topo do papel. Isto levará cerca de 40 minutos. Durante este tempo, as demais partes do experimento (se for o caso) podem ser feitas.

Quando o solvente tiver chegado a 1 cm do topo do papel, remova o cilindro, abra-o rapidamente e marque o nível do solvente com um lápis. Esta é a frente de solvente. Deixe secar o cromatograma e, usando uma régua, meça a distância que cada mancha percorreu em relação à frente de solvente. Calcule os valores de R_f (veja a Técnica 20, Seção 20.9, página 701). Use a lista de corantes de alimentos aprovados na dissertação "Corantes de alimentos" e os corantes de referência (se usados) para determinar os corantes usados na formulação dos corantes comerciais testados. Examine o pacote de corante (ou as garrafas) para saber se a informação desejada foi dada. Que conclusões você pode tirar? Inclua seu cromatograma no relatório.

PARTE B. CROMATOGRAFIA EM PAPEL DOS CORANTES DE UMA BEBIDA EM PÓ OU DE UMA GELATINA DE SOBREMESA (TEMPO DE DESENVOLVIMENTO: 40 MINUTOS)

Coloque uma certa quantidade da bebida em pó ou da gelatina de sobremesa em um tubo de ensaio pequeno e adicione água morna gota a gota até que a amostra se dissolva. Use esta solução concentrada para aplicar o papel como descrito na seção anterior. Quatro bebidas podem ser aplicadas na mesma folha de papel Whatman No. 1 juntamente com os cinco padrões. Use um *lápis* para marcar cada ponto de aplicação e desenvolva o cromatograma no solvente contendo partes iguais de NH_4OH 2 *M*, pentanol e etanol, como descrito acima. Tente identificar os corantes usados em amostras de bebidas (por exemplo, cereja preta, cereja, uva, limão, lima, laranja, ponche, framboesa ou morango). Calcule e compare os valores de R_f dos padrões e dos corantes das bebidas. Métodos de tratamento de outros tipos de alimentos para extração e identificação de corantes estão descritos nas Referências listadas no fim deste experimento.

Experimento 47 Cromatografia de Algumas Misturas de Corantes

PARTE C. SEPARAÇÃO DE CORANTES DE ALIMENTOS USANDO PLACAS DE CCF PREPARADAS (TEMPO DE DESENVOLVIMENTO: 90 MINUTOS)

Obtenha com seu professor uma folha de 5 cm × 10 cm de placa de CCF de sílica gel (Eastman Chromatogram Sheet No. 13180 ou No. 13181). Estas placas têm um suporte flexível, mas não devem ser curvadas excessivamente. Elas devem ser manipuladas com cuidado, ou o adsorvente pode se desprender. Manuseie-as somente pelas bordas. Não toque nas superfícies.

Use um lápis (não uma caneta) para marcar cuidadosamente uma linha pela dimensão menor da placa, a cerca de 1 cm da extremidade. Use uma régua para marcar quatro pontos a intervalos de 1 cm na linha (veja a figura). Estes são os pontos de aplicação das amostras.

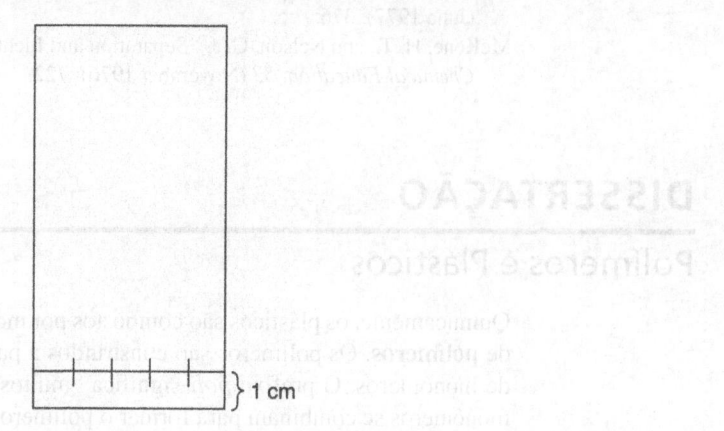

Prepare pelo menos quatro micropipetas capilares como descrito e ilustrado na Técnica 20, Seção 20.4A, página 697. Começando pela esquerda, aplique primeiro um corante de alimento vermelho, depois um azul, um verde e um amarelo. O método correto de aplicar em uma placa de CCF está descrito na Técnica 20, Seção 20.4. É importante que os pontos de aplicação sejam bem pequenos e que o papel não fique sobrecarregado. Se uma dessas condições não for atendida, as manchas deixarão caudas e se misturarão durante o desenvolvimento. Os pontos de aplicação devem ter 1-2 mm de diâmetro. Se sobras de placas estão disponíveis, seria uma boa idéia praticar a aplicação nelas antes de usar a placa do experimento.

Prepare uma câmara de desenvolvimento usando um vidro de boca larga (25 cm) e tampa de rosca. Ele *não deve* ter o papel de filtro guia descrito na Técnica 20, Seção 20.5, página 698. Estas placas são muito finas, e se tocarem o papel em qualquer ponto, o solvente difundirá pela placa daquele ponto. O solvente de desenvolvimento, que pode ser preparado em uma proveta de 10 mL, deve ser uma mistura 4:1 de álcool isopropílico (2-propanol) e hidróxido de amônio concentrado.[2] Misture bem o solvente e coloque na câmara uma quantidade suficiente para atingir a altura de cerca de 0,5 cm (ou menos). Se o nível de solvente é muito alto, ele cobrirá as substâncias aplicadas e elas se dissolverão.

Coloque a placa de CCF na câmara de desenvolvimento, tampe bem o frasco e espere que o solvente suba até quase o topo da placa. Quando o solvente estiver próximo do topo, remova a placa e use um lápis (não uma caneta) para marcar rapidamente a posição da frente de solvente. Deixe secar a placa. Use uma régua para medir a distância que cada mancha percorreu em relação à frente de solvente e calcule seu valor de R_f (veja a Técnica 20, Seção 20.9, página 701).

A critério do professor, e se os corantes estiverem disponíveis, você deverá aplicar uma segunda placa com um conjunto de corantes de referência. Os corantes de referência incluirão F,D&C Vermelho Número 40 (Vermelho de Allura)[3]; F,D&C Azul Número 1 (Erioglaucina); F,D&C Amarelo Número 5 (Tartrazina) e F,D&C Amarelo Número 6 (Amarelo poente). Se este segundo conjunto de corantes for analisado, será possível (usando a lista de corantes aprovados da Dissertação "Corantes de Alimentos") determinar a identidade dos corantes de alimentos usados na formulação

---

[2] Uma mistura alternativa de solventes, sugerida por McKone e Nelson (veja Referências) é uma mistura 50:25:25:10 de 1-butanol, etanol, água e amônia concentrada.

[3] Veja a nota de rodapé 1, página 337.

das cores testadas na primeira placa. Examine o pacote de corante (ou as garrafas) para saber se a informação desejada foi dada.

Coloque em seu relatório um esquema das placas, mostrando a manchas identificadas e marcadas com o R_f apropriado. Seu professor poderá pedir que você inclua as placas no relatório.

REFERÊNCIAS

McKone, H. T. "Identification of F,D&C Dyes by Visible Spectroscopy." *Journal of Chemical Education, 54* (June 1977): 376.

McKone, H. T., and Nelson, G. J. "Separation and Identification of Some F,D&C Dyes by TLC." *Journal of Chemical Education, 53* (November 1976): 722.

DISSERTAÇÃO

Polímeros e Plásticos

Quimicamente, os plásticos são compostos por moléculas de alto peso molecular, em cadeia, chamadas de **polímeros**. Os polímeros são construídos a partir de compostos químicos mais simples chamados de monômeros. O prefixo *poli* significa "muitos"; *mono*, "um"; e *meros*, "unidade". Assim, muitos monômeros se combinam para formar o polímero. Um monômero ou uma combinação de monômeros diferentes são usados para manufaturar cada tipo ou família de polímeros. Existem duas grandes classes de polímeros: de adição e de condensação. Ambos os tipos são aqui descritos.

Muitos dos polímeros (plásticos) produzidos no passado eram de qualidade tão ruim que ganharam má reputação. A indústria de plásticos produz, agora, materiais de alta qualidade que estão substituindo progressivamente os metais em muitas aplicações. Eles são usados em muitos objetos, como roupas, brinquedos, mobiliário, componentes de máquinas, tintas, barcos, partes de automóveis e até mesmo órgãos artificiais. Na indústria de automóveis, os metais foram substituídos por plásticos para ajudar a reduzir o peso total do carro e para reduzir a corrosão. A redução do peso ajuda a aumentar o número de quilômetros rodados por litro de combustível. As resinas epóxi podem até mesmo substituir o metal em partes do motor.

ESTRUTURAS QUÍMICAS DOS POLÍMEROS

Um polímero é feito basicamente de muitas unidades moleculares repetidas, ligadas por adição em uma seqüência de monômeros. Muitas moléculas de monômeros A, digamos entre 1.000 e 1 milhão, podem ser ligadas para formar uma molécula de polímero gigantesca:

$$\text{Muitos A} \longrightarrow \text{etc.} - \text{A-A-A-A-A} - \text{etc.} \quad \text{ou} \quad \text{--(A)}_n\text{--}$$

Moléculas de monômero   Molécula de polímero

Monômeros diferentes também podem se ligar para formar um polímero com estrutura alternada. Este tipo de polímero é chamado de **copolímero**.

$$\text{Muitos A + muitos B} \longrightarrow \text{etc.} - \text{A-B-A-B-A-B} - \text{etc.} \quad \text{ou} \quad \text{--(A-B)}_n\text{--}$$

Moléculas de monômero   Molécula de polímero

TIPOS DE POLÍMEROS

Os químicos classificam os polímeros, por convêniencia, em vários grupos principais, dependendo do método de síntese.

1. **Polímeros de adição** são formados em uma reação na qual as unidades de monômeros se adicionam umas às outras para formar um polímero de cadeia longa (linear ou ramificada). Os monômeros usualmente contêm ligações duplas carbono-carbono. Exemplos de polímeros de adição sintéticos incluem poliestireno (Styrofoam), poli(tetrafluoro-etileno) (Teflon), polietileno, polipropileno, poliacrilonitrila (Orlon, Acrilan, Creslan), poli(cloreto de vinila) (PVC) e poli(acrilato de metila) (Lucite, Plexiglas). O processo pode ser representado como:

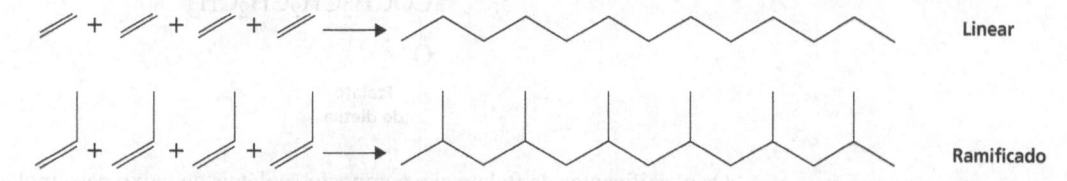

2. **Polímeros de condensação** formam-se na reação de moléculas bifuncionais ou polifuncionais com eliminação de moléculas pequenas (como água, amônia ou cloreto de hidrogênio) como subproduto. Exemplos familiares de polímeros de condensação sintéticos incluem poliésteres (Dacron, Mylar), poliamidas (Nylon), poliuretanas e resinas epóxi. Polimeros de condensação naturais incluem poli(aminoácidos) (proteínas), celulose e amido. O processo pode ser representado como:

$$H-\square-X + H-\square-X \longrightarrow H-\square-\square-X + HX$$

3. **Polímeros em ligação cruzada** formam-se quando cadeias longas ligam-se em uma estrutura tridimensional gigantesca e muito rígida. Polímeros de adição e de condensação podem existir em uma rede de ligações cruzadas, dependendo dos monômeros usados na síntese. Exemplos familiares de polímeros em ligação cruzada são Bakelite, borracha e resinas de moldagem (botes). O processo pode ser representado como:

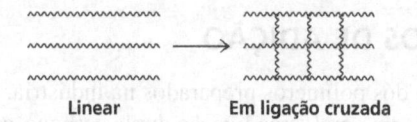

Polímeros lineares e em ligação cruzada.

CLASSIFICAÇÃO TÉRMICA DOS POLÍMEROS

Os industriais e tecnólogos classificam freqüentemente os polímeros como termoplásticos e termorrígidos, e não, como polímeros de adição e de condensação. Esta classificação leva em conta suas propriedades térmicas.

1. **Propriedades térmicas de termoplásticos**. A maior parte dos polímeros de adição e muitos polímeros de condensação podem amolecer (fundir) sob aquecimento e ser moldados. Os industriais e tecnólogos referem-se, com freqüência, a estes tipos de polímeros como **termoplásticos**. Ligações fracas, não-covalentes (forças dipolo-dipolo e de dispersão de London), quebram-se durante o aquecimento. Tecnicamente, os termoplásticos são os materiais que chamamos de plásticos. Os termoplásticos podem ser fundidos repetidamente e moldados em novas formas. Eles podem ser reciclados, se não ocorrer degradação durante o reprocessamento.

Alguns polímeros de adição, como o poli(cloreto de vinila), são de moldagem e processamento difícil. Líquidos de pontos de ebulição elevados, como o ftalato de dibutila, são adicionados ao polímero para separar as cadeias umas das outras. Estes compostos são chamados de **plastificantes**. Na verdade, eles agem como lubrificantes que neutralizam as atrações entre cadeias. Como resultado, o polímero pode ser fundido em uma temperatura mais baixa para ajudar o processamento. Além disto, o polímero fica mais flexível na temperatura normal. A variação da quantidade de plastificante faz com que o poli(cloreto de vinila) torne-se um material muito flexível, semelhante à borracha, ou uma substância muito rígida.

$$\text{Ftalato de dietila}$$

com estrutura: anel benzênico com dois grupos $-COCH_2CH_2CH_2CH_3$ (com C=O) em posições orto.

Os plastificantes de ftalato são compostos voláteis de baixo peso molecular. Uma parte do "cheiro de carro novo" vem do odor desses materiais que evaporam do revestimento de vinila de automóveis. O vapor condensa nos vidros dos carros na forma de um filme de óleo. Após algum tempo, o revestimento de vinila pode perder o plastificante e começar a rachar.

2. **Propriedades dos plásticos termorrígidos**. O industriais usam o termo **termorrígidos** para descrever materiais que inicialmente se fundem, mas com o aquecimento posterior ficam permanentemente rígidos. Uma vez formados, os materiais termorrígidos não podem ser amolecidos e remoldados sem que o polímero se destrua, porque as ligações covalentes se quebram. Os plásticos termorrígidos não podem ser reciclados. Quimicamente, os plásticos termorrígidos são polímeros em ligações cruzadas. Eles se formam quando cadeias longas ligam-se em uma estrutura tridimensional gigantesca e muito rígida.

Os polímeros também podem ser classificados de outras maneiras. Muitas das variedades de borrachas podem ser chamadas de *elastômeros*; Dacron é uma fibra; e o poli(acetato de vinila), um adesivo. Nesta dissertação usaremos a classificação dos polímeros como sendo de adição e de condensação.

POLÍMEROS DE ADIÇÃO

A maior parte dos polímeros preparados na indústria, em volume, são polímeros de adição. Os monômeros contêm, em geral, uma ligação dupla carbono-carbono. O exemplo mais importante de polímero de adição é o bem-conhecido polietileno, cujo monômero é o etileno. Muitas moléculas (n) de etileno ligam-se em polímeros de cadeia longa por quebra da ligação pi e criação de duas novas ligações simples entre as unidades de monômero. O número de unidades envolvidas pode ser grande ou pequeno, dependendo das condições de polimerização.

Muitos $H_2C=CH_2$ (Monômero etileno) $\longrightarrow$ etc.$-CH_2-CH_2-CH_2-CH_2-$etc. (Polímero polietileno) ou $(-CH_2-CH_2-)_n$

Esta reação pode ser acelerada por calor, pressão e catalisadores. As moléculas produzidas em uma reação típica têm número variável de carbonos nas cadeias. Em outras palavras, produz-se uma mistura de polímeros de comprimentos variáveis, e não, um composto puro.

Polietilenos com estruturas lineares podem se empacotar facilmente e são chamados de polietilenos de alta densidade. São materiais bastante rígidos. Os polietilenos de baixa densidade contêm moléculas com cadeias ramificadas, algumas delas em ligações cruzadas. Eles são mais flexíveis do que os polietilenos de alta densidade. As condições de reação e os catalisadores envolvidos na produção de polietilenos de baixa e de alta densidades são muito diferentes. O monômero, entretanto, é o mesmo.

Outro exemplo de polímero de adição é o polipropileno. Neste caso, o monômero é o propileno. O polímero resultante tem uma ramificação metila em carbonos alternados da cadeia.

$$\text{Muitos } \begin{array}{c} H \\ | \\ C=C \\ | \\ H \end{array} \begin{array}{c} H \\ | \\ \\ | \\ CH_3 \end{array} \longrightarrow \text{etc.} - \begin{array}{c} H \\ | \\ C \\ | \\ H \end{array} - \begin{array}{c} H \\ | \\ C \\ | \\ CH_3 \end{array} - \begin{array}{c} H \\ | \\ C \\ | \\ H \end{array} - \begin{array}{c} H \\ | \\ C \\ | \\ CH_3 \end{array} - \text{etc. ou } \left(\begin{array}{c} H \\ | \\ -C- \\ | \\ H \end{array} \begin{array}{c} H \\ | \\ -C- \\ | \\ CH_3 \end{array} \right)_n$$

Monômero propileno   Polímero propileno

A Tabela Um lista alguns polímeros de adição comuns. São listados, também, alguns de seus principais usos. Nos três últimos compostos da tabela, uma ligação dupla carbono-carbono permanece após a formação do polímero. Estas ligações ativam ou participam de reações posteriores para formar polímeros com ligações cruzadas chamados de *elastômeros*. Este termo é quase sinônimo de *borracha*, porque os elastômeros são materiais com características semelhantes.

POLÍMEROS DE CONDENSAÇÃO

Os polímeros de condensação, em que os monômeros contêm mais de um tipo de grupo funcional, são mais complexos do que os polímeros de adição. Além disso, a maior parte dos polímeros de condensação são copolímeros feitos de mais de um tipo de monômero. Lembre-se de que os polímeros de adição, ao contrário, são preparados a partir de moléculas de etileno substituídas. O único grupo funcional é sempre uma ou mais de uma ligação dupla, e um único tipo de monômero é, em geral, usado.

O Dacron, um poliéster, pode ser preparado pela reação de um ácido dicarboxílico com um álcool bifuncional (um diol):

$$HO-\overset{O}{\underset{}{C}}-\underset{}{\bigcirc}-\overset{O}{\underset{}{C}}-\boxed{OH \quad H}-OCH_2CH_2OH \longrightarrow$$

Ácido   Etilenoglicol
tereftálico

$$-\overset{O}{\underset{}{C}}-\underset{}{\bigcirc}-\overset{O}{\underset{}{C}}-OCH_2CH_2-O- \quad + H_2O$$

Dacron

O Nylon 6-6, uma poliamida, pode ser preparado pela reação de um ácido dicarboxílico com uma amina bifuncional:

$$HO-\overset{O}{\underset{}{C}}(CH_2)_4\overset{O}{\underset{}{C}}-\boxed{OH \quad H}-\overset{H}{\underset{}{N}}(CH_2)_6\overset{H}{\underset{}{N}}H \longrightarrow -\overset{O}{\underset{}{C}}(CH_2)_4\overset{O}{\underset{}{C}}-\overset{}{\underset{H}{N}}(CH_2)_6\overset{}{\underset{H}{N}}- \quad + H_2O$$

Ácido adípico   Hexametilenodiamina   Nylon

Note que, nos dois casos, uma molécula pequena, água, é eliminada na reação. A Tabela Dois lista vários outros polímeros de condensação. As reações de condensação produzem polímeros de cadeia linear (ou ramificada), bem como polímeros em ligação cruzada.

TABELA UM Polímeros de adição

Exemplo	Monômero(s)	Polímero	Usos
Polietileno	$CH_2{=}CH_2$	$—CH_2—CH_2—$	Polímero mais comum e importante. Sacos, isolamento de fios, garrafas de apertar
Polipropileno	$CH_2{=}CH$ $\quad\quad\;\; \|$ $\quad\quad\;\; CH_3$	$—CH_2—CH—$ $\quad\quad\quad\; \|$ $\quad\quad\quad\; CH_3$	Fibras, tapetes de interior e de exterior, garrafas
Poliestireno	$CH_2{=}CH$ $\quad\quad\;\; \|$ $\quad\quad\;\; C_6H_5$	$—CH_2—CH—$ $\quad\quad\quad\; \|$ $\quad\quad\quad\; C_6H_5$	Espuma de estireno, bens domésticos baratos, objetos moldados baratos
Poli(cloreto de polivinila) (PVC)	$CH_2{=}CH$ $\quad\quad\;\; \|$ $\quad\quad\;\; Cl$	$—CH_2—CH—$ $\quad\quad\quad\; \|$ $\quad\quad\quad\; Cl$	Couro sintético, garrafas transparentes, revestimentos de chão, discos, tubulações de água
Poli(tetrafluoro-etileno) (Teflon)	$CF_2{=}CF_2$	$—CF_2—CF_2—$	Superfícies deslizantes, filmes resistentes a produtos químicos
Poli(metacrilato de metila) (Luciete, Plexiglas)	$\quad\quad\;\; CO_2CH_3$ $\quad\quad\;\; \|$ $CH_2{=}C$ $\quad\quad\;\; \|$ $\quad\quad\;\; CH_3$	$\quad\quad\quad\; CO_2CH_3$ $\quad\quad\quad\; \|$ $—CH_2—C—$ $\quad\quad\quad\; \|$ $\quad\quad\quad\; CH_3$	"Vidros" inquebráveis, tintas de látex
Poliacrilonitrila (Orlon, Acrilan, Creslan)	$CH_2{=}CH$ $\quad\quad\;\; \|$ $\quad\quad\;\; CN$	$—CH_2—CH—$ $\quad\quad\quad\; \|$ $\quad\quad\quad\; CN$	Fibras de tecidos
Poli(acetato de vinila) (PVA)	$CH_2{=}CH$ $\quad\quad\;\; \|$ $\quad\quad\;\; OCCH_3$ $\quad\quad\;\; \|\!\|$ $\quad\quad\;\; O$	$—CH_2—CH—$ $\quad\quad\quad\; \|$ $\quad\quad\quad\; OCCH_3$ $\quad\quad\quad\; \|\!\|$ $\quad\quad\quad\; O$	Adesivos, tintas de látex, goma de mascar, tintas de tecidos
Borracha natural	$\quad\quad\;\; CH_3$ $\quad\quad\;\; \|$ $CH_2{=}CCH{=}CH_2$	$\quad\quad\quad\; CH_3$ $\quad\quad\quad\; \|$ $—CH_2—C{=}CH—CH_2—$	Polímero em ligações cruzadas com enxofre (vulcanização)
Policloropreno (borracha de neopreno)	$\quad\quad\;\; Cl$ $\quad\quad\;\; \|$ $CH_2{=}CCH{=}CH_2$	$\quad\quad\quad\; Cl$ $\quad\quad\quad\; \|$ $—CH_2—C{=}CH—CH_2—$	Ligações cruzadas com ZnO; resistentes a óleos e gasolina
Borracha de Estireno-butadieno (SBR)	$CH_2{=}CH$ $\quad\quad\;\; \|$ $\quad\quad\;\; C_6H_5$ $CH_2{=}CHCH{=}CH_2$	$—CH_2CH—CH_2CH{=}CHCH_2—$ $\quad\quad\;\; \|$ $\quad\quad\;\; C_6H_5$	Ligações cruzadas com peróxidos; borracha mais comum, usada em pneus; 25% estireno, 75% butadieno

A estrutura dos náilons contém a ligação amida em intervalos regulares:

$$\begin{array}{cc} O & H \\ \|\! & \| \\ —C—N— \end{array}$$

Este tipo de ligação é muito importante na natureza devido a sua presença em proteínas e polipeptídeos. Proteínas são substâncias poliméricas gigantescas feitas de unidades de monômeros aminoácidos. Eles se ligam por ligações peptídicas (amidas).

TABELA DOIS Polímeros de condensação

Exemplo	Monômeros	Polímero	Usos
Poliamidas (náilon)	$HOC(CH_2)_nCOH$ (diácido) $H_2N(CH_2)_nNH_2$	$-C(CH_2)_nC-NH(CH_2)_nNH-$	Fibras, objetos moldados
Poliésteres (Dacron, Mylar, Fortrel)	$HOOC-C_6H_4-COOH$ $HO(CH_2)_nOH$	$-OC-C_6H_4-CO-O(CH_2)_nO-$	Poliésteres lineares, fibras, fitas de gravação
Poliésteres (resina de Glyptal)	anidrido ftálico + $HOCH_2CHCH_2OH$ com OH	$-C(=O)-C_6H_4-COCH_2CHCH_2O-$	Poliéster em ligações cruzadas, tintas
Poliésteres (resina de molde)	$HOCCH=CHCOH$ $HO(CH_2)_nOH$	$-CCH=CHC-O(CH_2)_nO-$	Ligação cruzada com estireno e peróxidos, resina de fibras de vidro para uso em barcos
Resina fenol-formol (Bakelite)	fenol (OH) + $CH_2=O$	ligações $-CH_2-$ entre anéis fenólicos (polímero reticulado com OH)	Em mistura com enchimentos, bens elétricos moldados, adesivos, laminados, vernizes
Acetato de celulose*	anel de glicose com CH_2OH, OH, OH + CH_3COOH	anel de glicose com CH_2OAc, OAc, OAc	Filmes fotográficos
Silicones	CH_3—$SiCl_2$—CH_3 (Cl—Si(CH_3)_2—Cl) + H_2O	$-O-Si(CH_3)_2-O-$	Coberturas repelentes de água, fluidos e borrachas resistentes à temperatura (em ligações cruzadas com CH_3SiCl_3 em água)
Poliuretanas	2,4-tolueno diisocianato (CH_3-C_6H_3(N=C=O)_2$) + $HO(CH_2)_nOH$	CH_3-C_6H_3(NHC(=O)-O(CH_2)_nO-)_2$	Espumas rígidas e flexíveis, fibras

*A celulose, um polímero da glicose, é usado como monômero.

Outros importantes polímeros de condensação naturais são o amido e a celulose. Eles são materiais poliméricos feitos a partir do açúcar monomérico glicose. Outro importante polímero de condensação natural é a molécula de DNA. Ela é construída a partir do açúcar desoxirribose em ligação com fosfatos para formar o esqueleto da molécula.

O PROBLEMA DO DESCARTE

O que fazemos com nosso lixo? No momento, o método mais comum é enterrá-lo em aterros sanitários. Entretanto, como o número de bons lugares para enterrar o lixo está diminuindo, a incineração está se tornando um método mais atraente para resolver o problema do lixo sólido. Plásticos, que correspondem a cerca de 2% de nosso lixo, queimam facilmente. Os novos incineradores de alta temperatura são muito eficientes e podem ser operados com muito pouca poluição do ar. Deveria ser possível também queimar nosso lixo e gerar energia elétrica.

Idealmente, deveríamos reciclar todo nosso lixo ou nem produzi-lo. Os rejeitos plásticos correspondem a cerca de 55% de polietileno e propileno, 20% de poliestireno e 11% de PVC. Todos esses polímeros são termoplásticos e podem ser reciclados. Eles podem ser amolecidos e moldados em novos objetos. Infelizmente, plásticos termorrígidos (polímeros em ligações cruzadas) não podem ser amolecidos. Eles se decompõem em temperaturas elevadas. Portanto, os plásticos termorrígidos não podem ser reutilizados. Para reciclar efetivamente os plásticos, temos de separar os materiais de acordo com seus vários tipos. A indústria de plásticos introduziu um sistema de códigos que tem sete categorias para os plásticos usados em empacotamento. O código está, por conveniência, no fundo do recipiente. Usan-

TABELA TRÊS Sistema de códigos para materiais plásticos

Código	Polímero	Usos
1 PETE	Poli(tereftalato de etileno) $-O-CH_2-CH_2-O-\underset{\underset{O}{\|\|}}{C}--\underset{\underset{O}{\|\|}}{C}-$	Garrafas de refrigerantes
2 HDPE	Polietileno de alta densidade $-CH_2-CH_2-CH_2-CH_2-$	Recipientes para leite e bebidas, garrafas para apertar
3 V	Vinila/poli(cloreto de vinila) (PVC) $-CH_2-\underset{\underset{Cl}{\|}}{CH}-CH_2-\underset{\underset{Cl}{\|}}{CH}-$	Alguns recipientes de xampus, garrafas de material de limpeza
4 LDPE	Polietileno de baixa densidade $-CH_2-CH_2-CH_2-CH_2-$ com algumas ramificações	Sacos plásticos finos, algumas folhas plásticas
5 PP	Polipropileno $-CH_2-\underset{\underset{CH_3}{\|}}{CH}-CH_2-\underset{\underset{CH_3}{\|}}{CH}-$	Recipientes para microondas de cozinhas
6 PS	Poliestireno $-CH_2-\underset{\underset{}{\|}}{CH}-CH_2-\underset{\underset{}{\|}}{CH}-$	Copos de bebidas e sucos, janelas de envelopes
7 Outros	Todas as outras resinas, materiais em muitas camadas, recipientes feitos de outros materiais	Garrafas de ketchup, pacotes de biscoitos, misturas em que o topo difere do fundo

do esses códigos, os consumidores podem separar os plásticos para reciclagem. A Tabela Três mostra o código, juntamente com os usos mais comuns dos plásticos nas residências. Note que a sétima categoria é mista, sob o nome de "Outros".

É curioso que tão poucos plásticos sejam usados no empacotamento. Os mais comuns são o polietileno (de baixa e alta densidade), o polipropileno, o poliestireno e o poli(tereftalato de etileno). Todos estes materiais podem ser facilmente reciclados porque são termoplásticos. Incidentalmente, as vinilas (cloreto de polivinila) estão ficando menos comuns em empacotamento. A categoria "Outros", Código 7, é praticamente inexistente e limita-se, usualmente, aos pacotes em que a parte superior é de material diferente do da parte inferior. Este dilema poderia ser facilmente resolvido colocando-se o código apropriado nas diferentes partes do pacote.

Os polímeros, se forem bem-feitos, não corroem ou sofrem corrosão e duram quase infinitamente. Infelizmente, estas propriedades tão desejadas levam a um problema quando os plásticos são enterrados ou jogados em qualquer lugar – eles não se decompõem. Pesquisas estão sendo feitas para descobrir plásticos biodegradáveis ou fotodegradáveis para que os microrganismos ou a luz do sol possam decompô-los. Embora existam algumas vantagens nesta maneira de ver as coisas, é provavelmente melhor eliminar as embalagens na origem ou começar um programa efetivo de reciclagem. Temos de aprender a usar os plásticos com sabedoria.

REFERÊNCIAS

Ainsworth, S. J. "Plastics Additives." *Chemical and Engineering News, 70* (August 31, 1992): 34–55.
Burfield, D. R. "Polymer Glass Transition Temperatures." *Journal of Chemical Education, 64* (1987): 875.
Carraher, C. E., Jr., Hess, G., and Sperling, L. H. "Polymer Nomenclature—or What's in a Name?" *Journal of Chemical Education, 64* (1987): 36.
Carraher, C. E., Jr., and Seymour, R. B. "Physical Aspects of Polymer Structure: A Dictionary of Terms." *Journal of Chemical Education, 63* (1986): 418.
Carraher, C. E., Jr., and Seymour, R. B. "Polymer Properties and Testing—Definitions." *Journal of Chemical Education, 64* (1987): 866.
Carraher, C. E., Jr., and Seymour, R. B. "Polymer Structure—Organic Aspects (Definitions)." *Journal of Chemical Education, 65* (1988): 314.
Fried, J. R. "The Polymers of Commercial Plastics." *Plastics Engineering* (June 1982): 49–55.
Fried, J. R. "Polymer Properties in the Solid State." *Plastics Engineering* (July 1982): 27–37.
Fried, J. R. "Molecular Weight and Its Relation to Properties." *Plastics Engineering* (August 1982): 27–33.
Fried, J. R. "Elastomers and Thermosets." *Plastics Engineering* (March 1983): 67–73.
Fried, J. R., and Yeh, E. B. "Polymers and Computer Alchemy." *Chemtech, 23* (March 1993): 35–40.
Goodall, B. L. "The History and Current State of the Art of Propylene Polymerization Catalysts." *Journal of Chemical Education, 63* (1986): 191.
Harris, F. W., et al. "State of the Art: Polymer Chemistry." *Journal of Chemical Education, 58* (November 1981). (Este número contém 17 trabalhos em química dos polímeros. A série cobre estruturas, propriedades, mecanismos de formação, métodos de preparação, estereoquímica, distribuição de pesos moleculares, comportamento reológico de polímeros fundidos, propriedades mecânicas, elasticidade de borrachas, copolímeros em bloco e graftizados, polímeros de organometálicos, fibras, polímeros iônicos e compatibilidade de polímeros.)
Jordan, R. F. "Cationic Metal–Alkyl Olefin Polymerization Catalysts." *Journal of Chemical Education, 65* (1988): 285.
Kauffman, G. B. "Wallace Hume Carothers and Nylon, the First Completely Synthetic Fiber." *Journal of Chemical Education, 65* (1988): 803.
Kauffman, G. B. "Rayon: The First Semi-Synthetic Fiber Product." *Journal of Chemical Education, 70* (1993): 887.
Kauffman, G. B., and Seymour, R. B. "Elastomers I. Natural Rubber." *Journal of Chemical Education, 67* (1990): 422.
Kauffman, G. B., and Seymour, R. B. "Elastomers II. Synthetic Rubbers." *Journal of Chemical Education, 68* (1991): 217.
Morse, P. M. "New Catalysts Renew Polyolefins." *Chemical and Engineering News, 76* (July 6, 1998): 11–16.

Seymour, R. B. "Polymers Are Everywhere." *Journal of Chemical Education, 65* (1988): 327.

Seymour, R. B. "Alkenes and Their Derivatives: The Alchemists' Dream Come True." *Journal of Chemical Education, 66* (1989): 670.

Seymour, R. B., and Kauffman, G. B. "Polymer Blends: Superior Products from Inferior Materials." *Journal of Chemical Education, 69* (1992): 646.

Seymour, R. B., and Kauffman, G. B. "Polyurethanes: A Class of Modern Versatile Materials." *Journal of Chemical Education, 69* (1992): 909.

Seymour, R. B., and Kauffman, G. B. "The Rise and Fall of Celluloid." *Journal of Chemical Education, 69* (1992): 311.

Seymour, R. B., and Kauffman, G. B. "Thermoplastic Elastomers." *Journal of Chemical Education, 69* (1992): 967.

Stevens, M. P. "Polymer Additives: Chemical and Aesthetic Property Modifiers." *Journal of Chemical Education, 70* (1993): 535.

Stevens, M. P. "Polymer Additives: Mechanical Property Modifiers." *Journal of Chemical Education, 70* (1993): 444.

Stevens, M. P. "Polymer Additives: Surface Property and Processing Modifiers." *Journal of Chemical Education, 70* (1993): 713.

Thayer, A. M. "Metallocene Catalysts Initiate New Era in Polymer Synthesis." *Chemical and Engineering News, 73* (September 11, 1995): 15–20.

Waller, F. J. "Fluoropolymers." *Journal of Chemical Education, 66* (1989): 487.

Webster, O. W. "Living Polymerization Methods." *Science, 251* (1991): 887.

EXPERIMENTO 48

Preparação e Propriedades de Polímeros: Poliéster, Náilon e Poliestireno

Polímeros de condensação
Polímeros de adição
Polímeros com ligações cruzadas
Espectroscopia de infravermelho

Neste experimento, descreveremos as sínteses de dois poliésteres (Experimento 48A), de náilon (Experimento 48B) e de poliestireno (Experimento 48C). Estes polímeros correspondem a plásticos industriais importantes. Eles representam, também, as classes principais de polímeros: condensação (poliéster linear, náilon), adição (poliestireno) e com ligações cruzadas (poliéster Glyptal). A espectroscopia de infravermelho é usada no Experimento 48D para determinar a estrutura de polímeros.

Leitura necessária

Revisão:	Técnica 25	Espectroscopia de Infravermelho, Seção 25B
Nova:	Dissertação	Polímeros e Plásticos

Instruções especiais

Os Experimentos 48A, 48B e 48C envolvem vapores tóxicos. Conduza-os em uma boa capela. O estireno usado no Experimento 48C irrita os olhos e a pele. Evite respirar os vapores. O estireno deve ser manipulado e guardado em capela. O peróxido de benzoila é inflamável e pode detonar sob impacto ou por aquecimento.

Sugestão para eliminação de resíduos

Os tubos de ensaio que contêm os polímeros poliéster do Experimento 48A devem ser colocados em uma caixa destinada à eliminação destas amostras. O náilon do Experimento 48B deve ser bem-lavado com água e colocado em uma lata de lixo. Os resíduos líquidos do Experimento 48B (náilon) devem ser colocados em um recipiente próprio. O poliestireno preparado no Experimento 48C deve ser colocado no recipiente destinado aos resíduos sólidos.

EXPERIMENTO 48A

Poliésteres

Poliésteres lineares e com ligações cruzadas serão preparados neste experimento. O poliéster linear é preparado pela reação:

Anidrido ftálico + HOCH$_2$CH$_2$OH (Etilenoglicol, um diol) ⟶

HOCH$_2$CH$_2$OH + [intermediário] ⟶

—O—CH$_2$CH$_2$O—C(=O)—C$_6$H$_4$—C(=O)—OCH$_2$CH$_2$—O— + H$_2$O

Poliéster linear

Este poliéster linear é um isômero do Dacron, preparado a partir do ácido tereftálico e do etilenoglicol (veja a dissertação precedente). O Dacron e o poliéster linear feitos neste experimento são termoplásticos.

Quando um dos monômeros tem mais de dois grupos funcionais, as cadeias de polímero podem ser ligadas umas às outras (ligação cruzada) para formar uma rede de três dimensões. Estas estruturas são usualmente mais rígidas do que as estruturas lineares e são úteis para tintas e coberturas. Elas podem ser classificadas como plásticos termorrígidos. O poliéster Glyptal é preparado pela reação

Anidrido ftálico + HOCH$_2$CH(OH)CH$_2$OH (Glicerol, um triol) ⟶ HO—C(=O)—C$_6$H$_4$—C(=O)—OCH$_2$CH(OH)CH$_2$OH

$$\text{HOCH}_2\overset{\overset{\displaystyle \text{OH}}{|}}{\text{CH}}\text{CH}_2\text{OH} + \underset{\text{}}{\begin{array}{c}\text{anidrido ftálico (aberto)}\\ \text{HO—C(=O)—C}_6\text{H}_4\text{—C(=O)—OCH}_2\text{CHCH}_2\text{OH}\\ |\\ \text{OH}\end{array}} \longrightarrow \longrightarrow$$

$$\cdots \text{OCH}_2\overset{|}{\text{CH}}\text{CH}_2\text{O—C(=O)—C}_6\text{H}_4\text{—C(=O)—OCH}_2\overset{|}{\text{CH}}\text{CH}_2\text{O} \cdots + \text{H}_2\text{O}$$

**Poliéster com ligações cruzadas
(resina de Glyptal)**

A reação do anidrido ftálico com um diol (etilenoglicol) é descrita no procedimento. Este poliéster linear é comparado com o poliéster com ligações cruzadas (Glyptal) preparado a partir de anidrido ftálico e de um triol (glicerol).

Procedimento

Coloque uma mistura de 1 g de anidrido ftálico e 0,05 g de acetato de sódio em dois tubos de ensaio. Em um dos tubos coloque 0,4 mL de etilenoglicol, e no outro, 0,4 mL de glicerol. Prenda os dois tubos de modo que eles possam ser aquecidos simultaneamente com uma chama. Aqueça os tubos com cuidado até que as soluções pareçam estar em ebulição (água é eliminada durante a esterificação). Continue o aquecimento por mais 5 minutos.

Se você for fazer a análise por infravermelho (opcional), retire imediatamente uma amostra do polímero formado pelo etilenoglicol. Após a remoção da amostra para a espectroscopia de infravermelho, deixe os dois tubos de ensaio esfriarem e compare a viscosidade e a fragilidade dos dois polímeros. Os tubos de ensaio não podem ser limpos.

Exercício Opcional: Espectroscopia de Infravermelho. Cubra um vidro de relógio com uma fina camada de graxa de torneira. Derrame um pouco do polímero *quente* que está no tubo de ensaio que contém etilenoglicol. Use um palito de madeira para espalhar o polímero pela superfície para criar um filme fino do polímero. Remova o polímero do vidro de relógio e guarde-o para o Experimento 48D.

EXPERIMENTO 48B

Poliamida (náilon)

A reação de condensação de um ácido dicarboxílico ou um de seus derivados com uma diamina leva a uma poliamida linear.

$$\underset{\textbf{Cloreto de adipoíla}}{\text{Cl—C(=O)—CH}_2\text{CH}_2\text{CH}_2\text{CH}_2\text{—C(=O)—Cl}} + \underset{\textbf{Hexametilenodiamina}}{\text{H—N(H)—CH}_2\text{CH}_2\text{CH}_2\text{CH}_2\text{CH}_2\text{CH}_2\text{—N(H)—H}} \longrightarrow$$

$$\cdots\text{—C(=O)—CH}_2\text{CH}_2\text{CH}_2\text{CH}_2\text{—C(=O)—N(H)—CH}_2\text{CH}_2\text{CH}_2\text{CH}_2\text{CH}_2\text{CH}_2\text{—N(H)—} \cdots$$

Náilon 6-6

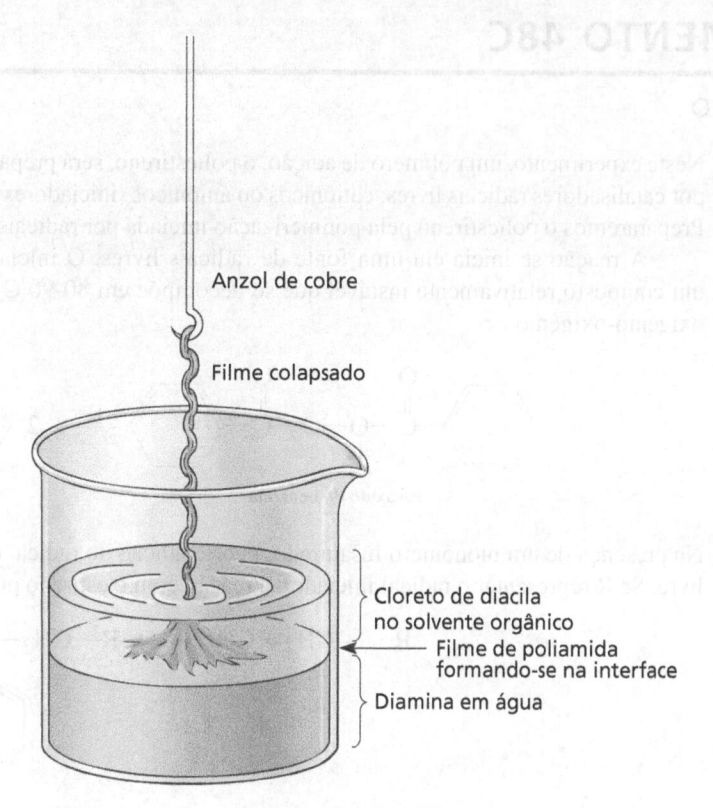

Preparação do náilon.

- Anzol de cobre
- Filme colapsado
- Cloreto de diacila no solvente orgânico
- Filme de poliamida formando-se na interface
- Diamina em água

O náilon 6-6 comercial (assim chamado porque cada monômero tem seis carbonos) é feito a partir do ácido adípico e da hexametilenodiamina. Neste experimento, você usará o cloreto de acila no lugar do ácido adípico. O cloreto de acila dissolvido em ciclo-hexano é adicionado *cuidadosamente* à hexametilenodiamina dissolvida em água. Estes líquidos não se misturam, e duas camadas se formarão. O polímero pode ser puxado continuamente para formar um fio de náilon. Imagine quantas moléculas se ligaram para formar o fio! É um número muito grande.

Procedimento

Coloque 10 mL de uma solução de hexametilenodiamina (1,6-hexanodiamina) a 5% em água em um bécher de 50 mL. Adicione 10 gotas de uma solução de hidróxido de sódio a 20%. Adicione cuidadosamente 10 mL de uma solução de cloreto de adipóila a 5% em ciclo-hexano. Faça isto derramando a solução pela parede do bécher ligeiramente inclinado. Duas camadas se formarão (veja a figura) e ocorrerá imediata formação de um filme de polímero na interface líquido-líquido. Use um anzol de fio de cobre (um fio de 15 cm dobrado na ponta) para destacar cuidadosamente o filme de polímero da parede do bécher. Depois, coloque o anzol no centro da massa e levante o fio de cobre de maneira que a poliamida se forme continuamente, produzindo um fio de polímero que pode ser puxado por mais de um metro. O fio pode ser interrompido se você puxar o anzol mais depressa. Lave o fio de polímero várias vezes com água e deixe-o secar em uma toalha de papel. Use o fio de cobre para agitar vigorosamente o restante do sistema bifásico para formar mais polímero. Decante o líquido e lave o polímero com muita água. Deixe-o secar. Não jogue o náilon na pia. Use um recipiente para o descarte.

EXPERIMENTO 48C

Poliestireno

Neste experimento, um polímero de adição, o poliestireno, será preparado. A reação pode ser provocada por catalisadores radicais livres, catiônicos ou aniônicos (iniciadores), o primeiro sendo o mais comum. Prepararemos o poliestireno pela polimerização iniciada por radicais livres.

A reação se inicia em uma fonte de radicais livres. O iniciador será o peróxido de benzoíla, um composto relativamente instável que se decompõe em 80-90°C por quebra homolítica da ligação oxigênio-oxigênio:

$$\text{Peróxido de benzoíla} \xrightarrow{\text{calor}} 2 \text{ radical benzoíla}$$

Na presença de um monômero insaturado, ocorre adição do radical com produção de um novo radical livre. Se R representar o radical iniciador, a reação com o estireno pode ser representada como

$$R\cdot + CH_2{=}CH(Ph) \longrightarrow R{-}CH_2{-}CH(Ph)\cdot$$

A cadeia contina a crescer:

$$R{-}CH_2{-}CH(Ph)\cdot + CH_2{=}CH(Ph) \longrightarrow R{-}CH_2{-}CH(Ph){-}CH_2{-}CH(Ph)\cdot, \text{ etc.}$$

A cadeia termina quando dois radicais se combinam (dois radicais de polímeros ou um radical de polímero e um de iniciador) ou pela abstração de um hidrogênio por outra molécula.

PROCEDIMENTO

Como é difícil limpar a vidraria, este experimento deve ser feito pelo professor. Uma grande batelada deve ser feita para toda a turma (pelo menos 10 vezes as quantidades dadas). Depois que o poliestireno estiver preparado, uma pequena quantidade é distribuída para cada aluno. Os alunos usarão seus vidros de relógio para isso. Faça o experimento em uma capela. Coloque várias camadas de papel-jornal na capela.

> **Cuidado:** O vapor de estireno é muito irritante para os olhos, a mucosa e o trato respiratório. Não respire o vapor e não deixe que ele toque sua pele. A exposição aos vapores pode causar náuseas e dores de cabeça. Todas as operações envolvendo estireno devem ser feitas na capela.
> O peróxido de benzoíla é inflamável e pode detonar por impacto ou por aquecimento (ou moagem). Ele deve ser pesado em papel siliconado (vidrado, não papel comum). Lave todas as gotas derramadas com água. Lave o papel siliconado com água antes de descartá-lo.

Coloque 12-15 mL de estireno em um bécher de 100 mL e adicione 0,35 g de peróxido de benzoíla. Aqueça a mistura em uma placa até que ela fique amarela. Quando a cor desaparecer e bolhas começarem a se formar, tire imediatamente o bécher com estireno da placa de aquecimento porque a reação é exotérmica (use pinças ou uma luva com isolamento). Quando a reação diminuir, coloque novamente o bécher com estireno na placa de aquecimento e continue a aquecê-lo até que o líquido fique bem viscoso. Com um bastão de vidro, retire um filamento longo do material. Se este filamento puder ser partido com facilidade após alguns segundos de esfriamento, o poliestireno está pronto para ser derramado. Se o filamento não quebrar, continue o aquecimento e repita o processo até que ele se quebre facilmente.

Se você for fazer a análise por infravermelho (opcional), guarde imediatamente uma amostra do polímero. Após remover a amostra para a espectroscopia de infravermelho, derrame o restante do líquido viscoso em um vidro de relógio em que foi previamente colocada uma camada leve de graxa de torneira. Após resfriar, o poliestireno pode ser retirado da superfície do vidro com o auxílio de uma espátula.

Exercício Opcional: Espectroscopia de Infravermelho. Derrame um pouco do polímero *quente* que está no bécher em um vidro de relógico aquecido (sem graxa). Use um palito de madeira ao espalhar o polímero pela superfície para criar um filme fino do polímero. Remova o polímero do vidro de relógio e guarde-o para o Experimento 48D.

EXPERIMENTO 48D

Espectros de Infravermelho de Amostras de Polímeros

A espectroscopia de infravermelho é uma técnica excelente para a determinação da estrutura de um polímero. O polietileno e o polipropileno, por exemplo, têm espectros relativamente simples porque são hidrocarbonetos saturados. Os poliésteres têm feqüências de deformação axial associadas com os grupos C=O e C—O da cadeia de polímero. As poliamidas (náilons) mostram absorções características da deformação axial de C=O e N—H. O poliestireno têm as freqüências características de um composto aromático monossubstituído (veja a Figura 25.12, página 750). Determine, agora, o espectro de infravermelho do poliéster linear do Procedimento 48A e do poliestireno do Experimento 48C. Seu professor pode pedir que você analise uma amostra que você trouxe ao laboratório ou uma que lhe será dada.

Procedimento

Montagem das Amostras. Prepare montagens de cartão para suas amostras de polímeros. Corte cartões de 8 cm por 12 cm de modo que elas se ajustem ao suporte de amostras do seu espectrômetro de infravermelho. Corte um pedaço retangular de 1 cm por 2,5 cm no centro do cartão. Coloque uma amostra do polímero no cartão e prenda-a com uma fita adesiva.

Amostras de Polímeros. Se você completou os Experimentos 48A e 48C, pode obter os espectros de seu poliéster e de seu poliestireno. Alternativamente, seu professor pode lhe dar uma amostra de polímero conhecido ou desconhecido para analisar.

Seu professor pode lhe pedir para trazer uma amostra de polímero de sua escolha. Se possível, estas amostras devem ser transparentes e o mais finas possível (como a espessura de um saco de sanduíche). Boas escolhas são janelas de envelopes, sacos de sanduíche, garrafas de refrigerante, caixas de leite, garrafas de xampu, papel de bala e polietileno termorretrátil. Se necessário, as amostras podem ser aquecidas em uma estufa e estiradas para se obter amostras mais finas. Se você estiver trazendo uma amostra obtida de um recipiente de plástico, anote o código de reciclagem no fundo, se houver.

Espectro de Infravermelho. Coloque o cartão com o polímero no suporte de amostras do espectrômetro de modo que ele fique no caminho do feixe de infravermelho do instrumento. Encontre o ponto menos espesso de sua amostra de polímero. Determine o espectro de infravermelho da amostra. Devido à espessura da amostra, muitas absorções podem ser tão intensas que você não será capaz de ver as bandas individuais. Para obter um espectro melhor, tente mover a amostra para uma nova posição no feixe e corra o espectro novamente.

Análise do Espectro de Infravermelho. Você pode usar a dissertação "Polímeros e plásticos", a Técnica 25 e seu espectro para determinar a estrutura do polímero. Muito possivelmente os polímeros corresponderão aos materiais plásticos listados na Tabela Três da dissertação (página 346). A tabela lista os códigos de reciclagem de alguns plásticos caseiros usados em empacotamento. Entregue o espectro de infravermelho, juntamente com a estrutura do polímero, a seu professor. Seu espectro e estrutura concordam com o código de reciclagem? Marque no espectro as bandas de absorção importantes que sejam coerentes com a estrutura do polímero.

Uso de uma Biblioteca de Polímeros. Se o seu instrumento tiver uma biblioteca de polímeros, você pode consultá-la para encontrar a correspondência. Faça isto depois de ter feito a determinação da estrutura do polímero. A busca na biblioteca servirá como confirmação da estrutura.

QUESTÕES

1. O dicloreto de etileno ($ClCH_2CH_2Cl$) e o polissulfeto de sódio (Na_2S_4) reagem para formar uma borracha resistente a produtos químicos, Tiokol A. Dê a estrutura desta borracha.
2. Dê a estrutura do polímero formado pelo monômero cloreto de vinilideno ($CH_2=CCl_2$).
3. Dê a estrutura do copolímero formado pelo acetato de vinila e pelo cloreto de vinila. Este copolímero é usado em tintas, adesivos e revestimentos de papel.

Acetato de vinila

Cloreto de vinila

4. Isobutileno, $CH_2=C(CH_3)_2$, é usado para preparar uma borracha de bom escoamento a frio. Dê uma estrutura para o polímero de adição formado por este alqueno.
5. Kel-F é um polímero de adição com a seguinte estrutura parcial. Qual é o monômero usado para prepará-lo?

6. O anidrido maléico reage com o etilenoglicol para produzir uma resina alquídica. Dê a estrutura do polímero de condensação produzido

Anidrido maléico

7. Kodel é um polímero de condensação feito de ácido tereftálico e 1,4-ciclo-hexanodimetanol. Dê a estrutura do polímero resultantes.

Ácido tereftálico **1,4-ciclo-hexanodimetanol**

DISSERTAÇÃO

Reações de Diels–Alder e Inseticidas

Sabe-se, desde os anos 1930, que a adição de uma molécula insaturada a um dieno forma um ciclo-hexeno substituído. A pesquisa original neste tipo de reação foi feita por Otto Diels e Kurt Alder, na Alemanha, e a reação passou a ser conhecida como **reação de Diels-Alder**. Esta reação envolve um **dieno** e uma espécie capaz de reagir com ele, o **dienófilo**.

O produto da reação de Diels-Alder é usualmente uma estrutura que contém um anel de ciclo-hexeno. Se os substituintes são grupos alquila ou átomos de hidrogênio, a reação só ocorre em condições extremas de temperatura e pressão. Com substituintes mais complexos, porém, a reação de Diels-Alder pode ocorrer em temperaturas baixas e condições brandas. A reação do ciclo-pentadieno com o anidrido maléico (Experimento 49) é um exemplo de reação de Diels-Alder que acontece em condições razoavelmente brandas.

Um uso importante, no passado, da reação de Diels-Alder envolvia hexacloro-ciclo-pentadieno como o dieno. Dependendo do dienófilo, vários produtos de adição contendo cloro podiam ser sintetizados. Quase todos esses produtos eram **inseticidas** poderosos. Três dos inseticidas sintetizados pela reação de Diels-Alder estão na página 355.

Os nomes Dieldrin e Aldrin são homenagem a Diels e Alder. Estes inseticidas eram usados contra pragas (insetos) que atacavam frutas, vegetais e algodão; contra insetos de solos, térmitas e mariposas; e no tratamento sementes. Clordano era usado em medicina veterinária contra pragas (insetos) que atacam animais, inclusive moscas, carrapatos e piolhos. Hoje, estes inseticidas raramente são usados.

O inseticida mais conhecido, DDT, não é preparado pela reação de Diels-Alder, mas é a melhor ilustração dos problemas encontrados quando os inseticidas clorados passaram a ser usados indiscriminadamente. O DDT foi sintetizado pela primeira vez em 1874, e suas propriedades como inseticida foram descobertas em 1939. Sua síntese comercial é muito fácil e usa reagentes baratos.

$$\text{Cl}_3\text{C-CHO} + 2\ \text{C}_6\text{H}_5\text{Cl} \xrightarrow{H_2SO_4}$$

Cloral + Cloro-benzeno

$$\rightarrow (\text{4-Cl-C}_6\text{H}_4)_2\text{CH-CCl}_3 + H_2O + \text{isômeros}$$

DDT

Quando o DDT foi posto no mercado, representou uma importante bênção para a humanidade. Ele era efetivo no controle de piolhos, moscas e mosquitos transmissores de malária e ajudou a controlar doenças humanas e de animais. O uso do DDT rapidamente se espalhou para o controle de centenas de tipos de insetos que atacam frutas, vegetais e grãos.

Os pesticidas que persistem no meio ambiente por longo tempo após a aplicação são chamados de **pesticidas persistentes**. A partir dos anos 1960, alguns dos efeitos danosos de pesticidas persistentes como o DDT e outros organoclorados começaram a aparecer. O DDT é solúvel em gorduras e, portanto, pode se acumular na gordura, nos nervos e nos tecidos cerebrais de animais. A concentração de DDT nos tecidos aumenta nos animais à medida em que se avança na cadeia alimentar. Aves comem insetos envenenados e acumulam grandes quantidades de DDT. Os animais que se alimentam das aves acumulam ainda mais DDT. Nos pássaros, pelo menos dois efeitos indesejáveis do DDT são conhecidos. As aves que acumulam grandes quantidades de DDT colocam ovos com cascas muito finas, que não resistem até que os pintos saiam do ovo. Além disso, grandes quantidades de DDT nos tecidos parecem interferir nos ciclos reprodutivos normais. A destruição das populações de aves que ocorria, às vezes, após aplicações maciças de DDT passaram a ser motivo de grande preocupação. O pelicano-pardo e a águia-de-cabeça-branca foram colocados em perigo de extinção. O uso de inseticidas contendo cloro foi identificado como a razão principal para o declínio do número destes pássaros.

Como o DDT é quimicamente inerte, ele persiste no ambiente por longo tempo sem se decompor. A decomposição é muito lenta, mas os produtos são ainda mais perigosos do que o próprio DDT. Cada aplicação de DDT significa, portanto, que mais DDT passará de uma espécie para outra, da fonte de alimento para o predador até chegar aos animais superiores, possívelmente colocando sua existência em perigo. Até mesmo humanos podem ser ameaçados. Em conseqüência das evidências dos efeitos danosos do DDT, a EPA (Environmental Protection Agency) americana proibiu o uso generalziado do DDT no começo dos anos 1970. Ele ainda pode ser usado com certos objetivos, mas é necessário obter a permissão da EPA. Em 1974, a EPA permitiu o uso de DDT contra as mariposas de relva ("tussock moth") nas florestas de Washington e Oregon.

Como os ciclos de vida dos insetos são curtos, eles podem desenvolver resistência a inseticidas em um tempo muito curto. Já em 1948 foram identificadas várias linhagens de insetos resistentes ao DDT. Os mosquitos transmissores da malária estão, hoje, quase completamente resistentes ao DDT, um acontecimento irônico. Outros inseticidas clorados foram desenvolvidos como alternativa ao DDT contra insetos resistentes. São exemplos Dieldrin, Aldrin, Clordano e as substâncias cujas estruturas estão abaixo. Heptacloro e Mirex são preparados via reação de Diels-Alder.

Lindano **Heptacloro** **Mirex**

Apesar da semelhança estrutural, o Clordano e o Heptacloro têm ação diferente da do DDT, do Dieldrin e do Aldrin. O Clordano, por exemplo, tem vida curta e é menos tóxico para os mamíferos. Todos os inseticidas clorados, todavia, são considerados suspeitos. A EPA proibiu também o uso de Dieldrin e Aldrin. Além disso, linhagens de insetos resistentes a Dieldrin, Aldrin e outros inseticidas já foram observadas. Alguns tipos de insetos ficam até mesmo viciados em inseticidas clorados!

Os problemas associados com os organoclorados levou ao desenvolvimento de inseticidas de vida mais curta, usualmente derivados orgânicos de fosforo ou carbamatos, que se decompõem no meio ambiente em materiais inofensivos.

As estruturas de alguns inseticidas organofosforados são

$$CH_3CH_2-O-\underset{CH_3CH_2-O}{\overset{S}{\underset{\parallel}{P}}}-O-C_6H_4-NO_2$$

Paration

$$CH_3O-\underset{CH_3O}{\overset{S}{\underset{\parallel}{P}}}-O-\underset{\underset{CH_2-C-OCH_2CH_3}{\overset{\parallel}{O}}}{CH}-\overset{O}{\underset{\parallel}{C}}-OCH_2CH_3$$

Malation

$$CH_3O-\underset{CH_3O}{\overset{O}{\underset{\parallel}{P}}}-O-CH=C\overset{Cl}{\underset{Cl}{}}$$

DDVP ou Diclorvos

O Paration e o Malation são muito usados na agricultura. O DDVP é usado em "tiras contra pragas" para combater insetos caseiros. Os organofosforados não persistem no ambiente; logo, não são transferidos entre as espécies da cadeia alimentar como acontece com os organoclorados. Os organofosforados, entretanto, são muito tóxicos para os humanos. Alguns "bóias-frias" e outros trabalhadores agrícolas morreram devido a acidentes envolvendo esses compostos. Critérios de segurança muito estritos devem ser aplicados quando se usa inseticidas organofosforados.

Os derivados de carbamatos, inclusive Carbaril, tendem a ser menos tóxicos do que os compostos organofosforados. Eles também se degradam a substâncias inofensivas. Tem-se observado, entretanto, resistência a esses inseticidas de vida curta. Além disso, os organofosforados e derivados de carbamato destroem mais insetos que não são alvos do que os organoclorados. O perigo para minhocas, mamíferos e pássaros é muito grande.

$$CH_3-NH-\overset{O}{\underset{\parallel}{C}}-O-\text{(naftil)}$$

Carbaril

ALTERNATIVAS A INSETICIDAS

Várias alternativas à aplicação maciça de inseticidas estão sendo exploradas. Atraentes de insetos, inclusive feromônios (veja a Dissertação que precede o Experimento 45), têm sido usados em armadilhas. Estes métodos foram eficazes contra a lagarta do sobreiro. Estudou-se uma técnica de "desorientação", em que um feromônio é jogado no ar em concentrações tão altas que os insetos machos não são mais capazes de localizar a fêmea. Estes métodos são específicos para uma determinada praga e não afetam o ambiente.

Pesquisas recentes concentram-se em usar os processos bioquímicos dos insetos para controlar as pragas. Experimentos com os **hormônios juvenis** prometem sucesso. O hormônio juvenil é uma de três secreções internas usadas por insetos para regular o crescimento e a metamorfose da larva à pupa e, daí, ao adulto. Em certos estágios da metamorfose da larva à pupa o hormônio juvenil tem de ser secretado. Em outras etapas, ele tem de estar ausente, ou o inseto se desenvolverá de modo anormal ou não crescerá. O hormônio juvenil é importante para manter o estágio juvenil, ou larval, do inseto em crescimento. O macho da mariposa de cecrópias, a forma madura da larva da seda, é usada como fonte do hormônio juvenil. A estrutura do hormônio juvenil da mariposa da cecrópia é dada na página seguinte. Este composto impede a maturação dos mosquitos da febre amarela e dos piolhos do corpo humano. Como não é provável que os insetos desenvolvam resistência a seus próprios hormônios, espera-se que isto não aconteça com o hormônio juvenil.

Hormônio juvenil da mariposa de cecrópias

Fator papel

Embora seja difícil obter uma quantidade suficiente do produto natural, foram preparados análogos sintéticos, com propriedades semelhantes e tão efetivos como a substância natural. Uma substância foi encontrada no bálsamo do Canadá (*Abies balsamea*), conhecida como **fator papel** ("paper factor"). O fator papel é ativo contra o percevejo da tília, *Pyrrhocoris apterus*, uma praga européia do algodão. Esta substância é só uma de milhares de terpenóides sintetizados pela tília. Outros terpenóides estão sendo investigados como análogos em potencial do hormônio juvenil.

Piretrina

$R = CH_3$ ou $COOCH_3$
$R' = CH_2CH=CHCH=CH_2$ ou $CH_2CH=CHCH_3$
ou $CH_2CH=CHCH_2CH_3$

Certas plantas são capazes de sintetizar substâncias que as protegem contra insetos. Incluídas entre os inseticidas naturais estão as **piretrinas** e os derivados de **nicotina**.

A procura por meios de controlar pragas agrícolas que não afetem negativamente o ambiente continua com um grande senso de urgência. Os insetos causam danos de bilhões de dólares americanos às colheitas a cada ano. Com a comida ficando cada vez mais escassa e com a população humana do mundo crescendo exponencialmente, evitar essas perdas é absolutamente essencial.

REFERÊNCIAS

Berkoff, C. E. "Insect Hormones and Insect Control." *Journal of Chemical Education, 48* (1971): 577.
Bowers, W. S., and Nishida, R. "Juvocimenes: Potent Juvenile Hormone Mimics from Sweet Basil." *Science, 209* (1980): 1030.
Carson, R. *Silent Spring.* Boston: Houghton Mifflin, 1962.
Keller, E. "The DDT Story." *Chemistry, 43* (February 1970): 8.
O'Brien, R. D. *Insecticides: Action and Metabolism.* New York: Academic Press, 1967.
Peakall, D. B. "Pesticides and the Reproduction of Birds." *Scientific American, 222* (April 1970): 72.
Saunders, H. J. "New Weapons against Insects." *Chemical and Engineering News, 53* (July 28, 1975): 18.
Williams, C. M. "Third-Generation Pesticides." *Scientific American, 217* (July 1967): 13.
Williams, W. G., Kennedy, G. G., Yamamoto, R. T., Thacker, J. D., and Bordner, J. "2-Tridecanone: A Naturally Occurring Insecticide from the Wild Tomato." *Science, 207* (1980): 888.

EXPERIMENTO 49

A reação de Diels–Alder do Ciclo-pentadieno com o Anidrido Maléico

Reação de Diels-Alder
Destilação fracionada

O ciclo-pentadieno e o anidrido maléico dão facilmente uma reação de Diels-Alder para formar o aduto, o anidrido *cis*-norborneno-5,6-*endo*-dicarboxílico:

Ciclo-pentadieno   Anidrido maléico   Anidrido *cis*-norborneno-5,6-endo-dicarboxílico

Como duas moléculas de ciclo-pentadieno também podem reagir via Diels-Alder para formar diciclo-pentadieno, não é possível guardar o ciclo-pentadieno na forma de monômero. Por isto, é preciso primeiro "quebrar" o diciclo-pentadieno para produzir o ciclo-pentadieno necessário para o experimento. Isto é feito por aquecimento do diciclo-pentadieno e por destilação fracionada para dar o ciclo-pentadieno. O produto deve ser guardado a frio e usado rapidamente, para impedir a dimerização.

Diciclo-pentadieno   Ciclo-pentadieno

Leitura necessária

Revisão: Técnica 11   Cristalização: Purificação de Sólidos, Seção 11.3

Nova: Dissertação   Reações de Diels-Alder e inseticidas

Instruções especiais

O craqueamento do diciclo-pentadieno deve ser feito pelo professor ou pelo assistente de laboratório. Se fogo for usado, assegure-se de que não há vazamentos no sistema, porque o ciclo-pentadieno e o dímero são muito inflamáveis.

Sugestão para eliminação de resíduos

Coloque o licor-mãe da cristalização no recipiente destinado aos solventes orgânicos não-halogenados.

Notas para o professor

Monte, em capela, a aparelhagem de destilação fracionada mostrada na figura. Embora o controle da temperatura seja feito melhor com um micromaçarico, o uso da manta de aquecimento reduz a possibilidade de fogo. Coloque várias pérolas de vidro e diciclo-pentadieno no balão de destilação. A quanti-

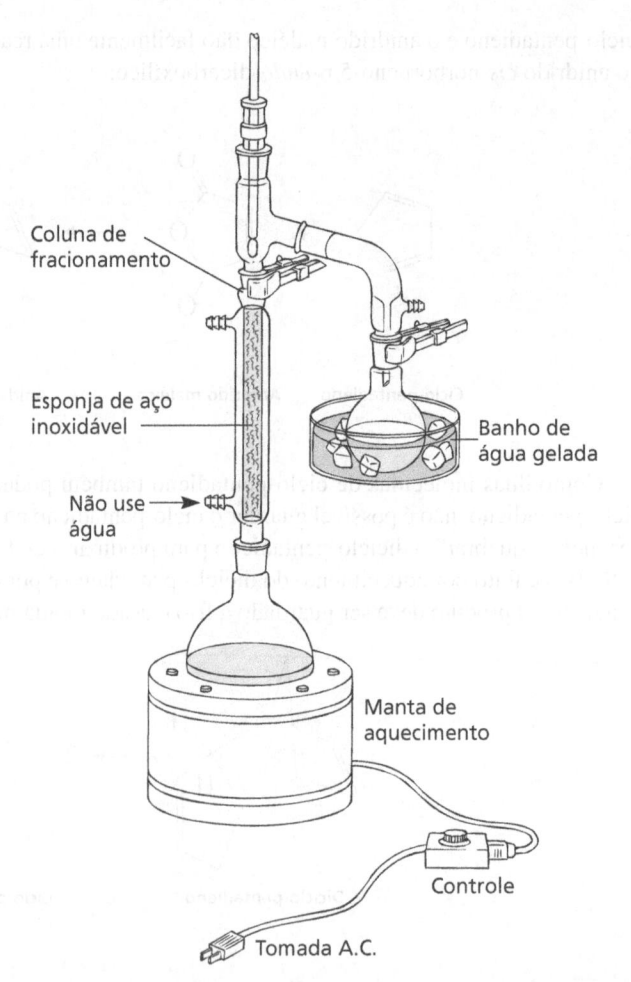

Aparelhagem de destilação fracionada para a decomposição do diciclo-pentadieno.

dade de diciclo-pentadieno e o tamanho do balão dependerão das necessidades de sua turma. O volume de ciclo-pentadieno recuperado será 50-75% do volume inicial do diciclo-pentadieno, dependendo do volume destilado e do tamanho da coluna de fracionamento. Controle a fonte de calor para que o ciclo-pentadieno destile em 40-43°C. Se o ciclo-pentadieno estiver turvo, seque o líquido com sulfato de sódio anidro em grãos. Guarde o produto em um recipiente selado e mantenha-o em um banho de água gelada até que todos os alunos tenham retirado suas porções. Ele deve ser usado em algumas horas após a destilação, para evitar a dimerização.

Procedimento

Preparação do Aduto. Coloque 1,00 g de anidrido maléico e 4,0 mL de acetato de etila em um frasco de Erlenmeyer de 25 mL. Agite o frasco por rotação para dissolver o sólido (pode ser necessário aquecê-lo em uma placa). Adicione 4,0 mL de ligroína (pe 60-90°C) e agite para misturar os solventes e o reagente. Adicione 1,0 mL de ciclo-pentadieno e misture até que não haja separação visível de camadas. Como a reação é exotérmica, a temperatura da mistura subirá o suficiente para manter o produto em solução. Entretanto, se ocorrer formação de sólido aqueça a mistura em uma placa para dissolvê-lo.

Cristalização do Produto. Deixe a mistura esfriar até a temperatura normal. Os cristais se formam melhor se a cristalização for induzida antes que a solução atinja a temperatura normal. Para fazer isto, mergulhe uma espátula ou um bastão de vidro na solução após 5 minutos do início do resfriamento. Deixe o solvente evaporar para que se forme uma pequena quantidade de sólido na espátula ou no bastão. Recoloque a espátula ou o bastão no líquido por alguns segundos para induzir a cristalização. Quando a cristalização se completar na temperatura normal, esfrie a mistura em um banho de gelo por alguns minutos.

Isole os cristais por filtração em um funil de Hirsch ou em um funil de Büchner pequeno e deixe que sequem ao ar. Determine o peso e o ponto de fusão (164°C). Se o professor o desejar, obtenha o espectro de infravermelho usando o método do filme seco (Técnica 25, Seção 25.4, página 742) ou como uma pastilha de KBr (Técnica 25, Seção 25.5, página 742). Compare seu espectro de infravermelho com o reproduzido aqui. Calcule o rendimento percentual e entregue o produto ao professor em um frasco identificado.

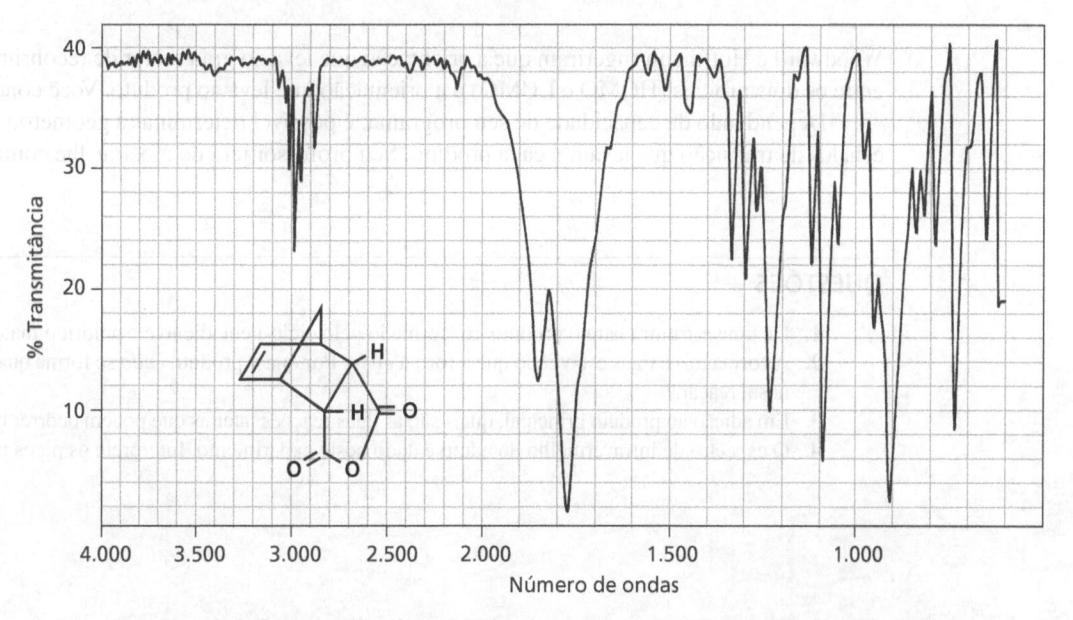

Espectro de infravermelho do anidrido cis-norborneno-5,6-endo-dicarboxílico, KBr.

Modelagem molecular (opcional)

Na reação do ciclo-pentadieno com o anidrido maléico, dois produtos podem se formar: o produto *endo* e o produto *exo*.

Calcule os calores de formação desses produtos para determinar qual é o produto esperado do ponto de vista **termodinâmico** (produto de menor energia). Faça os cálculos no nível AM1 com otimização de geometria. O produto encontrado na prática é o produto *endo*. Este é o produto termodinâmico? Coloque na tela um modelo de esferas cheias para cada estrutura. Qual parece mais comprimida?

Woodward e Hoffmann afirmaram que, nesta reação, o dieno é o doador de elétrons, e o dienófilo, o aceitador. Em conformidade com esta idéia, os dienos que têm grupos doadores de elétrons são mais reativos do que os que não têm. De acordo com o raciocínio da teoria dos orbitais de fronteira (veja a Dissertação "Química Computacional", página 137), os elétrons do HOMO do dieno serão colocados no LUMO do dienófilo quando a reação ocorrer. Calcule, no nível AM1, a superfície do HOMO para o dieno (ciclo-pentadieno), e do LUMO, para o dienófilo (anidrido maléico). Coloque os dois simultaneamente na tela nas orientações que levam aos produtos *endo* e *exo*.

Woodward e Hoffmann sugeriram que a orientação que leva ao grau maior de recobrimento construtivo entre os dois orbitais (HOMO e LUMO) é a orientação que leva ao produto. Você concorda?

Dependendo da capacidade de seu programa, é possível determinar a geometria (e a energia) dos estados de transição que levam a cada produto. Seu professor terá de mostrar-lhe como fazer isso.

QUESTÕES

1. Dê uma estrutura para o produto *exo* formado pelo ciclo-pentadieno e o anidrido maléico.
2. A forma *exo* é mais estável do que a forma *endo*. Por que o produto *endo* se forma quase exclusivamente nesta reação?
3. Em adição ao produto principal, quais são as duas reações laterais que podem ocorrer neste experimento?
4. O espectro de infravermelho do aduto é dado neste experimento. Interprete os picos principais.

EXPERIMENTO 50

Fotorredução da Benzofenona e Rearranjo do Benzopinacol a Benzopinacolona

Fotoquímica
Fotorredução
Transferência de energia
Rearranjo do pinacol

Este experimento tem duas partes. Na primeira (Experimento 50A), a benzofenona sofrerá fotorredução em solução de álcool isopropílico pela ação da luz solar. O produto desta reação é o benzopinacol. Na segunda (Experimento 50B), o benzopinacol sofrerá um rearranjo catalisado por ácido chamado de **rearranjo do pinacol**. O produto do rearranjo é a benzopinacolona.

EXPERIMENTO 50A

$$2\ \text{Benzofenona} + \text{2-Propanol} \xrightarrow{h\nu} \text{Benzopinacol}$$

EXPERIMENTO 50B

$$\text{Benzopinacol} \xrightarrow[\substack{\text{ácido} \\ \text{acético} \\ \text{glacial}}]{I_2} \text{Benzopinacolona} + H_2O$$

EXPERIMENTO 50A

Fotorredução da Benzofenona

A fotorredução da benzofenona é uma das reações fotoquímicas mais antigas e mais estudadas. No começo da história da fotoquímica, descobriu-se que soluções de benzofenona são instáveis à luz em certos solventes. Se a benzofenona estiver dissolvida em um solvente "doador de hidrogênio", como o 2-propanol, ela forma, ao ser exposta à luz ultravioleta, $h\nu$, um dímero insolúvel, o benzopinacol.

Benzofenona + 2-Propanol → Benzopinacol

Para entender esta reação, revisemos um pouco da fotoquímica das cetonas aromáticas. Em uma molécula orgânica típica, todos os elétrons estão emparelhados nos orbitais ocupados. Quando a molécula absorve radiação ultravioleta de comprimento de onda adequado, um elétron de um dos orbitais ocupados, usualmente o de energia mais alta, é excitado para um orbital vazio, geralmente o de mais baixa energia. Durante essa transição, o elétron retém o seu spin, porque a mudança de spin é proibida pelas leis da mecânica quântica. Portanto, assim como os dois elétrons do orbital ocupado de energia mais alta no estado inicial tinham spins emparelhados (opostos), eles manterão esta situação no primeiro estado eletronicamente excitado. Isto ocorre apesar de os elétrons estarem em orbitais *diferentes* após a transição. Este primeiro estado excitado é chamado de um **estado singleto** (S_1) porque a multiplicidade de spin (2S + 1) é 1. O estado inicial, não-excitado, da molécula também é um singleto porque os elétrons estão emparelhados, e é chamado de **estado fundamental** singleto (S_0).

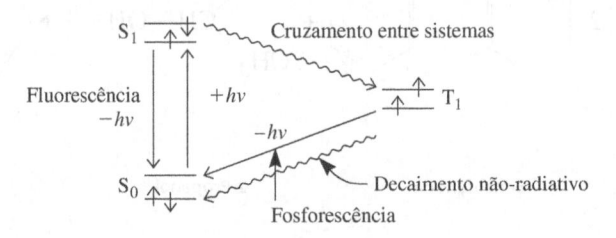

Estados eletrônicos de uma molécula típica e interconversões possíveis. Em cada estado (S_0, S_1, T_1), a linha inferior representa o orbital ocupado de energia mais alta, e a linha superior, o orbital vazio de energia mais baixa da molécula não-excitada. As linhas retas representam processos em que um fóton é absorvido ou emitido. As linhas onduladas representam processos não-radiativos – os que ocorrem sem emissão ou absorção de um fóton.

O estado excitado singleto S_1 pode voltar ao estado fundamental S_0 por emissão do fóton absorvido. Este processo é chamado de **fluorescência**. O elétron excitado pode sofrer mudança de spin para dar um estado de multiplicidade mais alta, o **estado excitado tripleto**, assim chamado porque a multiplicidade de spin (2S + 1) é 3. A conversão do primeiro estado excitado singleto para o estado tripleto é chamado de **cruzamento entre sistemas**. Como o estado tripleto possui multiplicidade mais alta, ele tem, inevitavelmente, energia mais baixa do que o estado singleto (Regra de Hund). O processo de mudança de spin é normalmente proibido pela mecânica quântica, do mesmo modo que a excitação direta do estado fundamental (S_0) ao estado tripleto (T_1) é proibida. Nas moléculas em que os estados singleto e tripleto têm energia próxima, entretanto, os dois estados têm vários estados vibracionais que se superpõem – isto é, estados em comum –, uma situação que permite que a transição "proibida" possa ocorrer. Em muitas moléculas em que S_1 e T_1 têm energias semelhantes ($\Delta E <$ 10 Kcal/mol), o cruzamento entre sistemas é mais rápido do que a fluorescência, e a molécula se converte rapidamente do estado singleto ao tripleto. Na benzofenona, S_1 sofre cruzamento entre sistemas a T_1 com a velocidade $k_{isc} = 10^{10}$ seg^{-1}, significando que o tempo de meia-vida de S_1 é de apenas 10^{-10} segundos. A velocidade da fluorescência da benzofenona é $k_f = 10^6$ seg^{-1}, significando que o cruzamento entre sistemas ocorre em velocidade 10^4 vezes superior à fluorescência. Isto significa que a conversão de S_1 a T_1 na benzofenona é essencialmente um processo quantitativo. Em moléculas que têm uma diferença grande de energia entre S_1 e T_1, a situação se inverte. Como você verá adiante, na molécula do naftaleno a situação está invertida.

Como a energia do estado excitado tripleto é menor do que a do estado excitado singleto, a molécula não pode voltar com facilidade ao estado excitado singleto e também não pode voltar facilmente ao estado fundamental "devolvendo" o elétron ao orbital original. A transição de T_1 a S_0 implicaria mudança de spin, um processo proibido. Assim, o estado de transição tripleto usualmente tem um tempo de vida longo (em relação a outros estados excitados) porque não pode ir facilmente para outros estados. Embora o processo seja proibido, o tripleto T_1 pode retornar, enventualmente, ao estado fundamental S_0 por um processo conhecido como **transição não-radiativa**. Neste processo, a energia em excesso do tripleto perde-se no meio ambiente, "relaxando", assim, o tripleto de volta ao estado fundamental. Este processo é objeto de muita pesquisa atualmente e não é bem-conhecido. No segundo processo, no qual um estado tripleto pode voltar ao estado fundamental, a **fosforescência**, o estado tripleto excitado emite um fóton para dissipar a energia em excesso e retorna ao estado fundamental diretamente. Embora este processo seja "proibido", ele ocorre quando não existe outro modo de dissipar o excesso de energia. Na benzofenona, o decaimento não-radiativo é o processo mais rápido, com velocidade $k_d = 10^5$ seg^{-1}, e a fosforescência, que não é observada, tem uma velocidade inferior, com $k_p = 10^2$ seg^{-1}.

A benzofenona é uma cetona. As cetonas têm *dois* estados singletos possíveis e, conseqüentemente, dois estados tripletos. Isto ocorre porque duas transições de energia relativamente baixa podem ocorrer. É possível excitar um dos elétrons π da ligação π da carbonila ao orbital vazio de energia mais baixa, um orbital π*. Também é possível excitar um dos elétrons não-ligados, ou elétrons *n*, do oxigênio ao orbital π*. O primeiro tipo de transição é chamado de transição π-π*, e o segundo, de transição *n*-π*. A figura abaixo mostra um esquema dessas transições e dos estados resultantes.

Transições $n\text{-}\pi^*$ e $\pi\text{-}\pi^*$ de cetonas.

Estados excitados da benzofenona   **Estados excitados do naftaleno**

Energia dos estados excitados da benzofenona e do naftaleno.

Estudos espectroscópicos mostram que para a benzofenona, e para a maior parte das outras cetonas, os estados excitados n-π^* S_1 e T_1 têm energia mais baixa do que os estados excitados π-π^*. A figura abaixo mostra um diagrama de energia dos estados excitados da benzofenona (juntamente com o diagrama correspondente do naftaleno).

Sabe-se que a fotorredução da benzofenona é uma reação do estado tripleto (T_1) n-π^* da benzofenona. Os estados excitados n-π^* têm caráter de radical no oxigênio da carbonila devido aos elétrons desemparelhados do orbital não-ligante. Por isso, a espécie no estado excitado T_1, de alta energia e caráter de radical, pode abstrair um átomo de hidrogênio de um doador para formar o radical difenil-hidroximetil. Dois desses radicais, uma vez formados, podem se acoplar para formar o benzopinacol. O mecanismo completo da fotorredução está esquematizado a seguir.

$$Ph_2C=O \xrightarrow{h\nu} Ph_2\dot{C}-O\cdot (S_1)$$

$$Ph_2\dot{C}-O\cdot (S_1) \xrightarrow{isc} Ph_2\dot{C}-O\cdot (T_1)$$

$$Ph_2\dot{C}-O\cdot(T_1) + H-\underset{CH_3}{\overset{CH_3}{C}}-OH \longrightarrow Ph_2\dot{C}-OH + \cdot\underset{CH_3}{\overset{CH_3}{C}}-OH$$

$$Ph_2\dot{C}-O\cdot(T_1) + HO-\underset{CH_3}{\overset{CH_3}{\dot{C}}}\cdot \longrightarrow Ph_2\dot{C}-OH + O=\underset{CH_3}{\overset{CH_3}{C}}$$

$$2\,Ph_2\dot{C}-OH \longrightarrow Ph-\underset{Ph}{\overset{OH}{C}}-\underset{Ph}{\overset{OH}{C}}-Ph$$

Muitas reações fotoquímicas têm de ser feitas em aparelhagens de quartzo porque exigem radiação ultravioleta de comprimentos de onda mais curtos (maior energia) do que os comprimentos de onda que atravessam o Pyrex. A benzofenona, entretanto, utiliza radiação de 350 nm, aproximadamente, para excitar-se ao estado singleto n-π^* (S_1), um comprimento de onda que atravessa facilmente o Pyrex. A figura da página seguinte mostra os espectros de absorção no ultravioleta da benzofenona e do naftaleno, juntamente com as curvas de transmissão de Pyrex e quartzo. O Pyrex não permite a passagem de comprimentos de onda inferiores a 300 nm, enquanto o quartzo permite a passagem de radiação de até 200 nm. Assim, quando a benzofenona é colocada em um frasco de Pyrex, a única transição eletrônica possível é a transição n-π^*, que ocorre em 350 nm.

Entretanto, mesmo se fosse possível dar à benzofenona radiação com o comprimento de onda apropriado para produzir o segundo estado excitado singleto da molécula, ocorreria conversão rápida deste singleto para o estado singleto de energia mais baixa (S_1). O estado S_2 tem tempo de vida inferior a 10^{-12} segundos. O processo de conversão de S_2 a S_1 é chamado de **conversão interna**. As conversões internas são processos de conversão entre estados excitados de mesma multiplicidade (singleto-singleto ou tripleto-tripleto), que, usualmente, são muito rápidos. Por isso, quando um estado S_2 ou T_2 se forma, ele se converte rapidamente a S_1 ou T_1, respectivamente. Como seu tempo de vida é muito curto, pouco se sabe a respeito das propriedades ou das energias exatas dos estados S_2 e T_2 da benzofenona.

TRANSFERÊNCIA DE ENERGIA

Com um experimento simples de **transferência de energia**, pode-se mostrar que a fotorredução da benzofenona ocorre via estado excitado T_1 da benzofenona, e não, pelo estado S_1. Na presença de naftaleno, a reação se interrompe porque a energia de excitação do tripleto da benzofenona se transfere para o naftaleno. Diz-se que o naftaleno **suprime** a reação. Isto ocorre da seguinte maneira.

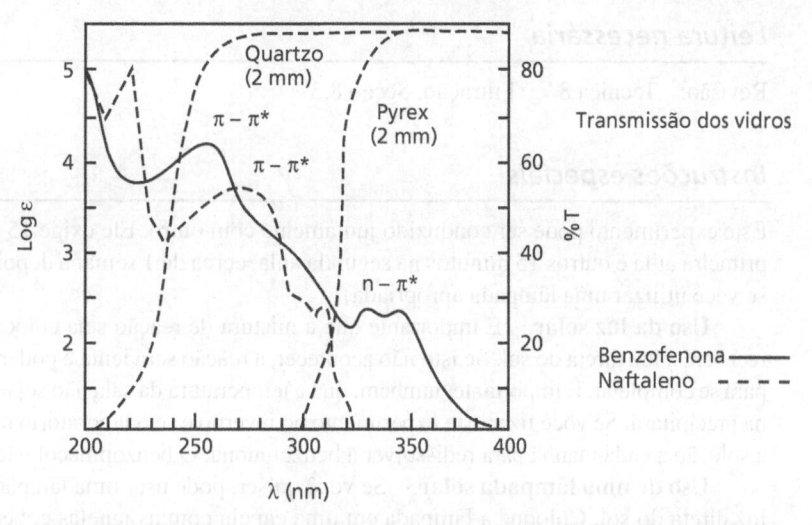

Espectros de absorção no ultravioleta da benzofenona e do naftaleno.

Quando os estados excitados das moléculas têm tempos de vida suficientemente longos, eles podem, com freqüência, transferir sua energia de excitação para outra molécula. Os mecanismos dessas transferências são complexos e não podem ser explicados aqui. Entretanto, os requisitos essenciais podem ser esquematizados. Primeiro, para que duas moléculas troquem seus estados de excitação respectivos, o processo deve ocorrer com diminuição de energia. Segundo, a multiplicidade de spin de todo o sistema não pode mudar. Estes dois pontos podem ser ilustrados pelos dois exemplos mais comuns de transferência de energia – transferência de singleto e transferência de tripleto. Nestes dois exemplos, o sobrescrito 1 indica um estado excitado singleto; o sobrescrito 3, um estado excitado tripleto; e o sobrescrito 0, uma molécula no estado fundamental. A e B representam moléculas diferentes.

$$A^1 + B_0 \rightarrow B^1 + A_0 \quad \text{Transferência de energia de singleto}$$

$$A^3 + B_0 \rightarrow B^3 + A_0 \quad \text{Transferência de energia de tripleto}$$

Na transferência de energia de singleto, a energia de excitação é transferida do estado excitado singleto de A ao estado fundamental de B, levando B ao estado excitado singleto. Na transferência de energia de tripleto, ocorre uma interconversão semelhante entre um estado excitado e o estado fundamental. A energia do singleto é transferida através do espaço por um mecanismo de acoplamento dipolo-dipolo, mas a transferência de energia do tripleto envolve a colisão das duas moléculas envolvidas. Em um meio orgânico comum, ocorrem cerca de 10^9 colisões por segundo. Assim, se um estado tripleto A^3 tem tempo de vida superior a 10^{-9} segundos, e se uma molécula de aceitador B_0, com energia de tripleto inferior à de A^3, está disponível, pode-se esperar que ocorra transferência de energia. Se o tripleto A^3 reage (por fotorredução, por exemplo) em velocidade inferior à velocidade das colisões e se uma molécula aceitadora é adicionada à solução, a reação pode ser *suprimida*. O aceitador, chamado de **supressor**, desativa ou "suprime" o tripleto antes que ele tenha uma chance de reagir. O naftaleno tem a capacidade de suprimir os tripletos da benzofenona e de parar a fotorredução.

O naftaleno não pode suprimir o estado excitado singleto, S_1, da benzofenona porque seu singleto tem energia (95 kcal/mol) superior à energia do singleto da benzofenona (76 kcal/mol). Além disto, a conversão $S_1 \rightarrow T_1$ é muito rápida (10^{-10} segundos). Portanto, o naftaleno só pode suprimir o estado tripleto da benzofenona. A energia de excitação do tripleto da benzofenona (69 kcal/mol) transfere-se para o naftaleno (T_1 = 61 kcal/mol) em uma colisão exotérmica. Por fim, a molécula do naftaleno não absorve luz nos comprimentos de onda transmitidos pelo Pyrex (veja os espectros, página 367), portanto a benzofenona continua a absorver energia na presença de naftaleno. Assim, como o naftaleno suprime a reação de fotorredução da benzofenona, podemos inferir que esta reação ocorre pelo estado tripleto T_1 da benzofenona. Se o naftaleno não suprimisse a reação, o estado singleto da benzofenona seria o intermediário reativo. Neste experimento, tentaremos obter a fotorredução da benzofenona na presença e na ausência de naftaleno.

Leitura necessária

Revisão: Técnica 8 Filtração, Seção 8.3

Instruções especiais

Este experimento pode ser conduzido juntamente com outro. Ele exige 15 minutos, somente, durante a primeira aula e outros 15 minutos na segunda aula, cerca de 1 semana depois (ou no fim da mesma aula, se você utilizar uma lâmpada apropriada).

Uso da luz solar. É importante que a mistura de reação seja colocada em uma posição na qual receberá a luz direta do sol. Se isto não acontecer, a reação será lenta e poderá exigir mais de uma semana para se completar. É importante, também, qua a temperatura da sala não seja muito baixa, ou a benzofenona precipitará. Se você fizer este experimento no inverno e se o laboratório não for aquecido à noite, agite a solução a cada manhã para redissolver a benzofenona. O benzopinacol não se redissolve facilmente.

Uso de uma lâmpada solar. Se você quiser, pode usar uma lâmpada solar de 275 W em vez da luz direta do sol. Coloque a lâmpada em uma capela com as janelas cobertas com folhas de alumínio (a parte refletora para dentro). A lâmpada (ou lâmpadas) deve ser montada em um soquete de cerâmica ligado a um suporte por uma garra de três dedos.

> **Cuidado:** O objetivo da folha de alumínio é proteger os olhos das pessoas que estão no laboratório. Não olhe diretamente para a lâmpada porque pode ocorrer dano ocular. Tome todos os cuidados possíveis.

Prenda as amostras em suportes colocados a pelo menos 45 cm de distância da lâmpada. O aquecimento pode evaporar o solvente. É uma boa idéia agitar as amostras a cada 30 minutos. Com a lâmpada, a reação se completa em 3-4 horas.

Sugestão para eliminação de resíduos

Coloque o filtrado do procedimento de filtração a vácuo no recipiente destinado aos rejeitos orgânicos não-halogenados.

Procedimento

Identifique dois tubos de ensaio de 13 mm × 100 mm com etiquetas colocadas na parte superior. As etiquetas devem conter seu nome e "No. 1" e "No. 2". Coloque 0,50 g de benzofenona no primeiro tubo. Coloque 0,50 g de benzofenona e 0,05 g de naftaleno no segundo tubo. Coloque 2 mL de 2-propanol (álcool isopropílico) em cada tubo e aqueça-os em um bécher contendo água quente para dissolver os sólidos. Após a dissolução, adicione uma pequena gota (pipeta Pasteur) de ácido acético glacial e complete o tubo quase até o topo com 2-propanol. Tampe os tubos com rolhas de borracha, agite-os bem e coloque-os em um bécher posto em um lugar no qual eles possam receber luz solar direta.

> **Nota:** Seu professor pode sugerir que você use uma lâmpada solar em vez da luz solar direta (veja Instruções Especiais).

A reação exige cerca de uma semana para completar-se (3 horas com uma lâmpada solar). Se a reação ocorreu durante este período, o produto terá cristalizado. Observe o resultado em cada tubo de ensaio. Colete o produto por filtração a vácuo em um funil de Büchner pequeno ou em um funil de Hirsch (Técnica 8, Seção 8.3, página 554) e deixe-o secar. Pese o produto e determine o ponto de fusão e o rendimento percentual. Por opção do professor, obtenha o espectro de infravermelho usando o método do filme seco (Técnica 25, Seção 25.4, página 742) ou em pastilha de KBr (Técnica 25, Seção 25.5, página 742). Entregue o produto ao professor em um frasco identificado, juntamente com o relatório.

REFERÊNCIA

Vogler, A., and Kunkely, H. "Photochemistry and Beer." *Journal of Chemical Education, 59* (January 1982): 25.

EXPERIMENTO 50B
Síntese da β-Benzopinacolona: O Rearranjo do Benzopinacol Catalisado por Ácidos

A capacidade dos carbocátions de sofrer rearranjos é um conceito importante da química orgânica. Neste experimento, o benzopinacol preparado no Experimento 50A se rearranjará a **benzopinacolona** (**2,2,2-trifenil-acetofenona**) sob a influência de iodo em ácido acético glacial.

O produto é isolado como um sólido branco cristalino. A benzopinacolona cristaliza em duas formas cristalinas diferentes, com pontos de fusão diferentes. A forma **alfa** tem ponto de fusão 206-207°C, e a forma **beta**, 182°C. O produto formado neste experimento é a β-benzopinacolona.

Leitura necessária

Revisão: Técnica 7   Métodos de Reação, Seção 7.2
          Técnica 11 Cristalização: Purificação de Sólidos, Seção 11.3
          Técnica 25 Espectroscopia de Infravermelho, Parte B
          Técnica 26 Espectroscopia de Ressonância Magnética Nuclear, Parte B

Antes de começar o experimento, leia o material que trata do rearranjo de carbocátions em seu livro-texto teórico.

Instruções especiais

Este experimento precisa de muito pouco tempo e pode ser feito com outro experimento curto.

Sugestão para eliminação de resíduos

Todos os resíduos orgânicos devem ser colocados no recipiente destinado aos rejeitos orgânicos não-halogenados.

Procedimento

Coloque 5 mL de uma solução 0,015 M de iodo dissolvido em ácido acético glacial em um balão de fundo redondo de 25 mL. Adicione 1 g de benzopinacol e ligue o balão a um condensador resfriado com água. Use uma manta pequena para aquecer por 5 minutos a solução sob refluxo. Os cristais começam a aparecer durante o período de aquecimento.

Remova a fonte de calor e deixe a solução esfriar lentamente. O produto cristalizará enquanto a solução esfria. Quando ela atingir a temperatura normal, colete os cristais por filtração a vácuo em um funil de Büchner pequeno. Lave os cristais com três porções de 2 mL de ácido acético glacial. Deixe os cristais secarem durante a noite. Pese o produto seco e determine o ponto de fusão A β-benzopinacolona pura funde em 182°C. Obtenha o espectro de infravermelho usando o método do filme seco (Técnica 25, Seção 25.4, página 742) ou como uma pastilha de KBr (Técnica 25, Seção 25.5, página 742, e o espectro de RMN em tetracloreto de carbono ou $CDCl_3$ (Técnica 26, Seção 26.1, página 772).

Calcule o rendimento percentual. Entregue o produto a seu professor em um frasco identificado, juntamente com os espectros. Interprete os espectros mostrando que eles são coerentes com a estrutura rearranjada do produto.

QUESTÕES

1. Será que você pode imaginar um modo de produzir o tripleto T_1 n-π* da benzofenona sem que ela passe pelo primeiro estado singleto? Explique.
2. Uma reação semelhante à descrita aqui ocorre quando a benzofenona é tratada com magnésio (redução do pinacol).

$$2\ Ph_2C{=}O \xrightarrow{Mg} Ph_2\overset{\underset{|}{OH}}{C} - \overset{\underset{|}{OH}}{C}Ph_2$$

   Compare o mecanismo desta reação com o da fotorredução. Quais são as diferenças?
3. Quais, dentre as moléculas abaixo, você esperaria que fossem úteis na supressão da fotorredução da benzofenona? Explique.

Oxigênio	(S_1 = 22 kcal/mol)
9,10-Difenil-antraceno	(T_1 = 42 kcal/mol)
trans-1,3-Pentadieno	(T_1 = 59 kcal/mol)
Naftaleno	(T_1 = 61 kcal/mol)
Bifenila	(T_1 = 66 kcal/mol)
Tolueno	(T_1 = 83 kcal/mol)
Benzeno	(T_1 = 84 kcal/mol)

DISSERTAÇÃO
Vaga-lumes e Fotoquímica

A produção de luz em conseqüência de uma reação química é chamada de **quimioluminescência**. Uma reação quimioluminescente geralmente produz uma molécula em um estado eletronicamente excitado. O estado excitado emite um fóton e produz luz. Se a reação que produz luz é bioquímica e ocorre em um organismo vivo, o fenômeno é chamado de **bioluminescência**.

A luz produzida pelos vaga-lumes fascina os observadores há muito tempo. Muitos organismos diferentes desenvolveram a capacidade de emitir luz. Eles incluem bactérias, fungos, protozoários, hidras, vermes marinhos, esponjas, corais, águas-vivas, crustáceos, ostras, caracóis, lulas, peixes e insetos. Curiosamente, dentre as formas de vida mais evoluídas, somente se incluem os peixes. Anfíbios, répteis, pássaros, mamíferos e as plantas evoluídas estão excluídos. Dentre as espécies marinhas, nenhuma é um organismo de água doce. O excelente artigo de McElroy e Seliger em *Scientific American* (veja as Referências), descreve a história natural, as características e os hábitos de muitos organismos bioluminescentes.

Os primeiros estudos importantes de um organismo bioluminescente foram feitos pelo fisiologista francês Raphael Dubois, em 1887. Ele estudou o molusco bioluminescente *Pholas dactylis*, nativo do Mediterrâneo. Dubois descobriu que um extrato de água fria do molusco emitia luz por vários minutos após a extração. Quando a emissão de luz cessava, ela podia ser restaurada por um material extraído do molusco por água quente. Um extrato de água quente sozinho não produzia a luminescência. Dubois raciocinou cuidadosamente e concluiu que existia uma enzima no extrato de água fria que era destruída em água quente. O composto luminescente, entretanto, podia ser extraído intacto em água fria ou em água quente. Ele chamou o material luminescente de **luciferina**, e a enzima que induzia a emissão de luz, de **luciferase**. Esses nomes derivam-se de *Lucifer*, um nome latino que significa "o que dá a luz". Hoje, os materiais luminescentes de todos os organismos são chamados de *luciferinas*, e as enzimas a eles associadas, de *luciferases*.

O organismo luminescente mais estudado é o vaga-lume. Os vaga-lumes são encontrados em muitas partes do mundo e são provavelmente o exemplo mais familiar de bioluminescência. Em muitas áreas, em uma noite típica de verão, pode-se ver vaga-lumes, ou pirilampos, que emitem luz enquanto dançam no gramado ou no jardim. Todos aceitam, hoje, que a luminescência dos vaga-lumes está ligada ao acasalamento. O vaga-lume macho voa a cerca de 60 cm do solo e emite *flashes* de luz em intervalos regulares. A fêmea fica no solo, espera um intervalo característico e emite luz em resposta. O macho, por sua vez, muda a direção do vôo e emite um novo *flash*. O ciclo total é raramente repetido mais do que 5 a 10 vezes antes que o macho encontre a fêmea. Vaga-lumes de espécies diferentes podem reconhecer-se uns aos outros pelo padrão de emissão, que varia em número, velocidade e duração, conforme a espécie.

Embora não conheçamos a estrutura total da enzima luciferase do vaga-lume americano *Photinus pyralis*, a estrutura da luciferina foi estabelecida. Apesar do grande volume de trabalho experimental, entretanto, a natureza completa das reações químicas que produzem a luz ainda é controversa. É possível, porém, descrever os detalhes mais óbvios da reação.

$$\text{Luciferase} + \text{ATP} \longrightarrow \text{luciferase} - \text{ATP}$$

$$\left[\begin{array}{c}\text{HO}-\text{C}_6\text{H}_3-\text{N}=\text{C}-\text{S}-\text{C}=\text{N}-\text{C}(=\text{O})-\text{CH}_2-\text{S}\end{array}\right]^* + \text{CO}_2 \longrightarrow \underset{\text{Descarboxicetoluciferina}}{\text{HO}-\text{C}_6\text{H}_3-\text{N}=\text{C}-\text{S}-\text{C}=\text{N}-\text{C}(=\text{O})-\text{CH}_2-\text{S}} + h\nu$$

Além da luciferina e da luciferase, outras substâncias – magnésio(II), ATP (adenosina-trifosfato) e oxigênio molecular – são necessárias para a produção da luminescência. Na primeira etapa postulada da reação, a luciferina liga-se à luciferase e reage com o ATP, já ligado, para ficar "preparada". Nesta reação, o íon pirofosfato é expelido e o AMP (adenosina monofosfato) permanece ligado ao grupo carboxila da luciferina. Na terceira etapa, o complexo luciferina-AMP é oxidado pelo oxigênio molecular para formar um hidroperóxido, que, por sua vez, cicliza expelindo o AMP e formando o endoperóxido. Esta reação seria difícil se o grupo carboxila da luciferina não tivesse sido preparado pelo ATP. O endoperóxido é instável e se descarboxila com produção da descarboxiluciferina em um *estado eletronicamente excitado*, que se desativa por emissão de um fóton (fluorescência). Assim, é a quebra do endoperóxido com um anel de quatro átomos que leva a uma molécula eletronicamente excitada e à bioluminescência.

$$\underset{}{\overset{\text{O}-\text{O}}{\underset{}{\bigsqcup}}} \longrightarrow \left[\begin{array}{c}=\text{O}\\=\text{O}^*\end{array}\right] \longrightarrow 2\ \text{>=O} + h\nu$$

Que um dos dois grupos carbonila, o da descarboxiluciferina ou o do dióxido de carbono, seja formado em um estado exitado pode ser facilmente previsto pelos princípios de conservação da simetria de orbitais de Woodward e Hoffmann. Esta reação é formalmente semelhante à decomposição de um anel ciclo-butano que dá duas moléculas de etileno. A análise da reação direta, isto é, 2 etileno → ciclo-butano, mostra facilmente que a reação, que envolve quatro elétrons π, é proibida para dois etilenos no estado fundamental, mas permitida para um etileno no estado fundamental e outro, no estado excitado. Isto sugere que no processo inverso uma das moléculas de etileno deveria ser formada no estado excitado. Estendendo estes argumentos para o endoperóxido, é sugerido que um dos dois grupos carbonila deveria ser formado no estado excitado.

A molécula emissora, descarboxicetoluciferina, foi isolada e sintetizada. Quando ela é excitada por absorção de um fóton em solução básica (pH > 7,5-8,0), fluoresce, dando um espectro de emissão idêntico ao produzido pela interação da luciferina e da luciferase do vaga-lume. A forma emissora da descarboxicetoluciferina foi identificada como sendo o **diânion-enol**. Em solução ácida ou neutra, o espectro de emissão da descarboxiluciferina não corresponde ao do sistema bioluminescente.

A função exata da enzima, a luciferase do vaga-lume, ainda não é conhecida, mas está claro que todas estas reações ocorrem enquanto a luciferina está ligada à enzima como substrato. Como a enzima tem vários grupos básicos ($-\text{COO}^-$, $-\text{NH}_2$, etc), a ação de tampão destes grupos poderia explicar facilmente por que o diânion-enol é também a forma emissora da descarboxicetoluciferina no sistema biológico.

Em sua maior parte, as reações quimioluminescentes e bioluminescentes exigem oxigênio. Do mesmo modo, emitem uma espécie no estado eletronicamente excitado por decomposição de um **peróxido**. O experimento que se segue descreve uma reação **quimioluminescente** que envolve a decomposição de um peróxido intermediário.

Descarboxicetoluciferina $\xrightarrow{-2H^+}$ { ... Diânion-enol }

REFERÊNCIAS

Clayton, R. K. "The Luminescence of Fireflies and Other Living Things". Chap. 6 in *Light and Living Matter*. Vol 2: *The Biological Part*. New York: McGraw-Hill, 1971.
Fox, J. L. "Theory May Explain Firefly Luminescence". *Chemical and Engineering News*, 56 (March 6, 1978): 17.
Harvey, E.N. *"Bioluminescence"*. New York: Academic Press, 1952.
Hastings, J. W. "Bioluminescence" *Annual Review of Biochemistry*, 37 (1968): 597.
McCapra, F. "Chemical Mechanisms in Bioluminescence". *Accounts of Chemical Research*, 9 (1976): 201
McElroy, W.D., and Seliger, H. H. "Biological Luminescence". *Scientific American*, 207 (December 1962): 76
McElroy, W.D., Seliger, H. H., and "Mechanism of Bioluminescence, Chemiluminescence and Enzyme Function in the Oxidation of Firefly Luciferin". *Photochemistry and Photobiology*, 10 (1969): 153
Seliger, H. H, and McElroy, W.D. *Light: Physical and Biological Action*. New York: Academic Press, 1965.

EXPERIMENTO 51

Luminol

Quimioluminescência
Transferência de energia
Redução de um grupo nitro
Formação de amida

Neste experimento, o composto luminescente **luminol**, ou **5-amino-ftalo-hidrazida**, será sintetizado a partir do ácido 3-nitro-ftálico.

Ácido 3-nitro-ftálico + Hidrazina $\xrightarrow[-H_2O]{\Delta}$ 5-Nitro-ftalo-hidrazida $\xrightarrow{Na_2S_2O_4}$ Luminol

A primeira etapa da síntese é a formação de uma diamida cíclica, a 5-nitro-ftalo-hidrazida, pela reação do ácido 3-nitro-ftálico com a hidrazina. A redução do grupo nitro com ditionito de sódio leva ao luminol.

Em solução neutra, o luminol existe principalmente como um ânion dipolar ("zwitterion"). Este íon dipolar emite fluorescência azul fraca após exposição à luz. Entretanto, em solução básica, o luminol converte-se no diânion, que pode ser oxidado por oxigênio molecular para dar um intermediário quimioluminescente. A reação aparentemente segue a seqüência:

Luminol $\xrightarrow{2\ OH^-}$ **Diânion** $\xrightarrow{O_2}$ um peróxido

Peróxido ⟶ [Diânion 3-amino-ftalato tripleto (T₁)]³ + N₂ $\xrightarrow{\text{cruzamento entre sistemas}}$ [Diânion 3-amino-ftalato singleto (S₁)]¹

[S₁]¹ $\xrightarrow{\text{fluorescência}}$ Diânion 3-amino-ftalato no estado fundamental (S₀) + $h\nu$

O diânion do luminol reage com oxigênio para formar um peróxido de estrutura desconhecida. Este peróxido é instável e decompõe-se com evolução de gás nitrogênio, dando o diânion 3-aminoftalato em um estado eletronicamente excitado. O diânion excitado emite um fóton de luz visível. Uma hipótese muito interessante para a estrutura é a de um endoperóxido cíclico que se decompõe pelo mecanismo seguinte:

Um postulado ⟶ (diânion 3-amino-ftalato) + N≡N

Certos fatos experimentais, entretanto, são evidências contra este intermediário. Por exemplo, certas hidrazidas acíclicas que não podem formar um intermediário semelhante também são quimioluminescentes.

Hidrazida do ácido 1-hidróxi-2-antróico
(quimioluminescente)

Embora a natureza do peróxido ainda seja matéria para debate, o resto da reação é bem-conhecido. Os produtos da reação são o diânion amino-ftalato e o nitrogênio molecular. O intermediário que emite luz foi identificado como o *estado excitado singleto* do diânion 3-amino-ftalato.[1] Assim, o espectro de emissão de fluorescência do diânion 3-amino-ftalato (produzido pela absorção de um fóton) é idêntico ao espectro de emissão emitido pela reação luminescente. Entretanto, por várias razões complicadas, acredita-se que o diânion 3-amino-ftalato forma-se inicialmente como uma molécula no estado tripleto vibracionalmente excitado antes da emissão de um fóton.

O estado excitado do diânion do 3-amino-ftalato pode ser suprimido por moléculas de aceitador apropriadas ou a energia (cerca de 50-80 Kcal/mol) pode ser transferida para promover a emissão de moléculas de aceitadores.

O sistema escolhido para o estudo da quimioluminescência do luminal, neste experimento, usa dimetil-sulfóxido, $(CH_3)_2SO$, como solvente; hidróxido de potássio como base, necessária para a formação do diânion do luminol; e oxigênio molecular. Vários sistemas alternativos já foram usados, substituindo o oxigênio molecular por peróxido de hidrogênio e um agente oxidante. Um sistema em água, usando ferricianeto de potássio e peróxido de hidrogênio, é um sistema alternativo freqüentemente utilizado.

REFERÊNCIAS

Rahaut, M. M. "Chemiluminescence from Concerted Peroxide Decomposition Reactions". *Accounts of Chemical Research*, 2 (1969): 80

White, E. H., e Roswell, D. F. "The Chemoluminescence of Organic Hydrazides". Accounts of Chemical Research, 3 (1970): 54

Leitura necessária

Revisão: Técnica 7 Métodos de Reações, Seção 7.9
Nova: Dissertação Vaga-lumes e fotoquímica

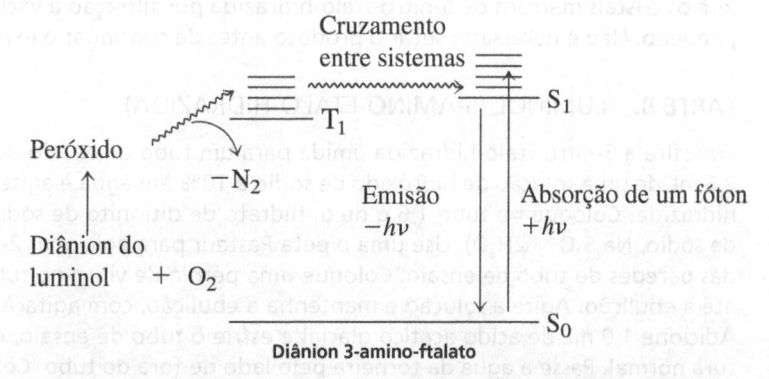

Espectro de emissão de fluorescência do diânion-3-amino-ftalato.

---

[1] Os termos singleto, tripleto, cruzamento entre sistemas, transferência de energia e supressão são explicados no Experimento 50.

Instruções especiais

Este experimento pode ser completado em uma hora. Ao trabalhar com a hidrazina, lembre-se de que ela é tóxica e não deve entrar em contato com a pele. Ela também é um possível cancerígeno.

Um quarto escuro é necessário para a observação da quimioluminescência do luminol. Uma capela com as janelas cobertas com papel de embrulho também funciona bem. Outros corantes fluorescentes, além dos mencionados (por exemplo, 9,10-difenil-antraceno), também podem ser usados nos experimentos de transferência de energia. Os corantes selecionados dependerão da disponibilidade. O professor pode querer que cada estudante use um corante diferente nos experimentos de transferência de energia, com um dos estudantes fazendo a comparação com um experimento sem corantes.

Sugestão para eliminação de resíduos

Coloque o líquido da filtração a vácuo da 5-nitro-ftalo-hidrazida no recipiente destinado aos solventes orgânicos não-halogenados. Dilua o líquido da filtração a vácuo da 5-amino-ftalo-hidrazida com água e coloque-o no recipiente destinado aos rejeitos de água. A mistura que contém hidróxido de potássio, dimetil-sulfóxido e luminol deve ser colocada em um recipiente próprio.

Procedimento

PARTE A. 3-NITRO-FTALO-HIDRAZIDA

Coloque 0,60 g de ácido 3-nitro-ftálico e 0,8 mL de solução de hidrazina a 10% em água (use luvas) em um tubo de ensaio pequeno (15 mm × 125 mm) com saída lateral.[2] Aqueça, ao mesmo tempo, 8 mL de água em um bécher em uma placa de aquecimento até cerca de 80°C. Aqueça o tubo de ensaio com um microcombustor até dissolver o sólido. Adicione 1,6 mL de trietilenoglicol e prenda o tubo de ensaio a um suporte na posição vertical. Coloque um termômetro e uma pérola de vidro no tubo de ensaio e ligue um tubo de borracha à saída lateral. Ligue o tubo a um aspirador (use uma trompa d'água). O termômetro deve estar o mais possível imerso no líquido. Aqueça a solução com o microcombustor até ebulição vigorosa. O vapor de água é retirado pelo aspirador. A temperatura deve estar em torno de 120°C. Continue a aquecer até que a temperatura aumente rapidamente e chegue a pouco acima de 200°C. Este aquecimento exige 2-3 minutos, e você deve observar cuidadosamente a temperatura para que ela não passe muito de 200°C. Remova o combustor brevemente quando a temperatura atingir este ponto e, depois, volte a aquecer cuidadosamente para manter a temperatura razoavelmente constante de 220-230°C por 3 minutos. Deixe o tubo de ensaio esfriar até 100°C, adicione 8 mL de água quente previamente preparada e esfrie o tubo de ensaio até a temperatura normal. Passe a água da torneira pelo lado de fora do tubo. Colete os cristais marrons de 5-nitro-ftalo-hidrazida por filtração a vácuo, usando um funil de Hirsch pequeno. Não é necessário secar o produto antes de continuar o experimento.

PARTE B. LUMINOL (5-AMINO-FTALO-HIDRAZIDA)

Transfira a 5-nitro-ftalo-hidrazida úmida para um tubo de ensaio de 20 mm × 150 mm. Adicione 2,6 mL de uma solução de hidróxido de sódio a 10% em água e agite a mistura até a dissolução da hidrazida. Coloque no tubo 1,6 g de di-hidrato de ditionito de sódio (di-hidrato de hidrossulfito de sódio, $Na_2S_2O_4 \cdot 2H_2O$). Use uma pipeta Pasteur para adicionar 2-4 mL de água e lavar o sólido das paredes do tubo de ensaio. Coloque uma pérola de vidro no tubo de ensaio e aqueça o tubo até a ebulição. Agite a solução e mantenha a ebulição, com agitação, por pelo menos 5 minutos. Adicione 1,0 mL de ácido acético glacial e esfrie o tubo de ensaio, com agitação, até a temperatura normal. Passe a água da torneira pelo lado de fora do tubo. Colete os cristais amarelo pálido

---

[2] A solução de hidrazina a 10% em água pode ser preparada pela diluição, com água, de 15,6 g de uma solução comercial de hidrazina a 64% até o volume de 100 mL.

ou dourados de luminol por filtração a vácuo, usando um funil de Hirsch pequeno. Guarde uma pequena amostra desse produto, deixe-a secar durante a noite e determine o ponto de fusão (pf 319-320°C). O restante do luminol deve ser usado sem secagem nos experimentos de quimioluminescência. Ao secar o luminol, é melhor usar um dessecador sob vácuo contendo sulfato de cálcio como agente de secagem.

PARTE C. EXPERIMENTOS DE QUIMIOLUMINESCÊNCIA

Cuidado: Tenha cuidado para não deixar a mistura tocar sua pele enquanto estiver agitando o balão. Mantenha a tampa segura.

Cubra o fundo de um frasco de Erlenmeyer de 10 mL com uma camada de pastilhas de hidróxido de potássio. Adicione dimetil-sulfóxido o suficiente para cobrir as pastilhas. Coloque cerca de 0,025 g do luminol úmido no frasco, feche-o e agite-o vigorosamente para misturar com ar.[3] Em uma câmara escura, você verá um leve brilho de luz branca azulada. A intensidade do brilho aumenta com a agitação contínua do frasco e com a ocasional abertura do frasco para admissão de mais ar.

Para observar a tranferência de energia para um corante fluorescente, dissolva um ou dois cristais do corante indicador em cerca de 0,25 mL de água. Adicione esta solução à solução de luminol, tampe o frasco e agite-o vigorosamente. Observe a intensidade da luz produzida e sua cor.

Uma tabela com alguns corantes e as cores produzidas quando misturados com luminol é apresentada a seguir. Outros corantes podem ser testados no experimento.

Corante fluorescente	Cor
Sem corante	Branco azulado fraco
2,6-Dicloro-indofenol	Azul
9-Amino-acridina	Verde-azul
Eosina	Rosa-salmão
Fluoresceína	Verde-amarelo
Dicloro-fluoresceína	Laranja-amarelo
Rodamina B	Verde
Fenolftaleína	Púrpura

DISSERTAÇÃO

A Química dos Adoçantes

Os americanos, como nenhuma outra nacionalidade, têm uma preferência especial por alimentos adocicados. Nosso desejo por açúcar, adicionado à comida ou em doces e sobremesas, é impressionante. Mesmo quando escolhemos uma comida que não consideramos adocicada, estamos ingerindo vastas quantidades de açúcar. Um exame ao acaso do conteúdo das etiquetas de comidas e da lista de ingredientes de praticamente qualquer alimento processado revela que o açúcar é geralmente um dos componentes principais.

---

[3] E. H. Huntress, L. N. Stanley, e A. S. Parker, *Journal of Chemical Education*, 11 (1934): 142, descrevem um método alternativo para demonstrar a quimioluminescência, usando ferricianeto de potássio e peróxido de hidrogênio como agentes oxidantes.

Paradoxalmene, os americanos também têm obsessão pela dieta. Como conseqüência, a procura por substitutos, sem calorias, do açúcar natural representa um negócio de muitos milhões de dólares. Existe um mercado próspero de alimentos de gosto adocicado que não contêm açúcar.

Para que uma molécula tenha gosto adocicado, ela deve se encaixar em um dos bulbos do paladar, de onde um impulso nervoso leva a mensagem da impressão da língua ao cérebro. Nem todos os açúcares naturais disparam uma resposta neuronal equivalente. Alguns açúcares, como a glicose, tem um gosto relativamente suave, e outros, como a frutose, são agressivamente doces. A frutose, na verdade, tem um gosto mais adocicado do que o açúcar de mesa comum, a sacarose. Além disto, a resposta individual a substâncias adocicadas é diferente. A relação entre a doçura percebida e a estrutura molecular é muito complicada e, até hoje, mal compreendida.

O adoçante mais comum, é claro, é o açúcar de mesa comum, a **sacarose**. A sacarose é um dissacarídeo com uma unidade glicose e uma unidade frutose em uma ligação 1,2-glicosídica. A sacarose é purificada e cristalizada a partir de xaropes extraídos de plantas como a cana-de-açúcar e a beterraba.

Sacarose

Quando a sacarose se hidrolisa, ela libera uma molécula de D-frutose e uma molécula de D-glicose. A hidrólise é catalisada por uma enzima, a **invertase**, e produz uma mistura conhecida como **açúcar invertido**. O açúcar invertido tem esse nome porque a mistura é levorrotatória, enquanto a sacarose é dextrorrotatória. Em outras palavras, o sinal da rotação se "inverte" durante a hidrólise. O açúcar invertido é um pouco mais doce do que a sacarose devido à presença de frutose livre. O **mel** é composto principalmente por açúcar invertido, o qual lhe dá o gosto adocicado.

Pessoas que sofrem de diabetes devem evitar açúcar na dieta. Entretanto, essas pessoas também gostam de alimentos adocicados. Um adoçante substituto, usado em alimentos recomendados para diabéticos, é o **sorbitol**, um álcool obtido pela hidrogenação catalítica da glicose. O sorbitol tem cerca de 60% da doçura da sacarose. É um componente comum de produtos como gomas de mascar sem açúcar. Embora o sorbitol seja uma substância diferente da sacarose, ele tem o mesmo número de calorias por grama. Portanto, o sorbitol não é um adoçante apropriado para alimentos ou bebidas dietéticos.

Sorbitol

Como a sacarose e o mel produzem cáries e são adversários na luta continuada contra a obesidade, um campo ativo de estudos é a procura por novos adoçantes que não contenham carboidratos e calorias. Mesmo se este adoçante não-nutritivo contiver algumas calorias, se for muito doce não é necessário usar grandes quantidades. O impacto, na higiene dental e na dieta, seria menor.

O primeiro adoçante artificial de grande uso foi a **sacarina**, na forma do sal de sódio, mais solúvel. A sacarina é cerca de 300 vezes mais doce do que a sacarose. A descoberta da sacarina foi saudada como um grande benefício para os diabéticos porque poderia ser uma alternativa para o açúcar. Na forma pura, o sal de sódio da sacarina tem um gosto intenso, muito doce, com um gosto posterior um pouco amargo. Como o gosto é muito forte, ele pode ser usado em quantidades muito pequenas para atingir o efeito desejado. Em algumas preparações adiciona-se sorbitol para reduzir o gosto amargo posterior. Estudos prolongados em animais de laboratório, entretanto, mostraram que a sacarina pode ser cancerígena. Apesar deste risco à saúde, o governo permite o uso da sacarina em alimentos destinados a diabéticos.

Sacarina (sal de sódio)

Outro adoçante artificial que passou a ser muito usado a partir dos anos 1960 é o **ciclamato de sódio**. O ciclamato de sódio, que é 33 vezes mais doce do que a sacarose, pertence ao grupo de compostos chamados de **sulfamatos**. O gosto adocicado de muitos sulfamatos já era conhecido desde 1937, quando Sweda, acidentalmente, descobriu que o ciclamato de sódio tinha um gosto adocicado muito forte. A disponibilidade do ciclamato de sódio aumentou a popularidade dos refrigerantes de dieta. Infelizmente, nos anos 1970, os pesquisadores mostraram que um metabólito do ciclamato de sódio, a ciclo-hexilamina, apresentava sérios riscos potenciais à saúde, inclusive câncer. Este adoçante foi retirado do mercado.

Ciclamato de sódio

O adoçante mais utilizado, hoje em dia, é um dipeptídeo formado por uma unidade de ácido aspártico ligado a uma unidade de fenil-alanina. O grupo carboxila da fenil-alanina está na forma do éster metila. Esta substância é conhecida comercialmente como **aspartame**, mas aparece, também, sob os nomes comerciais de **NutraSweet** e **Equal**. O aspartame é cerca de 200 vezes mais doce do que a sacarose. É usado em refrigerantes de dieta, pudins, sucos e muitos outros alimentos. Infelizmente o aspartame não é estável quando aquecido e não pode ser usado em alimentos cozidos. Outros dipeptídeos de estrutura semelhante à do aspartame são milhares de vezes mais doces do que a sacarose.

Aspartame

Quando o aspartame estava sendo desenvolvido como produto comercial, houve preocupação com eventuais perigos à saúde devido ao seu uso. O potencial de provocar câncer bem como outros efeitos laterais foram considerados. Testes do produto demonstraram que ele atinge os critérios de risco à saúde estabelecidos pela FDA (Food and Drug Administration), que aprovou o aspartame para uso como aditivo em alimentos em 1974.

A busca por novas substâncias capazes de servir como adoçantes continua. Existe muito interesse em substâncias naturais que podem ser isoladas de plantas. Além disto, estudos, incluindo modelagem molecular e investigações espectroscópicas, tentam esclarecer que aspectos estruturais são importantes para o gosto doce. Armados desta informação, os químicos poderão sintetizar moléculas desenhadas especificamente para dar o gosto doce.

REFERÊNCIAS

Barker, S. A, Garegg, P. J., Bucke, C., Rastall, R. A., Sharon, N., Lis, H., and Hounsell, E. F. "Contemporary Carbohydrate Chemistry". *Chemistry in Britain*, 26 (1990): 663. (Uma série de cinco artigos escritos por um ou dois dos autores citados, compilados como parte de uma série de artigos em química de carboidratos.)

Bragg, R. W., Chow, Y., Dennis, L., Ferguson, L. N., Howell, S., Morga, G., Ogino, C., Pugh, H., and Winters, M. "Sweet Organic Chemistry". *Journal of Chemical Education*, 55 (1978): 281.

Crammer, B., Ikan, R. "Sweet Glycosides form the Stevia Plant" *Chemistry in Britain*, 22 (1986): 915.

Sharon, N. "Carbohydrates". *Scientific American*, 243 (November 1980): 90.

EXPERIMENTO 52

Carboidratos

Neste experimento, você usará testes para distinguir vários carboidratos. Os carboidratos incluídos e as classes que representam são:

Aldopentoses: xilose e arabinose

Aldo-hexose: glicose e galactose

Ceto-hexoses: frutose

Dissacarídeos: lactose e sacarose

Polissacarídeos: amido e glicogênio

As estruturas desses carboidratos podem ser encontradas em seu livro-texto teórico. Os testes estão classificados nos seguintes grupos:

A. Testes baseados na produção de furfural ou de um derivado de furfural: teste de Molisch, teste de Bial e teste de Seliwanoff

B. Testes baseados na propriedade de redutor do carboidrato (açúcar): teste de Benedict e teste de Barfoed

C. Formação de osazona

D. Teste do iodo para o amido

E. Hidrólise da sacarose

F. Teste do ácido múcico para a galactose e a lactose

G. Testes em desconhecidos

Leitura necessária

Nova: Leia as seções de seu livro-texto que dão as estruturas e descrevem a química das aldopentoses, aldo-hexoses, ceto-hexoses, dissacarídeos e polissacarídeos.

Instruções especiais

Os procedimentos deste experimento envolvem reações simples em tubos de ensaio. A maior parte dos testes é rápida. O teste de Seliwanoff, a formação de osazona e o teste do ácido múcico demoram um pouco mais. Você precisará de 10 tubos de ensaio (15 mm × 125 mm) numerados, no mínimo. Limpeos cuidadosamente a cada vez que forem usados. O professor preparará, antes da aula, as soluções de carboidratos a 1% e os reagentes necessários para os testes. Agite a solução de amido antes de usá-la.

A fenil-hidrazina, usada para a formação de osazona, é um cancerígeno em potencial. É importante usar luvas de proteção quando manipulá-la. Lave bem suas mãos se a substância entrar em contato com a pele.

Sugestão para eliminação de resíduos

Os reagentes usados neste experimento são relativamente inofensivos. Eles podem ser seguramente descartados por diluição e jogados na pia. Os resíduos que contêm cobre devem ser colocados em um recipiente próprio. A fenil-hidrazina, usada para a formação de osazona, deve ser dissolvida em ácido clorídrico 6 M. A solução resultante pode ser diluída com água e colocada em um recipiente especialmente destinado à fenil-hidrazina.

Notas para o professor

A fenil-hidrazina é um cancerígeno em potencial. Os alunos devem usar luvas de proteção ao manipulá-la.

PARTE A. TESTES BASEADOS NA PRODUÇÃO DE FURFURAL OU DE UM DERIVADO DE FURFURAL

Sob condições ácidas, as aldopentoses e as cetopentoses sofrem desidratação *rápida* para dar furfural (equação 1). As ceto-hexoses dão *rapidamente* 5-(hidróxi-metil)-furfural (equação 2). Os dissacarídeos e polissacarídeos podem ser hidrolisados em meio ácido para produzir monossacarídeos que, então, reagem para dar furfural ou 5-(hidróxi-metil)-furfural.

As aldo-hexoses sofrem desidratação *lenta* a 5-(hidróxi-metil)-furfural. Um mecanismo possível é dado na equação 3. Este mecanismo é diferente do das equações 1 e 2 porque a desidratação ocorre em uma etapa anterior e porque a etapa de rearranjo está ausente.

Uma vez produzidos pelas equações 1,2 ou 3, o furfural ou o 5-(hidróxi-metil)-furfural reagem com um fenol para dar um produto de condensação colorido. O α-naftol é usado no teste de Molisch; o orcinol, no teste de Bial; e o resorcinol, no teste de Seliwanoff.

$$\begin{array}{c}\text{CH}_2\text{OH}\\|\\\text{C}=\text{O}\\|\\\text{CHOH}\\|\\\text{CHOH}\\|\\\text{CHOH}\\|\\\text{CH}_2\text{OH}\\\text{Ceto-hexose}\end{array} \rightleftharpoons \text{[furanose form]} \xrightarrow[(-\text{H}_2\text{O})]{\text{rearranjo}}$$

(2)

$$\text{[furanose]} \xrightarrow{-2\text{H}_2\text{O}} \text{5-(Hidróxi-metil)-furfural}$$

$$\begin{array}{c}\text{CHO}\\|\\\text{CHOH}\\|\\\text{CHOH}\\|\\\text{CHOH}\\|\\\text{CHOH}\\|\\\text{CH}_2\text{OH}\\\text{Aldo-hexose}\end{array} \xrightarrow{-\text{H}_2\text{O}} \begin{array}{c}\text{CHO}\\|\\\text{COH}\\||\\\text{CH}\\|\\\text{CHOH}\\|\\\text{CHOH}\\|\\\text{CH}_2\text{OH}\end{array} \rightleftharpoons \begin{array}{c}\text{CHO}\\|\\\text{C}=\text{O}\\|\\\text{CH}_2\\|\\\text{CHOH}\\|\\\text{CHOH}\\|\\\text{CH}_2\text{OH}\end{array} \rightleftharpoons$$

(3)

$$\text{[furanose form]} \xrightarrow{-2\text{H}_2\text{O}} \text{5-(Hidróxi-metil)-furfural}$$

α-Naftol
(teste de Molisch)

Orcinol
(teste de Bial)

Resorcinol
(teste de Seliwanoff)

As cores e suas velocidades de formação são usadas para diferenciar os carboidratos. Os vários testes coloridos são discutidos nas Seções 1, 2 e 3. Um produto típico colorido, formado a partir de furfural e α-naftol (teste de Molisch), é dado pela equação 4:

$$2 \text{ } \alpha\text{-naftol} + RCHO \xrightarrow{H^+} \text{intermediário} \xrightarrow{[O]} \text{produto púrpura} \quad R = \text{furanil} \quad (4)$$

Púrpura

1. Teste de Molisch para Carboidratos

O teste de Molisch é um teste *geral* para carboidratos. A maior parte dos carboidratos é desidratada pelo ácido sulfúrico para dar furfural ou 5-(hidróxi-metil)-furfural. Estes furfurais reagem com o α-naftol para dar um produto de cor púrpura. Outros compostos que não são carboidratos podem reagir e dar um teste positivo. Um teste negativo usualmente indica ausência de carboidratos.

Procedimento para o Teste de Molisch. Coloque 1 mL de cada um das seguintes soluções de carboidrato a 1% em nove tubos de ensaio diferentes: xilose, arabinose, glicose, galactose, frutose, lactose, sacarose, amido (agite-o) e glicogênio. Coloque 1 mL de água destilada em um décimo tubo para servir de controle.

Adicione duas gotas do reagente de Molisch a cada tubo de ensaio e misture o conteúdo do tubo.[1] Incline um pouco o tubo e adicione cuidadosamente, pela parede do tubo, 1 mL de ácido sulfúrico concentrado. Forma-se uma camada de ácido no fundo dos tubos. Observe e registre a cor que aparece na interface entre as duas camadas em cada tubo. Uma cor púrpura é um teste positivo.

2. Teste de Bial para Pentoses

O teste de Bial é usado para diferenciar pentoses de hexoses. As pentoses dão furfural por desidratação em solução ácida. O furfural reage com orcinol e cloreto férrico para dar um produto de condensação verde-azul. As hexoses dão 5-(hidróxi-metil)-furfural, que reage com orcinol e cloreto férrico para dar produtos coloridos verdes, castanhos e castanho-avermelhados.

Procedimento para o Teste de Bial. Coloque 1 mL de cada uma das seguintes soluções de carboidratos a 1% em nove tubos de ensaio diferentes: xilose, arabinose, glicose, galactose, frutose, lactose, sacarose, amido (agite-o) e glicogênio. Coloque 1 mL de água destilada em um décimo tubo para servir de controle.

Adicione 1 mL de reagente de Bial em cada tubo de ensaio.[2] Aqueça cada tubo em um bico de Bunsen até que a mistura comece a ferver. Anote a cor produzida em cada caso. Se a cor não for distinta, coloque 2,5 mL de água e 0,5 mL de 1-pentanol no tubo. Agite o tubo e anote a cor. O produto colorido de condensação estará concentrado na camada de 1-pentanol.

---

[1] Para fazer o reagente de Molisch, dissolva 2,5 g de α-naftol em 50 mL de etanol a 95%.

[2] Dissolva 3 g de orcinol em 1 L de ácido clorídrico concentrado e adicione 2 mL de cloreto férrico a 10% em água.

3. Teste de Seliwanoff para Ceto-hexoses

O teste de Seliwanoff depende das velocidades relativas de desidratação dos carboidratos. As ceto-hexoses reagem rapidamente pela equação 2 para dar 5-(hidróxi-metil)-furfural. As aldo-hexoses reagem mais lentamente pela equação 3 para dar o mesmo produto. Após formado, o 5-(hidróxi-metil)-furfural reage com resorcinol para dar um produto de condensação vermelho escuro. Se seguir a reação por algum tempo, você observará que a sacarose sofre hidrólise para dar frutose que, eventualmente, produz uma cor vermelho escura.

Procedimento para o Teste de Seliwanoff. Prepare um banho de água quente para este experimento. Coloque 0,5 mL de cada uma das seguintes soluções de carboidratos a 1% em nove tubos de ensaio diferentes: xilose, arabinose, glicose, galactose, frutose, lactose, sacarose, amido (agite-o) e glicogênio. Coloque 0,5 mL de água destilada em um décimo tubo para servir de controle.

Adicione 2 mL do reagente de Seliwanoff em cada um dos tubos de ensaio.[3] Coloque os 10 tubos em um bécher contendo água em ebulição por 60 *segundos*. Remova-os e anote os resultados em seu caderno.

Para continuar o teste, é conveniente colocar um grupo de três ou quatro tubos de ensaio no banho de água em ebulição e completar as observações antes de passar ao próximo grupo de tubos. Coloque três ou quatro tubos no banho de água em ebulição. Observe as cores de cada um dos tubos em intervalos de 1 minuto durante 5 minutos além do minuto inicial. Registre as cores em cada minuto. Deixe os tubos no banho de água durante todo o tempo. Após completar a observação do primeiro grupo, remova os tubos e passe ao próximo grupo de três ou quatro tubos. Coloque-os no banho e repita a operação descrita acima. Continue o procedimento até completar todos os tubos.

PARTE B. TESTES BASEADOS NA PROPRIEDADE REDUTORA DE UM CARBOIDRATO (AÇÚCAR)

Os monossacarídeos e os dissacarídeos que têm um grupo que pode se transformar em aldeído reduzem reagentes como, por exemplo, a solução de Benedict para dar um precipitado vermelho de óxido de cobre(I):

$$RCHO + 2\,Cu^{2+} + 4\,OH^- \longrightarrow RCOOH + \underset{\substack{\text{Precipitado}\\\text{vermelho}}}{Cu_2O} + 2\,H_2O$$

A glicose, por exemplo, é uma aldo-hexose típica que tem propriedade redutora. As duas D-glicoses cíclicas α e β, diastereoisômeros, estão em equilíbrio em água. A α-D-glicose abre-se no carbono anomérico (hemiacetal) para dar o aldeído livre. Este aldeído cicliza rapidamente para formar a β-D-glicose, um outro hemiacetal. É a presença do aldeído livre no equilíbrio que torna a glicose um carboidrato (açúcar) redutor. Ele produz, com o reagente de Benedict, um precipitado vermelho, a base do teste. Os carboidratos que têm o grupo funcional hemiacetal têm propriedade redutora.

Se o hemiacetal for convertido em acetal por metilação, o carboidrato (açúcar) não reagirá com a solução de Benedict.

---

[3] Dissolva 0,5 g de resorcinol em 1 L de ácido clorídrico diluído (um volume de ácido clorídrico concentrado e dois volumes de água destilada).

[Structural diagrams showing α-D-glicose ⇌ D-glicose ⇌ β-D-glicose equilibrium, with Hemiacetal groups labeled, and conversion of Hemiacetal to Acetal (with OCH₃).]

Com dissacarídeos, duas situações podem ocorrer. Se os átomos de carbono anoméricos estiverem ligados (cabeça-cabeça) para dar um acetal, o açúcar não reduzirá o licor de Benedict. Se as moléculas de açúcar estiverem ligadas cabeça-cauda, então um dos carbonos anoméricos (hemiacetal) é capaz de se equilibrar via aldeído livre. São exemplos de um dissacarídeo redutor e de um não-redutor:

[Structure of Celobiose (açúcar redutor) showing Acetal não-redutor and Acetal redutor groups.]

[Structure of Trealose (açúcar não-redutor) showing Acetais não-redutores.]

1. Teste de Benedict para Açúcares Redutores

O teste de Benedict é feito em condições básicas brandas. O licor de Benedict reage com todos os açúcares redutores para dar o precipitado vermelho de óxido de cobre(I), como mostrado na página 386. Ele reage, também, com outros aldeídos solúveis em água. As cetoses, como a frutose, também reagem com o reagente de Benedict. Essa reação é considerada um dos testes clássicos para a determinação da presença de um grupo funcional aldeído.

Procedimento para o Teste de Benedict. Prepare um banho de água em ebulição para este experimento. Coloque 0,5 mL de cada uma das seguintes soluções de carboidratos a 1% em nove tubos de ensaio diferentes: xilose, arabinose, glicose, galactose, frutose, lactose, sacarose, amido (agite-o) e glicogênio. Coloque 0,5 mL de água destilada em um décimo tubo para servir de controle.

Adicione 2 mL de reagente de Benedict a cada tubo de ensaio.[4] Coloque, por 2-3 minutos, os tubos de ensaio no banho de água em ebulição. Remova os tubos e registre os resultados no caderno de laboratório. Um precipitado vermelho, castanho ou amarelo é um teste positivo para um açúcar redutor. Ignore mudanças de cor da solução. É preciso ocorrer precipitação para que o teste seja positivo.

2. Teste de Barfoed para Monossacarídeos Redutores

O teste de Barfoed distingue monossacarídeos e dissacarídeos redutores por diferença na velocidade da reação. O reagente contém íons cobre(II) como o licor de Benedict. Neste teste, porém, o licor de Barfoed reage com monossacarídeos redutores para produzir óxido de cobre(II) mais rapidamente do que com dissacarídeos redutores.

$$RCHO + 2\,Cu^{2+} + 2\,H_2O \longrightarrow RCOOH + Cu_2O + 4H^+$$
Precipitado vermelho

Procedimento para o Teste de Barfoed. Coloque 0,5 mL de cada uma das seguintes soluções de carboidratos a 1% em nove tubos de ensaio diferentes: xilose, arabinose, glicose, galactose, frutose, lactose, sacarose, amido (agite-o) e glicogênio. Coloque 0,5 mL de água destilada em um décimo tubo para servir de controle.

Adicione 2 mL do reagente de Barfoed a cada tubo de ensaio.[5] Remova os tubos e anote os resultados no caderno de laboratório.

PARTE C. FORMAÇÃO DE OSAZONA

Os carboidratos reagem com fenil-hidrazina para formar derivados cristalinos chamados de **osazonas**.

$$\begin{array}{c}\text{CHO}\\|\\\text{CHOH}\\|\\\text{CHOH}\\|\\\text{CHOH}\\|\\\text{CHOH}\\|\\\text{CH}_2\text{OH}\end{array} \xrightarrow{\text{PhNHNH}_2} \begin{array}{c}\text{HC}=\text{NNHPh}\\|\\\text{CHOH}\\|\\\text{CHOH}\\|\\\text{CHOH}\\|\\\text{CHOH}\\|\\\text{CH}_2\text{OH}\end{array} \xrightarrow{2\text{PhNHNH}_2} \begin{array}{c}\text{HC}=\text{NNHPh}\\|\\\text{C}=\text{NNHPh}\\|\\\text{CHOH}\\|\\\text{CHOH}\\|\\\text{CHOH}\\|\\\text{CH}_2\text{OH}\end{array} + NH_3 + PhNH_2$$

Uma osazona

---

[4] Dissolva 173 g de citrato de sódio hidratado e 100 g de carbonato de sódio hidratado em 800 mL de água destilada. Mantenha o aquecimento durante a adição. Filtre a solução. Adicione uma solução de 17,3 g de sulfato de cobre(II) ($CuSO_4 \cdot 5H_2O$) dissolvidos em 100 mL de água destilada. Dilua as soluções combinadas até 1 L.

[5] Dissolva 66,6 g de acetato de cobre(II) em 1 L de água destilada. Filtre a solução, se necessário, e adicione 9 mL de ácido acético glacial.

É possível isolar uma osazona como um derivado e determinar seu ponto de fusão. Entretanto, alguns dos monossacarídeos dão osazonas **idênticas** (glicose, frutose e manose). Além disto, os pontos de fusão de osazonas diferentes são freqüentemente muito próximos. Isto limita a utilidade do isolamento de um derivado osazona.

Um bom uso experimental das osazonas é observar sua velocidade de formação. Elas variam muito, mesmo que seja formada a *mesma* osazona a partir de açúcares diferentes. Assim, por exemplo, a frutose forma um precipitado em cerca de 2 minutos, enquanto a glicose leva 5 minutos. A osazona é a mesma nos dois casos. A estrutura cristalina da osazona é distinta. A arabinose, por exemplo, produz um precipitado fino, e a glicose, um precipitado grosso.

> **Cuidado:** A fenil-hidrazina pode ser cancerígena. Manipule-a com luvas.

Procedimento para a Formação de Osazonas. Será necessário usar um banho de água neste experimento. Coloque 0,5 mL de cada uma das seguintes soluções de carboidratos a 10% em nove tubos de ensaio diferentes: xilose, arabinose, glicose, galactose, frutose, lactose, sacarose, amido (agite-o) e glicogênio. Adicione 2 mL do reagente fenil-hidrazina a cada tubo.[6] Coloque os tubos simultaneamente em um banho de água em ebulição. Observe a formação de precipitado ou, em alguns casos, a turvação. Anote o tempo que leva até o início da precipitação. Após 30 minutos, esfrie os tubos e registre a forma cristalina dos precipitados. Os dissacarídeos redutores só começarão a precipitar quando os tubos estiverem esfriando. Os dissacarídeos não-redutores sofrerão hidrólise, primeiramente, e só depois ocorrerá a precipitação das osazonas.

PARTE D. TESTE DO IODO PARA O AMIDO

O amido forma um complexo azul com o iodo. A cor é devida à absorção de iodo nos espaços vazios das moléculas de amilose (hélices) do amido. As amilopectinas, outros tipos de moléculas presentes no amido, formam um complexo de cor vermelha a púrpura com o iodo.

Procedimento do Teste do Iodo. Coloque 1,0 mL de cada uma das seguintes soluções de carboidratos a 1% em três tubos de ensaio diferentes: glicose, amido (agite-o) e glicogênio. Coloque 1,0 mL de água destilada em um quarto tubo para servir de controle.

Adicione uma gota de solução de iodo a cada tubo de ensaio e observe os resultados.[7] Adicione algumas gotas de tiossulfato de sódio às soluções e observe os resultados.[8]

PARTE E. HIDRÓLISE DA SACAROSE

A sacarose pode ser hidrolisada em solução ácida para formar frutose e glicose. Os monossacarídeos podem ser testados com o reagente de Benedict.

Procedimento para a Hidrólise da Sacarose. Coloque 1 mL de uma solução de sacarose a 1% em um tubo de ensaio. Adicione 2 gotas de ácido clorídrico concentrado e aqueça o tubo por 10 minutos em um banho de água em ebulição. Esfrie o tubo e neutralize o conteúdo com uma solução de hidróxido de sódio a 10% até virar o papel de tornassol (cerca de 12 gotas são necessárias). Teste a mistura com o reagente de Benedict (Parte B). Observe os resultados e compare-os com os obtidos com a sacarose que não foi hidrolisada.

---

[6] Dissolva 50 g de cloridrato de fenil-hidrazina e 75 g de tri-hidrato de acetato de sódio em 500 mL de água destilada. O reagente se decompõe com o tempo e deve ser preparado quando tiver de ser usado.

[7] A solução de iodo é preparada da seguinte maneira. Dissolva 1 g de iodeto de potássio em 25 mL de água destilada. Adicione 0,5 g de iodo e agite a solução até que o iodo tenha se dissolvido. Dilua a solução a 50 mL.

[8] A solução de tiossulfato de sódio é preparada da seguinte maneira. Dissolva 1,25 g de tiossulfato de sódio em 50 mL de água.

PARTE F. TESTE DO ÁCIDO MÚCICO PARA GALACTOSE E LACTOSE

Procedimentos para a oxidação da galactose e da lactose a ácido múcico são dados no Experimento 54. Este teste confirma a presença de galactose ou de uma unidade galactose em um carboidrato (açúcar).

PARTE G. TESTES EM DESCONHECIDOS

Procedimento. Consiga um carboidrato sólido desconhecido com o professor. O desconhecido será um dos seguintes carboidratos: xilose, arabinose, glicose, galactose, frutose, lactose, sacarose, amido ou glicogênio. Dissolva cuidadosamente uma parte do desconhecido para preparar uma solução a 1% (0,060 g de carboidroato em 6 mL de água). Prepare, também, uma solução a 10% por dissolução de 0,1 g do carboidrato em 1 mL de água. Guarde o restante do sólido para o teste do ácido múcico. Aplique os testes necessários para identificar o desconhecido.

Se o professor o desejar, determine a rotação óptica como parte do experimento. Os detalhes são dados na Técnica 23. Os dados de rotação óptica e os pontos de decomposição dos carboidratos e osazonas são dados nos livros de referência da identificação de compostos orgânicos (Experimento 55).

QUESTÕES

1. Encontre as estruturas dos seguintes carboidratos (açúcares) em uma obra de referência ou em um livro-texto e decida se eles são redutores ou não: sorbose, manose, ribose, maltose, rafinose e celulose.
2. A manose dá a mesma osazona que a glicose. Explique.
3. Prediga os resultados dos seguintes testes com os carboidratos listados na questão 1: testes de Molisch, Bial, Sliwanoff (após 1 minuto e após 6 minutos), Barfoed e ácido múcico.
4. Dê um mecanismo para a hidrólise da ligação acetal da sacarose.
5. O rearranjo das equações 1 e 2 pode ser considerado um tipo de rearranjo do pinacol. Dê um mecanismo para esta etapa.
6. Dê um mecanismo para a condensação, catalisada por ácido, do furfural com dois moles de α-naftol, mostrada na equação 4.

EXPERIMENTO 53

Análise de um Refrigerante de Dieta por CLAE

Cromatografia líquida de alta eficiência

Neste experimento, usaremos a cromatografia líquida de alta eficiência (CLAE) para identificar os aditivos artificiais de uma amostra comercial de refrigerante de dieta. No experimento, a CLAE é uma ferramenta analítica para separação e identificação dos aditivos. O método usa uma coluna em fase reversa e um eluente isocrático. A detecção é obtida pela medida, em 254 nm, da absorbância da radiação ultravioleta da solução que elui na coluna. A fase móvel usada é uma mistura (4:1) de ácido acético 1 M e acetonitrila, tamponada em pH 4,2.

Os refrigerantes de dieta contêm muitos aditivos químicos, incluindo várias substâncias usadas como adoçantes artificiais. Dentre estes aditivos, estão as quatro substâncias que analisaremos neste experimento: cafeína, sacarina, ácido benzóico e aspartame. A estrutura destes compostos é:

Ácido benzóico   **Aspartame**

Você identificará estes compostos em uma amostra de refrigerante de dieta pelo tempo de retenção na coluna de CLAE. Você receberá dados de uma mistura de referência contendo essas substâncias para comparar os tempos de retenção de sua amostra com um conjunto de padrões.

Leitura necessária

Nova: Técnica 21   Cromatografia Líquida de Alto Desempenho (CLAE)

Instruções especiais

O professor dará as instruções necessárias para a operação do cromatógrafo de CLAE a ser usado no laboratório. As instruções que se seguem referem-se ao procedimento geral.

Sugestão para eliminação de resíduos

Coloque o excesso de solvente ácido acético-metanol no recipiente destinado aos rejeitos orgânicos não halogenados. A mistura acetonitrila-ácido acético deve ser coletada em um recipiente especial para que possa ser eliminada em segurança ou reutilizada.

Procedimento

Após as instruções do professor, forme um pequeno grupo de estudantes para executar este experimento. Cada pequeno grupo analisará um refrigerante de dieta diferente, e os resultados obtidos pelos diferentes grupos serão partilhados com toda a turma.

O professor preparará uma mistura padrão dos quatro componentes, contendo 200 mg de aspartame, 40 mg de ácido benzóico, 40 mg de sacarina e 20 mg de cafeína em 100 mL de solvente. O solvente para estes padrões é uma mistura de ácido acético (80%) e metanol (20%), tamponado em pH 4,2, com hidróxido de sódio a 50%. O professor fará uma corrida desta mistura padrão antes da aula e lhe dará uma cópia dos resultados. Algumas das etapas descritas nos próximos dois parágrafos podem ser feitas pelo professor, antes da aula.

Você pode escolher um dentre vários refrigerantes de dieta com composição química diferente. Selecione um deles e coloque aproximadamente 50 mL do líquido em um pequeno balão.

Remova completamente o gás dióxido de carbono, que faz borbulhar o refrigerante, antes de examinar as amostras por CLAE. As bolhas de gás afetarão os tempos de retenção dos compostos e provavelmente estragarão as colunas de CLAE, que são muito caras. A maior parte do gás pode ser eliminada se você deixar as garrafas que contêm os refrigerantes abertas durante a noite. Para eliminar o restante dos gases dissolvidos, coloque um funil de Büchner em um kitazato e ligue o conjunto a uma linha de vácuo. Coloque um filtro de 4 μm no funil de Büchner. (*Nota*: Use um pedaço de papel de filtro, e não um dos espaçadores coloridos que são colocados entre as folhas de papel de filtro. Os espaçadores são, em geral, azuis.) Filtre a vácuo a amostra de refrigerante através do filtro de 4 μm e coloque a amostra filtrada em um recipiente *limpo* de 120 mL com tampa de pressão.

Antes de usar o CLAE, assegure-se de ter recebido instruções sobre a operação do instrumento do laboratório. Como alternativa, o instrumento pode ser operado por um técnico. Antes de analisar a amostra por CLAE, filtre-a mais uma vez, agora usando um filtro de 0,2 μm. A quantidade de amostra recomendada é 10 μL. O sistema de solventes usado nesta análise é uma mistura de ácido acético 1 M (80%) e acetonitrila (20%), tamponada em pH 4,2. O instrumento será operado no modo isocrático.

Quando você analisar os resultados verá, talvez, que o pico que corresponde ao aspartame é pequeno. Isto acontece porque o aspartame absorve radiação ultravioleta com mais eficiência em 220 nm, e o detetor mede a absorção em 254 nm. Entretanto, o tempo de retenção do aspartame não depende da absorção do detetor, e a interpretação dos resultados não é afetada. A ordem de eluição esperada é sacarina (primeira), cafeína, aspartame e ácido benzóico. Outro ponto interessante é que o pico da cafeína parece muito intenso nesta análise, mas é muito pequeno se comparado com o que você obteria se injetasse café no CLAE. Para que o pico da cafeína do café coubesse em seu gráfico, você teria de diluir a amostra *pelo menos* 10 vezes. Mesmo o café descafeinado tem, usualmente, mais cafeína do que os refrigerantes (o café descafeinado perde somente 95-96% da cafeína).

Após completar o experimento, relate seus resultados na forma de uma tabela com os tempos de retenção dos quatro padrões. Identifique o refrigerante que você usou e as substâncias que você determinou na amostra. Inclua as substâncias encontradas nas amostras de outros refrigerantes testados por outros grupos da turma.

REFERÊNCIA

Bidlingmeyer, B. A., and Schmitz, S. "The Analysis of Artificial Sweeteners and Additives in Beverages by HPLC." *Journal of Chemical Education*, 68 (August 1991): A195.

DISSERTAÇÃO

Química do Leite

O leite é um alimento de interesse excepcional. É um excelente alimento para os recém-nascidos. Além disto, os humanos adotaram o leite, particularmente o leite de vaca, como alimento para todas as idades. Muitos derivados de leite, como queijos, iogurtes, manteiga e sorvetes, são indispensáveis em nossa dieta.

O leite é, provavelmente, o alimento nutricialmente mais completo encontrado na natureza. Esta propriedade é importante porque o leite é o único alimento que os mamíferos utilizam nas semanas nutricialmente importantes que seguem o nascimento. O leite integral contém vitaminas (principalmente tiamina, riboflavina, ácido pantotênico e vitaminas A, D e K), sais minerais (cálcio, potássio, sódio, fósforo e traços de metais), proteínas (que incluem todos os aminoácidos essenciais), carboidratos (principalmente lactose) e lipídeos (gorduras). Os únicos elementos importantes que faltam no leite são o ferro e a vitamina C. Os bebês nascem usualmente com um estoque de ferro suficientemente grande para satisfazer suas necessidades por várias semanas. A vitamina C é assegurada, facilmente, por um suplemento de suco de laranjas. A composição média do leite de vários mamíferos é dada abaixo.

Composição percentual média do leite de vários mamíferos

	Vacas	Humanos	Cabras	Ovelhas	Éguas
Água	87,1	87,4	87,0	82,6	90,6
Proteínas	3,4	1,4	3,3	5,5	2,0
Gorduras	3,9	4,0	4,2	6,5	1,1
Carboidratos	4,9	7,0	4,8	4,5	5,9
Sais minerais	0,7	0,2	0,7	0,9	0,4

GORDURAS

O leite integral é uma emulsão óleo-água que contém cerca de 4% de gorduras dispersas na forma de glóbulos muito pequenos (5-10 microns em diâmetro). Os glóbulos são tão pequenos que uma gota de leite contém cerca de 1 milhão deles. Como a gordura do leite está dispersa tão finamente, ela pode ser digerida mais facilmente do que as gorduras de outras fontes. A emulsão de gorduras é estabilizada até certo ponto por fosfolipídeos e proteínas complexas que são adsorvidos pela superfície dos glóbulos. Os glóbulos de gordura são menos densos do que a água e coalescem quando em repouso, chegando à superfície do leite para formar uma camada de **creme**. Como as vitaminas A e D são solúveis em gorduras, são levadas à superfície com o creme. Comercialmente, o creme é removido com freqüência por centrifugação e retirada da nata, e é diluído para formar creme de café ("meio a meio"), vendido como **creme batido**, convertido em **manteiga** ou em **sorvetes**. O leite que sobra é chamado de **leite desnatado**. O leite desnatado tem a composição aproximada do leite integral, exceto pelas vitaminas A e D e a gordura. Se o leite for **homogeneizado**, a gordura não separará. A homogeneização do leite é obtida pela passagem forçada por um pequeno furo. Isto quebra os glóbulos de gordura e reduz seu tamanho até cerca de 1-2 µm de diâmetro.

A estrutura de gorduras e óleos é discutida na dissertação que precede o Experimento 26. No leite, as gorduras são principalmente triglicerídeos. As percentagens de ácidos graxos saturados encontradas normalmente são:

C_2 (3%) C_8 (2,7%) C_{14} (25,3%)   > C_{18} (~5%)
C_4 (1,4%) C_{10} (3,7%) C_{16} (9,2%)
C_6 (1,5%) C_{12} (12,1%) C_{18} (1,3%)

Assim, cerca de dois terços dos ácidos graxos encontrados no leite são ácidos saturados, e um terço, ácidos insaturados. O leite é incomum, porque 12% dos ácidos graxos têm cadeia *curta* (C_2–C_{10}), como os ácidos butírico, capróico e caprílico.

Outros lipídeos (gorduras e óleos) do leite incluem pequenas quantidades de colesterol, fosfolipídeos e lecitinas (fosfolipídeos de colina). As estruturas dos fosfolipídeos e das lecitinas são mostradas a seguir. Os fosfolipídeos ajudam a estabilizar a emulsão do leite: os grupos fosfato aumentam a solubilidade em água dos glóbulos de gordura. A gordura pode ser toda removida do leite por extração com éter de petróleo ou com um solvente orgânico semelhante.

PROTEÍNAS

As proteínas podem ser classificadas em duas categorias gerais: as globulares e as fibrosas. As proteínas globulares tendem a se dobrar de modo a formar unidades compactas em forma de esferóides. Estas proteínas não formam interações intermoleculares (ligações hidrogênio, por exemplo) com outras proteínas, como acontece com as proteínas fibrosas, e são mais facilmente solubilizadas como suspensões coloidais. Existem três tipos de proteínas no leite: as **caseínas**, as **lactoalbuminas** e as **lactoglobulinas**. Todas são globulares.

Caseína	PM	Grupos Fosfato/Molécula
α	27.300	~9
β	24.100	~4–5
κ	~8.000	~1,5

A caseína é uma fosfoproteína, isto é, grupos fosfato estão ligados a algumas das cadeias laterais de aminoácidos, principalmente aos grupos hidroxila de serinas e treoninas. Na verdade, a caseína é uma mistura de pelo menos três proteínas semelhantes, principalmente a α-caseína, a β-caseína e a κ-caseína. Estas três proteínas têm pesos moleculares e número de grupos fosfato diferentes.

A caseína existe no leite na forma do sal de cálcio **caseinato de cálcio**. Este sal tem estrutura complexa. Ele é composto por α-caseína, β-caseína e κ-caseína, que formam uma **micela**, ou uma unidade solubilizada. A α-caseína e a β-caseína são insolúveis no leite, isoladas ou em combinação. Se a κ-caseína for adicionada a uma das duas ou a uma combinação das duas, forma-se um complexo de caseínas que é solúvel devido à formação de micelas.

A estrutura proposta para a micela de caseína está esquematizada na figura abaixo. A κ-caseína estabiliza a micela. Como a α-caseína e a β-caseína são fosfoproteínas, elas são precipitadas por íons cálcio. Lembre-se de que o fosfato de cálcio, $Ca_3(PO_4)_2$ é razoavelmente insolúvel.

$$\boxed{\text{PROTEÍNA}}-O-\overset{O}{\underset{O^-}{\overset{\|}{P}}}-O^- + Ca^{2+} \longrightarrow \boxed{\text{PROTEÍNA}}-O-\overset{O}{\underset{O^-}{\overset{\|}{P}}}-O^-Ca^{2+}\downarrow$$

Insolúvel

A κ-caseína, entretanto, tem um número menor de grupos fosfato e uma grande quantidade de grupos carboidratos a ela ligados. Acredita-se, também, que todos os grupos serina e treonina (que têm grupos hidroxila), assim como os grupos carboidrato ligados, estão em só um dos lados das superfícies expostas. Esta porção da superfície é facilmente solubilizada em água devido a estes grupos polares. A outra porção da superfície liga-se bem à α-caseína e à β-caseína, insolúveis em água, formando um colóide (ou micela) protetor em volta delas. Como a face externa é solúvel em água, o conjunto, *como um todo*, é solubilizado, trazendo para a solução as três caseínas.

O ponto isoelétrico (neutralidade) do caseinato de cálcio está em pH 4,6. Portanto, ele é insolúvel em soluções de pH inferior a 4,6. O pH do leite é aproximadamente 6,6; logo, a caseína tem carga negativa neste pH e é solubilizada na forma de um sal. Com a adição de ácido ao leite, as cargas negativas da superfície externa da micela são neutralizadas (os grupos fosfato são protonados) e a proteína neutra precipita:

$$Ca^{2+} \text{ Caseinato} + 2\, HCl \longrightarrow \text{Caseína} \downarrow + CaCl_2$$

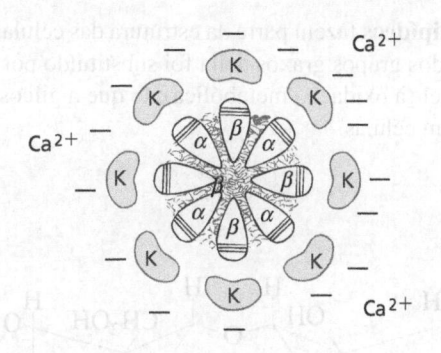

Uma micela de caseína (diâmetro médio, 1200 Å).

O sal de cálcio permanece em solução. Quando o leite azeda, produz-se ácido láctico pela ação de bactérias (veja as equações da página 394), e o conseqüente abaixamento do pH provoca o mesmo processo de *coagulação*. O isolamento da caseína do leite está descrito no Experimento 54.

A caseína do leite coagula-se, também, pela ação da enzima **renina**. Esta enzima é encontrada no quarto estômago de bezerros jovens. Entretanto, a natureza do coágulo e o mecanismo de sua formação são diferentes quando se usa renina. Aqui, o coágulo, o **paracaseinato de cálcio**, contém cálcio.

$$Ca^{2+} \text{ Caseinato} \xrightarrow{renina} Ca^{2+} \text{ Paracaseinato} + \text{um pequeno peptídeo}$$

A renina é uma enzima hidrolítica (peptidase) que age especificamente na quebra de ligações peptídicas entre resíduos fenil-alanina e metionina. Ela ataca a κ-caseína, quebrando o peptídeo e liberando um pequeno segmento. Isto destrói a superfície da κ-caseína, que promove a solubilização em água e protege a α-caseína e a κ-caseína internas, provocando a precipitação do paracaseinato de cálcio. O leite pode ser descalcificado por tratamento com íon oxalato, que forma um sal de cálcio insolúvel. Se os íons cálcio forem removidos do leite, não ocorrerá formação de coágulo pelo tratamento com renina.

O coágulo, ou **coalhada**, é vendido no comércio como **requeijão**. O líquido que resta é chamado de **soro**. A coalhada também pode ser usada para a produção de vários tipos de **queijo**. Ela é lavada, prensada (para remover o excesso de soro) e cortada. Após este tratamento, ela é fundida, endurecida e cortada em pedaços. A coalhada cortada é, então, salgada, prensada e posta para envelhecer.

As **albuminas** são proteínas globulares solúveis em água e em soluções salinas diluídas. Entretanto, elas são desnaturadas e coagulam-se pela ação do calor. O segundo tipo mais abundante de proteínas do leite é formado pelas **lactoalbuminas**. Após remoção das caseínas e acidificação da solução, é possível isolar as lactoalbuminas por aquecimento e precipitação. A albumina típica tem peso molecular da ordem de 41.000.

Um terceiro tipo de proteína do leite são as **lactoglobulinas**. Elas ocorrem em quantidades inferiores às das albuminas e geralmente se desnaturam e precipitam nas mesmas condições das albuminas. As lactoglobulinas são responsáveis pelas propriedades imunológicas do leite. Elas protegem os mamíferos recém-nascidos até que seu próprio sistema imunológico se desenvolva.

CARBOIDRATOS

Após a remoção das gorduras e das proteínas do leite, restam os carboidratos, solúveis em água. O carboidrato principal do leite é a lactose.

A lactose, um dissacarídeo, é o *único* carboidrato sintetizado pelos mamíferos. A hidrólise leva a uma molécula de D-glicose e a uma molécula de D-galactose. Ela é sintetizada nas glândulas mamárias. No processo, uma molécula de glicose se converte a galactose e liga-se a outra molécula de glicose. A galactose é, aparentemente, necessária para que o recém-nascido desenvolva o tecido cerebral e nervoso. Os **glicolipídeos** fazem parte da estrutura das células do cérebro. Um glicolipídeo é um triglicerídeo no qual um dos grupos graxos acila foi substituído por um açúcar, neste caso, a galactose. A galactose é mais estável (à oxidação metabólica) do que a glicose e é um material melhor para formar unidades estruturais em células.

Lactose
D-Galactose + D-Glicose

Um glicolipídeo

Embora todos os recém-nascidos humanos possam digerir a lactose, alguns adultos perdem esta capacidade ao atingir a maturidade porque o leite não é mais parte importante de sua dieta. Uma enzima chamada **lactase** é necessária para a digestão da lactose. A lactase, liberada pelas células do intestino delgado, quebra a lactose em seus açúcares componentes, facilmente digeridos. As pessoas que não têm a enzima lactase não digerem a lactose corretamente. Como ela é mal-absorvida pelo intestino delgado, permanece no trato digestivo, e seu potencial osmótico provoca um influxo de água. Isto leva a cãibras e diarréia no indivíduo afetado. Pessoas com deficiência de lactase não toleram mais de um copo de leite por dia. A deficiência é mais comum em negróides, mas também é muito comum em caucasianos mais idosos.

A lactose pode ser removida do soro pela adição de etanol. A lactose é insolúvel em etanol, e adição do álcool à solução de água provoca sua cristalização. O isolamento da lactose do leite está descrito no Experimento 54.

Quando se deixa o leite em repouso na temperatura normal, ele azeda. Existem muitas bactérias no leite, particularmente **lactobacilos**. Estas bactérias agem sobre a lactose do leite para produzir o **ácido láctico**, de gosto azedo. Estes microrganismos, na verdade, **hidrolisam** a lactose e produzem ácido láctico somente da unidade galactose da lactose. Como a produção do ácido láctico abaixa o pH do leite, ele coagula quando azeda.

$$C_{12}H_{22}O_{11} + H_2O \longrightarrow C_6H_{12}O_6 + C_6H_{12}O_6$$
Lactose　　　　　　　　　Galactose　　Glicose

$$C_6H_{12}O_6 \xrightarrow{\text{lactobacilos}} CH_3-CH-COOH$$
$$\phantom{C_6H_{12}O_6 \xrightarrow{\text{lactobacilos}} CH_3-CH}|$$
$$\phantom{C_6H_{12}O_6 \xrightarrow{\text{lactobacilos}} CH_3-CH}OH$$
Galactose　　　　　　　Ácido láctico

Muitos produtos derivados de leite são manufaturados a partir de leite azedo. Deixa-se azedar o leite ou o creme pela bactéria do ácido láctico, por exemplo, antes de produzir a manteiga. O fluido que resta após a produção da manteiga é azedo e é chamado de **soro de leite**. Outros produtos derivados do leite incluem creme de leite, iogurte e certos tipos de queijo.

REFERÊNCIAS

Boyer, R. F. "Purification of Milk Whey α-Lactalbumin by Immobilized Metal-Ion Affinity Chromatography." *Journal of Chemical Education*, 68 (May 1991): 430.

Fox, B. A., and Cameorn, A. G. "Oils, Fats, and Colloids."Chap. 6 in *Food Science – a Chemical Approach*. New York: Crane, Russak, 1973.

Kleiner, I. S., and Orten, J. M. "Milk." Chap. 7 in *Biochemistry*. 7th ed. St. Louis: C. V. Mosby, 1966.

McKenzie, H. A. ed. *Milk Proteins*, 2 vols. New York: Academic Press, 1970.

Oberg, C. J. "Curdling Chemistry – Coagulated Milk Products." *Journal of Chemical Education*, 63 (September 1986): 770.

EXPERIMENTO 54

Isolamento da Caseína e da Lactose a Partir do Leite

Isolamento de uma proteína
Isolamento de um açúcar

Neste experimento, você isolará várias substâncias químicas do leite. Em primeiro lugar, você isolará uma proteína que contém fósforo, a caseína (Experimento 54A). A mistura de leite resultante será usada como fonte de um açúcar, a α-lactose (Experimento 54B). Após o isolamento do açúcar do leite, você fará vários testes químicos neste material. As gorduras, presentes no leite integral, não serão isoladas porque usaremos leite em pó livre de gorduras.

Este é o procedimento que você seguirá. Em primeiro lugar, a caseína é precipitada por aquecimento do leite em pó e adição de ácido acético diluído. É importante que o aquecimento não seja excessivo ou que o ácido não seja muito forte, porque essas condições também hidrolisarão a lactose em glicose e galactose. Após a remoção da caseína, o excesso de ácido acético é neutralizado com carbonato de cálcio, e a solução é aquecida até o ponto de ebulição para precipitar a albumina, inicialmente solúvel. O líquido que contém a lactose é separado da albumina. Adiciona-se álcool à solução, e a proteína residual é removida por centrifugação. A α-lactose cristaliza quando a solução esfria.

A lactose é um exemplo de dissacarídeo. Ela é formada por duas unidades de açúcar: galactose e glicose. Nas estruturas precedentes, a porção galactose está à esquerda, e a glicose, à direita. A galactose se liga à glicose por uma ligação acetal.

Note que a porção glicose pode existir em uma de duas estruturas de hemiacetais isômeros: a α-lactose e a β-lactose. A glicose pode existir também na forma de aldeído livre. Este aldeído (forma aberta) é um intermediário na interconversão da α-lactose e da β-lactose. Existe muito pouco aldeído livre na mistura em equilíbrio. A α-lactose e a β-lactose são diaestereoisômeros porque diferem na configuração de um átomo de carbono, o carbono anomérico.

O açúcar α-lactose é facilmente obtido pela cristalização em uma mistura água-etanol à temperatura normal. O processo de obtenção da β-lactose é um pouco mais difícil, envolvendo a cristalização a partir de uma solução concentrada de lactose em temperaturas em torno de 93,5°C. Neste experimento, isolaremos a α-lactose porque o procedimento experimental é mais fácil.

[Estruturas químicas: α-Lactose (com ligação Acetal β entre Galactose e Glicose, Hemiacetal OH é α); Lactose (forma de aldeído) com Aldeído livre; β-Lactose (Hemiacetal OH é β)]

A α-lactose dá numerosas reações interessantes. Em primeiro lugar, ela se interconverte em água, via aldeído, no isômero mais estável, a β-lactose. Isto provoca uma mudança da rotação da luz polarizada de +92,6° a +52,3° com o passar do tempo. O processo que provoca esta alteração de rotação óptica é chamado de **mutarrotação**.

Uma segunda reação da α-lactose é a oxidação do aldeído livre pelo reagente de Benedict (íon cobre(II) a íon cobre(I)) com formação de um precipitado vermelho (Cu_2O). No processo, o grupo aldeído se oxida a ácido carboxílico. A reação do teste de Benedict é

$$R-CHO + 2\,Cu^{2+} + 4\,OH^- \longrightarrow RCOOH + Cu_2O + 2\,H_2O$$

Uma terceira reação é a oxidação da porção galactose pelo teste do ácido múcico. Neste teste, a ligação acetal entre as unidades galactose e glicose é rompida em meio ácido com liberação de galactose e glicose. O ácido nítrico oxida a galactose ao ácido dicarboxílico, ácido galactárico (ácido múcico). O ácido múcico é um sólido insolúvel, de alto ponto de fusão, que precipita da mistura. A glicose se oxida a um diácido (ácido glicárico), que é mais solúvel no meio oxidante e não precipita.

Leitura necessária

Revisão: Técnica 8   Filtração
Nova: Dissertação   Química do leite

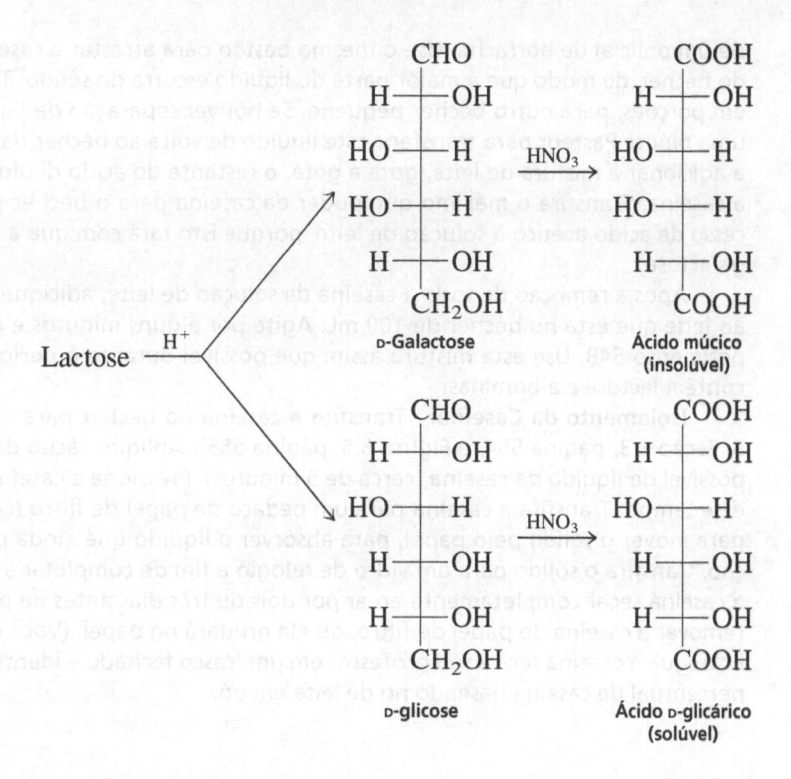

$$\text{Lactose} \xrightarrow{H^+} \begin{array}{c} \text{D-Galactose} \\ \text{CHO} \\ H-OH \\ HO-H \\ HO-H \\ H-OH \\ CH_2OH \end{array} \xrightarrow{HNO_3} \begin{array}{c} \text{Ácido múcico (insolúvel)} \\ \text{COOH} \\ H-OH \\ HO-H \\ HO-H \\ H-OH \\ COOH \end{array}$$

$$\begin{array}{c} \text{D-glicose} \\ \text{CHO} \\ H-OH \\ HO-H \\ H-OH \\ H-OH \\ CH_2OH \end{array} \xrightarrow{HNO_3} \begin{array}{c} \text{Ácido D-glicárico (solúvel)} \\ \text{COOH} \\ H-OH \\ HO-H \\ H-OH \\ H-OH \\ COOH \end{array}$$

Instruções especiais

Os experimentos 54A e 54B devem ser conduzidos durante uma aula. A solução de lactose deve ficar em repouso até a próxima aula. A caseína deve secar por 2-3 dias.

Sugestão para eliminação de resíduos

Coloque os resíduos do teste de Benedict no recipiente destinado aos resíduos de cobre. Coloque os materiais sólidos em uma lata de lixo. Os resíduos em água, mesmo os que contêm etanol, devem ser colocados no recipiente destinado às soluções em água.

EXPERIMENTO 54A

Isolamento da Caseína a Partir do Leite

Procedimento

Precipitação da Caseína. Coloque 4,0 g de leite em pó e 10 mL de água em um bécher de 100 mL. Aqueça a mistura em um banho de água em 40°C. Verifique a temperatura da solução de leite com um termômetro. Coloque temporariamente 1,0 mL de ácido acético diluído em um frasco pequeno.[1] Quando a mistura estiver em 40°C, adicione o ácido acético, gota a gota, ao leite aquecido. Agite a mistura, cuidadosamente, após a adição de cada 5 gotas, com um bastão de vidro dotado

---

[1] O professor deve preparar uma grande quantidade para a turma, na razão de 2 mL de ácido acético glacial para 20 mL de água.

de um policial de borracha. Use o mesmo bastão para arrastar a caseína para cima, pelas paredes do bécher, de modo que a maior parte do líquido escorra do sólido. Transfira a caseína coagulada, em porções, para outro bécher pequeno. Se houver separação de líquido neste outro bécher, use uma pipeta Pasteur para transferir este líquido de volta ao bécher da mistura de reação. Continue a adicionar à mistura de leite, gota a gota, o restante do ácido diluído para precipitar totalmente a caseína. Transfira o máximo que puder da caseína para o bécher pequeno. Evite adicionar excesso de ácido acético à solução de leite, porque isto fará com que a lactose hidrolise a glicose e a galactose.

Após a remoção de toda a caseína da solução de leite, adicione 0,2 g de carbonato de cálcio ao leite que está no bécher de 100 mL. Agite por alguns minutos e guarde o material para o Experimento 54B. Use esta mistura assim que possível durante o período do laboratório. O bécher contém lactose e albuminas.

Isolamento da Caseína. Transfira a caseína do bécher para um funil de Büchner (Técnica 8, Seção 8.3, página 554, e Figura 8.5, página 555). Aplique vácuo de modo a remover o máximo possível de líquido da caseína (cerca de 5 minutos). Pressione a caseína com uma espátula durante esse tempo. Transfira a caseína para um pedaço de papel de filtro (cerca de 7 cm). Use a espátula para mover o sólido pelo papel, para absorver o líquido que ainda permanece. Após esta operação, transfira o sólido para um vidro de relógio a fim de completar a operação de secagem. Deixe a caseína secar completamente ao ar por dois ou três dias antes de pesar o produto. Você tem de remover a caseína do papel de filtro, ou ela grudará no papel. (Você quase preparou cola branca.) Entregue a caseína seca a seu professor em um frasco fechado e identificado. Calcule o rendimento percentual de caseína baseado no de leite em pó.

EXPERIMENTO 54B

Isolamento da Lactose a Partir do Leite

Procedimento

Precipitação das Albuminas. Aqueça a mistura que está no bécher de 100 mL guardado no Experimento 54A, diretamente em uma placa até aproximadamente 75°C por cerca de 5 minutos. Esta operação de aquecimento provoca a separação quase completa das albuminas da solução. Decante o líquido para um tubo de centrífuga sem arrastar o sólido. Talvez seja necessário prender o sólido com uma espátula durante a transferência. Guarde as albuminas que estão no bécher para os procedimentos do próximo parágrafo. Você deve ter cerca de 7 mL de líquido. Após o resfriamento até a temperatura normal, centrifugue o conteúdo do tubo por 2-3 minutos. Coloque outro tubo na centrífuga, para balanço. Após a centrifugação, decante o líquido para um bécher e guarde-o para uso na próxima seção, "Precipitação da Lactose".

Deixe as albuminas secarem por 2-3 dias no bécher original. Quebre o sólido e pese-o. Calcule o rendimento percentual baseado peso do leite em pó.

Precipitação da Lactose. Coloque 15 mL de etanol a 95% no bécher que contém o líquido centrifugado e decantado. Ocorrerá precipitação de sólidos. Aqueça essa mistura até cerca de 60°C diretamente na placa para dissolver parcialmente os sólidos. Derrame o líquido *quente* em um tubo de centrífuga de 40 mL (ou em dois tubos de 15 mL) e centrifugue, por dois ou três minutos, a solução quente antes que ela esfrie consideravelmente. Coloque outro tubo na centrífuga para balanço. É importante centrifugar a mistura ainda quente para evitar cristalização prematura da lactose. Forma-se uma quantidade considerável de sólido no fundo do tubo de centrífuga. Este sólido não é a lactose.

Use uma pipeta Pasteur para remover o líquido morno sobrenadante do tubo e transferir o líquido para um frasco de Erlenmeyer pequeno. Descarte o sólido que ficou no tubo de centrífuga. Tampe o frasco de Erlenmeyer e deixe a lactose cristalizar por pelo menos dois dias. Cristais granulares se formarão durante este tempo.

Isolamento da Lactose. Colete a lactose por filtração a vácuo em um funil de Büchner. Use cerca de 3 mL de etanol a 95% para facilitar a transferência e lavar o produto. A α-lactose cristaliza com uma água de hidratação, $C_{12}H_{22}O_{11} \cdot H_2O$. Pese o produto depois que ele estiver completamente seco. Entregue ao professor a α-lactose em um frasco identificado, a menos que ela tenha de ser usada nos testes opcionais seguintes. Calcule o rendimento percentual da lactose isolada baseado peso do leite em pó.

Exercício Opcional: Teste de Benedict. Prepare um banho de água quente (acima de 90°C) para este experimento. Dissolva em um tubo de ensaio cerca de 0,01 g de sua lactose em 1 mL de água. Aqueça a mistura para dissolver a maior parte da lactose (o líquido fica um pouco turvo). Coloque 1 mL de uma solução de glicose e 1 mL de uma solução de galactose em tubos de ensaio separados. Coloque 2 mL do reagente de Benedict em cada um dos três tubos de ensaio.[2]

Coloque os tubos de ensaio no banho de água quente por cerca de 2 minutos. Remova os tubos e anote os resultados. A formação de um precipitado de cor laranja a vermelho-castanho indica um teste positivo para um açúcar redutor. Este teste está descrito no Experimento 52, na página 380.

Exercício Opcional: Teste do Ácido Múcico. Prepare um banho de água quente (acima de 90°C) para este experimento ou use o que preparou para o teste de Benedict. Coloque 0,1 g da lactose isolada, 0,05 g de glicose (dextrose) e 0,05 g de galactose em três diferentes tubos de ensaio. Coloque 1 mL de água em cada tubo e dissolva os sólidos, aquecendo se necessário. A solução de lactose pode estar ligeiramente turva, mas ficará clara após a adição de ácido nítrico. Adicione 1 mL de ácido nítrico concentrado a cada tubo. Aqueça os tubos no banho de água quente por 1 hora em capela (ocorre evolução de óxidos de nitrogênio). Remova os tubos e deixe-os esfriar lentamente. Raspe as paredes dos tubos com bastões de vidro limpos para induzir a cristalização. Quando os tubos chegarem à temperatura normal, coloque-os em um banho de água gelada. Começa a se formar um precipitado fino de ácido múcico nos tubos de galactose e lactose após 30 minutos. Deixe os tubos de ensaio em repouso até a próxima aula, para completar a cristalização. Confirme a insolubilidade do sólido formado. Adicione 1 mL de água e agite o tubo de ensaio. Se o sólido permanecer, é ácido múcico.

QUESTÕES

1. Um estudante decidiu determinar a rotação óptica do ácido múcico. Que valor ele deveria esperar? Por quê?
2. Dê um mecanismo para a hidrólise catalisada por ácido da ligação acetal da lactose.
3. A β-lactose predomina muito na mistura de equilíbrio em água. Por que isto era esperado?
4. Muito pouco aldeído livre ocorre na mistura em equilíbrio da lactose. Entretanto, obtém-se um teste positivo com o reagente de Benedict. Explique.
5. Desenhe um esquema de separação para o isolamento da caseína, da albumina e da lactose do leite. Use um esquema como o mostrado na seção Preparação avançada e Registros de laboratório da Técnica 2.

---

[2] Dissolva, por aquecimento, 34,6 g de citrato de sódio hidratado e 20,0 g de carbonato de sódio anidro em 160 mL de água destilada. Filtre a solução, se necessário. Adicione a ela uma solução de 3,46 g de sulfato de cobre(II), $CuSO_4 \cdot 5H_2O$, em 20 mL de água destilada. Dilua as soluções combinadas até 200 mL.

PARTE QUATRO

Identificação de Substâncias Orgânicas

EXPERIMENTO 55

Identificação de Desconhecidos

A análise orgânica qualitativa, isto é, a identificação e a caracterização de compostos desconhecidos, é uma parte importante da química orgânica. Todos os químicos devem aprender os métodos apropriados de identificação de um composto. Neste experimento, você receberá um composto desconhecido para identificá-lo por métodos químicos e espectroscópicos. Seu professor poderá dar-lhe um **desconhecido total** ou um **desconhecido específico**. No primeiro caso, você deverá determinar primeiro a classe a que pertence o composto desconhecido, isto é, identificar o grupo funcional principal, para, depois, identificar o composto específico dentro daquela classe. No segundo caso, você saberá de antemão a classe do composto (cetona, álcool, amina, etc.) e terá de determinar o composto específico daquela classe que lhe foi dado. Este experimento foi desenhado para que o professor possa fornecer vários desconhecidos totais ou até seis desconhecidos específicos, cada um com um grupo funcional diferente.

Embora existam mais de um milhão de compostos orgânicos que um químico orgânico pode vir a ser chamado para identificar, o escopo deste experimento é necessariamente limitado. Cerca de 500 compostos foram incluídos nas tabelas de possíveis desconhecidos para este experimento (veja o Apêndice 1). Talvez seu professor queira aumentar a lista. Neste caso, você terá de consultar tabelas mais completas, como a encontrada no trabalho compilado por Rappoport (veja Referências). Além disto, o experimento está restrito a sete grupos funcionais importantes:

Aldeídos   Ácidos carboxílicos
Aminas   Ésteres
Cetonas   Fenóis
Álcoois

Ainda que esta lista de grupos funcionais omita alguns tipos importantes de compostos (halogenetos de alquila, alquenos, alquinos, compostos nitro, etc.), os métodos aqui apresentados podem ser aplicados também a outras classes de compostos. A lista é suficientemente grande para ilustrar todos os princípios envolvidos na identificação de um composto desconhecido.

Além disso, embora muitas das funções excluídas não apareçam como o grupo mais importante de um composto, algumas aparecerão como função secundária. Três exemplos disto são:

Br—⟨⟩—C(=O)—CH₃	O₂N—⟨⟩—OH	CH₃O—⟨⟩—CH=CH—CHO
PRINCIPAL: CETONA	FENOL	ALDEÍDO
SECUNDÁRIO: Halogeneto Aromático	Nitro Aromático	Alqueno Aromático Éter

Os grupos incluídos como secundários são

—Cl	Cloro	—NO₂	Nitro	C=C	Ligação Dupla
—Br	Bromo	—C≡N	Ciano	C≡C	Ligação Tripla
—I	Iodo	—OR	Alcóxi	⬡	Aromático

O experimento mostra todos os métodos importantes, químicos e espectroscópicos, de determinação dos grupos funcionais principais e inclui métodos de verificação da presença de grupos funcionais secundários. Usualmente, não é necessário determinar a presença dos grupos funcionais secundários para identificar corretamente o composto desconhecido. Cada informação, entretanto, ajuda a identificação, e se esses grupos puderem ser detectados facilmente, não hesite em fazê-lo. Por fim, compostos bifuncionais complexos foram, em geral, evitados neste experimento. Somente alguns foram incluídos.

Como agir

Felizmente, podemos detalhar um procedimento razoavelmente preciso para determinar toda a informação necessária. Ele inclui as seguintes etapas:

Parte Um: Classificação química

1. Classificação preliminar por estado físico, cor e odor
2. Determinação do ponto de fusão ou do ponto de ebulição; outros dados físicos
3. Purificação, se necessário
4. Determinação da solubilidade em água, em ácidos e em bases
5. Testes preliminares simples: Beilstein, ignição (combustão)
6. Aplicação dos testes relevantes de classificação química
7. Inspeção de tabelas para encontrar as estruturas de desconhecidos possíveis, eliminação de compostos improváveis

Parte Dois: Espectroscopia

8. Determinação dos espectros de infravermelho e de RMN

Parte Três: Procedimentos opcionais

9. Análise elementar, se necessário
10. Preparação de derivados, se preciso
11. Confirmação da identidade

Estas etapas serão discutidas brevemente nas próximas seções.

1. CLASSIFICAÇÃO PRELIMINAR

Observe as características físicas do desconhecido, incluindo cor, odor e estado físico (líquido, sólido ou forma cristalina). Muitos compostos têm cores ou odores característicos, ou cristalizam em uma estrutura específica. Esta informação pode ser encontrada, com freqüência, nos manuais de laboratório e podem ser utilizadas no decorrer da análise. A cor de compostos com alto grau de conjugação varia, de amarelo a vermelho. As aminas têm, muitas vezes, odor de peixe. Os ésteres têm odor de frutas ou de flores. Os ácidos têm odor acentuado e picante. Uma parte do treinamento de um bom químico inclui o desenvolvimento da capacidade de reconhecer odores familiares ou típicos. Mas cuidado: muitos compostos têm odores desagradáveis ou enjoativos. Os vapores de alguns outros são corrosivos. Cheire qualquer substância desconhecida com o máximo de cuidado. Abra o recipiente, mantendo-o longe de você, e, com sua mão, arraste cuidadosamente um pouco do vapor em direção às narinas. Se você agüentar, é possível um exame mais acurado.

2. DETERMINAÇÃO DO PONTO DE FUSÃO OU DO PONTO DE EBULIÇÃO

A informação mais útil que se pode ter de um composto desconhecido é seu ponto de fusão ou seu ponto de ebulição. Qualquer um desses dados limitará muito os compostos possíveis. O aparelho elétrico de ponto de fusão permite uma medida rápida e acurada (veja a Técnica 9, Seções 9.5 e 9.7). Para ganhar tempo, faça duas determinações de ponto de fusão: a primeira, mais rápida, para obter um valor aproximado, e a segunda, mais cuidadosa, para obter um valor mais acurado. Como alguns dos sólidos desconhecidos contêm traços de impurezas, o ponto de fusão obtido poderá ser inferior aos registrados nas tabelas do Anexo 1. Isto é especialmente verdadeiro no caso de compostos de baixo ponto de fusão (<50°C). Para estes compostos, é uma boa idéia procurar, nas tabelas do Apêndice 1, compostos de pontos de fusão superiores aos que você determinou. O mesmo se aplica aos outros compostos desconhecidos sólidos que lhe foram dados.

O ponto de ebulição é facilmente obtido por destilação simples do desconhecido (Técnica 14, Seção 14.3), por refluxo (Técnica 13, Seção 13.2) ou por determinação micro (Técnica 13, Seção 13.3). A destilação simples tem a vantagem de purificar o composto. Se fizer a destilação simples, use o menor balão de destilação disponível e faça com que o bulbo do termômetro esteja completamente imerso no vapor do líquido que você está destilando. A destilação deve ser rápida para que o ponto de ebulição seja acurado. O método micro exige uma quantidade mínima de desconhecido, mas o método do refluxo é mais confiável e precisa de muito menos líquido do que a destilação.

Ao inspecionar as tabelas de desconhecidos do Apêndice 1, você pode descobrir que o ponto de ebulição que você determinou é inferior ao valor listado nas tabelas para o composto correspondente. Isto é especialmente verdadeiro para compostos que fervem acima de 200°C. É menos provável, mas não impossível, que o ponto de ebulição observado de seu desconhecido seja superior ao valor dado na tabela. Assim, a melhor estratégia é procurar nas tabelas os pontos de ebulição quase iguais ao valor determinado, dentro de uma faixa de cerca de ± 5°C. No caso de compostos de alto ponto de ebulição (>200°C), você terá de corrigir a leitura do termômetro (Técnica 13, Seção 13.4).

3. PURIFICAÇÃO

Se o ponto de fusão de um sólido tem uma faixa larga (cerca de 5°C), ele deve ser recristalizado, e o seu ponto de fusão, determinado novamente.

Se o líquido era muito colorido antes da destilação, se a faixa de ebulição foi muito grande ou se a temperatura não permaneceu constante durante a destilação, ele deve ser redestilado para determinar uma nova faixa de temperatura. A destilação sob pressão reduzida deve ser usada para líquidos de alto ponto de ebulição ou para aqueles que mostram sinais de decomposição por aquecimento.

Ocasionalmente, pode ser necessário usar a cromatografia em coluna para purificar sólidos muito impuros que não podem ser purificados eficientemente por cristalização.

Impurezas ácidas ou básicas que contaminam um composto neutro podem ser, com freqüência, removidas por dissolução em um solvente de baixo ponto de ebulição, como CH_2Cl_2 ou éter, e por extração por $NaHCO_3$ a 5% ou HCl a 5%, respectivamente. Compostos ácidos ou básicos podem ser purificados por dissolução em $NaHCO_3$ a 5% ou HCl a 5%, respectivamente, e por extração com um solvente orgânico de baixo ponto de ebulição para remover as impurezas. Após a neutralização da solução em água, o composto desejado pode ser recuperado por extração.

4. DETERMINAÇÃO DA SOLUBILIDADE EM ÁGUA, EM ÁCIDOS E EM BASES

O Experimento 55A descreve bem os testes de solubilidade. Eles são extremamente importantes. Determine a solubilidade de pequenas quantidades do desconhecido em água, HCl a 5%, $NaHCO_3$ a 5%, NaOH a 5%, H_2SO_4 concentrado e solventes orgânicos. Esta informação revela se um composto é ácido, básico ou neutro. O teste do ácido sulfúrico revela se um composto neutro tem um grupo funcional com um átomo de oxigênio, nitrogênio ou enxofre que pode ser protonado. Essa informação permite eliminar grupos ou escolher dentre vários grupos funcionais possíveis. Os testes de solubilidade devem ser feitos com *todos* os desconhecidos.

5. TESTES PRELIMINARES

Os dois testes de combustão, o teste de Beilstein (Experimento 55B) e o teste de ignição (Experimento 55C) podem ser feitos fácil e rapidamente e dão, com freqüência, informações úteis. Recomenda-se que sejam feitos em todos os desconhecidos.

6. TESTES DE CLASSIFICAÇÃO QUÍMICA

Os testes de solubilidade usualmente sugerem ou eliminam vários grupos funcionais possíveis. Os testes de classificação química listados nos Experimentos 55D a 55I permitem distinguir dentre as escolhas possíveis. Faça somente os testes que estão de acordo com os resultados de solubilidade. Não perca tempo com testes desnecessários. Não há nada mais importante do que conhecer bem e adquirir boa experiência com estes testes. Estude as seções cuidadosamente até entender o que cada teste pode revelar. Também é essencial praticá-los em substâncias *conhecidas*. Assim, será mais fácil reconhecer um resultado positivo. Compostos apropriados estão listados em todos os testes. Quando você estiver fazendo um teste novo, é bom praticá-lo *simulaneamente* em uma substância conhecida e no composto desconhecido. Isto permite a comparação direta dos resultados.

Não faça os testes químicos aleatoriamente ou em uma seqüência metódica que englobe todos os testes. Ao contrário, use os testes de forma seletiva. Os testes de solubilidade eliminam automaticamente a necessidade de alguns testes químicos. Cada teste irá eliminar, em sucessão, a necessidade de outro teste ou ditar seu uso. Examine cuidadosamente as tabelas de desconhecidos do Apêndice 1. O ponto de ebulição ou de fusão do desconhecido pode tornar desnecessários muitos dos testes. Por exemplo, os compostos possíveis podem não incluir substâncias com ligações duplas. *Eficiência* é a palavra-chave. Não perca tempo fazendo testes sem sentido ou desnecessários. Muitas possibilidades podem ser eliminadas apenas com base na lógica.

Como você procederá nas próximas etapas pode depender de seu professor. Muitos professores irão restringir o acesso aos espectros de infravermelho e de RMN até que você tiver reduzido suas escolhas a alguns compostos, *todos da mesma classe*; outros, farão com que você obtenha os espectros de forma rotineira. Alguns professores pedirão que os alunos façam a análise elementar de todas as amostras desconhecidas; outros, poderão restringir isto às situações mais necessárias. Alguns professores pedirão a obtenção de derivados como confirmação final da identidade do composto; outros, dispensarão seu uso.

7. INSPEÇÃO DE TABELAS PARA ENCONTRAR ESTRUTURAS POSSÍVEIS

Após ter obtido os pontos de fusão ou de ebulição, as solubilidades e ter feito os testes químicos de classificação relevantes, você deve estar em condições de identificar a classe do composto (aldeído, cetona, etc.). Nesta etapa, com os pontos de fusão ou de ebulição como guia, você pode compilar uma lista de possíveis compostos a partir de uma das tabelas do Apêndice 1. É muito importante obter as estruturas de compostos que estão de acordo com dados de solubilidade, testes de classificação e pontos de fusão ou de ebulição que foram determinados. Se necessário, você pode obter as estruturas no *CRC Handbook*, no *The Merck Index* ou no *Aldrich Handbook*. Lembre-se de que os pontos de ebulição ou de fusão das tabelas podem ser superiores aos que você obteve no laboratório (veja a Seção 2 na página 403).

A pequena lista de compostos que você gerou por inspeção das tabelas do Apêndice 1 e as estruturas correspondentes devem sugerir testes adicionais para distinguir uma das possibilidades. Por exemplo, um composto pode ser uma metil-cetona, e o outro, não. O teste do iodofórmio permite a distinção entre os dois. Talvez seja necessário testar as funções secundárias. Estes testes estão descritos nos Experimentos 55B e 55C. Eles devem, também, ser estudados cuidadosamente. Isto é muito importante.

8. ESPECTROSCOPIA

A espectroscopia é, provavelmente, a ferramenta mais poderosa e moderna que o químico pode usar para determinar a estrutura de um composto desconhecido. Por outro lado, existem situações em que a espectroscopia não ajuda muito, nas quais os métodos tradicionais têm de ser usados. Por isso, não use somente a espectroscopia, excluindo os testes tradicionais. Use-a como confirmação dos resultados. Todavia, os grupos funcionais principais e seu ambiente imediato podem ser determinados rápida e acuradamente com a espectroscopia.

9. ANÁLISE ELEMENTAR

A análise elementar – que permite a determinação da presença de nitrogênio, enxofre ou de um átomo específico de halogênio (Cl, Br, I) em um composto – é, com freqüência, útil, mas outras informações podem tornar estes testes desnecessários. Um composto identificado como amina pelos testes de solubilidade obviamente contém nitrogênio. Muitos compostos que contém nitrogênio (grupos nitro, por exemplo) podem ser identificados por espectroscopia de infravermelho. Por fim, não é necessário, usualmente, identificar um halogênio específico. A informação de que um composto contém um halogênio (qualquer halogênio) pode ser suficiente para distinguir dois compostos. Um teste de Beilstein dá esta informação.

10. DERIVADOS

Um dos testes principais para a identificação correta de um composto desconhecido é tentar converter o composto, por uma reação química, em um composto conhecido. Este segundo composto é chamado de **derivado**. Os melhores derivados são sólidos porque o ponto de fusão permite a identificação acurada e confiável da maior parte dos compostos. Os sólidos são também purificados com facilidade por cristalização. O derivado permite distinguir dois compostos de propriedades muito semelhantes. Usualmente, eles terão derivados (preparados pela mesma reação) com pontos de fusão diferentes. Tabelas de desconhecidos e derivados estão no Apêndice 1. Procedimentos para a preparação de derivados estão no Apêndice 2.

11. CONFIRMAÇÃO DA IDENTIDADE

Um teste rígido e definitivo para a identificação de um desconhecido pode ser feito se uma amostra "autêntica" do composto estiver disponível para comparação. Pode-se comparar os espectros de infravermelho e de RMN do composto desconhecido com os do composto conhecido. Se os espectros forem idênticos, pico a pico, então a identidade está provavelmente estabelecida. Outras propriedades físicas e químicas podem ser também comparadas. Se o composto é um sólido, um teste conveniente é o ponto de fusão misturado (Técnica 9, Seção 9.4). A comparação de resultados de cromatografia em camada fina ou a gás pode ser útil. No caso da CCF, entretanto, pode ser necessário experimentar vários solventes de desenvolvimento diferentes para se chegar a uma conclusão satisfatória sobre a identidade da substância em questão.

Embora não possamos ser exaustivos em termos de grupos funcionais cobertos ou de testes descritos neste experimento, ele deve servir como uma boa introdução aos métodos e técnicas usadas pelos químicos para identificar compostos desconhecidos. Livros-texto mais completos estão listados nas Referências. Consulte-os para obter mais informações, inclusive sobre métodos específicos e testes de classificação.

REFERÊNCIAS

Livros-texto Mais Completos
Cheronis, N. D., and Entrikin, J. B. *Identification of Organic Compounds.* New York: Wiley- Interscience, 1963.
Pasto, D. J., and Johnson, C. R. *Laboratory Text for Organic Chemistry.* Englewood Cliffs, NJ: Prentice-Hall, 1979.
Shriner, R. L., Hermann, C. K. F., Morrill, T. C., Curtin, D. Y., and Fuson, R. C. *The Systematic Identification of Organic Compounds,* 7th ed. New York:Wiley, 1997.

Espectroscopia
Bellamy, L. J. *The Infra-red Spectra of Complex Molecules,* 3rd ed. New York: Methuen, 1975.
Colthup, N. B., Daly, L. H., and Wiberly, S. E. *Introduction to Infrared and Raman Spectroscopy,* 3rd ed. San Diego, CA: Academic Press, 1990.
Lin-Vien, D., Colthup, N. B., Fateley,W. B., and Grasselli, J. G. *The Handbook of Infrared and Raman Characteristic Frequencies of Organic Molecules.* San Diego, CA: Academic Press, 1991.
Nakanishi, K. *Infrared Absorption Spectroscopy,* 2nd ed. San Francisco: Holden-Day, 1977.
Pavia, D. L., Lampman, G. M., and Kriz, G. S. *Introduction to Spectroscopy: A Guide for Students of Organic Chemistry,* 3rd ed. Fort Worth, TX: Harcourt, 2001.
Silverstein, R. M., and Webster, F. X. *Spectrometric Identification of Organic Compounds,* 6th ed. New York: Wiley, 1998.

Tabelas Completas de Compostos e Derivados
Rappoport, Z., ed. *Handbook of Tables for Organic Compound Identification,* 3rd ed. Boca Raton, FL: CRC Press, 1967.

EXPERIMENTO 55A

Testes de Solubilidade

Os testes de solubilidade devem ser feitos em *todos os desconhecidos*. Eles são extremamente importantes para a determinação da natureza do grupo funcional principal do composto desconhecido. Os testes são muito simples e utilizam pequenas quantidades do desconhecido. Além disso, os testes de solubilidade mostram se um composto é uma base forte (amina), um ácido fraco (fenol), um ácido forte (ácido carboxílico) ou uma substância neutra (aldeído, cetona, álcool, éster). Os solventes comuns usados na determinação da solubilidade são

HCl a 5%	H_2SO_4 concentrado
$NaHCO_3$ a 5%	Água
NaOH a 5%	Solventes orgânicos

O quadro de solubilidade da página 407 indica os solventes nos quais os compostos que contêm os vários grupos funcionais provavelmente se dissolverão. Os quadros dos Experimentos de 55D a 55I repetem esta informação para os grupos funcionais incluídos neste experimento. Nesta seção, dá-se o procedimento correto para determinar se um composto é solúvel em um solvente. Dá-se, também, uma série de explicações de por que compostos com determinados grupos funcionais são solúveis apenas em determinados solventes. Isto é feito pela indicação do tipo de química ou do tipo de interação química possível em cada solvente.

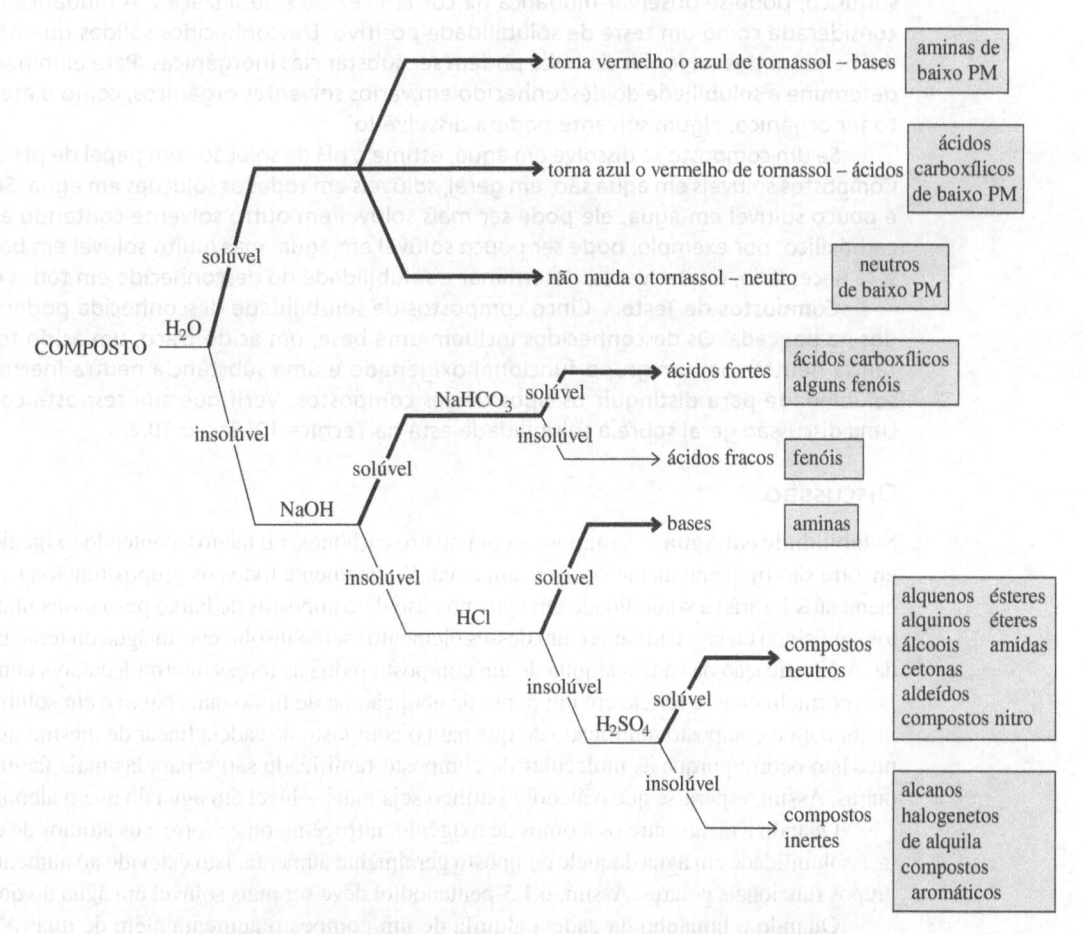

Quadro de solubilidade para compostos dos vários grupos funcionais.

Sugestão para eliminação de resíduos

Coloque todas as soluções em água no recipiente próprio. Os rejeitos orgânicos que sobrarem devem ser colocados no recipiente destinado aos resíduos orgânicos.

TESTES DE SOLUBILIDADE

Procedimento. Coloque cerca de 2 mL de solvente em um tubo de ensaio pequeno. Use uma pipeta Pasteur para adicionar 1 *gota* de um líquido desconhecido diretamente ao solvente. Se o desconhecido for sólido, use a ponta de uma espátula para adicionar alguns *cristais* diretamente ao solvente. Bata no tubo com o dedo, cuidadosamente, para facilitar a mistura e observe se linhas de mistura se formam na solução. O desaparecimento do líquido ou do sólido, ou o aparecimento de linhas de mistura indica que está ocorrendo dissolução. Adicione várias gotas do líquido ou alguns cristais do sólido para determinar o grau de solubilização. Um erro comum na determinação da solubilidade de um composto é usar uma quantidade muito grande do desconhecido. Use quantidades pequenas. Alguns minutos podem ser necessários para dissolver o sólido. Quando os cristais são grandes, o tempo necessário para a dissolução é maior do que quando eles são pequenos ou estão na forma de pó. Em alguns casos, é útil usar um gral e um pistilo para pulverizar um composto cujos cristais são grandes. Às vezes, um ligeiro aquecimento ajuda. Não use aquecimento forte porque isto leva, com freqüência, a reações. Quando compostos coloridos se dissolvem, a solução fica, muitas vezes, com a mesma cor.

Use o procedimento descrito para determinar a solubilidade do desconhecido nos seguintes solventes: água, HCl a 5%, $NaHCO_3$ a 5%, NaOH a 5% e H_2SO_4 concentrado. No caso do ácido sulfúrico, pode-se observar mudança de cor em vez de solubilização. A mudança de cor deve ser considerada como um teste de solubilidade positivo. Desconhecidos sólidos que não se dissolvem em nenhum dos solventes de teste podem ser substâncias inorgânicas. Para eliminar essa hipótese, determine a solubiliade do desconhecido em vários solventes orgânicos, como o éter. Se o composto for orgânico, algum solvente poderá dissolvê-lo.

Se um composto se dissolve em água, estime o pH da solução com papel de pH ou de tornassol. Compostos solúveis em água são, em geral, solúveis em todas as soluções em água. Se um composto é pouco solúvel em água, ele pode ser *mais* solúvel em outro solvente contendo água. Um ácido carboxílico, por exemplo, pode ser pouco solúvel em água, mas muito solúvel em base diluída. Não será necessário, muitas vezes, determinar a solubilidade do desconhecido em todos os solventes.

Compostos de Teste. Cinco compostos de solubilidade desconhecida podem ser encontrados na bancada. Os desconhecidos incluem uma base, um ácido fraco, um ácido forte, uma substância neutra com um grupo funcional oxigenado e uma substância neutra inerte. Use testes de solubilidade para distinguir os tipos destes compostos. Verifique sua resposta com o professor. Uma discussão geral sobre a solubilidade está na Técnica 10, Seção 10.2.

Discussão

Solubilidade em Água. Compostos com quatro carbonos, ou menos, contendo oxigênio, nitrogênio ou enxofre são freqüentemente solúveis em água. Praticamente todos os grupos funcionais contendo esses elementos levarão à solubilidade em água no caso de compostos de baixo peso molecular (C_4). Compostos com cinco ou seis carbonos e um desses elementos serão insolúveis em água ou terão baixa solubilidade. A ramificação da cadeia alquila de um composto reduz as forças intermoleculares entre as moléculas. Isso normalmente se reflete em um ponto de ebulição ou de fusão mais baixo e em solubilidade em água maior para o composto ramificado do que para o composto de cadeia linear de mesmo número de carbonos. Isto ocorre porque as moléculas do composto ramificado são separadas mais facilmente umas das outras. Assim, espera-se que o álcool *t*-butílico seja mais solúvel em água do que o álcool *n*-butílico.

Quando a razão entre os átomos de oxigênio, nitrogênio ou enxofre e os átomos de carbono aumenta, a solubilidade em água daquele composto geralmente aumenta. Isto é devido ao aumento do número de grupos funcionais polares. Assim, o 1,5-pentanodiol deve ser mais solúvel em água do que o 1-pentanol.

Quando o tamanho da cadeia alquila de um composto aumenta além de quatro carbonos, a influência de um grupo funcional polar diminui e a solubilidade em água começa a diminuir. Alguns exemplos destas regras gerais são dados aqui.

Solúvel	Pouco solúvel	Insolúvel

$$CH_3-\underset{\underset{CH_3}{|}}{\overset{\overset{CH_3}{|}}{C}}-\overset{O}{\overset{\|}{C}}-OH \quad CH_3-\underset{\underset{CH_3}{|}}{CH}-CH_2-\overset{O}{\overset{\|}{C}}-OH \quad CH_3CH_2CH_2CH_2-\overset{O}{\overset{\|}{C}}-OH$$

$$CH_3-\underset{\underset{CH_3}{|}}{\overset{\overset{CH_3}{|}}{C}}-CH_2-OH \quad CH_3-\underset{\underset{OH}{|}}{CH}-\overset{\overset{CH_3}{|}}{CH}-CH_3 \quad CH_3CH_2CH_2CH_2CH_2-OH$$

(phenol) (o-cresol) (4-isopropil-2-metilfenol)

Solubilidade em HCl a 5%. Se o composto é solúvel em ácido diluído (HCl a 5%), deve-se considerar imediatamente a possibilidade de uma amina. Aminas alifáticas (RNH_2, R_2NH, R_3N) são compostos básicos que se dissolvem facilmente no ácido porque formam cloridratos em água:

$$R-NH_2 + HCl \longrightarrow R-NH_3^+ + Cl^-$$

A substituição de um grupo alquila R por um anel aromático (benzeno) Ar reduz um pouco a basicidade da amina, mas ainda ocorrerá protonação e ela ainda será, em geral, solúvel em ácido diluído. A redução da basicidade de uma amina aromática é devida à deslocalização, por ressonância, dos elétrons não partilhados do nitrogênio de amina da base livre. A deslocalização se perde na protonação, um problema que não existe para as aminas alifáticas. A substituição por dois ou três anéis em um nitrogênio de amina reduz a basicidade ainda mais. Diarilaminas e triarilaminas não se dissolvem em HCl diluído porque não se protonam com facilidade. Logo, Ar_2NH e Ar_3N são insolúveis em ácido diluído. Algumas aminas de peso molecular muito alto, como a tribromo-anilina (PM = 330) também podem ser insolúveis em ácido diluído.

AMINA AROMÁTICA — Deslocalização → Sem deslocalização

AMINA ALIFÁTICA $R-\ddot{N}H_2 \longrightarrow R-NH_3^+$ Sem deslocalização / Sem deslocalização

Solubilidade em $NaHCO_3$ a 5% e NaOH a 5%. Os compostos que se dissolvem em bicarbonato de sódio, uma base fraca, são ácidos fortes. Compostos que se dissolvem em hidróxido de sódio, uma base forte, são ácidos fortes ou fracos. Assim, é possível distinguir ácidos fracos e fortes determinando sua solubilidade em base forte (NaOH) e em base fraca ($NaHCO_3$). A classificação de alguns grupos funcionais como ácidos fracos ou fortes é dada na tabela a seguir.

Neste experimento, o desconhecido será um ácido carboxílico ($pK_a \sim 5$), se for solúvel em ambas as bases, e um fenol ($pK_a \sim 10$), se for solúvel somente em NaOH.

Os compostos se dissolvem em base porque formam sais de sódio solúveis em água. Os sais de alguns compostos de alto peso molecular, entretanto, não são solúveis e precipitam. Os sais de ácidos carboxílicos de cadeia longa, como os ácidos mirístico, C_{14}; palmítico, C_{16}; e esteárico, C_{18}, que formam sabões, estão nesta categoria. Alguns fenóis também produzem sais de sódio insolúveis e, com freqüência, coloridos, devido à ressonância.

Ácidos Fortes (solúveis em NaOH e NaHCO$_3$)		Ácidos Fracos (solúveis em NaOH, mas não, em NaHCO$_3$)	
Ácidos sulfônicos	RSO$_3$H	Fenóis	ArOH
Ácidos carboxílicos	RCOOH	Nitro-alcanos	RCH$_2$NO$_2$
dinitro-fenóis e trinitro-fenóis *orto* e *para* substituídos			R$_2$CHNO$_2$
		β-Dicetonas	R−CO−CH$_2$−CO−R
		β-Diésteres	RO−CO−CH$_2$−CO−OR
		Imidas	R−CO−NH−CO−R
		Sulfonamidas	ArSO$_2$NH$_2$
			ArSO$_2$NHR

Os fenóis e os ácidos carboxílicos produzem bases conjugadas estabilizadas por ressonância. Por isto, bases de força apropriada podem remover os prótons facilmente para formar os sais de sódio.

$$R-\overset{O}{\underset{\|}{C}}-O-H + NaOH \longrightarrow \left[R-\overset{O}{\underset{\|}{C}}-O^- \longleftrightarrow R-\overset{O^-}{\underset{\|}{C}}=O \right] Na^+ + H_2O$$

Ânion deslocalizado

[Esquema de ressonância do fenol com NaOH formando o ânion fenóxido deslocalizado + H$_2$O]

Ânion deslocalizado

No caso dos fenóis, a substituição por grupos nitro nas posições *orto* e *para* do anel aumenta a acidez. Os grupos nitro nestas posições fornecem deslocalização adicional ao ânion conjugado. Os fenóis que têm dois ou três grupos nitro nas posições *orto* e *para* dissolvem-se, com freqüência, nas soluções de hidróxido de sódio *e* de bicarbonato de sódio.

Solubilidade em Ácido Sulfúrico Concentrado. Muitos compostos são solúveis em ácido sulfúrico concentrado a frio. Dos compostos incluídos neste experimento, os álcoois, as cetonas, os aldeídos e os ésteres estão nesta categoria. Estes compostos são descritos como "neutros". Outros compostos que também se dissolvem incluem alquenos, alquinos, éteres, nitro-aromáticos e amidas. Como vários tipos diferentes de compostos são solúveis em ácido sulfúrico, outros testes químicos e a espectroscopia serão necessários para diferenciá-los.

Compostos solúveis em ácido sulfúrico concentrado, mas não em ácido diluído, são bases extremamente fracas. Praticamente todos os compostos que contêm um átomo de nitrogênio, um de oxigênio ou um de enxofre podem ser protonados em ácido sulfúrico concentrado. Os íons produzidos são solúveis no meio.

$$R-O-H + H_2SO_4 \longrightarrow R-\overset{+}{\underset{H}{O}}-H + HSO_4^- \longrightarrow R^+ + H_2O + HSO_4^-$$

$$R-\overset{O}{\overset{\|}{C}}-R + H_2SO_4 \longrightarrow R-\overset{+O-H}{\overset{\|}{C}}-R + HSO_4^-$$

$$R-\overset{O}{\overset{\|}{C}}-OR + H_2SO_4 \longrightarrow R-\overset{+O-H}{\overset{\|}{C}}-OR + HSO_4^-$$

$$\underset{R}{\overset{R}{C}}=\underset{R}{\overset{R}{C}} + H_2SO_4 \longrightarrow R-\overset{R}{\underset{H}{C}}-\overset{R}{\underset{+}{C}}-R + HSO_4^-$$

Compostos Inertes. Compostos insolúveis em ácido sulfúrico concentrado ou em qualquer um dos demais solventes são chamados de **inertes**. Os compostos insolúveis em ácido sulfúrico concentrado incluem alcanos, a maior parte dos aromáticos simples e os halogenetos de alquila. Alguns exemplos de compostos inertes são hexano, benzeno, cloro-benzeno, cloro-hexano e tolueno.

EXPERIMENTO 55B

Testes para os Elementos (N, S, X)

$$-N-\quad -Br\quad -C\equiv N$$
$$-Cl\quad -NO_2\quad -I$$
$$\overset{S}{\diagup\diagdown}$$

Exceto pelas aminas (Experimento 55G), que são facilmente detectadas por sua solubilidade, os demais compostos deste experimento contêm heteroelementos (N, S, Cl, Br ou I) somente em grupos funcionais *secundários*, isto é, subsidiários de outro grupo funcional mais importante. Por isso, nenhum halogeneto de alquila ou arila, composto nitro, tióis ou tioéteres serão fornecidos. Entretanto, alguns dos desconhecidos podem conter um halogênio ou grupo nitro. Com menor freqüência, eles podem conter um átomo de enxofre ou um grupo ciano.

Consideremos, como exemplo, o *p*-bromo-benzaldeído, um **aldeído** que contém bromo no anel. A identificação deste composto iria depender de o investigador poder identificá-lo como aldeído. Ele poderia provavelmente ser identificado *sem* que a existência do bromo na molécula fosse demonstrada. Esta informação, entretanto, poderia ter tornado a identificação mais fácil. Neste experimento, são dados métodos de identificação da presença de um halogênio ou de um grupo nitro em um composto desconhecido. Também é dado um método geral (a fusão com sódio) para detectar os heteroelementos principais que podem estar presentes em moléculas orgânicas.

Testes de classificação

Halogenetos	Grupos Nitro	N, S,X (Cl, Br, I)
Teste de Beilstein Nitrato de prata Iodeto de sódio/acetona	Hidróxido ferroso	Fusão com sódio

Sugestão para eliminação de resíduos

Coloque todas as soluções que contêm prata em um recipiente especialmente destinado a elas. As demais soluções em água devem ser colocadas no recipiente de resíduos em água. Os compostos orgânicos que restarem devem ser colocados, na capela, em um recipiente destinado aos resíduos orgânicos. Isto é especialmente verdadeiro para as soluções que contêm brometo de benzila, um lacrimejante.

Testes para halogenetos

TESTE DE BEILSTEIN

Procedimento. Ajuste a mistura de gás e ar para que a chama do bico de Bunsen ou do microqueimador fique azul. Curve a ponta de um arame de cobre de modo a criar um pequeno anel. Aqueça o anel na chama até que ele brilhe fortemente. Deixe-o esfriar e mergulhe o arame de cobre diretamente na amostra do desconhecido. Se o composto for um sólido e não aderir ao arame de cobre, coloque uma pequena quantidade da substância em um vidro de relógio, umedeça o arame de cobre com água destilada e encoste o arame na amostra. O sólido deve aderir ao arame. Aqueça o arame na chama novamente. Primeiro, o composto queimará. Depois, uma chama verde se produzirá na presença de um halogênio. Você deve manter o arame logo acima da ponta da chama ou na extremidade exterior, perto da base da chama. Você terá de experimentar até encontrar a melhor posição e obter o melhor resultado.

Compostos de Teste. Teste o bromo-benzeno e o ácido benzóico.

Discussão

Os halogênios podem ser detectados facilmente pelo teste de Beilstein, que é confiável. É o método mais simples de determinar a presença de um halogênio, mas ele não diferencia cloro, bromo e iodo, que darão, todos, teste positivo. Entretanto, quando a identidade do desconhecido reduziu-se a duas escolhas, uma com um halogênio, e a outra sem o halogênio, o teste de Beilstein permite, quase sempre, a distinção.

O teste de Beilstein positivo é o resultado da produção de um halogeneto de cobre volátil pelo aquecimento do halogeneto orgânico com o óxido de cobre. O halogeneto de cobre dá uma chama de cor verde-azulada.

Em alguns casos, este teste pode ser muito sensível para pequenas quantidades de impurezas contendo halogeneto. Tenha cuidado, portanto, na interpretação dos resultados do teste se a cor que você obtiver for de fraca intensidade.

TESTE DO NITRATO DE PRATA

Procedimento. Adicione 1 gota de um líquido, ou 5 gotas de uma solução concentrada de um sólido em etanol, a 2 mL de uma solução de nitrato de prata a 2% em etanol. Se não observar reação na temperatura normal após 5 minutos, aqueça a solução em um banho de água em ebulição e observe se ocorre precipitação de um sólido. Se isto acontecer, adicione 2 gotas de ácido nítrico a 5% e verifique se o precipitado se dissolve. Os ácidos carboxílicos dão um falso positivo porque precipitam em nitrato de prata, mas eles se dissolvem com a adição do ácido nítrico. Os halogenetos de prata não se dissolvem em ácido nítrico.

Compostos de Teste. Teste o brometo de benzila (α-bromo-tolueno) e o bromo-benzeno. Descarte na capela todos os rejeitos em um recipiente apropriado porque o brometo de benzila é lacrimejante.

Discussão

Este teste depende da formação de um precipitado branco, ou cor de creme, de halogeneto de prata quando o nitrato de prata reage com um halogeneto suficientemente reativo.

$$RX + Ag^+NO_3^- \longrightarrow \underset{\text{Precipitado}}{AgX} + R^+NO_3^- \xrightarrow{CH_3CH_2OH} R-O-CH_2CH_3$$

O teste não distingue os cloretos dos brometos ou iodetos, mas distingue halogenetos lábeis (reativos) de halogenetos não-reativos. Os halogenetos ligados a anéis aromáticos não dão, em geral, teste positivo com nitrato de prata, entretanto halogenetos de alquila de muitos tipos o fazem.

Os compostos mais reativos são os que formam carbocátions estáveis em solução e os que têm bons grupos de saída (X = I, Br, Cl). Halogenetos de benzila, alila e terciários reagem imediatamente com nitrato de prata. Os halogenetos primários e secundários não reagem na temperatura normal, mas o fazem quando aquecidos. Os halogenetos de arila e vinila não reagem, mesmo em temperaturas elevadas. Esta ordem de reatividade acompanha a ordem de estabilidade dos diversos carbocátions. Os compostos que produzem carbocátions estáveis reagem mais depressa do que os que não o fazem.

$$C_6H_5CH_2^+ \approx R-\underset{R}{\overset{R}{C^+}} > R-CH^+ > R-CH_2^+ > CH_3^+ \gg C_6H_5^+$$

$$RCH=CH-CH_2^+ \qquad\qquad\qquad\qquad\qquad RCH=CH^+$$

Benzila e Alila   3°   2°   1°   Metila   Arila e Vinila

A reação rápida dos halogenetos de benzila e de alila é o resultado da estabilização por ressonância do carbocátion intermediário formado. Os halogenetos terciários são mais reativos do que os secundários, que, por sua vez, são mais reativos do que os primários ou do que os halogenetos de metila, porque os substituintes alquila estabilizam os carbocátions por doação de elétrons. O carbocátion metila obviamente não tem grupos metila ligados e é o menos estável dentre os carbocátions citados. Os carbocátions vinila e arila são muito instáveis porque a carga localiza-se em um carbono com hibridação sp^2 (carbono de ligação dupla), e não, em um carbono sp^3.

IODETO DE SÓDIO EM ACETONA

Procedimento. Este teste está descrito no Experimento 20.

Compostos de Teste. Teste o brometo de benzila (α-bromo-tolueno), o bromo-benzeno e o 2-cloro-2-metil-propano (cloreto de *terc*-butila).

Detecção de grupos nitro

Embora você não vá receber compostos com a função principal nitro, muitos dos desconhecidos poderão ter um grupo nitro como função secundária. Sua presença é determinada facilmente por espectroscopia de infravermelho. Muitos compostos nitro dão um resultado positivo com o teste dado a seguir.

Infelizmente, outros grupos funcionais além do grupo nitro também podem dar o teste positivo. Interprete os resultados deste teste com cuidado.

TESTE DO HIDRÓXIDO DE FERRO

Procedimento. Coloque em um tubo de ensaio pequeno 1,5 mL de uma solução de sulfato ferroso amoniacal a 5% em água e adicione cerca de 10 mg de um sólido ou 5 gotas de um composto líquido. Misture bem e adicione, primeiro, 1 gota de ácido sulfúrico 2 M e, depois, 1 mL de hidróxido de potássio 2 M em metanol. Feche o tubo de ensaio e agite-o vigorosamente. O teste é positivo se ocorrer formação de um precipitado vermelho-marrom, usualmente em até 1 minuto.
Composto de Teste. Teste o 2-nitro-tolueno.

Discussão

A maior parte dos compostos nitro oxida o hidróxido ferroso a hidróxido férrico, um sólido vermelho-marrom. Um precipitado corresponde a um teste positivo.

$$R-NO_2 + 4H_2O + 6Fe(OH)_2 \longrightarrow R-NH_2 + 6Fe(OH)_3$$

ESPECTROSCOPIA DE INFRAVERMELHO

O grupo nitro dá duas bandas fortes em cerca de 1.560 cm^{-1} e 1.350 cm^{-1}. Veja a Técnica 25 para detalhes.

Detecção de um grupo ciano

Embora você não vá receber uma nitrila como desconhecido neste experimento, o grupo ciano pode ser um grupo funcional secundário, e a determinação de sua presença ou ausência é importante para a identificação final de um desconhecido. O grupo ciano pode ser hidrolisado por aquecimento vigoroso em base forte para dar um ácido carboxílico e gás amônia.

$$R-C\equiv N + 2\,H_2O \xrightarrow[\Delta]{NaOH} R-COOH + NH_3$$

A amônia pode ser detectada pelo odor ou com um papel de pH umedecido. Entretanto este método é um pouco difícil, e a presença de um grupo nitrila pode ser confirmada muito facilmente por espectroscopia de infravermelho. Nenhum outro grupo funcional (exceto C≡C de alguns compostos) absorve na mesma região do espectro do grupo C≡N.

ESPECTROSCOPIA DE INFRAVERMELHO

A banda de deformação axial de C≡N é uma banda muito aguda, de intensidade média, próxima de 2.250 cm^{-1}. Veja a Técnica 25 para detalhes.

Testes de Fusão com Sódio (Detecção de N, S e X) (Opcional)

Quando um composto orgânico contém nitrogênio, enxofre ou halogênios e funde-se com o metal sódio, ocorre a decomposição redutiva do composto e a conversão desses elementos nos sais de sódio dos íons inorgânicos CN$^-$, S^{2-} e X$^-$.

$$[N, S, X] \xrightarrow[\Delta]{Na} NaCN, Na_2S, NaX$$

Quando a mistura fundida se dissolve em água destilada, os íons cianeto, sulfeto e halogeneto podem ser detectados por testes qualitativos inorgânicos padronizados.

> **Cuidado:** Lembre-se sempre de manipular o metal sódio com uma faca ou uma pinça. Não o toque com seus dedos. Mantenha o sódio longe da água. Destrua todos os resíduos de sódio com 1-butanol ou etanol. Use óculos de segurança.

PREPARAÇÃO DA SOLUÇÃO ESTOQUE

Método geral

Procedimento. Use uma pinça e uma faca para retirar um pouco de sódio de uma garrafa de sódio, corte um pequeno pedaço de 3 mm de lado e seque-o com uma toalha de papel. Coloque este pedaço de sódio em um tubo de ensaio seco e limpo (10 mm × 75 mm). Prenda o tubo de ensaio em um suporte metálico e aqueça o fundo do tubo com um microqueimador até que ocorra a fusão do sódio e o vapor do metal suba até um terço do tubo. Neste ponto, o fundo do tubo emitirá luz vermelha. Remova o queimador e jogue *imediatamente* a amostra no tubo. Use cerca de 10 mg de um sólido colocado na ponta de uma espátula ou 2-3 gotas de um líquido. Jogue a amostra no centro do tubo de modo que ela toque o metal sódio quente e não adira às paredes do tubo de ensaio. Se a fusão tiver sucesso, ocorrerá um *flash* ou uma pequena explosão. Se a reação não tiver sucesso, aqueça o tubo por alguns segundos até ficar ao rubro para completar a reação.

Deixe o tubo de ensaio esfriar até a temperatura normal e adicione, cuidadosamente, 10 gotas de metanol, uma gota por vez, à mistura de fusão. Use uma espátula ou uma vara longa de vidro para agitar a mistura e completar a reação do excesso de sódio. A fusão destrói o tubo de ensaio, por isto a melhor maneira de recuperar a mistura de fusão é esmagar o tubo no interior de um bécher pequeno contendo 5-10 mL de água *destilada*. O tubo pode ser esmagado facilmente se for colocado no ângulo dos dedos de uma garra. Aperte a garra até que o tubo esteja bem-preso. Fique de um lado do bécher e mantenha a garra no outro lado. Aperte a garra até quebrar o tubo de ensaio. As peças cairão no bécher. Agite a solução, aqueça-a até a ebulição e filtre-a por gravidade. Use um filtro preguado (Figura 8.3, página 552). Porções desta solução serão usadas nos testes de detecção de nitrogênio, enxofre e halogênios.

Método alternativo

Procedimento. O método recém-descrito não funciona bem com alguns líquidos voláteis. Os compostos se volatilizam antes de tocar os vapores de sódio. No caso de compostos deste tipo, coloque 4 ou 5 gotas do líquido puro em um tubo de ensaio seco e limpo, prenda-o em uma garra e adicione um pedaço de sódio cuidadosamente. Se ocorrer reação, espere que ela pare. Aqueça o tubo de ensaio até que o tubo fique vermelho e continue a operação de acordo com as instruções dadas no segundo parágrafo do procedimento descrito acima.

TESTE DO NITROGÊNIO

Procedimento. Use um papel de pH e uma solução de hidróxido de sódio a 10% para ajustar o pH de cerca de 1 mL da solução estoque em pH 13. Adicione 2 gotas de uma solução saturada de sulfato ferroso amoniacal e 2 gotas de uma solução de fluoreto de potássio a 30% a esta solução e ferva-a por 30 segundos. Acidifique a solução quente com ácido sulfúrico a 30%, colocado gota a gota, até que o hidróxido de ferro se dissolva. Evite excesso de ácido. Na presença de nitrogênio, forma-se um precipitado azul-escuro (não verde) de azul da Prússia, $NaFe_2(CN)_6$, ou, então, a solução toma a cor azul-escuro.

Reagentes. Dissolva 5 g de sulfato ferroso amoniacal em 100 mL de água. Dissolva 30 g de fluoreto de potássio em 100 mL de água.

TESTE DO ENXOFRE

Procedimento. Acidifique cerca de 1 mL da solução de teste com ácido acético e adicione algumas gotas de uma solução de acetato de chumbo a 1%. A presença de enxofre é indicada por um precipitado preto de sulfeto de chumbo, PbS.

> **Cuidado:** Muitos compostos de chumbo(II) são possíveis cancerígenos (ver página 489) e devem ser manuseados com cuidado. Evite o contato.

TESTES DOS HALOGÊNIOS

Procedimento. Os íons cianeto e sulfeto interferem com o teste de halogênios. Se estes íons estiverem presentes, devem ser removidos. Para fazer isto, acidifique a solução com ácido nítrico diluído e ferva-a por cerca de 2 minutos. Isto eliminará o HCN ou o H_2S que se forma. Depois de esfriar, adicione algumas gotas de uma solução de nitrato de prata a 5%. Um precipitado *volumoso* indica um halogênio. A turbidez leve *não* é um teste positivo. O cloreto de prata é branco. O brometo de prata é cor de creme. O iodeto de prata é amarelo. O cloreto de prata se dissolve facilmente em hidróxido de amônio concentrado. O brometo de prata é pouco solúvel neste solvente.

DIFERENCIAÇÃO ENTRE CLORETO, BROMETO E IODETO

Procedimento. Acidifique 2 mL da solução de teste com ácido sulfúrico a 10% e ferva-a por 2 minutos. Deixe esfriar a solução e adicione 0,5 mL de cloreto de metileno. Adicione algumas gotas de água de cloro ou 2-4 mg de hipoclorito de cálcio.[1] Verifique a solução para saber se ela ainda está ácida. Feche o tubo, agite-o vigorosamente e deixe-o em repouso para que as camadas se separem. A cor de laranja a castanho na camada do cloreto de metileno indica bromo. Violeta indica iodo. Se a camada não se colorir ou se ficar amarelo-claro, o teste indica cloro.

EXPERIMENTO 55C

Testes para Insaturação

Os desconhecidos a serem distribuídos neste experimento não têm ligações duplas ou triplas como *único* grupo funcional. Por isso, alquenos e alquinos simples podem ser descartados como possibilidades. Entretanto, alguns dos desconhecidos podem ter uma ligação dupla ou tripla, *além* de outro grupo funcional mais importante. O teste descrito permitirá que você determine a presença de uma ligação dupla ou tripla (insaturação) nesses compostos.

---

[1] Clorox, o alvejante comercial, substitui a água de cloro, bem como qualquer outra marca de alvejante, desde que ele seja baseado em hipoclorito de sódio.

Testes de classificação

Insaturação	Aromaticidade
Bromo-cloreto de metileno Permanganato de potássio	Teste de ignição

Sugestão para eliminação de resíduos

Os reagentes de teste que contêm bromo devem ser colocados em um recipiente especialmente designado para isto. O cloreto de metileno e o tetracloreto de carbono devem ser colocados no recipiente destinado aos resíduos orgânicos halogenados. Coloque as soluções em água no recipiente próprio. Os demais compostos orgânicos devem ser colocados no recipiente destinado aos resíduos orgânicos não halogenados.

Testes para ligações múltiplas simples

BROMO EM CLORETO DE METILENO

Procedimento. Dissolva 50 mg de um sólido ou 4 gotas de um líquido, a determinar, em 1 mL de cloreto de metileno (dicloro-metano) ou de 1,2-dimetóxi-etano. Adicione uma solução de bromo a 2% (por volume) em cloreto de metileno, gota a gota, com agitação. Se após a adição de uma a duas gotas da solução de bromo a cor vermelha permanece, o teste é negativo. Se a cor vermelha desaparecer, continue a adicionar a solução de bromo em cloreto de metileno até que a cor vermelha do bromo permaneça. O teste é positivo se mais de 5 gotas da solução tiverem sido adicionadas e se a cor tiver desaparecido. Se isto acontecer, continue a adicionar gotas da solução de bromo para ver quantas gotas são necessárias para atingir o ponto em que a cor permanece. Usualmente, quando uma ligação dupla isolada está presente, muitas gotas da solução de bromo serão necessárias para atingir este ponto. Não deve ocorrer formação de brometo de hidrogênio. Se isto ocorrer, você notará a formação de "neblina" se soprar a boca do tubo de ensaio. O HBr também pode ser detectado com papel de tornassol ou papel de pH. Se ocorrer formação de HBr, a reação é de **substituição** (veja a discussão adiante), e não, de **adição**, e ligações duplas ou triplas provavelmente não estarão presentes.

Reagente. O método clássico para fazer este teste é usar bromo dissolvido em tetracloreto de carbono. Devido à natureza tóxica deste solvente, entretanto, tem-se preferido usar cloreto de metileno. O professor deve preparar este reagente por causa do perigo associado à alta toxicidade do vapor de bromo. Trabalhe em uma capela eficiente. Dissolva 2 mL de bromo em 100 mL de cloreto de metileno (dicloro-metano). Com o tempo, o solvente irá sofrer uma reação de substituição via radicais induzida pela luz, com formação de brometo de hidrogênio. Após uma semana, a intensidade da cor de uma solução de bromo a 2% em cloreto de metileno reduz-se notavelmente, e o odor de HBr pode ser detectado no reagente. Embora os testes de descoramento ainda funcionem satisfatoriamente, a presença de HBr torna difícil a distinção entre reações de adição e substituição. Para fazer esta distinção será preciso usar uma solução de bromo em cloreto de metileno recentemente preparada. A decomposição do reagente pode ser evitada com o uso de uma garrafa escura.

Compostos de Teste. Teste ciclo-hexeno, ciclo-hexano, tolueno e acetona.

Discussão

Um teste positivo depende da adição de bromo, um líquido vermelho, a uma ligação dupla ou tripla para dar um dibrometo incolor.

$$\text{C=C} + Br_2 \longrightarrow \text{C}-\text{C} \begin{array}{c} Br \\ | \\ | \\ Br \end{array}$$

Vermelho   Incolor

Nem todas as ligações duplas reagem com a solução de bromo. Somente as que são ricas em elétrons são suficientemente nucleofílicas para iniciar a reação. Uma ligação dupla substituída por grupos que retiram elétrons com freqüência não reage ou o faz lentamente. O ácido fumárico é um exemplo de composto que não reage.

$$\begin{array}{c} H \quad\quad COOH \\ C=C \\ HOOC \quad\quad H \end{array}$$

Ácido fumárico

Compostos aromáticos não reagem com o reagente de bromo ou, então, o fazem por **substituição**. Somente anéis aromáticos com grupos ativantes ($-OH$, $-OR$, $-NR_2$) dão a reação de substituição.

[fenol] + $Br_2 \longrightarrow$ [p-bromofenol] + isômeros orto + HBr etc.

Algumas cetonas e aldeídos reagem com bromo para dar um **produto de substituição**, mas esta reação é lenta, exceto no caso de cetonas que têm grande percentagem de enol. Quando a reação ocorre, a cor do bromo desaparece e forma-se o gás brometo de hidrogênio.

PERMANGANATO DE POTÁSSIO (TESTE DE BAEYER)

Procedimento. Dissolva 25 mg de um sólido ou 2 gotas de um líquido, a determinar, em 2 mL de etanol a 95% (pode-se usar também 1,2-dimetóxi-etano). Adicione uma solução de permanganato de potássio a 1% em água (peso/volume), gota a gota, com agitação. O teste é positivo se a cor púrpura do reagente desaparece e se um precipitado castanho de dióxido de manganês se forma, usualmente em menos de um minuto. Se o solvente for o álcool, não use a solução depois de cinco minutos porque a oxidação do álcool começa lentamente. Como as soluções de permanganato se decompõem para formar dióxido de manganês, pequenas quantidades de precipitado devem ser interpretadas com cuidado.

Compostos de Teste. Teste o ciclo-hexeno e o tolueno.

Discussão

Este teste é positivo para ligações duplas e triplas, mas não para anéis aromáticos. Ele depende da conversão do íon púrpura MnO_4^- em um precipitado castanho de MnO_2 após a oxidação de um composto insaturado.

$$\text{C=C} + MnO_4^- \longrightarrow \underset{OH \ OH}{\text{C}-\text{C}} + MnO_2$$

Púrpura   Castanho

Outros compostos facilmente oxidáveis também dão teste positivo com a solução de permanganato de potássio. Estas substâncias incluem aldeídos, alguns álcoois, fenóis e aminas aromáticas. Se você suspeitar da presença de alguns destes grupos funcionais, interprete o teste com cuidado.

ESPECTROSCOPIA

Infravermelho

LIGAÇÕES DUPLAS (C=C)

A deformação axial de C=C usualmente ocorre em 1.680-1.620 cm^{-1}. Alquenos simétricos podem não mostrar banda de absorção.

A deformação axial de C−H de vinila ocorre em 3.000 cm^{-1}, mas usualmente não acima de 3.150 cm^{-1}.

A deformação angular fora do plano de C−H ocorre em 1.000-700 cm^{-1}.

Veja a Técnica 25 para detalhes.

LIGAÇÕES TRIPLAS (C≡C)

A deformação axial de C≡C usualmente ocorre em 2.250-2.100 cm^{-1}. O pico é geralmente agudo. Alquinos simétricos não mostram banda de absorção.

A deformação axial de C−H de acetilenos terminais ocorre em 3.310-3.200 cm^{-1}.

Ressonância Magnética Nuclear

Os hidrogênios de vinila têm ressonância em 5−7 ppm e constantes de acoplamento J_{trans} = 11−18 Hz, J_{cis} = 6−15 Hz e $J_{geminal}$ = 0−5 Hz. Os hidrogênios alílicos têm ressonância em cerca de 2 ppm. Os hidrogênios de acetileno têm ressonância em 2,8−3,0 ppm. Veja a Técnica 26 para detalhes da RMN de hidrogênio. A Técnica 27 descreve a RMN de carbono.

Testes para a aromaticidade

Nenhum dos desconhecidos fornecidos neste experimento será um hidrocarboneto aromático simples. Todos os compostos aromáticos terão um grupo funcional principal como parte da estrutura. Entretanto será útil, em muitos casos, reconhecer a presença de um anel aromático. Embora as espectroscopias de infravermelho e de Ressonância Magnética Nuclear sejam os métodos mais confiáveis de identificação de compostos aromáticos, eles podem, com freqüência, ser detectados por um teste simples de ignição.

TESTE DE IGNIÇÃO

Procedimento. Trabalhe em uma capela. Coloque uma pequena quantidade do composto em uma espátula. Ponha a ponta da espátula na chama de um bico de Bunsen. Observe se aparece uma chama fuliginosa. Compostos que dão uma chama amarela fuliginosa têm alto grau de insaturação e podem ser aromáticos. Este teste deve ser interpretado com cuidado, porque alguns compostos não-aromáticos também podem produzir fuligem. Na dúvida, use a espectroscopia para determinar com segurança a presença ou a ausência de um anel aromático.

Compostos de Teste. Teste o benzoato de etila e a benzoína.

Discussão

A presença de um anel aromático leva usualmente à produção de uma chama amarela fuliginosa neste teste. Entretanto, alcanos halogenados e compostos alifáticos de alto peso molecular também podem produzir uma chama amarela fuliginosa. Compostos aromáticos com alto teor de oxigênio podem queimar em uma chama limpa e produzir pouca fuligem, apesar da presença do anel aromático.

Este teste, na verdade, determina a razão entre carbono, hidrogênio e oxigênio em uma substância desconhecida. Se a razão carbono-hidrogênio é alta e pouco ou nenhum oxigênio está presente, você observará uma chama fuliginosa. O acetileno, por exemplo, um gás de fórmula C_2H_2, queima com chama fuliginosa, a menos que esteja misturado com oxigênio. Quando a razão carbono-hidrogênio está próxima de um, você provavelmente obterá uma chama fuliginosa.

ESPECTROSCOPIA

Infravermelho

As bandas de C=C de anel aromático aparecem na região 1.600-1.450 cm^{-1}. Aparecem freqüentemente quatro bandas em dois pares em 1.600 cm^{-1} e 1.450 cm^{-1}, características de anel aromático.

Absorções especiais de anel: Aparecem, com freqüência, bandas fracas em torno de 2.000-1.600 cm^{-1}. Elas são, muitas vezes, cobertas por outras absorções, mas quando podem ser observadas, as formas e o número desses picos podem ser usados para determinar o tipo de substituição do anel.

Deformação axial de =C—H do anel aromático: A deformação axial de C—H de aromáticos sempre ocorre em freqüência superior a 3.000 cm^{-1}.

Deformação angular fora do plano de =C—H do anel aromático: As bandas aparecem na região de 900-690 cm^{-1}. O número e a posição dessas bandas podem ser usados para a determinação do tipo de substituição no anel.

Veja a Técnica 25 para detalhes.

Ressonância Magnética Nuclear

Os hidrogênios ligados a um anel aromático têm, usualmente, ressonância em cerca de 7 ppm. Os anéis com um substituinte que não é anisotrópico ou eletronegativo dão uma única ressonância para todos os hidrogênios do anel. Os anéis com um substituinte anisotrópico ou eletronegativo usualmente têm a ressonância dos hidrogênios de aromático dividida em dois grupos, com integração 3:2 ou 2:3. Um anel não-simétrico, *para*-dissubstituído, tem um espectro característico de quatro picos (veja a Técnica 26). A Técnica 27 descreve a RMN de carbono.

EXPERIMENTO 55D

Aldeídos e Cetonas

Compostos que contêm o grupo funcional $\diagup\!\!\!\!\!\!C\!=\!O$, com substituintes hidrogênio e alquila somente, são chamados aldeídos RCHO ou cetonas RCOR'. A química desses compostos é devida principalmente à química do grupo carbonila. Estes compostos são identificados através de reações características da carbonila.

Características de solubilidade	Testes de classificação
HCl NaHCO$_3$ NaOH H$_2$SO$_4$ Éter	**Aldeídos e cetonas**
(−) (−) (−) (+) (+)	2,4-Dinitro-fenil-hidrazina
Água: < C$_5$ e alguns C$_6$ (+)	**Somente aldeídos** **Metil-cetonas**
> C$_5$(−)	Ácido crômico Teste do iodofórmio
	Reagente de Tollens
	Compostos com percentagem alta de enol
	Teste do cloreto férrico

Sugestão para eliminação de resíduos

As soluções que contêm 2,4-dinitro-fenil-hidrazina ou seus derivados devem ser colocadas em um recipiente especialmente designado para elas. As soluções que contêm cromo devem ser colocadas em um recipiente próprio. Acidifique as soluções que contêm prata com ácido clorídrico a 5% antes de colocá-las em um recipiente próprio. As demais soluções em água devem ser colocadas no recipiente destinado às soluções em água. As sobras de compostos orgânicos devem ser colocadas no recipiente destinado aos resíduos orgânicos.

Testes de classificação

Os aldeídos e cetonas dão, em sua maior parte, precipitados sólidos, de amarelos a vermelhos, quando misturados com a 2,4-dinitro-fenil-hidrazina. Somente os aldeídos, entretanto, reduzirão o cromo(VI) ou a prata(I). Esta diferença de comportamento pode ser usada para diferenciar aldeídos e cetonas.

2,4-DINITRO-FENIL-HIDRAZINA

Procedimento. Coloque uma gota do líquido desconhecido em um tubo de ensaio pequeno e adicione 1 mL do reagente 2,4-dinitro-fenil-hidrazina. Se o desconhecido for um sólido, dissolva cerca de 10 mg na menor quantidade possível de etanol a 95% ou de di(etilenoglicol)-dietil-éter antes de adicionar o reagente. Agite a mistura vigorosamente. Muitos aldeídos e cetonas darão imediatamente um precipitado de cor amarela a vermelha. Outros, entretanto, levarão até 15 minutos ou precisarão, até mesmo, de *leve* aquecimento para dar o precipitado. O aparecimento do precipitado é um teste positivo.

Compostos de Teste. Teste ciclo-hexanona, benzaldeído e benzofenona.

> **Cuidado:** Muitos derivados da fenil-hidrazina são prováveis cancerígenos (veja a página 489) e devem ser manipulados com cuidado. Evite o contato.

Reagente. Dissolva 3,0 g de 2,4-dinitro-fenil-hidrazina em 15 mL de ácido sulfúrico concentrado. Misture, em um bécher, 20 mL de água e 70 mL de etanol a 95%. Adicione, sob agitação vigorosa constante, a solução de 2,4-dinitro-fenil-hidrazina à mistura etanol-água. Após misturar bastante, filtre a solução, por gravidade, com um papel de filtro pregueado. Este reagente tem de ser preparado no início de cada período de aulas.

$$\begin{array}{c} R \\ R' \end{array} C=O + H_2N-NH-\underset{NO_2}{\underset{O_2N}{\bigcirc}} \xrightarrow{H^+}$$

Aldeído ou cetona   2,4-Dinitro-fenil-hidrazina

$$\begin{array}{c} R \\ R' \end{array} C=N-NH-\underset{NO_2}{\underset{O_2N}{\bigcirc}} + H_2O$$

2,4-Dinitro-fenil-hidrazona

Discussão

Muitos aldeídos e cetonas dão um precipitado, mas o mesmo não acontece com os ésteres, que podem ser eliminados por este teste. A cor do precipitado de 2,4-dinitro-fenil-hidrazona formado sugere o grau de insaturação do aldeído ou da cetona original. Cetonas não-conjugadas, como a ciclo-hexanona, dão precipitados de cor laranja a vermelha. Compostos muito conjugados dão precipitados vermelhos. Como, porém, o reagente 2,4-dinitro-fenil-hidrazona também é laranja-avermelhado, a cor do precipitado tem de ser examinada com cuidado. Ocasionalmente, compostos muito básicos ou muito ácidos precipitarão o reagente em excesso.

Alguns álcoois alílicos e benzílicos também dão este teste porque o reagente pode oxidá-los a aldeídos e cetonas, que, subseqüentemente, reagem. Alguns álcoois podem ter sido contaminados com impurezas carboniladas durante a síntese (redução) ou pela oxidação ao ar. Precipitados oriundos de pequenas quantidades de impurezas formar-se-ão em pequenas quantidades. Com algum cuidado, um teste que dá pouco precipitado pode ser usualmente ignorado. O espectro de infravermelho do composto pode estabelecer sua identidade e identificar eventuais impurezas presentes.

TESTE DO ÁCIDO CRÔMICO

Procedimento. Dissolva 1 gota de um aldeído líquido ou cerca de 10 mg de um aldeído sólido em 1 mL de acetona *grau reagente*. Adicione várias gotas, uma de cada vez, do reagente ácido crômico, com agitação. O teste positivo é dado por um precipitado verde e pelo desaparecimento da cor laranja do reagente. No caso de aldeídos alifáticos, RCHO, a solução fica turva em 5 segundos, e um precipitado aparece em 30 segundos. No caso de aldeídos aromáticos, ArCHO, em geral são precisos 30-120 segundos para que o precipitado se forme, mas mais tempo pode ser necessário. Em alguns casos, a cor laranja original pode permanecer juntamente com um precipitado verde ou castanho. Isto deve ser interpretado como teste positivo. O teste é negativo se o precipitado não tiver cor verde e se a solução permanecer com a cor laranja original.

Ao fazer este teste, assegure-se de que a acetona usada como solvente não dá o teste positivo com o reagente. Adicione várias gotas do reagente ácido crômico a algumas gotas da acetona em um tubo de ensaio pequeno. Deixe a mistura em repouso por 3-5 minutos. Se não tiver ocorrido reação neste tempo, a acetona é pura o suficiente para ser usada no teste. Se o teste for positivo, procure outra garrafa de acetona.

Compostos de Teste. Teste benzaldeído, butanal (butiraldeído) e ciclo-hexanona.

> **Cuidado:** Muitos compostos de cromo(VI) podem ser cancerígenos (veja a página 489) e devem ser manipulados com cuidado. Evite o contato.

Reagente. Dissolva 20 g de óxido de cromo(VI) (CrO_3) em 20 mL de ácido sulfúrico concentrado. Adicione a mistura, lenta e cuidadosamente, a 60 mL de água fria. Este reagente deve ser preparado no início de cada semestre de aulas.

Discussão

A base deste teste é o fato de que os aldeídos são facilmente oxidados a ácidos carboxílicos pelo ácido crômico. O precipitado verde é o sulfato de cromo(II).

$$2\ CrO_3 + 2\ H_2O \xrightleftharpoons{H^+} 2\ H_2CrO_4 \xrightleftharpoons{H^+} H_2Cr_2O_7 + H_2O$$

$$\underset{\text{Laranja}}{3\ RCHO + H_2Cr_2O_7 + 3\ H_2SO_4} \longrightarrow \underset{\text{Verde}}{3\ RCOOH + Cr_2(SO_4)_3 + 4\ H_2O}$$

Os álcoois primários e secundários também se oxidam por este reagente (veja o Experimento 55H). Portanto, este teste não é útil para a identificação de aldeídos *a menos que* a identificação positiva do grupo carbonila tenha sido feita. Os aldeídos dão resultado positivo no teste da 2,4-dinitro-fenil-hidrazina, e os álcoois não.

Existem muitos outros testes para a detecção do grupo funcional aldeído. A maior parte deles é baseada em uma oxidação, facilmente detectada, do aldeído a ácido carboxílico. Os testes mais comuns são o de Tollens, o de Fehling e o de Benedict. Descreveremos aqui apenas o teste de Tollens, que é, com freqüência, mais confiável do que o teste do ácido crômico para aldeídos.

TESTE DE TOLLENS

Procedimento. O reagente deve ser preparado imediatamente antes do uso. Para preparar o reagente, misture 1 mL da solução de Tollens A com 1 mL da solução de Tollens B. Ocorrerá precipitação de óxido de prata. Adicione uma solução de amônia a 10% (gota a gota) na quantidade *exata*, suficiente para dissolver o óxido de prata. O reagente assim preparado deve ser usado imediatamente para o teste que se segue.

Dissolva 1 gota de um aldeído líquido ou cerca de 10 mg de um aldeído sólido na menor quantidade possível de di(etilenoglicol)-dietil-éter. Adicione esta solução, um pouco de cada vez, a 2-3 mL do reagente contido em um tubo de ensaio pequeno. Agite bem. Se ocorrer deposição de um espelho de prata nas paredes internas do tubo de ensaio, o teste é positivo. Em alguns casos, será necessário aquecer um pouco o tubo de ensaio em um banho de água morna.

Compostos de Teste. Teste benzaldeído e acetona *grau reagente*.

Cuidado: O reagente deve ser preparado imediatamente antes do uso, e todos os resíduos devem ser descartados imediatamente após o uso. Acidifique os resíduos com ácido clorídrico a 5% e coloque-os em um recipiente especialmente destinado a isto. Em repouso, o reagente tende a formar o fulminato de prata, uma substância *muito explosiva*. As soluções formadas pela mistura dos reagentes de Tollens A e B nunca devem ser guardadas.

Reagentes. *Solução A*: Dissolva 3,0 g de nitrato de prata em 30 mL de água. *Solução B*: Prepare uma solução de hidróxido de sódio a 10%.

Discussão

A maior parte dos aldeídos reduz a solução de nitrato de prata amoniacal ao metal prata. O aldeído se oxida a ácido carboxílico.

$$RCHO + 2\,Ag(NH_3)_2OH \longrightarrow 2\,Ag + RCOO^-NH_4^+ + H_2O + NH_3$$

As cetonas comuns não dão resultado positivo neste teste. Ele só deve ser usado para decidir se um composto desconhecido é um aldeído ou uma cetona.

TESTE DO IODOFÓRMIO

Procedimento. Prepare um banho de água em 60-70°C em um bécher. Use uma pipeta Pasteur para colocar 6 gotas de um líquido desconhecido em um tubo de ensaio de 15 mm x 100 mm ou de 15 mm x 125 mm. Pode-se usar, também, 0,06 g de um sólido desconhecido. Dissolva o líquido ou o sólido em 2 mL de 1,2-dimetóxi-etano. Adicione 2 mL de uma solução de hidróxido de sódio a 10% em água e coloque o tubo de ensaio no banho de água quente. Coloque no tubo de ensaio 4 mL de uma solução de iodo-iodeto de potássio, em porções de 1 mL. *Arrolhe* (com rolha de cortiça) o tubo e agite-o, a cada adição da solução do reagente de iodo. Aqueça a mistura no banho de água quente por cerca de 5 minutos, agitando o tubo ocasionalmente. Parte da cor ou toda a cor do reagente de iodo deve desaparecer.

Se a cor escura do reagente de iodo não desaparecer após o aquecimento, adicione uma solução de hidróxido de sódio a 10% até que a cor desapareça. Agite o tubo (arrolhado) durante a adição do hidróxido de sódio. Não se preocupe se adicionar excesso de base.

Assim que a cor escura da solução de iodo tiver desaparecido, encha o tubo de ensaio com água até 2 cm da borda. Arrolhe o tubo e agite-o vigorosamente. Deixe o tubo em repouso por pelo menos 15 minutos na temperatura normal. O aparecimento de um precipitado amarelo-pálido de iodofórmio, CHI_3, é um teste positivo para metil-cetona ou para um composto que se oxida facilmente a uma metil-cetona. Outras cetonas descoram a solução de iodo, mas não dão o precipitado de iodofórmio *a menos que* haja uma metil-cetona como impureza.

O precipitado amarelo usualmente se deposita lentamente no fundo do tubo de ensaio. Às vezes, a cor amarela do iodofórmio fica mascarada por uma substância negra. Se isto acontecer, arrolhe o tubo de ensaio e agite-o vigorosamente. Se a cor escura permanecer, adicione mais hidróxido de sódio e agite-o novamente. Deixe, então, o tubo em repouso por pelo menos 15 minutos. Se houver dúvida se o sólido é iodofórmio, colete o precipitado em um funil de Hirsch e seque-o. O iodofórmio funde em 119-121°C.

Você pode observar, às vezes, que a metil-cetona dá apenas coloração amarela à solução, e não, um precipitado amarelo. Tenha cuidado com resultados como este. Use a RMN de hidrogênio para confirmar a presença de um grupo metila ligado diretamente a um grupo carbonila (singleto em cerca de 2 ppm).

Compostos de Teste. Teste a 2-heptanona, a 4-heptanona (dipropilcetona) e o 2-pentanol.

Reagentes. O reagente de iodo é preparado por dissolução de 20 g de iodeto de potássio e 10 g de iodo em 100 mL em água. A solução de hidróxido de sódio em água é preparada por dissolução de 10 g de hidróxido de sódio em 100 mL de água.

Discussão

A base deste teste é a capacidade de alguns compostos de formar um precipitado de iodofórmio quando tratados com uma solução básica de iodo. As metil-cetonas são o tipo mais comum de compostos que dão resultado positivo com este teste. Entretanto, o acetaldeído CH_3CHO e álcoois com a hidroxila na posição 2 na cadeia também dão um precipitado de iodofórmio. Os 2-alcanols são facilmente oxidados a metil-cetonas nas condições da reação. O outro produto da reação, além do iodofórmio, é o sal de sódio ou de potássio de um ácido carboxílico.

$$R-\underset{\text{Um 2-alcanol}}{\underset{|}{\overset{OH}{\underset{|}{CH}}}-CH_3} \xrightarrow[NaOH]{I_2} R-\underset{\text{Uma metil-cetona}}{\overset{O}{\underset{\|}{C}}-CH_3} \xrightarrow[NaOH]{I_2} R-\overset{O}{\underset{\|}{C}}-CI_3 \xrightarrow{OH^-} R-\overset{O}{\underset{\|}{C}}-O^- + HCI_3$$

Iodofórmio (precipitado amarelo)

TESTE DO CLORETO FÉRRICO

Procedimento. Alguns aldeídos e cetonas com alta **percentagem de enol** dão resultado positivo com o teste do cloreto férrico, como será descrito para fenóis no Experimento 55F.

ESPECTROSCOPIA

Infravermelho

O grupo carbonila tem uma banda de absorção das mais intensas no espectro de infravermelho e aparece em uma faixa relativamente grande, $1.800\text{-}1.650 \text{ cm}^{-1}$. O grupo funcional aldeído tem uma absorção de deformação axial *muito característica* de $C-H$: dois picos agudos que ficam *bem fora* da região usual de $-C-H$, $=C-H$ e $\equiv C-H$.

ALDEÍDOS

Deformação axial de C=O em 1725 cm^{-1}, aproximadamente, é normal. 1.725-1.685 cm^{-1}.

Deformação axial de C−H (aldeído-CHO): duas bandas fracas em 2.750 e 2.850 cm^{-1}, aproximadamente.

Veja a Técnica 25 para detalhes.

CETONAS

Deformação axial de C=O em 1.715 cm^{-1}, aproximadamente, é normal. 1.780-1.665 cm^{-1}.*

Ressonância Magnética Nuclear

Os hidrogênios do carbono alfa a um grupo carbonila têm ressonância na região entre 2 e 3 ppm. O hidrogênio de um aldeído tem ressonância característica entre 9 e 10 ppm. No caso de aldeídos, ocorre acoplamento entre o hidrogênio de aldeído e quaisquer hidrogênios da posição alfa J = 1-3 Hz).

Veja a Técnica 26 para detalhes da RMN de hidrogênio. A RMN de carbono está descrita na Técnica 27.

DERIVADOS

Os derivados mais comuns de aldeídos e cetonas são as 2,4-dinitro-fenil-hidrazonas, as oximas e as semicarbazonas. Procedimentos para a preparação destes derivados são dados no Apêndice 2.

$$R_2C=O + H_2N-NH-C_6H_3(NO_2)_2 \longrightarrow R_2C=N-NH-C_6H_3(NO_2)_2 + H_2O$$

2,4-dinitro-fenil-hidrazina   2,4-dinitro-fenil-hidrazona

$$R_2C=O + H_2N-OH \longrightarrow R_2C=N-OH + H_2O$$

Hidroxilamina   Oxima

$$R_2C=O + H_2N-NH-CO-NH_2 \longrightarrow R_2C=N-NH-CO-NH_2 + H_2O$$

Semicarbazida   Semicarbazona

EXPERIMENTO 55E

Ácidos Carboxílicos

$$R-COOH$$

---

* A **conjugação** move a banda de absorção para freqüências mais baixas. A **tensão** no anel (cetonas cíclicas) move a banda de absorção para freqüências mais altas.

Os ácidos carboxílicos são detectados principalmente por suas propriedades de solubilidade. Eles são solúveis em soluções de hidróxido de sódio *e* de bicarbonato de sódio.

Propriedades de solubilidade	Testes de classificação
HCl NaHCO$_3$ NaOH H$_2$SO$_4$ Éter (−) (+) (+) (+) (+) Água: < C$_6$(+) > C$_6$(−)	Água pH de uma solução em água Bicarbonato de sódio Nitrato de prata Equivalente de neutralização

Sugestão para eliminação de resíduos

Coloque todas as soluções em água no recipiente próprio. As sobras de compostos orgânicos devem ser colocadas no recipiente destinado aos rejeitos orgânicos.

Testes de classificação

pH DE UMA SOLUÇÃO EM ÁGUA

Procedimento. Se o composto for solúvel em água, prepare uma solução e meça o pH com um papel indicador. Se o composto for um ácido, o pH da solução será baixo.

Os compostos insolúveis em água podem ser dissolvidos em etanol (ou metanol) e água. Primeiro, dissolva o composto no álcool e, depois, adicione água até que a solução comece a ficar turva. Clareie a solução com algumas gotas de álcool e determine o pH com um papel de pH.

BICARBONATO DE SÓDIO

Procedimento. Dissolva uma pequena quantidade do composto em uma solução de bicarbonato de sódio a 5% em água. Observe a solução com atenção. Se o composto for um ácido, você verá bolhas do gás dióxido de carbono. Com alguns sólidos, a evolução de dióxido de carbono não é tão óbvia.

$$RCOOH + NaHCO_3 \longrightarrow RCOO^-Na^+ + H_2CO_3 \text{ (instável)}$$

$$H_2CO_3 \longrightarrow CO_2 + H_2O$$

NITRATO DE PRATA

Procedimento. Os ácidos podem dar um teste falso com nitrato de prata, como descrito no Experimento 55B.

EQUIVALENTE DE NEUTRALIZAÇÃO

Procedimento. Pese acuradamente (três algarismos significativos) cerca de 0,2 g do ácido e coloque-o em um frasco de Erlenmeyer de 125 mL. Dissolva o ácido em cerca de 50 mL de água ou de etanol em água (o ácido não precisa se dissolver completamente porque ele o fará quando for titulado). Titule o ácido com uma solução de hidróxido de sódio de molaridade conhecida (cerca de 0,1 *M*) e fenolftaleína como indicador.

Calcule o equivalente de neutralização (EN) pela equação

$$EN = \frac{\text{mg de ácido}}{\text{molaridade de NaOH} \times \text{mL adicionados de NaOH}}$$

O EN é idêntico ao peso equivalente do ácido. Se o ácido só tiver um grupo carboxila, o equivalente de neutralização e o peso molecular serão idênticos. Se o ácido tiver mais de um grupo carboxila, o equivalente de neutralização será igual ao peso molecular dividido pelo número de carboxilas, isto é, o peso equivalente. O EN pode sr usado como um derivado para identificar o ácido.

Alguns fenóis são suficientemente ácidos para se comportarem como ácidos carboxílicos. Isto é especialmente verdade no caso de fenóis substituídos nas posições *orto* e *para* do anel com grupos que retiram elétrons. Estes fenóis, entretanto, podem ser eliminados pelo teste do cloreto férrico (Experimento 55F) ou por espectroscopia (fenóis não têm grupos carbonila).

ESPECTROSCOPIA

Infravermelho

A deformação axial de C=O é muito intensa e, muitas vezes, larga entre 1.725 cm^{-1} e 1.690 cm^{-1}.

A deformação axial de O—H é muito larga e ocorre entre 3.300 cm^{-1} e 2.500 cm^{-1}. Ela usualmente se superpõe à banda de deformação axial de C—H.

Veja a Técnica 25 para detalhes.

Ressonância Magnética Nuclear

O hidrogênio ácido de um grupo —COOH entra usualmente em ressonância próximo de 12 ppm.

Veja a Técnica 26 para detalhes. A RMN de carbono está descrita na Técnica 27.

DERIVADOS

Os derivados de ácidos são usualmente amidas. Elas são preparadas via cloretos de acila:

R—CO—OH + SOCl$_2$ ⟶ R—CO—Cl + SO$_2$ + HCl

Os derivados mais comuns são as amidas, as anilidas e as *p*-toluididas.

R—CO—Cl + 2 NH$_4$OH ⟶ R—CO—NH$_2$ + 2 H$_2$O + NH$_4$Cl
            Amônia (aq.)   Amida

R—CO—Cl + C$_6$H$_5$—NH$_2$ ⟶ R—CO—NH—C$_6$H$_5$ + HCl
            Anilina   Anilida

R—CO—Cl + CH$_3$—C$_6$H$_4$—NH$_2$ ⟶ R—CO—NH—C$_6$H$_4$—CH$_3$ + HCl
            p-Toluidina   *p*-Toluidida

Procedimentos para a preparação destes derivados estão no Apêndice 2.

EXPERIMENTO 55F

Fenóis

Como os ácidos carboxílicos, os fenóis são ácidos. Entretanto, exceto os fenóis nitro-substituídos (discutidos na seção que cobre as solubilidades), eles não são tão ácidos como os ácidos carboxílicos. O pK_a de um fenol típico é 10, e o pK_a de um ácido carboxílico é, usualmente, próximo de 5. Por isto, os fenóis geralmente não são solúveis na solução pouco básica de bicarbonato de sódio, mas dissolvem-se em hidróxido de sódio, que é uma base mais forte.

Propriedades de solubilidade	Testes de classificação
HCl NaHCO₃ NaOH H₂SO₄ Éter (−) (−) (+) (+) (+) Água: A maior parte é insolúvel. O fenol e os nitro-fenóis são solúveis	Ânion fenolato colorido Cloreto férrico Bromo em água

Sugestão para eliminação de resíduos

Coloque todas as soluções em água no recipiente próprio. As sobras de compostos orgânicos devem ser colocados no recipiente destinado aos rejeitos orgânicos.

Testes de classificação

SOLUÇÃO DE HIDRÓXIDO DE SÓDIO

No caso de fenóis cujas bases conjugadas (íon fenolato) têm um alto grau de ressonância, o ânion é, com freqüência, colorido. Para observar a cor, dissolva uma pequena quantidade do fenol em uma solução de hidróxido de sódio a 10%. Alguns fenóis não dão cor. Outros, têm um ânion insolúvel que precipita. Os fenóis mais ácidos, como os nitro-fenóis, tendem a dar ânions coloridos.

CLORETO FÉRRICO

Procedimento. Coloque cerca de 50 mg de um sólido desconhecido (2 mm ou 3 mm da ponta da espátula) ou 5 gotas de um líquido desconhecido em 1 mL de água. Agite a mistura com a espátula para dissolver o mais possível o composto desconhecido. Adicione à mistura várias gotas de uma solução de cloreto férrico a 2,5% em água. Muitos fenóis solúveis em água produzem uma cor intensa vermelha, azul, púrpura ou verde. Algumas cores são transientes, e será necessário observar cuidadosamente a solução no momento da adição do cloreto férrico. A formação da cor é usualmente imediata, mas ela pode não perdurar. Alguns fenóis não dão o teste positivo; logo, um teste negativo não deve ser considerado significativo sem outras evidências adequadas.
Composto de Teste. Teste o fenol.

Discussão

As cores observadas neste teste provêm da formação de um complexo dos fenóis com o íon Fe(III). Compostos de carbonila com alta percentagem de enol também dão teste positivo.

ÁGUA DE BROMO

Procedimento. Prepare uma solução a 1% do desconhecido em água e adicione a ela uma solução saturada de bromo em água, gota a gota, com agitação forte, até que a cor do bromo desapareça. O teste positivo é indicado pela precipitação de um produto de substituição e pelo desaparecimento da cor do reagente.

Composto de Teste. Teste uma solução de fenol a 1% em água.

Discussão

Compostos aromáticos com substituintes que ativam o anel dão teste positivo com bromo em água. A reação é uma substituição eletrofílica em aromáticos que introduz átomos de bromo no anel aromático nas posições *orto* e *para* em relação ao grupo hidroxila. O precipitado é o fenol bromado que, geralmente, é insolúvel devido ao seu alto peso molecular.

Outros compostos que dão teste positivo incluem compostos aromáticos com outros substituintes, como anilinas e alcóxi-aromáticos.

ESPECTROSCOPIA

Infravermelho

A deformação axial de O—H é observada na região de 3.400 cm^{-1}.

A deformação axial de C—O é observada na região de 1.200 cm^{-1}.

As absorções típicas do anel aromático, em 1.600 cm^{-1} e em 1.450 cm^{-1}, são, também, observadas. A absorção do C—H de aromáticos aparece em cerca de 3.100 cm^{-1}.

Veja a Técnica 25 para detalhes.

Ressonância Magnética Nuclear

Os hidrogênios do anel aromático são observados na região de 7 ppm. A ressonância do hidrogênio de hidroxila depende da concentração da amostra.

Veja a Técnica 26 para detalhes. A RMN de carbono está descrita na Técnica 27.

DERIVADOS

Os derivados de fenóis são os mesmos dos álcoois (Experimento 55H). Eles formam uretanas por reação com isocianatos. As fenil-uretanas são usadas para álcoois, e as α-naftil-uretanas, para fenóis. Como os álcoois, os fenóis dão 3,5-dinitro-benzoatos.

Isocianato de α-naftila

Uma α-naftil-uretana

[estrutura química: Cloreto de 3,5-dinitro-benzoíla + fenol → Um 3,5-dinitro-benzoato]

O reagente água de bromo dá derivados sólidos de fenóis em vários casos. Estes derivados sólidos podem ser usados para caracterizar um fenol desconhecido. Procedimentos para a preparação destes derivados são dados no Apêndice 2.

EXPERIMENTO 55G

Aminas

$1°$ $\quad R-\ddot{N}H_2$

$2°$ $\quad \begin{array}{c} R \\ \ddot{N}H \\ R \end{array}$

$3°$ $\quad \begin{array}{c} R \\ R-\ddot{N}: \\ R \end{array}$

As aminas são melhor caracterizadas por suas propriedades de solubilidade e por sua basicidade. Elas são os únicos compostos básicos que serão dados neste experimento. Logo, se o composto foi identificado como uma amina, o problema principal que resta é decidir se ela é primária ($1°$), secundária ($2°$) ou terciária ($3°$). Isto pode ser feito pelo teste do ácido nitroso ou por espectroscopia de infravermelho.

Propriedades de solubilidade					Testes de classificação
HCl	NaHCO$_3$	NaOH	H$_2$SO$_4$	Éter	pH de uma solução em água
(+)	(−)	(−)	(+)	(+)	Teste de Hinsberg
Água: < C$_6$(+)					Teste do ácido nitroso
> C$_6$(−)					Cloreto de acetila

Sugestão para eliminação de resíduos

Os resíduos do teste do ácido nitroso devem ser colocados em um recipiente contendo ácido clorídrico 6 M. Todas as soluções em água devem ser colocadas no recipiente próprio. As sobras de compostos orgânicos devem ser colocadas no recipiente destinado aos resíduos orgânicos.

Testes de classificação

TESTE DO ÁCIDO NITROSO

Procedimento. Adicione 8 gotas de ácido sulfúrico concentrado a 2 mL de água. Dissolva 0,1 g de uma amina nesta solução. Use um tubo de ensaio grande. Com freqüência, uma quantidade considerável de sólido se forma quando uma amina reage com ácido sulfúrico. O sólido é, provavelmente, o sal sulfato da amina. Adicione 4 mL de água para ajudar a dissolver o sal. O sólido que sobrar não afetará o teste. Esfrie a solução até 5°C, ou menos, em um banho de gelo. Esfrie, também, 2 mL de nitrito de sódio a 10% em água colocados em outro tubo de ensaio. Use um terceiro tubo de ensaio para preparar uma solução de 0,1 g de β-naftol em 2 mL de hidróxido de sódio a 10% em água e coloque-o no banho de gelo para esfriar. Adicione a solução fria de nitrito de sódio, gota a gota, com agitação, à solução fria da amina. Observe a formação de bolhas de gás nitrogênio. Cuidado para não confundir a evolução do gás nitrogênio, incolor, com a do gás óxido de nitrogênio, castanho. A evolução substancial de gás em 5°C, ou abaixo, indica uma **amina alifática primária**, RNH_2. A formação de um óleo amarelo ou de um sólido amarelo indica uma amina secundária, R_2NH. As aminas terciárias não reagem ou se comportam como aminas secundárias.

Se pouco ou nenhum gás se forma em 5°C, tome *metade* da solução e aqueça-a cuidadosamente até a temperatura normal. A formação de bolhas do gás nitrogênio nesta temperatura elevada indica que o composto original era uma **amina primária aromática** $ArNH_2$. Tome a outra metade da solução e adicione, gota a gota, a solução de β-naftol em base. Se um corante vermelho precipitar, o teste confirma que o desconhecido é uma amina primária aromática, $ArNH_2$.

Compostos de Teste. Teste a anilina, a *N*-metil-anilina e a butilamina.

> **Cuidado:** Os produtos desta reação podem incluir nitrosaminas, que são possíveis cancerígenos. Evite todo o contato com ele e coloque os resíduos dos testes em um recipiente com ácido clorídrico 6 *M*.

Discussão

Antes de fazer este teste, deve estar definitivamente provado, por outro método, que o desconhecido é uma amina. Muitos outros compostos reagem com ácido nitroso (fenóis, cetonas, tióis, amidas), e um teste positivo com um deles pode levar a uma interpretação incorreta.

Este teste é melhor empregado para distinguir aminas aromáticas *primárias* e aminas alifáticas *primárias* de aminas secundárias e terciárias. Ele também diferencia aminas primárias alifáticas e aromáticas. Ele não pode distinguir as aminas secundárias das terciárias. Para isto, será necessário usar a espectroscopia de infravermelho. As aminas alifáticas primárias perdem gás nitrogênio em temperatura baixa nas condições deste teste. As aminas aromáticas dão um sal de diazônio mais estável, que só perde nitrogênio quando a temperatura se eleva. Além disto, o sal de diazônio aromático produz um corante azo vermelho quando reage com β-naftol. As aminas secundárias e terciárias produzem compostos nitrosos amarelos, que podem ser solúveis, óleos ou sólidos. Muitos compostos nitrosos são cancerígenos. Evite contato e transfira imediatamente essas soluções em um recipiente apropriado.

TESTE DE HINSBERG

Um método tradicional de classificar aminas é o **teste de Hinsberg**. Uma discussão deste texto pode ser encontrada nos livros-texto da lista da página 406. Descobrimos que a espectroscopia de infravermelho é um método mais confiável de distinguir as aminas primárias, secundárias e terciárias.

$$R-NH_2 \xrightarrow{HNO_2} R-\overset{+}{N}\equiv N: \longrightarrow R^+ + :N\equiv N:$$
Alifático — Íon diazônio (instável em 5°C) — Gás nitrogênio

$$Ar^+ + :N\equiv N:$$

$$Ar-NH_2 \xrightarrow{HNO_2} Ar-\overset{+}{N}\equiv N:$$
Aromático — Íon diazônio (estável em 5°C)

β-naftol → Corante azo (N=N—Ar, O⁻ em naftaleno)

$$\underset{R}{\overset{R}{>}}N-H \xrightarrow{HNO_2} \underset{R}{\overset{R}{>}}N-N=C$$
Qualquer amina secundária — Derivado nitroso

pH DE UMA SOLUÇÃO EM ÁGUA

Procedimento. Se o comporsto é solúvel em água, prepare uma solução e obtenha o pH com um papel de pH. Se o composto for uma amina, ele será básico, e a solução terá um pH alto. Compostos insolúveis em água podem ser dissolvidos em etanol/água ou em 1,2-dimetóxi-etano/água.

CLORETO DE ACETILA

Procedimento. Aminas primárias e secundárias dão teste positivo com cloreto de acetila (liberação de calor). Este teste é descrito para álcoois no Experimento 55H. Adicione gota a gota, cautelosamente, o cloreto de acetila à amina líquida. Esta reação é muito exotérmica. Quando a mistura de teste é diluída com água, as aminas primárias e secundárias dão, com freqüência, um derivado acetamida sólido; as aminas terciárias, não.

ESPECTROSCOPIA

Infravermelho

Deformação axial de N—H. As aminas primárias alifáticas e aromáticas têm duas absorções (dubleto, devido às deformações axiais simétrica e assimétrica) na região de 3.500-3.300 cm^{-1}. As aminas secundárias mostram uma única absorção nesta região. As aminas terciárias não têm ligações N—H.

Deformação angular de N—H. As aminas primárias têm uma absorção forte em 1.640-1.650 cm^{-1}. As aminas secundárias têm uma absorção em 1.580-1.490 cm^{-1}.

As aminas aromáticas têm bandas típicas do anel aromático na região de 1.600-1.450 cm^{-1}.

O C—H de aromático é observado em torno de 3.100 cm^{-1}.

Veja a Técnica 25 para detalhes.

RESSONÂNCIA MAGNÉTICA NUCLEAR

A posição das ressonâncias dos hidrogênios de aminas varia muito. As bandas podem ser também muito largas (alargamento quadrupolar). As aminas aromáticas têm ressonâncias perto de 7 ppm devido aos hidrogênios do anel aromático.

Veja a Técnica 26 para detalhes. A RMN de carbono está na Técnica 27.

DERIVADOS

Os derivados de aminas mais facilmente preparados são as acetamidas e as benzamidas. Estes derivados funcionam bem para as aminas primárias e secundárias, mas não, para as aminas terciárias.

$$CH_3-\overset{O}{\underset{}{C}}-Cl + RNH_2 \longrightarrow CH_3-\overset{O}{\underset{}{C}}-NH-R + HCl$$
Cloreto de acetila **Uma acetamida**

$$C_6H_5-\overset{O}{\underset{}{C}}-Cl + RNH_2 \longrightarrow C_6H_5-\overset{O}{\underset{}{C}}-NH-R + HCl$$
Cloreto de benzoíla **Uma benzamida**

O derivado mais geral que pode ser preparado é o sal do ácido pícrico, ou picrato, de uma amina. Este derivado pode ser usado para aminas primárias, secundárias e terciárias.

[Ácido pícrico] + R_3N: ⟶ [Um picrato] R_3NH^+

Para aminas terciárias, o sal metiodido é, com freqüência, útil.

$$CH_3I + R_3N: \longrightarrow CH_3-NR_3^+I^-$$
Um metiodido

Procedimentos para a preparação de derivados de aminas podem ser encontrados no Apêndice 2.

EXPERIMENTO 55H
Álcoois

Os álcoois são compostos neutros. As outras classes de compostos neutros usadas neste experimento são os aldeídos e cetonas e os ésteres. Os álcoois e ésteres não dão usualmente um teste positivo com a 2,4-di-nitro-fenil-hidrazina. Os aldeídos e cetonas dão. Os ésteres não reagem com o cloreto de acetila ou com o reagente de Lucas, como os álcoois, e são distinguidos facilmente dos álcoois nesta base. Os álcoois primários e secundários são oxidados facilmente. Os ésteres e os álcoois terciários não são. A combinação do teste de Lucas com o teste do ácido crômico diferenciará os álcoois primários, secundários e terciários.

(1°) RCH$_2$OH

(3°) $R-\underset{R}{\overset{R}{C}}-OH$

(2°) $\underset{R}{\overset{R}{>}}CH-OH$

Propriedades de solubilidade	Testes de classificação
HCl NaHCO$_3$ NaOH H$_2$SO$_4$ Éter (−) (−) (−) (+) (+) Água: < C$_6$(+) > C$_6$(−)	Cloreto de acetila Teste de Lucas Teste do ácido crômico Teste do iodofórmio

Sugestão para eliminação de resíduos

Qualquer solução que contiver cromo deve ser colocada em um recipiente identificado como depósito de resíduos de cromo. Coloque as demais soluções em água no recipiente próprio. Os restos de compostos orgânicos devem ser colocados no recipiente destinado aos resíduos orgânicos.

Testes de classificação

CLORETO DE ACETILA

Procedimento. Coloque, em um tubo de ensaio pequeno, cerca de 0,25 mL manter o original álcool líquido. Adicione ao álcool, gota a gota, cuidadosamente, 5 a 10 gotas de cloreto de acetila. A evolução de calor e de gás cloreto de hidrogênio indica uma reação positiva. Acompanhe a evolução de HCl com um papel de tornassol azul úmido. O papel ficará vermelho. A adição de água às vezes provoca a precipitação do acetato.

Discussão

Os cloretos de ácido reagem com álcoois para formar ésteres. O cloreto de acetila forma ésteres acetato.

$$CH_3-\overset{O}{\underset{\|}{C}}-Cl + ROH \longrightarrow CH_3-\overset{O}{\underset{\|}{C}}-O-R + HCl$$

Usualmente, a reação é exotérmica, e o calor evolvido é facilmente detectado. Os fenóis reagem com os cloretos de ácido como os álcoois. Logo, a possibilidade do desconhecido ser um fenol tem de ser eliminada antes deste teste. As aminas também reagem com cloreto de acetila com evolução de calor (veja o Experimento 55G). Este teste não funciona bem com álcoois sólidos.

TESTE DE LUCAS

Procedimento. Coloque 2 mL do reagente de Lucas em um tubo de ensaio pequeno e adicione 3-4 gotas do álcool. Tampe o tubo e agite-o vigorosamente. Com os álcoois terciários (3°), benzílicos e alílicos ocorre turvação imediata devido à formação do halogeneto de alquila insolúvel na solução em água. Após um curto tempo, o halogeneto de alquila pode formar uma camada separada. Com os álcoois secundários (2°) produz-se turvação após 2-5 minutos. Os álcoois primários (1°) dissolvem-se no reagente para dar uma solução transparente (sem turvação). Alguns álcoois secundários terão de ser aquecidos ligeiramente para que a reação se inicie.

Nota: Este teste só funciona com os álcoois solúveis no reagente. Isto significa, freqüentemente, que os álcoois com mais de seis carbonos não podem ser testados.

Compostos de Teste. Teste o 1-butanol (álcool *n*-butílico), o 2-butanol (álcool *sec*-butílico) e o 2-metil-2-propanol (álcool *t*-butílico).
Reagente. Esfrie, em um banho de gelo, 10 mL de ácido clorídrico concentrado em um bécher. Mantenha o bécher no banho e dissolva, com agitação, 16 g de cloreto de zinco anidro no ácido.

Discussão

Este teste depende do aparecimento de um cloreto de alquila, insolúvel, em uma segunda camada, quando um álcool é tratado com uma mistura de ácido clorídrico e cloreto de zinco (reagente de Lucas):

$$R-OH + HCl \xrightarrow{ZnCl_2} R-Cl + H_2O$$

Os álcoois primários não reagem na temperatura normal e, por isso, eles somente se dissolvem. Os álcoois secundários reagem lentamente, mas os álcoois terciários, benzílicos e alílicos reagem instantaneamente. Estas reatividades relativas se explicam na mesma base da reação com nitrato de prata discutida no Experimento 55B. Os carbocátions primários são instáveis e não se formam nas condições deste teste; logo, não se observa reação com álcoois primários.

$$R-\underset{R}{\overset{R}{C}}-OH + ZnCl_2 \longrightarrow R-\underset{R}{\overset{R}{C}}-\overset{\delta^+}{O}\cdots\overset{\delta^-}{ZnCl_2} \longrightarrow \left[R-\underset{R}{\overset{R}{C^+}}\right] \xrightarrow{Cl^-} R-\underset{R}{\overset{R}{C}}-Cl$$

O teste de Lucas não funciona bem com álcoois sólidos ou com álcoois líquidos com seis ou mais átomos de carbono.

TESTE DO ÁCIDO CRÔMICO

Procedimento. Dissolva 1 gota de um álcool líquido ou cerca de 10 mg de um álcool sólido em 1 mL de acetona de *grau reagente*. Adicione 1 gota do reagente ácido crômico e observe o resultado após 2 segundos. Um teste positivo para um álcool primário ou secundário é o aparecimento da cor verde-azulada. Os álcoois terciários não dão teste positivo em 2 segundos, e a solução permanece alaranjada. Para ter certeza de que a acetona está pura e não dá um teste positivo, adicione 1 gota de ácido crômico a 1 mL de acetona. A cor laranja do reagente deve persistir por *pelo menos* 3 segundos. Se isto não acontecer, use outra garrafa de acetona.
Compostos de Teste. Teste o 1-butanol (álcool *n*-butílico), o 2-butanol (álcool *sec*-butílico) e o 2-metil-2-propanol (álcool *t*-butílico).

Cuidado: Muitos compostos de cromo(VI) são prováveis cancerígenos (veja a página 489) e devem ser manipulados com cuidado. Evite contato.

Reagente. Dissolva 20 g de óxido de cromo(VI) CrO_3 em 20 mL de ácido sulfúrico concentrado. Adicione, lenta e cuidadosamente, esta mistura a 60 mL de água fria. Este reagente deve ser preparado em cada começo de semestre.

Discussão

Este teste baseia-se na redução de cromo(VI), de cor laranja, a cromo(III), verde, quando o reagente oxida um álcool. A mudança de cor do reagente, de laranja para verde, significa um teste positivo. Os álcoois primários são oxidados a ácidos carboxílicos, e os álcoois secundários, a cetonas.

$$2\ CrO_3 + 2\ H_2O \xrightarrow{H^+} 2\ H_2CrO_4 \xrightarrow{H^+} H_2Cr_2O_7 + H_2O$$

$$R-\underset{OH}{\overset{H}{C}}-H \xrightarrow{Cr_2O_7^{2-}} R-\underset{O}{\overset{H}{C}}-H \xrightarrow{Cr_2O_7^{2-}} R-\underset{O}{C}-OH$$

Álcoois primários

$$R-\underset{OH}{\overset{H}{C}}-R \xrightarrow{Cr_2O_7^{2-}} R-\underset{O}{C}-R$$

Álcoois secundários

Os álcoois primários são, primeiramente, oxidados a aldeídos que são oxidados, posteriormente, a ácidos carboxílicos. A capacidade do ácido crômico de oxidar aldeídos, mas não, cetonas é usada em um teste para distingui-los (Experimento 55D). Os álcoois secundários são oxidados a cetonas, mas elas não sofrem oxidação posterior. Os álcoois terciários não são oxidados pelo reagente; logo, o teste pode ser usado para distinguir álcoois primários e secundários de álcoois terciários. Ao contrário do teste de Lucas, este teste pode ser usado com todos os álcoois, independentemente de seu peso molecular de sua solubilidade.

TESTE DO IODOFÓRMIO

Os álcoois que têm o grupo hidroxila na posição 2 da cadeia dão resultado positivo no teste do iodofórmio. Veja a discussão no Experimento 55D.

ESPECTROSCOPIA

Infravermelho

Deformação axial de O—H. Uma banda de absorção média a forte, usualmente larga, aparece na região 3.600-3.200 cm^{-1}. Em soluções diluídas ou quando ligações hidrogênio não se formam, aparece uma banda aguda próxima de 3.600 cm^{-1}. Em soluções mais concentradas, ou quando ocorrem muitas ligações hidrogênio, aparece uma banda larga próxima de 3.400 cm^{-1}. Às vezes, ambas aparecem.

Deformação axial de C—O. Aparece uma absorção forte na região 1.200-1.500 cm^{-1}. Os álcoois primários absorvem próximo de 1.050 cm^{-1}; os terciários e fenóis absorvem próximo de 1.200 cm^{-1}. Os álcoois secundários absorvem no meio desta faixa.

Veja a Técnica 25 para detalhes.

Ressonância Magnética Nuclear

A posição de ressonância da hidroxila varia muito com a concentração, mas é encontrada, usualmente, entre 1 ppm e 5 ppm. Nas condições normais, o hidrogênio da hidroxila não se acopla com os hidrogênios de átomos de carbono adjacentes.

Veja a Técnica 26 para detalhes. A RMN de carbono está na Técnica 27.

DERIVADOS

Os derivados mais comuns dos álcoois são os ésteres 3,5-dinitro-benzoato e as fenil-uretanas. Ocasionalmente, as α-naftil-uretanas (Experimento 55F) também são preparadas, mas estes derivados são usados mais freqüentemente para os fenóis.

$$\text{Cloreto de 3,5-dinitro-benzoíla} + ROH \longrightarrow \text{Um 3,5-dinitro-benzoato} + HCl$$

$$\text{Isocianato de fenila} \quad N=C=O + ROH \longrightarrow \text{Uma fenil-uretana}$$

Procedimentos para a preparação destes derivados estão no Apêndice 2.

EXPERIMENTO 55I

Ésteres

$$\begin{array}{c} O \\ \parallel \\ R-C-O-R' \end{array}$$

Os ésteres são considerados formalmente como "derivados" dos ácidos carboxílicos correspondentes.

$$R-COOH + R'-OH \overset{H^+}{\rightleftharpoons} R-COOR' + H_2O$$

Por isto diz-se, às vezes, que os ésteres são formados por uma parte de ácido e uma parte de álcool.

Embora os ésteres, como os aldeídos e as cetonas, sejam compostos neutros com um grupo carbonila, eles usualmente não dão teste positivo com a 2,4-dinitro-fenil-hidrazina. Os dois testes mais comuns para a identificação de ésteres são o teste da hidrólise básica e o do hidroxamato férrico.

Propriedades de solubilidade					Testes de classificação
HCl	NaHCO$_3$	NaOH	H$_2$SO$_4$	Éter	Teste do hidroxamato férrico
(−)	(−)	(−)	(+)	(+)	Hidrólise básica
Água: < C$_4$(+)					
> C$_5$(−)					

Sugestão para eliminação de resíduos

As soluções que contêm hidroxilamina ou seus derivados devem ser colocadas em um bécher com ácido clorídrico 6 M. As demais soluções em água devem ser colocadas em um recipiente apropriado. Os compostos orgânicos restantes devem ser colocados no recipiente destinado aos rejeitos orgânicos.

Testes de classificação

TESTE DO HIDROXAMATO FÉRRICO

Procedimento. Antes de começar, você deve determinar se o composto a ser testado tem percentagem de enol suficiente para dar um resultado positivo no teste do cloreto férrico. Dissolva 1 ou 2 gotas do líquido desconhecido ou alguns cristais do sólido desconhecido em 1 mL de etanol a 95% e adicione 1 mL de ácido clorídrico 1 M. Adicione 1 ou 2 gotas de solução de cloreto férrico a 5%. Se uma cor definida, que não seja o amarelo, aparecer, o teste do hidroxamato férrico não pode ser usado.

Se o composto não tiver alta percentagem de enol, siga as seguintes instruções. Dissolva 5 ou 6 gotas de um éster líquido, ou cerca de 40 mg de um éster sólido, em uma mistura de 1 mL de cloridrato de hidroxilamina 0,5 M (dissolvido em etanol a 5%) e 0,4 mL de hidróxido de sódio 6 M. Ferva a mistura por alguns minutos. Deixe-a esfriar e adicione 2 mL de ácido clorídrico 1 M. Se a solução ficar turva, adicione 2 mL de etanol a 95% para que clareie. Adicione uma gota de solução de cloreto férrico a 5% e observe a formação de cor. Se a cor começar a desaparecer, continue a adicionar cloreto férrico até que a cor se mantenha. Um teste positivo deve dar cor de vinho ou vermelho-arroxeada.

Composto de Teste. Teste o butanoato de etila.

Discussão

O aquecimento com hidroxilamina converte os ésteres em ácidos hidroxâmicos:

$$R-\overset{O}{\underset{\|}{C}}-O-R' + H_2N-OH \longrightarrow R-\overset{O}{\underset{\|}{C}}-NH-OH + R'-OH$$

Hidroxilamina   Um ácido hidroxâmico

Os ácidos hidroxâmicos formam complexos estáveis, coloridos, com o íon férrico.

$$3\ R-\overset{O}{\underset{\|}{C}}-NH-OH + FeCl_3 \longrightarrow \left(\begin{array}{c} R \\ C \\ NH \end{array} \begin{array}{c} O \\ O \end{array} \right)_3 Fe + 3\ HCl$$

HIDRÓLISE BÁSICA

Procedimento. Coloque 0,7 g do éster em um balão de fundo redondo de 10 mL contendo 7 mL de hidróxido de sódio a 25% em água. Coloque esferas de vidro no balão e ligue-o a um condensador de água. Use um pouco de graxa de torneira para lubrificar as juntas. Ferva a mistura por cerca de 30 minutos. Interrompa o aquecimento e observe a solução para determinar se a camada oleosa de éster desapareceu ou se o odor do éster (geralmente agradável) desapareceu. Ésteres de baixo ponto de ebulição (abaixo de 110°C) usualmente se dissolvem em 30 minutos se a parte de álcool tem peso molecular baixo. Se o éster não dissolveu, aqueça novamente a mistura e mantenha o refluxo por 1-2 horas. Após este tempo, a camada oleosa de éster deve ter desaparecido, assim como o odor característico. Ésteres com pontos de ebulição até 200°C devem hidrolisar após este tempo. Compostos que resistem a aquecimento por este tempo são ésteres não-reativos ou *não* são ésteres.

Os ésteres derivados de ácidos sólidos permitem que a parte ácida possa ser, se desejado, recuperada após a hidrólise. Extraia a solução básica com éter para remover o éster que não reagiu (mesmo se parecer que ele desapareceu), acidifique a solução básica com ácido clorídrico e extraia a fase ácida com éter para remover o ácido. Seque a camada de éter com sulfato de sódio anidro e evapore o solvente para obter a parte ácido do éster original. O ponto de fusão do ácido dá uma informação importante para a identificação do éster.

Discussão

Este procedimento converte o éster em um ácido e um álcool. O éster se dissolve porque a parte álcool (se for pequena) é geralmente solúvel na água, como também o sal de sódio do ácido. A acidificação produz a parte ácido:

$$\underset{\text{Éster}}{R-\overset{O}{\underset{\|}{C}}-O-R'} \xrightarrow{NaOH} \underset{\substack{\text{Sal da parte}\\\text{ácido}}}{R-\overset{O}{\underset{\|}{C}}-O^-Na^+} + \underset{\text{Parte álcool}}{R'OH} \xrightarrow{HCl} R-\overset{O}{\underset{\|}{C}}-O-H + R'OH$$

Todos os derivados de ácidos carboxílicos são convertidos na parte ácido por hidrólise básica. Assim, as amidas, que não são cobertas neste experimento, também se dissolveriam neste teste, liberando a amina livre e o sal de sódio do ácido carboxílico.

ESPECTROSCOPIA

Infravermelho

O pico do grupo carbonila de éster ($-C=O$) aparece como uma absorção intensa. O mesmo acontece com a ligação carbonila-oxigênio (C–O). A deformação axial de C=O em 1.735 cm^{-1} é normal.[1] A deformação axial de C–O usualmente leva a duas ou mais absorções, uma mais intensa do que as outras, na região 1.280-1.050 cm^{-1}.

Veja a Técnica 25 para detalhes.

Ressonância Magnética Nuclear

Os hidrogênios do carbono na posição alfa em relação a um grupo carbonila de éster entram em ressonância na região 2-3 ppm. Os hidrogênios do carbono alfa em relação ao oxigênio de um éster têm ressonância na região 3-5 ppm.

Veja a Técnica 26 para detalhes. A RMN de carbono está na Técnica 27.

DERIVADOS

Os ésteres apresentam um problema duplo na preparação dos derivados. Para caracterizar completamente um éster, você tem de preparar derivados da parte ácido *e* da parte álcool.

---

[1] A conjugação com o grupo carbonila move a absorção da carbonila para freqüências mais baixas. A conjugação com o oxigênio do álcool eleva a absorção da carbonila para freqüências mais altas. A tensão do anel (lactonas) move a absorção da carbonil para freqüências mais altas.

Parte Ácido. O derivado mais comum da parte ácido é o derivado *N*-benzilamida.

$$R-\overset{\underset{\parallel}{O}}{C}-O-R' + C_6H_5-CH_2-NH_2 \longrightarrow R-\overset{\underset{\parallel}{O}}{C}-NH-CH_2-C_6H_5 + R'OH$$

Uma *N*-benzilamida

A reação não funciona bem a menos que R' seja metila ou etila. Para partes álcool maiores, o éster tem de ser transformado em éster de metila ou de etila por transesterificação antes da preparação do derivado.

$$R-\overset{\underset{\parallel}{O}}{C}-OR' + CH_3OH \xrightarrow{H^+} R-\overset{\underset{\parallel}{O}}{C}-O-CH_3 + R'OH$$

A hidrazina também reage bem com ésteres de metila ou etila para dar hidrazidas de ácidos.

$$R-\overset{\underset{\parallel}{O}}{C}-OR' + NH_2NH_2 \longrightarrow R-\overset{\underset{\parallel}{O}}{C}-NHNH_2 + R'OH$$

Uma hidrazida de ácido

Parte Álcool. O melhor derivado para a parte álcool de um éster é o éster 3,5-dinitro-benzoato, que é preparado por uma reação de troca de acila:

$$(NO_2)_2C_6H_3-\overset{\underset{\parallel}{O}}{C}-OH + R-\overset{\underset{\parallel}{O}}{C}-OR' \xrightarrow{H_2SO_4} (NO_2)_2C_6H_3-\overset{\underset{\parallel}{O}}{C}-OR' + RCOOH$$

Um éster 3,5-dinitro-benzoato

A maior parte dos ésteres é formada por partes ácido e alquila muito simples. Por isto, a espectroscopia é usualmente um método melhor de identificação do que a preparação de derivados. É preciso preparar dois derivados para os ésteres e, além disso, todos os ésteres que têm a mesma parte ácido ou que têm a mesma parte álcool dão derivados idênticos destas partes.

PARTE CINCO

Experimentos Orientados para Projetos

EXPERIMENTO 56

Preparação de um Acetato C-4 ou C-5

Esterificação
Funil de separação
Destilação simples

Prepararemos, neste experimento, um éster a partir de ácido acético e um álcool C-4 ou C-5. Ele é semelhante à preparação do acetato de isopentila, descrita no Experimento 12. Agora, porém, seu professor lhe dará, ou você escolherá, um dos seguintes álcoois C-4 ou C-5 para a reação com o ácido acético:

1-butanol (álcool *n*-butílico)	1-pentanol (álcool *n*-pentílico)
2-butanol (álcool *sec*-butílico)	2-pentanol
2-metil-1-propanol (álcool isobutílico)	3-pentanol
3-metil-1-butanol (álcool isopentílico)	ciclo-pentanol

Se for possível usar um espectrômetro de RMN, seu professor pode lhe dar um destes álcoois como desconhecido, deixando-lhe o trabalho de identificá-lo. Para isto, você pode usar os espectros de infravermelho e de RMN, bem como os pontos de ebulição do álcool e de seu éster.

Leitura necessária

Revisão: Técnicas   12, 13 e 14
          Experimento 12
          Dissertação Ésteres – sabores e aromas

Instruções especiais

Tenha muito cuidado quando estiver usando os ácidos sulfúrico e acético. Eles são muito corrosivos e atacarão sua pele se houver contato. Se isto acontecer, lave a área afetada com muita água por 10-15 minutos.

Se você selecionar o 2-butanol como ponto de partida, reduza a quantidade de ácido sulfúrico para 0,5 mL. Reduza, também, o tempo de aquecimento para 60 minutos ou menos. Os álcoois secundários têm tendência a dar uma percentagem significativa do produto de eliminação quando o meio está fortemente ácido. Alguns dos álcoois podem dar eliminação, levando à formação de materiais de baixo ponto de ebulição (alquenos). Além disso, o ciclo-pentanol formará um pouco de di(ciclo-pentil)-éter, que é um sólido.

Sugestão para eliminação de resíduos

As soluções em água devem ser colocadas no recipiente próprio. Coloque o excesso de éster no recipiente de resíduos não-halogenados. Seu professor pode estabelecer um modo diferente de coletar os resíduos deste experimento.

Procedimento

Aparelhagem. Monte uma aparelhagem para refluxo usando um balão de fundo redondo de 25 mL e um condensador refrigerado a água (Técnica 7, Figura 7.6, página 535). Coloque um tubo de secagem cheio de cloreto de cálcio no topo do condensador para controlar os vapores. Use uma manta de aquecimento para aquecer a reação.

Mistura de Reação. Pese (tare) uma proveta de 10 mL e registre o valor. Coloque na proveta cerca de 5,0 mL do álcool escolhido e pese-a novamente, para determinar o peso do álcool. Desligue o balão de fundo redondo da aparelhagem de refluxo e transfira o álcool para ele. Não limpe ou lave a proveta. Use-a para medir aproximadamente 7,0 mL de ácido acético glacial ($PM = 60,1$; $d = 1,06$ g/mL), adicionando-o, em seguida, ao álcool do balão. Use uma pipeta Pasteur calibrada para adicionar 1 mL de ácido sulfúrico concentrado (0,5 mL no caso do 2-butanol) à mistura de reação no balão, misturando *imediatamente* (gire o balão). Adicione uma pérola de vidro ou uma pedra de ebulição e ligue novamente o balão. Não use uma pedra de carbonato de cálcio (mármore) porque ela se dissolverá no meio ácido.

Refluxo. Faça circular a água no condensador e leve a mistura à fervura. Continue o aquecimento por 60-75 minutos. Após esse tempo, remova a fonte de calor e deixe a mistura esfriar.

Extrações. Desmonte a aparelhagem e transfira a mistura de reação para um funil de separação (125 mL) colocado em um anel ligado a uma haste metálica. Verifique se a torneira está fechada. Use um funil cônico para derramar a mistura pela parte superior do funil de separação. Não transfira a pedra de ebulição (ou a pérola de vidro), ou será necessário retirá-la após a transferência. Adicione 10 mL de água, tampe o funil e misture as fases com agitação cuidadosa equilibrando a pressão (Técnica 12, Seção 12.4, e Figura 12.6, páginas 598 e 600). Deixe que as fases se separem, abra o funil e transfira, pela torneira, a fase inferior de água para um bécher ou outro recipiente adequado. Extraia, a seguir, a camada orgânica com 5 mL de bicarbonato de sódio a 5% em água usando a técnica descrita acima. Extraia a camada orgânica novamente, desta vez com 5 mL de uma solução saturada de cloreto de sódio em água.

Secagem. Transfira o éster impuro para um frasco de Erlenmeyer de 25 mL, seco e limpo, e adicione 1,0 g, aproximadamente, de sulfato de sódio anidro em grãos. Arrolhe a mistura e deixe-a em repouso por 10-15 minutos enquanto você prepara a aparelhagem de destilação. Se a mistura não estiver seca (o agente de secagem se aglomera e não "desliza", a solução está turva ou gotas de água são aparentes), transfira o éster para um novo frasco de Erlenmeyer de 25 mL, seco e limpo, e adicione uma nova porção de 0,5 g de sulfato de sódio anidro em grãos para completar a secagem.

Destilação. Monte uma aparelhagem de destilação com o menor balão de fundo redondo possível (Técnica 14, Figura 14.1, página 623). Use uma manta de aquecimento e um balão de fundo redondo de 50 mL previamente tarado ou um frasco de Erlenmeyer de peso conhecido para coletar o produto. Coloque o frasco coletor em um bécher contendo gelo para garantir a condensação e reduzir os odores. Se o álcool usado for conhecido, você pode buscar seu ponto de ebulição em um manual de laboratório. Se for um desconhecido, você pode esperar que o ponto de ebulição esteja entre 95°C e 150°C. Continue a destilação até que uma ou duas gotas de líquido permaneçam no balão de destilação. Registre a *faixa* de ebulição em seu caderno de laboratório.

Determinação do Rendimento. Pese o produto e calcule o rendimento percentual do éster. Se o professor o desejar, determine o ponto de ebulição usando um dos métodos descritos na Técnica 13, Seções 13.2 e 13.3, páginas 615 e 617.

Espectroscopia. Se o professor determinar, obtenha um espectro de infravermelho usando placas de sal (Técnica 25, Seção 25.2, página 739). Compare este espectro com o reproduzido no Experimento 12 (página 89). O espectro de seu éster deve ser muito parecido com ele. Interprete o espectro e inclua-o em seu relatório. Pode ser necessário determinar os espectros de RMN de hidrogênio e de carbono-13 (Técnica 26, Seções 26.1 e 26.2, páginas 772 e 774 e Técnica 27, Seção 27.1, página 802). Entregue sua amostra ao professor em um frasco identificado, juntamente com seu relatório.

Exercício Opcional: Cromatografia a Gás. Seu professor pode pedir-lhe que analise seu éster por cromatografia a gás. Opcionalmente, ele poderá lhe fornecer um cromatograma do álcool original ou pedir que você obtenha um cromatograma do álcool enquanto estiver analisando o éster. Use os cromatogramas para identificar os picos do álcool e do éster e calcular a percentagem de álcool que não reagiu (se houver). Existem evidências de um produto de eliminação formado por competição? Coloque os cromatogramas em seu relatório e inclua uma discussão dos resutados obtidos.

QUESTÕES

1. Um método para favorecer a formação do éster é adicionar excesso de ácido acético. Sugira outro método que favoreça a formação do éster e envolva o lado direito da equação.
2. Por que a mistura é extraída com bicarbonato de sódio? Dê uma equação e explique sua relevância.

3. Qual é a origem das bolhas de gás?
4. Use seu álcool e determine que material de partida é o reagente limitante no procedimento. Que reagente está em excesso? De quanto é o excesso molar (quantas vezes maior)?
5. Sugira um esquema de isolamento do éster puro a partir da mistura de reação.
6. Interprete os picos principais de absorção do espectro de infravermelho de seu éster ou, se você não determinou o espectro de infravermelho do éster, faça isto para o espectro da página 91. (A Técnica 25 pode ajudar.)
7. Escreva um mecanismo para a esterificação, catalisada por ácido, do seu álcool com o ácido acético. Talvez você precise consultar o capítulo dos ácidos carboxílicos de seu livro-texto teórico.
8. Os álcoois terciários não funcionam bem com o procedimento descrito para este experimento. O produto formado é diferente do que você poderia esperar. Explique isto e dê o produto esperado para o álcool *t*-butílico (2-metil-2-propanol).
9. Por que o ácido acético glacial tem esse nome? (*Sugestão*: Veja as propriedades físicas em um manual de laboratório.)

EXPERIMENTO 57

Um Esquema de Separação e Purificação

Extração
Cristalização
Proposição de um procedimento
Aplicação do pensamento crítico

Em muitos experimentos da química orgânica, um dos componentes de uma mistura deve ser separado, isolado e purificado. Embora procedimentos detalhados para conseguir isto sejam usualmente fornecidos, propor seu próprio procedimento pode ajudá-lo a entender melhor estas técnicas. Neste experimento, você proporá um esquema de separação e purificação de uma mistura de três componentes que receberá. A mistura conterá um composto orgânico neutro e um ácido orgânico, ou uma base, em quantidades aproximadamente iguais. O terceiro componente, também neutro, estará presente em quantidade muito menor. Seu objetivo é isolar, na forma pura, *dois* dos três compostos. Os componentes de sua mistura podem ser separados e purificados por uma combinação de extrações ácido-base e cristalizações. Você saberá a composição da mistura no início do período letivo, para ter tempo de propor um procedimento adequado a este experimento.

Este experimento pode ser feito em duas escalas diferentes. No Experimento 57A, o procedimento utiliza 1,0 g da mistura, e as extrações são feitas em um funil de separação. No Experimento 57B, a extração é feita em um tubo de centrífuga com 0,5 g da mistura. Seu professor lhe dirá qual dos dois procedimentos seguir.

Leitura necessária

Revisão: Técnica 11   Cristalização: Purificação de Sólidos
          Técnica 12   Extrações, Separações e Agentes de Secagem

---

O Experimento 57 baseia-se em um experimento semelhante desenvolvido por James Patterson, University of Washington, Seattle (EUA).

Sugestão para eliminação de resíduos

Coloque todos os filtrados que possam conter 1,4-dibromo-benzeno ou cloreto de metileno no recipiente destinado aos rejeitos orgânicos halogenados. Os demais filtrados podem ser colocados no recipiente destinado aos rejeitos orgânicos não-halogenados.

Notas para o professor

Os estudantes devem saber a composição de suas misturas no início do período letivo para que tenham tempo de propor um procedimento. É aconselhável pedir aos estudantes que apresentem ao professor uma cópia do procedimento o mais cedo possível. Você talvez queira que os estudantes tenham tempo para repetir o experimento, se o procedimento proposto não funcionar ou se eles quiserem melhorar a percentagem de recuperação e a pureza. Se você der aos estudantes tempo para fazerem só uma vez o experimento, será útil fornecer amostras puras dos compostos da mistura para que eles experimentem diferentes solventes de cristalização em cada composto.

EXPERIMENTO 57A

Extração em um Funil de Separação

Procedimento

Preparação Prévia. Cada estudante receberá uma mistura de três compostos.[1] Antes de ir ao laboratório, você deve propor um procedimento detalhado que possa ser usado para separar, isolar e purificar *dois* dos três compostos da mistura. Talvez você não consiga especificar todos os reagentes ou os volumes necessários antecipadamente, mas o procedimento deve ser o mais completo possível. Será útil consultar os seguintes experimentos e técnicas:

Experimento 1, "Solubilidade", Parte D, página 24

Experimento 3, "Extração", Parte D, página 41

Técnica 10, Seção 10.2B, página 573

Técnica 12, Seção 12.11, página 609

Os seguintes reagentes estarão disponíveis: NaOH 1*M*, NaOH 6*M*, HCl 1*M*, NaHCO$_3$ 1*M*, solução saturada de cloreto de sódio em água, dietil-éter, etanol a 95%, metanol, álcool isopropílico, acetona, hexano, tolueno, cloreto de metileno e sulfato de sódio anidro. Outros solventes de cristalização poderão estar disponíveis.

Separação. A primeira etapa de seu procedimento deveria ser a dissolução de cerca de 1,0 g (registre o peso exato) da mistura na menor quantidade possível de dietil-éter ou cloreto de metileno. Se mais de 10 mL do solvente forem necessários, troque de solvente. A maior parte dos compostos da lista é mais solúvel em cloreto de metileno do que em dietil-éter. Você talvez tenha de determinar por tentativas qual é o solvente apropriado. Uma vez selecionado o solvente, ele deve ser usado toda vez que for necessário um solvente orgânico. Se você usar dietil-éter, seque a camada orgânica em duas etapas. Primeiro, misture a camada orgânica com uma solução saturada de cloreto de sódio (veja a página 608) e, depois, seque o líquido com sulfato de sódio anidro. Você deve usar um funil de separação em todos os procedimentos de extração deste experimento.

---

[1] Sua mistura pode ser: (1) ácido benzóico 50%, benzoína 40%, 1,4-dibromo-benzeno 10%; (2) fluoreno 50%, ácido *o*-tolúico 40%, 1,4-dibromo-benzeno 10%; (3) fenantreno 50%, 4-amino-benzoato de metila 40%, 1,4-dibromo-benzeno 10%; (4) 4-amino-acetofenona 50%, 1,2,4,5-tetracloro-benzeno 40%, 1,4-dibromo-benzeno 10%. Outras misturas possíveis estão no *Instructor Manual*, juntamente com algumas sugestões de tratamento dessas misturas.

Purificação. Para aumentar a pureza das amostras finais, você deveria incluir uma lavagem inversa ("backwashing") no ponto apropriado de seu procedimento. Veja a Seção 12.11, página 609, para uma discussão desta técnica. Será necessário cristalizar os componentes que você isolar para purificá-los. Para encontrar o solvente apropriado, consulte um manual de laboratório. Você pode usar também o procedimento da Seção 11.6, página 588, para determinar experimentalmente o solvente adequado. Seu procedimento deve incluir pelo menos um método de determinar o grau de pureza dos compostos separados. Entregue ao professor cada composto isolado em um frasco identificado.

Ao trabalhar no laboratório, faça o melhor possível para obter um rendimento de recuperação elevado dos dois componentes em um estado de alta pureza. Se seu procedimento não funcionar, modifique-o e repita o experimento.

RELATÓRIO

Descreva o procedimento completo que você usou para separar e isolar as amostras puras de dois dos componentes da mistura. Mostre como você determinou que seu procedimento foi eficiente e dê todos os dados e resultados usados para isto. Calcule o rendimento percentual de recuperação de ambos os compostos.

EXPERIMENTO 57B

Extrações com um Tubo de Centrífuga com Tampa de Rosca

Procedimento

Siga o procedimento descrito no Experimento 57A, com as seguintes alterações nas seções "Separação" e "Purificação". Dissolva cerca de 0,5 g da mistura na menor quantidade possível de dietil-éter ou cloreto de metileno.[2] Se mais de 4 mL de solvente forem necessários, troque de solvente. Use um tubo de centrífuga com tampa de rosca em todos os procedimentos de extração deste experimento.

EXPERIMENTO 58

Isolamento de Óleos Essenciais a Partir de Pimenta-da-Jamaica, Cravo-da-Índia, Alcarávia, Cominho-da-Armênia, Canela ou Erva-doce

Destilação com Vapor
Extração
Cromatografia líquida de alta eficiência
Espectroscopia de Infravermelho
Cromatografia a gás-espectrometria de massas
Pequeno projeto de pesquisa

No Experimento 58A, você usará a destilação com vapor para extrair o óleo essencial de um condimento. Você, ou seu professor, escolherá um condimento da lista: pimenta-da-Jamaica, cravo-da-Índia,

---

[2] Ver nota 1, página 445.

alcarávia, cominho-da-Armênia, canela ou erva-doce. Cada condimento produz um óleo essencial relativamente puro. Mostramos, abaixo, as estruturas dos componentes principais dos óleos essenciais dos condimentos. O condimento de sua escolha dará um desses compostos. Você terá de determinar a estrutura que corresponde ao óleo essencial destilado do condimento.

A   B   C   D   E

Ao tentar determinar a estrutura, observe os seguintes detalhes do espectro de infravermelho (freqüências de deformação axial): C=O (cetona ou aldeído), C—H (aldeído), O—H (fenol), C—O (éter), anel aromático e C=C (alqueno). Procure, também, as freqüências de deformação angular fora do plano do anel aromático, as quais podem ajudar a determinar o modo de substituição dos anéis aromáticos (ver página 758). As freqüências de deformação angular fora do plano também podem ajudar a determinar o grau de substituição da ligação dupla de alqueno, se for o caso (ver página 756). O espectro de infravermelho dos cinco compostos possíveis são suficientemente diferentes para que você possa identificar o seu óleo essencial.

Se for possível usar a espectroscopia de RMN, ela poderá confirmar suas conclusões. A RMN de carbono-13 daria até mais informações do que a RMN de hidrogênio. Nenhuma dessas duas técnicas, entretanto, é necessária para chegar a uma conclusão. Sua amostra de óleo essencial também pode ser analisada por cromatografica líquida de alta eficiência.

No Experimento 58B, você identificará os constituintes do óleo essencial por cromatografia a gás-espectrometria de massas. No Experimento 58C, as técnicas descritas nos Experimentos 58A e 58B serão usadas em um pequeno projeto de pesquisas. Seu professor lhe dará um determinado condimento, ou erva, para analisar ou você escolherá seu próprio vegetal. Neste projeto, você não terá informações antecipadas sobre os componentes do material a ser investigado.

Leitura necessária

Revisão: Técnica 12   Extrações, Separações e Agentes de Secagem

Nova: Técnica 18   Destilação com Vapor
          Técnica 21   Cromatografia Líquida de Alta Eficiência (CLAE)
          Técnica 22   Cromatografia a Gás, Seção 22.13
          Técnica 28   Espectrometria de Massas
          Dissertação Terpenos e Fenilpropanóides

Instruções especiais

A formação de espuma pode ser um problema sério se você utilizar o condimento finamente moído. Recomendamos o uso de peças intactas de cravo-da-Índia, pimenta-da-Jamaica ou canela. Quebre ou corte os pedaços grandes em menores ou esmague-os com um gral e um pistilo.

Se o professor recomendar o uso de CLAE, você terá de determinar as melhores condições de operação de seu instrumento. Seu professor deveria testar o experimento de antemão para lhe dar uma boa idéia da coluna a usar e do fluxo de solvente. Seu professor dará as instruçõs necessárias para operar o instrumento de CLAE do laboratório. As instruções que se seguem são gerais.

As mesmas instruções se aplicam ao Experimento 58B. Seu professor dará as instruções necessárias para a operação do instrumento de CG-EM do laboratório. Ele deve dizer também qual coluna usar e as condições de operação. As instruções que se seguem são gerais.

Seu professor pode pedir-lhe que faça o Experimento 58C, que aplica as técnicas básicas desenvolvidas nos Experimentos 58A e 58B a uma lista maior de plantas. Neste caso, ou o professor lhe dará um condimento, ou erva, para analisar ou deixará que você escolha seu próprio material.

Sugestão para eliminação de resíduos

As soluções em água devem ser colocadas no recipiente próprio. Os resíduos sólidos dos condimentos devem ser postos na lata do lixo. Cuidado para que eles não entupam a pia. As soluções de água-solvente orgânico devem ser colocadas no recipiente destinado às soluções em água. Seu professor pode propor um método diferente de coletar os resíduos deste experimento.

Notas para o professor

Se for usar condimentos moídos (não-recomendado), talvez seja necessário inserir uma cabeça de Claisen entre o balão de fundo redondo e a cabeça de destilação para garantir um maior volume caso haja formação de espuma. Problemas com espuma podem ser reduzidos com a aplicação de vácuo à mistura condimento-água antes de começar a destilação com vapor.

No caso da opção pelo CLAE no Experimento 58A, você deve determinar as melhores condições de operação antes da realização do experimento. Você deverá, também, preparar instruções de operação do instrumento disponível. Teste os Experimentos 58B e 58C de antemão em seu instrumento CG-EM e estabeleça as condições de operação.

EXPERIMENTO 58A

Isolamento de Óleos Essenciais por Destilação com Vapor

Procedimento

Aparelhagem. Monte uma aparelhagem de destilação semelhante à da Figura 14.1, página 623. Use um balão de fundo redondo de 100 mL para a destilação e um de 50 mL para a coleta e aqueça-os com uma manta. O balão de coleta deve estar imerso em gelo para garantir a condensação do destilado.

Preparação do Condimento. Pese cerca de 3,0 g de seu condimento em um papel de pesagem e registre o peso exato. Se o condimento não estiver moído, quebre as peças com um gral e um pistilo ou corte-o em pedaços menores usando tesouras. Se ele já estiver moído, não faça a operação precedente e continue. Misture o condimento com 35-40 mL de água no balão de 100 mL, adicione pérolas de vidro ou uma pedra de ebulição e ligue o balão à aparelhagem de destilação. Deixe o condimento de molho na água por cerca de 15 minutos antes de iniciar o aquecimento. Faça com que o condimento fique completamente molhado. Se necessário, agite o frasco cuidadosamente, girando-o.

Destilação com Vapor. Faça passar água pelo condensador e comece a aquecer a mistura até alcançar uma velocidade constante de destilação. Se você atingir o ponto de ebulição muito depressa, terá dificuldades com a formação de espuma ou com solavancos. Será preciso encontrar uma quantidade de calor satisfatória, que evite estes problemas. Uma boa velocidade de destilação é uma gota de líquido coletada a cada 2-5 segundos. Continue a destilação até ter coletado pelo menos 15 mL de destilado.

Normalmente, o destilado fica turvo, na destilação com vapor, devido à separação do óleo essencial quando o vapor esfria. Você pode não observar este fenômeno, mas, ainda assim, obter resultados satisfatórios.

Extração do Óleo Essencial. Transfira o destilado para um funil de separação e adicione 5,0 mL de cloreto de metileno (dicloro-metano) para a extração do óleo essencial. Agite o funil vigorosamente, equalizando a pressão com freqüência. Deixe que as camadas se separem.

Se a separação for difícil, centrifugue a mistura para acelerar o processo. Agitar suavemente com uma espátula ajuda, às vezes, a resolver a emulsão. Uma outra possibilidade é a adição de cerca de 1 mL de solução saturada de cloreto de sódio. Observe, porém, que a solução saturada de sal é muito densa e pode inverter a posição com a camada de cloreto de metileno, que fica usualmente no fundo.

Transfira a camada inferior de cloreto de metileno para um frasco de Erlenmeyer limpo e seco. Repita o procedimento de extração com uma porção suplementar de 5,0 mL de cloreto de metileno e coloque-a no frasco de Erlenmeyer que contém o primeiro extrato. Se gotas de água forem visíveis, transfira cuidadosamente a solução combinada de cloreto de metileno para um outro frasco de Erlenmeyer seco e limpo, deixando para trás as gotas de água.

Secagem. Seque o extrato de cloreto de metileno adicionando 2 g de sulfato de sódio anidro em grãos ao frasco de Erlenmeyer (veja a Técnica 12, Seção 12.8, página 605). Deixe a solução em repouso por 10-15 minutos, agitando-a eventualmente por rotação.

Evaporação. Durante a secagem da solução orgânica, pese acuradamente (tare) um tubo de ensaio de tamanho médio seco e limpo. Decante uma porção (cerca de um terço) da camada orgânica seca para o tubo de ensaio, sem arrastar o agente de secagem. Adicione uma pedra de ebulição ao tubo e, trabalhando em capela, evapore o cloreto de metileno com o auxílio de uma leve corrente de ar, ou de nitrogênio, e com aquecimento em cerca de 40°C em banho de água (veja a Técnica 7, Seção 7.10, página 545). Quando a primeira porção estiver reduzida a um pequeno volume de líquido, adicione uma segunda parcela da solução de cloreto de metileno e repita o procedimento. Ao adicionar a porção final, lave o agente de secagem com pequenas quantidades de cloreto de metileno e transfira o líquido para o tubo de ensaio de peso conhecido. Cuidado para não arrastar o sulfato de sódio.

> **Cuidado:** A corrente de ar, ou de nitrogênio, deve ser muito leve, ou você jogará sua solução para fora do tubo de ensaio. Além disto, não superaqueça a amostra, ou ela também será jogada para fora do tubo. Não mantenha a evaporação após a eliminação de todo o cloreto de metileno. Seu produto é um óleo volátil (isto é, líquido). Se ele continuar a aquecer e a evaporar, você irá perdê-lo. É melhor deixar um pouco de cloreto de metileno na amostra do que perdê-la.

Determinação do Rendimento. Após a remoção do solvente, pese novamente o tubo de ensaio. Calcule a percentagem em peso de recuperação do óleo a partir da quantidade original de condimento usada.

ESPECTROSCOPIA

Infravermelho. Obtenha o espectro de infravermelho do óleo como um líquido puro (Técnica 25, Seção 25.2, página 739). Pode ser necessário usar uma pipeta Pasteur com ponta fina para transferir uma quantidade suficiente de líquido para as placas de sal. Se isto falhar, adicione 1 a 2 gotas de tetracloreto de carbono (tetracloro-metano) ao extrato para ajudar a transferência. Este solvente não interferirá no espectro de infravermelho. Inclua o espectro em seu relatório, juntamente com a interpretação dos picos principais.

Ressonância Magnética Nuclear. Se o professor o desejar, obtenha o espectro de RMN do óleo (Técnica 26, Seção 26.1, página 772).

RELATÓRIO

Usando o espectro de infravermelho (e os outros dados que você utilizou), determine a estrutura (A-E) que melhor corresponde ao óleo essencial isolado. Marque os picos principais do espectro de infravermelho e explique por que você escolheu uma dada estrutura. Inclua o cálculo do rendimento percentual de recuperação.

CROMATOGRAFIA LÍQUIDA DE ALTA EFICIÊNCIA (EXERCÍCIO OPCIONAL)

Siga as instruções do professor e junte-se a um pequeno grupo de estudantes para realizar este experimento. Cada grupo receberá um condimento para analisar, e os resultados obtidos serão partilhados por todo o grupo.

Dissolva a amostra de óleo essencial em metanol. Uma concentração razoável é obtida por dissolução de 25 mg da amostra em 10 mL de metanol. Para remover todos os traços de gases dissolvidos e impurezas sólidas, coloque um funil de Büchner em um kitazato e ligue-o a uma linha de vácuo. Coloque um filtro de 4 μm no funil de Büchner. (*Nota*: Use um papel de filtro, e não, um dos espaçadores coloridos que são colocados entre as folhas de papel de filtro. Os espaçadores são normalmente azuis.) Filtre a vácuo a solução que contém o óleo essencial e colete o material em um frasco de 7 g, *limpo*, com tampa de encaixe.

Antes de usar o instrumento de CLAE, certifique-se de ter obtido instruções específicas de operação do instrumento do laboratório. Seu professor poderá ter alguém capacitado a operar o instrumento por você. Antes da análise por CLAE, a amostra deve ser filtrada mais uma vez, agora usando um filtro de 0,2 μm. O volume recomendado para a análise é 10 mL. O solvente a ser usado nesta análise é uma mistura de 80% de metanol e 20% de água. O instrumento será operado no regime isocrático.

Após completar o experimento, prepare um relatório com uma tabela contendo os tempos de retenção de cada substância identificada na análise. Determine a percentagem relativa de cada componente e inclua estes resultados em sua tabela, juntamente com o nome de cada substância identificada.

REFERÊNCIA

McKone, H. T. "High Performance Liquid Chromatography of Essential Oils." *Journal of Chemical Education,* 56 (October 1979): 698.

EXPERIMENTO 58B

Identificação dos Constituintes de Óleos Essenciais por Cromatografia a Gás – Espectrometria de Massas

Procedimento

Preparação da Amostra. Obtenha uma amostra de um óleo essencial por destilação com vapor, de acordo com o método descrito no Experimento 58A.

Análise por CG-EM. Para a análise por CG-EM, recomenda-se uma solução muito diluída (cerca de 500 ppm). Para prepará-la, mergulhe a extremidade de um tubo capilar (1,8 mm de diâmetro interno, aberto em ambas as extremidades) na amostra de óleo essencial. Transfira o conteúdo do capilar para um tubo de centrífuga limpo de 15 mL, calibrado, passando cloreto de metileno pelo tubo capilar. Para evitar que o solvente molhe sua mão, prenda o capilar com uma pinça. Adicione cloreto de metileno ao tubo de centrífuga até atingir a marca de 6 mL. Adicione 1 ou 2 microespátulas de sulfato de sódio anidro em grãos, coloque uma folha de alumínio no topo do tubo de centrífuga e feche com a tampa de rosca por sobre a folha.

Antes de injetar a solução na coluna de CG-EM, filtre a solução. Sugue uma porção da solução com uma seringa hipodérmica limpa (sem agulha). Coloque um cartucho de filtro de 0,45 μm na ponta da seringa e force a solução, pelo filtro, para um frasco de amostra. Cubra o frasco com uma folha de alumínio até o momento de uso.

Injete a solução na coluna do CG-EM. Use a biblioteca computadorizada do instrumento para identificar cada componente da solução que aparecer. Use os indicadores de "qualidade" ou "confiança" para determinar se os compostos sugeridos são plausíveis. Identifique, em seu relatório, cada componente do óleo essencial, dando seu nome e sua fórmula estrutural.

EXPERIMENTO 58C

Investigação dos Óleos Essenciais de Ervas e Temperos – Pequeno Projeto de Pesquisas

Procedimento

Obtenha uma amostra de óleo essencial por destilação com vapor de um condimento, ou erva, de acordo com o método descrito no Experimento 58A. Prepare a amostra para análise por cromatografia a gás-espectrometria de massas pelo método descrito no experimento 58B. O procedimento do Experimento 60 (página 458) dá algumas sugestões que podem ser úteis na identificação dos compostos.

Use os resultados de sua análise CG-EM para preparar um pequeno relatório descrevendo a metodologia experimental e os resultados obtidos. Identifique cada componente importante do óleo essencial que você analisou, dê sua fórmula estrutural completa e indique a percentagem relativa da substância na mistura do óleo essencial.

QUESTÕES (EXPERIMENTO 58A)

1. Use uma folha de papel para compor uma matriz colocando os cinco compostos possíveis do óleo essencial, previamente dados, no lado esquerdo da folha. Liste as absorções características do espectro de infravermelho, anteriormente dadas, no alto da folha. Trace linhas para formar caixas. Use-as para anotar, na linha de cada composto, as características espectrais esperadas. Espera-se que o pico esteja presente ou ausente? Se presente, escreva o número esperado de picos e as freqüências prováveis. Um bom conjunto de cartas de correlação e tabelas será útil.
2. Por que o destilado condensado parece turvo quando se forma?
3. Antes da etapa de secagem, que observações ajudam a determinar se a solução extraída está "seca" (isto é, livre de água)?

EXPERIMENTO 59

Acilação de Friedel-Crafts

Substituição em aromáticos
Grupos orientadores
Destilação a vácuo
Espectroscopia de infravermelho
Espectroscopia de RMN (hidrogênio/carbono-13)
Determinação da estrutura

Neste experimento, será feita a acilação de Friedel-Crafts de um composto aromático com cloreto de acetila:

$$R-C_6H_5 + CH_3-\underset{O}{C}-Cl \xrightarrow[CH_2Cl_2]{AlCl_3} R-C_6H_4-\underset{O}{C}-CH_3$$

Substrato aromático   Cloreto de acetila   Um derivado da acetofenona

Se o benzeno (R = H) fosse o substrato, o produto seria uma cetona, a acetofenona. Em vez do benzeno, você fará a acilação de um dos seguintes compostos:

Tolueno
o-Xileno ⎫
m-Xileno ⎬ Dimetil-benzenos
p-Xileno ⎭
p-Cimeno (1-isopropil-4-metil-benzeno)

Etil-benzeno
Mesitileno (1,3,5-trimetil-benzeno)
Cumeno (isopropil-benzeno)
Anisol (metóxi-benzeno)

Cada um desses compostos dará um único produto, uma acetofenona *substituída*. Você isolará este produto por destilação a vácuo e determinará sua estrutura por espectroscopia de infravermelho e de RMN. Em outras palavras, você determinará em que posição do composto original o grupo acetila irá se ligar.

Este experimento é muito parecido com os que os químicos profissionais fazem diariamente. Um procedimento padrão, a acilação de Friedel-Crafts, é usado em um novo composto sem que se conheça os resultados (você, pelo menos, não os conhece). Um químico que conhece bem a teoria desta reação deve ser capaz de predizer o resultado em cada caso. Entretanto, quando a reação se completa, o químico deve provar que o produto esperado foi realmente obtido. Se não se formou o produto esperado, e, às vezes, surpresas acontecem, a estrutura do composto inesperado deve ser determinada.

Para determinar a posição de substituição, várias características dos espectros do produto devem ser analisadas cuidadosamente. Elas incluem as dadas abaixo.

ESPECTRO DE INFRAVERMELHO

- **Os modos de vibração de deformação angular fora do plano de C—H entre 900 e 690 cm^{-1}.** As absorções fora do plano de C—H (Técnica 25, Figura 25.19A, página 758) permitem, com freqüência, a determinação do tipo de substituição através de seus números, intensidades e posições.
- **As absorções fracas de combinações e harmônicas que ocorrem entre 2.000 e 1.667 cm^{-1}.** Este conjunto de bandas de combinação (Figura 25.19B, página 758) pode ser menos útil do

que o descrito acima porque a amostra tem de ser muito concentrada para que ele possa ser visto. Com freqüência, as bandas são fracas. Além disso, uma banda larga de carbonila pode se superpor e obscurecer esta região, tornando-a inútil.

ESPECTRO DE RMN DE HIDROGÊNIO

- **A razão da integral dos picos em campo baixo das ressonâncias do anel aromático entre 6 ppm e 8 ppm**. O grupo acetila tem um efeito anisotrópico significativo, e os hidrogênios *orto* em relação a este grupo usualmente têm um deslocamento químico maior do que os demais hidrogênios do anel (veja a Técnica 26, Seção 26.8, página 781 e Seção 26.13, página 788).
- **A análise do padrão de desdobramento encontrado na região 6-8 ppm do espectro de RMN**. As constantes de acoplamento dos hidrogênios de um anel aromático diferem de acordo com suas posições:

orto J = 6–10 Hz
meta J = 1–4 Hz
para J = 0–2 Hz

Se não ocorrer um padrão complexo de segunda ordem, um diagrama simples permite, freqüentemente, a determinação das posições dos hidrogênios do anel. Para vários dos produtos, porém, a análise é difícil. Em outros casos, você encontrará um dos padrões de fácil interpretação descritos na Seção 26.13 (página 788).

ESPECTRO DE RMN DE CARBONO-13

- Nos espectros de carbono-13 com *hidrogênio desacoplado*, o número de ressonâncias dos carbonos do anel (em cerca de 120-130 ppm) podem ajudar a decidir qual é o modo de substituição do anel. Os carbonos do anel que são equivalentes por simetria dão um único pico, fazendo com que o número de picos de carbonos de aromático caia abaixo de seis. Um anel *p*-dissubstituído, por exemplo, mostra somente quatro ressonâncias. Átomos de carbono ligados a hidrogênio têm, usualmente, intensidade maior do que os carbonos "quaternários". (Veja a Técnica 27, Seção 27.6, página 809.)
- Nos espectros de carbono-13 com *hidrogênio acoplado*, os átomos de carbono do anel desdobram-se em dubletos, o que permite seu fácil reconhecimento.[1]

Como uma nota final, você não deve evitar o uso da biblioteca. A Técnica 29 (página 835) explica como encontrar várias informações importantes. Quando você pensar que já conhece a identidade do seu composto, pode tentar descobrir se ele já foi descrito na literatura e, se for o caso, se os dados fornecidos coincidem com os seus. Você talvez queira consultar alguns livros de espectroscopia, como Pavia, Lampman e Kriz, *Introduction to Spectroscopy*, ou um dos outros livros-texto listados no fim das Técnicas 25 ou 26, para ajuda adicional na interpretação de seus espectros.

Leitura necessária

Revisão:	Técnicas 5, 6, 12, 25, 26 e 27	
	Técnica 7	Métodos de Reação. Seções 7.5 e 7.8
	Técnica 13	Constantes Físicas: O Ponto de Ebulição e a Densidade
Nova:	Técnica 16	Destilação a Vácuo, Manômetros, Seções 16.1, 16.2 e 16.8

---

[1] Nota para o professor: Se não for possível fazer a espectroscopia de RMN de carbono-13, os espectros relevantes podem ser encontrados no *Instructor Manual*.

Antes de começar este experimento reveja os capítulos de seu livro-texto teórico que tratam da substituição eletrofílica em aromáticos. Verifique, especialmente, a acilação de Friedel-Crafts e as explicações dos grupos orientadores. Você deve, também, rever o que aprendeu sobre os espectros de infravermelho e de RMN de compostos aromáticos.

Instruções especiais

O cloreto de acetila e o cloreto de alumínio são corrosivos. Não deixe que entrem em contato com sua pele nem respire os vapores, porque eles geram HCl por hidrólise. Eles podem, também, reagir explosivamente com a água. Quando estiver trabalhando com o cloreto de alumínio, tenha especial cuidado com o pó. A pesagem e a manipulação devem ser feitas em uma capela. A decomposição do excesso de cloreto de alumínio com água gelada também deve ser feita na capela.

Seu professor lhe dará um composto ou deixará que você escolha uma das substâncias da lista da página 452. Embora você só vá acetilar um desses compostos, você aprenderá muito mais se comparar seus resultados com os dos demais estudantes.

Observe que os detalhes da destilação a vácuo ficaram por sua conta. Entretanto, aqui estão duas sugestões. Em primeiro lugar, todos os produtos fervem entre 100°C e 150°C à pressão de 20 mm. Além disto, se o substrato escolhido for o anisol, seu produto será um sólido com baixo ponto de fusão e solidificará assim que a destilação a vácuo se completar. O sólido pode ser destilado, mas neste caso não faça passar água pelo condensador. Será interessante pesar previamente o frasco de coleta porque será difícil transferir o produto sólido completamente para outro recipiente para determinar o rendimento.

Sugestão para eliminação de resíduos

Todas as soluções em água devem ser colocadas no recipiente próprio. Coloque os líquidos orgânicos no recipiente destinado aos resíduos orgânicos não-halogenados, a menos que contenham cloreto de metileno. Os materiais que contêm cloreto de metileno devem ser colocados no recipiente destinado aos resíduos orgânicos halogenados. Seu professor pode determinar uma forma diferente de coletar os resíduos deste experimento.

Procedimento

Aparelhagem. Monte a aparelhagem mostrada na figura. Toda a vidraria deve estar *seca* porque o cloreto de alumínio e o cloreto de acetila reagem com a água. Use um balão de fundo redondo de 500 mL, ligue um condensador de refluxo à boca central e um funil de separação a uma boca lateral. Coloque uma tampa na terceira boca. Coloque um tubo de secagem contendo cloreto de cálcio no topo do funil de adição (de separação). A aparelhagem, à exclusão dos retentores, deve estar presa a uma unica haste metálica para que possa ser agitada de tempos em tempos. Ligue um retentor de gás ao topo do condensador de refluxo através de um tubo flexível de borracha. Ligue a outra saída do retentor a um funil invertido cerca de 2 mm acima da superfície da água colocada em um bécher de 250 mL. O funil invertido, que é um retentor para gases ácidos, deve estar preso por uma rolha de borracha, presa, por sua vez, a uma segunda haste metálica.

> **Cuidado:** O cloreto de alumínio e o cloreto de acetila são corrosivos e perigosos para a saúde. Evite o contato e faça todas as operações de pesagem na capela. Em contato com água, eles podem reagir violentamente.

Início da Reação. Coloque 25 mL de dicloro-metano (cloreto de metileno) em uma proveta e mantenha-a ao lado. Trabalhando rapidamente, em capela, para evitar reação com a umidade

Experimento 59 Acilação de Friedel-Crafts 455

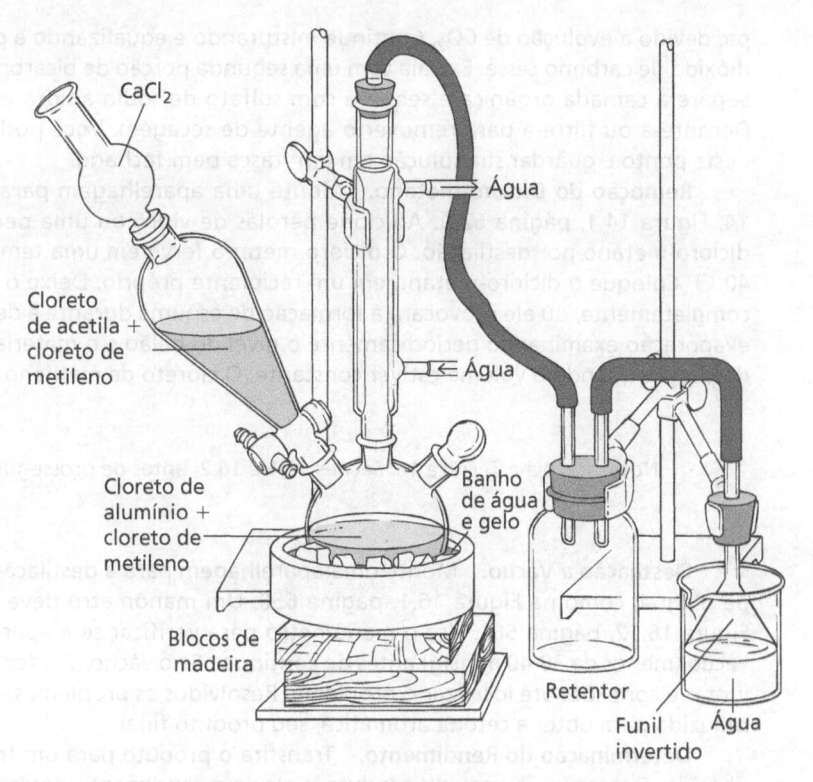

Aparelhagem para a acilação de Friedel-Crafts.

(Legendas da figura: CaCl₂; Água; Cloreto de acetila + cloreto de metileno; Cloreto de alumínio + cloreto de metileno; Água; Banho de água e gelo; Blocos de madeira; Retentor; Funil invertido; Água)

do ar, pese 14,0 g de cloreto de alumínio anidro em um bécher de 125 mL. Use um funil de sólidos e uma espátula grande para transferir o cloreto de alumínio para o balão de três bocas através da saída não-utilizada. Use dicloro-metano para transferir traços do pó para o balão e lavar a boca do balão. Após a adição de todo o dicloro-metano, recoloque a tampa e faça passar água pelo condensador. Coloque um banho de água e gelo sob o balão de três bocas, em cima de blocos de madeira. Misture e esfrie a suspensão de cloreto de alumínio no balão rodando cuidadosamente toda a aparelhagem de modo a fazer o conteúdo do frasco mover-se.

Trabalhe novamente na capela e use uma pipeta para transferir 8,0 g de cloreto de acetila para um frasco de Erlenmeyer de 125 mL. Use uma proveta para adicionar 15 mL de dicloro-metano ao frasco e transferir a mistura para o funil de adição ligado ao balão de reação. Adicione lentamente (use cerca de 15 minutos) a solução de cloreto de acetila à suspensão de cloreto de alumínio que está no balão. (Isto não deve ser feito muito rapidamente porque a reação é muito exotérmica e a mistura entrará em ebulição vigorosa.) Durante o período de adição, agite freqüentemente a mistura, da maneira descrita acima. Mantenha o frasco imerso no banho de água e gelo.

Assim que a adição estiver completa, dissolva 0,075 moles do composto aromático em 10 mL de dicloro-metano. Coloque esta solução no funil de adição e adicione-a lentamente à mistura fria de acilação (o processo deve levar cerca de 30 minutos). Agite a mistura ocasionalmente para evitar o borbulhamento excessivo causado pela liberação do gás cloreto de hidrogênio.

Quando esta segunda adição estiver completa, remova o banho de água e gelo e deixe a mistura em repouso na temperatura normal por mais 30 minutos. Agite a mistura de reação com freqüência durante este período.

Isolamento do Produto. Desligue o retentor de gás, o condensador e o funil de separação e leve o balão de três bocas para uma capela. Derrame a mistura de reação sobre uma mistura de 50 g de gelo e 25 mL de ácido clorídrico concentrado colocados em um bécher de 400 mL. Misture bem durante 10-15 minutos. Use um funil para separar a fase orgânica e guarde-a. Extraia a camada de água com 30 mL de dicloro-metano e adicione o extrato à camada orgânica anterior. Lave as camadas orgânicas combinadas com 50 mL de solução saturada de bicarbonato de sódio. Se uma quantidade apreciável de ácido estiver presente, ocorrerá formação violenta de espuma nesta etapa, devido à evolução de CO_2. Continue misturando e equalizando a pressão até que a emissão de dióxido de carbono cesse. Extraia com uma segunda porção de bicarbonato de sódio, se necessário. Separe a camada orgânica e seque-a com sulfato de sódio anidro em grãos por 10-15 minutos. Decante-a ou filtre-a para remover o agente de secagem. Você pode interromper a preparação neste ponto e guardar sua solução em um frasco bem-fechado.

Remoção do Dicloro-metano. Monte uma aparelhagem para destilação simples (Técnica 14, Figura 14.1, página 623). Adicione pérolas de vidro ou uma pedra de ebulição e remova o dicloro-metano por destilação. O dicloro-metano ferve em uma temperatura bastante baixa (pe 40°C). Coloque o dicloro-metano em um recipiente próprio. Deixe o cloreto de metileno destilar completamente, ou ele provocará a formação de espuma durante a destilação a vácuo. Monitore a evaporação examinando periodicamente o nível do balão e o material em ebulição. Interrompa a destilação quando o volume estiver constante. O cloreto de metileno foi removido.

> **Nota:** Reveja a Técnica 16, Seções 16.1 e 16.2, antes de prosseguir.

Destilação a Vácuo. Monte uma aparelhagem para a destilação a vácuo usando uma trompa d'água, como na Figura 16.1, página 650. Um manômetro deve estar ligado, como se vê na Figura 16.12, página 661. Use o manômetro para verificar se a aparelhagem está fechada e sob vácuo (menos de 30-40 mmHg) antes de continuar. Se o vácuo não for suficiente, verifique todas as juntas e conexões até localizar o problema. Resolvidos os problemas, destile a mistura sob pressão reduzida para obter a cetona aromática, seu produto final.

Determinação do Rendimento. Transfira o produto para um frasco de estoque de peso conhecido. Determine o peso do produto. Calcule o rendimento percentual. Determine o ponto de ebulição do produto usando o método de escala grande (Técnica 13, Seção 13.2, página 615).

Espectroscopia. Determine os espectros de infravermelho e de RMN (hidrogênio e carbono-13). Os espectros de infravermelho podem ser obtidos com o composto na forma pura, usando placas de sal (Técnica 25, Seção 25.2, página 739), exceto para o produto do anisol, que é sólido. Neste caso, use uma das técnicas de obtenção do espectro em solução (Técnica 25, Seção 25.6, página 745). Os espectros de RMN podem ser determinados como descrito na Técnica 26, Seção 26.1, página 772. Os espectros de carbono-13 podem ser obtidos como descrito na Técnica 27, Seção 27.1, página 802.

Relatório. Como habitualmente, registre o ponto de ebulição (ou de fusão) do produto, calcule o rendimento percentual e descreva o diagrama esquemático da separação. Você deveria dar, também, a estrutura do produto. Inclua os espectros de infravermelho e de RMN e discuta cuidadosamente sua interpretação. Se eles não o ajudaram a determinar a estrutura, explique por quê. Assinale o maior número possível de picos dos espectros e explique todos os detalhes importantes, incluindo o desdobramento dos picos de RMN, se possível. Consulte um manual de laboratório para encontrar o ponto de ebulição (ou ponto de fusão) dos produtos possíveis. Discuta a literatura consultada e compare os resultados descritos com os que você obteve.

Explique, usando a teoria da substituição em aromáticos, por que a substituição ocorreu na posição observada e por que somente um produto foi obtido. Você poderia ter previsto este resultado de antemão?

REFERÊNCIA

Schatz, Paul F. "Friedel–Crafts Acylation." *Journal of Chemical Education*, 56 (July 1979): 480.

QUESTÕES

1. As substâncias abaixo são compostos aromáticos relativamente baratos que poderiam ter sido usados como substratos para esta reação. Prediga o produto ou produtos, se houver, da acilação de cada um deles com cloreto de acetila.

2. Por que só são obtidos produtos de monossubstituição na acilação dos substratos escolhidos para este experimento?
3. Dê o mecanismo completo da acilação do composto que você usou neste experimento. Inclua uma discussão dos efeitos relevantes de orientação.
4. Por que nenhum dos substratos de escolha neste experimento inclui grupos que orientam para meta?
5. A acilação do n-propil-benzeno dá um subproduto inesperado (?). Explique sua ocorrência e dê um mecanismo.
6. Escreva equações para a hidrólise do cloreto de alumínio. Faça o mesmo para o cloreto de acetila.
7. Explique cuidadosamente, com um desenho, por que os hidrogênios da posição *orto* em relação ao grupo acetila têm, normalmente, um deslocamento químico maior do que os demais hidrogênios do anel.
8. Os compostos abaixo são produtos possíveis da acilação do 1,2,4-trimetil-benzeno (pseudocumeno). Explique a única maneira de distinguir esses compostos por espectroscopia de RMN.

EXPERIMENTO 60

Análise de Anti-histamínicos por Cromatografia a Gás – Espectrometria de Massas

Cromatografia a gás-espectrometria de massas
Aplicação do pensamento crítico

O uso da **cromatografia a gás-espectrometria de massas (CG-EM)** como técnica analítica está crescendo em importância. A CG-EM, é uma técnica muito poderosa em que um cromatógrafo a gás é ligado a um espectrômetro de massas que funciona como detetor. Se uma amostra é suficientemente volátil para ser injetada em um cromatógrafo a gás, o espectrômetro de massas pode detectar cada componente e mostrar seu espectro de massas. O usuário pode identificar a substância por comparação de seu espectro de massas com o de substâncias conhecidas. O instrumento também pode fazer esta comparação internamente, usando os espectros guardados na memória de seu computador.

Os anti-histamínicos são uma classe de fármacos muito usados no combate dos sintomas de alergias e gripes. Eles reduzem os efeitos fisiológicos da produção de histamina. A histamina é uma proteína liberada normalmente na corrente sanguínea como parte da reação do organismo à entrada de pólen, poeira, mofo, pêlos de animais e outros **alérgenos** (substâncias que causam uma reação alérgica). Até mesmo certos alimentos podem causar respostas alérgicas em algumas pessoas. Quantidades excessivas de histamina podem causar várias desordens, inclusive asma, febre do feno, espirros, secreções nasais, irritações e inchaços da pele, urticária, desordens digestivas e lágrimas. Nós usamos anti-histamínicos para reduzir esses sintomas. Infelizmente, eles têm efeitos colaterais, o mais importante sendo a sonolência. Na verdade, alguns anti-histamínicos são também vendidos como soníferos.

Neste experimento, você preparará soluções de anti-histamínicos de venda livre e pastilhas antigripais. As amostras serão analisadas, assim que preparadas, por um CG-EM, e você usará os resultados para identificar as substâncias anti-histamínicas das pastilhas.

Leitura necessária

Nova: Técnica 22   Cromatografia a Gás, Seção 22.12
       Técnica 28   Espectrometria de Massas
       Técnica 29   Guia da Literatura Química

Instruções especiais

Este experimento requer o uso de um CG-EM. Antes de usá-lo, obtenha as instruções de operação. Como opção, seu professor poderá fazer as injeções.

Sugestão para eliminação de resíduos

Coloque todas soluções no recipiente destinado a solventes orgânicos não-halogenados. Se o seu anti-histamínico contiver bronfeniramina ou clorfeniramina, coloque as soluções no recipiente destinado a solventes orgânicos halogenados.

Procedimento

Antes de começar o experimento, lave dois bécheres de 50 mL, uma seringa e um frasco de amostras com tampa de encaixe com etanol de grau CLAE ou espectroscópico. A vidraria deve estar limpa e seca antes da lavagem. Recomenda-se duas lavagens para cada item de vidraria.

Se sua pastilha tem um revestimento colorido, remova-o com uma micro-espátula. Moa a pastilha até um pó fino usando um gral e um pistilo. Pese 0,100 g, aproximadamente, do pó em um bécher de 50 mL, previamente lavado com etanol. Adicione 10 mL de etanol de grau CLAE ao bécher e deixe a solução em repouso, coberta, por vários minutos. Passe a solução por gravidade, por um filtro pregueado, para um outro bécher de 50 mL previamente lavado.

Encha uma seringa de 5 mL (sem a agulha), previamente lavada, com a solução filtrada, coloque um cartucho filtrante de 0,45 μm na seringa e passe a solução por ele diretamente para o frasco de amostra previamente lavado. Repita o processo com uma nova porção da solução. Cubra o topo do frasco de amostra com um quadrado de folha de alumínio e feche o frasco com a tampa por cima da folha. Identifique o frasco e guarde-o no refrigerador.

Analise a amostra por cromatografia a gás-espectrometria de massas. Seu professor ou o assistente de laboratório pode fazer as injeções ou deixar que você as faça. No último caso, o professor dará de antemão as instruções adequadas. Um tamanho de amostra razoável é 2 μL. Injete a amostra no cromatógrafo e obtenha o registro do cromatograma total de íons juntamente com o espectro de massas de cada componente. Você deve, também, obter o resultado de uma pesquisa no banco de dados do instrumento para cada componente.

A pesquisa no banco de dados dará a você uma lista dos componentes detectados em sua amostra, o tempo de retenção e a área relativa de cada componente. Os resultados incluirão outras substâncias possíveis que o computador tentou comparar com o espectro de massas de cada componente. Esta lista – às vezes chamada de lista dos possíveis acertos – inclui o nome de cada composto, seu número de registro no Chemical Abstracts (número CAS) e uma medida da "qualidade" ("confiança") expressa como percentagem. O parâmetro de "qualidade" estima o grau de aproximação entre o espectro de massas da substância da lista e o espectro do componente do cromatograma analisado.

Identifique, em seu relatório, os componentes importantes da amostra, dando seu nome e sua fórmula estrutural. Talvez você tenha de usar o número CAS para encontrar o nome completo e a estrutura do composto (Técnica 29, Seção 29.11, página 842). Você talvez precise usar um banco de dados computadorizado para obter a informação necessária ou talvez possa encontrá-la no *Aldrich Handbook of Fine Chemicals*, publicado pela Aldrich Chemical Company. As edições recentes deste catálogo incluem listas de substâncias ordenadas pelo número CAS. Coloque também, em seu relatório, a percentagem relativa da substância no extrato da pastilha. Por fim, seu professor pode pedir que você inclua o parâmetro "qualidade" da lista de compostos possíveis. Estabeleça, se puder, os componentes que têm atividade anti-histamínica e quais estão presentes por outro motivo. O *The Merck Index* pode lhe dar esta informação.

EXPERIMENTO 61

Carbonação de um Halogeneto Aromático Desconhecido

Reação de Grignard
Cristalização e ponto de fusão
Projeto de aluno
Identificação de um desconhecido
RMN de carbono-13 e hidrogênio (opcional)

Neste experimento, você receberá um halogeneto aromático desconhecido. Seu projeto é convertê-lo em um ácido carboxílico usando a reação de Grignard.

Converta o halogeneto desconhecido a ácido carboxílico, purifique o ácido bruto por cristalização, determine seu ponto de fusão e identifique o composto de partida baseado no ponto de fusão do derivado ácido. Se for a opção de seu professor, use a espectroscopia de RMN em seu produto ou no composto inicial.

Ph–Br (Substituintes) →[Faça o reagente de Grignard e adicione CO_2]→ Ph–C(=O)–OH (Substituintes)

Você receberá um dos desconhecidos mostrados nas duas listas seguintes. Os compostos da Lista A podem ser identificados pelo ponto de fusão do ácido carboxílico que você obterá, sem necessidade de outros dados. Se for possível usar RMN (especialmente RMN de carbono-13), seu professor poderá expandir a lista de possíveis desconhecidos incluindo a Lista B.

Lista A[1]		Lista B[1,2]	
Composto de bromo	PF do ácido	Composto de bromo	PF do ácido
2-bromo-anisol	98–100	1-bromo-4-butil-benzeno	100–113
3-bromo-anisol	106–108	2-bromo-tolueno	103–105
1-bromo-2,4-dimetil-benzeno	124–126	3-bromo-tolueno	108–110
1-bromo-2,5-dimetil-benzeno	132–134	1-bromo-2,6-dimetil-benzeno	114–116
1-bromo-4-propil-benzeno	142–144	1-bromo-2,3-dimetil-benzeno	145–147
1-bromo-2,4,6-trimetil-benzeno	154–155	4-bromo-tolueno	180–182
1-bromo-4-*t*-butil-benzeno	165–167		
1-bromo-3,5-dimetil-benzeno	172–174		
4-bromo-anisol	182–185		

[1]Exceto para os halogenetos baseados em anisol e tolueno, os compostos de ambas as listas foram nomeados de forma coerente, de modo que o átomo de bromo receba a mesma prioridade do grupo ácido carboxílico que o substituirá. Em vários casos, portanto, o nome utilizado não é correto do ponto de vista da nomenclatura da IUPAC.

[2]Estes compostos só podem ser usados se a RMN estiver disponível. Eles não podem ser distinguidos dos da coluna A somente pelo ponto de fusão.

Leitura necessária

Revisão: Técnica 11 Cristalização: Purificação de Sólidos
Técnica 25 Espectroscopia de Infravermelho, Seções 25.4, 25.5 e 25.14
Técnica 26 Espectroscopia de Ressonância Magnética Nuclear, Seções 26.1, 26.2 e 26.13
Técnica 27 Espectroscopia de Ressonância Magnética Nuclear de Carbono-13, Seções 27.1 e 27.7

Instruções especiais

Se você for incapaz de identificar seu produto com base no ponto de fusão, você poderá ter de utilizar a espectroscopia de RMN.

Notas para o professor

Este experimento exigirá muita ajuda individual aos estudantes. Em conseqüência, pode ser muito difícil usá-lo com uma turma muito grande. É uma boa idéia fazer com que os estudantes preparem e apresentem seus procedimentos para aprovação antes de começar o trabalho experimental. Este experimento pode exigir de três a quatro aulas.

Experimento 61 Carbonação de um halogeneto aromático desconhecido

Certifique-se de que os halogenetos que você vai usar têm pelo menos 90% de pureza. Evite produtos químicos de grau técnico, ou os estudantes terão dificuldades para obter um bom ponto de fusão. Os compostos listados têm nomes incomuns no catálogo da Aldrich (tais como 3-bromo-o-xileno). Use o *Instructor Manual* para instruções sobre como encomendar os compostos.

Procedimento

Você deverá propor todo o procedimento experimental e as quantidades de reagentes. Você deverá também preparar um esquema de separação. Apresente seu plano ao professor para aprovação antes de começar o trabalho. Pode ser útil consultar o Experimento 36B, muito parecido com este.

Imagine que seu desconhecido tem peso molecular de cerca de 200 unidades de massa e que você deve usar cerca de 3 g do halogeneto inicial. Verifique, porém, a estequiometria e use uma quantidade razoável de magnésio. Para poder determinar um ponto de fusão acurado, assegure-se de que o composto está puro e seco. Pode ser necessário cristalizar seu produto mais de uma vez. Muitos ácidos carboxílicos podem ser cristalizados com água ou com um solvente misto etanol-água. Recomenda-se que você consulte o *The Merck Index*, o *Handbook of Chemistry and Physics* ou um manual de laboratório para determinar o melhor solvente para as cristalizações finais.

ESPECTROSCOPIA

Espectro de Infravermelho. Obtenha um espectro de infravermelho para verificar se o produto é um ácido carboxílico. Os produtos são sólidos, e a melhor maneira de obter o espectro de infravermelho é usar uma pastilha de KBr (Técnica 25, Seção 25.5, página 742) ou a técnica do filme sólido (Técnica 25, Seção 25.4, página 742).

Espectro de RMN. Se o professor pedir que você determine os espectros de RMN de seu produto, verifique a solubilidade em $CHCl_3$. Se ele se dissolver em $CHCl_3$, provavelmente será solúvel em $CDCl_3$, o solvente usual da RMN. Entretanto, muitos ácidos não se dissolvem em $CDCl_3$. O solvente comercial chamado Unisol[1] (uma mistura de $CDCl_3$ e DMSO-d_6) dissolverá a maior parte dos ácidos carboxílicos, mas não, todos. Se o produto não se dissolver em Unisol, use uma solução de NaOD em D_2O (veja a página 774). Se possível, determine também o espectro de RMN de carbono-13.

RELATÓRIO

O relatório deve incluir a equação balanceada da preparação do ácido. Você deve calcular os rendimentos percentuais teóricos e experimentais. Descreva o procedimento completo como se você estivesse fazendo o experimento. Inclua os resultados da(s) determinação(ões) e compare-o(s) com o resultado esperado.

Inclua um espectro de infravermelho de seu produto e interprete os picos de absorção principais. Tente usar as bandas de harmônicas e fora do plano para explicar o modo de substituição do anel. Se você determinou os espectros de RMN, inclua-os juntamente com a interpretação dos picos e os modos de desdobramento. Veja se consegue obter um diagrama de árvore completo para o anel aromático.

---

[1] Unisol é uma mistura de clorofórmio-d e DMSO-d_6, disponível em Norell, Inc., 120 Marlin Lane, Mays Landing, NJ 08330, EUA.

EXPERIMENTO 62

O Enigma do Aldeído

> Química do aldeído
> Extração
> Cristalização
> Espectroscopia
> Proposição de um procedimento
> Aplicação do pensamento crítico

A mistura de reação deste experimento contém 4-cloro-benzaldeído, metanol e hidróxido de potássio em água. Ocorre uma reação que produz dois compostos orgânicos, o composto 1 e o composto 2. Ambos são sólidos na temperatura normal. Seu problema é isolar, purificar e identificar estes compostos. Um procedimento específico de preparação é dado, mas você terá de resolver como proceder nas demais partes do experimento.

Instruções especiais

Se o experimento for feito em pares, trabalhem como um time, dividindo as tarefas de forma equitativa. Uma divisão lógica é um estudante trabalhar com o composto 1, e o outro, com o composto 2. Trabalhando em pares ou não, será preciso planejar cuidadosamente as tarefas antes de ir ao laboratório, para fazer uso eficiente do tempo da aula.

Sugestão para eliminação de resíduos

Coloque todos os filtrados no recipiente designado para os resíduos orgânicos halogenados.

Procedimento

Este procedimento deve produzir uma quantidade suficiente de cada composto para que se possa completar o experimento. Em alguns casos, entretanto, será necessário repetir a reação. Embora este experimento possa ser feito por um único aluno, ele funciona especialmente bem quando dois estudantes trabalham juntos.

> **Cuidado:** Certifique-se de que a vidraria não está contaminada com acetona. Ela interferirá com a reação desejada.

Corrida da Reação. Coloque 1,50 g de 4-cloro-benzaldeído e 4,0 mL de metanol em um balão de fundo redondo de 25 mL. Com agitação cuidadosa (por rotação), use uma pipeta Pasteur para adicionar 4,0 mL de uma solução de hidróxido de potássio em água ao conteúdo do balão.[1] *Evite molhar as juntas de vidro com a solução de hidróxido de potássio!*. Coloque uma barra de agitação no balão e ligue um condensador resfriado a água. Use um banho de água para aquecer a mistura de reação em cerca de 65°C, com agitação, por 1 hora. Esfrie a mistura até a temperatura normal e adicione mais 10 mL de água para ajudar a transferência para o bécher.

---

[1] Dissolva 61,7 g de hidróxido de potássio em 100 mL de água.

Use um funil de separação para extrair a mistura de reação com 10 mL de cloreto de metileno. Transfira a camada orgânica (inferior), para outro recipiente. Extraia a camada de água com uma segunda porção de 10 mL de cloreto de metileno. Combine as camadas orgânicas. A camada orgânica contém o composto 1 e a camada de água contém o composto 2.

Camada Orgânica. Lave a camada orgânica duas vezes com porções de 10 mL de uma solução de bicarbonato de sódio a 5% em água. Lave depois a camada orgânica com um volume igual de água. Se ocorrer formação de emulsão, quebre-a com um pouco de uma solução saturada de cloreto de sódio. Seque a camada orgânica por 10-15 minutos sobre sulfato de sódio anidro em grãos. Após a remoção do agente de secagem, a solução seca deve conter somente o cloreto de metileno e o composto 1. Remova o cloreto de metileno para isolar o composto 1.

Purifique o composto 1 por cristalização. Veja "Testando Solventes para Cristalização", Técnica 11, Seção 11.6, para instruções sobre como escolher um solvente apropriado. Você deveria tentar etanol a 95% e xileno. Após a determinação do melhor solvente, cristalize o composto usando um banho de água em 70°C para aquecimento. Isto evita a fusão do sólido. Identifique o composto 1 usando as técnicas apropriadas dadas na próxima seção, "Identificação de Compostos".

Camada de Água. Para precipitar o composto 2, adicione 10 mL de água gelada e acidifique com HCl 6 M. Ao adicionar o ácido, agite a mistura. Não adicione ácido em excesso. Um pH 3 ou 4 é suficiente. Se não ocorrer precipitação, adicione uma solução saturada de NaCl para ajudar o processo. Isto é chamado de deslocamento com sal ("salting out"). Isole o composto 2 e seque-o em estufa em cerca de 110°C. Purifique-o por cristalização (veja a Técnica 11, Seção 11.6). Tente metanol e etanol a 95%. Após determinar o melhor solvente, purifique o composto e identifique o sólido puro usando as técnicas apropriadas dadas na próxima seção, "Identificação de Compostos".

IDENTIFICAÇÃO DE COMPOSTOS

Identifique os compostos 1 e 2 usando uma das técnicas seguintes:
1. *Ponto de fusão*: Consulte um manual de laboratório para obter os valores aceitáveis.
2. *Espectroscopia de infravermelho:* Dê preferência às pastilhas de KBr.
3. *RMN de hidrogênio e carbono-13:* O composto 1 dissolve-se facilmente em $CDCl_3$. Use DMSO deuterado ou Unisol para dissolver o composto 2.[2]
4. *Testes químicos "úmidos"*: Alguns dos testes listados no Experimento 55, como os testes de solubilidade, o teste de Beilstein para halogenetos e outros que você achar apropriados, podem ser úteis.
5. *Propriedades físicas*: A cor e a forma dos cristais podem ser informações úteis.

RELATÓRIO

Descreva o procedimento completo que você usou para sintetizar e isolar os compostos 1 e 2. Descreva os resultados experimentais que levaram à escolha de um bom solvente de cristalização para os dois compostos. Dê as estruturas dos compostos 1 e 2. Dê os dados de ponto de fusão e os resultados de outros testes usados na identificação dos dois compostos. Identifique os picos significativos do espectro de infravermelho e de RMN de hidrogênio e carbono-13. Mostre claramente como todos estes resutados confirmam a identidade dos dois compostos. Escreva uma equação balanceada para a síntese dos compostos 1 e 2. Que tipo de reação é essa? Proponha um mecanismo para a reação. Determine o rendimento percentual de cada um dos compostos.

---

[2] Unisol é uma mistura de clorofórmio-d e DMSO-d_6, disponível em Norell, Inc., 120 Marlin Lane, Mays Landing, NJ 08330, EUA.

EXPERIMENTO 63

Síntese de Chalconas Substituídas: Uma Experiência de Pesquisa Orientada

Cristalização
Condensação de aldol
Uso da literatura química
Experimentos orientados para projetos

Você foi apresentado, no Experimento 38, à **reação de condensação de aldol**, que você usou para preparar um certo número de **benzalacetofenonas** ou **chalconas**. Você preparará chalconas, novamente, no presente experimento, mas neste caso você o fará a fim de responder a perguntas, um processo que simula, de certa forma, a metodologia que você provavelmente usaria em pesquisas.

Você selecionará um de vários benzaldeídos (1) e acetofenonas substituídas (2) e preparará benzalacetofenonas (chalconas) (3) com uma dada combinação de substituintes nos anéis aromáticos (veja a figura).

Uma vez selecionados os compostos de partida, você determinará a estrutura completa e a fórmula molecular do produto de condensação que você espera obter na reação. De posse desta informação, você poderá fazer uma pesquisa da literatura pela rede no *Chemical Abstracts* usando **STN Easy**. A pesquisa lhe fornecerá o nome completo de sua chalcona, seu número de registro CAS e citações da literatura pertinente, inclusive pontos de fusão, espectros de infravermelho e de RMN.

A etapa final será a preparação da chalcona e a comparação de suas propriedades com as dadas na literatura.

O objetivo deste experimento é mostrar-lhe muitas das atividades que você provavelmente encontrará em pesquisa química. Elas incluem o exame de uma molécula-alvo, a seleção dos materiais de partida, a pesquisa na literatura química primária, a síntese do composto desejado no laboratório e a caracterização (inclusive uma comparação das propriedades físicas do produto com valores publicados em artigos de revistas científicas ou em outras tabelas de dados).

Experimento 63 Síntese de chalconas substituídas: uma experiência de pesquisa orientada

Leitura necessária

Revisão: Técnica 8   Filtração, Seção 8.3
         Técnica 11 Cristalização: Purificação de Sólidos, Seção 11.3

Nova: Técnica 29 Guia da Literatura Química

Instruções especiais

Selecione, antes de começar o experimento, um benzaldeído substituído e uma acetofenona substituída. O professor dirá como fazê-lo. Inscreva-se, também, para uma sessão de computador com STN Easy. Seu professor dará as instruções para a pesquisa via computador. Antes de usar o computador, estabeleça a estrutura da molécula-alvo e determine sua fórmula molecular.

Lembre-se de que as soluções de hidróxido de sódio são cáusticas. Tenha cuidado ao manusear os benzaldeídos e as acetofenonas substituídos. Use equipamentos de proteção e trabalhe em uma área bem-ventilada.

Sugestão para eliminação de resíduos

Todos os fitrados devem ser colocados em um recipiente reservado aos resíduos orgânicos não-halogenados. Seu professor pode determinar outro modo de coleta dos resíduos deste experimento.

Notas para o professor

É melhor sugerir este projeto duas ou três semanas antes da síntese da chalcona para permitir que os alunos possam pesquisar a literatura. Você terá de desenvolver uma metodologia de escolha do composto-alvo pelos estudantes. Você também terá de reservar tempo, para a pesquisa computadorizada do *Chemical Abstracts*. Recomendamos que você prepare notas que descrevam como usar o *Chemical Abstracts* com o STN Easy. As notas deveriam guiar os estudantes no processo de encontrar o número de registro do composto-alvo e as referências pertinentes, com particular atenção às referências que descrevem a preparação do composto. Por fim, você terá de determinar se deseja um relatório formal de laboratório ou não, e que formato ele deve ter.

Procedimento

Antes de começar a síntese de sua chalcona, determine sua estrutura e sua fórmula molecular e faça a pesquisa computadorizada do *Chemical Abstracts*, de acordo com as instruções dadas pelo professor.

Corrida da Reação. Coloque 0,005 moles do aldeído substituído em um frasco de Erlenmeyer de peso conhecido e determine o peso do reagente.

Adicione ao aldeído 0,005 moles da acetofenona substituída e 4,0 mL de etanol a 95%. Coloque uma barra de agitação magnética no frasco. Agite o frasco, por rotação, para misturar os reagentes e dissolver os sólidos presentes. Pode ser necessário aquecer a mistura em um banho de vapor ou em uma placa para dissolver os sólidos. Se isto acontecer, deixe a mistura voltar à temperatura normal antes de passar à próxima etapa.

Adicione 0,5 mL de uma solução de hidróxido de sódio à mistura de benzaldeído e acetofenona.[1] Coloque o frasco de Erlenmeyer em um agitador magnético e deixe agitar por 15 minutos ou até que a mistura se solidifique ou fique muito turva.

---

[1] Este reagente deve ser preparado de antemão pelo professor, na razão de 6,0 g de hidróxido de sódio para 10 mL de água.

Se a mistura não solidificar, continue agitando, *o mais vigorosamente possível*, até que ela se solidifique. Talvez seja necessário aquecer a mistura de reação em um banho de água quente para completar a reação de condensação.

Isolamento do Produto Bruto. Coloque 10 mL de água gelada no frasco. Se um sólido tiver precipitado neste ponto, use uma espátula para quebrar a massa sólida. Se um óleo se formar, agite a mistura até que ele se solidifique. Transfira a mistura para um bécher contendo 15 mL de água gelada. Agite o precipitado para quebrá-lo e colete o sólido em um funil de Büchner. Lave o produto com água gelada. Deixe o sólido secar ao ar por cerca de 30 minutos.

Cristalização. Cristalize todas as suas amostras com etanol quente a 95%. A cristalização exigirá cerca de 12 mL de etanol por grama de sólido, mas você terá de usar as técnicas de cristalização introduzidas no Experimento 2 (página 29) para determinar a quantidade precisa de etanol quente a usar. Após a secagem completa dos cristais, pese os sólidos, determine o rendimento percentual e determine o ponto de fusão.

Relatório de Laboratório. Por opção do professor, obtenha os espectros de infravermelho e de RMN de hidrogênio e carbono-13 de seu produto. Seu professor pode lhe pedir um relatório formal de laboratório. Neste caso, use o formato sugerido por ele ou baseie seu relatório no estilo do *Journal of Organic Chemistry* (veja a Técnica 29).

Inclua a equação balanceada da reação em seu relatório. Entregue ao professor a amostra purificada de sua chalcona em um frasco identificado.

REFERÊNCIA

Vyvyan, J. R., Pavia, D. L., Lampman, G. M., and Kriz, G. S. "Preparing Students for Research: Synthesis of Substituted Chalcones as a Comprehensive Guided-Inquiry Experience." *Journal of Chemical Education*, 79 (September 2002): 1119–1121.

EXPERIMENTO 64

Reações de Michael e Condensação de Aldol

Condensação de aldol
Reação de Michael (adição conjugada)
Cristalização
Proposição de um procedimento
Aplicação do pensamento crítico

No Experimento 38 ("A Reação de Condensação de Aldol: Preparação de Benzalacetofenonas"), benzaldeídos substituídos reagem com a acetofenona para formar benzalacetofenonas (chalconas) em uma reação de aldol cruzada. Isto é ilustrado pela seguinte reação, em que Ar e Ph são usados como abreviação de um anel de benzeno e do grupo fenila, respectivamente:

$$\underset{\text{Um benzaldeído}}{\text{Ar}-\underset{\text{O}}{\overset{\text{H}}{\text{C}}}} + \underset{\text{Acetofenona}}{CH_3-\overset{\text{O}}{\underset{\|}{C}}-Ph} \xrightarrow{OH^-} \underset{\text{Uma \emph{trans}-chalcona}}{Ar-\overset{H}{\underset{\underset{H}{C}}{C}}=\overset{O}{\underset{\|}{C}}-Ph}$$

Experimento 64 Reações de Michael e condensação de Aldol

O Experimento 39 envolve a reação entre o acetoacetato de etila e a *trans*-chalcona na presença de base. Nas condições deste experimento, ocorre uma seqüência de três reações: uma adição de Michael seguida por uma reação de aldol interna e por uma desidratação.

O objetivo deste experimento é combinar as reações introduzidas nos Experimentos 38 e 39 na forma de um projeto. Começando com um dentre quatro benzaldeídos substituídos possíveis, você sintetizará uma chalcona usando o procedimento dado no Experimento 38 e, após obter o ponto de fusão do produto, para verificar se esta etapa está completa, fará uma reação de Michael/aldol com a chalcona e o acetoacetato de etila, seguindo o procedimento dado no Experimento 39. A identidade do composto final será confirmada pelo ponto de fusão e, possivelmente, por espectroscopia de infravermelho e de RMN.

Você receberá um dos aldeídos aromáticos da seguinte lista, que inclui os pontos de fusão da chalcona correspondente e o produto da reação de Michael/aldol:

Aldeído	Chalcona (pf, °C)	Produto Michael/Aldol (pf, °C)
4-Cloro-benzaldeído	114–115	141–143
4-Metóxi-benzaldeído	73–74	106–108
4-Metil-benzaldeído	92–94	139–142
Piperonaldeído	121–122	146–147

Leitura necessária

Revisão: Técnica 11 Cristalização: Purificação de Sólidos

Sugestão para eliminação de resíduos

Se o composto de partida for o 4-cloro-benzaldeído, todos os filtrados devem ser colocados no recipiente destinado aos rejeitos orgânicos halogenados. Se você estiver usando um dos outros três aldeídos, coloque todos os filtrados no recipiente destinado aos resíduos orgânicos não-halogenados.

Notas para o professor

Este experimento exigirá muita ajuda individual aos estudantes. Em conseqüência, pode ser muito difícil usá-lo com uma turma muito grande. É uma boa idéia fazer com que os estudantes preparem e apresentem seus procedimentos para aprovação antes de começar o trabalho experimental. As chalconas devem ser reduzidas a pó fino antes de serem usadas na segunda parte do experimento.

Você pode decidir que os estudantes façam reagir o acetoacetato de etila com uma das chalconas sintetizadas no Experimento 63. Como o produto da reação pode dar um produto de Michael/aldol desconhecido, o estudante terá a oportunidade de fazer pesquisa original. Pode-se incorporar uma busca na literatura a este exercício para saber se o composto já foi sintetizado.

Procedimento

Seu professor lhe dará um dos benzaldeídos da tabela da página anterior para uso neste experimento. Para preparar a chalcona, veja o procedimento do Experimento 38 (página 279). Para converter a chalcona ao produto de Michael/aldol, ver procedimento do Experimento 39 (página 283). Use estes experimentos como guia para projetar o procedimento experimental a ser usado, juntamente com as quantidades de reagentes. Reduza a chalcona a um pó fino antes de usá-la na segunda parte do experimento.

Siga os procedimentos dos Experimentos 38 e 39 o mais de perto possível, fazendo os ajustes de escala apropriados. Se um dos procedimentos não funcionar, você pode ter de modificá-lo e refazer o experimento. Um procedimento que não funcionou será indicado, muito provavelmente, pelo ponto de fusão ou pelos dados espectroscópicos. O problema que você provavelmente encontrará na preparação da chalcona é a dificuldade de fazer o produto da reação solidificar. A reação de Michael/aldol é mais complicada porque existem dois compostos intermediários que podem estar presentes em quantidades apreciáveis na amostra final. Se for o caso, o ponto de fusão e o espectro de infravermelho podem explicar o que aconteceu. É possível que você tenha de aumentar o tempo de reação nesta parte do experimento.

Preste atenção à escala para preparar a chalcona em quantidade suficiente, na próxima etapa, para acabar com uma quantidade razoável do produto final, cerca de 0,3-0,6 g. É possível, portanto, que as quantidades de reagentes dadas nos Experimentos 38 e 39 tenham de ser ajustadas. Se tiver de alterar a escala de um dos experimentos, assegure-se de que você ajustou as quantidades de todos os reagentes proporcionalmente. Faça as alterações necessárias na vidraria. Ao tomar a decisão inicial sobre a escala, imagine que o rendimento percentual da chalcona depois da cristalização será de cerca de 50%. Imagine, também, que o procedimento do Experimento 39 dará um rendimento da ordem de 50%.

Para determinar o ponto de fusão acurado da chalcona ou do produto final, a amostra deve estar pura e seca. Na maior parte dos casos, etanol a 95% pode ser usado para cristalizar estes compostos. Se isto não funcionar, você pode usar o procedimento da Técnica 11, Seção 11.6, para achar um solvente apropriado. Outros solventes a experimentar incluem metanol ou uma mistura de etanol e água. Se você não conseguir encontrar um solvente, consulte o professor.

É particularmente importante que a chalcona esteja muito pura antes de passar à próxima etapa. Se o ponto de fusão após a cristalização não estiver dentro da faixa de 3-4°C em torno do ponto de fusão dado na tabela da página 467, você terá de recristalizar o material.

ESPECTROSCOPIA

Espectro de Infravermelho. Obtenha o espectro de infravermelho da chalcona e do produto final para verificar a identidade de cada produto da seqüência de reação. Use o método do filme seco (Técnica 25, Seção 25.4, páginas 842-843) ou o da pastilha de KBr (Técnica 25, Seção 25.5, página 742). No caso do produto de Michael/aldol, você deve observar absorbâncias em cerca de 1.735 e 1.660 cm^{-1}, que correspondem aos grupos carbonila e enona, respectivamente.

Espectro de RMN. Seu professor pode pedir-lhe que obtenha os espectros de RMN de hidrogênio e de carbono-13 dos produtos. Eles podem ser obtidos em $CDCl_3$. Alguns dos sinais esperados podem ser determinados por referência aos dados experimentais dados na nota de rodapé da página 285. Embora esses dados sejam de um composto ligeiramente diferente, muitos dos sinais terão desdobramentos e deslocamentos químicos semelhantes.

RELATÓRIO

O relatório deve incluir as equações balanceadas da preparação da chalcona e do produto de Michael/aldol. Calcule os rendimentos teórico e percentual de cada etapa. Escreva o procedimento completo como você realmente o fez. Inclua os resultados da determinação dos pontos de fusão e compare-os com os valores esperados.

Inclua os espectros de infravermelho com a interpretação dos picos de absorção mais importantes. Se você obteve os espectros de RMN, inclua-os, juntamente com a interpretação dos picos e com os modos de desdobramento.

REFERÊNCIA

Garcia-Raso, A., Garcia-Raso, J., Campaner, B., Maestres, R., and Sinisterra, J. V. "An Improved Procedure for the Michael Reaction of Chalcones." *Synthesis* (1982): 1037.

EXPERIMENTO 65

Reações de Esterificação da Vanilina: Uso de RMN na Determinação de uma Estrutura

Esterificação
Cristalização
Ressonancia Magnética Nuclear
Aplicação do pensamento crítico

A reação da vanilina com o anidrido acético na presença de base é um exemplo da esterificação de um fenol. O produto, um sólido branco, pode ser caracterizado por seus espectros de infravermelho e de RMN.

O Experimento 65 baseia-se em um trabalho apresentado na 12th Biennial Conference on Chemical Education, Davis, California, EUA, 2-7 de agosto, 1992, pela Professora Rosemary Fowler, Cottey College, Nevada, Missouri, EUA. Os autores agradecem à Professora Fowler pela generosidade em partilhar suas idéias.

Quando a vanilina é esterificada com anidrido acético sob condições ácidas, entretanto, o produto isolado tem ponto de fusão e espectros diferentes. O objetivo deste experimento é identificar os produtos formados nestas reações e propor mecanismos que justifiquem a diferença de produtos em condições básicas e ácidas.

Leitura necessária

Revisão: Técnicas 8, 11, 25 e 26.

Você deveria ler também as seções de seu livro-texto teórico que tratam da formação de ésteres e das reações de adição nucleofílica de aldeídos.

Instruções especiais

O ácido sulfúrico é muito corrosivo. Não deixe que ele entre em contato com sua pele.

Sugestão para eliminação de resíduos

Todos os filtrados e resíduos orgânicos devem ser colocados no recipiente destinado a resíduos orgânicos não-halogenados. Coloque as soluções usadas na espectroscopia de RMN no recipiente destinado aos resíduos orgânicos halogenados.

Procedimento

Preparação do 4-Acetóxi-3-metóxi-benzaldeído (Acetato de Vanilila). Use um frasco de Erlenmeyer de 250 mL para dissolver 1,50 g de vanilina em 25 mL de hidróxido de sódio a 10%. Adicione 30 g de gelo pilado e 4,0 mL de anidrido acético. Tampe o frasco com uma rolha limpa de borracha e agite-o várias vezes em um período de 20 minutos. Haverá formação imediata de um precipitado branco-leitoso quando o anidrido acético for adicionado. Filtre o precipitado usando um funil de Hirsch ou um funil de Büchner pequeno e lave o sólido com três porções de 5 mL de água gelada.

Recristalize o sólido a partir de álcool etílico a 95%. Aqueça a mistura em um banho de água quente, em cerca de 60°C, para evitar a fusão do sólido. Pese os cristais secos e calcule o rendimento percentual. Obtenha o ponto de fusão (literatura, 77-78°C). Determine o espectro de infravermelho do produto pelo método do filme seco. Determine o espectro de RMN do produto em $CDCl_3$. Use os dados dos espectros para confirmar que a estrutura do produto é coerente com o resultado predito.

Esterificação da Vanilina na Presença de Ácido. Use um frasco de Erlenmeyer de 125 mL para dissolver 1,50 g de vanilina em 10 mL de anidrido acético. Coloque uma barra de agitação magnética no frasco e agite a mistura à temperatura normal até que o sólido se dissolva. Continue agitando a mistura e adicione 10 gotas de ácido sulfúrico 1,0 M. Tampe o frasco e agite-o à temperatura normal por 1 hora. Durante este período, a solução tomará a cor púrpura ou púrpura-laranja.

Ao final do tempo de reação, esfrie o frasco em um banho de água e gelo durante 4-5 minutos. Adicione 35 mL de água gelada à mistura que está no frasco. Tampe bem o frasco com uma rolha limpa de borracha e, com o dedo polegar sobre a rolha, agite-o vigorosamente – o mais forte que puder! Continue a esfriar e a agitar o frasco para induzir a cristalização. Você saberá que isto aconteceu quando puder observar pequenos aglomerados sólidos se separando do líquido turvo e se acumulando no fundo do frasco. (Se a cristalização não ocorrer após 10-15 minutos, talvez seja necessário semear a mistura com um pequeno cristal do produto.) Filtre o produto em um funil de Hirsch ou em um funil de Büchner pequeno e lave o sólido com três porções de 5 mL de água gelada.

Recristalize o produto bruto a partir de etanol quente a 95%. Deixe secar os cristais. Pese os cristais secos, calcule o rendimento percentual e determine o ponto de fusão (literatura, 90-91°C). Obtenha o espectro de infravermelho do produto pelo método do filme seco. Determine o espectro de RMN de hidrogênio do produto em $CDCl_3$.

RELATÓRIO

Compare os dois conjuntos de espectros dos produtos, obtidos em meio básico e ácido. Use os espectros para identificar as estruturas dos compostos formados em cada reação. Obtenha os pontos de fusão e compare-os com os valores da literatura. Escreva equações balanceadas para as reações e calcule os rendimentos percentuais. Sugira mecanismos que expliquem a formação dos produtos isolados neste experimento.

EXPERIMENTO 66
Um Problema de Oxidação

Oxidação de álcoois
Espectroscopia de infravermelho
Aplicação do pensamento crítico

O hipoclorito de sódio em ácido acético é um agente oxidante capaz de transformar álcoois nos aldeídos correspondentes. Neste experimento, você oxidará um diol, o 2-etil-1,3-hexanodiol (1) e usará a espectroscopia de infravermelho para determinar qual dos grupos funcionais álcool foi oxidado.

Você determinará se a oxidação foi seletiva (e em que grupo funcional ela ocorreu) ou se ambos os grupos funcionais foram oxidados. Os resultados possíveis da oxidação são mostrados na figura abaixo. Se somente o álcool primário foi oxidado, será formado o aldeído (2). Se somente o álcool secundário foi oxidado, o produto será a cetona (3). Se as duas funções álcool forem oxidadas, o composto (4) será obtido. Sua tarefa é usar a espectroscopia de infravermelho para determinar a estrutura do produto e decidir qual desses três resultados possíveis foi obtido.

Leitura necessária

Revisão: Técnicas 12 e 25

Instruções especiais

O ácido acético glacial é corrosivo e pode queimar a pele e as mucosas do nariz e da boca. Os vapores também são perigosos. Use-o em capela e porte equipamento de proteção. Evite contato com a pele, olhos e roupa. O hipoclorito de sódio emite gás cloro, que irrita os olhos e os pulmões. Use-o em uma capela.

O experimento 66 foi adaptado de M. W. Pelter, R. M. Macudzinski, and M. E. Passarelli, "A Microscale Oxidation Puzzle", *Journal of Chemical Education, 77* (November 2000): 1481.

$$\text{HO}-\text{CH}_2-\text{CH}(\text{CH}_2\text{CH}_3)-\text{CH}(\text{OH})-\text{CH}_2-\text{CH}_2-\text{CH}_3$$
1

oxidação do álcool primário

oxidação do álcool secundário

oxidação dos dois álcoois

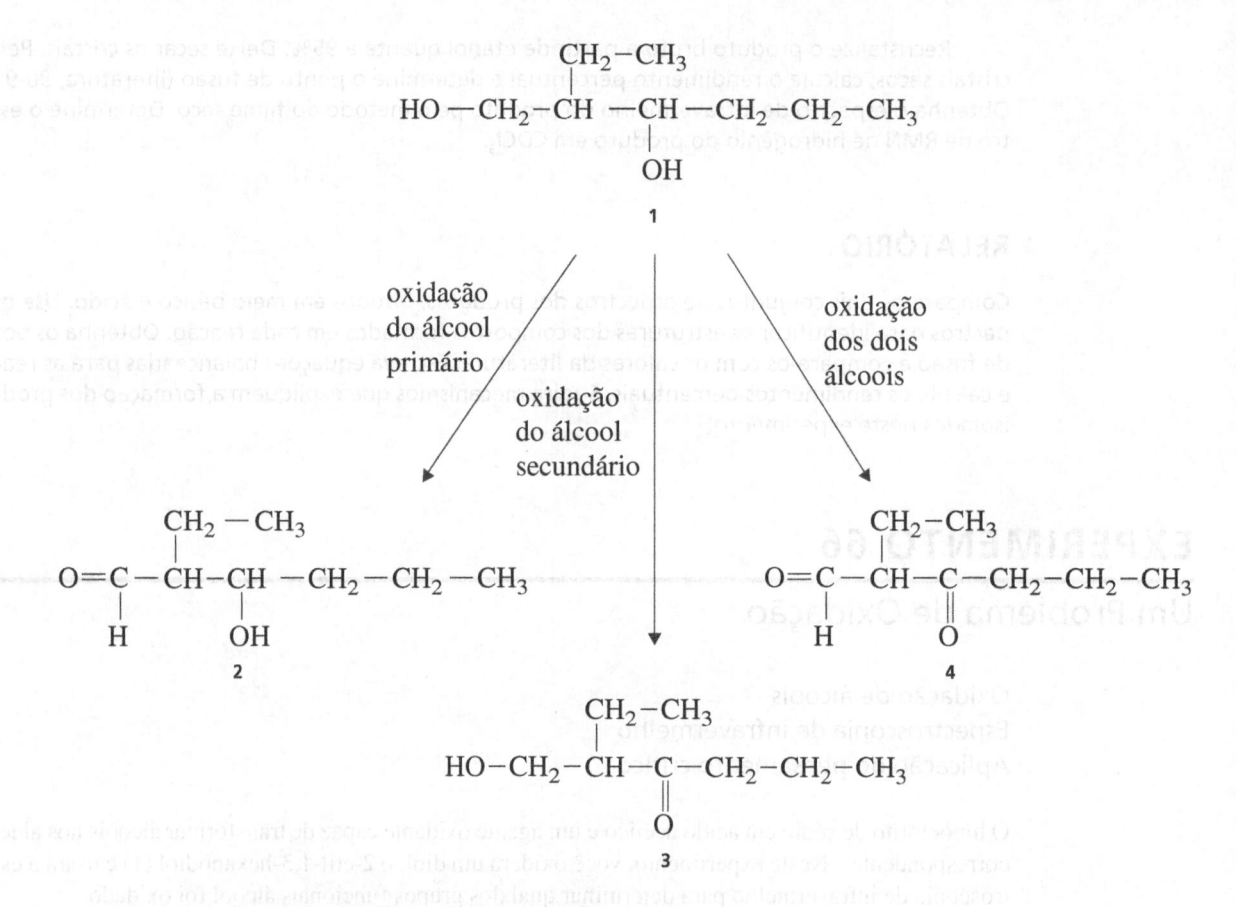

$$\underset{\text{H}}{\text{O}=\text{C}}-\underset{\text{}}{\text{CH}(\text{CH}_2\text{CH}_3)}-\underset{\text{OH}}{\text{CH}}-\text{CH}_2-\text{CH}_2-\text{CH}_3$$
2

$$\underset{\text{H}}{\text{O}=\text{C}}-\text{CH}(\text{CH}_2\text{CH}_3)-\underset{\text{O}}{\text{C}}-\text{CH}_2-\text{CH}_2-\text{CH}_3$$
4

$$\text{HO}-\text{CH}_2-\text{CH}(\text{CH}_2\text{CH}_3)-\underset{\text{O}}{\text{C}}-\text{CH}_2-\text{CH}_2-\text{CH}_3$$
3

Sugestão para eliminação de resíduos

Todas as soluções em água devem ser coletadas em um recipiente próprio. Coloque os líquidos orgânicos nos recipientes destinados aos rejeitos orgânicos não-halogenados. Seu professor pode estabelecer um outro método para a coleta dos rejeitos deste experimento.

Procedimento

Coloque 0,5 mL de 2-etil-1,3-hexanodiol em um frasco de Erlenmeyer *de peso conhecido*. Uma pipeta automática ajudaria a medir esta quantidade do diol. Pese novamente o frasco para determinar o peso do diol adicionado. Coloque 3 mL de ácido acético glacial e uma barra de agitação no frasco. Tenha à disposição um termômetro para acompanhar a temperatura da reação.

Coloque o frasco que contém a mistura em um banho de gelo sobre um agitador magnético. Enquanto a mistura estiver sob agitação, adicione lentamente 3 mL de uma solução de hipoclorito de sódio a 6% em água.[1] Cuidado para não deixar a mistura subir acima de 30°C. Para isto, controle a velocidade de adição do hipoclorito de sódio. Deixe mistura agitar por 1 hora. Para determinar a presença de excesso de hipoclorito, teste a solução periodicamente, colocando uma gota da mistura de reação em uma fita de papel de iodeto de potássio/amido. A cor azul-escuro indica excesso de hipoclorito. Se não houver variação de cor, adicione mais 0,5 mL da solução de hipoclorito, agite por alguns minutos e repita o teste. Continue o processo até que o papel mude de cor.

Quando a reação estiver completa, derrame a mistura em 10-15 mL de gelo e sal. Extraia com três porções de 5 mL de dietil-éter. Pode ser conveniente fazer a extração em um tubo de centrí-

---

[1] O professor deve ter preparado esta solução de antemão.

fuga de 15 mL em vez de usar um funil de separação (veja a Técnica 12, Seção 12.7, página 605, para a descrição do método). Colete os extratos de éter e lave-os com duas porções de 3 mL de uma solução saturada de carbonato de sódio em água, seguido de duas porções de 3 mL de uma solução de hidróxido de sódio a 5% em água. A camada de éter deve estar básica quando testada com um pedaço de papel de tornassol vermelho *umedecido*. Se não estiver, lave a camada de éter com outra porção de 3 mL de hidróxido de sódio a 5%.

Seque a camada de éter sobre sulfato de magnésio. Decante ou filtre a solução seca para um frasco de filtração de 25 mL de peso conhecido e remova o solvente sob pressão reduzida (Técnica 7, Seção 7.10, página 545). Determine o espectro de infravermelho do resíduo como uma amostra líquida pura (Técnica 25, Seção 25.2, página 739).

RELATÓRIO

Use o espectro de infravermelho para determinar a estrutura do produto de oxidação (veja as estruturas possíveis dos produtos na página 472). A oxidação foi seletiva? O hipoclorito oxidou as duas funções álcool? Se a oxidação foi seletiva, que grupo funcional foi oxidado?

PARTE SEIS

As Técnicas

TÉCNICA 1

Segurança no Laboratório

Em qualquer disciplina prática, a familiaridade com os conceitos básicos da segurança no laboratório é fundamental. Qualquer laboratório de química, particularmente os de química orgânica, pode ser um lugar perigoso para trabalhar. Entender os perigos em potencial ajudará a reduzir o risco. É sua responsabilidade, juntamente com o professor, assegurar que o trabalho no laboratório seja feito de modo seguro.

1.1 DIRETRIZES DE SEGURANÇA

É vital que você tome as precauções necessárias no laboratório de química orgânica. Seu professor lhe dirá as regras específicas do laboratório em que você trabalhará. As seguintes diretrizes de segurança devem ser observadas em todos os laboratórios de química orgânica.

A. Segurança dos olhos

Use Sempre Óculos de Segurança Aprovados. É essencial proteger os olhos quando você estiver no laboratório. Mesmo quando você não está fazendo um experimento, a pessoa próxima pode se envolver em um acidente que coloque em perigo os seus olhos. Mesmo a lavagem da vidraria pode ser perigosa. Sabemos de um caso em que uma pessoa estava lavando a vidraria quando um pouco de material reativo explodiu, jogando fragmentos nos olhos dela. Para evitar acidentes deste tipo, use sempre óculos de segurança.

Aprenda a Localização do Aparelho de Lavagem dos Olhos. Se o laboratório tem chafarizes para lavagem de olhos, localize o mais próximo antes de começar a trabalhar. Se qualquer produto químico atingir seus olhos vá imediatamente até o chafariz e lave os olhos e a face com grande quantidade de água. Se não existir um chafariz, o laboratório terá, pelo menos, uma pia com uma mangueira flexível. Abra a torneira e dirija a mangueira diretamente para sua face, improvisando um chafariz. Para não ferir os olhos o fluxo de água não deve ser muito alto e a água deve estar ligeiramente morna.

B. Fogo

Tenha Cuidado com Chamas no Laboratório. Como o laboratório de química orgânica lida com solventes orgânicos inflamáveis, o perigo de incêndio está sempre presente. Por causa disso, NUNCA FUME NO LABORATÓRIO. Além disto, tenha muito cuidado quando usar fósforos ou chama. Verifique se os seus vizinhos, inclusive do outro lado da bancada e atrás, estão usando solventes inflamáveis. Se estiverem, espere um pouco ou procure um lugar seguro, como uma capela, para usar o fogo. Muitas substâncias orgânicas inflamáveis produzem vapores densos que podem se espalhar pelo chão para longe da bancada. Estes vapores são uma fonte em potencial de incêndio, e você deve ter muito cuidado porque a origem dos vapores pode estar muito longe. Se a bancada tiver uma canaleta, só despeje água nela (jamais solventes inflamáveis!). As canaletas e as pias foram feitas para receber a água – e não, materiais inflamáveis – dos condensadores e trompas d'água.

Localize os Extintores, Chuveiros e Mantas. Para sua própria proteção em caso de incêndio, localize imediatamente o extintor, o chuveiro e a manta mais próximos. Aprenda a operar estes aparelhos de segurança, em particular o extintor. Seu professor pode demonstrar o uso correto.

Se houver um incêndio, a melhor coisa a fazer é se afastar e deixar o professor ou o assistente de laboratório cuidar do problema. NÃO ENTRE EM PÂNICO! O tempo usado para pensar antes de agir nunca é perdido. Um pequeno incêndio em um recipiente pode ser rapidamente extinto com a colocação de uma tela de arame com fibra de cerâmica no centro ou de um vidro de relógio sobre a boca do recipiente. É aconselhável ter por perto uma tela de arame e um vidro de relógio quando estiver usando uma chama. Se este método não funcionar e se não for possível obter a ajuda de uma pessoa mais experiente, use o exintor para apagar o fogo.

Se sua roupa pegar fogo, NÃO CORRA. Ande *com decisão* até o chuveiro ou manta mais próximos. A corrida vai alimentar a chama e intensificá-la.

C. Solventes orgânicos: seus perigos

Evite Contato com Solventes Orgânicos. É essencial lembrar que muitos solventes orgânicos são inflamáveis e queimarão se expostos à chama de um bico de Bunsen ou de um fósforo aceso. Lembre-se, também, de que, sob exposição repetida ou excessiva, alguns solventes podem ser tóxicos, cancerígenos (provocam cânceres) ou ambos. Muitos solventes clorados, por exemplo, acumulam-se no organismo, decompondo o fígado de maneira semelhante à cirrose provocada pelo abuso de álcool. O corpo não consegue livrar-se facilmente dos clorocarbonetos nem é capaz de desintoxicá-los. Eles se acumulam com o tempo e podem causar doenças no futuro. Alguns clorocarbonetos são provavelmente cancerígenos. REDUZA SUA EXPOSIÇÃO AO MÍNIMO. A exposição a benzeno por muito tempo pode causar um tipo de leucemia. Não cheire o benzeno nem deixe que ele toque sua pele. Muitos outros solventes, como o clorofórmio e o éter, são bons anestésicos, e se você respirar muito o seu vapor, acabará dormindo. Eles depois provocam náuseas. Alguns destes solventes têm um efeito sinérgico com etanol, o que aumenta seus efeitos. A piridina causa impotência temporária. Em outras palavras, os solventes orgânicos são tão perigosos como os produtos químicos corrosivos, como o ácido sulfúrico, mas mostram seus efeitos de maneira mais sutil.

Se você estiver grávida, talvez seja melhor seguir esta disciplina em outra ocasião. Como a exposição a vapores de solventes é inevitável, qualquer risco para o feto deve ser prevenido.

Reduza a exposição direta a solventes ao mínimo e trate-os com respeito. O laboratório deve ser bem-ventilado. A manipulação cuidadosa, normal, de solventes não deve causar problemas de saúde. Se você estiver evaporando o solvente em um recipiente aberto, faça-o na capela. O excesso de solvente deve ser coletado em um recipiente adequado, nunca derramado nas pias do laboratório ou na canaleta da bancada.

Uma precaução inteligente é usar luvas quando estiver trabalhando com solventes. Luvas feitas com polietileno não custam caro e dão boa proteção. A desvantagem das luvas de polietileno é que elas são escorregadias. As luvas cirúrgicas descartáveis não têm este problema e permitem segurar melhor a vidraria e outros equipamentos, mas oferecem menos proteção do que as luvas de polietileno. As luvas de nitrilas oferecem melhor proteção (veja a página 479).

Não Respire Vapores de Solvente. Ao verificar o odor de uma substância, seja cuidadoso e não inale uma quantidade grande do material. A técnica usada para cheirar flores não é aconselhável aqui porque você pode inalar quantidades perigosas do composto. É melhor usar uma técnica empregada para cheirar quantidades muito pequenas de uma substância. Passe uma tampa ou uma espátula umedecida com a substância (se for um líquido) por baixo de seu nariz, ou, então, mantenha longe a substância e arraste os vapores em sua direção com a mão. *Nunca* coloque seu nariz na boca do recipiente e *nunca* inale profundamente!

Os perigos associados com os solventes orgânicos que você poderá encontrar no laboratório de química orgânica são discutidos em detalhes a partir da página 487. Se você tomar precauções, a exposição a vapores de solvente será mímima e não representará problema para a saúde.

Transporte Seguro de Produtos Químicos. Quando estiver transportando produtos químicos de um lugar para outro, particularmente de uma sala para outra, sempre use alguma forma de **contenção secundária**. Em outras palavras, transporte as garrafas ou os balões no interior de um recipiente maior. Este recipiente serve para conter o material dos frascos colocados em seu interior em caso de vazamento ou quebra. Os fornecedores de material científico oferecem vários recipientes resistentes a produtos químicos com esta finalidade.

D. Tratamento de resíduos

Não Coloque Resíduos Líquidos ou Sólidos na Pia. Use Recipientes Adequados. Muitas substâncias são tóxicas, inflamáveis e difíceis de degradar. Não é legal nem aconselhável jogar solventes orgânicos ou outros reagentes líquidos ou sólidos pela pia.

A maneira correta de tratar os resíduos é colocá-los em recipientes adequados e identificados. Estes recipientes devem ser colocados nas capelas do laboratório. Os recipientes serão descartados em segurança pelo pessoal qualificado, usando protocolos apropriados.

Instruções específicas para o descarte de resíduos serão dadas pelo pessoal responsável pelo seu laboratório e por regulamentos locais. Dois sistemas alternativos de manipulação de resíduos são apresentados aqui. Para cada experimento que fará, você receberá instruções sobre como descartar todos os resíduos de acordo com o sistema em operação no seu laboratório.

Em um modelo de coleta de resíduos, coloca-se no laboratório um recipiente separado para cada experimento. Em alguns casos, mais de um recipiente, cada um deles identificado, de acordo com o tipo de resíduo esperado. Os recipientes são acompanhados por uma lista das substâncias que contêm. Neste modelo, é prática comum usar recipientes separados para soluções em água, para solventes orgânicos halogenados e para outros materiais não-halogenados. Ao final da aula prática, os recipientes são transportados para um local que centraliza e armazena os materiais perigosos. Estes resíduos podem ser reunidos e colocados em grandes tambores para transporte. A identificação do material, especificando os produtos químicos dos resíduos, é necessária em cada etapa deste processo, até mesmo quando os resíduos já foram colocados nos tambores.

Em um segundo modelo de coleta de resíduos, você deverá eliminar todos eles de uma das seguintes maneiras:

Sólidos inofensivos. Sólidos inofensivos como papel e rolhas de cortiça podem ser colocados em latas de lixo comuns.

Vidros quebrados. Devem ser colocados em um recipiente próprio.

Sólidos orgânicos. Os compostos sólidos que não foram produzidos ou quaisquer outros sólidos orgânicos devem ser colocados no recipiente destinado aos sólidos orgânicos.

Sólidos inorgânicos. Sólidos como alumina e sílica gel devem ser colocados em um recipiente próprio.

Solventes orgânicos não halogenados. Solventes orgânicos, como dietil-éter, hexano e tolueno, e outros solventes que não contêm átomos de halogênios devem ser coletados em um recipiente destinado aos solventes orgânicos não-halogenados.

Solventes halogenados. Cloreto de metileno (dicloro-metano), clorofórmio e tetracloreto de carbono são exemplos de solventes halogenados comuns. Colete todos os solventes halogenados em um recipiente próprio.

Ácidos e bases inorgânicos fortes. Ácidos fortes, como os ácidos clorídrico, sulfúrico e nítrico, devem ser colocados em recipientes especialmente identificados. Bases fortes, como os hidróxidos de sódio e de potássio, devem ser, também, colocadas em recipientes especiais.

Soluções em água. As soluções em água devem ser coletadas em um recipiente próprio. Não é necessário separar os diferentes tipos de solução (a menos que a solução contenha metais pesados). Embora muitos tipos de soluções (bicarbonato de sódio em água, cloreto de sódio em água, etc.) possam parecer inócuas, e jogá-las pela pia não vá provocar problemas, muitas comunidades estão restringindo de maneira crescente as substâncias que podem ser introduzidas nos sistemas municipais de tratamento de esgoto. No sentido de ter mais cuidado com a poluição, é importante desenvolver bons hábitos de laboratório, principalmente no que diz respeito à eliminação de *todos* os produtos químicos.

Metais pesados. Muitos íons de metais pesados, como mercúrio e cromo, são muito tóxicos e devem ser coletados em recipientes especialmente destinados a eles.

Qualquer que seja o método usado, os recipientes de resíduos devem ser identificados e acompanhados de uma lista de cada substância presente. Os recipientes de resíduos devem ser agrupados por tipo e colocados em tambores para transporte até o sítio de tratamento final. Até mesmo os tambores devem ser identificados e acompanhados da lista de substâncias que contêm.

Em qualquer um dos métodos de manipulação de resíduos, certos princípios são sempre aplicados:

- Soluções em água não devem ser misturadas com líquidos orgânicos.
- Ácidos concentrados devem ser guardados em recipientes separados. Eles *nunca* devem entrar em contato com resíduos orgânicos.
- Materiais orgânicos que contêm átomos de halogênios (flúor, cloro, bromo ou iodo) devem ser colocados em recipientes diferentes dos usados para materiais que não contêm átomos de halogênios.

Neste livro-texto, sugerimos um método de coleta e guarda de resíduos para cada experimento. Seu professor pode determinar um outro método de coleta de resíduos.

E. Uso de chama

Embora os solventes orgânicos sejam, com freqüência, inflamáveis (são exemplos comuns o hexano, o dietil-éter, o metanol, a acetona e o éter de petróleo), existem certos procedimentos de laboratório em que uma chama tem de ser usada. Estes procedimentos envolvem normalmente soluções em água. Como regra geral, o melhor é só usar chama no caso de soluções em água. Métodos de aquecimento que não empregam chamas são discutidos em detalhes na Técnica 6, a partir da página 521. A maior parte dos solventes orgânicos ferve abaixo de 100°C, e blocos de alumínio, mantas de aquecimento, banhos de areia ou banhos de água podem ser usados para aquecer estes solventes com segurança. A Técnica 10, Tabela 10.3, página 575 lista alguns solventes orgânicos comuns. Os solventes marcados em negrito são inflamáveis. Dietil-éter, pentano e hexano são especialmente perigosos porque podem explodir em combinação com uma certa proporção de ar.

Algumas regras do senso comum se aplicam quando se usa uma chama na presença de solventes inflamáveis. Insistimos no fato de que você deve verificar se alguém na vizinhança está usando solventes inflamáveis. Se alguém estiver usando um solvente inflamável, vá para um lugar mais seguro antes de acender sua chama. Seu laboratório deve ter uma área reservada para o uso de um queimador para preparar micropipetas e de outras aparelhagens de vidro.

As canaletas das bancadas ou as pias nunca devem ser usadas para descartar solventes orgânicos inflamáveis. Eles se vaporizam se os pontos de ebulição forem baixos e podem entrar em ignição se os vapores entrarem em contato com uma chama aberta nas proximidades.

F. Produtos químicos misturados inadvertidamente

Para evitar riscos desnecessários de fogo e explosões, nunca recoloque reagentes na garrafa original. Há sempre a possibilidade de que você misture acidentalmente o reagente com alguma substância que pode reagir explosivamente com o produto químico que está na garrafa. Além disso, ao recolocar reagentes nas garrafas originais, você poderá estar introduzindo impurezas capazes de estragar o experimento das pessoas que usarão o reagente depois de você. Recolocar os reagentes nas garrafas originais, além de perigoso, é descortês. Não retire mais material das garrafas do que o necessário.

G. Experimentos não-autorizados

Nunca faça experimentos sem autorização. O risco de acidentes é muito alto, principalmente se o experimento não foi avaliado para reduzir o risco de acidentes. Nunca trabalhe sozinho no laboratório. O professor deve estar sempre presente.

H. Comida no laboratório

Como todos os produtos químicos são potencialmente tóxicos, evite ingerir acidentalmente qualquer substância química. Não coma ou beba, portanto, no laboratório. Há sempre a possibilidade de contaminação da comida ou da bebida com um material potencialmente perigoso.

I. Vestimentas

Use sempre sapatos fechados no laboratório. Sapatos abertos ou sandálias não oferecem proteção adequada contra respingos de produtos químicos ou contra vidros quebrados. Não use suas melhores roupas no laboratório porque alguns produtos químicos podem furar ou sujar permanentemente o tecido. Para sua proteção e de sua roupa, é aconselhável usar um jaleco ou um avental de laboratório.

Quando estiver trabalhando com produtos químicos muito tóxicos, use luvas. Luvas descartáveis são baratas, oferecem boa proteção, mantêm o tato e podem ser adquiridas nos almoxarifados e livrarias da Universidade. As luvas cirúrgicas de látex ou as de polietileno são as mais baratas. Elas são satisfatórias quando se trabalha com reagentes inorgânicos e soluções. As luvas descartáveis de nitrila dão proteção melhor. Este tipo de luva dá boa proteção contra solventes e reagentes orgânicos. Luvas de nitrila não-descartáveis também podem ser usadas.

Por fim, o cabelo longo, que chega ao ombro ou maior, deve ser preso atrás. Esta precaução é especialmente importante se você estiver trabalhando com um queimador.

J. Primeiros socorros: cortes, pequenas queimaduras ou feridas provocadas por ácidos ou bases

Se qualquer produto químico entrar em contato com seus olhos, irrigue-os imediatamente com uma grande quantidade de água. Água temperada (ligeiramente morna), se disponível, é melhor. Mantenha os olhos abertos. Continue a lavar por 15 minutos.

Em caso de cortes, lave bem a ferida com água, a menos que receba outras instruções. Se necessário, pressione a ferida para evitar o sangramento.

Pequenas queimaduras causadas por chamas ou por contato com objetos quentes podem ser aliviadas simplesmente pela imersão imediata da área queimada em água fria ou em gelo moído, até que você não sinta mais a sensação de queimadura. A aplicação de pomadas contra queimaduras não é indicada. Queimaduras severas devem ser examinadas e tratadas por um médico. Queimaduras e feridas provocadas por ácidos ou bases são tratadas por lavagem com grande quantidade de água por cerca de 15 minutos.

Se você ingeriu acidentalmente um produto químico, chame o centro de controle local de envenenamento para obter instruções. Não beba nada até lhe dizerem que pode. É importante que o médico que o examine seja informado da natureza exata da substância ingerida.

1.2 LEIS DO DIREITO A SABER

O governo federal e a maior parte dos governos estaduais americanos agora exigem que os empregadores informem a seus empregados sobre os possíveis perigos do local de trabalho. Esses regulamentos são conhecidos como **Leis do Direito a Saber**. No caso federal, a Occupational Safety and Health Administration (OSHA) é a encarregada de fazer respeitar as leis.

Em 1990, o governo federal expandiu o Hazard Communication Act, que estabeleceu as Leis do Direito a Saber, para incluir a determinação do estabelecimento de um Plano de Higiene Química em todos os laboratórios acadêmicos. Os departamentos de química de todas as universidades e faculdades passariam a ter um Plano de Higiene Química. Ter esse plano significa que todos os regulamentos de segurança e procedimentos de segurança de laboratório deveriam estar escritos em um manual. O plano também determina o treinamento de todos os empregados em segurança de laboratório. O professor e os assistentes do laboratório devem ter recebido este treinamento.

Um dos pontos das Leis do Direito a Saber exige que os empregados e estudantes tenham acesso a informações sobre os riscos de todos os produtos químicos com os quais estão trabalhando. Seu professor o alertará para os perigos envolvidos no trabalho que você estará fazendo. Entretanto, você pode querer ter mais informações. Duas excelentes fontes de informações são as etiquetas das garrafas fornecidas pelos fabricantes de produtos químicos e as Folhas de Dados de Segurança de um Material (MSDS). As MSDS de todos os produtos químicos usados nos laboratórios, fornecidas pelos fabricantes, devem estar disponíveis para consulta nas instituições educacionais.

A. Folhas de dados de segurança de um material

A leitura do MSDS de um produto químico pode ser uma experiência desencoradora, mesmo para um químico experimentado. Os MSDSs incluem muitas informações, algumas das quais devem ser decifradas. O MSDS do metanol está reproduzido nas páginas 481 a 485. Somente as informações relevantes são comentadas nos parágrafos que se seguem.

Seção 1. A primeira parte da Seção 1 identifica a substância por nome, fórmula e vários números e códigos. Muitos compostos orgânicos têm mais de um nome. Neste caso, o nome sistemático (ou nome IUPAC – União Internacional de Química Pura e Aplicada) é metanol. Os outros nomes são nomes comuns ou de sistemas mais antigos de nomenclatura. O Número do Chemical Abstracts Servi-

Número MSDS: M2015　　　　　　　　　　　　　　　　　　　　　　　　　　　　Data Efetiva: 12/8/96

MSDS Folha de Dados de Segurança de um Material

De: Mallickrodt Baker, Inc
222 Red School Lane
Phillipsburg, NJ 08865

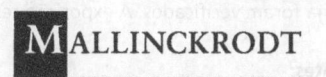

MALLINCKRODT　　**J.T.Baker**

Telefone de Emergência 24 Horas: 908-859-2151
CHEMTREC: 1-800-424-9300

Resposta Nacional no Canadá
CANUTEC: 613-996-6666

Fora dos EUA e Canadá
Chemtrec: 202-483-7616

NOTA: Os números de emergência CHEMTREC, CANUTEC e Centro de Resposta Nacional só devem ser usados quando ocorrer uma emergência química envolvendo derramamento, vazamento, fogo, exposição ou acidente envolvendo produtos químicos.

Todas as questões que não sejam de emergência devem ser dirigidas ao Serviço de Clientes (1-800-582-2537) para atendimento.

ÁLCOOL METÍLICO

1. Identificação do Produto

Sinônimos:	Álcool de madeira, metanol, carbinol
No. CAS:	67-56-1
Peso Molecular:	32, 04
Fórmula Química:	CH_3OH
Códigos do Produto:	**N.T. Baker**

5217, 5370, 5794, 5807, 5811, 5842, 5869, 9049, 9063, 9066, 9067, 9069, 9070, 9071, 9073, 9075, 9076, 9077, 9091, 9093, 9096, 9097, 9098, 9263, 9893

Mallinkrodt

3004, 3006, 3016, 3017, 3018, 3024, 3041, 3701, 4295, 5160, 8814, H080, H488, H603, V079, V571

2. Composição/Informação sobre os Ingredientes

Ingrediente	No. CAS	Percentagem	Perigoso
Álcool Metílico	67-56-1	100%	Sim

3. Identificação dos Riscos

Resumo de Emergência

VENENO! PERIGO! VAPOR NOCIVO! PODE SER FATAL OU CAUSAR CEGUEIRA SE INGERIDO! NOCIVO SE INALADO OU ABSORVIDO ATRAVÉS DA PELE. NÃO PODE TORNAR-SE NÃO VENENOSO. LÍQUIDO E VAPOR INFLAMÁVEIS. IRRITA A PELE, OS OLHOS E O TRATO RESPIRATÓRIO. AFETA O FÍGADO.

J.T. Baker SAF-T-DATA (tm) Pontuação
(Incluído para sua conveniência)

Saúde:	Inflamabilidade:	Reatividade:	Contato:
3 – Severo (Veneno)	4 – Extrema (Inflamável)	1- Pequena	1- Pequeno

Equipamentos de Proteção no Laboratório ÓCULOS DE SEGURANÇA & ESCUDO; JALECO & AVENTAL; CAPELA, LUVAS ADEQUADAS; EXTINTOR CLASSE B

Codigo de Cor de Armazenamento: Vermelho (Inflamável)

Efeitos Potenciais na Saúde

Inalação:
Irritação leve das mucosas. Efeitos tóxicos sobre o sistema nervoso, particularmente o nervo óptico. Quando absorvido pelo corpo, é eliminado lentamente. Sintomas de superexposição podem incluir dores de cabeça, sonolência, náuseas, vômito, visão desfocada, cegueira, coma e morte. Uma pessoa pode melhorar e depois piorar em um intervalo de 30 horas.

Ingestão:
Tóxico. Os sintomas são os mesmos da inalação. Pode intoxicar e cegar. Dose fatal usual: 100-125 mL.

Contato com a Pele:
O álcool metílico dissolve gorduras e pode fazer com que a pele fique ressecada e se quebre. Pode ocorrer absorção pela pele: os sintomas são semelhantes aos da inalação.

Contato com os Olhos:
Irritante. A exposição constante pode causar lesões oculares.

Exposição Crônica:
Redução da visão e aumento do fígado já foram verificados. A exposição repetida ou prolongada pode causar irritação da pele.

Agravamento de Condições Pré-existentes:
Pessoas com problemas de pele ou de olhos ou com doenças de fígado ou rins podem ser mais suscetíveis aos efeitos da substância.

4. Medidas de Primeiros Socorros

Inalação:
Remova para o ar fresco. Se não estiver respirando, aplique respiração artificial. Se a respiração for difícil, administre oxigênio. Chame um médico.

Ingestão:
Induza o vômito imediatamente, como indicado pelo pessoal médico. Nunca administre nada pela boca de uma pessoa inconsciente.

Contato com a Pele:
Remova a roupa contaminada. Lave a pele com sabão ou com um detergente fraco e água por pelo menos 15 minutos. Consulte um médico se a irritação aumentar ou persistir.

Contato com os Olhos:
Lave os olhos com muita água por pelo menos 15 minutos, suspendendo as pálpebras inferior e superior ocasionalmente. Consulte um médico imediatamente.

5. Medidas Contra Incêndio

Fogo:
Ponto de fulgor: 12°C (54°F) CC
Temperatura de auto-ignição: 464°C (867°F)
Limites de inflamabilidade no ar % por volume:
lel: 7,3
uel: 36
Inflamável

Explosão:
Acima do ponto de fulgor, misturas vapor/ar são explosivas nos limites de inflamabilidade dados acima. Risco moderado de explosão e risco perigoso de fogo quando exposto a calor, fagulhas ou chamas. Sensível às descargas estáticas.

Meio de Extinção do Fogo:
Chuveiro de água, pó químico, espuma de álcool, dióxido de carbono.

Informação Especial
No evento de incêndio, use roupa protetora completa e aparelho de respiração autocontido, aprovado pelo NIOSH, com proteção facial completa, operada na pressão de demanda ou em outro modo de pressão positiva. Use chuveiro de água para cobrir o fogo, esfriar recipientes expostos ao fogo e molhar derramamentos e vapores que não pegaram fogo. Os vapores podem flutuar sobre superfícies até fontes distantes de ignição e voltar acesos.

6. Medidas em Caso de Vazamentos Acidentais

Ventile a área de vazamento ou derramamento. Remova todas as fontes de ignição. Use equipamento de proteção pessoal como especificado na Seção 8. Isole a área do acidente. Impeça a entrada de pessoal desnecessário e desprotegido. Contenha e recupere líquido, se possível. Use ferramentas e equipamentos que não provoquem faíscas. Colete o líquido em um recipiente apropriado ou absorva-o com material inerte (vermiculite, areia seca, terra, por exemplo) e coloque-o em um recipiente destinado a resíduos químicos. Não use materiais combustíveis como serragem. Não jogue no ralo!
O absorvente de solventes J.T. Baker SOLUSORB® é recomendado para derramamentos deste produto.

7. Manipulação e Armazenamento

Proteja contra avarias. Guarde em um lugar frio, seco e bem-ventilado, longe de qualquer área em que haja alta possibilidade de incêndio. O armazenamento em uma área externa ou isolada é preferível. Mantenha longe de substâncias incompatíveis. Os recipientes devem estar presos ao solo quando forem transferidos, para evitar centelhas de estática. Fumo nas áreas de armazenamento e uso deve ser proibido. Use ferramentas e equipamento anticentelhas, inclusive ventilação à prova de explosão. Os recipientes deste material podem ser perigosos quando vazios porque retêm resíduos do produto (vapores e líquido). Obedeça a todos os avisos e precauções listados para o produto.

8. Controles de Exposição/Proteção Pessoal

Limites de Exposição no Ar:
Para o Álcool Metílico:
- Limite de Exposição Permissível da OSHA (PEL):
    200 ppm (TWA)
- Valor Limite do Limiar da ACGIH (TLV):
    200 ppm (TWA), 250 ppm (STEL) na pele

Sistema de Ventilação:
Recomenda-se um sistema de exaustão local ou geral, para manter o nível de exposição dos empregados abaixo dos Limites de Exposição no Ar. A ventilação por exaustão local é, em geral, preferida, porque ela pode controlar as emissões do contaminante na fonte, impedindo sua dispersão na área de trabalho em geral. Por favor, consulte o documento da ACGIH, "Industrial Ventilation, A Manual of Recommended Practices", na edição mais recente, para mais detalhes.

Máscara de Gás Pessoal (Aprovada pela NIOSH):
Se o limite de exposição for excedido, use uma máscara de gás para face completa com bomba de ar, capuz com linha de ar ("airline hood") ou aparato de respiração integrado (SCBA).

Proteção da Pele:
Luvas de borracha ou neoprene e proteção adicional incluindo botas impermeáveis, avental ou macacão, necessárias em áreas de alta exposição.

Proteção dos Olhos:
Use óculos de segurança. Mantenha um chuveiro para lavagem dos olhos e mangueiras de água na área de trabalho.

9. Propriedades Físicas e Químicas

Aparência:
Líquido incolor, transparente

Odor:
Odor característico

Solubilidade:
Solúvel em água

Gravidade Específica:
0,8

pH:
Nenhuma informação encontrada

% de Voláteis por volume @ 21°C (70°F):
100

Ponto de Ebulição:
64,5°C (147°F)

Ponto de Fusão:
-98°C (-144°F):

Densidade do Vapor (Ar = 1):
1,1

Pressão de Vapor (mm Hg):
97 @ 20°C (68°F)

Velocidade de Evaporação (BuAc=1):
5,9

10. Estabilidade e Reatividade

Estabilidade:
Estável sob as condições comuns de uso e armazenamento.

Produtos de Decomposição Perigosos:
Forma dióxido de carbono, monóxido de carbono e formaldeído ao se decompor por aquecimento.

Polimerização Perigosa:
Não ocorre

Incompatibilidades:
Agentes oxidantes fortes como nitratos, percloratos e ácido sulfúrico. Ataca alguns tipos de plásticos, borrachas e revestimentos. Pode reagir com o metal alumínio e gerar gás hidrogênio.

Condições a Evitar:
Calor, chamas, fontes de ignição e incompatíveis.

11. Informação Toxicológica

Álcool Metílico (Metanol) LD50 oral em ratos: 5.628 mg/kg; LC50 inalação em ratos: 64.000 ppm/4H; LD50 em pele de coelho 15.800 mg/kg; teste de Draze para a pele, dados-padrão de irritação, coelho: 20 mg/24 hr. Moderado; olho, coelho: 100 mg/24 hr. Moderado; Investigado como mutagênico, afeta a reprodução.

Listas de câncer

	NTP Carcinógeno		
Ingrediente	Conhecido	Expectativa	Categoria IARC
Álcool Metílico (67-56-1)	Não	Não	Nenhuma

12. Informação Ecológica

Destino no Ambiente:
Sofre biodegradação rapidamente quando liberado no solo. O material migra para o lençol freático e mistura-se à água quando liberado no solo. O material evapora rapidamente quando liberado no solo. Na água, o material tem meia-vida entre 1 e 10 dias. Na água, o material sofre biodegradação rápida. No ar, o material existe na forma de um aerossol com tempo de vida curto. No ar, este sofre degradação rápida por reação com radicais hidroxila produzidos por fotoquímica. Este material, quando liberado no ar, tem meia-vida entre 10 e 30 dias. O material, liberado no ar, é removido rapidamente da atmosfera por deposição úmida.

Toxicidade no Ambiente:
O material é ligeiramente tóxico para a vida aquática.

13. Considerações para o Descarte

O que não puder ser guardado para recuperação ou reciclagem deve ser manipulado como rejeito perigoso e enviado a um incinerador aprovado pela RCRA ou a uma estação de tratamento de rejeitos aprovada pela RCRA. O processamento, uso ou contaminação do produto pode mudar as opções de tratamento de rejeitos. Regulamentos estaduais e locais podem ser diferentes dos regulamentos federais para o descarte.

Descarte os recipientes e o material não-utilizado de acordo com os regulamentos federais, estaduais e locais.

14. Informação para o Transporte

Doméstico (Por Terra, D.O.T.)
Nome para Transporte: METANOL
Classe de Risco: 3
UN/NA: UN1230   Grupo de Empacotamento: II
Informação relatada para o produto/tamanho: 350LB

Internacional (Água, I.M.O)
Nome para Transporte: METANOL
Classe de Risco: 3.2, 6.1
UN/NA: UN1230   Grupo de Empacotamento: II
Informação relatada para o produto/tamanho: 350LB

15. Informação Regulatória

Categoria do Inventário Químico

						Canadá		
Ingrediente	TSCA	EC	Japão	Austrália	Coréia	DSL	NDSL	Phil.
Álcool Metílico (67-56-1)	Sim	Sim	Sim	Sim	Sim	Sim	Não	Sim

Regulamentos Federal, Estadual e Internacional						
	SARA 302		SARA 313		RCRA	TSCA
Ingrediente	RQ	TPQ	Lista	Categ. Química	CERCLA 261.33	8(d)
Álcool Metílico (67-56-1)	Não	Não	Sim	Não	5000 U154	Não

Convenção das Armas Químicas: Não   **TSCA 12(b):** Não   **CDTA:** Não
SARA 311/312: Aguda: Sim   Crônica: Sim   Fogo: Sim   Pressão Não   Reatividade: Não (Puro/Líquido)
Código Hazchem Australiano: 2PE   **Escala de Venenos Australiana:** S6
VHMIS: Este MSDS foi preparado de acordo com os critérios de risco dos Regulamentos de Produtos Controlados (CPR) e contém toda a informação exigida por eles.

16. Outras Informações

Classificações NFPA:
Saúde: 1 Inflamabilidade: 3 Reatividade: 0

Aviso de Risco na Etiqueta:
VENENO! PERIGO! VAPOR PERIGOSO. PODE SER FATAL OU CAUSAR CEGUEIRA SE ENGOLIDO. PERIGOSO SE INALADO OU ABSORVIDO PELA PELE. NÃO PODE TORNAR-SE NÃO-VENENOSO. LÍQUIDO E VAPOR INFLAMÁVEIS. CAUSA IRRITAÇÃO NA PELE, NOS OLHOS E NO TRATO RESPIRATÓRIO. AFETA O FÍGADO.

Precauções na Etiqueta:
Mantenha longe do calor, de centelhas e de chamas.
Mantenha o recipiente fechado.
Use somente com ventilação adequada.
Lave-se bem após manipulação.
Evite respirar os vapores.
Evite contato com olhos, pele e vestimentas.

Primeiros Socorros na Etiqueta:
Se engolido, induza o vômito imediatamente, conforme indicado pelo pessoal médico. Nunca dê nada pela boca a uma pessoa inconsciente. Em caso de contato, lave os olhos ou a pele com muita água por 15 minutos, pelo menos, e remova roupas e sapatos contaminados. Lave as roupas antes de usá-las novamente. Se inalado, remova para o ar fresco. Se não estiver respirando, aplique a respiração artificial. Se a respiração é difícil, aplique oxigênio. Em todos os casos, consulte um médico imediatamente.

Uso do Produto:
Reagente de Laboratório.

Informação sobre Revisões:
Novo formato em 16 seções. Todas as seções foram revisadas.

Aviso:
Mallinckrodt Baker, Inc. presta as informações deste documento em boa fé, mas não afirma que elas são completas ou acuradas. Este documento é apresentado somente como um guia para a manipulação deste material, com precauções apropriadas, por uma pessoa bem-treinada. Os indivíduos que recebem estas informações devem exercer seu julgamento independente ao determinar sua aplicabilidade para um objetivo particular. MALLINCKRODT BAKER, INC. NÃO AFIRMA NEM GARANTE, EXPRESSA OU IMPLICITAMENTE, INCLUSIVE SEM LIMITAÇÕES, QUAISQUER GARANTIAS OU MERCANTIBILIDADE E CONVENIÊNCIA PARA UM DETERMINADO OBJETIVO, COM RESPEITO À INFORMAÇÃO AQUI APRESENTADA OU AO PRODUTO AO QUAL A INFORMAÇÃO SE REFERE. POR ISSO, MALLINCKORFT BAKER INC. NÃO SERÁ RESPONSÁVEL POR DANOS QUE RESULTEM DO USO OU DA CONFIANÇA DEPOSITADA NESTA INFORMAÇÃO.
Preparada Por: Strategic Services Division
     Phone Number: (314) 539-1600 (USA)

ce (Nº. CAS) é muito usado para identificar uma substância e pode ser útil para obter informações em muitas bases de dados computadorizadas ou na biblioteca.

Seção 3. O Sistema J.T. Baker SAF-T-DATA é encontrado em todos os MSDSs e em etiquetas de garrafas fornecidas por J. T. Baker, Inc. Para cada categoria listada, o número indica o grau de risco. O menor número é 0 (risco muito baixo) e o maior número é 4 (risco extremamente alto). A categoria Saúde refere-se ao dano envolvido quando a substância é inalada, ingerida ou absorvida. Inflamabilidade indica a tendência da substância a queimar. Reatividade refere-se a quão reativa a substância é com ar, água ou outras substâncias. A última categoria, Contato, refere-se ao grau de risco de uma substância quando entra em contato com as partes externas do organismo. Repare que estas escalas só se aplicam aos MSDSs e às etiquetas da Baker. Outras escalas, com outros significados, são comuns também.

Seção 4. Esta seção dá informações úteis sobre procedimentos de emergência e primeiros socorros.

Seção 6. Esta parte do MSDS trata dos procedimentos para a manipulação de derramamentos e para a eliminação de resíduos. As informações podem ser muito úteis, particularmente quando grandes quantidades de material estão envolvidas. Maiores informações sobre eliminação de resíduos são dadas, também, na Seção 13.

Seção 8. Esta seção contém muitas informações úteis. Para ajudá-lo a entender este material, alguns dos termos mais importantes usados são aqui definidos.

Valor Limite do Limiar (TLV). A Conferência Americana de Higienistas Industriais do Governo (ACGIH) desenvolveu o TLV.

Este número é a concentração máxima de uma substância no ar a que uma pessoa deveria estar regularmente exposta. Ele é expresso, usualmente, em ppm ou mg/m^3. Observe que este valor supõe que a pessoa está exposta à substância 40 horas por semana por um longo período. Este número não se aplica, em particular, a um estudante que faz um experimento de laboratório.

Limite de Exposição Permissível (PEL). Tem o mesmo significado do TLV, mas foi desenvolvido pela OSHA. Observe que para o metanol, o TLV e o PEL são iguais a 200 ppm.

Seção 10. A informação da Seção 10 refere-se à estabilidade do composto e aos riscos associados à mistura de produtos químicos. É importante estudar estas informações antes de fazer um experimento nunca feito antes.

Seção 11. Esta seção fornece mais informações acerca da toxicidade. Outro termo importante deve ser primeiramente definido:

Dose Letal, 50% de Mortalidade (LD_{50}). Esta é a dose de uma substância que matará 50% dos animais que receberem uma única dose. Diferentes modos de administração são usados: oral, intraperitonial (injetado no revestimento da cavidade abdominal), subcutâneo (injetado sob a pele) e aplicação na superfície da pele. O LD_{50} é usualmente expresso em miligramas (mg) de substância por quilograma (kg) de peso do animal. Quanto menor o valor do LD_{50}, mais tóxica é a substância. Supõe-se que a toxicidade em humanos seja semelhante.

A menos que você tenha conhecimento consideravelmente maior sobre a toxicidade química, as informações das Seções 8 e 11 são mais úteis para a comparação da toxicidade de uma substância com outra. Assim, por exemplo, o TLV do metanol é 200 ppm, e o do benzeno, é 10 ppm. Claramente, um experimento que envolve o benzeno exige maiores precauções do que um que envolve o metanol. Um dos LD_{50} do metanol é 5.628 mg/kg. O LD_{50} comparável da anilina é 250 mg/kg. Claramente, a anilina é muito mais tóxica e, porque ela é absorvida pela pele, apresenta um grau de risco significativo. Deve-se mencionar que as escalas de TLV e PEL implicam que o trabalhador entre em contato com uma substância muitas vezes e durante muito tempo. Assim, mesmo que uma substância tenha valores baixos de TLV ou PEL, não significa que seu uso em um experimento seja um perigo para você. Além disso, fazer experimentos com pequenas quantidades de produtos químicos e adotar precauções apropriadas significa que sua exposição a compostos orgânicos nesta disciplina será muito pequena.

Seção 16. A Seção 16 contém os índices da Associação Nacional de Proteção ao Fogo (NFPA). Este índice é semelhante ao Baker SAF-T-DATA, discutido na Seção 3, exceto pelo fato de que o número corresponde aos riscos quando ocorre incêndio. A ordem, aqui, é Saúde, Inflamabilidade e Reatividade. Com freqüência, esta informação é dada na forma de uma etiqueta (veja a Figura). Os diamantes pequenos estão freqüentemente codificados em cores: azul para Saúde, vermelho para Inflamabilidade e amarelo para Reatividade. O diamante inferior (branco) é, algumas vezes, usado para mostrar símbolos gráficos que indicam reatividade e riscos incomuns ou precauções especiais a serem tomadas.

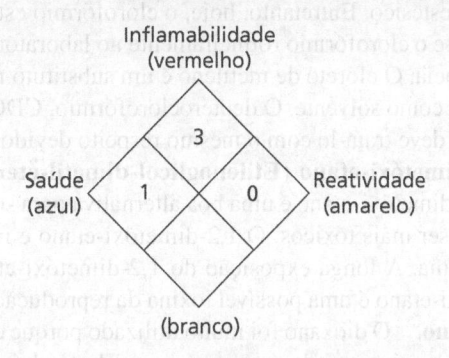

```
        Inflamabilidade
          (vermelho)
               3
   Saúde              Reatividade
   (azul)  1       0   (amarelo)

            (branco)
```

B. Etiquetas de garrafas

A leitura da etiqueta de uma garrafa pode ser muito útil para o aprendizado dos riscos que oferece um determinado produto químico. A quantidade de informação varia muito, dependendo do fabricante.

Use o senso comum quando ler um MSDS ou uma etiqueta de garrafa. O uso desses produtos químicos não significa que você estará submetido às conseqüências que podem resultar da exposição a essas substâncias. Assim, por exemplo, um MSDS para o cloreto de sódio declara que a "Exposição a este produto pode ter sérios efeitos na saúde". Apesar da severidade aparente desta declaração, não seria razoável esperar que as pessoas parassem de usar cloreto de sódio em um experimento químico ou parassem de colocar uma pequena quantidade de sal de cozinha nos ovos para melhorar o sabor. Em muitos casos, as conseqüências descritas nos MSDSs para a exposição a produtos químicos são um pouco exageradas, particularmente no caso de estudantes que usam estes compostos em um experimento de laboratório.

1.3 SOLVENTES COMUNS

A maior parte dos experimentos da química orgânica envolve o uso de um solvente orgânico em algum momento do procedimento. Segue-se uma lista de solventes orgânicos comuns com uma discussão sobre toxicidade, possíveis propriedades cancerígenas e precauções a serem tomadas quando você for usar estes solventes. Uma tabela dos compostos suspeitos, hoje, de serem cancerígenos está no fim da Técnica 1.

Ácido Acético. O ácido acético glacial é corrosivo e causa queimaduras sérias na pele. Os vapores podem irritar os olhos e as mucosas nasais. Cuidado para não respirar os vapores. Não deixe que eles atinjam o laboratório.

Acetona. Em comparação com outros solventes orgânicos, a acetona não é muito tóxica. Ela é, entretanto, inflamável. Não use acetona perto de uma chama.

Benzeno. O benzeno pode afetar a medula dos ossos, causar vários problemas sanguíneos e levar à leucemia. O benzeno é considerado um risco carcinogênico sério. Ele é absorvido rapidamente pela pele e envenena o fígado e os rins. Além disto, ele é inflamável. Devido à sua toxicidade e a propriedades carcinogênicas, não se deve usar benzeno no laboratório. Você deve procurar usar algum solvente menos perigoso. O tolueno é considerado uma alternativa mais segura em procedimentos que especificam o uso de benzeno.

Tetracloreto de Carbono. O tetracloreto de carbono pode afetar seriamente o fígado e os rins, bem como provocar irritação da pele e outros problemas. A absorção pela pele é rápida. Em altas concentrações, pode causar morte por falha respiratória. Além disto, suspeita-se que o tetracloreto de carbono seja um cancerígeno em potencial. Embora este solvente tenha a vantagem de não ser inflamável (no passado, era usado ocasionalmente, em extintores de incêndio), ele causa problemas de saúde, logo, não deve ser usado rotineiramente no laboratório. Se um substituto razoável não existe, ele deve ser usado em pequenas quantidades, como na preparação de amostras para a espectroscopia de infravermelho (IV) ou de ressonância magnética nuclear (RMN). Neste caso, trabalhe em capela.

Clorofórmio. O clorofórmio tem toxicidade semelhante à do tetracloreto de carbono. Já foi usado como anestésico. Entretanto, hoje, o clorofórmio está na lista de possíveis carcinógenos. Por causa disto, não use o clorofórmio rotineiramente no laboratório. Se for necessário usá-lo em casos especiais, use uma capela. O cloreto de metileno é um substituto mais seguro em procedimentos que envolvem o clorofórmio como solvente. O deuteroclorofórmio, $CDCl_3$, é um solvente comum na espectroscopia de RMN. Você deve tratá-lo com o mesmo respeito devido ao clorofórmio.

1,2-Dimetóxi-etano (**Etilenoglicol-dimetil-éter ou Monoglima**). Como é miscível com a água, o 1,2-dimetóxi-etano é uma boa alternativa para solventes como o dioxano e o tetra-hidro-furano, que podem ser mais tóxicos. O 1,2-dimetóxi-etano é inflamável e não deve ser manipulado próximo de uma chama. A longa exposição do 1,2-dimetóxi-etano à luz e ao oxigênio produz peróxidos. O 1,2-dimetóxi-etano é uma possível toxina da reprodução.

Dioxano. O dioxano foi muito utilizado porque é um solvente conveniente e miscível com água. Suspeita-se, agora, que ele é cancerígeno. Ele também é tóxico e afeta o sistema nervoso central, o fígado, os rins, os pulmões e as mucosas. O dioxano também é inflamável e tende a formar peróxidos explosivos quando exposto à luz e ao ar. Devido a suas propriedades carcinogênicas, o dioxano não é mais usado no laboratório, a menos que seja absolutamente necessário. O 1,2-dimetóxi-etano e o tetra-hidro-furano são bons solventes alternativos, solúveis em água.

Etanol. As propriedades intoxicantes do etanol são bem-conhecidas. No laboratório, o principal perigo é o fogo, porque o etanol é inflamável. Quando usar etanol, trabalhe longe do fogo.

Éter (Dietil-éter). O principal risco associado ao dietil-éter é fogo ou explosão. O éter é provavelmente o solvente mais inflamável encontrado no laboratório. Como seus vapores são mais densos do que o ar, eles podem se espalhar pela bancada do laboratório até uma distância considerável antes de sofrer ignição. Antes de usar o éter, é muito importante verificar se alguém está trabalhando com fósforos ou chamas. O éter não é um solvente particularmente tóxico, mas em altas concentrações pode causar solonência e, talvez, náuseas. Ele já foi usado como anestésico geral. O éter pode formar peróxidos muito explosivos quando exposto ao ar. Em conseqüência, nunca destile o éter até a secura.

Hexano. O hexano pode irritar o trato respiratório. Pode agir como intoxicante e depressivo do sistema nervoso central. Ele pode causar irritação da pele porque é um excelente solvente para as gorduras da pele. O maior risco, porém, é sua inflamabilidade. As precauções recomendadas para o dietil-éter na presença de chama também se aplicam ao hexano.

Ligroína. Veja Hexano.

Metanol. Muito do que foi dito a respeito dos riscos do etanol aplicam-se ao metanol. O metanol é mais tóxico do que o etanol. A ingestão pode provocar cegueira ou, até mesmo, a morte. Como o metanol é mais volátil, o perigo de incêndio é mais agudo.

Cloreto de Metileno (Dicloro-metano). O cloreto de metileno não é inflamável. Ao contrário de outros clorocarbonetos, ele não é considerado um risco sério de câncer. Ele foi recentemente, entretanto, objeto de uma investigação muito séria, e existem propostas de regulação em situações industriais em que os trabalhadores estão expostos a altos níveis de cloreto de metileno no trabalho diário. O cloreto de metileno é menos tóxico do que o clorofórmio e o tetracloreto de carbono. Ele pode, porém, provocar lesões no fígado, quando ingerido, e seus vapores podem causar sonolência ou náuseas.

Pentano. Veja Hexano.

Éter de Petróleo. Veja Hexano.

Piridina. Algum risco de incêndio é associado com a piridina. Entretanto, o problema mais sério é sua toxicidade. A piridina pode deprimir o sistema nervoso central, irritar a pele e o trato respiratório, danificar o fígado, os rins e o sistema gastrointestinal. Ele pode, ainda, causar esterilidade temporária. Trate a piridina como um solvente muito tóxico e manipule-a somente na capela.

Tetra-hidro-furano. O tetra-hidro-furano pode causar irritação da pele, olhos e trato respiratório. Nunca deve ser destilado à secura porque tende a formar peróxidos potencialmente explosivos ao serem expostos ao ar. O tetra-hidro-furano não é um risco de incêndio.

Tolueno. Ao contrário do benzeno, o tolueno não é considerado um carcinógeno. Entretanto, ele é quase tão tóxico como o benzeno. Ele pode agir como anestésico e danificar o sistema nervoso central. Se benzeno estiver presente como impureza no tolueno, espere os riscos normalmente associados ao benzeno. O tolueno também é um solvente inflamável e as precauções habituais sobre o trabalho perto de chama se aplicam.

Não use certos solventes no laboratório por causa de suas propriedades carcinogênicas. Benzeno, tetracloreto de carbono, clorofórmio e dioxano estão entre eles. Para certas aplicações, entretanto, notadamente como solventes para a espectroscopia de infravermelho ou de RMN, pode não haver substitutos adequados. Quando for necessário usar algum desses solventes, tome precauções de segurança e consulte as discussões nas Técnicas 25-28.

Como quantidades relativamente grandes de solventes têm de ser usadas em um laboratório de química orgânica, seu professor deve cuidar do armazenamento seguro destas substâncias. Somente a quantidade de solvente necessária para um dado experimento deve ser mantida no laboratório. A localização preferencial de garrafas de solventes durante o período da aula é a capela. Quando os solventes não estão em uso, devem ser guardados em um armário à prova de fogo destinado aos solventes. Se possível, o armário deveria ser ventilado através do sistema de exaustão da capela.

1.4 SUBSTÂNCIAS CARCINOGÊNICAS

Um **carcinógeno** é uma substância que provoca câncer em tecidos vivos. O procedimento usual para a determinação da capacidade de um composto de provocar câncer é expor animais de laboratório a altas dosagens sob longos períodos. Não está claro se a exposição por períodos curtos causa um efeito comparável, mas é prudente tomar cuidados especiais ao usar estas substâncias.

Muitas agências regulatórias compilaram listas de substâncias carcinogênicas ou de substâncias suspeitas de sê-lo. Como essas listas são inconsistentes, a compilação de uma lista definitiva de carcinógenos é difícil. As seguintes substâncias comuns são incluídas em muitas dessas listas.

Acetamida
Acrilonitrila
Asbestos
Benzeno
Benzidina
Tetracloreto de carbono
Clorofórmio
Óxido crômico
4-Metil-2-oxa-etanona (β-butirolactona)
1-Naftilamina
2-Naftilamina
Compostos N-nitrosos
2-oxa-etanona (β-propiolactona)
Fenacetina
Fenil-hidrazina e seus sais
Bifenilas policloradas (PCB)
Cumarina

Diazometano
1,2-Dibromo-etano
Sulfato de dimetila
p-Dioxano
Óxido de etileno
Formaldeído
Hidrazina e seus sais
Acetato de chumbo(II)
Progesterona
Óxido de estireno
Taninos
Testosterona
Tioacetamida
Tiouréia
o-Toluidina
Tricloro-etileno
Cloreto de vinila

REFERÊNCIAS

Aldrich Catalog and Handbook of Fine Chemicals. Milwaukee, WI: Aldrich Chemical Co., última edição.
Armour, M. A., *Pollution Prevention and Waste Minimization in Laboratories.* Editor: Peter A. Reinhardt, K. Leigh Leonard, Peter C. Ashbrook. Boca Raton, Florida: Lewis Publishers, 1996.
Fire Protection Guide on Hazardous Materials, 10th ed. Quincy, MA: National Fire Protection Association, 1991.
Flinn Chemical Catalog Reference Manual. Batavia, IL: Flinn Scientific, última edição.

Gosselin, R. E., Smith, R. P., and Hodge, H. C. *Clinical Toxicology of Commercial Products,* 5th ed. Baltimore, MD: Williams & Wilkins, 1984.

Lenga, R. E., ed. *The Sigma-Aldrich Library of Chemical Safety Data.* Milwaukee, WI: Sigma- Aldrich, 1985.

Lewis, R. J. *Carcinogenically Active Chemicals: A Reference Guide.* New York:Van Nostrand Reinhold, 1990.

Lewis, R. J., *Sax's Dangerous Properties of Industrial Materials,* 8th edition, New York: Van Nostrand Reinhold, 1992.

The Merck Index, 13th ed. Rahway, NJ: Merck and Co., 2001.

Prudent Practices in the Laboratory: Handling and Disposal of Chemicals. Washington, DC: Committee on Prudent Practices for Handling, Storage, and Disposal of Chemicals in Laboratories, Board on Chemical Sciences and Technology, Commission on Physical Sciences, Mathematics, and Applications, National Research Council, National Academy Press, 1995.

Renfrew, M. M., ed. *Safety in the Chemical Laboratory.* Easton, PA: Division of Chemical Education, American Chemical Society, 1967–1991.

Safety in Academic Chemistry Laboratories, 4th ed. Washington, DC: Committee on Chemical Safety, American Chemical Society, 1985.

Sax, N. I., and Lewis, R. J. *Dangerous Properties of Industrial Materials,* 7th ed. New York: Van Nostrand Reinhold, 1988.

Sax, N. I., and Lewis, R. J., eds. *Rapid Guide to Hazardous Chemicals in the Work Place,* 2nd ed. NewYork: Van Nostrand Reinhold, 1990.

Endereços úteis da internet relacionados à segurança

Interactive Learning Paradigms, Inc.
http://www.ilpi.com/msds/
Excelente endereço geral para MSDSs. O endereço lista fabricantes e fornecedores de produtos químicos. A seleção de um endereço levará você diretamente ao ponto necessário para obter um MSDS. Muitos dos endereços listados requerem que você se registre para obter o MSDS de um determinado produto químico. Peça ao supervisor de segurança de seu departamento ou faculdade para obter a informação para você.

Acros chemicals and Fisher Scientific
https://www1.fishersci.com/
Alfa Aesar
http://www.alfa.com/alf/index.htm
Cornell University, Department of Environmental Health and Safety
http://msds.pdc.cornell.edu/msdssrch.asp
Esta é uma base acessível com mais de 325.000 MSDS. Não se exige registro.
Eastman Kodak
http://msds.kodak.com/ehswww/external/index.jsp
EMD Chemicals (antigamente EM Science) and Merck
http://www.emdchemicals.com/corporate/emd_corporate.asp
J. T. Baker and Mallinckrodt Laboratory Chemicals
http://www.jtbaker.com/asp/Catalog.asp
O National Institute for Occupational Safety and Health (NIOSH) tem um excelente endereço que inclui bancos de dados e informações, inclusive novos endereços:
http://www.cdc.gov/niosh/topics/chemical-safety/default.html
Sigma, Aldrich and Fluka
http://www.sigmaaldrich.com/Area_of_Interest/The_Americas/United_States.html
VWR Scientific Products
http://www.vwrsp.com/search/index.cgi?tmpl5msds

TÉCNICA 2

O Caderno de Laboratório, Cálculos e Registros de Laboratório

Mencionamos, na Introdução deste livro, a importância da preparação prévia para tornar mais eficiente o trabalho de laboratório. Apresentamos aqui algumas sugestões de informações específicas que você deveria tentar obter no estudo prévio. Como uma grande parte destas informações devem ser obtidas enquanto você estiver preparando o caderno de laboratório, os dois assuntos, estudo prévio e preparação do caderno, são desenvolvidos simultaneamente.

Uma parte importante do trabalho de laboratório é aprender a manter um registro completo de cada experimento e de cada dado obtido. Com muita freqüência, o registro descuidado de dados e observações leva a erros, frustrações e perda de tempo devidos à repetição desnecessária de experimentos. Quando relatórios são exigidos, você descobrirá que a obtenção e o registro correto de dados podem facilitar muito o processo de escrevê-los.

Problemas especiais decorrem do fato de que as reações orgânicas raramente são quantitativas. Com freqüência, os reagentes devem ser usados em grande excesso para aumentar a quantidade de produto. Alguns reagentes são dispendiosos e, portanto, deve-se ter muito cuidado na medida das quantidades dessas substâncias. Muitas reações indesejáveis freqüentemente ocorrem. Estas reações a mais, ou **reações laterais**, formam produtos indesejáveis. Estes produtos são chamados de **subprodutos**. Estes problemas mostram por que você deve planejar cuidadosamente o procedimento experimental antes de fazer o experimento no laboratório.

2.1 O CADERNO DE LABORATÓRIO

Use um *caderno de folhas presas*, numeradas, para registrar dados e observações durante os experimentos. Se as folhas não estiverem numeradas, faça isso antes de qualquer coisa. Um caderno preso por uma espiral ou um caderno do qual pode-se remover facilmente as folhas não é aceitável porque a probabilidade de extraviá-las é alta.

Todos os resultados e observações devem ser registradas no caderno. Toalhas de papel, guardanapos ou papel de rascunho perdem-se ou são destruídos com facilidade. É uma prática de laboratório ruim usar este tipo de papel. Todas os registros devem ser feitos com *tinta permanente*. É frustante quando informações importantes desaparecem do caderno porque foram registradas com tinta lavável ou lápis e não resistem a um banho acidental provocado pelo colega ao lado. Como você estará usando este caderno no laboratório, ele ficará sujo ou manchado por produtos químicos, cheio de anotações riscadas ou mesmo chamuscado. Espera-se que isto aconteça, pois é parte normal do trabalho de laboratório.

Seu professor pode verificar seu caderno de laboratório a qualquer momento; logo, mantenha-o atualizado. Se o professor pedir relatórios, será mais fácil prepará-los a partir dos dados registrados no caderno.

2.2 FORMATO DO CADERNO DE LABORATÓRIO

A. Preparação prévia

Cada professor prefere um formato diferente de caderno de laboratório. Esta variedade vem de experiências e filosofias de trabalho diferentes. Obtenha instruções de seu professor sobre como organizar seu caderno de laboratório. Certos aspectos, entretanto, são comuns aos vários formatos possíveis. A discussão a seguir indica o que deve ser incluído em um caderno de laboratório típico.

Seria muito útil, e você poderia ganhar muito tempo de laboratório, se, antes de chegar ao laboratório, você soubesse, para cada experimento, as reações principais, as possíveis reações laterais, o mecanismo e a estequiometria e se você compreendesse bem o procedimento e a teoria por trás dele. Entender o procedimento pelo qual o produto desejado será separado de materiais indesejáveis também é muito importante. Se você estudar cada um desses tópicos antes de chegar ao laboratório, estará preparado para fazer o experimento com eficiência. Você terá seu equipamento e seus reagentes preparados no momento do uso. O material de referência estará à disposição quando for necessário. Por fim, o controle eficiente do tempo permitirá que você use com vantagens os longos períodos de reação ou refluxo para fazer outras operações, tais como fazer experimentos mais curtos ou finalizar os inacabados.

Nos experimentos em que um composto é sintetizado a partir de outros reagentes, isto é, nos **experimentos preparativos**, é essencial conhecer a reação principal. Para fazer cálculos estequiométricos, você deve equilibrar a equação da reação principal. Portanto, antes de começar o experimento, seu caderno já deveria ter a equação equilibrada da reação pertinente. Usando a preparação do acetato de isopentila, ou óleo de banana, como exemplo, voce deveria escrever:

$$CH_3-\underset{\underset{\text{Ácido acético}}{}}{\overset{\overset{O}{\|}}{C}}-OH \ + \ CH_3-\underset{\underset{\text{Álcool isopentílico}}{}}{\overset{\overset{CH_3}{|}}{CH}}-CH_2-CH_2-OH \ \xrightarrow{H^+}$$

$$CH_3-\overset{\overset{O}{\|}}{C}-O-CH_2-CH_2-\overset{\overset{CH_3}{|}}{CH}-CH_3 \ + \ H_2O$$
Acetato de isopentila

Antes de começar o experimento, escreva no caderno de laboratório as reações laterais possíveis que transformam os reagentes em contaminantes (subprodutos). Você terá de separar estes subprodutos do produto principal durante a purificação.

Liste no caderno constantes físicas como pontos de fusão, pontos de ebulição, densidades e pesos moleculares quando essas informações forem necessárias para fazer o experimento ou para efetuar cálculos. Você encontrará essas informações em fontes como *CRC Handbook of Chemistry and Physics, The Merck Index, Lange's Handbook of Chemistry,* ou *Aldrich Handbook of Fine Chemicals*. Registre em seu caderno de laboratório, antes da aula, as constantes físicas necessárias para um experimento.

A preparação prévia também inclui o estudo de alguns assuntos, informações não necessariamente registradas no caderno de laboratório, que poderão ser úteis para a compreensão do experimento. Dentre esses assuntos estão a compreensão do mecanismo da reação, o estudo de outros métodos de preparação da mesma substância e o estudo detalhado do procedimento experimental. Muitos estudantes descobrem que um esquema do procedimento, preparado *antes* de chegar ao laboratório, ajuda-os a usar seu tempo mais eficientemente, uma vez começado o experimento. Esse esquema deve ser preparado em uma folha separada, e não, no caderno de laboratório.

Após completar a reação, o produto desejado não aparece magicamente em sua forma pura. Ele deve ser isolado de uma mistura, freqüentemente complexa, de subprodutos, material que não reagiu, solventes e catalisadores. Você deve tentar escrever em seu caderno um **esquema de separação** do produto de seus contaminantes. Você deve tentar entender a razão das instruções dadas em uma etapa do procedimento experimental. Isto não só irá familiarizá-lo com as técnicas básicas de separação e purificação usadas na química orgânica, como também irá ajudá-lo a compreender o uso dessas técnicas. Este esquema pode tomar a forma de um fluxograma. Vide, por exemplo, o esquema de separação do acetato de isopentila (Figura 2.1). A atenção cuidadosa que você der à compreensão da separação, além de familiarizá-lo com os procedimentos usados no isolamento do produto desejado, pode prepará-lo para fazer pesquisas originais, em que não existem procedimentos experimentais preestabelecidos.

Ao propor um esquema de separação, observe que ele resume as etapas a serem feitas após o término da reação. Por isto, ele não inclui etapas como a adição de reagentes (álcool isopentílico e ácido acético) e de catalisador (ácido sulfúrico) ou o aquecimento da mistura de reação.

Algumas das informações descritas nesta seção não se aplicam ao caso de experimentos em que um composto é isolado de uma dada fonte, e não, preparado a partir de outros reagentes. Estes experimentos são chamados de **experimentos de isolamento**. Um experimento de isolamento típico envolve a obtenção de uma substância pura a partir de uma fonte natural. São exemplos o isolamento da cafeína do chá ou do cinamaldeído do cravo-da-Índia. Embora a preparação prévia dos experimentos de isolamento seja um pouco diferente, ela pode incluir as constantes físicas do composto a isolar e a proposta de um processo de isolamento. O estudo detalhado do esquema de separação é, neste caso, muito importante, porque ela é o centro deste tipo de experimento.

B. Registros de laboratório

Quando você começar o experimento, mantenha seu caderno por perto de modo que você possa registrar as operações que está fazendo. No laboratório, o caderno serve de registro aproximado do seu método experimental. Dados de pesagens, volumes e constantes físicas também devem ser anotados. Esta parte de seu

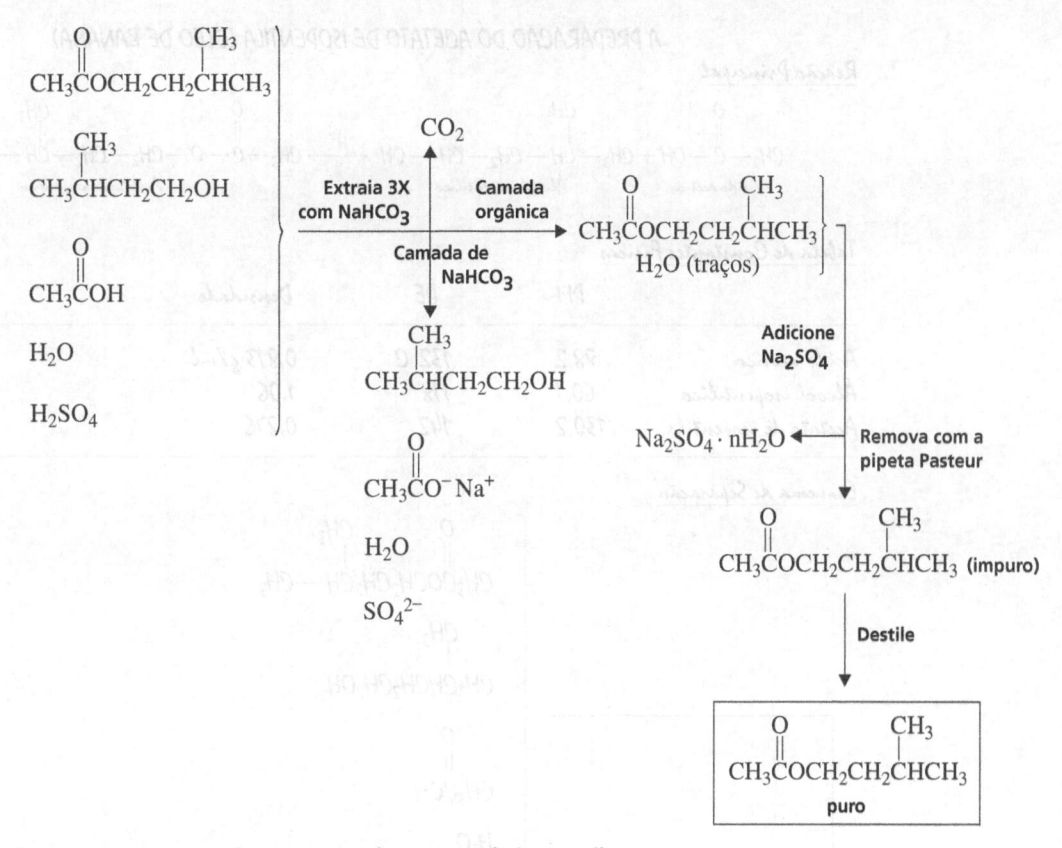

Figura 2.1 Esquema de separação do acetato de isopentila.

caderno de laboratório *não* deve ser preparada antes. O objetivo não é escrever uma receita, mas registrar o que você *fez* e o que você *observou*. Isto permitirá que você escreva o relatório sem recorrer à memória. Esses registros ajudarão outras pessoas a repetir o experimento da maneira mais semelhante possível.

A amostra de caderno de laboratório encontrada nas Figuras 2.2 e 2.3 ilustra o tipo de dados e observações que você deve registrar em seu caderno.

Quando seu produto tiver sido preparado e purificado, ou isolado, no caso de um experimento de isolamento, registre os dados pertinentes, como pontos de fusão ou de ebulição da substância, densidade, índice de refração e condições de determinação dos espectros.

C. Cálculos

Escreve-se a equação química da conversão total dos materiais de partida em produtos imaginando-se a estequiometria simples ideal. Na verdade, isto raramente acontece. Reações laterais ou reações em competição ocorrem e dão produtos diferentes. Em algumas reações de síntese, um estado de equilíbrio será atingido, e uma quantidade apreciável do material de partida ainda estará presente e poderá ser recuperada. Uma certa quantidade do reagente também pode estar presente, em excesso, se a reação não se completar. Quando ela envolve um reagente muito caro, temos uma boa razão para querer saber até onde um determinado tipo de reação converte reagentes em produtos. Em um caso como este, é preferível usar o método mais eficiente para obter a conversão. Por isso, informações acerca da eficiência de conversão das várias reações possíveis é importante para a pessoa que pretende usá-las.

A expressão quantitativa da eficiência de uma reação é dada pelo seu **rendimento**. O **rendimento teórico** é o número de gramas do produto esperado para a reação na base da estequiometria ideal, ignorando as reações laterais, a reversibilidade e as perdas. Para calcular o rendimento teórico é preciso primeiro determinar o **reagente limitante**. O reagente limitante é o reagente que não está presente em excesso e do qual depende o rendimento total do produto. O método para determinar o reagente limitante no experimento do acetato de isopentila é ilustrado nas páginas de amostra de caderno de laboratório

A PREPARAÇÃO DO ACETATO DE ISOPENTILA (ÓLEO DE BANANA)

Reação Principal

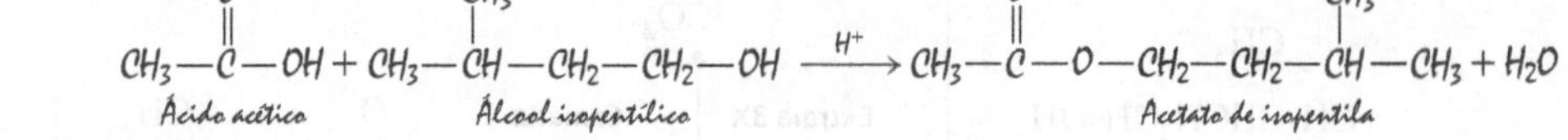

$$\underset{\text{Ácido acético}}{CH_3-\overset{O}{\underset{\|}{C}}-OH} + \underset{\text{Álcool isopentílico}}{CH_3-\overset{CH_3}{\underset{|}{CH}}-CH_2-CH_2-OH} \xrightarrow{H^+} \underset{\text{Acetato de isopentila}}{CH_3-\overset{O}{\underset{\|}{C}}-O-CH_2-CH_2-\overset{CH_3}{\underset{|}{CH}}-CH_3} + H_2O$$

Tabela de Constantes Físicas

	PM	PE	Densidade
Ácido acético	88,2	132°C	0,813 g/ml
Álcool isopentílico	60,1	118	1,06
Acetato de isopentila	130,2	142	0,876

Esquema de Separação

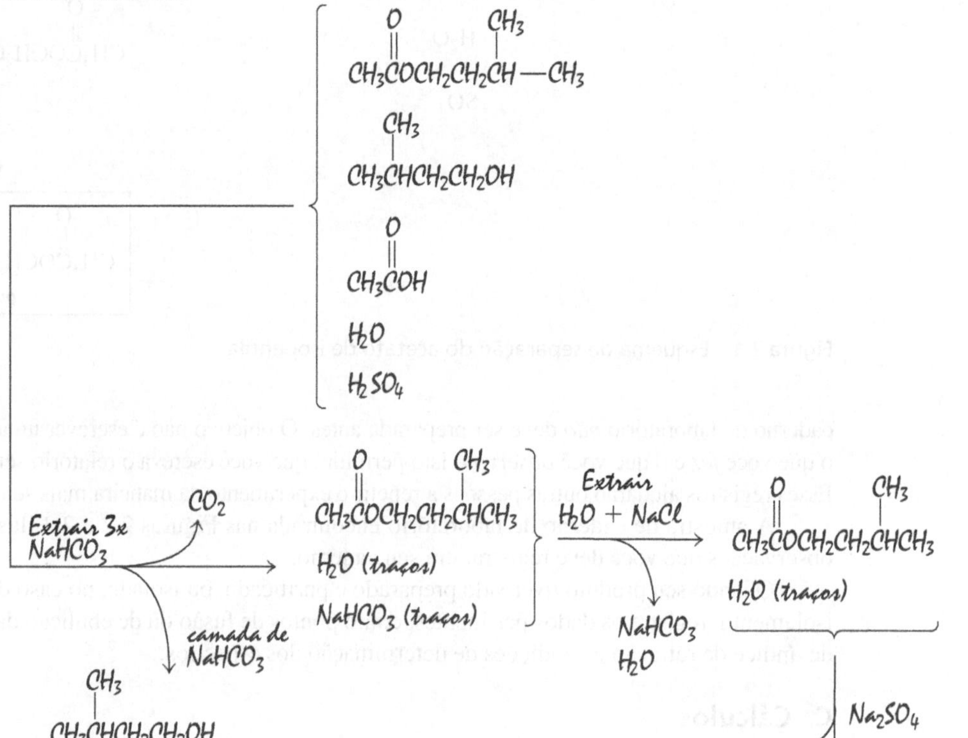

{
$CH_3COCH_2CH_2CH-CH_3$ (com CH_3)
$CH_3CHCH_2CH_2OH$ (com CH_3)
CH_3COH
H_2O
H_2SO_4
}

Extrair 3x NaHCO₃ → CO₂↑

→ $CH_3COCH_2CH_2CHCH_3$ (CH_3)
H_2O (traços)
$NaHCO_3$ (traços)

Extrair H_2O + NaCl →

$CH_3COCH_2CH_2CHCH_3$ (CH_3)
H_2O (traços)

↓ NaHCO₃, H_2O

↓ Na₂SO₄ → H_2O

$CH_3COCH_2CH_2CHCH_3$ (CH_3)
(IMPURO)

↓ DESTILAR

[$CH_3COCH_2CH_2CHCH_3$ (CH_3) PURO]

camada de NaHCO₃:

$CH_3CHCH_2CH_2OH$ (CH_3)
$CH_3CO^-Na^+$
H_2O
$NaHCO_3$
SO_4^{2-}

Figura 2.2 Amostra de caderno de laboratório, página 1.

Dados e Observações

7,5 mL de álcool isopentílico foram colocados em um balão de fundo redondo de 50 mL de peso conhecido:

Balão + álcool	139,75 g
Balão	133,63 g
	6,12 g álcool isopentílico

Ácido acético glacial (10 mL) e 2 mL de ácido sulfúrico concentrado foram também adicionados ao balão, com agitação, juntamente com várias pérolas de vidro ou pedras de ebulição. Um condensador esfriado a água foi ligado ao balão. A reação foi mantida em ebulição, com uma manta, por cerca de uma hora. A cor da mistura de reação era amarelo-castanha.

Depois que a mistura de reação esfriou até a temperatura normal, as pedras de ebulição, ou as pérolas de vidro, foram removidas, e a mistura de reação foi derramada em um funil de separação. Cerca de 30 mL de água fria foram colocados no funil de separação. O balão da reação foi lavado com 5 mL de água fria, e esta água foi também colocada no funil de separação. O funil foi agitado, e a camada inferior de água foi removida e descartada. A camada orgânica foi extraída duas vezes com duas porções de 10-15 mL de uma solução de bicarbonato de sódio a 5% em água. Durante a primeira extração, houve formação de muito CO_2, mas na segunda, a quantidade de gás foi muito menor. A cor da camada orgânica era amarelo-pálida. Depois da segunda extração, a camada de água tornou vermelho o papel de tornassol azul. As camadas de bicarbonato foram descartadas, e a camada orgânica, extraída com uma porção de 10-15 mL de água. Durante esta extração, uma porção de 2-3 mL de solução saturada de cloreto de sódio em água foi adicionada. Após a remoção da camada de água, a camada superior, orgânica, foi transferida para um frasco de Erlenmeyer de 15 mL, e adicionou-se 2 g de sulfato de magnésio anidro. O frasco foi fechado, agitado suavemente e deixado em repouso por 15 minutos.

O produto foi transferido para um balão de fundo redondo de 25 mL e submetido à destilação simples. A destilação continuou até que o destilado parou de pingar no frasco de coleta. Após a destilação, o éster foi transferido para um frasco de amostra de peso conhecido.

Frasco de amostra + produto	9,92 g
Frasco de amostra	6,11 g
	3,81 g acetato de isopentila

O produto era incolor e transparente. O ponto de ebulição observado durante a destilação foi 140°C. Um espectro de IV do produto foi obtido.

Cálculos

Determinação do reagente limitante:

$$\text{álcool isopentílico } 6,12 \text{ g} \left(\frac{1 \text{ mol de álcool isopentílico}}{88,2 \text{ g}} \right) = 6,94 \times 10^{-2} \text{ mol}$$

$$\text{ácido acético: } (10 \text{ mL}) \left(\frac{1,06 \text{ g}}{\text{mL}} \right) \left(\frac{1 \text{ mol de ácido acético}}{60,1 \text{ g}} \right) = 1,76 \times 10^{-1} \text{ mol}$$

Como eles reagem na razão 1:1, o álcool isopentílico é o reagente limitante. Rendimento teórico:

$$(6,94 \times 10^{-2} \text{ moles de álcool isopentílico}) \left(\frac{1 \text{ mol de acetato de isopentila}}{1 \text{ mol de álcool isopentílico}} \right) \left(\frac{130,2 \text{ g acetato de isopentila}}{1 \text{ mol de acetato de isopentila}} \right)$$

$$= 9,03 \text{ g acetato de isopentila}$$

$$\text{Rendimento percentual} = \frac{3,81 \text{ g}}{9,03 \text{ g}} \times 100 = 42,2\%$$

Figura 2.3 Uma amostra de caderno de laboratório, página 2.

mostradas nas Figuras 2.2 e 2.3. Consulte seu livro-texto de química geral para obter exemplos mais complexos. O rendimento teórico é calculado pela expressão

$$\text{Rendimento teórico} = (\text{moles de reagente limitante})(\text{razão})(\text{peso molecular do produto})$$

A razão, aqui, é a razão estequiométrica entre o produto e o reagente limitante. Na preparação do acetato de isopentila, esta razão é 1:1. Um mol de álcool isopentílico, em condições ideais, deveria dar 1 mol de acetato de isopentila.

O **rendimento** é simplesmente o número de gramas obtidos do produto desejado. O **rendimento percentual** descreve a eficiência da reação e é determinado por

$$\text{Rendimento percentual} = \frac{\text{Rendimento}}{\text{Rendimento teórico}} \times 100$$

O cálculo do rendimento teórico e do rendimento percentual pode ser ilustrado com os dados hipotéticos da preparação do acetato de isopentila:

$$\text{Rendimento teórico} = (6,94 \times 10^{-2} \text{ moles de álcool isopentílico}) \left(\frac{1 \text{ mol de acetato de isopentila}}{1 \text{ mol de álcool isopentílico}} \right)$$

$$\times \left(\frac{130,2 \text{ g acetato de isopentila}}{1 \text{ mol de acetato de isopentila}} \right) = 9,03 \text{ g acetato de isopentila}$$

$$\text{Rendimento} = 3,81 \text{ g acetato de isopentila}$$

$$\text{Rendimento percentual} = \frac{3,81 \text{ g}}{9,03 \text{ g}} \times 100 = 42,2\%$$

No caso de experimentos cujo objetivo principal é isolar uma substância como, por exemplo, um produto natural, e não, preparar e purificar o produto de alguma reação, calcula-se a **recuperação percentual por peso**, e não, o rendimento percentual. Este número é determinado por

$$\text{Recuperação percentual por peso} = \frac{\text{Peso da substância isolada}}{\text{Peso do material original}} \times 100$$

Assim, por exemplo, se 0,014 g de cafeína foi obtido de 2,3 g de chá, a recuperação percentual por peso da cafeína seria

$$\text{Recuperação percentual por peso} = \frac{0,014 \text{ g cafeína}}{2,3 \text{ g chá}} \times 100 = 0,61\%$$

2.3 RELATÓRIOS

Vários formatos podem ser usados nos relatórios que descrevem resultados de experimentos de laboratório. Você pode escrever o relatório diretamente em seu caderno de laboratório em um formato semelhante ao das amostras de relatório incluídas nesta seção. Seu professor pode solicitar um relatório mais formal, que não esteja escrito no caderno. Quando se faz pesquisa original, esses relatórios devem incluir uma descrição detalhada de todas as etapas experimentais. Com freqüência, utiliza-se o estilo usado em periódicos científicos como o *Journal of the American Chemical Society*. Seu professor provavelmente terá um formato preferido e, neste caso, lhe dirá como proceder.

2.4 ENTREGA DE AMOSTRAS

Em todos os experimentos preparativos e em alguns experimentos de isolamento, você terá de entregar a seu professor a amostra de substância que preparou ou isolou. Como identificar esta amostra é muito importante. Lembre-se de que aprender a identificar corretamente garrafas e frascos pode poupar tempo no laboratório porque menos enganos serão cometidos. O mais importante é que a identificação correta diminui o perigo futuro, inerente a amostras de material que não podem ser identificadas corretamente.

Materiais sólidos devem ser guardados e entregues em recipientes que permitam sua fácil remoção. Por esta razão, garrafas ou frascos de boca estreita não são usados para substâncias sólidas. Os líquidos devem ser guardados em recipientes que não permitam vazamento. Tenha cuidado para não guardar líquidos voláteis em recipientes com tampas de plástico, a menos que você proteja a tampa com um material inerte como Teflon. Se isto não for feito, os vapores do líquido poderão dissolver parcialmente o plástico e contaminar a substância.

Coloque na etiqueta o nome da substância, seu ponto de fusão ou de ebulição, o rendimento e o rendimento percentual e seu nome. Segue-se um exemplo de etiqueta bem-preparada:

Acetato de Isopentila
PE 140°C
Rendimento 3,81 g (42,2%)
Joe Schmedlock

TÉCNICA 3

Vidraria de Laboratório: Cuidados e Limpeza

Como a vidraria é cara e você é responsável por ela, trate-a com cuidado e respeito. Se você ler cuidadosamente esta seção e seguir os procedimentos recomendados, poderá evitar despesas desnecessárias. Você também ganhará tempo, porque problemas de limpeza e substituição de vidraria quebrada consomem tempo.

Esta seção dá algumas informações úteis aos que não estão familiarizados com o equipamento usado em um laboratório de química orgânica ou aos que estão inseguros quanto ao tratamento a ser dado a estes equipamentos, tal como limpeza da vidraria e cuidados a serem tomados com o uso de reagentes corrosivos ou cáusticos. No fim desta seção estão ilustrações que mostram e nomeiam a maior parte dos equipamentos que você encontrará em sua gaveta ou armário.

3.1 LIMPEZA DA VIDRARIA

A limpeza da vidraria é muito fácil se você a fizer imediatamente após o uso. É aconselhável "lavar a louça" assim que puder. Com o tempo, alcatrões orgânicos deixados em um recipiente começam a atacar a superfície do vidro. Quanto mais tempo você esperar para limpar o vidro, maior o desgaste. Se você esperar, a limpeza fica mais difícil porque a água não atingirá a superfície do vidro tão efetivamente. Se você não puder lavar sua vidraria imediatamente após o uso, coloque as peças sujas em água com sabão. Um balde de plástico de 2 litros é conveniente para isto. O uso do balde ajuda também a evitar a perda de pequenas peças de equipamento.

Vários tipos de sabões e detergentes podem ser usados na limpeza da vidraria. Eles devem ser experimentados antes de tentar solventes orgânicos. Estes últimos podem ser usados porque os resíduos que ficam na vidraria usada são, provavelmente, solúveis. Após o uso dos solventes, o equipamento terá de ser lavado com sabão e água para remover o solvente residual. Cuidado quando usar solventes para limpar a vidraria, porque eles podem causar problemas (veja a Técnica 1). Use quantidades pequenas de solvente na limpeza. Menos de 5 mL (ou 1-2 mL na vidraria de escala pequena) é geralmente suficiente. A acetona é de uso comum, mas ela é cara. A **acetona de limpeza** pode ser usada várias vezes antes de ser descartada. Antes de fazer isto, consulte seu professor. Se acetona não funcionar, outros solventes orgânicos, como cloreto de metileno ou tolueno, podem ser usados.

> **Cuidado:** A acetona é muito inflamável. Não a use perto do fogo.

Manchas e resíduos mais permanentes que aderirem ao vidro apesar de seus esforços podem ser tratados com uma mistura de ácido sulfúrico e ácido nítrico. Coloque cuidadosamente 20 gotas de ácido sulfúrico concentrado e 5 gotas de ácido nítrico no recipiente.

> **Cuidado:** Porte óculos de segurança quando estiver usando uma solução de limpeza feita com ácido sulfúrico e ácido nítrico. Não deixe que ela entre em contato com sua pele ou com sua roupa porque ela queimará a pele ou furará a roupa. Os ácidos podem, também, reagir com o resíduo que está no recipiente.

Agite durante alguns minutos, a mistura ácida no recipiente, por rotação. Se necessário, coloque o aparelho de vidro em um banho de água morna e aqueça-o cuidadosamente para acelerar o processo de limpeza. Continue o aquecimento até que cesse a reação. Após o término do processo de limpeza, decante a mistura para um recipiente de descarte apropriado.

> **Cuidado:** Não coloque a solução ácida no recipiente destinado aos rejeitos orgânicos.

Lave a peça de vidro com muita água e, depois, com água e sabão. Na maior parte das aplicações comuns da química orgânica, muitas das manchas que sobrevivem a este tratamento provavelmente não causarão problemas nos procedimentos subseqüentes de laboratório.

Se a vidraria estiver contaminada com graxa de torneira, lave-a com uma pequena quantidade (1-2 mL) de cloreto de metileno. Descarte esta solução em um recipiente apropriado. Após a remoção da graxa, lave o equipamento com água e sabão ou detergente.

3.2 SECAGEM DA VIDRARIA

A maneira mais fácil de secar a vidraria é deixá-la em repouso durante a noite. Coloque garrafas, frascos e bécheres de cabeça para baixo, sobre uma toalha de papel, para permitir que a água escorra. Se for possível, pode-se usar estufas para secar a vidraria. A secagem mais rápida pode ser obtida enxaguando a aparelhagem com acetona e secando-a ao ar ou colocando-a na estufa. Antes de fazer isto, retire o máximo possível da água. Depois, lave a aparelhagem com duas porções *pequenas* (1-2 mL) de acetona. Não use uma quantidade de acetona maior do que a sugerida aqui. Derrame a acetona usada em um recipiente especial para reciclagem. Após secar a vidraria com acetona, seque-a em estufa por alguns minutos ou deixe-a secar ao ar na temperatura normal. A acetona também pode ser removida por sucção. Em alguns laboratórios, pode ser possível secar a aparelhagem passando uma *leve* corrente de ar pelo aparelho. (Seu professor dirá se você pode fazer isto.) Antes de secar a vidraria com ar, assegure-se de que a linha de ar não está contaminada com óleo do compressor. Se isto acontecer, o óleo sujará a vidraria e você terá de limpá-la novamente. Não é necessário usar um jato forte de ar para retirar a acetona. Uma leve corrente é igualmente efetiva e não assustará outras pessoas no laboratório.

Não seque sua aparelhagem com toalhas de papel, a não ser que elas não soltem fiapos. Muitos papéis deixarão fiapos no vidro, os quais poderão interferir nos procedimentos subseqüentes. Às vezes, não é necessário secar totalmente o equipamento. Por exemplo, se você vai colocar água ou uma solução em água em um balão, ele não precisa estar completamente seco.

3.3 JUNTAS ESMERILHADAS

Provavelmente, a vidraria de sua aparelhagem de química orgânica tem **juntas esmerilhadas padronizadas**. A cabeça de Claisen da Figura 3.1, por exemplo, tem uma junta esmerilhada interna (macho) embaixo e duas juntas esmerilhadas externas (fêmeas) em cima. Cada uma delas é esmerilhada até um tamanho preciso, designado pelo símbolo ⊤ seguido por dois números. Um tamanho comum de junta em muitos aparelhos de laboratório em escala grande é ⊤19/22. O primeiro número indica o diâmetro (em milímetros) da junta em seu ponto mais largo, e o segundo número, seu comprimento (veja a Figura 3.1). Uma das vantagens das juntas padronizadas é que as peças se adaptam perfeitamente e formam um bom selo. Elas permitem que os componentes de vidro com mesmo tamanho de junta se liguem, permitindo a montagem de uma grande variedade de aparelhagens. Uma desvantagem é que o custo da vidraria é maior.

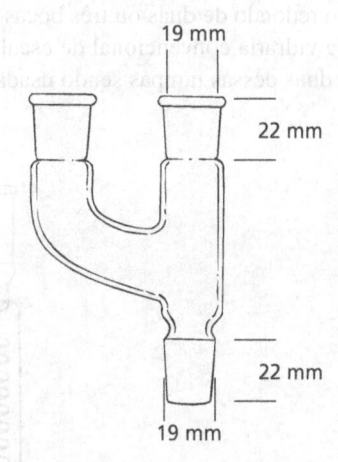

Figura 3.1 Ilustração de juntas internas e externas, incluindo as dimensões. Uma cabeça de Claisen com juntas ⊤ 19/22.

3.4 LIGAÇÃO DE JUNTAS ESMERILHADAS

É muito simples ligar peças de vidro em escala grande usando juntas esmerilhadas padronizadas. A Figura 3.2B ilustra a ligação de um condensador a um balão de fundo redondo. Às vezes, porém, pode ser difícil prender a ligação para que ela não se desfaça inesperadamente. A Figura 3.2A mostra um grampo de plástico que permite manter a ligação segura. Métodos para prender as ligações com juntas esmerilhadas em aparelhagem de escala grande, inclusive o uso de grampos de plástico, são cobertos na Técnica 7.

É importante ter certeza de que a superfície da junta está livre de sólidos e líquidos. Eles diminuem a eficiência do selo e provocam vazamentos. No caso de vidraria em escala pequena, partículas sólidas podem fazer com que as juntas se quebrem quando os grampos plásticos forem apertados. Se a aparelhagem for aquecida, o material que fica entre as superfícies das juntas aumentará a tendência das juntas em colar. Se as superfícies das juntas estiverem molhadas com líquido ou tiverem sólidos presos, seque-as com um pano ou com uma toalha de papel que não solte fiapos antes de fazer a ligação.

A. Grampo de plástico para juntas

B. Junta presa com grampo de plástico

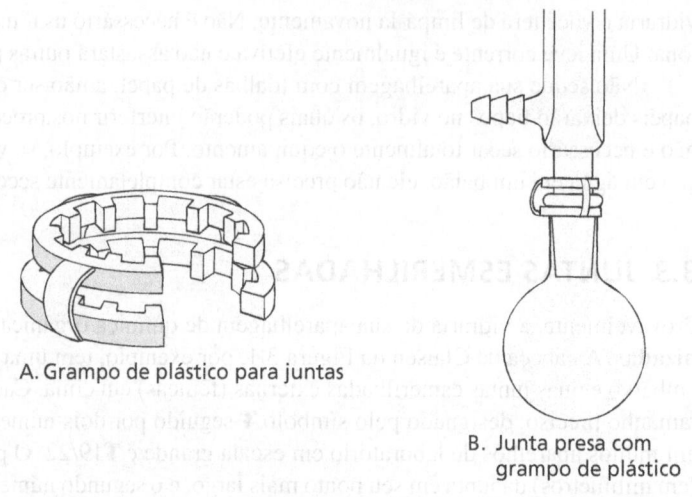

Figura 3.2 Ligação de juntas de vidro esmerilhadas. O uso do grampo de plástico em (A) é também mostrado em (B).

3.5 TAMPAS DE BALÕES, FRASCOS CÔNICOS E ABERTURAS

Os balões de fundo redondo de duas ou três bocas podem ser fechados com tampas de juntas ⟁ 19/22, que fazem parte da vidraria convencional de escala grande de um laboratório de química orgânica. A Figura 3.3 mostra duas dessas tampas sendo usadas para fechar as saídas laterais de um balão de três bocas.

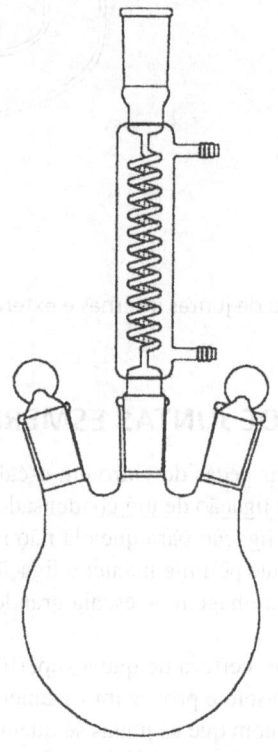

Figura 3.3 Uma saída lateral fechada com uma tampa ⟁ 19/22.

3.6 SEPARAÇÃO DE JUNTAS DE VIDRO ESMERILHADAS

Quando as juntas de vidro esmerilhadas "colam" ou ficam presas, você está diante do problema, freqüentemente vexatório, de separá-las. As técnicas de separação de juntas de vidro esmerilhadas ou de remoção de tampas presas em balões e frascos são as mesmas para a vidraria nas escalas grande ou pequena.

A ação mais importante para evitar que as juntas esmerilhadas colem é desmontar a aparelhagem assim que possível, depois que o procedimento se completou. Mesmo quando se vai tomar esta precaução, as juntas podem já estar presas. O mesmo vale para tampas de vidro de garrafas ou de frascos cônicos. Como certos itens da vidraria em escala pequena podem ser frágeis, é relativamente fácil quebrá-los quando se tenta separar as juntas. Se as peças não se separarem facilmente, tenha cuidado quando tentar descolá-las. A melhor maneira é segurar as duas peças, com as duas mãos se tocando, o mais perto possível das juntas. Com firmeza, tente liberar a junta com um movimento de torção (não exagere). Se isto não funcionar, tente afastar as mãos sem forçar lateralmente a vidraria.

Se ainda não foi possível separar as peças com essas técnicas, os seguintes métodos podem ajudar. Uma junta presa pode se soltar se você bater nela, *levemente*, com o pegador de madeira de uma espátula. Depois disto, tente separá-la da maneira descrita acima. Se este procedimento falhar, tente aquecer a junta em água quente ou em um banho de vapor. Se o aquecimento não der certo, peça auxílio ao professor. Como último recurso, tente aquecer a junta em uma chama. Não faça isto a não ser que nada mais tenha funcionado, porque o aquecimento na chama, com freqüência, expande a junta rapidamente e ela pode se quebrar ou rachar. Se for usar uma chama, certifique-se de que a junta está limpa e seca. Aqueça a parte externa da junta, lentamente, na parte amarela da chama para que ela se expanda e se separe da seção interna. Aqueça a junta lentamente e com cuidado, porque ela pode se quebrar.

3.7 ARRANHÕES NA VIDRARIA

A vidraria usada em reações que envolvem bases fortes como hidróxido de sódio ou alcóxidos de sódio devem ser limpas *imediatamente* após o uso. Se estes materiais cáusticos permanecerem em contato, eles arranharão o vidro permanentemente. Os arranhões farão com que a limpeza posterior fique mais difícil porque partículas de sujeira ficam presas nas irregularidades microscópicas da superfície. Além disto, os arranhões enfraquecem o vidro, o que reduz a vida útil da vidraria. Se materiais cáusticos entrarem em contato com as juntas esmerilhadas sem serem prontamente removidos, as juntas ficarão presas. É extremamente difícil separar juntas presas dessa maneira sem quebrá-las.

3.8 LIGAÇÃO DE TUBOS DE BORRACHA AO EQUIPAMENTO

Quando você for ligar tubos de borracha à aparelhagem de vidro ou for introduzir tubos de vidro em rolhas de borracha, lubrifique primeiro o tubo de borracha, ou a rolha, com água ou glicerina. Sem lubrificação é difícil ligar os tubos de borracha às saídas de certos itens de vidraria, como condensadores e kitazatos. Além disto, o tubo de vidro pode quebrar quando estiver sendo inserido nas rolhas de borracha. A água é um bom lubrificante para muitos propósitos. Não use água como lubrificante se ela puder contaminar a reação. A glicerina é um lubrificante melhor do que a água e deve ser usada quando há fricção considerável entre o vidro e a borracha. Se usar glicerina, use pouca quantidade.

3.9 DESCRIÇÃO DO EQUIPAMENTO

As Figuras 3.4 e 3.5 incluem exemplos de vidraria e de equipamentos comumente usados no laboratório de química orgânica. A forma de sua vidraria e de seus equipamentos pode ser ligeiramente diferente dos desenhos mostrados nas páginas 502 a 504.

Balão de destilação de fundo redondo de 25 mL

Balão de destilação de fundo redondo de 50 mL

Balão de destilação de fundo redondo de 100 mL

Balão de destilação de fundo redondo de 250 mL

Balão de fundo redondo de 500 mL com três bocas

Adaptador de vácuo

Cabeça de destilação

Rolha de vidro

Cabeça de Claisen

Adaptador de termômetro (com ajuste de borracha)

Tubo de ebulição

Condensador de West

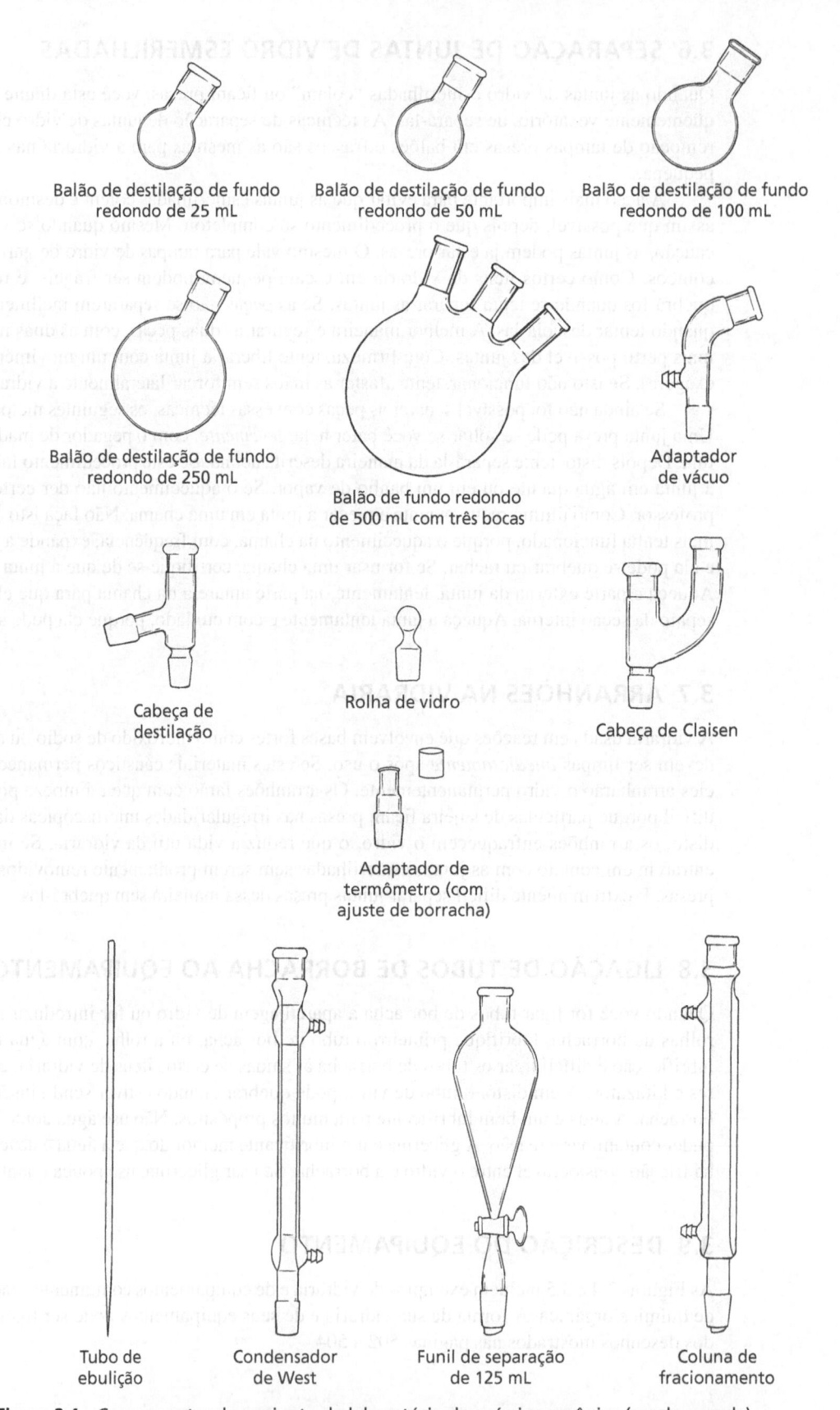

Funil de separação de 125 mL

Coluna de fracionamento

Figura 3.4 Componentes do conjunto de laboratório de química orgânica (escala grande).

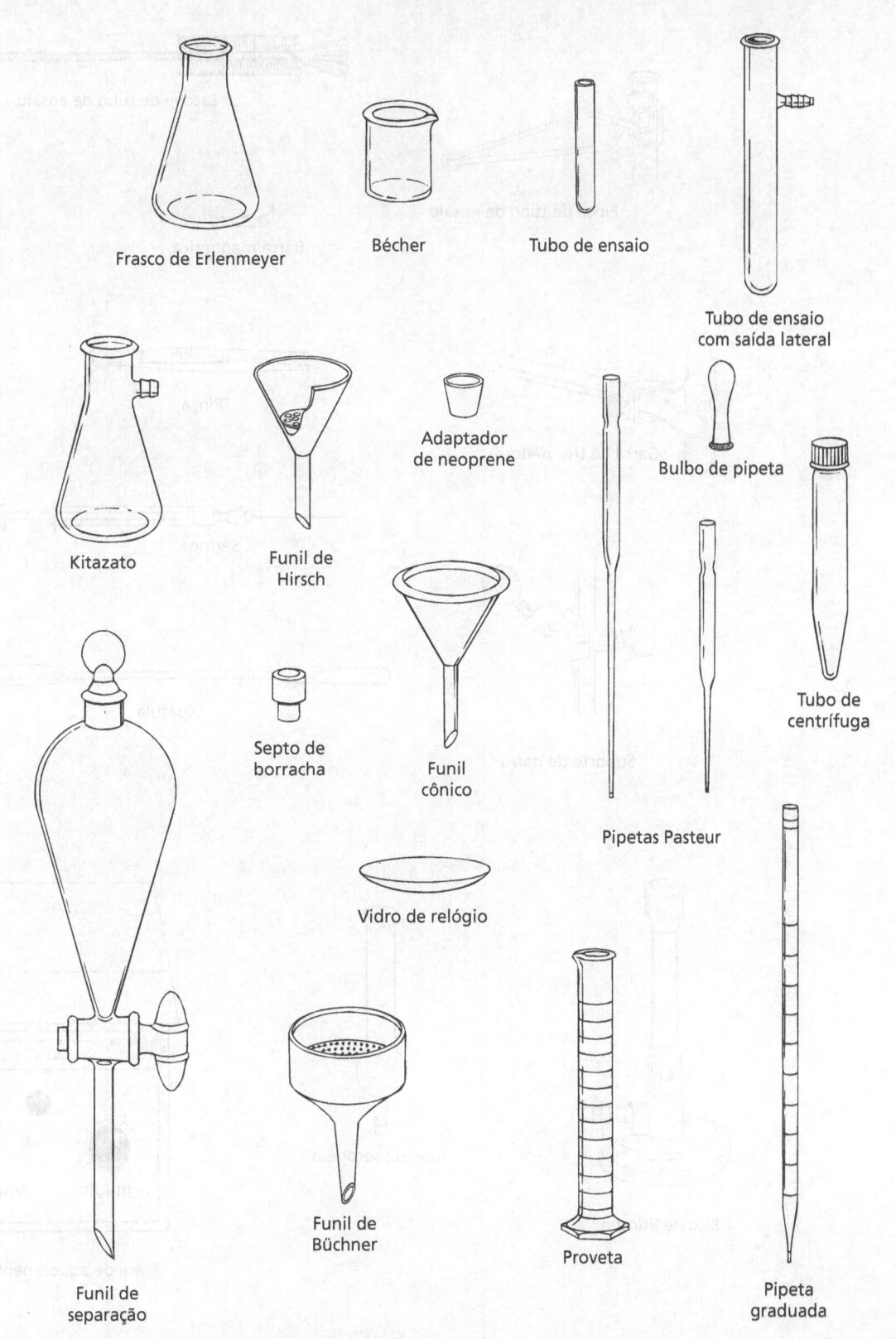

Técnica 3 Vidraria de laboratório: cuidados e limpeza **503**

Frasco de Erlenmeyer

Bécher

Tubo de ensaio

Tubo de ensaio com saída lateral

Kitazato

Funil de Hirsch

Adaptador de neoprene

Bulbo de pipeta

Septo de borracha

Funil cônico

Tubo de centrífuga

Vidro de relógio

Pipetas Pasteur

Funil de Büchner

Proveta

Funil de separação

Pipeta graduada

Figura 3.5 Equipamento comum do laboratório de química orgânica.

504 Parte Seis As Técnicas

Pinça de tubo de ensaio

Escova de tubo de ensaio

Barra magnética

Garra de três dedos

Pinça

Seringa

Suporte de garra

Espátula

Bico de Bunsen

Tubo de secagem

Agitação   Aquecimento

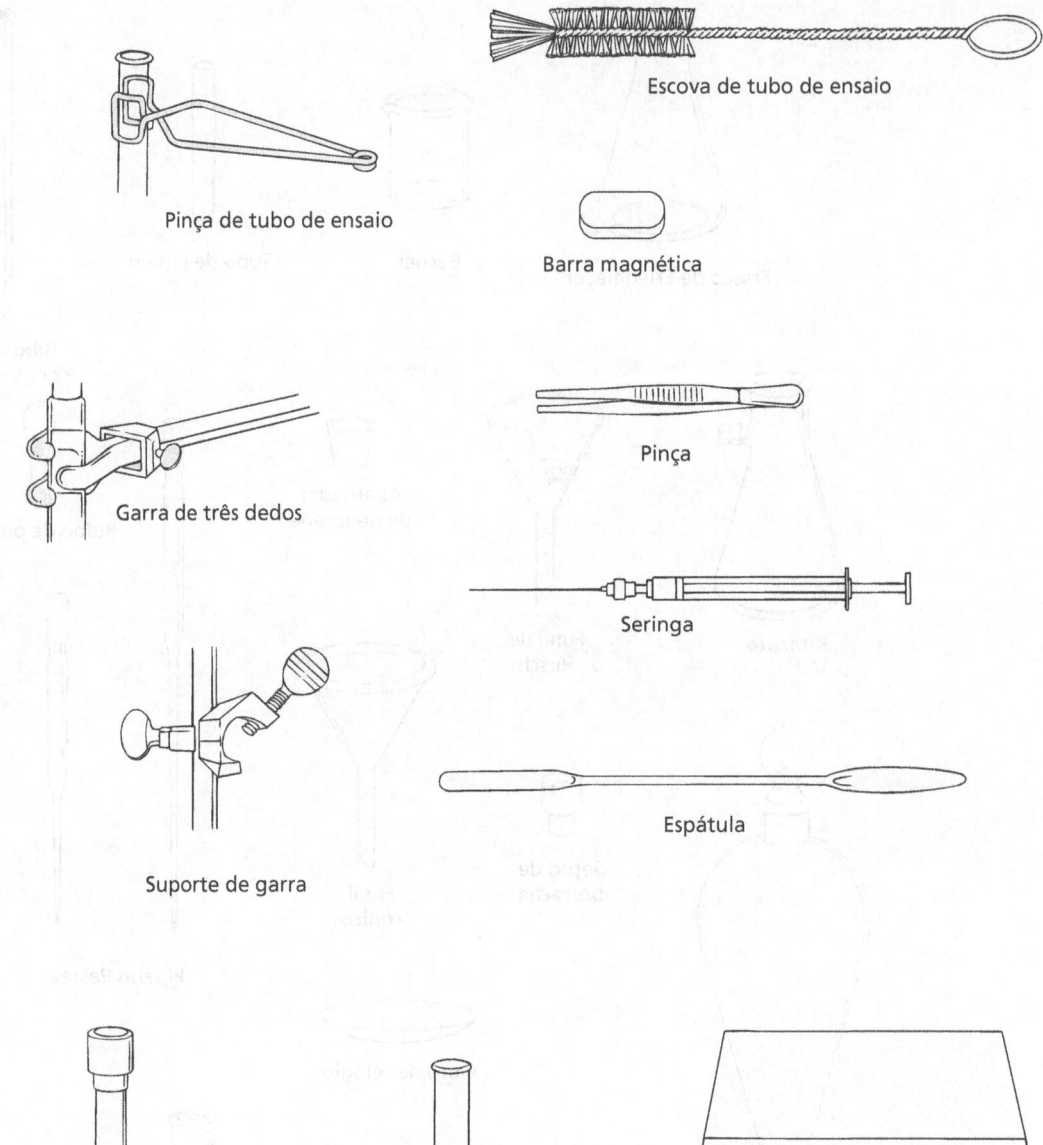

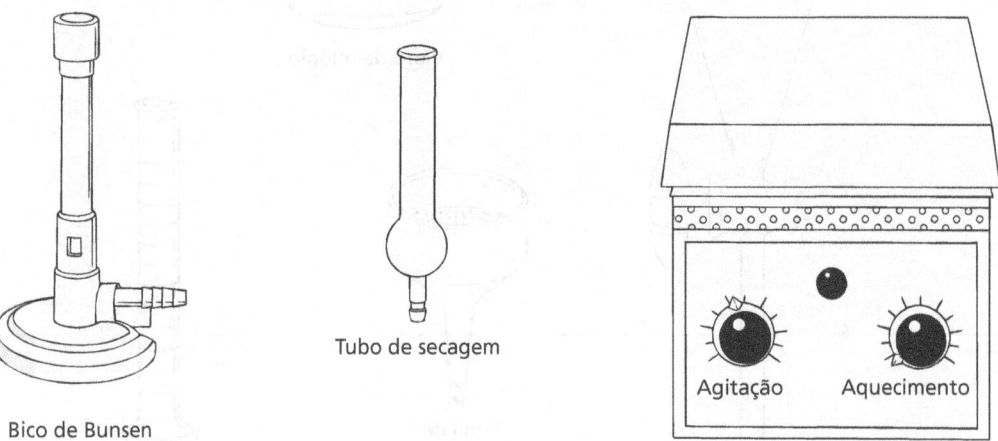

Placa de aquecimento/agitação

TÉCNICA 4

Como Encontrar Informações sobre Compostos: Manuais de Laboratório e Catálogos

A melhor maneira de encontrar rapidamente informações sobre compostos orgânicos é consultar um manual de laboratório. Discutiremos o uso do *CRC Handbook of Chemistry and Physics,* do *Lange's Handbook of Chemistry,* do *The Merck Index,* e do *Aldrich Handbook of Fine Chemicals.* Citações completas destes manuais são dadas na Técnica 29. Dependendo do tipo de manual consultado, as seguintes informações podem ser encontradas:

- Nome e sinônimos comuns
- Fórmula
- Peso molecular
- Ponto de ebulição de um líquido ou ponto de fusão de um sólido
- Referência do Beilstein
- Dados de solubilidade
- Densidade
- Índice de refração
- Ponto de fulgor
- Número de Registro do *Chemical Abstracts Service* (CAS)
- Dados de toxicidade
- Usos e sínteses

4.1 CRC HANDBOOK OF CHEMISTRY AND PHYSICS

Este é o manual de laboratório mais comumente consultado para dados de compostos orgânicos. Embora uma nova edição do manual seja publicada a cada ano, as mudanças são, com freqüência, pequenas. Uma cópia antiga do manual muitas vezes é suficiente para o uso diário. Além das tabelas completas de propriedades de compostos orgânicos, o *CRC Handbook* inclui seções de nomenclatura e de estrutura de anéis, um índice de sinônimos e um índice de fórmulas moleculares.

Os nomes usados neste livro seguem muito de perto o sistema do Chemical Abstracts de nomenclatura dos compostos orgânicos. Este sistema difere muito pouco da nomenclatura padrão da IUPAC. A Tabela 4.1 lista alguns exemplos de como compostos comumente encontrados são nomeados no manual. A primeira coisa que você notará é que este manual não é organizado como um dicionário. Nele,

TABELA 4.1 Exemplos de nomes de compostos no *CRC Handbook*

Nome do Composto Ogânico	Localização no *CRC Handbook*
1-Cloro-pentano	Pentano, 1-cloro-
1,4-Dicloro-benzeno	Benzeno, 1,4-benzeno
4-Cloro-tolueno	Tolueno, 4-cloro-
Ácido etanóico	Ácido acético
Acetato de *terc*-butila (etanoato)	Ácido acético, 1,1-dimetil-etil éster
Propanoato de etila	Ácido propanóico, etil éster
Álcool isopentílico	1-Butanol, 3-metil-
Acetato de isopentila (óleo de banana)	1-Butanol, 3-metil-, acetato
Ácido salicílico	Ácido benzóico, 2-hidróxi-
Ácido acetilsalicílico (aspirina)	Ácido benzóico, 2-acetilóxi-

você deverá primeiramente identificar o *nome principal* do composto de interesse. Os nomes principais estão na ordem alfabética. Assim que o nome principal for identificado e encontrado, você poderá procurar o substituinte ou os substituintes particulares que devem ser adicionados ao nome.

Na maior parte dos casos, é fácil encontrar o que você procura, desde que você conheça o nome principal. Os álcoois, como esperado, são nomeados pelas regras da IUPAC. Note, na Tabela 4.1, que o álcool ramificado, álcool isopentílico, está listado como 1-butanol, 3-metil.

Os ésteres, amidas e halogenetos de acila são usualmente listados como derivados do ácido carboxílico principal. Por isso, você encontrará o propanoato de etila listado, na Tabela 4.1, sob o nome do ácido carboxílico principal, o ácido propanóico. Se você tiver problemas em encontrar um determinado éster como um ácido carboxílico principal, tente localizá-lo pela parte álcool do nome. Assim, o acetato de isopentila não é listado como ácido acético, como se esperaria, mas sob a parte álcool do nome (veja a Tabela 4.1). Felizmente, o manual tem um Índice de Sinônimos que localiza o acetato de isopentila para você na parte principal do manual.

Assim que você localizar o composto pelo nome, você encontrará as seguintes informações úteis:

Número CRC	Este é um número de identificação do composto. Você pode usá-lo para encontrar a estrutura molecular em outro local do manual. Isto é particularmente útil quando a estrutura do composto é complicada.
Nome e sinônimo	O nome do Chemical Abstracts e os possíveis sinônimos.
Fórm. mol.	Fórmula molecular do composto.
P. mol.	Peso molecular.
CAS RN	Número de Registro do Chemical Abstracts Service. Este número é muito útil para encontrar outras informações sobre o composto na literatura primária (veja a Técnica 29, Seção 29.11).
pf/°C	Ponto de fusão do composto em graus Celsius
pe/°C	Ponto de ebulição do composto em graus Celsius. Um número sem sobrescrito indica que o ponto de ebulição foi obtido em 760 mmHg (pressão atmosférica). Um número com sobrescrito indica que o ponto de ebulição foi obtido sob pressão reduzida. Assim, por exemplo, 234;122^{16} significa que o composto entra em ebulição em 234°C em 760 mmHg, e em 122°C em 16 mmHg.
Dens./cm^{-3}	Densidade de um líquido. Um sobrescrito indica a temperatura em graus Celsius em que a densidade foi obtida.
n_D	Índice de refração determinado no comprimento de onda de 589 nm, a linha amarela da lâmpada de sódio. Um sobrescrito indica a temperatura em que o índice de refração foi obtido (veja a Técnica 24).

Solubilidade	Classificação por solubilidade	Abreviações do solvente
	1 = insolúvel	ace = acetona
	2 = ligeiramente solúvel	bz = benzeno
	3 = solúvel	cl = clorofórmio
	4 = muito solúvel	EtOH = etanol
	5 = miscível	et = éter
	6 = decompõe	hx = hexano

Ref. Beils.	Referência do Beilstein. Uma entrada 4-02-00-00157 indicaria que o composto se encontra no 4° suplemento do Volume 2, com nenhum subvolume, na páginas 142-143 (veja a Técnica 29, Seção 29.10 para detalhes do uso do Beilstein).
N° Merck	Número do *The Merck Index* (11ª. Edição do manual). Estes números mudam a cada nova edição do *The Merck Index*.

Exemplos de amostras de entradas do manual para o álcool isopentílico (1-butanol, 3-metil-) e acetato de isopentila (1-butanol, 3-metil-, acetato) estão na Tabela 4.2.

TABELA 4.2 Propriedades do álcool isopentílico e do acetato de isopentila listadas no *CRC Handbook*

No.	Nome Sinônimo	Fórm. Mol. P. Mol.	No. Reg. CAS mp/°C	No. Merck pe/°C	Ref. Beils. dens/g cm^{-3}	Solubilidade n_D
3627	1-Butanol, 3-metil-	$C_5H_{12}O$	123-51-3	5081	4-01-00-01677	ace 4; et 4; EtOH$_4$
	Álcool isopentílico	88,15	−117,2	131,1	0,8104^{20}	1,4053^{20}
3631	1-Butanol, 3-metil-, acetato	$C_7H_{14}O_2$	123-92-2	4993	4-02-00-00157	H$_2$O 2; EtOH 5; et 5; ace 3
	Acetato de isopropila	130,19	−78,5	142,5	0,876^{15}	1,4000^{20}

4.2 *LANGE'S HANDBOOK OF CHEMISTRY*

Este manual não é tão comum como o *CRC Handbook*, mas tem algumas diferenças e vantagens interessantes. O *Lange's Handbook* tem sinônimos listados no fim de cada página, juntamente com as estruturas das moléculas mais complicadas. A diferença mais notável é no uso da nomenclatura. Para muitos compostos, os nomes são listados como se estivessem em um dicionário. A Tabela 4.3 dá exemplos de como alguns compostos comumente encontrados aparecem neste manual. Não é necessário, quase sempre, identificar o *nome principal*. Infelizmente, o *Lange's Handbook* usa nomes comuns que estão ficando obsoletos. Por exemplo, usa propionato e, não, propanoato. Entretanto o manual usa, com freqüência, os nomes que os químicos práticos tenderiam a usar. Observe como é fácil encontrar o acetato de isopentila e o ácido acetil-salicílico (aspirina) neste manual.

TABELA 4.3 Exemplos de nomes de compostos do *Lange's Handbook*

Nome do Composto Orgânico	Localização no *Lange's Handbook*
1-Cloro-pentano	1-Cloro-pentano
1,4-Dicloro-benzeno	1,4-Dicloro-benzeno
4-Cloro-tolueno	4-Cloro-tolueno
Ácido etanóico	Ácido acético
Acetato de *terc*-butila (etanoato)	Acetato de *terc*-butila
Propanoato de etila	Propionato de etila
Álcool isopentílico	3-Metil-1-butanol
Acetato de isopentila (óleo de banana)	Acetato de isopentila
Ácido salicílico	Ácido 2-hidróxi-benzóico
Ácido acetil-salicílico (aspirina)	Ácido acetil-salicílico

Quando você localizar o composto pelo nome, encontrará as seguintes informações úteis:

Número de Lange — Este é um número de identificação do composto.
Nome — Veja exemplos na Tabela 4.3.
Fórmula — Estruturas são dadas. Se elas são complicadas, são mostradas embaixo da página.
Fórmula em peso — Peso molecular do composto
Referência do Beilstein — Uma entrada 2,132 indica que o composto é encontrado no Volume 2 do corpo principal, na página 132. Uma entrada de 3^2,188 significa que o composto está no Volume 3 do segundo suplemento, na página 188 (veja a Técnica 29, Seção 29.10 para detalhes sobre o uso do *Beilstein*).
Densidade — A densidade é usualmente expressa em g/mL ou g/cm^3. Um sobrescrito indica a temperatura em que a densidade foi medida. Se a densidade também tem um subscrito, usualmente 4°, isto indica que ela foi medida em uma certa

Índice de refração	temperatura em relação à água em sua densidade máxima, 4°C. Na maior parte dos casos, você pode ignorar os sobrescritos e subscritos. Um sobrescrito indica a temperatura em que o índice de refração foi obtido (veja a Técnica 24).
Ponto de fusão	Ponto de fusão do composto em graus Celsius. Quando aparece um "d" ou um "dec" junto com o ponto de fusão, isso significa que o composto se decompõe no ponto de fusão. Quando ocorre decomposição, você observará, com freqüência, mudança da cor do sólido.
Ponto de ebulição	Ponto de ebulição em graus Celsius. Um número sem sobrescrito indica que o ponto de ebulição registrado foi obtido em 760 mmHg (pressão atmosférica). Um número com um sobrescrito indica que o ponto de ebulição foi obtido em pressão reduzida. Uma entrada $102^{11\,mm}$, por exemplo, indicaria que o composto ferve em 102°C em 11 mmHg de pressão.
Ponto de fulgor	Este número é a temperatura em graus Celsius em que o composto entra em ignição quando aquecido no ar e em que o vapor entra em contato com uma fagulha. Existem vários métodos de medir este valor; logo, o número varia consideravelmente. Ele dá uma idéia aproximada da inflamabilidade. Você pode precisar desta informação quando aquecer uma substância em uma placa. As placas de aquecimento podem ser perigosas devido às fagulhas que podem ocorrer com suas chaves e termostatos.
Solubilidade em 100 partes de solvente	Partes por peso de um composto que podem ser dissolvidas em 100 partes de um solvente na temperatura normal. Em alguns casos, os valores dados são expressos como o peso em gramas que pode ser dissolvido em 100 mL de solvente. Este manual não é coerente em sua descrição da solubilidade. Às vezes, quantidades em gramas são dadas, mas, em outras, a descrição é mais vaga, usando termos como *solúvel*, *insolúvel* ou *ligeiramente solúveis*.

Abreviações dos solventes	Características de solubilidade
ace = acetona	i = insolúvel
bz = benzeno	s = solúvel
cl = clorofórmio	sls = ligeiramente solúvel
aq = água	vs = muito solúvel
alc = etanol	misc = miscível
et = éter	
HOAc = ácido acético	

A Tabela 4.4 dá exemplos de entradas do manual para o álcool isopentílico (3-metil-1-butanol) e para o acetato de isopentila.

TABELA 4.4 Propriedades do 3-Metil-1-butanol e do acetato de isopentila como listadas no *Lange's Handbook*

Nº.	Nome	Fórmula	Fórmula em peso	Referência do Beilstein	Densidade	Índice de refração	Ponto de fusão	Ponto de ebulição	Ponto de fulgor	Solubilidade em 100 partes de solvente
m155	3-Metil-1-butanol	$(CH_3)_2CHCH_2CH_2OH$	88,15	1, 392	$0,8129^{15}_4$	$1,4085^{15}_4$	−117,2	132,0	45 2	aq; misc alc, bz, cl, et,. HOAc
i80	Acetato de isopentila	$CH_3COOCH_2CH_2CH(CH_3)_2$	130,19	2, 132	$0,876^{15}_4$	$1,4007^{20}$	−78,5	142,0	80	0.25 aq; misc alc, et

4.3 THE MERCK INDEX

O *The Merck Index* é um livro muito útil porque fornece informações que não são encontradas nos outros dois manuais. Este manual, entretanto, favorece compostos de interesse farmacológico, tais como fármacos e compostos biológicos, embora inclua muitos outros compostos orgânicos. Ele não é revisado a cada ano. Novas edições são publicadas a cada cinco ou seis anos. Ele não contém todos os compostos listados no *Lange's Handbook* ou no *CRC Handbook*; entretanto, para os compostos listados, ele dá muitas informações úteis. O manual fornece alguns ou todos os seguintes dados.

- Número Merck, que muda cada vez que uma nova edição é publicada
- Nome, inclusive sinônimos e designações estereoquímicas
- Fórmula e estrutura molecular
- Peso molecular
- Percentagens de cada um dos elementos do composto
- Usos
- Fonte e sínteses, incluindo referências à literatura primária
- Rotação óptica de moléculas quirais
- Densidade, ponto de ebulição e ponto de fusão
- Características de solubilidade, inclusive forma cristalina
- Informações farmacológicas
- Dados de toxicidade

Um dos problemas ao se procurar um composto neste manual é tentar decidir o nome sob o qual ele está listado. Assim, o álcool isopentílico também pode ser nomeado como 3-metil-1-butanol ou como álcool isoamílico. Na 12ª. edição do manual, ele está listado como álcool isopentílico (#5212) na página 886. Encontrar o acetato de isopentila é mais difícil. Ele é encontrado sob o nome acetato de isoamila (#5125) na página 876. Com freqüência, é mais fácil procurar o nome no índice de nomes ou no índice de fórmulas.

O manual tem alguns apêndices úteis que incluem os números de registro do CAS, um índice de atividade biológica, um índice de fórmulas e um índice de nomes que também inclui sinônimos. Ao procurar composto em um dos índices, lembre-se de que os números dados correspondem aos números dos compostos, e não, aos números das páginas. Ele tem, também, uma seção muito útil que contém reações com referências à literatura primária.

4.4 *ALDRICH HANDBOOK OF FINE CHEMICALS*

O *Aldrich Handbook* é um catálogo de produtos químicos vendidos pela Aldrich Chemical Company. A companhia inclui em seu catálogo muitas informações úteis sobre cada composto que vende. Como o catálogo é refeito a cada ano sem custos para o usuário, você poderá encontrar uma cópia antiga quando um novo número for publicado. Como você está interessado principalmente nos dados de um composto em particular, e não, no preço, um volume antigo é apropriado. O álcool isopentílico é listado como 3-metil-1-butanol, e o acetato de isopentila, como acetato de isoamila no *Aldrich Handbook*. Algumas das propriedades e informações listadas para compostos incluem as seguintes.

- Número de catálogo da Aldrich
- Nome: a Aldrich usa uma mistura de nomes comuns e nomes IUPAC. É preciso tempo para dominar a nomenclatura. Felizmente, o catálogo é eficiente nas referências cruzadas e tem um índice de fórmulas moleculares muito bom.
- Número de Registro CAS
- Estrutura
- Sinônimo

Fórmulas em peso
Ponto de ebulição/ponto de fusão
Índice de refração
Densidade
Referência do *Beilstein*
Referência do *Merck*
Referência do espectro de infravermelho na Aldrich Library of FT-IR
Referência do espectro de RMN na Aldrich Library of ^{13}C and ^{1}H FT-NMR
Referências à literatura primária sobre usos do composto
Toxicidade
Dados de segurança e precauções
Ponto de fulgor
Preços dos produtos químicos

4.5 ESTRATÉGIA PARA ENCONTRAR A INFORMAÇÃO: SUMÁRIO

Muitos estudantes e professores consideram o *The Merck Index* e o *Lange's Handbook* mais fáceis de usar e mais intuitivos do que o *CRC Handbook*. Você pode ir diretamente ao composto sem rearranjar o nome de acordo com o nome principal, ou nome base, seguido pelos substituintes. Outra grande fonte de informação é o *Aldrich Handbook*, que contém compostos facilmente obtidos de fontes comerciais. Muitos compostos que estão no *Aldrich Handbook* não são encontrados nos outros manuais. O Sigma–Aldrich Web site (*http://www.sigmaaldrich.com/*) permite a procura por nome, sinônimo e número de catálogo.

PROBLEMAS

1. Use o *The Merck Index* para encontrar e desenhar as estruturas dos seguintes compostos:
   a. atropina
   b. quinina
   c. sacarina
   d. benzo[*a*]pireno (benzopireno)
   e. ácido itacônico
   f. adrenosterona
   g. ácido crisantêmico (ácido crisantemúmico)
   h. colesterol
   i. vitamina C (ácido ascórbico)
2. Encontre os pontos de ebulição dos seguintes compostos no *CRC Handbook*, no *Lange's Handbook*, ou no *Aldrich Handbook*:
   a. bifenila
   b. ácido 4-bromo-benzóico
   c. 3-nitro-fenol
3. Encontre o ponto de ebulição de cada composto nas referências listadas no problema 2:
   a. ácido octanóico em pressão reduzida
   b. 4-cloro-acetofenona na pressão atmosférica e em pressão reduzida
   c. 2-metil-2-heptanol
4. Encontre o índice de refração n_D e a densidade dos líquidos listados no problema 3.
5. Use o *Aldrich Handbook* para encontrar as rotações específicas dos isômeros da cânfora.
6. Leia a seção referente ao tetracloreto de carbono no *The Merck Index* e liste alguns de seus riscos para a saúde.

TÉCNICA 5
Medida do Volume e do Peso

Executar experimentos de química orgânica com sucesso exige a capacidade de medir sólidos e líquidos acuradamente. Isto envolve selecionar o aparelho adequado de medida e usá-lo corretamente.

Os **líquidos** a serem usados em um experimento geralmente são encontrados em pequenos recipientes em uma capela. No caso de experimentos em *escala grande*, usa-se uma proveta, uma bomba de transferência ou uma pipeta graduada para medir o volume de um líquido. No caso de **reagentes limitantes**, é melhor pesar o recipiente antes e depois de adicionar o líquido e obter, assim, o peso exato, evitando o erro experimental envolvido no uso de densidades para calcular o peso quando se trabalha com pequenas quantidades de líquido. No caso de reagentes líquidos **não-limitantes**, você pode calcular o peso do líquido a partir do volume medido e da densidade do líquido:

$$\text{Peso (g)} = \text{densidade (g/mL)} \times \text{volume (mL)}$$

No caso de experimentos em *escala pequena*, usa-se uma pipeta automática, uma bomba de transferência ou uma pipeta Pasteur calibrada para medir o volume de um líquido. É ainda mais importante que os reagentes limitantes sejam pesados como descrito no parágrafo anterior. A medida de um volume pequeno de líquido está sujeita a um grande erro experimental ao ser convertida em peso pela densidade. Os pesos dos reagentes líquidos não-limitantes, porém, podem ser calculados pela expressão dada acima.

Você normalmente transferirá o volume necessário do líquido para um balão de fundo redondo ou para um frasco de Erlenmeyer nos experimentos em escala grande, ou para um frasco cônico ou para um balão de fundo redondo nos experimentos em escala pequena. Ao transferir o líquido para um balão de fundo redondo, coloque o balão no bécher e pese o conjunto antes e depois da adição. O bécher mantém o balão ereto e impede que o líquido derrame. O mesmo conselho deve ser seguido quando um frasco cônico estiver sendo utilizado.

Ao usar uma proveta para medir pequenos volumes de um reagente limitante, é importante pesá-la previamente e transferir a quantidade desejada de líquido com uma pipeta Pasteur. Pese a proveta novamente para obter o peso exato do líquido. Para transferir *quantitativamente* o líquido da proveta, derrame o máximo possível do líquido no recipiente de reação. O líquido restante pode ser removido pela lavagem da proveta com pequenas quantidades do solvente usado na reação. Este procedimento permite a transferência de todo o reagente limitante da proveta para o recipiente de reação.

O uso de uma pequena quantidade de solvente para transferir um líquido quantitativamente também pode ser aplicado a outras situações. Assim, por exemplo, se o seu produto está dissolvido em um solvente e o procedimento instrui efetuar a transferência da mistura de reação de um balão de fundo redondo para um funil de separação, use, após passar a maior parte do líquido para o funil, uma pequena quantidade de solvente para transferir quantitativamente o resto do produto.

Os **sólidos** são usualmente encontrados junto à balança. No caso de experimentos em *escala grande*, em geral, é, suficiente pesar os solidos em uma balança ao decigrama (0,01 g). No caso de experimentos em *escala pequena*, os sólidos devem ser pesados em uma balança ao miligrama (0,001 g) ou ao décimo de miligrama (0,0001 g). Para pesar um sólido, coloque o frasco cônico ou o balão de fundo redondo em um pequeno bécher e leve o conjunto para junto da balança. Coloque um pequeno pedaço de papel liso, dobrado uma vez, no prato da balança. O papel dobrado permitirá que você transfira o sólido para o frasco cônico, ou balão, sem perdas. Use uma espátula para facilitar a transferência do sólido para o papel. Nunca pese diretamente em um frasco cônico ou balão e nunca derrame nem despeje ou agite o material a partir de uma garrafa. Transfira o sólido do papel que está na balança para seu frasco, ou balão. Mantenha o frasco, ou balão, no bécher enquanto estiver fazendo a transferência. O bécher retém restos de sólido que não entram no frasco ou balão. Ele também mantém o frasco, ou balão, em posição durante a transferência. Não é necessário usar o valor exato especificado no procedimento experimental, e quando se tenta ser exato, perde-se muito tempo na balança. Por exemplo, se você pesou 0,140 g de um sólido, e não, os 0,136 g especificados no procedimento, você pode usá-los, mas registre este valor no caderno de laboratório. Use o valor pesado nos cálculos do rendimento teórico se este for o reagente limitante.

A manipulação descuidada de líquidos e sólidos é um risco em qualquer laboratório. Quando um reagente é derramado, você fica sujeito a um risco desnecessário de saúde ou incêndio. Além disto, você pode estar desperdiçando produtos químicos caros, destruindo pratos de balanças e roupas e afetando o ambiente. Limpe qualquer derramamento.

5.1 PROVETAS

As provetas são mais usadas para medir líquidos para experimentos em escala grande (veja a Figura 5.1). Os tamanhos mais comuns são 10 mL, 25 mL, 50 mL e 100 mL, mas talvez o seu laboratório não tenha todos eles. Volumes entre 2 mL e 100 mL podem ser medidos com acurácia razoavelmente boa se for usada a proveta correta. Use a *menor* proveta disponível capaz de conter todo o líquido que está sendo medido. Por exemplo, se o procedimento pede 4,5 mL de um reagente, use uma proveta de 10 mL. O uso de uma proveta maior resulta, neste caso, em menor acurácia. Além disso, o uso de qualquer proveta para medir menos de 10% de sua capacidade total resultará certamente em uma medida menos precisa. Lembre-se sempre de que quando uma proveta é usada para medir o volume de um reagente limitante, você deve pesar o líquido para determinar acuradamente a quantidade. Você deve usar uma pipeta graduada, uma bomba de transferência ou uma pipeta automática para a tranferência acurada de líquidos em volume inferior a 2 mL.

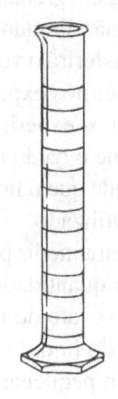

Figura 5.1 Proveta.

Se o recipiente de estoque é razoavelmente pequeno (< 1,0 L) e tem uma boca estreita, você pode derramar a maior parte do líquido na proveta e completar o volume com uma pipeta Pasteur. Se o recipiente de estoque é grande (> 1,0 L) ou tem boca larga, duas estratégias são possíveis. Você pode usar uma pipeta para transferir o líquido para a proveta ou você pode transferir o líquido para um bécher e, daí, derramá-lo na proveta. Use uma pipeta Pasteur para completar o volume. Lembre-se de que você não deve retirar mais material do que o necessário. Nunca devolva o excesso de material para o recipiente de estoque. Se você não convencer alguém a usá-lo, descarte-o em um recipiente apropriado. Seja econômico ao estimar a quantidade necessária.

> **Nota:** Nunca recoloque agentes usados no recipiente de estoque.

5.2 BOMBAS DE TRANSFERÊNCIA

As bombas de transferência são simples de operar, quimicamente inertes e muito acuradas. Como o conjunto do êmbolo é feito de Teflon, a bomba de transferência pode ser usada com a maior parte dos líquidos corrosivos e dos solventes orgânicos. Elas existem em vários tamanhos, de 1 mL a 300 mL.

Quando usadas corretamente, elas podem transferir com acurácia volumes entre 0,1 mL e a capacidade máxima da bomba. Ela é ligada à garrafa que contém o líquido a ser transferido. O líquido é retirado deste reservatório até o conjunto da bomba por um tubo de plástico inerte.

As bombas de transferência são, de certa forma, difíceis de ajustar para o volume adequado. Normalmente, o professor ou o assistente ajustarão cuidadosamente a unidade para transferir a quantidade apropriada de líquido. Como se pode ver na Figura 5.2, o êmbolo é puxado até o máximo para retirar o líquido do reservatório de vidro. Para expelir o líquido do bico em um recipiente, aperta-se lentamente o êmbolo. Com líquidos de baixa viscosidade, o peso do êmbolo expele o líquido. Quando o líquido é mais viscoso, entretanto, você terá de empurrar o êmbolo com cuidado para forçar a passagem do líquido para o recipiente. Quando o líquido a ser transferido é o reagente limitante, ou quando você tem de conhecer precisamente o seu peso, pese o líquido para determinar a quantidade com acurácia.

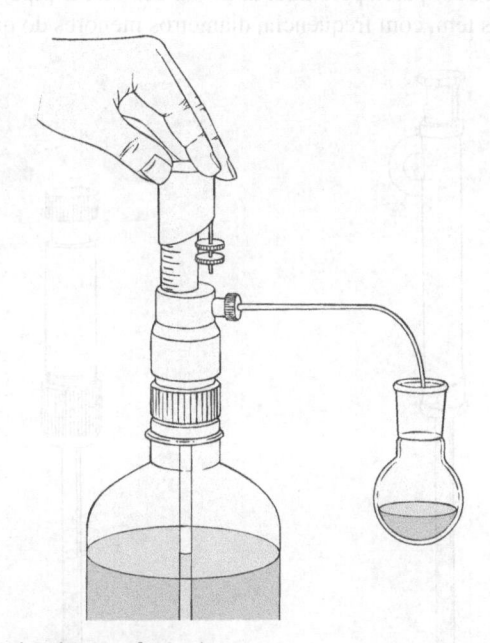

Figura 5.2 Uso de uma bomba de transferência.

Quando você puxar o êmbolo, verifique se o líquido está subindo para a bomba. Alguns líquidos voláteis podem não ser sugados da maneira esperada, e então você observará uma bolha de ar. Elas ocorrem comumente quando a bomba não é usada há algum tempo. A bolha de ar pode ser removida da bomba por transferência e descarte de vários volumes pequenos do líquido para "reprimir" a bomba de transferência. Verifique, também, se o bico está completamente cheio de líquido. Um volume acurado de líquido não será transferido completamente se o bico não estiver completamente cheio antes de você puxar o êmbolo.

5.3 PIPETAS GRADUADAS

Um aparelho de medida muito usado é a pipeta serológica graduada. Estas pipetas de *vidro* estão disponíveis comercialmente em uma série de tamanhos. Pipetas graduadas "descartáveis" podem ser usadas muitas vezes e descartadas somente quando as marcas ficam muito fracas para serem vistas. Uma boa coleção de pipetas é a seguinte:

Pipetas de 1,00 mL calibradas em divisões de 0,01 mL (1 em 1/100 mL)

Pipetas de 2,00 mL calibradas em divisões de 0,01 mL (2 em 1/100 mL)

Pipetas de 5,0 mL calibradas em divisões de 0,1 mL (5 em 1/10 mL)

Nunca sugue líquidos para as pipetas usando a boca. Uma bomba de pipeta ou um bulbo de pipeta, não um bulbo gotejador de borracha, deve ser usado para enchê-las. A Figura 5.3 mostra dois tipos de bombas de pipeta e um bulbo de pipeta. Uma pipeta se ajusta na bomba, e esta pode ser controlada para transferir volumes precisos de líquido. O controle da bomba é feito por rotação de uma chave. A sucção criada quando a chave vira suga o líquido para a pipeta. Ele é expelido quando se roda a chave na direção oposta. A bomba funciona satisfatoriamente com líquidos orgânicos e soluções em água.

O tipo de pipeta encontrado na Figura 5.3A está disponível em quatro tamanhos. O topo da pipeta deve ser muito bem inserido na bomba e mantido lá com uma das mãos para assegurar um selo adequado. A outra mão é usada para encher e liberar o líquido. A bomba de pipeta da Figura 5.3B também pode ser usada com pipetas graduadas. Neste tipo de pipeta, o topo da pipeta é mantido em segurança com um anel de borracha e ela é facilmente manipulada com uma única mão. Assegure-se de que a pipeta esta bem-presa pelo anel antes de usá-la. As pipetas descartáveis podem não ficar bem-presas porque elas têm, com freqüência, diâmetros menores do que as pipetas não-descartáveis.

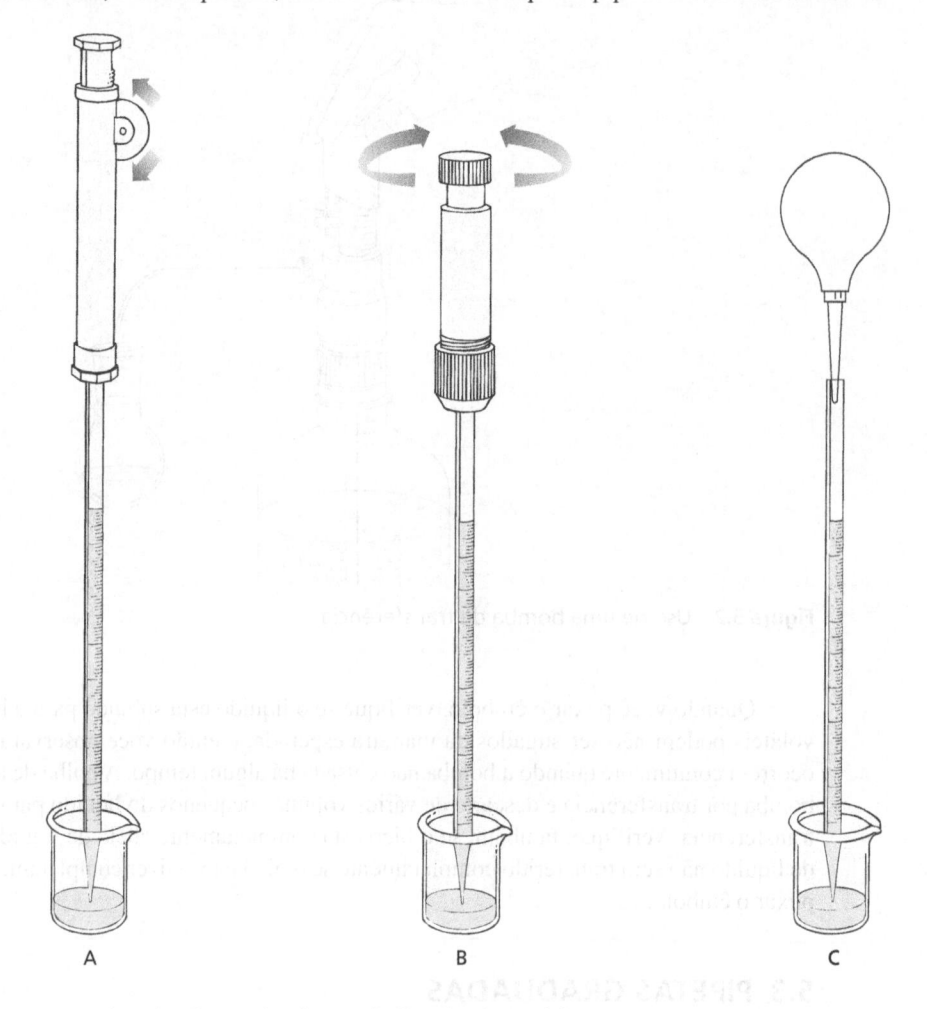

Figura 5.3 Bombas de pipetas (A,B) e um bulbo de pipeta (C).

Uma alternativa menos cara é usar um bulbo de pipeta de borracha, como o mostrado na Figura 5.3C. Usar o bulbo de pipeta é mais conveniente pela inserção de uma ponta plástica de pipeta automática no bulbo de pipeta de borracha.[1] A parte afunilada da ponta de pipeta se ajusta à extremidade da

---

[1] Esta técnica foi descrita em G. Deckey, "A Versatile and Inexpensive Pipet Bulb," *Journal of Chemical Education, 57* (July 1980): 526.

pipeta. Puxar o líquido para a pipeta fica fácil, e é conveniente remover o bulbo e colocar um dedo na abertura da pipeta para controlar o fluxo do líquido.

A calibração das pipetas graduadas é razoavelmente acurada, mas você deve praticar o uso das pipetas para atingir esta acurácia. Quando quantidades acuradas de líquidos são necessárias, o melhor é pesar o reagente transferido pela pipeta.

A descrição a seguir, juntamente com a Figura 5.4, ilustra o uso da pipeta graduada. Insira o topo da pipeta firmemente na bomba. Rode a chave da bomba na direção correta (contra o ponteiro de relógio ou para cima) para encher a pipeta. Encha a pipeta até um ponto um pouco acima da marca superior e, depois, inverta a direção da rotação da chave, para permitir que o líquido escorra da pipeta até que o menisco se ajuste à marca 0,0 mL. Mova a pipeta até o vaso recipiente. Rode a chave (a favor dos ponteiros do relógio ou para baixo) para retirar o líquido da pipeta. Deixe-o escorrer até que o menisco atinja o volume que você deseja transferir. Encoste a ponta da pipeta na parede interna do recipiente antes de retirá-la. Retire-a e escorra o líquido remanescente para um recipiente próprio. Evite transferir o conteúdo total quando estiver medindo volumes com uma pipeta. Lembre-se de que para obter a maior precisão possível com este método, você deve transferir volumes pela *diferença* entre duas marcas calibradas.

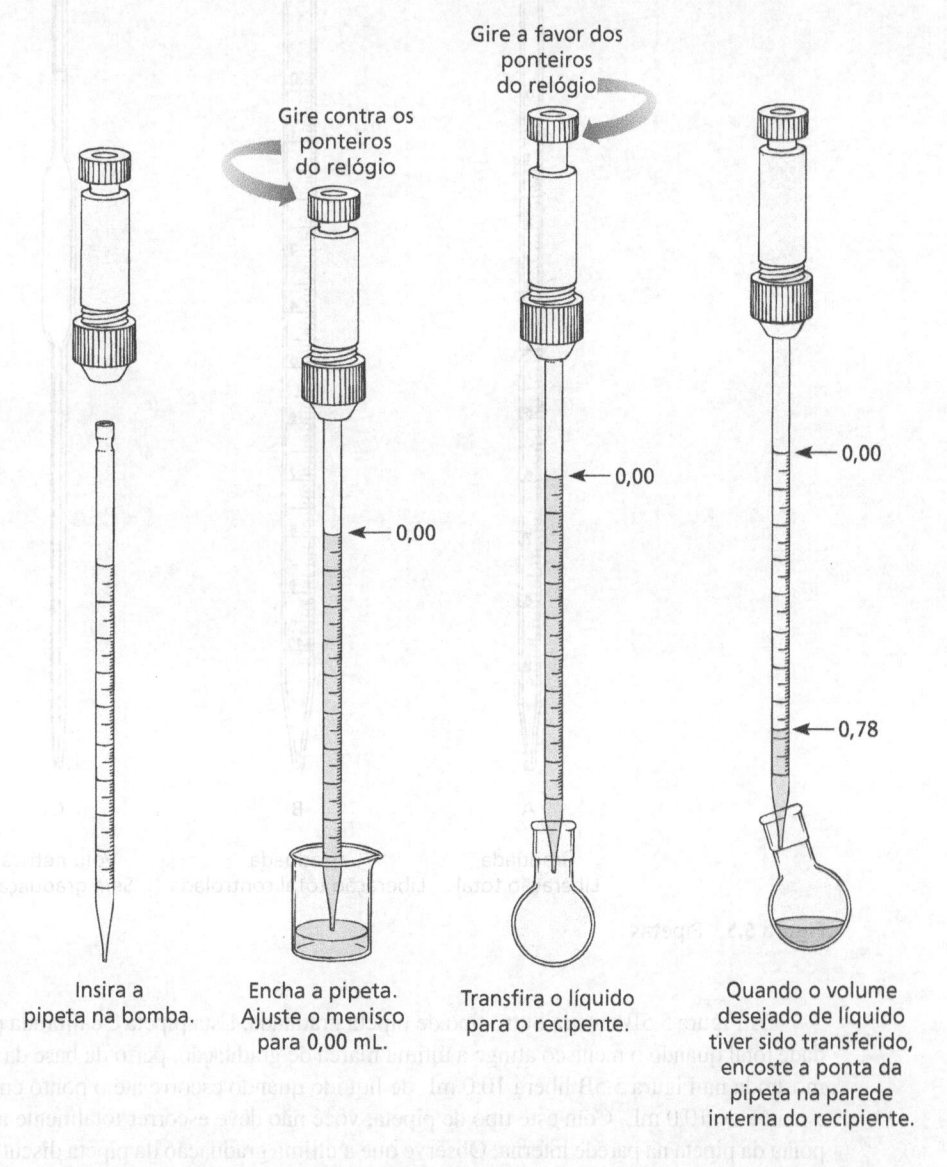

Figura 5.4 Uso de uma pipeta graduada. (A figura mostra, como ilustração, a técnica usada para transferir um volume de 0,78 mL com uma pipeta de 1,00 mL.)

Existem vários tipos de pipetas, mas só descreveremos três (Figura 5.5). Um dos tipos de pipeta (TD) é graduado para liberar toda a capacidade quando a última gota é expelida. Estas pipetas, ilustradas na Figura 5.5A, são, provavelmente, as mais comuns no laboratório. Elas se caracterizam por dois anéis no topo. É claro que não é necessário transferir todo o volume da pipeta para um recipiente. Para liberar um volume mais acurado, você deve transferir uma quantidade inferior à capacidade total da pipeta usando as graduações como guia.

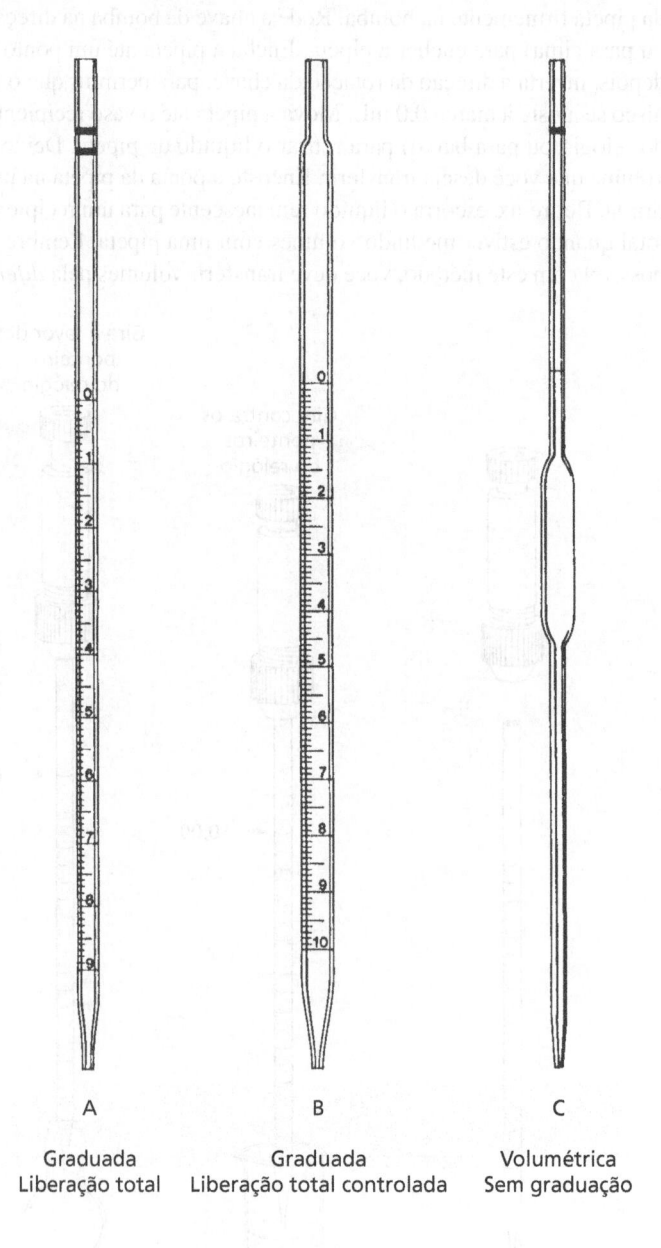

A   B   C
Graduada   Graduada   Volumétrica
Liberação total   Liberação total controlada   Sem graduação

Figura 5.5 Pipetas.

A Figura 5.5B mostra outro tipo de pipeta graduada. Esta pipeta é calibrada para liberar sua capacidade total quando o menisco atinge a última marca de graduação, perto da base da pipeta. Assim, a pipeta mostrada na Figura 5.5B libera 10,0 mL de líquido quando escorre até o ponto em que o menisco atinge a marca de 10,0 mL. Com este tipo de pipeta, você não deve escorrer totalmente a pipeta nem encostar a ponta da pipeta na parede interna. Observe que a última graduação da pipeta discutida na Figura 5.5A está em 0,90 mL. O último 0,10 mL é expelido quando todo o líquido é liberado para atingir 1,00 mL.

A Figura 5.5 C mostra uma pipeta volumétrica não-graduada. Ela é facilmente identificada pelo bulbo largo no centro da pipeta. A pipeta é calibrada de modo a reter sua última gota depois que a ponta da pipeta toca a parede lateral do recipiente. Estas pipetas não devem ser totalmente esvaziadas. Elas têm, muitas vezes, uma faixa colorida no topo que a identifica como uma pipeta de liberação não-controlada. A cor da faixa está ligada ao volume total. Este tipo de pipeta é muito usado em química analítica.

5.4 PIPETAS PASTEUR

A Figura 5.6A mostra uma pipeta Pasteur com um bulbo de borracha de 2 mL. Existem pipetas Pasteur de dois tamanhos: as curtas (14 cm), mostradas na figura, e as longas (22 cm). É importante que o bulbo se ajuste bem à pipeta. Você não deve usar um bulbo gotejador de uso medicinal por causa de sua pequena capacidade. A pipeta Pasteur é um equipamento indispensável para a transferência de líquidos. Ela também é usada para separações (Técnica 12). Com um chumaço de algodão, as pipetas Pasteur podem ser usadas para filtração por gravidade (Técnica 8). Com um adsorvente, elas podem ser usadas para cromatografia em coluna em pequena escala (Técnica 19). Embora as pipetas Pasteur sejam consideradas descartáveis, limpe-as para novo uso se a ponta não estiver lascada.

A
Pipeta Pasteur para transferências em geral

B
Pipeta de transferência de polietileno

C
Pipeta Pasteur calibrada

D
Pipeta com meio filtrante para a transferência de líquidos voláteis

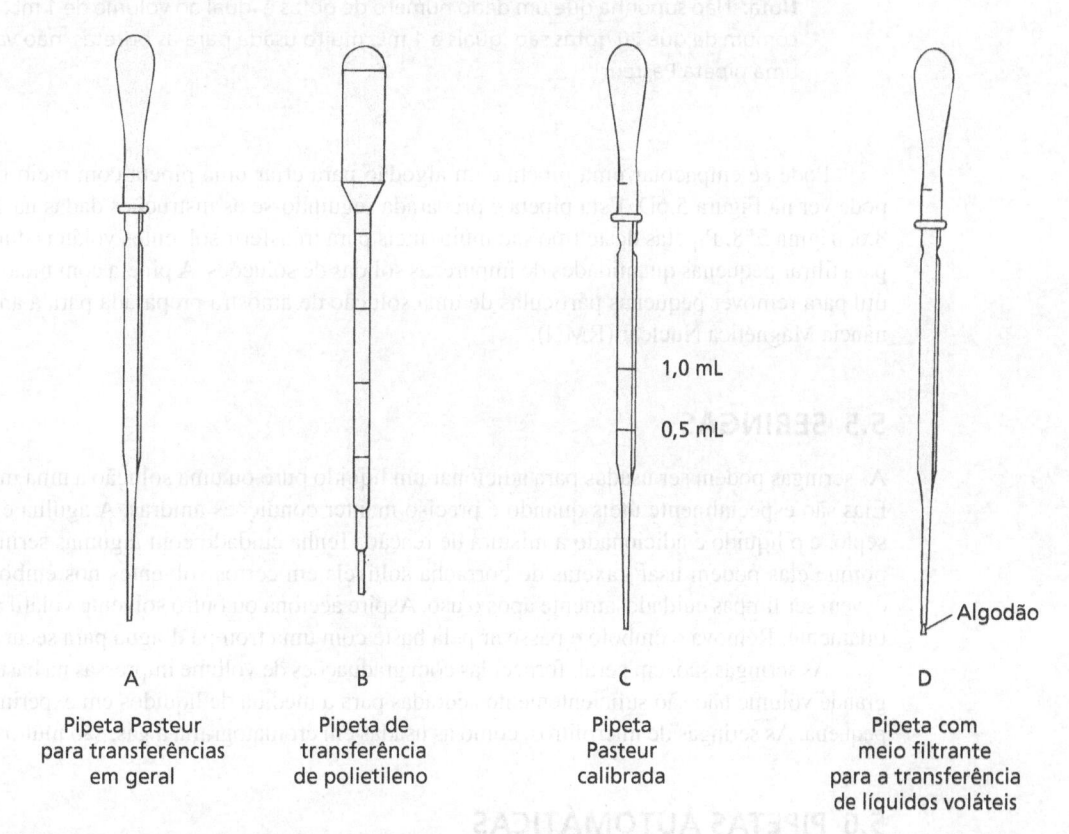

Algodão

Figura 5.6 Pipetas Pasteur (A,C, D) e de transferência (B).

Uma pipeta Pasteur deve ser fornecida pelo professor para a adição gota a gota de um determinado composto a uma mistura de reação. Ácido sulfúrico concentrado, por exemplo, é adicionado, com freqüência, desta forma. Ao transferir ácido sulfúrico, tome cuidado para não deixar que ele toque no bulbo de borracha ou látex.

O bulbo de borracha pode ser evitado completamente se você usar pipetas de transferência de uma peça, feitas com polietileno (Figura 5.6B). Pipetas plásticas de 1 ou 2 mL são encontradas. Elas são fornecidas com marcas de calibração aproximadas e podem ser usadas para soluções em água e para a maior parte dos líquidos orgânicos. Elas não podem ser usadas para alguns solventes e ácidos concentrados.

As pipetas Pasteur podem ser calibradas para uso em operações nas quais o volume não precisa ser preciso. Um exemplo é a medida de solventes necessários para extração e lavagem de um sólido após a cristalização. A Figura 5.6C mostra uma pipeta Pasteur calibrada.

Sugerimos que você calibre várias pipetas de 14 cm usando o seguinte procedimento. Pese 0,5 g (0,5 mL) de água em um tubo de ensaio pequeno. Selecione uma pipeta Pasteur e ligue-a a um bulbo de borracha. Aperte o bulbo antes de inserir a ponta da pipeta na água. Tente controlar o aperto do bulbo de modo que, quando a pipeta for colocada na água e o bulbo for liberado, somente a quantidade desejada de líquido entre na pipeta. Quando a água passou para a pipeta, marque a posição do menisco. Uma marca mais permanente pode ser feita com uma lima. Repita o procedimento com 1,0 g de água e faça a marca de 1,0 mL na mesma pipeta.

Seu professor pode providenciar uma pipeta Pasteur calibrada e um bulbo para a transferência de líquidos quando não for necessário o volume acurado. A pipeta pode ser usada para transferir volumes de 1,5 mL ou menos. O professor pode ter prendido um tubo de ensaio ao lado da garrafa de estoque. A pipeta é guardada no tubo de ensaio para ser usada com aquele reagente em particular.

> **Nota:** Não suponha que um dado número de gotas é igual ao volume de 1 mL. A regra comum de que 20 gotas são iguais a 1 mL, muito usada para as buretas, não vale para uma pipeta Pasteur!

Pode-se empacotar uma pipeta com algodão para criar uma pipeta com meio filtrante como se pode ver na Figura 5.6D. Esta pipeta é preparada seguindo-se as instruções dadas na Técnica 8, Seção 8.6, página 558. Pipetas deste tipo são muito úteis para transferir solventes voláteis durante extrações e para filtrar pequenas quantidades de impurezas sólidas de soluções. A pipeta com meio filtrante é muito útil para remover pequenas partículas de uma solução de amostra preparada para a análise por Ressonância Magnética Nuclear (RMN).

5.5 SERINGAS

As seringas podem ser usadas para adicionar um líquido puro ou uma solução a uma mistura de reação. Elas são especialmente úteis quando é preciso manter condições anidras. A agulha é inserida em um septo, e o líquido é adicionado à mistura de reação. Tenha cuidado com algumas seringas descartáveis porque elas podem usar gaxetas de borracha solúveis em certos solventes nos êmbolos. As seringas devem ser limpas cuidadosamente após o uso. Aspire acetona ou outro solvente volátil e esvazie-a repetidamente. Remova o êmbolo e passe ar pela haste com uma trompa d'água para secar a seringa.

As seringas são, em geral, fornecidas com graduações de volume impressas na haste. As seringas de grande volume não são suficientemente acuradas para a medida de líquidos em experimentos em escala pequena. As seringas de microlitros, como as usadas em cromatografia a gás, são muito mais acuradas.

5.6 PIPETAS AUTOMÁTICAS

Pipetas automáticas são comumente usadas em laboratórios de química orgânica que trabalham em escala pequena e em laboratórios de bioquímica. A Figura 5.7 mostra vários tipos de pipetas automáticas ajustáveis. As pipetas automáticas são muito acuradas com soluções em água, mas menos acuradas com líquidos orgânicos. Elas existem em tamanhos diferentes e podem transferir volumes acurados entre 0,10 mL e 1,0 mL. São muito caras e devem ser partilhadas por todos os alunos do laboratório. As pipetas automáticas nunca devem ser utilizadas com líquidos corrosivos, como ácido sulfúrico ou ácido clorídrico. *Use sempre a pipeta com a ponta de plástico.*

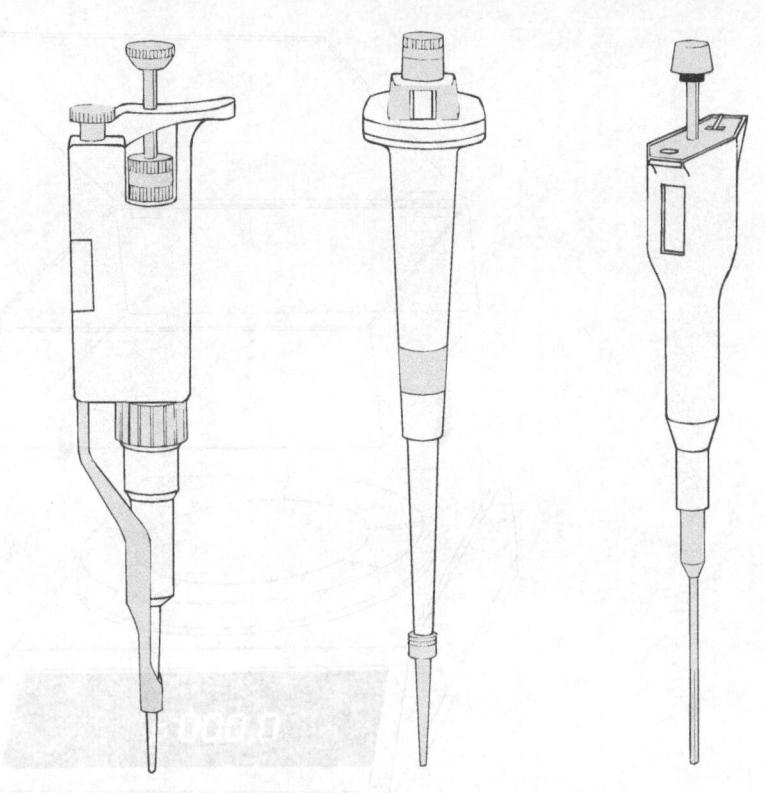

Figura 5.7 Pipetas automáticas ajustáveis.

As pipetas automáticas variam em desenho, dependendo do fabricante. A descrição seguinte, porém, aplica-se à maior parte dos modelos. A pipeta automática é formada por um cabo que contém um êmbolo com mola e um mostrador micrométrico. O mostrador controla a posição do êmbolo e permite selecionar a quantidade de líquido a ser transferida. As pipetas automáticas transferem líquidos dentro de uma faixa determinada de volumes. Assim, por exemplo, uma pipeta pode ser desenhada para cobrir a faixa 10-100 μL (0,010-0,100 mL) ou 100-1.000 μL (0,100-1,000 mL).

5.7 MEDIDA DE VOLUMES COM FRASCOS CÔNICOS, BÉCHERES E FRASCOS DE ERLENMEYER

Frascos cônicos, bécheres e frascos de Erlenmeyer são graduados e podem ser usados para dar uma estimativa aproximada do volume. Eles são muito menos precisos do que as provetas. Os frascos cônicos também podem ser usados para estimar volumes em alguns casos. As graduações têm, por exemplo, acurácia suficiente para medir o solvente necessário para lavar um sólido obtido em um funil de Hirsch após uma cristalização. Para transferir um volume acurado de líquido em experimentos em escala pequena, você deve usar uma pipeta automática, uma bomba de transferência ou uma pipeta graduada.

5.8 BALANÇAS

Sólidos e alguns líquidos devem ser pesados em uma balança, pelo menos ao miligrama (0,001 g), para experimentos em escala pequena, e ao decigrama (0,01 g), para experimentos em escala grande. Uma balança de carga máxima (veja a Figura 5.8) funciona bem se o prato da balança estiver protegido por uma cobertura plástica. A cobertura tem uma janela que pode se abrir para permitir o acesso ao prato da balança. Pode-se usar, também, uma balança analítica (veja a Figura 5.9). Este tipo de balança tem cobertura de vidro e pesa ao décimo de miligrama (0,0001 g).

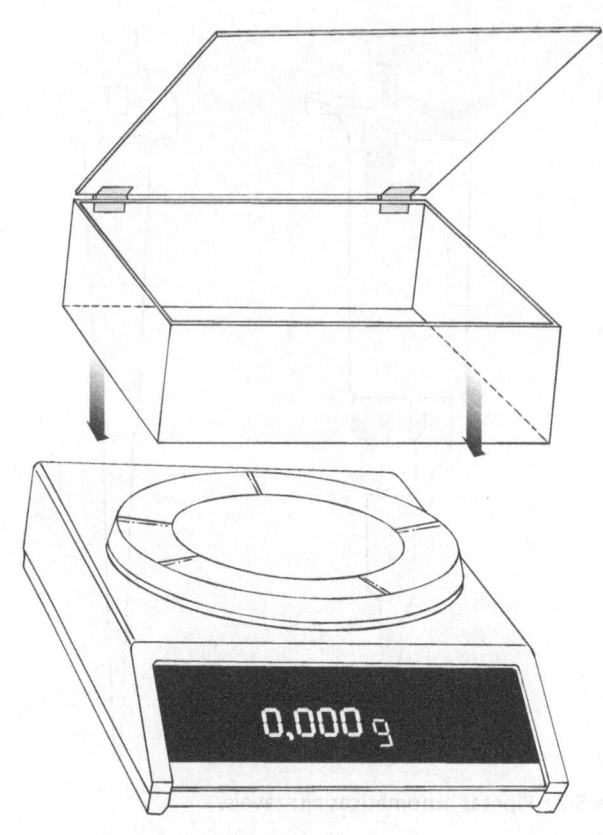

Figura 5.8 Balança de carga máxima com cobertura de plástico.

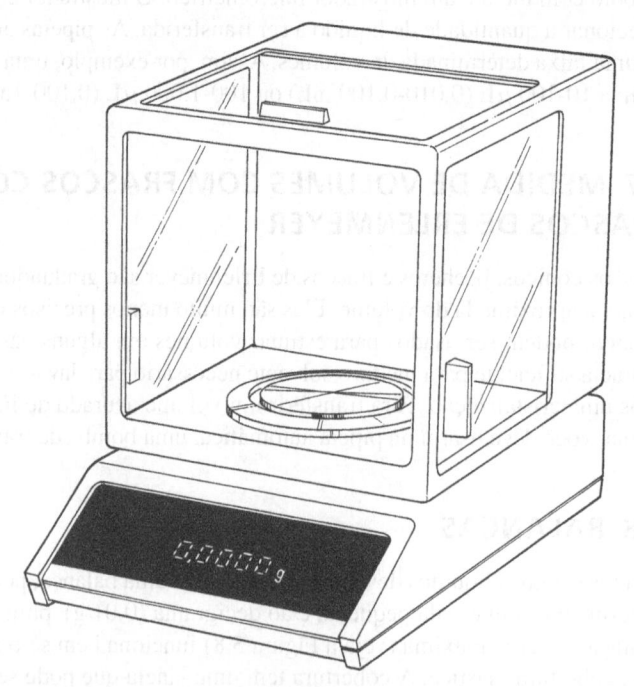

Figura 5.9 Balança analítica com cobertura de vidro.

As balanças eletrônicas modernas têm um dispositivo de tara que subtrai automaticamente o peso de um recipiente ou de um pedaço de papel do peso combinado e dá o peso da amostra. No caso de sólidos, é fácil colocar um pedaço de papel no prato da balança, pressionar o dispositivo de tara fazendo com que o papel pareça ter peso zero e adicionar o sólido até que a balança marque o peso que você deseja. Você deve, então, usar uma espátula para transferir o sólido. Nunca derrame o material contido em uma garrafa. Além disso, os sólidos devem ser pesados sobre um papel, nunca diretamente no prato da balança. Lembre-se de limpar qualquer sólido que caia na balança.

No caso de líquidos, você deve pesar o frasco para determinar seu peso, transferir o líquido com uma proveta, bomba de transferência ou pipeta graduada para dentro do frasco e pesá-lo novamente. No caso de líquidos é necessário, usualmente, pesar somente o reagente limitante. Os outros líquidos podem ser transferidos com uma proveta, bomba de transferência ou pipeta graduada. Seus pesos podem ser calculados pelo volume e pela densidade dos líquidos.

PROBLEMAS

1. Que aparelho de medida você usaria para obter o volume em cada uma das condições descritas abaixo? Em alguns casos, a questão pode ter mais de uma resposta.
   a. 25 mL de um solvente necessário para uma cristalização
   b. 2,4 mL de um líquido necessário para uma reação
   c. 0,64 mL de um líquido necessário para uma reação
   d. 5 mL de um solvente necessário para uma extração
2. Imagine que o líquido usado no problema 1b é um reagente limitante. O que você deve fazer após medir o seu volume?
3. Calcule o peso de uma amostra de 2,5 mL de cada um destes líquidos:
   a. Dietil-éter (éter)
   b. Cloreto de metileno (dicloro-metano)
   c. Acetona
4. Um procedimento de laboratório pede 5,46 g de anidrido acético. Calcule o volume deste reagente necessário para a reação.
5. Critique as seguintes técnicas:
   a. Uma proveta de 100 mL é usada para medir acuradamente o volume de 2,8 mL.
   b. Uma pipeta de transferência em uma peça de polietileno (Figura 5,6B) é usada para transferir com precisão 0,75 mL de um líquido que é o reagente limitante.
   c. Uma pipeta Pasteur calibrada (Figura 5.6C) é usada para transferir 25 mL de um solvente.
   d. As graduações de um bécher de 100 mL são usadas para transferir com precisão 5 mL de um líquido.
   e. Uma pipeta automática é usada para transferir 10 mL de um líquido.
   f. Uma proveta é usada para transferir 0,126 mL de um líquido.
   g. Em uma reação de escala pequena, o peso de um líquido limitante é calculado a partir de sua densidade e de seu volume.

TÉCNICA 6

Métodos de Aquecimento e Resfriamento

Muitas misturas de reação precisam ser aquecidas para que a reação se complete. Na química geral, você usou um bico de Bunsen para aquecimento porque soluções em água, não-inflamáveis, foram usadas. Em um laboratório de química orgânica, porém, o estudante tem de aquecer soluções em solventes que podem ser *muito inflamáveis*. *Você não deve aquecer misturas orgânicas com um bico de Bunsen*, a não ser com instruções específicas do professor. As chamas são um perigo de incêndio em potencial. Sempre que possível, use um dos métodos alternativos descritos nas seções seguintes.

6.1 MANTAS DE AQUECIMENTO

Uma fonte útil de calor para a maior parte dos experimentos de escala grande é a manta de aquecimento, ilustrada na Figura 6.1. Ela é formada por uma base de cerâmica com os elementos de aquecimento embebidos na base. A temperatura da manta é regulada por um controlador de calor. Embora seja difícil acompanhar a verdadeira temperatura da manta, o controlador é calibrado; logo, é razoavelmente fácil duplicar aproximadamente os níveis de aquecimento quando se ganha um pouco de experiência no uso da manta. Reações e destilações que exigem temperaturas relativamente altas podem ser facilmente feitas com mantas. Para temperaturas na faixa de 50-80°C, você deve usar um banho de água (Seção 6.3) ou um banho de vapor (Seção 6.8).

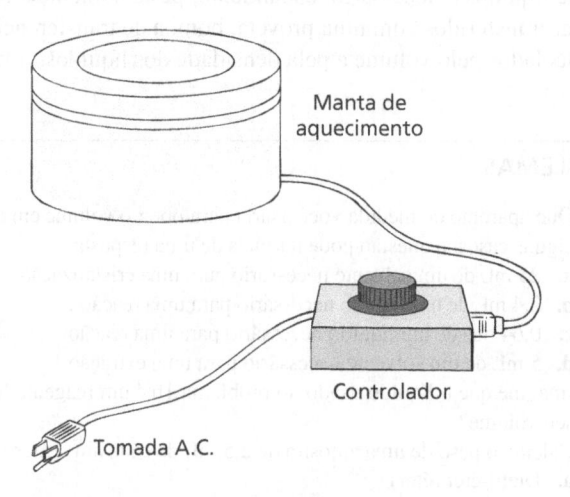

Figura 6.1 Manta de aquecimento.

No centro da manta de aquecimento há um poço que pode acomodar balões de fundo redondo de vários tamanhos. Algumas mantas de aquecimento, porém, são desenhadas para acomodar balões de tamanho determinado. Algumas delas são feitas, também, para ser usadas com agitadores magnéticos para que a mistura de reação possa ser aquecida e agitada simultaneamente. A Figura 6.2 mostra uma mistura de reação sendo aquecida com uma manta.

As mantas de aquecimento são muito fáceis de usar e são de operação segura. A carcaça de metal é aterrada para evitar choques elétricos, caso ocorra um derramamento de líquido no poço. Atenção: líquidos inflamáveis podem entrar em ignição se caírem no poço de uma manta de aquecimento.

> **Cuidado:** Tenha muito cuidado e evite derramar líquidos no poço da manta de aquecimento. A superfície da base de cerâmica pode estar muito quente e fazer o líquido pegar fogo.

Subir e descer a aparelhagem é um método muito mais rápido de mudar a temperatura do balão do que usar o controlador. Por isso, a aparelhagem deve estar presa acima da manta de aquecimento para que possa ser levantada rapidamente se ocorrer superaquecimento. Alguns laboratórios podem ter macacos de laboratórios ou blocos de madeira para serem colocados sob a manta de aquecimento. Neste caso, a manta é abaixada, e a aparelhagem fica presa na mesma posição.

Existem duas situações em que é relativamente fácil superaquecer a mistura de reação. A primeira ocorre quando uma manta muito grande é usada para aquecer um balão pequeno. Tenha muito cuidado se fizer isto. Muitos laboratórios dispõem de mantas de aquecimento de tamanhos diferentes para evitar que isto aconteça. A segunda ocorre quando a mistura de reação é levada, primeiramente, à fervura. Para ferver a mistura o mais rápido possível, o controlador é colocado em uma posição superior

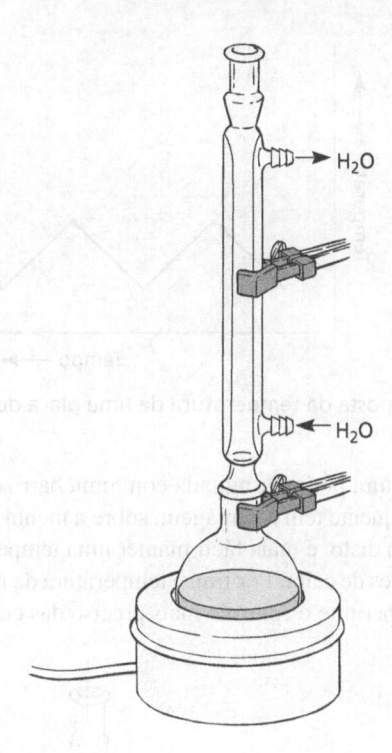

Figura 6.2 Aquecimento com manta.

à necessária para manter a mistura fervendo. Quando a mistura começar a ferver rapidamente, coloque o controlador em uma posição mais baixa e levante a aparelhagem até controlar a fervura. Quando a temperatura da mistura cair, abaixe a aparelhagem até que o balão repouse sobre a manta.

6.2 PLACAS DE AQUECIMENTO

Placas de aquecimento são uma fonte de calor muito conveniente, porém é difícil medir a temperatura de trabalho. As mudanças de temperatura também são lentas. Deve-se tomar cuidado com solventes inflamáveis para evitar incêndios provocados por vapores que entram em contato com a superfície quente da placa. Nunca evapore grandes quantidades de solvente por esse método, pois o perigo de incêndio é muito grande.

Algumas placas *aquecem constantemente* em uma dada posição da chave de controle. Elas não têm termostato e você terá de controlar a temperatura manualmente, por remoção do solvente ou por ajuste, para cima e para baixo, do controle de temperatura até alcançar um ponto de equilíbrio. Algumas placas de aquecimento utilizam um termostato para controlar a temperatura. Um bom termostato mantém a temperatura razoavelmente constante. Com outras placas, entretanto, a temperatura pode variar muito (>10-20°C), dependendo do ciclo de aquecimento, como mostrado na Figura 6.3. Eles também tem de ser ajustados contiuamente para manter constante a temperatura.

Algumas placas de aquecimento também incluem um motor para agitação magnética que permite o aquecimento e a agitação simultâneos da mistura de reação. A Seção 6.5 descreve seu uso.

6.3 BANHO DE ÁGUA COM PLACA DE AQUECIMENTO/AGITADOR

O banho de água quente é uma fonte de calor muito efetiva em temperaturas inferiores a 80°C. Coloca-se um bécher (250 mL ou 400 mL) parcialmente cheio de água em uma placa de aquecimento com um termômetro em posição no banho. É necessário cobrir o banho com uma folha de alumínio para evitar a evaporação da água, especialmente em temperaturas mais elevadas. A Figura 6.4 ilustra um banho de

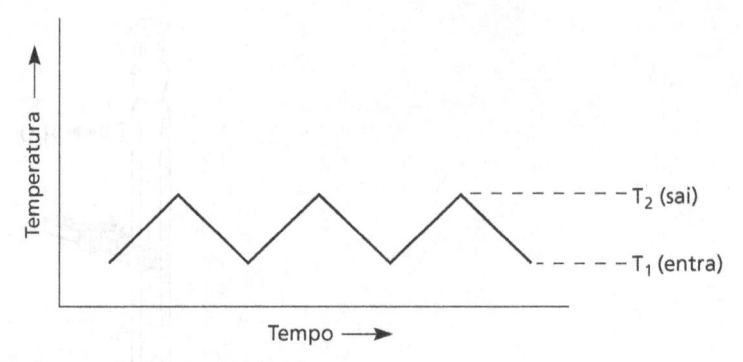

Figura 6.3 Resposta da temperatura de uma placa de aquecimento com termostato.

água. Uma mistura pode ser agitada com uma barra magnética (Técnica 7, Seção 7.3, página 536). O banho de água quente tem a vantagem, sobre a manta de aquecimento, de que a temperatura do banho é uniforme. Além disto, é mais fácil manter uma temperatura mais baixa com um banho de água do que com outras fontes de calor. Por fim, a temperatura da mistura de reação ficará mais perto da temperatura da água, o que permite o controle mais preciso das condições de reação.

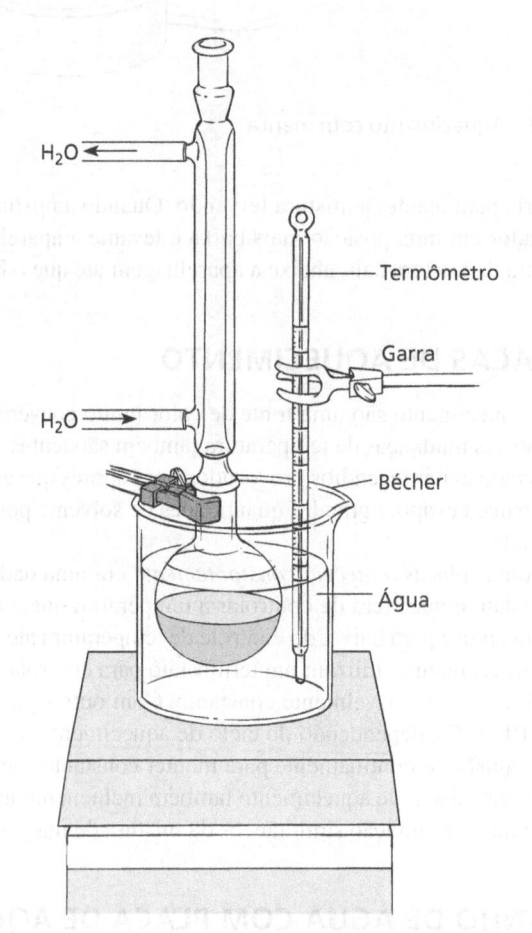

Figura 6.4 Um banho de água com uma placa de aquecimento/agitador.

6.4 BANHO DE ÓLEO COM PLACA DE AQUECIMENTO/AGITADOR

Banhos de óleo podem estar disponíveis em alguns laboratórios. O banho de óleo pode ser usado em destilações ou no aquecimento de misturas de reação acima de 100°C. O banho pode ser convenientemente aquecido em uma placa. Um bécher de *paredes grossas* pode ser usado como recipiente do óleo.[1] Coloca-se um termômetro em posição no banho. Em alguns laboratórios, o óleo pode ser aquecido eletricamente por uma bobina de imersão. Como os banhos de óleo têm capacidade calorífica alta e se aquecem lentamente, é aconselhável aquecer parcialmente o banho antes do momento do uso.

Um banho de óleo com óleo mineral comum não pode ser usado acima de 200-220°C. Acima desta temperatura, o óleo pode pegar fogo. Um incêndio com óleo quente não é facilmente controlado. Se o óleo começar a soltar fumaça, ele pode estar próximo do ponto de fulgor. Pare de aquecê-lo. O óleo usado, que é escuro, é mais suscetível a isto do que o óleo novo. O óleo quente pode causar queimaduras graves. Mantenha a água longe do banho de óleo porque se entrarem em contato, a água pode espirrar. Nunca use um banho de óleo se for óbvio que ele está contaminado com água. Se isto acontecer, substitua o óleo. O banho de óleo tem um tempo finito de vida útil. O óleo novo é transparente e incolor, mas após algum tempo de uso escurece e torna-se pegajoso devido à oxidação.

Além do óleo mineral comum, vários outros tipos de óleos podem ser usados nos banhos. O óleo de silicone não começa a se decompor em temperaturas tão baixas como o óleo mineral. Quando o óleo de silicone é aquecido ao ponto de começar a se decompor, seus vapores são muito mais perigosos do que os do óleo mineral. Os polietilenoglicóis podem ser usados em banhos de óleo. Eles são solúveis em água, o que torna muito mais fácil a limpeza após o uso. Pode-se escolher qualquer tamanho de polietilenoglicol, dependendo da faixa de temperatura necessária. Os polímeros de alto peso molecular, com freqüência, são sólidos na temperatura normal. Pode-se usar parafina em temperaturas mais elevadas, mas este material também é sólido na temperatura normal. Algumas pessoas preferem usar um material que solidifica quando não está em uso porque isto reduz problemas de armazenamento e derramamentos.

6.5 BLOCO DE ALUMÍNIO COM PLACA DE AQUECIMENTO/AGITADOR

Embora os blocos de alumínio sejam mais comumente usados nos laboratórios de química orgânica que trabalham em escala pequena, eles também podem ser usados com os balões menores usados em experimentos em escala grande.[2] O bloco de alumínio mostrado na Figura 6.5A pode ser usado para suportar balões de fundo redondo de 25, 50 ou 100 mL, bem como um termômetro. O aquecimento é mais rápido se o balão se encaixar bem no furo, mas o aquecimento também é efetivo se o encaixe for parcial. O bloco de alumínio com furos menores, mostrado na Figura 6.5B, foi desenhado para vidraria de escala pequena. Ele suporta um frasco cônico, um tubo de Craig ou tubos de ensaio pequenos e um termômetro.

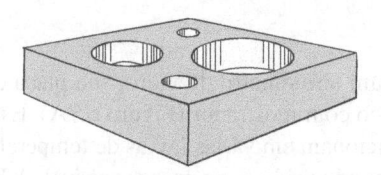

A. Furos maiores para balões de fundo redondo de 25, 50 ou 100 mL.

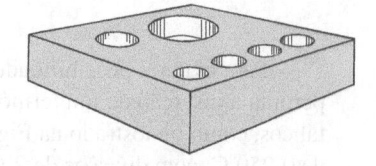

B. Furos menores para tubo de Craig, frascos cônicos de 3 mL e 5 mL e tubos de ensaio pequenos.

Figura 6.5 Blocos de aquecimento de alumínio.

---

[1] É muito perigoso usar um bécher de parede fina em um banho de óleo. O aquecimento pode quebrar o bécher, derramar o óleo quente e provocar um incêndio!

[2] O uso de aparelhagens de aquecimento de alumínio sólido foi desenvolvido por Siegfried Lodwig, do Centralia College, Centralia, WA, EUA: Lodwig, S. N., *Journal of Chemical Education*, 66 (1989): 77.

O aquecimento com um bloco de alumínio tem várias vantagens. O metal se aquece muito rapidamente, temperaturas elevadas podem ser usadas e ele pode esfriar prontamente por remoção com pinças de cadinho e imersão em água fria. Os blocos de alumínio são muito baratos e podem ser fabricados na oficina mecânica.

A Figura 6.6 mostra uma mistura de reação sendo aquecida com um bloco de alumínio colocado sobre uma placa de aquecimento/agitador. O termômetro da figura é usado para determinar a temperatura do bloco de alumínio. *Não use um termômetro de mercúrio*. Use um termômetro contendo outro líquido ou, então, use um termômetro metálico com mostrador, que pode ser inserido na lateral do bloco.[3] Certifique-se de que o termômetro não está muito justo no furo, ou ele poderá quebrar. Prenda o termômetro com uma garra.

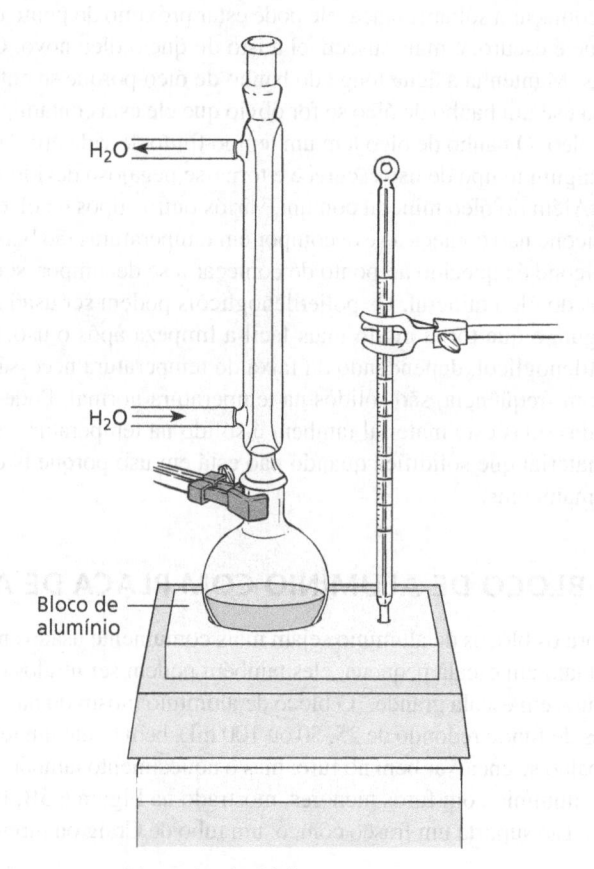

Figura 6.6 Aquecimento com um bloco de alumínio.

Para evitar a possibilidade de quebrar um termômetro de vidro, sua placa deve ter um furo que permita a inserção de um termômetro metálico com mostrador (Figura 6.7A). Estes termômetros metálicos, como o mostrado na Figura 6.7B, funcionam em várias faixas de temperatura. Um termômetro de 0-250°C, com divisões de 2 graus, pode ser adquirido a um preço razoável. A Figura 6.7 (destaque) também mostra um bloco de alumínio com um pequeno furo que permite a inserção do termômetro metálico. Uma alternativa para o termômetro metálico é um medidor de temperatura eletrônico-digital que pode ser inserido no bloco de alumínio ou na placa de aquecimento. Recomenda-se fortemente não usar termômetros de mercúrio para medir a temperatura superficial da placa ou do bloco. Se o termômetro quebrar em uma superfície quente, você estará introduzindo vapores tóxicos de mercúrio na atmosfera do laboratório. Boas alternativas são os termômetros de líquidos coloridos de alto ponto de ebulição.

---

[3] C. M. Garner, "A Mercury-Free Alternative for Temperature Measurement in Aluminum Blocks," *Journal of Chemical Education, 68* (1991): A244.

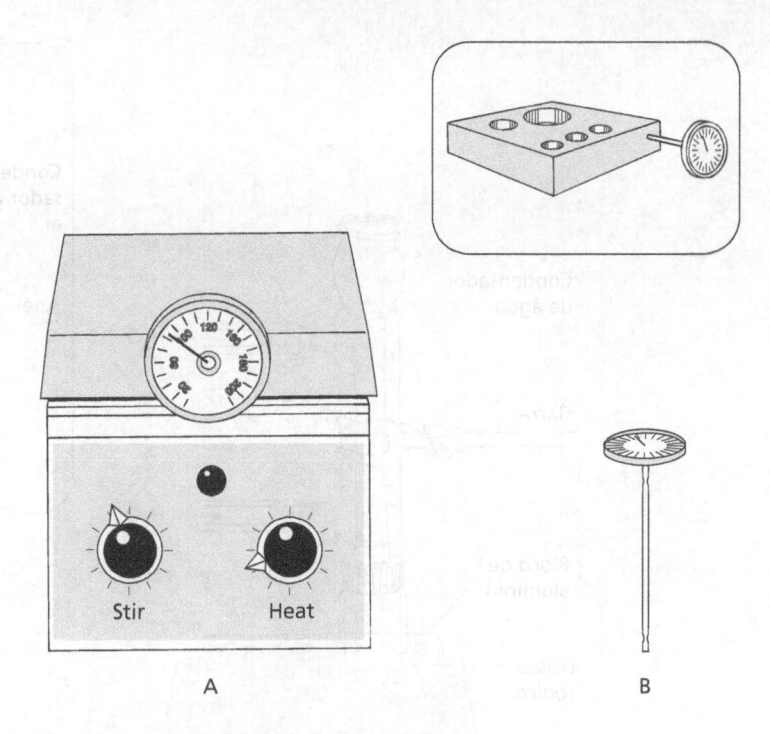

Figura 6.7 Termômetros com mostrador.

Como já foi dito, os blocos de alumínio são muito usados no laboratório de química orgânica em escala pequena. A Figura 6.8 mostra o uso de um bloco de alumínio para aquecer uma aparelhagem de refluxo em escala pequena. O vaso de reação é um frasco cônico, usado em muitos experimentos em escala pequena. A Figura 6.8 também mostra um anel dividido de alumínio que pode ser usado quando são necessárias temperaturas muito altas. O anel é dividido para facilitar sua colocação em volta do frasco cônico de 5 mL. O anel distribui o calor pelas paredes do frasco.

Calibre, inicialmente, o bloco de alumínio para ter uma idéia aproximada da posição em que vai colocar o controle da placa de aquecimento para obter a temperatura desejada. Coloque o bloco na placa de aquecimento e insira o termômetro em sua posição. Selecione cinco posições do controle de aquecimento, igualmente espaçadas, incluindo as posições "mais baixa" e "mais alta". Coloque o controle na primeira posição e acompanhe a temperatura do termômetro. Quando ele chegar a um valor constante,[4] anote a temperatura final e a posição do controle. Repita o procedimento para as quatro posições. Use estes dados para preparar uma curva de calibração para uso futuro.

É uma boa idéia usar sempre a mesma placa de aquecimento porque é muito provável que duas placas de mesmo tipo dêem temperaturas diferentes com os controles nas mesmas posições. Registre em seu caderno o número de identificação da unidade para garantir que você vai usar sempre a mesma placa.

Em muitos experimentos, você pode determinar a posição em que o controle da placa deveria estar a partir do ponto de ebulição do líquido que será aquecido. Como a temperatura no interior do balão é menor do que a do bloco de alumínio, você deve adicionar pelo menos 20°C à temperatura de ebulição do líquido e ajustar o controle para esta temperatura mais elevada. Na verdade, você talvez tenha de aumentar a temperatura um pouco mais para que o líquido ferva.

Muitas misturas orgânicas precisam ser agitadas e aquecidas para que os resultados sejam satisfatórios. Para agitar uma mistura, coloque uma barra de agitação magnética (Técnica 7, Figura 7.8A, página 537) no balão de fundo redondo que contém a mistura de reação, como mostrado na Figura 6.9A. Se a mistura também deve ser aquecida, ligue um condensador de água, como mostrado na Figura 6.6. A combinação placa de aquecimento/agitador permite agitar e aquecer uma mistura simultaneamente.

---

[4] Veja, porém, a Seção 6.2, página 523.

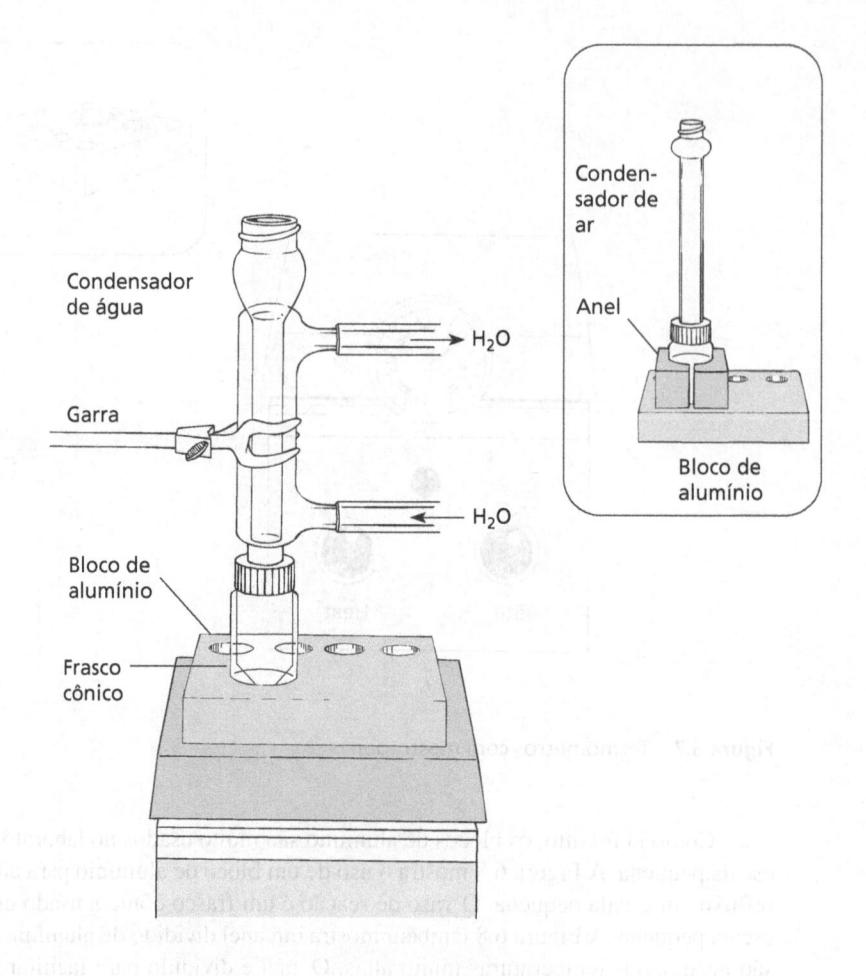

Figura 6.8 Aquecimento com um bloco de alumínio (escala pequena).

Com frascos cônicos, use uma palheta de agitação magnética para agitar a mistura (Figura 7.8B, página 537). Isto é ilustrado na Figura 6.9B. Agitação mais uniforme será obtida se o balão ou o frasco estiver colocado no bloco de alumínio de modo a ficar centrado na placa. Pode-se agitar, também, fervendo a mistura. Adicione uma pedra de ebulição ou pérolas de vidro (Seção 7.4, página 537) se a mistura for fervida sem agitação magnética.

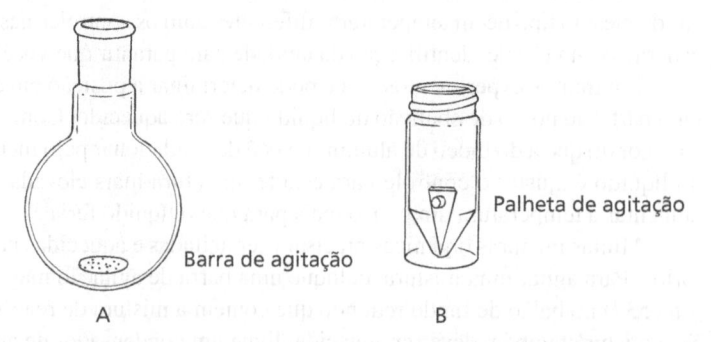

Figura 6.9 Métodos de agitação em um balão de fundo redondo ou em um frasco cônico.

6.6 BANHO DE AREIA COM PLACA DE AQUECIMENTO/AGITADOR

Em alguns laboratórios que trabalham em escala pequena, o banho de areia é usado para aquecer misturas orgânicas. Ele também pode ser usado em alguns experimentos em escala grande. A areia distribui bem o calor a uma mistura de reação. Para preparar um banho de areia para escala pequena, coloque areia até cerca de 1 cm da borda de uma placa de cristalização e coloque-a em uma placa de aquecimento/agitação. A Figura 6.10 ilustra a aparelhagem. Prenda o termômetro em posição no banho de areia. Você deve calibrar o banho de areia como fez com o bloco de alumínio (veja a seção precedente). Como a areia se aquece mais lentamente do que o bloco de alumínio, aqueça bem o banho antes de precisar usá-lo.

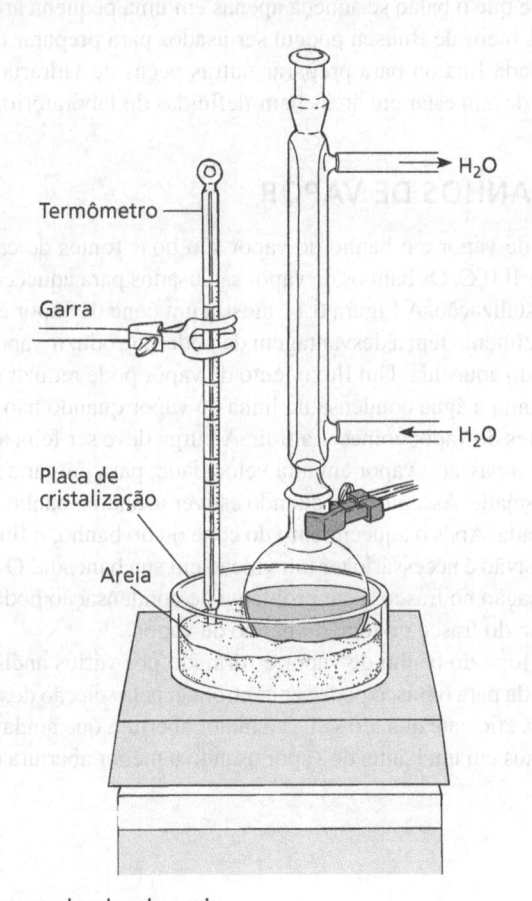

Figura 6.10 Aquecimento com banho de areia.

Não aqueça o banho de areia acima de 200°C porque você poderá quebrar a placa de cristalização. Se for necessário aquecimento acima desta temperatura, use a manta ou o bloco de alumínio. No caso de banhos de areia, pode ser necessário cobrir a placa de cristalização com folha de alumínio para que a temperatura chegue perto de 200°C. Devido à condutividade térmica relativamente pobre da areia, estabelece-se um gradiente de temperatura no banho. Para uma dada posição do controle da placa de aquecimento, ele é mais quente próximo do fundo do banho e mais frio próximo do topo. Para aproveitar este gradiente, pode ser conveniente enterrar o balão ou frasco cônico na areia para que a mistura se aqueça mais rapidamente. Quando a mistura estiver fervendo, você pode reduzir a velocidade de aquecimento suspendendo um pouco o balão ou o frasco cônico. Estes ajustes são simples e não exigem a mudança de posição do controle da placa de aquecimento.

6.7 CHAMAS

A técnica mais simples de aquecer misturas é usar um bico de Bunsen. Devido ao alto risco de incêndio, porém, o uso do bico de Bunsen deve se limitar aos casos em que o perigo é baixo ou em que não se dispõe de uma fonte alternativa razoável de calor. A chama só deve ser usada para aquecer soluções em água ou soluções de ponto de ebulição muito alto. Pergunte sempre a seu professor se pode usar o bico de Bunsen. Se você tiver de usá-lo, certifique-se de que ninguém próximo está usando solventes inflamáveis.

Ao aquecer um balão com um bico de Bunsen, você verá que o uso de uma tela permite a melhor distribuição do calor em uma área maior. A tela, colocada sob o objeto a ser aquecido, espalha a chama e impede que o balão se aqueça apenas em uma pequena área.

Os bicos de Bunsen podem ser usados para preparar micropipetas capilares para a cromatografia em camada fina ou para preparar outras peças de vidraria que exigem chama. Para isto, os bicos de Bunsen devem estar em áreas bem-definidas do laboratório, e não, nas bancadas.

6.8 BANHOS DE VAPOR

O cone de vapor e o banho de vapor são boas fontes de calor quando se precisa de temperaturas em torno de 100°C. Os banhos de vapor são usados para aquecer misturas de reação e solventes necessários para cristalização. A Figura 6.11 mostra um cone de vapor e um banho portátil de vapor. Estes métodos de aquecimento têm a desvantagem de poder introduzir vapor de água, por condensação, na mistura que está sendo aquecida. Um fluxo lento de vapor pode reduzir este problema.

Como a água condensa na linha de vapor quando não está em uso, é necessário purgar a linha de água antes do vapor começar a fluir. A purga deve ser feita antes de colocar o frasco no banho de vapor. Comece a passar o vapor em alta velocidade, para purgar a linha e, depois, reduza o fluxo até a velocidade desejada. Assegure-se, quando estiver usando o banho portátil de vapor, de que a água condensada foi drenada. Após o aquecimento do cone ou do banho, o fluxo lento de vapor manterá a temperatura da mistura. Não é necessário ter um vulcão em sua bancada! O excesso de vapor pode causar problemas de condensação no frasco. Este problema de condensação pode ser evitado se você escolher corretamente a posição do frasco no topo do banho de vapor.

O topo do banho de vapor é formado por vários anéis concêntricos lisos. A quantidade de calor transferida para o frasco pode ser controlada pela seleção dos tamanhos corretos dos anéis. O aquecimento é mais eficiente quando se usa a maior abertura que ainda suporta o frasco. O aquecimento de frascos volumosos em um banho de vapor usando a menor abertura é lento e gasta tempo do laboratório.

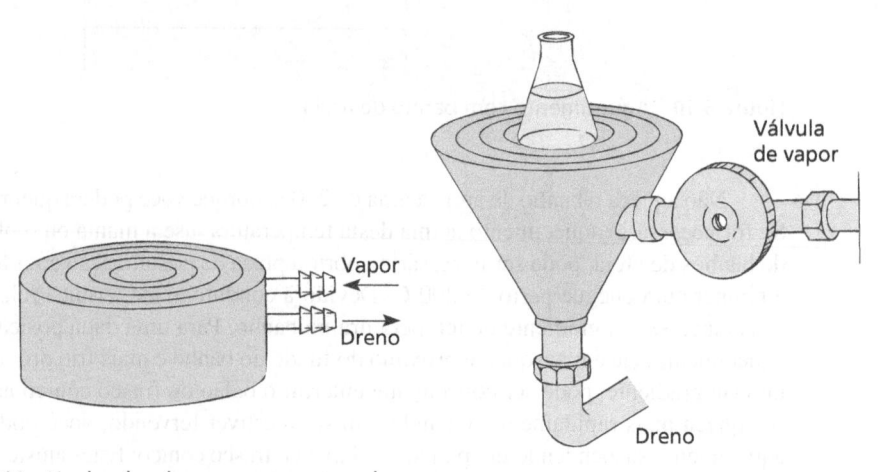

Figura 6.11 Um banho de vapor e um cone de vapor.

6.9 BANHOS GELADOS

Às vezes, é preciso esfriar um frasco de Erlenmeyer ou um balão de fundo redondo até temperaturas inferiores à temperatura normal. Usa-se, para isto, um banho gelado. O banho gelado mais comum é o **banho de gelo**, que é uma fonte conveniente de temperaturas próximas a $0°C$. Para funcionar bem, o banho precisa de água e gelo. O banho feito só de gelo não é muito eficiente porque o contato entre as peças de gelo e o frasco não é bom. O banho deve ter água suficiente para cercar o frasco e ainda assim manter a temperatura em $0°C$. Além disso, com muita água o frasco poderá flutuar e derramar o conteúdo. A quantidade de água deve ser tal que o frasco fique firmemente apoiado no fundo.

No caso de temperaturas ligeiramente abaixo de $0°C$, adicione um pouco de cloreto de sódio sólido ao banho. O sal iônico reduz o ponto de congelamento do gelo, permitindo temperaturas entre 0 e $-10°C$. As temperaturas mais baixas são obtidas quando a mistura contém pouca água.

Pode-se atingir $-78,5°C$ com dióxido de carbono sólido (gelo seco). Entretanto, como os pedaços de gelo seco não permitem contato efetivo com o frasco a ser resfriado, adiciona-se ao banho um líquido, como o álcool isopropílico. Pode-se usar, também, acetona e etanol. Tenha cuidado ao manipular o gelo seco porque ele pode causar queimaduras graves. Temperaturas muito mais baixas podem ser alcançadas com nitrogênio líquido ($-195,8°C$).

PROBLEMAS

1. Qual(is) seria(m) a(s) melhor(es) aparelhagem(ns) de aquecimento em cada uma das seguintes situações?
   a. Refluxo de um solvente de ponto de ebulição $56°C$
   b. Refluxo de um solvente de ponto de ebulição $110°C$
   c. Destilação de uma substância que ferve em $220°C$
2. Use um manual de laboratório para encontrar os pontos de ebulição dos seguintes compostos (Técnica 4). Sugira, em cada caso, a(s) aparelhagem(ns) adequada(s) para o refluxo.
   a. Benzoato de benzila
   b. 1-Pentanol
   c. 1-Cloro-propano
3. Que tipo de banho você usaria para obter a temperatura de $-10°C$?
4. Use um manual de laboratório para encontrar o ponto de fusão e o ponto de ebulição do benzeno e da amônia (Técnica 4) e responda às seguintes questões.
   a. Uma reação usa benzeno como solvente. Como a mistura é muito exotérmica, ela foi resfriada em um banho de gelo e sal. Esta foi uma escolha ruim. Por quê?
   b. Que banho deveria ser usado para uma reação a ser conduzida em amônia líquida como solvente?
5. Critique as seguintes técnicas.
   a. Refluxo de uma mistura que contém éter dietílico usando um bico de Bunsen
   b. Refluxo de uma mistura que contém tolueno em grande quantidade usando um banho de água quente.
   c. Refluxo de uma mistura com a aparelhagem da Figura 6.6 com um termômetro que não está preso por uma garra
   d. Uso de um termômetro de mercúrio inserido no bloco de alumínio de uma placa de aquecimento
   e. Reação com álcool *terc*-butílico (2-metil-2-propanol) resfriado a $0°C$ em um banho de gelo

TÉCNICA 7
Métodos de Reação

Para completar com sucesso uma reação orgânica, o químico deve estar familiarizado com vários métodos de laboratório. Estes métodos incluem trabalhar com segurança, montar a aparelhagem, aquecer e agitar misturas de reação, adicionar reagentes líquidos, manter a reação em condições anidras e inertes e coletar produtos gasosos. Várias técnicas usadas para completar uma reação são discutidas aqui.

7.1 MONTAGEM DA APARELHAGEM

Tenha cuidado quando estiver montando os componentes de vidro da aparelhagem desejada. Lembre-se sempre de que a física de Newton se aplica às aparelhagens da química e de que as peças de vidraria malcolocadas certamente responderão à gravidade.

Montar corretamente uma aparelhagem significa ligar as peças de vidro com segurança, mantendo a aparelhagem em posição. Isto pode ser conseguido com a ajuda de **garras de metal ajustáveis** ou com uma combinação de garras ajustáveis e **grampos de plástico de juntas**.

A Figura 7.1 mostra dois tipos de garras de metal ajustáveis. Embora estes dois tipos de garras possam ser usados indistintamente, a garra de extensão é mais comumente usada para prender balões de fundo redondo, e as garras de três dedos, para prender condensadores. Ambos os tipos têm de ser presos a uma haste metálica com a ajuda de um suporte de garras (Figura 7.1C).

A. Garra de extensão   B. Garra de três dedos   C. Suporte de garras

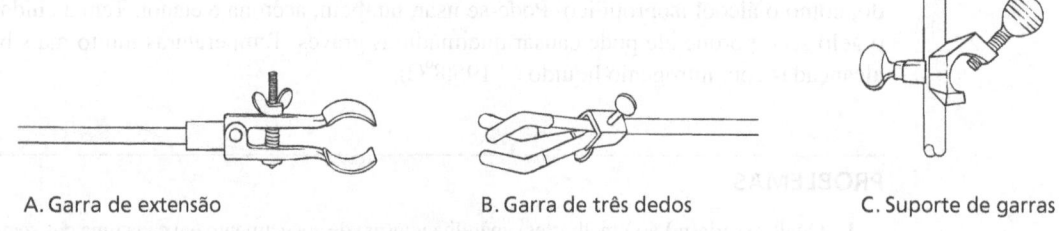

Figura 7.1 Garras de metal ajustáveis.

A. Como prender a aparelhagem de escala grande

É possível montar uma aparelhagem usando somente garras de metal ajustáveis. A Figura 7.2 mostra uma aparelhagem usada para destilação. Ela está presa com três garras de metal. Devido ao tamanho da aparelhagem e a sua geometria, as diversas garras estão ligadas a três diferentes hastes. Esta aparelhagem é um pouco difícil de montar porque é necessário garantir que suas diferentes partes fiquem juntas enquanto as garras necessárias para manter a aparelhagem no lugar são presas.

Um modo mais conveniente é usar uma combinação de garras de metal e grampos de plástico de juntas. A Figura 7.3A mostra um grampo de plástico de juntas. Estes grampos são muito fáceis de usar (eles se fecham facilmente), agüentam temperaturas de até 140°C e são muito duráveis. Eles fixam duas peças ligadas por juntas esmerilhadas, como se vê na Figura 7.3B. Eles têm diâmetros diferentes para se ajustar a tamanhos diversos de juntas e são identificados por códigos de cores.

Quando usados em combinação com as garras de metal, os grampos de plástico de juntas facilitam muito a montagem da aparelhagem de modo seguro. Há menos chance de que a vidraria caia durante a montagem, e a aparelhagem fica mais segura quando pronta. A Figura 7.4 mostra a mesma aparelhagem de destilação, mantida com garras de metal ajustáveis e grampos de plástico de juntas.

Ao montar esta aparelhagem, ligue primeiro todas as peças com grampos de plástico. Prenda, então, a aparelhagem aos suportes com as garras de metal ajustáveis. Observe que bastam duas garras e que os blocos de madeira foram dispensados.

B. Como prender as aparelhagens de escala pequena

A vidraria de muitas aparelhagens de escala pequena é feita com juntas esmerilhadas padronizadas. O tamanho mais comum é ₸14/10. Algumas peças de vidraria de escala pequena têm uma rosca na superfície externa das juntas fêmeas (veja o topo do condensador de ar da Figura 7.5). A junta com a rosca permite o uso de uma tampa de plástico de rosca com um buraco no topo para prender seguramente duas peças de vidraria. A tampa de plástico é colocada acima da junta macho da peça de vidro superior, seguida por um anel de borracha (veja a Figura 7.5). O anel de borracha deve ser ajustado sobre o topo da junta macho que se liga à junta fêmea da peça de vidro inferior. A tampa de rosca é, então, presa, sem pressão excessiva, para ligar a aparelhagem firmemente. O anel de borracha serve como um selo

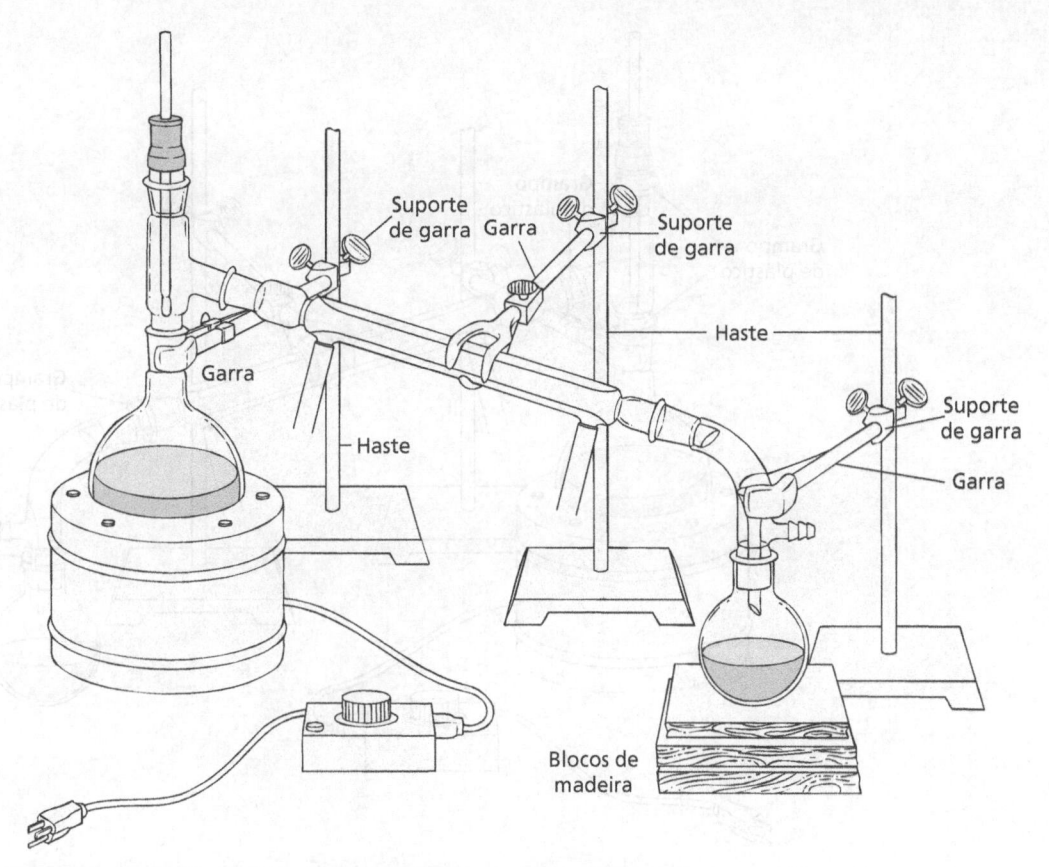

Figura 7.2 Aparelhagem de destilação presa com garras de metal.

A. Grampo de plástico de juntas

B. Juntas ligadas por grampo de plástico

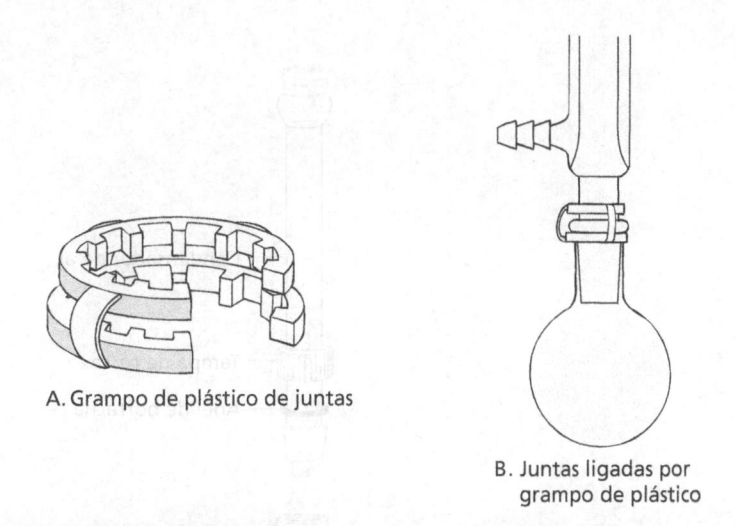

Figura 7.3 Grampo de plástico de juntas.

adicional que faz com que a junta fique impermeável ao ar. Com este tipo de conexão, não é necessário usar graxa para selar a junta. *Use* o anel de borracha para obter um bom selo e reduzir a possibilidade de quebra quando você apertar a tampa de plástico.

A vidraria de escala pequena ligada desta maneira é facilmente montada. A aparelhagem fica bem-ajustada e basta, usualmente, uma garra de metal para prendê-la a um suporte.

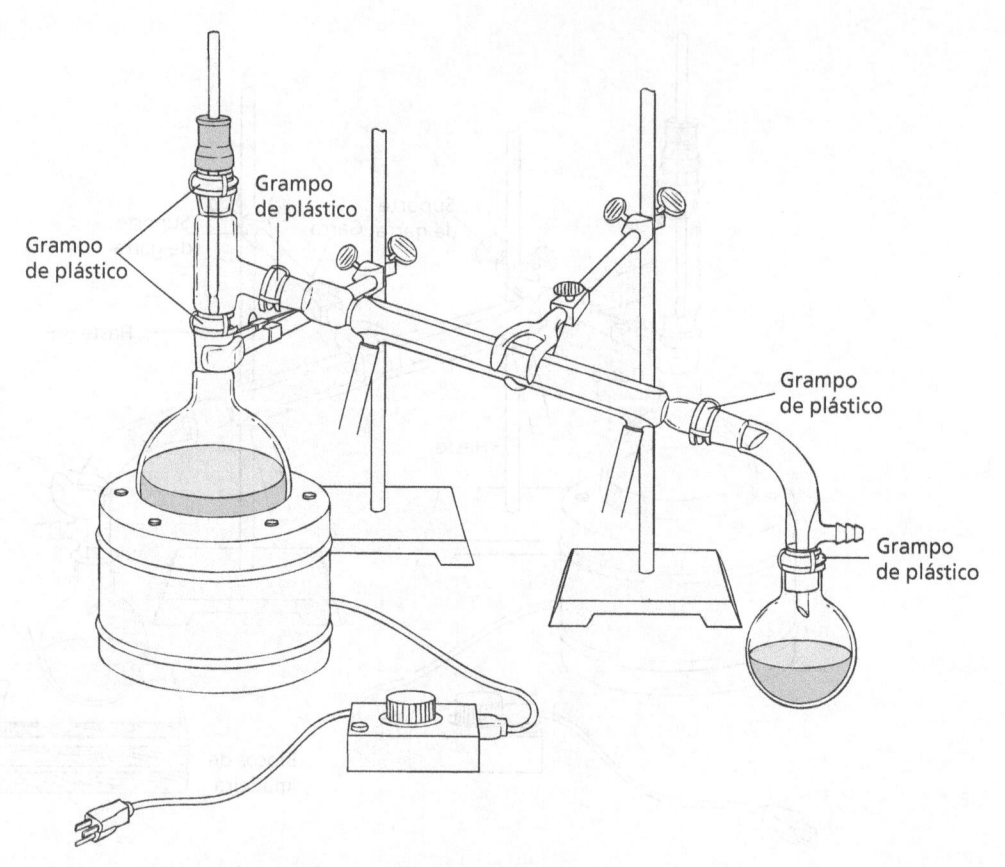

Figura 7.4 Aparelhagem de destilação presa com garras de metal e grampos de plástico de juntas.

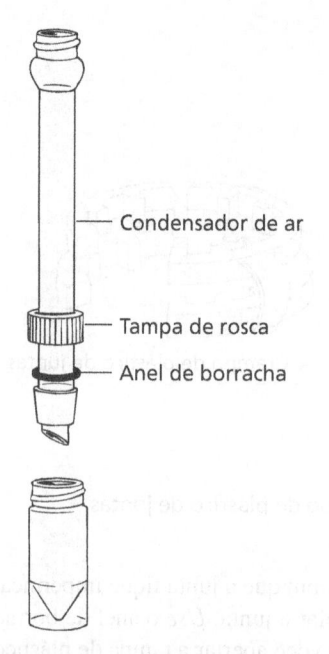

Figura 7.5 Aparelhagem de escala pequena com junta padrão de rosca.

7.2 AQUECIMENTO SOB REFLUXO

Muitas vezes queremos aquecer uma mistura por longo tempo sem assistência. A **aparelhagem de refluxo** (veja a Figura 7.6) permite isto. O líquido é aquecido até a ebulição, e os vapores quentes são esfriados, condensando quando sobem no condensador resfriado a água. Deste modo, muito pouco líquido se perde por evaporação, e a mistura permanece em temperatura constante, o ponto de ebulição do líquido. Diz-se que a mistura líquida está sendo **aquecida em refluxo**.

Condensador. O **condensador com camisa de água** mostrado na Figura 7.6 é formado por dois tubos concêntricos, com o tubo externo selado no tubo interno. Os vapores sobem pelo tubo interno e a água circula pelo tubo externo, removendo calor dos vapores e provocando a condensação. A Figura 7.6 mostra, também, uma aparelhagem típica de escala pequena para o aquecimento de pequenas quantidades de material sob refluxo (Figura 7.6B).

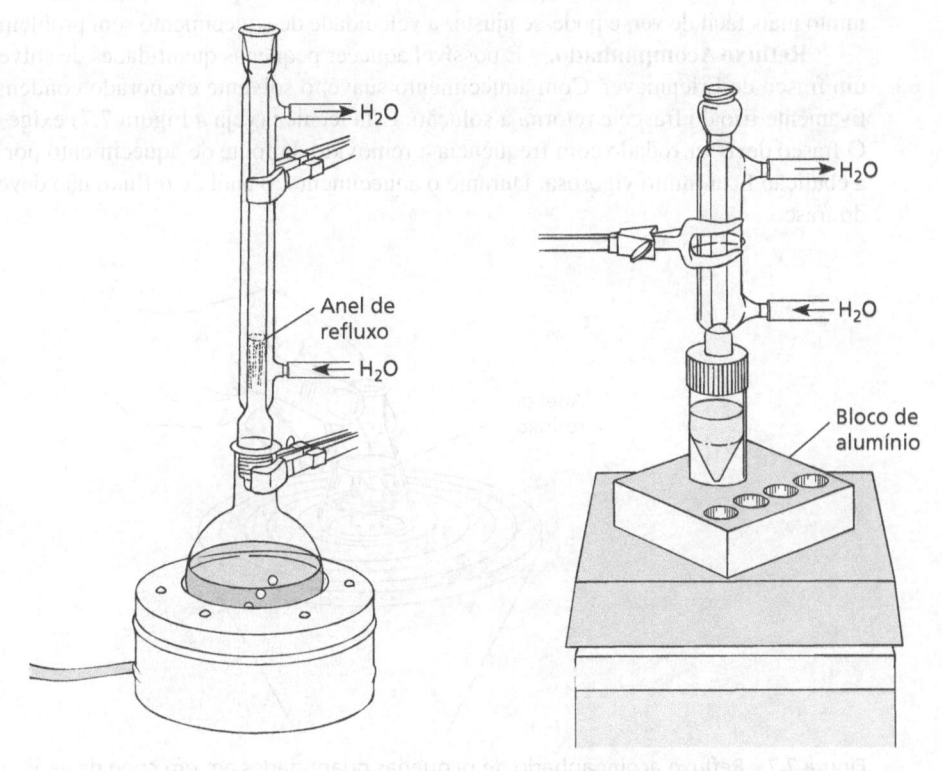

A. Aparelhagem de refluxo para reações em escala grande, com manta de aquecimento e condensador com camisa de água.

B. Aparelhagem de refluxo para reações em escala pequena, com placa de aquecimento, bloco de alumínio e condensador com camisa de água.

Figura 7.6 Aquecimento em refluxo.

Certifique-se, ao usar um condensador com camisa de água, de que a direção do fluxo é tal que ele se encherá de água. A água deve entrar por baixo do condensador e sair por cima. O fluxo deve ser suficientemente rápido para agüentar as variações de pressão da linha de água, mas não maior do que o necessário. O fluxo excessivo aumenta muito a chance de inundação, e a pressão pode forçar o desligamento dos tubos de borracha. A água de resfriamento deve estar fluindo antes de começar o aquecimento! Se a água tiver de correr durante a noite é uma boa idéia prender com arame a tubulação de borracha ao condensador. Se a fonte de calor for uma chama, é bom usar uma tela de arame por baixo do balão para que ela se espalhe de forma homogênea. É preferível usar, na maior parte dos casos, manta de aquecimento, banho de água ou de óleo, bloco de alumínio, banho de areia ou de vapor em vez da chama.

Agitador. Quando estiver aquecendo uma solução, use sempre um agitador magnético e pedras de aquecimento ou pérolas de vidro (veja as Seções 7.3 e 7.4) para impedir "solavancos" (veja a próxima seção).

Velocidade de Aquecimento. Se a velocidade de aquecimento for ajustada corretamente, o líquido em refluxo subirá até um determinado ponto do tubo do condensador antes de condensar. Abaixo do ponto de condensação você verá o líquido que retorna ao balão. Acima, o interior do condensador parecerá seco. A fronteira entre as duas zonas é claramente demarcada por um **anel de refluxo**, isto é, um anel de líquido. Pode-se ver o anel de refluxo na figura 7.6A. Durante o refluxo, a velocidade de aquecimento deve ser ajustada de modo que o anel de refluxo fique a um terço ou à metade da altura do condensador. Em experimentos em escala pequena a quantidade de vapor que sobe pelo condensador é tão pequena que não se vê um anel de refluxo nítido. Se isto acontecer, a velocidade de aquecimento deve ser ajustada para que o líquido ferva suavemente, mas não escape do condensador. Com volumes pequenos, a perda de solvente pode afetar a reação. Em reações em escala maior, o anel de refluxo é muito mais fácil de ver, e pode-se ajustar a velocidade de aquecimento sem problemas.

Refluxo Acompanhado. É possível aquecer pequenas quantidades de solvente em refluxo em um frasco de Erlenmeyer. Com aquecimento suave, o solvente evaporado condensa no gargalo relativamente frio do frasco e retorna à solução. Esta técnica (veja a Figura 7.7) exige atenção constante. O frasco deve ser rodado com freqüência e removido da fonte de aquecimento por períodos curtos se a ebulição ficar muito vigorosa. Durante o aquecimento, o anel de refluxo não deve passar do gargalo do frasco.

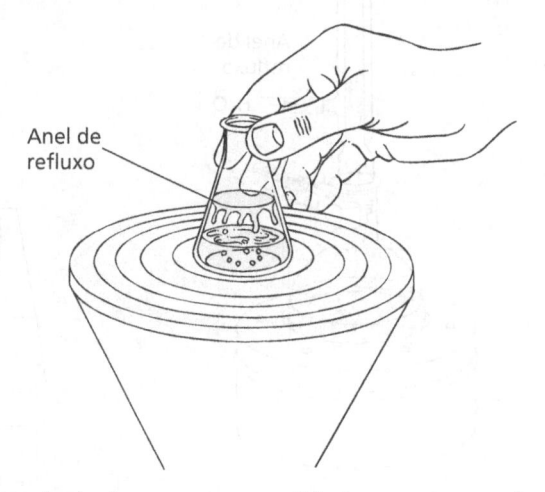

Figura 7.7 Refluxo acompanhado de pequenas quantidades em um cone de vapor (isto também pode ser feito em uma placa de aquecimento).

7.3 MÉTODOS DE AGITAÇÃO

Quando uma solução é aquecida, sempre existe o perigo de que ela se superaqueça. Quando isto acontece, formam-se bolhas muito grandes que escapam com violência da solução, com um **solavanco**. O solavanco deve ser evitado por causa dos riscos do material escapar da aparelhagem, de começar um incêndio ou de que a aparelhagem se quebre.

Agitadores magnéticos são usados para impedir os solavancos porque produzem turbulência na solução, com quebra das bolhas maiores que se formam durante a ebulição. Um outro objetivo do agitador magnético é misturar completamente os reagentes. O sistema de agitação é formado por um magneto, ligado a um motor elétrico, que gira em velocidade controlada por um potenciômetro. Um pequeno magneto, coberto por um material inerte, como Teflon ou vidro, é colocado no frasco. Este magneto gira em resposta ao campo magnético em rotação do sistema e agita a solução. Um tipo comum de agitador magnético coloca o sistema de agitação no interior de uma placa de aquecimento, permitindo o aquecimento e a agitação simultâneos da reação. Para que o agitador magnético seja efetivo, o conteúdo do frasco que está sendo agitado deve estar no centro da placa de aquecimento.

Existem barras magnéticas de vários tamanhos e formas para uso em aparelhagens de escala grande. No caso de aparelhagens de escala pequena, usa-se freqüentemente uma **palheta de agitação magnética**. Ela contém uma pequena barra magnética, e sua forma se adapta ao fundo cônico de um frasco de reação. Uma barra magnética pequena com cobertura de Teflon funciona bem com balões de fundo redondo muito pequenos. Barras magnéticas pequenas deste tipo (freqüentemente vendidas como barras de agitação magnética "descartáveis") são muito baratas. A Figura 7.8 mostra várias barras de agitação magnética.

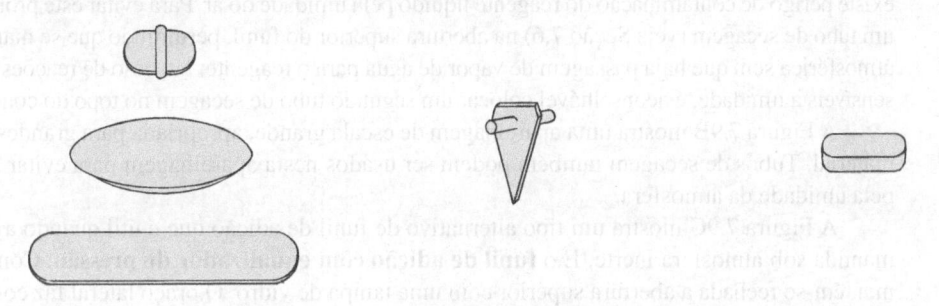

A. Barras de agitação magnética de tamanho padrão.
B. Palheta de agitação magnética para uso em escala pequena.
C. Barra de agitação magnética pequena (tipo "descartável").

Figura 7.8 Barras de agitação magnética.

Existem também várias técnicas simples que podem ser usadas para agitar uma mistura líquida em um tubo de centrífuga ou em um frasco cônico. A mistura dos componentes de um líquido pode ser obtida por sucção do líquido em uma pipeta Pasteur e ejeção de volta ao recipiente com a ajuda do bulbo. Os líquidos também podem ser misturados eficientemente mergulhando-se o lado chato de uma espátula no líquido e rodando-a rapidamente.

7.4 PEDRAS DE EBULIÇÃO

As **pedras de ebulição**, também conhecidas como **lascas de ebulição** ou **Boileezer**, são pequenos pedaços de material poroso que produzem um fluxo constante de pequenas bolhas de vapor quando aquecidos em um solvente. Este fluxo de bolhas e a turbulência que o acompanha quebram as bolhas grandes de gases no líquido. Isto reduz a tendência do líquido em superaquecer e promove a ebulição suave do líquido. A pedra de ebulição reduz a probabilidade de ocorrência de solavancos.

Dois tipos comuns de pedras de ebulição são lascas de carborundo e de mármore. As de carborundo são mais inertes, e as peças são usualmente muito pequenas, adequadas para muitas aplicações. Se estiverem disponíveis, as pedras de carborundo são preferíveis. As lascas de mármore podem se dissolver em soluções de ácido forte, e as peças são maiores. Sua vantagem é que são mais baratas.

Como as pedras de ebulição promovem a fervura suave dos líquidos, assegure-se de que uma pedra de ebulição foi colocada no líquido *antes* de começar o aquecimento. Se você esperar até que o líquido esteja quente, ele pode já estar superaquecido e a adição de uma pedra de ebulição fará com que o líquido comece a ferver. Como resultado, o líquido poderá jorrar para fora do frasco ou espumar de forma violenta.

Quando cessa a ebulição de um líquido que contém uma pedra de ebulição, o líquido penetra os poros da pedra e ela não pode mais produzir as pequenas bolhas. Ela está gasta. Você terá de adicionar uma outra pedra de ebulição se tiver deixado a ebulição parar por um longo período.

Palitos de madeira são usados, às vezes. Eles funcionam como as pedras de ebulição. Usam-se também pérolas de vidro. Sua presença causa turbulência suficiente para impedir os solavancos.

7.5 ADIÇÃO DE REAGENTES LÍQUIDOS

Os reagentes líquidos e as soluções podem ser adicionados a uma reação de várias maneiras, algumas das quais estão mostradas na Figura 7.9. A Figura 7.9A mostra o tipo mais comum de aparelhagem para experimentos em escala grande, com um funil de separação ligado à saída lateral de uma cabeça de Claisen. O funil de separação deve estar equipado com uma junta esmerilhada padronizada para ser usado desta maneira. O líquido é colocado no funil de separação (chamado de **funil de adição** nesta aplicação) para eventual adição à reação. A velocidade de adição é controlada pela torneira. Quando o funil está sendo usado para adição, a abertura superior deve estar aberta à atmosfera. Se estiver fechada, o vácuo que se forma no funil impedirá que o líquido escorra para o vaso de reação. Como o funil fica aberto à atmosfera, existe perigo de contaminação do reagente líquido pela umidade do ar. Para evitar este problema, coloca-se um tubo de secagem (veja Seção 7.6) na abertura superior do funil, permitindo que se mantenha a pressão atmosférica sem que haja passagem de vapor de água para o reagente. No caso de reações particularmente sensíveis à umidade, é aconselhável colocar um segundo tubo de secagem no topo do condensador.

A Figura 7.9B mostra uma aparelhagem de escala grande, apropriada para grandes quantidades de material. Tubos de secagem também podem ser usados nesta aparelhagem para evitar a contaminação pela umidade da atmosfera.

A Figura 7.9C mostra um tipo alternativo de funil de adição que é útil quando a reação deve ser mantida sob atmosfera inerte. É o **funil de adição com equalizador de pressão**. Com este aparelho, mantém-se fechada a abertura superior com uma tampa de vidro. O braço lateral faz com que a pressão acima do líquido que permanece no funil fique igual à pressão do resto da aparelhagem e permite que o gás inerte passe para a parte superior do funil de adição.

Com ambos os tipos de funil de adição de escala grande, você pode controlar a velocidade de adição ajustando a torneira cuidadosamente. Mesmo com ajuste cuidadoso, podem ocorrer mudanças de pressão que alteram a velocidade de fluxo. Em alguns casos, a torneira pode ficar entupida. É importante, portanto, acompanhar a adição e refinar o ajuste da torneira para manter a velocidade desejada.

A Figura 7.9D mostra um quarto método, para uso em escala pequena e alguns experimentos em escala grande em que a reação deve ficar isolada da atmosfera. Neste método, o líquido é mantido em uma seringa hipodérmica inserida em um septo de borracha. O líquido é adicionado gota a gota pela seringa. O selo mantém a aparelhagem isolada da atmosfera, o que torna esta técnica adequada para reações conduzidas em atmosfera inerte ou em condições anidras. O tubo de secagem é usado para proteger a mistura de reação da umidade atmosférica.

7.6 TUBOS DE SECAGEM

Em certas reações, a umidade atmosférica deve ser impedida de entrar no vaso de reação. Pode-se usar um **tubo de secagem** para manter a condição anidra no interior da aparelhagem. A Figura 7.10 mostra dois tipos de tubos de secagem. Prepara-se o tubo de secagem típico colocando-se, sem apertar, um pequeno chumaço de lã de vidro, ou algodão, no estreitamento na extremidade do tubo que está perto da junta esmerilhada ou da ligação com a mangueira de borracha. O tampão é empurrado cuidadosamente com um bastão de vidro ou pedaço de arame até a posição correta. Coloca-se um agente de secagem, tipicamente sulfato de cálcio ("Drierite") ou cloreto de cálcio (veja Técnica 12, Seção 12.9, página 606) por cima do tampão até a altura aproximada mostrada na Figura 7.10. Coloca-se um segundo tampão de lã de vidro, ou algodão, sobre o agente de secagem para evitar que o material sólido saia do tubo de secagem. Liga-se o tubo, então, ao balão ou ao condensador.

O ar que entra na aparelhagem tem de passar pelo tubo de secagem. O agente de secagem absorve a umidade, retirando o vapor de água do ar que entra no vaso de reação.

7.7 REAÇÕES SOB ATMOSFERA INERTE

Algumas reações são muito sensíveis ao oxigênio e ao vapor d'água presentes no ar e exigem atmosfera inerte para que se obtenha resultados satisfatórios. Elas incluem reagentes organometálicos, como organomagnésios e organolítios, porque o vapor de água e o oxigênio (ar) reagem com estes compostos.

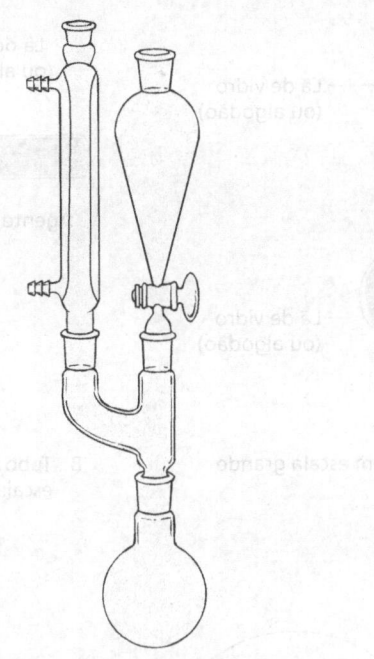

A. Equipamento para escala grande com um funil de separação atuando como funil de adição.

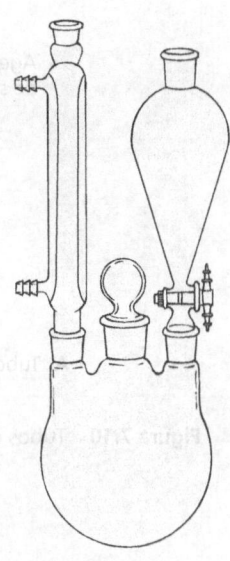

B. Escala maior para grandes quantidades.

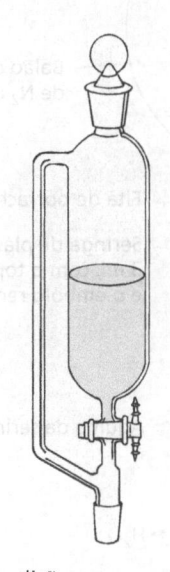

C. Funil de adição com equalizador de pressão.

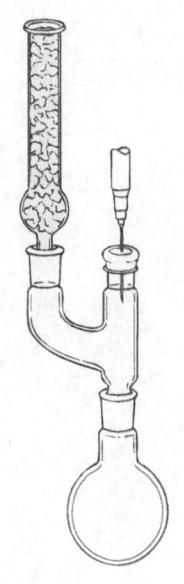

D. Adição com seringa hipodérmica inserida em um septo de borracha.

Figura 7.9 Métodos de adição de líquidos a uma reação.

Os gases inertes mais comuns de laboratório são nitrogênio e argônio, disponíveis em cilindros de gás. O nitrogênio é, provavelmente, o gás mais usado em reações sob atmosfera inerte, embora o argônio tenha a vantagem de ser mais denso do que o ar. Isto permite que o argônio empurre o ar para fora da mistura de reação.

Quando os laboratórios não dispõem de linhas de gás para as bancadas ou capelas, é muito útil fornecer nitrogênio ou argônio à aparelhagem de reação usando um balão de borracha (mostrado na Figura 7.11). Seu professor lhe entregará um.

Figura 7.10 Tubos de secagem.

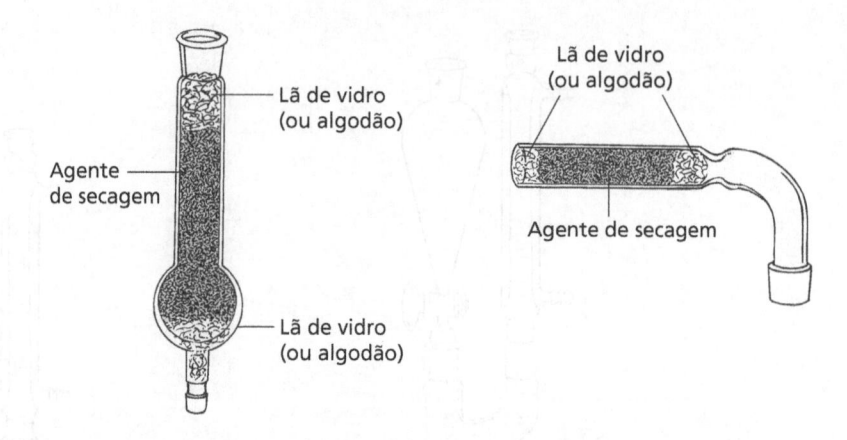

A. Tubo de secagem em escala grande

B. Tubo de secagem em escala pequena

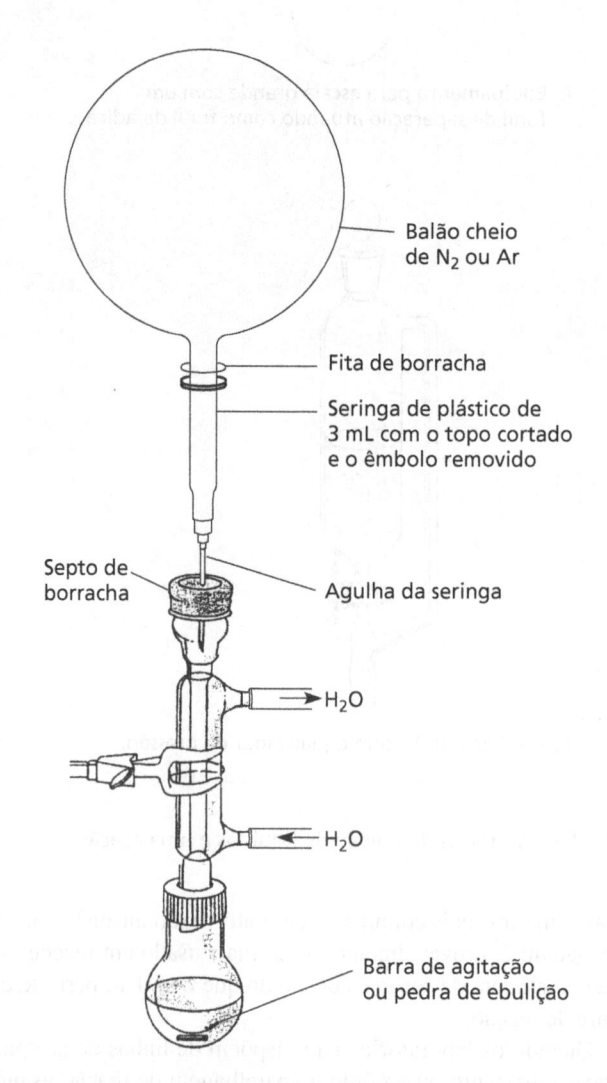

Figura 7.11 Reação sob atmosfera inerte com o uso de balão de gás.

Para montar o balão, corte o topo de uma seringa plástica descartável de 3 mL. Ligue um pequeno balão ao topo da seringa, prendendo-o com uma pequena fita de borracha dobrada, de modo a mantê-lo bem firme. Coloque uma agulha na seringa. Encha o balão com o gás inerte através da agulha, usando um tubo de borracha ligado à fonte de gás. Quando o diâmetro do balão inflado alcançar de 5 a 8 cm de diâmetro, aperte a gola do balão, remova a fonte de gás e enfie a agulha em uma rolha de borracha, de modo a manter o balão inflado. É possível manter uma montagem destas por vários dias sem que o balão se esvazie.

Antes de começar a reação, seque bem sua aparelhagem em uma estufa. Adicione cuidadosamente todos os reagentes para evitar água. As instruções seguintes se baseiam na hipótese de que você está usando uma aparelhagem composta de um balão de fundo redondo equipado com um condensador. Coloque um septo de borracha na saída do condensador. Retire o ar da aparelhagem usando o gás inerte. Não use para isto a montagem com o balão, a menos que esteja usando argônio (veja o próximo parágrafo). Em vez disto, remova o balão de fundo redondo e, com a ajuda do professor, use uma pipeta Pasteur para lavá-lo com gás inerte, borbulhando-o pelo solvente e pela mistura de reação que está no balão de fundo redondo. Esta operação permite remover o ar da aparelhagem de reação antes de ligar o balão que contém o gás inerte. Ligue rapidamente o balão de fundo redondo à aparelhagem. Aperte a gola do balão com seus dedos, remova a rolha de borracha e enfie a agulha no septo de borracha, atravessando-o. A aparelhagem está, agora, pronta para a reação.

Se você estiver usando argônio como gás inerte, você pode usar a montagem com o balão inflável para remover o ar da aparelhagem de reação. Enfie a agulha da montagem do balão no septo como foi descrito acima. Enfie uma segunda agulha no septo (sem a seringa). A pressão do balão forçará o argônio para baixo, pelo condensador de refluxo (o argônio é mais denso do que o ar), e empurrará o ar para fora pela segunda agulha. Quando a aparelhagem estiver livre de ar, retire a segunda agulha. O nitrogênio não funciona muito bem com este procedimento porque ele é menos denso do que o ar, sendo difícil remover o ar que está em contato com a mistura de reação no balão de fundo redondo.

Se a reação for feita na temperatura normal, você pode remover o condensador mostrado na Figura 7.11. Coloque o septo de borracha diretamente no balão de fundo redondo e enfie a agulha de uma montagem de balão como gás inerte. Para retirar o ar do balão enfie uma segunda agulha no septo de borracha. Isto fará com que o ar saia pela segunda agulha e seja substituído por argônio. Remova a segunda agulha. A mistura de reação está livre do ar.

7.8 COLETA DE GASES NOCIVOS

Muitas reações orgânicas envolvem a produção de gases nocivos. O gás pode ser corrosivo, como o cloreto de hidrogênio, o brometo de hidrogênio ou o dióxido de enxofre, ou pode ser tóxico, como o monóxido de carbono. A maneira mais segura de evitar a exposição a estes gases é fazer a reação em uma boa capela que permita a retirada dos gases pelo sistema de ventilação.

Em algumas situações, porém, é bastante seguro e eficiente fazer a reação na bancada do laboratório, longe da capela. Isto é particularmente verdadeiro quando os gases são solúveis em água. Esta seção descreve algumas técnicas de coleta de gases nocivos.

A. Retentores externos de gases

Uma das maneiras de reter gases é preparar um retentor separado da aparelhagem de reação. Os gases são levados da reação ao retentor por tubos. Existem vários retentores deste tipo. No caso de reações em escala grande, usa-se um funil invertido colocado em um bécher com água. Um tubo de vidro, inserido em um adaptador de termômetro colocado na aparelhagem de reação, liga-se a um tubo flexível e, por este, a um funil cônico. O funil invertido é preso de modo que a abertura *quase toca* a superfície da água, sem nela mergulhar. Com este arranjo, a água não poderá ser sugada se a pressão do vaso de reação mudar subitamente. Este tipo de retentor também pode ser usado em aplicações em escala pequena. A Figura 7.12 mostra um exemplo deste tipo de retentor de gás.

Um método que funciona bem em experimentos de escala grande ou pequena é colocar um adaptador de termômetro na abertura da aparelhagem de reação e nele inserir uma pipeta Pasteur de cabeça para baixo. Um pedaço de tubo flexível é ligado à ponta fina da pipeta. É aconselhável quebrar a ponta

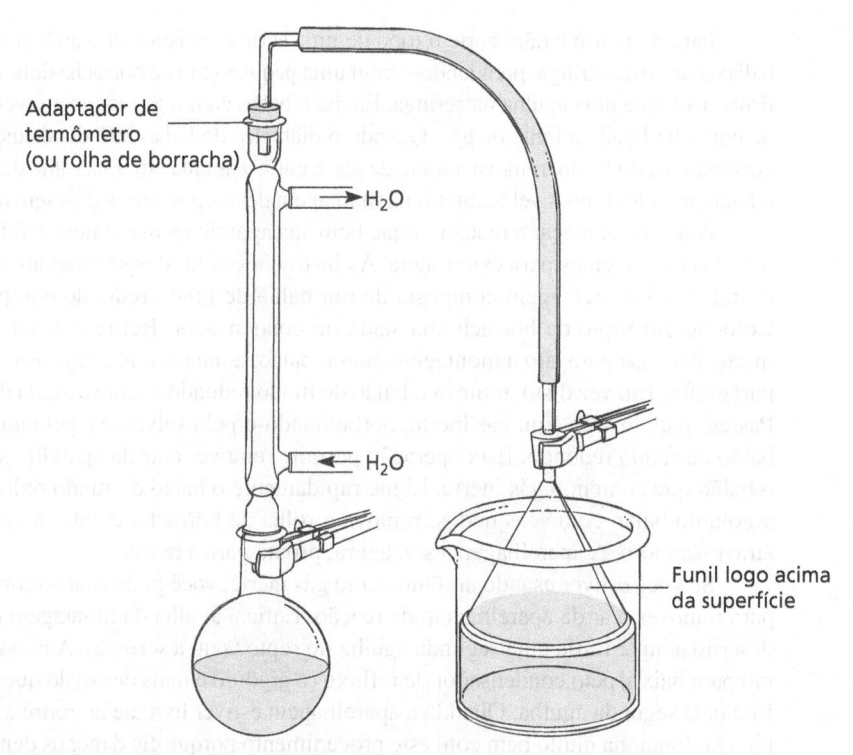

Figura 7.12 Um retentor de gás de funil invertido.

da pipeta Pasteur e usar uma seção curta do cano. A outra extremidade do tubo passa por um chumaço de lã de vidro umedecida colocado em um tubo de ensaio. A água que está na lã de vidro absorve os gases solúveis. A Figura 7.13 ilustra este método.

B. Método do tubo de secagem

Alguns experimentos de escala grande e a maior parte dos de escala pequena têm a vantagem de produzir quantidades muito pequenas de gases. Por isto, é fácil retê-los para que não escapem para o laboratório. Você pode usar a solubilidade em água de gases corrosivos como cloreto de hidrogênio, brometo de hidrogênio e dióxido de enxofre. Uma técnica simples é ligar um tubo de secagem (veja a Figura 7.10) ao topo do balão de reação ou ao condensador. O tubo é preenchido com lã de vidro umedecida. A água absorve o gás, impedindo que ele escape. Para preparar este tipo de retentor de gás, encha o tubo de secagem com lã de vidro e adicione água, gota a gota, até o grau desejado. Pode-se usar algodão umedecido, mas o algodão absorve tanta água que pode bloquear o tubo.

Se você estiver usando lã de vidro em um tubo de secagem, cuidado para não deixar passar água do tubo para a reação. É melhor usar um tubo de secagem com uma constrição entre a parte onde fica a lã de vidro e a gola que se liga à junta (ver Figura 7.10B). Esta constrição age como uma barreira parcial que impede a passagem da água para a gola do tubo de secagem. Não umedeça demais a lã de vidro. Quando for necessário usar o tubo de secagem da Figura 7.10A como retentor de gás e for essencial que a água não entre no balão de reação, use a modificação da Figura 7.14. O tubo de borracha entre o adaptador de termômetro e o tubo de secagem deve ter paredes grossas para evitar que se amasse.

C. Remoção de gases nocivos com um aparelho de sucção

Pode-se usar aparelhos de sucção para remover gases nocivos de uma reação. A maneira mais simples é prender uma pipeta Pasteur descartável com a ponta dentro do condensador que está acima do balão de reação. Pode-se usar, também, um funil invertido preso acima da aparelhagem. A pipeta, ou o funil,

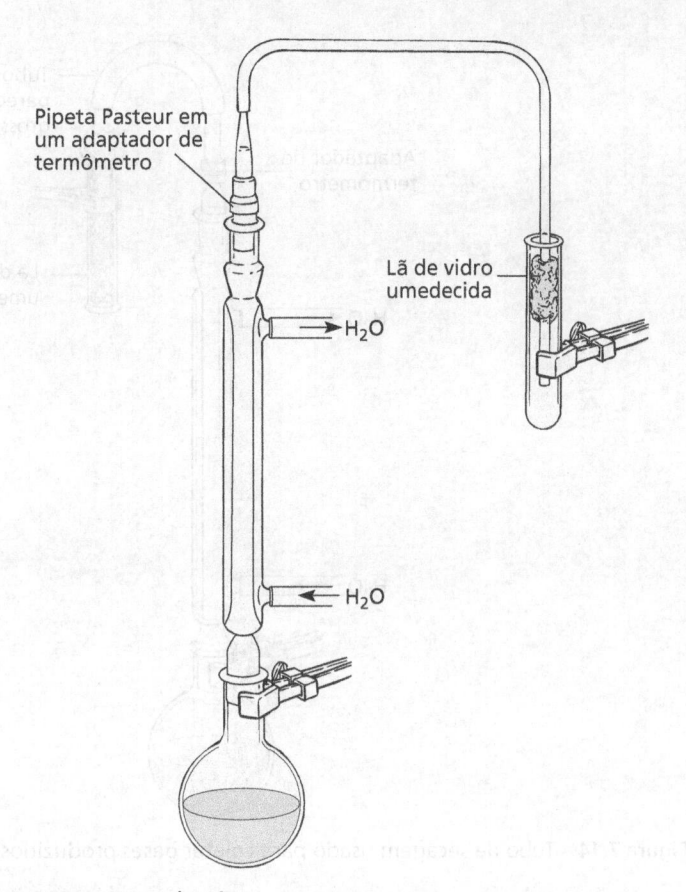

Figura 7.13 Um retentor externo de gás.

liga-se a um aparelho de sucção por um tubo flexível. Deve-se colocar um retentor entre a pipeta, ou funil, e o aparelho de sucção. Quando os gases são liberados na reação, eles sobem pelo condensador. O vácuo suga os gases. A Figura 7.15 mostra os dois tipos de sistemas. Quando os gases nocivos são solúveis em água, pode-se ligar uma trompa d'água à pipeta, ou funil, para remover os gases e retê-los na água corrente sem necessidade de um retentor externo de gás.

7.9 COLETA DE GASES

Examinamos, na Seção 7.8, maneiras de remover gases nocivos produzidos na reação. Algumas reações produzem gases que você precisa coletar e analisar. Os métodos de coleta de gases são todos baseados no mesmo princípio. O gás é levado por um tubo até a abertura de um frasco, ou tubo de ensaio, cheio de água e invertido em um recipiente com água. O gás borbulha dentro do tubo (ou balão) de coleta e desloca a água para o recipiente externo. Se o tubo de coleta é graduado, como uma proveta ou um tubo de centrífuga, você pode acompanhar a quantidade de gás produzido na reação.

Se o tubo invertido de coleta de gás é feito de vidro, pode-se usar um septo de borracha para fechar a parte superior do recipiente. A Figura 7.16 mostra este tipo de coletor. Uma amostra do gás pode ser removida com uma seringa de gás equipada com uma agulha. O gás removido pode, então, ser analisado por cromatografia a gás (veja a Técnica 22).

Na Figura 7.16, um pedaço de tubo de vidro é ligado à extremidade livre de um tubo flexível. Este tubo de vidro torna mais fácil manter a parte aberta na posição correta dentro do tubo ou frasco de coleta. A outra extremidade do tubo flexível está ligada a um tubo de vidro, ou a uma pipeta Pasteur, inserido em um adaptador de termômetro.

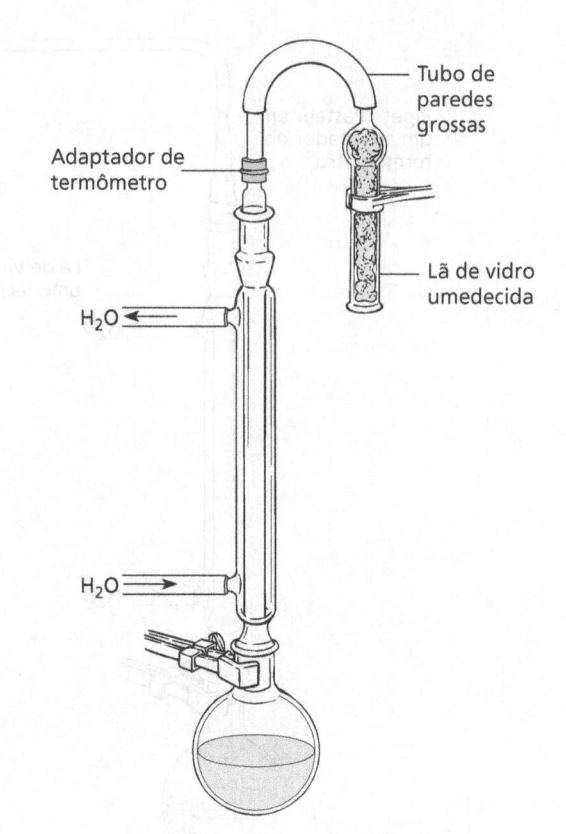

Figura 7.14 Tubo de secagem usado para coletar gases produzidos.

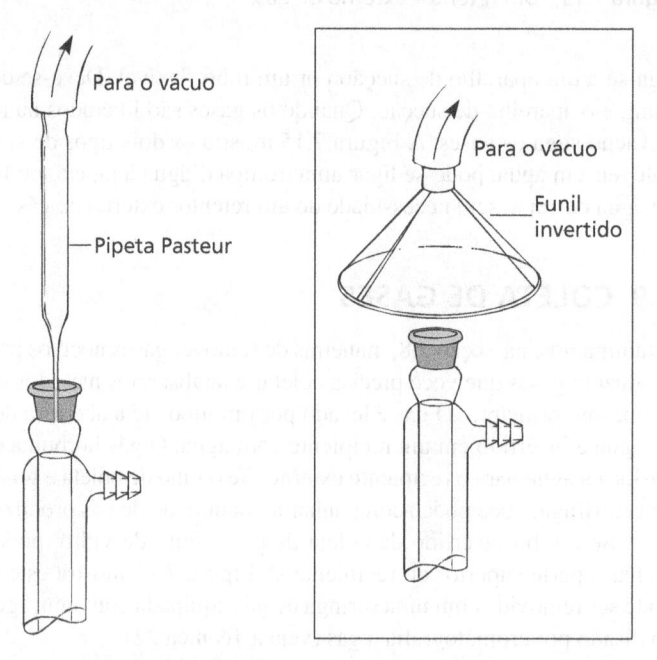

Figura 7.15 Remoção de gases nocivos sob vácuo. (A expansão mostra uma montagem alternativa, com um funil invertido no lugar da pipeta Pasteur.)

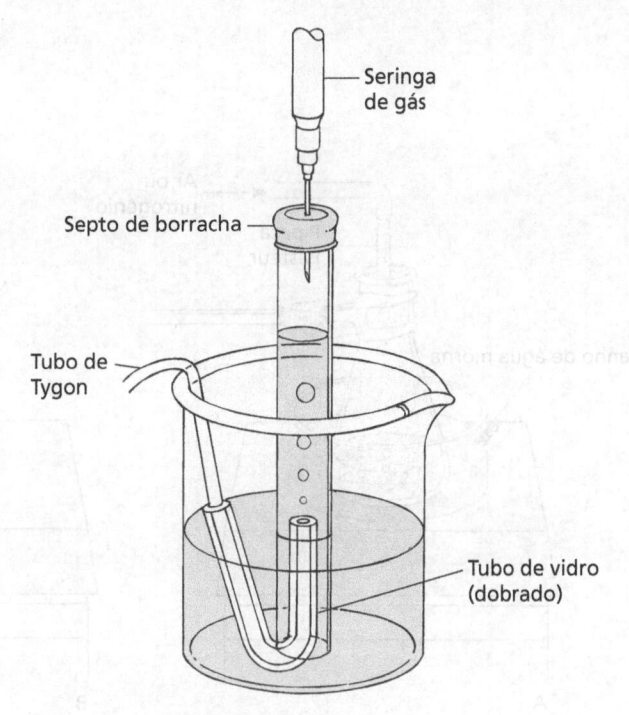

Figura 7.16 Tubo de coleta de gás com septo de borracha.

7.10 EVAPORAÇÃO DE SOLVENTES

Em muitos experimentos é necessário remover o excesso de solvente de uma solução. Um modo óbvio é deixar o recipiente destampado na capela por várias horas até que o solvente tenha evaporado. Entretanto este método, em geral, não é prático, e um modo mais eficiente de evaporar solventes deve ser usado.

> **Cuidado:** Sempre evapore os solventes na capela.

A. Métodos de escala grande

Um método de escala grande para remover o excesso de solvente é evaporá-lo em um frasco de Erlenmeyer aberto (Figura 7.17A e B). A evaporação deve ser feita em capela porque muitos vapores são tóxicos ou inflamáveis. Use uma pedra de ebulição. Uma corrente branda de ar dirigida para a superfície do líquido removerá vapores que estão em equilíbrio com a solução, acelerando a evaporação. Uma pipeta Pasteur ligada por um tubo de borracha à linha de ar comprimido funciona como um bico de ar conveniente (Figura 7.17A). Um tubo ou um funil invertido ligado a um aparelho de vácuo também pode ser usado (Figura 7.17B). Neste caso, os vapores são removidos por sucção. É melhor usar um frasco de Erlenmeyer do que um bécher porque com a evaporação do solvente os sólidos usualmente se depositam nas paredes do bécher. A ação de refluxo no frasco de Erlenmeyer impede este depósito. Se você estiver usando uma placa de aquecimento, tome cuidado com solventes inflamáveis. Eles podem pegar fogo se os vapores entrarem em contato com a superfície quente da placa.

Também é possível remover solventes de baixo ponto de ebulição sob pressão reduzida (Figura 7.17C). Neste método, a solução é colocada em um kitazato, juntamente com um palito de madeira ou um tubo capilar pequeno. O kitazato é tampado, e a saída lateral é ligada a um aparelho de vácuo (por um retentor), como descrito na Técnica 8, Seção 8.3, página 554. Sob pressão reduzida, o solvente começa a ferver. O palito de madeira (ou tubo capilar) tem a mesma função de uma pedra de ebulição. Este método permite a evaporação do solvente com pouco aquecimento. Esta técnica é muito usada quando o aquecimento pode decompor substâncias sensíveis ao calor. A desvantagem é que a evaporação de solventes de

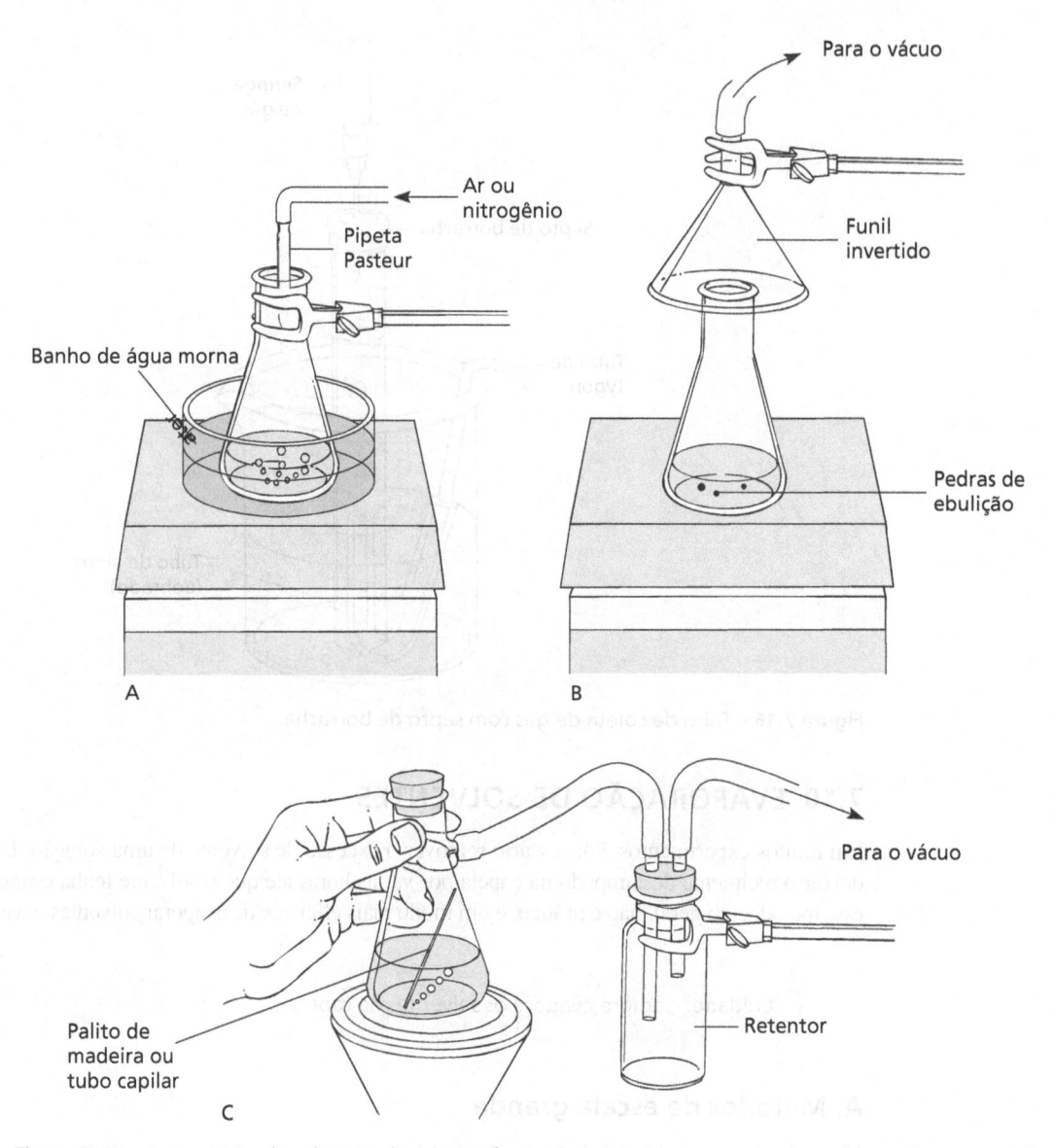

Figura 7.17 Evaporação de solventes (qualquer fonte de calor, dentre as apresentadas, pode ser usada).

baixo ponto de ebulição provoca o resfriamento do kitazato abaixo do ponto de congelamento da água. Quando isto acontece, forma-se uma camada de gelo na parte externa do kitazato. Como o gelo é isolante, ele deve ser removido para que a evaporação prossiga em uma velocidade razoável. Isto pode ser feito por um de dois métodos: colocar o kitazato em um banho de água morna (agitando-o com rotação constante) ou aquecê-lo em um banho de vapor (com rotação). Os dois métodos transferem calor eficientemente.

Grandes quantidades de solvente devem ser removidas por destilação (veja a Técnica 14). *Nunca evapore soluções de éter até a secura*, exceto em um banho de vapor ou pelo método da pressão reduzida. A tendência do éter de formar peróxidos explosivos é um sério risco em potencial. Na presença de peróxidos, o aumento rápido e forte da temperatura no balão, quando o éter evapora, pode fazer com que eles explodam. A temperatura de um banho de vapor não é suficientemente alta para provocar explosões.

B. Métodos de escala pequena

Um método simples de evaporar uma pequena quantidade de solvente é colocar um tubo de centrífuga em um banho de água morna. O calor do banho aquece o solvente até uma temperatura em que ele evapora em um tempo curto. O calor da água pode ser ajustado para uma melhor velocidade de evaporação, mas o líquido não deve entrar em ebulição vigorosa. A velocidade de evaporação aumenta quando se dirige uma corrente de ar ou de nitrogênio, seca, para o interior do tubo de centrífuga (Figura 7.18A). A corrente de gás arrasta os vapores do tubo e acelera a evaporação. Uma alternativa é aplicar um vácuo acima do tubo para retirar os vapores de solvente.

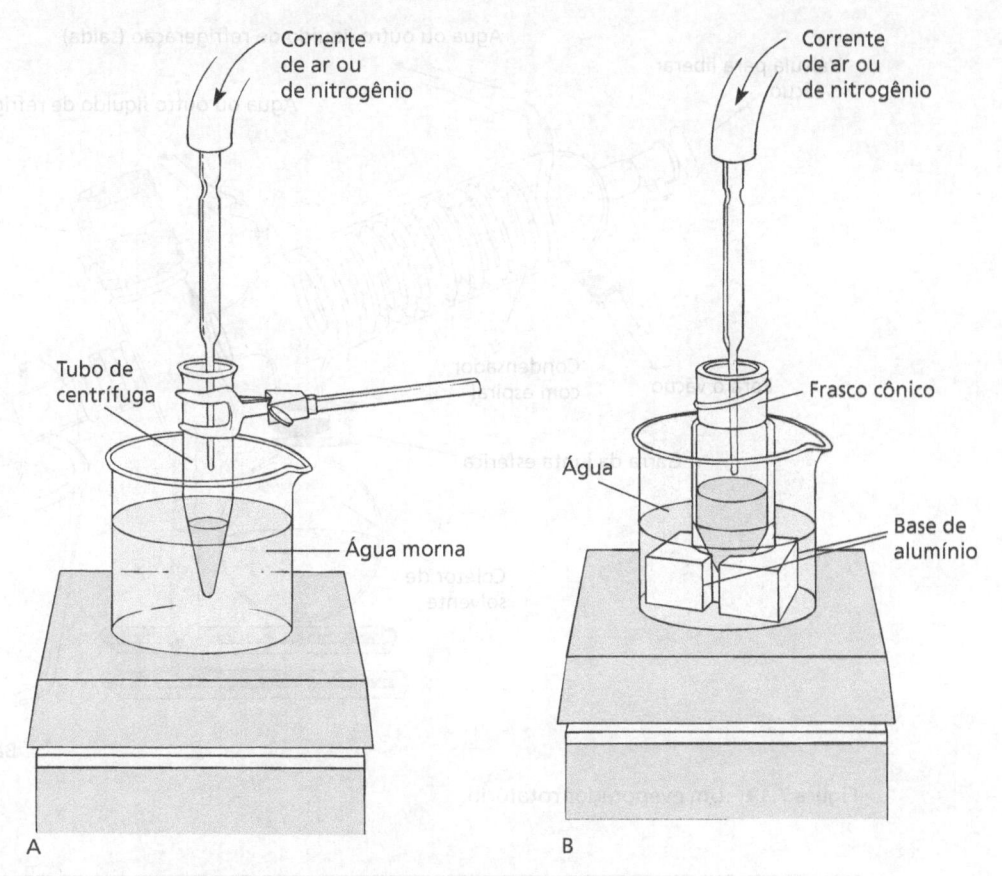

Figura 7.18 Evaporação de solventes (métodos de escala pequena).

Pode-se construir um banho de água apropriado para métodos em escala pequena colocando as bases de alumínio, geralmente usadas com blocos de aquecimento de alumínio, em um bécher de 150 mL (Figura 7.18B). Em alguns casos, pode ser necessário arredondar as bordas com uma lima para que eles entrem no bécher. Apoiado na base de alumínio, o frasco cônico ficará em pé com segurança no bécher. O conjunto pode ser cheio com água e colocado em uma placa de aquecimento para evaporação de pequenas quantidades de solvente.

7.11 EVAPORADOR ROTATÓRIO

Em alguns laboratórios de química orgânica usa-se **evaporadores rotatórios** para retirar o solvente sob pressão reduzida. O evaporador rotatório é um aparelho dotado de um motor desenhado para a evaporação rápida de solventes, por aquecimento, reduzindo a possibilidade de solavancos. Aplica-se um vácuo ao sistema, e o motor gira o balão. A rotação espalha um filme fino de líquido pela superfície do vidro, acelerando a evaporação. A rotação agita o líquido e reduz o problema dos solavancos. Pode-se colocar um banho de água sob o balão para aquecer a solução e aumentar a pressão de vapor do solvente. Pode-se selecionar a velocidade de rotação do balão e a temperatura do banho de água para atingir a velocidade desejada de evaporação. Quando o solvente evapora, os vapores são resfriados pelo condensador e recolhidos em outro balão. O produto permanece no frasco em rotação. A Figura 7.19 mostra um evaporador rotatório. Se o líquido de refrigeração do condensador estiver suficientemente frio, pode-se recuperar e reciclar praticamente todos os solventes. Este é um bom exemplo de *Química Verde* (veja a dissertação Química Verde, página 223).

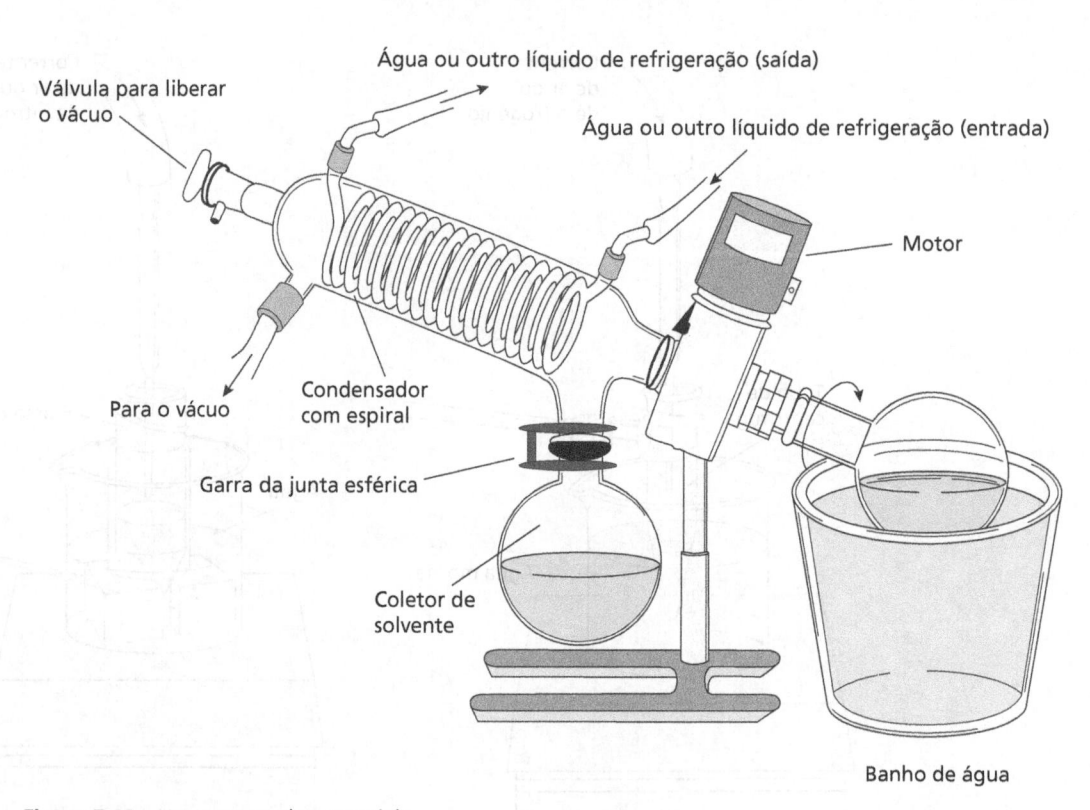

Figura 7.19 Um evaporador rotatório.

PROBLEMAS

1. Qual é o melhor tipo de agitador quando a reação ocorre em um dos seguintes tipos de aparelhos de vidro?
   a. Frasco cônico
   b. Balão de fundo redondo de 10 mL
   c. Balão de fundo redondo de 250 mL
2. Você deveria usar um tubo de secagem na reação abaixo? Explique.

$$CH_3-\overset{O}{\underset{}{C}}-OH + CH_3-\underset{CH_3}{\underset{|}{CH}}-CH_2-CH_2-OH \rightleftharpoons CH_3-\overset{O}{\underset{}{C}}-O-CH_2-CH_2-\underset{CH_3}{\underset{|}{CH}}-CH_3 + H_2O$$

3. Em qual das seguintes reações você deveria usar um retentor para coletar gases nocivos?

   a. $C_6H_5-\overset{O}{\underset{}{C}}-OH + SOCl_2 \xrightarrow{calor} C_6H_5-\overset{O}{\underset{}{C}}-Cl + SO_2 + HCl$

   b. $C_6H_5-\overset{O}{\underset{}{C}}-Cl + CH_3-CH_2-OH \longrightarrow C_6H_5-\overset{O}{\underset{}{C}}-O-CH_2-CH_3 + HCl$

c. $C_{12}H_{22}O_{11}$ + H_2O ⟶ $4\,CH_3-CH_2-OH + 4\,CO_2$
(Sacarose)

d. $CH_3-\underset{H}{\overset{|}{C}}=NH + H_2O \xrightarrow[\text{calor}]{\text{base}} CH_3-\underset{H}{\overset{|}{C}}=O + NH_3$

4. Critique as seguintes técnicas:
   a. Um refluxo é feito com uma tampa no topo do condensador.
   b. Água passa por um condensador de refluxo na velocidade de 4,5 litros por minuto.
   c. Não existem mangueiras ligadas ao condensador durante um refluxo.
   d. A pedra de ebulição só foi colocada no balão de fundo redondo quando a mistura já estava em ebulição vigorosa.
   e. Para economizar, você resolveu guardar suas pedras de ebulição para outro experimento.
   f. O anel de refluxo está perto do topo do condensador em um refluxo.
   g. O anel de borracha foi esquecido quando o condensador foi ligado ao frasco cônico.
   h. O retentor de gás da Figura 7.12 foi montado com o funil completamente submerso na água.
   i. Alguém usou agente de secagem em pó no lugar de grãos.
   j. Uma reação envolvendo cloreto de hidrogênio foi feita na bancada do laboratório, e não, na capela.
   k. Uma aparelhagem para uma reação sensível ao ar foi montada como na Figura 7.6.
   l. Alguém usou ar para evaporar o solvente de um composto sensível ao ar.

TÉCNICA 8

Filtração

A filtração é uma técnica usada com dois propósitos principais. O primeiro é remover impurezas sólidas de um líquido. O segundo é separar um sólido desejado da solução em que ele foi precipitado ou cristalizado. Vários métodos de filtração são comumente usados: dois métodos gerais incluem a filtração por gravidade e a filtração a vácuo (sucção). Duas técnicas específicas do laboratório em escala pequena são a filtração com uma pipeta filtrante e com um tubo de Craig. A Tabela 8.1 sumaria as várias técnicas de filtração e suas aplicações. Estas técnicas são discutidas em mais detalhes nas próximas seções.

8.1 FILTRAÇÃO POR GRAVIDADE

A técnica mais comum de filtração é, provavelmente, a passagem de uma solução por um papel de filtro mantido em um funil, forçada pela gravidade. Como até mesmo um pequeno pedaço de papel absorve um volume significativo de líquido, esta técnica só é útil quando o volume da mistura a ser filtrada é maior do que 10 mL. Em muitos procedimentos de escala grande ou pequena, uma técnica mais apropriada, que também depende da gravidade, é usar uma pipeta Pasteur (ou descartável) com um tampão de algodão ou lã de vidro (a chamada pipeta filtrante).

A. Cone filtrante

Esta técnica de filtração é muito útil quando o sólido que está sendo filtrado de uma mistura deve ser coletado e usado posteriormente. Devido à folha lisa do cone filtrante, pode-se separar facilmente o sólido coletado. Devido às dobras, não se pode separar facilmente o sólido coletado do papel de filtro pregueado, descrito na próxima seção. Só se deve usar o cone filtrante nos experimentos quando um volume relativamente grande (maior do que 10 mL) estiver sendo filtrado e quando o funil de Büchner ou o funil de Hirsch (Seção 8.3) não forem apropriados.

A Figura 8.1 mostra como preparar o cone filtrante. Ele é colocado em um funil de tamanho apropriado. Quando se usa um cone filtrante, o solvente pode formar um selo entre o filtro e o funil e entre o funil e a borda do recipiente. Quando isto acontece, a filtração se interrompe porque o ar deslocado não pode escapar. Para evitar este problema, insira um pequeno pedaço de papel, um clipe ou um arame

TABELA 8.1 Métodos de filtração

Método	Aplicação	Seção
Filtração por gravidade		
Cone filtrante	O volume de líquido é igual ou maior do que 10 mL e o sólido coletado no filtro deve ser guardado.	8.1A
Filtro pregueado	O volume de líquido é superior a 10 mL e impurezas sólidas são removidas da solução. Muito usado em procedimentos de cristalização.	8.1B
Pipetas filtrantes	Usadas quando o volume é inferior a 10 mL para remover impurezas sólidas de um líquido.	8.1C
Decantação	Embora não seja uma técnica de filtração, é usada para separar um líquido de partículas grandes e insolúveis.	8.1D
Filtração a vácuo		
Funis de Büchner	Usados principalmente para separar um sólido desejado quando o volume é superior a 10 mL. Usado freqüentemente para coletar o sólido em cristalizações.	8.3
Funis de Hirsch	Usados como os funis de Büchner quando o volume do líquido é menor (1-10 mL).	8.3
Meios filtrantes	Usados para remover partículas finamente divididas.	8.4
Pipetas filtrantes	Podem ser usadas para remover pequenas quantidades de impurezas sólidas em pequenos volumes (1-2 mL) de líquido. Útil para pipetar líquidos voláteis, principalmente em procedimentos de extração.	8.6
Tubos de Craig	Usados para coletar pequenas quantidades de sólidos em cristalizações quando o volume do líquido é inferior a 2 mL.	8.7
Centrifugação	Embora não seja estritamente uma técnica de filtração, é usada para remover impurezas em suspensão em um líquido (1-25 mL).	8.8

dobrado entre o funil e a borda do frasco, para deixar escapar o ar deslocado. Uma alternativa é colocar o funil em um anel fixado *acima* do frasco, evitando que ele encoste na boca do frasco. A Figura 8.2 mostra uma filtração por gravidade com um funil filtrante.

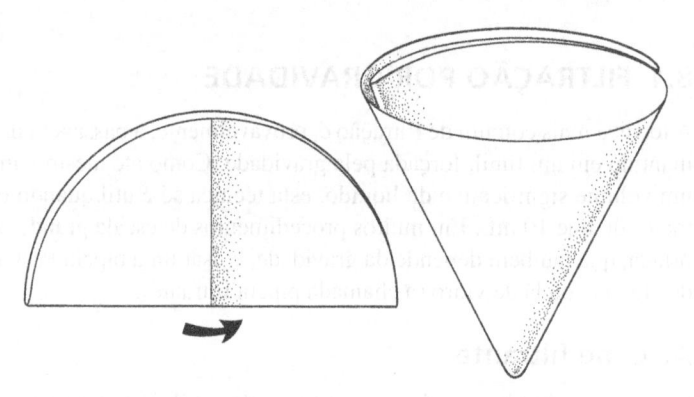

Figura 8.1 Como dobrar um cone filtrante.

B. Filtro pregueado

Este método também é muito usado quando é necessário filtrar uma quantidade relativamente grande de líquido. Como o funil pregueado só é empregado quando o material desejado deve permanecer em solução, usa-se este método para remover sólidos indesejados, como partículas de sujeira, carvão de descoloração e cristais impuros que não se dissolveram. O filtro pregueado é usado, freqüentemente, com soluções quentes saturadas com um soluto durante um procedimento de cristalização.

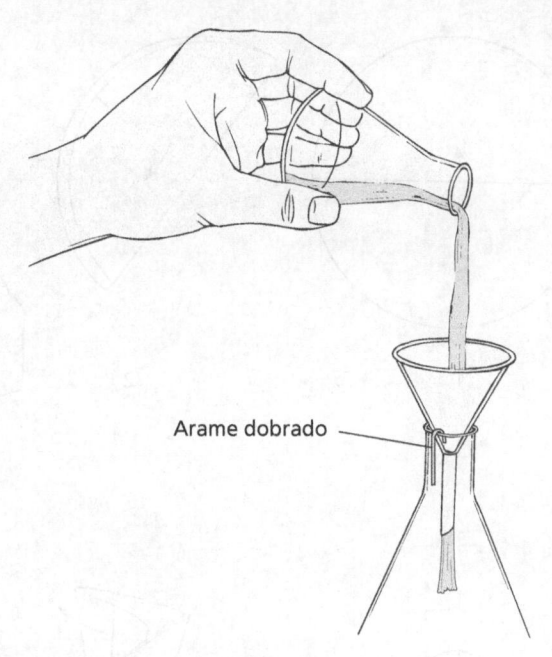

Figura 8.2 Filtração por gravidade com um funil filtrante.

A Figura 8.3 mostra a técnica usada para obter um papel de filtro pregueado. Uma vantagem do filtro pregueado é que ele aumenta a velocidade de filtração de duas maneiras: aumenta a área superficial do papel de filtro pelo qual o solvente passa e permite que o ar entre no recipiente e equalize rapidamente a pressão. Se a pressão no frasco coletor aumentar devido aos vapores quentes, a filtração ficará mais lenta. Este problema é especialmente pronunciado no caso dos cones filtrantes. O filtro pregueado tende a reduzir consideravelmente este problema, mas é aconselhável prender o funil acima do recipiente coletor ou usar um pequeno pedaço de papel, um clipe ou um arame dobrado entre o funil e a borda do frasco coletor como precaução extra para evitar a formação de selos.

É relativamente fácil usar um filtro pregueado quando a mistura está à temperatura normal. Quando é necessário, porém, filtrar uma solução quente saturada com um soluto, certas etapas devem ser cumpridas para garantir que o filtro não entupa com o sólido que se acumula na haste do funil ou no papel de filtro. Quando a solução saturada quente entra em contato com um funil relativamente frio (ou frasco), ela esfria e fica supersaturada. Se a cristalização ocorrer no filtro, os cristais não passarão através do papel de filtro ou bloquearão a haste do funil.

Para impedir o entupimento do filtro, use um dos quatro métodos seguintes. O primeiro é usar um funil de haste curta ou um funil sem haste. Com esses funis é menos provável que a haste se entupa. O segundo método é manter o líquido a ser filtrado no ponto de ebulição ou próximo dele durante todo o tempo. O terceiro é pré-aquecer o funil passando solvente quente por ele antes da filtração. Isso impede que o vidro frio provoque a cristalização. O quarto é manter o **filtrado** (a solução filtrada) do recipiente suficientemente quente para que ele continue a ferver *ligeiramente* (colocando-o em uma placa de aquecimento, por exemplo). O solvente em ebulição aquece o recipiente e o cano do filtro, além de lavar os sólidos que se depositam no funil e de aquecer o líquido que está no funil.

C. Pipetas filtrantes

O uso da pipeta filtrante é uma técnica de escala pequena muito usada para remover impurezas sólidas de um líquido com volume inferior a 10 mL. É importante que a mistura a ser filtrada esteja na temperatura normal, ou perto dela, porque é difícil impedir a cristalização prematura em uma solução quente saturada com soluto.

Para preparar uma pipeta filtrante, coloca-se um pequeno chumaço de algodão no topo de uma pipeta Pasteur (descartável) e empurra-se até a ponta, como se vê na Figura 8.4. É importante usar al-

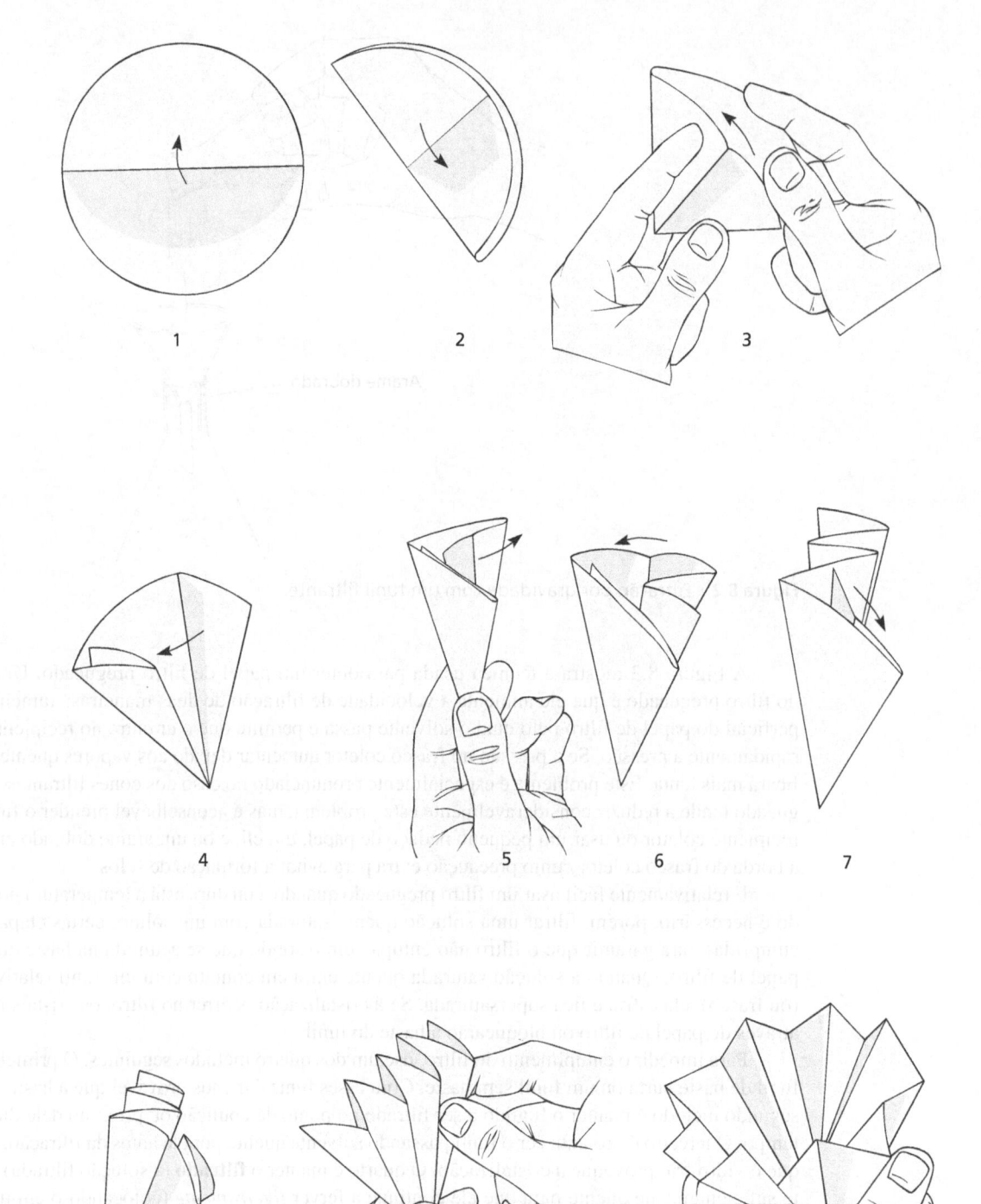

Figura 8.3 Como obter um papel de filtro pregueado ou um origami para uso no laboratório de química orgânica.

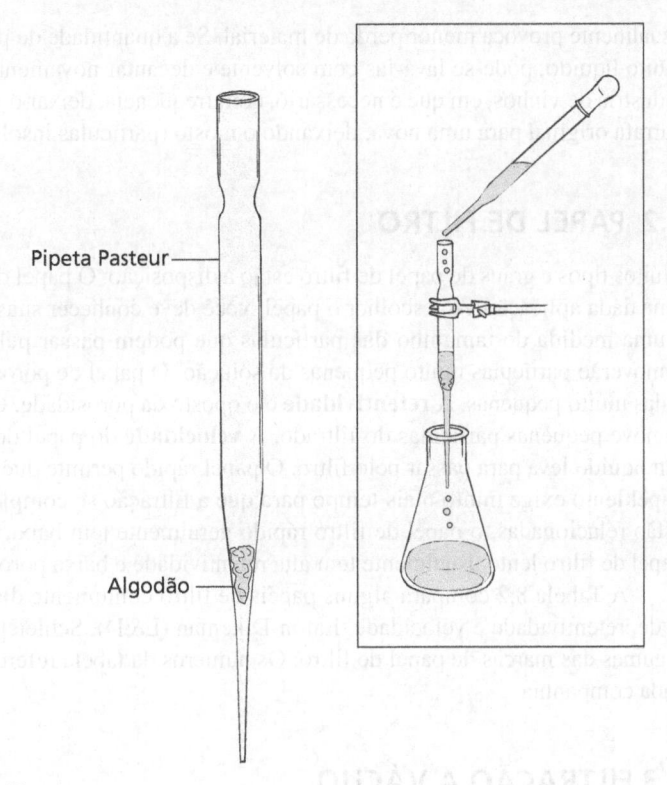

Figura 8.4 Pipeta filtrante.

godão suficiente para coletar todo o sólido que está sendo filtrado. Entretanto, a quantidade de algodão não deve ser muito grande para não restringir o fluxo de líquido pela pipeta. Pela mesma razão, o chumaço não deve estar muito apertado. Empurre o chumaço de algodão com um objeto fino e longo, como um bastão de vidro ou um palito de madeira. É recomendável lavar o algodão com 1 mL de solvente (usualmente o mesmo solvente a ser usado na filtração) que passa pelo filtro.

Em alguns casos, como na filtração de uma mistura fortemente ácida ou quando se deseja fazer uma filtração muito rápida para remover sujeira ou impurezas com partículas de tamanho grande, pode ser vantajoso usar lã de vidro em vez de algodão. A desvantagem da lã de vidro é que as fibras não se empacotam tão fortemente e pequenas partículas passam pelo filtro com mais facilidade.

Para executar a operação (com algodão ou lã de vidro), a pipeta filtrante deve estar presa de modo que o filtrado escorra para um recipiente apropriado. A mistura a ser filtrada é transferida para a pipeta filtrante com outra pipeta Pasteur. Se o volume de líquido é pequeno (menos de 1 ou 2 mL), é aconselhável lavar o filtro e o chumaço com uma pequena quantidade de solvente após a passagem do filtrado. O solvente de lavagem é, então, combinado com o filtrado original. Se desejado, pode-se aumentar a velocidade de filtração aplicando-se pressão no topo da pipeta com um bulbo de borracha.

Dependendo da quantidade de sólido a ser filtrado e do tamanho das partículas (partículas pequenas são mais difíceis de remover por filtração), pode ser necessário filtrar novamente com uma segunda pipeta filtrante. Não use a mesma pipeta.

D. Decantação

Nem sempre é necessário usar papel de filtro para separar partículas insolúveis. Se as partículas forem grandes e pesadas, você pode deixar a solução decantar e derramar o líquido com cuidado para não arrastar as partículas sólidas que estão depositadas no fundo do frasco. O termo *decantar* significa exatamente isto, "derramar cuidadosamente o líquido deixando as partículas sólidas". As pedras de ebulição, as pérolas de vidro e os grãos de areia no fundo de um frasco de Erlenmeyer cheio de líquido podem ser facilmente separados deste modo. Este procedimento é, com freqüência, preferido sobre a filtração e usualmente provoca menor perda de material. Se a quantidade de partículas for grande e elas retiverem muito líquido, pode-se lavá-las com solvente e decantar novamente. O termo *decantar* tem origem na indústria de vinhos, em que é necessário, com freqüência, deixar o vinho repousar e, depois, retirá-lo da garrafa original para uma nova, deixando o mosto (partículas insolúveis) para trás.

8.2 PAPEL DE FILTRO

Muitos tipos e graus de papel de filtro estão à disposição. O papel deve ser corretamente escolhido para uma dada aplicação. Ao escolher o papel, você deve conhecer suas várias propriedades. A **porosidade** é uma medida do tamamho das partículas que podem passar pelo papel. Papéis muito porosos não removerão partículas muito pequenas da solução. O papel de porosidade muito pequena remove partículas muito pequenas. A **retentividade** é o oposto da porosidade. O papel com baixa retentividade não remove pequenas partículas do filtrado. A **velocidade** do papel de filtro é uma medida do tempo que um líquido leva para passar pelo filtro. O papel rápido permite que o líquido escoe em pouco tempo. O papel lento exige muito mais tempo para que a filtração se complete. Como todas essas propriedades estão relacionadas, o papel de filtro rápido geralmente tem baixa retentividade e alta porosidade, e o papel de filtro lento usualmente tem alta retentividade e baixa porosidade.

A Tabela 8.2 compara alguns papéis de filtro comumente disponíveis e os classifica por porosidade, retentividade e velocidade. Eaton-Dikeman (E&D), Schleicher e Schuell (S&S) e Whatman são algumas das marcas de papel de filtro. Os números da tabela referem-se aos graus de papel usados por cada companhia.

8.3 FILTRAÇÃO A VÁCUO

A filtração a vácuo ou por sucção é mais rápida do que a filtração por gravidade e é mais comumente usada para coletar produtos sólidos que resultam da precipitação ou da cristalização. A técnica é usada principalmente quando o volume do líquido é superior a 1-2 mL. Com volumes menores, prefere-se o uso do tubo de Craig (Seção 8.7). Em uma filtração a vácuo, usa-se um frasco coletor com saída lateral ou **kitazato**. No laboratório de escala grande, os tamanhos mais úteis de kitazatos variam entre 50 mL e 500 mL, dependendo do volume de líquido a filtrar. No trabalho em escala pequena, o tamanho mais útil é 50 mL. A saída lateral é ligada por um tubo de borracha de *parede grossa* (veja a Técnica 16, Figura 16.2, página 651) a uma fonte de vácuo. Tubos de parede fina entram em colapso sob vácuo devido à pressão atmosférica sobre as paredes e isolam a fonte de vácuo do kitazato. Como a aparelhagem é instável e pode virar facilmente, ela deve estar presa, como se vê na Figura 8.5.

TABELA 8.2 Alguns Tipos Comuns de Papel de Filtro Qualitativos e Velocidades Relativas e Retentividades Aproximadas

Porosidade	Retentividade	Velocidade		Tipo (por número)		
Baixa ↓ Alta	Alta ↓ Baixa	Lenta ↓ Rápida	Velocidade	E&D	S&S	Whatman
			Muito lenta	610	576	5
			Lenta	613	602	3
			Média	615	597	2
			Rápida	617	595	1
			Muito rápida	—	604	4

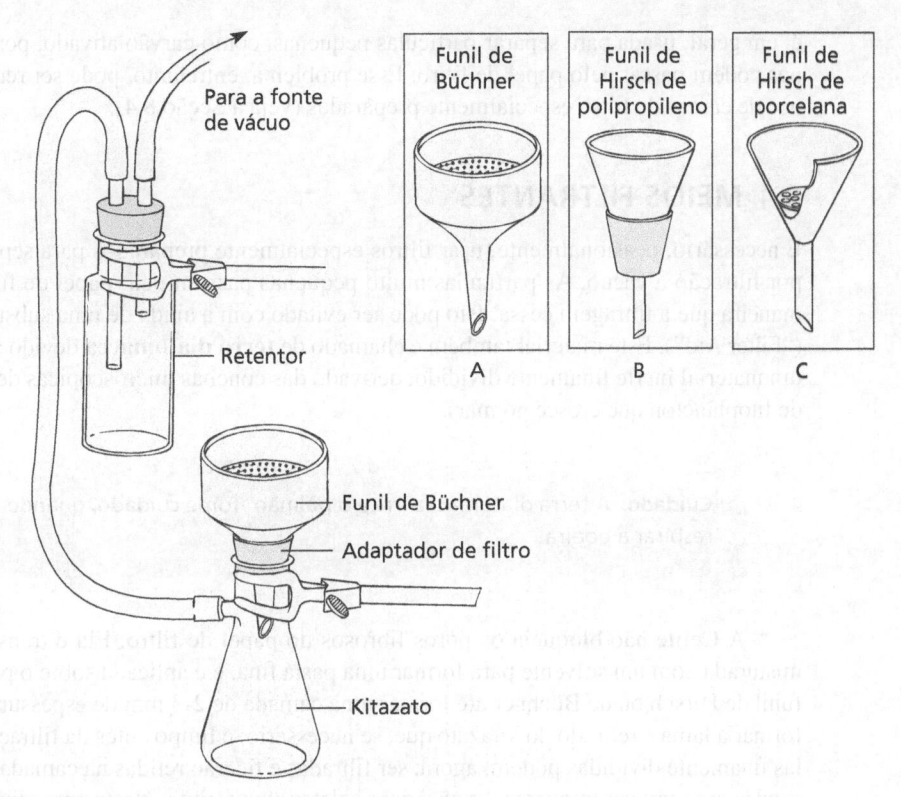

Figura 8.5 Filtração a vácuo.

> **Cuidado:** É essencial que o kitazato esteja preso.

Dois tipos de funis são úteis para a filtração a vácuo, o funil de Büchner e o funil de Hirsch. O **funil de Büchner** é usado para filtrar grandes quantidades de sólidos de soluções em experimentos de escala grande. Os funis de Büchner são feitos, usualmente, de polipropileno ou de porcelana. O funil de Büchner (veja as Figuras 8.5 e 8.5A) liga-se ao kitazato por uma rolha de borracha ou por um adaptador de filtro (neoprene). Cobre-se o fundo chato do funil de Büchner com uma folha circular de papel de filtro. Para evitar que o sólido escape, o papel de filtro deve cobrir exatamente o funil, isto é, deve cobrir todos os furos do fundo, mas não deve subir pelas paredes laterais. Antes de começar a filtração, umedeça o papel com uma pequena quantidade de solvente. O papel de filtro úmido adere mais fortemente ao fundo do funil e impede que a mistura passe sem filtrar pelas bordas do papel.

O **funil de Hirsch**, mostrado nas Figuras 8.5B e C, opera no mesmo princípio do funil de Büchner, mas é, em geral, menor, e seus lados são inclinados. O funil de Hirsch é usado principalmente em experimentos de escala pequena. O funil de Hirsch de polipropileno (veja a Figura 8.5B) liga-se a um kitazato de 50 mL por uma pequena seção de um tubo de Gooch ou por uma rolha de borracha com um furo. Este tipo de funil de Hirsch tem um adaptador que se liga fortemente a alguns kitazatos de 25 mL sem necessidade do tubo de Gooch. O funil tem, no fundo, um disco de polietileno permeável. Para impedir que os furos do disco entupam com sólidos, o funil deve ser sempre usado com um papel de filtro circular com o mesmo diâmetro (1,27 cm) do disco. Com o funil de Hirsch de polipropileno também é importante umedecer o papel com uma pequena quantidade de solvente antes da filtração.

O funil de Hirsch de porcelana liga-se ao kitazato por uma rolha de borracha ou por um adaptador de neoprene. Neste tipo de funil de Hirsch, o papel de filtro deve, também, cobrir todos os furos do fundo, mas não deve subir pela parede lateral.

Como o kitazato está ligado a uma fonte de vácuo, a solução colocada em um funil de Büchner ou de Hirsch é literalmente sugada com rapidez através do papel de filtro. Por isto, a filtração a vácuo não é, em geral, usada para separar partículas pequenas, como carvão ativado, porque as partículas pequenas podem passar pelo papel de filtro. Esse problema, entretanto, pode ser reduzido, se desejado, pelo uso de camas de filtro especialmente preparadas (veja a Seção 8.4).

8.4 MEIOS FILTRANTES

É necessário, ocasionalmente, usar filtros especialmente preparados para separar partículas pequenas por filtração a vácuo. As partículas muito pequenas passam pelo papel de filtro ou o entopem de tal maneira que a filtragem cessa. Isto pode ser evitado com a ajuda de uma substância chamada de Celite ("Filter Aid"). Este material também é chamado de **terra diatomácea** devido à sua origem. Trata-se de um material inerte finamente dividido, derivado das conchas microscópicas de diatom mortos (um tipo de fitoplâncton que cresce no mar).

> **Cuidado:** A terra diatomácea irrita o pulmão. Tome cuidado, quando usá-la, para não respirar a poeira.

A Celite não bloqueia os poros fibrosos do papel de filtro. Ela é transformada em uma **lama**, misturada com um solvente para formar uma pasta fina, e é aplicada sobre o papel do filtro que está no funil de Hirsch ou de Büchner até formar uma camada de 2-3 mm de espessura. O solvente usado para formar a lama é retirado do kitazato que, se necessário, é limpo antes da filtração do sólido. As partículas finamente divididas podem, agora, ser filtradas e ficarão retidas na camada de Celite. Esta técnica é usada para remover impurezas, e não, para coletar um produto. Neste procedimento, o filtrado (solução filtrada) é o produto desejado. Se o material que é retido no filtro fosse o sólido desejado, você teria de separar o produto e a terra diatomácea! A filtração com Celite não é apropriada quando o produto desejado cristaliza ou precipita de uma solução.

No trabalho em escala pequena, pode ser mais conveniente usar uma coluna preparada com uma pipeta Pasteur para separar partículas pequenas de uma solução. A pipeta Pasteur é empacotada com alumina ou sílica gel, como se vê na Figura 8.6.

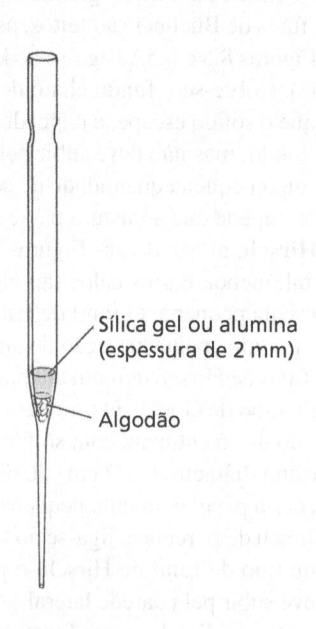

Figura 8.6 Uma pipeta Pasteur com meio filtrante.

8.5 A TROMPA D'ÁGUA

A fonte mais comum de vácuo (aproximadamente 10-20 mmHg) do laboratório é a trompa d'água, ilustrada na Figura 8.7. Neste aparelho, a água passa rapidamente por um pequeno furo ao qual se liga um tubo lateral. A água suga o ar pela saída lateral. Este fenômeno, chamado de efeito Bernoulli, reduz a pressão no lado da corrente rápida de água e cria um vácuo parcial na saída lateral.

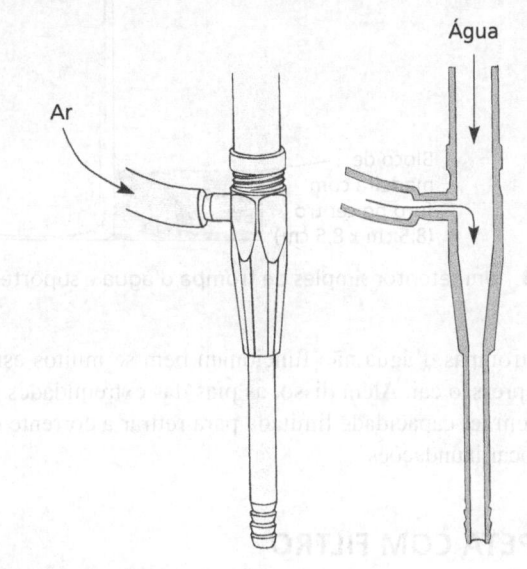

Figura 8.7 Uma trompa d'água.

> **Nota:** A trompa d'água funciona melhor quando o fluxo de água está no máximo possível.

A trompa d'água não pode reduzir a pressão além da pressão de vapor da água. Assim, existe um limite inferior para a pressão (em dias frios) de 9-10 mmHg. O vácuo obtido no verão é menor do que o obtido no inverno devido ao efeito da temperatura.

Deve-se usar um retentor quando se trabalha com uma trompa d'água. A Figura 8.5 mostra um tipo de retentor. A Figura 8.8 mostra uma outra maneira de prender o retentor. Este tipo de suporte simples pode ser construído com materiais facilmente acessíveis e ser colocado em qualquer posição da bancada do laboratório. Embora nem sempre seja usado, ele pode evitar que a água contamine seu experimento. Se a pressão da água no laboratório cair de repente, a pressão no kitazato pode ficar instantaneamente mais baixa do que a pressão da trompa. Isto fará com que água seja sugada da corrente da trompa para o kitazato, contaminando o filtrado ou até mesmo o material que está no filtro. O retentor interrompe este fluxo invertido. Ocorrerá o mesmo se a água da trompa parar de correr antes do tubo que está ligado à saída lateral do kitazato ter sido separado.

> **Nota:** Sempre separe o tubo antes de desligar a água da trompa.

Se ocorrer um fluxo inverso, separe o tubo o mais rapidamente possível antes que a água encha o retentor. Alguns químicos gostam de colocar uma torneira no alto do retentor. Para isto é preciso uma torneira de três furos. A torneira permite equalizar a pressão antes de desligar a água da trompa. Com isto a água não pode entrar no retentor.

Figura 8.8 Um retentor simples de trompa d'água e suporte.

As trompas d'água não funcionam bem se muitos estiverem usando a água ao mesmo tempo, porque a pressão cai. Além disso, as pias das extremidades das bancadas ou as linhas que escorrem a água podem ter capacidade limitada para retirar a corrente de água de muitas trompas. Cuidado para não provocar inundações.

8.6 PIPETA COM FILTRO

A pipeta com filtro, ilustrada na Figura 8.9, tem dois usos. O primeiro é remover pequenas quantidades de sólidos, como sujeira ou fibras de papel de filtro, de um volume pequeno de líquido (1-2 mL). O outro é o uso da pipeta Pasteur para transferir líquidos muito voláteis, especialmente durante procedimentos de extração (veja a Técnica 12, Seção 12.5, página 600).

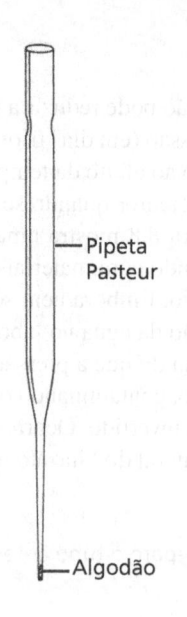

Figura 8.9 Pipeta com filtro.

Preparar uma pipeta com filtro é semelhante a preparar uma pipeta filtrante, só que a quantidade usada de algodão é muito menor. Um pedaço *muito pequeno* de algodão é enrolado como uma bola e colocado frouxamente na parte mais larga da pipeta Pasteur. Use um arame de diâmetro ligeiramente inferior ao da ponta estreira da pipeta para empurrar a bola de algodão até a ponta estreira. Se ficar difícil empurrar a bola, você usou uma grande quantidade de algodão. Se a bola passar pela ponta fina e sair sem muita resistência, você provavelmente usou uma quantidade muito pequena de algodão.

Para usar uma pipeta com filtro, aspire a mistura para a pipeta com um bulbo e depois expulse o líquido. Com este procedimento, uma pequena quantidade de sólido será retido pelo algodão. Entretanto partículas muito pequenas, como carvão ativado, não podem ser removidas eficientemente com uma pipeta com filtro, e a técnica não é efetiva na retenção de uma quantidade superior a traços de sólido.

A transferência de muitos líquidos orgânicos com uma pipeta Pasteur pode ser relativamente difícil por duas razões. Primeiro, o líquido pode não aderir bem ao vidro. Depois, quando você segura a pipeta, a temperatura do líquido aumenta ligeiramente, e o aumento da pressão de vapor pode fazer jorrar o líquido pela ponta da pipeta. Este problema pode ser particularmente complicado durante a separação de dois líquidos em um procedimento de extração. O objetivo do algodão, nesta situação, é retardar a velocidade de fluxo pela ponta da pipeta e permitir que você controle o movimento de líquido da pipeta mais facilmente.

8.7 TUBOS DE CRAIG

A Figura 8.10 ilustra o **tubo de Craig**. Ele é usado principalmente para separar cristais de uma solução após um procedimento de cristalização em escala pequena (Técnica 11, Seção 11.4, página 585). Embora não seja uma operação de filtração no sentido tradicional, o resultado é semelhante. A parte externa do tubo de Craig é semelhante a um tubo de ensaio, exceto pelo fato de que o diâmetro do tubo aumenta a partir de um determinado ponto, que o vidro é esmerilhado internamente e que a superfície é áspera. A parte interna do tubo de Craig pode ser feita de Teflon ou vidro. Se o pino é feito de vidro, a extremidade da peça também é esmerilhada. Com um pino de vidro ou de Teflon, o selo é somente parcial no ponto em que o pino e o tubo externo se encontram. O líquido pode passar, mas o sólido fica retido. Este é o ponto em que a solução se separa dos cristais.

Pino interno (vidro ou Teflon)

Tubo externo

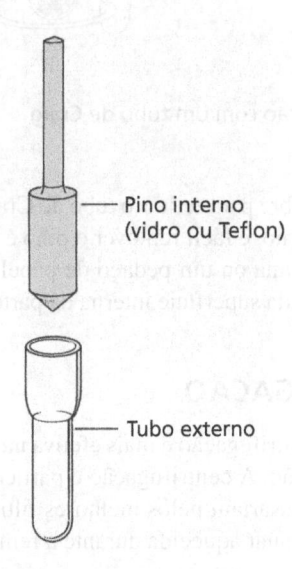

Figura 8.10 Tubo de Craig (2 mL).

Após a cristalização se completar na parte externa do tubo de Craig, substitua o pino interno (se necessário) e prenda um arame fino de cobre ou um fio forte na parte estreita do pino interno, como se vê na Figura 8.11A. Mantenha o tubo de Craig na posição vertical e coloque um tubo plástico de centrífuga sobre o tubo de Craig de modo que o fundo do tubo de centrífuga se apoie no topo do pino interno, como na Figura 8.11B. O fio de cobre deve passar por baixo da saída do tubo de centrífuga e ser dobrado para cima pela boca do tubo de centrífuga. A aparelhagem assim montada é invertida para que o tubo de centrífuga fique na posição vertical. O tubo de Craig é centrifugado (atenção para balancear a centrífuga com outro tubo cheio de água no lado oposto) por vários minutos até que o **licor-mãe** (a solução em que os cristais cresceram) vá para o fundo do tubo de centrífuga e os cristais se depositem no topo do pino interno (veja a Figura 8.11C). Dependendo da consistência dos cristais e da velocidade da centrífuga, os cristais podem se depositar no pino interno ou (se você não tiver sorte) podem ficar na outra extremidade do tubo de Craig.[1] Se esta última situação ocorrer, centrifugue o tubo de Craig por mais tempo ou, se o problema for previsível, agite a mistura cristal-solução com uma espátula antes da centrifugação.

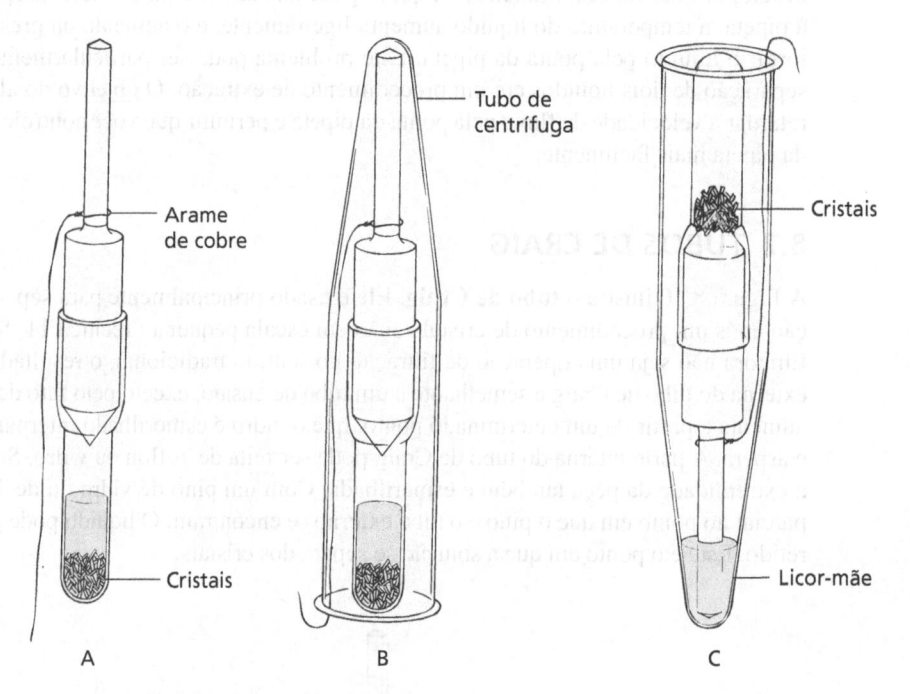

Figura 8.11 Separação com um tubo de Craig.

Use o fio de cobre para retirar o tubo de Craig do tubo de centrífuga. Se os cristais se acumularam no topo do pino interno, é fácil remover o pino e raspá-los com uma espátula para um vidro de relógio, uma placa de porcelana ou um pedaço de papel liso. Se os cristais não se depositaram no topo, será necessário raspá-los da superfície interna da parte externa do tubo de Craig.

8.8 CENTRIFUGAÇÃO

Algumas vezes, a centrifugação é mais efetiva na remoção de impurezas sólidas do que as técnicas convencionais de filtração. A centrifugação é particularmente efetiva na remoção de partículas suspensas tão pequenas que passariam pelos melhores filtros. A centrifugação pode ser útil, também, quando a mistura tem de continuar aquecida durante a remoção das impurezas para evitar a cristalização prematura.

---

[1] Nota para o professor: Em algumas centrífugas, o fundo do tubo de Craig pode estar muito próximo do centro da centrífuga quando o aparato for colocado no lugar. Nesta situação, a força centrífuga aplicada será muito pequena, e os cristais não serão empurrados. Assim, pode ser útil usar um pino interno mais curto. O pino de Teflon pode ser cortado facilmente por cerca de 1,5 cm com um par de cortadores de fio. Isto ajudará os cristais a se depositarem sobre o pino. A centrífuga pode ser usada em velocidade mais baixa, o que previne a quebra do tubo de Craig.

A centrifugação é feita colocando-se a mistura em um ou dois tubos (assegure-se de que a centrífuga está balanceada) e acionando o aparelho por alguns minutos. O líquido supernadante é decantado ou removido com uma pipeta Pasteur.

PROBLEMA

1. Em cada uma das seguintes situações, que tipo de aparelhagem de filtração você usaria?
   a. Remover carvão em pó na descolorização de 20 mL de solução
   b. Coletar cristais de uma substância obtidos na cristalização a partir de 1 mL de solução
   c. Remover uma quantidade muito pequena de sujeira de 1 mL de líquido
   d. Isolar 2,0 g de cristais de cerca de 50 mL de solução após cristalização
   e. Remover impurezas coloridas dissolvidas em cerca de 3 mL de solução
   f. Remover impurezas sólidas de 5 mL de líquido à temperatura normal

TÉCNICA 9
Constantes Físicas dos Sólidos: O Ponto De Fusão

9.1 PROPRIEDADES FÍSICAS

As propriedades físicas de um composto são aquelas que ele possui no estado puro. Um composto pode ser identificado, com freqüência, pela determinação de algumas de suas propriedades físicas. As propriedades mais comumente reconhecidas incluem a cor, o ponto de fusão, o ponto de ebulição, a densidade, o índice de refração, o peso molecular e a rotação óptica. Os químicos modernos incluiriam os vários típos de espectros (infravermelho, ressonância magnética nuclear, massas e ultravioleta-visível) dentre as propriedades físicas de um composto. Os espectros de um composto não variam quando a amostra está pura ou misturada. Aqui, veremos métodos de determinação do ponto de fusão. O ponto de ebulição e a densidade dos compostos são cobertos na Técnica 13. O índice de refração, a rotação óptica e os espectros são, também, tratados separadamente.

Muitos livros de referência listam as propriedades físicas das substâncias. Consulte a Técnica 4 para uma discussão completa sobre como encontrar dados para compostos específicos. Os manuais mais úteis para encontrar listas de valores de propriedades físicas não-espectroscópicas incluem

The Merck Index
The CRC Handbook of Chemistry and Physics
Lange's Handbook of Chemistry Aldrich
Handbook of Fine Chemicals

Citações completas para estas referências podem ser encontradas na Técnica 29 (página 835). Embora o *CRC Handbook* tenha tabelas muito boas, ele adere completamente à nomenclatura da IUPAC. Por esta razão, pode ser mais fácil usar uma das outras referências, particularmente o *The Merck Index ou o Aldrich Handbook of Fine Chemicals*, em suas primeiras tentativas de localizar informações (ver a Técnica 4).

9.2 O PONTO DE FUSÃO

O químico orgânico usa o ponto de fusão de um composto para identificar o composto e, também, para estabelecer sua pureza. Aquece-se *lentamente* uma pequena quantidade de material em uma aparelhagem especial equipada com um termômetro ou termopar, um banho ou uma placa de aquecimento e uma lente de aumento para observar a amostra. Duas temperaturas são anotadas. A primeira, é o ponto em que a primeira gota de líquido se forma entre os cristais, e a segunda, aquele em que toda a massa de cristais transforma-se em um líquido límpido. O ponto de fusão é registrado por esta faixa de fusão. Você poderia dizer, por exemplo, que o ponto de fusão de uma substância é 51-54°C. Isto significa que a substância fundiu em uma faixa de 3 graus.

O ponto de fusão indica a pureza de duas maneiras. Em primeiro lugar, quanto mais puro é o material, maior é o seu ponto de fusão. Em segundo lugar, quanto mais puro é o material, menor é a faixa de fusão. A adição de quantidades sucessivas de uma impureza a uma substância pura causa, geralmente, a diminuição do ponto de fusão, proporcionalmente à quantidade adicionada. Olhando de outro modo, a adição de impurezas abaixa o ponto de cristalização. O ponto de cristalização, uma propriedade coligativa, é simplesmente o ponto de fusão (sólido → líquido) visto na direção oposta (líquido → sólido).

A Figura 9.1 é um gráfico do comportamento usual do ponto de fusão de misturas de duas substâncias, A e B. Os dois extremos da faixa de fusão (as temperaturas baixa e alta) são mostrados para várias misturas. As curvas superiores indicam as temperaturas em que toda a amostra fundiu. As curvas inferiores indicam as temperaturas em que a fusão começa. Quando o composto está puro, o ponto de fusão é imediato, sem nenhuma faixa, como se pode ver nas extremidades esquerda e direita do gráfico. Se você começar com o composto A puro, o ponto de fusão diminuirá quando a impureza B for adicionada. Em algum ponto, uma temperatura mínima, ou **eutético**, é alcançada, e o ponto de fusão começa a aumentar na direção de B puro. A distância vertical entre as curvas inferior e superior corresponde à faixa de fusão. Observe que para misturas que contêm quantidades relativamente pequenas de impurezas (< 15%) e não estão perto do eutético, a faixa de fusão aumenta quando a substância fica menos pura. A faixa indicada pelas linhas da Figura 9.1 representa o comportamento típico.

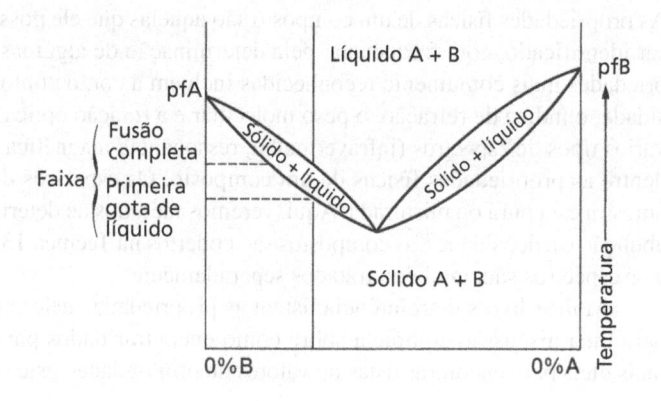

Figura 9.1 Uma curva de ponto de fusão-composição.

Podemos generalizar o comportamento mostrado na Figura 9.1. As substâncias puras fundem em uma faixa estreita de fusão. No caso de substâncias impuras, a faixa de fusão fica mais larga e a faixa de fusão como um todo diminui. Observe, entretanto, que no mínimo das curvas de ponto de fusão-composição, a mistura forma, freqüentemente, um eutético, cuja fusão também ocorre em faixa estreita. Nem todas as misturas binárias formam eutéticos, e não se deve imaginar que todas as misturas binárias seguem o comportamento descrito. Algumas substâncias podem formar mais de um eutético, e outras, podem não formá-los. Apesar destas variações, o ponto de fusão e sua faixa são indicações úteis de pureza e são facilmente determinados.

9.3 TEORIA DO PONTO DE FUSÃO

A Figura 9.2 é um diagrama de fase que descreve o comportamento de fusão da mistura de dois compontentes (A + B). O comportamento de fusão depende das quantidades relativas de A e de B. Se A é uma substância pura (não há B), então sua fusão tem faixa estreita no ponto t_A. Isto está representado pelo ponto A à esquerda do diagrama. Quando B está puro, ele funde em t_B e seu ponto de fusão está representado pelo ponto B à direita do diagrama. Nos dois pontos, A e B, o sólido puro passa de sólido a líquido em uma faixa estreita.

Nas misturas, o comportamento é diferente. Use a Figura 9.2 e imagine a mistura de 80% de A e 20% de B na base de mol a mol (isto é, da percentagem molar). O ponto de fusão da mistura é dado por t_M no ponto M do diagrama. Isto significa que a adição de B a A baixou o ponto de fusão de A de t_A para t_M. A faixa de fusão também aumentou. A temperatura t_M corresponde ao **limite superior** da faixa de fusão.

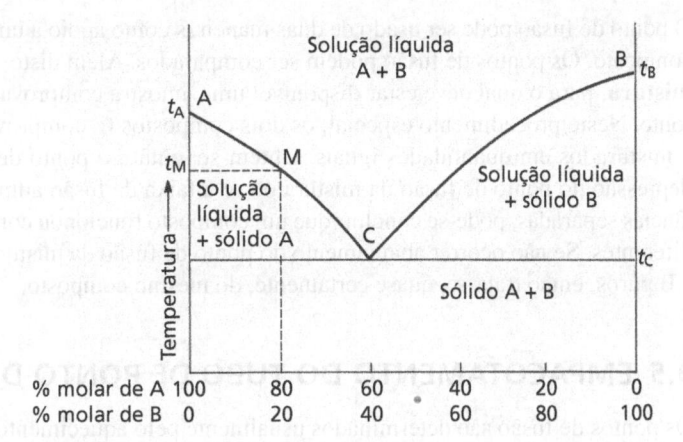

Figura 9.2 Diagrama de fase para a fusão de um sistema de dois componentes.

O abaixamento do ponto de fusão de A pela adição da impureza B ocorre do seguinte modo. A substância A tem o ponto de fusão mais baixo no diagrama de fase considerado e, se aquecida, começa a fundir mais cedo. Quando A começa a fundir, o sólido B começa a se dissolver no líquido A que se forma. Quando isto acontece, o ponto de fusão de A diminui. Para entender isto, imagine o ponto de fusão visto pela outra direção. Quando um líquido em alta temperatura esfria, ele alcança um ponto em que se solidifica, ou "congela". A temperatura em que um líquido se solidifica é idêntica ao ponto de fusão. Lembre-se de que o ponto de congelamento de um líquido pode ser reduzido pela adição de uma impureza. Como o ponto de congelamento e o ponto de fusão são idênticos, abaixar o ponto de congelamento corresponde a abaixar o ponto de fusão. Portanto, quando se adiciona mais impurezas a um sólido, seu ponto de fusão fica mais baixo. Existe, entretanto, um limite para a depressão do ponto de fusão. Você não pode dissolver uma quantidade infinita de impurezas em um líquido. Em algum momento ele fica saturado com a impureza. A solubilidade de B em A tem um limite superior. Na Figura 9.2, o limite de solubilidade de B no líquido A é alcançado no ponto C, o **ponto eutético**. O ponto de fusão da mistura não pode ser abaixado além de t_C, a temperatura de fusão do eutético.

Imagine, agora, o que acontece quando o ponto de fusão de uma mistura de 80% de A e 20% de B é alcançado. Quando a temperatura aumenta, A começa a "fundir". Este fenômeno não é realmente visível no primeiro momento. Ele acontece antes de o líquido ficar visível. Ocorre um amolecimento do composto até um ponto em que ele pode começar a se misturar com a impureza. Quando A começa a amolecer, dissolve B, e o ponto de fusão diminui. O processo continua até que todo B se dissolva ou até que a composição do eutético (saturação) seja atingida. Quando a quantidade máxima possível de B se dissolva, a fusão ocorre, e pode-se observar a primeira gota de líquido. A temperatura inicial da fusão será inferior a t_A. A posição abaixo de t_A em que a fusão começa é determinada pela quantidade de B dissolvido em A, mas nunca é abaixo de t_C. Quando todo B tiver dissolvido, o ponto de fusão da mistura começa a subir porque mais A começa a fundir. Quando isto acontece, a solução semi-sólida é diluída por mais A, e o ponto de fusão sobe. Enquanto isto acontece, você pode observar *ambos*, o sólido e o líquido no capilar de ponto de fusão. Quando todo A começar a fundir, a composição da mistura M ficará uniforme e atingirá 80% de A e 20% de B. Neste ponto, a mistura finalmente funde com faixa estreita, dando uma solução límpida. A faixa máxima de ponto de fusão será $t_C - t_M$, porque

t_A foi deprimido pela impureza B que está presente. O limite inferior da faixa de fusão será sempre t_C. Entretanto, não se observará fusão nesta temperatura. A fusão observável em t_C só acontece quando uma grande quantidade de B está presente. De outra forma, a quantidade de líquido formada em t_C será muito pequena para ser observada. Portanto, a fusão observada ocorrerá em uma faixa estreita, como mostrado na Figura 9.1.

9.4 PONTOS DE FUSÃO DA MISTURA

O ponto de fusão pode ser usado de duas maneiras como apoio a uma evidência na identificação de um composto. Os pontos de fusão podem ser comparados. Além disto, pode-se fazer o **ponto de fusão da mistura**, para o qual deve estar disponível uma amostra comprovada da mistura, obtida de uma outra fonte. Neste procedimento especial, os dois compostos (o comprovado e o suspeito) são pulverizados e misturados em quantidades iguais. Obtém-se, então, o ponto de fusão da mistura. Se houver uma depressão do ponto de fusão da mistura ou se a faixa de fusão aumentar muito em relação à das substâncias separadas, pode-se concluir que um composto funcionou como impureza do outro e que eles são diferentes. Se não ocorrer abaixamento do ponto de fusão da mistura, isto é, se ele for idêntico ao de A e B puros, então trata-se, quase certamente, do mesmo composto.

9.5 EMPACOTAMENTO DO TUBO DE PONTO DE FUSÃO

Os pontos de fusão são determinados usualmente pelo aquecimento da amostra em um tubo capilar de parede fina (1 mm × 100 mm) selado em uma das pontas. Para empacotar o tubo, pressione cuidadosamente a extremidade aberta do tubo em uma amostra *pulverizada* do material cristalino. Os cristais entrarão no tubo pela extremidade aberta. A quantidade de sólido introduzida não deve passar de 1-2 mm de altura. Para fazer passar os cristais para a ponta fechada do tubo capilar, deixe cair o tubo capilar, com a parte fechada para baixo, por dentro de um tubo de vidro de 2/3 m de comprimento mantido na vertical e apoiado na bancada. Quando o tubo capilar atingir a bancada, os cristais irão se empacotar na parte inferior do capilar. Repita o procedimento, se necessário. Não se recomenda bater com o dedo no capilar porque ele pode se partir e causar um acidente.

Algumas aparelhagens de ponto de fusão têm um instrumento vibratório projetado para empacotar tubos capilares. Com estes instrumentos, a amostra é pressionada para dentro do tubo capilar e o tubo é colocado no vibrador. A vibração transfere o sólido empacotado para o fundo do tubo.

9.6 DETERMINAÇÃO DO PONTO DE FUSÃO – O TUBO DE THIELE

São dois os tipos principais de aparelhagens de ponto de fusão: o tubo de Thiele, mostrado na Figura 9.3, e instrumentos comerciais aquecidos por eletricidade. O tubo de Thiele é a aparelhagem mais simples e já foi muito usado. É um tubo de vidro projetado para conter um óleo de aquecimento (óleo mineral ou óleo de silicone) e um termômetro no qual se liga um tubo capilar que contém a amostra. A forma do tubo de Thiele permite que se formem correntes de convecção quando o óleo é aquecido. Elas mantêm a distribuição uniforme da temperatura do óleo do tubo. O braço lateral foi desenhado para gerar estas correntes de convecção e transferir o calor da chama igual e rapidamente para o óleo. A amostra que está em um tubo capilar liga-se ao termômetro por um elástico ou por um pedaço de tubo de borracha. É importante que o elástico esteja acima do nível do óleo (contando com a expansão do óleo aquecido) para que ele não enfraqueça a borracha e para que o tubo capilar não caia no óleo. Se uma rolha de cortiça ou de borracha for usada para segurar o termômetro, faça um corte triangular na lateral para equalizar a pressão.

O tubo de Thiele é usualmente aquecido com um bico de Bunsen. Durante o aquecimento, a velocidade de aumento da temperatura deve ser regulada. Segure o bico pela base fria e, usando uma chama baixa, movimente o bico lentamente pelo braço lateral do tubo de Thiele, para a frente e para trás. Se o aquecimento for muito acelerado, remova o bico por alguns segundos e, depois, continue o aquecimento. A velocidade de aquecimento deve ser *baixa* nas proximidades do ponto de fusão (cerca

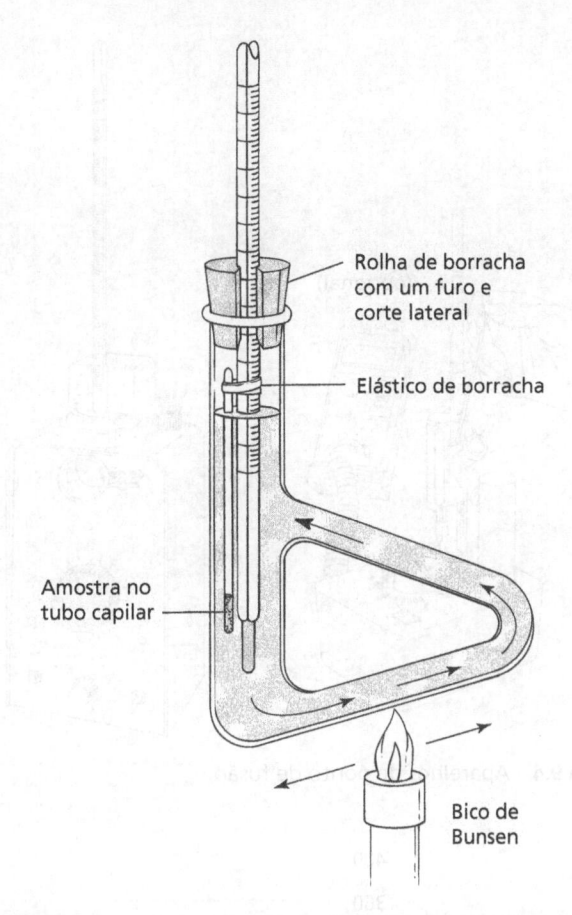

Figura 9.3 Um tubo de Thiele.

de 1°C por minuto) para garantir que a velocidade do aumento da temperatura não seja superior à taxa de transferência de calor para a amostra sob observação. No ponto de fusão, é necessário que o mercúrio do termômetro e a amostra do tubo capilar estejam na temperatura de equilíbrio.

9.7 DETERMINAÇÃO DO PONTO DE FUSÃO – INSTRUMENTOS ELÉTRICOS

A Figura 9.4 ilustra três tipos de aperelhos de ponto de fusão aquecidos por eletricidade. Nos três casos, o tubo de ponto de fusão é cheio como foi descrito na Seção 9.5 e colocado em um suporte localizado atrás da lente de aumento. A aparelhagem é operada colocando-se o botão na posição ON, ajustando-se o controle potenciométrico para a velocidade de aquecimento desejada e observando-se o comportamento da amostra pela lente de aumento. A temperatura é lida no termômetro ou, nos instrumentos mais modernos, em um mostrador digital ligado a um termopar. Seu professor fará uma demonstração do uso do instrumento de seu laboratório.

A maior parte dos instrumentos elétricos não aumenta linearmente a temperatura da amostra. A velocidade de aquecimento pode ser linear no começo, mas, usualmente, ela diminui e leva à temperatura constante em algum limite superior. A temperatura limite é determinada pela posição do controle de temperatura. Assim, uma família de curvas de aquecimento é usualmente obtida para as várias posições do controle, como se vê na Figura 9.5. As quatro curvas hipotéticas (1-4) poderiam corresponder a diferentes posições do controle. A posição da curva 3 seria ideal para um composto que funde na temperatura t_1. No começo da curva, a temperatura aumenta rapidamente e não permite a determinação de um ponto de fusão acurado, mas depois da mudança de inclinação o aumento da temperatura reduz-se a uma velocidade mais apropriada.

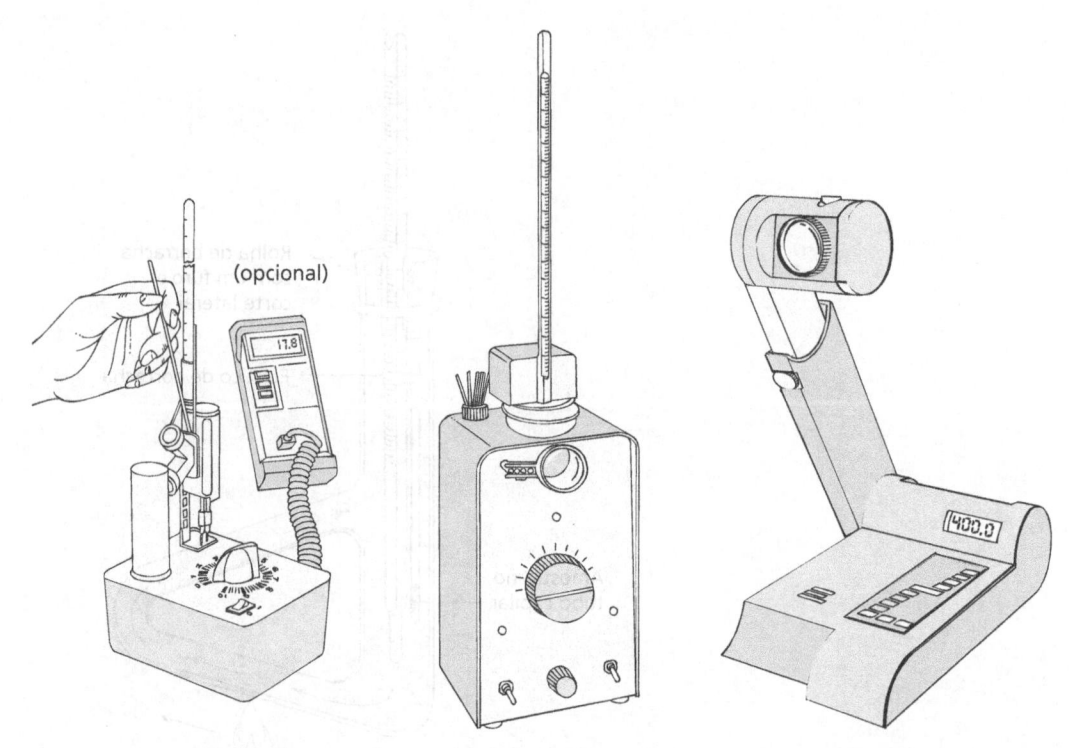

Figura 9.4 Aparelhos de ponto de fusão.

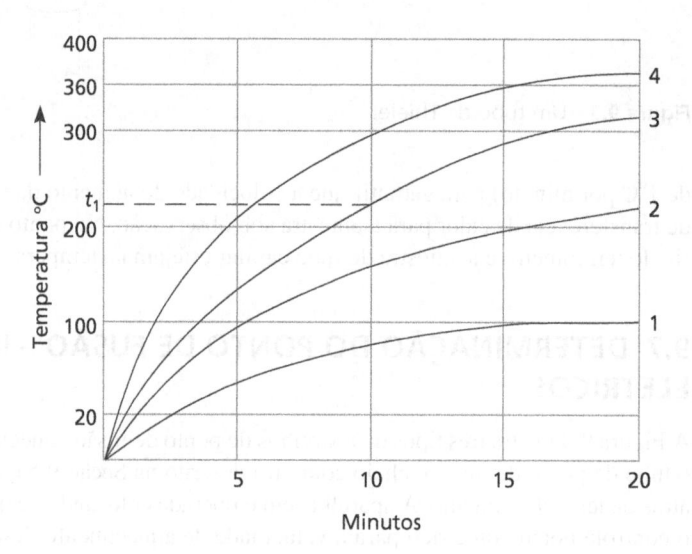

Figura 9.5 Curvas de velocidade de aquecimento.

Se o ponto de fusão da amostra é desconhecido, você pode economizar tempo se preparar duas amostras para a determinação do ponto de fusão. Use a primeira amostra para determinar um ponto de fusão aproximado. Repita, em seguida, o experimento com mais cuidado, usando a segunda amostra. Agora você já tem uma idéia aproximada do ponto de fusão e pode escolher uma velocidade de aquecimento mais apropriada.

Quando estiver medindo temperaturas acima de 150°C, os erros do termômetro podem ser significativos. Se desejar um ponto de fusão acurado de um sólido com ponto de fusão elevado, você deve aplicar a **correção da haste**, como está descrito na Técnica 13, Seção 13.4. Uma solução ainda melhor é calibrar o termômetro como descrito na Seção 9.9.

9.8 DECOMPOSIÇÃO, DESCOLORAÇÃO, AMOLECIMENTO, CONTRAÇÃO E SUBLIMAÇÃO

Muitos sólidos têm um comportamento fora do comum antes de fundir. Às vezes, é difícil distinguir entre esses comportamentos e a fusão. Você terá de aprender, por exeperiência própria, como reconhecer a fusão e distingui-la da decomposição, da descoloração e, particularmente, do amolecimento e da contração.

Alguns compostos decompõem-se na fusão. O processo é geralmente evidenciado pela descoloração da amostra. Com freqüência, o ponto de decomposição é uma propriedades física confiável e substitui o ponto de fusão. Os pontos de decomposição são relacionados nas tabelas de pontos de fusão com o símbolo *d* colocado imediatamente após a temperatura. Um exemplo de ponto de decomposição é o cloridrato de tiamina, cujo ponto de fusão seria listado como 248°d, indicando que a substância funde com decomposição em 248°C. Quando a decomposição é o resultado da reação com o ar, ela pode ser evitada determinando-se o ponto de fusão em um tubo de ponto de fusão selado sob vácuo.

A Figura 9.6 mostra dois métodos simples de evacuar um tubo empacotado. O método A usa um tubo de ponto de fusão comum, e o método B constrói um tubo de ponto de fusão a partir de uma pipeta Pasteur descartável. Antes de usar o método B, verifique se a ponta da pipeta caberá no suporte de amostra de seu aparelho de ponto de fusão.

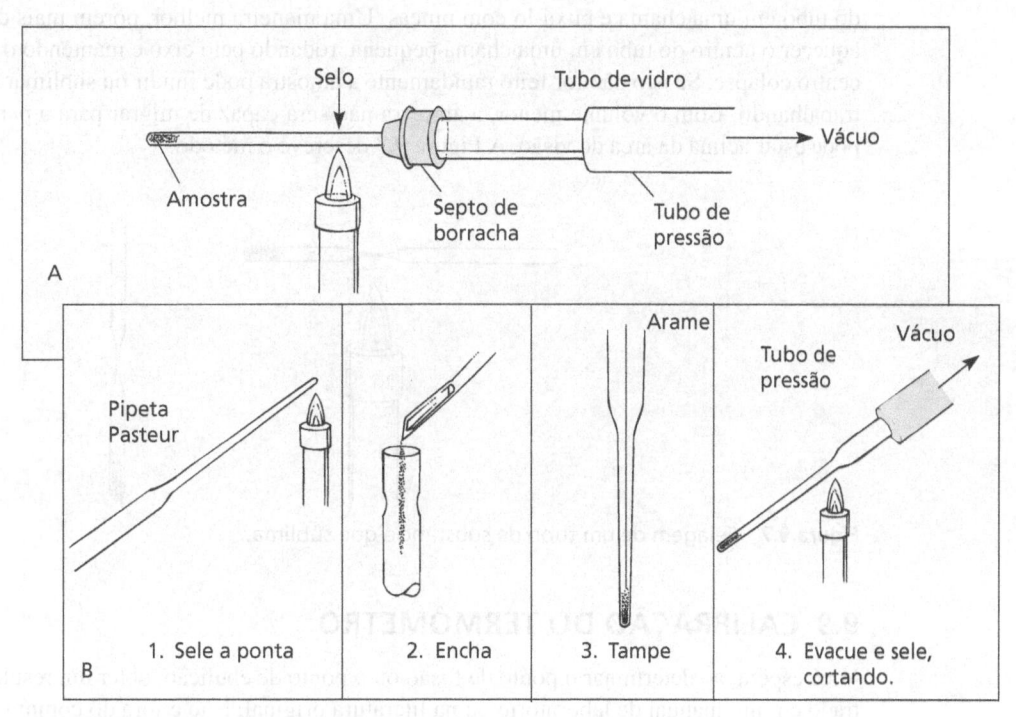

Figura 9.6 Evacuação e selagem de um capilar de ponto de fusão.

Método A. No método A, faz-se um furo em um septo de borracha usando um alfinete grande ou um prego pequeno e coloca-se o capilar por dentro, primeiro a ponta selada. O septo é colocado em um pedaço de tubo de vidro ligado a uma linha de vácuo. Após o tubo ser evacuado, a parte superior pode ser selada por aquecimento e corte.

Método B. Neste método, a parte fina de uma pipeta Pasteur de 22 cm é usada para construir o tubo de ponto de fusão. Sele, com cuidado, a ponta da pipeta usando uma chama. Mantenha a ponta *para cima* quando estiver selando-a porque isto impedirá a condensação de vapor de água dentro da pipeta. Deixe a pipeta selada esfriar antes de adicionar a amostra com uma microespátula pela parte aberta. Use um arame para comprimir a amostra na parte selada. (Se o seu aparelho de ponto de fusão tiver um vibrador, ele pode ser usado para simplificar o empacotamento.) Quando a amostra estiver no lugar, ligue a pipeta à linha de vácuo. Sele o tubo com a amostra evacuada em uma chama e corte-o.

Algumas substâncias começam a se decompor *abaixo* do ponto de fusão. Substâncias termicamente instáveis podem sofrer reações de eliminação ou de formação de anidrido por aquecimento. Os produtos de decomposição são impurezas da amostra original; logo, o ponto de fusão da substância diminui devido à sua presença.

É normal que muitos compostos amoleçam ou se contraiam imediatamente antes da fusão. Este comportamento não representa decomposição, mas mudança da estrutura cristalina ou mistura com impurezas. Algumas substâncias "suam", isto é, liberam solvente de cristalização antes da fusão. Estas mudanças não indicam o começo da fusão. A fusão só começa quando a primeira gota do líquido fica visível e a faixa de fusão continua até que a temperatura em que todo o sólido se liquefez é atingida. Com a experiência você aprenderá a distinguir o amolecimento, ou "suor", e a fusão. Se você desejar, a temperatura em que o amolecimento ou "suor" começa pode ser registrada como parte de sua faixa de fusão: 211°C (amolece), 223-225°C (funde).

Algumas substâncias sólidas têm pressão de vapor tão alta que sublimam no ponto de fusão ou abaixo dele. Em muitos manuais de laboratório a temperatura de sublimação é listada juntamente com o ponto de fusão. Os símbolos *sub*, *subl* e, às vezes, *s* são usados para indicar que uma substância sublima. Neste caso, a determinação do ponto de fusão deve ser feita em um tubo capilar selado para evitar perda da amostra. A maneira mais simples de selar um tubo empacotado é aquecer a parte aberta do tubo em uma chama e puxá-lo com pinças. Uma maneira melhor, porém mais difícil de dominar é aquecer o centro do tubo em uma chama pequena, rodando pelo eixo e mantendo o tubo reto até que o centro colapse. Se isto não for feito rapidamente a amostra pode fundir ou sublimar enquanto você está trabalhando. Com o volume menor, a amostra não será capaz de migrar para a parte fria do tubo que pode estar acima da área de visão. A Figura 9.7 descreve o método.

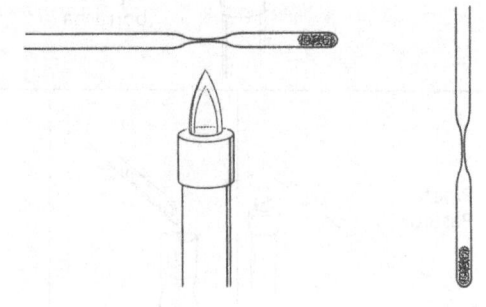

Figura 9.7 Selagem de um tubo de substância que sublima.

9.9 CALIBRAÇÃO DO TERMÔMETRO

Você espera, ao determinar o ponto de fusão ou o ponto de ebulição, obter um resultado igual ao registrado em um manual de laboratório ou na literatura original. Não é fora do comum, entretanto, encontrar um valor um pouco diferente do valor da literatura. Esta discrepância não significa necessariamente que o experimento foi feito de forma errada ou que o material está impuro. Isto pode significar que o termômetro usado na determinação estava ligeiramente errado. Muitos termômetros não medem a temperatura com total acurácia.

Para que os valores determinados sejam mais acurados, você deve calibrar o termômetro usado. Esta calibração é feita pela determinação dos pontos de fusão de vários padrões com o uso de um termômetro. Faz-se um gráfico da temperatura observada *versus* a temperatura de cada substância padrão. A Figura 9.8 mostra uma linha reta obtida desta maneira. A reta é usada para corrigir os pontos de fusão determinados com aquele termômetro em particular. A Tabela 9.1 lista uma série de substâncias que podem ser usadas como padrões. É claro que as substâncias usadas como padrão devem estar puras para que as correções sejam válidas.

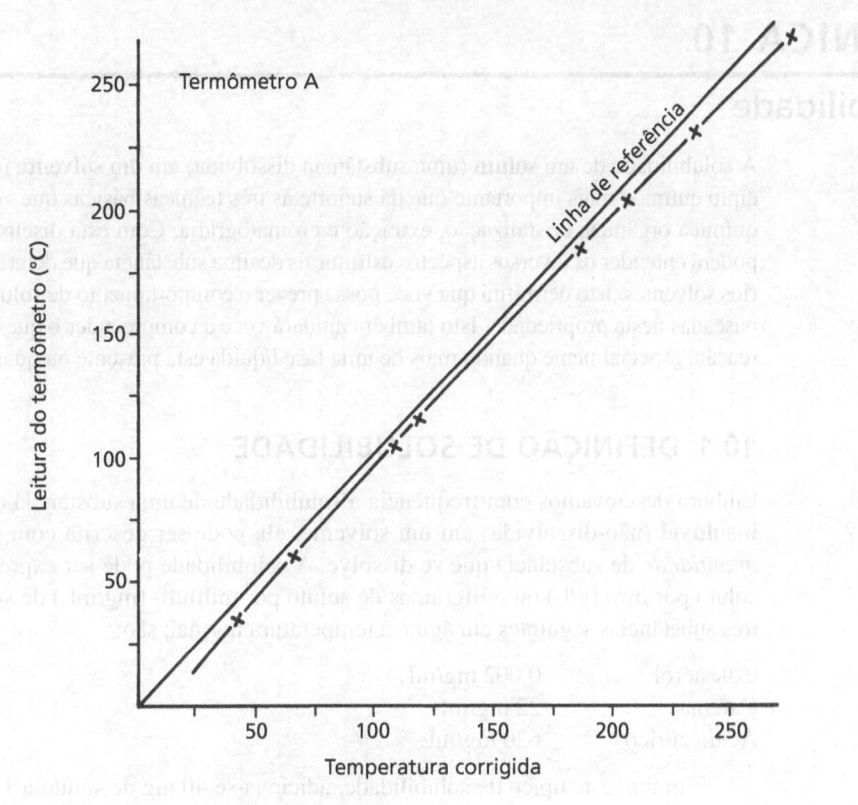

Figura 9.8 Curva de calibração de um termômetro.

TABELA 9.1 Pontos de fusão dos padrões

Composto	Ponto de Fusão (°C)
Gelo (água sólida-líquida)	0
Acetanilida	115
Benzamida	128
Uréia	132
Ácido succínico	189
Ácido 3,5-dinitro-benzóico	205

PROBLEMAS

1. Duas substâncias, A e B, têm o mesmo ponto de fusão. Como você pode saber se elas são iguais sem usar as espectroscopias? Explique em detalhes.
2. Use a Figura 9.5 para determinar que curva de aquecimento seria mais apropriada para uma substância com ponto de fusão aproximadamente igual a 150°C.
3. O que você pode fazer para determinar o ponto de fusão de uma substância que sublima antes de fundir?
4. Um composto que funde em 134°C pode ser aspirina (pf 135°C) ou uréia (pf 133°C). Explique como você poderia saber se um destes suspeitos é igual ao composto desconhecido sem usar as espectroscopias.
5. Um composto desconhecido deu um ponto de fusão igual a 230°C. Quando o líquido fundido se solidificou, o ponto de fusão foi determinado novamente e obteve-se 131°C. Dê uma possível explicação para esta discrepância.

TÉCNICA 10

Solubilidade

A solubilidade de um **soluto** (uma substância dissolvida) em um **solvente** (o meio que dissolve) é o princípio químico mais importante que dá suporte às três técnicas básicas que você estudará no laboratório de química orgânica: cristalização, extração e cromatografia. Com esta discussão sobre a solubilidade você poderá entender os diversos aspectos estruturais de uma substância que determinam sua solubilidade em vários solventes. Isto permitirá que você possa prever o comportamento de solubilidade e entender as técnicas baseadas nesta propriedade. Isto também ajudará você a compreender o que está acontecendo durante uma reação, especialmente quando mais de uma fase líquida está presente ou quando um precipitado se forma.

10.1 DEFINIÇÃO DE SOLUBILIDADE

Embora descrevamos com freqüência a solubilidade de uma substância como **solúvel** (dissolvida) ou **insolúvel** (não-dissolvida) em um solvente, ela pode ser descrita com mais precisão em termos da *quantidade* de substância que se dissolve. A solubilidade pode ser expressa em termos de gramas de soluto por litro (g/L) ou miligramas de soluto por mililitro (mg/mL) de solvente. As solubilidades das três substâncias seguintes em água, à temperatura normal, são:

Colesterol	0,002 mg/mL
Cafeína	22 mg/mL
Ácido cítrico	620 mg/mL

Em um teste típico de solubilidade, adiciona-se 40 mg de soluto a 1 mL de solvente. Portanto, se você estivesse testando a solubilidade destas três substâncias, o colesterol seria insolúvel, a cafeína seria parcialmente solúvel e o ácido cítrico seria insolúvel. Observe que uma pequena quantidade (0,002 mg) de colesterol se dissolveria. É pouco provável, porém, que você fosse capaz de observar a dissolução desta pequena quantidade, e você diria que a substância é insolúvel. Por outro lado, 22 mg (55%) da cafeína iria se dissolver. Muito provavelmente, você observaria isto e diria que a cafeína é parcialmente solúvel.

Ao descrever a solubilidade de um soluto líquido em um solvente, às vezes é útil usar os termos **miscível** e **imiscível**. Dois líquidos miscíveis formarão uma mistura homogênea (uma fase) em todas as proporções. Água e álcool etílico, por exemplo, são miscíveis em todas as proporções. Quando eles se misturam em qualquer proporção, observa-se somente uma fase. Quando dois líquidos são miscíveis, também é verdadeiro que um deles é solúvel no outro. Dois líquidos imiscíveis não se misturam de forma homogênea em todas as proporções e, em algumas condições, formam duas camadas. Água e dietil-éter são imiscíveis. Quando misturados em quantidades iguais, eles formam duas camadas. Cada líquido, porém, é ligeiramente solúvel no outro. Mesmo quando formam duas camadas, uma pequena quantidade de água se solubiliza no dietil-éter e uma pequena quantidade de dietil-éter se solubiliza em água. Além disso, quando uma pequena quantidade de um deles é adicionada ao outro, a dissolução pode ser completa, e somente uma camada é observada. Se uma pequena quantidade de água (menos de 1,2% em 20°C), por exemplo, for adicionada ao dietil-éter, a água se dissolverá completamente e somente uma fase será observada. Ao se adicionar uma quantidade maior de água (mais de 1,2%), uma parte da água não se dissolverá e duas camadas se formarão.

Embora os termos *solubilidade* e *miscibilidade* sejam relacionados, é importante entender que existe uma diferença essencial. Podem existir diferentes graus de solubilidade, como ligeiramente, parcialmente, muito, etc. A miscibilidade, porém, não tem essas categorias. Ou um líquido é miscível ou é imiscível no outro.

10.2 PREDIÇÃO DA SOLUBILIDADE

O objetivo principal desta seção é explicar como predizer a solubilidade de uma substância em um dado solvente. Nem sempre isto é fácil, mesmo para um químico experiente. Entretanto, algumas diretrizes o ajudarão a ter um bom palpite sobre a solubilidade de um dado composto em um solvente específico.

Para discutir estas diretrizes, é útil separar as soluções que examinaremos em duas categorias: soluções em que o soluto e o solvente são covalentes (moleculares) e soluções iônicas, isto é, em que o soluto se ioniza e se dissocia.

A. Soluções em que o soluto e o solvente são moleculares

Uma generalização muito útil na predição da solubilidade é a regra muito usada do "Igual dissolve igual". Esta regra é mais comumente aplicada a compostos polares e apolares. Segundo a regra, um solvente polar dissolverá compostos polares (ou iônicos) e um solvente apolar dissolverá compostos apolares.

A razão deste comportamento envolve a natureza das forças intermoleculares de atração. Nós não trataremos da natureza destas forças, mas é útil saber como elas se chamam. A força de atração entre moléculas polares é chamada de **interação dipolo-dipolo**; entre moléculas apolares, **forças de van der Waals** (ou **forças de London** ou de **dispersão**). Em ambos os casos, essas forças atrativas podem ocorrer entre moléculas do mesmo composto ou de compostos diferentes. Consulte o seu livro-texto teórico para mais informações sobre essas forças.

Para aplicar a regra do "Igual dissolve igual", você deve determinar primeiro se uma substância é polar ou apolar. A polaridade de um composto depende da polaridade das ligações e da forma da molécula. A avaliação desses fatores pode ser muito complicada para a maior parte das moléculas orgânicas devido às complexidades estruturais. Entretanto, é possível predizer razoavelmente a polaridade verificando os tipos de átomos do composto. Ao ler as diretrizes seguintes, é importante entender que, embora nós descrevamos, com freqüência, os compostos como sendo polares ou apolares, a polaridade é uma questão de gradação, de apolar a muito polar.

Diretrizes para a predição de polaridade e solubilidade

1. Todos os hidrocarbonetos são apolares.
   Exemplos:

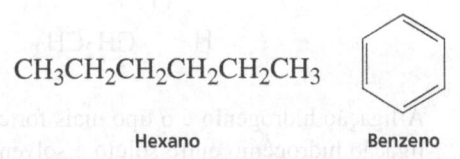

   $CH_3CH_2CH_2CH_2CH_2CH_3$ Benzeno
   Hexano

   Hidrocarbonetos como o benzeno são ligeiramente mais polares do que o hexano devido às ligações pi (π) que aumentam as forças atrativas de van der Waals ou de London.

2. Compostos que têm os elementos eletronegativos oxigênio ou nitrogênio são polares.
   Exemplos:

   $CH_3\overset{O}{\overset{\|}{C}}CH_3$ CH_3CH_2OH $CH_3\overset{O}{\overset{\|}{C}}OCH_2CH_3$
   Acetona   Álcool etílico   Acetato de etila

   $CH_3CH_2NH_2$ $CH_3CH_2OCH_2CH_3$ H_2O
   Etilamina   Dietil-éter   Água

   A polaridade desses compostos depende da presença das ligações polares C—O, C=O, OH, NH e CN. Os compostos mais polares são capazes de formar ligações hidrogênio (veja a diretriz 6) e têm as ligações NH ou OH. Embora todos esses compostos sejam polares, o grau de polaridade varia de ligeiramente polar até muito polar. Isto é devido ao efeito da forma da molécula e do tamanho da cadeia de carbono sobre a polaridade e à possibilidade de formação de ligação hidrogênio.

3. A presença de átomos de halogênio, apesar de sua alta eletronegatividade, não altera significativamente a polaridade de um composto orgânico. Portanto, esses compostos são ligeiramente polares. As polaridades desses compostos são mais próximas das dos hidrocarbonetos, apolares, do que da água, muito polar.

Exemplos:

CH_2Cl_2

Cloreto de metileno (dicloro-metano)

Cloro-benzeno

4. Ao comparar compostos orgânicos da mesma família, note que a adição de átomos de carbono à cadeia diminui a polaridade. O álcool metílico (CH_3OH), por exemplo, é mais polar do que o álcool propílico ($CH_3CH_2CH_2OH$). A razão para isso é que os hidrocarbonetos são apolares e o aumento da cadeia torna o composto mais parecido com eles.
5. Compostos que contêm quatro carbonos ou menos e também contêm oxigênio ou nitrogênio são, com freqüência, solúveis em água. Praticamente todos os grupos funcionais que contêm esses elementos tornam os compostos de baixo peso molecular (até C_4) solúveis em água. Compostos com cinco ou seis carbonos que contêm um desses elementos são freqüentemente insolúveis em água ou têm pouca solubilidade.
6. Como vimos, a força de atração entre moléculas polares é a interação dipolo-dipolo. Um caso especial de interação dipolo-dipolo é a ligação hidrogênio, que ocorre quando o composto tem um átomo de hidrogênio ligado a nitrogênio, oxigênio ou flúor. A ligação pode ocorrer entre duas moléculas do mesmo composto ou de compostos diferentes.

A ligação hidrogênio é o tipo mais forte de interação dipolo-dipolo. Quando pode ocorrer ligação hidrogênio entre soluto e solvente, a solubilidade é maior do que o esperado para compostos de polaridade semelhante que não podem formar ligações hidrogênio.

7. Outro fator que pode afetar a solubilidade é o grau de ramificação da cadeia alquila de um composto. A existência de ramificações em um composto reduz as forças intermoleculares entre as moléculas. Isto se reflete usualmente em uma maior solubilidade do composto ramificado em relação ao não-ramificado correspondente. Isto ocorre porque as moléculas dos compostos ramificados são afastadas mais facilmente umas das outras pelo solvente.
8. A regra de solubilidade ("Igual dissolve igual") pode ser aplicada a compostos orgânicos da mesma família. O 1-octanol, por exemplo, é solúvel em álcool etílico. Muitos compostos da mesma família têm polaridade semelhante. Esta generalização, porém, não se aplica a compostos que têm uma diferença muito grande de tamanho. O colesterol, por exemplo, um álcool de peso molecular (PM) 386,64, é pouco solúvel em metanol (PM 32,04). O grande caráter de hidrocarboneto do colesterol contraria o fato deles pertencerem à mesma família.
9. A estabilidade da célula unitária do cristal também afeta a solubilidade. Se tudo o mais for igual, quanto maior for o ponto de fusão do cristal (cristal mais estável) menor será a solubilidade do composto. O ácido *p*-nitro-benzóico (pf 242°C), por exemplo, é dez vezes menos solúvel em um dado volume de etanol do que os isômeros *orto* (pf 147°C) e *meta* (141°C).

Você pode verificar sua compreensão de algumas destas diretrizes analisando a lista da Tabela 10.1, que está em ordem crescente de polaridade. As estruturas dos compostos é dada na página 573.

Esta lista pode ser usada para predizer a solubilidade com base na regra do "Igual dissolve igual". Substâncias próximas nesta lista terão polaridades semelhantes. Assim, você pode esperar que o hexano seja solúvel no cloreto de metileno, mas não, em água. A acetona deve ser solúvel em álcool etílico. Por

TABELA 10.1 Compostos na ordem crescente de polaridade

Polaridade aumenta

Hidrocarbonetos alifáticos
  Hexano (apolar)
Hidrocarbonetos aromáticos (ligação π)
  Benzeno (apolar)
Halogenocarbonetos
  Cloreto de metileno (ligeiramente polar)
Compostos com ligações polares
  Dietil-éter (ligeiramente polar)
  Acetato de metila (moderadamente polar)
  Acetona (moderadamente polar)
Compostos com ligações polares e ligações hidrogênio
  Álcool etílico (moderadamente polar)
  Álcool metílico (moderadamente polar)
  Água (muito polar)

outro lado, você poderia predizer que o álcool etílico deveria ser insolúvel em hexano. Porém o álcool etílico é solúvel em hexano porque ele é menos polar do que o álcool metílico ou a água. Este último exemplo demonstra que se deve ter cuidado com o uso das diretrizes de polaridade para predizer a solubilidade. Em última análise, testes de solubilidade têm de ser feitos para confirmar as predições até que você ganhe mais experiência.

A tendência das polaridades da Tabela 10.1 pode ser expandida para incluir outras famílias de compostos orgânicos. A lista da Tabela 10.2 dá uma ordem decrescente aproximada da polaridade dos grupos funcionais orgânicos. Pode parecer que existem discrepâncias entre as informações dadas nas duas tabelas. O motivo é que a Tabela 10.1 dá informações sobre compostos específicos e a Tabela 10.2 dá informações sobre famílias, e é aproximada.

TABELA 10.2 Solventes na ordem decrescente de polaridade

Polaridade Decrescente (Aproximada)

H_2O	Água
RCOOH	Ácidos orgânicos (ácido acético)
$RCONH_2$	Amidas (N,N-dimetil-formamida)
ROH	Álcoois (metanol, etanol)
RNH_2	Aminas (trietilamina, piridina)
RCOR	Aldeídos, cetonas (acetona)
RCOOR	Ésteres (acetato de etila)
RX	Halogenetos ($CH_2Cl_2 > CHCl_3 > CCl_4$)
ROR	Éteres (dietil-éter)
ArH	Aromáticos (benzeno, tolueno)
RH	Alcanos (hexano, éter de petróleo)

B. Soluções em que o soluto se ioniza e dissocia

Os compostos iônicos são, em geral, muito solúveis em água devido à forte atração entre íons e as moléculas de água muito polares. Isto também se aplica aos compostos orgânicos que podem existir como íons. O acetato de sódio, por exemplo, é formado por íons Na^+ e CH_3COO^-, muito solúveis em água. Embora existam exceções, você pode considerar que todos os compostos orgânicos são solúveis em água quando na forma iônica.

A maneira mais comum de ionizar os compostos orgânicos é em reações ácido-base. Ácidos carboxílicos, por exemplo, podem ser convertidos a sais solúveis em água quando reagem com NaOH diluído em água:

$$CH_3CH_2CH_2CH_2CH_2CH_2COOH + NaOH\ (aq) \longrightarrow$$
Ácido carboxílico - insolúvel em água

$$CH_3CH_2CH_2CH_2CH_2CH_2COO^-\ Na^+ + H_2O$$
Sal - solúvel em água

O sal, solúvel em água, pode ser convertido novamente no ácido carboxílico original (insolúvel em água) pela adição de outro ácido (usualmente HCl em água) à solução do sal. O ácido carboxílico precipita.

As aminas, que são bases orgânicas, também podem ser convertidas em sais, solúveis em água, quando reagem com HCl diluído em água:

[Estrutura: ciclohexilamina NH_2] + HCl (aq) ⟶ [Estrutura: ciclohexilamônio $NH_3^+Cl^-$]

Éter de petróleo (uma mistura de alcanos)   Dietil-éter (às vezes chamado de "éter")

Este sal pode ser novamente convertido na amina original por adição de uma base (usualmente NaOH diluído em água) à solução do sal.

10.3 SOLVENTES ORGÂNICOS

Os solventes orgânicos devem ser manipulados com segurança. Tenha sempre em mente que todos os solventes orgânicos são pelo menos moderadamente tóxicos e muitos são inflamáveis. Você deve se familiarizar com a segurança no laboratório (veja a Técnica 1, página 476).

A Tabela 10.3 lista os solventes orgânicos mais comuns e seus pontos de ebulição. Os solventes marcados em negrito são inflamáveis. Éter, pentano e hexano são particularmente perigosos. Em combinação com a proporção correta de ar, são explosivos.

Os termos **éter de petróleo** e **ligroína** são freqüentemente enganadores. O éter de petróleo é uma mistura de hidrocarbonetos em que predominam isômeros de fórmula C_5H_{12} e C_6H_{14}. Não se trata de um éter porque não existem compostos oxigenados na mistura. Na química orgânica, um éter é um composto que contém um átomo de oxigênio ligado a dois grupos alquila ou arila. A Figura 10.1 mostra alguns dos hidrocarbonetos que ocorrem comumente no éter de petróleo. Ela também mostra a estrutura do éter (dietil-éter). Tenha cuidado em diferenciar nas instruções dos experimentos os termos **éter** e **éter de petróleo**. Os dois não devem ser confundidos acidentalmente. A confusão é comum quando se está selecionando uma garrafa de solvente no depósito de reagentes.

A ligroína, ou éter de petróleo de alto ponto de ebulição, tem composição semelhante à do éter de petróleo, exceto pelo fato de que inclui isômeros de alto ponto de ebulição. Dependendo do fabricante, a ligroína pode ter diferentes faixas de ebulição. Em algumas marcas, a faixa é de 60°C a 90°C, em outras, de 60°C a 75°C. A faixa de ebulição do éter de petróleo e da ligroína é freqüentemente listada na etiqueta das garrafas.

TABELA 10.3 Solventes orgânicos comuns

Solvente	Pe (°C)	Solvente	Pe (°C)
Hidrocarbonetos		Éteres	
Pentano	36	**Éter** (dietil)	35
Hexano	69	**Dioxano**[a]	101
Benzeno[a]	80	**1,2-Dimetóxi-etano**	83
Tolueno	111	Outros	
Misturas de hidrocarbonetos		Ácido acético	118
Éter de petróleo	30–60	Anidrido acético	140
Ligroína	60–90	**Piridina**	115
Clorocarbonetos		**Acetona**	56
Cloreto de metileno	40	**Acetato de etila**	77
Clorofórmio[a]	61	Dimetil-formamida	153
Tetracloreto de carbono[a]	77	Dimetil-sulfóxido	189
Álcoois			
Metanol	65		
Etanol	78		
Álcool isopropílico	82		

Nota: **Negrito** significa inflamável.
[a]Suspeito de atividade cancerígena (veja a página 487).

Éter de petróleo
(uma mistura de alcanos)

$CH_3-CH_2-CH_2-CH_2-CH_3$

$CH_3-CH_2-CH-CH_3$
             CH_3

$CH_3-\underset{\underset{CH_3}{|}}{\overset{\overset{CH_3}{|}}{C}}-CH_3$

$CH_3-CH_2-CH_2-CH_2-CH_2-CH_3$

$CH_3-CH_2-CH_2-CH-CH_3$
                  CH_3

$CH_3-CH_2-CH-CH_2-CH_3$
               CH_3

$CH_3-CH_2-\underset{\underset{CH_3}{|}}{\overset{\overset{CH_3}{|}}{C}}-CH_3$

$CH_3-CH-CH-CH_3$
        CH_3 CH_3

Dietil-éter
(às vezes chamado de "éter")

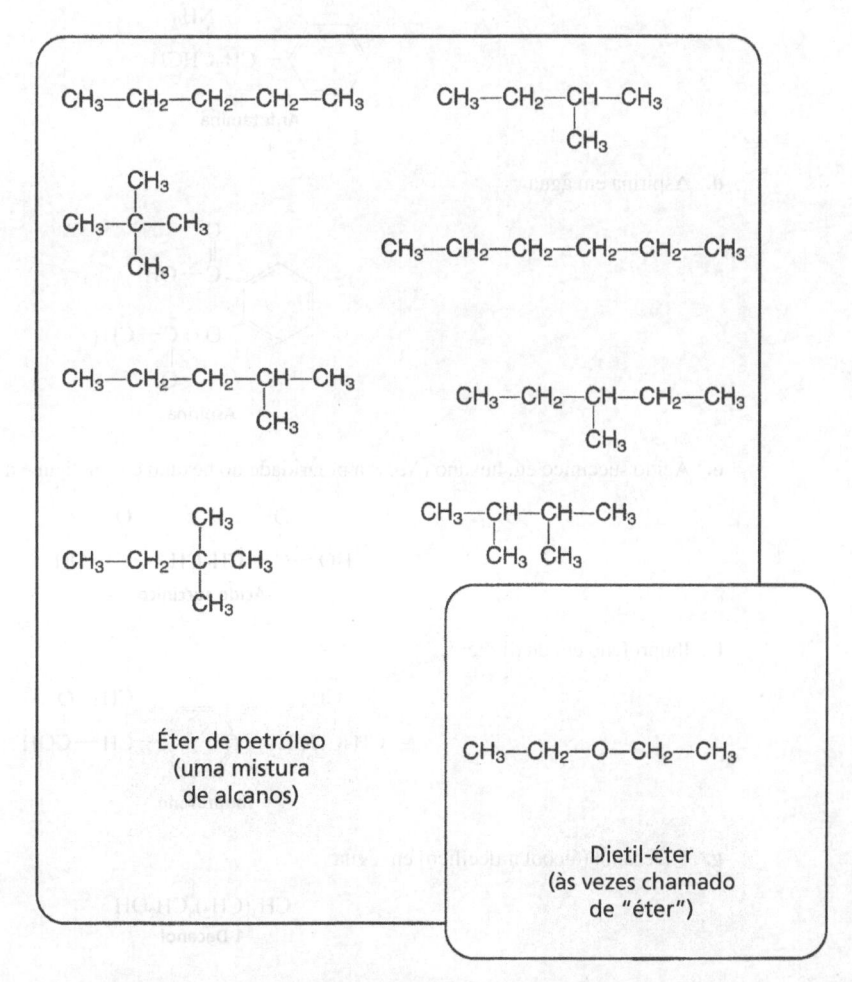

$CH_3-CH_2-O-CH_2-CH_3$

Figura 10.1 Comparação entre "éter" (dietil-éter) e "éter de petróleo".

PROBLEMAS

1. Prediga, para cada um dos seguintes pares de solutos e solventes, se o soluto será solúvel ou insolúvel. Depois de fazer suas predições, você pode verificar suas respostas procurando os compostos no *The Merck Index* ou no *CRC Handbook of Chemistry and Physics*. Geralmente, o *The Merck Index* é mais fácil de usar. Se a substância tem solubilidade superior a 40 mg/mL, você pode concluir que ela é solúvel.

   a. Ácido málico em água

   $$HO-\underset{O}{\overset{O}{C}}-\underset{OH}{CHCH_2}-\underset{}{\overset{O}{C}}-OH$$
   Ácido málico

   b. Naftaleno em água

   Naftaleno

   c. Anfetamina em álcool etílico

   $$C_6H_5-CH_2\underset{NH_2}{CHCH_3}$$
   Anfetamina

   d. Aspirina em água

   Aspirina

   e. Ácido succínico em hexano (*Nota*: a polaridade do hexano é semelhante à do éter de petróleo.)

   $$HO-\overset{O}{C}-CH_2CH_2-\overset{O}{C}-OH$$
   Ácido succínico

   f. Ibuprofeno em dietil-éter

   $$CH_3\underset{CH_3}{CHCH_2}-C_6H_4-\underset{CH_3}{CH}-COOH$$
   Ibuprofeno

   g. 1-Decanol (álcool n-decílico) em água

   $$CH_3(CH_2)_8CH_2OH$$
   1-Decanol

2. Prediga se os seguintes pares de líquidos seriam miscíveis ou imiscíveis:
   a. Água e álcool metílico
   b. Hexano e benzeno
   c. Cloreto de metileno e benzeno
   d. Água e tolueno

   Tolueno

   e. Álcool etílico e álcool isopropílico

   CH_3CHCH_3
   |
   OH

   Álcool isopropílico

3. Você esperaria que o ibuprofeno (veja o problema 1f) fosse solúvel ou insolúvel em NaOH 1,0 M? Explique.
4. O timol é ligeiramente solúvel em água, mas é muito solúvel em NaOH 1,0 M. Explique.

   Timol

5. Embora o canabinol e o álcool metílico sejam álcoois, o canabinol é ligeiramente solúvel em álcool metílico na temperatura normal. Explique.

   Canabinol

6. Qual é a diferença entre os compostos de cada um dos seguintes pares?
   a. Éter e éter de petróleo
   b. Eter e dietil-éter
   c. Ligroína e éter de petróleo

TÉCNICA 11

Cristalização: Purificação de Sólidos

Em muitos experimentos da química orgânica, o produto desejado é isolado na forma impura. Se o produto é sólido, o método mais comum de purificação é a cristalização. A técnica geral envolve a dissolução do material em um solvente *quente* (ou em uma mistura de solventes) e o resfriamento lento da solução. O material dissolvido tem solubilidade menor em temperaturas mais baixas e se separa da solução quando ela esfria. Este fenômeno é chamado de **cristalização**, se o crescimento dos cristais é relativamente lento e seletivo, ou **precipitação**, se o processo é rápido e não-seletivo. A cristalização é um processo de equilíbrio e produz material muito puro. Uma pequena semente de cristal se forma inicialmente e cresce, camada por camada, de modo reversível. Em um certo sentido, o cristal "seleciona" as moléculas corretas da solução. Na precipitação, a rede cristalina se forma tão rapidamente que impurezas são retidas em seu interior. Portanto, qualquer tentativa de purificação por um processo muito rápido deve ser evitada. Como as impurezas estão usualmente presentes em quantidades muito menores do que o composto a ser cristalizado, a maior parte delas ficará no solvente mesmo quando este esfria. A substância purificada pode, então, ser separada do solvente e das impurezas por filtração.

O método de cristalização descrito aqui é chamado de **cristalização em escala grande**. Esta técnica, que é feita com um frasco de Erlenmeyer para dissolver o material e um funil de Büchner para filtrar os cristais, é normalmente usada quando o peso do sólido a ser cristalizado é maior do que 0,1 g. Outro método, que é feito com um tubo de Craig, é usado com quantidades menores de sólido. Chamada de **cristalização em escala pequena**, esta técnica é brevemente discutida na Seção 11.4.

Quando o procedimento de cristalização em escala grande, descrito na Seção 11.3, é feito com um funil de Hirsch, ele é, às vezes, chamado de **cristalização em escala semimicro**. Este procedimento é usado no trabalho em escala pequena, quando a quantidade de sólido é maior do que 0,1 g, ou em escala grande, quando a quantidade de produto é menor do que cerca de 0,5 g.

Parte A. Teoria

11.1 SOLUBILIDADE

O primeiro problema quando se faz uma cristalização é a escolha do solvente em que o material a ser purificado tem o comportamento de solubilidade desejado. No caso ideal, o material deve ser muito pouco solúvel à temperatura normal e muito solúvel no ponto de ebulição do solvente selecionado. A curva de solubilidade deve ser íngreme, como se pode ver na linha A da Figura 11.1. Uma curva de pequena inclinação (linha B) não deve provocar cristalização significativa quando a temperatura da solução cai. Um solvente em que o material é solúvel em todas as temperaturas (linha C) também não é um bom solvente de cristalização. O problema básico da cristalização é a seleção do solvente (ou solvente misto) que dá uma curva de solubilidade *versus* temperatura íngreme para o material a ser cristalizado. Um solvente que tem o comportamento mostrado na linha A é o ideal. Deve-se mencionar, também, que as curvas de solubilidade nem sempre são lineares como aparecem na Figura 11.1. Esta figura mostra uma forma idealizada de comportamento de solubilidade. A Figura 11.2 mostra a curva de solubilidade da sulfanilamida em álcool etílico a 95%, típica de muitos compostos orgânicos, que é representativa do comportamento de solubilidade de uma substância real.

A solubilidade dos compostos orgânicos é uma função das polaridades do solvente e do **soluto** (material dissolvido). Uma regra geral é "Igual dissolve igual". Se o soluto é muito polar, um solvente muito polar é necessário para dissolvê-lo. Aplicações desta regra são discutidas em mais detalhes na Técnica 10, Seção 10.2, página 570 e na Seção 11.5, página 586.

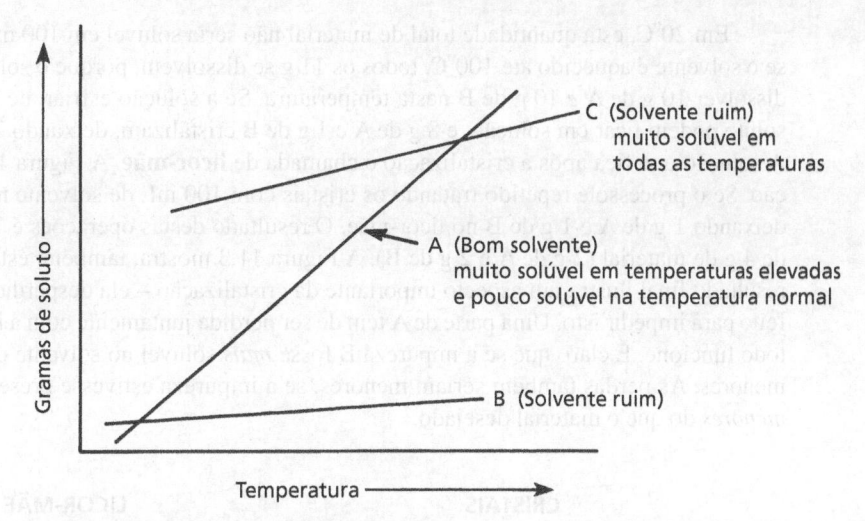

Figura 11.1 Gráfico de solubilidade *versus* temperatura.

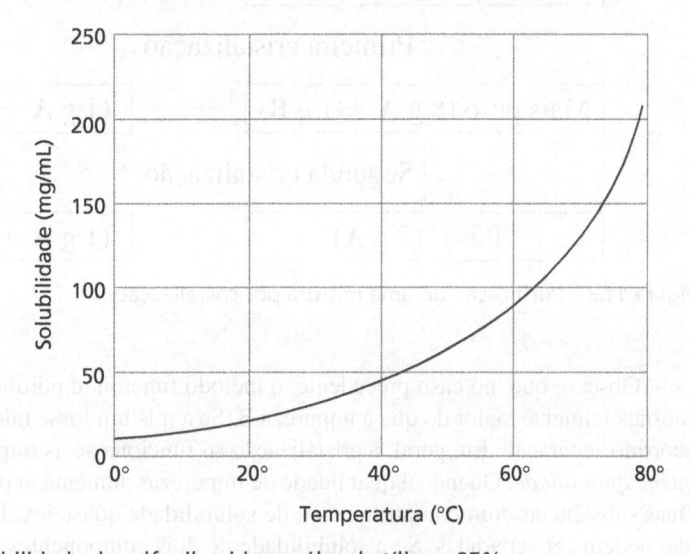

Figura 11.2 Solubilidade da sulfanilamida em álcool etílico a 95%.

11.2 TEORIA DA CRISTALIZAÇÃO

Uma cristalização efetiva depende de uma diferença grande entre a solubilidade de um material em um solvente quente e no mesmo solvente quando frio. Quando as impurezas de uma substância são igualmente solúveis no solvente quente e no solvente frio, a purificação efetiva não é facilmente obtida por cristalização. Um material pode ser purificado por cristalização quando a substância desejada e as impurezas têm solubilidades semelhantes, mas a quantidade de impurezas é uma fração pequena do sólido total. A substância desejada cristaliza por resfriamento, mas o mesmo não acontece com as impurezas.

Imagine, por exemplo, um caso em que as solubilidades da substância A e de sua impureza B são 1 g/100 mL de solvente em 20°C e 10 g/100 mL em 100°C. Na amostra impura de A, a composição é 9 g de A e 2 g de B. Nos cálculos deste exemplo, imaginamos que as solubilidades de A e B não são afetadas pela presença da outra substância. Para tornar os cálculos mais fáceis de compreender, 100 mL de solvente são usados em cada cristalização. Normalmente, a menor quantidade possível de solvente seria usada para dissolver o sólido.

Em 20°C, esta quantidade total de material não seria solúvel em 100 mL de solvente. Entretanto, se o solvente é aquecido até 100°C, todos os 11 g se dissolvem, porque o solvente tem a capacidade de dissolver 10 g de A *e* 10 g de B nesta temperatura. Se a solução esfriar até 20°C, somente 1g de cada soluto podem ficar em solução, e 8 g de A e 1 g de B cristalizam, deixando 2 g de material na solução. A solução que fica após a cristalização é chamada de **licor-mãe**. A Figura 11.3 mostra esta cristalização. Se o processo é repetido tratando os cristais com 100 mL de solvente novo, 7 g de A cristalizam, deixando 1 g de A e 1 g de B no licor-mãe. O resultado destas operações é 7 g de A puro com a perda de 4 g de material (2 g de A e 2 g de B). A Figura 11.3 mostra, também, esta segunda cristalização. O resultado final ilustra um aspecto importante da cristalização – ela desperdiça material. Nada pode ser feito para impedir isto. Uma parte de A tem de ser perdida juntamente com a impureza B para que o método funcione. É claro que se a impureza B fosse *mais* solúvel no solvente do que A, as perdas seriam menores. As perdas também seriam menores, se a impureza estivesse presente em quantidades *muito menores* do que o material desejado.

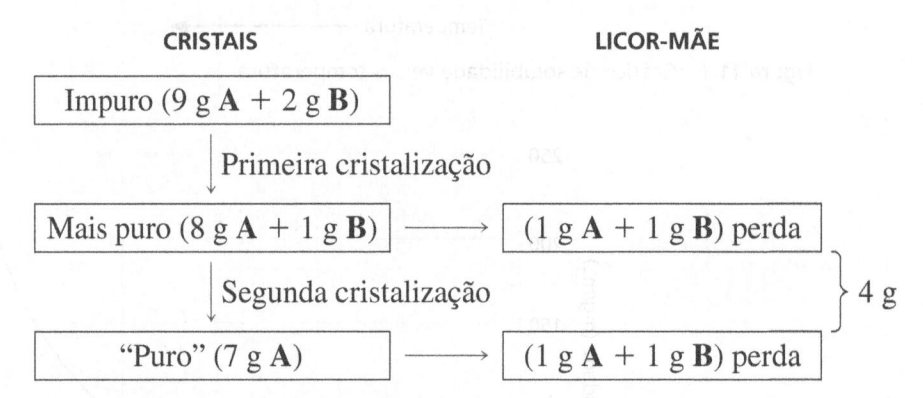

CRISTAIS **LICOR-MÃE**

Impuro (9 g **A** + 2 g **B**)
↓ Primeira cristalização
Mais puro (8 g **A** + 1 g **B**) ⟶ (1 g **A** + 1 g **B**) perda
↓ Segunda cristalização   } 4 g
"Puro" (7 g **A**) ⟶ (1 g **A** + 1 g **B**) perda

Figura 11.3 Purificação de uma mistura por cristalização.

Observe que, no caso precedente, o método funcionou porque A estava presente em quantidade substancialmente maior do que a impureza B. Se a mistura fosse inicialmente 50-50 de A e B, não teria ocorrido separação. Em geral, a cristalização só funciona se as impurezas estiverem presentes em *pequena quantidade*. Quando a quantidade de impurezas aumenta, a perda do material também aumenta. Duas substâncias com comportamento de solubilidade quase igual, presentes em quantidades iguais, não podem ser separadas. Se a solubilidade de dois componentes presentes em quantidades iguais é diferente, entretanto, a separação ou a purificação é freqüentemente possível.

No exemplo precedente, duas etapas de cristalização foram feitas. Normalmente isto não é necessário. Entretanto, quando uma segunda operação tem de ser feita, ela é mais apropriadamente chamada de **recristalização**. Como ilustrado neste exemplo, a recristalização leva a cristais mais puros, mas o rendimento cai.

Em alguns experimentos, você será instruído a esfriar a mistura de cristalização em um banho de gelo e água antes de coletar os cristais por filtração. O resfriamento da mistura aumenta o rendimento porque a solubilidade da substância diminui. Mesmo nesta temperatura mais baixa, porém, parte do produto será solúvel no solvente. Não é possível recuperar todo o seu produto em um procedimento de cristalização, mesmo quando a mistura é resfriada em um banho de gelo e água. Um bom exemplo disto é dado na curva de solubilidade da sulfanilamida (Figura 11.2). A solubilidade da sulfanilamida em 0°C ainda é importante, 14 mg/mL.

Parte B. Cristalização em escala grande

11.3 CRISTALIZAÇÃO EM ESCALA GRANDE

A técnica de cristalização descrita nesta seção é usada quando o peso do sólido a ser cristalizado é maior do que 0,1 g. Existem quatro etapas principais em uma cristalização em escala grande:

1. Dissolução do sólido
2. Remoção de impurezas insolúveis (quando necessário)
3. Cristalização
4. Coleta e secagem

A Figura 11.4 ilustra estas etapas. Deve-se escolher um frasco de Erlenmeyer com o tamanho apropriado. É preciso mencionar que a cristalização em escala pequena, com um tubo de Craig envolve as mesmas quatro etapas, embora a aparelhagem e os procedimentos sejam um pouco diferentes (veja a Seção 11.4).

A. Dissolução do sólido

Para reduzir perdas de material no licor-mãe, é desejável *saturar* o solvente em ebulição com o soluto. Esta solução, quando esfriar, dará a maior quantidade possível de soluto na forma de cristais. Para conseguir isto, o solvente é levado ao ponto de ebulição e o soluto é dissolvido na *menor quantidade possível* (!) *de solvente em ebulição*. Neste procedimento, é aconselhável manter um recipiente de solvente em ebulição (em uma placa de aquecimento). Transfere-se deste recipiente uma pequena quantidade (cerca de 1-2 mL) do solvente para o frasco de Erlenmeyer que contém o sólido a ser cristalizado. A mistura é aquecida com agitação eventual (por movimentos circulares) até que volte a ferver.

> **Cuidado:** Não aqueça o frasco que contém o sólido até ter adicionado a primeira porção de solvente.

Se o sólido não se dissolver na primeira porção de solvente em ebulição, coloque outra pequena porção no frasco. Misture e aqueça novamente até que a mistura volte a ferver. Se o sólido se dissolver, não adicione mais solvente. Se o sólido não se dissolver, adicione outra porção de solvente, como antes. Repita o processo até que o sólido se dissolva. É importante lembrar que as porções adicionadas de solvente, a cada vez, são pequenas, de modo a garantir que a quantidade *menor possível* de solvente seja usada para dissolver o sólido. É importante enfatizar, também, que o procedimento exige a adição de solvente ao sólido. Nunca adicione sólido a uma quantidade fixa de solvente em ebulição. Este último procedimento não permite a determinação do ponto de saturação. O procedimento completo deve ser feito rapidamente, ou você perderá solvente por evaporação com a mesma velocidade com que o está adicionando. Isto fará com que o procedimento seja muito lento. Este problema é mais provável quando se usa solventes muito voláteis, como álcool metílico ou álcool etílico. O tempo decorrido desde a primeira adição de solvente até a dissolução completa do sólido não deve ultrapassar 15-20 minutos.

Comentários sobre este procedimento para dissolver o sólido

1. Um dos erros mais comuns é adicionar muito solvente. Isto pode acontecer facilmente quando o solvente não está suficientemente quente ou se a mistura não for bem-agitada. Se muito solvente for adicionado, o rendimento percentual se reduzirá. É até possível que não se formem cristais quando a mistura esfriar. Se muito solvente tiver sido adicionado, aqueça a mistura para evaporar o excesso. Uma corrente de nitrogênio ou de ar dirigida à superfície acelera o processo de evaporação (veja a Técnica 7, Seção 7.10, página 545).
2. É muito importante não aquecer o sólido até ter adicionado um pouco de solvente. O sólido pode fundir e formar um óleo ou se decompor, e não cristalizará facilmente (ver página 588).

Etapa 1 Dissolução do sólido por adição de pequenas porções de solvente quente.

Para opções, veja a Figura 11.5

A. Decantação
B. Filtro pregueado
C. Pipeta filtrante

(use A, B ou C, ou omita.)

Etapa 2 (opcional) Remoção de impurezas insolúveis (se necessário).

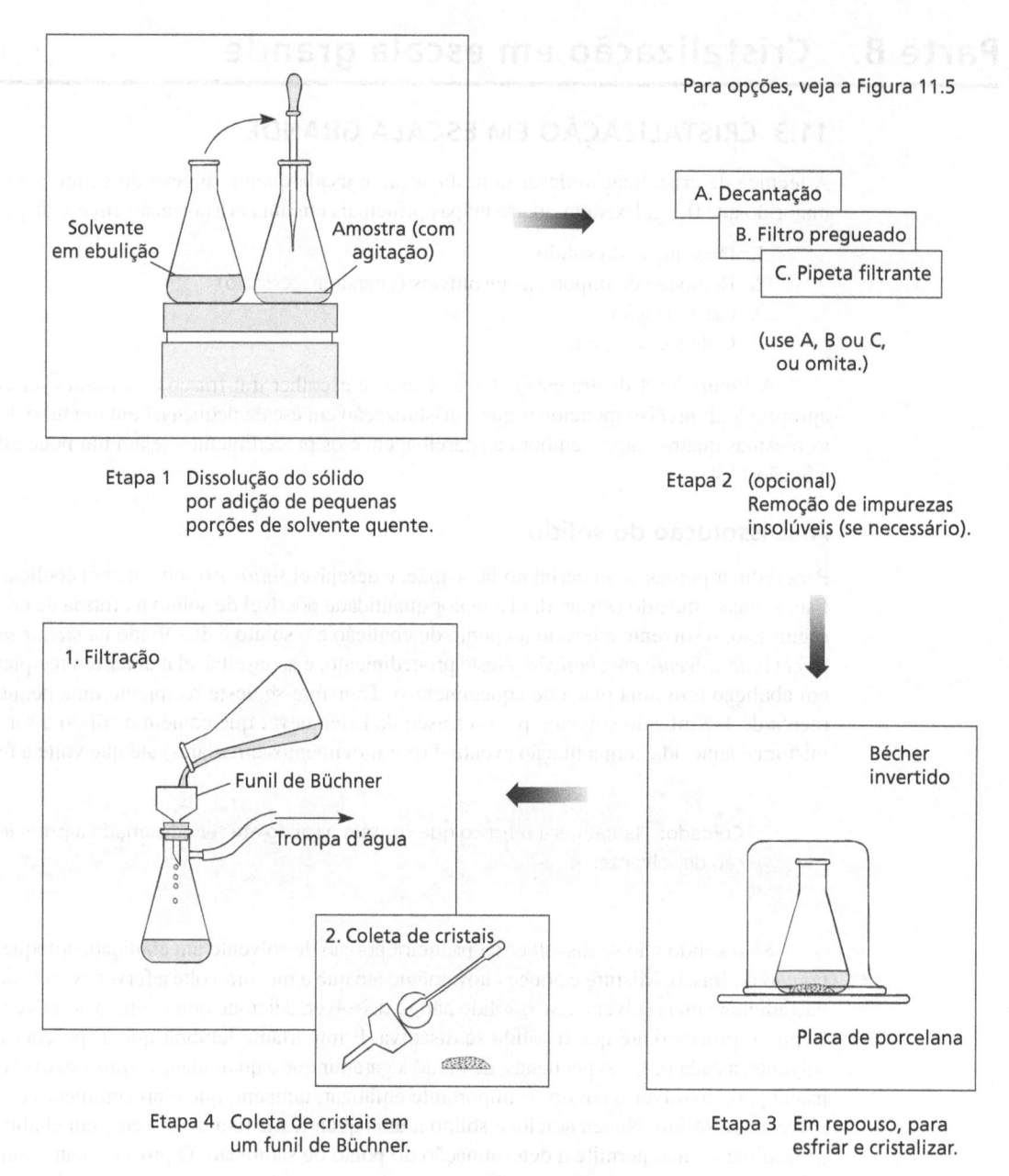

1. Filtração — Funil de Büchner — Trompa d'água
2. Coleta de cristais

Bécher invertido
Placa de porcelana

Etapa 4 Coleta de cristais em um funil de Büchner.

Etapa 3 Em repouso, para esfriar e cristalizar.

Figura 11.4 Etapas de uma cristalização em escala grande (sem descoloração).

3. É importante, também, usar um frasco de Erlenmeyer, e não, um bécher na cristalização. Não se deve usar um bécher porque a abertura da boca faz com que o solvente evapore muito rapidamente e deixa partículas de poeira entrarem muito facilmente.
4. Em alguns experimentos, recomendaremos uma quantidade específica de solvente para um dado peso de sólido. Nestes casos, use a quantidade recomendada para dissolver o sólido, e não, a menor quantidade possível. A quantidade recomendada foi definida para criar as melhores condições para a boa formação dos cristais.
5. Você pode, ocasionalmente, encontrar um sólido impuro que contenha pequenas partículas de impurezas insolúveis, poeira ou fibras de papel que não se dissolvem no solvente quente de cristalização. Um erro comum é adicionar excesso de solvente quente na tentativa de dissolver estas pequenas impurezas, sem perceber que elas são insolúveis. Nestes casos, evite adicionar muito solvente.

6. É necessário, às vezes, descolorir a solução tratando-a com carvão ativado ou passando-a por uma coluna contendo alumina ou sílica gel (veja a Seção 11.7 e a Técnica 19, Seção 19.15, páginas 589 e 691). Uma etapa de descoloração só deve ser feita se a mistura está *muito* colorida e se estiver claro que a cor é devida a impurezas, e não, ao produto desejado. Se a descoloração for necessária, deve ser feita antes da etapa de filtração, descrita a seguir.

B. Remoção de impurezas insolúveis

Só é necessário usar um dos três métodos seguintes se material insolúvel permanecer na solução quente ou se o carvão para descoloração tiver sido usado.

> **Cuidado:** O uso indiscriminado deste procedimento pode levar a perdas desnecessárias de produto.

A decantação é o método mais fácil de remover impurezas sólidas e deve ser avaliado primeiro. Se a filtração for necessária, usa-se uma pipeta filtrante quando o volume a ser filtrado for inferior a 10 mL (veja a Técnica 8, Seção 8.1C, página 551), e filtração por gravidade se o volume for igual ou superior a 10 mL (veja a Técnica 8, Seção 8.1B, página 551). A Figura 11.5 ilustra estes três métodos, que são discutidos a seguir.

Decantação. Se as partículas de sólido são relativamente grandes ou se elas se depositam facilmente no fundo do frasco, pode ser possível separá-las da solução quente derramando o líquido para outro frasco, sem arrastar o sólido. Isto é feito com mais facilidade mantendo um bastão de vidro na vertical no segundo frasco e inclinando o primeiro frasco de modo a passar o líquido quente pelo bastão para o segundo frasco. Uma técnica semelhante, em princípio, que pode ser mais fácil de realizar com menores quantidades de líquido, é usar uma **pipeta Pasteur pré-aquecida** para remover a solução quente. Neste método, coloque a ponta da pipeta no fundo do frasco ao remover a última porção da solução. O pequeno espaço entre a ponta da pipeta e a superfície interna do frasco impede a passagem de sólidos para a pipeta. Um modo fácil de pré-aquecer a pipeta é aspirar, várias vezes, uma pequena quantidade de *solvente* quente (não use a solução a ser transferida) e expelir o líquido.

Filtro Pregueado. O uso deste método é a maneira mais efetiva de remover impurezas sólidas quando o volume de líquido for superior a 10 mL ou quando o carvão de descoloração foi usado (veja a Técnica 8, Seção 8.1B, página 550 e Seção 11.7). Você deve adicionar primeiro uma pequena quantidade de solvente à mistura quente. Isto impede a cristalização prematura, no papel de filtro ou na haste do funil, durante a filtração. Ponha um filtro pregueado no funil e coloque-o sobre o topo do frasco de Erlenmeyer para a filtração. É aconselhável colocar um arame pequeno entre o funil e a boca do frasco para equalizar a pressão aumentada pelo filtrado quente.

Coloque o frasco de Erlenmeyer com o funil e o filtro pregueado sobre uma placa de aquecimento (controle baixo). Leve o líquido a ser filtrado ao ponto de ebulição e passe-o pelo filtro em porções. (Se o volume da mistura for inferior a 10 mL, pode ser mais conveniente transferir a mistura para o filtro com uma pipeta Pasteur pré-aquecida.) É necessário manter as soluções de ambos os frascos na temperatura de ebulição para evitar a cristalização prematura. O refluxo do filtrado mantém o funil aquecido e reduz a possibilidade de entupimento do filtro pelos cristais que eventualmente se formem durante a filtração. Com solventes de baixo ponto de ebulição, pode ocorrer perda de solvente por evaporação. Deve-se compensar isto por adição de solvente. Se cristais começarem a se formar no filtro, adicione um pouco de solvente em ebulição para removê-los e permitir que a solução passe pela haste. Se o volume de líquido a ser filtrado for inferior a 10 mL uma pequena quantidade de solvente quente deverá ser usada para lavar o filtro depois da coleta integral do filtrado. O solvente de lavagem é combinado, depois, com o filtrado original.

Pode ser necessário, após a filtração, remover parte do solvente por evaporação até que a solução esteja novamente saturada no ponto de ebulição do solvente (veja a Técnica 7, Seção 7.10, página 545).

Pipeta Filtrante. Se o volume da solução, após dissolução do sólido no solvente quente, for inferior a 10 L, pode-se usar a filtração por gravidade com uma pipeta filtrante para remover impurezas sólidas. Entretanto, o uso de uma pipeta filtrante com soluções saturadas pode ser difícil sem que ocorra cristalização

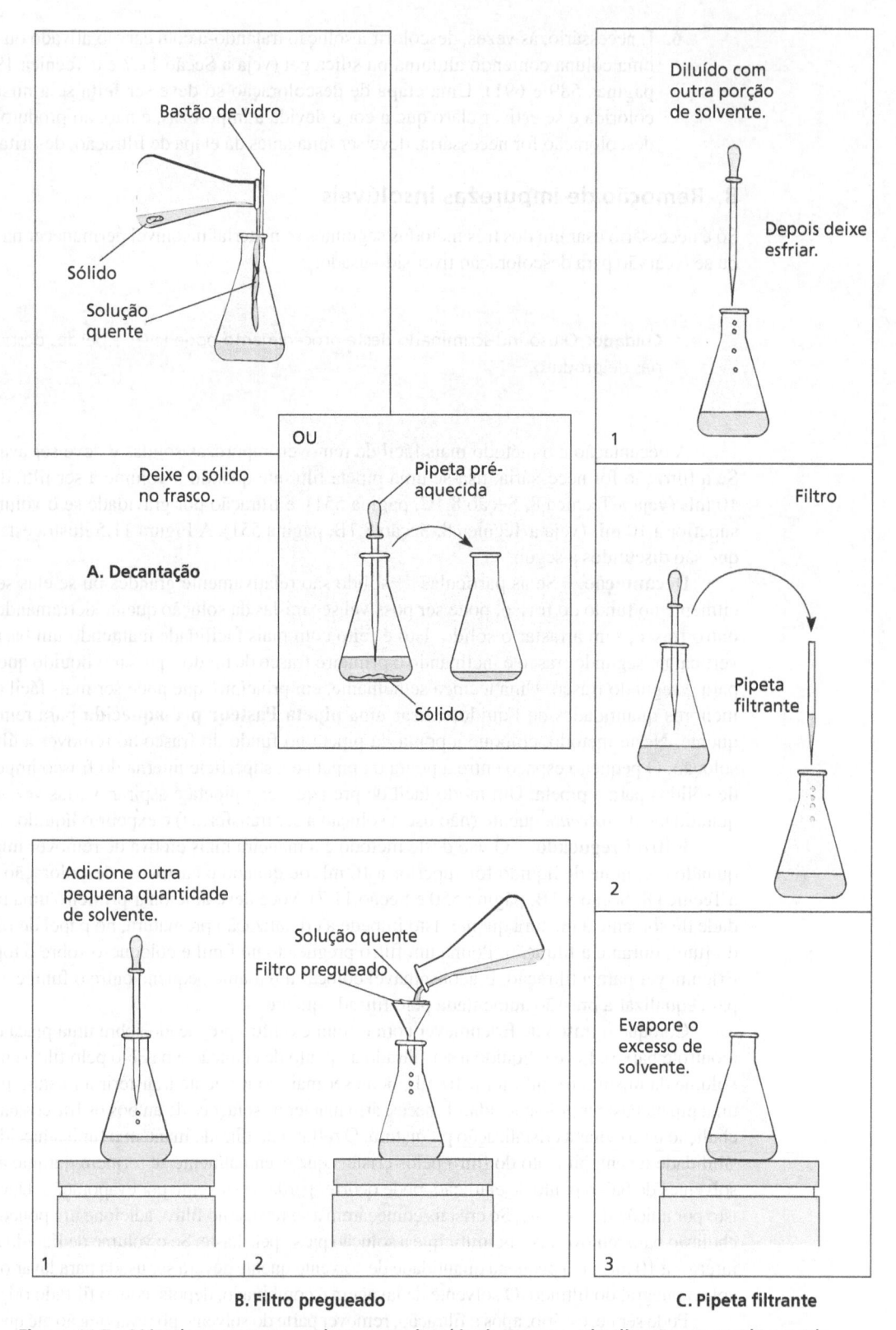

Figura 11.5 Métodos para remover impurezas insolúveis em uma cristalização em escala grande.

A. Decantação
- Bastão de vidro
- Sólido
- Solução quente
- Deixe o sólido no frasco.

OU
- Pipeta pré-aquecida
- Sólido

B. Filtro pregueado
1. Adicione outra pequena quantidade de solvente.
2. Solução quente / Filtro pregueado

C. Pipeta filtrante
1. Diluído com outra porção de solvente. Depois deixe esfriar.
2. Filtro / Pipeta filtrante
3. Evapore o excesso de solvente.

prematura. A melhor maneira de evitar isto é adicionar solvente suficiente para dissolver a amostra desejada na temperatura normal (cuidado para não exagerar na quantidade de solvente) e fazer a filtração nesta temperatura, como descrito na Técnica 8, Seção 8.1C, página 551. Após a filtração, evapora-se o solvente por aquecimento, até a saturação no ponto de ebulição da mistura (veja a Técnica 7, Seção 7.10, página 545). Se carvão em pó para descoloração tiver sido usado, será provavelmente necessário filtrar duas vezes com uma pipeta filtrante para remover todo o carvão. Pode-se usar, também, um filtro pregueado.

C. Cristalização

Use um frasco de Erlenmeyer, e não um bécher para a cristalização. A abertura da boca do bécher deixa entrar muita poeira, o que não acontece com o frasco de Erlenmeyer. Seu uso reduz a contaminação pela poeira e permite o fechamento com uma rolha se o frasco tiver de ser guardado por um longo período. Isto é necessário para evitar a evaporação do solvente. Se todo o solvente evaporar, não ocorrerá purificação e e os cristais originalmente formados ficarão cobertos com o conteúdo seco do licor-mãe. É aconselhável, mesmo quando o tempo necessário para a cristalização for relativamente pequeno, cobrir o topo do frasco de Erlenmeyer com um vidro de relógio pequeno ou com um bécher invertido para evitar a evaporação do solvente enquanto a solução esfria.

As chances de obter cristais puros aumentam se a solução esfriar lentamente até a temperatura normal. Quando o volume da solução for inferior a 10 mL, a solução provavelmente esfriará mais depressa do que o desejado. Para contornar o problema, coloca-se o frasco sobre uma superfície que conduza mal o calor, coberto com um bécher para garantir uma camada isolante de ar. São superfícies apropriadas as placas de porcelana ou uma pilha de papéis de filtro colocada sobre a bancada de laboratório. Pode ser interessante usar uma placa de porcelana ligeiramente aquecida em uma placa ou na estufa.

Após a cristalização, é desejável esfriar o frasco em um banho de água e gelo. Como o soluto é menos solúvel em temperaturas mais baixas, este procedimento faz aumentar o rendimento dos cristais.

Se uma solução não produzir cristais ao resfriar, pode ser necessário induzir a cristalização. Várias técnicas são descritas na Seção 11.8A.

D. Coleta e secagem

Após esfriar, os cristais do frasco são coletados por filtração a vácuo em um funil de Büchner (ou Hirsch) (veja a Técnica 8, Seção 8.3, página 554 e a Figura 8.5). Os cristais devem ser lavados com uma pequena quantidade de solvente *gelado* para remover a água-mãe que adere à superfície. Se o solvente estiver quente ou morno, parte dos cristais se dissolverão. Deixe os cristais no funil por algum tempo (usualmente 5-10 minutos) para que o ar que passa por ele faça evaporar a maior parte do solvente. É útil cobrir o funil de Büchner com um papel de filtro grande ou com uma toalha de papel durante a operação de secagem pare evitar o acúmulo de poeira sobre os cristais. Quando os cristais estiverem quase secos, eles devem ser retirados cuidadosamente do papel de filtro (para que as fibras do papel não sejam removidas com os cristais) e transferidos para um vidro de relógio ou para uma placa de porcelana para a secagem completa (veja Seção 11.9).

A Tabela 11.1 resume as quatro etapas de uma cristalização em escala grande.

Parte C. Cristalização em escala pequena

11.4 CRISTALIZAÇÃO EM ESCALA PEQUENA

Em muitos experimentos de escala pequena, a quantidade de sólido a ser cristalizada é tão pequena (geralmente inferior a 0,1 g) que o uso de um **tubo de Craig** (veja a Técnica 8, Figura 8.10, página 559.) é o método preferido de cristalização. A principal vantagem do tubo de Craig é que ele reduz o número de transferências de material sólido, o que resulta em maior rendimento em cristais. A separação dos cristais do licor-mãe também é muito eficiente e é preciso pouco tempo para a secagem. As etapas envolvidas são, em princípio, as mesmas usadas na cristalização com um frasco de Erlenmeyer e um funil de Büchner.

TABELA 11.1 Etapas em uma cristalização em escala grande

A. Dissolução do sólido
1. Encontre um solvente em que a solubilidade do sólido varia muito com a temperatura (feito por tentativa e erro com pequenas quantidades do material ou pela consulta a um manual de laboratório).
2. Aqueça o solvente até o ponto de ebulição.
3. Dissolva o sólido em um frasco com o mínimo possível de solvente em ebulição.
4. Se necessário, adicione carvão ou passe a solução em uma coluna de sílica gel ou alumina para descoloração.

B. Remoção de impurezas insolúveis
1. Decante ou remova a solução com uma pipeta Pasteur.
2. Como alternativa, filtre a solução quente em um funil preguegueado ou em uma pipeta com filtro para remover impurezas insolúveis ou carvão.

> **Nota:** Se você não adicionou carvão para descolorir ou se não houver partículas insolúveis, a Parte B deve ser omitida.

C. Cristalização
1. Deixe a solução esfriar.
2. Se aparecerem cristais, esfrie a mistura em um banho de água e gelo (se desejado) e vá para a Parte D. Se não aparecerem cristais, vá para a próxima etapa.
3. Cristalização induzida
   a. Raspe o frasco com um bastão de vidro.
   b. Semeie a solução com uma amostra do sólido, se disponível.
   c. Esfrie a solução em um banho de água e gelo.
   d. Evapore o excesso de solvente e deixe a solução esfriar novamente.

D. Coleta e secagem
1. Colete os cristais por filtração a vácuo usando um funil de Büchner.
2. Lave os cristais com uma pequena porção de solvente **gelado**.
3. Continue a sucção até que os cristais estejam quase secos.
4. Seque (três opções)
   a. Seque os cristais ao ar.
   b. Coloque os cristais em uma estufa de secagem.
   c. Seque os cristais sob vácuo.

Transfira o sólido para o tubo de Craig e adicione pequenas quantidades de solvente quente, com agitação com espátula e aquecimento. Impurezas eventualmente presentes podem ser removidas com uma pipeta com filtro. Insira o pino interno no tubo de Craig e resfrie a solução, lentamente, até a temperatura normal. Depois que os cristais se formarem, coloque o tubo de Craig em um tubo de centrífuga para separar os cristais do licor-mãe (veja a Técnica 8, Seção 8.7, página 559). Raspe os cristais da extremidade do pino interno ou de dentro do tubo de Craig e transfira-os para um vidro de relógio ou para um pedaço de papel. Seque, se necessário (veja a Seção 11.9).

Parte D. Considerações experimentais adicionais: escala grande e escala pequena

11.5 SELEÇÃO DO SOLVENTE

Um bom solvente para cristalização dissolve pouco material quando está frio e muito material quando está quente. Muito freqüentemente, os solventes apropriados para a cristalização são indicados nos procedimentos experimentais que você seguirá. Quando o solvente não é indicado no procedimento, você pode encontrar um em um manual de laboratório ou fazer uma escolha com base nas polaridades, métodos discutidos nesta seção. Veremos, na Seção 11.6, um terceiro método que envolve a experimentação.

No caso de compostos bem-conhecidos, o solvente apropriado para a cristalização já foi determinado por outros pesquisadores, e a literatura química deve ser consultada. Fontes como o *The Merck Index* ou o *CRC Handbook of Chemistry and Physics* contêm estas informações.

Examinemos o naftaleno, por exemplo, encontrado no *The Merck Index*. Lá, pode-se ler: "Placas prismáticas monoclínicas de éter". Isto significa que o naftaleno pode ser cristalizado a partir de éter. A frase também inclui o tipo de estrutura cristalina. Infelizmente, pode-se ter a estrutura cristalina sem referência ao solvente. Outra maneira de determinar o melhor solvente é olhar os dados da curva de solubilidade *versus* temperatura. Quando os dados estão disponíveis, um bom solvente é aquele em que a solubilidade cresce rapidamente com a temperatura. Às vezes, os dados incluem apenas a solubilidade no solvente frio e na temperatura de ebulição. Estas informações permitem decidir se o solvente é bom para a cristalização.

Em muitos casos, entretanto, os manuais de laboratório dirão apenas se um composto é solúvel, ou não, em um dado solvente, usualmente na temperatura normal. A determinação de um bom solvente para a cristalização a partir destas informações pode ser difícil. O solvente em que o composto é solúvel pode ser, ou não, um solvente apropriado para a cristalização. Às vezes, o composto pode ser muito solúvel em todas as temperaturas, mas você recuperaria muito pouco do produto ao usar este solvente para a cristalização. É possível que o solvente apropriado seja aquele em que ele é pouco solúvel na temperatura normal porque a solubilidade cresce rapidamente com a temperatura. Embora as informações dadas sobre a solubilidade possam lhe dar algumas idéias sobre os solventes que devem ser tentados, você provavelmente terá de determinar qual é o melhor solvente para a cristalização por experimentação, como está descrito na Seção 11.6.

Ao usar o *The Merck Index* ou o *Handbook of Chemistry and Physics*, lembre-se de que álcool é freqüentemente listado como solvente. Isto geralmente se refere a álcool etílico 95% ou 100%. Como o álcool etílico 100% (álcool absoluto) é mais caro do que o álcool etílico 95%, normalmente usa-se o de grau mais barato no laboratório de química. Outro solvente freqüentemente citado é o benzeno. Este composto é sabidamente cancerígeno; logo, ele é raramente usado em laboratórios de ensino. O tolueno é um substituto conveniente. A solubilidade de uma substância em benzeno e em tolueno é muito semelhante e você pode aceitar que qualquer informação dada sobre o benzeno se aplique também ao tolueno.

Outra maneira de identificar um solvente para a cristalização é olhar as polaridades do composto e dos solventes. Você deve, em geral, procurar um solvente de polaridade semelhante à do composto a ser cristalizado. Vejamos a sulfanilamida, mostrada na figura abaixo. Existem várias ligações polares na molécula, as ligações NH e SO. Além disso, os grupos NH_2 e os átomos de oxigênio podem formar ligações hidrogênio. Embora o anel de benzeno da sulfanilamida seja não-polar, ela tem polaridade intermediária devido aos grupos polares. Um solvente orgânico comum de polaridade intermediária é o álcool etílico 95%. É provável, portanto, que a sulfanilamida seja solúvel em álcool etílico 95% porque eles têm polaridades semelhantes. (Observe que os outros 5% desse solvente incluem substâncias como água ou álcool isopropílico, que não afetam fortemente sua polaridade total.) Embora este tipo de análise seja um bom primeiro passo para determinar um solvente apropriado para a cristalização, sem mais informações ela não basta para a predição da forma da curva de solubilidade *versus* temperatura (veja a Figura 11.1, página 579). Portanto, saber que a sulfanilamida é solúvel em álcool etílico 95% não implica que ele seja um bom solvente para a cristalização da sulfanilamida. Você ainda teria de testar o solvente para ver se funciona. A curva de solubilidade da sulfanilamida (veja a Figura 11.2, página 579) indica que o álcool etílico 95% é, de fato, um bom solvente para a cristalização dessa substância.

Sulfanilamida

Ao escolher um solvente para a cristalização, não selecione um com ponto de ebulição superior ao ponto de fusão do composto (soluto) a ser cristalizado. Se o ponto de ebulição do solvente for muito alto, a substância pode sair da solução como um líquido (um **óleo**), e não, como um sólido cristalino. A formação de óleo ocorre quando, ao resfriar a solução para induzir a cristalização, o soluto sai da solução em uma temperatura superior à de seu ponto de fusão. O soluto sairá da solução como um líquido. Além disto, com a continuação do resfriamento, a substância pode não cristalizar e tornar-se um líquido superesfriado. Os óleos podem, eventualmente, solidificar se a temperatura estiver suficientemente baixa, mas, com freqüência, não se cristalizam. O óleo solidificado será amorfo ou uma massa endurecida. Neste caso, a purificação da substância não ocorre como acontece quando o sólido é cristalino. Pode ser muito difícil lidar com óleos quando se tenta obter uma substância pura. Você deve tentar redissolvê-los e esperar que a substância cristalize com o resfriamento lento e cuidadoso. Pode ser uma boa idéia raspar o recipiente de vidro em que está o óleo com um bastão de vidro que não foi polido com fogo. Semear o óleo com uma pequena amostra do sólido é outra técnica que funciona, às vezes, com óleos difíceis. Outros métodos de indução da cristalização são discutidos na Seção 11.8.

Um outro critério para a seleção do solvente adequado para a cristalização é a **volatilidade** do solvente. Os solventes voláteis têm pontos de ebulição baixos ou evaporam facilmente. Um solvente de ponto de ebulição baixo pode ser removido por evaporação sem muita dificuldade. É difícil remover um solvente de alto ponto de ebulição sem aquecer os cristais sob vácuo.

A Tabela 11.2 lista solventes de cristalização comuns. Os solventes mais usados estão na parte superior da tabela.

TABELA 11.2 Solventes comuns de cristalização

	Ponto de Ebulição (°C)	Ponto de Congelamento (°C)	Solubilidade em H_2O	Inflamabilidade
Água	100	0	+	−
Metanol	65	*	+	+
Etanol 95%	78	*	+	+
Ligroína	60–90	*	−	+
Tolueno	111	*	−	+
Clorofórmio**	61	*	−	−
Ácido acético	118	17	+	+
Dioxano**	101	11	+	+
Acetona	56	*	+	+
Dietil-éter	35	*	Ligeiramente	+ +
Éter de petróleo	30–60	*	−	+ +
Cloreto de metileno	41	*	−	−
Tetracloreto de carbono**	77	*	−	−

*Inferior a 0°C (temperatura do gelo).
**Suspeito de ação cancerígena.

11.6 TESTE DE SOLVENTES PARA CRISTALIZAÇÃO

Se você não souber qual é o solvente apropriado, faça a seleção experimentando vários solventes com uma quantidade muito pequena do material a ser cristalizado. Conduza os experimentos em tubos de ensaio pequenos antes de usar todo o material em um determinado solvente. Este tipo de método de tentativa e erro é comum quando se tenta purificar um material sólido que não foi previamente estudado.

Procedimento

1. Coloque cerca de 0,05 g da amostra em um tubo de ensaio.

2. Adicione cerca de 0,5 mL de solvente à temperatura normal e agite a mistura girando rapidamente uma pequena espátula entre os dedos. Se todo (ou quase todo) o sólido se dissolver na temperatura normal, ele é *provavelmente* muito solúvel neste solvente e você recuperará uma quantidade pequena do composto se ele for usado. Selecione outro solvente.
3. Se pouco ou nenhum sólido se dissolver à temperatura normal, aqueça o tubo cuidadosamente e agite-o com uma espátula. (Um banho de água é provavelmente melhor do que um bloco de alumínio porque o controle de temperatura é mais fácil. A temperatura do banho deve ser ligeiramente superior ao ponto de ebulição do solvente.) Adicione mais solvente, gota a gota, com aquecimento e agitação. Continue a adicionar o solvente até que o sólido se dissolva, mas não ultrapasse 1,5 mL (total). Se todo o sólido se dissolver, vá para a etapa 4. Se o sólido não se dissolveu totalmente com 1,5 mL de solvente, ele provavelmente não é adequado. Se quase todo o sólido se dissolveu, entretanto, você pode tentar a adição de um pouco mais de solvente. Lembre-se sempre de aquecer e agitar durante a adição de solvente.
4. Se o sólido se dissolver em cerca de 1,5 mL de solvente ou menos, afaste o tubo de ensaio da fonte de calor, tampe-o e deixe-o esfriar até a temperatura normal. Coloque-o, a seguir, em um banho de água e gelo. Se uma porção de cristais se separar, este solvente provavelmente é adequado. Se não houver formação de cristais, raspe as paredes internas do tubo com um bastão de vidro para induzir a cristalização. Se, ainda assim, não ocorrer formação de cristais, o solvente não é bom.

Comentários sobre este procedimento

1. A seleção de um bom solvente é, de certo modo, uma arte. Não existe uma receita que possa ser usada em todos os casos. Você deve pensar no que está fazendo e usar o bom senso ao decidir usar um solvente em particular.
2. Não aqueça a mistura acima do ponto de fusão de seu sólido. Isto pode ocorrer facilmente quando o ponto de ebulição do solvente é superior ao ponto de fusão do sólido. Não selecione, normalmente, um solvente cujo ponto de ebulição seja superior ao ponto de fusão da mistura. Se você fizer isto, não aqueça a mistura acima do ponto de fusão de seu sólido.

11.7 DESCOLORAÇÃO

Pequenas quantidades de impurezas podem colorir a solução de cristalização. A cor pode ser removida, com freqüência, por **descoloração** com carvão ativado (Norit) ou passando a solução por uma coluna empacotada com alumina ou sílica gel. Só se deve fazer a descoloração se a cor é devida a impurezas, e não, ao produto desejado, e se a cor for forte. Pequenas quantidades de impurezas coloridas ficarão em solução durante a cristalização, tornando a descoloração desnecessária. Descrevemos, abaixo, o uso de carvão ativado separadamente para as escalas grande e pequena. Em seguida, descrevemos a técnica da coluna, que é comum a ambas as escalas.

A. Carvão em pó – escala grande

Assim que o soluto se dissolver na menor quantidade possível de solvente em ebulição, deixe a solução esfriar um pouco e adicione uma pequena quantidade de Norit (carvão em pó). O Norit adsorve as impurezas. Quando estiver fazendo a cristalização com um filtro preguedo, adicione o Norit em pó porque ele tem uma área superficial maior e pode remover as impurezas mais efetivamente. Uma quantidade razoável de Norit cabe na ponta de uma espátula pequena (cerca de 0,01-0,02 g). Se uma grande quantidade de Norit for usada, ele adsorverá o produto, além das impurezas. Use uma pequena quantidade de Norit e repita o procedimento, se necessário. (É difícil determinar se a quantidade inicialmente adicionada é suficiente até filtrar a solução, porque as partículas de carvão em suspensão obscurecem a cor do líquido.) Tenha cuidado para que a solução não espume ou entre em erupção quando o carvão finamente dividido for adicionado. Ferva a mistura com Norit por vários minutos e filtre-a por gravidade com um filtro preguedo (veja a Seção 11.3 e a Técnica 8, Seção 8.1B, página 550). Faça a cristalização como está descrito na Seção 11.3.

O Norit adsorve preferencialmente as impurezas coloridas e as remove da solução. A técnica parece ser mais efetiva com solventes hidroxilados. Cuidado, quando usar Norit, para não respirar o pó. Usa-se, normalmente, uma quantidade tão pequena que riscos de irritação do pulmão são pequenos.

B. Escala pequena – Norit em grãos

Se a cristalização está sendo feita em um tubo de Craig, é aconselhável usar Norit em grãos. Embora não seja tão efetivo na remoção de impurezas como o Norit em pó, é mais fácil de remover, e a quantidade de Norit em grãos é mais facilmente determinada porque você pode ver a solução que se descolora. De novo, adicione o Norit à solução quente (a solução não deve estar fervendo) após a dissolução do sólido. Isto deve ser feito em um tubo de ensaio, e não, no tubo de Craig. Adicione cerca de 0,02 g e ferva a mistura por cerca de um minuto para verificar se uma quantidade maior de Norit é necessária. Adicione Norit, se necessário, e ferva novamente o líquido. É importante não adicionar uma quantidade muito grande de Norit em grãos porque ele vai adsorver um pouco do material desejado e é possível que o aumento da quantidade não remova toda a cor. A solução descolorida é removida com uma pipeta com filtro aquecida (veja a Técnica 8, Seção 8.6, página 558) para filtrar a mistura e transferida para um tubo de Craig para cristalização, como descrito na Seção 11.4.

C. Descoloração em uma coluna

O outro método de descolorir uma solução é passá-la por uma coluna com alumina ou sílica gel. O adsorvente remove as impurezas coloridas e deixa passar o material desejado (veja a Técnica 8, Figura 8.6, páginas 556-557 e a Técnica 19, Seção 19.15, página 691). Se esta técnica for usada, será necessário diluir a solução para evitar a cristalização durante o processo. O excesso de solvente deve ser evaporado após a passagem pela coluna (Técnica 7, Seção 7.10, página 545), e o processo de cristalização continua como descrito nas Seções 11.3 e 11.4.

11.8 INDUÇÃO DA CRISTALIZAÇÃO

Se uma solução esfriada não produz cristais, várias técnicas podem ser usadas para induzir a cristalização. Embora idênticos em princípio, os procedimentos variam ligeiramente quando a cristalização é feita em escala grande ou em escala pequena.

A. Escala grande

Na primeira técnica, você deve tentar raspar vigorosamente a superfície interna do frasco com um bastão que *não tenha sido* polido na chama. O movimento do bastão deve ser vertical (saindo e entrando na solução) e deve ser suficientemente vigoroso para produzir um som audível. Esta ação induz, muitas vezes, a cristalização, embora o efeito não seja bem-compreendido. As vibrações de alta freqüência podem provocar o início da cristalização ou – talvez uma melhor possibilidade – uma pequena quantidade de sólido seco seja colocado na solução. Este material serviria de "semente", ou núcleo, e iniciaria a cristalização.

Uma segunda técnica que pode ser usada para induzir a cristalização é esfriar a solução em um banho de gelo. Este método aproveita a diminuição da solubilidade do soluto.

Uma terceira técnica é possível quando pequenas quantidades do material original a ser cristalizado são guardadas. Este material pode ser usado para semear a solução esfriada. Um pequeno cristal colocado no balão esfriado inicia, com freqüência, o processo de cristalização – este procedimento é chamado de **semeadura**.

Se todas estas medidas falharem, é provável que o solvente esteja em excesso. Evapore o excesso de solvente (Técnica 7, Seção 7.10, página 545) e deixe esfriar a solução.

B. Escala pequena

A estratégia é basicamente a que foi descrita para as cristalizações em escala grande. A raspagem vigorosa com um bastão de vidro *deve ser evitada*, entretanto, porque o tubo de Craig é frágil e caro. Pode-se, porém, raspar *cuidadosamente*.

Outra medida é mergulhar uma espátula ou bastão de vidro na solução e deixar o solvente evaporar para que uma quantidade pequena de sólido possa se formar na superfície da espátula ou bastão. Quando a espátula é mergulhada novamente na solução, o sólido semeia a solução. Uma pequena quantidade do material original, se ele foi guardado, também pode ser usada para semear a solução.

Uma terceira técnica é esfriar o tubo de Craig em um banho de água e gelo. Este método pode ser combinado com qualquer um dos já descritos.

Se todas estas medidas falharem, é provável que o solvente esteja em excesso. Evapore o excesso de solvente (Técnica 7, Seção 7.10, página 545) e deixe esfriar a solução.

11.9 SECAGEM DOS CRISTAIS

O método mais comum envolve a secagem dos cristais ao ar. A Figura 11.6 ilustra vários métodos para isto. Em todos os três métodos, os cristais devem ser cobertos para evitar o acúmulo de partículas de poeira. Note que em todos os métodos o bico do bécher funciona como uma abertura que deixa escapar o vapor de solvente. A vantagem deste método é que não é necessário usar calor, reduzindo, assim, o perigo de decomposição ou fusão. Entretanto, a exposição à umidade da atmosfera pode provocar a hidratação de materiais muito higroscópicos. Uma substância **higroscópica** é capaz de absorver a umidade do ar.

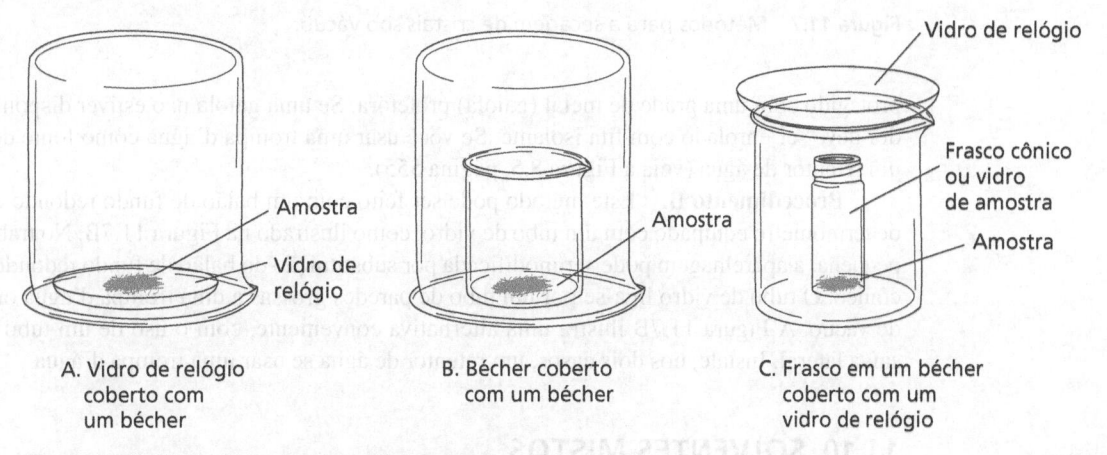

A. Vidro de relógio coberto com um bécher

B. Bécher coberto com um bécher

C. Frasco em um bécher coberto com um vidro de relógio

Figura 11.6 Métodos para secar cristais ao ar.

Outro método para secar os cristais é colocá-los em um vidro de relógio, uma placa de porcelana ou um pedaço de papel absorvente em uma estufa. Embora este método seja simples, devemos mencionar algumas possíveis dificuldades. Cristais que sublimam com facilidade não devem secar na estufa porque podem vaporizar e desaparecer. Deve-se ter cuidado para que a temperatura da estufa não exceda o ponto de fusão dos cristais. Lembre-se de que a presença de solvente abaixa o ponto de fusão dos cristais. Leve em conta a depressão do ponto de fusão quando estiver escolhendo a temperatura da estufa. Alguns materiais se decompõem quando expostos ao ar e não devem secar em estufa. Por fim, quando muitas amostras diferentes estão sendo secadas na mesma estufa, pode-se perder material devido a confusão ou reação com a amostra de outra pessoa. É importante identificar as amostras colocadas na estufa.

Um terceiro método, que não exige calor nem exposição à umidade do ar, é secar a vácuo. A Figura 11.7 ilustra dois procedimentos.

Procedimento A. Neste método, usa-se um dessecador. A amostra é colocada sob vácuo na presença de um agente secante. Dois problemas potenciais devem ser notados. O primeiro tem a ver com amostras que sublimam com facilidade. Sob vácuo, o problema da sublimação aumenta. O segundo problema tem a ver com o dessecador de vácuo. Como a área superficial do vidro é grande, existe o perigo de implosão do dessecador. Não se deve usar um dessecador sob vácuo a menos que ele esteja

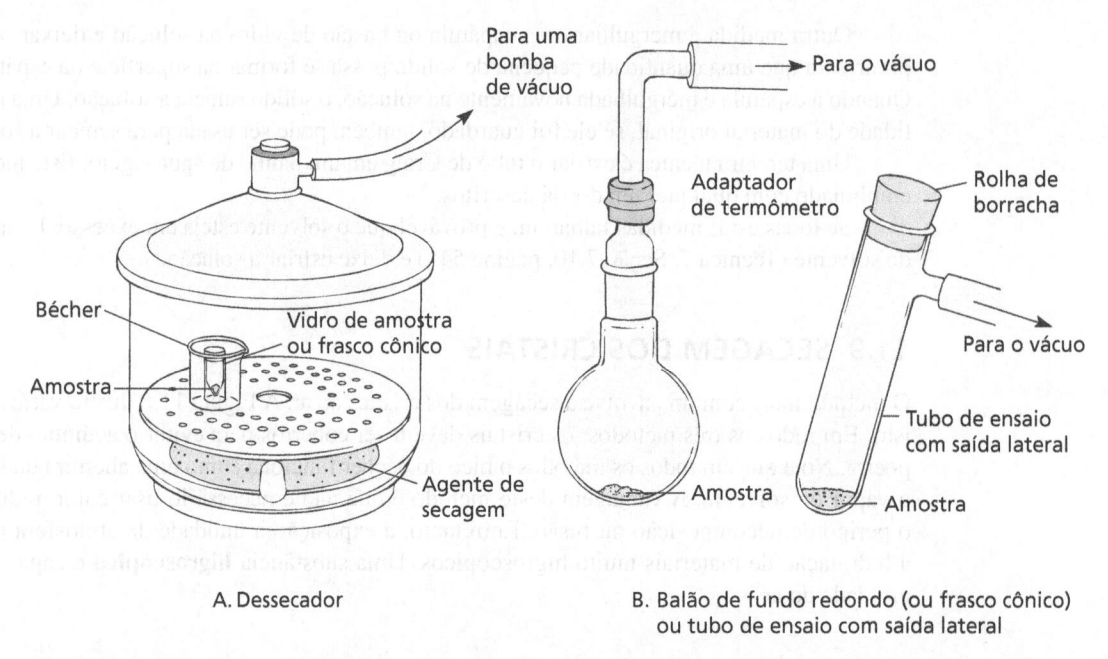

Figura 11.7 Métodos para a secagem de cristais sob vácuo.

A. Dessecador

B. Balão de fundo redondo (ou frasco cônico) ou tubo de ensaio com saída lateral

protegido com uma grade de metal (gaiola) protetora. Se uma gaiola não estiver disponível, o dessecador deve ser enrolado com fita isolante. Se você usar uma trompa d'água como fonte de vácuo, utilize um retentor de água (veja a Figura 8.5, página 555).

Procedimento B. Este método pode ser feito com um balão de fundo redondo e um adaptador de termômetro equipado com um tubo de vidro, como ilustrado na Figura 11.7B. No trabalho em escala pequena, a aparelhagem pode ser modificada por substituição do balão de fundo redondo por um frasco cônico. O tubo de vidro liga-se por um tubo de paredes grossas a uma trompa d'água ou a uma bomba de vácuo. A Figura 11.7B ilustra uma alternativa conveniente, com o uso de um tubo de ensaio com saída lateral. Instale, nos dois casos, um retentor de água se usar uma trompa d'água.

11.10 SOLVENTES MISTOS

As características de solubilidade desejadas para um composto em particular não são encontradas, com freqüência, em um solvente único. Nestes casos, deve-se usar um solvente misto. Selecione um solvente em que o composto seja solúvel e um segundo solvente, miscível com o primeiro, em que o composto seja relativamente insolúvel. Dissolva o composto na menor quantidade possível do primeiro solvente, em ebulição. Depois disso, adicione o segundo solvente, quente, à mistura em ebulição, gota a gota, até que a mistura fique ligeiramente turva. A turbidez indica precipitação. Neste ponto, adicione uma pequena quantidade do primeiro solvente, de modo a tornar límpida a mistura. Agora, a solução está saturada e, ao esfriar, produz cristais. A Tabela 11.3 lista algumas misturas comuns de solventes.

TABELA 11.3 Pares de solventes comuns para cristalização

Metanol-água	Éter-acetona
Etanol-água	Éter-éter de petróleo
Ácido acético-água	Tolueno-ligroína
Acetona-água	Cloreto de metileno-metanol
Éter-metanol	Dioxano[a]-água

[a]Provável cancerígeno.

É importante não adicionar excesso do segundo solvente ou esfriar a solução muito rapidamente. Qualquer uma dessas ações poderá fazer com que haja formação de óleo ou formação de um liquido viscoso. Se isto acontecer, reaqueça a solução e adicione mais uma pequena quantidade do primeiro solvente.

PROBLEMAS

1. Abaixo estão os dados de solubilidade *versus* temperatura da substância orgânica A dissolvida em água.

Temperatura (°C)	Solubilidade de A em 100 mL de Água (g)
0	1,5
20	3,0
40	6,5
60	11,0
80	17,0

   a. Coloque em gráfico a solubilidade de A *versus* temperatura. Use os dados da tabela. Ligue os pontos com uma única curva.
   b. Suponha que 0,1 g de A e 1,0 mL de água fossem misturados e aquecidos até 80°C. Será que toda a substância A se dissolveria?
   c. A solução preparada em (b) é esfriada. Em que temperatura aparecem os cristais de A?
   d. Suponha que o resfriamento descrito em (c) fosse continuado até 0°C. Quantos gramas de A sairiam da solução? Explique como você chegou à resposta.

2. O que aconteceria se uma solução saturada a quente fosse filtrada sob vácuo em um funil de Büchner? (*Sugestão*: A mistura esfria ao entrar em contato com o funil de Büchner.)

3. Um composto que você preparou foi listado na literatura como sendo amarelo-pálido. Quando a substância é dissolvida em solvente quente para ser purificada por cristalização, a solução resultante é amarela. Será que você deveria tentar descolori-la com carvão antes de deixar a solução esfriar? Explique sua resposta.

4. Ao fazer uma cristalização, você obtém uma solução ligeiramente colorida após dissolver o produto bruto em solvente quente. Uma etapa de descoloração foi rejeitada, e impurezas sólidas não estão presentes. Você deveria filtrar a solução para remover impurezas antes de deixar a solução esfriar? Por que ou por que não?

5. a. Faça um gráfico de uma curva de esfriamento (temperatura *versus* tempo) para uma solução de uma substância sólida que não mostra efeito de super-rresfriamento. Imagine que o solvente não se congela.
   b. Siga as instruções dadas em (a) para uma substância sólida que mostra super-resfriamento, mas, eventualmente, fornece cristais se a solução for suficientemente esfriada.

6. A solubilidade de uma substância sólida A em água é 10 mg/mL em 25°C e 100 mg/mL em 100°C. Você tem uma amostra que contém 100 mg de A e uma impureza B.
   a. Imagine que 2 mg de B estão presentes juntamente com 100 mg de A e descreva como purificar A se B for insolúvel em água. Sua descrição deve incluir o volume de solvente necessário.
   b. Imagine que 2 mg de impureza B estão presentes juntamente com 100 mg de A e descreva como purificar A se B tem o mesmo comportamento de solubilidade de A. Uma única cristalização produzirá A puro? (Imagine que as solubilidades de A e B não são afetadas pela presença da outra substância.)
   c. Imagine que 25 mg da impureza B estão presentes juntamente com 100 mg de A e descreva como purificar A se B tem o mesmo comportamento de solubilidade de A. A cada vez, use a menor quantidade de solvente possível. Uma única cristalização produzirá A puro? Quantas cristalizações seriam necessárias para produzir A puro? Que quantidade de A será recuperada após o término das cristalizações?

7. Um estudante de química orgânica dissolveu 0,30 g de um produto bruto em 10,5 mL (a menor quantidade possível) de etanol em 25°C. Ele esfriou a solução em um banho de água e gelo por 15 minutos e obteve belos cristais. Ele filtrou os cristais em um funil de Hirsch e os lavou com cerca de 2,0 mL de etanol gelado. Após a secagem, o peso dos cristais foi de 0,015 g. Por que a recuperação foi tão baixa?

TÉCNICA 12

Extrações, Separações e Agentes de Secagem

Parte A. Teoria

12.1 EXTRAÇÃO

A transferência de um soluto de um solvente para outro é chamada de **extração**, ou, mais precisamente, extração líquido-líquido. O soluto passa de um solvente para o outro porque ele é mais solúvel no segundo solvente do que no primeiro. Os dois solventes não podem ser miscíveis (isto é, misturar-se em todas as proporções); logo, devem formar duas **fases** ou camadas para que o procedimento funcione. A extração é usada de muitas maneiras na química orgânica. Muitos **produtos naturais** (compostos orgânicos que existem na natureza) ocorrem em tecidos de animais ou de plantas com alta proporção de água. A extração dos tecidos com um solvente imiscível em água é empregada para isolar os produtos naturais. Muitas vezes, o dietil-éter (comumente chamado de "éter") é usado para isto. Outras vezes, usa-se solventes imiscíveis em água, como hexano, éter de petróleo, ligroína e cloreto de metileno. A cafeína, um produto natural, por exemplo, pode ser extraída de uma solução de chá em água por agitação com diversas porções sucessivas de cloreto de metileno.

A Figura 12.1 esquematiza um processo geral de extração que envolve um aparelho de vidro chamado **funil de separação**. O primeiro solvente contém uma mistura de moléculas brancas e pretas (Figura 12.1A). Adiciona-se um segundo solvente, imiscível com o primeiro. Fecha-se o funil de separação, agita-se e as camadas se separam. Neste exemplo, o segundo solvente é menos denso do que o primeiro e forma a camada superior (Figura 12.1B). Devido a diferenças de propriedades físicas, as moléculas brancas são mais solúveis no segundo solvente, e as moléculas pretas, no primeiro solvente. A maior parte das moléculas brancas fica na camada superior, juntamente com algumas moléculas pretas. De forma semelhante, a maior parte das moléculas pretas fica na camada inferior, juntamente com algumas moléculas brancas. As fases são separadas quando se abre a torneira da parte inferior do funil de separação e a fase inferior passa para um bécher (Figura 12.1C). Observe, neste exemplo, que não foi possível separar completamente os dois tipos de moléculas com uma única extração. Isto é comum na química orgânica.

Muitas substâncias são solúveis em água e em solventes orgânicos. Água pode ser usada para extrair, ou "lavar", impurezas solúveis em água que estão dissolvidas em uma mistura de reação orgânica. Para fazer uma operação de "lavagem", adiciona-se água e um solvente orgânico imiscível à mistura de reação contida em um funil de separação. Após tampar o funil e agitá-lo, deixa-se separar a camada orgânica e a camada de água. A lavagem com água remove da camada orgânica substâncias muito polares e solúveis em água, como ácido sulfúrico, ácido clorídrico e hidróxido de sódio. A operação de lavagem ajuda a purificar o composto orgânico desejado que está presente na mistura de reação original.

12.2 COEFICIENTE DE DISTRIBUIÇÃO

Quando se agita uma solução (soluto A no solvente 1) com um segundo solvente (solvente 2) imiscível no primeiro, o soluto se distribui entre as duas fases líquidas. Quando as fases se separam em duas camadas, estabelece-se um equilíbrio tal que a razão das concentrações do soluto em cada camada é uma constante, chamada de **coeficiente de distribuição** (ou coeficiente de partição). O coeficiente de distribuição K é definido como

$$K = \frac{C_2}{C_1}$$

em que C_1 e C_2 são as concentrações no equilíbrio, em gramas por litro ou miligramas por mililitro do soluto A no solvente 1 e no solvente 2, respectivamente. Esta relação independe das quantidades dos

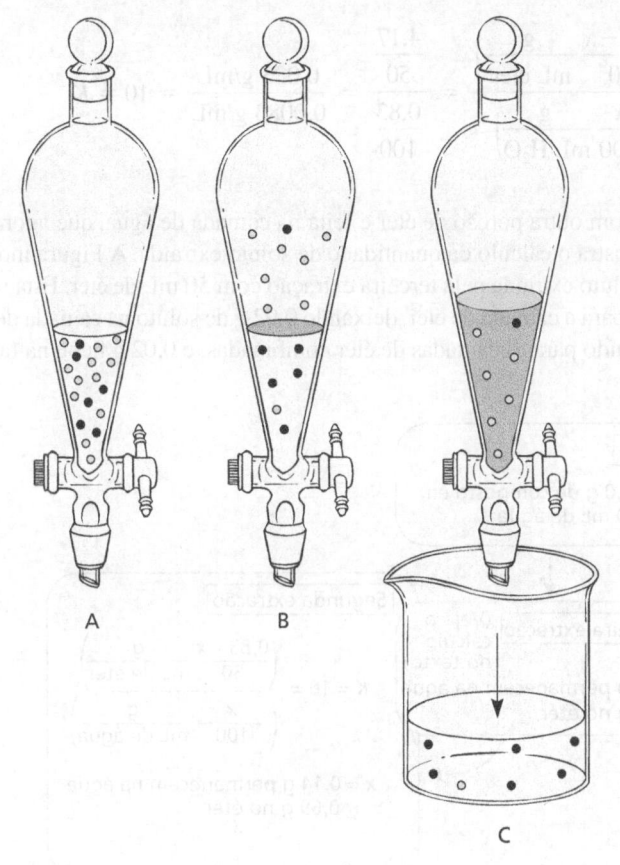

A. O solvente 1 contém uma mistura de moléculas (brancas e pretas).

B. Após agitação com o solvente 2 (sombreado), a maior parte das moléculas brancas foi extraída para o novo solvente. As moléculas brancas são mais solúveis no segundo solvente, e as moléculas pretas, no solvente original.

C. Após remoção da fase inferior, as moléculas brancas e pretas foram parcialmente separadas.

Figura 12.1 O processo de extração.

dois solventes misturados. O coeficiente de distribuição é constante para cada soluto e depende da natureza dos solventes utilizados em cada caso.

Nem todo o soluto será transferido para o solvente 2 em uma única extração, a menos que K seja muito grande. Usualmente, é preciso fazer várias extrações para remover todo o soluto do solvente 1. Na extração de um soluto de uma solução, é sempre preferível usar várias porções pequenas do segundo solvente do que uma única extração com uma grande porção. Suponha, como ilustração, que uma determinada extração ocorra com um coeficiente de distribuição igual a 10. O sistema é formado por 5,0 g de um composto orgânico em 100 mL de água (solvente 1). Nesta simulação, a eficiência da extração com três porções sucessivas de 50 mL de éter (solvente 2) é comparada com a de uma extração com 150 mL de éter. Na primeira extração com 50 mL, a quantidade extraída pela camada de éter é dada por x.

$$K = 10 = \frac{C_2}{C_1} = \frac{\left(\frac{5,0-x}{50}\frac{g}{\text{mL de éter}}\right)}{\left(\frac{x}{100}\frac{g}{\text{mL H}_2\text{O}}\right)}; \quad 10 = \frac{(5,0-x)(100)}{50x}$$

$500x = 500 - 100x$
$600x = 500$
$x = 0,83$ g permanecem na fase de água
$5,0 - x = 4,17$ g na camada de éter

Para verificar o cálculo, é possível substituir x por 0,83 g na equação original e mostrar que a concentração na camada de éter dividida pela concentração na camada de água é igual ao coeficiente de distribuição.

$$\frac{\left(\dfrac{5{,}0-x}{50}\dfrac{\text{g}}{\text{mL éter}}\right)}{\left(\dfrac{x}{100}\dfrac{\text{g}}{\text{mL H}_2\text{O}}\right)} = \frac{\dfrac{4{,}17}{50}}{\dfrac{0{,}83}{100}} = \frac{0{,}083 \text{ g/mL}}{0{,}0083 \text{ g/mL}} = 10 = K$$

A segunda extração com outra porção de éter é feita na camada de água, que agora contém 0,83 g de soluto. A Figura 12.2 mostra o cálculo da quantidade de soluto extraída. A Figura mostra, também, o cálculo da quantidade de soluto extraída pela terceira extração com 50 mL de éter. Esta terceira extração transferirá 0,12 g de soluto para a camada de éter, deixando 0,02 g de soluto na camada de água. Um total de 4,98 g de soluto foi extraído para as camadas de éter combinadas, e 0,02 g ficou na fase de água.

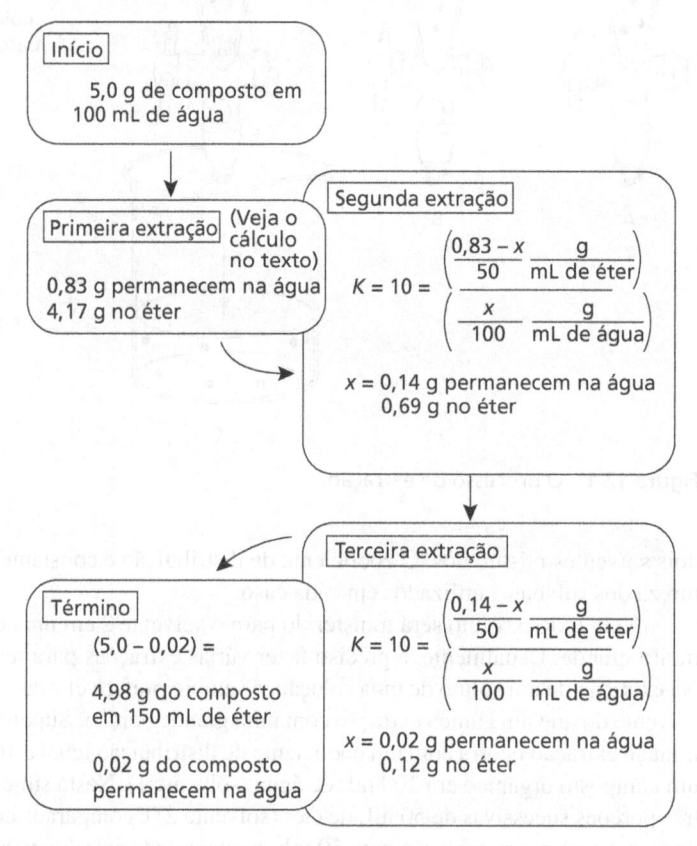

Figura 12.2 Resultado da extração de 5,0 g do composto em 100 mL de água por três extrações sucessivas com 50 mL de éter. Compare este resultado com o da Figura 12.3.

A Figura 12.3 mostra o resultado de uma *única* extração com 150 mL de éter. Como se vê, 4,69 g de soluto foram extraídos para a camada de éter, deixando 0,31 g do composto na fase de água. Três extrações sucessivas com 50 m L de éter (Figura 12.2) retiraram 0,29 g mais soluto da fase de água do que uma porção de 150 mL de éter (Figura 12.3). Esta diferença corresponde a 5,8% do material total.

> **Nota:** Várias extrações com quantidades menores de solvente são mais efetivas do que uma extração com uma quantidade maior de solvente.

Início
5,0 g do composto em 100 mL de água

Extração

$$K = 10 = \frac{\left(\dfrac{5,0-x}{150}\dfrac{g}{\text{mL de éter}}\right)}{\left(\dfrac{x}{100}\dfrac{g}{\text{mL de água}}\right)}$$

$$10 = \frac{(5,0-x)(100)}{150x}$$

$1.500x = 500 - 100x$
$1.600x = 500$

$x = 0,31$ g em água
$5,0 - x = 4,69$ g em éter

Término

(5,0 − 0,31) =

4,69 g do composto em 150 mL de éter

0,31 g do composto permanecem em 100 mL de água

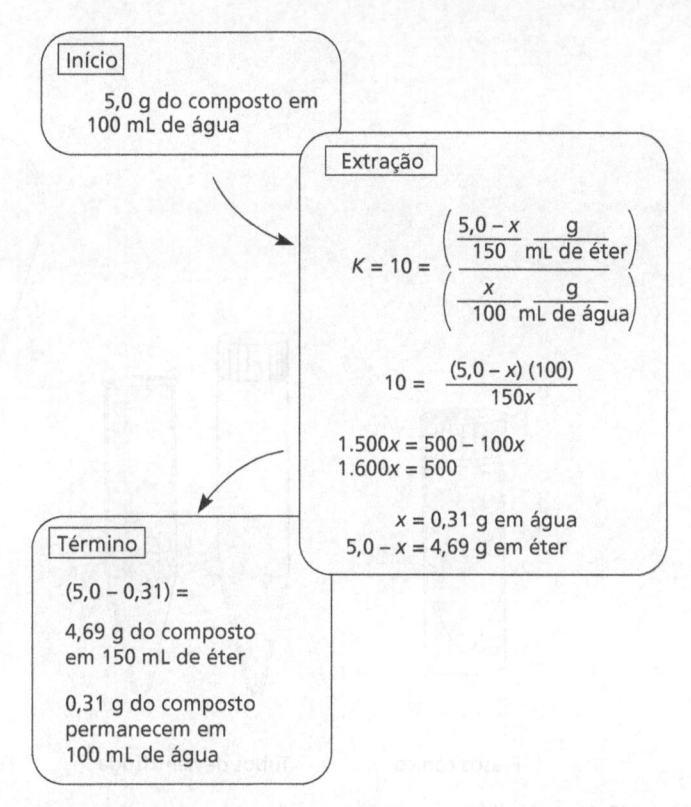

Figura 12.3 Resultado da extração de 5,0 g do composto em 100 mL de água com uma porção de 150 mL de éter. Compare este resultado com o da Figura 12.2.

12.3 ESCOLHA DE UM MÉTODO DE EXTRAÇÃO E DE UM SOLVENTE

Três tipos de aparelhagens são usados em extrações: frascos cônicos, tubos de centrífuga e funis de separação (Figura 12.4). Os frascos cônicos podem ser usados com volumes inferiores a 4 mL. Volumes superiores, até 10 mL, podem ser extraídos em tubos de centrífuga. Os tubos de centrífuga dotados de tampa de rosca são particularmente úteis em extrações. Os frascos cônicos e os tubos de centrífuga são usados com mais freqüência em experimentos de escala pequena, embora os últimos possam ser usados também em aplicações de escala grande. Os funis de separação são usados em experimentos de escala grande com quantidades maiores de líquidos. O funil de separação é discutido na Parte B. O frasco cônico e o tubo de centrífuga são discutidos na Parte C.

Muitas extrações incluem uma fase de água e uma fase orgânica. Para extrair uma substância da fase de água, você deve usar um solvente orgânico imiscível com a água. A Tabela 12.1 lista alguns solventes orgânicos comuns, imiscíveis com água, que são usados em extrações.

TABELA 12.1 Densidades de alguns solventes comuns de extração

Solvente	Densidade
Ligroína	0,67-0,69
Dietil-éter	0,71
Tolueno	0,87
Água	1,00
Cloreto de metileno	1,330

Frasco cônico   Tubos de centrífuga   Funil de separação

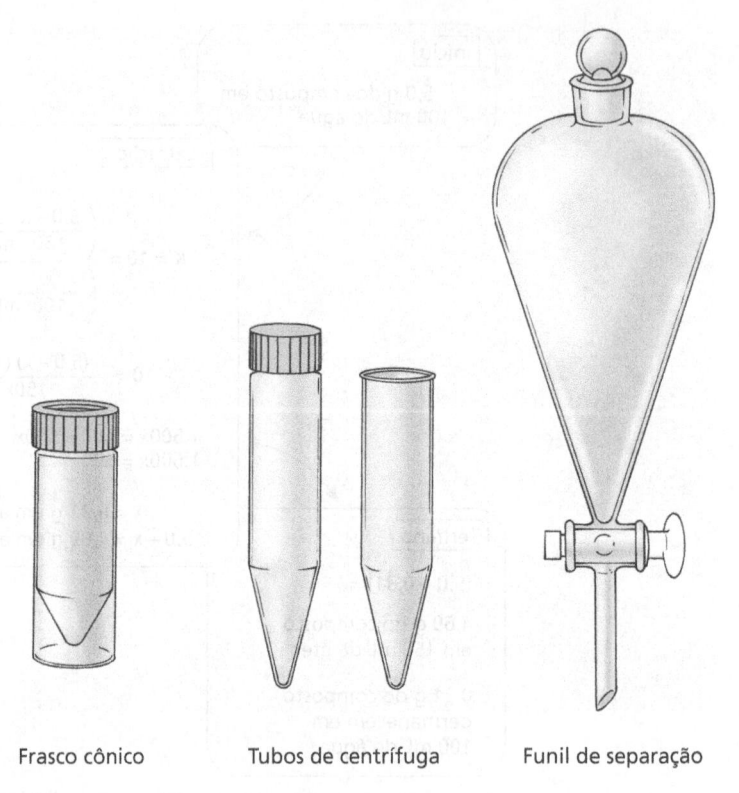

Figura 12.4 Aparelhagens usadas em extrações.

Solventes com densidade inferior à da água (1,00 g/mL) formarão a camada superior após agitação com água. Solventes cuja densidade é superior à da água formarão a camada inferior. O dietil-éter ($d = 0{,}71$ g/mL), por exemplo, após agitação com água, formará a camada superior, e o cloreto de metileno (d = 1,33 g/mL), a camada inferior. Em uma extração, os métodos de tratamento usados para separar a camada inferior (não importa se é a camada de água ou não) da camada superior são ligeiramente diferentes.

Parte B. Extração em escala grande

12.4 O FUNIL DE SEPARAÇÃO

A Figura 12.5 ilustra um funil de separação. Ele é o equipamento usado para fazer extrações com quantidades maiores de material. Para encher o funil de separação, coloque-o em um anel de ferro preso em uma haste. Como é fácil quebrar um funil de separação batendo-o contra o anel de metal, costuma-se colocar tubos de borracha no anel para proteger o funil, como se vê na Figura 12.5. Estes tubos de borracha são pedaços de 3 cm abertos ao longo do comprimento. Quando colocados na parte interna do anel, protegem o funil na posição de repouso.

Ao começar uma extração, primeiro feche a torneira. (Não se esqueça!) Use um funil de sólidos (abertura larga) colocado no topo do funil de separação, encha o funil com a solução a ser extraída e o solvente de extração. Agite o funil cuidadosamente, por rotação, segurando-o pela parte superior, e feche a tampa. Pegue o funil de separação com duas mãos, como mostrado na Figura 12.6. Mantenha firme a tampa no lugar porque a pressão aumentará quando os dois líquidos imiscíveis entrarem em contato, forçando a tampa para fora. Para aliviar a pressão, mantenha o funil de cabeça para baixo (mantendo firme a tampa) e abra lentamente a torneira. Usualmente, os vapores que saem fazem um ruído audível. Continue a agitar e a aliviar a pressão até que o som não seja mais ouvido. Continue a

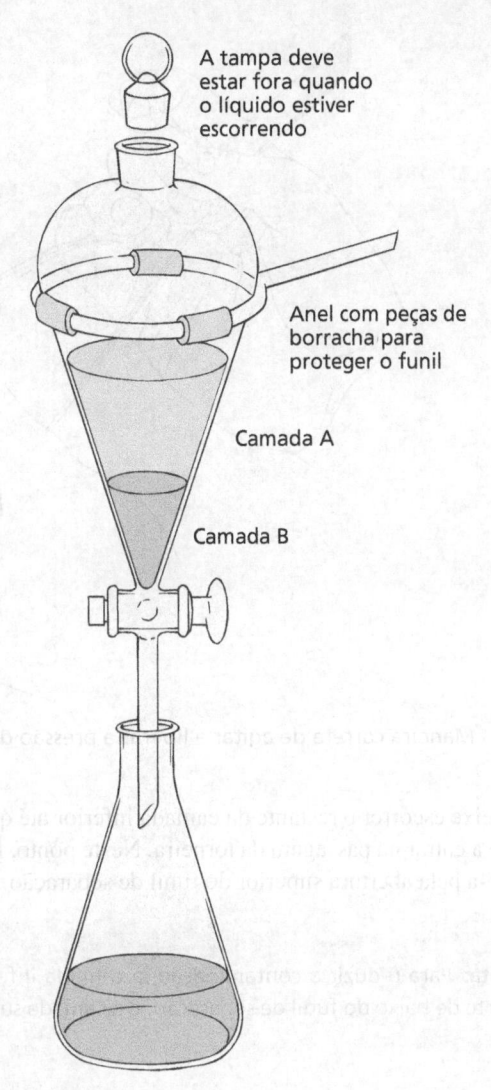

Figura 12.5 Um funil de separação.

agitação por mais 1 minuto. Isto pode ser feito com inversão do funil em um movimento giratório repetido ou, se a emulsificação não for um problema (veja a Seção 12.10, página 608), sacudindo o funil mais vigorosamente durante menor tempo.

> **Nota:** É uma arte agitar e liberar a pressão de um funil de separação corretamente. Para o iniciante, é um problema. É melhor aprender a técnica observando alguém, como seu professor, que tem mais familiaridade com o uso do funil de separação.

Após misturar os líquidos, coloque o funil de separação no anel de metal e remova imediatamente a tampa superior. Após um certo tempo, os dois líquidos imiscíveis formam duas camadas que podem ser separadas, deixando-se escorrer a camada inferior através da torneira.[1] Deixe passar alguns minutos para que restos da fase inferior que tiverem aderido às paredes de vidro possam sair. Abra novamente a

---

[1] Um erro comum é tentar escorrer a camada inferior sem remover a tampa superior. Se isto acontecer, o líquido não escorrerá porque se formará um vácuo parcial no espaço acima do líquido.

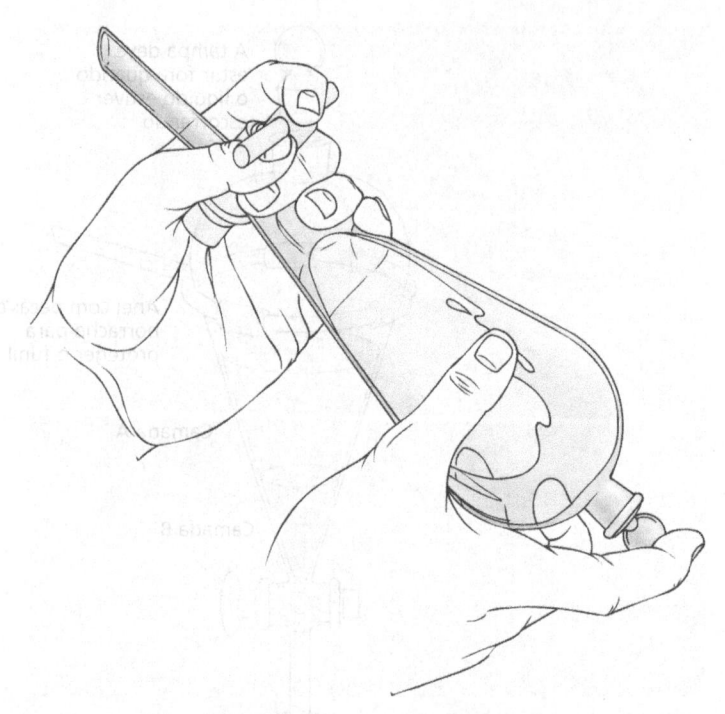

Figura 12.6 Maneira correta de agitar e liberar a pressão de um funil de separação.

torneira e deixe escorrer o restante da camada inferior até que a interface entre as fases superior e inferior comece a entrar na passagem da torneira. Neste ponto, feche a torneira e remova a camada superior derramando-a pela abertura superior do funil de separação.

> **Nota:** Para reduzir a contaminação, a camada inferior deve sempre ser retirada pela parte de baixo do funil de separação, e a camada superior, pela parte de cima do funil.

Quando se usa cloreto de metileno como solvente de extração de uma fase de água, ele ficará na parte inferior e será removido pela torneira. A camada de água fica no funil. Uma segunda extração com cloreto de metileno pode ser necessária.

Na extração de uma fase de água com dietil-éter (éter), a camada orgânica ficará no topo. Remova a camada de água inferior pela torneira e derrame o éter pela parte superior do funil de separação. Coloque a fase de água novamente no funil e extraia uma segunda vez com uma nova camada de éter. As frações combinadas devem ser tratadas com um agente de secagem conveniente.

O procedimento usual em escala grande exige o uso de funis de separação de 125 mL ou 250 mL. Em procedimentos de escala pequena, recomenda-se funis de 60 mL ou 125 mL. Devido à tensão superficial, a água tem dificuldade de escorrer pela abertura de funis menores.

Parte C. Extração em escala pequena

12.5 O FRASCO CÔNICO – SEPARAÇÃO DA CAMADA INFERIOR

Antes de usar um frasco cônico em uma extração, assegure-se de que o frasco tampado não vaza quando agitado. Para fazer isto, coloque um pouco de água no frasco cônico, aplique a fita de Teflon e tampe-o. Agite o frasco vigorosamente e verifique se existem vazamentos. Os frascos cônicos a serem usados em extrações não devem ter lascas na boca do frasco, ou eles não serão corretamente selados. Se ocorrer vazamento, tente apertar mais a tampa ou substitua a fita de Teflon. Às vezes, é conveniente usar o lado de borracha de silicone da fita para selar o frasco cônico. Alguns laboratórios têm rolhas de Teflon que se ajustam bem aos frascos cônicos de 5 mL. Talvez uma destas tampas elimine o vazamento.

Quando agitar o frasco cônico, faça-o cuidadosamente, no começo, usando um movimento de rotação. Quando estiver claro que não ocorre emulsão (veja a Seção 12.10, página 608), você pode agitar mais vigorosamente.

Em alguns casos, pode-se agitar adequadamente girando uma espátula pequena no frasco cônico por pelo menos 10 minutos. Outra técnica de mistura envolve sugar a mistura com uma pipeta Pasteur e esguichar rapidamente o conteúdo de volta para o frasco. Repita o processo várias vezes por pelo menos 5 minutos para que a extração funcione.

O frasco cônico de 5 mL é o equipamento mais útil para extrações em escala pequena. Veremos nesta seção o método de remoção da camada inferior. Um exemplo concreto seria a extração de um produto desejado de uma camada de água usando cloreto de metileno ($d = 1,33$ g/mL) como solvente de extração. Métodos de remoção da camada superior são discutidos na próxima seção.

> **Nota:** Coloque sempre um frasco cônico em um bécher pequeno para evitar que o frasco entorne.

Remoção da Camada Inferior. Suponha que estamos extraindo uma solução em água com cloreto de metileno. Este solvente é mais denso do que a água e ficará no fundo do frasco cônico. Use o seguinte procedimento, ilustrado na Figura 12.7, para remover a camada inferior.

1. Coloque a fase de água que contém o produto dissolvido em um frasco cônico de 5 mL (Figura 12.7A).
2. Adicione cerca de 1 mL de cloreto de metileno, feche o frasco e agite a mistura, a princípio cuidadosamente em um movimento circular e, depois, quando estiver claro que não ocorrerá formação de emulsão, mais vigorosamente. Abra um pouco a tampa para equalizar a pressão no frasco. Deixe que as fases se separem completamente até que se formem duas camadas bem-distintas no frasco. A fase orgânica estará na parte inferior (Figura 12.7B). Se necessário, bata no frasco com seu dedo ou agite cuidadosamente a mistura, caso um pouco da fase orgânica fique em suspensão na fase de água.
3. Prepare uma pipeta Pasteur com filtro (Técnica 8, Seção 8.6, página 558) usando uma pipeta de 15 cm. Coloque um bulbo de borracha de 2 mL na pipeta, comprima o bulbo e coloque a pipeta no frasco de modo que a ponta toque o fundo (Figura 12.7C). A pipeta com filtro permite um controle melhor na remoção da camada inferior. Em alguns casos, entretanto, será possível usar uma pipeta Pasteur (sem filtro), porém muito mais cuidado será necessário para não perder líquido durante a operação de transferência. Com a prática, você será capaz de decidir o quanto apertar o bulbo para retirar o volume desejado de líquido.
4. Retire lentamente a camada inferior (cloreto de metileno) de modo a excluir a camada de água e, eventualmente, a emulsão (Seção 12.10) que possa ter se formado na interface entre as camadas (Figura 12.7D). Assegure-se de que a ponta da pipeta está exatamente no V do fundo do frasco.
5. Transfira a fase orgânica para um tubo de ensaio *seco* ou para outro frasco cônico *seco*, se disponível. É mais conveniente ter o tubo de ensaio, ou frasco, perto do frasco de extração. Mantenha os frascos na mesma mão, entre o indicador e o polegar, como se vê na Figura 12.8. Isto evita transferências erradas. A camada de água (superior) fica no frasco cônico original (Figura 12.7E).

Para completar a operação no laboratório, você teria de extrair uma segunda vez a camada de água com outra porção de 1 mL de cloreto de metileno. As etapas 2-5 seriam repetidas, e as camadas orgânicas das duas extrações, combinadas. Em alguns casos, pode ser necessária uma terceira extração

A. A solução em água contém o produto desejado.

B. Usa-se cloreto de metileno para extrair a fase de água.

C. Coloca-se uma pipeta Pasteur com filtro no frasco.

D. Separa-se a camada orgânica inferior da fase de água.

E. Transfere-se a camada orgânica para um tubo de ensaio seco ou um frasco cônico seco. A camada de água permanece no frasco cônico original.

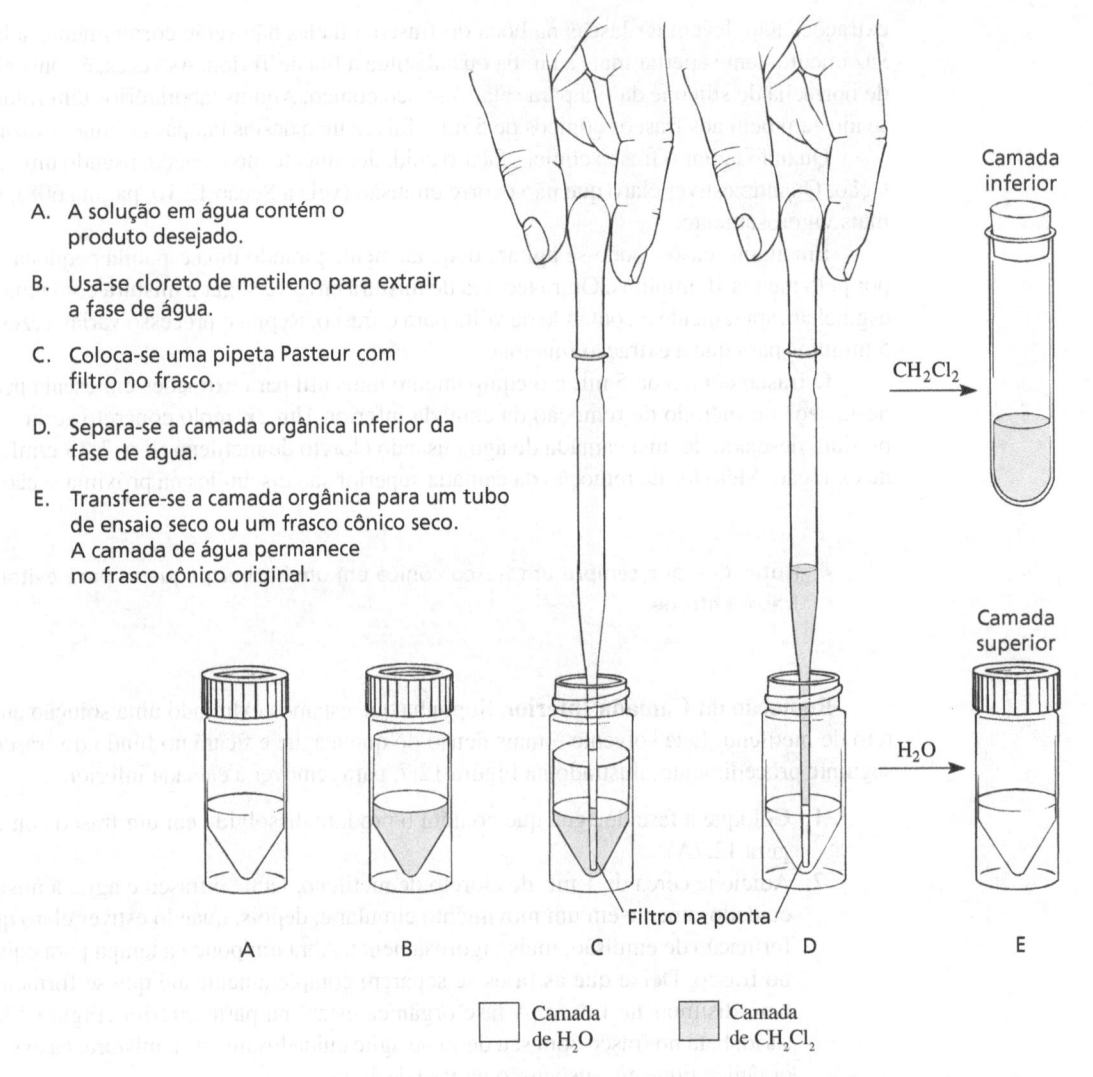

Figura 12.7 Extração de uma solução em água usando um solvente mais denso do que a água: cloreto de metileno.

com outra porção de 1 mL de cloreto de metileno. A nova porção seria combinada com as anteriores. O processo total usaria três porções de 1 mL de cloreto de metileno para transferir o produto da camada de água para o cloreto de metileno. Às vezes, você verá a indicação "extraia a fase de água com três porções de 1 mL de cloreto de metileno" em um procedimento experimental. Esta declaração descreve de forma resumida o processo que foi descrito aqui. Por fim, os extratos de cloreto de metileno contêm um pouco de água e devem ser tratados com um agente de secagem como indicado na Seção 12.9.

> **Nota:** Se um solvente orgânico for extraído com água, ele deve ser tratado com um agente secante (Seção 12.9) antes de prosseguir o experimento.

Neste exemplo, tratamos a água com o cloreto de metileno, um solvente mais denso, e removemos a camada inferior. Se você estivesse usando água para tratar um solvente menos denso (o dietil-éter, por exemplo), e quisesse manter a camada de água, ela seria a fase inferior e seria removida com o mesmo procedimento. Não seria necessário, obviamente, secar a camada de água.

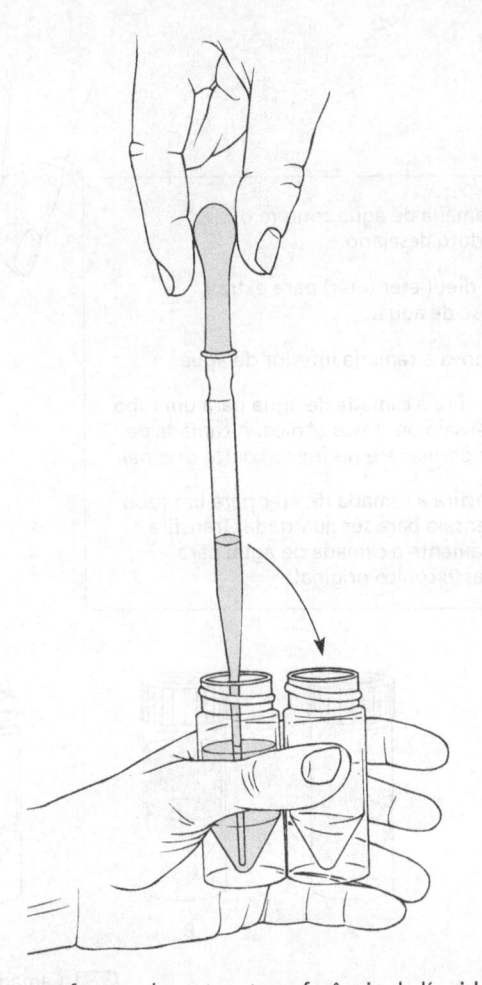

Figura 12.8 Técnica de segurar os frascos durante a transferência de líquidos.

12.6 O FRASCO CÔNICO – SEPARAÇÃO DA CAMADA SUPERIOR

Veremos, nesta seção, o método a ser usado quando você deseja remover a camada superior. Um exemplo concreto seria a extração de um produto desejado de uma camada de água usando dietil-éter ($d = 0{,}71$ g/mL) como solvente de extração. Métodos de remoção da camada inferior já foram discutidos.

> **Nota:** Coloque sempre o frasco cônico em um bécher pequeno para impedir que o frasco derrame.

Remoção da Camada Superior. Suponha que estamos extraindo uma camada de água com dietil-éter (éter). Este solvente é menos denso do que a água e formará a camada superior no frasco cônico. Use o seguinte procedimento, ilustrado na Figura 12.9, para remover a camada superior.

1. Coloque em um frasco cônico de 5 mL a fase de água que contém o produto dissolvido (Figura 12.9A).
2. Adicione cerca de 1 mL de éter, tampe o frasco e agite vigorosamente a mistura. Abra um pouco a tampa para equalizar a pressão no frasco. Deixe que as fases se separem completamente até que se formem duas camadas bem-distintas no frasco. A fase de éter formará a camada superior no frasco (Figura 12.9B).

A. A camada de água contém o produto desejado.

B. Use dietil-éter (éter) para extrair a fase de água.

C. Remova a camada inferior de água.

D. Transfira a camada de água para um tubo de ensaio ou frasco cônico. A camada de éter permanece no frasco cônico original.

E. Transfira a camada de éter para um tubo de ensaio para ser guardada. Transfira novamente a camada de água para o frasco cônico original.

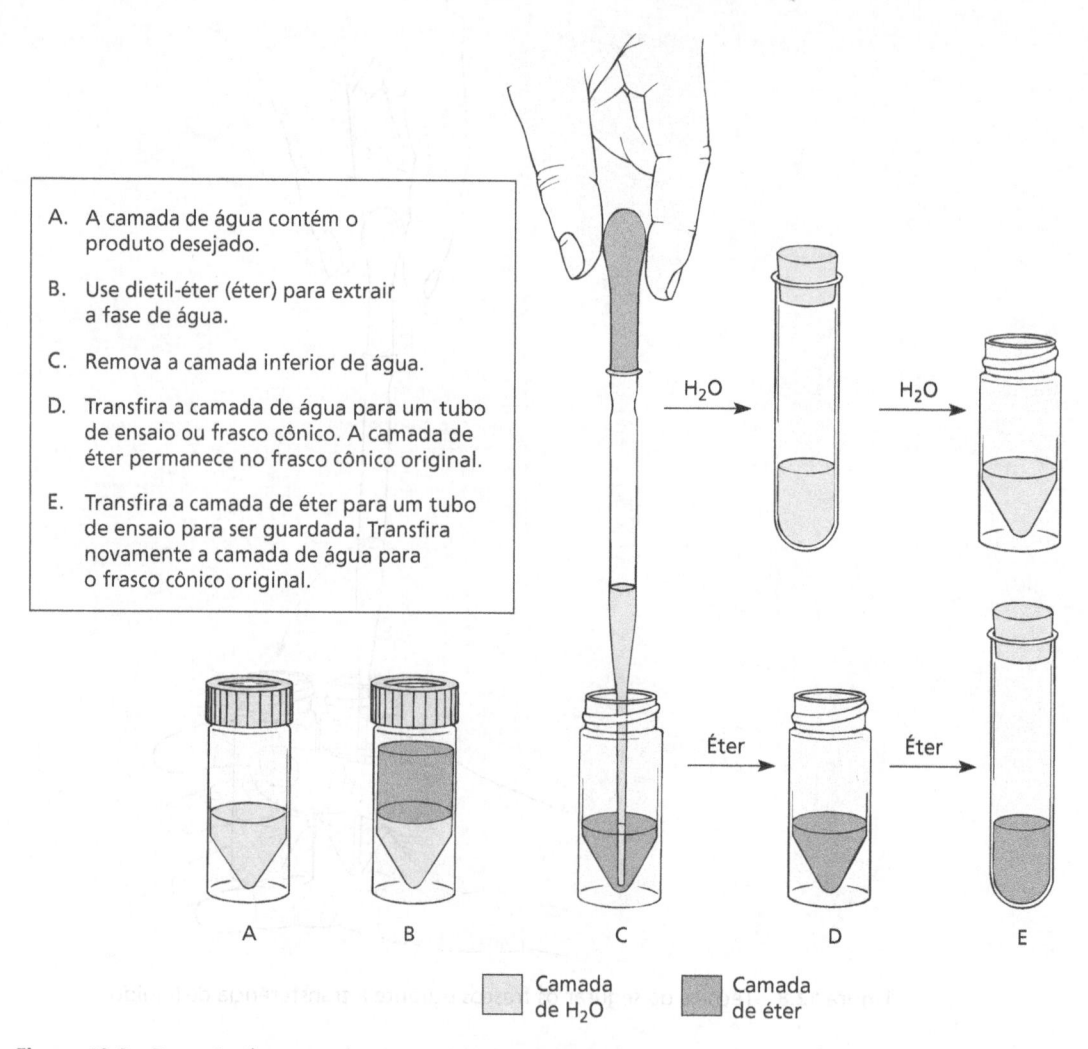

Figura 12.9 Extração de uma solução em água usando um solvente menos denso do que a água: dietil-éter.

3. Prepare uma pipeta Pasteur com filtro (Técnica 8, Seção 8.6, página 558) usando uma pipeta de 15 mL. Coloque um bulbo de borracha de 2 mL na pipeta, comprima o bulbo e coloque a pipeta no frasco de modo que a ponta toque o fundo (Figura 12.7C). A pipeta com filtro permite um controle melhor na remoção da camada inferior. Em alguns casos, entretanto, será possível usar uma pipeta Pasteur (sem filtro), porém muito mais cuidado será necessário para não perder líquido durante a operação de transferência. Com a prática, você será capaz de decidir o quanto apertar o bulbo para retirar o volume desejado de líquido. Encha a pipeta lentamente com a camada inferior *de água*. Assegure-se de que a ponta da pipeta está exatamente no V do fundo do frasco (Figura 12.9C).
4. Transfira a fase de água para um tubo de ensaio ou para outro frasco cônico. É mais conveniente ter o tubo de ensaio ou frasco perto do frasco de extração. Mantenha os frascos na mesma mão, entre o indicador e o polegar, como se vê na Figura 12.8. A camada de éter fica no frasco cônico original (Figura 12.9D).
5. A fase de éter que fica no frasco cônico original deve ser transferida com uma pipeta Pasteur para um tubo de ensaio, onde fica guardada, e a fase de água retorna ao frasco cônico original (Figura 12.9E).

Para completar a operação no laboratório, você teria de extrair uma segunda vez a camada de água com outra porção de 1 mL de éter. As etapas 2-5 seriam repetidas e as camadas orgânicas das duas extrações, combinadas no tubo de ensaio. Em alguns casos, pode ser necessária uma terceira extração com outra porção de 1 mL de éter. A nova porção seria combinada com as anteriores. O processo total usaria três porções de 1 mL de éter para transferir o produto da camada de água para o éter. Os extratos de éter contêm um pouco de água e devem ser tratados com um agente de secagem como indicado na Seção 12.9.

12.7 O TUBO DE CENTRÍFUGA COM TAMPA DE ROSCA

Se você precisa fazer a extração de um volume superior ao que um frasco cônico pode conter (cerca de 4 mL), pode usar um tubo de centrífuga. Pode-se usar, também, um tubo de centrífuga em lugar de um funil de separação em algumas aplicações em escala grande em que o volume de líquido é inferior a cerca de 12 mL. O tubo de centrífuga comum tem volume de cerca de 15 mL e é fornecido com uma tampa de rosca. Ao fazer uma extração em um tubo de centrífuga com tampa de rosca, use os mesmos procedimentos descritos para o frasco cônico (Seções 12.5 e 12.6). Como no caso do frasco cônico, o fundo afunilado do tubo de centrífuga torna fácil a retirada da camada inferior com uma pipeta Pasteur.

> **Nota:** O uso de um tubo de centrífuga tem uma grande vantagem sobre outros métodos de extração. Se uma emulsão (Seção 12.10) se formar, você pode usar uma centrífuga para ajudar a separar as camadas.

Verifique vazamentos no tubo de centrífuga fechado enchendo-o com água e agitando-o vigorosamente. Se houver vazamento, substitua a tampa por outra. Um **misturador de rodamoinho** ("vortex mixer"), se disponível, é uma alternativa à agitação. O misturador de rodamoinho funciona bem com vários recipientes, incluindo balões pequenos, tubos de ensaio, frascos cônicos e tubos de centrífuga. Comece a misturar mantendo o tubo de ensaio ou outro recipiente em uma das almofadas de neoprene. A unidade mistura a amostra usando vibração de alta freqüência.

Parte D. Outras considerações experimentais: escalas grande e pequena

12.8 COMO SABER QUAL É A CAMADA ORGÂNICA?

Um problema comumente encontrado durante uma extração é saber qual das duas camadas é a camada orgânica e qual é a camada de água. A situação mais comum ocorre quando a camada de água está na parte inferior e a camada orgânica está na parte superior (éter, ligroína, éter de petróleo ou hexano – veja as densidades na Tabela 12.1). Entretanto, a camada de água será a fase superior quando você usa cloreto de metileno como solvente (veja, novamente, a Tabela 12.1). Embora um procedimento de laboratório possa identificar, com freqüência, as posições relativas esperadas das camadas orgânica e de água, às vezes as posições estão invertidas. Surpresas usualmente ocorrem em situações em que a camada de água contém uma concentração alta de ácido sulfúrico ou de um composto iônico dissolvido, como o cloreto de sódio. Substâncias dissolvidas aumentam grandemente a densidade da camada de água, o que pode levar a camada de água para o fundo, mesmo quando a outra camada é relativamente densa, como o cloreto de metileno.

> **Nota:** Guarde sempre ambas as camadas até que você tenha isolado o composto desejado ou até que você tenha certeza de onde está a substância desejada.

Para determinar se uma camada é de água, adicione algumas gotas de água à camada. Observe cuidadosamente as gotas adicionadas para saber para onde vão. Se a camada suspeita é de água, as gotas se dissolverão e o volume aumentará. Se a água adicionada formar gotas ou uma nova camada, entretanto, você pode inferir que a camada é orgânica. Você pode usar um procedimento semelhante para identificar uma camada orgânica. Desta vez, adicione mais solvente (como cloreto de metileno, por exemplo). Se a camada for orgânica, ela deve aumentar de volume sem que se forme nova fase.

Quando estiver fazendo uma extração em escala pequena, você pode usar o seguinte procedimento para identificar as camadas. Quando ambas as camadas estão presentes, é sempre aconselhável pensar cuidadosamente nos volumes de materiais que você colocou no frasco cônico. Você pode usar as graduações do frasco para ajudar a determinar os volumes das camadas no frasco. Se, por exemplo, você tem 1 mL de cloreto de metileno em um frasco e adicionou 2 mL de água, você deve esperar que a água fique na parte superior, porque ela é menos densa do que o cloreto de metileno. Quando adicionar a água, *observe para ver para onde ela vai*. Reparando nos volumes relativos das duas camadas, você pode identificar qual é a camada de água e qual é a de cloreto de metileno. Este procedimento também pode ser usado quando você usar um tubo de centrífuga para fazer uma extração. É claro que você sempre pode adicionar uma ou duas gotas de água para testar as camadas e ver qual é a camada de água, como já foi descrito.

12.9 AGENTES DE SECAGEM

Ao ser agitado com uma solução em água, um solvente orgânico absorverá água, mesmo que a solubilidade desta última seja pequena. A quantidade de água dissolvida varia de solvente a solvente. O dietil-éter é um solvente que dissolve uma quantidade relativamente alta de água. Para remover a água de uma camada orgânica, use um **agente de secagem**, um sal inorgânico *anidro* capaz de adicionar água de hidratação quando exposto à umidade do ar ou a soluções úmidas.

$$\underset{\substack{\text{Agente de}\\\text{secagem}\\\text{anidro}}}{\overset{\text{Insolúvel}}{Na_2SO_4(s)}} + \text{Solução Úmida } (nH_2O) \rightarrow \underset{\substack{\text{Agente de}\\\text{secagem}\\\text{hidratado}}}{\overset{\text{Solúvel}}{Na_2SO_4 \cdot nH_2O \text{ (s)}}} + \text{Solução Seca}$$

O agente de secagem insolúvel é colocado diretamente na solução, onde ele adiciona moléculas de água e se hidrata. Se a quantidade de agente secante for suficiente, a água é completamente removida de uma solução úmida, tornando-a "seca" ou livre de água.

Os seguintes sais anidros são comumente usados: sulfato de sódio, sulfato de magnésio, cloreto de cálcio, sulfato de cálcio (Drierite) e carbonato de potássio. Estes sais variam em propriedades e aplicações. Assim, por exemplo, eles não absorverão a mesma quantidade de água para um dado peso nem secarão a solução até o mesmo ponto. A **capacidade** é a quantidade de água que um agente de secagem absorve por unidade de peso. Os sulfatos de sódio e de magnésio absorvem uma grande quantidade de água (alta capacidade), mas o sulfato de magnésio seca uma solução mais completamente. **Inteireza** refere-se à eficiência com que um composto remove toda a água de uma solução quando o equilíbrio foi alcançado. O íon magnésio, um ácido de Lewis forte, algumas vezes causa rearranjos de compostos, como epóxidos. O cloreto de cálcio é um bom agente de secagem, mas não pode ser usado com muitos compostos que contêm oxigênio ou nitrogênio porque forma complexos. O cloreto de cálcio absorve metanol e etanol, além de água; logo, é útil quando é preciso remover esses materiais presentes como impurezas. O carbonato de potássio é uma base usada para secar soluções básicas, como aminas. O sulfato de cálcio seca uma solução completamente, mas tem baixa capacidade.

O sulfato de sódio anidro é o agente de secagem mais utilizado. A variedade em grãos é recomendada porque ela é removida mais facilmente da solução seca do que a variedade em pó. O sulfato de sódio é pouco agressivo e muito eficiente. Ele remove água da maior parte dos solventes comuns, com a possível exceção de dietil-éter, para o qual uma secagem inicial com solução saturada de sal pode ser aconselhável (veja a página 607). O sulfato de sódio deve ser usado na temperatura normal para ser efetivo. Ele não pode ser usado com soluções em ebulição. A Tabela 12.2 compara os agentes de secagem mais comuns.

TABELA 12.2 Agentes de secagem comuns

Acidez	Hidratado	Capacidade[a]	Inteireza[b]	Velocidade[c]	Uso
Sulfato de magnésio	Neutro	$MgSO_4 \cdot 7H_2O$	Alto	Médio	Rápido	Geral
Sulfato de sódio	Neutro	$Na_2SO_4 \cdot 7H_2O$ $Na_2SO_4 \cdot 10H_2O$	Alto	Baixo	Médio	Geral
Cloreto de cálcio	Neutro	$CaCl_2 \cdot 2H_2O$ $CaCl_2 \cdot 6H_2O$	Baixo	Alto	Rápido	Hidrocarbonetos Halogenetos
Sulfato de cálcio (Drierite)	Neutro	$CaSO_4 \cdot \frac{1}{2}H_2O$ $CaSO_4 \cdot 2H_2O$	Baixo	Alto	Rápido	Geral
Carbonato de potássio	Básico	$K_2CO_3 \cdot 1\frac{1}{2}H_2O$ $K_2CO_3 \cdot 2H_2O$	Médio	Médio	Médio	Aminas, ésteres, bases, cetonas
Hidróxido de sódio	Básico				Rápido	Aminas somente
Peneiras moleculares (3 ou 4 Å)	Neutro		Alto	Extremamente alto		Geral

[a] Quantidade de água removida por unidade de agente secante.
[b] Refere-se à quantidade de H_2O ainda em equilíbrio com o agente secante.
[c] Refere-se à velocidade de ação (secagem).

Escala Grande. O frasco de Erlenmeyer é o recipiente mais conveniente para a secagem de um volume grande de uma camada orgânica. Antes de tentar secar uma camada orgânica, observe cuidadosamente para ver se não há sinais de água. Se você vir gotas de água na camada orgânica ou presas nas paredes do frasco, transfira a camada orgânica para um frasco *seco* antes de adicionar o agente de secagem. Se uma poça (camada) de água for visível, separe as camadas usando um funil de separação, se necessário, e coloque a camada orgânica em um frasco seco e limpo. Para secar uma grande quantidade de solução, adicione sulfato de sódio anidro em grãos em quantidade suficiente para formar uma camada de 1-3 mm no fundo do frasco, dependendo do volume da solução. Feche o frasco e deixe secar por pelo menos 15 minutos, agitando-o ocasionalmente com movimentos circulares. A mistura estará seca se estiver límpida e mostrar as características de uma solução dadas na Tabela 12.3.

TABELA 12.3 Sinais comuns que indicam que uma solução está seca

1. Não existem gotas de água nas paredes do frasco ou em suspensão na solução.
2. Não existe uma camada separada de água ou uma "poça".
3. A solução está límpida, não-turva. A turbidez indica a presença de água.
4. Os grãos do agente de secagem (ou uma porção dele) escorrem livremente no fundo do recipiente agitado e não coalescem em uma massa sólida.

Se a solução permanecer turva após o tratamento com a primeira porção de agente de secagem, adicione outra porção e repita o procedimento. Se o agente de secagem formar uma massa sólida e não escorrer livremente pelo fundo quando o frasco for agitado, transfira (por decantação) a solução para um novo frasco, limpo e seco, e adicione outra porção de agente de secagem. Quando a solução estiver seca, remova o agente de secagem por decantação (derrame o líquido com cuidado para não arrastar o agente de secagem). Com o sulfato de sódio em grãos, a decantação é uma operação fácil devido ao tamanho das partículas do agente de secagem. Se um agente de secagem em pó, como o sulfato de magnésio, é usado, pode ser necessário usar a filtração por gravidade (Técnica 8, Seção 8.1B, página 550) para removê-lo. Pode-se remover o solvente por destilação (Técnica 14, Seção 14.3, página 626) ou evaporação (Técnica 7, Seção 7.10, página 545).

Escala Pequena. Antes de tentar secar uma camada orgânica, observe-a cuidadosamente para ver se não há sinais de água. Se você observar gotas de água na camada orgânica ou presas nas paredes do frasco cônico ou tubo de ensaio, transfira a camada orgânica com uma pipeta Pasteur *seca* para um recipiente *seco* antes de adicionar o agente de secagem. Adicione, em seguida, uma ponta de espátula pequena com sulfato de sódio anidro em grãos (ou outro agente de secagem) na solução contida em um frasco cônico ou em um tubo de ensaio. Se o agente de secagem se aglomerar, adicione outra porção de sulfato de sódio. Seque a solução por pelo menos 15 minutos. Agite a mistura ocasionalmente com uma espátula durante este período. A mistura estará seca se não houver sinais visíveis de água e se o agente de secagem deslizar livremente pelo recipiente quando agitado com uma espátula. A solução não pode estar turva. Adicione mais agente de secagem, se necessário. Não adicione mais agente de secagem se uma "poça" (camada de água) se formar ou se gotas de água estiverem visíveis. Transfira a camada orgânica para um recipiente seco antes de adicionar mais agente de secagem. Quando seco, use uma pipeta Pasteur *seca* ou uma pipeta com filtro *seca* (Técnica 8, Seção 8.6, página 558) para separar a solução do agente de secagem e transferi-la para um frasco cônico *seco*. Lave o agente de secagem com uma pequena quantidade de solvente novo e transfira este solvente para o frasco que contém a solução. Remova o solvente por evaporação, usando calor e uma corrente de ar ou de nitrogênio (Técnica 7, Seção 7.10, página 545).

Um método alternativo para secar uma fase orgânica é passá-la por uma pipeta filtrante (Técnica 8, Seção 8.1C, página 551) empacotada com uma pequena quantidade (cerca de 2 cm) de agente de secagem. Novamente, remove-se o solvente por evaporação.

Solução Saturada com Sal. Na temperatura normal, o dietil-éter (éter) dissolve 1,5% por peso de água e a água dissolve 7,5% de éter. O éter, porém, dissolve uma quantidade muito menor de água de uma solução saturada de cloreto de sódio em água. Logo, grande parte da água no éter, ou do éter na água, pode ser removida por agitação com uma solução saturada de cloreto de sódio em água. Uma solução de alta força iônica geralmente não é compatível com um solvente orgânico e o separa da camada de água. A água migra para a solução concentrada de sal. A fase de éter (camada orgânica) estará no topo, e a solução saturada de cloreto de sódio ($d = 1,2$ g/mL), no fundo. Após separar a camada orgânica da solução de cloreto de sódio em água, seque-a completamente com sulfato de sódio ou com um dos outros agentes de secagem listados na Tabela 12.2.

12.10 EMULSÕES

Uma **emulsão** é uma suspensão coloidal de um líquido em outro. Gotas muito pequenas de um solvente orgânico são, com freqüência, mantidas em suspensão em uma solução em água quando os dois se misturam com agitação vigorosa. Estas gotas formam uma emulsão. Isto é especialmente verdadeiro quando alguma goma ou material viscoso está em solução. A formação de emulsões é comum durante extrações. Elas podem tomar um longo tempo para se separar em duas camadas e são um aborrecimento para o químico orgânico.

Felizmente, várias técnicas podem ser usadas para quebrar uma emulsão difícil.

1. A emulsão se quebra, com freqüência, se ficar em repouso por algum tempo. Paciência é importante. Agitação cuidadosa com um bastão ou espátula pode ajudar.
2. Se um dos solventes for água, a adição de uma solução saturada de cloreto de sódio em água ajudará a destruir a emulsão. A água da camada orgânica migra para a solução concentrada de sal.
3. Se o volume total for inferior a 13 mL, a mistura pode ser transferida para um tubo de centrífuga. A emulsão, com freqüência, se quebra por centrifugação. Lembre-se de colocar outro tubo cheio de água no lado oposto da centrífuga para balanceá-la. O peso de ambos os tubos deve ser o mesmo.
4. A adição de uma quantidade muito pequena de um detergente solúvel em água também pode ajudar. Este método já foi usado no passado para combater derramamentos de óleo. O detergente ajuda a estabilizar as gotas muito ligadas de óleo.
5. A filtração por gravidade (veja a Técnica 8, Seção 8.1, página 549) pode ajudar a destruir uma emulsão pela remoção de substâncias poliméricas gomosas. No caso de volumes maiores,

tente passar a mistura por um filtro pregueado (Técnica 8, Seção 8.1B, página 550) ou por um pedaço de algodão. Em reações em escala pequena, uma pipeta filtrante pode funcionar (Técnica 8, Seção 8.1C, página 551). Em muitos casos, após a remoção da goma a emulsão se quebra rapidamente.

6. Se você estiver usando um funil de separação, tente girar o funil cuidadosamente para ajudar a quebrar a emulsão. A agitação cuidadosa com um bastão pode ajudar.

Quando você sabe por experiência que uma mistura pode formar uma emulsão difícil, deve evitar a agitação vigorosa. Quando estiver usando frascos cônicos para extrações, é melhor usar uma palheta de agitação magnética para misturar. Quando usar funis de separação, faça as extrações com rotação cuidadosa, sem agitar, ou com várias inversões cuidadosas do funil de separação. Não agite vigorosamente o funil de separação. É importante usar longos períodos de extração se as técnicas mais cuidadosas de quebra de emulsões descritas neste parágrafo forem usadas. De outro modo, você não transferirá todo o material de uma fase para outra.

12.11 MÉTODOS DE PURIFICAÇÃO E SEPARAÇÃO

Em quase todos os experimentos de síntese em laboratórios de química orgânica, é preciso fazer uma série de operações, que incluem extrações, após a conclusão da reação de interesse. Estas extrações são parte importante da purificação. Fazendo-as, você separa o produto desejado de materiais de partida não-utilizados ou de subprodutos da mistura de reação. Estas extrações podem ser agrupadas em três categorias, dependendo da natureza das impurezas que devem ser removidas.

A primeira categoria envolve a extração ou "lavagem" de uma mistura orgânica com água. A lavagem com água destina-se a remover materiais muito polares, como sais inorgânicos, ácidos ou bases fortes, e substâncias polares de baixo peso molecular, incluindo álcoois, ácidos carboxílicos e aminas. Muitos compostos com menos de cinco carbonos são solúveis em água. A extração com água é também usada imediatamente após a extração de uma mistura com um ácido ou uma base, para garantir a remoção de traços do ácido ou da base.

A segunda categoria inclui a extração de uma mistura orgânica com um ácido diluído, usualmente o ácido clorídrico 1-2 M. A extração com ácido remove impurezas básicas, especialmente aminas. As bases se convertem em sais catiônicos. Se uma amina é um dos reagentes ou se piridina ou outra amina é um solvente, a extração pode ser usada para remover o excesso de amina presente após a reação.

$$RNH_2 + HCl \longrightarrow RNH_3^+Cl^-$$
(sal de amônio solúvel em água)

Os sais de amônio são, usualmente, solúveis em água e, portanto, são extraídos do material orgânico. Uma extração com água pode ser feita imediatamente após a extração com ácido, para garantir a remoção de traços do ácido do material orgânico.

A terceira categoria é a extração de uma mistura orgânica com uma base diluída, geralmente bicarbonato de sódio 1 M, embora a extração com hidróxido de sódio diluído também possa ser usada. A extração com base converte impurezas ácidas, como ácidos orgânicos, em sais aniônicos. Na preparação de um éster, por exemplo, a extração com bicarbonato de sódio pode ser usada para remover o excesso de ácido carboxílico presente.

$$\underset{(pK_a \sim 5)}{RCOOH} + NaHCO_3 \longrightarrow \underset{\text{(sal carboxilato solúvel em água)}}{RCOO^-Na^+} + H_2O + CO_2$$

Os sais carboxilatos, sendo muito polares, são solúveis na fase de água. Como resultado, as impurezas ácidas são extraídas do material orgânico pela solução básica. Uma extração com água pode ser feita após a extração com base para garantir a remoção de toda a base do material orgânico.

Ocasionalmente, fenóis podem estar presentes na mistura de reação como impurezas, e pode-se desejar sua remoção por extração. Como os fenóis, embora sejam ácidos, são cerca de 10^5 vezes menos ácidos do que os ácidos carboxílicos, pode-se fazer extrações básicas para separar os fenóis dos ácidos carboxílicos se a base for cuidadosamente selecionada. Se a base for bicarbonato de sódio, os ácidos carboxílicos são extraídos para a fase de água, mas os fenóis, não. Os fenóis não são suficientemente ácidos para serem desprotonados pela base fraca bicarbonato. A extração com hidróxido de sódio, por outro lado, extrai os ácidos carboxílos e os fenóis para a fase de água porque o íon hidróxido é suficientemente básico para desprotonar os fenóis.

$$R\text{-}C_6H_4\text{-}OH + NaOH \longrightarrow R\text{-}C_6H_4\text{-}O^- Na^+ + H_2O$$

(pK_a ~10)   (sal solúvel em água)

As misturas de compostos ácidos, básicos e neutros são facilmente separadas por técnicas de extração. A Figura 12.10 ilustra um exemplo disto.

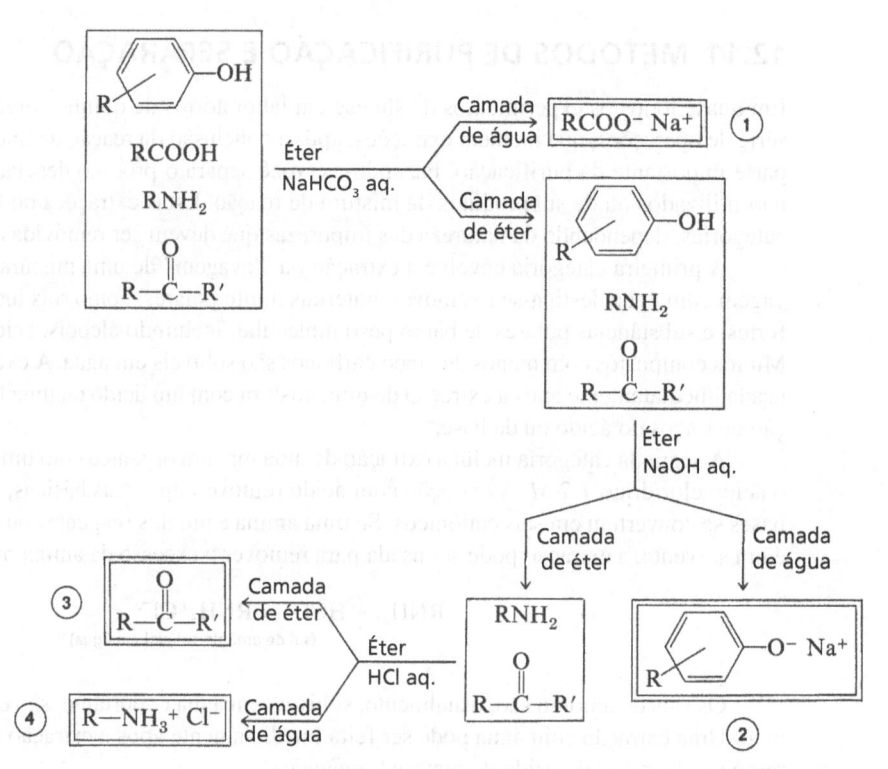

Figura 12.10 Separação de uma mistura de quatro componentes por extração.

Os ácidos e bases orgânicos que foram extraídos podem ser recuperados por neutralização do reagente de extração. Isto seria feito se o ácido ou a base orgânicos fosse o produto da reação, e não, uma impureza. Se um ácido carboxílico, por exemplo, foi extraído com base em água, o composto pode ser recuperado por acidificação do extrato com HCl 6*M* até que a solução fique *ligeiramente* ácida, como indicado pelo papel de tornassol ou de pH. Quando a solução fica ácida, o ácido carboxílico se separa da solução de água. Se o ácido for um sólido na temperatura normal, ele precipita e pode ser purificado por filtração e cristalização. Se o ácido for um líquido, ele forma uma camada separada. Neste caso, usualmente é necessário extrair a mistura com éter ou cloreto de metileno. Após a remoção da camada orgânica e da secagem, o solvente pode ser evaporado para dar o ácido carboxílico.

No exemplo da Figura 12.10, é preciso, também, incluir uma etapa de secagem em (3) antes do isolamento do composto neutro. Quando o solvente é éter, você deve extrair primeiro a solução de éter com cloreto de sódio saturado em água para remover boa parte da água. A camada de éter é, então, secada com sulfato de sódio anidro. Se o solvente fosse cloreto de metileno, não seria necessária a etapa que inclui o cloreto de sódio saturado.

Em extrações ácido-base, é prática comum extrair a mistura várias vezes com o reagente apropriado. Assim, por exemplo, se você estivesse extraindo um ácido carboxílico de uma mistura, você deveria extrair três vezes a mistura com porções de 2 mL de NaOH 2M. Na maior parte dos experimentos publicados, o procedimento especificará o volume e a concentração do reagente de extração e o número de operações. Se esta informação não for dada, você terá de desenhar seu procedimento. Usando um ácido carboxílico como exemplo, se você sabe a identidade do ácido e a quantidade aproximada presente, você pode calcular a quantidade de hidróxido de sódio necessária. Como o ácido carboxílico (supondo que seja monoprótico) reagirá com o hidróxido de sódio na razão 1:1, seria necessário o mesmo número de moles de hidróxido de sódio. Para garantir que todo o ácido carboxílico será extraído, usa-se *duas vezes* mais base do que o calculado. A partir disto, você pode calcular o número de mililitros de base necessários. Este número deve ser dividido em duas ou três partes iguais, uma porção para cada extração. De maneira semelhante, você pode calcular a quantidade de bicarbonato de sódio a 5% necessária para extrair um ácido ou a quantidade de HCl 1M necessária para extrair uma base. Se a quantidade de ácido ou de base orgânicos não é conhecida, a situação fica mais difícil. Uma diretriz que às vezes funciona é fazer duas ou três extrações até que o volume total do reagente de extração seja aproximadamente igual ao volume da camada orgânica. Para testar este procedimento, neutralize a camada de água da última extração. Se ocorrer formação de precipitado ou se a solução ficar turva, faça outra extração e teste novamente. Quando não ocorrer mais precipitação, você saberá que todo o ácido ou base orgânicos foram removidos.

Para algumas aplicações da extração ácido-base, uma etapa adicional, chamada de **lavagem inversa** ou **extração inversa**, é adicionada ao esquema da Figura 12.10. Vejamos a primeira etapa, na qual o ácido carboxílico é extraído com bicarbonato de sódio. Esta camada de água pode conter um pouco de material orgânico neutro da mistura original. Para remover esta contaminação, faz-se a lavagem inversa da camada de água com um solvente orgânico como éter ou cloreto de metileno. Após agitar a mistura e deixá-la em repouso para que as camadas se separem, remova e descarte a camada orgânica. Esta técnica pode também ser usada quando uma amina é extraída com ácido clorídrico. A camada de água resultante é submetida a uma lavagem inversa com um solvente orgânico para remover materiais neutros indesejados.

Parte E. Métodos de extração contínua

12.12 EXTRAÇÃO CONTÍNUA SÓLIDO-LÍQUIDO

A técnica da extração líquido-líquido foi descrita nas Seções 12.1-12.8. Veremos, nesta seção, a extração sólido-líquido. Este tipo de extração é muito usado para extrair um produto natural sólido de uma fonte natural, como uma planta. Escolhe-se um solvente que dissolve seletivamente o composto desejado e deixa para trás o sólido insolúvel indesejado. Um aparelho de extração contínua sólido-líquido, chamado de aparelho de Soxhlet, é comumente usado nos laboratórios de pesquisas.

Como se vê na Figura 12.11, o sólido a ser extraído é colocado em um cartucho feito de papel de filtro, inserido na câmara central. Coloca-se um solvente de baixo ponto de ebulição, como o dietiléter, no balão de destilação de fundo redondo que é, em seguida, aquecido em refluxo. O vapor sobe pelo braço lateral e se liquefaz no condensador. O líquido condensado cai no cartucho que contém o sólido. O solvente quente começa a encher o cartucho e extrai o composto desejado do sólido. Quando o cartucho se enche, o braço lateral, à direita, age como um sifão e transfere o solvente, juntamente com o composto dissolvido, para o balão de destilação. O processo de vaporização-condensação-sifonação se repete centenas de vezes enquanto o produto desejado se concentra no balão de destilação. A concentração do produto ocorre porque seu ponto de ebulição é superior ao do solvente ou porque ele é sólido.

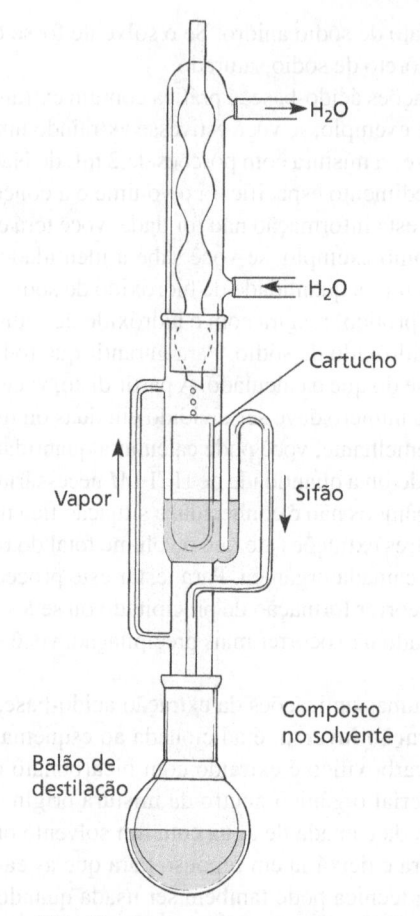

Figura 12.11 Extração contínua sólido-líquido com um aparelho de Soxhlet.

12.13 EXTRAÇÃO CONTÍNUA LÍQUIDO-LÍQUIDO

Quando um produto é muito solúvel em água, ele é, com freqüência, difícil de extrair com as técnicas descritas nas Seções 12.4-12.7 devido a um coeficiente de distribuição desfavorável. Quando isso acontece, é preciso fazer a extração da solução em água numerosas vezes com novas porções de um solvente orgânico imiscível para remover o produto desejado da água. Uma técnica menos trabalhosa envolve o uso de uma aparelhagem de extração contínua líquido-líquido. A Figura 12.12 mostra um tipo de aparelho usado quando os solventes de extração são menos densos do que a água. O dietil-éter é, usualmente, o solvente preferido.

Coloca-se a fase de água no extrator. Enche-se o aparelho com dietil-éter até a saída lateral. Enche-se, parcialmente, o balão de destilação de fundo redondo com éter e aquece-se até a temperatura de refluxo do solvente. O vapor se liquefaz no condensador resfriado com água e goteja no tubo central, passando por uma tampa porosa de vidro sinterizado até alcançar a camada de água. O solvente extrai, ao sair da camada de água, o composto desejado. O éter, que contém o produto, é reciclado para o balão de fundo redondo, onde o produto desejado se concentra. A extração é, de certa forma, ineficiente e deve operar por pelo menos 24 horas para remover o composto da fase de água.

PROBLEMAS

1. Suponha que o coeficiente de distribuição do soluto A entre água e dietil-éter é 1,0. Mostre que se 100 mL de uma solução contendo 5,0 g de A em água fossem extraídos com duas porções de 25 mL de éter, uma quantidade menor de A ficaria retida na água do que se a solução tivesse sido extraída com uma porção de 50 mL de éter.

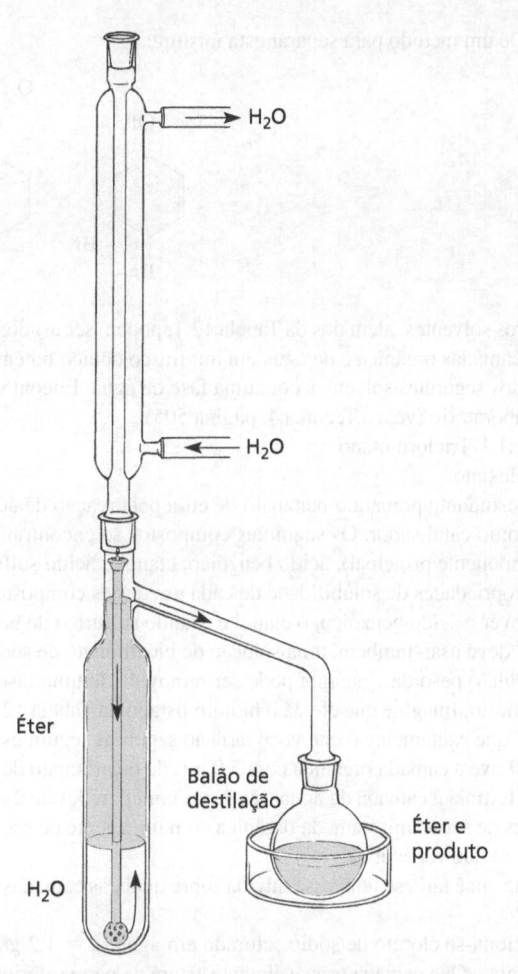

Figura 12.12 Extração contínua líquido-líquido com um solvente menos denso do que a água.

2. Escreva uma equação que mostre como recuperar os compostos originais a partir dos sais respectivos (1, 2 e 4) mostrados na Figura 12.10.
3. Usou-se ácido clorídrico *depois* das extrações com bicarbonato de sódio e hidróxido de sódio no esquema de separação da Figura 12.10. Seria possível usar este reagente mais cedo no esquema de separação para obter o mesmo resultado final? Se a resposta for positiva, explique onde você faria esta extração.
4. Use soluções de ácido clorídrico, bicarbonato de sódio ou hidróxido de sódio em água para desenhar um esquema de separação, no estilo da Figura 12.10, para separar as misturas de dois componentes dadas abaixo. Todas as substâncias são solúveis em éter. Indique como recuperar cada um dos compostos a partir dos seus sais.
   a. Dê dois métodos diferentes para separar esta mistura:

   [estrutura: 3,4-dibromofenol] $(CH_3CH_2CH_2CH_2)_3N$

   b. Dê dois métodos diferentes para separar esta mistura:

   [ácido benzoico] $CH_3CH_2CH_2CH_2CH_2CH_2OH$

c. Dê um método para separar esta mistura:

5. Outros solventes, além dos da Tabela 12.1, podem ser usados para extrações. Determine as posições relativas das camadas orgânica e de água em um frasco cônico ou em um funil de separação após a agitação de cada um dos seguintes solventes com uma fase de água. Encontre as densidades destes solventes em um manual de laboratório (veja a Técnica 4, página 505).
   a. 1,1,1-Tricloro-etano
   b. Hexano
6. Um estudante prepara o benzoato de etila pela reação de ácido benzóico com etanol usando ácido sulfúrico como catalisador. Os seguintes compostos se encontram na mistura bruta de reação: benzoato de etila (componente principal), ácido benzóico, etanol e ácido sulfúrico. Use um manual de laboratório para obter as propriedades de solubilidade de cada um destes compostos (veja a Técnica 4, página 505). Indique como remover o ácido benzóico, o etanol e o ácido sulfúrico do benzoato de etila. Em algum ponto da purificação você deve usar, também, uma solução de bicarbonato de sódio em água.
7. Calcule o peso da água que pode ser removida de uma fase orgânica úmida usando 50,0 mg de sulfato de magnésio. Imagine que ele dá o hidrato listado na Tabela 12.2.
8. Explique exatamente o que você faria ao seguir as seguintes instruções de laboratório:
   a. "Lave a camada orgânica com 5,0 mL de bicarbonato de sódio 1 M em água."
   b. "Extraia a camada de água três vezes com porções de 2 mL de cloreto de metileno."
9. Antes de secar uma camada orgânica com um agente de secagem, você nota gotas de água na camada orgânica. O que você faria?
10. O que você faria se houvesse dúvida sobre qual das camadas é a orgânica durante um procedimento de extração?
11. Adiciona-se cloreto de sódio saturado em água ($d = 1,2$ g/mL) às seguintes misturas para secar a camada orgânica. Que camada provavelmente estará na parte inferior em cada caso?
    a. Uma camada de cloreto de sódio em água ou uma camada que contém um composto orgânico de alta densidade dissolvido em cloreto de metileno ($d = 1,4$ g/mL).
    b. Uma camada de cloreto de sódio em água ou uma camada que contém um composto orgânico de baixa densidade dissolvido em cloreto de metileno ($d = 1,1$ g/mL).

TÉCNICA 13

Constantes Físicas de Líquidos: O Ponto de Ebulição e a Densidade

Parte A. Pontos de ebulição e correção do termômetro

13.1 O PONTO DE EBULIÇÃO

Quando um líquido é aquecido, a pressão de vapor aumenta até se igualar à pressão aplicada sobre ele (usualmente a pressão atmosférica). Nesta temperatura, o líquido ferve. O ponto de ebulição normal é medido em 760 mmHg (760 torr) ou 1 atm. Quando a pressão aplicada é inferior à atmosférica, a pressão de vapor necessária para que o líquido entre em ebulição também diminui, e o líquido ferve em uma temperatura mais baixa. A relação entre a pressão aplicada e a temperatura de ebulição é determinada pela variação da pressão de vapor com a temperatura. A Figura 13.1 é uma idealização do comportamento típico da pressão de vapor de um líquido quando a temperatura se altera.

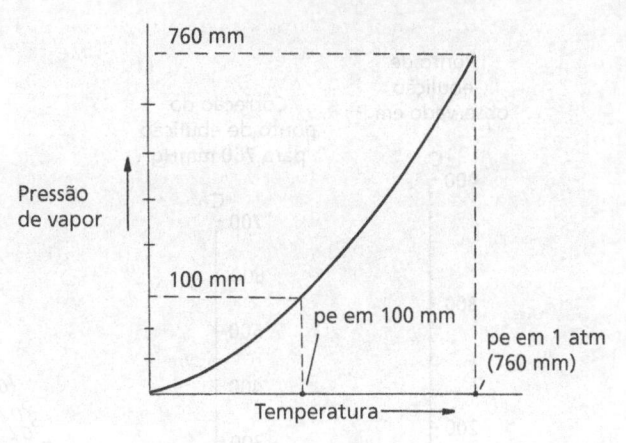

Figura 13.1 Curva de pressão de vapor *versus* temperatura de um líquido típico.

Como o ponto de ebulição é sensível à pressão, é importante registrá-la quando se faz a determinação do ponto de ebulição em uma altura significantemente acima ou abaixo do nível do mar. As variações atmosféricas normais podem afetar o ponto de ebulição, mas elas são, usualmente, de pequena importância. Entretanto, se o ponto de ebulição está sendo acompanhado enquanto uma destilação a vácuo (Técnica 16) está sendo feita com uma trompa d'água ou com uma bomba de vácuo, a pressão é muito diferente da atmosférica. Nestes casos, é muito importante conhecer a pressão com a maior acurácia possível.

Uma regra empírica é que o ponto de ebulição de muitos líquidos cai cerca de 0,5°C para cada 10 mmHg de diminuição da pressão nas proximidades de 760 mmHg. Em pressões mais baixas, observa-se uma queda de 10°C a cada vez que a pressão cai à metade. Por exemplo, se o ponto de ebulição observado de um líquido é 150°C na pressão de 10 mmHg, o ponto de ebulição seria 140°C na pressão de 5 mmHg.

Uma estimativa mais acurada da variação do ponto de ebulição com a mudança de pressão pode ser feita com a ajuda de um nomógrafo. A Figura 13.2 mostra um desses nomógrafos e como usá-lo para obter pontos de ebulição em várias pressões quando o ponto de ebulição em uma dada pressão é conhecido.

13.2 DETERMINAÇÃO DO PONTO DE EBULIÇÃO – MÉTODOS DE ESCALA GRANDE

Dois métodos experimentais de determinação de pontos de ebulição são feitos com facilidade. Quando você dispõe de grande quantidade de material, pode simplesmente registrar o ponto de ebulição (ou faixa de ebulição) observado no termômetro durante a destilação simples (veja a Técnica 14).

Como alternativa, você pode achar conveniente usar o método direto mostrado na Figura 13.3. Com este método, o bulbo do termômetro pode ficar imerso no vapor do líquido em ebulição por um período suficientemente longo para entrar em equilíbrio e dar uma boa leitura da temperatura. Um tubo de ensaio de 13 mm × 100 mm funciona bem neste procedimento. Use 0,3-0,5 mL de líquido e uma pedra de ebulição de carborundo (preto) inerte. Este método funciona melhor com um termômetro de mercúrio de imersão parcial (76 mm) (veja a Seção 13.4, página 620). A correção da haste não é necessária neste tipo de termômetro.

Coloque o bulbo do termômetro o mais perto possível do líquido em ebulição, sem tocar nele. A melhor maneira de aquecê-lo é usar uma placa com um bloco de alumínio ou um banho de areia.[1]

---

[1] Nota para o professor: O bloco de alumínio deve ter um furo que o *atravesse* e cujo diâmetro seja ligeiramente maior do que o diâmetro externo do tubo de ensaio. Um banho de areia pode ser convenientemente preparado com 40 mL de areia em um bécher de 150 mL ou com uma manta de aquecimento parcialmente cheia de areia. Para outros comentários sobre esses métodos, veja o *Instructor Manual*, Experimento 6, "Espectroscopia de Infravermelho e Determinação do Ponto de Ebulição".

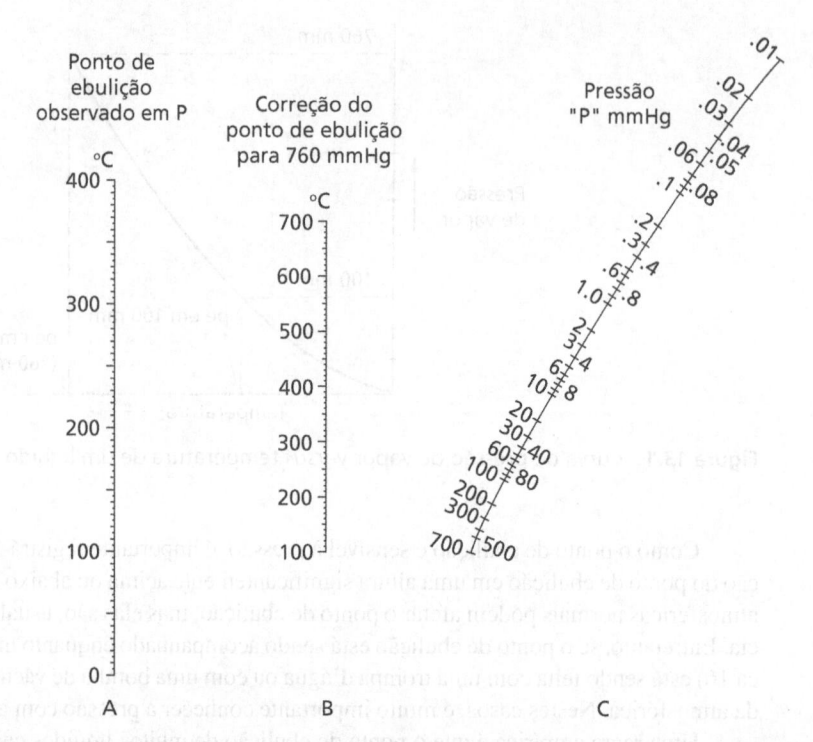

Figura 13.2 Nomógrafo de alinhamento de pressão e temperatura. Como usar o nomógrafo: Imagine que o ponto de ebulição dado é 100°C (coluna A) em 1 mmHg. Para determinar o ponto de ebulição em 18 mmHg, ligue 100°C (coluna A) a 1 mmHg (coluna C) com uma régua plástica transparente e observe onde esta linha intercepta a coluna B (cerca de 280°C). Este valor corresponderia ao ponto de ebulição normal. A seguir, ligue 280°C (coluna B) com 18 mmHg (coluna C) e observe onde a linha intercepta a coluna A (151°C). O ponto de ebulição aproximado será 151°C em 18 mmHg. (Reimpresso por cortesia de EMD Chemicals, Inc.)

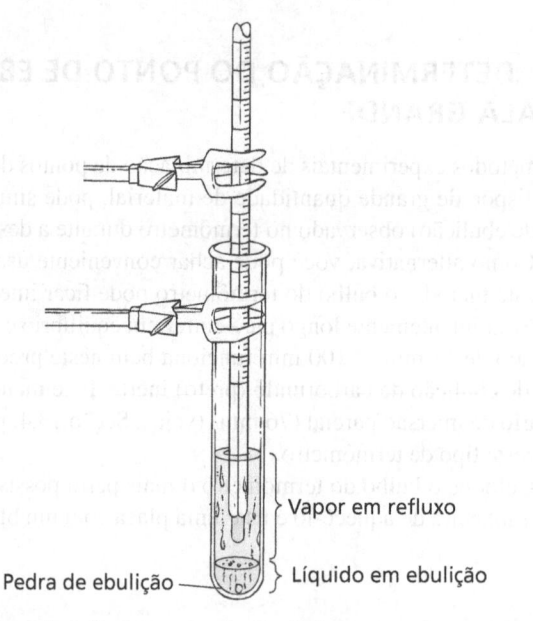

Figura 13.3 Método de determinação do ponto de ebulição em escala grande.

Enquanto você estiver aquecendo o líquido, é útil registrar a temperatura em intervalos de 1 minuto. Isto torna mais fácil acompanhar as mudanças de temperatura e saber quando você atingiu o ponto de ebulição. O líquido deve ferver vigorosamente, de modo que você possa ver o anel de refluxo acima do bulbo do termômetro e gotas de líquido que se condensam nos lados do tubo de ensaio. No caso de alguns líquidos, o anel de refluxo pode ser muito fraco, e você deve olhar com muita atenção para vê-lo. O ponto de ebulição do líquido é alcançado quando a temperatura do termômetro ficar constante por 2-3 minutos na leitura mais alta atingida. É melhor colocar o controle de aquecimento inicialmente em uma posição relativamente alta, especialmente se você está começando com uma placa fria e um bloco de alumínio ou banho de areia. Se a temperatura começar a se estabilizar em uma temperatura relativamente baixa (inferior a cerca de 100°C) ou se o anel de refluxo alcançar o anel de imersão do termômetro, diminua o aquecimento imediatamente.

Dois problemas podem ocorrer quando você segue este procedimento. O primeiro é muito mais comum e acontece quando a temperatura parece estar se equilibrando abaixo do ponto de ebulição do líquido. É mais comum que isto ocorra com líquidos de ponto de ebulição relativamente alto (acima de 150°C) ou quando a amostra não é suficientemente aquecida. A melhor maneira de evitar o problema é aquecer a amostra mais fortemente. Com líquidos de alto ponto de ebulição, pode ser interessante esperar para ver se a temperatura fica constante por 3-4 minutos para ter certeza de que o ponto de ebulição foi atingido.

O segundo problema, que é raro, ocorre quando o líquido evapora completamente e a temperatura no interior do tubo de ensaio seco ultrapassa o ponto de ebulição do líquido. Isso é mais provável de acontecer com líquidos de baixo ponto de ebulição (pontos de ebulição inferiores a 100°C) ou se a temperatura da placa de aquecimento ficar muito alta por muito tempo. Para verificar esta possibilidade, note a quantidade de líquido que permanece no tubo de ensaio assim que você terminar o procedimento. Se não tiver sobrado líquido, é possível que a temperatura mais alta que você observou seja superior ao ponto de ebulição do líquido. Neste caso, você deve repetir a determinação do ponto de ebulição aquecendo a amostra menos fortemente ou usando mais amostra.

Dependendo da prática da pessoa que usa esta técnica, os pontos de ebulição podem ser ligeiramente inacurados. Quando os pontos de ebulição não são acurados, é mais provável que eles sejam inferiores aos valores da literatura. Isto é mais comum no caso de líquidos de alto ponto de ebulição, em que a diferença pode chegar a 5°C. Se você seguir cuidadosamente as instruções dadas acima, a probabilidade de seu valor ficar próximo do valor da literatura aumenta.

13.3 DETERMINAÇÃO DO PONTO DE EBULIÇÃO - MÉTODOS DE ESCALA PEQUENA

Com quantidades pequenas de material, você pode fazer uma determinação em escala pequena, ou em escala semimicro, usando a aparelhagem descrita na Figura 13.4.

Método em Escala Semimicro. Para fazer a determinação semimicro, ligue um tubo de vidro de 5 mm (selado em uma das pontas) a um termômetro com um elástico de borracha ou um pedaço pequeno de tubo de borracha. Use uma pipeta Pasteur para colocar o líquido cujo ponto de ebulição será determinado no tubo. Coloque no tubo um pequeno capilar de ponto de fusão (selado em uma ponta), com a ponta aberta para baixo. Coloque o conjunto em um tubo de Thiele. O elástico de borracha deve ficar acima do nível do óleo do tubo de Thiele, senão pode afrouxar no óleo quente. Quando estiver posicionando o elástico, lembre-se de que o óleo irá dilatar quando aquecer. Aqueça, a seguir, o tubo de Thiele, como foi descrito na Técnica 9, Seção 9.6, página 564, para a determinação do ponto de fusão. Continue o aquecimento até que uma corrente contínua de bolhas comece a escapar do capilar invertido. Pare o aquecimento neste ponto. A corrente de bolhas diminui e pára. Quando isto acontecer, e o líquido começar a entrar no capilar, anote a temperatura. Esta temperatura corresponde ao ponto de ebulição do líquido

Método de Escala Pequena. Em experimentos em escala pequena, dispõe-se, com freqüência, de pouca quantidade de produto e não se pode usar o método semimicro descrito. Entretanto, pode-se reduzir a escala do método da seguinte maneira. Coloque o líquido em um tubo capilar de 1 mm, usado para a determinação do ponto de fusão, até uma altura de cerca de 4-6 mm. Use uma seringa ou uma pipeta Pasteur

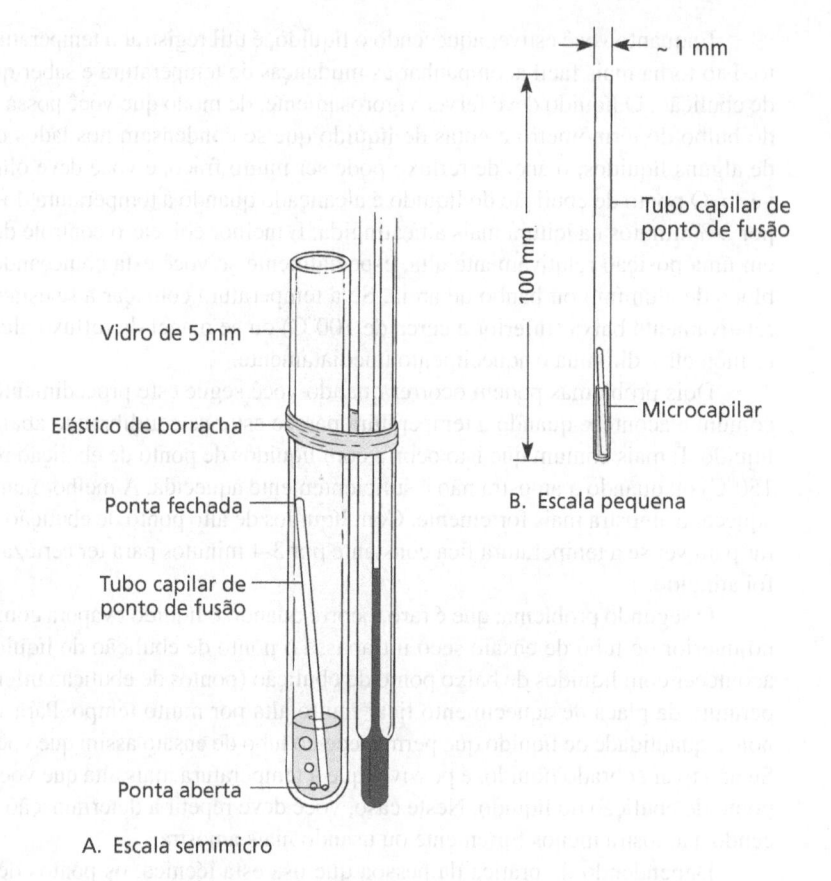

Figura 13.4 Determinações de ponto de ebulição.

A. Escala semimicro — Vidro de 5 mm, Elástico de borracha, Ponta fechada, Tubo capilar de ponto de fusão, Ponta aberta.

B. Escala pequena — Tubo capilar de ponto de fusão, Microcapilar, ~1 mm, 100 mm.

com ponta muito fina para transferir o líquido. Pode ser necessário usar uma centrífuga para que o líquido se deposite no fundo do capilar. Prepare a seguir um **microcapilar** selado em uma das pontas.

A maneira mais fácil de preparar um microcapilar é usar uma micropipeta comercial, como a "microcap" de 10 μL da Drummond. Estas micropipetas são obtidas em vidros de 50 ou 100 "microcaps" e são muito baratas. Para preparar o microcapilar, corte o "microcap" ao meio com uma lima e sele uma das pontas com uma chama, girando-o sobre o seu eixo até que a ponta feche.

Se estas micropipetas não estiverem disponíveis, use um pedaço de tubo capilar de 1 mm (o mesmo tamanho do capilar de ponto de fusão) e gire-o na posição horizontal, sobre o eixo, por cima de uma chama. Use seus indicadores e polegares para girar o tubo. Não mude a distância entre as mãos durante a operação. Quando o tubo estiver mole, remova-o da chama e puxe-o até um diâmetro mais fino. Quando estiver puxando, mantenha o tubo reto, *movendo ambas as mãos e os cotovelos para fora* por cerca de 10 cm. Mantenha o tubo puxado em posição até que ele esfrie. Use o vértice de uma lima ou sua unha para quebrar a seção mais fina do tubo. Sele uma das pontas da seção fina na chama e depois quebre-a de modo a obter um tubo de comprimento uma vez e meia a altura de sua amostra líquida (6-9 mm). Assegure-se de que a quebra foi limpa. Inverta o microcapilar (com a abertura para baixo) e coloque-o no tubo capilar que contém a amostra. Empurre o microcapilar até o fundo com a ajuda de um fio fino de cobre se ele aderir à parede do capilar. Use a centrífuga, se preferir. A Figura 13.5 mostra a construção do microcapilar e a montagem final.

Coloque o conjunto de escala pequena em uma aparelhagem padrão de ponto de fusão (ou um tubo de Thiele, se um aparelho elétrico não estiver disponível) para determinar o ponto de ebulição. Continue o aquecimento até que uma corrente contínua de bolhas comece a escapar do microcapilar invertido. Pare o aquecimento neste ponto. A corrente de bolhas diminui e pára. Anote a temperatura quando isto acontecer e o líquido começar a entrar no capilar. Esta temperatura corresponde ao ponto de ebulição do líquido.

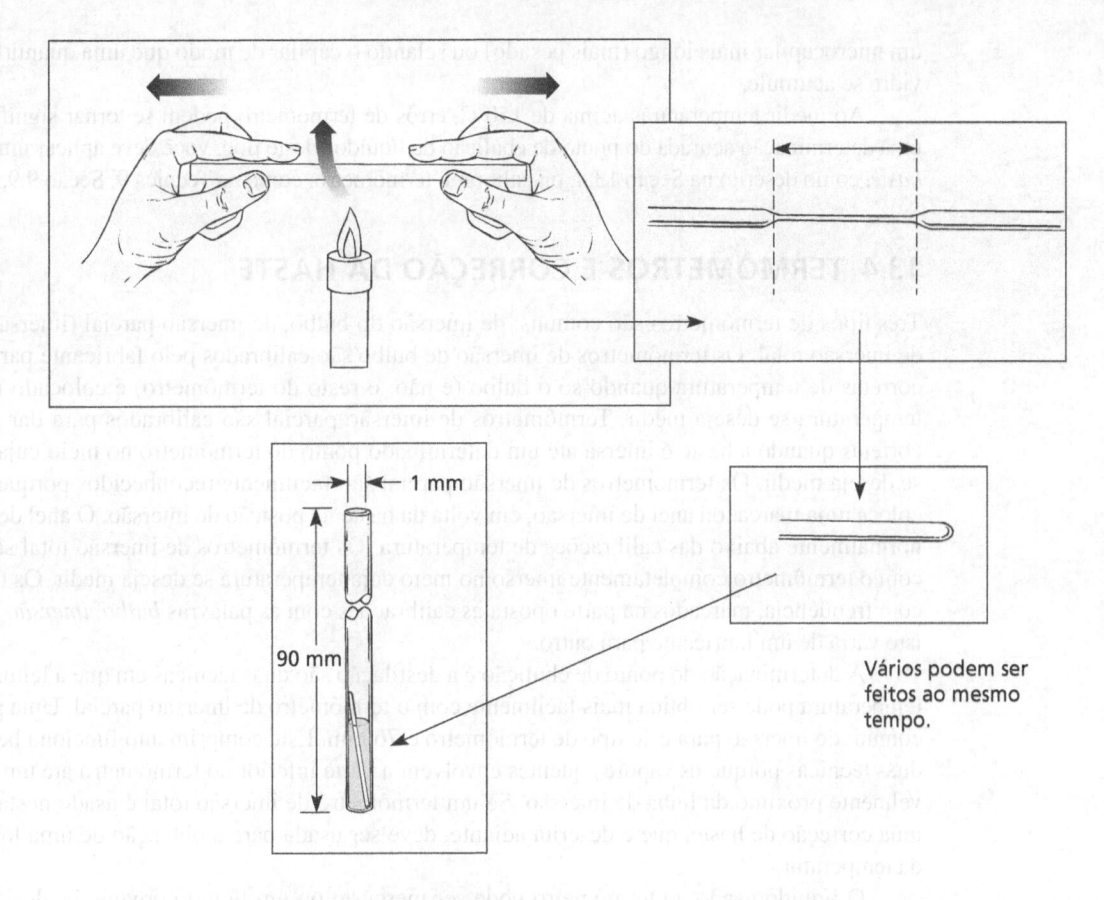

1. Gire na chama até amolecer.
2. Remova da chama e puxe.
3. Quebre a seção mais fina.
4. Sele uma extremidade.
5. Quebre o microcapilar no tamanho desejado.
6. Coloque o microcapilar no tubo.

Vários podem ser feitos ao mesmo tempo.

Figura 13.5 Construção de um microcapilar para a determinação do ponto de ebulição em escala pequena.

Explicação do Método. Durante o aquecimento inicial, o ar preso no capilar invertido se expande e deixa o tubo formando as bolhas. Quando o líquido começa a ferver, a maior parte do ar já foi expelida. As bolhas de gás são devidas à fervura do líquido. Quando o aquecimento cessa, a maior parte da pressão de vapor que ficou no capilar vem do vapor do líquido aquecido que sela a extremidade aberta. Existe sempre vapor em equilíbrio com o líquido aquecido. Se a temperatura do líquido está acima do ponto de ebulição, a pressão do vapor no interior do capilar invertido será maior ou igual à pressão atmosférica. Quando o líquido esfria, a pressão de vapor diminui, e quando cai ligeiramente abaixo da pressão atmosférica (ligeiramente abaixo do ponto de ebulição), o líquido é forçado para dentro do capilar.

Dificuldades. Três problemas são comuns neste método. O primeiro acontece quando o líquido é aquecido tão fortemente que se evapora. O segundo ocorre quando o líquido não é aquecido acima do ponto de ebulição antes da interrupção do aquecimento. Se o aquecimento for interrompido antes do ponto de ebulição, o líquido entra no capilar invertido *imediatamente*, dando um ponto de ebulição aparente que é muito baixo. Assegure-se de que você observa uma corrente contínua de bolhas, muito rápida para que as bolhas possam ser identificadas individualmente, antes de baixar a temperatura. Assegure-se, também, de que a ação das bolhas diminui lentamente antes do líquido entrar no capilar invertido. Se o seu aparelho de ponto de fusão tem controle fino e resposta rápida, você pode voltar a aquecer e forçar o líquido para fora do capilar invertido antes que ele fique totalmente cheio. Isto permite uma segunda determinação com a mesma amostra. O terceiro problema é que o microcapilar pode ser tão leve que a fervura do líquido o tira de posição. Este problema pode ser resolvido, às vezes, com um microcapilar mais longo (mais pesado) ou selando o capilar de modo que uma quantidade maior de vidro se acumule.

Ao medir temperaturas acima de 150°C, erros de termômetro podem se tornar significativos. Para uma determinação acurada do ponto de ebulição de líquidos deste tipo, você deve aplicar uma correção de *haste*, como descrito na Seção 13.4, ou calibrar o termômetro, como na Técnica 9, Seção 9.9, página 568.

13.4 TERMÔMETROS E CORREÇÃO DA HASTE

Três tipos de termômetros são comuns: de imersão do bulbo, de imersão parcial (imersão da haste) e de imersão total. Os termômetros de imersão de bulbo são calibrados pelo fabricante para dar leituras corretas de temperatura quando só o bulbo (e não, o resto do termômetro) é colocado no meio cuja temperatura se deseja medir. Termômetros de imersão parcial são calibrados para dar temperaturas corretas quando a haste é imersa até um determinado ponto do termômetro no meio cuja temperatura se deseja medir. Os termômetros de imersão parcial são facilmente reconhecidos porque o fabricante coloca uma marca, ou anel de imersão, em volta da haste na posição de imersão. O anel de imersão fica normalmente abaixo das calibrações de temperatura. Os termômetros de imersão total são calibrados com o termômetro completamente imerso no meio cuja temperatura se deseja medir. Os três tipos são, com freqüência, marcados na parte oposta às calibrações com as palavras *bulbo*, *imersão* ou *total*, mas isto varia de um fabricante para outro.

A determinação do ponto de ebulição e a destilação são duas técnicas em que a leitura acurada da temperatura pode ser obtida mais facilmente com o termômetro de imersão parcial. Uma profundidade comum de imersão para este tipo de termômetro é 76 mm. Este comprimento funciona bem para essas duas técnicas porque os vapores quentes envolvem a parte inferior do termômetro até um ponto razoavelmente próximo da linha de imersão. Se um termômetro de imersão total é usado nestas aplicações, uma correção de haste, que é descrita adiante, deve ser usada para a obtenção de uma leitura acurada da temperatura.

O líquido usado no termômetro pode ser mercúrio ou um líquido orgânico colorido, como um álcool. Como o mercúrio é muito venenoso e difícil de limpar completamente se o termômetro quebrar, muitos laboratórios preferem usar termômetros sem mercúrio. Quando se deseja uma leitura de temperatura muito acurada, como na determinação do ponto de ebulição ou em algumas destilações, os termômetros de mercúrio podem ter uma vantagem por duas razões. O mercúrio tem um coeficiente de expansão inferior aos dos líquidos usados em outros termômetros. Assim, um termômetro de mercúrio de imersão parcial dará uma leitura mais acurada quando o termômetro não estiver imerso nos vapores quentes exatamente na linha recomendada. Em outras palavras, o termômetro de mercúrio é mais tolerante. Além disso, como o mercúrio conduz melhor o calor, o termômetro responde mais rapidamente a variações da temperatura dos vapores quentes. Se a temperatura for lida antes da estabilização da leitura do termômetro, o que é mais provável com os instrumentos sem mercúrio, a temperatura medida não será acurada.

Os fabricantes desenham os termômetros de imersão total para leituras corretas somente quando a coluna de mercúrio está completamente coberta pelo meio a ser medido. Como esta situação é rara, adiciona-se a **correção da haste** à temperatura observada. Esta correção, que é positiva, pode ser bastante grande quando temperaturas altas estão sendo medidas. Lembre-se, porém, de que se o seu termômetro foi calibrado para o uso desejado (como descrito na Técnica 9, Seção 9.9 para uma aparelhagem de ponto de fusão), a correção da haste não é necessária para qualquer temperatura dentro dos limites de calibração. É mais provável que você tenha de fazer uma correção de haste quando estiver conduzindo uma destilação. Se você determinar um ponto de fusão ou um ponto de ebulição usando um termômetro de imersão total que não foi calibrado, terá de aplicar a correção da haste.

Quando você quiser fazer a correção da haste para um termômetro de imersão total, pode usar a fórmula dada abaixo. Ela é baseada no fato de que a porção externa da coluna de mercúrio está mais fria do que a porção imersa no vapor ou do que a área aquecida em torno do termômetro. A equação a ser usada é

$$(0,000154)(T - t_1)(T - t_2) = \text{correção a ser adicionada à } T \text{ observada}$$

1. O fator 0,000154 é uma constante, o coeficiente de expansão do mercúrio no termômetro.
2. O termo $T - t_1$ corresponde ao comprimento da coluna de mercúrio que não está imersa na área aquecida. Use a escala de temperatura do termômetro, e não, a unidade de comprimento. T é a temperatura observada e t_1 é a posição *aproximada* em que termina a parte aquecida da haste e começa a parte fria.
3. O termo $T - t_2$ corresponde à diferença entre a temperatura do mercúrio no vapor T e a temperatura do mercúrio no ar, fora da área aquecida (temperatura do laboratório). O termo T é a temperatura observada, e t_2 é a temperatura que é medida por outro termômetro em que o bulbo está próximo da haste do termômetro principal.

A Figura 13.6 mostra como aplicar este método em uma destilação. Pela fórmula dada acima, pode-se ver que altas temperaturas precisam da correção da haste, ao contrário das temperaturas baixas. O cálculo abaixo ilustra, como exemplo, este ponto.

Exemplo 1	Exemplo 2
$T = 200°C$	$T = 100°C$
$t_1 = 0°C$	$t_1 = 0°C$
$t_1 = 35°C$	$t_2 = 35°C$
$(0,000154)(200)(165) = 5,1°$ correção da haste	$(0,000154)(100)(165) = 1,0°$ correção da haste
$200°C + 5°C = 205°C$ temperatura corrigida	$100°C + 1°C = 101°C$ temperatura corrigida

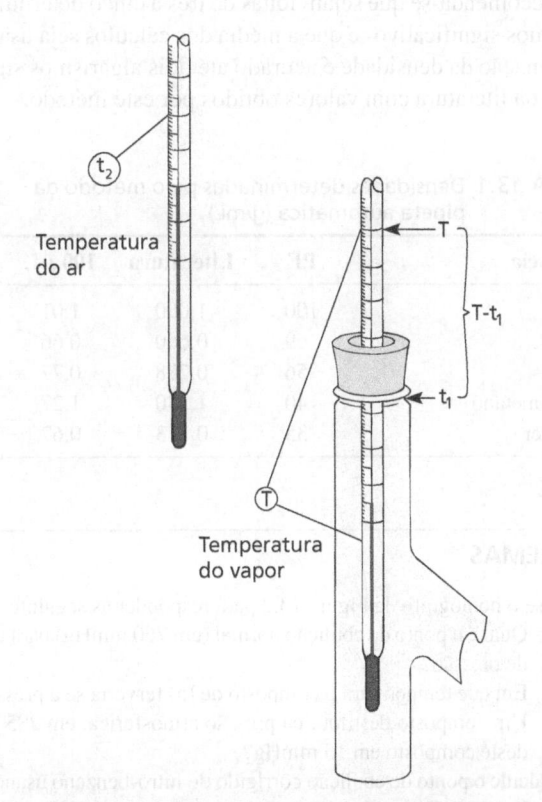

Figura 13.6 Medida da correção da haste de um termômetro durante uma destilação.

Parte B. Densidade

13.5 DENSIDADE

A densidade é definida como a massa por unidade de volume e, geralmente, é expressa em unidades de gramas por mililitro (g/mL) para um líquido e gramas por centímetro cúbico (g/cm^3) para um sólido.

$$\text{Densidade} = \frac{\text{massa}}{\text{volume}} \quad \text{ou} \quad D = \frac{M}{V}$$

Na química orgânica, a densidade é muito usada para converter o peso de um líquido em volume ou vice-versa. É mais fácil, muitas vezes, medir o volume de um líquido do que pesá-lo. Como propriedade física, a densidade também é útil na identificação de líquidos, usada como os pontos de ebulição.

Embora métodos precisos de obtenção das densidades de líquidos em escala pequena tenham sido desenvolvidos, eles são, com freqüência, difíceis de aplicar. Um método aproximado de medida de densidades pode ser aplicado com uma pipeta automática de 100 μL (0,100 mL) (Técnica 5, Seção 5.6, página 518). Limpe, seque e pese um ou mais frascos cônicos (incluindo suas tampas e septos) e registre os pesos. Manipule os frascos com um tecido para evitar engordurá-los. Ajuste a pipeta automática para transferir 100 μL e coloque uma nova ponta, seca. Use a pipeta para transferir 100 μL do líquido desconhecido para cada um dos frascos de peso conhecido. Tampe-os para que o líquido não evapore. Pese novamente os frascos e use o peso de 100 μL de líquido para calcular uma densidade em cada caso. Recomenda-se que sejam feitas de três a cinco determinações, que os cálculos sejam feitos até três algarismos significativos e que a média dos cálculos seja usada para obter o resultado final. Este tipo de determinação da densidade é acurado até dois algarismos significativos. A Tabela 13.1 compara alguns valores da literatura com valores obtidos por este método.

TABELA 13.1 Densidades determinadas pelo método da pipeta automática (g/mL)

Substância	PE	Literatura	100 μL
Água	100	1,000	1,01
Hexano	69	0,660	0,66
Acetona	56	0,788	0,77
Dicloro-metano	40	1,330	1,27
Dietil-éter	35	0,713	0,67

PROBLEMAS

1. Use o nomógrafo da Figura 13.2 para responder às seguintes questões.
    a. Qual é o ponto de ebulição normal (em 760 mmHg) para um composto que ferve em 150°C em 10 mmHg de pressão?
    b. Em que temperatura o composto de (a) ferveria se a pressão fosse 40 mmHg?
    c. Um composto destilou, na pressão atmosférica, em 285°C. Qual seria o ponto de ebulição aproximado deste composto em 15 mmHg?
2. Calcule o ponto de ebulição corrigido do nitro-benzeno usando o método descrito na Seção 13.4. O ponto de ebulição foi determinado com uma aparelhagem semelhante à da Figura 13.3. Imagine que um termômetro de imersão total foi utilizado. O ponto de ebulição observado foi 205°C. O anel de refluxo no tubo de ensaio atingiu a marca de 0°C no termômetro. Um segundo termômetro suspenso ao lado do tubo de ensaio, em um nível ligeiramente superior ao termômetro interno, deu a leitura de 35°C.
3. Suponha que você calibrou o termômetro de seu aparelho de ponto de fusão com uma série de padrões de ponto de fusão. Será que após a leitura da temperatura e a correção com a curva de calibração você deveria aplicar a correção da haste? Explique.

4. A densidade de um líquido foi determinada pelo método da pipeta automática. Uma pipeta de 100 μL foi usada. A massa do líquido foi de 0,082 g. Qual é a densidade do líquido em gramas por litro?
5. Durante a determinação do ponto de ebulição de um líquido em escala pequena, o aquecimento foi interrompido em 154°C, e o líquido imediatamente começou a entrar no microcapilar invertido. O aquecimento foi reiniciado imediatamente, e o líquido foi ejetado do microcapilar. O aquecimento foi novamente interrompido em 165°C, e uma corrente muito rápida de bolhas emergiu do microcapilar. Ao esfriar, a velocidade de formação de bolhas diminuiu gradualmente até o líquido atingir a temperatura de 161°C, começar a entrar e encher o microcapilar. Explique esta seqüência de eventos. Qual era o ponto de ebulição do líquido?

TÉCNICA 14
Destilação Simples

A destilação é o processo de vaporizar um líquido, condensar o vapor e coletar o condensado em um recipiente diferente. Esta técnica é muito útil para separar uma mistura de líquidos quando os componentes têm pontos de ebulição diferentes ou quando um dos componentes não destila. O químico dispõe de quatro métodos básicos de destilação: destilação simples, destilação fracionada, destilação a vácuo (destilação em pressão reduzida) e destilação com vapor. A destilação fracionada será discutida na Técnica 15, a destilação a vácuo, na Técnica 16; e a destilação com vapor, na Técnica 18.

A Figura 14.1 mostra uma moderna aparelhagem de destilação típica. O líquido a ser destilado é colocado no balão de destilação e aquecido, usualmente em uma manta. O líquido aquecido se vaporiza e sobe, passando o termômetro e entrando no condensador. O vapor é resfriado e se condensa, escorrendo já como líquido pelo adaptador de vácuo (aqui não se usa vácuo) para o balão de coleta.

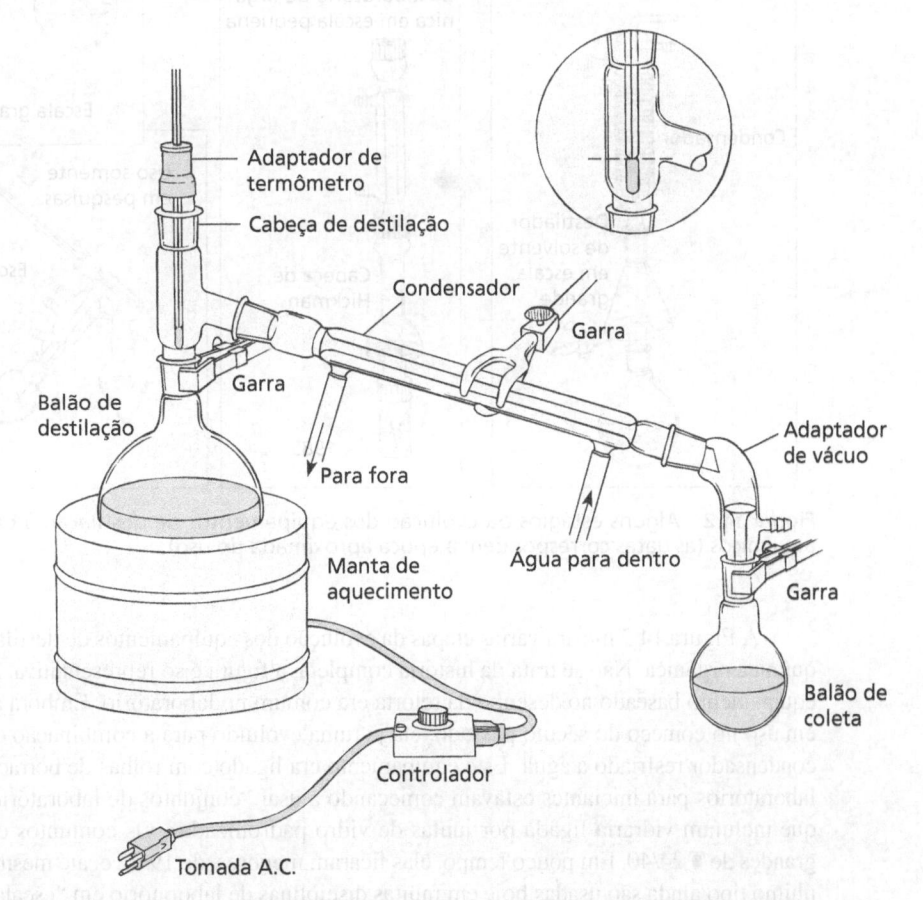

Figura 14.1 Destilação com a aparelhagem padrão de laboratório de escala grande.

14.1 A EVOLUÇÃO DO EQUIPAMENTO DE DESTILAÇÃO

Existem provavelmente mais tipos e estilos de aparelhagens de destilação do que de qualquer outra técnica química. Através dos séculos, os químicos imaginaram todos os tipos possíveis de desenho. Os tipos mais antigos de destiladores foram o **alambique** e a **retorta** (Figura 14.2). Eles eram usados pelos alquimistas da Idade Média e da Renascença e, provavelmente, antes disso, por químicos árabes. Muitos dos outros equipamentos de destilação são variantes evoluídas destes desenhos.

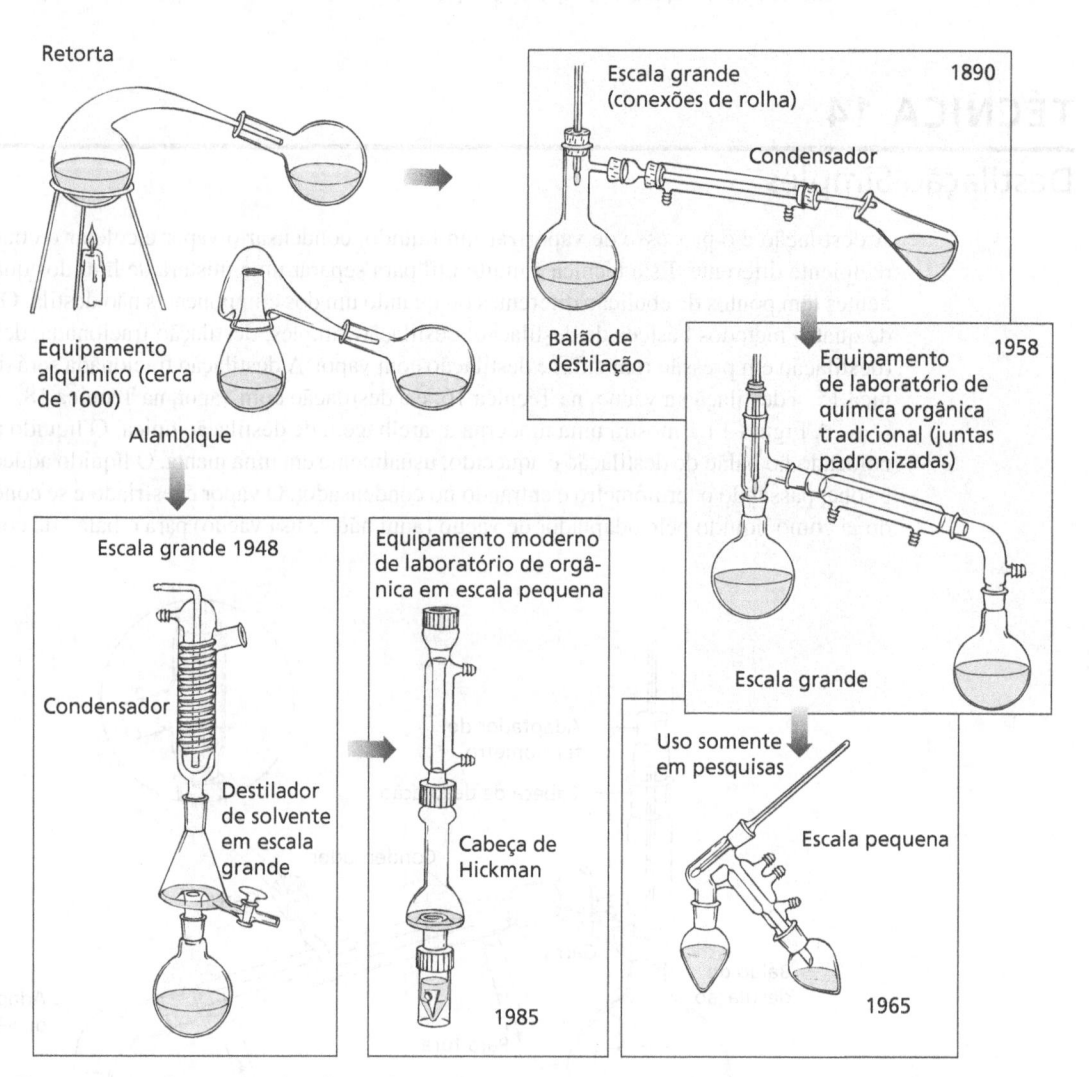

Figura 14.2 Alguns estágios da evolução dos equipamentos de destilação a partir dos equipamentos alquímicos (as datas correspondem à época aproximada do uso).

A Figura 14.2 mostra várias etapas da evolução dos equipamentos de destilação nos laboratórios de química orgânica. Não se trata da história completa, a figura é só representativa. Até alguns anos atrás, o equipamento baseado no desenho da retorta era comum no laboratório. Embora a retorta estivesse ainda em uso no começo do século passado, ela já tinha evoluído para a combinação de balão de destilação e condensador resfriado a água. Este equipamento era ligado com rolhas de borracha. Já em 1958, muitos laboratórios para iniciantes estavam começando a usar "conjuntos de laboratório de química orgânica" que incluíam vidraria ligada por juntas de vidro padronizadas. Os conjuntos originais usavam juntas grandes de ℥ 24/40. Em pouco tempo, elas ficaram menores, de 19/22 e, até mesmo, ℥14/20. Juntas deste último tipo ainda são usadas hoje em muitas disciplinas de laboratório em "escala grande" como o seu.

Nos anos 1960, pesquisadores desenvolveram versões menores destes conjuntos para o trabalho em "escala pequena" (veja na Figura 14.2, o destaque marcado "Uso somente em pesquisa"), mas esse tipo de vidraria é, em geral, muito caro para uso em um laboratório para iniciantes. Nos anos 1980, porém, vários grupos desenvolveram um estilo diferente de equipamento de destilação em escala pequena baseado no desenho do alambique (veja na Figura 14.2, o destaque marcado "Equipamento moderno de laboratório de orgânica em escala pequena"). Este novo equipamento para escala pequena tem juntas padronizadas de ꝉ14/10, com roscas na parte externa, ligações com tampas de rosca e um anel de borracha interno para funcionar como selo de compressão. Equipamentos em escala pequena semelhantes a este estão sendo usados em muitos cursos introdutórios. As vantagens deste tipo de vidraria são uso de menos material (custos mais baixos), menor exposição pessoal a produtos químicos e produção de menos rejeitos. Como ambos os tipos de equipamentos são usados, descreveremos o equipamento de escala grande e mostraremos, também, o equipamento de destilação equivalente para a escala pequena.

14.2 TEORIA DA DESTILAÇÃO

Na destilação tradicional de uma substância pura, o vapor sobe do balão de destilação e entra em contato com um termômetro que registra a temperatura. O vapor passa, então, por um condensador e transforma-se em um líquido que escorre para o balão coletor. A temperatura observada durante a destilação de uma **substância pura** permanece constante, durante o processo, enquanto vapor e líquido estiverem presentes no sistema (veja a Figura 14.3A). Quando uma **mistura líquida** é destilada, a temperatura não permanece constante. Ela aumenta durante a destilação porque a composição do vapor varia continuamente durante a destilação (veja a Figura 14.3B).

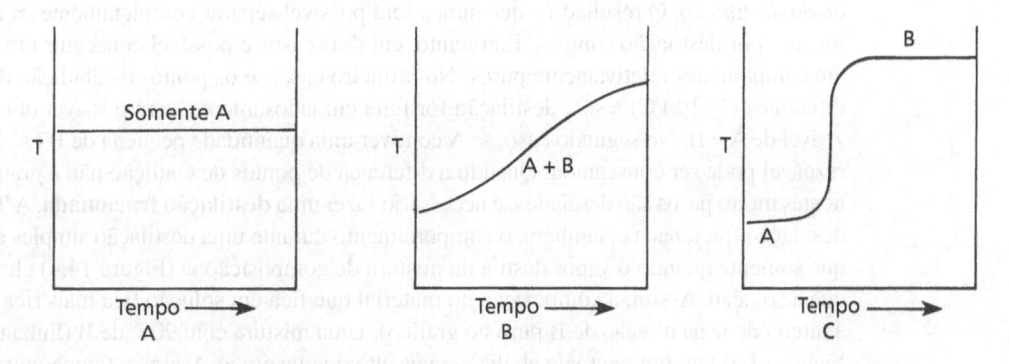

Figura 14.3 Três tipos de comportamento da temperatura durante uma destilação simples. (A) Um único componente volátil. (B) Dois componentes com pontos de ebulição próximos. (C) Dois componentes com pontos de ebulição muito diferentes. Boas separações são obtidas em A e C.

No caso de uma mistura líquida, a composição do vapor em equilíbrio com a solução aquecida é diferente da composição da mistura. A Figura 14.4, um diagrama de fases da relação entre vapor e líquido para um sistema de dois componentes (A + B) típico, mostra isto.

Neste diagrama, as linhas horizontais representam temperaturas constantes. A curva superior corresponde à composição do vapor, e a curva inferior, à composição do líquido. Em cada linha horizontal (temperatura constante), como a mostrada em t, a interseção da linha com as curvas dá a composição do líquido e do vapor que estão em equilíbrio naquela temperatura. No diagrama, na temperatura t, a interseção da curva em x indica que o líquido de composição w estará em equilíbrio com vapor de composição z, que corresponde à interseção em y. A composição é dada em percentagem molar de A e B na mistura. A puro, que ferve na temperatura t_A, é representado à esquerda. B puro, que ferve na temperatura t_B, é representado à direita. Para A ou B puros, as curvas de vapor e líquido se encontram no ponto de ebulição. Assim, A ou B puros destilarão em uma temperatura constante (t_A ou t_B). O vapor e o líquido devem ter a mesma composição em ambos os casos. Isto não acontece para as misturas de A e B.

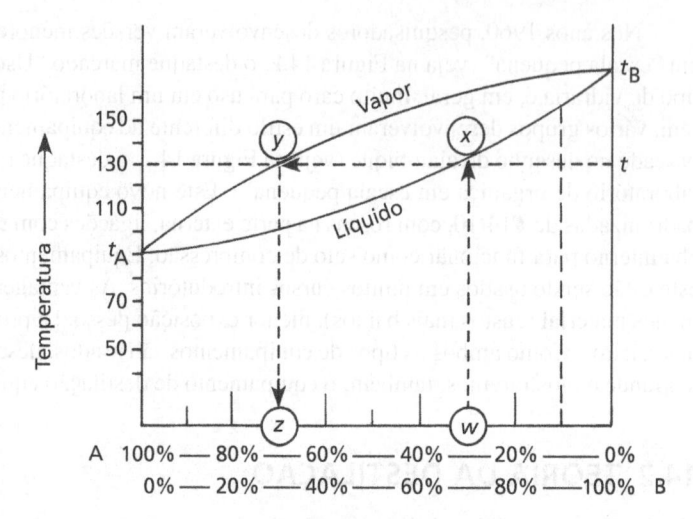

Figura 14.4 Diagrama de fases de uma mistura líquida típica de dois componentes.

A mistura de A e B de composição *w* terá o seguinte comportamento quando aquecida. A temperatura da mistura líquida aumentará até atingir o ponto de ebulição da mistura. Isto corresponde a seguir a linha *wx* de *w* a *x*, o ponto de ebulição *t* da mistura. Na temperatura *t*, o líquido começa a evaporar, o que corresponde à linha *xy*. O vapor tem a composição *z*. Em outras palavras, o primeiro vapor obtido na destilação da mistura de A e B não é de A puro. Ele é mais rico em A do que a mistura original, mas ainda contém uma quantidade significativa do componente B, de ponto de ebulição mais alto, *mesmo no começo da destilação*. O resultado é que nunca será possível separar completamente os componentes de uma mistura por destilação simples. Entretanto, em dois casos é possível conseguir uma separação aceitável em componentes relativamente puros. No primeiro caso, se os pontos de ebulição de A e B forem muito diferentes (> 100°C) e se a destilação for feita cuidadosamente, será possível obter uma separação razoável de A e B. No segundo caso, se A contiver uma quantidade pequena de B (< 10%), uma separação razoável pode ser conseguida. Quando a diferença de pontos de ebulição não é grande e quando componentes muito puros são desejados, é necessário fazer uma **destilação fracionada**. A Técnica 15 descreve a destilação fracionada e, também, o comportamento durante uma destilação simples em detalhes. Observe que somente quando o vapor destila da mistura de composição *w* (Figura 14.4) ele é mais rico em A do que a solução. Assim, a composição do material que fica em solução fica mais rica em B (move-se para a direita de *w* na direção de B puro no gráfico). Uma mistura com 90% de B (linha tracejada, à direita na Figura 14.4) tem um ponto de ebulição mais alto do que em *w*. Assim, a temperatura do líquido no balão irá aumentar durante a destilação e a composição do destilado irá mudar (como se vê na Figura 14.3B).

Quando se destila dois componentes com diferença muito grande de pontos de ebulição, a temperatura permanece constante enquanto o primeiro componente destila. Se a temperatura permanece constante é porque uma substância relativamente pura está sendo destilada. Depois que a primeira substância destila, a temperatura do vapor aumenta e o segundo componente destila, novamente em temperatura constante. O processo é mostrado na Figura 14.3C. Um exemplo de aplicação típica deste tipo de destilação poderia ser uma mistura de reação contendo o componente desejado A (pe 140°C) contaminado por uma pequena quantidade de um componente indesejado B (pe 250°C) misturado com um solvente como o dietil-éter (pe 36°C). O éter é removido facilmente em temperatura baixa. O componente A puro é removido em temperatura mais alta e coletado em um recipiente diferente. O componente B poderia ser, então, destilado, mas ele é usualmente tratado como um resíduo. Esta separação não é difícil e corresponde a um caso em que a destilação simples poderia ser usada com vantagem.

14.3 DESTILAÇÃO SIMPLES – APARELHAGEM PADRONIZADA

No caso de uma destilação simples, usa-se a aparelhagem da Figura 14.1, com seis peças de vidraria especializada:

1. Balão de destilação
2. Cabeça de destilação
3. Adaptador de termômetro
4. Condensador de água
5. Adaptador de vácuo
6. Balão de coleta

A aparelhagem é usualmente aquecida por eletricidade, com uma manta. O balão de destilação, o condensador e o adaptador de vácuo devem ser fixados. Dois métodos diferentes de fazer isto foram mostrados na Técnica 7 (Figura 7.2, página 533 e Figura 7.4, página 534). O balão de coleta deve estar apoiado em um bloco de madeira removível ou em uma placa de arame sobre um anel ligado a uma haste de suporte. Os vários componentes são discutidos nas seções seguintes, juntamente com outros pontos importantes.

Balão de Destilação. O balão de destilação deve ser um balão de fundo redondo. Este tipo de balão foi desenhado para resistir ao calor necessário e para agüentar o processo de ebulição. Ele oferece a superfície máxima de aquecimento. O tamanho do balão deve ser tal que ele nunca fique cheio acima de dois terços de sua capacidade. Quando o balão fica cheio acima deste ponto, o gargalo restringe o processo de ebulição e provoca solavancos. A área superficial do líquido em ebulição deve ser a maior possível. Em um balão de destilação muito grande, porém, a **retenção** é excessiva. A retenção é a quantidade de material que não pode ser destilado porque um pouco de vapor tem de encher o balão vazio. Ao esfriar a aparelhagem, este material volta para o balão de destilação.

Pedra de Ebulição. Uma pedra de ebulição (Técnica 7, Seção 7.4, página 537) deve ser usada durante a destilação para evitar solavancos. Uma alternativa é destilar o líquido sob agitação rápida com um agitador magnético e uma barra (Técnica 7, Seção 7.3, página 536). Se você esqueceu de adicionar uma pedra de ebulição, esfrie a mistura antes de adicioná-la. Se você colocar uma pedra de ebulição em um líquido superaquecido, ele poderá entrar em "erupção", com ebulição vigorosa, e quebrar sua aparelhagem, espalhando solvente quente.

Lubrificante. Muitas vezes, é desnecessário lubrificar as juntas para uma destilação simples. O lubrificante torna a limpeza mais difícil e pode contaminar seu produto.

Cabeça de Destilação. A cabeça de destilação dirige os vapores da destilação para o condensador e permite a ligação do termômetro pelo adaptador de termômetro. O termômetro deve ser colocado na cabeça de destilação diretamente no fluxo de vapor que está destilando. Isto pode ser feito se o bulbo do termômetro ficar *abaixo* da saída lateral da cabeça de destilação (veja o destaque circular da Figura 14.1). O bulbo deve estar completamente imerso no vapor para que a leitura da temperatura seja acurada. Durante a destilação, você deve ser capaz de ver o anel de refluxo (Técnica 7, Seção 7.2, página 535) acima do bulbo do termômetro e da parte inferior da saída lateral.

Adaptador de Termômetro. O adaptador de termômetro liga-se à parte superior da cabeça de destilaçao (veja a Figura 14.1). O adaptador de termômetro tem duas partes: uma junta de vidro com uma perfuração no topo e um adaptador de borracha que se ajusta na perfuração e firma o termômetro, que pode ser ajustado para cima e para baixo por deslizamento. Ajuste o bulbo para que fique ligeiramente abaixo da saída lateral. A temperatura de destilação pode ser acompanhada com acurácia, se o termômetro for de imersão parcial (veja a Técnica 13, Seção 13.4, página 620).

Condensador de Água. A junta entre a cabeça de destilação e o condensador de água é a que tem maior probabilidade de vazamento em toda a aparelhagem. Como o líquido que destila está quente e parcialmente vaporizado quando atinge esta junta, o vazamento é muito mais fácil se as duas superfícies não estiverem bem-ajustadas. O ângulo da junta, nem vertical nem horizontal, também torna mais difícil a ligação correta. Assegure-se de que esta junta está bem-selada. Se possível, use um dos grampos de plástico descritos na Técnica 7, Figura 7.3, página 533). Se não, ajuste as garras para que as superfícies da junta fiquem bem-justas e não se separem.

O condensador só ficará cheio de água se ela fluir de baixo para cima. A torneira de água deve estar ligada à entrada inferior e a saída de água deve estar ligada à entrada superior da camisa de refrigeração. Coloque a outra ponta da mangueira de saída em uma pia. Mantenha um fluxo moderado de água para resfriar o condensador. Uma velocidade alta pode deslocar uma das mangueiras e espalhar água. Se você mantiver a mangueira de saída na horizontal e apontar a extremidade para uma pia, a velocidade de fluxo estará correta se a corrente de água se mantiver horizontal por cerca de cinco centímetros, antes de cair.

Se uma aparelhagem de destilação tiver de ficar abandonada por algum tempo, é aconselhável prender as extremidades das mangueiras com fio de cobre bem apertado. Isto ajudará a prevenir o deslocamento de uma das mangueiras se a pressão da água aumentar inesperadamente.

Adaptador de Vácuo. Em uma destilação simples, o adaptador de vácuo fica aberto. Ele funciona como uma saída para o ar e permite a equalização da pressão no sistema de destilação. Se a abertura estivesse tampada, o sistema estaria fechado (sem saída). É sempre perigoso aquecer um **sistema fechado**. A pressão do sistema fechado pode aumentar e causar uma explosão. O adaptador de vácuo, neste caso, meramente dirige o destilado para o balão receptor ou de coleta.

Se a substância que você está destilando é sensível à água, você pode colocar um tubo de secagem com cloreto de cálcio na saída do adaptador de vácuo para proteger o líquido destilado do vapor de água. O ar que entra na aparelhagem terá de passar pelo cloreto de cálcio e secar. Dependendo da gravidade do problema, outros agentes de secagem podem ser usados.

O adaptador de vácuo tende a obedecer às leis da gravidade e a cair do condensador sobre a mesa e quebrar-se. Se grampos de plástico estiverem disponíveis, é bom usá-los para prender as duas extremidades da peça. O grampo superior prenderá o adaptador de vácuo ao condensador, e o grampo inferior o prenderá ao balão coletor, impedindo que caia.

Velocidade de Aquecimento. A velocidade de aquecimento para a destilação pode ser ajustada para a velocidade correta de **saída**, a velocidade com que o destilado deixa o condensador, de acordo com as gotas de líquido que saem do fundo do adaptador de vácuo. A velocidade de três gotas por segundo é considerada adequada para muitas aplicações. Em uma velocidade maior, o equilíbrio não se estabelece na aparelhagem de destilação e a separação pode não ser boa. Uma velocidade menor também é insatisfatória porque a temperatura registrada pelo termômetro não é mantida por uma corrente contínua de vapor, o que leva a um ponto de ebulição mais baixo do que deveria ser.

Balão de Coleta. O balão de coleta, usualmente um balão de fundo redondo, recebe o líquido destilado. Se o líquido for muito volátil e existir perigo de perdas por evaporação, é aconselhável esfriar o balão de coleta em um banho de água e gelo.

Frações. O material que está sendo destilado é chamado de **destilado**. Com freqüência, o destilado é coletado em porções contíguas, chamadas de **frações**. Isto é feito por substituição do balão de coleta por um novo balão a intervalos regulares. Se uma pequena quantidade de líquido é coletada no começo da destilação e não é guardada ou usada posteriormente, ela é chamada de **precursora**. Frações subseqüentes terão pontos de ebulição superiores e cada fração deve ser identificada por sua faixa correta de ebulição. No caso da destilação simples de um material puro, a maior parte do material será coletada em uma única faixa de destilação, juntamente com um pouco da faixa precursora. Em algumas destilações em escala pequena, o volume da faixa precursora será tão pequeno que você não será capaz de coletá-la separadamente. O material que fica sem destilar é chamado de **resíduo**. É usualmente aconselhável interromper a destilação antes do balão de destilação ficar vazio. Tipicamente, o resíduo escurece durante a destilação e contém, com freqüência, produtos de decomposição térmica. Além disto, o resíduo seco pode explodir quando superaquecido ou o balão pode fundir ou quebrar-se ao secar. Não continue a destilação até secar completamente o balão de destilação!

14.4 EQUIPAMENTO PARA ESCALAS PEQUENA E SEMIMICRO

Quando você deseja destilar quantidades inferiores a 4-5 mL, deve usar um equipamento diferente. A escolha depende da quantidade que você deseja destilar.

A. Escala semimicro

Uma possibilidade é usar equipamento de estilo idêntico ao usado em procedimentos convencionais de escala grande, reduzindo suas dimensões para uso com juntas ⚥ 14/10. Os melhores fabricantes produzem cabeças de destilação e adaptadores de vácuo com juntas ⚥ 14/10. Este equipamento permite a manipulação de 5-15 mL. A Figura 14.5 exemplifica uma aparelhagem deste tipo. Embora os fabricantes também produzam condensadores com juntas ℑ 14/10, ele foi dispensado neste caso. Isto pode ser feito se o material a ser destilado não for muito volátil ou tiver ponto de ebulição alto. É possível omitir o condensador, também, se a quantidade de material for pequena e se você puder colocar o balão coletor em um banho de gelo, como na figura.

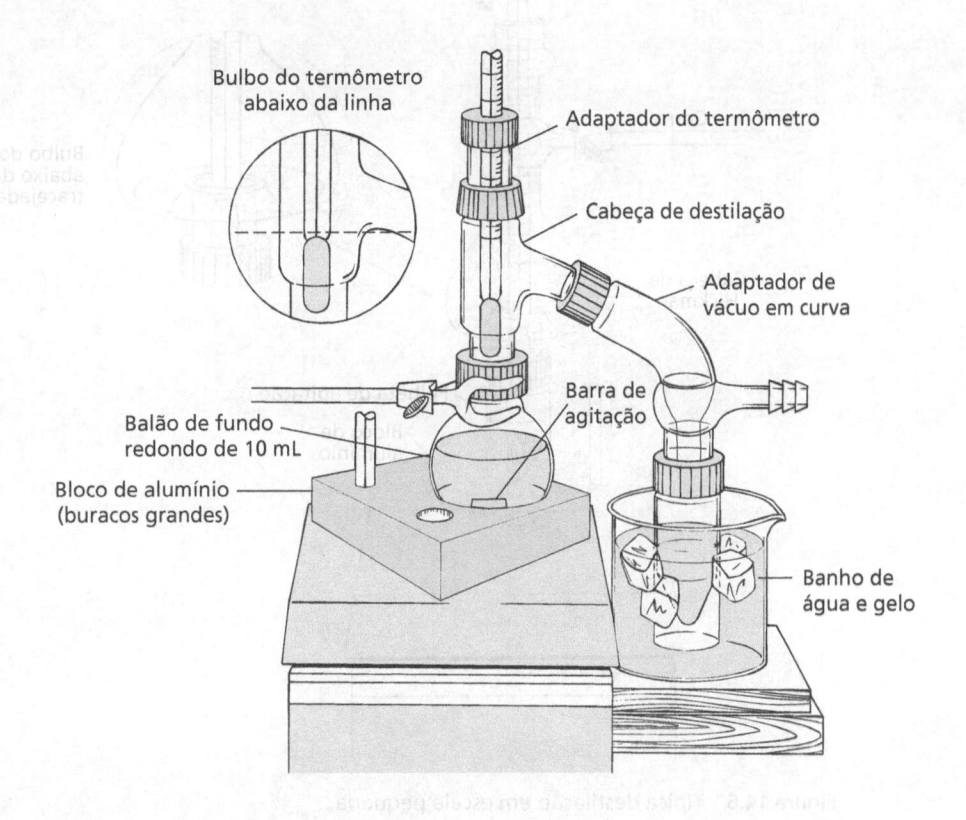

Figura 14.5 Destilação em escala semimicro.

B. Equipamento de escala pequena para estudantes

A Figura 14.6 mostra a aparelhagem típica de destilação usada por estudantes que estão tendo uma disciplina de laboratório em escala pequena. Em lugar de uma cabeça de destilação, um condensador e um adaptador de vácuo, este equipamento usa uma única peça de vidro chamada de **cabeça de Hickman**. A cabeça de Hickman é um "atalho" para o líquido destilado até a coleta. O líquido ferve, move-se para cima pela haste central da cabeça de Hickman, condensa-se nas paredes laterais e cai pelos lados até o poço circular que cerca a haste. No caso de líquidos muito voláteis, um condensador pode ser colocado sobre a cabeça de Hickman para aumentar sua eficiência. A aparelhagem usa, com freqüência, um frasco cônico de 5 mL como frasco de destilação, o que significa que o aparelho pode destilar 1-3 mL de líquido. Infelizmente, o poço da maior parte das cabeças de Hickman suporta apenas de 0,5 a 1,0 mL e ele deve ser esvaziado várias vezes com uma pipeta Pasteur descartável, como se vê na Figura 14.7. A figura mostra dois estilos de cabeça de Hickman. A que tem a saída lateral facilita a remoção do destilado.

C. Equipamento de pesquisa – escala pequena

A Figura 14.8 mostra uma cabeça de destilação muito bem-desenhada para uso em pesquisas. Observe que o equipamento foi reduzido e que várias juntas foram eliminadas para diminuir a retenção.

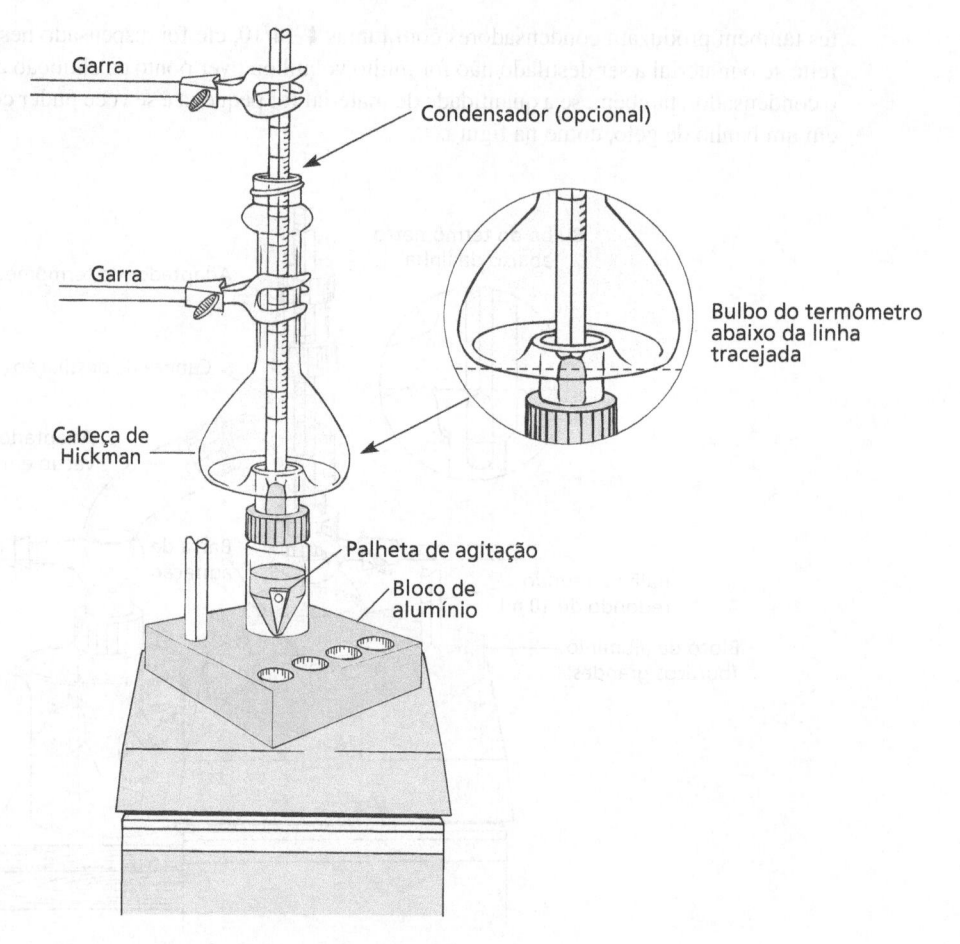

Figura 14.6 Típica destilação em escala pequena.

PROBLEMAS

1. Use a Figura 14.4 para responder às seguintes questões.
   a. Qual é a composição molar do vapor em equilíbrio com um líquido em ebulição que tem 60% de A e 40% de B?
   b. Uma amostra de vapor tem a composição de 50% de A e 50% de B. Qual é a composição do líquido em ebulição que produziu este vapor?
2. Use uma aparelhagem semelhante à da Figura 14.1 e imagine que o balão de fundo redondo tem 100 mL e que a cabeça de destilação tem volume interno de 12 mL no cilindro vertical. No fim da destilação, o vapor vai encher este volume, mas não pode ser forçado pelo sistema. Nenhum líquido permanece no sistema. Considere este volume de retenção de 112 mL, use a lei do gás ideal e imagine o ponto de ebulição de 100°C (760 mmHg) e calcule o número de mililitros de líquido ($d = 0,9$ g/mL, $PM = 200$) que condensaria no balão de destilação por resfriamento.
3. Explique o significado da linha horizontal que liga um ponto da curva inferior a um ponto na curva superior (como a linha xy) da Figura 14.4.
4. Use a Figura 14.4 para determinar o ponto de ebulição de um líquido que tem a composição molar 50% de A e 50% de B.
5. Onde o bulbo do termômetro deve ser colocado nas seguintes situações:
   a. Um aparelho de destilação em escala pequena com uma cabeça de Hickman.
   b. Um aparelho de destilação em escala grande com uma cabeça de destilação, condensador e adaptador de vácuo.
6. Em que condições uma boa separação pode ser obtida com uma destilação simples?

Técnica 14 Destilação simples **631**

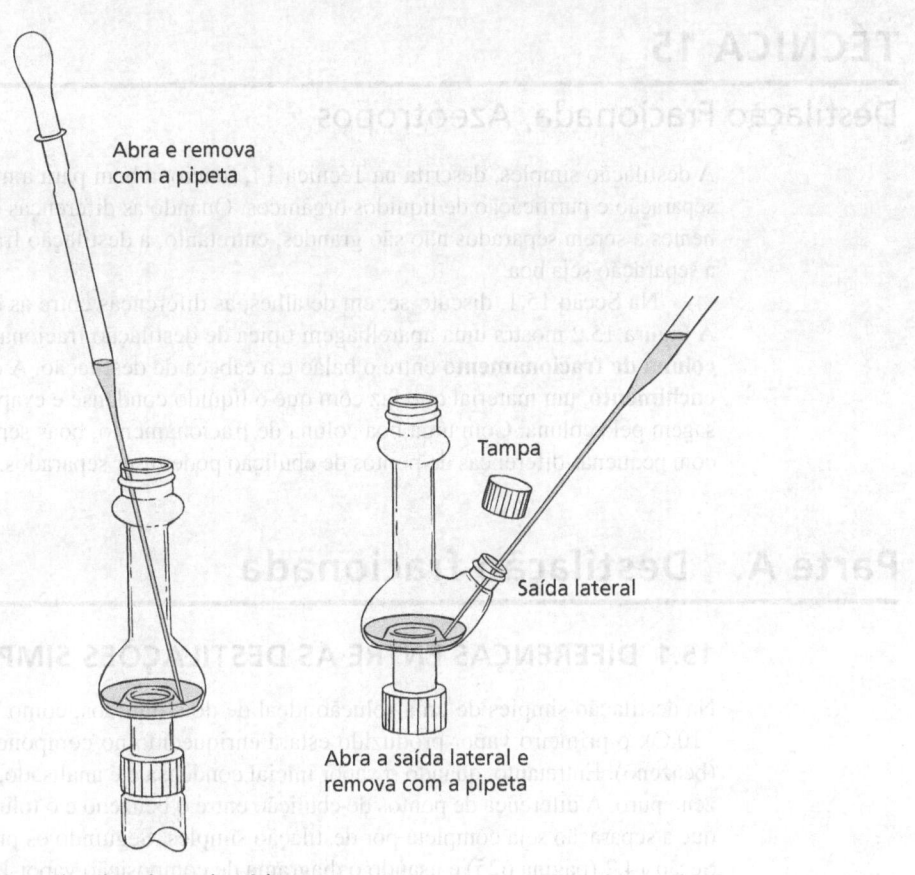

Figura 14.7 Dois estilos de cabeça de Hickman.

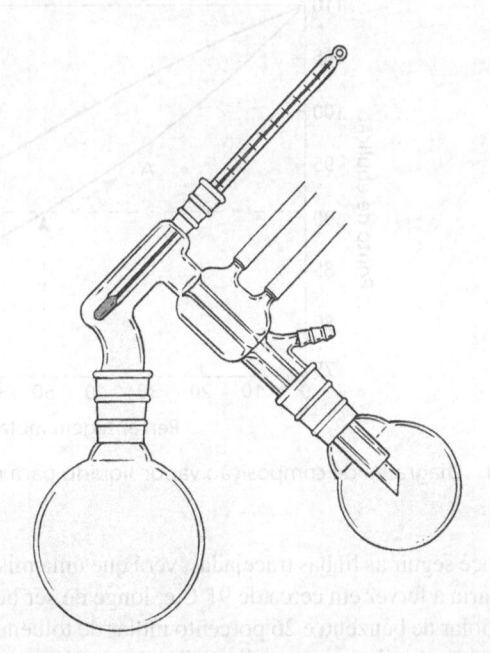

Abra e remova com a pipeta

Tampa

Saída lateral

Abra a saída lateral e remova com a pipeta

Figura 14.8 Cabeça de destilação de caminho reduzido para uso em pesquisas.

TÉCNICA 15

Destilação Fracionada, Azeótropos

A destilação simples, descrita na Técnica 14, funciona bem para a maior parte dos procedimentos de separação e purificação de líquidos orgânicos. Quando as diferenças de ponto de ebulição dos componentes a serem separados não são grandes, entretanto, a destilação fracionada deve ser usada para que a separação seja boa.

Na Seção 15.1, discute-se, em detalhes, as diferenças entre as destilações simples e fracionada. A Figura 15.2 mostra uma aparelhagem típica de destilação fracionada. Esta aparelhagem inclui uma **coluna de fracionamento** entre o balão e a cabeça de destilação. A coluna de fracionamento tem um **enchimento**, um material que faz com que o líquido condense e evapore repetidamente durante a passagem pela coluna. Com uma boa coluna de fracionamento, boas separações são possíveis, e líquidos com pequenas diferenças de pontos de ebulição podem ser separados.

Parte A. Destilação fracionada

15.1 DIFERENÇAS ENTRE AS DESTILAÇÕES SIMPLES E FRACIONADA

Na destilação simples de uma solução ideal de dois líquidos, como benzeno (pe 80°C) e tolueno (pe 110°C), o primeiro vapor produzido estará enriquecido no componente de ponto de ebulição menor (benzeno). Entretanto, quando o vapor inicial condensa e é analisado, vê-se que o destilado não é benzeno puro. A diferença de pontos de ebulição entre o benzeno e o tolueno (30°C) é muito pequena para que a separação seja completa por destilação simples. Seguindo os princípios descritos na Técnica 14, Seção 14.2 (página 625) e usando o diagrama de composição vapor-líquido da Figura 15.1, veja o que aconteceria se você começasse com uma mistura equimolar de benzeno e tolueno.

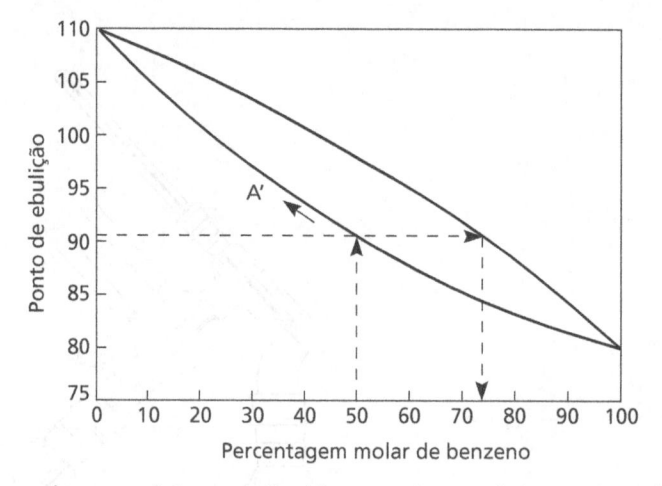

Figura 15.1 Diagrama de composição vapor-líquido para misturas de benzeno e tolueno.

Se você seguir as linhas tracejadas, verá que uma mistura equimolar (50 porcento molar de benzeno) começaria a ferver em cerca de 91°C e, longe de ser benzeno puro, o destilado conteria cerca de 74 porcento molar de benzeno e 26 porcento molar de tolueno. Se a destilação continuar, a composição do líquido que não destilou se moveria na direção de A' (o conteúdo de tolueno aumenta devido à remoção preferencial de benzeno), e o vapor correspondente teria uma percentagem progressivamente menor de benzeno. A temperatura da destilação continuaria a subir durante a destilação (como na Figura 14.3B, página 625) e seria impossível obter qualquer fração com benzeno puro.

Técnica 15 Destilação fracionada, azeótropos

Suponha, entretanto, que fôssemos capazes de coletar uma quantidade pequena do primeiro destilado que continha 74 porcento molar de benzeno e pudessemos redestilá-la. Usando a Figura 15.1, podemos ver que este líquido começaria a ferver em cerca de 84°C e daria um destilado inicial com 90 porcento molar de benzeno. Se pudéssemos, experimentalmente, continuar a recolher pequenas frações no começo de cada destilação e destilá-las novamente, eventualmente obteríamos um líquido de composição quase igual a 100% de benzeno. Entretanto, como tomamos apenas uma pequena quantidade do material, no começo de cada destilação, teríamos perdido a maior parte do material inicial. Para recapturar uma quantidade razoável de benzeno, teríamos de processar da mesma forma cada uma das frações abandonadas. Na medida em que cada uma delas é parcialmente destilada, o material fica progressivamente mais rico em benzeno, e o material não-destilado, mais rico em tolueno. Seriam necessárias milhares (talvez milhões) destas destilações para separar o benzeno do tolueno.

Obviamente, o procedimento que acabamos de descrever seria extremamente tedioso. Felizmente, não é necessário segui-lo na prática normal do laboratório. A **destilação fracionada** leva ao mesmo resultado. Basta inserir uma coluna entre o balão e a cabeça de destilação, como na Figura 15.2. A **coluna de fracionamento** é cheia, ou **empacotada**, com um material adequado, como uma esponja de aço inoxidável. O empacotamento permite que a mistura de benzeno e tolueno esteja sujeita continuamente a muitos ciclos de vaporização-condensação na medida em que o material sobe pela coluna. Em cada ciclo, na coluna, a composição do vapor muda progressivamente, aumentando a concentração do componente de menor ponto de ebulição (benzeno). Benzeno quase puro (pe 80°C) finalmente emerge no topo da coluna, condensa e passa para o balão de coleta. O processo continua até que todo o benzeno seja removido. A destilação deve ser lenta para que os numerosos ciclos de vaporização-condensação possam ocorrer. Quando quase todo o benzeno foi recolhido, a temperatura começa a aumentar, e uma pequena quantidade de uma segunda fração, que contém benzeno e tolueno, pode ser coletada. Quando a temperatura atinge 110°C, o ponto de ebulição do tolueno puro, o vapor condensa e é coletado como uma terceira fração. Um gráfico do ponto de ebulição *versus* o volume do condensado (destilado) pareceria com a Figura 14.3C (página 625). A separação seria muito melhor do que a obtida pela destilação simples (Figura 14.3B, página 625).

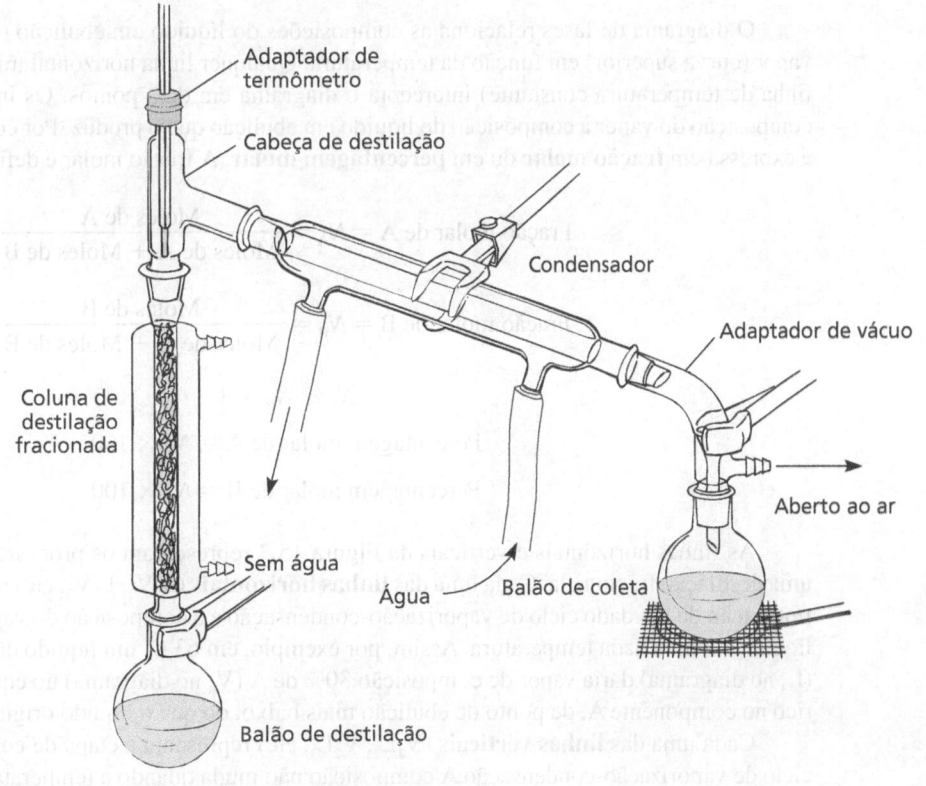

Figura 15.2 Aparelhagem de destilação fracionada.

15.2 DIAGRAMAS DE COMPOSIÇÃO VAPOR-LÍQUIDO

Um diagrama de fases da composição vapor-líquido como o da Figura 15.3 pode ser usado para explicar a operação de uma coluna de fracionamento com uma **solução ideal** de dois líquidos, A e B. Uma solução ideal é aquela em que dois líquidos quimicamente semelhantes são miscíveis (mutuamente solúveis) em todas as proporções e não interagem. As soluções ideais obedecem à **Lei de Raoult**, explicada em detalhes na Seção 15.3.

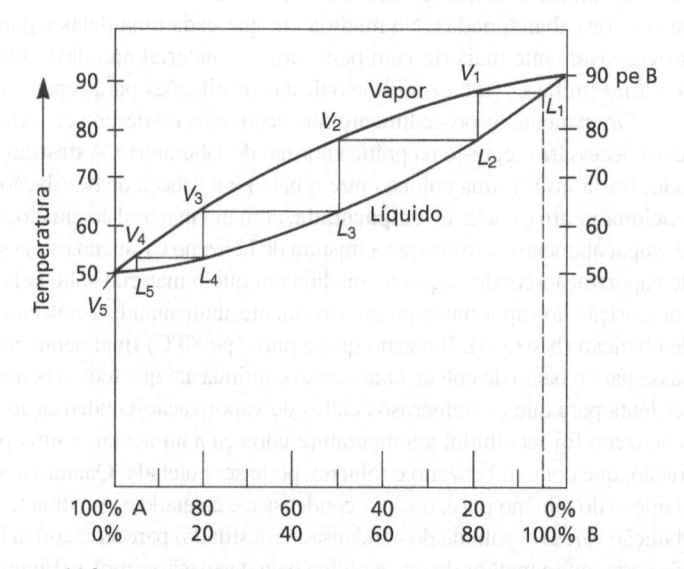

Figura 15.3 Diagrama de fases da destilação fracionada de um sistema ideal de dois componentes.

O diagrama de fases relaciona as composições do líquido em ebulição (curva inferior) e de seu vapor (curva superior) em função da temperatura. Qualquer linha horizontal traçada no diagrama (uma linha de temperatura constante) intercepta o diagrama em dois pontos. Os interceptos relacionam a composição do vapor à composição do líquido em ebulição que o produz. Por convenção, a composição é expressa em **fração molar** ou em **percentagem molar**. A fração molar é definida como:

$$\text{Fração molar de A} = N_A = \frac{\text{Moles de A}}{\text{Moles de A} + \text{Moles de B}}$$

$$\text{Fração molar de B} = N_B = \frac{\text{Moles de B}}{\text{Moles de A} + \text{Moles de B}}$$

$$N_A + N_B = 1$$

$$\text{Percentagem molar de A} = N_A \times 100$$

$$\text{Percentagem molar de B} = N_B \times 100$$

As linhas horizontais e verticais da Figura 15.3 representam os processos que ocorrem durante uma destilação fracionada. Cada uma das **linhas horizontais** (L_1V_1, L_2V_2, etc) representa a etapa de **vaporização** de um dado ciclo de vaporização-condensação e a composição do vapor em equilíbrio com o líquido em uma dada temperatura. Assim, por exemplo, em 63°C, um líquido de composição 50% de A (L_3 no diagrama) daria vapor de composição 80% de A (V_3 no diagrama) no equilíbrio. O vapor é mais rico no componente A, de ponto de ebulição mais baixo, do que o líquido original.

Cada uma das **linhas verticais** (V_1L_2, V_2L_3, etc) representa a etapa de **condensação** de um dado ciclo de vaporização-condensação A composição não muda quando a temperatura cai na condensação.

O vapor em V_3, por exemplo, condensa para dar um líquido (L_4 no diagrama) de composição 80% A com uma queda de temperatura de 63°C para 53°C.

No exemplo da Figura 15.3, A puro ferve em 50°C, e B puro, em 90°C. Estes dois pontos de ebulição estão, respectivamente, nas extremidades esquerda e direita do diagrama. Imagine uma solução que contém somente 5% de A e 95% de B. (Lembre-se de que se trata de percentagens *molares*.) Esta solução é aquecida (segundo a linha tracejada) até a ebulição em L_1 (87°C). O vapor resultante tem composição V_1 (20% de A e 80% de B). O vapor é mais rico em A do que o líquido original, mas não está puro. Em uma aparelhagem de destilação simples, este vapor se condensaria e escorreria para o balão de coleta em um estado muito impuro. Entretanto, com uma coluna de fracionamento intercalada, o vapor se condensa na **coluna** para dar o líquido L_2 (20% de A e 80% de B), que se evapora imediatamente (pe 78°C) para dar o vapor de composição V_2 (50% de A e 50% de B) que, por sua vez, se condensa para dar o líquido L_3. O líquido L_3 se vaporiza (pe 63°C) para dar um vapor de composição V_3 (80% de A e 20% de B), que se condensa para dar o líquido L_4. O líquido L_4 se vaporiza (pe 53°C) para dar vapor de composição V_4 (95% de A e 5% de B). O processo continua até V_5, que condensa para dar o líquido A quase puro. O processo de fracionamento segue as linhas em escada na figura da página anterior para baixo e para a esquerda.

Como o processo continua, todo o líquido A é removido do balão ou frasco de destilação, deixando B quase puro. Se a temperatura aumentar, o líquido B pode destilar como uma fração quase pura. A destilação fracionada conseguiu separar A e B, o que teria sido quase impossível com a destilação simples. Note que o ponto de ebulição do líquido fica mais baixo a cada vaporização. Como a temperatura no fundo é normalmente mais alta do que no topo, as vaporizações sucessivas ocorrem cada vez mais acima na coluna quando a composição do destilado se aproxima de A puro. A Figura 15.4 ilustra este processo. A composição dos líquidos, seus pontos de ebulição e a composição dos vapores aparecem ao longo da coluna de fracionamento.

15.3 LEI DE RAOULT

Dois líquidos (A e B) que são miscíveis e que não interagem formam uma **solução ideal** e seguem a Lei de Raoult. Esta lei declara que a pressão de vapor parcial do componente A na solução P_A é igual à pressão de vapor de A puro (P_A^0) multiplicado pela sua fração molar (N_A) (equação 1). Uma expressão semelhante pode ser escrita para o componente B (equação 2). As frações molares N_A e N_B foram definidas na Seção 15.2.

$$\text{Pressão de vapor parcial de A em solução} = P_A = (P_A^0)(N_A) \quad (1)$$

$$\text{Pressão de vapor parcial de B em solução} = P_B = (P_B^0)(N_B) \quad (2)$$

P_A^0 é a pressão de vapor de A puro e não depende de B. P_B^0 é a pressão de vapor de B puro e não depende de A. Em uma mistura de A e B, as pressões de vapor parciais se adicionam para dar a pressão de vapor total acima da solução (equação 3). Quando a pressão total (a soma das pressões parciais) é igual à pressão aplicada, a solução ferve.

$$P_{total} = P_A + P_B = P_A^0 N_A + P_B^0 N_B \quad (3)$$

A composição de A e B no vapor produzido é dada pelas equações 4 e 5.

$$N_A \text{ (vapor)} = \frac{P_A}{P_{total}} \quad (4)$$

$$N_B \text{ (vapor)} = \frac{P_B}{P_{total}} \quad (5)$$

A Tabela 15.1 mostra vários exercícios que envolvem aplicações da Lei de Raoult. Note, particularmente no resultado da equação 4, que o vapor é mais rico ($N_A = 0{,}67$) no componente A, de ponto

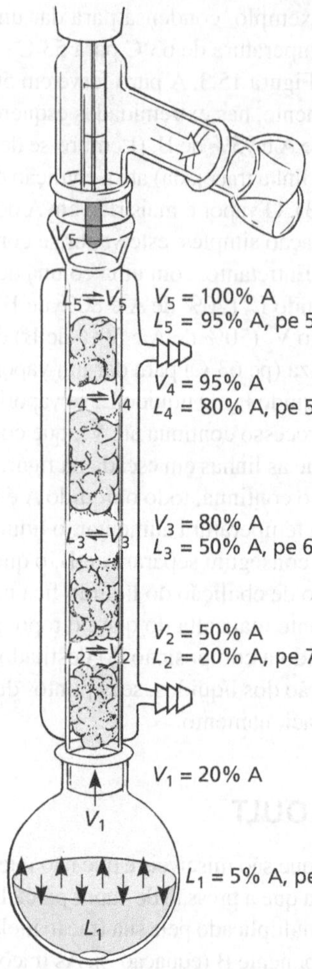
V_5
$L_5 \rightleftharpoons V_5$
V_5 = 100% A
L_5 = 95% A, pe 51°
V_4 = 95% A
$L_4 \rightleftharpoons V_4$
L_4 = 80% A, pe 53°
V_3 = 80% A
$L_3 \rightleftharpoons V_3$
L_3 = 50% A, pe 63°
V_2 = 50% A
$L_2 \rightleftharpoons V_2$
L_2 = 20% A, pe 78°
V_1 = 20% A
V_1
L_1 = 5% A, pe 87°
L_1

Figura 15.4 Vaporização-condensação em uma coluna de fracionamento.

TABELA 15.1 Exemplos de cálculos com a lei de Raoult

Imagine uma solução em 100°C em que $N_A = 0{,}5$ e $N_B = 0{,}5$.

1. Qual é a pressão de vapor parcial de A na solução se a pressão de vapor de A puro em 100°C é 1.020 mmHg?
   Resposta: $P_A = P_A^0 N_A = (1.020)(0{,}5) = 510$ mmHg
2. Qual é a pressão de vapor parcial de B na solução se a pressão de vapor de B puro em 100°C é 500 mmHg?
   Resposta: $P_B = P_B^0 N_B = (500)(0{,}5) = 250$ mmHg
3. Será que a solução entraria em ebulição em 100°C se a pressão aplicada fosse 760 mmHg?
   Resposta: Sim. $P_{total} = P_A + P_B = (510 + 250) = 760$ mmHg
4. Qual é a composição do vapor no ponto de ebulição?
   Resposta: O ponto de ebulição é 100°C.

$$N_A\,(\text{vapor}) = \frac{P_A}{P_{total}} = 510/760 = 0{,}67$$

$$N_B\,(\text{vapor}) = \frac{P_B}{P_{total}} = 250/760 = 0{,}33$$

de ebulição mais baixo (maior pressão de vapor), do que antes da vaporização ($N_A = 0,50$). Isto prova matematicamente a afirmação da Seção 15.2.

A Figura 15.5 esquematiza as conseqüências da Lei de Raoult para as destilações. Na Parte A, os pontos de ebulição são idênticos (as pressões de vapor são iguais) e não ocorre separação, não importando como a destilação é feita. Na Parte B, uma destilação fracionada é necessária, e na Parte C uma destilação simples faz uma separação adequada.

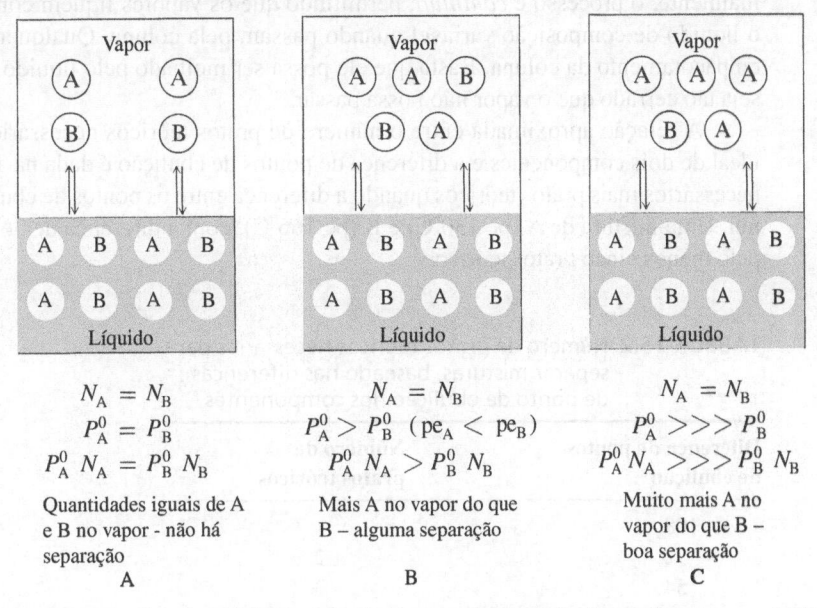

A	B	C
$N_A = N_B$	$N_A = N_B$	$N_A = N_B$
$P_A^0 = P_B^0$	$P_A^0 > P_B^0$ ($pe_A < pe_B$)	$P_A^0 \ggg P_B^0$
$P_A^0 N_A = P_B^0 N_B$	$P_A^0 N_A > P_B^0 N_B$	$P_A^0 N_A \ggg P_B^0 N_B$
Quantidades iguais de A e B no vapor - não há separação	Mais A no vapor do que B – alguma separação	Muito mais A no vapor do que B – boa separação

Figura 15.5 Conseqüências da Lei de Raoult. (A) Pontos de ebulição (pressões de vapor) idênticos – não há separação. (B) Ponto de ebulição um pouco menor de A do que de B – exige destilação fracionada. (C) Ponto de ebulição muito menor de A do que de B – a destilação simples é suficiente.

Quando um sólido B (e não um outro líquido) se dissolve em um líquido A, o ponto de ebulição aumenta. Neste caso extremo, a pressão de vapor de B é negligenciável, e o vapor será de A puro, não importando a quantidade de B. Imagine uma solução de sal em água.

$$P_{total} = P_{água}^0 N_{água} + P_{sal}^0 N_{sal}$$

$$P_{sal}^0 = 0$$

$$P_{total} = P_{água}^0 N_{água}$$

Uma solução com fração molar de água igual a 0,7 não ferverá em 100°C porque $P_{total} = (760)(0,7) = 532$ mmHg, menor do que a pressão atmosférica. Se a solução for aquecida em 110°C, ela ferverá porque $P_{total} = (1.085)(0,7) = 760$ mmHg. Embora seja necessário aquecer a solução em 110°C, o vapor será água pura e seu ponto de ebulição será igual a 100°C. (A pressão de vapor da água em 110°C pode ser encontrada em um manual de laboratório. É 1.085 mmHg.)

15.4 EFICIÊNCIA DA COLUNA

Uma medida usual da eficiência de uma coluna é dada pelo número de **pratos teóricos**, grandeza relacionada ao número de ciclos de vaporização-condensação que ocorrem quando uma mistura líquida percorre a coluna. Usando o exemplo da mistura da Figura 15.3, se o primeiro destilado (vapor condensado) tivesse a composição de L_2 ao se começar com o líquido de composição L_1, diríamos que a coluna tem *um prato teórico*. Isto corresponderia à destilação simples, ou um ciclo de vaporização-condensação. A coluna teria dois pratos tóricos se o primeiro destilado tivesse a composição de L_3. A coluna de dois pratos teóricos faz, essencialmente, "duas destilações simples". De acordo com a Figura 15.3, seriam necessários *cinco pratos teóricos* para separar a mistura que começou com a composição L_1. Note que isto corresponde ao número de "degraus" que se deve desenhar na figura para atingir a composição de 100% A.

Muitas colunas não fazem a destilação em etapas distintas, como indicado na Figura 15.3. Normalmente, o processo é *contínuo*, permitindo que os vapores fiquem continuamente em contato com o líquido de composição variável quando passam pela coluna. Qualquer material pode ser usado no empacotamento da coluna. Basta que ele possa ser molhado pelo líquido e que o empacotamento não seja tão cerrado que o vapor não possa passar.

A relação aproximada entre o número de pratos teóricos necessários para separar uma mistura ideal de dois componentes e a diferença de pontos de ebulição é dada na Tabela 15.2. Observe que são necessários mais pratos teóricos quando a diferença entre os pontos de ebulição dos componentes diminui. Uma mistura de A (pe 130°C) e B (pe 166°C), com a diferença de 36°C, exigiria uma coluna com pelo menos cinco pratos teóricos.

TABELA 15.2 Número de pratos teóricos necessários para separar misturas, baseado nas diferenças de ponto de ebulição dos componentes

Diferença de pontos de ebulição	Número de pratos teóricos
108	1
72	2
54	3
43	4
36	5
20	10
10	20
7	30
4	50
2	100

15.5 TIPOS DE COLUNAS DE FRACIONAMENTO E EMPACOTAMENTOS

A Figura 15.6 mostra vários tipos de colunas de fracionamento. A coluna Vigreux (A) tem reentrâncias inclinadas em ângulos de 45°, colocadas aos pares em lados opostos da coluna. As pontas das reentrâncias aumentam a condensação e permitem que o vapor entre em contato com o líquido. As colunas Vigreux são muito usadas quando o número de pratos teóricos necessários é pequeno. Elas não são muito eficientes (uma coluna de 20 cm chega a ter 2,5 pratos teóricos apenas), mas permitem uma destilação rápida e têm pouca **retenção** (a quantidade de líquido retida na coluna). Uma coluna empacotada com uma esponja de aço inoxidável é um pouco mais efetiva do que a coluna Vigreux. Pode-se usar esferas ou hélices de vidro, que têm uma eficiência ligeiramente maior. O condensador de ar ou o condensador de água pode ser usado como coluna improvisada se uma coluna de fracionamento não estiver disponível. Se um condensador for empacotado com esferas ou hélices de vidro, ou com seções de tubos de vidro, o empacotamento deve ser mantido no lugar com a ajuda de um pedaço de esponja de aço colocado na parte inferior do condensador.

O tipo mais efetivo de coluna é a **coluna de banda rotatória**. Em sua forma mais elegante, a coluna é formada por uma tela torcida de platina ou por um bastão de Teflon com um fio em espiral que giram rapidamente no interior da coluna (Figura 15.7). A Figura 15.8 mostra uma coluna de banda rotatória para uso em escala pequena. Esta coluna tem uma banda de cerca de 2-3 cm de comprimento

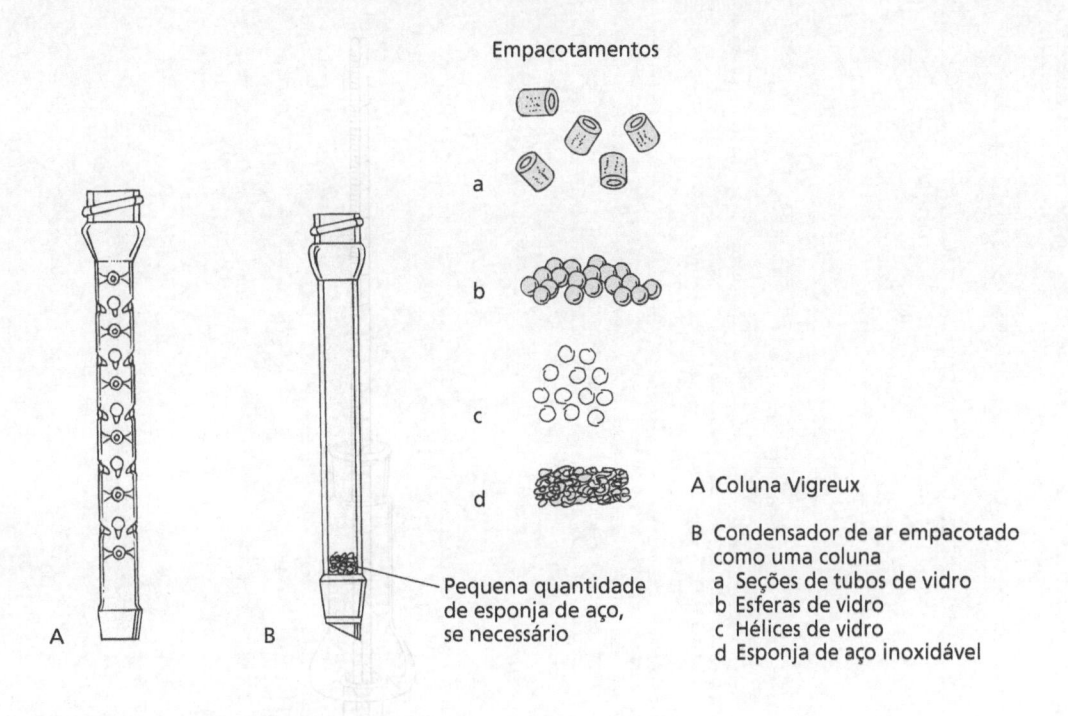

Figura 15.6 Colunas para destilação fracionada.

Empacotamentos

A Coluna Vigreux
B Condensador de ar empacotado como uma coluna
  a Seções de tubos de vidro
  b Esferas de vidro
  c Hélices de vidro
  d Esponja de aço inoxidável

Pequena quantidade de esponja de aço, se necessário

A. Tela torcida de platina
B. Espiral de Teflon

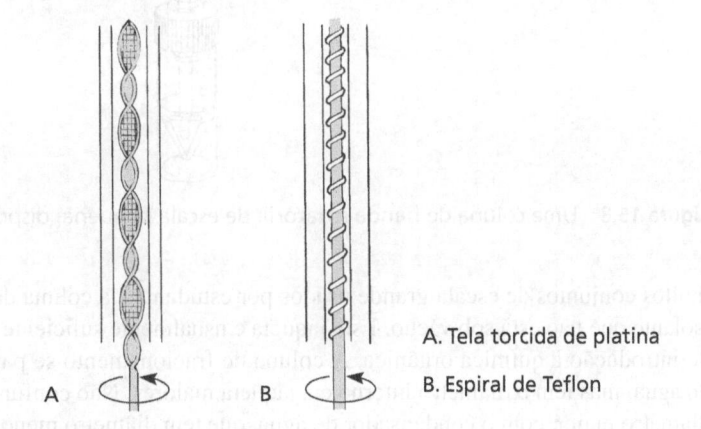

Figura 15.7 Colunas de banda rotatória.

que fornece quatro ou cinco pratos teóricos. Ela pode separar 1-2 mL de uma mistura com a diferença de 30°C entre os pontos de ebulição dos componentes. Os modelos maiores usados em pesquisas podem dar até 20 ou 30 pratos teóricos e podem separar misturas em que a diferença entre pontos de ebulição dos componentes é de 5-10°C.

Os fabricantes de colunas de fracionamento as oferecem, comumente, em vários tamanhos. Como a eficiência da coluna é função do tamanho, colunas mais compridas têm mais pratos teóricos. É comum expressar a eficiência de uma coluna em uma unidade chamada HETP (do inglês "**H**eight of a column that is **E**quivalent to one **T**heoretical **P**late"). O HETP é usualmente dado em unidades de cm/prato. O comprimento da coluna (em centímetros) dividido por este valor especifica o número de pratos teóricos.

As colunas de fracionamento devem estar isoladas para que o equilíbrio térmico se mantenha. Flutuações da temperatura externa interferem em uma boa separação. Muitas colunas de fracionamento têm jaquetas semelhantes às dos condensadores. Em vez de passar água pela jaqueta externa, ela é evacuada e selada. A jaqueta sob vácuo é um excelente isolante entre o interior da coluna e o ar externo. Em

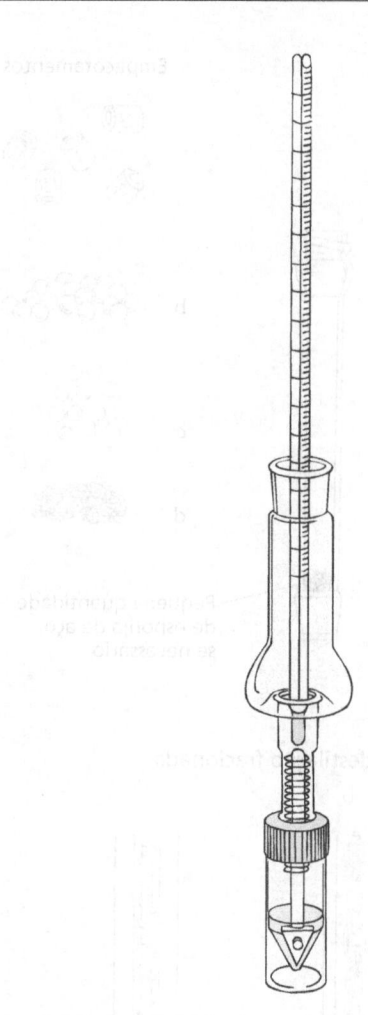

Figura 15.8 Uma coluna de banda rotatória de escala pequena, disponível no comércio.

muitos conjuntos de escala grande usados por estudantes, a coluna de fracionamento tem uma jaqueta isolante que não está sob vácuo. Esta jaqueta é usualmente suficiente para as exigências do laboratório de introdução à química orgânica. A coluna de fracionamento se parece muito com um condensador de água, mas tem o diâmetro interno e a jaqueta maiores. Não confunda a coluna de fracionamento, de diâmetro maior, com o condensador de água, que tem diâmetro menor.

15.6 DESTILAÇÃO FRACIONADA: MÉTODOS E PRÁTICA

Muitas colunas de fracionamento devem ser isoladas para manter o equilíbrio térmico. O isolamento adicional não é necessário para colunas que têm uma jaqueta externa, mas as que não a têm precisam ser isoladas.

Algodão e folha de alumínio (com o lado brilhante para dentro) são usados com freqüência no isolamento. Você pode enrolar a coluna com algodão e cobri-lo com a folha de alumínio para mantê-lo no lugar. Outra versão deste método, que é especialmente efetivo, é colocar uma camada de algodão entre duas folhas retangulares de alumínio com o lado brilhante para dentro. O "sanduíche" é preso com fita isolante. Este isolamento, que pode ser usado várias vezes, enrola a coluna e é mantido no lugar com barbante ou fita adesiva.

A **razão de refluxo** é definida como a razão entre o número de gotas de destilado que voltam ao balão de destilação e o número de gotas de destilado coletadas. Em uma coluna eficiente, a razão de refluxo deve ser igual ou superior ao número de pratos teóricos. Uma alta razão de refluxo garante que a coluna atingirá o equilíbrio térmico e terá eficiência máxima. Esta razão não é facilmente determinada. Na verdade, ela não pode ser determinada quando se usa uma cabeça de Hickman e não deve preocupar o iniciante. Em alguns casos, o **rendimento** ou **velocidade de saída** de uma coluna pode ser especificada. Isto é expresso como o número de mililitros de destilado que pode ser coletado na unidade de tempo, usualmente mL/min.

Aparelhagem de Escala Grande. A Figura 15.2 ilustra uma aparelhagem de destilação fracionada que pode ser usada para destilações em escala grande. Ela tem uma coluna com jaqueta de vidro empacotada com uma esponja de aço inoxidável. Esta aparelhagem é de uso comum em situações em que se deseja destilar mais de 10 mL de líquido.

Em uma destilação fracionada, a coluna deve estar presa em posição vertical. O balão de destilação é normalmente aquecido com uma manta, que permite o ajuste preciso da temperatura. A velocidade correta de destilação é extremamente importante. Ela deve ser a menor possível para permitir que se estabeleça o maior número possível de ciclos de vaporização-condensação. A velocidade de destilação, entretanto, deve ser suficientemente estável para que a leitura do termômetro seja constante. Se a velocidade for muito alta, ocorrerá saturação da coluna e a quantidade de líquido que se condensa será tão grande que o vapor não poderá subir, enchendo a coluna com líquido. Se a coluna não estiver bem-isolada e existir uma diferença de temperatura muito alta entre a extremidade inferior e o topo, também pode ocorrer saturação. Esta situação pode ser remediada pelo uso de um dos métodos de isolamento com algodão e folha de alumínio descritos anteriormente. Pode ser necessário, também, isolar a cabeça de destilação. Se ela estiver fria, afetará o progresso do vapor que destila. A temperatura de destilação pode ser acompanhada com acurácia com um termômetro de mercúrio de imersão parcial (veja a Técnica 13, Seção 13.4, página 620).

Aparelhagem de Escala Pequena. A aparelhagem da Figura 15.9 é a que você provavelmente irá usar no trabalho de escala pequena. Se o seu laboratório estiver muito bem-equipado, você poderá, talvez, usar uma das colunas de banda rotatória da Figura 15.8.

Parte B. Azeótropos

15.7 SOLUÇÕES NÃO-IDEAIS: AZEÓTROPOS

Por causa de atrações ou repulsões entre as moléculas, algumas misturas de líquidos não têm comportamento ideal, isto é, não seguem a Lei de Raoult. Dois tipos de diagramas de composição líquido-vapor resultam deste comportamento não-ideal: diagramas de **ponto de ebulição mínimo** e de **ponto de ebulição máximo**. Os pontos de mínimo ou de máximo nestes diagramas correspondem a uma mistura de ponto de ebulição constante chamada de **azeótropo**. Um azeótropo é uma mistura de composição fixa que não pode ser alterada por destilação simples ou fracionada. Um azeótropo se comporta como se fosse um composto puro e destila do começo ao fim de sua destilação na mesma temperatura, dando um destilado de composição constante (azeotrópico). O vapor em equilíbrio com um líquido azeotrópico tem a mesma composição do azeótropo. Devido a isto, o azeótropo é representado como um *ponto* em um diagrama de composição líquido-vapor.

A. Diagramas de Ponto de Ebulição Mínimo

O azeótropo de ponto de ebulição mínimo é o resultado de uma pequena incompatibilidade (repulsão) entre os líquidos que se misturam, que leva a uma pressão de vapor combinada da solução mais alta do que esperado e, em conseqüência, a um ponto de ebulição mais baixo do que o observado para os componentes puros. A mistura de dois componentes mais comum que dá um azeótropo de ponto de ebulição mínimo é o sistema etanol-água, mostrado na Figura 15.10. Em V_3, o azeótropo tem a composição de 96% de etanol e 4% de água, e ponto de ebulição de 78,1°C. Este ponto de ebulição não é muito mais baixo do que o do etanol puro (78,3°C), mas significa que é impossível obter etanol puro na destilação de qualquer mistura etanol-água que contenha mais de 4% de água. Mesmo com a melhor coluna de fracionamento, você não poderá obter etanol a 100%. Os 4% de água restantes podem ser removidos pela adição de benzeno e pela remoção de um azeótropo diferente, o azeótropo ternário benzeno-água-

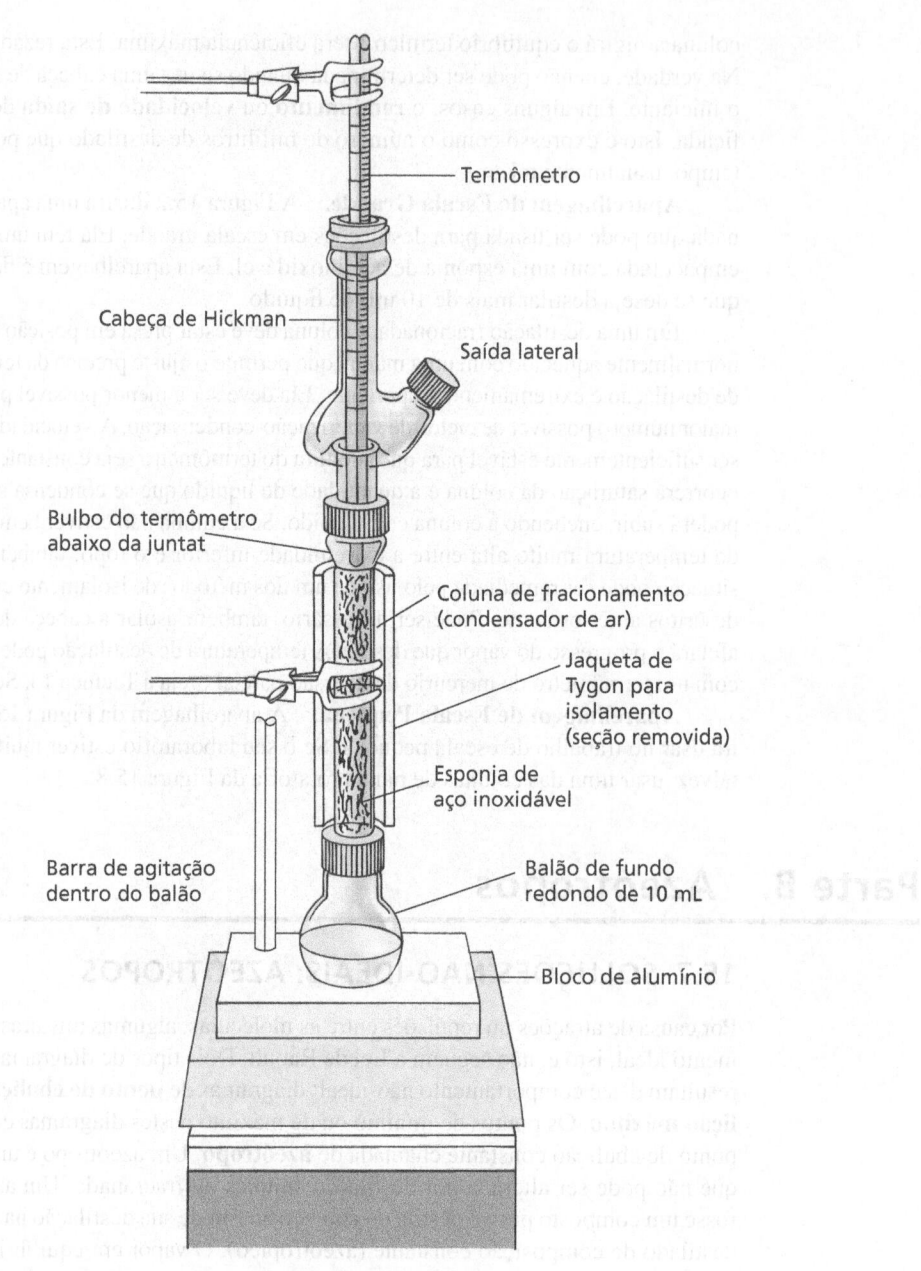

Figura 15.9 Aparelhagem de destilação fracionada para uso em escala pequena.

Rótulos: Termômetro; Cabeça de Hickman; Saída lateral; Bulbo do termômetro abaixo da junta; Coluna de fracionamento (condensador de ar); Jaqueta de Tygon para isolamento (seção removida); Esponja de aço inoxidável; Barra de agitação dentro do balão; Balão de fundo redondo de 10 mL; Bloco de alumínio.

etanol (pe 65°C). Após a remoção da água, o excesso de benzeno é eliminado como um azeótropo etanol-benzeno (pe 68°C). O material resultante não tem água e é chamado de etanol "absoluto".

A destilação fracionada de uma mistura de etanol e água de composição X pode ser descrita da seguinte maneira. A mistura é aquecida (siga a linha XL_1) até que ela ferva em L_1. O vapor resultante em V_1 estará mais rico no componente de ponto de ebulição mais baixo, o etanol, do que a mistura original.[1] O condensado, em L_2, se vaporiza para dar V_2. O processo continua, seguindo as linhas, para a direita, até chegar ao azeótropo em V_3. O líquido que destila em 78,1°C não é etanol puro e tem a composição do azeótropo, 96% de etanol e 4% de água. Com a destilação, a percentagem de água no balão de desti-

---

[1] Lembre-se de que o destilado não é etanol puro, é uma mistura de etanol e água.

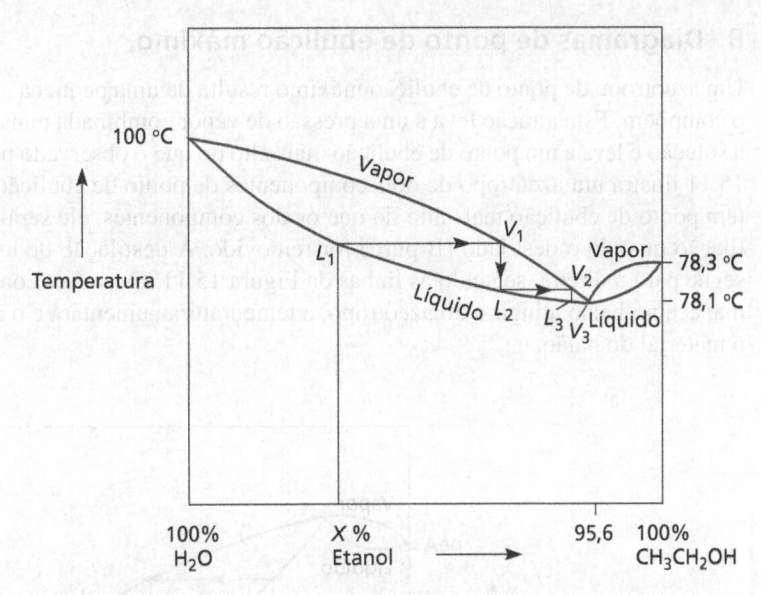

Figura 15.10 Diagrama de fase de ponto de ebulição mínimo de etanol-água.

lação continua a aumentar. Quando todo o etanol destilou (como azeótropo), a água pura permanece no balão de destilação e destila em 100°C.

A destilação do azeótropo obtido no procedimento descrito ocorre do começo ao fim em temperatura constante (78,1°C) como se fosse uma substância pura. A composição do vapor não se altera durante a destilação.

A Tabela 15.3 lista alguns azeótropos comuns de ponto de ebulição mínimo. Numerosos outros azeótropos comuns se formam em sistemas de dois ou três componentes. A água forma azeótropos com muitas substâncias e, portanto, deve ser cuidadosamente removida com **agentes de secagem**, quando possível antes da destilação dos compostos. Muitos dados de azeótropos se encontram em referências como o *CRC Handbook of Chemistry and Physics*[2].

TABELA 15.3 Azeótropos comuns de ponto de ebulição mínimo

Azeótropo	Composição (percentagem em peso)	Ponto de Ebulição (°C)
Etanol-água	95,6% C_2H_5OH, 4,4% H_2O	78,17
Benzeno-água	91,1% C_6H_6, 8,9% H_2O	69,4
Benzeno-água-etanol	74,1% C_6H_6, 7,4% H_2O, 18,5% C_2H_5OH	64,9
Metanol-tetracloreto de carbono	20,6% CH_3OH, 79,4% CCl_4	55,7
Etanol-benzeno	32,4% C_2H_5OH, 67,6% C_6H_6	67,8
Metanol-tolueno	72,4% CH_3OH, 27,6% $C_6H_5CH_3$	63,7
Metanol-benzeno	39,5% CH_3OH, 60,5% C_6H_6	58,3
Ciclo-hexano-etanol	69,5% C_6H_{12}, 30,5% C_2H_5OH	64,9
2-Propanol-água	87,8% $(CH_3)_2CHOH$, 12,2% H_2O	80,4
Acetato de butila-água	72,9% $CH_3COOC_4H_9$, 27,1% H_2O	90,7
Fenol-água	9,2% C_6H_5OH, 90,8% H_2O	99,5

---

[2] Mais exemplos de azeótropos, com suas composições e pontos de ebulição, podem ser encontrados no *CRC Handbook of Chemistry and Physics* e também em L. H. Horsley, ed., *Advances in Chemistry Series*, No. 116, Azeotropic Data, III (Washington, DC:American Chemical Society, 1973).

B. Diagramas de ponto de ebulição máximo

Um azeótropo de ponto de ebulição máximo resulta de uma pequena atração entre as moléculas que o compõem. Esta atração leva a uma pressão de vapor combinada mais baixa do que o esperado para a solução e leva a um ponto de ebulição mais alto do que o observado para os componentes. A Figura 15.11 ilustra um azeótropo de dois componentes de ponto de ebulição máximo. Como o azeótropo tem ponto de ebulição mais alto do que os dos componentes, ele será concentrado no balão de destilação quando o destilado (B puro) for removido. A destilação de uma solução de composição X segue para a direita, segundo as linhas da Figura 15.11. Quando a composição do material que permanece no balão atingir a do azeótropo, a temperatura aumentará e o azeótropo destilará até acabar o material do balão.

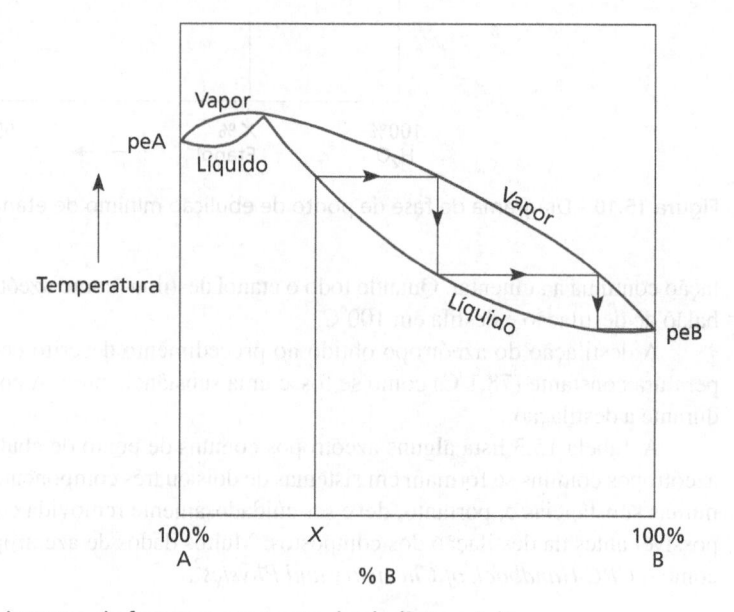

Figura 15.11 Diagrama de fase com um ponto de ebulição máximo.

A Tabela 15.4 lista alguns azeótropos de ponto de ebulição máximo. Eles são muito menos comuns do que os azeótropos de ponto de ebulição mínimo[3].

TABELA 15.4 Azeótropos de ponto de ebulição máximo

Azeótropo	Composição (percentagem por peso)	Ponto de Ebulição (°C)
Acetona-clorofórmio	20,0% CH_3COCH_3, 80,0% $CHCl_3$	64,7
Clorofórmio-etil-metil-cetona	17,0% $CHCl_3$, 83,0% $CH_3COCH_2CH_3$	79,9
Ácido clorídrico	20,2% HCl, 79,8% H_2O	108,6
Ácido acético-dioxano	77,0% CH_3COCH, 23,0% $C_4H_8O_2$	119,5
Benzaldeído-fenol	49,0% C_6H_5CHO, 51,0% C_6H_5OH	185,6

---
[3] Veja a nota 2.

C. Generalizações

Algumas generalizações podem ser feitas sobre o comportamento dos azeótropos. Elas foram apresentadas aqui sem explicações, mas você deveria ser capaz de verificá-las analisando cada caso através dos diagramas de fase fornecidos. (Note que A puro está sempre à esquerda do azeótropo, nestes diagramas; e B puro, à direita do azeótropo.)

Azeótropos de ponto de ebulição mínimo

Composição Inicial	Resultado Experimental
Para a esquerda do azeótropo	O azeótropo destila primeiro, e A puro, depois
Azeótropo	Não separa
Para a direita do azeótropo	O azeótropo destila primeiro, e B puro, depois

Azeótropos de ponto de ebulição máximo

Composição Inicial	Resultado Experimental
Para a esquerda do azeótropo	A puro destila primeiro, e o azeótropo, depois
Azeótropo	Não separa
Para a direita do azeótropo	B puro destila primeiro, e o azeótropo, depois

15.8 DESTILAÇÃO DE AZEÓTROPO: APLICAÇÕES

Existem muitos exemplos de reações químicas em que a quantidade de produto é baixa porque o equilíbrio é desfavorável. Um exemplo é a esterificação direta, catalisada por ácido, de um ácido carboxílico com um álcool:

$$R-\underset{\underset{O}{\|}}{C}-OH + R-O-H \underset{}{\overset{H^+}{\rightleftharpoons}} R-\underset{\underset{O}{\|}}{C}-OR + H_2O$$

Como o equilíbrio não favorece a formação do éster, ele deve ser deslocado para a direita, na direção do produto, usando um excesso de um dos materiais de partida. Na maior parte dos casos, o álcool é o reagente mais barato e é o material usado em excesso. O acetato de isopentila (Experimento 12) e o salicilato de metila (Experimento 13) são exemplos de ésteres preparados com excesso de um dos materiais de partida.

Outra maneira de deslocar o equilíbrio para a direita é remover um dos produtos da mistura de reação assim que ele se forma. No exemplo anterior, a água pode ser removida por **destilação de azeótropo**. Um método comum de escala grande utiliza o separador de água de Dean-Stark, mostrado na Figura 15.12A. Nesta técnica, um solvente inerte, comumente benzeno ou tolueno, é adicionado à mistura de reação que está no balão de fundo redondo. A saída lateral do separador de água também fica cheia deste solvente. Se benzeno é usado, quando a mistura é aquecida sob refluxo, o azeótropo benzeno-água (pe 69,4°C, Tabela 15.3) destila.[4] O vapor condensado entra diretamente na saída lateral que está sob o condensador e a água separa-se do condensado. O benzeno e a água misturam-se como vapores, mas eles não são miscíveis como líquidos frios. Quando a água (fase inferior) separa-se do benzeno (fase superior), este último sai pela abertura da saída lateral de volta para o balão. O ciclo se re-

---

[4] Com etanol, forma-se um azeótropo de três componentes, benzeno-água-etanol, de baixo ponto de ebulição que destila em 64,9°C (veja a Tabela 15.3). Como um pouco de etanol se perde na destilação de azeótropo, um grande excesso de etanol é usado nas reações de esterificação. O excesso também ajuda a deslocar o equilíbrio para a direita.

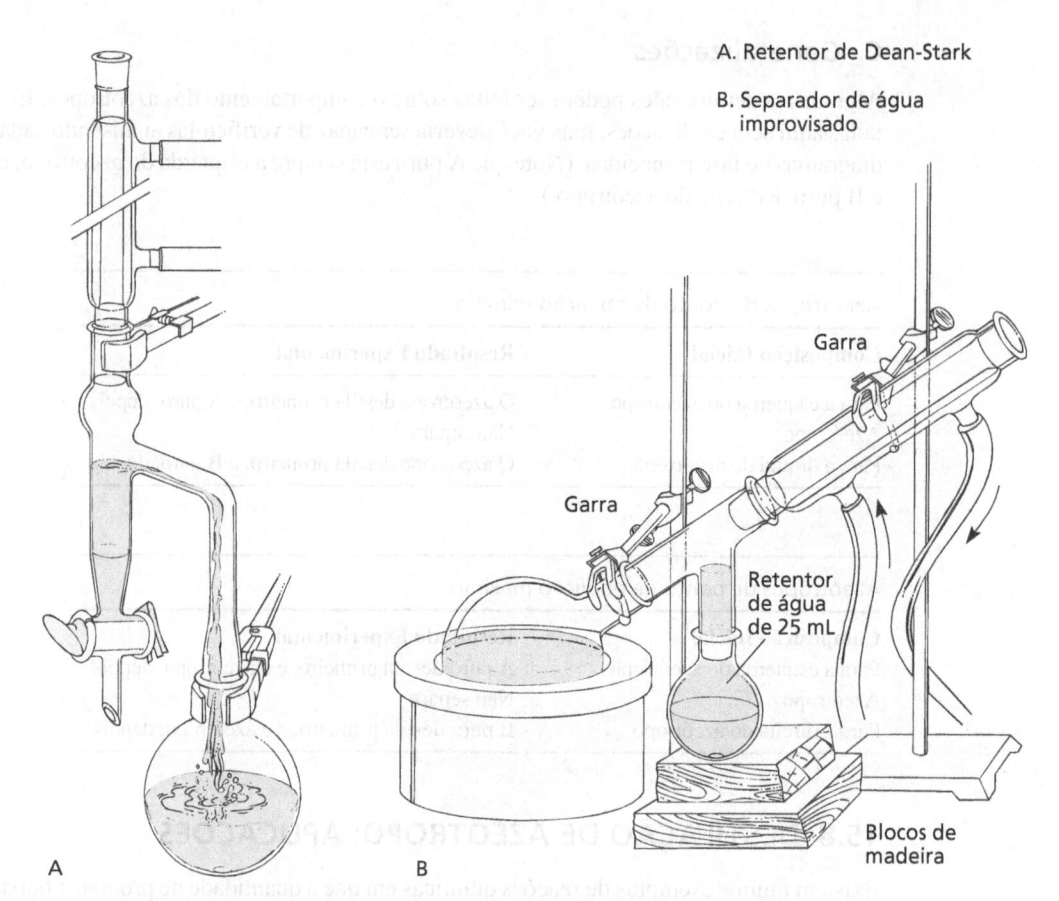

Figura 15.12 Separadores de escala grande.

A. Retentor de Dean-Stark
B. Separador de água improvisado
Garra
Garra
Retentor de água de 25 mL
Blocos de madeira

pete continuamente até que não se forme mais água na saída lateral. Você pode calcular o peso de água que deveria, teoricamente, se formar e comparar este valor com a quantidade de água coletada na saída lateral. Como a densidade da água é 1,0, o volume de água coletado pode ser comparado diretamente com a quantidade calculada, imaginando 100% de rendimento.

A Figura 15.12B mostra um separador de água improvisado, construído com componentes encontrados no conjunto tradicional de aparelhagens de química orgânica. Apesar da montagem exigir que o condensador fique inclinado, ela funciona muito bem.

Em escala pequena, a separação de água pode ser feita com uma aparelhagem de destilação padronizada, com um condensador de água e uma cabeça de Hickman (Figura 15.13). A variante da cabeça de Hickman com saída lateral é muito conveniente para isto, mas não é essencial. Com esta variante, você pode remover todo o destilado (solvente e água) várias vezes durante a reação. Use uma pipeta Pasteur para remover o destilado, como na Técnica 14 (Figura 14.7, página 631). Como o solvente e a água são removidos neste procedimento, é desejável adicionar mais solvente de vez em quando, pelo condensador, com uma pipeta Pasteur.

O mais importante quando se usa a destilação de azeótropo para preparar um éster (descrita na página 645) é que o azeótropo que contém água deve ter um **ponto de ebulição inferior** ao do álcool usado. Com o etanol, o azeótropo com benzeno e água ferve em uma temperatura muito mais baixa (69,4°C) do que o etanol (78,3°C), e a técnica descrita funciona bem. Com álcoois de ponto de ebulição mais alto, a destilação de azeótropo funciona bem devido às grandes diferenças entre os pontos de ebulição do azeótropo e do álcool.

Com metanol (pe 65°C), entretanto, o ponto de ebulição do azeótropo com benzeno e água é *superior* em cerca de 5°C, e o metanol destila primeiro. Assim, em esterificações envolvendo o metanol, um método inteiramente diferente deve ser usado. Por exemplo, você pode misturar o ácido

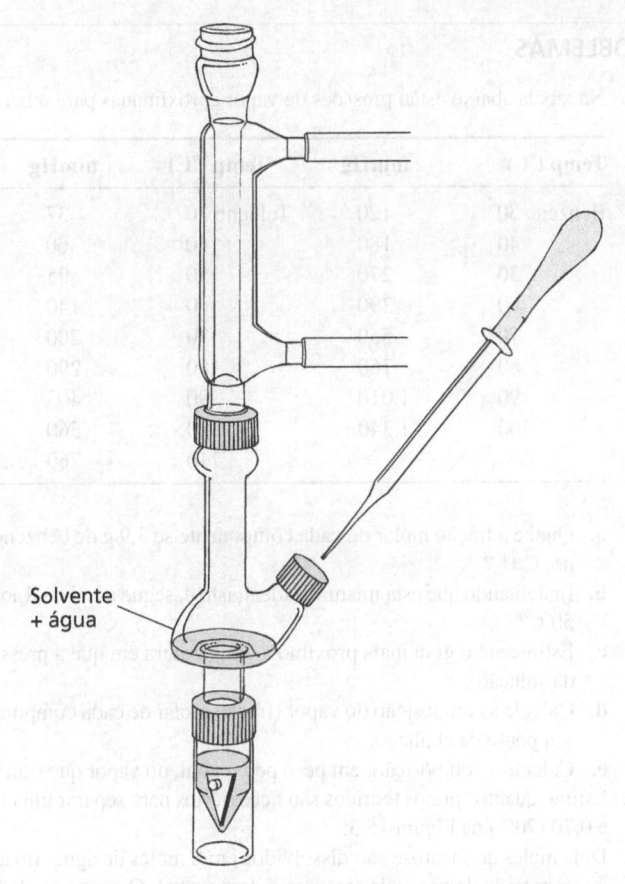

Figura 15.13 Separador de água em escala pequena (ambas as camadas são removidas).

carboxílico com metanol, com o catalisador ácido e com *1,2-dicloro-etano* em um aparelho de refluxo convencional (Técnica 7, Figura 7.6, página 535), sem um separador de água. Durante a reação, a água separa do 1,2-dicloro-etano porque eles não são miscíveis. Os outros componentes, entretanto, são solúveis, e a reação pode continuar. O equilíbrio se desloca para a direita por "remoção" da água da mistura de reação.

A destilação de azeótropo também é usada em outros tipos de reações, como a formação de cetal ou acetal e a formação de enaminas.

Formação de acetal:

$$R-\underset{\|}{\overset{O}{C}}-H + 2\ ROH \underset{}{\overset{H^+}{\rightleftharpoons}} R-\underset{OR}{\overset{OR}{C}}-H + H_2O$$

Formação de enamina:

$$RCH_2-\underset{\|}{\overset{}{C}}-CH_2R + \underset{H}{\overset{}{\underset{N}{\bigcirc}}} \overset{H^+}{\rightleftharpoons} RCH=\underset{N}{\overset{}{C}}-CH_2R + H_2O$$

PROBLEMAS

1. Na tabela abaixo estão pressões de vapor aproximadas para o benzeno e o tolueno em várias temperaturas.

Temp (°C)	mmHg	Temp (°C)	mmHg
Benzeno 30	120	Tolueno 30	37
40	180	40	60
50	270	50	95
60	390	60	140
70	550	70	200
80	760	80	290
90	1.010	90	405
100	1.340	100	560
		110	760

   a. Qual é a fração molar de cada componente se 3,9 g de benzeno, C_6H_6, são dissolvidos em 4,6 g de tolueno, C_7H_8?
   b. Imaginando que esta mistura é ideal, isto é, segue a Lei de Raoult, qual é a pressão parcial do benzeno em 50°C?
   c. Estime até o grau mais próximo a temperatura em que a pressão de vapor da solução é igual a 1 atm (pe da solução).
   d. Calcule a composição do vapor (fração molar de cada componente) que está em equilíbrio na solução em seu ponto de ebulição.
   e. Calcule a composição, em peso percentual, do vapor que está em equilíbrio com a solução.

2. Estime quantos pratos teóricos são necessários para separar uma mistura em que a fração molar de B é igual a 0,70 (70%) na Figura 15.3.

3. Dois moles de sacarose são dissolvidos em 8 moles de água. Imagine que a solução segue a Lei de Raoult e que a pressão de vapor da sacarose é desprezível. O ponto de ebulição da água é 100°C. A destilação é feita em 1 atm (760 mmHg).
   a. Calcule a pressão de vapor da solução quando a temperatura atinge 100°C.
   b. Que temperatura seria observada durante toda a destilação?
   c. Qual seria a composição do destilado?
   d. Se um termômetro fosse colocado abaixo da superfície do líquido do balão que está fervendo, que temperatura ele registraria?

4. Explique por que o ponto de ebulição de uma mistura de dois componentes aumenta lentamente durante uma destilação simples quando a diferença de pontos de ebulição não é grande.

5. Conhecidos os pontos de ebulição de várias misturas de A e B (as frações molares são conhecidas) e as pressões de vapor de A e B no estado puro (P_A^0 e P_B^0) nestas mesmas temperaturas, como você construiria um diagrama de composição-ponto de ebulição para A e B? Dê uma explicação detalhada.

6. Descreva o comportamento de uma solução de etanol a 98% durante a destilação em uma coluna eficiente. Use a Figura 15.10.

7. Construa um diagrama aproximado de composição-ponto de ebulição para o sistema benzeno-metanol. A mistura tem comportamento de azeótropo (veja a Tabela 15.3). Inclua no gráfico os pontos de ebulição do benzeno e do metanol puros e o ponto de ebulição do azeótropo. Descreva o comportamento de uma mistura inicialmente rica em benzeno (90%) e, depois, o de uma mistura inicialmente rica em metanol (90%).

8. Construa um diagrama aproximado de composição-ponto de ebulição para o sistema acetona-clorofórmio, que tem um azeótropo de ponto de ebulição máximo (Tabela 15.4). Descreva o comportamento de uma mistura inicialmente rica em acetona (90%) e, depois, o de uma mistura inicialmente rica em clorofórmio (90%).

9. Dois componentes têm pontos de ebulição de 130°C e 150°C. Estime o número de pratos teóricos necessários para separar estas substâncias por destilação fracionada.

10. Uma coluna de banda rotatória tem um HEPT de 0,63 cm/prato. Se a coluna tem 12 pratos, qual é seu comprimento?

TÉCNICA 16

Destilação a Vácuo, Manômetros

A destilação a vácuo (destilação a pressão reduzida) é usada quando os compostos têm alto ponto de ebulição (acima de 200°C). Estes compostos freqüentemente se decompõem nas temperaturas necessárias para a destilação na pressão atmosférica. O ponto de ebulição de um composto reduz-se substancialmente quando a pressão aplicada diminui. A destilação a vácuo também é usada no caso de compostos que podem reagir com o oxigênio do ar, quando aquecidos. Ela é usada, ainda, quando é mais conveniente destilar em temperaturas mais baixas por causa de limitações experimentais como, por exemplo, aquecedores que só atingem 250°C.

O efeito da pressão sobre o ponto de ebulição é discutido em mais detalhes na Técnica 13 (Seção 13.1, página 614). O nomógrafo da Figura 13.2 (página 616) permite estimar o ponto de ebulição de um líquido em uma temperatura diferente da registrada em manuais. Espera-se que o líquido que ferve em 200°C, em 760 mmHg, por exemplo, entre em ebulição em 90°C, em 20 mmHg. É uma diminuição significativa de temperatura, e seria vantajoso usar a destilação a vácuo se algum tipo de problema fosse esperado. Em contrapartida, a separação de líquidos de pontos de ebulição diferentes pode não ser tão efetiva na destilação a vácuo como na destilação à pressão normal.

16.1 MÉTODOS DE ESCALA GRANDE

Ao trabalhar com vidraria sob vácuo, use sempre óculos de segurança, porque existe o perigo de implosão.

> **Cuidado:** Deve-se usar sempre óculos de segurança durante a destilação a vácuo.

É aconselhável trabalhar em uma capela quando estiver conduzindo uma destilação a vácuo. Se o experimento envolver altas temperaturas (> 220°C) para destilação ou pressões muito baixas (< 0,1 mmHg), trabalhe sempre em uma capela, atrás de um escudo, para sua própria segurança.

Nas destilações a vácuo, pode-se usar uma aparelhagem básica, semelhante à da Figura 16.1. As principais diferenças entre esta montagem e a aparelhagem usada nas destilações simples (Figura 14.1, página 623) são a inserção de uma cabeça de Claisen entre o balão de destilação e a cabeça de destilação e a ligação (A) a uma fonte de vácuo. Além disto, coloca-se um tubo de entrada de ar (B) no topo da cabeça de Claisen. A fonte de vácuo pode ser uma trompa d'água (Técnica 8, Seção 8.5, página 557), uma bomba de vácuo mecânica (Técnica 16.6, página 657) ou o sistema de vácuo do laboratório (diretamente ligado à bancada). A trompa d'água é a fonte mais simples e mais comum. Entretanto, para pressões inferiores a 10-20 mmHg, deve-se usar uma bomba de vácuo mecânica.

Montagem da aparelhagem

Ao montar uma aparelhagem para destilação a vácuo, é importante verificar os seguintes pontos.

Vidraria. Verifique toda a vidraria, antes da montagem, para ter certeza de que não há rachaduras e falhas nas juntas padronizadas. Vidraria rachada pode quebrar sob vácuo, e as juntas danificadas podem não reter o vácuo.

Juntas Engraxadas. No caso do equipamento de escala grande, é necessário engraxar ligeiramente as juntas padronizadas. Cuidado para não usar muita graxa, porque ela pode passar para o seu sistema e tornar-se um sério contaminante. Aplique uma pequena quantidade de graxa (filme fino) em torno da parte superior da junta *interna*, case as juntas e pressione-as ou gire-as cuidadosamente, para espalhar a graxa de modo uniforme. Se você usou a quantidade correta de graxa, ela não espirrará pela parte inferior da junta. A junta terá um aspecto transparente, sem estrias nem áreas descobertas.

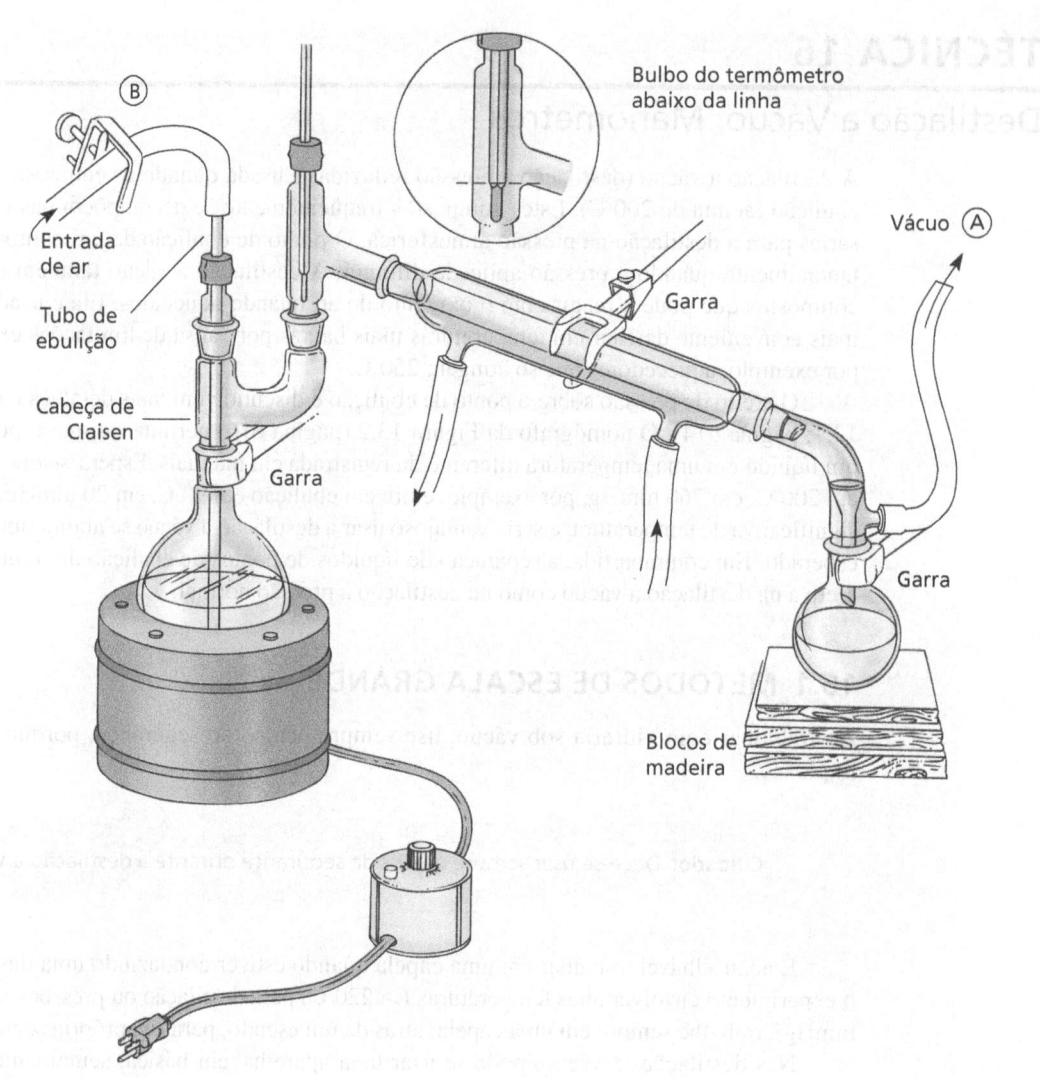

Figura 16.1 Destilação a vácuo em escala grande usando o conjunto padronizado de laboratório de química orgânica.

Cabeça de Claisen. A cabeça de Claisen é colocada entre o balão e a cabeça de destilação para ajudar a evitar que o material passe para o condensador se houver um solavanco.

Tubo de Ebulição. O tubo de entrada de ar no topo da cabeça de Claisen é chamado de tubo de ebulição. Use o grampo (B) colocado no tubo de paredes grossas (veja a discussão, adiante, sobre tubos de pressão) para ajustar o tubo de ebulição de modo a admitir uma corrente lenta e contínua de bolhas de ar no balão de destilação durante o aquecimento. Como as pedras de ebulição não funcionam no vácuo, essas bolhas mantêm a agitação da solução e ajudam a prevenir solavancos. A ponta do tubo de ebulição é afilada e deve ser ajustada de modo a ficar logo acima do fundo do balão de destilação.

Muitos dos conjuntos de vidraria padrão incluem um tubo de ebulição. Se isto não acontecer, é fácil preparar um deles aquecendo uma seção de um tubo de vidro e puxando-a uns três centímetros. O vidro é marcado no meio do tubo puxado e partido, fazendo dois tubos de ebulição simultaneamente. Na Figura 16.1, o tubo de ebulição foi inserido em um adaptador de termômetro. Se você não tiver um segundo adaptador de termômetro, uma rolha de borracha com um furo pode ser usada. Coloque a rolha diretamente na junta do topo da cabeça de Claisen.

Palitos de Madeira. Uma alternativa para o tubo de ebulição, às vezes, é uma lasca de pinho ou um palito de madeira. O ar fica preso nos poros da madeira. Sob vácuo, o palito emite uma corrente lenta de bolhas e agita a solução. A desvantagem é que cada vez que você abrir o sistema, terá de usar um novo palito.

Colocação do Termômetro. Assegure-se de que o termômetro foi colocado de modo que o bulbo de mercúrio fique inteiramente abaixo da saída lateral da cabeça de destilação (veja o destaque circular da Figura 16.1). Se ele estiver acima, pode não estar cercado por um fluxo constante de vapor aquecido. Se o termômetro não estiver cercado pelo vapor do material destilado, não atingirá a temperatura de equilíbrio, e a leitura estará incorreta (baixa).

Grampos de Juntas. Se você dispõe de grampos plásticos (Técnica 7, Figura 7.3, página 533), eles devem ser usados para prender as juntas lubrificadas, particularmente as do condensador e a da parte inferior do adaptador de vácuo, que o liga ao balão de coleta.

Tubos de Pressão. A ligação com a fonte de vácuo (A) é feita com tubos de pressão (também chamados de tubos de vácuo), que, ao contrário dos tubos de paredes finas mais comuns, usados para água ou gás, têm paredes grossas e não cedem sob vácuo. A Figura 16.2 compara os dois tipos de tubo.

Certifique-se de que as ligações dos tubos de pressão estão bem-apertadas. Se uma ligação bem-apertada não puder ser feita, é porque o tamanho do tubo está errado (o tubo de borracha ou o tubo de vidro). Reduza os tubos de pressão ao menor tamanho possível. Os tubos de pressão devem ser relativamente novos e não ter rachaduras. Se o tubo revelar rachaduras quando você puxá-lo ou dobrá-lo, ele pode estar velho e provocar vazamentos no sistema. Substitua-o.

Rolhas de Borracha. Use sempre rolhas moles de borracha em uma aparelhagem sob vácuo. As rolhas de cortiça não permitem bom vácuo. As rolhas de borracha ficam duras com a idade e o uso. Se a rolha de borracha não estiver mole (não se comprimir sob a pressão do dedo), não a use. Os tubos de vidro devem se ajustar nas rolhas com segurança. Se você puder mover o tubo de cima para baixo sem fazer força, ele está muito frouxo. Use um tubo de diâmetro maior.

Balão de Coleta. É aconselhável, quando mais de uma fração é esperada em uma destilação a vácuo, ter vários balões de coleta de peso conhecido, além do original, preparados antes de começar a destilação. Esta providência permite a troca rápida de balões de coleta durante a destilação. O peso conhecido permite o cálculo do peso do destilado em cada fração, sem necessidade de transferência do destilado para outro balão.

Para trocar os frascos coletores, pare o aquecimento e deixe entrar o ar nas duas extremidades, antes de substituir o balão. Instruções mais completas para este procedimento são dadas na próxima seção.

Retentores de Vácuo. É costume, quando se faz uma destilação a vácuo, colocar um retentor na linha que liga a aparelhagem à fonte de vácuo. As Figuras 16.3 e 16.4 mostram dois arranjos de retentores comuns. Estes retentores são essenciais quando se usa uma trompa d'água ou o vácuo do laboratório. Uma bomba de vácuo exige um tipo diferente de retentor (veja a Figura 16.8, página 658). Espera-se que ocorram variações de pressão quando se usa uma trompa d'água ou o vácuo do laboratório. Com a trompa d'água, se a pressão cair o vácuo do sistema sugará a água da trompa para o sistema. O retentor permite que você veja isto acontecer e possa tomar providências a tempo (isto é, impedir que a água entre na aparelhagem de destilação). A ação correta para a entrada de água em quantidade é abrir o sistema ao ar. Isto pode ser feito abrindo-se a pinça (C) colocada no alto do retentor. Esta é também a maneira de deixar entrar o ar no fim da destilação.

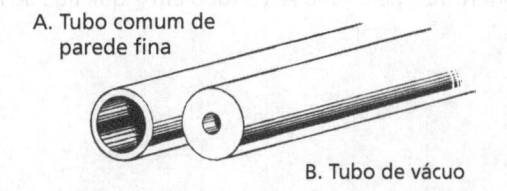

A. Tubo comum de parede fina

B. Tubo de vácuo

Figura 16.2 Comparação entre tubos.

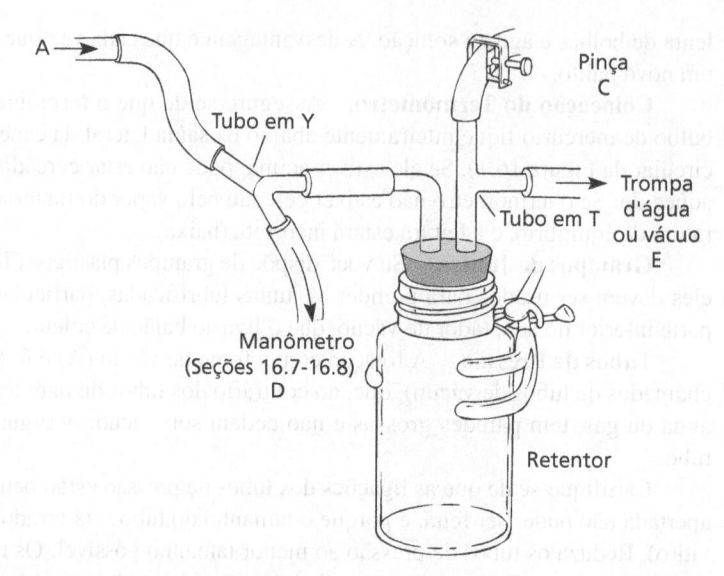

Figura 16.3 Retentor de vácuo usando uma garrafa de gás. O conjunto se liga à Figura 16.1 pelo tubo A. (O tubo em Y que liga ao manômetro é opcional.)

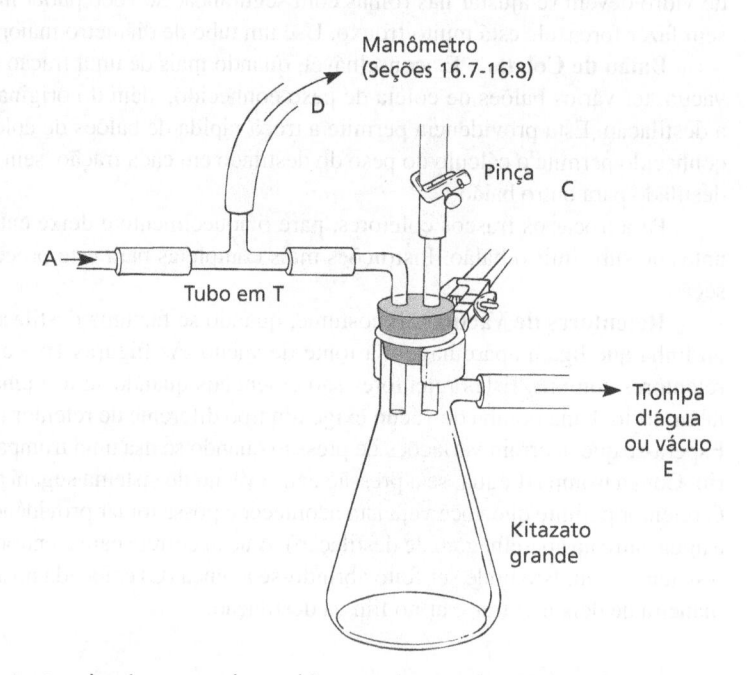

Figura 16.4 Retentor de vácuo usando um kitazato de paredes grossas. O conjunto se liga à aparelhagem da Figura 16.1 pelo tubo A. (O tubo em Y que liga ao manômetro é opcional.)

Cuidado: Note que é sempre necessário abrir o sistema ao ar *antes* de interromper a trompa d'água. Se você não fizer isto, a água poderá entrar no sistema e contaminar seu produto. Assegure-se de que você abriu o sistema nas duas extremidades. Após abrir o retentor de vácuo, abra imediatamente o grampo que está no alto do tubo de ebulição.

O retentor, que contém um volume grande, também age como proteção contra mudanças de pressão, regulando pequenas variações na linha. Quando se usa o vácuo de laboratório, ele proteje contra óleo e água (presentes, com freqüência, nas linhas de vácuo dos laboratórios).

Conexão do Manômetro. O manômetro permite a medida da pressão. Uma conexão (D) pelo tubo em Y (ou tubo em T) fica na linha entre a aparelhagem e o retentor. Esta conexão é opcional, mas é necessária se você quiser acompanhar a variação da pressão do sistema com um manômetro. A operação do manômetro é discutida nas Seções 16.7 e 16.8. Um manômetro adequado deve ser incluído no sistema, pelo menos durante parte da operação, para medir a pressão em que a destilação ocorre. O ponto de ebulição só tem valor se a pressão é conhecida! Depois do uso, o manômetro pode ser removido se uma pinça for usada para fechar a ligação.

Cuidado: O manômetro deve ser ligado ao ar muito lentamente para evitar que uma corrida do mercúrio quebre a ponta do tubo.

O manômetro é útil, também, para identificar problemas em seu sistema. Ele pode ser ligado à trompa d'água, ou ao vácuo do laboratório, para determinar a pressão de operação. Assim, uma trompa defeituosa (o que não é incomum) pode ser identificada e substituída. Quando você ligar a aparelhagem, pode ajustar todas as juntas e ligações para obter a melhor pressão de trabalho *antes* de começar a destilar. Em geral, uma pressão de trabalho de 25 a 50 mmHg é adequada para os procedimentos deste texto.

Trompas d'Água. A fonte de vácuo mais conveniente para a destilação à pressão reduzida, em muitos laboratórios, é a trompa d'água. Ligue a trompa d'água, ou outra fonte de vácuo, ao retentor. A trompa d'água pode, teoricamente, estabelecer um vácuo igual à pressão de vapor da água que flui por ele. A pressão de vapor da água depende da temperatura (24 mmHg em 25°C, 18 mmHg em 20°C, 9 mmHg em 10°C). Entretanto, no laboratório típico, as pressões obtidas são maiores devido à pressão reduzida da água provocada pelo uso simultâneo por muitos estudantes. A boa prática de laboratório exige que somente alguns estudantes de uma dada bancada usem as trompas ao mesmo tempo. Pode ser necessário estabelecer uma escala para o uso da trompa, ou, pelo menos, fazer com que alguns estudantes esperem enquanto outros terminam.

Vácuo do laboratório. Como dissemos no caso das trompas, dependendo da capacidade do sistema, pode não ser possível que todos usem o vácuo ao mesmo tempo. Os estudantes terão de se alternar. Um sistema típico de vácuo de laboratório tem uma pressão de 35-100 mmHg quando não está sendo usado em excesso.

16.2 DESTILAÇÃO A VÁCUO: INSTRUÇÕES POR ETAPAS

Os procedimentos a serem seguidos nas destilações a vácuo estão descritos nesta seção.

Cuidado: Use sempre óculos de segurança quando estiver destilando a vácuo.

Evacuação da Aparelhagem

1. Monte a aparelhagem mostrada na Figura 16.1 segundo as instruções da Seção 16.1 e ligue um retentor (o da Figura 16.3 ou o da Figura 16.4). A ligação é feita nos pontos marcados como A. A seguir, ligue o retentor a uma trompa d'água ou ao sistema de vácuo do laboratório no ponto E. Não feche nenhuma das pinças.
2. Pese cada um dos balões de coleta a serem usados na coleta das várias frações durante a destilação.
3. Concentre o material a ser destilado em um frasco de Erlenmeyer, ou em um bécher por remoção de todos os solventes voláteis, como o éter. Trabalhe na capela, usando um banho de vapor ou de água. Utilize pedras de ebulição e uma corrente de ar para acelerar a remoção do solvente.
4. Separe o balão de destilação da aparelhagem, remova a graxa com uma toalha e, usando um funil, transfira o concentrado para o balão. Complete a transferência lavando o recipiente de concentração com um *pouco* de solvente. Concentre o material, novamente, até que todo o solvente volátil tenha sido removido (a fervura cessa). O balão deve estar cheio até a metade, no máximo, após a concentração. Coloque graxa na junta e ligue o balão à aparelhagem de destilação. Assegure-se de que todas as juntas estão bem-ajustadas.
5. Abra a pinça que está em C no retentor (Figura 16.3 ou 16.4) e ligue um manômetro no ponto D.
6. Ligue a trompa d'água (ou o vácuo do laboratório) (Figura 16.3) ao máximo.
7. Aperte a pinça que está em B (Figura 16.1) até que o tubo fique quase fechado.
8. Volte ao retentor (Figura 16.3) e aperte lentamente a pinça no ponto C. Observe a formação de bolhas no tubo de ebulição para ver se está muito vigoroso ou muito lento. Qualquer solvente volátil que você não conseguiu remover durante a concentração sairá agora. Quando a eliminação dos voláteis se reduzir, feche a pinça C ao máximo.
9. Ajuste o tubo de ebulição em B até que uma corrente estável de pequenas bolhas se forme.
10. Espere alguns minutos e registre a pressão obtida.
11. Se a pressão não for satisfatória, verifique todas as conexões para ver se estão justas. Torça, com cuidado, todas as mangueiras para prendê-las. Aperte todas as rolhas de borracha. Cheque todos os tubos de vidro. Ajuste as juntas até que elas estejam bem-engraxadas e justas. Se você dobrar o tubo de borracha entre a aparelhagem com sua mão e a pressão cair, você saberá que o problema está na aparelhagem de vidro. Se não houver mudança de pressão o problema estará na trompa ou no retentor. Reajuste a pinça do tubo de ebulição, se necessário.

> **Nota:** Não continue se não conseguir um bom vácuo. Peça ajuda ao professor, se necessário.

12. Após estabelecer o vácuo, registre a pressão. O manômetro pode ser removido para uso por outro estudante, se necessário. Coloque uma pinça antes do manômetro, em D, e aperte-a. Equilibre cuidadosamente a pressão. O manômetro pode, agora, ser removido.

Começo da destilação

13. Coloque a fonte de aquecimento no lugar com a ajuda de blocos de madeira, ou de outra maneira, e comece o aquecimento.
14. Aumente a temperatura. Eventualmente, o anel de refluxo atingirá o bulbo do termômetro, e a destilação começará.
15. Registre as faixas de temperatura e pressão (se o manômetro ainda estiver ligado) durante a destilação. O destilado deve ser coletado com velocidade de cerca de 1 gota por segundo.
16. Se o anel de refluxo estiver na cabeça de Claisen, mas não subir até a cabeça de destilação, poderá ser necessário isolar estas peças com algodão e folha de alumínio (o lado brilhante para dentro). O isolamento deve facilitar a passagem do destilado para o condensador.

17. O ponto de ebulição deve ser razoavelmente constante se a pressão permanecer constante. Um aumento rápido da pressão pode ocorrer devido ao uso excessivo das trompas d'água do laboratório (ou a outras ligações ao vácuo do laboratório). A mudança de pressão pode ser também devida à decomposição do material que está sendo destilado. A decomposição produzirá uma nuvem branca densa no balão de destilação. Se isto acontecer, reduza a temperatura da fonte de aquecimento, ou remova-a, e *se afaste* até que o sistema esfrie. Quando a nuvem se reduzir, você pode procurar a causa.

Troca de balões de coleta

18. Para trocar os balões de coleta, durante a destilação, quando um novo componente começa a destilar (ponto de ebulição mais alto na mesma pressão), abra cuidadosamente a pinça que fica acima do retentor em C e reduza imediatamente a fonte de calor.

> **Cuidado:** Vigie o tubo de ebulição para que o líquido não suba de modo excessivo. Pode ser necessário abrir a pinça que está em B.

19. Remova os blocos de madeira, ou outro suporte, de sob o balão de coleta, retire a pinça de plástico e substitua o balão por um outro, de peso conhecido. Use uma pequena quantidade de graxa para restabelecer o selo.
20. Feche novamente a pinça em C e espere alguns minutos para que o sistema restabeleça a pressão reduzida. Se você abriu a pinça do tubo de ebulição em B, terá de fechá-la e reajustá-la. A corrente de bolhas não se formará até que todo o líquido, que subiu quando o vácuo for interrompido, tiver sido expulso do tubo de ebulição.
21. Recoloque a fonte de aquecimento em posição sob o balão de destilação e continue a destilação.
22. O fato de a temperatura cair no termômetro usualmente indica que a destilação está completa. Se uma quantidade significativa de líquido permanecer, porém, a formação de bolhas pode ter parado, a pressão pode ter subido, a fonte de aquecimento pode ser insuficiente ou talvez seja necessário isolar a aparelhagem. Faça o ajuste adequado.

Interrupção da destilação

23. Remova, no fim da destilação, a fonte de calor e abra lentamente as pinças em C e B. Quando o sistema equilibrar a pressão, feche a trompa d'água ou o vácuo do laboratório e desligue os tubos.
24. Remova o balão coletor e limpe toda a vidraria o mais cedo possível após desmontar a aparelhagem (deixe esfriar um pouco), para que as juntas não colem.

> **Nota:** Se você usou graxa, limpe-a toda, ou ela contaminará suas amostras em outros experimentos.

16.3 COLETORES ROTATÓRIOS DE FRAÇÕES

No caso das aparelhagens que vimos, o vácuo tem de ser interrompido para remover as frações quando uma nova substância (fração) começa a destilar. Várias etapas são necessárias para fazer esta operação, que é muito inconveniente quando várias frações têm de ser coletadas. A Figura 16.5 mostra dois aparelhos de escala semimicro desenhados para reduzir a dificuldade de coletar frações sob vácuo. O coletor, à direita, é chamado, às vezes, de "vaca" devido à sua aparência. Com estes aparelhos rotatórios de coleta de frações, tudo o que se tem de fazer é girar o aparelho para coletar frações.

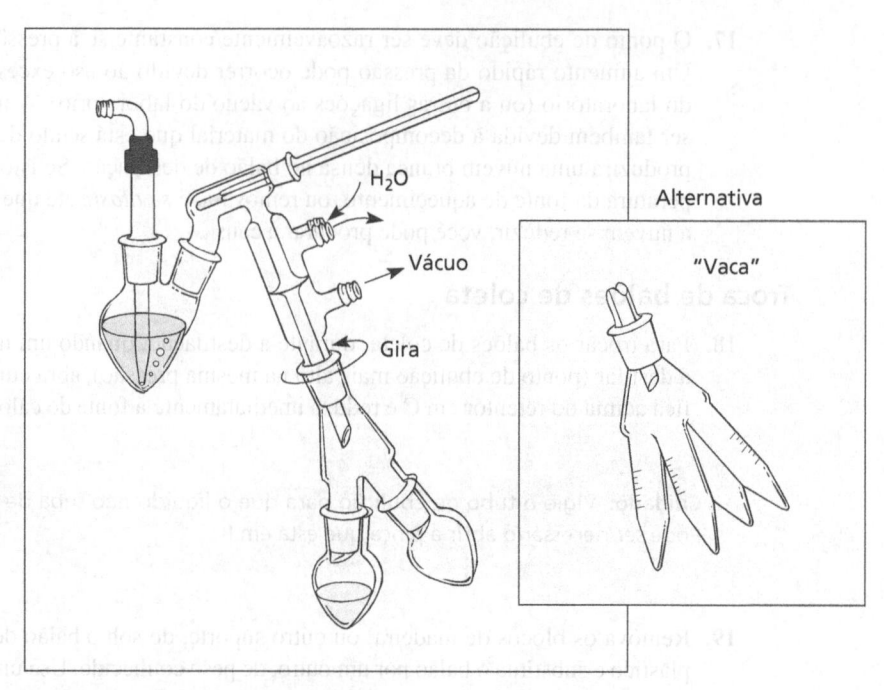

Figura 16.5 Coletor rotatório de frações.

16.4 MÉTODOS DE ESCALA PEQUENA – APARELHAGENS DE ESTUDANTES

A Figura 16.6 mostra o tipo de equipamento de destilação a vácuo que seria utilizado por um estudante em um programa de laboratório de escala pequena. Esta aparelhagem, que usa um frasco cônico como frasco de destilação, pode destilar de 1 mL a 3 mL de líquido. A cabeça de Hickman substitui a cabeça de Claisen, a cabeça de destilação, o condensador e o balão de coleta por uma única peça de vidraria.

16.5 DESTILAÇÃO BULBO A BULBO

O melhor, em métodos de escala pequena, é usar uma aparelhagem de destilação bulbo a bulbo. A Figura 16.7 mostra a aparelhagem. Coloca-se a amostra no recipiente de vidro ligado a um dos braços da aparelhagem. Congela-se a amostra, usualmente com nitrogênio líquido, mas gelo seco em 2-propanol ou uma mistura de gelo, sal e água também podem ser usados. O recipiente do líquido refrigerante mostrado na figura é um **frasco de Dewar**. Este recipiente tem uma parede dupla com o espaço interior evacuado e selado. O vácuo é um isolante térmico muito bom, e a solução refrigerante perde muito pouco calor.

Após congelar a amostra, evacua-se a aparelhagem ao se abrir a torneira. Quando a evacuação estiver completa, fecha-se a torneira e remove-se o frasco de Dewar. Deixa-se a amostra degelar, após o que ela é congelada novamente. Este ciclo de congelar-degelar-congelar remove o ar e gases que ficaram presos na amostra congelada. A seguir, abre-se a torneira para evacuar novamente o sistema. Quando a evacuação estiver completa, fecha-se a torneira e move-se o frasco de Dewar para o outro braço, para esfriar o recipiente vazio. Quando a amostra esquenta, ela se vaporiza, passa para o outro lado e é congelada ou liquefeita pela solução refrigerante. A transferência do líquido de um braço para o outro pode levar algum tempo, mas *não utiliza calor*.

A destilação bulbo a bulbo é muito efetiva quando se usa nitrogênio líquido como líquido refrigerante e quando o sistema de vácuo pode atingir a pressão de 10^{-3} mmHg ou menos. Isto exige uma bomba de vácuo. Não se pode usar uma trompa d'água.

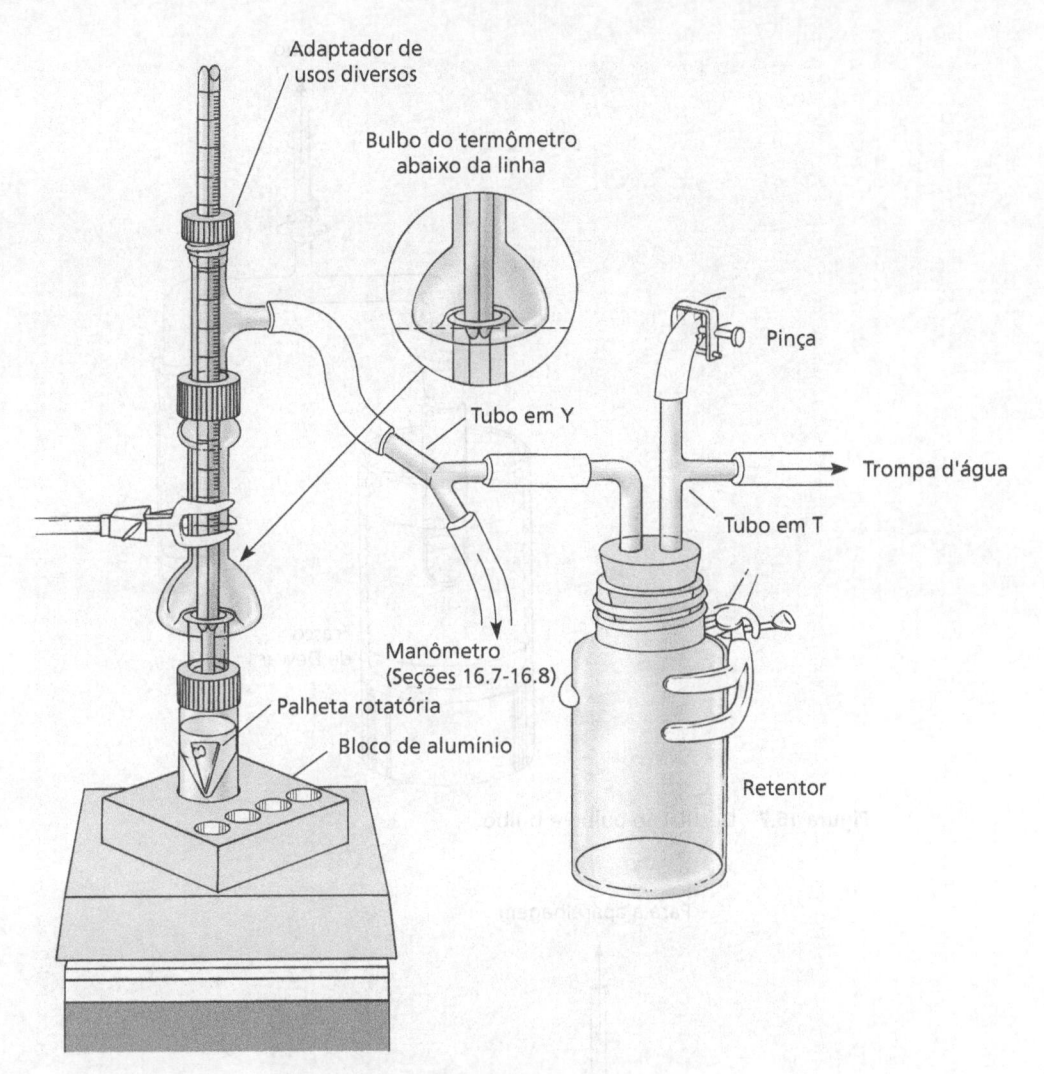

Figura 16.6 Destilação a pressão reduzida em escala pequena.

16.6 A BOMBA DE VÁCUO MECÂNICA

A trompa d'água não é capaz de atingir pressões inferiores a 5 mmHg. Esta é a pressão de vapor da água em 0°C, e ela congela nesta temperatura. Um valor mais realista da pressão de uma trompa é cerca de 20 mmHg. Quando pressões inferiores a 20 mmHg são necessárias, tem-se de empregar uma bomba mecânica. A Figura 16.8 ilustra uma bomba mecânica de vácuo e a vidraria associada. A bomba de vácuo opera por um princípio semelhante ao da trompa, mas usa um óleo de alto ponto de ebulição, não água, para remover o ar do sistema ligado. O óleo usado na bomba de vácuo é um óleo de silicone, ou um óleo baseado em hidrocarbonetos de alto peso molecular, que, como tem pressão de vapor muito baixa, é capaz de atingir pressões de 10^{-3} ou 10^{-4} mmHg. Em vez de ser descartado após o uso, o óleo é reciclado continuamente pelo sistema.

Um retentor é necessário quando se usa uma bomba de vácuo. O coletor protege o óleo da bomba dos vapores produzidos no sistema. Se vapores de solventes orgânicos ou dos compostos que estão sendo destilados se dissolverem no óleo, sua pressão de vapor aumentará e a bomba ficará menos efetiva. A Figura 16.8 ilustra um tipo especial de retentor de vácuo, desenhado para se ajustar a um frasco de Dewar, de modo que o refrigerante dure muito tempo. O frasco deve ser, no mínimo, enchido com água e gelo, mas uma mistura acetona-gelo seco ou nitrogênio líquido são mais indicados para atingir temperaturas mais baixas e proteger melhor o óleo. Usa-se, com feqüência, dois retentores: o primeiro contém água e gelo, e o segundo, gelo seco e acetona, ou nitrogênio líquido. O primeiro retentor liquefaz vapores de ponto de ebulição mais baixos, que poderiam se solidificar no segundo retentor e entupi-lo.

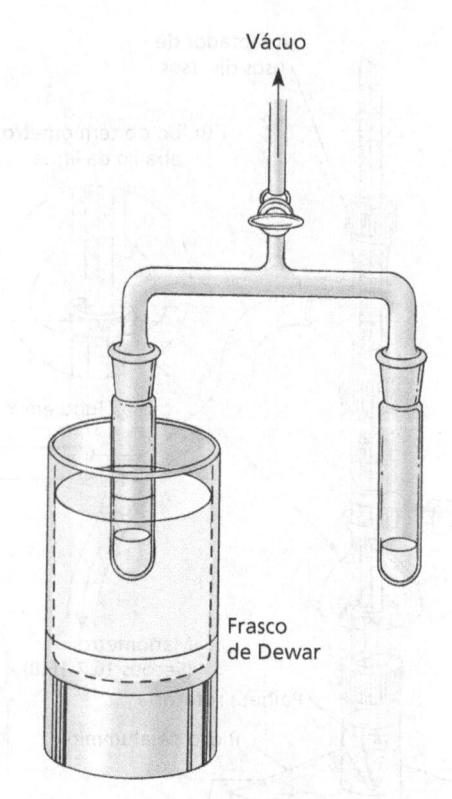

Figura 16.7 Destilação bulbo a bulbo.

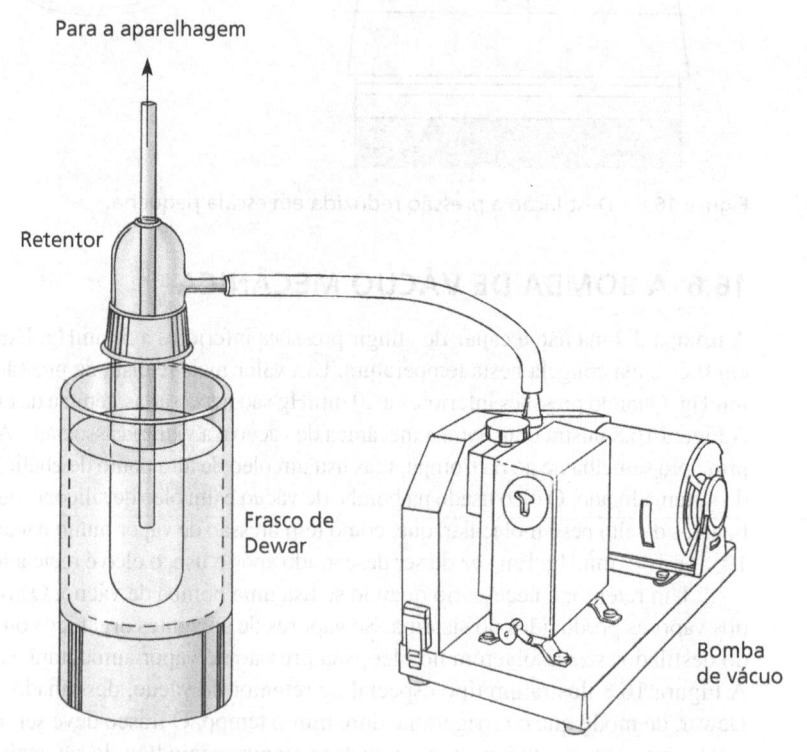

Figura 16.8 Uma bomba de vácuo e seu retentor.

16.7 O MANÔMETRO DE TUBO FECHADO

O instrumento usado para medir pressões em uma destilação a vácuo é o manômetro de tubo fechado. As Figuras 16.9 e 16.10 mostram os dois tipos básicos. O manômetro da Figura 16.9 é mais usado porque é relativamente fácil de construir. É um tubo em U fechado em uma das extremidades e montado em um suporte de madeira. Você pode construir o manômetro usando um capilar de vidro de 9 mm e enchê-lo, como se vê na Figura 16.11.

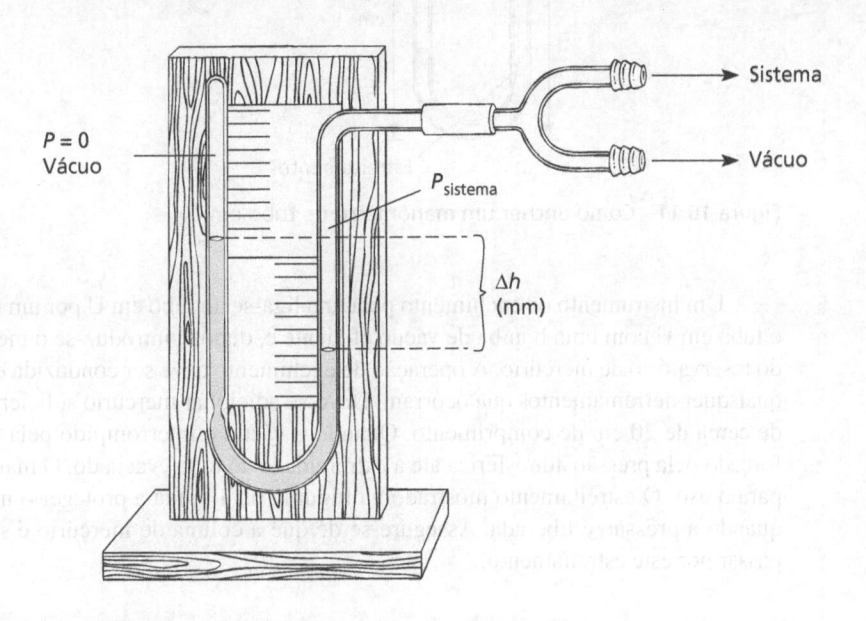

Figura 16.9 Um manômetro em U simples.

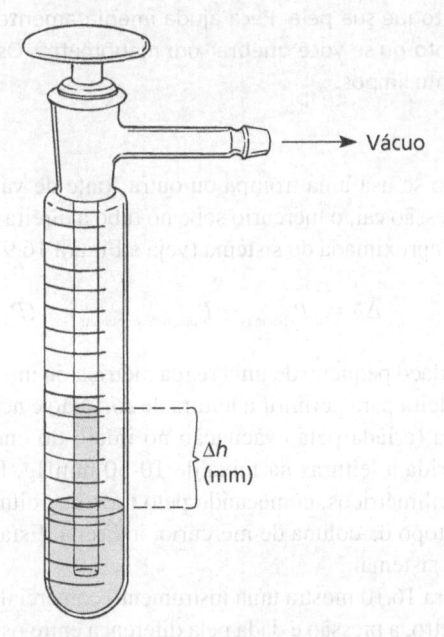

Figura 16.10 Manômetro comercial do tipo "bengala".

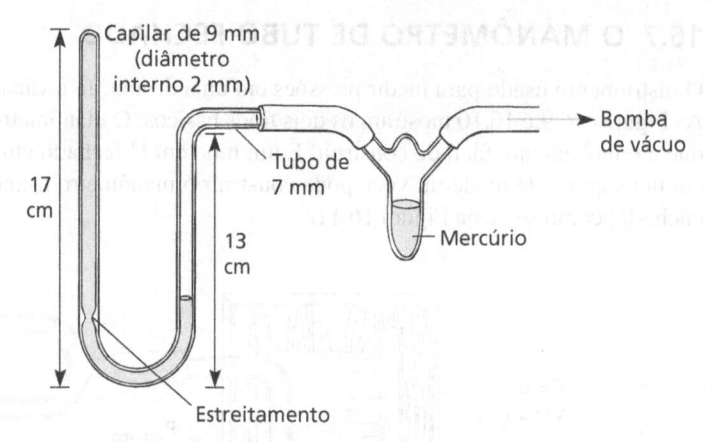

Figura 16.11 Como encher um manômetro de tubo em U.

Um instrumento de enchimento pequeno liga-se ao tubo em U por um tubo de pressão. Evacua-se o tubo em U com uma bomba de vácuo eficiente e, depois, introduz-se o mercúrio fazendo uma torção do reservatório de mercúrio. A operação de enchimento deve ser conduzida em um prato raso para reter quaisquer derramamentos que ocorram. Deve-se adicionar mercúrio suficiente para formar uma coluna de cerca de 20 cm de comprimento. Quando o vácuo é interrompido pela adição de ar, o mercúrio é forçado pela pressão atmosférica até a extremidade do tubo evacuado. O manômetro está, então, pronto para o uso. O estreitamento mostrado na Figura 16.11 ajuda a proteger o manômetro contra a quebra quando a pressão é liberada. Assegure-se de que a coluna de mercúrio é suficientemente longa para passar por este estreitamento.

> **Cuidado:** O mercúrio é um metal muito tóxico, com efeitos cumulativos. Como tem pressão de vapor elevada, ele não deve ser derramado no laboratório. Não deixe que ele toque sua pele. Peça ajuda imediatamente ao professor se ocorrer um derramamento ou se você quebrar um manômetro. Os derramamentos devem ser imediatamente limpos.

Quando se usa uma trompa ou outra fonte de vácuo, pode-se ligar um manômetro ao sistema. Quando a pressão cai, o mercúrio sobe no tubo à direita e cai no tubo à esquerda até Δh, que corresponde à pressão aproximada do sistema (veja a Figura 16.9).

$$\Delta h = (P_{sistema} - P_{braço\ de\ referência}) = (P_{sistema} - 10^{-3}\ \text{mmHg}) \approx P_{sistema}$$

Um pedaço pequeno de uma régua métrica ou um gráfico de papel milimetrado é montado no suporte de madeira para permitir a leitura de Δh. Não é necessário adicionar ou subtrair porque a pressão de referência (criada pela evacuação no início do enchimento) é praticamente zero (10^{-3} mmHg) quando referida a leituras na faixa de 10-50 mmHg. Para determinar a pressão, conte o número de quadrados milimétricos, começando pelo topo da coluna de mercúrio à esquerda e continuando, para baixo, até o topo da coluna de mercúrio, à direita. Esta é a diferença de altura Δh que dá diretamente a pressão do sistema.

A Figura 16.10 mostra uma instrumento comercial que substitui o manômetro de tubo em U. Com este manômetro, a pressão é dada pela diferença entre os níveis de mercúrio nos tubos interno e externo.

Os manômetros aqui descritos podem ser usados em uma faixa de 1-150 mmHg de pressão. Eles são convenientes quando uma trompa d'água é a fonte de vácuo. No caso de sistemas de alto vácuo (pressões abaixo de 1 mmHg), um manômetro mais elaborado ou um instrumento eletrônico de medida deve ser usado. Estes instrumentos não serão discutidos aqui.

16.8 LIGAÇÃO E USO DE UM MANÔMETRO

O uso mais comum de um manômetro de tubo fechado é o acompanhamento da pressão durante uma destilação sob pressão reduzida. O manômetro é colocado no sistema de destilação a vácuo, como na Figura 16.12. Uma trompa d'água é, geralmente, a fonte de vácuo. O manômetro e a aparelhagem devem ser protegidos por um retentor de possíveis refluxos da linha de água. As Figuras 16.3 e 16.4 mostram arranjos alternativos do retentor mostrado na Figura 16.12. Observe que em cada caso o retentor tem um dispositivo (pinça ou torneira) para abrir o sistema à atmosfera. Isto é especialmente importante quando se usa um manômetro porque deve-se mudar sempre as pressões lentamente. Se isto não for feito, há o perigo de espalhar o mercúrio pelo sistema, quebrar o manômetro ou jorrar mercúrio para o laboratório. Se um sistema que usa um manômetro de tubo fechado é aberto repentinamente, o mercúrio corre para a extremidade fechada do tubo em U com tal velocidade e força que pode quebrá-la. O ar deve ser admitido *lentamente*, abrindo-se a válvula com cuidado. De modo semelhante, a válvula deve ser fechada lentamente, ao começar o vácuo, ou o mercúrio pode passar pela extremidade aberta e invadir o sistema.

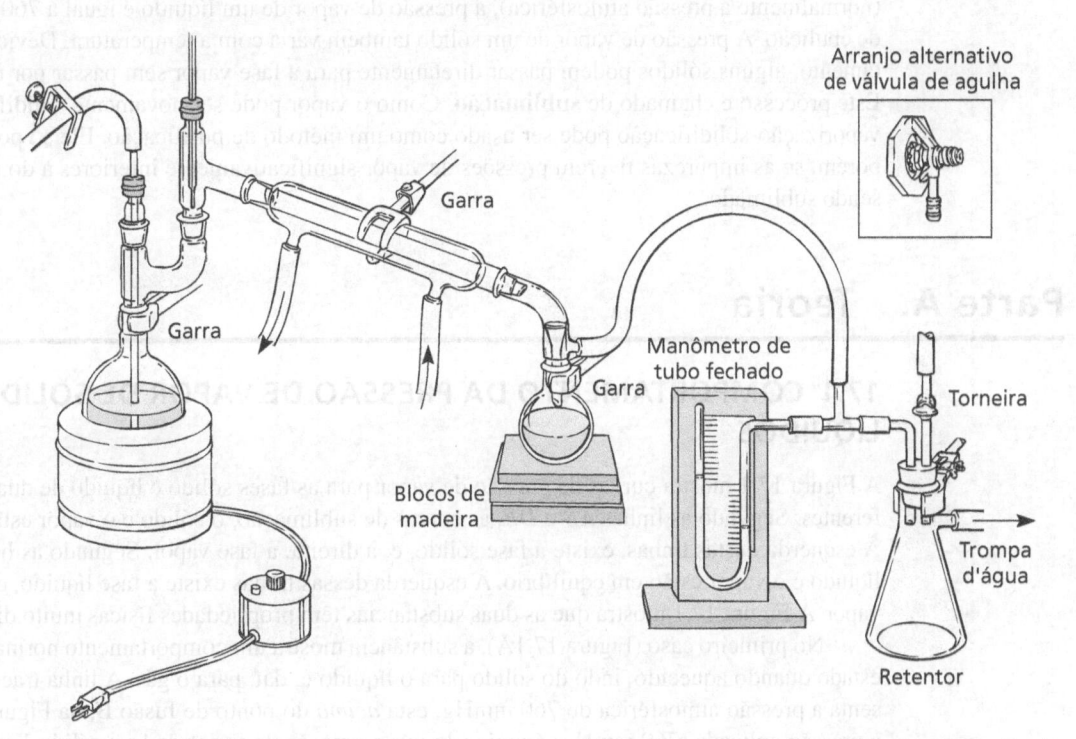

Figura 16.12 Conexão de um manômetro ao sistema. Na montagem de um "sangramento", a válvula de agulha pode substituir a torneira.

Se, em uma destilação sob pressão reduzida, a pressão for inferior ao desejado, pode-se ajustá-la com uma **válvula de sangramento**. A torneira pode cumprir esta função, na Figura 16.12, se for aberta apenas um pouco. Nos sistemas com uma pinça no retentor (Figuras 16.3 e 16.4), remova a pinça e coloque a base de um bico de Bunsen no estilo Tirrill. A válvula de agulha na base do queimador pode ser usada para ajustar a quantidade de ar que é admitida (sangramento) no sistema e controlar a pressão.

PROBLEMAS

1. Dê algumas razões que o levariam a purificar um líquido por destilação a vácuo ao invés de destilação simples.
2. Ao usar uma trompa d'água como fonte de vácuo em uma destilação, você desligaria a trompa antes de equilibrar a pressão do sistema? Explique.

3. Um composto foi destilado à pressão atmosférica e tinha faixa de destilação 310-325°C. Qual seria a faixa de ebulição aproximada deste líquido se fosse destilado a vácuo em 20 mmHg?
4. As pedras de ebulição normalmente não fucionam em uma destilação a vácuo. Que substitutos podem ser usados?
5. Qual é o objetivo de um retentor usado durante uma destilação a vácuo feita com uma trompa d'água?

TÉCNICA 17

Sublimação

Na Técnica 13, vimos a influência da temperatura na variação da pressão de vapor de um líquido (veja a Figura 13.1, página 615). Mostramos que a pressão de vapor de um líquido aumenta com a temperatura. Como a ebulição de um líquido ocorre quando sua pressão de vapor é igual à pressão aplicada (normalmente a pressão atmosférica), a pressão de vapor de um líquido é igual a 760 mmHg no ponto de ebulição. A pressão de vapor de um sólido também varia com a temperatura. Devido a este comportamento, alguns sólidos podem passar diretamente para a fase vapor sem passar por uma fase líquido. Este processo é chamado de **sublimação**. Como o vapor pode ser novamente solidificado, o ciclo de vaporização-solidificação pode ser usado como um método de purificação. Ele só poderá ter sucesso, porém, se as impurezas tiverem pressões de vapor significativamente inferiores à do material que está sendo sublimado.

Parte A. Teoria

17.1 COMPORTAMENTO DA PRESSÃO DE VAPOR DE SÓLIDOS E LÍQUIDOS

A Figura 17.1 mostra curvas de pressão de vapor para as fases sólido e líquido de duas substâncias diferentes. Segundo as linhas *AB* e *DF*, as curvas de sublimação, o sólido e o vapor estão em equilíbrio. À esquerda destas linhas, existe a fase sólido, e, à direita, a fase vapor. Segundo as linhas *BC* e *FG*, o líquido e o vapor estão em equilíbrio. À esquerda dessas linhas existe a fase líquido, e, à direita, a fase vapor. A Figura 17.1 mostra que as duas substâncias têm propriedades físicas muito diferentes.

No primeiro caso (Figura 17.1A), a substância mostra um comportamento normal da mudança de estado quando aquecido, indo do sólido para o líquido e, daí, para o gás. A linha tracejada, que representa a pressão atmosférica de 760 mmHg, está *acima* do ponto de fusão B, na Figura 17.1A. Assim, a pressão aplicada (760 mmHg) é *maior* do que a pressão de vapor da fase sólido-líquido no ponto de fusão. Começando em *A*, quando a temperatura do sólido aumenta, a pressão de vapor aumenta ao longo de *AB* até que o sólido começa a fundir em *B*. Em *B*, a pressão de vapor do sólido e do líquido é a mesma. Quando a temperatura recomeça a subir, a pressão de vapor cresce ao longo de *BC* até o líquido ferver em *C*. Esta é a descrição do comportamento "normal" esperado para uma substância sólida. Os três estados (sólido, líquido e gás) são observados em seqüência durante a mudança de temperatura.

No segundo caso (Figura 17.1B), a substância produz pressão de vapor suficiente para se vaporizar completamente em uma temperatura inferior ao ponto de fusão. A substância mostra apenas uma transição sólido-gás. A linha tracejada está, agora, abaixo do ponto de fusão *F* dessa substância. Assim, a pressão aplicada (760 mmHg) é *inferior* à pressão de vapor da fase sólido-líquido no ponto de fusão. Começando em *D*, a pressão de vapor do sólido aumenta com a temperatura ao longo da linha *DF*. A pressão de vapor do sólido, entretanto, atinge a pressão atmosférica (ponto *E*) antes de atingir o ponto de fusão *F*. Não se observa a fusão desta substância na pressão atmosférica. Para que um ponto de fusão seja alcançado e se possa observar o comportamento ao longo da linha *FG*, é preciso aplicar uma pressão superior à do vapor da substância no ponto *F*. Isto poderia ser feito em uma aparelhagem selada de pressão.

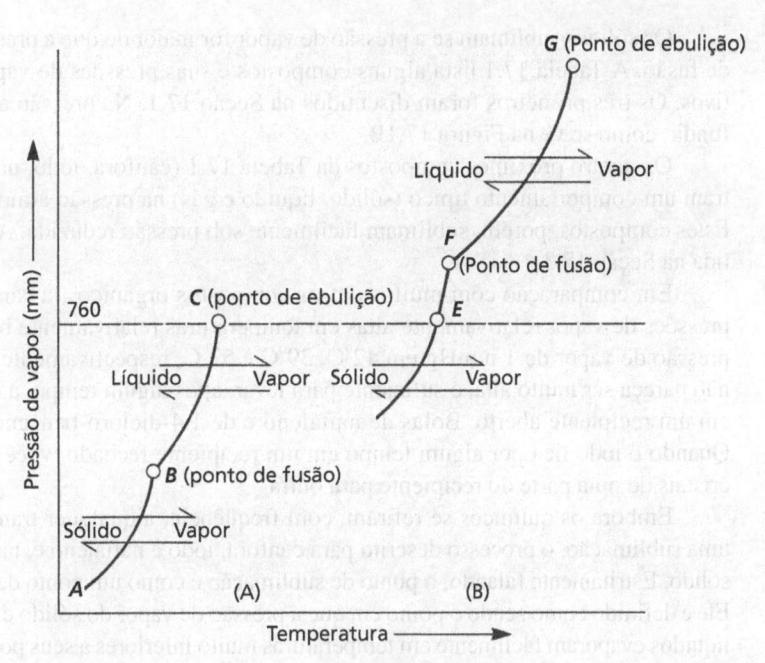

Figura 17.1 Curvas de pressão de vapor de sólidos e líquidos. (A) Esta substância mostra transições normais sólido-líquido-gás na pressão de 760 mmHg. (B) Esta substância mostra uma transição sólido-gás na pressão de 760 mmHg.

O comportamento de sublimação descrito é relativamente raro para substâncias na pressão atmosférica. A Tabela 17.1 lista vários compostos – dióxido de carbono, perfluoro-ciclo-hexano e hexacloro-etano – que têm este comportamento. Note que estes compostos têm pressão de vapor *acima* de 760 mmHg em seus pontos de fusão. Em outras palavras, suas pressões de vapor atingem 760 mmHg abaixo dos pontos de fusão e sublimam, não fundem. Qualquer um que tentar determinar o ponto de fusão do hexacloro-etano na pressão atmosférica verá o vapor escapando pela extremidade do tubo de ponto de fusão! Usando um capilar selado, você observará o ponto de fusão em 186°C.

TABELA 17.1 Pressão de vapor de sólidos em seus pontos de fusão

Composto	Pressão de Vapor do Sólido no PF (mmHg)	Ponto de Fusão (°C)
Dióxido de carbono	3.876 (5,1 atm)	57
Perfluoro-ciclo-hexano	950	59
Hexacloro-etano	780	186
Cânfora	370	179
Iodo	90	114
Naftaleno	7	80
Ácido benzóico	6	122
p-Nitro-benzaldeído	0,009	106

17.2 COMPORTAMENTO DE SUBLIMAÇÃO DE SÓLIDOS

A sublimação é, usualmente, uma propriedade de substâncias relativamente apolares com estruturas muito simétricas. Compostos simétricos têm pontos de fusão e pressões de vapor relativamente altos. A facilidade com a qual uma substância pode escapar do estado sólido é determinada pelas forças intermoleculares. Estruturas moleculares simétricas têm uma distribuição relativamente uniforme da densidade eletrônica e um momento de dipolo pequeno e, em conseqüência, forças atrativas mais fracas no cristal.

Os sólidos sublimam se a pressão de vapor for maior do que a pressão atmosférica em seus pontos de fusão. A Tabela 17.1 lista alguns compostos e suas pressões de vapor nos pontos de fusão respectivos. Os três primeiros foram discutidos na Seção 17.1. Na pressão atmosférica, eles sublimam sem fundir, como se vê na Figura 17.1B.

Os quatro próximos compostos da Tabela 17.1 (cânfora, iodo, naftaleno e ácido benzóico) mostram um comportamento típico (sólido, líquido e gás) na pressão atmosférica, como na Figura 17.1A. Estes compostos, porém, sublimam facilmente sob pressão reduzida. A sublimação sob vácuo é discutida na Seção 17.3.

Em comparação com muitos outros compostos orgânicos, a cânfora, o iodo e o naftaleno têm pressões de vapor relativamente altas em temperaturas relativamente baixas. Eles têm, por exemplo, a pressão de vapor de 1 mmHg em 42°C, 39°C e 53°C, respectivamente. Embora esta pressão de vapor não pareça ser muito alta, é suficiente para levar, após algum tempo, à **evaporação** do sólido colocado em um recipiente aberto. Bolas de naftaleno e de 1,4-dicloro-benzeno comportam-se desta maneira. Quando o iodo fica por algum tempo em um recipiente fechado, você pode observar o movimento de cristais de uma parte do recipiente para outra.

Embora os químicos se refiram, com freqüência, a qualquer transição sólido-vapor como sendo uma sublimação, o processo descrito para cânfora, iodo e naftaleno é, na realidade, a **evaporação** de um sólido. Estritamente falando, o ponto de sublimação é como um ponto de fusão ou um ponto de ebulição. Ele é definido como sendo o ponto em que a pressão de vapor do sólido é *igual* à pressão aplicada. Muitos líquidos evaporam facilmente em temperaturas muito inferiores a seus pontos de ebulição. É muito menos comum, porém, que sólidos evaporem. Os sólidos que sublimam com facilidade (evaporam) devem ser guardados em recipientes selados. Quando o ponto de fusão de um destes sólidos está sendo determinado, uma parte pode sublimar e depositar-se na extremidade aberta do tubo de ponto de fusão enquanto o resto da amostra funde. Para resolver o problema da sublimação, basta selar o tubo capilar ou determinar rapidamente o ponto de fusão. É possível usar a sublimação, para purificar uma substância. A cânfora, por exemplo, sublima na pressão atmosférica um pouco abaixo de seu ponto de fusão, em 175°C. Nesta temperatura, a pressão de vapor da cânfora é 320 mmHg. O vapor se solidifica em uma superfície fria.

17.3 SUBLIMAÇÃO SOB VÁCUO

Muitos compostos orgânicos sublimam sob pressão reduzida. Quando a pressão de vapor do sólido se iguala à pressão aplicada, ocorre sublimação, e o comportamento é idêntico ao mostrado na Figura 17.1B. A fase sólido passa diretamente à fase vapor. Pelos dados da Tabela 17.1, deve-se esperar que a cânfora, o naftaleno e o ácido benzóico sublimem nas pressões de 370 mmHg, 7 mmHg e 6 mmHg, respectivamente, ou abaixo. Em princípio, você poderia sublimar o *p*-nitro-benzaldeído (o último, na tabela), mas não seria prático devido à pressão muito baixa necessária.

17.4 VANTAGENS DA SUBLIMAÇÃO

Uma vantagem da sublimação é que não se usa solvente, que, portanto, não precisa ser retirado depois. A sublimação também remove material ocluído, como moléculas de solvente, da substância sublimada. A cafeína, por exemplo, que sublima em 178°C e funde em 236°C, absorve água da atmosfera gradualmente para formar um hidrato. Durante a sublimação, esta água se perde e obtém-se a cafeína anidra. Se muito solvente estiver presente em uma amostra que está sendo sublimada, porém, em vez de se perder, ela condensa na superfície fria e interfere na sublimação.

A sublimação é um método mais rápido de purificação do que a cristalização, mas não é tão seletiva. Pressões de vapor semelhantes são, com freqüência, um fator a considerar com sólidos que sublimam e, conseqüentemente, pouca separação pode ser obtida. Por esta razão, os sólidos são purificados de preferência por cristalização. A sublimação é mais efetiva na remoção de substâncias voláteis de um composto não-volátil, particularmente um sal ou outro material inorgânico. A sublimação também é efetiva na remoção de moléculas bicíclicas voláteis ou de outras moléculas voláteis de outros produtos de reação menos voláteis. Exemplos de compostos bicíclicos voláteis são borneol, cânfora e isoborneol.

Borneol   Cânfora   Isoborneol

Parte B. Sublimação em escalas grande e pequena

17.5 SUBLIMAÇÃO – MÉTODOS

A sublimação pode ser usada para purificar sólidos. O sólido é aquecido até que a pressão de vapor cresça o suficiente para que ele vaporize e se condense como um sólido em uma superfície fria próxima e acima. A Figura 17.2 ilustra três tipos de aparelhagens. Como todas as partes se ajustam com segurança, todas são capazes de manter o vácuo. Os químicos fazem usualmente sublimações sob vácuo porque a maior parte dos sólidos só dá transições sólido-gás a pressões baixas. A redução da pressão também ajuda a impedir a decomposição térmica de substâncias que sublimam em altas temperaturas e a pressões ordinárias. Liga-se um pedaço de tubo de pressão à aparelhagem, e o outro extremo, a uma trompa d'água, ao sistema de vácuo do laboratório ou a uma bomba de vácuo.

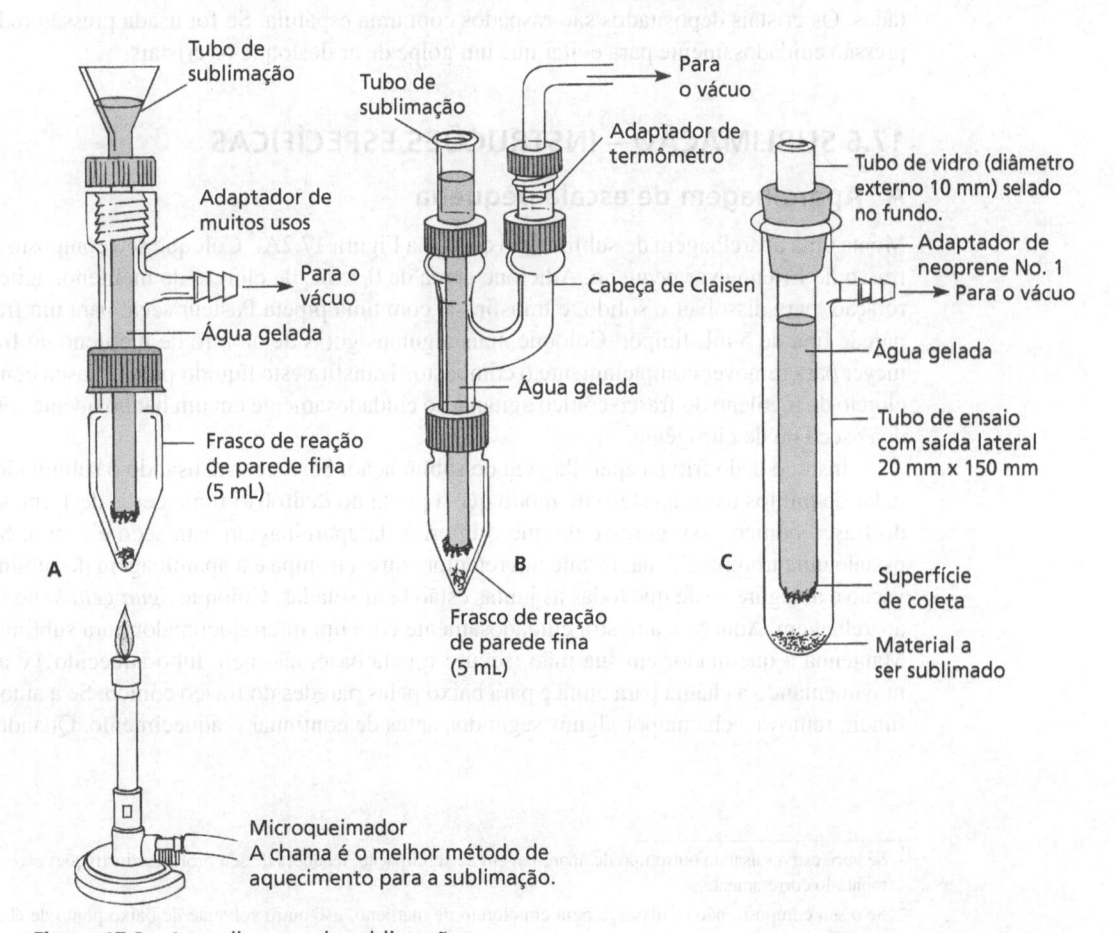

Figura 17.2 Aparelhagens de sublimação.

A sublimação é melhor feita com uma das aparelhagens de escala pequena mostradas nas Figuras 17.2A e B. Recomenda-se que o professor deixe à disposição um aparelho de um tipo ou de outro para uso de todos os alunos. As aparelhagens mostradas têm um tubo central (fechado em uma das extremidades) cheio de água gelada, que serve como superfície de condensação. O tubo fica cheio com lascas de gelo e um mínimo de água. Se a água de resfriamento se aquecer antes da sublimação terminar, deve-se usar uma pipeta Pasteur para removê-la. O tubo deve ser reabastecido com água gelada. A água aquecida não é desejável porque a condensação do vapor não será tão eficiente como na superfície fria. O resultado seria uma perda grande no rendimento de sólido.

A aparelhagem da Figura 17.2C pode ser construída com um tubo de ensaio com saída lateral, um adaptador de neoprene e um pedaço de tubo de vidro selado em uma das extremidades. Pode-se usar, alternativamente, um tubo de ensaio de 15 mm por 125 mm. O tubo de ensaio é inserido em um adaptador de neoprene No. 1 usando um pouco de água como lubrificante. Todas as peças devem se ajustar seguramente para dar um bom vácuo e para evitar a entrada de água no tubo de ensaio com saída lateral que está em volta do adaptador de borracha. Para obter um selo adequado, pode ser necessário flambar ligeiramente o tubo de ensaio com saída lateral.

A chama é a forma preferida de aquecimento porque a sublimação ocorre mais rapidamente do que com outros modos de aquecimento. Segure o queimador pela base fria (nunca pelo tubo quente!) e mova a chama para cima e para baixo da parede do tubo externo para remover sólidos formados e empurrá-los para o tubo frio, no centro. Quando usar a aparelhagem das Figuras 17.2A e B e uma chama, será necessário usar um frasco de parede fina. O frasco de parede grossa pode quebrar quando for aquecido com uma chama.

Lembre-se de que, ao fazer uma sublimação, é importante manter a temperatura abaixo do ponto de fusão do sólido. Após a sublimação, o material coletado na superfície fria é recuperado por remoção do tubo central (dedo frio). Tenha cuidado na remoção deste tubo para evitar deslocar os cristais coletados. Os cristais depositados são raspados com uma espátula. Se foi usada pressão reduzida, libere a pressão cuidadosamente para evitar que um golpe de ar desloque os cristais.

17.6 SUBLIMAÇÃO – INSTRUÇÕES ESPECÍFICAS

A. Aparelhagem de escala pequena

Monte uma aparelhagem de sublimação como na Figura 17.2A.[1] Coloque seu composto impuro em um frasco de Erlenmeyer pequeno. Adicione cerca de 0,5 mL de cloreto de metileno, agite a solução por rotação, para dissolver o sólido, e transfira-a, com uma pipeta Pasteur seca, para um frasco cônico de parede fina de 5 mL limpo.[2] Coloque mais algumas gotas de cloreto de metileno no frasco de Erlenmeyer para remover completamente o composto. Transfira este líquido para o frasco cônico. Evapore o cloreto de metileno do frasco cônico agitando-o cuidadosamente em um banho quente sob uma corrente de ar seco ou de nitrogênio.

Insira o dedo frio na aparelhagem de sublimação. Se você está usando o sublimador com o adaptador de muitos usos, ajuste-o de modo que a ponta do dedo frio fique cerca de 1 cm acima do fundo do frasco cônico. Assegure-se de que o interior da aparelhagem está seco e limpo. Se você estiver usando uma trompa d'água, instale um retentor entre a trompa e a aparelhagem de sublimação. Ligue o vácuo e assegure-se de que todas as juntas estão bem-seladas. Coloque *água gelada* no tubo interno da aparelhagem. Aqueça a amostra cuidadosamente com um microqueimador para sublimar o composto. Mantenha o queimador em sua mão (segure-o pela base, não pelo tubo aquecido!) e aplique o calor movimentando a chama para cima e para baixo pelas paredes do frasco cônico. Se a amostra começar a fundir, remova a chama por alguns segundos antes de continuar o aquecimento. Quando a sublimação

---

[1] Se você estiver usando outro tipo de aparelhagem de sublimação, receberá de seu professor instruções específicas sobre como montá-lo corretamente.

[2] Se o seu composto não se dissolve bem em cloreto de metileno, use outro solvente de baixo ponto de ebulição apropriado, como éter, acetona ou pentano.

estiver completa, continue o aquecimento. Remova a água fria e o gelo restante no tubo interno e deixe a aparelhagem esfriar. Mantenha o vácuo.

Quando a aparelhagem estiver na temperatura normal, abra lentamente o vácuo e remova *cuidadosamente* o tubo interno. Se você for descuidado, os cristais sublimados podem ser deslocados e cair no frasco cônico. Raspe o composto sublimado para um pedaço de papel liso, de peso conhecido, e determine o peso do composto recuperado.

B. Aparelhagem do tubo de ensaio com saída lateral

Monte uma aparelhagem de sublimação como na Figura 17.2C. Insira um tubo de ensaio de 15 mm por 125 mm em um adaptador de neoprene usando um *pouco* de água como lubrificante até a inserção completa. Coloque o composto impuro em um tubo de ensaio de 20 mm por 150 mm e o insira no tubo de ensaio com saída lateral, assegurando-se de que eles se ajustam firmemente. Ligue a trompa d'água ou o vácuo do laboratório até obter um bom selo. Quando isto acontecer, você poderá ouvir ou observar uma mudança da velocidade da água da trompa. Faça com que o tubo central fique no centro do tubo de ensaio com saída lateral. Isto permitirá a melhor coleta do composto purificado. Quando o sistema estiver sob vácuo, coloque pequenas lascas de gelo no tubo de ensaio até preenchê-lo.[3] Após ter obtido um bom vácuo e ter adicionado o gelo, aqueça a amostra cuidadosamente, com um microqueimador, para sublimar o composto. Mantenha o queimador em sua mão (segure-o pela base, não pelo tubo aquecido!) e aplique o calor movimentando a chama para cima e para baixo pelas paredes do tubo. Se a amostra começar a fundir, remova a chama por alguns segundos antes de continuar o aquecimento. Quando a sublimação estiver completa, remova o queimador e deixe a aparelhagem esfriar. Enquanto a aparelhagem estiver esfriando, e antes de desligar o vácuo, remova a água e o gelo do tubo interno com uma pipeta Pasteur.

Quando a aparelhagem estiver fria e a água tiver sido removida do tubo, você pode desligar o vácuo. Equalize a pressão cuidadosamente para evitar deslocar os cristais do tubo interno por um golpe de ar na aparelhagem. Remova *cuidadosamente* o tubo central da aparelhagem de destilação. Se você for descuidado, os cristais podem ser deslocados e cair sobre o resíduo. Raspe, com uma pequena espátula, o composto sublimado para um pedaço de papel liso, de peso conhecido, e determine o peso do composto recuperado.

PROBLEMAS

1. Por que o dióxido de carbono sólido é chamado de gelo seco? Como seu comportamento difere do da água sólida?
2. Sob que condições você pode ter dióxido de carbono *líquido*?
3. Uma substância sólida tem pressão de vapor de 800 mmHg no ponto de fusão (80°C). Descreva como o sólido se comporta quando a temperatura se eleva da temperatura normal até 80°C e a pressão atmosférica é mantida constante em 760 mmHg.
4. Uma substância sólida tem pressão de vapor de 100 mmHg no ponto de fusão (100°C). Imaginando que a pressão atmosférica seja igual a 760 mmHg, descreva o comportamento deste sólido quando a temperatura se eleva da temperatura normal até o ponto de fusão.
5. Uma substância tem pressão de vapor de 50 mmHg no ponto de fusão (100°C). Descreva o que você faria, experimentalmente, para sublimar esta substância.

---

[3] É muito importante não colocar gelo no tubo interno até que o vácuo esteja estabelecido. Se o gelo for colocado antes de obter um bom vácuo, a condensação nas paredes externas do tubo interno contaminarão o composto sublimado.

TÉCNICA 18
Destilação com Vapor

As destilações simples, fracionada e a vácuo, descritas nas Técnicas 14, 15 e 16, se aplicam somente a misturas completamente solúveis (miscíveis). Quando os líquidos não são solúveis um no outro (imiscíveis), eles também podem ser destilados, mas o resultado é um pouco diferente. Uma mistura de líquidos imiscíveis ferve em temperatura mais baixa do que os pontos de ebulição dos componentes puros. Quando o vapor d'água é uma das fases imiscíveis, o processo é chamado de **destilação com vapor**. A vantagem desta técnica é que o material desejado destila em uma temperatura inferior a 100°C. Assim, se substâncias instáveis ou de ponto de ebulição muito alto têm de ser removidas de uma mistura, evita-se a decomposição. Como todos os gases se misturam, as duas substâncias podem se misturar no vapor e co-destilar. Quando o destilado resfria, o componente desejado, que não é miscível, se separa da água. A destilação com vapor é muito usada para isolar líquidos de fontes naturais. Ela também é usada na remoção de um produto de uma mistura de reação alcatroada.

Parte A. Teoria

18.1 DIFERENÇAS ENTRE A DESTILAÇÃO DE MISTURAS MISCÍVEIS E IMISCÍVEIS

$$\text{Líquidos miscíveis} \quad P_{\text{Total}} = P_A^0 N_A + P_B^0 N_B \tag{1}$$

Dois líquidos A e B, solúveis um no outro (miscíveis) e que não interagem, formam uma solução ideal e seguem a Lei de Raoult, como se vê na equação 1. Observe que as pressões de vapor dos líquidos puros P_A^0 e P_B^0, não se adicionam para dar a pressão total P_{Total}. Elas são reduzidas pelas frações molares respectivas, N_A e N_B. A pressão total do vapor em equilíbrio com uma mistura solúvel ou homogênea depende de P_A^0 e P_B^0 e também de N_A e N_B. Logo, a composição do vapor depende das pressões de vapor e *também* das frações molares de cada componente.

$$\text{Líquidos imiscíveis} \quad P_{\text{Total}} = P_A^0 + P_B^0 \tag{2}$$

Quando dois líquidos insolúveis um no outro (imiscíveis) formam uma mistura heterogênea, entretanto, cada um exerce sua pressão de vapor, independentemente do outro, como se vê na equação 2. As frações molares não aparecem nesta equação porque os compostos não são miscíveis. Você adiciona as pressões de vapor dos líquidos puros P_A^0 e P_B^0, em uma dada temperatura e obtém a pressão total sobre a mistura. Quando a pressão total se iguala a 760 mm, a mistura ferve. A composição do vapor de uma mistura imiscível, ao contrário da de uma mistura miscível, é determinada somente pelas pressões de vapor das duas substâncias que co-destilam. A equação 3 define a composição do vapor de uma mistura imiscível. Cálculos envolvendo esta equação são dados na Seção 18.2.

$$\frac{\text{Moles A}}{\text{Moles B}} = \frac{P_A^0}{P_B^0} \tag{3}$$

Uma mistura de dois líquidos imiscíveis ferve em uma temperatura inferior à de cada componente puro. A explicação para este comportamento é semelhante à dada para os azeótropos de ponto de ebulição mínimo (Técnica 15, Seção 15.7). Líquidos imiscíveis se comportam dessa maneira porque uma incompatibilidade extrema entre os dois líquidos leva a pressões de vapor combinadas superiores ao que a Lei de Raoult prevê. As pressões de vapor combinadas mais altas causam um ponto de ebulição menor para a mistura do que para cada componente separadamente. Assim, você pode pensar que a destilação com vapor é um tipo especial de destilação de azeótropo em que a substância é completamente insolúvel em água.

A Figura 18.1 ilustra as diferenças de comportamento de líquidos miscíveis e imiscíveis em que se assume que P_A^0 é igual a P_B^0. Note que, no caso de líquidos miscíveis, a composição do vapor depende das quantidades relativas de A e B presentes (Figura 18.1A). Portanto, a composição do vapor tem de mudar durante a destilação. No caso de líquidos imiscíveis, ao contrário, a composição de vapor é independente das quantidades de A e B presentes (Figura 18.1B). Logo, a composição do vapor permanece *constante* durante a destilação, como predito pela equação 3. Os líquidos imiscíveis agem como se estivessem sendo destilados simultaneamente de compartimentos separados, como representado na Figura 18.1B, mesmo se, na prática, eles se "misturam" durante a destilação de vapor. Como todos os gases se misturam, eles dão origem a um vapor homogêneo e co-destilam.

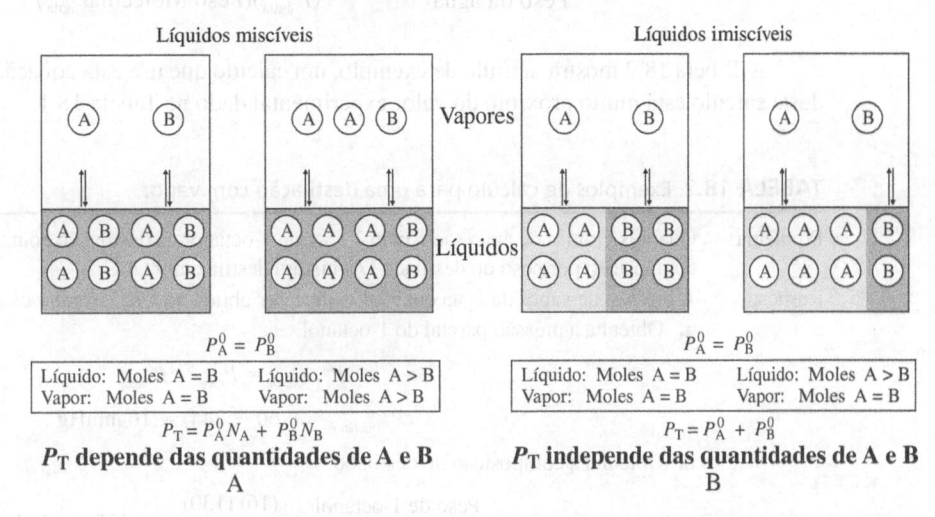

Figura 18.1 Comportamento da pressão total de líquidos miscíveis e imiscíveis. (A) Líquidos miscíveis ideais seguem a Lei de Raoult: P_T depende das frações molares e das pressões de vapor de A e B. (B) Líquidos imiscíveis não seguem a Lei de Raoult: P_T só depende das pressões de vapor de A e B.

18.2 MISTURAS IMISCÍVEIS: CÁLCULOS

A composição do destilado e o ponto de ebulição da mistura são constantes durante a destilação com vapor. Os pontos de ebulição das misturas na destilação com vapor são sempre inferiores ao ponto de ebulição da água (pe 100°C) e ao ponto de ebulição de qualquer outra substância sendo destilada. A Tabela 18.1 lista alguns pontos de ebulição e composições de destilados com vapor. Note que quanto mais alto for o ponto de ebulição de uma substância pura, mais a temperatura do destilado se aproxima de 100°C, sem nunca exceder este valor. Esta temperatura é razoavelmente baixa e evita a decomposição que poderia ocorrer nas temperaturas mais elevadas usadas na destilação simples.

TABELA 18.1 Pontos de ebulição e composições de destilados com vapor

Mistura	Ponto de ebulição de substâncias puras (°C)	Ponto de ebulição da mistura (°C)	Composição (% de água)
Benzeno-água	80,1	69,4	8,9%
Tolueno-água	110,6	85,0	20,2%
Hexano-água	69,0	61,6	5,6%
Heptano-água	98,4	79,2	12,9%
Octano-água	125,7	89,6	25,5%
Nonano-água	150,8	95,0	39,8%
1-Octanol-água	195,0	99,4	90,0%

No caso de líquidos imiscíveis, a proporção molar de dois componentes em um destilado é igual à razão de suas pressões de vapor na mistura em ebulição, como se vê na equação 3. Quando se reescreve a equação 3 para uma mistura imiscível que envolve a água, obtém-se a equação 4, que, por sua vez, pode ser modificada por substituição da relação moles = (peso/peso molecular) para dar a equação 5.

$$\frac{\text{Moles da substância}}{\text{Moles de água}} = \frac{P^0_{\text{substância}}}{P^0_{\text{água}}} \quad (4)$$

$$\frac{\text{Peso da substância}}{\text{Peso da água}} = \frac{(P^0_{\text{substância}})(\text{Peso Molecular}_{\text{substância}})}{(P^0_{\text{água}})(\text{Peso Molecular}_{\text{água}})} \quad (5)$$

A Tabela 18.2 mostra, a título de exemplo, um cálculo que usa esta equação. Note que o resultado deste cálculo está muito próximo do valor experimental dado na Tabela 18.1.

TABELA 18.2 Exemplos de cálculo para uma destilação com vapor

Problema	Quantos gramas de água saem com 1,55 g de 1-octanol na destilação com vapor? Qual será a composição por peso do destilado? A mistura destila em 99,4°C.
Resposta	A pressão de vapor da água em 99,4°C deve ser obtida no *CRC Handbook* (= 744 mmHg).

a. Obtenha a pressão parcial do 1-octanol.

$$P°_{\text{1-octanol}} = P_{\text{total}} - P°_{\text{água}}$$

$$P°_{\text{1-octanol}} = (760 - 744) = 16 \text{ mmHg}$$

b. Obtenha a composição do destilado.

$$\frac{\text{Peso de 1-octanol}}{\text{Peso da água}} = \frac{(16)(130)}{(744)(18)} = 0{,}155 \text{ g/g de água}$$

c. Claramente, 10 g de água devem ser destilados.

$$(0{,}155 \text{ g/g de água})(10 \text{ g de água}) = 1{,}55 \text{ g de 1-octanol}$$

d. Calcule as percentagens em peso.

$$\text{1-octanol} = 1{,}55 \text{ g}/(10 \text{ g} + 1{,}55 \text{ g}) = 13{,}4\%$$

$$\text{água} = 10 \text{ g}/(10\text{g} + 1{,}55 \text{ g}) = 86{,}6\%$$

Parte B. Destilação em escala grande

18.3 DESTILAÇÃO COM VAPOR – MÉTODOS DE ESCALA GRANDE

Dois métodos de destilação com vapor têm uso geral no laboratório: o método direto e o método indireto. No primeiro, o vapor é gerado *in situ* por aquecimento de um balão de destilação que contém o composto e água. No segundo, o vapor é gerado fora e passa pelo balão de destilação por um tubo de entrada.

A. Método direto

A Figura 18.2 ilustra uma destilação com vapor em escala grande pelo método direto. Embora possa-se usar uma manta de aquecimento, é melhor usar a chama porque um grande volume de água deve ser aquecido rapidamente. Use uma pedra de ebulição para evitar solavancos. O funil de separação permite a adição de água durante a destilação.

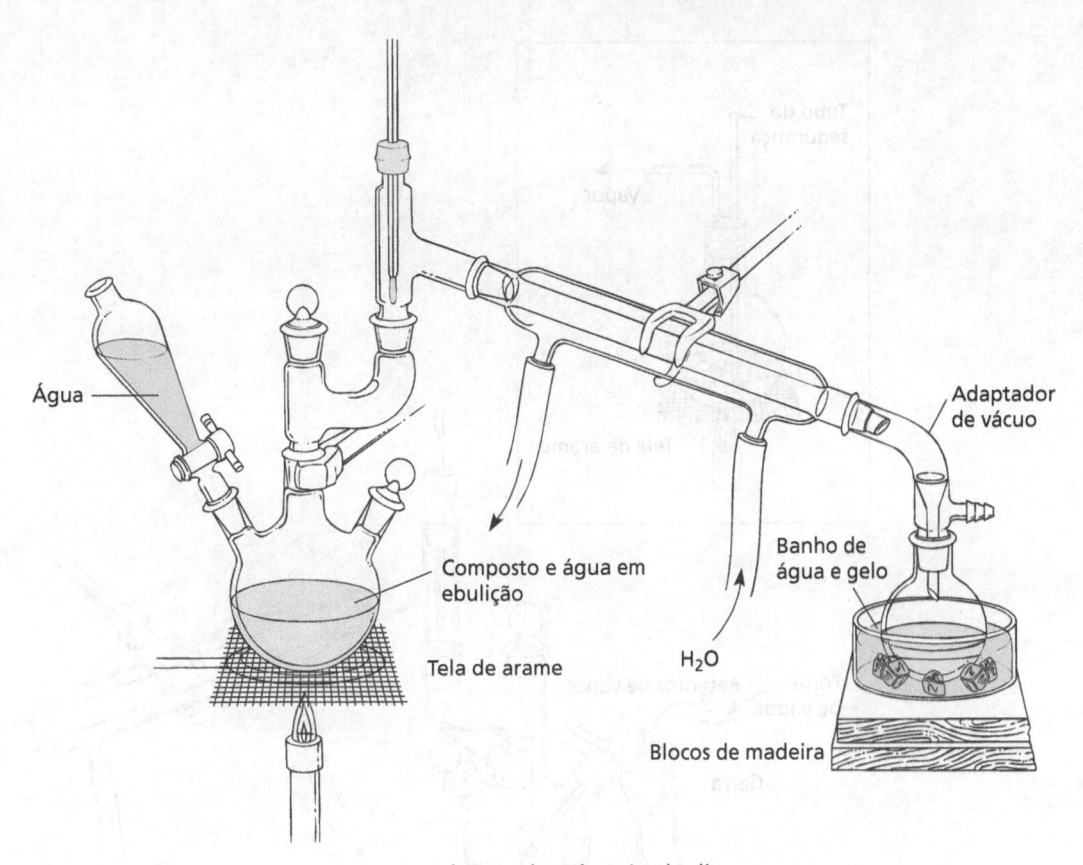

Figura 18.2 Destilação com vapor em escala grande pelo método direto.

O destilado é coletado enquanto estiver turvo ou branco leitoso. A turbidez indica que um líquido imiscível está se separando. O destilado estar límpido usualmente significa que só a água está destilando. Entretanto, em alguns casos o destilado nunca fica turvo, mesmo quando o material está co-destilando. Observe com cuidado para ter certeza de que o destilado coletado é suficiente para conter todo o material orgânico.

B. Método indireto

A Figura 18.3 ilustra uma destilação com vapor em escala grande pelo método indireto. Se o laboratório dispõe de linhas de vapor, elas devem ser ligadas diretamente ao retentor de vapor (purgue-o, antes, para retirar a água). Se o laboratório não dispõe de linhas de vapor, é necessário montar um gerador de vapor (veja o destaque). O gerador é normalmente aquecido com uma chama para produzir vapor na velocidade necessária para manter a destilação. Deixe aberta a pinça colocada embaixo do retentor de vapor ao começar a destilação. As linhas de vapor retêm, sempre, uma grande quantidade de água, que só cessa quando elas estiverem bem-aquecidas. Quando as linhas estiverem quentes, e a condensação de vapor cessar, a pinça pode ser fechada. A pinça terá de ser aberta, ocasionalmente, para remover a água condensada. Neste método, o vapor agita a mistura quando entra no fundo do balão, e um agitador ou pedra de ebulição não são necessários.

> **Cuidado:** O vapor quente pode produzir queimaduras muito severas.

Ajuda, às vezes, aquecer o balão de destilação de três bocas com uma manta (ou chama) para evitar muita condensação de vapor no balão. O vapor deve entrar no balão uma velocidade tal que você veja

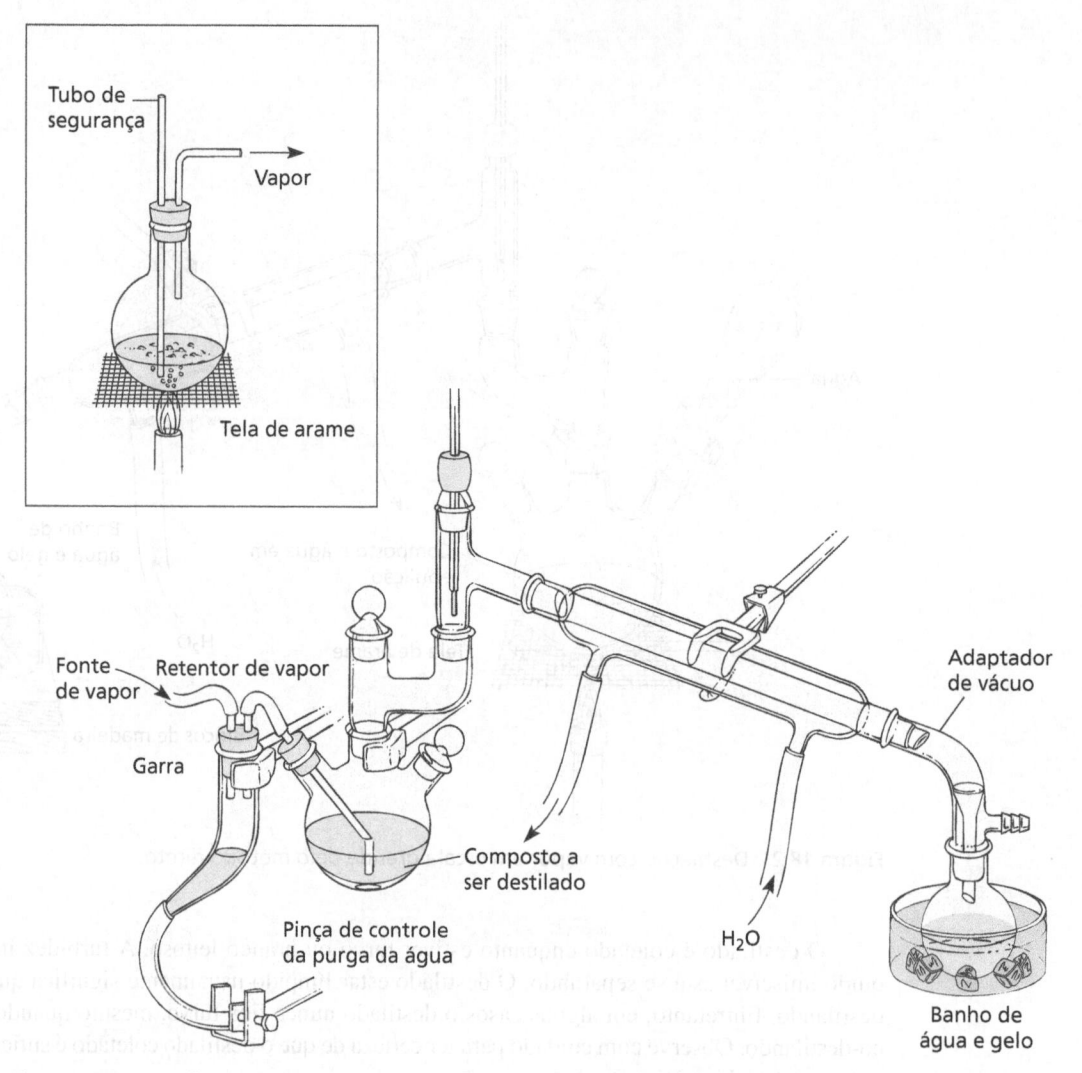

Figura 18.3 Destilação com vapor em escala grande pelo método indireto.

o destilado condensando como um fluido branco leitoso no condensador. Os vapores que co-destilam separam-se ao se resfriar e produzem este efeito. Quando o condensado ficar límpido, a destilação estará acabando. O fluxo de água de resfriamento pelo condensador deve ser mais rápido do que em outros tipos de destilação para ajudar a esfriar os vapores. Assegure-se de que o adaptador de vácuo esteja frio ao toque. Um banho de água e gelo pode ser usado para esfriar o frasco coletor, se desejado. Antes de interromper a destilação, abra a pinça do retentor de vapor e remova o tubo de entrada do vapor ligado ao balão de três bocas. Se isto não for feito, o líquido refluirá para o tubo e para o retentor de vapor.

Parte C. Destilação em escala pequena

18.4 DESTILAÇÃO COM VAPOR – MÉTODOS DE ESCALA PEQUENA

O método direto de destilação com vapor é o único aplicável aos experimentos em escala pequena. O vapor é produzido no frasco cônico ou no balão de destilação (*in situ*) pelo aquecimento da água até o ponto de ebulição na presença do composto a ser destilado. Este método funciona bem para pequenas quantidades de materiais. A Figura 18.4 mostra uma aparelhagem de destilação com vapor em escala pequena. Água e o composto a ser destilado são colocados no frasco e são aquecidos. Usa-se uma barra de agitação ou uma pedra de aquecimento para evitar solavancos. Os vapores da água e do composto desejado co-destilam quando aquecidos, condensam-se na cabeça de Hickman e são coletados. Quando a cabeça de Hickman se enche, o destilado é removido com uma pipeta Pasteur e colocado em outro frasco para ser tratado adiante. Em um experimento típico de escala pequena, será necessário encher o poço e retirar o destilado três ou quatro vezes. Todas as frações são colocadas no mesmo recipiente. A eficiência da coleta do destilado pode ser, às vezes, melhorada se as paredes internas da cabeça de Hickman são lavadas várias vezes para o poço. Usa-se, para isto, uma pipeta Pasteur. O destilado é retirado do poço e usado para lavar as paredes da cabeça de Hickman até a parte de cima. Depois desta operação, com o poço cheio, retira-se o destilado, que é transferido para o recipiente de coleta. Pode ser necessário adicionar água durante a destilação. A água adicional é colocada (remova o condensador, se estiver sendo usado) pelo centro da cabeça de Hickman com a ajuda de uma pipeta Pasteur.

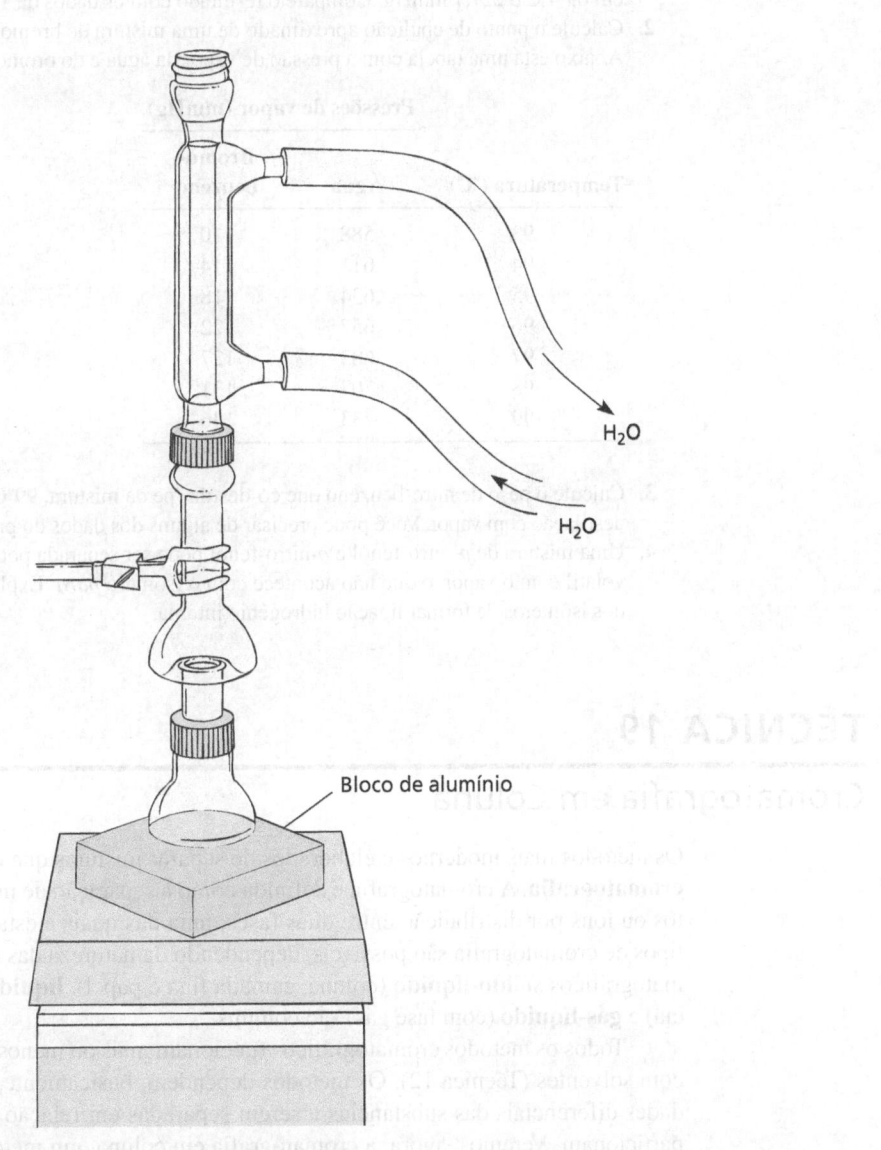

Figura 18.4 Destilação com vapor em escala pequena.

Parte D. Destilação em escala semimicro

18.5 DESTILAÇÃO COM VAPOR – MÉTODOS DE ESCALA SEMIMICRO

Pode-se usar, também, a aparelhagem da Figura 14.5, página 629, para fazer uma destilação com vapor em escala pequena ou ligeiramente maior. Esta aparelhagem evita a necessidade de remover o destilado coletado durante a destilação, como acontece quando uma cabeça de Hickman é usada.

PROBLEMAS

1. Calcule o peso de benzeno co-destilado com cada grama de água e a composição percentual do vapor produzido durante uma destilação com vapor. O ponto de ebulição da mistura é 69,4°C. A pressão de vapor da água em 69,4°C é 227,7 mmHg. Compare o resultado com os dados da Tabela 18.1.
2. Calcule o ponto de ebulição aproximado de uma mistura de bromo-benzeno e água na pressão atmosférica. Abaixo está uma tabela com a pressão de vapor da água e do bromo-benzeno em várias temperaturas.

	Pressões de vapor (mmHg)	
Temperatura (°C)	Água	Bromo-benzeno
93	588	110
94	611	114
95	634	118
96	657	122
97	682	127
98	707	131
99	733	136

3. Calcule o peso de nitro-benzeno que co-destila (pe da mistura, 99°C) com cada grama de água durante uma destilação com vapor. Você pode precisar de alguns dos dados do problema 2.
4. Uma mistura de *p*-nitro-fenol e *o*-nitro-fenol pode ser separada por destilação com vapor. O *o*-nitro-fenol é volátil com o vapor, o que não acontece com o isômero *para*. Explique. Baseie sua resposta na capacidade dos isômeros de formar ligação hidrogênio interna.

TÉCNICA 19

Cromatografia em Coluna

Os métodos mais modernos e elaborados de separar misturas que os químicos podem usar envolvem a **cromatografia**. A cromatografia é definida como a separação de uma mistura de dois ou mais compostos ou íons por distribuição entre duas fases, uma das quais é estacionária, e a outra, se move. Vários tipos de cromatografia são possíveis, dependendo da natureza das duas fases envolvidas: métodos cromatográficos **sólido-líquido** (coluna, camada fina e papel), **líquido-líquido** (líquida com alta eficiência) e **gás-líquido** (com fase gás) são comuns.

Todos os métodos cromatográficos funcionam mais ou menos com o mesmo princípio da extração com solventes (Técnica 12). Os métodos dependem, basicamente, das solubilidades ou das adsortividades diferenciais das substâncias a serem separadas em relação às duas fases entre as quais elas se particionam. Veremos, agora, a cromatografia em coluna, um método sólido-líquido. A cromatografia em camada fina será vista na Técnica 20; a cromatografia em líquidos com alta eficiência, na Técnica 21; e a cromatografia com gás, um método gás-líquido, na Técnica 22.

19.1 ADSORVENTES

A cromatografia em coluna é uma técnica de partição sólido-líquido que se baseia na adsorção e na solubilidade. O sólido pode ser praticamente qualquer material que não se dissolva na fase líquida associada. Os sólidos mais comuns são sílica gel, $SiO_2 \cdot xH_2O$, também chamada de ácido silícico, e alumina, $Al_2O_3 \cdot xH_2O$. Estes compostos são usados em forma de pó (usualmente 200-400 mesh).[1]

A maior parte da alumina usada em cromatografia é preparada a partir do minério impuro bauxita, $Al_2O_3 \cdot xH_2O + Fe_2O_3$. A bauxita é dissolvida em hidróxido de sódio quente e filtrada para remoção dos óxidos de ferro insolúveis. A alumina do minério forma o hidróxido anfotérico solúvel $Al(OH)_4^-$. O hidróxido é precipitado por CO_2, que reduz o pH, como $Al(OH)_3$. Quando aquecido, o $Al(OH)_3$ perde água para dar alumina pura Al_2O_3.

$$\text{Bauxita (bruta)} \xrightarrow{\text{NaOH quente}} Al(OH)_4^- \text{(aq)} + Fe_2O_3 \text{ (insolúvel)}$$

$$Al(OH)_4^- \text{(aq)} + CO_2 \longrightarrow Al(OH)_3 + HCO_3^-$$

$$2Al(OH)_3 \xrightarrow{\text{calor}} Al_2O_3 \text{(s)} + 3H_2O$$

A alumina preparada desta maneira é chamada de **alumina básica** porque ainda contém alguns hidróxidos. A alumina básica não pode ser usada em cromatografia de compostos sensíveis a bases. Por isto, ela é lavada com ácido para neutralizar a base, dando a **alumina lavada com ácido**. Este material é insatisfatório, a menos que tenha sido lavado com água suficiente para remover *todo* o ácido. Quando isto acontece, ela se torna o melhor material para cromatografia, chamado de **alumina neutra**. Se um composto é sensível a ácido, deve-se usar alumina básica ou neutra. Seja cuidadoso e verifique o tipo de alumina que está sendo usado para cromatografia. A sílica gel só é comercializada na forma própria para a cromatografia.

19.2 INTERAÇÕES

Se alumina (ou sílica gel) finamente dividida é colocada em uma solução que contém um composto orgânico, parte da substância **adsorve** (ou adere) nas partículas de sólido. Muitos tipos de forças intermoleculares, de intensidades diferentes, fazem as moléculas orgânicas ligarem-se à alumina. Compostos apolares ligam-se à alumina através de forças de van der Waals. Estas forças são fracas, e moléculas apolares não se ligam fortemente, a menos que o peso molecular seja muito alto. As interações mais importantes são típicas de compostos orgânicos polares. Neste caso, as forças são do tipo dipolo-dipolo ou envolvem alguma interação direta (coordenação, ligação hidrogênio ou formação de sal). A Figura 19.1 ilustra estes tipos de interação. Por conveniência, ela mostra somente uma porção da estrutura da alumina. Interações semelhantes ocorrem com sílica gel. A intensidade das interações varia na seguinte ordem aproximada:

Formação de sal > coordenação > ligação hidrogênio > dipolo-dipolo > van der Waals

A força da interação varia com os compostos. Assim, uma base forte, como uma amina, liga-se mais fortemente do que uma base fraca (por coordenação). Na verdade, bases e ácidos fortes interagem tão fortemente que dissolvem um pouco da alumina. Você pode usar a seguinte regra:

> Quanto mais polar for o grupo funcional, mais forte será a ligação com a alumina (ou sílica gel).

---

[1] O termo "mesh" refere-se ao número de aberturas por polegada linear de uma tela. Um número grande corresponde a uma tela fina (arames mais finos e mais apertados). Quando as partículas passam por uma série de telas, elas são classificadas pela tela mais fina, pela qual são capazes de passar. Mesh 5 corresponde a um cascalho grosseiro, e mesh 800, a um pó fino.

Figura 19.1 Interações possíveis entre compostos orgânicos e alumina.

Uma regra semelhante vale para a solubilidade. Solventes polares dissolvem compostos polares mais efetivamente do que os solventes apolares. Os compostos apolares se dissolvem melhor em solventes apolares. Portanto, a capacidade de um solvente de lavar um composto adsorvido na alumina depende quase diretamente da polaridade do solvente. Assim, por exemplo, embora uma cetona adsorvida em alumina possa não ser removida por hexano, ela pode ser completamente retirada por clorofórmio. Para cada material adsorvido, um tipo de equilíbrio de **distribuição** pode ser imaginado entre o material adsorvido e o solvente. A Figura 19.2 ilustra isto.

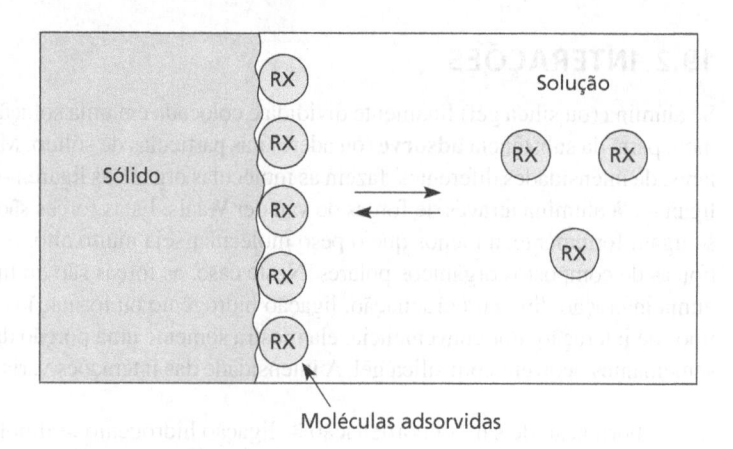

Figura 19.2 Equilíbrio dinâmico de adsorção.

O equilíbrio de distribuição é **dinâmico**, com moléculas sendo constantemente **adsorvidas** e **dessorvidas** na alumina. O número médio de moléculas que ficam adsorvidas nas partículas sólidas no equilíbrio depende da molécula (RX) envolvida e da capacidade de dissolução do solvente com o qual o adsorvente deve competir.

19.3 PRINCÍPIO DA SEPARAÇÃO NA COLUNA DE CROMATOGRAFIA

O equilíbrio dinâmico mencionado acima e as diferenças de adsorção entre os compostos que se adsorvem na alumina ou na sílica gel são a base de um método versátil e engenhoso de **separar** misturas de compostos orgânicos. Nele, a mistura de compostos a serem separados é colocada no topo de uma coluna cilíndrica de vidro (Figura 19.3) **empacotada** com partículas finas de alumina (fase sólida estacionária). O adsorvente é continuamente lavado pelo solvente (fase móvel) que passa pela coluna.

Os componentes da mistura são inicialmente adsorvidos pelas partículas de alumina no topo da coluna. O fluxo contínuo de solvente pela coluna **elui**, ou lava, os solutos da alumina e os desloca para baixo na coluna. Os solutos (ou materiais a serem separados) são chamados de **eluatos** ou **eluintes**, e o solvente, de **eluente**. Na medida em que os solutos descem na coluna, encontram alumina limpa, e um novo equilíbrio se estabelece entre o adsorvente, os solutos e o solvente. O processo de equilíbrio faz com que compostos diferentes movam-se na coluna em velocidades diferentes, que dependem de sua afinidade relativa pelo adsorvente e pelo solvente. Como o número de partículas de alumina é muito grande, porque elas estão muito empacotadas e porque o solvente é constantemente adicionado, o número de etapas de equilíbrio entre adsorvente e solvente é enorme.

Quando os componentes da mistura se separam, eles começam a formar bandas (ou zonas), cada uma contendo um único componente. Se a coluna é suficientemente longa e os outros parâmetros (diâmetro da coluna, adsorvente, solvente e velocidade de fluxo) foram escolhidos corretamente, as bandas se separam umas das outras, deixando intervalos de solvente puro entre elas. Como cada banda (solvente e soluto) sai por baixo da coluna, é possível coletá-la antes que chegue a próxima banda. Se os parâmetros mencionados acima foram mal-escolhidos, as bandas se superpõem ou coincidem, e, neste caso, o resultado é uma separação ruim, ou nenhuma. A Figura 19.4 esquematiza uma separação bem-sucedida.

19.4 PARÂMETROS QUE AFETAM A SEPARAÇÃO

A versatilidade da cromatografia em coluna é uma conseqüência dos muitos fatores de ajuste possíveis. Eles incluem

1. Adsorvente escolhido
2. Polaridade dos solventes escolhidos
3. Tamanho da coluna (comprimento e diâmetro) em relação ao material a ser cromatografado
4. Velocidade de eluição (ou fluxo)

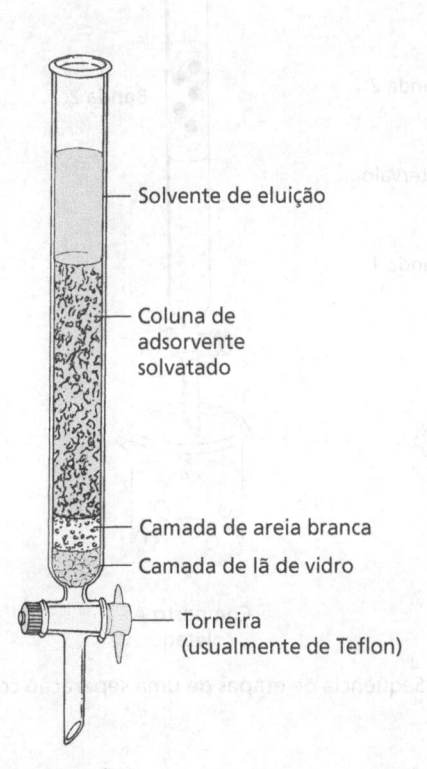

Figura 19.3 Uma coluna de cromatografia.

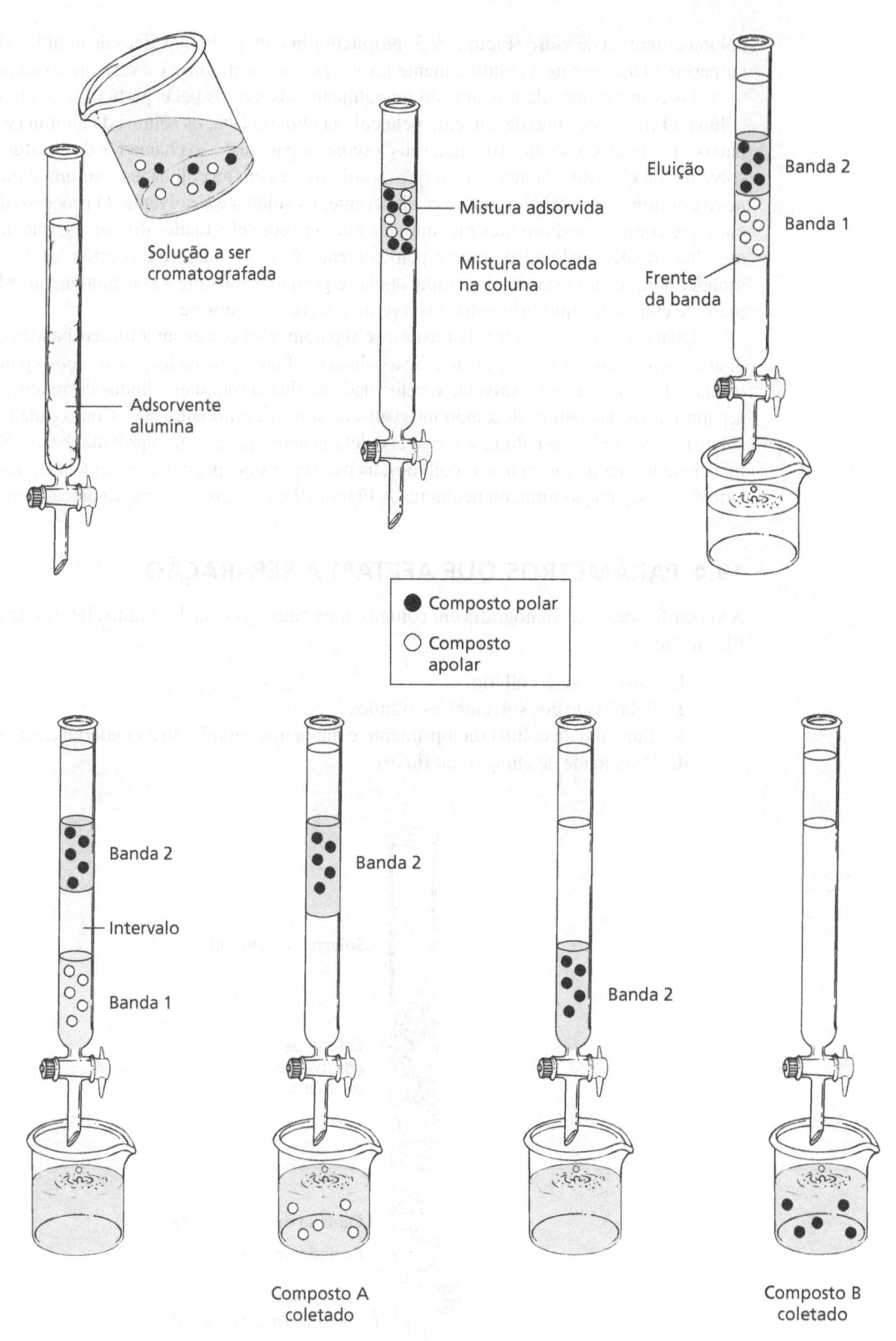

Figura 19.4 Seqüência de etapas de uma separação cromatográfica.

Se as condições forem cuidadosamente escolhidas, praticamente todas as misturas podem ser separadas. Esta técnica é usada, também, para separar isômeros ópticos. Usa-se, neste caso, um adsorvente em fase sólida opticamente ativo.

Duas escolhas são fundamentais para quem deseja fazer uma separação cromatográfica: o tipo de adsorvente e o sistema de solventes. Em geral, os compostos apolares passam pela coluna mais depressa do que os compostos polares porque eles têm uma afinidade menor com o adsorvente. Se o adsorvente escolhido prende fortemente todas as substâncias, polares ou apolares, elas não se moverão na coluna. Se um solvente muito polar é escolhido, todos os solutos (polares e apolares) podem ser lavados da coluna sem que ocorra separação. O adsorvente e o solvente devem ser escolhidos de modo que nenhum deles seja favorecido em excesso na competição pelo equilíbrio das moléculas de soluto.[2]

A. Adsorventes

A Tabela 19.1 lista vários tipos de adsorventes (fases sólidas) usados em cromatografia em coluna. A escolha do adsorvente depende, com freqüência, dos tipos de compostos a serem separados. Celulose, amido e açúcares são usados para materiais polifuncionais obtidos de plantas e animais (produtos naturais) que são muito sensíveis a interações ácido-base. Silicato de magnésio é muito usado para separar açúcares acetilados, esteróides e óleos essenciais. Sílica gel e florisil são relativamente brandos para a maior parte dos compostos e são muito usados para muitos grupos funcionais – hidrocarbonetos, álcoois, cetonas, ésteres, ácidos, azo-compostos e aminas. Alumina é o adsorvente mais usado e pode ser obtido nas três formas descritas na Seção 19.1: ácida, básica e neutra. O pH da alumina ácida ou lavada com ácido é aproximadamente 4. Este adsorvente é particularmente útil para separar materiais ácidos, como ácidos carboxílicos e aminoácidos. O pH da alumina básica é 10, e ela é útil para separar aminas. A alumina neutra pode ser usada para separar muitos materiais neutros.

TABELA 19.1 Adsorventes sólidos para cromatografia em coluna

Papel	
Celulose	
Amido	
Açúcares	
Silicato de magnésio	Aumento da intensidade das
Sulfato de cálcio	interações de ligação em
Ácido silícico	relação a compostos polares
Florisil	↓
Óxido de magnésio	
Óxido de alumínio (alumina)[a]	
Carvão ativada (Norit)	

[a]Básico, lavado com ácido e neutro.

A intensidade aproximada dos vários adsorventes foi também incluída na Tabela 19.1. A ordem pode variar. Assim, por exemplo, as intensidades, ou a capacidade de separação, da alumina e da sílica gel dependem da quantidade de água presente. A água liga-se fortemente a estes absorventes, ocupando sítios das partículas que poderiam ser usados no equilíbrio com as moléculas de soluto. Se água for adicionada ao adsorvente, ele se **desativa**. Sílica ou alumina anidras são muito **ativadas**. No caso destes adsorventes, evita-se, usualmente, a alta atividade. O uso de alumina ou sílica muito ativas, ou das

---

[2] Com freqüência, o químico usa a cromatografia em camada fina (CCF), descrita na Técnica 20, para definir as melhores escolhas de solventes e adsorventes necessários à separação desejada. O experimento de CCF pode ser feito rapidamente em quantidades extremamente pequenas (microgramas) da mistura a ser separada. Isto poupa muito tempo e materiais. A Técnica 20, Seção 20.10, descreve este uso da CCF.

formas ácida ou básica da alumina, pode levar, com freqüência, a rearranjos moleculares ou à decomposição de alguns solutos.

O químico pode selecionar o grau de atividade apropriado para obter uma determinada separação. Para isto, mistura-se alumina muito ativada com uma quantidade conhecida de água. A água hidrata parcialmente a alumina e reduz sua atividade. Quando determina cuidadosamente a quantidade de água necessária, o químico tem o espectro completo de atividades possíveis.

B. Solventes

A Tabela 19.2 lista alguns solventes comumente usados em cromatografia juntamente com sua capacidade relativa de dissolver compostos polares. Às vezes, um único solvente é capaz de separar todos os componentes de uma mistura. Outras vezes, deve-se procurar uma mistura de solventes capaz de fazer a separação. O mais comum, entretanto, é começar a eluição com um solvente apolar, para remover os compostos relativamente pouco polares da coluna, e aumentar gradualmente a polaridade do solvente, para forçar os compostos de maior polaridade a eluir, saindo da coluna. A ordem aproximada em que as várias classes de compostos eluem com este procedimento é dada na Tabela 19.3. Em geral, os compostos apolares atravessam a coluna mais rapidamente (eluem primeiro), e os compostos polares, mais lentamente (eluem no fim). O peso molecular, porém, também é um fator importante na ordem de eluição. Um composto apolar de alto peso molecular atravessa a coluna mais lentamente do que um composto apolar de baixo peso molecular, e pode ser, até mesmo, ultrapassado por alguns compostos polares.

TABELA 19.2 Solventes (eluentes) para cromatografia

Éter de petróleo	
Ciclo-hexano	
Tetracloreto de carbono[a]	
Tolueno	
Clorofórmio[a]	
Cloreto de metileno	Aumento da polaridade e
Dietil-éter	do "poder de solvente" em
Acetato de etila	relação a grupos funcionais
Acetona	polares
Piridina	
Etanol	
Metanol	
Água	
Ácido acético	↓

[a]Prováveis agentes cancerígenos.

TABELA 19.3 Seqüência de eluição de compostos

Hidrocarbonetos	Mais rápidos (eluem com solventes apolares)
Olefinas	
Éteres	
Halogenetos de alquila	
Aromáticos	
Cetonas	Ordem de eluição
Aldeídos	
Ésteres	
Álcoois	
Aminas	
Ácidos, bases fortes	Mais lentos (precisam de um solvente polar)

A polaridade do solvente funciona de duas maneiras na cromatografia em coluna. Em primeiro lugar, um solvente polar dissolve melhor um soluto polar e o elui mais rapidamente. Por isto, como já foi dito, aumenta-se a polaridade do solvente progressivamente durante a cromatografia em coluna para arrastar compostos de polaridade crescente. Em segundo lugar, quando a polaridade do solvente aumenta, ele desloca moléculas adsorvidas na alumina ou na sílica e ocupa seus lugares na coluna. Devido a este segundo efeito, um solvente polar eluirá **todos os tipos de compostos**, polares e apolares, em uma velocidade maior do que um solvente apolar.

Algumas precauções têm de ser tomadas quando se muda a polaridade do solvente durante uma separação cromatográfica. Mudanças drásticas de um solvente para o outro devem ser evitadas (especialmente quando sílica gel ou alumina está envolvida). A técnica usual é adicionar pequenas percentagens do novo solvente ao que está em uso, até chegar à composição desejada. Se isto não for feito, o empacotamento da coluna pode "rachar" devido ao calor liberado quando alumina ou sílica gel se mistura com o novo solvente. O solvente solvata o adsorvente e a formação de ligações fracas gera calor.

$$\text{Solvente} + \text{alumina} \rightarrow (\text{alumina} \cdot \text{solvente}) + \text{calor}$$

Com freqüência, o calor gerado localmente é suficiente para evaporar o solvente, formando vapor e bolhas que forçam a separação do empacotamento; a isto chamamos de **rachaduras**. Uma coluna rachada não dá boas separações porque o empacotamento é descontínuo. O modo de empacotamento também é muito importante para prevenir rachaduras.

Certos solventes devem ser evitados quando se usa alumina ou sílica gel, especialmente nas formas ácida, básica e muito ativa. Assim, por exemplo, a acetona dimeriza, em qualquer destes adsorventes, por condensação de aldol para dar a diacetona-álcool, e as misturas de ésteres sofrem **transesterificação** (trocam as partes álcool) quando o acetato de etila ou um álcool são os eluentes. Por fim, os solventes mais ativos (piridina, metanol, água e ácido acético) dissolvem e eluem parcialmente o adsorvente. Tente evitar, como regra geral, solventes mais polares do que dietil-éter ou cloreto de metileno na série de eluição (Tabela 19.2).

C. Tamanho da coluna e quantidade de adsorvente

O tamanho da coluna e a quantidade de adsorvente também devem ser selecionados corretamente para separar bem uma dada quantidade de amostra. Via de regra, a quantidade recomendada de adsorvente é de 25 a 30 vezes, por peso, a quantidade de material a ser separado por cromatografia. Além disso, a coluna deve ter uma razão de cerca de 8:1 entre o comprimento e o diâmetro. A Tabela 19.4 dá algumas relações deste tipo.

TABELA 19.4 Tamanho da coluna e quantidade de adsorvente para tamanhos de amostra típicos

Quantidade de amostra (g)	Quantidade de adsorvente (g)	Diâmetro da coluna (mm)	Comprimento da coluna (mm)
0,01	0,3	3,5	30
0,10	3,0	7,5	60
1,00	30,0	16,0	130
10,00	300,0	35,0	280

Observe, porém, que o nível de dificuldade da separação também é um fator importante na determinação do tamanho e do comprimento da coluna a ser usada e da quantidade de adsorvente necessário. Compostos que se separam com dificuldade podem exigir colunas mais longas e mais adsorvente do que o especificado na Tabela 19.4. Se os compostos se separam facilmente, uma coluna mais curta e menos adsorvente pode ser suficiente.

D. Velocidade de fluxo

A velocidade com que o solvente flui pela coluna também é importante para a eficiência da separação. Em geral, o tempo que a mistura a ser separada fica na coluna é diretamente proporcional ao grau atingido pelo equilíbrio entre as fases móvel e estacionária. Por isto, compostos semelhantes se separam, eventualmente, se ficarem na coluna o tempo suficiente. O tempo que o material fica na coluna depende da velocidade de fluxo do solvente. Se o fluxo é muito lento, entretanto, as substâncias dissolvidas da mistura podem difundir mais rapidamente do que a velocidade de eluição e, neste caso, as bandas ficam mais largas e mais difusas, e a separação piora.

19.5 EMPACOTAMENTO DA COLUNA: PROBLEMAS TÍPICOS

A operação mais importante da cromatografia em coluna é o empacotamento da coluna com o adsorvente. O empacotamento deve ser por igual e livre de irregularidades, bolhas de ar e falhas. Quando o composto passa pela coluna, ele se move por uma zona, ou banda, que avança. É importante que a face, ou frente, desta banda esteja horizontal, isto é, perpendicular ao eixo principal (mais longo) da coluna. Se duas bandas estão próximas e as frentes não estão na horizontal, é impossível coletar uma banda excluindo completamente a outra. A frente da segunda banda começa a eluir antes que a primeira acabe. A Figura 19.5 ilustra esta situação. Existem duas razões principais para este problema. Em primeiro lugar, se a face superior do adsorvente empacotado não está na horizontal, as bandas também não ficarão na horizontal. Em segundo lugar, se a coluna não estiver perfeitamente vertical nos dois planos (da frente para trás e de lado a lado), as bandas não ficarão na horizontal. Ao preparar uma coluna, você deve levar em conta estes dois fatores com atenção.

Outro fenômeno, chamado **ondulação** ou **canalização**, ocorre quando parte da frente da banda avança mais do que a maior parte da banda. A canalização ocorre se a superfície do adsorvente tiver falhas ou irregularidades ou se existirem bolhas de ar. Uma parte da banda se move adiante do resto, pelo canal. A Figura 19.6 mostra dois exemplos de canalização.

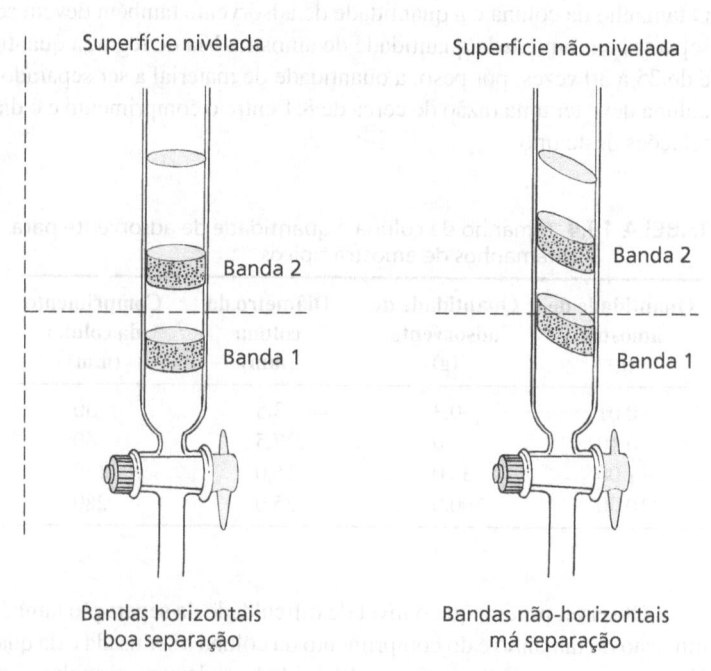

Figura 19.5 Comparação das frentes horizontal e não-horizontal.

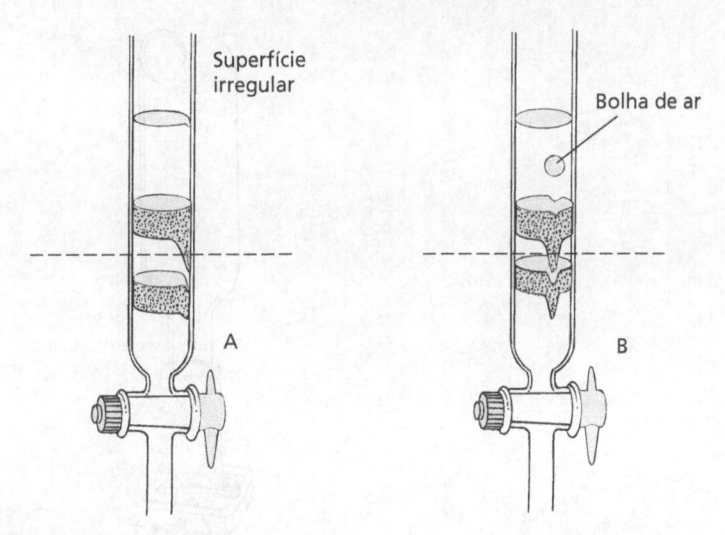

Figura 19.6 Problemas de canalização.

Os métodos das Seções 19.6, 19.7 e 19.8 são usados para evitar problemas causados pelo empacotamento defeituoso e por irregularidades da coluna. Estes procedimentos devem ser cuidadosamente seguidos quando você preparar uma coluna. Se você não prestar atenção à preparação da coluna, a qualidade da separação será afetada.

19.6 EMPACOTAMENTO DA COLUNA: PREPARAÇÃO DA BASE DE SUPORTE

A preparação de uma coluna envolve duas etapas. Na primeira, prepara-se a base de suporte sobre a qual o material empacotado ficará. Isto deve ser feito de modo que o empacotamento, um material finamente dividido, não escape pelo fundo da coluna. Na segunda etapa, a coluna de adsorvente é depositada no topo da base de suporte.

A. Colunas em escala grande

Para aplicações de escala grande, a coluna é presa na posição vertical. A coluna (Figura 19.3) é um tubo cilíndrico de vidro com uma torneira em uma das extremidades. A torneira é geralmente de Teflon, porque a graxa usada nas torneiras de vidro dissolve-se em muitos dos solventes orgânicos usados como eluentes. A graxa de torneira usada no eluente contaminará os eluatos.

Pode-se substituir a torneira por um pedaço de tubo flexível, ligado à extremidade da coluna, dotado de uma pinça que interrompe ou regula o fluxo (Figura 19.7). Ao usar o método da pinça, deve-se ter cuidado para que o tubo não se dissolva nos solventes que passarão pela coluna durante o experimento. A borracha, por exemplo, dissolve-se em clorofórmio, benzeno, cloreto de metileno, tolueno e tetra-hidro-furano (THF). O tubo de Tygon (com o plastificante removido) dissolve-se em muitos solventes, incluindo benzeno, cloreto de metileno, clorofórmio, éter, acetato de etila, tolueno e THF. A melhor escolha é o tubo de polietileno, porque ele é inerte em relação à maior parte dos solventes.

Em seguida, enche-se parcialmente a coluna com uma certa quantidade de solvente, usualmente um solvente apolar como o benzeno, e prepara-se o suporte para o adsorvente finamente dividido da seguinte maneira. Empurra-se um chumaço de lã de vidro pela coluna com um bastão longo, de modo que todo o ar preso na lã saia na forma de bolhas. Cuidado para não apertar o chumaço de lã de vidro muito fortemente. Coloque areia branca na coluna e deixe que ela repouse sobre o chumaço de lã de vidro e forme uma pequena camada. Bata levemente nas paredes da coluna para nivelar a superfície da areia. Retire a areia que aderiu às paredes da coluna com uma pequena quantidade de solvente. A areia é a base que dá suporte à coluna de adsorvente e impede que ele saia pela torneira. A coluna é empacotada de uma de duas maneiras: pelo método da lama (Seção 19.8) ou pelo método do empacotamento a seco (Seção 19.7).

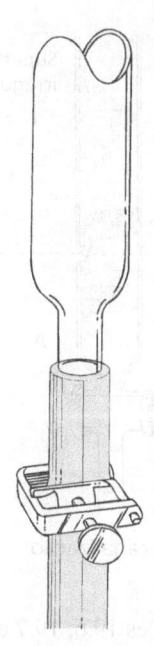

Figura 19.7 Tubo com pinça para regular o fluxo de solvente em uma coluna de cromatografia.

B. Colunas em escala semimicro

Uma aparelhagem alternativa para as colunas de cromatografia de escala grande, quando se trabalha com quantidades menores, é uma coluna comercial, como a da Figura 19.8. Estas colunas são feitas de vidro e têm uma torneira de plástico resistente ao solvente na extremidade.[3] O conjunto da torneira tem um disco filtrante que dá suporte à coluna de adsorvente. Opcionalmente, uma adaptação de plástico resistente a solvente é colocada na extremidade superior para servir de reservatório de solvente. A coluna da Figura 19.8 está equipada com um reservatório de solvente. Este tipo de coluna pode ser encontrado em vários comprimentos, de 100 mm a 300 mm. Como a coluna tem um disco filtrante, não é necessário preparar uma base de suporte antes de colocar o adsorvente.

C. Colunas em escala pequena

Para aplicações em escala pequena, usa-se uma pipeta Pasteur de 13 cm presa na vertical. Para reduzir a quantidade de solvente necessária para encher a coluna, corte a maior parte da ponta da pipeta. Coloque uma bola de algodão pequena na pipeta e empurre-a até a ponta com um bastão de vidro ou com um pedaço de arame. Cuidado para não apertar demais o algodão. A Figura 19.9 mostra a posição correta do algodão. Empacote a coluna de escala pequena por um dos métodos a seco descritos na Seção 19.7.

19.7 EMPACOTAMENTO DA COLUNA: DEPOSIÇÃO DO ADSORVENTE – MÉTODO DO EMPACOTAMENTO A SECO

A. Método de empacotamento a seco 1

Colunas de Escala Grande. Neste primeiro método de empacotamento a seco, enche-se a coluna com solvente e deixa-se escorrer *lentamente*. Enquanto isso, adiciona-se o adsorvente seco, um pouco de cada vez, batendo na coluna gentilmente com um lápis, com o dedo ou com um bastão de vidro.

Coloca-se um tampão de algodão na base da coluna e deixa-se formar uma camada nivelada de areia no topo (veja a página 684). A seguir, enche-se a coluna pela metade com solvente e adiciona-se o

---

[3] Nota para o professor: Com certos solventes orgânicos, verificamos que a torneira de plástico "resistente a solvente" tende a dissolver! Recomendamos que os professores testem antes da aula o equipamento que pretendem usar.

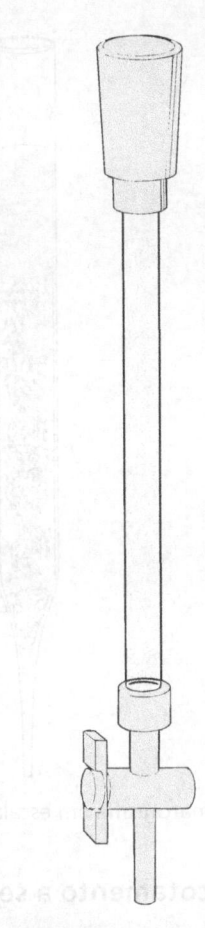

Figura 19.8 Coluna de cromatografia comercial de escala semimicro. (Neste caso, a coluna está equipada com um reservatório opcional de solvente.)

adsorvente sólido contido em um bécher, enquanto o solvente escoa lentamente. Quando a coluna atinge o comprimento desejado, interrompe-se a adição de adsorvente. Este método produz uma coluna bem-empacotada. Deve-se passar solvente pela coluna (para aplicações em escala grande) várias vezes antes de cada uso. A mesma porção de solvente que saiu durante o empacotamento pode ser reutilizada na coluna.

Colunas de Escala Semimicro. O procedimento usado para encher uma coluna comercial de escala semimicro é essencialmente o mesmo utilizado para encher uma pipeta Pasteur (veja o próximo parágrafo). A coluna comercial tem a vantagem de permitir mais facilmente o controle do fluxo de solvente da coluna durante o processo de enchimento porque a torneira pode ser apropriadamente ajustada. Não é necessário usar um tampão de algodão ou depositar uma camada de areia antes de adicionar o adsorvente. O disco filtrante colocado na base da coluna impede que o adsorvente saia da coluna.

Colunas de Escala Pequena. No caso de uma coluna de escala pequena, encha a pipeta Pasteur (com o tampão de algodão preparado pelo método da Seção 19.6) até cerca da metade com solvente. Use uma espátula pequena para adicionar o adsorvente sólido, lentamente, ao solvente que está na coluna. Durante o processo, bata suavemente na coluna com um lápis, um dedo ou um bastão de vidro. Isto promove a deposição e a mistura e dá uma coluna bem-empacotada e sem bolhas de ar. Enquanto o adsorvente é adicionado, o solvente escorre da pipeta Pasteur. Como o adsorvente não pode secar durante o processo de empacotamento, o fluxo de solvente deve ser controlado. Coloque um tubo de plástico de diâmetro pequeno, se disponível, na ponta da pipeta Pasteur e controle o fluxo com uma pinça. Uma técnica simples de controle é fechar o topo da pipeta Pasteur com um dedo, como você faz com uma pipeta volumétrica. Continue a adicionar lentamente o adsorvente, batendo sempre na parede da pipeta Pasteur, até atingir o comprimento desejado. Lembre-se de não deixar secar a coluna. A Figura 19.9 mostra o aspecto final da coluna.

Figura 19.9 Coluna de cromatografia em escala pequena.

B. Método de empacotamento a seco 2

Colunas de Escala Grande. As colunas de escala grande também podem ser empacotadas pelo método de empacotamento a seco, comumente usado em colunas de escala pequena (veja "Colunas de Escala Pequena", a seguir). Neste método, enche-se a coluna com adsorvente seco, sem nenhum solvente. Quando a quantidade desejada de adsorvente foi adicionada, deixa-se o solvente percolar pela coluna. As desvantagens descritas para o método de escala pequena também valem para o método de escala grande. Este método não é recomendado para uso com sílica gel ou alumina porque leva a um empacotamento ruim e à formação de bolhas e rachaduras, especialmente com solventes cujos calores de solvatação são muito exotérmicos.

Colunas de Escala Semimicro. O método de empacotamento a seco 2 para colunas de escala semimicro é semelhante ao descrito para as pipetas Pasteur (veja o próximo parágrafo), exceto pelo fato de que o tampão de algodão não é necessário. A velocidade de fluxo do solvente pela coluna pode ser regulada com a torneira, a qual faz parte do conjnto da coluna comercial (veja a Figura 19.8).

Colunas de Escala Pequena. Um método alternativo de empacotamento a seco de colunas de escala pequena é encher a pipeta Pasteur com adsorvente *seco*, sem nenhum solvente. Coloque um tampão de algodão no fundo da pipeta Pasteur. Adicione lentamente a quantidade desejada de adsorvente, batendo nas paredes com cuidado, como descrito acima. Use a Figura 19.9 como um guia para avaliar o comprimento correto da coluna de adsorvente. Quando a coluna estiver empacotada, deixe o solvente percolar pelo adsorvente até que toda a coluna esteja umedecida. Só adicione o solvente quando for usar a coluna.

Este método é útil quando o adsorvente é alumina, mas não produz bons resultados com sílica gel. Mesmo com alumina, separações ruins podem ocorrer devido ao empacotamento defeituoso e à formação de bolhas e rachaduras, especialmente com solventes cujos calores de solvatação são muito exotérmicos.

19.8 EMPACOTAMENTO DA COLUNA: DEPOSIÇÃO DO ADSORVENTE – O MÉTODO DA LAMA

O método da lama não é recomendado para uso em escala pequena com pipetas Pasteur porque é muito difícil empacotar a coluna com a lama sem perder o solvente antes de completar o empacotamento. Colunas de escala pequena devem ser empacotadas por um dos métodos de empacotamento a seco, descritos na Seção 19.7

No método da lama, empacota-se a coluna com o adsorvente como uma mistura de solvente e sólido não-dissolvido. Prepara-se a lama em um recipiente separado (frasco de Erlenmeyer), por adição do adsorvente sólido (um pouco de cada vez) a uma dada quantidade de solvente. Esta ordem de adição (adsorvente adicionado ao solvente) deve ser estritamente seguida porque o adsorvente é solvatado e libera calor. Se a ordem for invertida, o solvente pode evaporar quando adicionado, devido ao calor. Isto é especialmente verdadeiro no caso de éter ou de outro solvente de baixo peso de ebulição. Quando isto acontece, a mistura final não fica bem-distribuída e encaroça. Adiciona-se adsorvente suficiente ao solvente e mistura-se por rotação do recipiente de modo a formar uma lama densa, mas fluida. Rode o recipiente até que a mistura fique bem-distribuída e livre de bolhas de ar.

No caso de uma coluna de escala grande, o procedimento é o seguinte. Após preparar a lama, encha a coluna até mais ou menos a metade com solvente e abra a torneira para deixar que ele escorra *lentamente* para um bécher grande. Misture a lama por rotação do frasco e adicione-a, em porções, pelo topo da coluna (um funil de boca larga é conveniente para esta operação). Misture bem a lama antes de cada adição. Bata *com cuidado* na parede da coluna, durante a adição, com os dedos ou com uma rolha de borracha colocada na ponta de um lápis. Pode-se usar, também, um tubo de pressão de diâmetro grande. As batidas fazem com que a lama forme um depósito nivelado e homogêneo e dê uma coluna bem-empacotada, livre de bolhas de ar. Continue a bater até que todo o material se ajuste e forme uma superfície bem-definida no topo da coluna. O solvente do bécher de coleta pode ser adicionado à lama se ela ficar muito densa para ser derramada na coluna. Na verdade, o solvente coletado deve passar pela coluna várias vezes para garantir que o depósito se completou e que a coluna está firmemente empacotada. O fluxo de solvente tende a compactar o adsorvente. Nunca deixe a coluna secar durante o empacotamento. Deve haver sempre solvente acima da coluna de adsorvente.

19.9 APLICAÇÃO DA AMOSTRA NA COLUNA

O solvente (ou mistura de solventes) usado para empacotar a coluna é, normalmente, o solvente de eluição menos polar que pode ser usado durante a cromatografia. Os compostos a serem cromatografados não são muito solúveis no solvente. Se fossem, provavelmente teriam afinidade maior pelo solvente do que pelo adsorvente e passariam pela coluna sem entrar em equilíbrio com a fase estacionária.

O primeiro solvente de eluição, porém, não é, em geral, conveniente para preparar a amostra a ser colocada na coluna. Como os compostos não são muito solúveis em solventes apolares, seria preciso uma quantidade muito grande do solvente inicial para dissolver os compostos e seria difícil fazer com que a mistura formasse uma banda estreita no topo da coluna. Uma banda estreita é ideal para a melhor separação dos componentes. Para obter a melhor separação, portanto, aplica-se o composto no topo da coluna sem diluição, se for um líquido, ou diluído em uma quantidade *muito pequena* de solvente polar, se for um sólido. Não se deve usar água para dissolver a amostra inicial a ser cromatografada porque ela reage com o empacotamento da coluna.

Ao colocar a amostra na coluna, use o procedimento descrito a seguir. Deixe escorrer o solvente para baixar o nível do líquido que está no topo da coluna. Aplique a amostra (como líquido puro ou solução), com uma pipeta Pasteur, de modo a formar uma camada pequena no topo do adsorvente. Cuidado para não afetar a superfície do adsorvente. A melhor maneira de fazer isto é encostar a ponta da pipeta na parede interna da coluna de vidro e deixar o líquido sair e se espalhar em um filme fino que cubra toda a superfície do adsorvente. Esvazie a pipeta o mais perto possível da superfície do adsorvente. Após aplicar toda a amostra, deixe a pequena camada de líquido entrar até que a superfície superior da coluna *quase comece* a secar. Use uma pipeta Pasteur para aplicar, a seguir, uma pequena camada do solvente de cromatografia, tendo cuidado para não afetar a coluna. Drene esta pequena camada de solvente até que a superfície da coluna comece a secar. Adicione outra pequena camada de solvente, se necessário, e repita o processo até que fique claro que a amostra está fortemente adsorvida no topo da coluna. Se a amostra for colorida e se a nova camada de solvente tomar sua cor, a amostra não está corretamente adsorvida. Assim que a amostra estiver bem-aplicada, você pode reforçar a superfície do adsorvente adicionando, com cuidado, mais solvente e aplicando areia branca e limpa na coluna para formar uma camada protetora. No caso de experimentos de escala pequena, esta camada de areia não é necessária.

As separações, em geral, são melhores se a amostra ficar algum tempo na coluna antes da eluição começar. Isto permite que o equilíbrio se estabeleça. Se o tempo for muito grande, porém, o adsorvente se compacta ou incha, e o fluxo fica muito lento. A difusão da amostra alarga as bandas e também pode ser um problema se a coluna ficar inativa durante muito tempo. No caso da cromatografia em escala pequena com pipetas Pasteur, não há torneira e não é possível interromper o fluxo. Neste caso, não é necessário deixar a coluna em repouso.

19.10 TÉCNICAS DE ELUIÇÃO

Os solventes usados na cromatografia analítica e preparativa devem ser reagentes puros. Solventes comerciais contêm, com freqüência, pequenas quantidades de resíduo, que permanecem quando o solvente evapora. No trabalho de rotina e em separações relativamente fáceis, o resíduo não é um grande problema. No trabalho em larga escala, os solventes comerciais devem ser destilados antes do uso. Isto é necessário especialmente no caso de hidrocarbonetos, que tendem a ter mais resíduos do que outros tipos de solventes.

A eluição dos produtos começa, usualmente, com um solvente apolar, como hexano ou éter de petróleo. A polaridade do solvente de eluição pode crescer gradualmente pela adição sucessiva de maiores percentagens de éter ou tolueno (por exemplo, 1, 2, 5, 10, 15, 25, 50, ou 100%), ou outro solvente de maior poder (polaridade) do que o hexano. Como regra geral, a transição de um solvente para outro não deve ser muito rápida. Se os calores de solvatação do adsorvente pelos dois solventes forem muito diferentes, pode-se gerar muito calor e a coluna pode fraturar. O éter é particularmente complicado em relação a este ponto porque ele tem o ponto de ebulição baixo e o calor de solvatação relativamente alto. Muitos compostos orgânicos podem ser separados em sílica gel ou em alumina com combinações de hexano e éter ou de hexano e tolueno como eluentes, seguidos por cloreto de metileno puro. Solventes de maior polaridade são evitados, usualmente, pelas razões já expostas. No trabalho de escala pequena, o procedimento usual é usar somente um solvente para a cromatografia.

O fluxo de solvente pela coluna não deve ser muito rápido, ou os solutos não terão tempo para entrar em equilíbrio com o adsorvente durante a eluição. Se a velocidade de fluxo for muito baixa ou se a eluição parar por algum tempo, a difusão pode ser um problema – a banda de soluto pode difundir, ou se espalhar, em todas as direções. Em ambos os casos, a separação será ruim. Como regra geral (e muito aproximada), as velocidades de colunas em escala grande são da ordem de 5 a 50 gotas de eluente por minuto. Evita-se, em geral, um fluxo constante de solvente. Colunas de escala pequena feitas com pipetas Pasteur não permitem o controle da velocidade de fluxo do solvente, mas as colunas comerciais de escala pequena têm torneiras. O fluxo de solvente neste tipo de coluna pode ser ajustado como nas colunas maiores. Para evitar a difusão das bandas, não interrompa a coluna e não a deixe em repouso durante a noite.

Em alguns casos, a cromatografia pode ser muito lenta. Para aumentar a velocidade de fluxo de solvente, ajuste um bulbo de borracha no topo da pipeta Pasteur e comprima-o *cuidadosamente*. A pressão do ar força o solvente pela coluna e aumenta a velocidade de fluxo. Se você estiver usando esta técnica, porém, tome muito cuidado e remova o bulbo da coluna antes de aliviar a pressão. Se você não fizer isto, o ar será sugado pela parte de baixo da coluna e destruirá o empacotamento

19.11 RESERVATÓRIOS

Quando grandes quantidades de solvente são usadas em uma separação cromatográfica, é conveniente usar um reservatório de solvente para evitar ter de adicionar continuamente pequenas quantidades de solvente. O tipo mais simples de reservatório, parte de muitas colunas, é criado pela fusão do topo da coluna a um balão de fundo redondo (Figura 19.10A). Se a coluna tem uma junta padronizada no topo, pode-se criar um reservatório ligando-a a um funil de separação dotado de uma junta padronizada (Figura 19.10B). Neste arranjo, deixa-se a torneira aberta e não se tampa o funil de separação. Um terceiro arranjo comum é o da Figura 19.10C. Enche-se um funil de separação com o solvente. A tampa é molhada com solvente e colocada *firmemente* no lugar. Insere-se o funil no espaço vazio no topo da coluna de cromatografia e abre-se a torneira. O solvente flui do funil, enchendo o espaço acima da coluna até que o nível de solvente fique acima da saída do funil de separação. Quando o solvente sai da coluna, este arranjo permite a entrada de solvente novo porque o ar entra pela haste do funil de separação e reequilibra a pressão acima.

Algumas colunas de escala semimicro, como as da Figura 19.8, são equipadas com um reservatório de solvente que se ajusta ao topo da coluna. Ele funciona de forma semelhante aos descritos nesta seção.

No caso da cromatografia em escala pequena, usa-se a parte superior da pipeta Pasteur, acima do adsorvente, como reservatório. Adiciona-se solvente, se necessário, com outra pipeta Pasteur. Na troca de solventes, o novo solvente é adicionado também desta maneira.

19.12 ACOMPANHAMENTO DA COLUNA

É muito conveniente quando os compostos a serem separados são coloridos porque pode-se seguir visualmente a separação e a eluição das bandas coletadas. Isto não acontece, porém, com a maior parte dos compostos orgânicos, e outros métodos devem ser usados para determinar a posição das bandas.

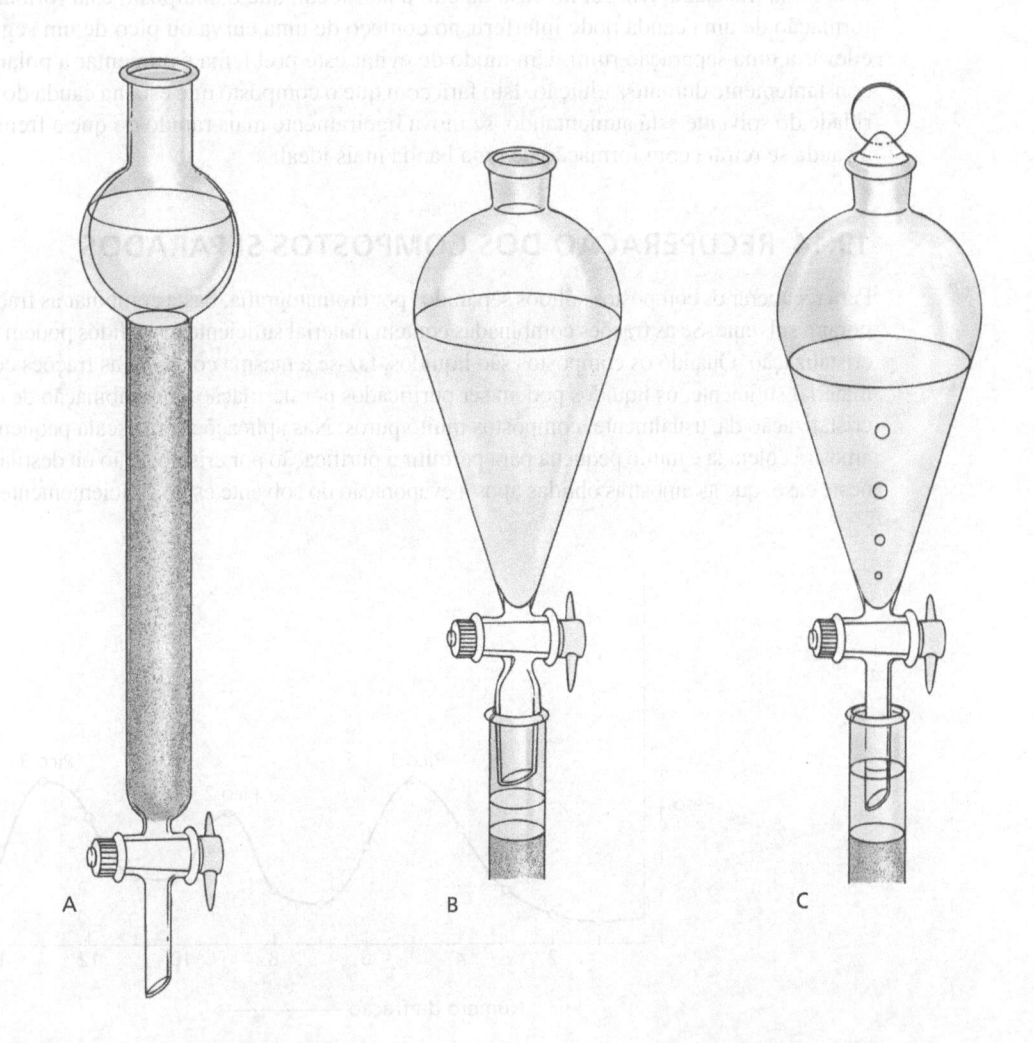

Figura 19.10 Vários tipos de arranjos para reservatórios de solvente em colunas cromatográficas.

O método mais comum é coletar *frações* de volume constante em frascos ou tubos de ensaio de peso conhecido, evaporar o solvente de cada fração e pesar novamente o recipiente para determinar a presença de resíduos. A Figura 19.11 mostra um exemplo de gráfico do número da fração *versus* o peso do resíduo após a evaporação. É claro que as frações de 2 a 7 (pico 1) podem ser combinadas como um único composto. O mesmo acontece com as frações de 8 a 10 (pico 2) e de 12 a 15 (pico 3). O tamanho das frações coletadas depende do tamanho da coluna e da facilidade de separação.

Outro método comum de acompanhar a coluna é misturar um fósforo inorgânico ao adsorvente usado no empacotamento. Quando a coluna é iluminada com luz ultravioleta, o adsorvente tratado fluoresce. Muitos solutos, porém, têm a capacidade de suprimir a fluorescência do indicador. Nas áreas em que estão estes solutos, o adsorvente não fluoresce, e uma banda escura pode ser vista. Neste tipo de coluna, a separação também pode ser acompanhada visualmente.

A cromatografia de camada fina é muito usada para acompanhar uma coluna. Este método é descrito na Técnica 20 (Seção 20.10, página 701). Vários métodos complexos, instrumentais e espectroscópicos, que não detalharemos, também podem ser usados para acompanhar uma separação cromatográfica.

19.13 FORMAÇÃO DE CAUDA

Quando se usa um único solvente na eluição, observa-se, com freqüência, uma curva de peso *versus* número da fração semelhante à linha cheia da Figura 19.12. Uma curva ideal de eluição aparece como uma linha tracejada. Diz-se, no caso da curva não-ideal, que o composto está formando uma cauda. A formação de uma cauda pode interferir no começo de uma curva ou pico de um segundo componente e levar a uma separação ruim. Um modo de evitar este problema é aumentar a polaridade do solvente constantemente durante a eluição. Isto fará com que o composto que está na cauda do pico, onde a polaridade do solvente está aumentando, se mova ligeiramente mais rápido do que a frente, permitindo que a cauda se retraia com formação de uma banda mais ideal.

19.14 RECUPERAÇÃO DOS COMPOSTOS SEPARADOS

Para recuperar os compostos sólidos separados por cromatografia, basta combinar as frações corretas e evaporar o solvente. Se as frações combinadas contêm material suficiente, os sólidos podem ser purificados por cristalização. Quando os compostos são líquidos, faz-se a mesma coisa. Se as frações combinadas contêm material suficiente, os líquidos podem ser purificados por destilação. A combinação de cromatografia com cristalização dá, usualmente, compostos muito puros. Nas aplicações em escala pequena, a quantidade de amostra coletada é muito pequena para permitir a purificação por cristalização ou destilação. Considera-se, neste caso, que as amostras obtidas após a evaporação do solvente estão suficientemente puras.

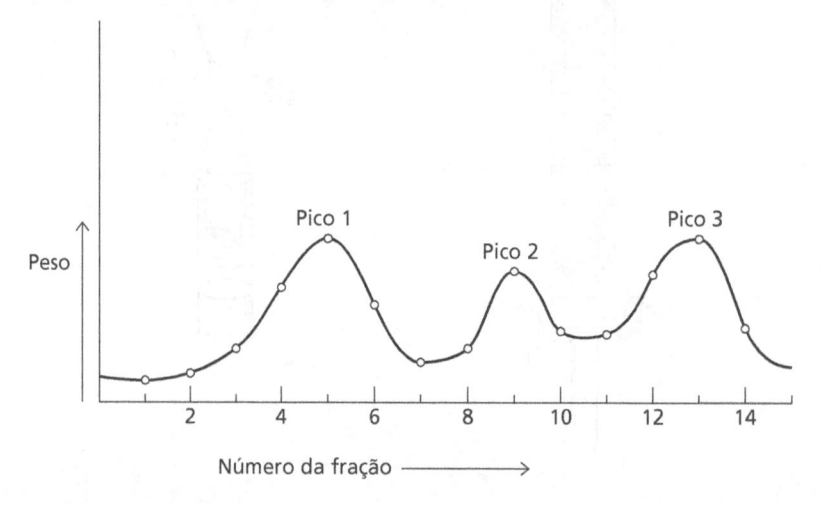

Figura 19.11 Um gráfico típico de eluição.

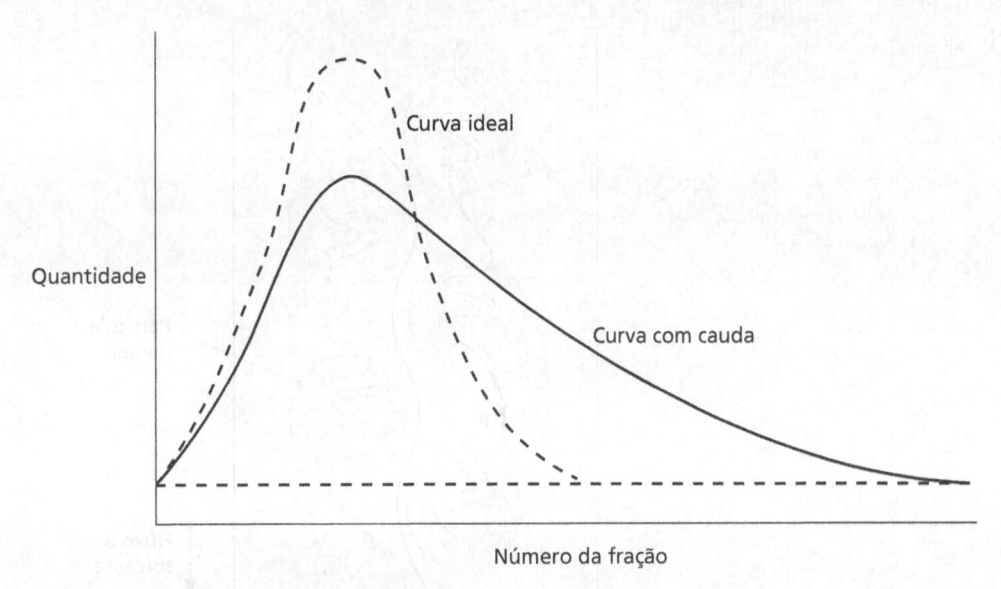

Figura 19.12 Curvas de eluição: uma ideal e outra com cauda.

19.15 DESCOLORAÇÃO POR CROMATOGRAFIA EM COLUNA

Um resultado comum de reações orgânicas é a formação de um produto contaminado por impurezas muito coloridas. Com freqüência, estas impurezas são muito polares e têm peso molecular elevado, além de serem coloridas. Para purificar o produto desejado é preciso remover estas impurezas. A Seção 11.7 da Técnica 11 (página 589) detalha métodos para descolorir um produto orgânico. Em muitos casos, estes métodos envolvem o uso de uma forma de carvão ativado ou Norit.

Uma alternativa, de aplicação conveniente em experimentos de escala pequena, é remover as impurezas coloridas por cromatografia em coluna. Devido à polaridade, as impurezas coloridas se adsorvem fortemente na fase estacionária da coluna e o produto desejado, menos polar, passa pela coluna e é coletado.

A descoloração em escala pequena de uma solução em uma coluna cromatográfica requer uma pipeta Pasteur empacotada com alumina ou sílica gel como adsorvente (Seções 19.6 e 19.7). A amostra a ser descolorida é diluída para que não ocorra cristalização na coluna e é eluída da maneira usual. O composto desejado é coletado quando sai da coluna, e o excesso de solvente, removido por evaporação (Técnica 7, Seção 7.10, página 545).

19.16 CROMATOGRAFIA EM GEL

A fase estacionária na cromatografia em gel é um material polimérico com ligações cruzadas. As moléculas são separadas, de acordo com o *tamanho*, por sua capacidade de penetrar uma estrutura cheia de canais. As moléculas permeiam a fase estacionária porosa quando descem a coluna. As moléculas pequenas entram na estrutura porosa mais facilmente do que as maiores. Isto faz com que as moléculas maiores se movam pela coluna mais rapidamente do que as menores e eluam antes. A Figura 19.13 esquematiza a separação de moléculas por cromatografia em gel. No caso da cromatografia por adsorção, com materiais como alumina ou sílica, a ordem é, usualmente, oposta. As pequenas moléculas (de peso molecular menor) passam pela coluna *mais depressa* do que as maiores (de peso molecular maior) porque as moléculas maiores são atraídas mais fortemente pela fase estacionária polar.

Os químicos usam termos equivalentes para a cromatografia em gel: **cromatografia por filtração em gel** (em bioquímica), **cromatografia por permeação em gel** (em química de polímeros) e **cromatografia em peneiras moleculares**. **Cromatografia de exclusão por tamanho** é um termo geral para a técnica e talvez seja o que melhor descreve o que acontece em nível molecular.

Sephadex é um dos materiais mais usados na cromatografia em gel. Ele é usado por bioquímicos para separar proteínas, ácidos nucléicos, enzimas e carboidratos. Muito freqüentemente, usa-se água ou soluções tamponadas em água como fase móvel. Quimicamente, Sephadex é um carboidrato polimeri-

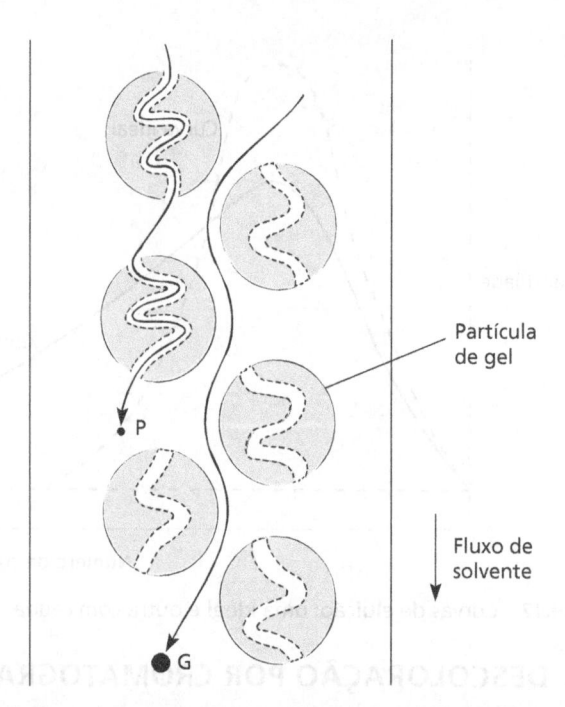

Figura 19.13 Cromatografia em gel. Comparação entre os caminhos percorridos por moléculas grandes (G) e pequenas (P) na coluna na mesma unidade de tempo.

zado com ligações cruzadas. O número de ligações cruzadas determina o tamanho dos "furos" da matriz polimérica. Além disso, os grupos hidroxila do polímero podem adsorver água, inchando o material. A expansão provoca "buracos" na matriz. Vários géis diferentes podem ser obtidos comercialmente, cada um com suas características. Um gel Sephadex típico, como o G-75, pode separar moléculas da faixa de peso molecular (PM) de 3.000 a 70.000. Imagine uma mistura de quatro componentes com pesos moleculares de 10.000; 20.000; 50.000; e 100.000. O composto de PM 100.000 iria passar na coluna primeiro porque não pode entrar na matriz polimérica. Os compostos de PM 50.000; 20.000; e 10.000 entram na matriz em graus diferentes e se separam. As moléculas seriam eluídas na ordem indicada (ordem decrescente de pesos moleculares). A separação no gel, porém, baseia-se principalmente no tamanho das moléculas e em sua configuração, e não, no peso molecular.

O Sephadex LH-20 foi desenvolvido para solventes anidros. Alguns dos grupos hidroxila foram alquilados, e o material tornou-se capaz de inchar em água e em outros solventes (ele passou a ter "caráter" orgânico). Este material pode ser usado com vários solventes orgânicos, como álcool, acetona, cloreto de metileno e hidrocarbonetos aromáticos.

Outro tipo de gel baseia-se em uma estrutura de poliacrilamida (Bio-Gel P e Poly-Sep AA). Mostramos aqui uma parte da estrutura de poliacrilamida:

$$-CH_2-CH-CH_2-CH-CH_2-CH-$$
$$\begin{array}{ccc} | & | & | \\ C=O & C=O & C=O \\ | & | & | \\ NH_2 & NH_2 & NH_2 \end{array}$$

Géis deste tipo podem ser usados em água e em alguns solventes orgânicos polares. Eles tendem a ser mais estáveis do que o Sephadex, especialmente em condições ácidas. As poliacrilamidas podem ser usadas em muitas aplicações bioquímicas que envolvem macromoléculas. Na separação de polímeros sintéticos, pequenas bolas de poliestireno em ligações cruzadas (co-polímero de estireno e divinil-benzeno) são muito aplicadas. Novamente, as bolas incham antes do uso. Solventes orgânicos comuns podem ser usados para eluir os polímeros. Como acontece com outros géis, os compostos de peso molecular maior eluem antes dos de peso molecular menor.

19.17 CROMATOGRAFIA EM *FLASH*

Um dos problemas da cromatografia em coluna é que, no caso de separações em escala grande, o tempo necessário para completar a separação pode ser muito longo. Além disso, a resolução possível em um determinado experimento tende a se reduzir quando o tempo utilizado aumenta. Este último efeito ocorre porque as bandas de compostos que se movem lentamente pela coluna tendem a formar cauda.

Uma técnica que pode ser útil para superar estes problemas foi desenvolvida. Trata-se da **cromatografia em** *flash*, uma modificação muito simples de uma coluna comum de cromatografia em coluna. Na cromatografia em *flash*, o adsorvente é empacotado em uma coluna de vidro relativamente curta, e usa-se ar sob pressão para forçar o solvente pelo adsorvente.

A Figura 19.14 mostra a aparelhagem usada na cromatografia em *flash*. A coluna de vidro tem uma torneira de Teflon no fundo para controlar a velocidade de fluxo do solvente. Um tampão de lã de vidro é colocado no fundo da coluna para suportar o adsorvente. Uma camada de areia pode ser também colocada em cima da lã de vidro. A coluna é empacotada com adsorvente pelo método do empacotamento a seco. Depois do empacotamento, coloca-se um dispositivo no topo da coluna e liga-se a aparelhagem a uma fonte de ar ou de nitrogênio sob alta pressão. O dispositivo é desenhado para permitir o ajuste preciso da pressão aplicada no topo da coluna. Com freqüência, a fonte de ar sob alta pressão é uma bomba especialmente adaptada.

Uma coluna típica usaria sílica gel como adsorvente (tamanho de partículas = 40-63 μm), empacotada até o comprimento de 12 cm em uma coluna de 20 mm de diâmetro. A pressão aplicada seria ajustada para obter um fluxo tal que o nível de solvente na coluna descesse cerca de 5 cm/minuto. Este sistema seria adequado para separar os componentes de uma amostra de 250 mg.

A pressão alta do ar força o solvente pela coluna de adsorvente em uma velocidade muito maior do que ocorreria sob a ação da gravidade. Como o solvente corre mais rapidamente, o tempo necessário para que as substâncias passem pela coluna diminui. Por si mesma, a aplicação de pressão na coluna poderia reduzir a claridade da separação porque os componentes da mistura não teriam tempo de atingir o equilíbrio e de formar bandas bem-separadas. Na cromatografia em *flash*, porém, você pode usar um

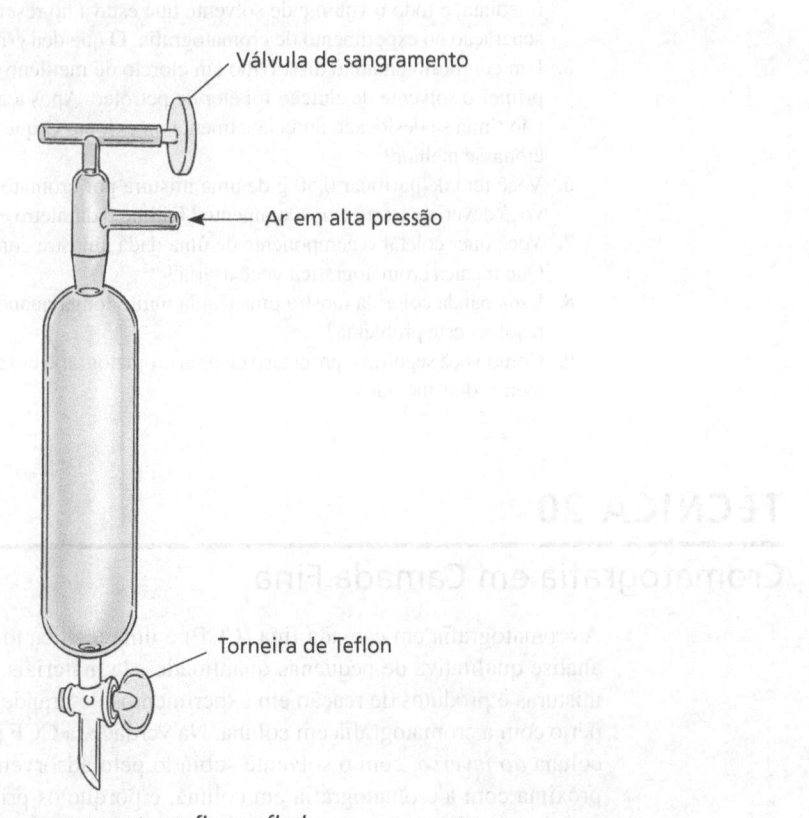

Figura 19.14 Aparelhagem para cromatografia em *flash*.

adsorvente muito mais fino do que o que seria usado na cromatografia comum. Com o tamanho de partícula muito reduzido, a área superficial aumenta e a resolução possível melhora.

Uma variante simples desta idéia não usa pressão. A parte inferior da coluna é inserida em uma tampa ajustada a um frasco de sucção. Aplica-se vácuo ao sistema, e o solvente é puxado através da coluna de adsorvente. O resultado desta variante é semelhante ao obtido com a pressão aplicada no topo da coluna.

REFERÊNCIAS

Deyl, Z., Macek, K., e Janák, J. *Liquid Column Chromatography.* Amsterdam: Elsevier, 1975.
Heftmann, E. *Chromatography,* 3rd ed. New York: Van Nostrand Reinhold, 1975.
Jacobson, B. M. "An Inexpensive Way to Do Flash Chromatography." *Journal of Chemical Education, 65* (May 1988): 459.
Still, W. C., Kahn, M., e Mitra, A. "Rapid Chromatographic Technique for Preparative Separations with Moderate Resolution." *Journal of Organic Chemistry, 43* (1978): 2923.

PROBLEMAS

1. Uma amostra foi colocada em uma coluna de cromatografia. O solvente de eluição era o cloreto de metileno. Todos os componentes eluíram, mas não se obteve separação. O que pode ter acontecido durante este experimento? O que você faria para superar o problema?
2. Você deve purificar uma amostra impura de naftaleno por cromatografia em coluna. Que solvente você usaria para eluir a amostra?
3. Imagine uma mistura de bifenila, ácido benzóico e álcool benzílico. Prediga a ordem de eluição dos componentes desta mistura. Imagine que a cromatografia é feita em uma coluna de sílica e que o sistema de solventes é baseado no ciclo-hexano, com uma proporção crescente de cloreto de metileno sendo progressivamente adicionada.
4. Colocou-se um composto de cor laranja no topo de uma coluna de cromatografia. A adição de solvente foi imediata, e todo o volume de solvente que estava no reservatório adquiriu a cor laranja. Não se conseguiu separação no experimento de cromatografia. O que deu errado?
5. Um composto amarelo dissolvido em cloreto de metileno foi aplicado em uma coluna de cromatografia. O primeiro solvente de eluição foi éter de petróleo. Após a adição de 6 L de solvente, a banda amarela ainda não tinha se deslocado apreciavelmente na coluna. O que poderia ser feito para que este experimento funcionasse melhor?
6. Você tem de purificar 0,50 g de uma mistura por cromatografia em coluna. Que quantidade de adsorvente você deveria usar no empacotamento? Estime o diâmetro e o comprimento apropriados para a coluna.
7. Você quer coletar o componente de uma dada amostra com o peso molecular *maior* como *primeira* fração. Que técnica cromatográfica você usaria?
8. Uma banda colorida mostra uma cauda muito longa quando passa pela coluna. O que você pode fazer para resolver este problema?
9. Como você seguiria o progresso de uma cromatografia em coluna quando a amostra é incolor? Descreva pelo menos dois métodos.

TÉCNICA 20

Cromatografia em Camada Fina

A cromatografia em camada fina (CCF) é uma técnica muito importante para a separação rápida e a análise qualitativa de pequenas quantidades de materiais. É idealmente apropriado para a análise de misturas e produtos de reação em experimentos de grande e pequena escala. A técnica se relaciona de perto com a cromatografia em coluna. Na verdade, a CCF pode ser considerada uma cromatografia em coluna *ao inverso*, com o solvente subindo pelo adsorvente em vez de descer. Devido a esta relação próxima com a cromatografia em coluna, e porque os princípios que governam as duas técnicas são semelhantes, leia primeiro a Técnica 19, sobre a cromatografia em coluna.

20.1 PRINCÍPIOS DA CROMATOGRAFIA EM CAMADA FINA

Como a cromatografia em coluna, a CCF é uma técnica de partição sólido-líquido. A fase líquida móvel, porém, não percola de cima para baixo. Ela é forçada a ascender uma camada fina de adsorvente que cobre um suporte de apoio. O suporte mais comum é um material plástico, mas outros materiais são usados. Espalha-se uma camada fina de adsorvente no suporte e deixa-se secar. Um suporte coberto e seco é chamado de placa de camada fina. (Placas de microscópio foram muito usadas para preparar placas pequenas de camada fina, daí a referência a *placa*.) Quando uma placa de camada fina é colocada verticalmente em um recipiente que contém uma pequena quantidade de solvente, este sobe pela placa devido à capilaridade.

Em CCF, a amostra é aplicada na placa antes do solvente subir pela camada de adsorvente. A amostra é usualmente aplicada em um ponto pequeno, perto da base da placa. Esta técnica é chamada, com freqüência, de **aplicação** ("spotting"). A amostra é colocada em um ponto por aplicações sucessivas de uma solução com uma pequena pipeta capilar. Quando a pipeta cheia toca a placa, a capilaridade transfere seu conteúdo para a placa, e uma pequena mancha se forma.

Quando o solvente sobe a placa, a amostra se particiona entre a fase líquida, móvel, e a fase estacionária, sólida. Durante este processo, você estará **desenvolvendo** ou **correndo** a placa de camada fina. Durante o desenvolvimento, os vários componentes da mistura se separam. A separação baseia-se nos vários processos de equilíbrio que o soluto experimenta entre as fases móvel e estacionária. (A natureza desses equilíbrios foi discutida a fundo na Técnica 19, Seções 19.2 e 19.3, páginas 675 e 676, 679) Como na cromatografia em coluna, as substâncias menos polares avançam mais depressa do que as mais polares. A separação ocorre devido às diferenças de velocidade dos componentes que sobem a placa. Quando muitas substâncias estão presentes em uma mistura, cada uma tem solubilidade e adsortividade características, que dependem dos grupos funcionais da estrutura. Em geral, a fase estacionária é fortemente polar e liga-se fortemente às substâncias polares. A fase líquida móvel é usualmente menos polar do que o adsorvente e dissolve mais facilmente substâncias menos polares e, até mesmo, apolares. Assim, as substâncias mais polares sobem lentamente, ou nem sobem, e as substâncias apolares sobem mais rapidamente se o solvente é suficientemente apolar.

Após o desenvolvimento da placa de camada fina, ela é removida da câmara para secar completamente. Se a mistura original se separou, existirá uma série vertical de manchas na placa. Cada mancha corresponde a um componente separado da mistura. Se os componentes da mistura forem coloridos, as várias manchas serão claramente visíveis após o desenvolvimento. O mais comum, entretanto, é que as manchas não sejam visíveis porque as substâncias não são coloridas. Se isto acontecer, as manchas só podem ser vistas se um **método de visualização** for utilizado. Com freqüência, as manchas podem ser vistas sob luz ultravioleta. O uso da lâmpada ultravioleta é um método comum de visualização. Também é comum usar vapor de iodo. Coloca-se as placas por algum tempo em uma câmara que contém cristais de iodo. O iodo reage com os vários compostos adsorvidos na placa para formar complexos coloridos claramente visíveis. Como o iodo muda a estrutura dos compostos, os componentes da mistura não podem ser recuperados da placa quando se usa o método do iodo. (Outros métodos de visualização são discutidos na Seção 20.7.)

20.2 PLACAS COMERCIAIS DE CCF

O tipo mais conveniente de placa de CCF é preparado comercialmente e vendida pronta para o uso. Muitos fabricantes oferecem placas de vidro cobertas com uma camada resistente de sílica gel ou alumina. Placas de uso mais conveniente, com suportes de plástico ou de alumínio flexíveis, também são oferecidas. O tipo mais comum é feito com folhas de plástico cobertas com sílica gel e ácido poliacrílico, que serve de aglutinante. Pode-se misturar um indicador fluorescente com a sílica gel. Devido à presença de compostos na amostra, o indicador torna as manchas visíveis sob luz ultravioleta (veja a Seção 20.7). Embora estas placas sejam relativamente caras em comparação com as preparadas em laboratório, elas são muito mais úteis e dão resultados mais consistentes. As placas são muito uniformes. Como o suporte plástico é flexível, uma outra vantagem é que o revestimento não sai facilmente. As folhas plásticas (usualmente um quadrado de 20 cm X 20 cm) também podem ser cortadas, com tesoura ou cortador de papel, no tamanho desejado.

Se a caixa de placas de CCF tiver sido aberta ou se as placas forem antigas, elas devem ser postas para secar, antes do uso, em uma estufa em 100°C por 30 minutos e guardadas em um dessecador até o momento do uso.

20.3 PREPARAÇÃO DE PLACAS DE CAMADA FINA

As placas comerciais (Seção 20.2) são as mais convenientes, e recomendamos seu uso em muitas aplicações. Se você tiver de preparar suas próprias placas, esta seção dá instruções para fazê-lo. Os dois materiais adsorventes mais usados em CCF são a alumina G (óxido de alumínio) e a sílica gel G (ácido silícico). A letra G significa gipsita (sulfato de cálcio). A gipsita calcinada, $CaSO_4 \cdot \frac{1}{2}H_2O$, é mais conhecida como gesso. Quando exposto à água ou à umidade do ar, o gesso forma $CaSO_4 \cdot 2H_2O$, que liga o adsorvente às placas de vidro usadas como suporte. Os adsorventes usados para CCF contêm cerca de 10-13% de gesso por peso, adicionados como aglutinante. Fora isto, os adsorventes são os basicamente usados em cromatografia em coluna, exceto pelo tamanho das partículas, menor em CCF. O material usado em camada fina é um pó fino. O menor tamanho de partícula, além do gesso adicionado, torna impossível o uso de sílica gel G ou alumina G em coluna. Em uma coluna, estes materiais ficariam tão rígidos que o solvente não fluiria.

No caso de separações que envolvem grandes quantidades de material ou separações difíceis, pode ser necessário usar placas de camada fina maiores. Nestas condições, você talvez tenha de preparar suas próprias placas. Placas de 200-250 cm² são comuns. Com placas maiores, é desejável ter uma cobertura mais durável, preparada com uma lama de água. No caso de sílica gel, a lama deve conter 1g de sílica gel G para cada 2 mL de água. A placa de vidro deve ser lavada, secada e colocada em uma folha de papel jornal. Coloque duas tiras de fita adesiva ao longo de duas arestas da placa. Use mais de uma camada de fita adesiva se uma camada mais espessa for desejada na placa. Prepare a lama, agite-a bem e derrame-a ao longo das extremidades da placa que não têm a fita.

> **Cuidado:** Evite respirar pó de sílica ou cloreto de metileno. Prepare e use a lama em capela. Evite o contato do cloreto de metileno ou da lama com sua pele. Faça a operação de cobertura da placa na capela.

Use um bastão de vidro suficientemente longo para alcançar as duas extremidades com fita adesiva a fim de nivelar e espalhar a lama pela placa. Apóie o bastão de vidro na fita adesiva e puxe-o a partir da extremidade em que a lama foi aplicada em direção à outra extremidade. A Figura 20.1 ilustra o processo. Após espalhar a lama, remova as fitas adesivas e seque a placa em estufa em 110°C por cerca de 1 hora. Placas de 200-250 cm² são facilmente preparadas por este método. Placas maiores são mais difíceis. Muitos laboratórios têm um aparelho especial para espalhar a lama, que torna a operação mais simples.

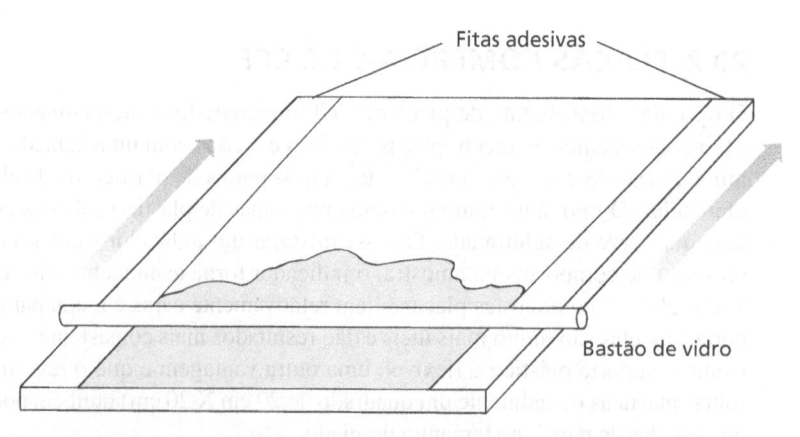

Figura 20.1 Preparação de uma placa de cromatografia em camada fina.

20.4 APLICAÇÃO DA AMOSTRA NAS PLACAS

A. Preparação da micropipeta

Use uma micropipeta para aplicar a amostra a ser separada na placa de camada fina. A micropipeta pode ser fabricada facilmente a partir de um pedaço de tubo capilar de parede fina como o usado nas determinações de ponto de fusão, porém abertos nas duas pontas. Aqueça o tubo capilar no meio com um bico de gás e rode-o até que amoleça. Em seguida, puxe o tubo pelas extremidades até que se forme um estreitamento de 4-5 cm de comprimento. Deixe-o esfriar, marque o tubo no centro com uma lima e corte-o. As duas pontas podem ser usadas como pipetas capilares. Tente fazer um corte limpo, sem bordas denteadas ou afiadas. A Figura 20.2 mostra como fazer estas pipetas.

B. Aplicação da amostra na placa

Para aplicar a amostra na placa, comece por colocar cerca de 1 mg de uma substância sólida de teste ou uma gota de um líquido de teste em um vidro de relógio ou em um tubo de ensaio. Dissolva a amostra em algumas gotas de um solvente volátil. Acetona ou cloreto de metileno são, usualmente, solventes adequados. Se você for testar uma solução, aplique-a diretamente (sem diluição). Encha a pequena pipeta capilar, preparada segundo as instruções acima, mergulhando a parte estreita na solução a ser examinada. A capilaridade enche a pipeta. Esvazie a pipeta tocando a placa em um ponto a 1 cm da extremidade inferior (Figura 20.3). O ponto de aplicação deve ser alto o suficiente para que a amostra não se dissolva no solvente de desenvolvimento. É importante tocar a placa muito levemente, sem fazer um buraco no adsorvente. Quando a pipeta toca a placa, a solução se transfere para a placa e forma uma pequena mancha. Toque a placa

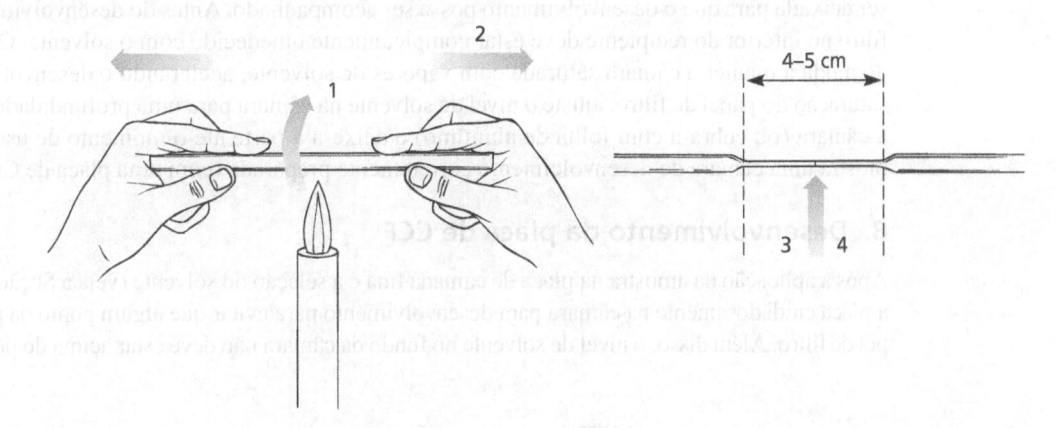

① Rode na chama até amolecer.
② Remova da chama e puxe.
③ Marque levemente o centro da seção estreita.
④ Quebre ao meio para fazer duas pipetas.

Figura 20.2 Construção de duas micropipetas capilares.

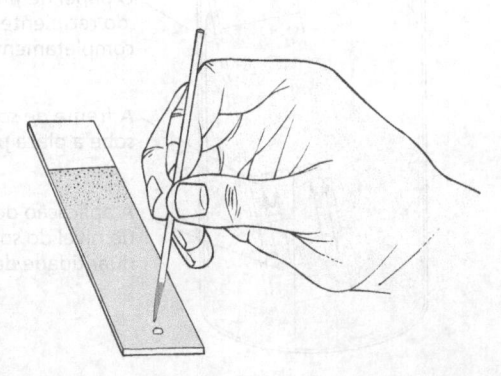

Figura 20.3 Aplicação na placa de cromatografia em camada fina com uma pipeta capilar.

durante um tempo curto e remova o capilar. Se a pipeta ficar encostada muito tempo, todo o conteúdo será transferido para a placa. Só uma pequena quantidade de material é necessária. Sopre suavemente a placa quando estiver aplicando a amostra. A evaporação do solvente antes que ele se espalhe ajuda a manter a mancha pequena. Quanto menor for a mancha formada, melhor poderá ser a separação. Se for necessário, repita o procedimento e aplique mais material sobre a placa. É melhor repetir o procedimento com pequenas quantidades do que aplicar uma grande quantidade de uma só vez. O solvente deve evaporar entre as aplicações. Se a mancha não for pequena (cerca de 2 mm de diâmetro), prepare uma nova placa. A pipeta capilar pode ser usada várias vezes se for lavada entre os usos. Mergulhe a pipeta repetidamente em uma pequena quantidade de solvente para lavá-la e encoste-a em uma toalha de papel para esvaziá-la.

Aplique a amostra em pelo menos três pontos de uma placa de 2,5 cm de largura. Cada ponto deve estar a cerca de 1 cm do fundo da placa, e todos os pontos devem ter o mesmo espaçamento, um deles no centro da placa. Devido à difusão, as manchas aumentam de diâmetro durante o desenvolvimento da placa. Para impedir que as manchas com materiais diferentes se misturem e para evitar confudir as amostras, não aplique em mais do que três pontos na mesma placa. Placas maiores podem acomodar mais amostras.

20.5 DESENVOLVIMENTO (CORRIDA) DE PLACAS DE CCF

A. Preparação da câmara de desenvolvimento

Pode-se fazer uma câmara de desenvolvimento apropriada para as placas de CCF com uma garrafa de 110 mL de boca larga. Uma alternativa é usar um bécher, com uma folha de alumínio cobrindo a abertura. O interior da garrafa, ou bécher, deve ser coberto com um pedaço de papel de filtro cortado de modo a não cobrir completamente a parede interna do recipiente. Uma abertura vertical de 2-3 cm deve ser deixada para que o desenvolvimento possa ser acompanhado. Antes do desenvolvimento, o papel de filtro no interior do recipiente deve estar completamente umedecido com o solvente. O papel umedecido ajuda a manter a câmara saturada com vapores de solvente, acelerando o desenvolvimento. Após a saturação do papel de filtro, ajuste o nível de solvente na câmara para uma profundidade de 5 mm, feche a câmara (ou cubra-a com folha de alumínio) e deixe-a à parte até o momento de uso. A Figura 20.4 mostra uma câmara de desenvolcimento corretamente preparada (com uma placa de CCF no lugar).

B. Desenvolvimento da placa de CCF

Após a aplicação da amostra na placa de camada fina e a seleção do solvente (veja a Seção 20.6), coloca-se a placa cuidadosamente na câmara para desenvolvimento para evitar que algum ponto da placa toque o papel de filtro. Além disso, o nível de solvente no fundo da câmara não deve estar acima do ponto de aplicação

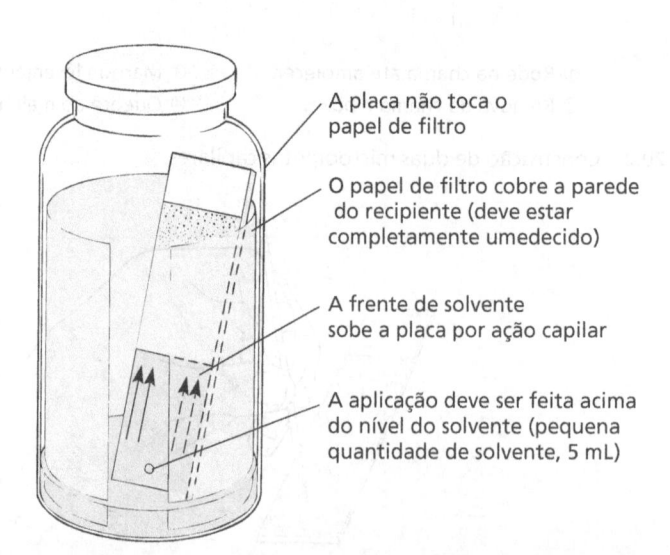

Figura 20.4 Câmara de desenvolvimento com uma placa de cromatografia em camada fina.

na placa, ou a amostra se dissolverá no solvente em vez de cromatografar. Assim que colocar corretamente a placa, no lugar, recoloque a tampa da câmara e espere que o solvente suba a placa por capilaridade. Isto, em geral, ocorre rapidamente; logo, você deve prestar atenção. Quando o solvente sobe, a placa fica visivelmente úmida. Assim que o solvente chegar a 5 mm do término da superfície coberta da placa, remova-a e marque a posição da frente de solvente com um lápis. Não deixe a frente de solvente passar do término da superfície coberta da placa. Remova a placa antes que isto aconteça. O solvente não ultrapassaria o fim da placa, mas as manchas que ficam em uma placa completamente umedecida em que o solvente não está se movendo tendem a se expandir por difusão. Depois de secar a placa, marque as manchas visíveis com um lápis. Se não houver manchas visíveis, use um método de visualização (Seção 20.7).

20.6 ESCOLHA DO SOLVENTE DE DESENVOLVIMENTO

A escolha do solvente de desenvolvimento depende dos materiais a serem separados. Você terá de tentar diversos solventes antes de conseguir uma separação satisfatória. Como as placas pequenas de CCF podem ser preparadas e desenvolvidas rapidamente, uma escolha empírica não é, usualmente, difícil de ser feita. Um solvente que faz com que todo o material aplicado se mova com a frente de solvente é muito polar. Um que não movimenta o material aplicado não é suficientemente polar. Use a Tabela 19.2, Técnica 19 (página 680) como uma referência para as polaridades relativas de solventes.

Cloreto de metileno e tolueno são solventes de polaridade intermediária e boas escolhas para muitos grupos funcionais das moléculas a serem separadas. Para hidrocarbonetos, são boas escolhas iniciais o hexano, o éter de petróleo (ligroína) e o tolueno. Hexano ou éter de petróleo com várias proporções de tolueno ou éter são solventes de polaridade moderada, úteis para moléculas com muitos grupos funcionais. Materiais polares podem exigir acetato de etila, acetona ou metanol.

Um modo rápido de determinar um bom solvente é aplicar várias amostras em uma única placa. Os pontos de aplicação devem estar no mínimo a 1 cm um do outro. Enche-se uma pipeta capilar com um solvente e encosta-se suavemente em uma das manchas. O solvente se expande em um círculo. A frente de solvente deve ser marcada com um lápis. Um solvente diferente é aplicado em cada mancha. Com a expansão dos solventes, as manchas formam anéis concêntricos. Pela aparência dos anéis, você pode fazer uma avaliação da aplicabilidade do solvente. A Figura 20.5 mostra vários tipos de comportamento que ocorrem neste método de avaliação.

20.7 MÉTODOS DE VISUALIZAÇÃO

É muita sorte quando os compostos a serem separados por CCF são coloridos porque assim a separação pode ser acompanhada visualmente. É mais freqüente, porém, que os compostos sejam incolores. Neste caso, deve-se usar reagentes, ou outro método, para tornar visíveis os materiais separados. Os reagentes que dão origem a manchas coloridas são chamados de **reagentes de visualização**. Os métodos que tornam as manchas aparentes são os **métodos de visualização**.

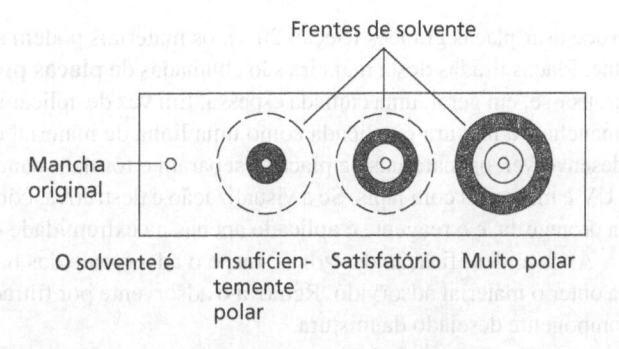

Figura 20.5 Método dos anéis concêntricos para testar solventes.

O método de visualização mais comum é o uso de lâmpadas de ultravioleta (UV). Sob luz UV, os compostos aparecem como manchas brilhantes na placa. Isto dá uma idéia, com freqüência, da estrutura do composto. Certos tipos de compostos brilham muito sob luz UV porque fluorescem.

Pode-se usar placas com um indicador de fluorescência adicionado ao adsorvente, com freqüência sulfetos de zinco e de cádmio. Quando tratada desta maneira, toda a placa fluoresce sob luz UV. Manchas escuras aparecem na placa, porém, nos pontos em que os compostos separados suprimem a fluorescência.

O iodo também é usado para visualizar as placas porque reage com muitas moléculas orgânicas para formar complexos amarelos ou castanhos. Neste método de visualização, coloca-se a placa de CCF, desenvolvida e seca, em uma garrafa de 120 mL de boca larga e tampa de rosca juntamente com alguns cristais de iodo. A garrafa fechada é ligeiramente aquecida em um banho de vapor ou em uma placa, com o controle no mínimo. A garrafa se enche de vapores de iodo, e as manchas começam a aparecer. Quando as manchas estiverem suficientemente intensas, remove-se a placa e marca-se as manchas com lápis. As manchas não são permanentes e seu aparecimento é conseqüência da formação de complexos entre o iodo e as substâncias orgânicas. Quando o iodo da placa sublima, as manchas desaparecem; logo, elas devem ser marcadas imediatamente. Praticamente todos os compostos, exceto hidrocarbonetos saturados e halogenetos de alquila, formam complexos com iodo. A intensidade das manchas não indica acuradamente a quantidade de material presente.

Além dos métodos já descritos, vários métodos químicos podem ser usados, mas eles destroem ou alteram permanentemente os compostos por reação. Muitos destes métodos são específicos para determinados grupos funcionais.

Os halogentos de alquila podem ser visualizados pela reação com um solução diluída de nitrato de prata espalhada nas placas. Formam-se halogetos de prata que se decompõem na luz, dando manchas escuras (prata livre) na placa de CCF.

Muitos grupos funcionais orgânicos podem ser visualizados por queima com ácido sulfúrico. Espalha-se ácido sulfúrico concentrado na placa, e aquece-se em 110°C, em estufa, para completar a queima. Cria-se, assim, manchas permanentes.

Compostos coloridos podem ser preparados a partir de compostos incolores por derivatização antes da aplicação na placa. Um exemplo disto é a preparação de 2,4-dinitro-fenil-hidrazonas a partir de aldeídos e cetonas, para produzir compostos amarelos e alaranjados. Pode-se, também, espalhar o reagente 2,4-dinitro-fenil-hidrazina na placa após a separação dos aldeídos e cetonas. Formam-se manchas amarelas e vermelhas na posição dos compostos. Outros exemplos são o uso de cloreto férrico para visualizar fenóis e o uso de verde de bromocresol para detectar ácidos carboxílicos. Trióxido de cromo, dicromato de potássio e permanganato de potássio podem ser usados para visualizar compostos que se oxidam facilmente. O *p*-dimetilamino-benzaldeído detecta aminas facilmente. A ninhidrina reage com aminoácidos, tornando-os visíveis. Muitos outros métodos e reagentes provenientes de várias fontes são específicos para certos tipos de grupos funcionais. Eles visualizam somente a classe de compostos de interesse.

20.8 PLACAS PREPARATIVAS

Se você usar placas grandes (Seção 20.3), os materiais podem ser separados e recuperados individualmente. Placas usadas desta maneira são chamadas de **placas preparativas**. No caso de placas preparativas, usa-se, em geral, uma camada espessa. Em vez de aplicar a amostra em uma mancha ou uma série de manchas, a mistura é aplicada como uma linha de material colocada a 1 cm do fundo da placa. Ao se desenvolver, os materiais da placa se separam e formam bandas, que são observadas usualmente por luz UV e marcadas com lápis. Se a visualização é destrutiva, cobre-se a maior parte da placa com papel, para protegê-la, e o reagente é aplicado apenas na extremidade da placa.

Após a identificação das zonas, raspe o adsorvente das bandas e extraia o material com solvente para obter o material adsorvido. Remova o adsorvente por filtração e evapore o solvente para recuperar o componente desejado da mistura.

20.9 VALORES DE R_f

As condições de cromatografia em camada fina incluem

1. Sistema de solvente
2. Adsorvente
3. Espessura da camada de adsorvente
4. Quantidade relativa de material aplicado

Sob um dado conjunto dessas condições, um determinado composto percorre sempre a mesma distância em relação ao deslocamento da frente de solvente. A razão entre o deslocamento do composto e o deslocamento do solvente é chamada de valor R_f. O símbolo R_f significa "fator de atraso" ou "razão até a frente" e é expresso por uma fração decimal:

$$R_f = \frac{\text{distância percorrida pela substância}}{\text{distância percorrida pela frente de solvente}}$$

Quando as condições de medida são completamente especificadas, o valor R_f é constante para um dado composto e corresponde a uma propriedade física do composto.

O valor de R_f pode seu usado para identificar um composto desconhecido, mas, como qualquer identificação baseada em um único resultado, ele precisa ser confirmado por outros dados. Muitos compostos podem ter o mesmo valor de R_f assim como muitos compostos podem ter, por exemplo, o mesmo ponto de fusão.

Nem sempre é possível, quando se mede o valor de R_f, duplicar exatamente as condições de medida que outro pesquisador usou. Por isto, os valores de R_f tendem a ser mais úteis para um pesquidador em seu laboratório do que para outros. A única exceção é quando os dois pesquisadores usam placas de mesma origem, como no caso das placas comerciais, ou conhecem os detalhes exatos da preparação das placas. Os valores de R_f, porém, podem ser guias úteis. Mesmo se os valores exatos não são confiáveis, os valores relativos podem dar a outro pesquisador informações úteis sobre o que esperar. Qualquer um que use valores de R_f da literatura verá que é uma boa idéia compará-los com substâncias padrão cujas identidades e valores de R_f são conhecidos.

Para calcular o valor de R_f de um dado composto, meça a distância que o composto percorreu a partir do ponto de aplicação. Se as manchas não forem muito grandes, meça a partir de seu centro. Se a mancha for grande, repita a medida em uma nova placa, usando menos material. Se as manchas tiverem caudas, faça a média a partir do "centro de gravidade" da mancha. Esta primeira distância é, então, dividida pela distância percorrida pela frente de solvente a partir do ponto de aplicação. A Figura 20.6 mostra um cálculo dos valores de R_f de dois compostos.

20.10 A CROMATOGRAFIA DE CAMADA FINA APLICADA À QUÍMICA ORGÂNICA

A cromatografia em camada fina tem vários usos importantes na química orgânica. Ela pode ser usada nas seguintes aplicações:

1. Para mostrar que dois compostos são idênticos
2. Para determinar o número de componentes de uma mistura
3. Para determinar o solvente apropriado para uma separação por cromatografia em coluna
4. Para acompanhar uma separação por cromatografia em coluna
5. Para verificar a eficiência de uma separação feita em coluna, por cristalização ou por extração
6. Para acompanhar o progresso de uma reação

Em todas essas aplicações, a CCF tem a vantagem de utilizar somente pequenas quantidades de material; logo, não há desperdício. Em muitos dos métodos de visualização, menos de um décimo de miligrama (10^{-7} g) de material pode ser detectado. Por outro lado, pode-se usar amostras de até um miligrama. Com placas preparativas, que são grandes (com cerca de 23 cm de largura), e com uma camada

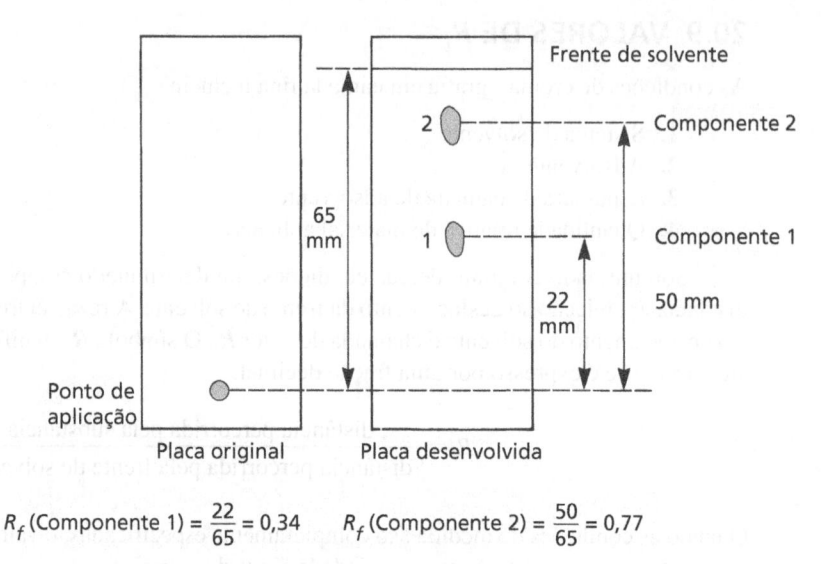

$$R_f \text{(Componente 1)} = \frac{22}{65} = 0{,}34 \qquad R_f \text{(Componente 2)} = \frac{50}{65} = 0{,}77$$

Figura 20.6 Exemplo de cálculo de valores de R_f.

relativamente espessa de adsorvente (> 500 μm), é possível separar de 0,2 g a 0,5 g de material de cada vez. A grande desvantagem da CCF é que materiais voláteis não podem ser usados porque evaporam.

A cromatografia em placa fina pode estabelecer a identidade de dois compostos. Aplique os dois compostos, lado a lado, em uma placa e faça o desenvolvimento. Se os dois viajarem a mesma distância na placa (tiverem o mesmo valor de R_f), eles são, provavelmente, idênticos. Se a posição das manchas não for a mesma, eles, definitivamente, não são idênticos. É importante aplicar os dois compostos *na mesma placa*. Isto é especialmente importante para as placas que você mesmo prepara. Como as placas variam muito de uma para outra, duas placas nunca terão a mesma espessura de adsorvente. Se você usar placas comerciais, esta precaução não é necessária, mas é fortemente recomendada.

A cromatografia em camada fina pode determinar se uma amostra é uma única substância ou uma mistura. Uma única substância dará uma única mancha em todos os solventes de desenvolvimento utilizados. Pode-se determinar o número de componentes de uma mistura se vários solventes forem experimentados. Cuidado, entretanto. Se os compostos tiverem propriedades muito semelhantes, como isômeros, por exemplo, pode ser difícil encontrar um solvente que separe a mistura. A incapacidade de obter uma separação não é prova absoluta de que uma amostra é uma única substância pura. Muitos compostos só podem ser separados por *desenvolvimento múltiplo* da placa de CCF com um solvente apolar. Neste método, a placa é removida após o primeiro desenvolvimento e posta para secar. Em seguida, ela é recolocada na câmara e desenvolvida novamente. Isto dobra o comprimento da placa. As vezes vários desenvolvimentos são necessários.

Na separação de uma mistura por cromatografia em coluna, você pode usar a CCF para determinar qual é o melhor solvente de separação. Tente vários solventes em uma placa feita com o mesmo adsorvente a ser usado na coluna. O solvente que melhor resolve os componentes provavelmente funcionará bem na coluna. Estes experimentos de escala pequena são rápidos, usam muito pouco material e economizam tempo que seria desperdiçado na tentativa de separar toda a mistura em uma coluna. Além disso, as placas de CCF permitem *acompanhar* a coluna. A Figura 20.7 mostra uma situação hipotética. Encontrou-se um solvente que separaria a mistura em quatro componentes (A-D). Desenvolveu-se uma coluna com este solvente, e foram coletadas 11 frações de 15 mL cada. A análise das frações por CCF mostrou que as frações 1-3 continham o componente A; as frações 4-7, o componente B; as frações 8-9, o componente C; e as frações 10-11, o componente D. Pequena contaminação foi observada nas frações 3, 4, 7 e 9.

Em outro exemplo, um pesquisador descobriu que um produto de reação era uma mistura. Ela deu duas manchas, A e B, em uma placa de CCF. Após cristalização do produto, a CCF mostrou que os cristais continham A puro e que o licor-mãe era formado por uma mistura de A e B. Ele decidiu que a cristalização havia purificado A satisfatoriamente.

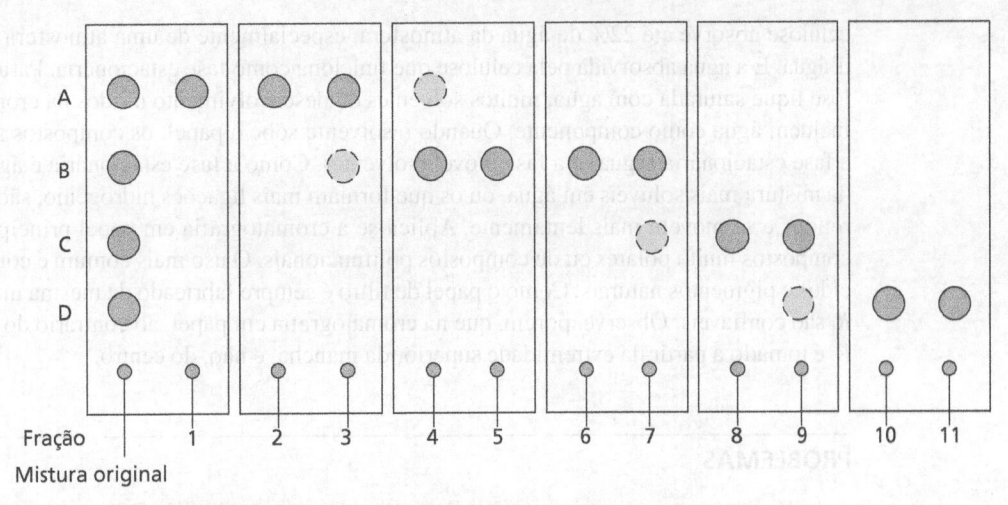

Figura 20.7 Monitoramento de uma cromatografia em coluna com placas de CCF.

Por fim, é sempre possível seguir o progresso de uma reação por CCF. Toma-se amostras da mistura de reação em vários momentos e faz-se a análise por CCF. A Figura 20.8 dá um exemplo. Neste caso, a reação desejada era a conversão de A em B. No começo da reação (hora zero), preparou-se uma placa de CCF que foi aplicada com A puro, B puro e a mistura de reação. Placas semelhantes foram preparadas nos tempos 0,5, 1, 2 e 3 horas após o início da reação. As placas mostraram que a reação estava completa em duas horas. Quando a reação continuou, um novo produto, o subproduto C, começou a aparecer. Assim, o melhor tempo de reação foi de 2 horas.

20.11 CROMATOGRAFIA EM PAPEL

A cromatografia em papel é considerada, com freqüência, como sendo relacionada à cromatografia em camada fina. As técnicas experimentais são muito semelhantes, mas os princípios da cromatografia em papel são mais relacionados à extração. A cromatografia em papel é, na verdade, uma técnica de partição líquido-líquido, e não, de partição líquido-sólido. Neste tipo de cromatografia, aplica-se a amostra em um ponto próximo de uma das extremidades de uma fita de papel de filtro de alta qualidade (Whatman No. 1 é muito usado). Coloca-se o papel, em seguida, em uma câmara de desenvolvimento. O solvente sobe por capilaridade e move para cima os componentes da mistura em velocidades diferentes. Embora o papel seja feito principalmente de celulose pura, ela não funciona como fase estacionária. A

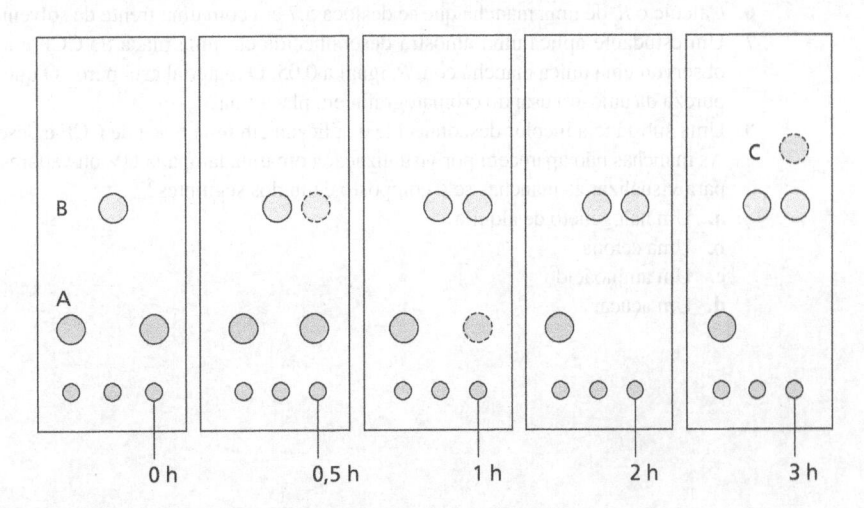

Figura 20.8 Monitoramento de uma reação com placas de CCF.

celulose absorve até 22% de água da atmosfera, especialmente de uma atmosfera saturada com vapor d'água. É a água absorvida pela celulose que funciona como fase estacionária. Para garantir que a celulose fique saturada com água, muitos solventes de desenvolvimento usados na cromatografia em papel incluem água como componente. Quando o solvente sobe o papel, os compostos se particionam entre a fase estacionária (água) e a fase móvel (solvente). Como a fase estacionária é água, os componentes da mistura mais solúveis em água, ou os que formam mais ligações hidrogênio, são os mais fortemente retidos e se movem mais lentamente. Aplica-se a cromatografia em papel principalmente no caso de compostos muito polares ou de compostos polifuncionais. O uso mais comum é com açúcares, aminoácidos e pigmentos naturais. Como o papel de filtro é sempre fabricado da mesma maneira, os valores de R_f são confiáveis. Observe, porém, que na cromatografia em papel, ao contrário do costume em CCF, o R_f é tomado a partir da extremidade superior da mancha, e não, do centro.

PROBLEMAS

1. Um estudante aplica uma amostra desconhecida em uma placa de CCF e a desenvolve usando diclorometano. Ele observou somente uma mancha, com R_f igual a 0,95. Será que isto indica que o composto está puro? O que pode ser feito para verificar a pureza da amostra usando a cromatogafia em camada fina?
2. Você e um colega receberam, cada um, um composto desconhecido. O material das duas amostras era incolor. Vocês usaram placas de CCF comerciais, do mesmo fabricante, e a desenvolveram com os mesmos solventes. Os dois obtiveram uma única mancha com $R_f = 0{,}75$. As duas substâncias são necessariamente iguais? Como você poderia provar, sem ambigüidades, usando CCF, que elas são idênticas?
3. Cada um dos solventes dados deveria separar efetivamente uma das misturas seguintes por CCF. Relacione o solvente apropriado com a mistura que você esperaria que ele separasse bem. Selecione o solvente entre os seguintes: hexano, cloreto de metileno ou acetona. Você terá de verificar as estruturas dos solventes e dos compostos em um manual de laboratório.
    a. 2-Fenil-etanol e acetofenona
    b. Bromo-benzeno e *p*-xileno
    c. Ácido benzóico, ácido 2,4-dinitro-benzóico e ácido 2,4,6-trinitro-benzóico
4. Imagine uma amostra que contém bifenila, ácido benzóico e álcool benzílico. A mistura é aplicada em uma placa de CCF e desenvolvida em uma mistura de dicloro-metano e ciclo-hexano. Prediga os valores de R_f relativos dos três componentes da amostra. (*Sugestão*: Veja a Tabela 19.3.)
5. Considere os seguintes erros que podem ser cometidos em uma corrida de CCF. Indique o que pode ser feito, em cada caso, para corrigir o erro.
    a. Uma mistura de dois componentes contendo 1-octeno e 1,4-dimetil-benzeno deu uma única mancha com valor de R_f igual a 0,95. O solvente usado foi acetona.
    b. Uma mistura de dois componentes contendo um ácido dicarboxílico e um ácido tricarboxílico deu uma única mancha com R_f igual a 0,05. O solvente usado foi hexano.
    c. Quando uma placa de CCF foi desenvolvida, a frente de solvente ultrapassou o topo da placa.
6. Calcule o R_f de uma mancha que se desloca 5,7 cm com uma frente de solvente igual a 13 cm.
7. Um estudante aplica uma amostra desconhecida em uma placa de CCF e a desenvolve em pentano. Ele observou uma única mancha com R_f igual a 0,05. O material está puro? O que pode ser feito para verificar a pureza da amostra usando cromatografia em placa fina?
8. Uma substância incolor desconhecida é aplicada em uma placa de CCF e desenvolvida no solvente correto. As manchas não aparecem por visualização com uma lâmpada UV ou vapores de iodo. O que pode ser feito para visualizar as manchas se o composto é um dos seguintes?
    a. Um halogeneto de alquila
    b. Uma cetona
    c. Um aminoácido
    d. Um açúcar

TÉCNICA 21

Cromatografia Líquida de Alta Eficiência (CLAE)

A separação é maior se o empacotamento usado na cromatografia em coluna for mais denso, o que pode ser obtido se o tamanho das partículas for menor. A área superficial para a adsorção das moléculas de soluto é muito maior, e o espaço ocupado pelo solvente entre as partículas é menor. Em conseqüência do empacotamento mais denso, o equilíbrio entre as fases líquido e sólido pode se estabelecer muito rapidamente em uma coluna mais curta, e a qualidade da separação aumenta consideravelmente. A desvantagem do empacotamento denso é que o fluxo de solvente se reduz ou, até mesmo, pára. A gravidade não é suficiente para empurrar o solvente em uma coluna com empacotamento denso.

Uma técnica desenvolvida recentemente, que pode ser aplicada na obtenção de separações de melhor qualidade em colunas com empacotamento denso, emprega uma bomba para forçar o solvente pela coluna. O resultado é o aumento do fluxo, mantendo as vantagens descritas acima. Esta técnica, chamada de **cromatografia líquida de alta eficiência (CLAE)**, é cada vez mais aplicada nos problemas em que as separações nas colunas comuns de cromatografia em coluna não são satisfatórias. Como a bomba atinge pressões superiores a 1.000 libras por polegada quadrada (psi), o método também é conhecido como **cromatografia líquida de alta pressão**. As pressões elevadas nem sempre são necessárias, porém, e separações satisfatórias podem ser obtidas com pressões da ordem de 100 psi.

A Figura 21.1 mostra o esquema básico de um instrumento de CLAE. O instrumento inclui os seguintes componentes essenciais:

1. Reservatório de solvente
2. Filtro de solvente e degasagem

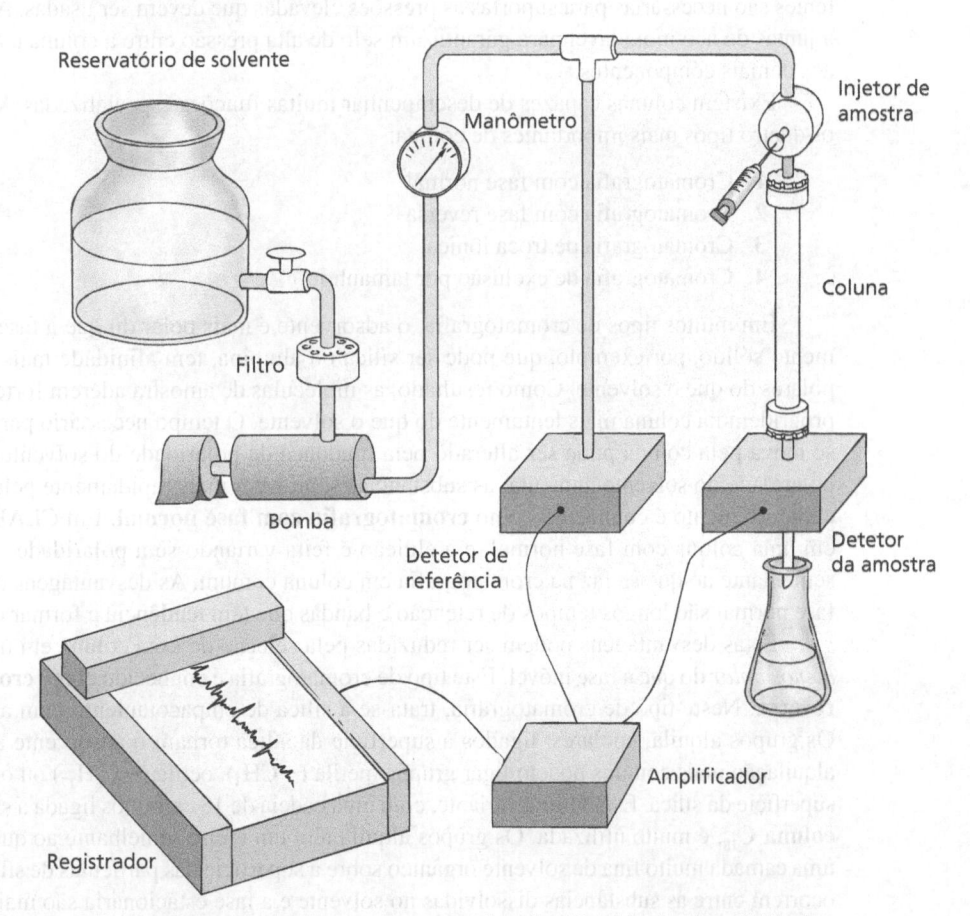

Figura 21.1 Diagrama esquemático de um cromatógrafo a líquido de alta eficiência.

3. Bomba
4. Manômetro
5. Sistema de injeção de amostra
6. Coluna
7. Detetor
8. Amplificador e controles eletrônicos
9. Registrador

Existem variantes deste desenho simples. Alguns instrumentos dispõem de estufas aquecidas para manter a coluna em uma determinada temperatura, coletores de frações e sistemas de manipulação de dados controlados por computador. Outros dispõem de filtros para o solvente e para a amostra. É interessante comparar este esquema com a Figura 22.2 da Técnica 22 (página 710), que descreve um instrumento de cromatografia a gás. Muitos componentes essenciais são comuns.

21.1 ADSORVENTES E COLUNAS

O fator mais importante a ser considerado quando se escolhe um conjunto de condições experimentais é a natureza do empacotamento da coluna. O tamanho da coluna também é importante. Os adsorventes usados nas colunas de cromatografia são, usualmente, sílica e alumina. Os adsorventes usados em CLAE, porém, têm tamanho de partículas muito inferior ao usado na cromatografia em coluna. O diâmetro das partículas varia de 5 μm a 20 μm em CLAE e é da ordem de 100 μm na cromatografia em coluna.

O adsorvente é empacotado em uma coluna capaz de resistir às pressões elevadas típicas deste tipo de instrumento. A coluna é, em geral, construída em aço inoxidável, embora existam colunas comerciais feitas com um material polimérico rígido ("PEEK" – Poli(éter-éter-cetona)). Colunas resistentes são necessárias para suportas as pressões elevadas que devem ser usadas. As colunas se adaptam a juntas de aço inoxidável para garantir um selo de alta pressão entre a coluna e a tubulação que a liga aos demais componentes.

Existem colunas capazes de desempenhar muitas funções especializadas. Veremos, aqui, apenas os quatro tipos mais importantes de coluna:

1. Cromatografia com fase normal
2. Cromatografia com fase reversa
3. Cromatografia de troca iônica
4. Cromatografia de exclusão por tamanho

Em muitos tipos de cromatografia, o adsorvente é mais polar do que a fase móvel. O empacotamento sólido, por exemplo, que pode ser sílica ou alumina, tem afinidade mais forte com moléculas polares do que o solvente. Como resultado, as moléculas de amostra aderem fortemente à fase sólida e progridem na coluna mais lentamente do que o solvente. O tempo necessário para que uma substância se mova pela coluna pode ser alterado pela mudança de polaridade do solvente. Em geral, quando a polaridade do solvente aumenta, as substâncias se movem mais rapidamente pela coluna. Este tipo de comportamento é conhecido como **cromatografia com fase normal**. Em CLAE, injeta-se a amostra em uma coluna com fase normal, e a eluição é feita variando-se a polaridade do solvente, de modo semelhante ao que se faz na cromatografia em coluna comum. As desvantagens da cromatografia com fase normal são longos tempos de retenção e bandas que têm tendência a formar caudas.

Estas desvantagens podem ser reduzidas pela seleção de uma coluna em que o suporte sólido é *menos polar* do que a fase móvel. Este tipo de cromatografia é conhecido como **cromatografia com fase reversa**. Neste tipo de cromatografia, trata-se a sílica de empacotamento com agentes de alquilação. Os grupos alquila, apolares, ligados à superfície da sílica tornam o adsorvente apolar. Os agentes de alquilação mais comuns podem ligar grupos metila ($-CH_3$), octila ($-C_8H_{17}$) ou octadecila ($-C_{18}H_{37}$) à superfície da sílica. Esta última variante, com uma cadeia de 18 carbonos ligada à sílica, conhecida como **coluna C_{18}**, é muito utilizada. Os grupos alquila têm um efeito semelhante ao que seria produzido por uma camada muito fina de solvente orgânico sobre a superfície das partículas de sílica. As interações que ocorrem entre as substâncias dissolvidas no solvente e a fase estacionária são mais semelhantes ao que se observa na extração líquido-líquido. As partículas de soluto se distribuem entre os dois "solventes" – isto é, entre o solvente que se move e a camada orgânica sobre a sílica. Quanto maiores forem as cadeias alquila ligadas à sílica, mais efetiva será sua interação com as moléculas de soluto.

A cromatografia com fase reversa é muito usada porque a troca das moléculas de soluto entre a fase móvel e a fase estacionária é relativamente rápida, isto é, as substâncias passam pela coluna com uma velocidade razoável. Além disso, problemas decorrentes da formação de cauda se reduzem. Uma desvantagem deste tipo de coluna, porém, é que as fases sólidas ligadas quimicamente tendem a se decompor. Os grupos alquila se hidrolisam lentamente, deixando exposta a superfície de sílica. Com isto, o processo cromatográfico que ocorre na coluna passa, lentamente, de um mecanismo de separação com fase reversa a um mecanismo com fase normal.

Outro tipo de suporte sólido usado na cromatografia com fase reversa é formado por pérolas de polímeros orgânicos. Elas expõem à fase móvel uma superfície de natureza essencialmente orgânica.

No caso de soluções de íons, selecione uma coluna empacotada com uma resina de troca de íons, a **cromatografia de troca iônica**. A resina escolhida pode trocar cátions ou ânions, dependendo da natureza da amostra.

Um quarto tipo de coluna é a **coluna de exclusão por tamanho** ou **coluna de filtração em gel**. A interação aqui é semelhante à que foi descrita na Técnica 19, Seção 19.16, página 691.

21.2 DIMENSÕES DA COLUNA

As dimensões da coluna que vai ser usada dependem da aplicação. Para aplicações analíticas, uma coluna típica é feita de um tubo de diâmetro interno entre 4 e 5 mm, embora colunas de diâmetro interno de 1 mm ou 2 mm também existam. Uma coluna analítica típica tem comprimento entre 7,5 cm e 30 cm. Este tipo de coluna permite a separação de 0,1 mg a 5 mg de amostra. Com colunas de diâmetro menor, é possível analisar amostras de menos de 1 *micro*grama.

A cromatografia líquida de alta eficiência é uma técnica analítica excelente, mas os compostos separados também podem ser isolados. A técnica pode ser usada em experimentos preparativos. Como na cromatografia em coluna, as frações podem ser coletadas em recipientes diferentes ao passarem pela coluna. Os solventes podem ser evaporados, permitindo o isolamento dos compostos separados. Amostras entre 5 mg e 100 mg podem ser separadas em uma coluna semipreparativa, ou **coluna semiprep**, cujas dimensões típicas são 8 mm de diâmetro interno e 10 cm de comprimento. Este tipo de coluna é prático quando você deseja usar a mesma coluna para o trabalho de separação analítica e preparativa. A coluna semiprep é suficientemente pequena para ter sensibilidade razoável para as análises, mas também é capaz de tratar amostras de tamanho moderado se você desejar isolar os componentes de uma mistura. Amostras maiores podem ser separadas com uma **coluna preparativa**. Este tipo de coluna é útil se você deseja coletar os componentes separados de uma amostra e usar as amostras puras para outros estudos (uma outra reação química ou análise espectroscópica, por exemplo). Uma coluna preparativa pode chegar a 20 mm de diâmetro interno e 30 cm de comprimento e tratar amostras de até 1 g por cada injeção.

21.3 SOLVENTES

A escolha de solventes para uma separação por CLAE depende do tipo de processo cromatográfico selecionado. Na separação com fase normal, escolhe-se o solvente por sua polaridade. Use os critérios descritos na Técnica 19, Seção 19.4B, página 680. Um solvente de polaridade muito pequena poderia ser o pentano, o éter de petróleo ou o tetracloreto de carbono. Um solvente de polaridade muito alta poderia ser a água, o ácido acético, o metanol ou o 1-propanol.

No caso de um experimento com fase reversa, um solvente menos polar faz os solutos migrarem *mais rapidamente*. Assim, por exemplo, no caso de um solvente misto metanol-água, quando a percentagem do metanol aumenta (o solvente fica menos polar), diminui o tempo necessário para eluir os componentes de uma mistura na coluna. O comportamento dos solventes como eluentes de cromatografia com fase reversa é o oposto da ordem da Tabela 19.2, página 680.

Se somente um solvente (ou uma mistura de solventes) é usado em toda a separação, diz-se que o cromatograma é **isocrático**. Dispositivos eletrônicos especiais são usados nos instrumentos de CLAE para permitir mudanças programadas da composição do solvente do começo ao fim da cromatografia. Eles são chamados de **sistemas de gradiente de eluição**. O gradiente de eluição reduz consideravelmente o tempo necessário para a separação.

A necessidade de solventes puros é especialmente aguda em CLAE. O pequeno diâmetro da coluna e o tamanho muito pequeno das partículas exigem que o solvente seja muito puro e livre de resíduos insolúveis. Em muitos casos, os solventes devem passar por filtros ultrafinos e devem ser degasados (ter os gases dissolvidos removidos) antes do uso.

Escolha o gradiente de solvente de modo que o poder de eluição do solvente aumente durante o experimento. O resultado é que os componentes da mistura que tendem a se mover muito lentamente na coluna passam a se mover mais depressa quando o poder de eluição do solvente aumenta gradualmente. O instrumento pode ser programado para que a composição do solvente mude segundo um gradiente linear ou não-linear, dependendo das necessidades específicas da separação.

21.4 DETETORES

Usa-se um **detetor** de fluxo contínuo para determinar se uma sustância passa pela coluna. Em muitas aplicações, o detetor percebe a mudança de índice de refração do líquido quando a composição do líquido muda na presença do soluto ou percebe a absorção do soluto sob luz ultravioleta ou visível. O sinal gerado no detetor é amplificado e tratado de modo semelhante ao que é feito na cromatografia a gás (Técnica 22, Seção 22.6, página 714).

O detetor mais usado em CLAE responde a mudanças do índice de refração da solução. A variação de índice de refração não é muito grande, mas é significativa quando o líquido muda de solvente puro a uma solução que contém um soluto orgânico, e a diferença pode ser detectada e comparada com o índice de refração do solvente puro. A diferença é registrada como um pico em um gráfico. A desvantagem deste tipo de detetor é que ele deve ser sensível a diferenças muito pequenas de índice de refração. Em conseqüência, ele tende a ser instável e difícil de balancear.

Quando os componentes da mistura absorvem no ultravioleta ou no visível do espectro, pode-se usar um detetor capaz de registrar a absorção em um dado comprimento de onda de luz. Este tipo de detetor é muito mais estável, e as leituras tendem a ser mais confiáveis. Infelizmente, muitos compostos orgânicos não absorvem luz ultravioleta, e este tipo de detetor não pode ser usado.

21.5 APRESENTAÇÃO DOS DADOS

Os dados obtidos com um instrumento de CLAE são registrados em um gráfico com a resposta do detetor no eixo vertical e o tempo no eixo horizontal. Estes gráficos são registrados em uma folha de papel de gráfico que se move continuamente. Eles podem ser obtidos também na forma de um gráfico em uma tela de computador. Em praticamente todos os aspectos, a forma dos dados é idêntica à produzida em um cromatógrafo a gás. Na verdade, o sistema de tratamento de dados dos dois tipos de instrumentos é praticamente o mesmo. Para entender como analisar os dados do instrumento de CLAE, leia as Seções 22.11 e 22.12 da Técnica 22.

REFERÊNCIAS

Bidlingmeyer, B. A. *Practical CLAE Methodology and Applications,* New York:Wiley, 1992.

Katz, E., editor. *Handbook of CLAE.* Volume 78 in Chromatographic Science Series, New York: M. Dekker, 1998.

Lough,W. J., and Wainer, I.W., editors. *High Performance Liquid Chromatography: Fundamental Principles and Practice.* London and New York: Blackie Academic & Professional, 1996.

Rubinson, K. A. "Liquid Chromatography." Chap. 14 in *Chemical Analysis.* Boston: Little, Brown and Co., 1987.

PROBLEMAS

1. Prediga a ordem de eluição de uma mistura de bifenila, ácido benzóico e álcool benzílico e descreva as diferenças que você esperaria encontrar se usar CLAE com fase normal (em hexano) ou com fase reversa (em tetra-hidro-furano/água) para separá-la.
2. Qual seria a diferença dos programas de gradiente de eluição entre a cromatografia com fase normal e com fase reversa?

TÉCNICA 22
Cromatografia a Gás

A cromatografia a gás é um dos instrumentos mais úteis para separação e análise de compostos orgânicos que se vaporizam sem decomposição. Usos comuns incluem o teste da pureza de um composto e a separação dos componentes de uma mistura. As quantidades relativas dos componentes de uma mistura também podem ser determinadas. Em alguns casos, a cromatografia a gás pode ser usada para identificar um composto. No trabalho de escala pequena, ela também pode ser usada como um método preparativo de isolamento de compostos puros a partir de uma pequena quantidade de mistura.

Os princípios da cromatografia a gás e em coluna se parecem, mas são diferentes de três maneiras. Em primeiro lugar, os processos de partição dos compostos são feitos entre uma **fase gás móvel** e uma **fase líquido estacionária**. (Lembre-se de que na cromatografia em coluna a fase móvel é um líquido e a fase estacionária é um adsorvente sólido.) Em segundo lugar, a temperatura do gás pode ser controlada porque a coluna é mantida em um forno isolado. Em terceiro lugar, a concentração de qualquer composto na fase gás é função somente de sua pressão de vapor. Como a cromatografia a gás separa os componentes de uma mistura essencialmente na base das pressões de vapor (ou pontos de ebulição), esta técnica também é semelhante, em princípio, à destilação fracionada. No trabalho em escala pequena, ela é usada, às vezes, para separar e isolar compostos de uma mistura. A destilação fracionada seria preferida no caso de quantidades maiores de material.

A cromatografia a gás (CG) também é conhecida como cromatografia em fase vapor (VPC) e como cromatografia de partição gás-líquido (GPLC). Todos os três nomes, bem como suas abreviações, são comuns na literatura da química orgânica. Em referências à técnica, o último termo, GPLC, é o mais correto e preferido pela maior parte dos autores.

22.1 O CROMATÓGRAFO

A aparelhagem usada para obter uma separação cromatográfica gás-líquido é chamado de **cromatógrafo**. A Figura 22.1 ilustra um cromatógrafo a gás para estudantes, o modelo GOWMAC 69-350. A Figura 22.2 esquematiza um diagrama de blocos de um cromatógrafo. Os elementos básicos do instrumento são aparentes. Injeta-se a amostra no cromatógrafo e ela se vaporiza imediatamente em uma câmara de injeção aquecida e passa para uma corrente de gás em movimento, chamado **gás carreador**. A amostra vaporizada entra em uma coluna cheia de partículas cobertas por um adsorvente líquido. A coluna é mantida em um forno a temperaturas controladas. Ao passar pela coluna, a amostra sofre muitos processos de partição gás-líquido, e os componentes se separam. Ao sair da coluna, cada componente é detectado por um sensor elétrico que gera um sinal transformado em um gráfico no registrador.

Muitos instrumentos modernos são também equipados com um microprocessador que pode ser programado para mudar parâmetros, como a temperatura do forno, enquanto a mistura passa pela coluna. Com isto, é possível melhorar a separação dos componentes e fazer a corrida em tempos relativamente curtos.

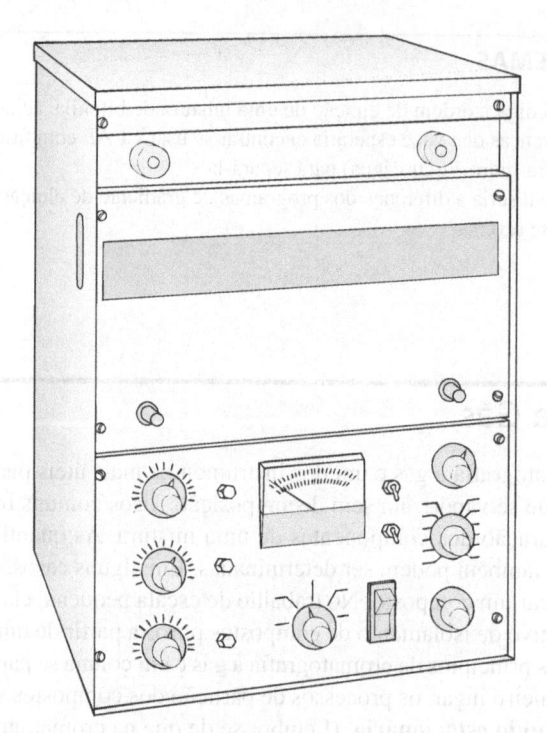

Figura 22.1 Um cromatógrafo a gás.

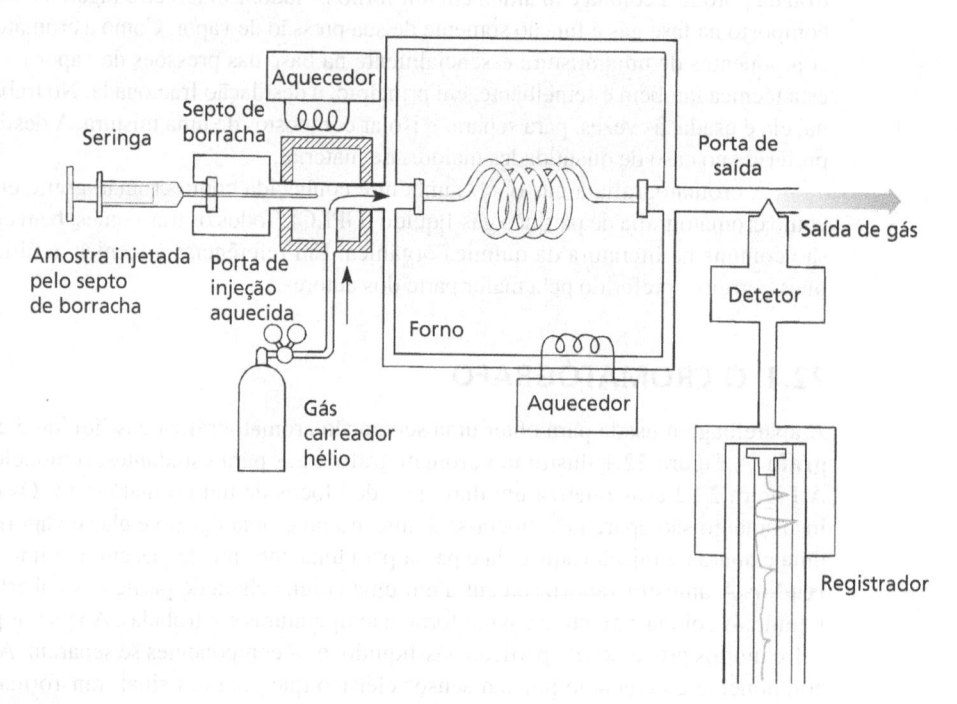

Figura 22.2 Esquema de um cromatógrafo a gás.

22.2 A COLUNA

O coração do cromatógrafo a gás é a coluna empacotada. Ela é feita, normalmente, com um tubo de cobre ou de aço inoxidável, mas, às vezes, é feita de vidro. Os diâmetros mais comuns são 3 mm e 6 mm. Para construir uma coluna, corte um pedaço de tubo no comprimento desejado e coloque no lugar os ajustes necessários para ligar a coluna ao aparelho. Os comprimentos mais comuns estão na faixa de 1,25 a 4,50 m, mas algumas colunas podem chegar a 15 m.

A coluna deve ser empacotada com a **fase estacionária**. O material escolhido é usualmente um líquido, uma cera ou um sólido de baixo ponto de fusão. O material deve ser pouco volátil, isto é, deve ter pressão de vapor baixa e ponto de ebulição alto. Os líquidos comumente usados são hidrocarbonetos de alto ponto de ebulição, óleos de silicone, ceras, éteres e amidas. A Tabela 22.1 lista algumas substâncias típicas.

A fase líquido é embebida em um **suporte**. Um material muito usado como suporte é o tijolo refratário em pó. Existem muitos métodos para embeber as partículas de suporte com a fase líquido de alto ponto de ebulição. O mais fácil é dissolver o líquido (ou cera ou sólido de baixo ponto de fusão) em um solvente volátil como cloreto de metileno (pe 40°C). Adiciona-se o tijolo em pó (ou outro suporte) à solução e evapora-se o solvente lentamente (evaporador rotatório), de modo a deixar as partículas de suporte bem-cobertas. A Tabela 22.2 lista outros materiais usados como suporte.

Na etapa final, empacota-se o tubo com o suporte coberto com a fase líquido da maneira mais homogênea possível. Dobra-se o tubo em espiral para que ele caiba no forno do cromatógrafo com as duas extremidades ligadas às portas de entrada e saída do gás.

A seleção da fase líquido depende de dois fatores. Em primeiro lugar, muitas fases líquido têm um limite superior de temperatura para uso. Acima deste limite de temperatura, a fase líquido começa a "sangrar" para fora da coluna. Em segundo lugar, deve-se levar em conta a natureza dos materiais a serem separados. Para amostras polares, é melhor usar uma fase líquido polar. Para amostras apolares, uma fase líquido apolar é melhor. A fase líquido funciona melhor quando as substâncias a serem separadas são *solúveis* nela.

Muitos pesquisadores preferem adquirir as colunas. Muitos tipos e comprimentos são oferecidos no comércio.

Como alternativa às colunas empacotadas pode-se usar colunas capilares de vidro, ou Golay, de diâmetros 0,1-0,2 mm. Estas colunas não utilizam suporte sólido, e o líquido é embebido diretamente nas paredes internas do tubo. As fases líquido comumente usadas nas colunas capilares de vidro têm composição semelhante às usadas em colunas empacotadas. Elas incluem DB-1 (semelhante a SE-30),

TABELA 22.1 Fases líquidas típicas

		Tipo	Composição	Temperatura Máxima (°C)	Uso Típico
Polaridade aumenta	Apiezons (L, M, N, etc.)	Graxas de hidrocarbonetos (variação PM)	Misturas de hidrocarbonetos	250–300	Hidrocarbonetos
	SE-30	Borracha de metil-silicone	Como óleo de silicone, com ligações cruzadas	350	Uso geral
	DC-200	Óleo de silicone (R=CH$_3$)	$R_3Si-O-[Si(R)(R)-O]_n-SiR_3$	225	Aldeídos, cetonas, halogenocarbonetos
	DC-710	Óleo de silicone	$[Si(R')(R)-O]_n$	300	Uso geral
	Carbowax (400-20M)	Polietilenoglicol (cadeias de vários tamanhos)	Poliéter HO—(CH$_2$CH$_2$—O)n—CH$_2$CH$_2$OH	Acima de 250	Álcoois, éteres, halogenocarbonetos
↓	DEGS	Succinato de dietilenoglicol	Poliéster $[CH_2CH_2-O-C(=O)-(CH_2)_2-C(=O)-O]_n$	200	Uso geral

TABELA 22.2 Suportes sólidos típicos

Tijolo refratário em pó	Chromosorb T (pérolas de Teflon)
Pérolas de náilon	
Pérolas de vidro	Chromosorb P (terra diatomácea cor de rosa, muito absorvente, pH 6-7)
Sílica	
Alumina	
Carvão	Chromosorb W (terra diatomácea branca, razoavelmente absorvente, pH 8-10)
Peneiras moleculares	
	Chromosorb G (como acima, pouco absorvente, pH 8,5)

BD-17 (semelhante a DC-710) e DB-WAX (semelhante a Carbowax 20M). As colunas são, geralmente, muito longas, tipicamente com 15-30 metros. O comprimento e o pequeno diâmetro aumentam a interação entre a amostra e a fase estacionária. Os cromatógrafos equipados com estas colunas são capazes de separar os componentes de uma mistura mais efetivamente do que os que utilizam colunas empacotadas de maior diâmetro.

22.3 PRINCÍPIOS DA SEPARAÇÃO

Após a seleção, empacotamento e instalação da coluna, passa-se o **gás carreador** (usualmente hélio, argônio ou nitrogênio) pela fase líquido. Introduz-se na corrente de gás, a seguir, a mistura de compostos a serem separados. Os compostos entram em equilíbrio (ou se particionam) entre a fase gás móvel e a fase líquido estacionária (Figura 22.3). A fase líquido é estacionária porque está adsorvida na superfície do suporte.

A amostra é introduzida no cromatógrafo através de um septo de borracha, com uma seringa de microlitros, na forma de líquido ou solução. Ela passa para uma câmara aquecida, chamada de **porta de injeção**, onde se vaporiza e se mistura com o gás carreador. Ao atingir a coluna, aquecida em um

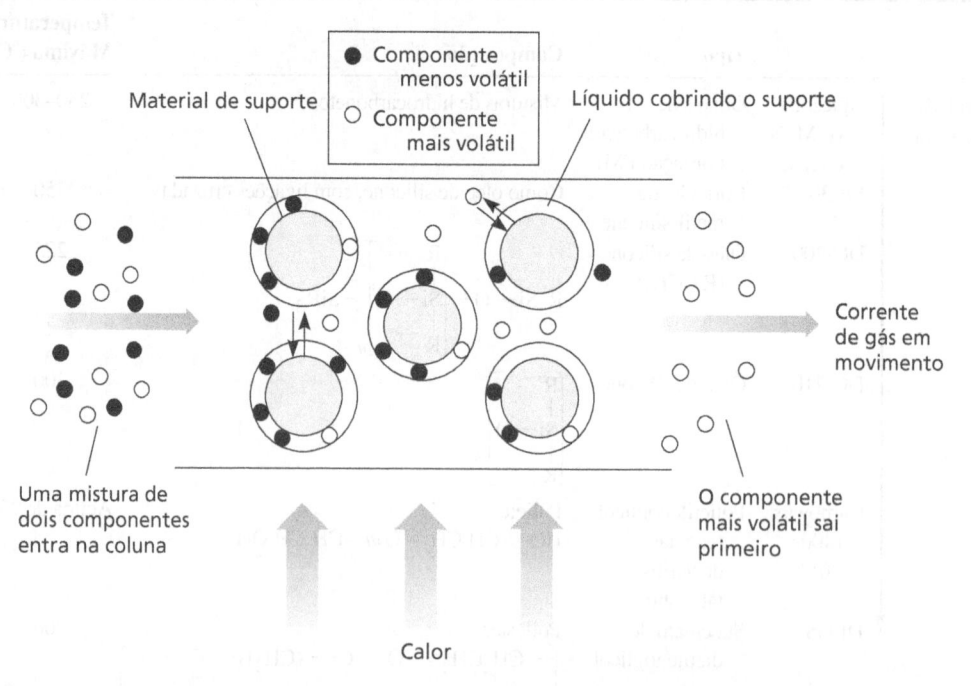

Figura 22.3 O processo de separação.

forno de temperatura controlada, a mistura começa a se equilibrar entre as fases líquido e gás. O tempo necessário para que a amostra passe pela coluna depende do tempo que ela passa na fase gás e na fase líquido. Quanto mais tempo ela passar na fase vapor, mais rapidamente ela chega ao fim da coluna. Em muitas separações, os componentes da amostra têm solubilidades semelhantes na fase líquido. Isto faz com que o tempo gasto por um componente na fase vapor dependa principalmente de sua pressão de vapor, e o componente mais volátil chega primeiro ao fim da coluna, como se pode ver na Figura 22.3. Após a seleção da melhor temperatura da coluna e da fase líquido correta, os compostos passam pela coluna em diferentes velocidades e se separam.

22.4 FATORES QUE AFETAM A SEPARAÇÃO

Vários fatores determinam a velocidade com que um dado composto se move em um cromatógrafo a gás. Em primeiro lugar, compostos de pontos de ebulição baixos se movem mais depressa do que compostos de pontos de ebulição altos. Isto ocorre porque a coluna está aquecida e os compostos de pontos de ebulição baixos têm sempre pressão de vapor maior do que os compostos de pontos de ebulição altos. Em geral, portanto, o tempo de retenção de compostos que têm o mesmo grupo funcional aumenta com o peso molecular. Para a maior parte das moléculas, o ponto de ebulição aumenta com o peso molecular. Se a coluna estiver em uma temperatura muito alta, porém, toda a mistura passará por ela na velocidade do gás carreador e não entrará em equilíbrio com a fase líquido. Por outro lado, se a temperatura for muito baixa, a mistura se dissolve na fase líquido e não retorna à fase vapor. Em outras palavras, ela fica retida na coluna.

O segundo fator é a velocidade de fluxo do gás carreador. Ela não deve ser tão rápida que impeça que as moléculas da amostra que estão na fase vapor entrem em equilíbrio com as que estão dissolvidas na fase líquido. Isto pode levar a uma separação ruim dos componentes da mistura injetada. Se a velocidade de fluxo for muito pequena, porém, as bandas ficam significativamente mais largas, levando a uma resolução ruim (veja a Seção 22.8).

O terceiro fator é a escolha da fase líquido usada na coluna. Na escolha da fase líquido, pesos moleculares, grupos funcionais e polaridades dos componentes da mistura a ser separada devem ser considerados. Um tipo diferente de material é usado, em geral, para hidrocarbonetos e para ésteres. Os materiais a serem separados devem ser solúveis no líquido. Deve-se levar em conta, também, o limite de temperatura útil da fase líquido selecionada.

O quarto fator é o comprimento da coluna. Compostos muito semelhantes exigem, em geral, colunas mais longas do que compostos muito diferentes. Muitos tipos de misturas de isômeros caem na categoria "difícil". Os componentes de misturas de isômeros são tão semelhantes que eles se movem pela coluna em velocidades muito próximas. É preciso escolher uma coluna mais longa para aproveitar as pequenas diferenças que possam existir.

22.5 VANTAGENS DA CROMATOGRAFIA A GÁS

Todos os fatores mencionados devem ser ajustados pelo químico conforme a mistura a ser separada. Muito trabalho preliminar tem de ser feito antes de se poder separar adequadamente uma mistura por cromatografia a gás. Apesar disso, as vantagens da técnica são muitas.

Em primeiro lugar, muitas misturas que não podem ser separadas por outros métodos o podem por cromatografia a gás. Em segundo lugar, pode-se separar quantidades muito pequenas, da ordem de 1-10 μL (1 μL = 10^{-6} L), com esta técnica. Esta vantagem é particularmente importante quando se está trabalhando em escala pequena. Em terceiro lugar, o acoplamento da cromatografia a gás a um registrador eletrônico (veja a discussão adiante) permite estimar as quantidades dos componentes presentes na mistura.

A faixa de compostos que podem ser separados por cromatografia a gás vai de gases, como oxigênio (pe -183°C) e nitrogênio (pe -196°C), a compostos orgânicos com pontos de ebulição acima de 400°C. A única exigência é que os compostos tenham pressão de vapor apreciável na temperatura de separação e sejam estáveis nessa temperatura.

22.6 ACOMPANHAMENTO DA COLUNA (O DETETOR)

Para seguir a separação da mistura injetada no cromatógrafo a gás, é necessário usar um dispositivo elétrico chamado **detetor**. Dois tipos de detetores são de uso comum, o **detetor de condutividade térmica (TCD)** e o **detetor de ionização de chama (FID)**.

O detetor de condutividade térmica é um arame aquecido colocado na saída da corrente de gás da coluna. O arame é aquecido por uma voltagem constante. Quando uma corrente constante do gás carreador passa pelo arame, a velocidade de perda de calor e sua condutância elétrica são constantes. Quando a composição da corrente de vapor muda, o fluxo de calor que sai do arame e sua resistência mudam. Como tem condutividade térmica superior à da maior parte das substâncias orgânicas, o hélio é muito usado como gás carreador. Assim, quando uma substância elui na corrente de vapor, a condutividade térmica dos gases em movimento será inferior à do hélio puro. O arame se aquece e sua resistência diminui.

Um TCD típico opera por diferença. Usa-se dois detetores: um fica exposto ao efluente, e o outro, a uma corrente de referência do gás carreador. Para que isto possa ser feito, uma parte do gás carreador é separada antes de entrar na porta de injeção. O gás passa por uma coluna de referência na qual não existe amostra. Os detetores montados nas colunas de referência e de amostra formam os braços de um circuito de ponte de Wheatstone (Figura 22.4). Quando o gás carreador puro passa pelas duas colunas, o circuito está balanceado. Quando, porém, um composto elui na coluna de amostra, o circuito se desbalanceia e cria um sinal elétrico. Este sinal é amplificado e usado para ativar um registrador. O registrador coloca em gráfico, com uma pena móvel, a corrente gerada no detetor *versus* o tempo em um papel que se desloca em velocidade constante. O registro impresso da resposta do detetor (corrente) *versus* o tempo chama-se **cromatograma**. A Figura 22.5 ilustra um cromatograma típico. As deflexões da pena chamam-se **picos**.

Ao se injetar uma amostra, um pouco de ar (CO_2, H_2O, N_2 e O_2) também é admitido na porta de injeção. O ar se move com quase a mesma velocidade do gás carreador e, ao passar pelo detetor, provoca uma pequena resposta da pena, dando um pico chamado de **pico de ar**. Subseqüentemente (t_1, t_2, t_3), os componentes passam pelo detetor e também dão origem a picos no cromatograma.

No detetor de ionização de chama, o efluente da coluna é dirigido para uma chama produzida pela combustão de hidrogênio (Figura 22.6). Ao queimar na chama, os compostos orgânicos se fragmentam em íons que são coletados em um anel colocado acima da chama. O sinal elétrico resultante é amplificado e enviado a um registrador, como no TCD, exceto pelo fato de que o FID não produz um pico de ar. A principal vantagem do FID é que ele é mais sensível e pode ser usado na análise de quantidades menores de amostra. Como o FID também não responde à água, um cromatógrafo a gás com este detetor pode ser usado para analisar soluções em água. Duas desvantagens são que o FID é mais difícil de operar e que o processo de detecção destrói a amostra. Um cromatógrafo a gás dotado de FID não pode, portanto, ser usado no trabalho preparativo.

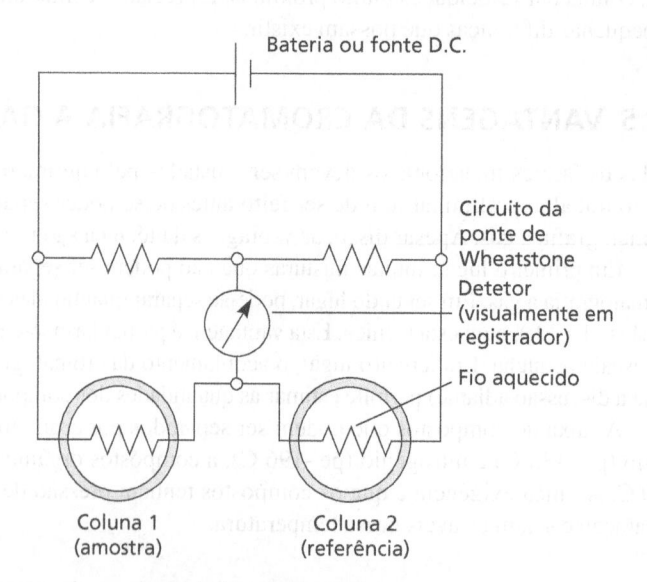

Figura 22.4 Um detetor de condutividade térmica típico.

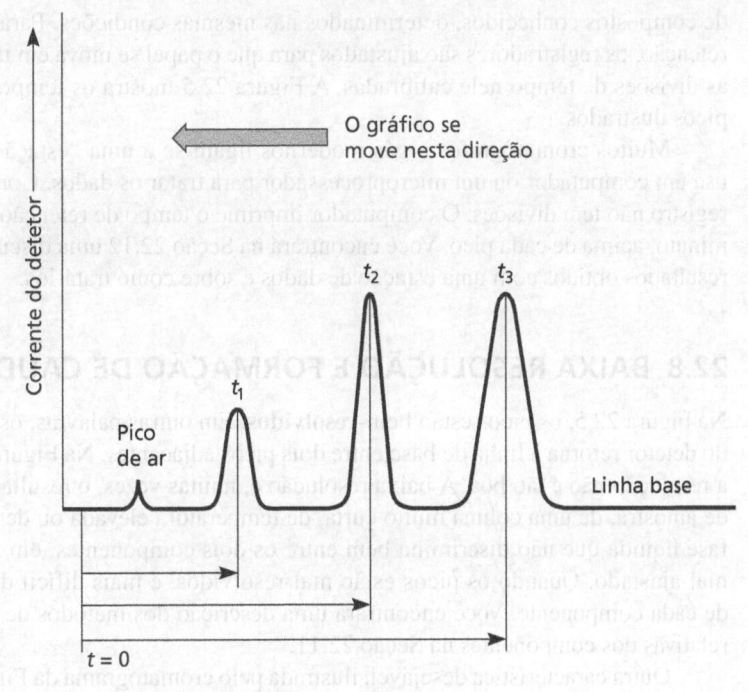

Figura 22.5 Um cromatograma a gás típico.

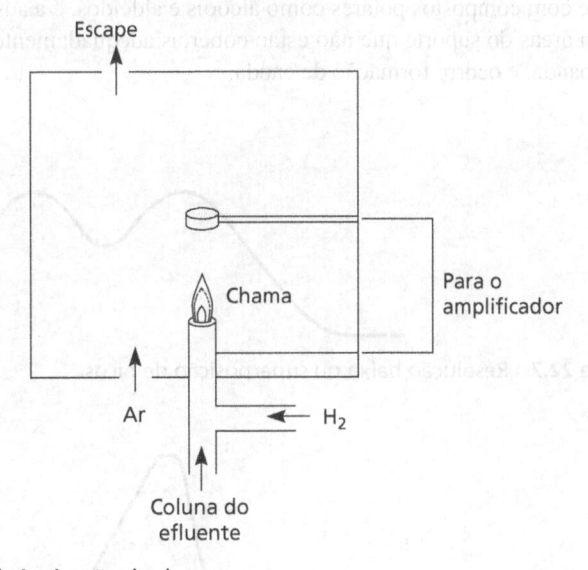

Figura 22.6 Detetor de ionização de chama.

22.7 TEMPO DE RETENÇÃO

O período entre a injeção e a saída do composto da coluna chama-se **tempo de retenção**. O tempo de retenção de um determinado composto é sempre constante para um dado conjunto de condições constantes (velocidade de fluxo do gás carreador, temperatura da coluna, comprimento da coluna, fase líquida, temperatura da câmara de injeção, gás carreador). Este comportamento é muito semelhante ao valor R_f da cromatografia em camada fina, como vimos na Técnica 20, Seção 20.9, página 701. Mede-se o tempo de retenção entre o momento da injeção da amostra e o da deflexão máxima da pena (corrente do detetor) no pico correspondente ao composto de interesse. Este valor, quando obtido em condições controladas, pode identificar um composto por comparação direta com valores de compostos conhecidos, determinados nas mesmas condições. Para facilitar a medida do tempo de retenção, os registradores são ajustados para que o papel se mova em uma velocidade que corresponda às divisões de tempo nele calibradas. A Figura 22.5 mostra os tempos de retenção (t_1, t_2, t_3) dos três picos ilustrados.

Muitos cromatógrafos a gás modernos ligam-se a uma "estação de tratamento de dados", que usa um computador ou um microprocessador para tratar os dados. Com estes instrumentos, o papel de registro não tem divisões. O computador imprime o tempo de retenção, usualmente até o centésimo de minuto, acima de cada pico. Você encontrará na Seção 22.12 uma discussão mais aprofundada sobre os resultados obtidos com uma estação de dados e sobre como tratá-los.

22.8 BAIXA RESOLUÇÃO E FORMAÇÃO DE CAUDA

Na Figura 22.5, os picos estão bem-**resolvidos**. Em outras palavras, os picos estão separados, e o sinal do detetor retorna à linha de base entre dois picos adjacentes. Na Figura 22.7, os picos se sobrepõem, e a resolução não é tão boa. A baixa resolução é, muitas vezes, o resultado do uso de grande quantidade de amostra, de uma coluna muito curta, de temperatura elevada ou de diâmetro muito grande, de uma fase líquida que não discrimina bem entre os dois componentes, em resumo, de qualquer parâmetro mal-ajustado. Quando os picos estão mal-resolvidos, é mais difícil determinar a quantidade relativa de cada componente. Você encontrará uma descrição dos métodos de determinação das percentagens relativas dos componentes na Seção 22.11.

Outra característica desejável, ilustrada pelo cromatograma da Figura 22.5, é a simetria dos picos. A Figura 22.8 mostra um exemplo comum de pico assimétrico, com formação de cauda. Este problema ocorre quando se injeta muita amostra no cromatógrafo a gás. Outra causa da formação de cauda, que ocorre com compostos polares como álcoois e aldeídos, é a adsorção temporária nas paredes da coluna ou em áreas do suporte que não estão cobertas adequadamente pela fase líquida. Eles não saem como uma banda, e ocorre formação de cauda.

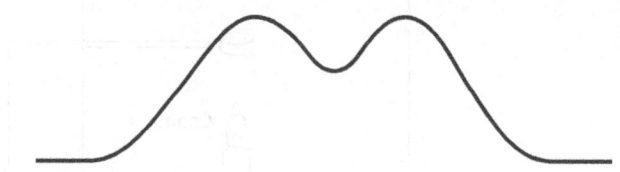

Figura 22.7 Resolução baixa ou superposição de picos.

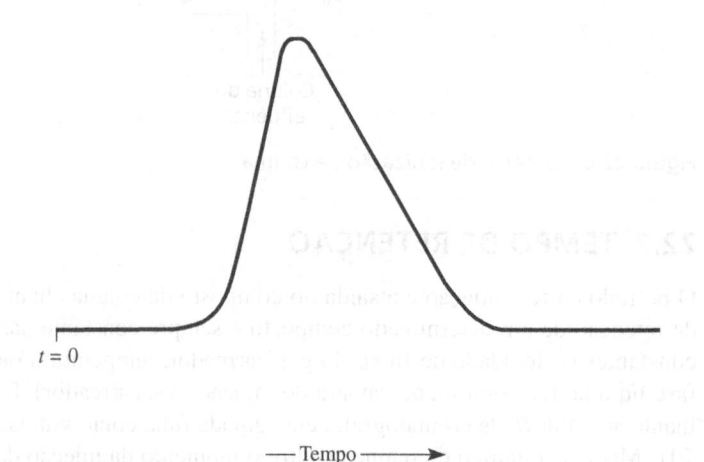

Figura 22.8 Formação de cauda.

22.9 ANÁLISE QUALITATIVA

Uma desvantagem da cromatografia a gás é não dar informações sobre a identidade das substâncias separadas. A informação obtida é o tempo de retenção, quantidade de reprodução difícil no trabalho diário. Em outras palavras, a duplicação exata de separações feitas em intervalos longos de tempo é muito difícil. É necessário, usualmente, **calibrar** a coluna antes do uso, isto é, você deve correr amostras puras de todos os componentes, conhecidos e suspeitos, antes de cromatografar a mistura, para obter os tempos de retenção dos compostos conhecidos. Como alternativa, pode-se adicionar à mistura, um a um, os componentes suspeitos, para que o operador possa ver qual dos picos aumenta em intensidade relativa à mistura original. Outra solução é coletar cada componente que sai da coluna de cromatografia a gás e identificá-lo por meio de outra técnica, como espectroscopia de infravermelho ou de ressonância magnética nuclear, ou espectrometria de massas.

22.10 COLETA DA AMOSTRA

Quando o cromatógrafo a gás está equipado com um detetor de condutividade térmica, é possível coletar as amostras que passaram pela coluna. Um dos métodos usa um tubo de coleta de gás (veja a Figura 22.9), incluído em todos os conjuntos de laboratório de escala pequena. O tubo de coleta liga-se à porta de saída da coluna por uma junta macho de ⊤ 5/5 e um adaptador de metal. A amostra que sai da coluna na forma de vapor esfria no adaptador e no tubo de coleta onde condensa. Remove-se o tubo de coleta quando o registrador indica que a amostra de interesse completou sua passagem pela coluna. Após a coleta da primeira amostra, repete-se o processo com outro tubo de coleta de gás.

Para isolar o líquido, insira a junta afilada do tubo de coleta em um frasco cônico de 0,1 mL com uma junta fêmea ⊤ 5/5. Coloque o conjunto em um tubo de ensaio, como se vê na Figura 22.10. Durante a centrifugação, a amostra é empurrada para o fundo do frasco cônico.

Desmonte a aparelhagem e remova o líquido com uma seringa para determinação do ponto de ebulição ou análise por espectroscopia de infravermelho. Se for necessário determinar o peso da amostra, use um frasco cônico e septo de peso conhecido e pese-a novamente após a coleta do líquido. É aconselhável secar o tubo de coleta e o frasco cônico antes do uso para evitar a contaminação pela água ou por outros solventes usados na limpeza da vidraria.

Um outro método de coleta de amostras é ligar um retentor resfriado à porta de saída da coluna. A Figura 22.11 ilustra um retentor de desenho simples, apropriado para o trabalho em escala pequena. Refrigerantes adequados incluem água e gelo, nitrogênio líquido e gelo seco-acetona. Se o refrigerante for nitrogênio líquido (pe -196°C) e o gás carreador for hélio (pe -269°C), os compostos que fervem

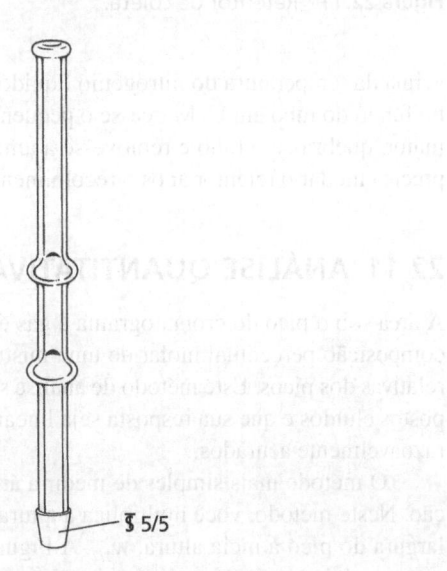

Figura 22.9 Tubo de coleta de um cromatógrafo a gás.

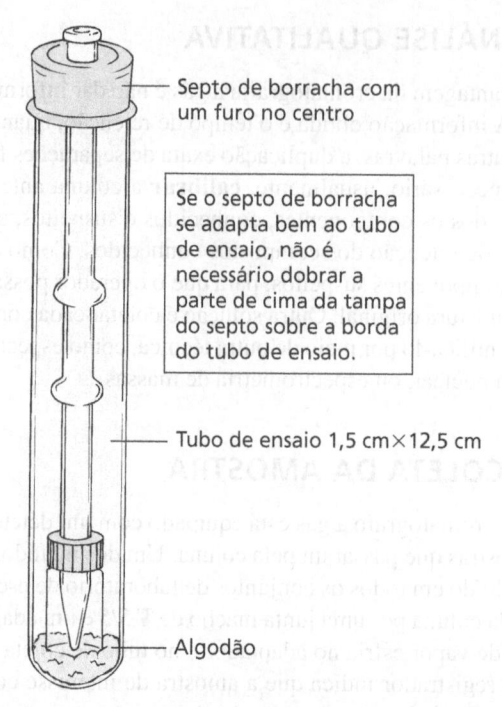

Figura 22.10 Tubo coletor de cromatografia a gás e frasco cônico de 0,1 mL.

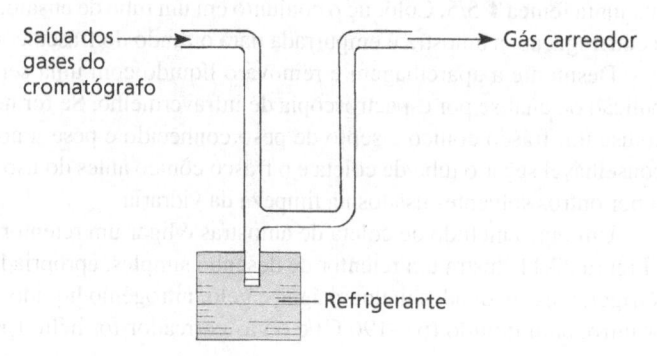

Figura 22.11 Retentor de coleta.

acima da temperatura do nitrogênio líquido se condensam ou ficam retidos no pequeno tubo colocado no fundo do tubo em U. Marca-se o pequeno tubo com uma lima perto do ponto de ligação com o tubo maior, quebra-se o tubo e remove-se a amostra para análise. Para coletar todos os componentes será preciso mudar o retentor após o recolhimento de cada amostra.

22.11 ANÁLISE QUANTITATIVA

A área sob o pico do cromatograma a gás é proporcional à quantidade (moles) do composto eluído. A composição percentual molar de uma mistura, portanto, pode ser estimada por comparação das áreas relativas dos picos. Este método de análise supõe que o detetor seja igualmente sensível a todos os compostos eluídos e que sua resposta seja linear em relação às quantidades. Apesar disto, ele dá resultados razoavelmente acurados.

O método mais simples de medir a área de um pico é por aproximação geométrica ou triangulação. Neste método, você multiplica a altura do pico, h, acima da linha de base do cromatograma, pela largura do pico à meia altura, $w_{1/2}$. A Figura 22.12 ilustra o procedimento. A linha de base é tomada entre os dois braços laterais do pico. Este método só funciona bem se o pico for simétrico. Se o pico tiver uma cauda ou se for assimétrico, é melhor recortar os picos com uma tesoura e pesar os pedaços de papel em uma **balança analítica**. Como a densidade de um papel de registro de boa qualidade é razoavelmente constante, a razão das áreas é igual à razão dos pesos. Para obter a composição percentual da mistura, adicione todas as áreas dos picos (pesos) e divida a área de cada pico pela área total, multiplicando por 100. A Figura 22.13 dá um exemplo de cálculo. Se os picos se superpuserem (veja a Figura 22.7), reajuste as condições do cromatógrafo para obter melhor resolução ou estime a forma do pico.

Existem várias técnicas instrumentais, montadas nos registradores, para determinar automaticamente as quantidades de cada amostra. Uma delas usa uma pena separada que produz um traço que integra a área sob cada pico. Outra, emprega um dispositivo eletrônico que imprime automaticamente a área de cada pico e a composição percentual da amostra.

As estações de trabalho modernas (veja a Seção 22.12) marcam a posição de cada pico, com o tempo de retenção em minutos. Quando a corrida termina, o computador imprime uma tabela com todos os picos e seus tempos de retenção, as áreas e a percentagem da área total (soma de todos os picos) referente a cada pico. É preciso ter cuidado com estes resultados porque nem sempre o computador inclui picos pequenos e, ocasionalmente, não resolve picos finos muito próximos que se superpõem. Quando o cromatograma contiver vários picos e o objetivo for determinar a razão entre dois deles, você terá de obter as percentagens usando as duas áreas ou programar o instrumento para integrar apenas os picos de interesse.

Em muitos casos, imagina-se que o detetor tem a mesma sensibilidade para todos os compostos eluídos. Compostos com grupos funcionais diferentes ou com pesos moleculares muito diferentes, po-

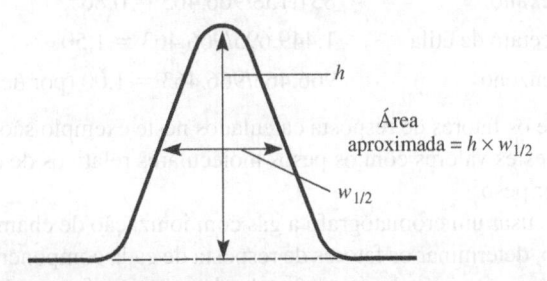

Área aproximada = $h \times w_{1/2}$

Figura 22.12 Triangulação de um pico.

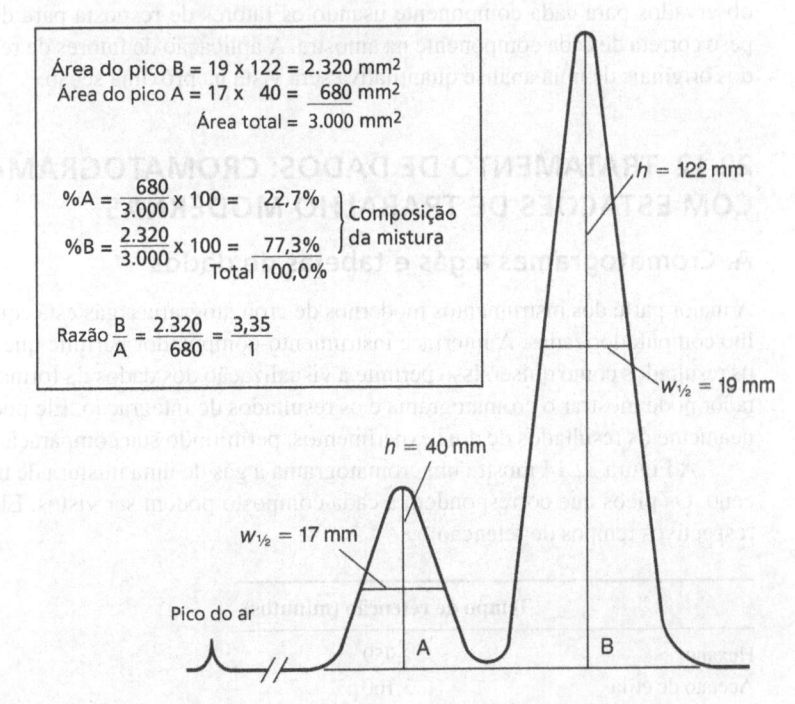

Área do pico B = 19 × 122 = 2.320 mm²
Área do pico A = 17 × 40 = 680 mm²
Área total = 3.000 mm²

%A = $\frac{680}{3.000}$ × 100 = 22,7% ⎫
                                        ⎬ Composição
%B = $\frac{2.320}{3.000}$ × 100 = 77,3% ⎭ da mistura
                   Total 100,0%

Razão $\frac{B}{A} = \frac{2.320}{680} = \frac{3,35}{1}$

h = 122 mm
$w_{1/2}$ = 19 mm
h = 40 mm
$w_{1/2}$ = 17 mm

Pico do ar

A   B

Figura 22.13 Exemplo de cálculo de composição percentual de uma amostra.

rém, produzem respostas diferentes nos cromatógrafos a gás com TCD ou com FID. Com um TCD, as respostas são diferentes porque os compostos não têm, em geral, a mesma condutividade térmica. Compostos diferentes analisados com um FID também dão respostas diferentes porque o detetor não reage da mesma forma aos tipos de íons produzidos. É possível, porém, calcular um **fator de resposta** para cada composto de uma mistura em ambos os tipos de detetor. Os fatores de resposta são usualmente determinados em uma mistura equimolar de dois compostos, um dos quais sendo a referência. Separa-se a mistura em um cromatógrafo a gás e calcula-se as percentagens relativas por um dos métodos descritos. Estas percentagens permitem determinar o fator de resposta do composto em relação à referência. Se você fizer isto para todos os compostos da mistura, poderá usar estes fatores de correção para conseguir cálculos mais acurados das percentagens relativas dos compostos da mistura.

Para ilustrar a determinação dos fatores de resposta, veja o seguinte exemplo. Uma mistura equimolar de benzeno, hexano e acetato de etila foi preparada e analisada com um cromatógrafo a gás com ionização de chama. As áreas de picos obtidas foram

Hexano	831.158
Acetato de etila	144.9695
Benzeno	966.463

Quase sempre o benzeno é tomado como padrão e seu fator de resposta é igualado a 1,00. O cálculo dos fatores de resposta para os demais componentes da mistura de teste leva a:

Hexano	831.158/966.463 = 0,86
Acetato de etila	1.449.695/966.463 = 1,50
Benzeno	966.463/966.463 = 1,00 (por definição)

Note que os fatores de resposta calculados neste exemplo são fatores de resposta molares. É necessário corrigir estes valores com os pesos moleculares relativos de cada substância para ter os fatores de resposta por peso.

Ao usar um cromatógrafo a gás com ionização de chama para a análise quantitativa é necessário, primeiro, determinar os fatores de resposta de cada componente da mistura, como vimos. Para a análise quantitativa, é provável que você tenha de converter fatores de resposta molares em fatores molares por peso. Em seguida, corra o cromatograma usando as amostras desconhecidas. Corrija as áreas dos picos observados para cada componente usando os fatores de resposta para determinar a percentagem por peso correta de cada componente na amostra. A aplicação de fatores de resposta na correção de resultados originais de uma análise quantitativa será vista na próxima seção.

22.12 TRATAMENTO DE DADOS: CROMATOGRAMAS PRODUZIDOS COM ESTAÇÕES DE TRABALHO MODERNAS

A. Cromatogramas a gás e tabelas de dados

A maior parte dos instrumentos modernos de cromatografia a gás está equipada com estações de trabalho computadorizadas. A interface instrumento-computador permite que o operador exiba e manipule os resultados como quiser. Isso permite a visualização dos dados da forma mais conveniente. O computador pode mostrar o cromatograma e os resultados de integração. Ele pode, também, mostrar simultaneamente os resultados de dois experimentos, permitindo sua comparação.

A Figura 22.14 mostra um cromatograma a gás de uma mistura de hexano, acetato de etila e benzeno. Os picos que correspondem a cada composto podem ser vistos. Eles estão caracterizados pelos respectivos tempos de retenção:

	Tempo de retenção (minutos)
Hexano	2,959
Acetato de etila	3,160
Benzeno	3,960

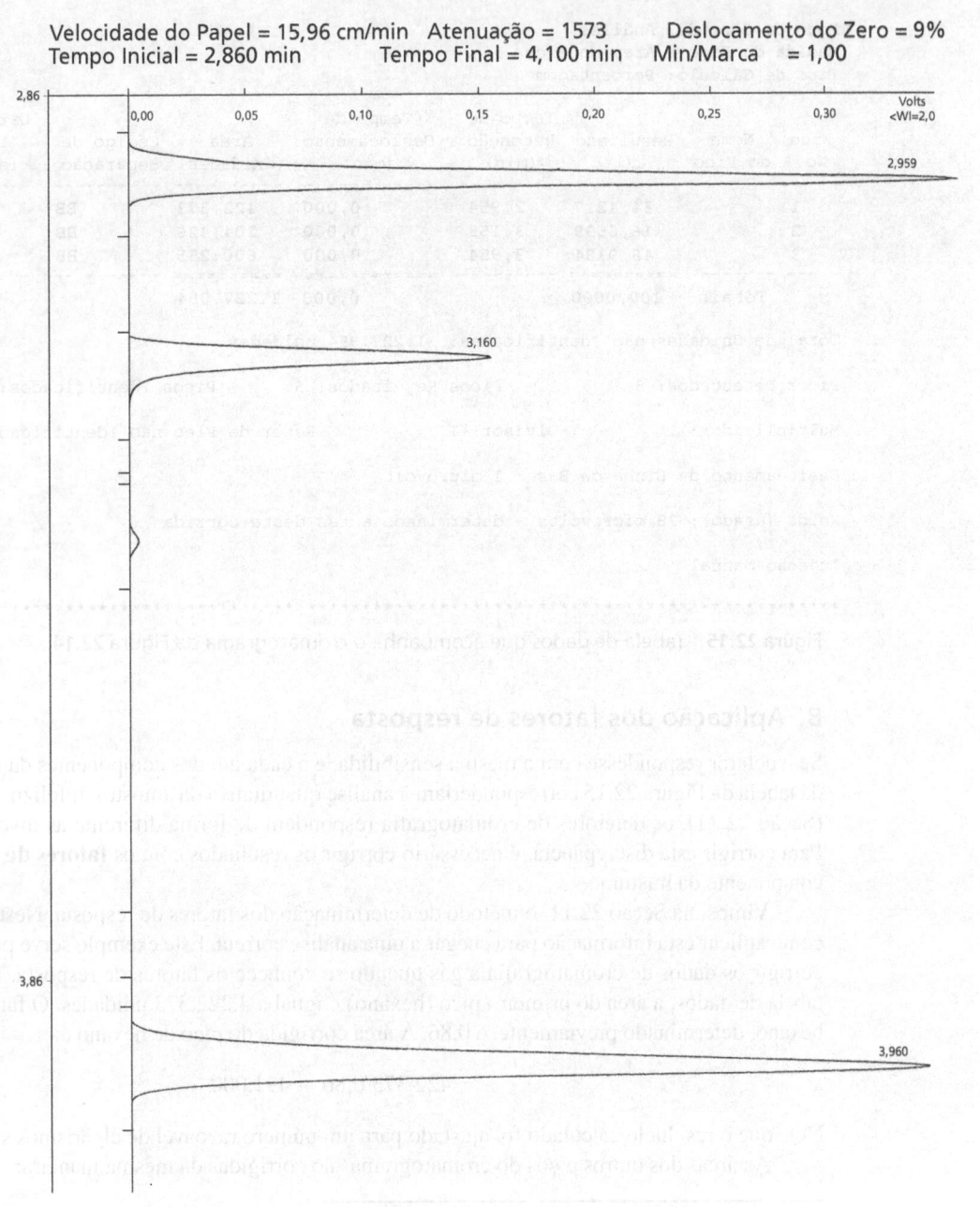

Velocidade do Papel = 15,96 cm/min   Atenuação = 1573   Deslocamento do Zero = 9%
Tempo Inicial = 2,860 min   Tempo Final = 4,100 min   Min/Marca = 1,00

Figura 22.14   Exemplo de cromatograma a gás obtido em uma estação de trabalho.

Pode-se ver, também, que existe uma pequena quantidade de uma impureza desconhecida, com tempo de retenção aproximadamente igual a 3,4 minutos.

A Figura 22.15 mostra parte dos resultados impressos que acompanham o cromatograma. Esta é a informação usada na análise quantitativa da mistura. De acordo com a tabela impressa, o primeiro pico tem tempo de retenção de 2,954 minutos (a diferença entre os tempos de retenção registrados no gráfico e na tabela de dados não é significativa). O computador também determinou a área sob este pico (422.373 unidades). Além disso, o computador calculou a percentagem da primeira substância (hexano) determinando a área total de todos os picos do cromatograma (1.227.054 unidades) e dividindo a área do pico de hexano por este número. O resultado aparece como 34,4217%. A tabela de dados mostra os tempos de retenção e as áreas dos outros dois picos do cromatograma, juntamente com a determinação da percentagem de cada substância na mistura.

```
Modo da Corrida: Análise
Medida do Pico : Área do Pico
Tipo de Cálculo: Percentagem

                          Tempo de    Tempo de                              Largura
Pico   Nome    Resultado  Retenção    Deslocamento  Área      Código de     1/2       Código de
No.    do Pico ()         (min)       (min)         (unidades) Separação    (seg)     Situação
-----  -------- ---------  ---------   ------------  ---------- ----------  ------    ---------
  1             34,4217    2,954       0,000         422.373     BB          1,0
  2             16,6599    3,155       0,000         204.426     BB          1,2
  3             48,9184    3,954       0,000         600.255     BB          1,6
-----  -------- =========  ---------   ============  ==========  ----------  ------    ---------
       Totais:  100,0000                0,000         1.227.054

Total de Unidades não Identificadas:  1.227.054 unidades

Picos Detectados: 8          Picos Rejeitados: 5         Picos Identificados: 0

Multiplicador: 1             Divisor: 1                  Fator de Pico não Identificado: 0

Deslocamento da Linha de Base: 1 microvolt

Ruído (usado): 28 microvolts - determinado antes desta corrida

Injeção manual
```

Figura 22.15 Tabela de dados que acompanha o cromatograma da Figura 22.14.

B. Aplicação dos fatores de resposta

Se o detetor respondesse com a mesma sensibilidade a cada um dos componentes da mistura, os dados da tabela da Figura 22.15 corresponderiam à análise quantitativa da amostra. Infelizmente, como vimos (Seção 22.11), os detetores de cromatografia respondem de forma diferente às diversas substâncias. Para corrigir esta discrepância, é necessário corrigir os resultados com os **fatores de resposta** de cada componente da mistura.

Vimos, na Seção 22.11, o método de determinação dos fatores de resposta. Nesta seção, veremos como aplicar esta informação para chegar a uma análise correta. Este exemplo serve para mostrar como corrigir os dados de cromatografia a gás quando se conhece os fatores de resposta. De acordo com a tabela de dados, a área do primeiro pico (hexano) é igual a 4.222.373 unidades. O fator de resposta do hexano, determinado previamente, é 0,86. A área corrigida do pico de hexano é:

$$422.373/0,86 = 491.000$$

Note que o resultado calculado foi ajustado para um número razoável de algarismos significativos.

As áreas dos outros picos do cromatograma são corrigidas da mesma maneira:

Hexano	422.373/0,86 =	491.000
Acetato de etila	204.426/1,50 =	136.000
Benzeno	600.255/1,00 =	600.000
Área total dos picos		1.227.000

Usando estas áreas corrigidas, as percentagens verdadeiras de cada componente podem ser facilmente determinadas:

		Composição
Hexano	491.000/1.227.000	40,0%
Acetato de etila	136.000/1.227.000	11,1%
Benzeno	600.000/1.227.000	48,9%
Total		100,0%

C. Determinação das percentagens relativas dos componentes de uma mistura complexa

Às vezes, deseja-se determinar as percentagens relativas de dois componentes de uma mistura mais complexa com mais de dois componentes. Exemplos disto incluem a análise de um produto de reação em que o operador está interessado em determinar as percentagens relativas de dois produtos isômeros e a amostra também contém picos provenientes do solvente, do material de partida que não reagiu ou outro produto ou impureza.

Pode-se usar o exemplo das Figuras 22.14 e 22.15 para ilustrar o método de determinação das percentagens relativas de alguns, mas não todos, componentes da amostra. Imagine que estamos interessados nas percentagens relativas de hexano e acetato de etila na amostra, não na de benzeno, que poderia ser o solvente ou uma impureza. Sabemos que as áreas relativas *corrigidas* dos dois picos de interesse são:

	Área relativa
Hexano	491.000
Acetato de etila	136.000
Total	627.000

Podemos determinar as percentagens relativas dos dois componentes pela divisão da área de cada pico pela área total dos dois picos:

		Percentagem
Hexano	491.000/627.000	78,3%
Acetato de etila	136.000/627.000	21,7%
Total		100,0%

22.13 CROMATOGRAFIA A GÁS-ESPECTROMETRIA DE MASSAS

Uma variante recente da cromatografia a gás é a **cromatografia a gás-espectrometria de massas**, também conhecida como **CG-EM**. Nesta técnica, um cromatógrafo a gás se acopla a um espectrômetro de massas (veja a Técnica 28). O espectrômetro de massas age como um detetor. A corrente de gás que sai do cromatógrafo passa por uma válvula para um tubo, e daí para o sistema de entrada de amostra do espectrômetro de massas. Uma parte da corrente de gás entra, portanto, na câmara de ionização do espectrômetro.

Nesta câmara, as moléculas da corrente de gás se convertem em íons e o cromatograma passa a ser um gráfico de tempo contra a **corrente de íons**, uma medida do número de íons que se formam. Os íons são acelerados e passam pelo **analisador de massas** do instrumento. Em outras palavras, o instrumento determina o espectro de massas de cada fração que elui da coluna do cromatógrafo a gás.

Uma dificuldade deste método é que ele envolve a necessidade de uma varredura rápida do espectro de massas. O instrumento tem de determinar o espectro de massas de cada componente da mistura antes do próximo componente sair da coluna para que o espectro de uma substância não seja contaminado pela próxima fração.

Como o cromatógrafo usa colunas capilares de alta eficiência, os compostos, em muitos casos, se separam completamente antes da análise da corrente de gás. Os instrumentos CG-EM típicos são capazes de fazer pelo menos uma varredura por segundo na faixa de 10-300 uam. Mais de uma corrida é possível quando se analisa uma faixa menor de massas. Ao usar colunas capilares, porém, o operador deve tomar cuidado para que a amostra não contenha partículas que possam obstruir o fluxo de gás pela coluna. Por isto, é necessário filtrar cuidadosamente a amostra antes de injetá-la no cromatógrafo.

Em um sistema CG-EM, pode-se analisar uma mistura e obter resultados muito parecidos com os das Figuras 22.14 e 22.15. Pode-se fazer uma procura em biblioteca para cada componente. A estação de trabalho contém uma biblioteca de padrões de espectros de massas na memória do computador. Se os componentes forem compostos conhecidos, eles podem ser, via tentativas, identificados por comparação dos espectros de massas obtidos experimentalmente e guardados na memória. Isto permite gerar uma "lista de prováveis compostos", que incorpora a probabilidade do composto da biblioteca ser o composto do experimento. O registro típico de um instrumento CG-EM lista compostos prováveis cujo espectro de massas se ajusta ao espectro do componente, nomes dos compostos, Números CAS (veja a Técnica 29, Seção 29.11, página 842) e um índice de "qualidade" ou de "confiança". Este índice permite estimar o quanto o espectro de massas do componente se parece com o espectro de massas da substância registrada na biblioteca do computador.

Uma variante da técnica CG-EM inclui o acoplamento de um espectrômetro de infravermelho com transformações de Fourier (TF-IV) a um cromatógrafo a gás. As substâncias que eluem do cromatógrafo são detectadas pelo espectrômetro de infravermelho. Uma técnica nova que também se parece com a CG-EM é a **cromatografia líquida de alta eficiência-espectrometria de massas (CLAE-EM)**. Acopla-se um instrumento CLAE, por uma interface especial, a um espectrômetro de massas. As substâncias que eluem da coluna CLAE são detectados pelo espectrômetro de massas, e os espectros podem ser registrados, analisados e comparados com padrões guardados na biblioteca do computador do instrumento.

PROBLEMAS

1. **a.** Injeta-se uma amostra que contém 1-bromo-propano e 1-cloro-propano em um cromatógrafo a gás equipado com uma coluna apolar. Que composto tem o menor tempo de retenção? Explique sua resposta.
   b. Se a mesma amostra fosse analisada alguns dias depois, em condições muito semelhantes, você esperaria que os tempos de retenção fossem os mesmos? Explique.
2. Use triangulação para calcular a percentagem de cada componente em uma mistura de dois componentes, A e B. O cromatograma está na Figura 22.16.

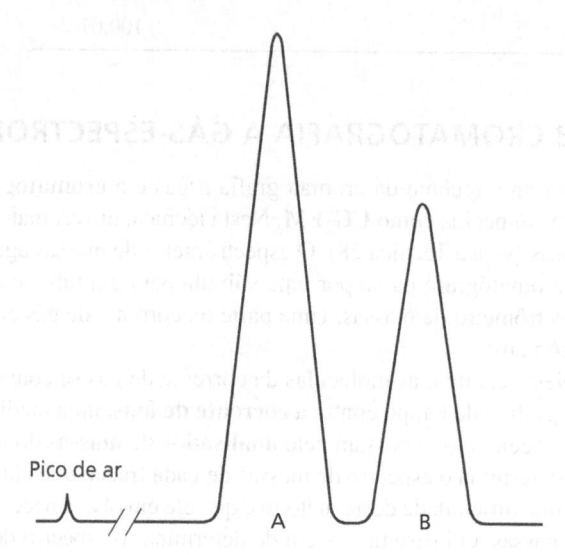

Figura 22.16 Cromatograma do problema 2.

3. Faça uma cópia do cromatograma da Figura 22.16. Recorte os picos e pese-os em uma balança analítica. Use os pesos para calcular as percentagens de cada composto na mistura. Compare sua resposta com a obtida no problema 2.
4. O que aconteceria com o tempo de retenção de um composto se as seguintes modificações forem feitas?
   a. Diminuição da velocidade de fluxo do gás carreador
   b. Aumento da temperatura da coluna
   c. Aumento do comprimento da coluna

TÉCNICA 23

Polarimetria

23.1 NATUREZA DA LUZ POLARIZADA

A luz tem natureza dual, isto é, tem propriedades de onda e de partícula. A natureza de onda da luz pode ser demonstrada por dois experimentos: polarização e interferência. Das duas, a polarização é a mais interessante para os químicos orgânicos porque eles podem aproveitar os experimentos de polarização para aprender detalhes da estrutura de uma molécula desconhecida.

A luz branca comum é um movimento ondulatório com vários comprimentos de onda que vibra em todos os possíveis planos perpendiculares à direção de propagação. Pode-se filtrar a luz ou usar fontes especiais para torná-la **monocromática** (de um só comprimento de onda ou cor). Usa-se, com freqüência, a lâmpada de sódio (linha D do sódio = 5.983 Å). Embora a luz desta lâmpada tenha um só comprimento de onda, ela vibra em todos os possíveis planos perpendiculares à direção de propagação. Se imaginarmos que o feixe de luz dirige-se diretamente para o observador, a luz comum pode ser representada com os planos orientados ao acaso em volta da direção do feixe, como se vê no lado esquerdo da Figura 23.1.

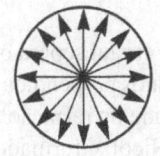

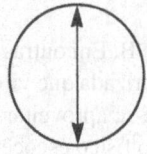

Figura 23.1 Luz comum e luz plano-polarizada.

Um prisma de Nicol, um cristal de espato-de-islândia (ou calcita) especialmente preparado, tem a propriedade de servir como um filtro capaz de restringir a passagem de ondas de luz. As ondas que vibram em um plano são transmitidas e todas as demais são rejeitadas (ou sofrem refração ou são absorvidas). A luz que passa pelo prisma é chamada de **luz plano-polarizada**, e suas ondas vibram em um só plano. Se o feixe de luz dirige-se diretamente para o observador, a luz plano-polarizada pode ser representada com o plano orientado em uma direção particular, como se vê no lado direito da Figura 23.1.

O espato-de-islândia tem a propriedade de **refração dupla**, isto é, ele pode dividir ou refratar duas vezes um feixe incidente de luz comum em dois feixes de luz. Cada um dos dois feixes (marcados A e B na Figura 23.2) vibra em um único plano, e o plano de vibração do feixe A é perpendicular ao

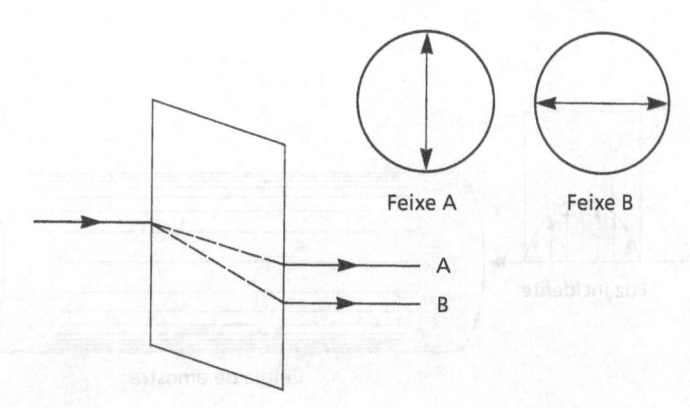

Figura 23.2 Refração dupla.

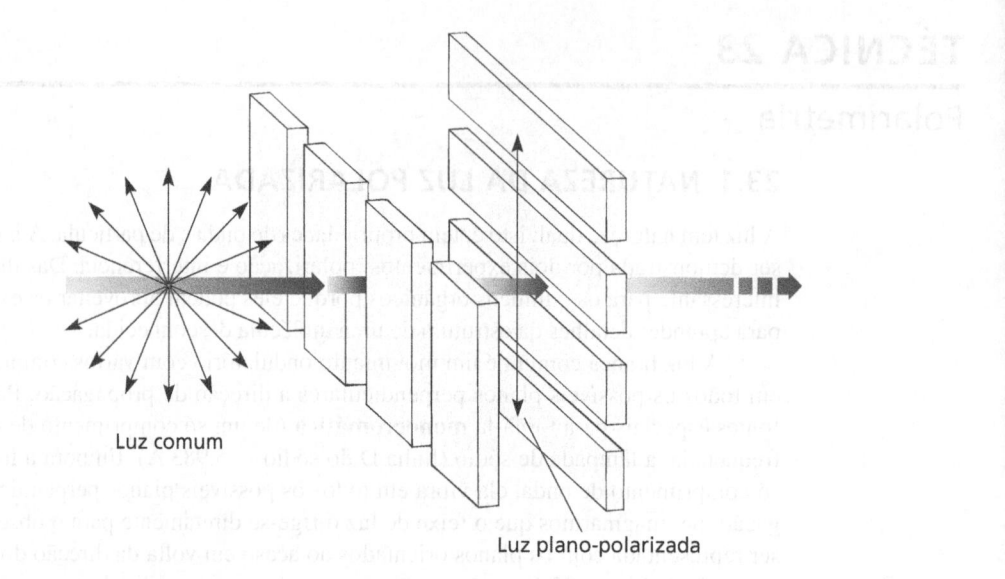

Figura 23.3 Analogia poste-cerca.

plano do feixe B. Em outras palavras, o cristal separa o feixe incidente de luz comum em dois feixes de luz plano-polarizada que vibram em planos perpendiculares. Para gerar um único feixe de luz plano-polarizada, pode-se aproveitar a propriedade de refração dupla do espato-de-islândia. O prisma de Nicol, inventado pelo físico escocês William Nicol, é formado por dois cristais de espato-de-islândia cortados em ângulos determinados e cimentados com bálsamo do Canadá. Este prisma transmite um dos dois feixes de luz plano-polarizada e reflete o outro em um ângulo pequeno, de modo que não interfira no feixe transmitido. Pode-se gerar luz plano-polarizada com um filtro polaróide, um dispositivo inventado pelo físico americano E. H. Land. Os filtros polaróides são formados por certos tipos de cristais embebidos e por plástico transparente, que são capazes de produzir a luz plano-polarizada.

Após passar pelo primeiro filtro de Nicol, a luz plano-polarizada só pode passar por um segundo prisma de Nicol se ele tiver seu eixo orientado de modo a ficar *paralelo* ao plano de polarização da luz incidente. O segundo prisma de Nicol absorve a luz plano-polarizada se estiver orientado de modo a ficar *perpendicular* ao plano de polarização da luz incidente. A Figura 23.3 mostra estas situações através da analogia poste-cerca. A luz plano-polarizada pode passar por uma cerca cujas tábuas estão orientadas na direção correta, mas é bloqueada por uma cerca cujas tábuas estão orientadas na direção perpendicular.

Uma **substância opticamente ativa** interage com a luz polarizada e gira o plano de polarização de um ângulo α. A Figura 23.4 ilustra este fenômeno.

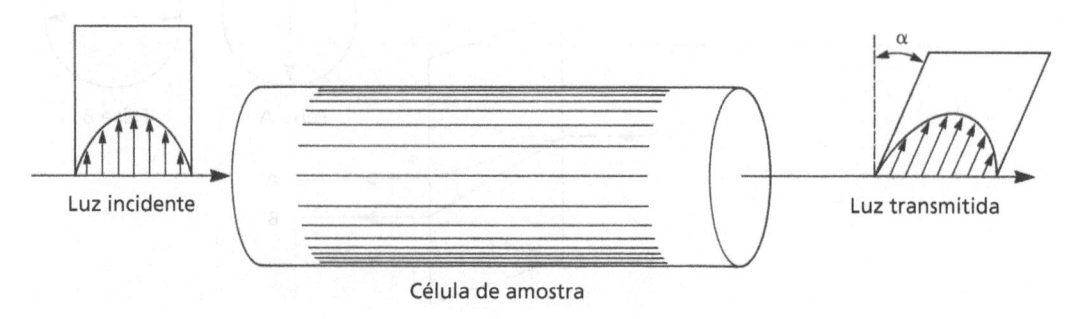

Figura 23.4 Atividade óptica.

23.2 O POLARÍMETRO

Usa-se um instrumento chamado de **polarímetro** para medir a interação de uma substância com a luz polarizada. A Figura 23.5 mostra o esquema de um polarímetro. A luz da fonte passa por um prisma de Nicol fixo, o **polarizador**, e é polarizada. Em seguida, ela passa pela amostra que pode ou não girar o plano de polarização, em uma direção ou na outra. Um segundo prisma de Nicol, que pode sofrer rotação, chamado de **analisador**, é ajustado para que passe a maior quantidade de luz possível. Mede-se o número de graus e a direção de rotação necessária para o ajuste para obter a **rotação observada** α.

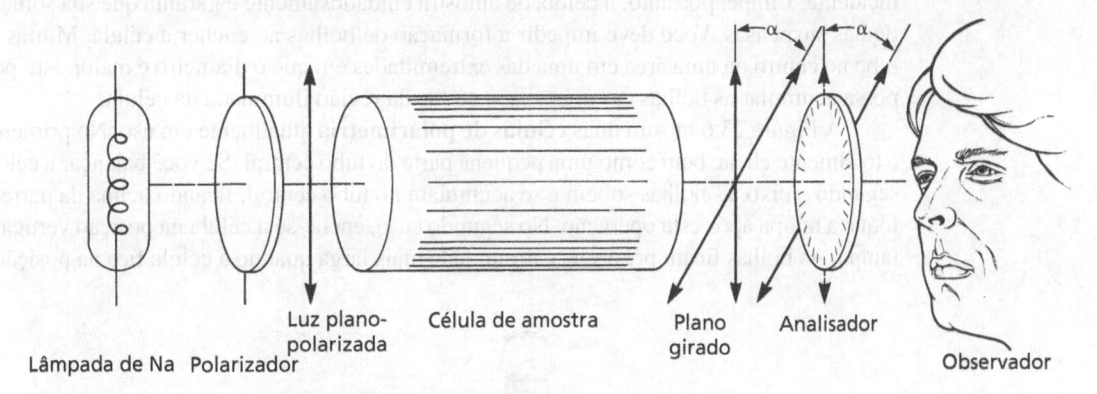

Figura 23.5 Esquema de um polarímetro.

Para que os dados determinados por várias pessoas sob condições diferentes possam ser comparados, é necessário padronizar as medidas de rotação óptica. A forma mais comum de fazer isto é registrar a rotação específica $[\alpha]_\lambda^t$ que é corrigida para diferentes concentrações, comprimento da célula, temperatura, solvente e comprimento de onda da luz da fonte. A equação que define a rotação específica é

$$[\alpha]_\lambda^t = \frac{\alpha}{cl}$$

onde α = rotação observada, em graus; c = concentração em gramas por mililitro de solução; l = comprimento do tubo de amostra em decímetros; λ = comprimento de onda (usualmente indicado como "D" para a linha D do sódio); e t = temperatura em graus Celsius. No caso de líquidos puros, a densidade d do líquido, em gramas por mililitro, substitui c na fórmula precedente. Você pode querer comparar compostos com pesos moleculares diferentes, e para isto, a **rotação molecular** baseada em moles, não em gramas, é mais conveniente. A rotação molecular M_λ^t deriva-se da rotação específica, $[\alpha]_\lambda^t$, por

$$M_\lambda^t = \frac{[\alpha]_\lambda^t \times \text{Peso molecular}}{100}$$

Usualmente, as medidas são feitas em 25°C, com a linha D do sódio como fonte; logo, as rotações específicas são registradas como $[\alpha]_D^{25}$.

Os polarímetros modernos incorporam a eletrônica na determinação do ângulo de rotação de moléculas quirais. Estes instrumentos são totalmente automáticos. A única diferença efetiva entre um polarímetro automático e um manual é que um detetor de luz substitui o olho humano. Não se faz observação visual em nenhum momento quando se usa o instrumento automático. Um microprocessador ajusta o analisador para que a luz que atinge o detetor esteja no mínimo. O ângulo de rotação aparece na forma digital em uma janela de LCD (cristal líquido), incluindo o sinal da rotação. Os instrumentos mais simples são equipados com uma lâmpada de sódio que fornece rotações baseadas na linha D do sódio (589 nm). Instrumentos mais caros usam uma lâmpada de tungstênio e filtros que permitem variar os comprimentos de onda em uma certa faixa de valores. Com estes instrumentos, o químico pode observar rotações em diferentes comprimentos de onda.

23.3 PREPARAÇÃO DA AMOSTRA, A CÉLULA DE AMOSTRA

É importante que a solução cuja rotação óptica se deseja determinar não contenha partículas de poeira em suspensão, sujeira ou outros materiais não-dissolvidos que poderiam dispersar a luz polarizada incidente. Limpe, portanto, a célula de amostra cuidadosamente e garanta que sua solução não tem partículas suspensas. Você deve impedir a formação de bolhas ao encher a célula. Muitas células têm um tubo no centro ou uma área em uma das extremidades em que o diâmetro é maior. Isto permite que você possa acumular as bolhas em um espaço acima da região iluminada da célula.

A Figura 23.6 mostra duas **células de polarimetria** atualmente em uso. No primeiro caso, a célula é totalmente cheia, bem como uma pequena parte do tubo central. Se você balançar a célula com cuidado segundo o eixo, as bolhas sobem e se acumulam no tubo central, ficando acima da parte iluminada. Coloque a tampa após esta operação. No segundo caso, enche-se a célula na posição vertical e atarraxa-se a tampa. As bolhas ficam presas na extremidade mais larga quando a célula fica na posição horizontal.

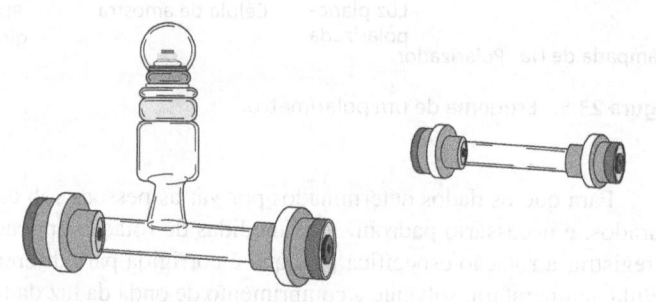

Figura 23.6 Duas células de polarimetria (Rudolph Research).

Existem células de vários comprimentos, sendo mais comuns as de 0,5 dm e 1,0 dm. Uma célula de 0,5 dm, típica, contém 3-5 mL de solução, mas muitos fornecedores oferecem **microcélulas**, de diâmetro muito menor, que utilizam volumes de solução muito inferiores. As células de polarímetro são muito caras porque as janelas devem ser feitas de quartzo, não de vidro comum. Manipule-as com cuidado e evite impressões digitais nas janelas, porque elas também dispersam a luz plano-polarizada.

No caso de amostras líquidas, é possível usar o líquido **puro** (não-diluído) como amostra. Neste caso, a concentração da amostra é a densidade do líquido (g/mL). Se sua amostra for sólida ou for líquida com volume insuficiente para encher a célula, você terá de dissolvê-la ou diluí-la com um solvente. Neste caso, você deve pesar a amostra (em gramas) e dividi-la pelo volume total (mL) para obter a concentração em g/mL. Água, metanol e etanol são os melhores solventes porque não atacam a célula. Muitas células têm partes de borracha ou usam cimento para fixar as janelas às extremidades do tubo. Borracha e cimento se dissolvem em solventes como acetona e cloreto de metileno, e as células se estragam. Pergunte a seu professor antes de usar solventes diferentes de água, metanol e etanol. Use estes solventes, também, para limpar as células.

23.4 OPERAÇÃO DE UM POLARÍMETRO

A. O polarímetro Zeiss, um instrumento clássico

Os procedimentos dados aqui aplicam-se ao polarímetro Zeiss (Figura 23.7), um instrumento analógico clássico com uma escala circular e uma lâmpada de sódio. Muitos modelos de polarímetro mais antigos são operados da mesma forma.

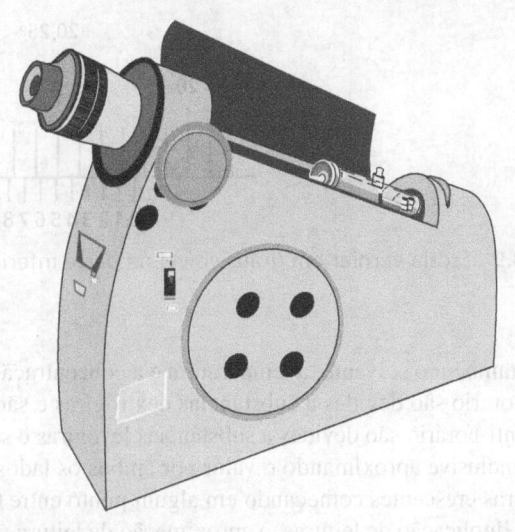

Figura 23.7 O polarímetro Zeiss.

Antes das medidas, ligue a lâmpada de sódio e espere 5-10 minutos para que ela se aqueça e se estabilize. Após o aquecimento, verifique se o instrumento está funcionando corretamente. Faça uma leitura de zero com a célula de amostra cheia de solvente. Se a leitura de zero não corresponder à marca de calibração de zero graus ($0°$), use a diferença de leitura para corrigir todas as medidas subseqüentes.

Para fazer a medida de zero, coloque a célula do polarímetro com a amostra (branco) no berço inclinado, ou prateleira, do instrumento. Se você estiver usando uma célula cuja extremidade tem diâmetro maior, coloque-a com esta extremidade para cima, de modo que não fique nenhuma bolha na área iluminada. Feche a tampa e observe pela viseira. Gire a chave, ou anel, do analisador até atingir a posição correta (o ângulo em que não passa luz pelo instrumento). Muitos instrumentos analógicos, inclusive o polarímetro Zeiss, são do tipo de campo dividido. Ao olhar pela viseira você vê, na parte superior do campo de imagem, um círculo dividido em três setores (Figura 23.8), com o setor central mais claro ou mais escuro do que os setores laterais. Gire o prisma do analisador até que todos os setores se igualem em intensidade, usualmente a cor mais escura (veja a Figura 23.8). Isto é chamado de leitura **nula**.

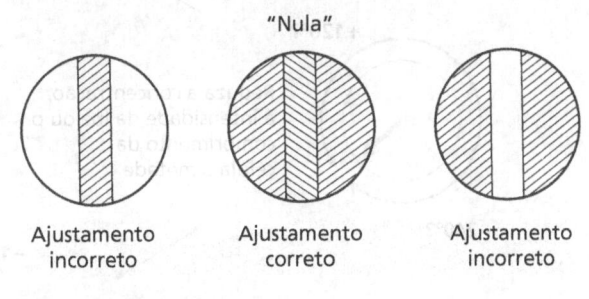

"Nula"

Ajustamento incorreto | Ajustamento correto | Ajustamento incorreto

Figura 23.8 Setores do campo de imagem do polarímetro.

Quando você olhar pela viseira, verá, na parte inferior do campo de imagem, o valor do ângulo de rotação do plano da luz polarizada, se for o caso, indicado em uma escala vernier em graus (Figura 23.9). Alguns polarímetros, como o polarímetro de Rudolph original, têm uma escala grande circular, como uma auréola, ligada diretamente à chave que você girou.

Após a determinação da posição de zero da solução de branco, coloque a célula de polarímetro que contém sua amostra em posição e meça o ângulo de rotação observado usando a mesma técnica de determinação do zero. Lembre-se de registrar o valor numérico de leitura e a direção da rotação.

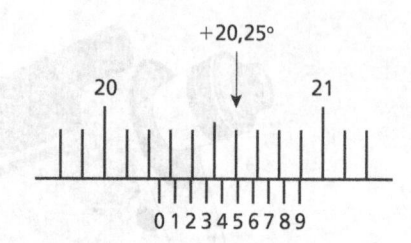

Figura 23.9 Escala vernier em graus visível na parte inferior do campo de imagem do polarímetro de Zeiss.

Registre também o solvente, a temperatura e a concentração, essenciais para a medida. As rotações em sentido horário são devidas a substâncias dextrógiras e são indicadas pelo símbolo "+". Rotações no sentido anti-horário são devidas a substâncias levógiras e são indicadas pelo símbolo "–". Tome várias leituras, inclusive aproximando o valor por ambos os lados. Em outras palavras, se a leitura for +75°, faça leituras crescentes começando em algum ponto entre 0° e 75° e na próxima leitura comece acima de 75°. A duplicação de leituras, a aproximação da leitura por valores superiores e inferiores e a obtenção das médias reduz o erro.

Se você não tiver certeza se a substância é dextrógira ou levógira, reduza a concentração de seu composto à metade ou reduza a intensidade da luz. A confusão entre levógiro e dextrógiro vem da escala circular. O valor nulo pode ser atingido em ambas as direções (no sentido horário ou anti-horário), a partir do zero (veja a Figura 23.10). O seu nulo, por exemplo, está em +120° ou em −240°? As duas leituras estão no mesmo ponto da escala. A Figura 23.10 mostra que, reduzindo a concentração, o com-

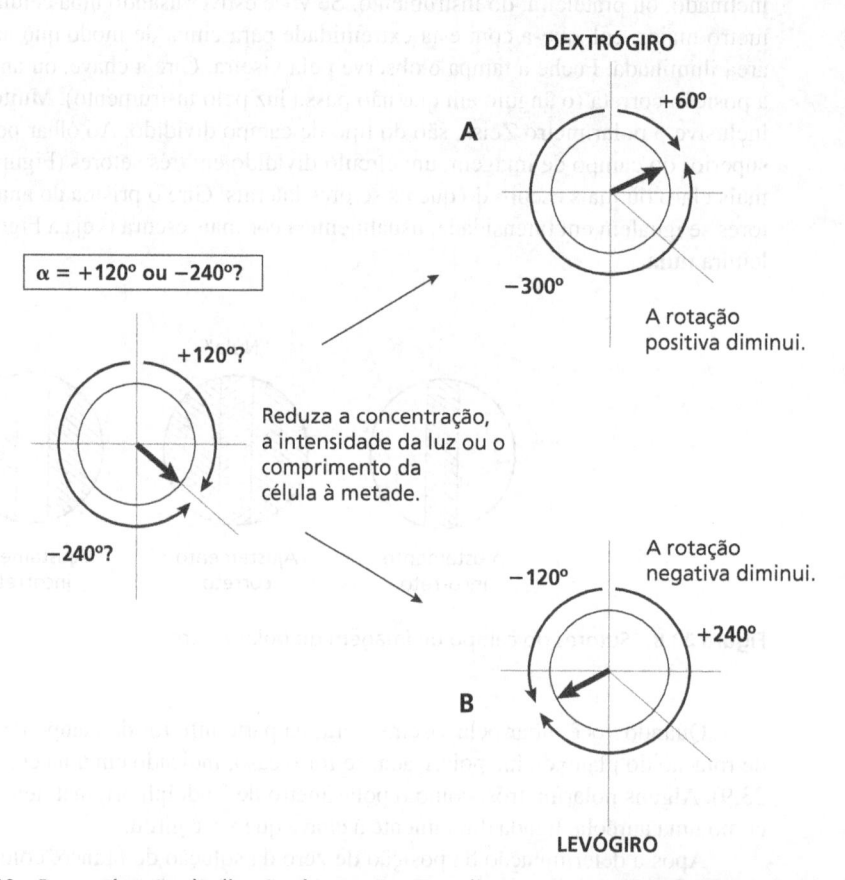

Figura 23.10 Determinação da direção da rotação. Este diagrama mostra o efeito na rotação observada devido à redução à metade da concentração do composto, da intensidade da luz ou do comprimento da célula. Por este método, é fácil determinar se o composto é dextrógiro (A) ou levógiro (B).

primento da célula ou a intensidade da luz à metade (qualquer um destes fatores), a leitura mudará e se moverá em direções diferentes para substâncias levógiras e dextrógiras. A direção da rotação é determinada, freqüentemente, por medidas em diluições diferentes.

Após a determinação do valor e da direção da rotação observada α, corrija-o pelo zero do aparelho e use as fórmulas da Seção 23.2 para convertê-lo em rotação específica $[\alpha]_D$. A rotação específica é sempre registrada em função da temperatura, da indicação do comprimento de onda por "D", se uma lâmpada de sódio foi usada, do solvente e da concentração usada. Por exemplo:

$$[\alpha]_D = +43,8 \ (c = 7,5 \ g/100 \ mL, \text{ em etanol absoluto})$$

B. O polarímetro digital moderno

Um polarímetro digital moderno, como o da Figura 23.11 é muito mais fácil de operar do que os aparelhos analógicos mais antigos. O instrumento moderno guarda na memória a leitura de zero e o subtrai automaticamente das medidas subseqüentes obtidas com sua amostra. Ao acabar, ele pode imprimir todos os dados em uma folha de papel que você pode guardar. Em um instrumento típico, você faz inicialmente a leitura de zero e a guarda na memória do computador. Depois, você coloca em posição a amostra no instrumento e ele encontra automaticamente o nulo e a direção de rotação e mostra o resultado em uma janela de leitura de cristal líquido. O instrumento repete a medida várias vezes, para se certificar, e determina a direção de rotação diminuindo a intensidade da luz. Ele pode fazer isto de várias maneiras. Um método comum é atenuar (reduzir) a luz incidente do feixe de luz polarizada e verificar que efeito isto tem sobre o ângulo de rotação. Mesmo um polarímetro digital, porém, não pode obter uma boa leitura de uma amostra ruim, como, por exemplo, uma amostra turva, cheia de bolhas ou com material em suspensão. Uma boa amostra é de sua responsabilidade.

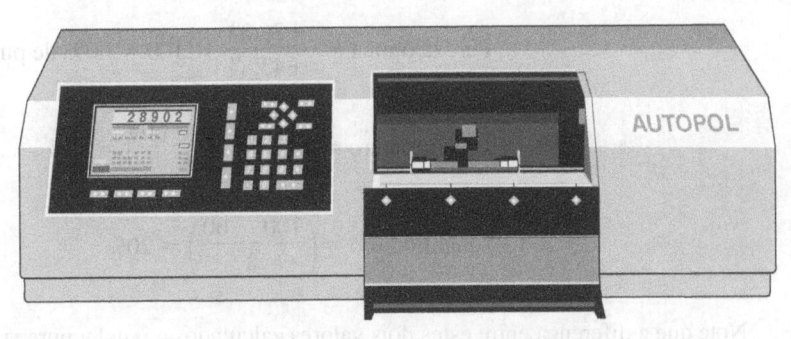

Figura 23.11 O Autopol IV (Rudolph Research), um polarímetro digital moderno.

23.5 PUREZA ÓPTICA

Quando você prepara uma amostra de um enantiômero por um método de resolução, a amostra nem sempre é 100% de um único enantiômero. Ela está, com freqüência, contaminada por pequenas quantidades do outro enantiômero. Se você sabe a quantidade de cada enantiômero na mistura, você pode calcular a **pureza óptica**. Alguns químicos preferem usar a expressão **excesso enantiomérico (ee)** em vez de pureza óptica. Os dois termos podem ser usados indistintamente. O excesso enantiomérico percentual, ou pureza óptica, é calculado como:

$$\% \text{ Pureza óptica} = \frac{\text{moles de um enantiômero} - \text{moles do outro enantiômero}}{\text{total de moles de ambos enantiômeros}} \times 100$$

$$\% \text{ Pureza óptica} = \% \text{ excesso enantiomérico (ee)}$$

É difícil, com freqüência, usar esta equação porque não se conhece a quantidade exata de cada enantiômero presente na mistura. É muito mais fácil calcular a pureza óptica (ee) através da rotação específica observada para a mistura dividida pela rotação específica do enantiômero puro. Valores dos enantiômeros puros podem ser, às vezes, encontrados na literatura.

$$\% \text{ Pureza óptica} = \% \text{ excesso enantiomérico} = \frac{\text{rotação específica observada}}{\text{rotação específica do enantiômero puro}} \times 100$$

Esta última equação só é verdadeira para misturas de duas moléculas quirais que são imagem no espelho uma da outra (enantiômeros). Se alguma outra substância quiral estiver presente na mistura como impureza, a pureza óptica verdadeira será diferente da calculada.

Em uma mistura racêmica (±), não há excesso de um enantiômero, e a pureza óptica (excesso enantiomérico) é zero. Em um material completamente resolvido, a pureza óptica (excesso enantiomérico) é 100%. Um composto que é x% opticamente puro contém x% de um enantiômero e (100 − x)% de uma mistura racêmica.

Depois da determinação da pureza óptica (excesso enantiomérico), é fácil calcular as percentagens relativas de cada enantiômero. Imagine que a forma predominante na mistura impura, opticamente ativa, é o enantiômero (+); sua percentagem é

$$\left[x + \left(\frac{100 - x}{2}\right)\right]\%$$

e a percentagem do isômero (−) é [(100 − x)/2]%. As percentagens relativas das formas (+) e (−) em uma mistura de enantiômeros parcialmente resolvida pode ser calculada como mostrado abaixo. Imagine uma mistura de enantiômeros da cânfora parcialmente resolvida. A rotação específica da (+)-cânfora pura é +43,8° em etanol absoluto, mas a mistura tem rotação específica de +26,3°.

$$\text{Pureza óptica} = \frac{+26,3°}{+43,8°} \times 100 = 60\% \text{ de pureza óptica}$$

$$\% (+) \text{ enantiômero} = 60 + \left(\frac{100 - 60}{2}\right) = 80\%$$

$$\% (-) \text{ enantiômero} = \left(\frac{100 - 60}{2}\right) = 20\%$$

Note que a diferença entre estes dois valores calculados é igual à pureza óptica ou excesso enantiomérico.

PROBLEMAS

1. Calcule a rotação específica de uma substância em solução (0,4 g/mL) que tem rotação observada igual a −10° determinada em uma célula de 0,5 dm.
2. Calcule a rotação observada em uma solução de uma substância (2,0 g/mL) cuja pureza óptica é 80%. Usou-se uma célula de 2 dm. A rotação específica da substância opticamente pura é +20°.
3. Qual é a pureza óptica de um produto parcialmente racemizado se a rotação específica calculada é −8°? O enantiômero puro tem rotação específica igual a −10°. Calcule as percentagens dos enantiômeros no produto parcialmente racemizado.

TÉCNICA 24
Refratometria

O **índice de refração** é uma propriedade física importante dos líquidos. Freqüentemente, pode-se identificar um líquido pelo índice de refração, que é, também, uma medida da pureza da amostra que está sendo examinada. Isto pode ser feito por comparação do índice de refração experimental com o valor registrado na literatura para uma amostra muito pura do composto. Quanto mais próximo for o valor medido do registrado na literatura, mais pura é a amostra.

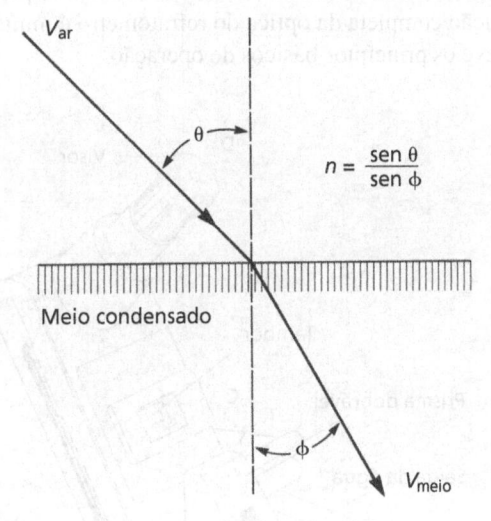

24.1 ÍNDICE DE REFRAÇÃO

O índice de refração baseia-se no fato de que a luz se desloca em velocidades diferentes em fases condensadas (líquidos e sólidos) e no ar. O índice de refração n é a razão entre a velocidade da luz no ar e no meio que está sendo considerado:

$$n = \frac{V_{ar}}{V_{líquido}} = \frac{\operatorname{sen}\theta}{\operatorname{sen}\phi}$$

Não é difícil medir experimentalmente a razão das velocidades. Ela corresponde a (sen θ/sen ϕ), onde θ é o ângulo de incidência do feixe de luz que atinge a superfície do meio e ϕ é o ângulo de refração do feixe de luz *no* meio. A Figura 24.1 esquematiza o processo.

Figura 24.1 Índice de refração.

O índice de refração de um dado meio depende de duas variáveis. Em primeiro lugar, ele depende da *temperatura*. A densidade do meio muda com a temperatura; logo, a velocidade da luz no meio também muda. Em segundo lugar, o índice de refração depende do *comprimento de onda*. Feixes de luz com comprimentos de onda diferentes sofrem refração diferente no mesmo meio e levam a índices de refração diferentes. Costuma-se obter o índice de refração em 20°C, usando-se uma lâmpada de sódio. O sódio emite luz amarela de comprimento de onda igual a 589 nm, a chamada linha D do sódio. Nestas condições, o índice de refração é registrado na seguinte forma:

$$n_D^{20} = 1,4892$$

O sobrescrito indica a temperatura, e o subscrito indica que a linha D do sódio foi usada. Se outro comprimento de onda for usado, D é substituído pelo valor apropriado, usualmente em nanômetros (1 nm = 10^{-9} m).

Note que o valor hipotético registrado acima tem quatro casas decimais. É fácil determinar o índice de refração até várias partes por 10.000. Isto significa que n_D é uma constante física muito precisa e pode ser usada para a identificação de uma substância. Ele é, porém, muito sensível a impurezas, e, a menos que a substância tenha sido *muito* purificada, você não poderá reproduzir as duas últimas casas decimais do valor encontrado em um manual de laboratório ou outra fonte da literatura. Os líquidos orgânicos típicos têm índices de refração entre 1,3400 e 1,5600.

24.2 O REFRATÔMETRO DE ABBÉ

O instrumento usado na medida do índice de refração é chamado de **refratômetro**. Embora existam muitos tipos de refratômetro, o mais comum é, de longe, o refratômetro de Abbé. Este tipo de refratômetro tem as seguintes vantagens:

1. Pode-se usar luz branca. O instrumento é compensado de modo que o índice de refração seja igual ao obtido com a linha D do sódio.
2. A temperatura do prisma é controlada.
3. A quantidade de amostra necessária é muito pequena (algumas gotas de líquido no método padrão ou cerca de 5 μL usando uma técnica modificada).

A Figura 24.2 mostra um tipo comum de refratômetro de Abbé.

O arranjo óptico do refratômetro é muito complexo. A Figura 24.3 mostra um diagrama simplificado da parte interna. As letras A, B, C, e D marcam as partes correspondentes nas Figuras 24.2 e 24.3. Uma descrição completa da óptica do refratômetro é muito complexa para ser feita aqui, mas a Figura 24.3 descreve os princípios básicos de operação.

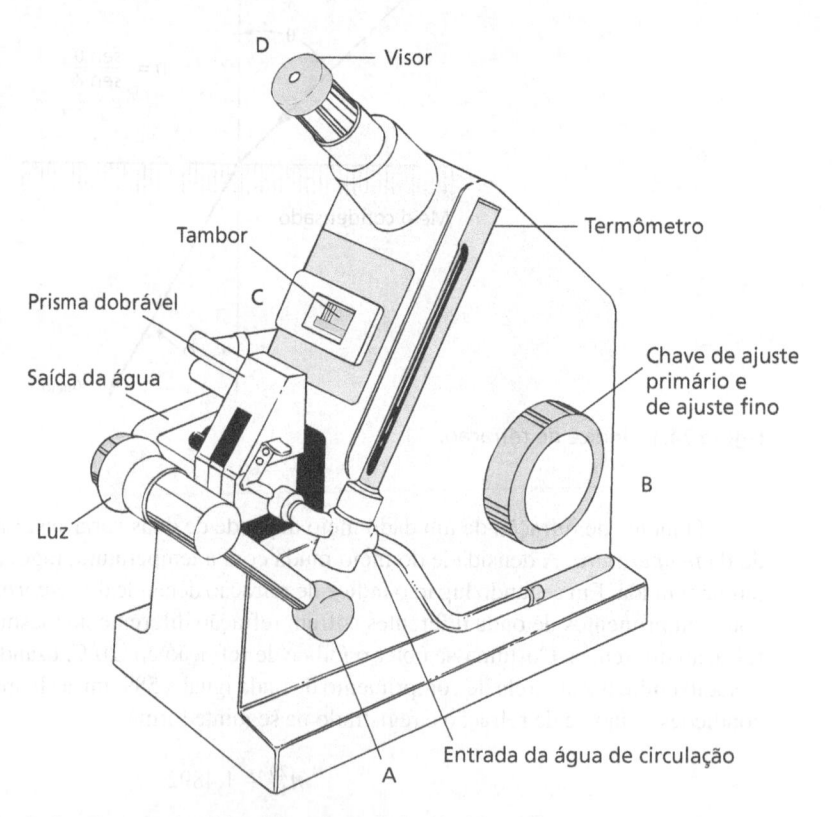

Figura 24.2 Refratômetro de Abbé (Bausch and Lomb Abbé 3L).

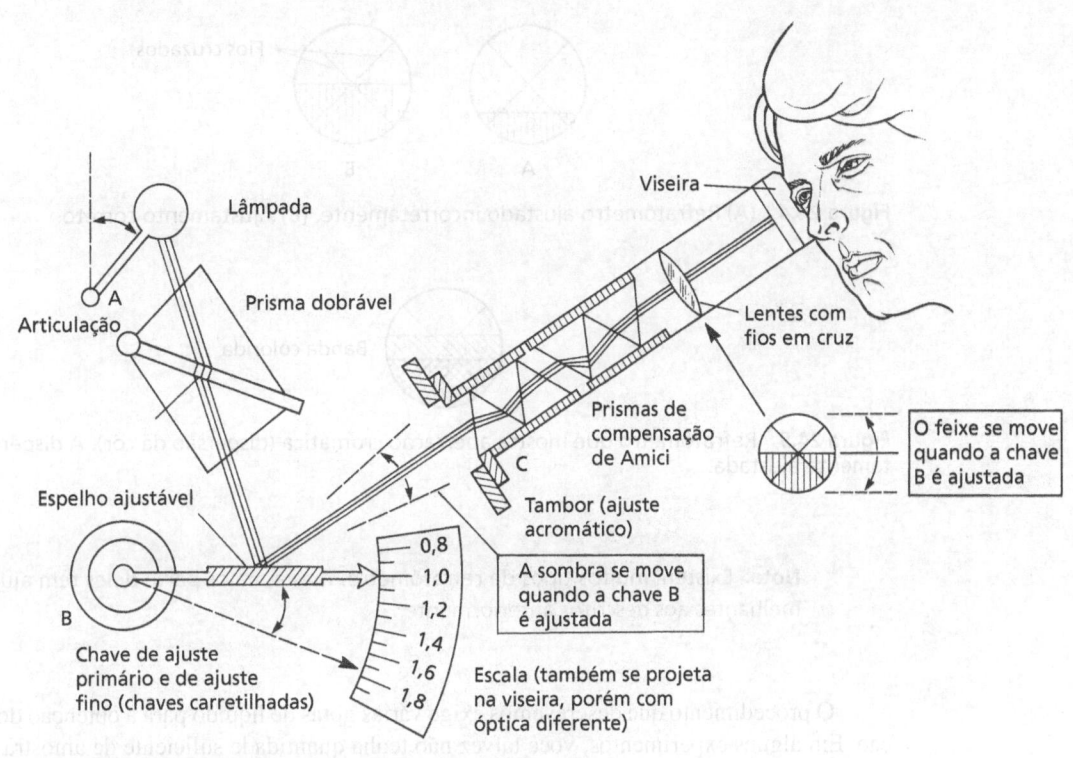

Figura 24.3 Diagrama simplificado de um refratômetro.

Para usar o método padrão, coloque a amostra entre os dois prismas. Se o líquido não for viscoso, use uma pipeta Pasteur para colocá-lo no canal da lateral dos prismas. Se ele for viscoso, abra os prismas (eles são dobráveis) movendo o prisma superior e use uma pipeta Pasteur, ou uma espátula de madeira, para colocar algumas gotas do líquido sobre o prisma inferior. Se estiver usando uma pipeta Pasteur, tenha cuidado para não tocar os prismas porque eles são frágeis e podem sofrer arranhões facilmente. Quando os prismas se fecham, o líquido se espalha e forma um filme fino. Se as amostras forem muito voláteis, as operações subseqüentes devem ser realizadas rapidamente. Mesmo com os prismas fechados, a evaporação de líquidos voláteis pode ser um problema.

Ligue a lâmpada e olhe pelo visor D. A lâmpada móvel deve ser ajustada para iluminar o mais possível o campo visível no visor. A lâmpada gira em torno da articulação A.

Gire os botões de ajuste primário e fino em B até que a linha divisória entre as metades clara e escura do campo visual coincida com o centro dos fios cruzados (Figura 24.4). Se os fios cruzados não estiverem bem-focados, ajuste o visor para melhorar o foco. Se a linha horizontal que divide as áreas clara e escura aparecer como uma banda colorida, como na Figura 24.5, o refratômetro mostra uma **aberração cromática** (dispersão da cor). Este problema pode ser resolvido pelo ajuste da chave em tambor C. Esta chave carretilhada gira uma série de prismas, chamados de prismas de Amici, que compensam a cor no refratômetro e cancelam a dispersão. Ajuste a chave para obter uma divisão nítida e incolor entre os segmentos claro e escuro. Quando tudo estiver corrigido (como na Figura 24.4B), leia o índice de refração. No instrumento aqui descrito, pressione um pequeno botão do lado esquerdo do corpo do aparelho para tornar visível a escala no visor. Em outros refratômetros a escala está sempre visível, freqüentemente em um visor diferente.

Ocasionalmente, o refratômetro pode estar tão desajustado que é difícil medir o índice de refração de um desconhecido. Se isto acontecer, coloque uma amostra pura de índice de refração conhecido no instrumento, ajuste a escala para o valor correto de índice de refração e ajuste os controles até que a linha de separação fique o mais nítida possível. Se isto for feito, fica mais fácil medir uma amostra desconhecida. É especialmente interessante executar este procedimento quando estiver medindo o índice de refração de uma amostra muito volátil.

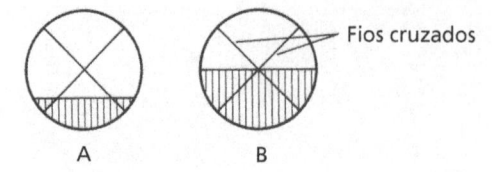

Figura 24.4 (A) Refratômetro ajustado incorretamente. (B) Ajustamento correto.

Figura 24.5 Refratômetro que mostra aberração cromática (dispersão da cor). A dispersão está incorretamente ajustada.

> **Nota:** Existem muitos tipos de refratômetro, mas a maior parte deles tem ajustes semelhantes aos descritos anteriormente.

O procedimento que descrevemos exige várias gotas de líquido para a obtenção do índice de refração. Em alguns experimentos, você talvez não tenha quantidade suficiente de amostra para usar o método padrão. É possível mudar o procedimento para obter um índice de refração com acurácia razoável com cerca de 5 μL de líquido. Em vez de colocar a amostra diretamente sobre o prisma, aplique-a sobre um pedaço pequeno de papel usado para a limpeza de material óptico ("lens paper"). O papel pode ser cortado com um furador de papel manual.[1] Coloque o disco de papel (diâmetro 0,6 cm) no centro do prisma inferior do refratômetro. Para não arranhar o prisma, use pinças com pontas de plástico para manipular o disco. Use uma seringa de microlitros para colocar, com cuidado, cerca de 5μL do líquido sobre o papel. Feche os prismas, ajuste o refratômetro como descrito acima e leia o índice de refração. Com este método, a linha horizontal que divide as áreas clara e escura pode não ficar tão nítida como no procedimento padrão. Pode ser impossível, também, eliminar completamente a dispersão da cor. Apesar disto, os valores de índice de refração determinados por este método chegam, usualmente, a 10 partes por 10.000 dos valores determinados pelo procedimento padrão.

24.3 LIMPEZA DO REFRATÔMETRO

Quando estiver usando o refratômetro, lembre-se sempre de que se os prismas forem arranhados, o instrumento estará arruinado.

> **Nota:** Não toque os prismas com objetos duros.

Esta advertência inclui pipetas Pasteur e bastões de vidro.

Depois que o experimento estiver terminado, os prismas devem ser limpos com etanol ou éter de petróleo. Umedeça tecidos *leves* com o solvente e passe pelos prismas com *cuidado*. Após evaporação do solvente, feche os prismas. Os prismas devem permanecer fechados para impedir o acúmulo de poeira entre eles. O instrumento deve ser desligado quando não estiver mais em uso.

---

[1] Para cortar o papel, coloque várias folhas entre dois pedaços de papel mais pesado, como os usados em escritório.

24.4 O REFRATÔMETRO DIGITAL

Já existem refratômetros digitais que determinam eletronicamente o índice de refração de um líquido (Figura 24.6). Após a calibração, basta colocar uma gota do líquido entre os prismas (veja o destaque da Figura 24.6), fechar a tampa e ler o resultado. O instrumento faz as correções de temperatura e acumula na memória do microprocessador os valores lidos. Enfatizamos que estes instrumentos devem ser tratados com respeito, para não arranhar os prismas, e devem ser limpos após o uso.

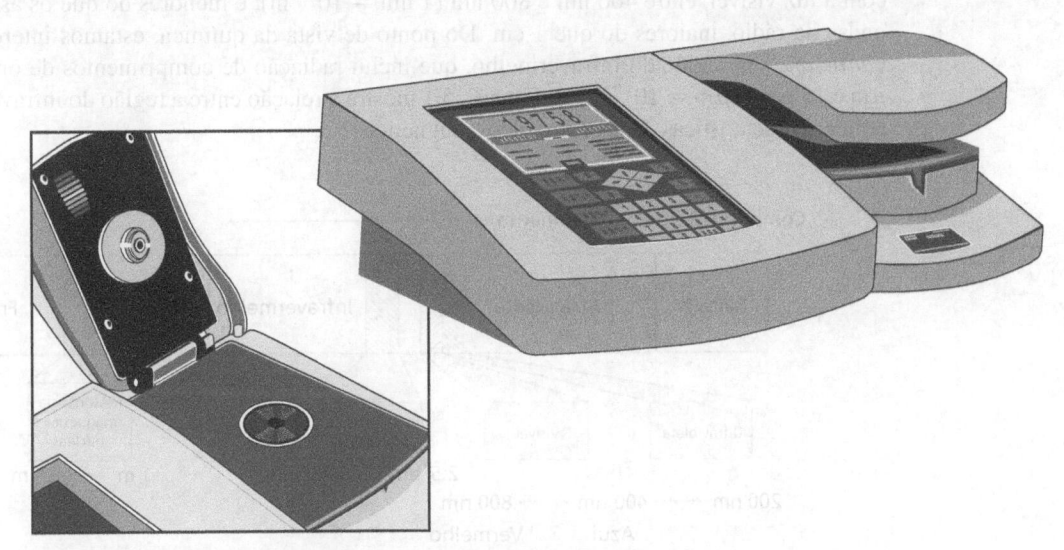

Figura 24.6 A série J da Rudolph, um refratômetro digital moderno. Para fazer uma medida, coloque a amostra no prisma inferior (veja o destaque) e feche a tampa.

24.5 CORREÇÕES DE TEMPERATURA

Muitos refratômetros são fabricados de modo que a água que circula em temperatura constante mantenha os prismas em 20°C. Se o sistema de controle da temperatura não estiver em uso ou se a água não estiver em 20°C, deve-se aplicar uma correção da temperatura. Embora a correção da temperatura possa variar de uma classe de compostos a outra, o valor 0,00045 por graus Celsius é uma aproximação aplicável à maior parte das substâncias. O índice de refração de uma substância *diminui* quando a temperatura *aumenta*. Por isto, adicione a correção ao valor medido de n_D para valores superiores a 20°C e subtraia para valores inferiores a 20°C. O valor de n_D registrado para o nitro-benzeno, por exemplo, é 1,5529. Em 25°C, seria observado um valor de 1,5506. A correção de temperatura deveria ser feita como

$$n_D^{20} = 1{,}5506 + 5(0{,}00045) = 1{,}5529$$

PROBLEMAS

1. Uma solução de brometo de isobutila e cloreto de isobutila tem o índice de refração 1,3931 em 20°C. Os índices de refração do brometo de isobutila e do cloreto de isobutila são 1,4368 e 1,3785, respectivamente. Determine a composição molar percentual da mistura. Imagine uma relação linear entre o índice de refração e a composição molar da mistura.
2. O índice de refração de um composto em 16°C é 1,3982. Corrija este valor para 20°C.

TÉCNICA 25

Espectrometria de Infravermelho

Praticamente todos os compostos que têm ligações covalentes, orgânicos e inorgânicos, absorvem freqüências de radiação eletromagnética na região do infravermelho do espectro. A região do infravermelho do espectro eletromagnético se encontra em comprimentos de onda maiores do que os associados com a luz visível, entre 400 nm e 800 nm (1 nm = 10^{-9} m), e menores do que os associados com as ondas de rádio, maiores do que 1 cm. Do ponto de vista da química, estamos interessados na parte *vibracional* da região do infravermelho, que inclui radiação de comprimentos de onda (λ) entre 2,5 μm e 15 μm (1μm = 10^{-6} m). A Figura 25.1 mostra a relação entre a região do infravermelho e outras regiões características do espectro eletromagnético.

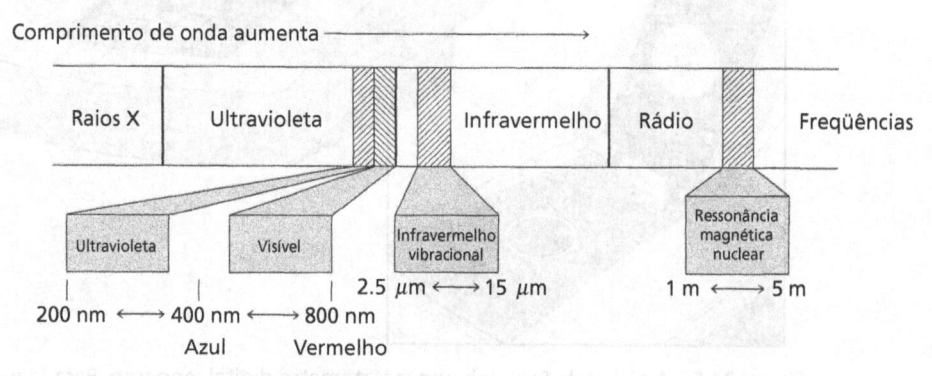

Figura 25.1 Porção do espectro eletromagnético que mostra a relação entre a radiação do infravermelho vibracional e a de outros tipos de radiação.

Como ocorre com outros tipos de absorção de energia, as moléculas são excitadas a um estado de energia superior quando absorvem a radiação infravermelha. A absorção de radiação infravermelha é, como outros processos de absorção, um processo quantizado. Somente freqüências (energias) selecionadas são absorvidas pelas moléculas. A energia envolvida na absorção é da ordem de 8-40 kJ/mol (2-10 kcal/mol). A radiação desta faixa de energias corresponde às freqüências de deformação axial e angular das ligações covalentes das moléculas. No processo de absorção, as freqüências de radiação infravermelha que coincidem com as freqüências naturais de vibração são absorvidas e a energia envolvida aumenta a *amplitude* dos movimentos de vibração das ligações da molécula.

Muitos químicos referem-se à radiação da região do infravermelho vibracional do espectro eletromagnético usando a unidade **número de ondas** ($\bar{\nu}$). O número de ondas é expresso em centímetros recíprocos (cm^{-1}), facilmente obtidos tomando-se o inverso do comprimento de onda (λ) expresso em centímetros. Esta unidade tem a vantagem, para os que fazem cálculos, de ser diretamente proporcional à energia. Logo, a região do infravermelho vibracional do espectro estende-se de cerca de 4.000 cm^{-1} a 650 cm^{-1} (ou número de ondas).

As seguintes relações interconvertem comprimentos de onda (μm) e número de ondas (cm^{-1}):

$$\text{cm}^{-1} = \frac{1}{(\mu\text{m})} \times 10.000$$

$$\mu\text{m} = \frac{1}{(\text{cm})^{-1}} \times 10.000$$

Parte A. Preparação da amostra e registro do espectro

25.1 INTRODUÇÃO

Para determinar o espectro de infravermelho de um composto, deve-se colocá-lo em um suporte ou célula. Na espectroscopia de infravermelho isto provoca um problema. Vidro, quartzo e plásticos absorvem fortemente em toda a região do espectro de infravermelho (como praticamente todos os compostos que têm ligações covalentes) e não podem ser usados nas células. A solução é usar substâncias iônicas como halogenetos de metal (cloreto de sódio, brometo de potássio, cloreto de prata).

Células de Cloreto de Sódio. Corta-se monocristais de cloreto de sódio em pedaços de tamanho apropriado. Os cristais são polidos para dar placas transparentes ao infravermelho. Estas placas podem ser usadas para fabricar células capazes de conter amostras *líquidas*. Como o cloreto de sódio é solúvel em água, as amostras devem estar *secas* antes da obtenção do espectro. As células de cloreto de sódio são preferidas nas aplicações que envolvem amostras líquidas. Pode-se usar, também, placas de brometo de potássio em vez de cloreto de sódio.

Células de Cloreto de Prata. As células também podem ser construídas com cloreto de prata. Estas placas podem ser usadas para amostras *líquidas* que contêm pequenas quantidades de água porque o cloreto de prata é insolúvel em água. Como ela, entretanto, absorve no infravermelho, deve-se remover a maior quantidade possível de água. As placas de cloreto de prata devem ser guardadas no escuro porque elas escurecem quando expostas à luz. Além disso, elas não podem ser usadas com compostos que têm um grupo funcional amina. Eles reagem com o cloreto de prata.

Amostras Sólidas. A maneira mais fácil de manter uma amostra *sólida* no lugar é dissolver a amostra em um solvente orgânico volátil, colocar várias gotas da solução sobre uma placa de sal e deixar evaporar. Este método do filme seco só pode ser usado nos espectrômetros TF-IV modernos. Os outros métodos descritos aqui podem ser usados nos espectrômetros TF-IV e de dispersão. Uma amostra sólida pode ser obtida fazendo-se uma pastilha com uma pequena quantidade do composto disperso em brometo de potássio. Pode-se fazer, também, uma dispersão do composto em óleo mineral, que absorve em regiões específicas do espectro de infravermelho. Outro método é dissolver o composto em um solvente apropriado e colocar a solução entre duas placas de cloreto de sódio ou de prata.

25.2 AMOSTRAS LÍQUIDAS – PLACAS DE NaCl

O método mais simples de preparar uma amostra líquida é depositar uma pequena camada de líquido entre duas placas planas e polidas de cloreto de sódio. Esta é a melhor maneira de determinar o espectro de infravermelho de um líquido puro. Um espectro determinado deste modo é chamado de espectro **limpo**. Não se usa solvente. As placas polidas são caras porque elas são cortadas de um monocristal grande de cloreto de sódio. As placas de sal quebram-se facilmente e são solúveis em água.

Preparo da Amostra. Retire duas placas de cloreto de sódio e um suporte do dessecador onde são guardados. A umidade dos dedos estraga e torna opaca a superfície polida. Amostras que contêm água destroem as placas.

> **Nota:** Toque as placas apenas nas bordas. Assegure-se de que sua amostra está seca ou livre de água.

Coloque 1 ou 2 gotas do líquido na superfície de uma das placas e coloque a segunda placa por cima.[1] A pressão da segunda placa fará com que o líquido se espalhe e forme um filme fino. Coloque as

---

[1] Use uma pipeta Pasteur ou um pedaço de microcapilar. Para encher o microcapilar basta tocar a amostra líquida. Quando você encostar (com cuidado) o capilar na placa de sal, ele se esvaziará. Cuidado para não arranhar a placa.

placas entre os parafusos do suporte e coloque o anel de metal cuidadosamente sobre as placas (Figura 25.2). Use as porcas para fixar as placas.

> **Nota:** Não aperte demais as porcas para não rachar ou quebrar as placas.

Aperte as porcas sem forçar. Gire-as com seus dedos até que elas parem. Gire-as, então, uma fração de volta completa. Isto é suficiente. Se você apertar corretamente as porcas, verá um *filme transparente de amostra* (umedecimento uniforme da superfície). Se você não conseguir um bom filme, afrouxe uma ou mais porcas e reajuste-as de modo a obter o filme uniforme, ou adicione mais amostra.

Porcas
Anel de metal que se encaixa nos parafusos
Placas de NaCl deslizam entre os parafusos
Gota de líquido
Suporte entra no guia de amostra do espectrofotômetro

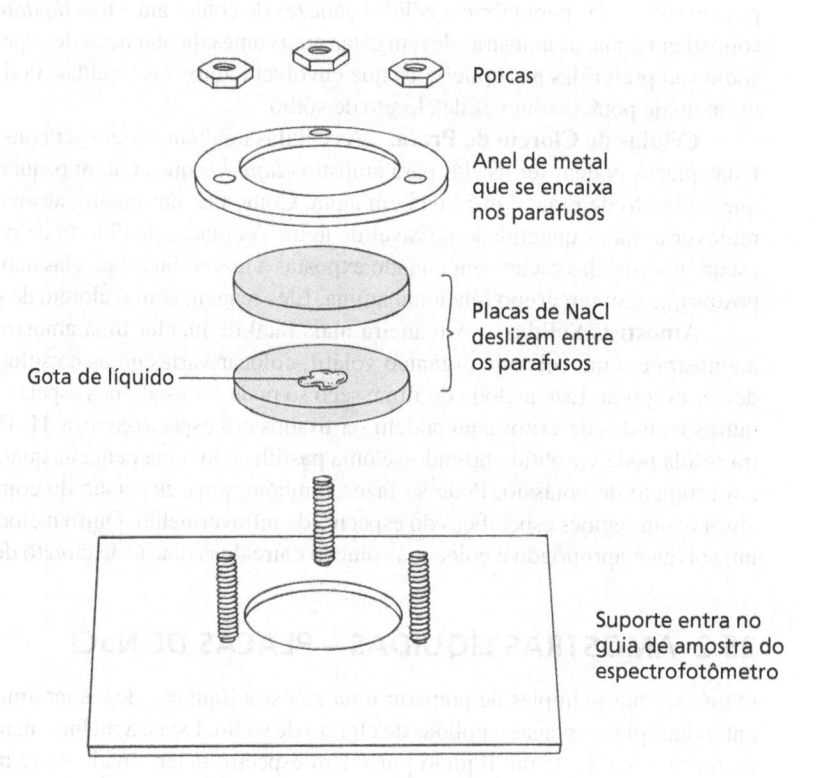

Figura 25.2 Placas de sal e suporte.

A espessura do filme que se forma entre as duas placas é função de dois fatores: (1) a quantidade de líquido colocada na primeira placa (1 gota, 2 gotas, etc.) e (2) a pressão aplicada sobre as placas. Se mais de 1 ou 2 gotas de líquido forem usadas, a quantidade foi provavelmente excessiva, e o espectro resultante mostrará absorções muito intensas que ficarão fora da escala do papel de gráfico. É suficiente molhar as duas superfícies.

Se a amostra for muito pouco viscosa, o filme capilar pode ser muito fino para produzir um bom espectro. Outro problema que você pode encontrar é que o líquido seja tão volátil que a amostra evapore antes da determinação do espectro. Se isso acontecer, talvez seja necessário usar as placas de cloreto de prata discutidas na Seção 25.3 ou uma célula para soluções, descrita na Seção 25.6. Você pode obter, freqüentemente, um espectro razoável montando rapidamente a célula e correndo o espectro antes da amostra escapar das placas ou se evaporar.

Determinação do Espectro de Infravermelho. Coloque o suporte no guia de amostras do espectrofotômetro. Determine o espectro segundo as instruções do professor. Em alguns casos, o professor pedirá que você calibre seu espectro. Se isto acontecer, veja a Seção 25.8.

Limpeza e Guarda das Placas. Após a obtenção do espectro, desmonte o suporte e lave as placas com cloreto de metileno (ou acetona *seca*). (Mantenha as placas longe da água!) Use um tecido leve, umedecido com o solvente, para limpar as placas. Se um pouco da amostra permanecer na placa, você poderá observar uma superfície brilhante. Continue a limpar a placa até que não reste amostra nas superfícies.

> **Cuidado:** Evite contato direto com o cloreto de metileno. Guarde as placas de sal e o suporte no dessecador.

25.3 AMOSTRAS LÍQUIDAS – PLACAS DE AgCl

A Figura 25.3 mostra um tipo de célula que também pode ser usada para líquidos.[2] O conjunto é formado por duas peças que se encaixam, um anel de borracha e duas placas de cloreto de prata. As placas são lisas em um dos lados e têm uma depressão circular (0,025 mm ou 0,10 mm) do outro. Uma vantagem das placas de cloreto de prata é que elas podem ser usadas com amostras úmidas ou com soluções. Uma desvantagem é que o cloreto de prata escurece quando exposto à luz por longos períodos de tempo. Elas também são arranhadas com mais facilidade do que as de cloreto de sódio e reagem com aminas.

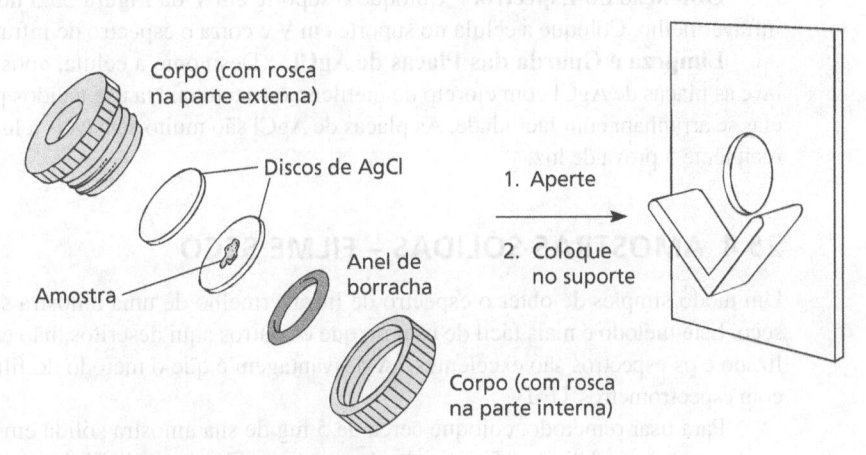

Figura 25.3 Célula de AgCl para líquidos e suporte em V.

Preparação da Amostra. As placas de cloreto de prata devem ser manuseadas com os mesmos cuidados empregados com as placas de sal. Infelizmente, elas são menores e mais finas (como lentes de contacto) do que as placas de sal, e é preciso cuidar para não perdê-las! Remova-as do recipiente à prova de luz com cuidado. É difícil ver o lado da placa que tem a depressão circular. O professor pode ter marcado as placas com uma letra para indicar o lado plano. Para obter o espectro de infravermelho de um líquido puro (espectro limpo), selecione o lado plano de cada placa de cloreto de prata. Coloque o anel de borracha no corpo da célula, como na Figura 25.3, coloque a placa no corpo da célula sobre o anel, com o lado plano para cima, e coloque 1 gota, ou menos, de líquido sobre a placa.

> **Nota:** Não use aminas com as placas de AgCl.

---

[2] A célula para líquidos Wilks Mini-Cell é comercializada pela Foxboro Company, 151 Woodward Avenue, South Norwalk, CT 06856, EUA. Recomendamos as janelas de AgCl com depressão de 0,10 mm de preferência à de depressão de 0,025 mm.

Coloque a segunda placa sobre a primeira com o lado plano para baixo. A orientação das placas está na Figura 25.4A. Este arranjo é usado para obter um filme capilar da amostra. Atarraxe o corpo superior da célula de modo que as placas de cloreto de prata fiquem no lugar. Forma-se um selo efetivo porque AgCl se deforma sob pressão.

A. Filme capilar   B. Caminho óptico de 0,10 mm   C. Caminho óptico de 0,25 mm

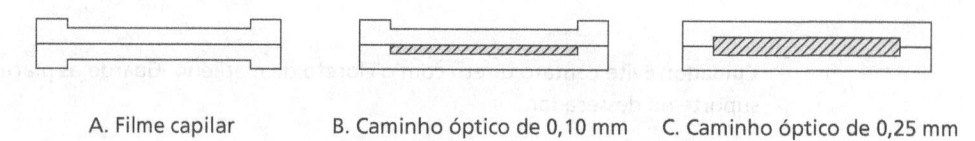

Figura 25.4 Variações de caminho óptico com as placas de AgCl.

Pode-se usar outras combinações com estas placas. Você pode, por exemplo, variar o caminho óptico da amostra usando as orientações das Figuras 25.4B e C. Se você colocar sua amostra sobre a depressão de uma placa e cobri-la com o lado plano da outra, você consegue um caminho óptico de 0,10 mm (Figura 25.4B). Este arranjo é útil para a análise de líquidos voláteis ou de baixa viscosidade. Se você posicionar as duas placas com as depressões voltadas uma para a outra, terá um caminho óptico de 0,20 mm (Figura 25.4C). Esta orientação pode ser usada para uma solução de um sólido (ou líquido) em tetracloreto de carbono.

Obtenção do Espectro. Coloque o suporte em V da Figura 25.3 no guia do espectrômetro de infravermelho. Coloque a célula no suporte em V e corra o espectro de infravermelho do líquido.

Limpeza e Guarda das Placas de AgCl. Desmonte a célula, após a obtenção do espectro, e lave as placas de AgCl com cloreto de metileno ou acetona. Na use tecidos para secar as placas porque elas se arranham com facilidade. As placas de AgCl são muito sensíveis à luz. Guarde as placas em um recipiente à prova de luz.

25.4 AMOSTRAS SÓLIDAS – FILME SECO

Um modo simples de obter o espectro de infravermelho de uma amostra sólida é o método do filme seco. Este método é mais fácil de usar do que os outros aqui descritos, não exige equipamento especializado e os espectros são excelentes.[3] A desvantagem é que o método do filme seco só pode ser usado com espectrômetros TF-IV.

Para usar o método, coloque cerca de 5 mg de sua amostra sólida em um tubo de ensaio pequeno, limpo e seco. Adicione 5 gotas de cloreto de metileno (ou dietil-éter ou pentano) e agite a mistura para dissolver o sólido. Use uma pipeta Pasteur (não use um tubo capilar) para colocar várias gotas da solução em uma das faces de uma placa de sal. Deixe o solvente evaporar. Um depósito uniforme de seu produto formará um filme seco sobre a placa. Coloque a placa sobre um suporte em V no feixe de infravermelho. Observe que basta uma placa. Não é necessário cobri-la com uma segunda placa. Com a placa no lugar, você pode obter o espectro da maneira habitual. Quando usar este método, é *muito importante* limpar a placa imediatamente após a obtenção do espectro com cloreto de metileno ou acetona seca.

25.5 AMOSTRAS SÓLIDAS – PASTILHAS DE KBr E EMULSÕES COM NUJOL

Os métodos descritos nesta seção podem ser usados com espectrômetros de TF-IV e de dispersão.

---
[3] P. L. Feist, *Journal of Chemical Education*, 78 (2001): 351.

A. Pastilhas de KBr

Um modo de preparar uma amostra sólida é fazer uma **pastilha de brometo de potássio (KBr)**. Sob pressão, o KBr funde, flui e sela a amostra em uma solução sólida ou matriz. Como o brometo de potássio não absorve no infravermelho, não há interferência no espectro.

Preparação da Amostra. Remova o gral de ágata e o pistilo do dessecador para preparar a amostra. (Cuidado, eles são muito caros.) Moa 1 mg (0,001 g) da amostra sólida por 1 minuto no gral. Neste ponto, o tamanho das partículas é tão pequeno que a superfície do sólido parece brilhar. Adicione à mistura 80 mg (0,080 g) de brometo de potássio *em pó* e moa a mistura por cerca de 30 segundos. Arraste a mistura com uma espátula para o meio do gral e moa por mais 15 segundos. A operação de moagem ajuda a misturar a amostra com o KBr. Trabalhe o mais depressa que puder porque o KBr absorve água. A amostra e o KBr devem estar bem-moídos, senão a mistura espalhará muito a radiação infravermelha. Use sua espátula e arraste a mistura para o centro do gral. Coloque a garrafa de brometo de potássio no dessecador onde fica guardada quando não estiver em uso.

A amostra e o brometo de potássio devem ser pesados em uma balança analítica nas primeiras vezes que você preparar uma pastilha. Com a prática, você poderá estimar estas quantidades sem dificuldade.

Preparação da Pastilha de KBr com uma Prensa de Mão. Dois métodos de preparação de pastilhas de KBr são comuns. O primeiro usa uma prensa de mão como a da Figura 25.5.[4] Remova o conjunto da pastilha da caixa. Tome muito cuidado para não arranhar as superfícies polidas. Coloque a bigorna com o pino polido curto (bigorna inferior na Figura 25.5) sobre a bancada. Coloque o colar

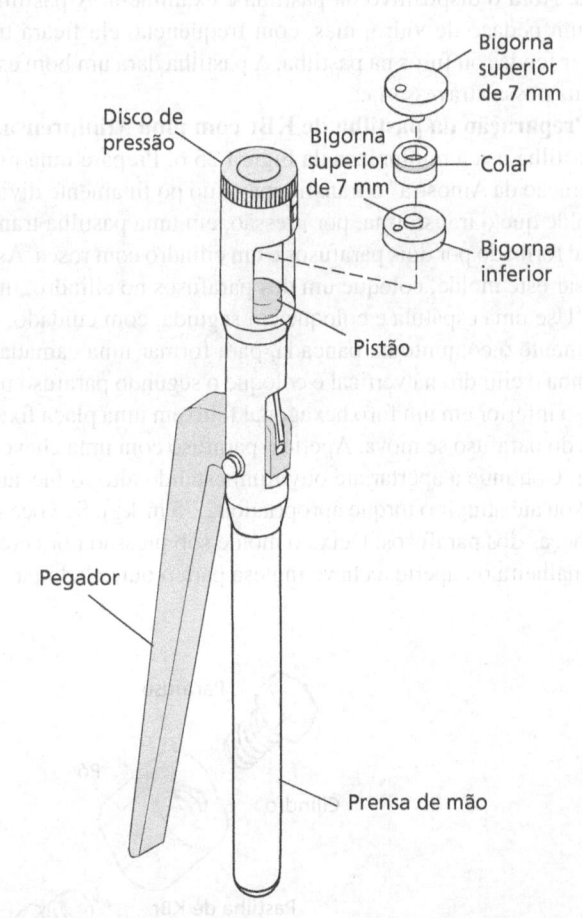

Figura 25.5 Preparação de uma pastilha de KBr com uma prensa de mão.

---

[4] A unidade KBr Quick Press pode ser adquirida em Wilmad Glass Company, Inc., Route 40 and Oak Road, Buena, NJ 08310.

sobre o pino. Remova cerca de um quarto da mistura de KBr com uma espátula e coloque no colar. O pó não cobre totalmente o pino, mas não se preocupe com isto. Coloque a bigorna que tem o pino polido maior sobre o colar, de modo que o pino entre em contato com a amostra. Nunca pressione o conjunto de pastilha sem amostra.

Mova cuidadosamente o dispositivo da pastilha segurando pela bigorna inferior, de modo a manter o colar no lugar. Se você for descuidado nesta operação, o colar pode mover-se e deixar escapar o pó. Abra um pouco o pegador da prensa de mão, incline ligeiramente a prensa e coloque o dispositivo da pastilha na prensa. Verifique se o dispositivo está encostado na parede lateral da câmara para que a pastilha fique centrada. Feche o pegador. É imperativo que o dispositivo da pastilha fique encostado na parede lateral da câmara e que a pastilha fique centrada. Se você pressionar a pastilha fora do centro, poderá envergar os pinos das bigornas.

Com o pegador na posição fechada, rode o disco de pressão para que o êmbolo da prensa de mão toque a bigorna superior do dispositivo da pastilha. Incline a unidade de modo que o dispositivo da pastilha não caia. Abra o pegador e gire o disco de pressão uma meia volta no sentido horário. Feche o pegador lentamente para comprimir a mistura de KBr. A pressão não deve ser superior à de um aperto de mão firme. Não aplique muita pressão para não estragar a pastilha. Na dúvida, gire o disco de pressão no sentido anti-horário para reduzir a pressão. Se o pegador fechar muito facilmente, abra-o, gire o anel de pressão no sentido horário e pressione a amostra novamente. Mantenha a pressão por cerca de 60 segundos.

Após este tempo, incline a unidade de modo que o conjunto não caia. Abra o pegador e remova cuidadosamente o dispositivo da pastilha. Gire o disco de pressão uma volta completa no sentido anti-horário. Abra o dispositivo da pastilha e examine-a. A pastilha, idealmente, deveria ser transparente como um pedaço de vidro, mas, com freqüência, ela ficará translúcida ou um pouco opaca. Podem aparecer fendas ou furos na pastilha. A pastilha dará um bom espectro mesmo com imperfeições, desde que a luz possa atravessá-la.

Preparação da pastilha de KBr com uma Miniprensa. O segundo método de preparação de uma pastilha usa a miniprensa da Figura 25.6. Prepare uma mistura de KBr moído como descrito em "Preparação da Amostra" e transfira parte do pó finamente dividido (usualmente cerca da metade) para um molde que o transforma, por pressão, em uma pastilha transparente. Como se vê na Figura 25.6, o molde é formado por dois parafusos e um cilindro com rosca. As extremidades dos parafusos são planas. Para usar este molde, coloque um dos parafusos no cilindro, mas não totalmente, e deixe uma ou duas voltas. Use uma espátula e coloque em seguida, com cuidado, o pó pelo lado aberto do cilindro e bata ligeiramente o conjunto na bancada, para formar uma camada homogênea na superfície do parafuso. Mantenha o cilindro na vertical e coloque o segundo parafuso no lugar até prendê-lo. Insira a cabeça do parafuso inferior em um furo hexagonal feito em uma placa fixada na bancada. Esta placa impede que a cabeça do parafuso se mova. Aperte o parafuso com uma chave inglesa de modo a comprimir a mistura de KBr. Continue a apertar até ouvir um estalido alto (o mecanismo de cremalheira faz estalidos mais fracos) ou até atingir o torque apropriado (2,75 m-kg). Se você passar deste ponto, poderá arrancar uma das cabeças dos parafusos. Deixe o molde sob pressão por cerca de 60 segundos. Inverta o mecanismo de cremalheira ou aperte a chave inglesa para o outro lado para abrir o conjunto. Quando os parafusos

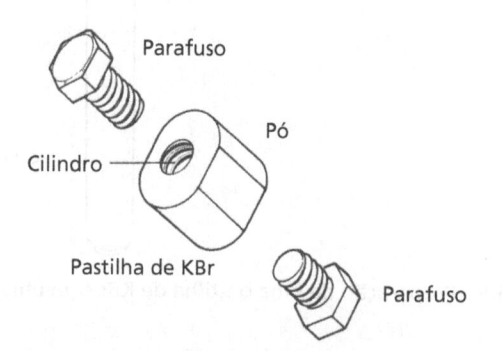

Figura 25.6 Preparação da pastilha de KBr com uma miniprensa.

estiverem frouxos, coloque o cilindro na posição vertical e remova-os cuidadosamente. Você deveria obter uma pastilha de KBr translúcida no centro do cilindro. Mesmo que a pastilha não seja totalmente transparente, você poderá obter um espectro satisfatório se a luz puder atravessar a amostra.

Determinação do Espectro de Infravermelho. Para obter o espectro, coloque o suporte apropriado para o tipo de molde que você estiver usando na posição da amostra do espectrômetro de infravermelho. Coloque o molde com a pastilha em posição, de modo que ela fique centrada no feixe óptico. Corra o espectro de infravermelho. Se você estiver usando um instrumento de feixe duplo, poderá compensar (pelo menos parcialmente) o excesso de absorção da pastilha colocando uma tela de arame ou atenuador no feixe de referência, balanceando, assim, a transmitância reduzida da pastilha. Os aparelhos de TF-IV farão isto automaticamente se você selecionar a opção "auto-escala".

Problemas com uma Pastilha Insatisfatória. Se a pastilha for insatisfatória (não deixa passar luz suficiente), pode ter acontecido o seguinte:

1. A mistura de KBr pode não ter sido moída convenientemente e o tamanho das partículas ficou muito grande. Partículas muito grandes produzem muito espalhamento de luz.
2. A amostra pode não estar seca.
3. Você pode ter usado uma quantidade muito grande de amostra para a quantidade de KBr.
4. A pastilha pode estar muito grossa, isto é, você colocou muito pó no molde.
5. O KBr usado pode estar "úmido" ou ter absorvido umidade do ar enquanto a mistura estava sendo moída.
6. O ponto de fusão da amostra pode ser muito baixo. Sólidos de baixo ponto de fusão são de secagem difícil e fundem sob pressão. Talvez seja preciso dissolver o composto em um solvente e obter o espectro em solução (Seção 25.6).

Limpeza e Guarda do Equipamento. Depois que determinar o espectro, retire a pastilha com um palito ou espátula de madeira (não use uma espátula comum para não arranhar as faces espelhadas do molde). Lembre-se de que se as faces espelhadas do molde forem arranhadas, ficarão inúteis. Passe um pedaço de lenço de papel pelo molde para retirar toda a amostra. Limpe todas as superfícies com um lenço de papel. *Não lave os moldes com água.* Pergunte ao professor se ele tem outras instruções para a limpeza do molde. Guarde as peças do molde no recipiente próprio. Lave o gral e o pistilo com água, seque-os cuidadosamente com toalhas de papel e guarde-os no dessecador. Guarde o KBr em pó em seu dessecador.

B. Suspensões de Nujol

Se uma pastilha de KBr não pode ser obtida ou se o sólido não se dissolve em um solvente adequado, pode-se determinar o espectro do sólido na forma de uma **suspensão em Nujol**. Para isto, moa bem, com um pistilo, cerca de 5 mg da amostra de sólido em um gral de ágata. Adicione, a seguir, 1 ou 2 gotas do óleo mineral Nujol (incolor) e moa a mistura até formar uma dispersão muito fina. O sólido não se dissolve no Nujol. Ele forma uma suspensão, que é colocada entre duas placas de sal com um policial de borracha. Monte as placas de sal no suporte como se a amostra fosse líquida (Seção 25.2).

Nujol é uma mistura de hidrocarbonetos de alto peso molecular. Logo, tem absorções nas regiões de deformação axial de C—H e deformação angular de CH_2 e CH_3 (Figura 25.7). É óbvio que se você estiver usando Nujol não poderá obter informações nestas regiões do espectro. Ao interpretar o espectro, ignore os picos de Nujol. É importante etiquetar o espectro imediatamente após a determinação, esclarecendo que ele foi determinado como uma suspensão em Nujol. Se você não fizer isto, poderá esquecer que os picos de C—H pertencem ao Nujol, e não, à sua amostra.

25.6 AMOSTRAS SÓLIDAS – ESPECTROS EM SOLUÇÃO

A. Método A – solução entre placas de sal (NaCl)

No caso de substâncias solúveis em tetracloreto de carbono, existe um método rápido e fácil de determinação do espectro de sólidos. Dissolva a maior quantidade possível de sólido em 0,1 mL de tetracloreto de carbono. Coloque 1 ou 2 gotas da solução entre placas de cloreto de sódio, como se fosse um líquido

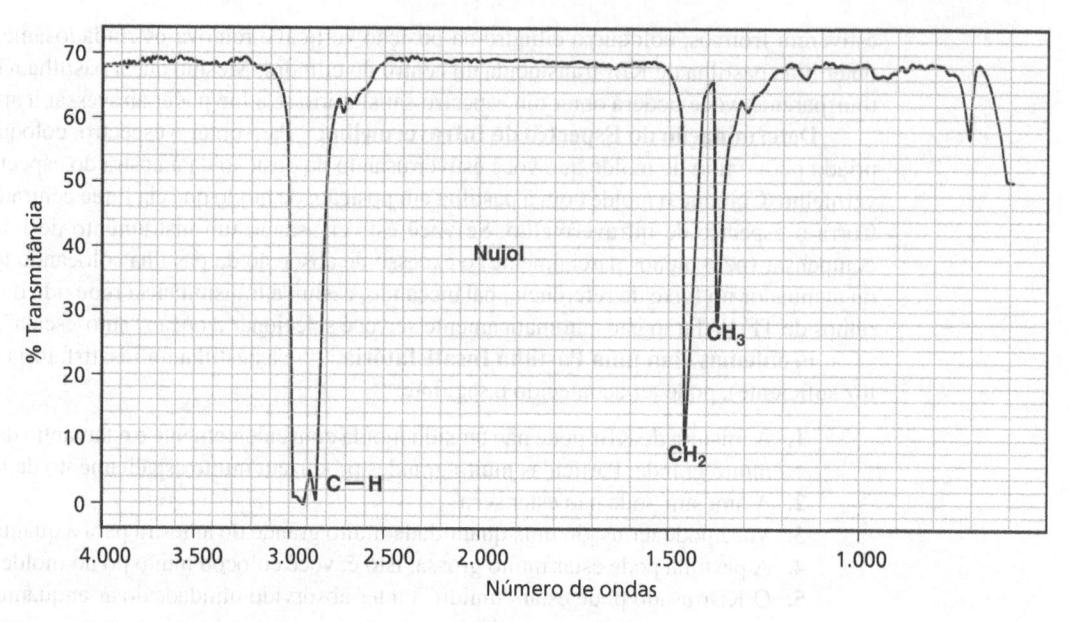

Figura 25.7 Espectro de infravermelho do Nujol (óleo mineral).

puro (Seção 25.2). Determine o espectro como descrito para líquidos puros com placas de sal (Seção 25.2). Trabalhe o mais rapidamente possível para que o solvente não evapore antes do espectro ter sido obtido. Como o espectro conterá as absorções do soluto superpostas às absorções do tetracloreto de carbono, é importante lembrar que absorções que aparecem em cerca de 800 cm^{-1} podem ser devidas às deformações axiais da ligação C—Cl do solvente. Informações à direita de cerca de 900 cm^{-1} não podem ser consideradas neste método. Este solvente não tem outras bandas que possam interferir (veja a Figura 25.8), e todas as bandas que aparecem podem ser atribuídas à sua amostra. As soluções em clorofórmio não devem ser estudadas por este método porque o solvente tem muitas absorções que interferem (veja a Figura 25.9).

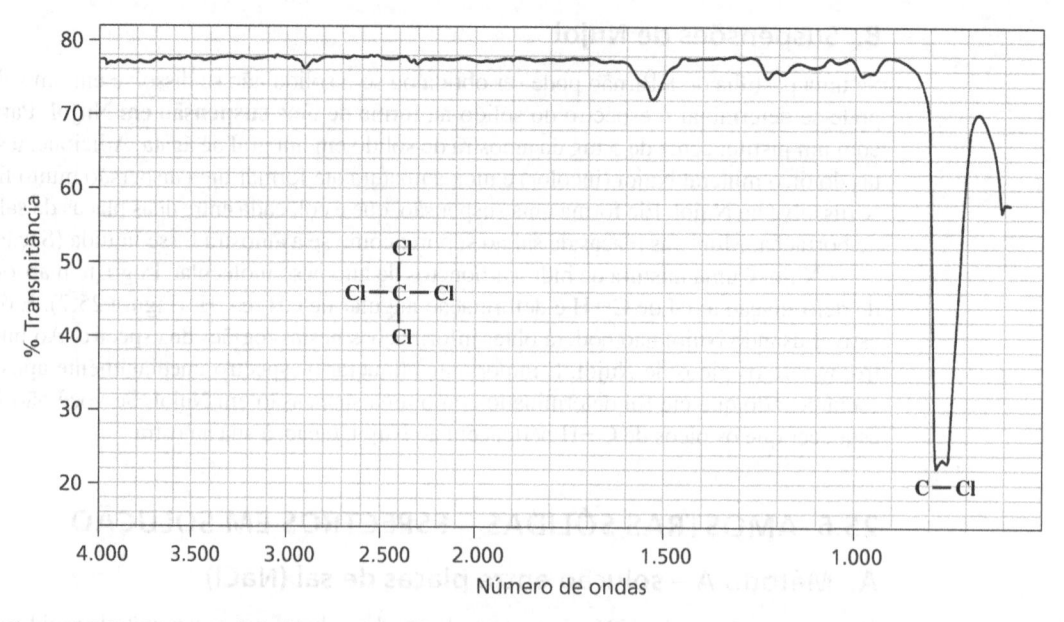

Figura 25.8 Espectro de infravermelho do tetracloreto de carbono.

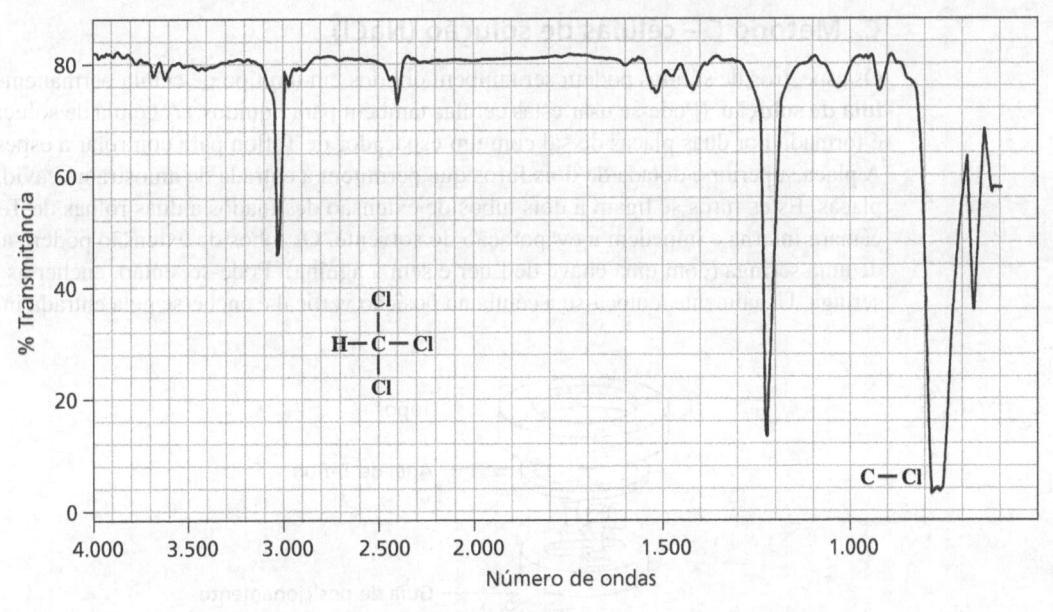

Figura 25.9 Espectro de infravermelho do clorofórmio.

> **Cuidado:** O tetracloreto de carbono é um solvente perigoso. Trabalhe em capela.

Além de ser tóxico, o tetracloreto de carbono é um possível cancerígeno. Apesar dos problemas de saúde associados a seu uso, não existe uma boa alternativa para uso no infravermelho. Outros solventes têm muitas bandas que interferem com o espectro. Manipule o tetracloreto de carbono com muito cuidado para reduzir os efeitos adversos para a saúde. Guarde o tetracloreto de carbono em uma garrafa com tampa de vidro em uma capela. A garrafa deve ter uma pipeta Pasteur presa ao lado, possivelmente em um tubo de ensaio preso com fita gomada. Faça toda a preparação da amostra na capela. Use luvas de borracha ou plástico. As células devem ser limpas na capela. Todo o tetracloreto de carbono usado deve ser colocado em um recipiente de resíduos devidamente identificado.

B. Método B – minicélula de AgCl

A célula de AgCl descrita na Seção 25.3 pode ser usada para determinar o espectro de um sólido dissolvido em tetracloreto de carbono. Prepare uma solução 5-10% (5-10 mg em 0,1 mL) em CCl_4. Se a solubilidade baixa impedir o alcance desta concentração, dissolva a maior quantidade possível de sólido no solvente. Siga as instruções dadas na Seção 25.3 e posicione as placas de AgCl como na Figura 25.4C para obter a espessura máxima de 0,20 mm. Quando a célula estiver apertada, não haverá vazamento.

Como vimos no método A, o espectro inclui as absorções do sólido dissolvido superpostas às absorções do tetracloreto de carbono. Uma absorção intensa em cerca de 800 cm^{-1} corresponde à deformação axial de C—Cl do solvente. Informações à direita de cerca de 900 cm^{-1} não podem ser consideradas, mas todas as bandas que aparecem podem ser atribuídas à sua amostra. Leia as informações de segurança dadas no método A. O tetracloreto de carbono é tóxico e deve ser manipulado em capela.

> **Nota:** Cuidado quando limpar as placas de AgCl porque elas se arranham facilmente. Não use papel para limpá-las. Lave-as com cloreto de metileno e mantenha-as em lugar escuro. Aminas destruirão as placas.

C. Método C – células de solução (NaCl)

Os espectros de sólidos podem ser também obtidos em um tipo de célula permanente chamada de **célula de solução**. (Pode-se usar estas células também para líquidos.) A célula de solução (Figura 25.10) é formada por duas placas de sal com um espaçador de Teflon para controlar a espessura da amostra. A placa superior é dotada de dois furos que permitem a entrada de amostra na cavidade entre as duas placas. Estes furos se ligam a dois tubos de extensão destinados a duas rolhas de Teflon que selam a câmara interna e impedem a evaporação do solvente. Os tubos de extensão podem acomodar o corpo de uma seringa (com uma chave de Luer e sem a agulha). Pode-se, então, encher as células com uma seringa. Usualmente, coloca-se a célula na posição vertical e enche-se pela entrada inferior.

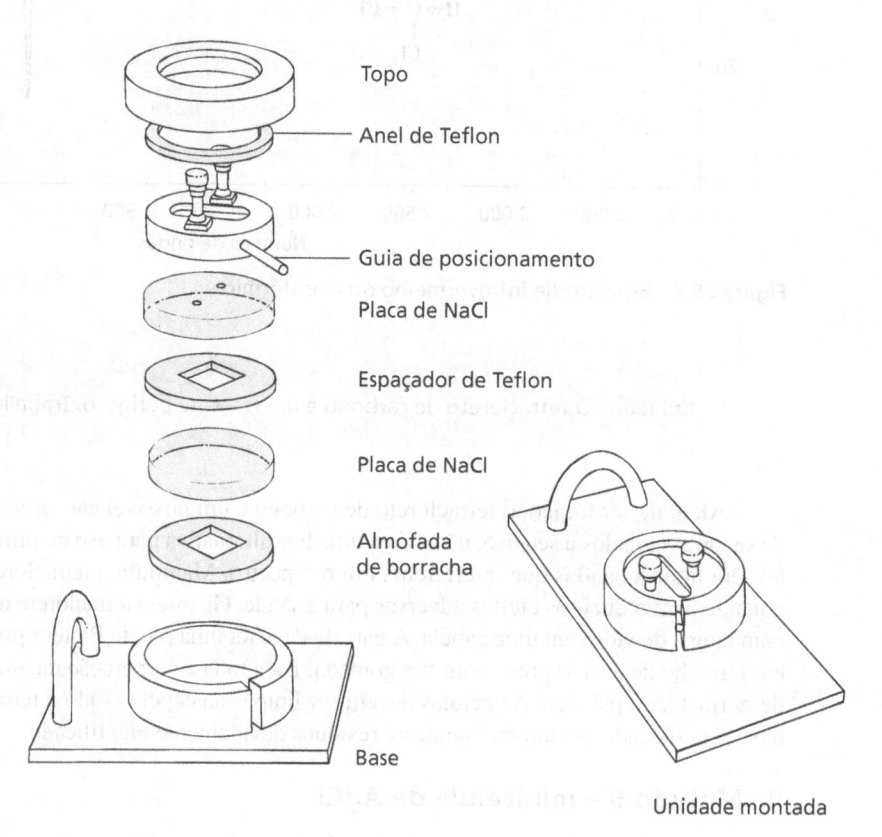

Figura 25.10 Uma célula de solução.

Estas células são muito caras, e você deveria tentar os métodos A e B antes de usar células de solução. Se você tiver de usá-las, obtenha a permissão do professor e receba instruções de manuseio antes do uso. As células são adquiridas aos pares, ambas as células tendo a mesma espessura. Dissolva o sólido em um solvente apropriado, geralmente tetracloreto de carbono, e coloque a solução em uma das células (**célula da amostra**), como descrito no parágrafo precedente. Encha a outra célula com o mesmo solvente (**célula de referência**). O espectro do solvente é subtraído do espectro da solução (nem sempre completamente), e você obterá o espectro do soluto. Para que a compensação do solvente seja a mais exata possível e para evitar a contaminação da célula de referência, é essencial que uma célula seja sempre usada como célula de referência, e a outra, sempre como célula da amostra. É importante limpar as células após o uso com solvente puro. Passe ar seco por elas para secá-las.

Os solventes mais usados na espectroscopia de infravermelho são o tetracloreto de carbono (Figura 25.8), o clorofórmio (Figura 25.9) e o dissulfeto de carbono (Figura 25.11). Uma solução de sólido a 5-10% em um destes solventes dá um bom espectro. O tetracloreto de carbono e o clorofórmio são possíveis cancerígenos, mas como não existem alternativas, eles têm de ser usados na espectroscopia de

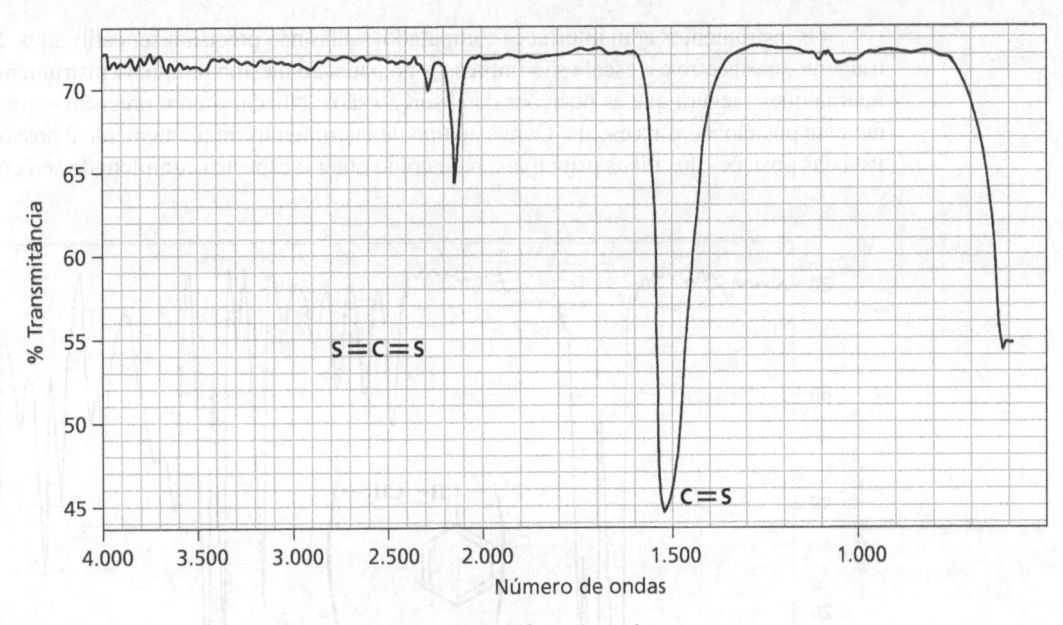

Figura 25.11 Espectro de infravermelho do dissulfeto de carbono.

infravermelho. Use o procedimento descrito na página 747 para o tetracloreto de carbono. Ele funciona também para o clorofórmio.

> **Nota:** Antes de usar as células de solução, peça permissão a seu professor e receba instruções sobre como encher e limpar as células.

25.7 OBTENÇÃO DO ESPECTRO

O professor dirá como operar o espectrofotômetro de infravermelho porque os controles variam consideravelmente de um fabricante para outro e de um modelo e tipo para outros. Em alguns instrumentos, por exemplo, basta tocar alguns botões. Outros, usam interfaces computadorizadas mais complicadas.

Em todos os casos, é importante que a amostra, o solvente, o tipo de célula e outras informações pertinentes sejam registradas no espectro imediatamente após sua obtenção. Estas informações podem ser importantes e são facilmente esquecidas se não forem registradas. Talvez você tenha, também, de calibrar o instrumento (Seção 25.8).

25.8 CALIBRAÇÃO

A escala de freqüências de alguns instrumentos deve ser calibrada para que você possa saber com precisão a posição exata de cada pico de absorção. Você pode fazer isto registrando uma porção muito pequena do espectro do poliestireno sobre o espectro de sua amostra. A Figura 25.12 mostra o espectro do poliestireno. O pico mais importante está em 1.603 cm^{-1}. Outros picos úteis estão em 2.850 cm^{-1} e 906 cm^{-1}. Depois de registrar o espectro de sua amostra, coloque um filme fino de poliestireno no lugar da célula de amostra e registre os **máximos** dos picos relevantes (não o espectro completo) por sobre o espectro da amostra.

É sempre aconselhável calibrar o espectro quando o instrumento usa papel de registro com escalas impressas. É difícil alinhar o papel de forma que a escala marque com precisão as linhas de absorção. Você precisará conhecer os valores precisos de certos grupos funcionais (como o grupo carbonila, por exemplo). A calibração é essencial nestes casos.

Os instrumentos com interfaces computadorizadas não precisam ser calibrados. Neste tipo de instrumento, o espectro e a escala são impressos no papel ao mesmo tempo. O instrumento tem calibração interna que assegura que as posições de absorção são conhecidas com precisão e que elas estão corretamente posicionadas na escala. Com este tipo de instrumento freqüentemente é possível imprimir uma lista das posições dos picos principais, bem como obter o espectro completo de seu composto.

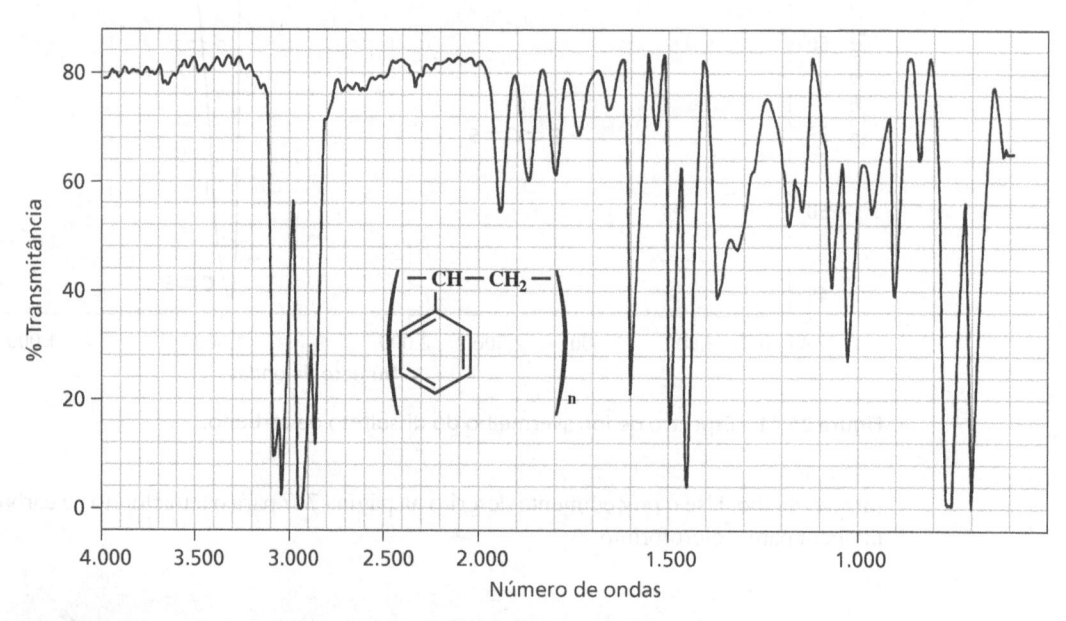

Figura 25.12 Espectro de infravermelho do poliestireno (filme fino).

Parte B. Espectroscopia de infravermelho

25.9 USOS DO ESPECTRO DE INFRAVERMELHO

Como cada tipo de ligação tem uma freqüência própria de vibração e está em um ambiente ligeiramente diferente, as moléculas de estruturas diversas absorvem em outras posições no infravermelho, isto é, têm **espectros de infravermelho** característicos. Embora algumas das freqüências absorvidas possam ser iguais, duas moléculas diferentes nunca terão espectros de infravermelho idênticos. Isto permite que o espectro de infravermelho possa ser usado para identificar moléculas, como as impressões digitais permitem identificar pessoas. A comparação dos espectros de infravermelho de duas substâncias que se presume sejam iguais decide se, de fato, elas são idênticas. Se os espectros de infravermelho de duas substâncias coincidem pico a pico (absorção a absorção), as substâncias quase sempre são idênticas. O segundo uso, mais importante, é que ele dá informações sobre a estrutura da molécula. As absorções de cada tipo de ligação (N—H, C—H, O—H, C—X, C=O, C—O, C—C, C=C, C≡C, C≡N, etc.) são encontradas regularmente somente em intervalos pequenos da região do infravermelho vibracional. Uma pequena faixa de absorções pode ser definida para cada tipo de ligação. Fora desta faixa, as absorções são normalmente atribuídas a outro tipo de ligação. Assim, por exemplo, qualquer absorção na faixa 3.000 ± 100 cm^{-1} é quase sempre devida à presença de uma ligação C—H da molécula, e uma absorção na faixa 1.700 ± 100 cm^{-1}, a uma ligação C=O (grupo carbonila). O mesmo tipo de faixa se aplica a cada tipo de ligação. A Figura 25.13 mostra esquematicamente como estas faixas se espalham pelo infravermelho vibracional. É bom lembrar deste esquema geral para uso futuro.

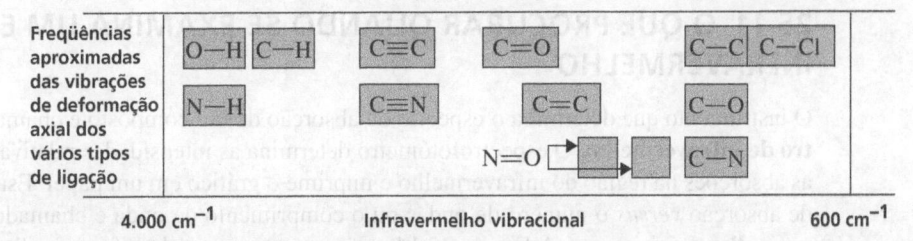

Figura 25.13 Regiões aproximadas de absorção dos vários tipos de ligação. (Deformações angulares e outros tipos de vibração foram omitidos para maior clareza.)

25.10 MODOS DE VIBRAÇÃO

Os tipos simples, ou **modos**, de movimento vibracional de uma molécula, **ativos no infravermelho**, isto é, que dão origem a absorções são os modos de deformação axial e de deformação angular.

Outros tipos mais complexos de deformações axiais e angulares, porém, também são ativos. Para apresentar vários termos, mostramos abaixo os modos de vibração do grupo metileno.

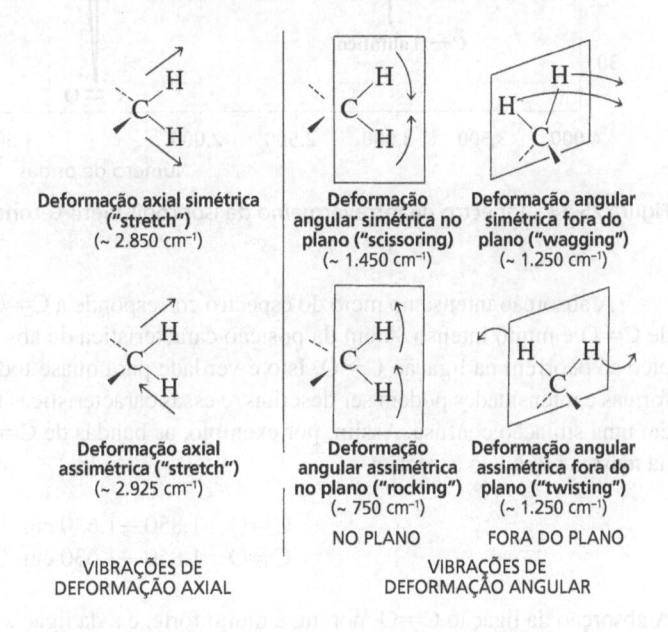

VIBRAÇÕES DE DEFORMAÇÃO AXIAL
- Deformação axial simétrica ("stretch") (~ 2.850 cm⁻¹)
- Deformação axial assimétrica ("stretch") (~ 2.925 cm⁻¹)

VIBRAÇÕES DE DEFORMAÇÃO ANGULAR

NO PLANO:
- Deformação angular simétrica no plano ("scissoring") (~ 1.450 cm⁻¹)
- Deformação angular assimétrica no plano ("rocking") (~ 750 cm⁻¹)

FORA DO PLANO:
- Deformação angular simétrica fora do plano ("wagging") (~ 1.250 cm⁻¹)
- Deformação angular assimétrica fora do plano ("twisting") (~ 1.250 cm⁻¹)

Em qualquer grupo de três ou mais átomos, dos quais pelo menos dois são idênticos, existem *dois* modos de deformação axial ou angular: o modo simétrico e o modo assimétrico. Exemplos desses tipos de grupo são —CH₃, —CH₂—, —NO₂, —NH₂ e anidridos, (CO)₂O. No caso do anidrido, devido aos modos simétrico e assimétrico, este grupo funcional tem *duas* absorções na região de C=O. Um fenômeno semelhante acontece com os grupos amino, em que as aminas primárias têm usualmente *duas* absorções na região de deformação axial de NH, enquanto as aminas secundárias têm só uma. As amidas se comportam da mesma maneira. Existem duas absorções fortes de deformação axial de N=O nos grupos nitro, devidas aos modos simétrico e assimétrico.

25.11 O QUE PROCURAR QUANDO SE EXAMINA UM ESPECTRO DE INFRAVERMELHO

O instrumento que determina o espectro de absorção de um composto é chamado de **espectrofotômetro de infravermelho**. O espectrofotômetro determina as intensidades relativas e as posições de todas as absorções na região do infravermelho e imprime o gráfico em um papel. Este gráfico de intensidade de absorção *versus* o número de ondas ou o comprimento de onda é chamado de **espectro de infravermelho** do composto. A Figura 25.14 mostra um espectro de infravermelho típico, neste caso o da isopropil-metil-cetona.

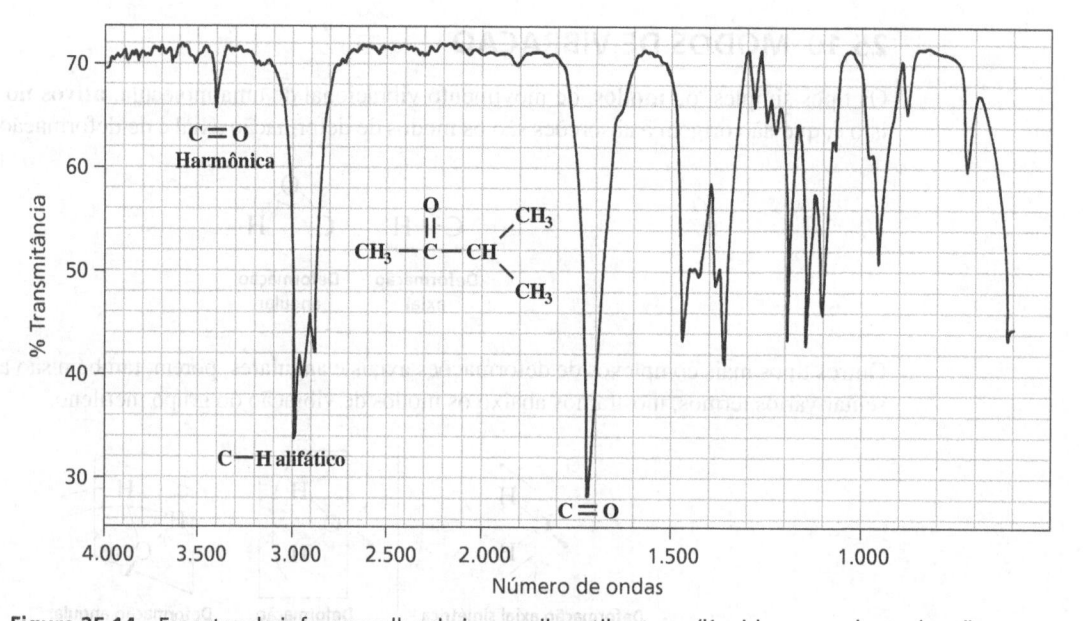

Figura 25.14 Espectro de infravermelho da isopropil-metil-cetona (líquido puro, placas de sal).

A absorção intensa no meio do espectro corresponde a C=O, o grupo carbonila. Note que o pico de C=O é muito intenso. Além da posição característica de absorção, a **forma** e a **intensidade** deste pico só ocorrem na ligação C=O. Isto é verdade para quase todos os tipos de picos de absorção. As formas e intensidades podem ser descritas, e essas características tornam possível distinguir esses picos em uma situação confusa. Assim, por exemplo, as bandas de C=O e C=C absorvem mais ou menos na mesma região do espectro:

$$C=O \quad 1.850—1.630 \text{ cm}^{-1}$$
$$C=C \quad 1.850—1.630 \text{ cm}^{-1}$$

A absorção da ligação C=O, porém, é muito forte, e a da ligação C=C é fraca. Por isso, um observador treinado não interpretaria, normalmente, um pico forte em 1.670 cm^{-1} como sendo de uma ligação dupla carbono-carbono nem uma absorção fraca, nesta freqüência, como sendo de uma carbonila.

A forma de um pico também dá, com freqüência, uma pista sobre sua identidade. Assim, embora as regiões de NH e OH no infravermelho se superponham,

$$OH \quad 3.650—3.200 \text{ cm}^{-1}$$
$$NH \quad 3.500—3.300 \text{ cm}^{-1}$$

NH dá, usualmente, um pico de absorção **agudo** (absorve em uma faixa estreita de freqüências), e OH, quando na região de N—H, usualmente dá um pico de absorção **largo**. As aminas primárias têm *duas* bandas nesta região, e os álcoois, apenas uma.

Você deve, portanto, quando estiver estudando os espectros de referência nas páginas que se seguem, observar formas e intensidades. Elas são tão importantes quanto as frequências das absorções, e você deve treinar seu olho para reconhecer estas características. Na literatura da química orgânica você encontrará, com frequência, as absorções identificadas como fortes (F), médias (m) e fracas (f), largas (l) ou agudas (a). Isto significa que o autor está tentando passar uma idéia da aparência do pico sem desenhar o espectro. Embora a intensidade de uma absorção dê informações importantes sobre a identidade de um pico, lembre-se de que as intensidades relativas de todos os picos do espectro dependem da quantidade de amostra utilizada e da sensibilidade do instrumento. Isto significa que a intensidade real de um pico em particular pode variar de espectro para espectro e que você deve prestar atenção às intensidades *relativas*.

25.12 MAPAS E TABELAS DE CORRELAÇÃO

Para extrair informações estruturais dos espectros de infravermelho, você deve saber em que frequências ou comprimentos de onda os vários grupos absorvem. As **tabelas de correlação** no infravermelho mostram as informações conhecidas sobre a absorção dos diversos grupos funcionais. Os livros listados no fim do capítulo apresentam tabelas de correlação muito completas. Às vezes, a informação sobre as absorções é dada em um mapa, chamado de **mapa de correlação**. A Tabela 25.1 é um mapa de correlação simplificado.

Embora você possa pensar que assimilar os dados da Tabela 25.1 será difícil, não é o caso se você começar e, pouco a pouco, se familiarizar com os dados. O resultado será aumentar sua capacidade de interpretar os detalhes de um espectro de infravermelho. Isto fica mais fácil se você guardar primeiro a distribuição da Figura 25.13. Em uma segunda etapa, você poderá memorizar um "valor típico de absorção" para cada um dos grupos funcionais dentro da distribuição da Figura 25.13. Este valor será um valor único que poderá ser usado como guia da memória. Comece, por exemplo, com uma cetona alifática como modelo para todos os compostos carbonilados. Uma cetona alifática simples tem a absorção da carbonila em 1.715 ± 10 cm^{-1}. Não se preocupe com a variação e memorize 1.715 cm^{-1} como o valor de base para a absorção da carbonila. Aprenda depois a variação e como os diferentes tipos de grupos carbonila aparecem nesta região. Veja, por exemplo, a Figura 25.27 (página 763), que dá valores típicos de compostos carbonilados. Aprenda, depois, de que maneira fatores como o tamanho do anel (quando o grupo funcional está em um anel) e o efeito da conjugação afetam o valor de base (isto é, em que direção os valores mudam). Aprenda as tendências – sempre lembrando o valor de base (1.715 cm^{-1}). Pode ser útil memorizar, para começar, os valores de base dados na Tabela 25.2. Note que são somente oito valores.

25.13 ANÁLISE DE UM ESPECTRO (OU O QUE VOCÊ PODE DIZER IMEDIATAMENTE)

Quando estiver analisando o espectro de um desconhecido, concentre-se primeiro em reconhecer a presença (ou ausência) de alguns grupos funcionais importantes. Os picos mais evidentes são de C=O, O–H, N–H, C=C, C≡C, C≡N e NO_2. Se estiverem presentes, eles darão informações estruturais imediatas. Não tente analisar em detalhes as absorções de C–H próximas de 3.000 cm^{-1} porque praticamente todos os compostos têm estas absorções. Não se preocupe com os detalhes do tipo de ambiente em que está o grupo funcional. Segue-se uma lista das características importantes:

1. Um grupo carbonila está presente?
   O grupo C=O dá origem a uma absorção forte na região entre 1.820 e 1.600 cm^{-1}. Este pico é, com frequência, o mais intenso do espectro e tem largura média. Você não pode deixar de vê-lo.

2. Se C=O está presente, verifique os tipos. (Se estiver ausente, vá para o item 3.)
   Ácidos   O—H também está presente? Absorção **larga** entre 3.300 e 2.500 cm^{-1} (usualmente encobre C—H).
   Amidas   N—H também está presente? Absorção de intensidade média próxima de 3.500 cm^{-1}, algumas vezes dois picos de mesma altura.

TABELA 25.1 Um mapa de correlação simplificado

Tipo de vibração			Freqüência (cm^{-1})	Intensidade
C—H	Alcanos	(Deformação axial)	3.000–2.850	F
	—CH$_3$	(Deformação angular)	1.450 e 1.375	m
	—CH$_2$—	(Deformação axial)	1.465	m
	Alquenos	(Deformação axial)	3.100–3.000	m
		(Deformação angular)	1.700–1.000	F
	Aromáticos	(Deformação axial)	3.150–3.050	F
		(Deformação angular fora do plano)	1.000–700	F
	Alquino	(Deformação axial)	cerca de 3.300	F
	Aldeído		2.900–2.800	f
			2.800–2.700	f
C—C	Alcano	Não é útil para a interpretação		
C=C	Alqueno		1.680–1.600	m-f
	Aromático		1.600–1.400	m-f
C≡C	Alquino		2.250–2.100	m-f
C=O	Aldeído		1.740–1.720	F
	Cetona (acíclica)		1.725–1.705	F
	Ácido carboxílico		1.725–1.700	F
	Éster		1.750–1.730	F
	Amida		1.700–1.640	F
	Anidrido		cerca de 1.810	F
			cerca de 1.760	F
C—O	Álcoois, éteres, ésteres, ácidos carboxílicos		1.300–1.000	F
O—H	Álcool, fenóis			
	Livre		3.650–3.600	m
	Em ligação hidrogênio		3.400–3.200	m
	Ácidos carboxílicos		3.300–2.500	m
N—H	Aminas primárias e secundárias		cerca de 3.500	m
C≡N	Nitrilas		2.260–2.240	m
N=O	Nitro (R—NO$_2$)		1.600–1.500	F
			1.400–1.300	F
C—O	Fluoreto		1.400–1.000	F
	Cloreto		800–600	F
	Brometo, iodeto		< 600	F

^{a}F, forte; m, média; f, fraca.

TABELA 25.2 Valores de base das absorções de ligações

O—H	3.400 cm^{-1}	C≡C	2.150 cm^{-1}
N—H	3.500 cm^{-1}	C=O	1.715 cm^{-1}
C—H	3.000 cm^{-1}	C=C	1.650 cm^{-1}
C≡N	2.250 cm^{-1}	C—O	1.100 cm^{-1}

    Ésteres   C—O também está presente? Absorções de intensidade média entre 1.300 e 1.000 cm^{-1}.

    Anidridos   Têm *duas* absorções de C=O próximas de 1.810 cm^{-1} e de 1.760 cm^{-1}.

    Aldeídos   C—H de aldeído também está presente? Duas absorções fracas próximas de 2.850 cm^{-1} e de 2.750 cm^{-1}, à direita das absorções de C—H.

    Cetonas   As cinco escolhas anteriores foram eliminadas.

3. Se C=O está ausente

Álcoois ou fenóis Procure O—H. Absorção **larga** entre 3.600 cm^{-1} e 3.300 cm^{-1}. Confirme, procurando C—O entre 1.300-1.000 cm^{-1}.

Aminas Procure N—H. Absorções de intensidade média próximas de 3.500 cm^{-1}.

Éteres Procure C—O (e ausência de O—H) entre 1.300–1.000 cm^{-1}.

4. Ligações duplas ou anéis aromáticos ou ambos

C=C é uma banda **fraca** próxima de 1.650 cm^{-1}.

Absorções de intensidade média a forte na região de 1.650–1.450 cm^{-1} implicam, com freqüência, um anel aromático.

Confirme consultando a região de C—H.

C—H de aromáticos ou de vinila aparece à esquerda de 3.000 cm^{-1} (C—H de alifáticos ocorre à direita deste valor).

5. Ligações triplas A absorção de C≡N é uma banda de intensidade média e aguda em cerca de 2.250 cm^{-1}.

A banda de C≡C em 2.150 cm^{-1} é fraca e aguda. Procure pela banda de C—H de acetileno próxima de 3.300 cm^{-1}.

6. Grupos nitro *Duas* bandas intensas em 1.600-1.500 cm^{-1} e 1.390-1.300 cm^{-1}.

7. Hidrocarbonetos Nenhuma das bandas descritas acima.

Bandas principais na região de C—H próxima de 3.000 cm^{-1}.

Espectro muito simples, as únicas outras absorções ocorrem próximas a 1.450 cm^{-1} e 1.375 cm^{-1}.

O aluno iniciante deve resistir à idéia de tentar assinalar ou interpretar *todos* os picos do espectro. Você não conseguirá fazer isto. Concentre-se em aprender onde estão os picos principais e reconhecer sua presença ou ausência no espectro. Isto fica mais fácil quando se estuda cuidadosamente os exemplos dados na próxima seção.

> **Nota:** Ao descrever o deslocamento dos picos de absorção ou suas posições relativas, usamos os termos "à direita" e "à esquerda". Fizemos isto para simplificar as descrições das posições dos picos. O significado é claro, porque todos os espectros estão apresentados da esquerda para a direita, de 4000 a 600 cm^{-1}.

25.14 DESCRIÇÃO DOS GRUPOS FUNCIONAIS IMPORTANTES

A. Alcanos

O espectro é simples, com poucos picos.

C—H Deformação axial próxima de 3.000 cm^{-1}.
  1. Em alcanos (exceto compostos com tensão no anel), absorção à direita de 3.000 cm^{-1}.
  2. Se o composto tem hidrogênios de vinila, de aromáticos, de acetileno ou de ciclo-propila, a absorção de C—H fica à esquerda de 3.000 cm^{-1}.

CH$_2$ Os grupos metileno têm absorção característica próxima de 1.450 cm^{-1}.

CH$_3$ Os grupos metila têm absorção característica próxima de 1.375 cm^{-1}.

C—C Deformação axial – sem valor interpretativo – tem muitos picos.

A Figura 25.15 mostra o espectro do decano.

B. Alquenos

=C—H Deformação axial ocorre à esquerda de 3.000 cm^{-1}.

=C—H Deformação angular fora do plano, em 1.000-650 cm^{-1}.

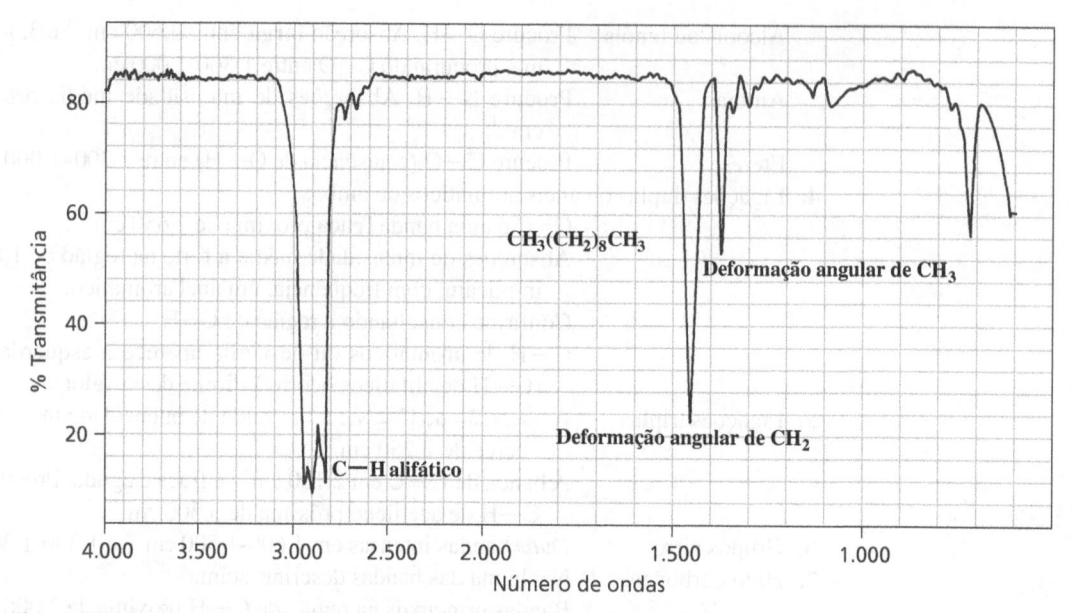

Figura 25.15 Espectro de infravermelho do decano (líquido puro, placas de sal).

As absorções de C–H fora do plano permitem, com freqüência, a determinação do tipo de substituição da ligação dupla de acordo com o número de absorções e suas posições. O mapa de correlação da Figura 25.16 mostra as posições dessas bandas.

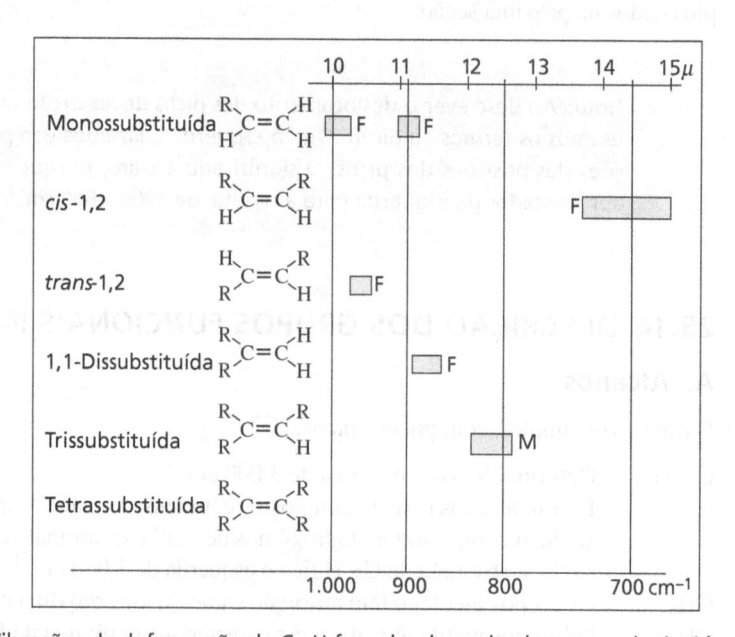

Figura 25.16 Vibrações de deformação de C–H fora do plano de alquenos substituídos.

C=C   Deformação axial $1.675-1.600 \text{ cm}^{-1}$, geralmente fraca.
A conjugação desloca a deformação axial de C=C para a direita.
Ligações simetricamente substituídas, como em 2,3-dimetil-2-buteno, não absorvem no infravermelho (não ocorre mudança de dipolo). Ligações duplas muito substituídas têm bandas de ligação dupla muito fracas, quase invisíveis.

As Figuras 25.17 e 25.18 mostram os espectros do 4-metil-ciclo-hexeno e do estireno, respectivamente.

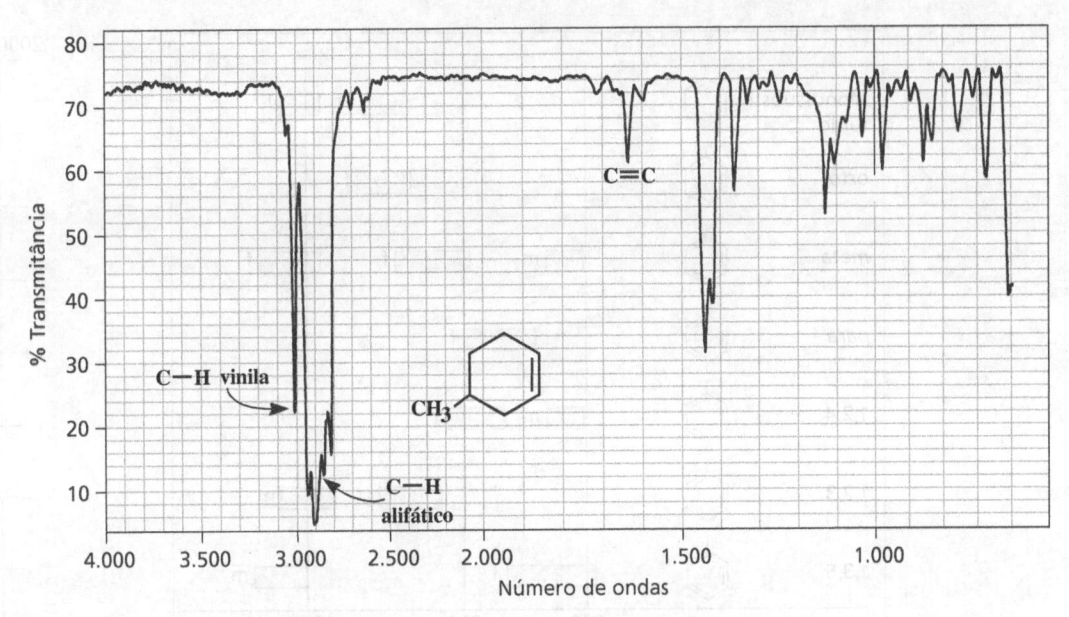

Figura 25.17 Espectro de infravermelho do 4-metil-ciclo-hexeno (líquido puro, placas de sal).

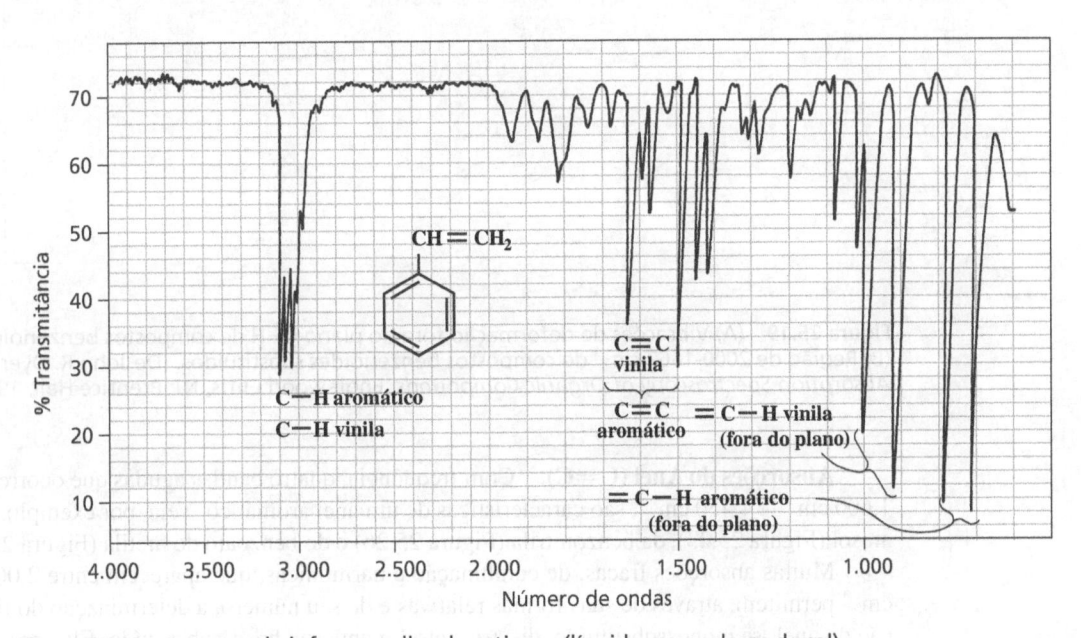

Figura 25.18 Espectro de infravermelho do estireno (líquido puro, placas de sal).

C. Anéis aromáticos

=C—H Deformação axial sempre à esquerda de 3.000 cm^{-1}.
=C—H Deformação angular fora do plano entre 900 e 690 cm^{-1}.

O número, as intensidades e as posições das absorções de deformação angular fora do plano permitem, com freqüência, a determinação do tipo de substituição do anel. A carta de correlação da Figura 25.19A indica as posições dessas bandas.

As posições e intensidades são, em geral, confiáveis – são mais confiáveis quando os substituintes são grupos alquila, e menos confiáveis quando os substituintes são polares.

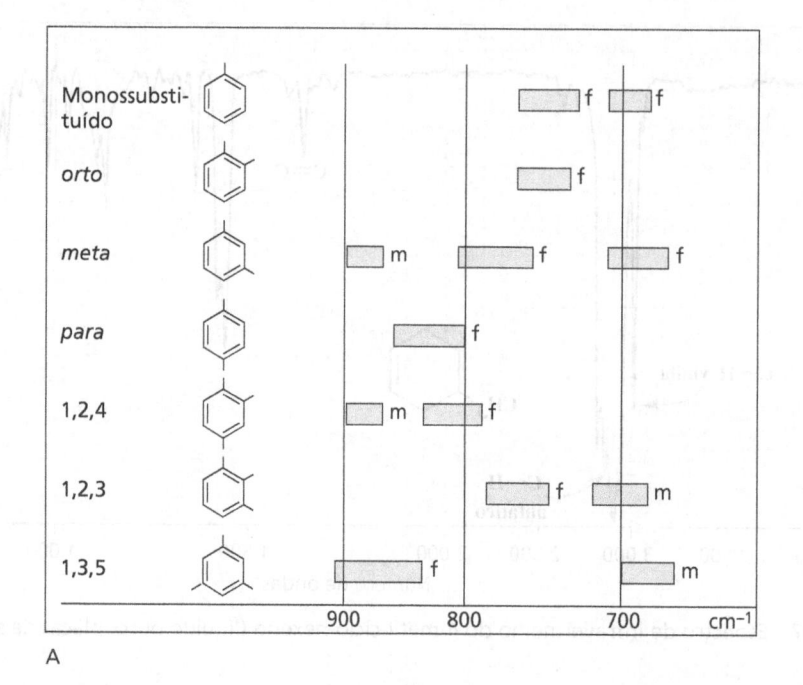

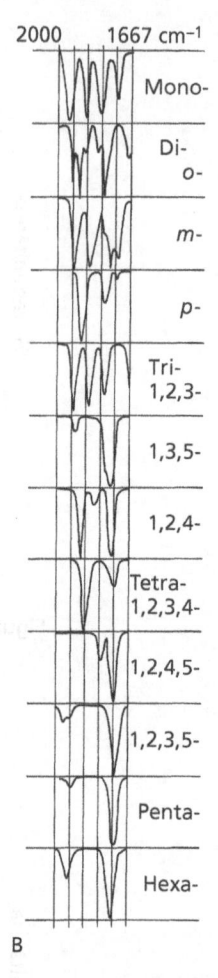

Figura 25.19 (A) Vibrações de deformação fora do plano C–H de compostos benzenóides substituídos. (B) Região de 2000-1667 cm⁻¹ de compostos benzenóides substituídos. (De John R. Dyer, *Applications of Absorption Spectroscopy of Organic Compounds*, Englewood Cliffs, NJ: Prentice Hall, 1965.)

Absorções do Anel (C═C). Com freqüência, quatro bandas agudas que ocorrem em pares, em 1.600 cm^{-1} e 1.450 cm^{-1}, são características de um anel aromático. Veja, por exemplo, os espectros do anisol (Figura 25.23), da benzonitrila (Figura 25.26) e do benzoato de metila (Figura 25.35).

Muitas absorções fracas, de combinação e harmônicas, que aparecem entre 2.000 cm^{-1} e 1.667 cm^{-1} permitem, através de suas formas relativas e de seu número, a determinação do tipo de substituição do anel, se monossubstituído, di-, tri-, tetra-, penta- ou hexassubstituído. Elas permitem também a distinção de isômeros de posição. Como as bandas são muito fracas, elas são melhor observadas quando se usa líquidos puros ou soluções concentradas. Se o composto contiver um grupo carbonila de alta freqüência, ocorrerá superposição com estas bandas fracas e nenhuma informação útil poderá ser obtida pela análise desta região. A Figura 25.19B mostra o aspecto das bandas desta região.

As Figuras 25.18 e 25.20 mostram os espectros do estireno e do *o*-dicloro-benzeno, respectivamente.

D. Alquinos

≡C-H   Deformação axial próxima de 3300 cm^{-1}, pico agudo.
C≡C   Deformação axial próxima de 2150 cm^{-1}, pico agudo.
        A conjugação move a deformação axial de C≡C para a direita.
        Ligações triplas dissubstituídas ou com substituição simétrica, absorção fraca ou ausente.

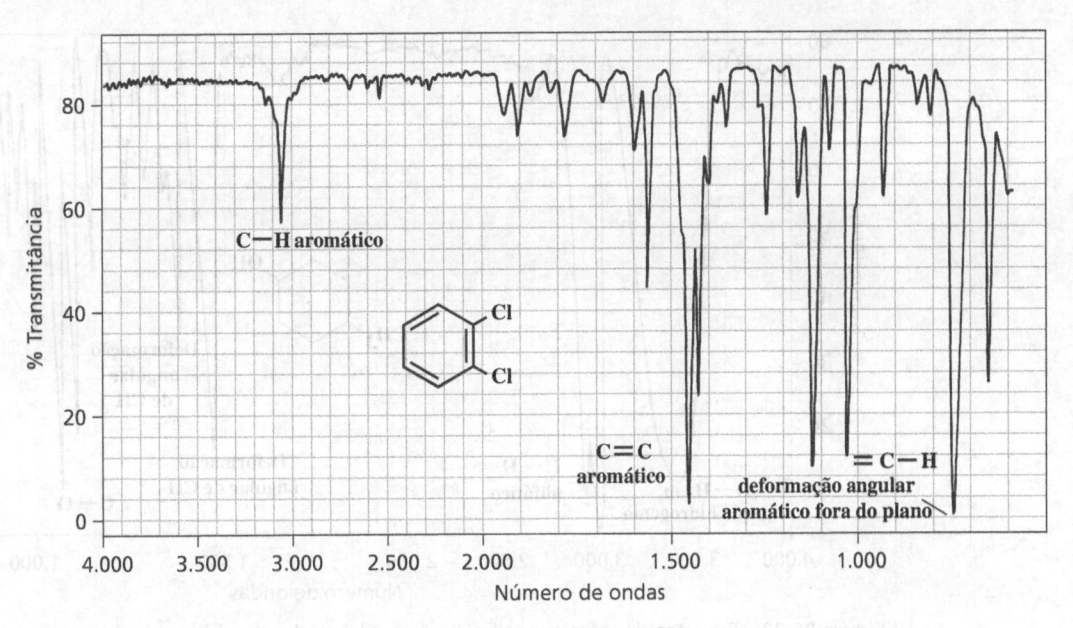

Figura 25.20 Espectro de infravermelho do o-dicloro-benzeno (líquido puro, placas de sal).

E. Álcoois e fenóis

—O—H Deformação axial é um pico agudo em 3.650–3.600 cm^{-1} na ausência de ligação hidrogênio. (Usualmente em soluções muito diluídas.)
Na presença de ligação hidrogênio (usualmente em soluções concentradas ou em substâncias puras), a absorção é *larga* e ocorre mais à direita, em 3.500-3.200 cm^{-1}, cobrindo, às vezes, as absorções de deformação axial de C—H.

C—O Deformação axial usualmente na faixa de 1.300–1.000 cm^{-1}.
Os fenóis são como os álcoois. A Figura 25.21 mostra o espectro do 2-naftol, com algumas moléculas em ligação hidrogênio, e outras, livres. A Figura 25.22 mostra o espectro do

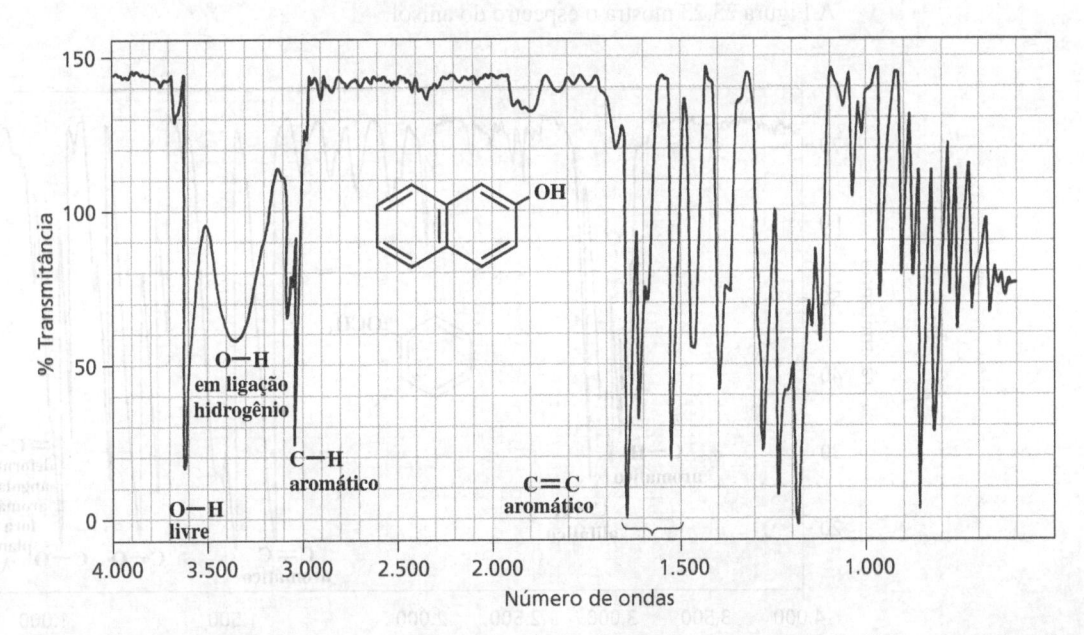

Figura 25.21 Espectro de infravermelho do 2-naftol mostrando as bandas de O—H livre e em ligação hidrogênio (solução em CHCl$_3$).

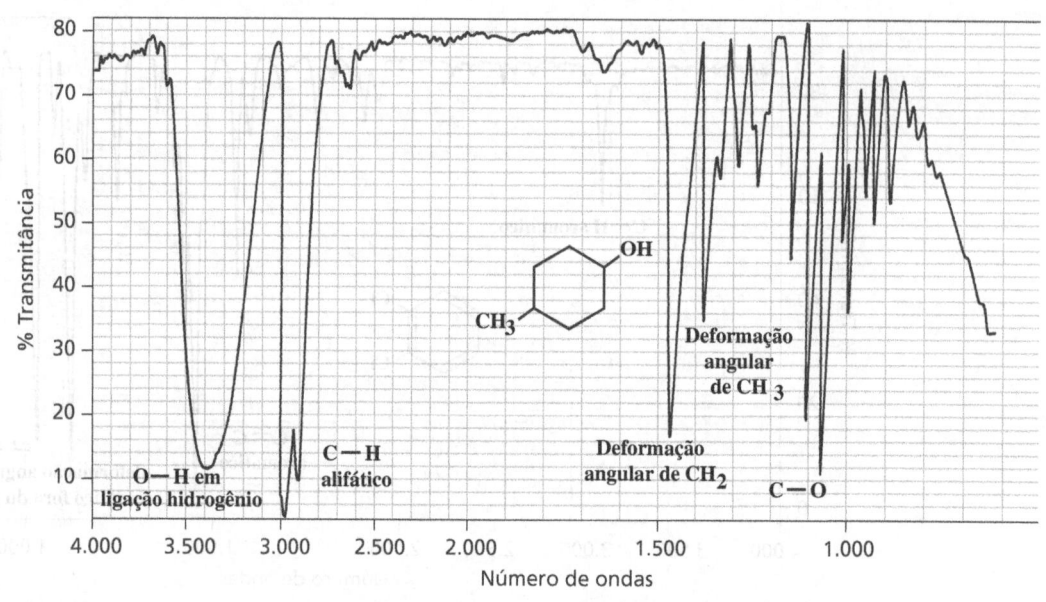

Figura 25.22 Espectro de infravermelho do 4-metil-ciclo-hexanol (líquido puro, placas de sal).

4-metil-ciclo-hexanol. Este álcool, em líquido puro, também mostraria a absorção de OH livre, à esquerda da banda de O—H em ligação hidrogênio, se tivesse sido obtido em solução diluída.

F. Éteres

C—O A banda mais importante é devida à deformação axial de C—O em 1.300–1.000 cm^{-1}. É preciso que não ocorram absorções de C=O e O—H para que se tenha certeza de que a deformação axial de C—O não é de álcool ou éster. As bandas dos éteres de vinila e fenila aparecem à esquerda da faixa, e as dos éteres alifáticos, à direita. (A conjugação com o oxigênio move a banda para a esquerda.)

A Figura 25.23 mostra o espectro do anisol.

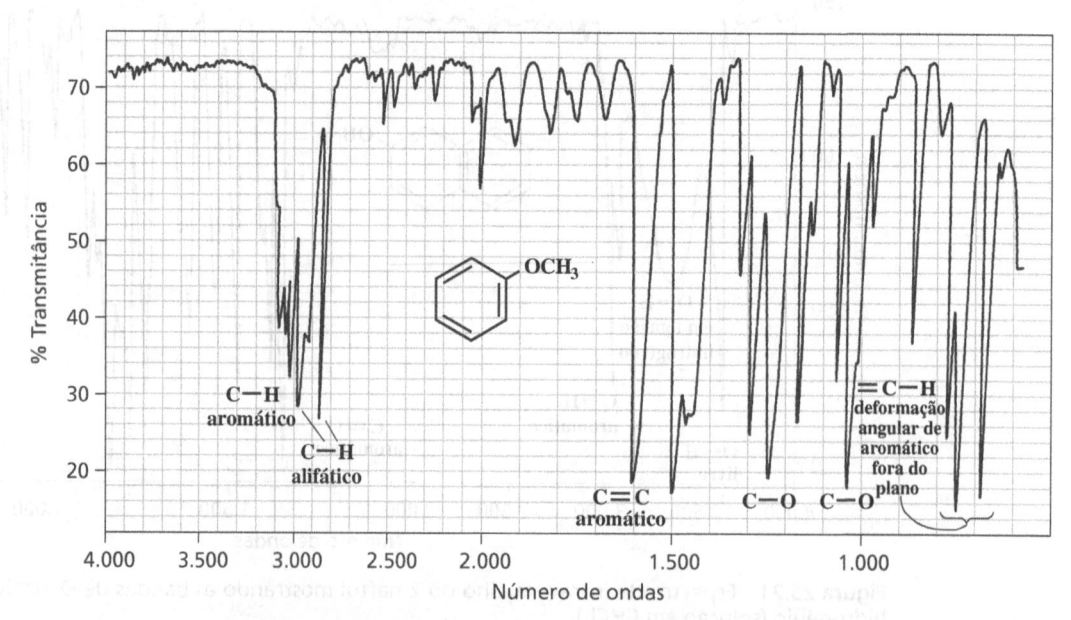

Figura 25.23 Espectro de infravermelho do anisol (líquido puro, placas de sal).

G. Aminas

N—H   Deformação axial ocorre na faixa de 3.500-3.300 cm^{-1}.
       As aminas primárias têm *duas* bandas, separadas tipicamente por 30 cm^{-1}.
       As aminas secundárias têm uma banda, geralmente muito fraca.
       As aminas terciárias não têm essa banda.
C—N   Deformação axial fraca na faixa de 1.350-1.000 cm^{-1}.
N—H   Deformação angular simétrica no plano na faixa de 1.640-1.560 cm^{-1} (larga).
       Deformação angular fora do plano, observada, às vezes, em cerca de 800 cm^{-1}.

A Figura 25.24 mostra o espectro da *n*-butilamina.

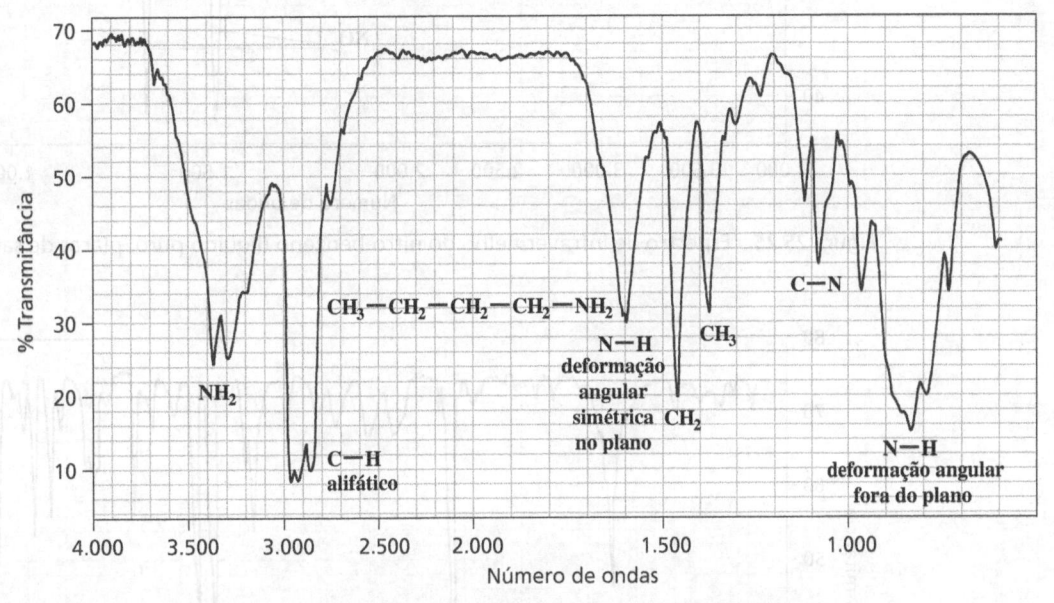

Figura 25.24   Espectro de infravermelho da *n*-butilamina (líquido puro, placas de sal).

H. Compostos nitro

N═O   Deformação axial, usualmente duas bandas em 1.600-1.500 cm^{-1} e 1.390-1.300 cm^{-1}.

A Figura 25.25 mostra o espectro do nitro-benzeno.

I. Nitrilas

C≡N   Deformação axial, banda aguda próxima de 2.250 cm^{-1}.
       A conjugação com ligações duplas ou anéis aromáticos desloca a banda para a direita.

A Figura 25.26 mostra o espectro da benzonitrila.

J. Compostos Carbonilados

O grupo carbonila é um dos grupos de absorção mais intensa na região do infravermelho. Isto é devido, principalmente, ao grande momento de dipolo. Em vários tipos de compostos (aldeídos, cetonas, ácidos, ésteres, amidas, anidridos, etc.), ela absorve na região de 1.850-1.650 cm^{-1}. A Figura 25.27 compara os valores normais dos vários tipos de grupos carbonila. Nas seções que se seguem, cada tipo é examinado separadamente.

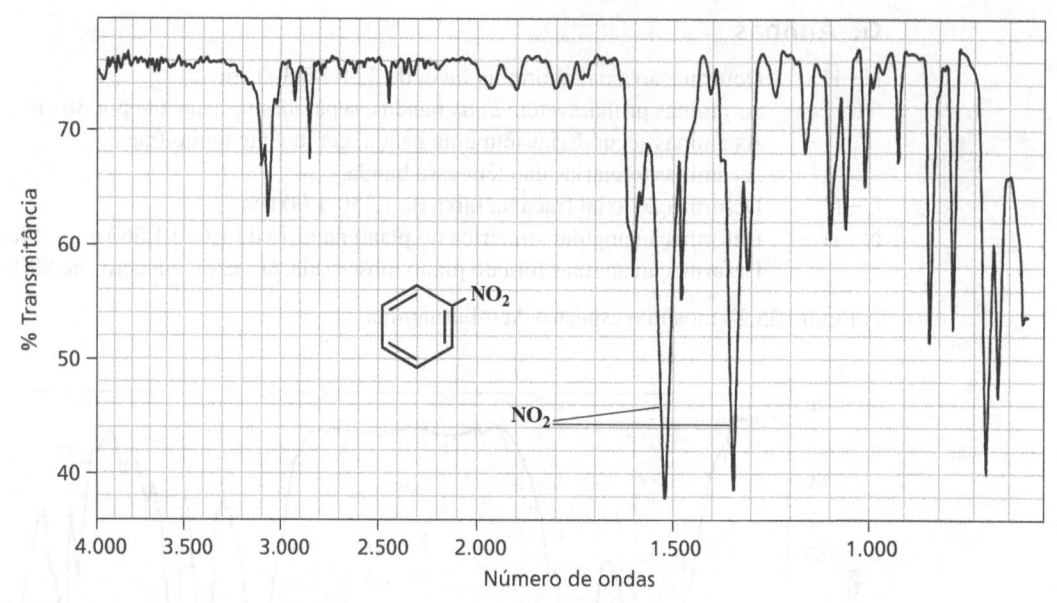

Figura 25.25 Espectro de infravermelho do nitro-benzeno (líquido puro, placas de sal).

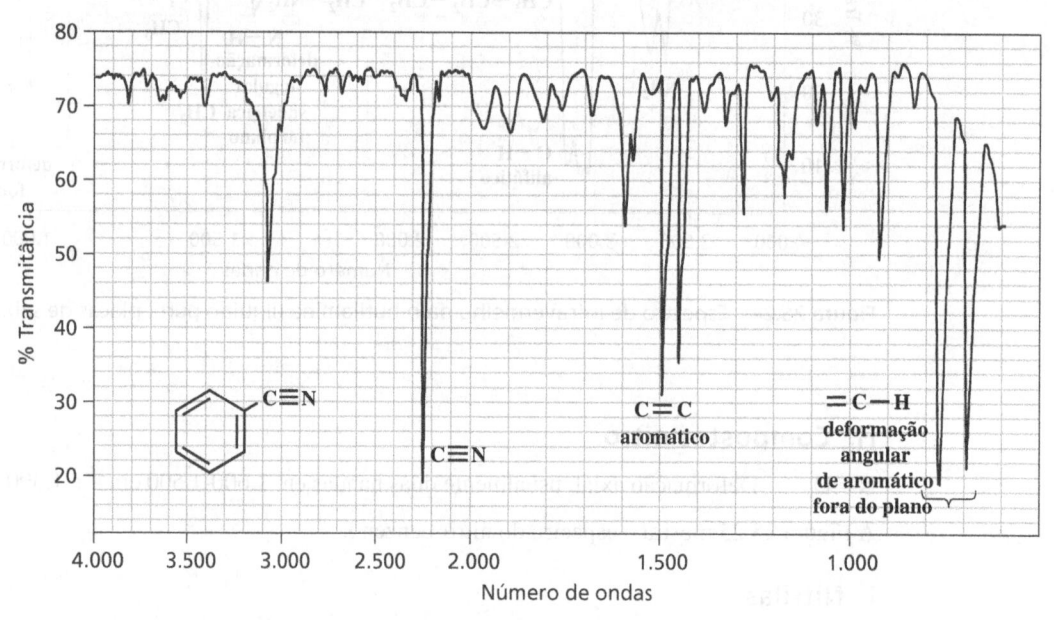

Figura 25.26 Espectro de infravermelho da benzonitrila (líquido puro, placas de sal).

K. Aldeídos

C=O   Deformação axial em 1.725 cm^{-1}, aproximadamente, é normal.
       Os aldeídos *raramente* absorvem à esquerda deste valor.
       A conjugação desloca a absorção para a direita.

C—H   Deformação axial, hidrogênio do aldeído (—CHO), é uma série de bandas *fracas* em cerca de 2.750 cm^{-1} e 2.850 cm^{-1}. Note que a deformação axial de CH de grupos alquila usualmente não se desloca tão à direita.

A Figura 25.28 mostra o espectro de um aldeído não-conjugado, o nonanal, e a Figura 25.29 mostra o espectro de um aldeído conjugado, o benzaldeído.

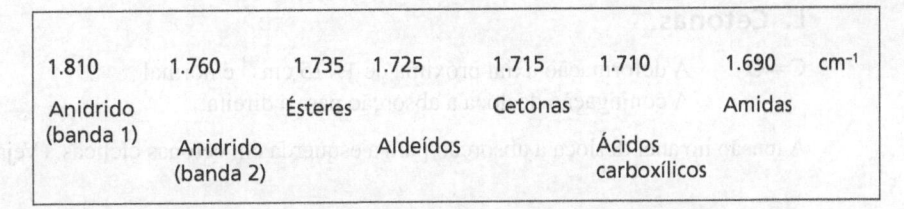

1.810	1.760	1.735	1.725	1.715	1.710	1.690	cm⁻¹
Anidrido (banda 1)		Ésteres		Cetonas		Amidas	
	Anidrido (banda 2)		Aldeídos		Ácidos carboxílicos		

Figura 25.27 Valores normais (± 10 cm⁻¹) de vários tipos de grupos carbonila.

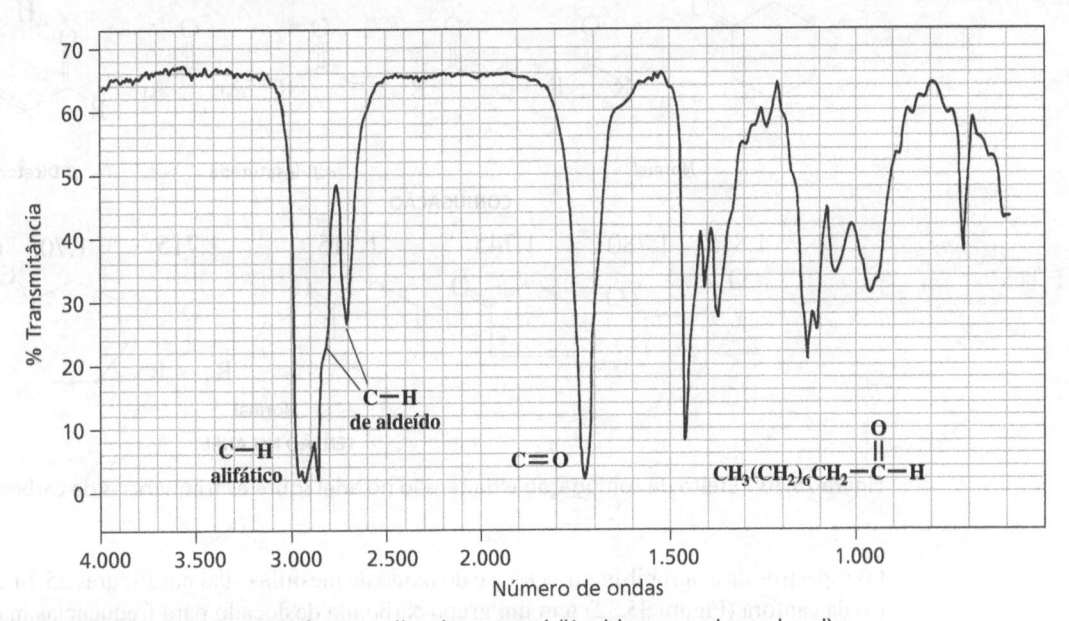

Figura 25.28 Espectro de infravermelho do nonanal (líquido puro, placas de sal).

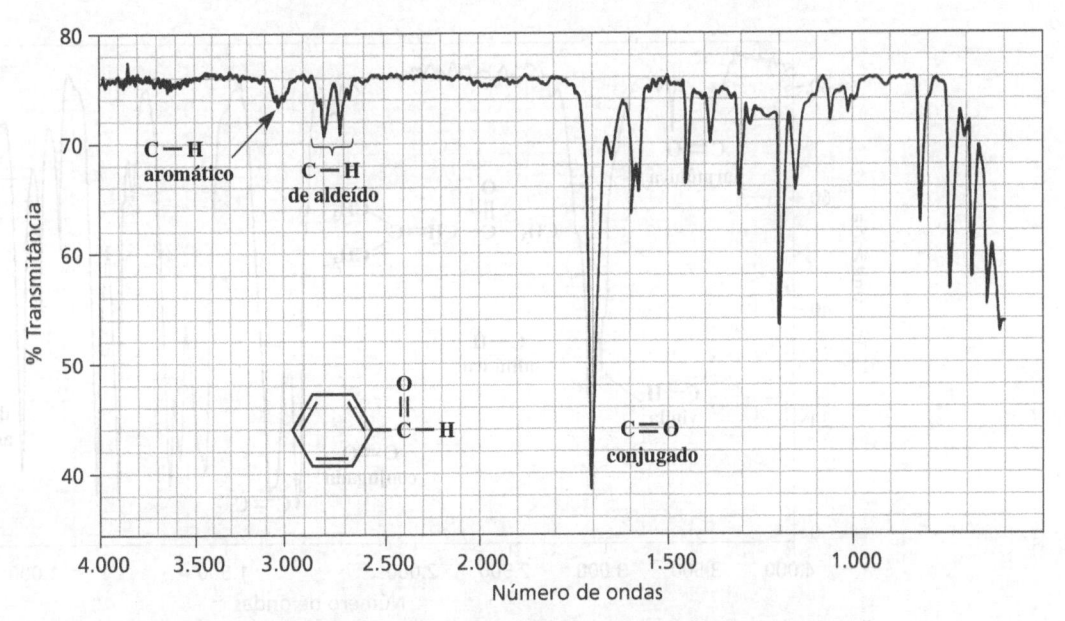

Figura 25.29 Espectro de infravermelho do benzaldeído (líquido puro, placas de sal).

L. Cetonas

C=O A deformação axial próxima de 1.715 cm^{-1} é normal.
A conjugação desloca a absorção para a direita.

A tensão no anel desloca a absorção para a esquerda em cetonas cíclicas. (Veja a Figura 25.30.)

Figura 25.30 Efeito da conjugação e da tensão no anel sobre as freqüências de carbonila de cetonas.

Os espectros da isopropil-metil-cetona e do óxido de mesitila estão nas Figuras 25.14 e 25.31. O espectro da cânfora (Figura 35.32) tem um grupo carbonila deslocado para freqüências mais altas devido à tensão no anel (1.745 cm^{-1}).

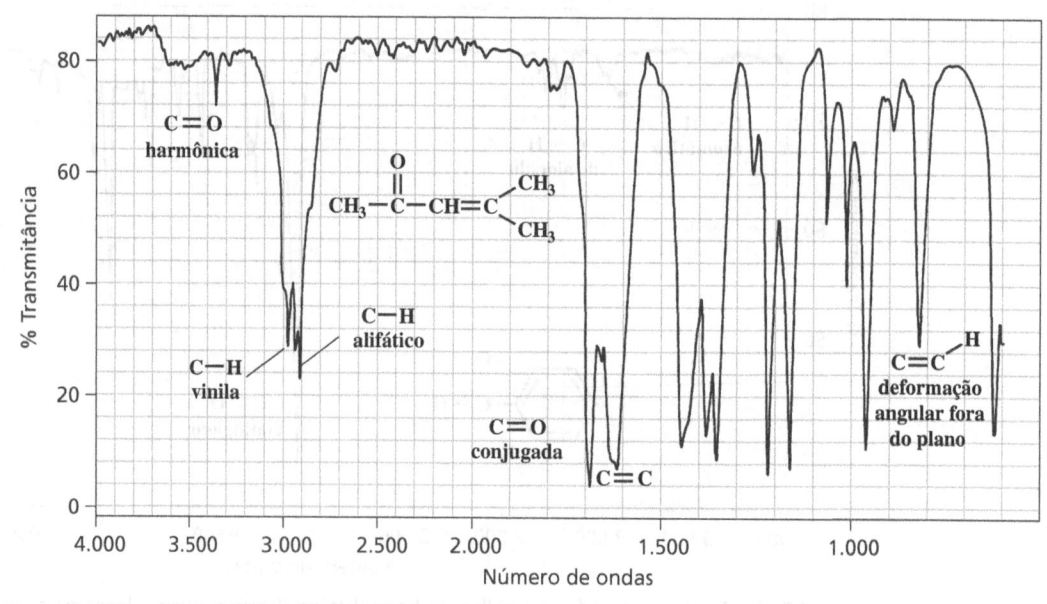

Figura 25.31 Espectro de infravermelho do óxido de mesitila (líquido puro, placas de sal).

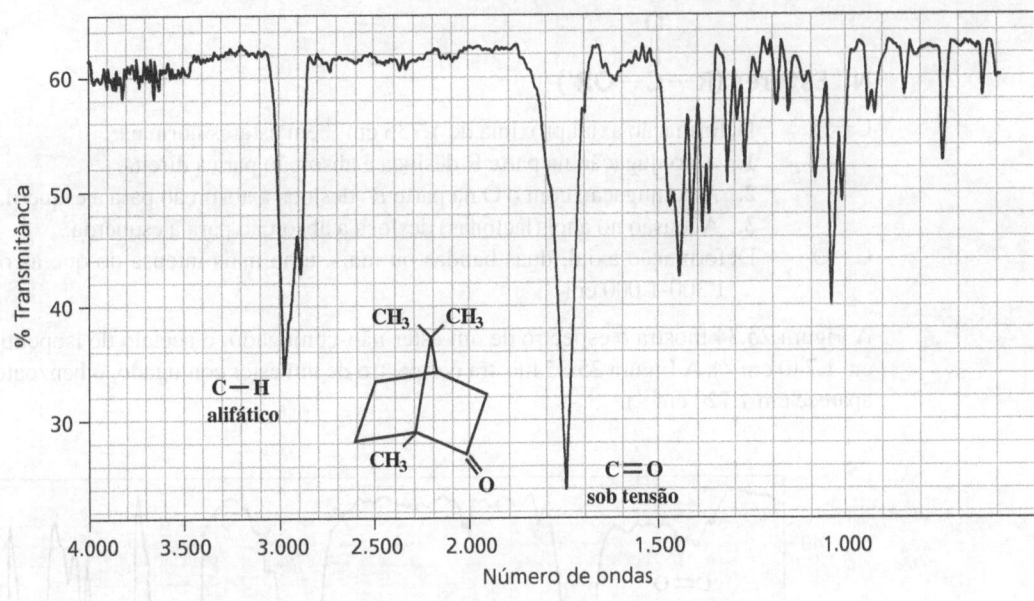

Figura 25.32 Espectro de infravermelho da cânfora (pastilha de KBr).

M. Ácidos

O—H Deformação axial, usualmente *muito larga* (ligações hidrogênio fortes) em 3.300–2.500 cm^{-1}, interfere, com freqüência, com as absorções de C—H.

C═O Deformação axial, larga, 1.730–1.700 cm^{-1}.
A conjugação desloca a banda para a direita.

C—O Deformação axial, na faixa de 1.320–1.210 cm^{-1}, forte.

A Figura 25.33 mostra o espectro do ácido benzóico.

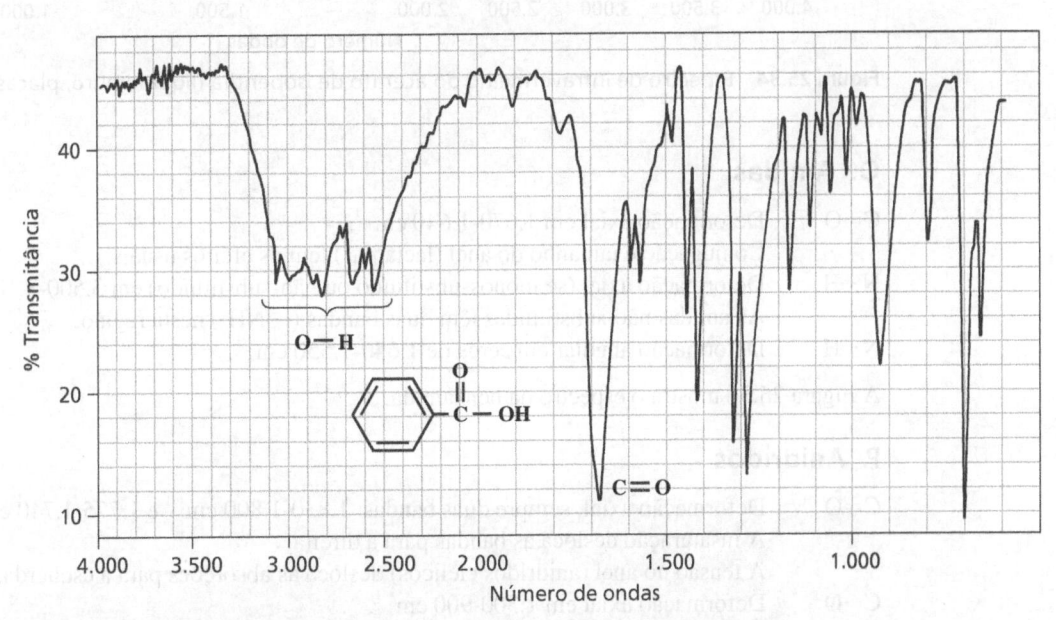

Figura 25.33 Espectro de infravermelho do ácido benzóico (pastilha de KBr).

N. Ésteres (R—C(=O)—OR')

C=O Deformação axial próxima de 1.735 cm^{-1} em ésteres normais.
  1. A conjugação na parte R desloca a absorção para a direita.
  2. A conjugação com o O na parte R' desloca a absorção para a esquerda.
  3. A tensão no anel (lactonas) desloca a absorção para a esquerda.

C—O Deformação axial, duas bandas ou mais, uma mais intensa do que as outras, na faixa de 1.300-1.000 cm^{-1}.

A Figura 25.34 mostra o espectro de um éster não-conjugado, o acetato de isopentila (C=O aparece em 1.740 cm^{-1}). A Figura 25.35 mostra o espectro de um éster conjugado, o benzoato de metila (C=O aparece em 1.720 cm^{-1}).

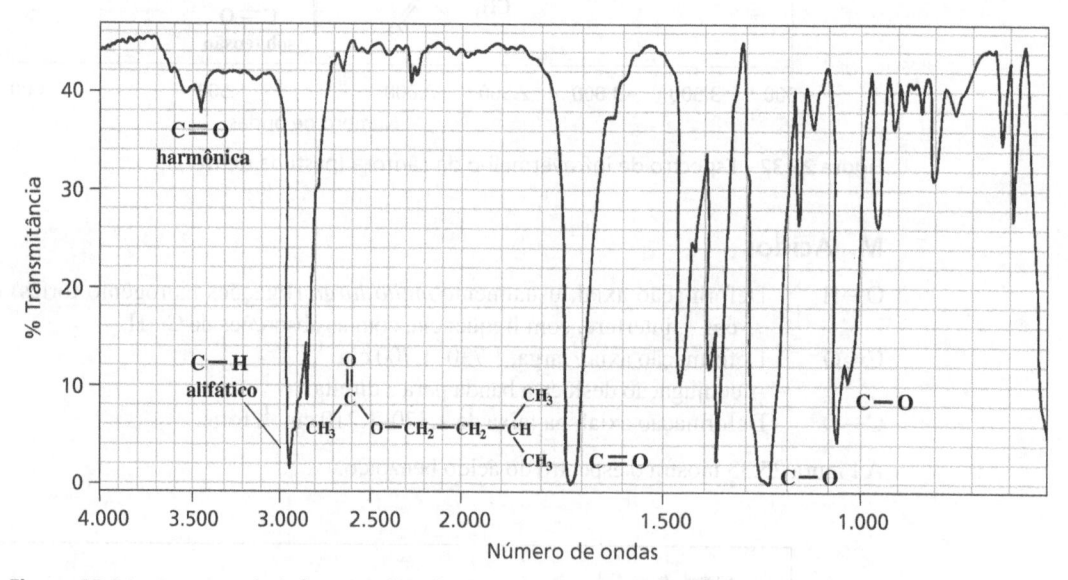

Figura 25.34 Espectro de infravermelho do acetato de isopentila (líquido puro, placas de sal).

O. Amidas

C=O Deformação axial em 1.670-1.640 cm^{-1}.
  Conjugação e tamanho do anel (lactamas) têm os efeitos usuais.
N—H Deformação axial (se monossubstituído ou não-substituído) em 3.500-3.100 cm^{-1}.
  As amidas não-substituídas têm duas bandas (—NH$_2$) nesta região.
N—H Deformação angular em cerca de 1.640-1.550 cm^{-1}.

A Figura 25.36 mostra o espectro da benzamida.

P. Anidridos

C=O Deformação axial, sempre duas bandas: 1.830-1.800 cm^{-1} e 1.775-1.740 cm^{-1}.
  A insaturação desloca as bandas para a direita.
  A tensão no anel (anidridos cíclicos) desloca as absorções para a esquerda.
C—O Deformação axial em 1.300-900 cm^{-1}.

A Figura 25.37 mostra o espectro do anidrido cis-norborneno-5,6-endo-dicarboxílico.

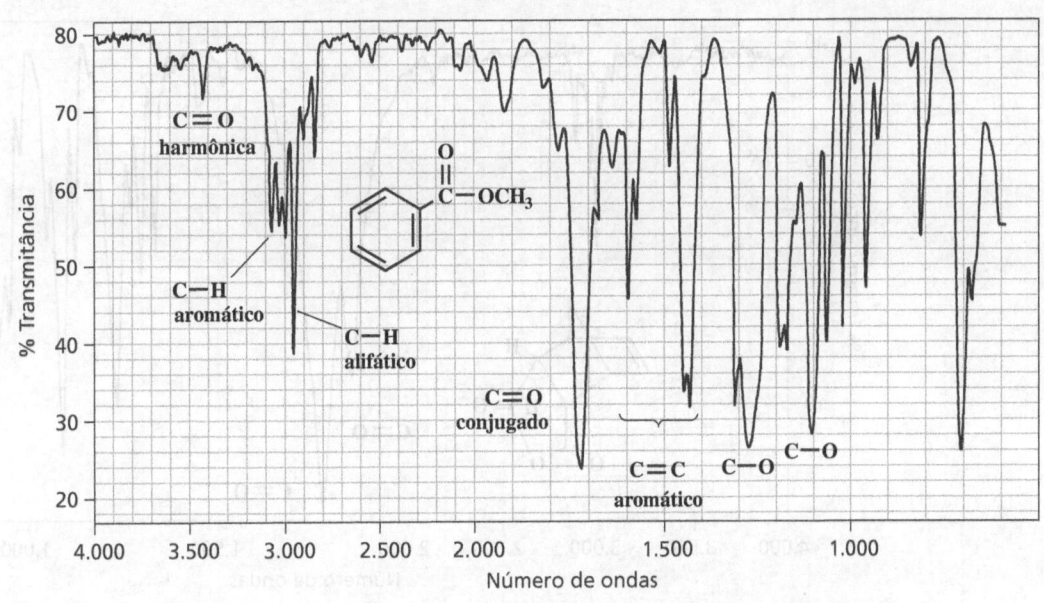

Figura 25.35 Espectro de infravermelho do benzoato de metila (líquido puro, placas de sal).

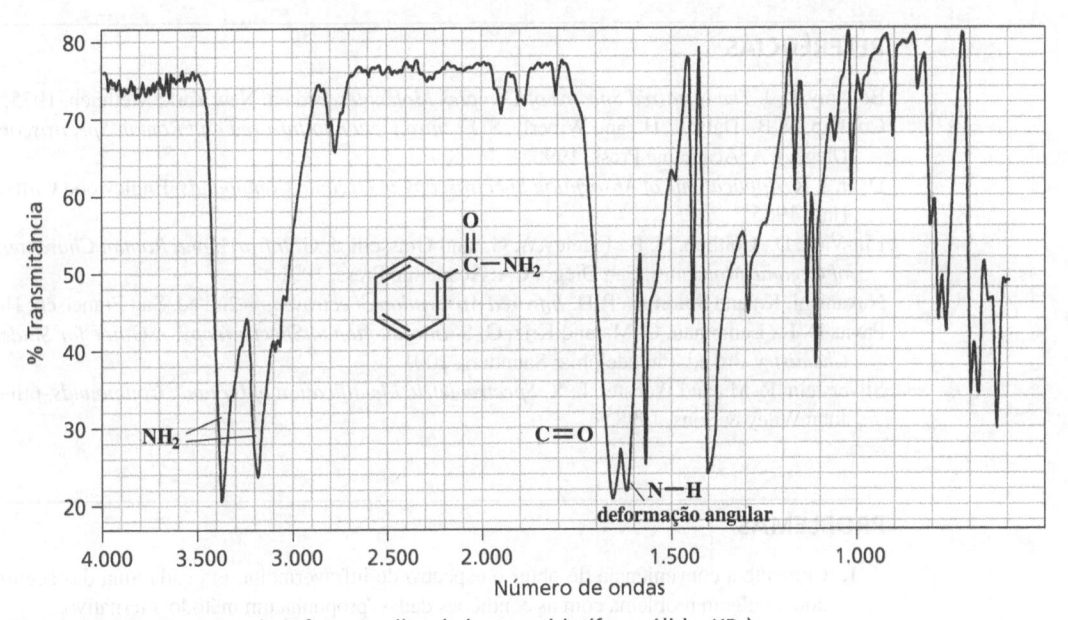

Figura 25.36 Espectro de infravermelho da benzamida (fase sólida, KBr).

Q. Halogenetos

É muito difícil determinar por espectroscopia de infravermelho a presença ou ausência de um halogeneto em um composto. As bandas de absorção são muito variáveis, especialmente se o espectro está sendo determinado em solução de CCl_4 ou $CHCl_3$.

C—F   Deformação axial, 1.350–960 cm^{-1}.
C—Cl   Deformação axial, 850–500 cm^{-1}.
C—Br   Deformação axial, à direita de 667 cm^{-1}.
C—I   Deformação axial, à direita de 667 cm^{-1}.

As Figuras 25.8 e 25.9 mostram os espectros dos solventes tetracloreto de carbono e clorofórmio, respectivamente.

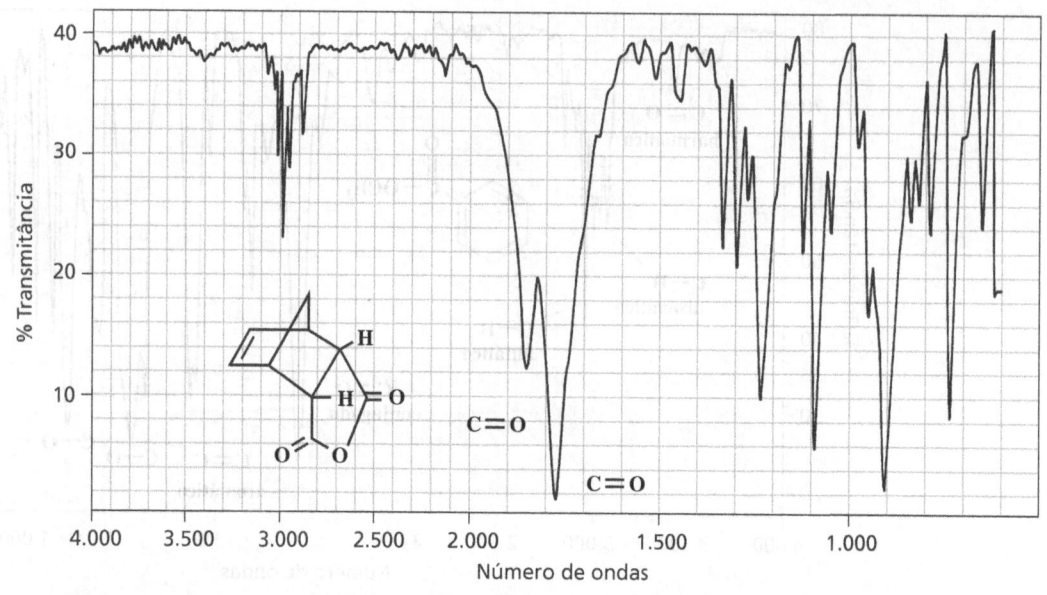

Figura 25.37 Espectro de infravermelho do *cis*-norborneno-5,6-*endo*-dicarboxílico (pastilha de KBr).

REFERÊNCIAS

Bellamy, L. J. *The Infra-red Spectra of Complex Molecules*, 3rd ed. New York: Methuen, 1975.

Colthup, N. B., Daly, L. H., and Wiberly, S. E. *Introduction to Infrared and Raman Spectroscopy*, 3rd ed. San Diego, CA: Academic Press, 1990.

Dyer, J. R. *Applications of Absorption Spectroscopy of Organic Compounds*. Englewood Cliffs, NJ: Prentice-Hall, 1965.

Lin-Vien, D., Colthup, N. B., Fateley, W. G., and Grasselli, J. G. *Infrared and Raman Characteristic Frequencies of Organic Molecules*. San Diego, CA: Academic Press, 1991.

Nakanishi, K., and Soloman, P. H. *Infrared Absorption Spectroscopy*, 2nd ed. San Francisco: Holden-Day, 1977.

Pavia, D. L., Lampman, G. M., and Kriz, G. S. *Introduction to Spectroscopy: A Guide for Students of Organic Chemistry*, 3rd ed. Philadelphia: Saunders, 2001.

Silverstein, R. M., and Webster, F. X. *Spectrometric Identification of Organic Compounds*, 6th ed., New York: John Wiley & Sons, 1998.

PROBLEMAS

1. Comente a conveniência de obter o espectro de infravermelho em cada uma das seguintes condições. Se houver algum problema com as condições dadas, proponha um método alternativo.
    a. O espectro de um líquido puro, com ponto de ebulição igual a 150°C, usando placas de sal.
    b. O espectro de um líquido puro, com ponto de ebulição de 35°C, usando placas de sal.
    c. Uma pastilha de KBr foi preparada com um composto que funde em 200°C.
    d. Uma pastilha de KBr foi preparada com um composto que funde em 30°C.
    e. Um hidrocarboneto alifático sólido foi determinado em uma emulsão de Nujol.
    f. Usou-se placas de cloreto de prata para determinar o espectro da anilina.
    g. Usou-se placas de cloreto de sódio para obter o espectro de uma substância que contém um pouco de água.

2. Diga como distinguir entre os seguintes pares de composto por espectroscopia de infravermelho.

    a. $CH_3CH_2CH_2\overset{O}{\underset{\|}{C}}-H$ $CH_3CH_2\overset{O}{\underset{\|}{C}}CH_3$

b. [cyclohexenone structure] [cyclohexenone structure]

c. $CH_3CH_2NCH_2CH_3$ $CH_3CH_2CH_2CH_2NH_2$
         |
         H

d. $CH_3CH_2\overset{\underset{\|}{O}}{C}OCH_2CH_3$ $CH_3CH_2\overset{\underset{\|}{O}}{C}CH_2OCH_3$

e. $CH_3CH_2\overset{\underset{\|}{O}}{C}OH$ $CH_3CH_2CH_2OH$

f. [p-xylene structure with two CH_3] [o-xylene structure with two CH_3]

g. $CH_3CH_2CH=CH_2$ $CH_3CH=CHCH_3$ (trans)

h. $CH_3CH_2CH_2C\equiv CH$ $CH_3CH_2CH_2CH=CH_2$

i. [m-toluidine: benzene with CH_3 and NH_2] [o-toluidine: benzene with CH_3 and NH_2]

j. $CH_3CH_2CH_2CH_2\overset{\underset{\|}{O}}{C}-OH$ $CH_3CH_2CH_2\overset{\underset{\|}{O}}{C}OCH_3$

k. $CH_3CH_2CH_2CH_2CH_3$ $CH_2=CHCH_2CH_2CH_2CH_3$

l. $CH_3CH_2CH_2CH_2C\equiv CH$ $CH_3CH_2CH_2C\equiv CCH_3$

TÉCNICA 26

Espectroscopia de Ressonância Magnética Nuclear (RMN de Hidrogênio)

A espectroscopia de ressonância magnética nuclear (RMN) é uma técnica instrumental que permite a determinação do número, do tipo e das posições relativas de certos átomos de uma molécula. Este tipo de espectroscopia se aplica apenas aos átomos que têm momentos magnéticos nucleares devido às propriedades do spin nuclear. Embora muitos átomos atendam a esta exigência, os átomos de hidrogênio (^1_1H) são os mais interessantes para os químicos orgânicos. Os átomos dos isótopos comuns do carbono ($^{12}_6C$) e do oxigênio ($^{16}_8O$) não têm momentos magnéticos nucleares, e os do nitrogênio comum ($^{14}_7N$), embora tenham momento magnético nuclear, não têm comportamento típico de RMN por outras razões. Isto também é verdade para os átomos dos halogênios, exceto o flúor ($^{19}_9F$), que tem comportamento ativo de RMN. Dos átomos aqui mencionados, os núcleos de hidrogênio (^1_1H) e de carbono-13 ($^{13}_6C$) são os mais importantes para os químicos orgânicos. Apresentamos a RMN de hidrogênio (^1H) neste capítulo, e a de carbono (^{13}C), na Técnica 27.

Pode-se considerar que os núcleos dos átomos ativos na RMN se comportam, quando colocados em um campo magnético, como pequenos ímãs. No caso do hidrogênio, que tem dois estados de spin nuclear permitidos (+½ e −½), os magnetos nucleares dos átomos se alinham com o campo (+½) ou contra ele (−½). Uma maioria pequena se alinha com o campo porque esta orientação de spin corresponde a um estado de energia ligeiramente menor. Ao receberem ondas de radiofreqüência de energia apropriada, os núcleos que se alinham com o campo absorvem a radiação e invertem a direção do spin, isto é, se reorientam, e o magneto nuclear passa a se opor ao campo magnético aplicado (Figura 26.1).

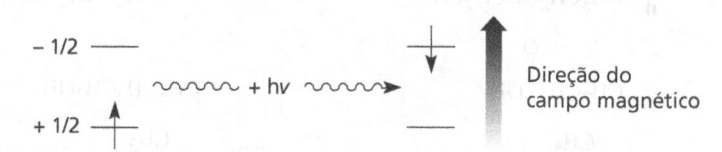

Figura 26.1 Processo de absorção na RMN.

A freqüência da radiação necessária para induzir a inversão do spin é uma função direta da intensidade do campo magnético aplicado. Quando um núcleo de hidrogênio em movimento de spin é colocado em um campo magnético, o núcleo sofre precessão com freqüência angular ω, como um pião infantil. A Figura 26.2 ilustra este movimento de precessão. A freqüência angular da precessão nuclear ω aumenta com a intensidade do campo magnético aplicado. A radiação que deve ser fornecida para induzir a conversão do spin do núcleo de hidrogênio de spin +½ deve ter freqüência igual à freqüência angular da precessão ω. Isto é chamado de condição de ressonância, e a inversão do spin é dita um processo de ressonância.

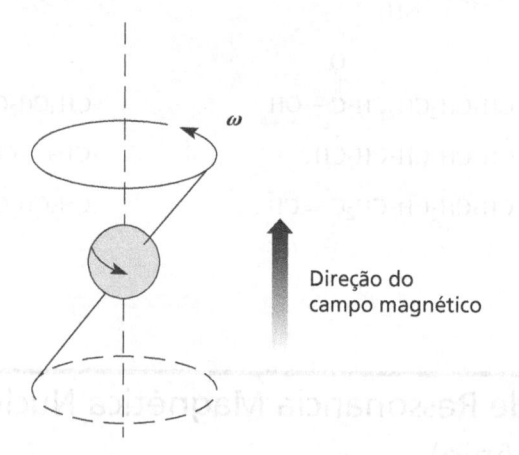

Figura 26.2 Movimento de precessão de um núcleo que gira em um campo magnético aplicado.

No caso de um átomo de hidrogênio em um campo magnético de cerca de 1,4 tesla, é necessário usar radiação de radiofreqüência de 60 MHz para induzir a transição de spin.[1] Felizmente, a intensidade do campo magnético necessária para induzir os diversos hidrogênios de uma molécula a absorver a radiação de 60 MHz varia de hidrogênio para hidrogênio e é sensível ao ambiente *eletrônico* de cada hidrogênio. O espectrômetro de ressonância magnética de hidrogênio fornece a radiação de radiofreqüência básica de 60 MHz à amostra e *aumenta* a intensidade do campo magnético aplicado em uma faixa da várias partes por milhão a partir da intensidade básica do campo. Quando o campo

---

[1] Os instrumentos modernos (TF-RMN) usam campos maiores do que o aqui descrito e operam de forma diferente. Usamos o instrumento clássico de 60 MHz de onda contínua (CW) como exemplo.

aumenta, os vários hidrogênios entram sucessivamente em ressonância (absorvem a energia de 60 MHz), e um sinal de absorção é gerado para cada hidrogênio. Um espectro de RMN é um gráfico da intensidade do campo magnético *versus* a intensidade das absorções. A Figura 26.3 mostra um espectro de RMN típico.

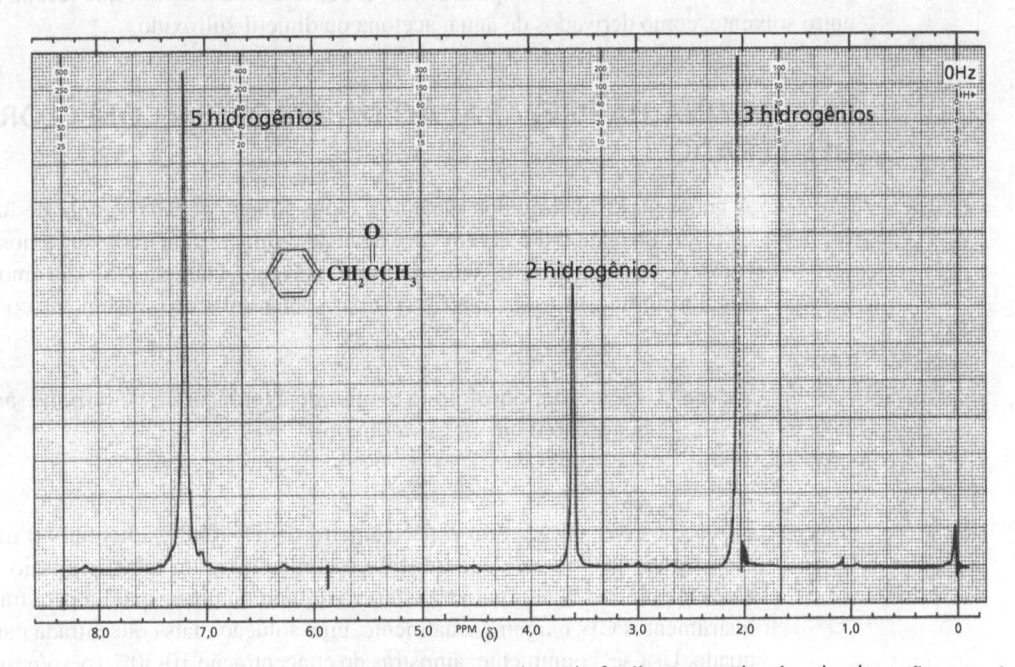

Figura 26.3 Espectro de ressonância magnética nuclear da fenil-acetona (o pico de absorção na extrema direita é devido à substância de referência adicionada, o tetrametil-silano).

Os instrumentos de TF-RMN modernos produzem o mesmo tipo de espectro de RMN, porém o fazem por um método diferente. Veja o seu livro teórico para uma discussão das diferenças entre os instrumentos clássicos (CW) e os modernos (TF-RMN). Os espectrômetros com transformações de Fourier, que operam em intensidades de campo magnético da ordem de pelo menos 7,1 tesla e com freqüências de 300 MHz e acima, permitem que os químicos obtenham os espectros de RMN de hidrogênio e carbono da mesma amostra.

Parte A. Preparação de uma Amostra para a Espectroscopia de RMN

Os tubos de amostra de RMN usados na maior parte dos instrumentos têm 0,5 cm × 18 cm e são fabricados com vidros uniformes e de pequena espessura. Estes tubos são muito frágeis e caros e devem ser tratados com muito cuidado para que não quebrem.

> **Cuidado:** Os tubos de RMN são feitos de vidro de pequena espessura e quebram-se facilmente. Nunca aperte a tampa e tome muito cuidado quando removê-la.

Ao preparar a solução, escolha primeiro o solvente apropriado. Ele não deve ter picos de absorção na RMN, isto é, não deve ter hidrogênios. O tetracloreto de carbono (CCl_4) tem esta característica e pode ser usado em alguns instrumentos. Como os espectrômetros de TF-RMN exigem deutério para estabilizar o campo, os químicos orgânicos preferem usar clorofórmio deuterado ($CDCl_3$). Este solvente dissolve a maior parte dos compostos orgânicos, é relativamente barato e pode ser usado em qualquer instrumento de RMN. Não use o clorofórmio comum porque o solvente contém hidrogênio. O deutério, ^2H, não absorve na mesma região do hidrogênio e é, portanto, "invisível" no espectro de RMN de hidrogênio. Use clorofórmio deuterado para dissolver sua amostra, a menos que receba instruções para usar outro solvente, como derivados de água, acetona ou dimetil-sulfóxido.

26.1 ROTINA DA PREPARAÇÃO DA AMOSTRA COM CLOROFÓRMIO DEUTERADO

1. A maior parte dos líquidos orgânicos e dos sólidos de baixo ponto de fusão dissolve-se em clorofórmio deuterado. Porém você deve determinar primeiro se sua amostra é solúvel no clorofórmio comum, $CHCl_3$, antes de usar o solvente deuterado. Se sua amostra não for solúvel em clorofórmio, consulte o professor para obter um outro solvente ou consulte a Seção 26.2.

> **Cuidado:** Clorofórmio, clorofórmio deuterado e tetracloreto de carbono são solventes tóxicos. Além disto, podem ser cancerígenos.

2. Se você estiver usando um espectrômetro de TF-RMN, adicione 30 mg (0,030 g) de sua amostra líquida, ou sólida, a um frasco cônico ou a um tubo de ensaio de peso conhecido. Use uma pipeta Pasteur para transferir o líquido ou uma espátula para transferir o sólido. Os instrumentos CW exigem, usualmente, uma solução mais concentrada para um espectro adequado. Usa-se, comumente, amostras de concentração 10-30% (peso/peso).
3. Use uma pipeta Pasteur, limpa e seca, para colocar cerca de 0,5 mL de clorofórmio deuterado no recipiente que contém sua amostra. Agite com rotações para ajudar a dissolver a amostra. Adicione um pouco mais de solvente, se for necessário, para dissolver completamente a amostra.
4. Use uma pipeta Pasteur, limpa e seca, para transferir a solução para o tubo de RMN. Tenha cuidado nesta operação para não quebrar as bordas do frágil tubo de RMN. É melhor manter o tubo de RMN e o recipiente com a solução na mesma mão quando estiver transferindo a solução.
5. Depois da transferência da solução para o tubo de RMN, use uma pipeta limpa para adicionar mais clorofórmio deuterado até que a altura da solução chegue a cerca de 50 mm (Figura 26.4). Em alguns casos, você terá de adicionar uma pequena quantidade de tetrametil-silano (TMS) como substância de referência (Seção 26.3). Pergunte ao professor se você deve adicionar TMS à sua amostra. O clorofórmio deuterado tem uma pequena quantidade de $CHCl_3$ como impureza. Ela dá origem a um pico de baixa intensidade no espectro de RMN, em 7,27 partes por milhão (ppm). Você pode usar também esta impureza como uma "referência" em seu espectro.
6. Tampe o tubo de RMN. Faça isto com firmeza, mas não aperte muito. Se você prender a tampa, terá dificuldades para removê-la sem quebrar a extremidade do tubo de vidro, que é muito fino. Inverta o tubo de RMN várias vezes para misturar o conteúdo.
7. Você agora está pronto para obter o espectro de RMN de sua amostra. Insira o tubo de RMN no suporte e ajuste a altura usando o gabarito que você recebeu.

Limpeza do tubo de RMN

1. Destampe cuidadosamente o tubo para não quebrá-lo. Inverta o tubo e mantenha-o na posição vertical sobre um bécher. Sacuda o tubo para cima e para baixo, com cautela, de modo que o conteúdo do tubo passe para o bécher.
2. Use uma pipeta Pasteur para encher parcialmente o tubo de RMN com acetona. Recoloque a tampa, cuidadosamente, e inverta o tubo várias vezes para lavá-lo.

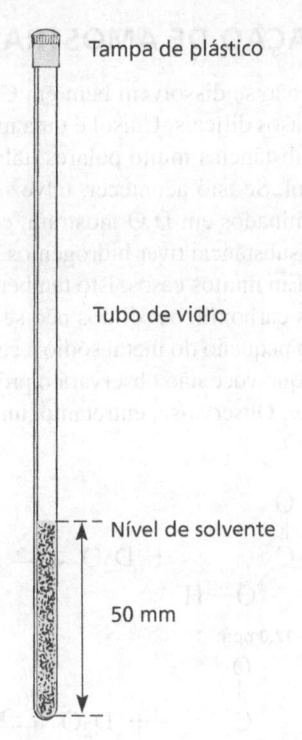

Figura 26.4 Tubo de amostra de RMN.

3. Remova a tampa e retire o líquido, como antes. Coloque o tubo de cabeça para baixo sobre uma toalha de papel colocada no fundo de um bécher. Deixe o tubo nesta posição durante o período da aula prática para que a acetona evapore completamente. Uma outra alternativa é colocar o bécher e o tubo de RMN em uma estufa por 2 horas, pelo menos. Se você tiver de usá-lo antes que toda a acetona tenha evaporado, ligue um pedaço de tubo de pressão ao tubo de RMN e aplique vácuo com uma trompa d'água. Após alguns minutos desse tratamento, a acetona deve ter evaporado. Como a acetona contém hidrogênios, você não deve usar o tubo de RMN até que toda a acetona tenha evaporado.[2]
4. Depois que toda a acetona evaporou, coloque o tubo limpo e sua tampa (não tampe o tubo) no recipiente próprio em sua bancada. O recipiente evitará que o tubo seja danificado.

Riscos de saúde associados com os solventes de RMN

O tetracloreto de carbono, o clorofórmio (e o clorofórmio-d) e o benzeno (e o benzeno-d_6) são solventes de risco. Além de serem muito tóxicos, eles são possíveis cancerígenos. Apesar destes problemas, eles são comumente usados na espectroscopia de RMN porque não existem alternativas apropriadas. Eles são usados porque não contêm hidrogênios e são solventes excelentes para a maior parte dos compostos orgânicos. Você terá, portanto, de aprender a manipular estes solventes com muito cuidado para reduzir o risco. Eles devem ser guardados em capela ou em garrafas com tampas de septo. Se as garrafas tiverem tampas de rosca, use uma pipeta para cada garrafa. Um modo de fazer isto é guardar a pipeta em um tubo de ensaio preso ao lado da garrafa. As garrafas com tampas de septo só podem ser usadas com uma seringa hipodérmica para cada garrafa. Todas as amostras devem ser preparadas em capela e os rejeitos devem ser colocados em um recipiente próprio na capela. Use luvas de borracha ou de plástico quando estiver preparando ou rejeitando amostras.

---

[2] Se você não puder esperar para ter certeza de que toda a acetona se evaporou, você pode lavar o tubo uma ou duas vezes com uma quantidade *muito pequena* de $CDCl_3$ antes de usá-lo.

26.2 PREPARAÇÃO DE AMOSTRAS ESPECIAIS

Alguns compostos não se dissolvem bem em $CDCl_3$. Existe um solvente comercial chamado **Unisol** que pode resolver casos difíceis. Unisol é uma mistura de $CDCl_3$ e $DMSO-d_6$.

No caso de substâncias muito polares, talvez sua amostra não se dissolva em clorofórmio deuterado ou em Unisol. Se isto acontecer, talvez seja possível dissolvê-la em óxido de deutério, D_2O. Os espectros determinados em D_2O mostram, com freqüência, um pequeno pico em 5 ppm devido à impureza OH. Se a substância tiver hidrogênios ácidos, ocorrerá *troca* com D_2O e a perda da absorção original do próton. Em muitos casos, isto também altera o desdobramento dos picos do composto.

Muitos ácidos carboxílicos sólidos não se dissolvem nem em $CDCl_3$ nem em D_2O. Neste caso, adicione um pedaço pequeno do metal sódio a cerca de 1 mL de D_2O. O ácido se dissolverá nesta solução básica. É claro que você não observará o próton da hidroxila do ácido carboxílico porque ocorrerá troca com o solvente. Observa-se, entretanto, um pico intenso de DOH devido à troca e à impureza de H_2O no solvente D_2O.

$$R-C(=O)-O-H \;+\; D_2O \;\rightleftharpoons\; R-C(=O)-O-D \;+\; D-OH$$

~12.0 ppm Torna-se invisível Aparece o pico de OH

$$CH_3-C(=O)-CH_3 \;+\; D_2O \;\rightleftharpoons\; D-CH_2-C(=O)-CH_3 \;+\; D-OH$$

$$CH_3CH_2OH \;+\; D_2O \;\rightleftharpoons\; CH_3CH_2OD \;+\; D-OH$$

Se esses solventes não funcionarem, pode-se recorrer a outros solventes especiais. Acetona, acetonitrila, dimetil-sulfóxido, piridina, benzeno e dimetil-formamida podem ser usados se você não estiver interessado nas regiões do espectro de RMN em que eles absorvem. Os análogos deuterados (muito caros) desses compostos podem ser, também, usados em casos especiais (por exemplo, acetona-d_6, dimetil-sulfóxido-d_6, dimetil-formamida-d_7 e benzeno-d_6). Se a amostra não reagir com ácidos, pode-se usar o ácido trifluoro-acético (que não tem hidrogênios em $\delta < 12$). Note que estes solventes levam, freqüentemente, a valores de deslocamento químico diferentes dos determinados em CCl_4 ou $CDCl_3$. Já foram observadas variações da ordem de 0,5-1,0 ppm. Na verdade é possível, às vezes, mudar o solvente para piridina, benzeno, acetona ou dimetil-sulfóxido para separar picos que se superpõem em CCl4 ou $CDCl_3$.

26.3 SUBSTÂNCIAS DE REFERÊNCIA

Deve-se adicionar tetrametil-silano (TMS) à solução de amostra como padrão interno de referência. Esta substância tem a fórmula $(CH_3)_4Si$. Por convenção, o deslocamento químico dos hidrogênios deste composto é definido como 0,0 ppm. O espectro deve ser deslocado de modo a que o sinal do TMS apareça nesta posição em um papel de gráfico pré-calibrado.

A concentração de TMS na amostra deve estar entre 1 e 3%. Algumas pessoas preferem adicionar 1 a 2 gotas de TMS à amostra imediatamente antes de determinar o espectro. Como o TMS tem 12 hidrogênios equivalentes, não é necessário adicionar uma grande quantidade à solução. Use uma pipeta Pasteur ou uma seringa para fazer a adição. É mais conveniente ter no laboratório um solvente que já contenha TMS. O clorofórmio e o tetracloreto de carbono comerciais, para uso em RMN, muitas vezes já contêm TMS. Como o TMS é muito volátil (pe 26,5°C), estas soluções devem ser guardadas em garrafas bem-fechadas em uma geladeira. O mesmo deve ser feito com o TMS.

O tetrametil-silano não se dissolve em D_2O. Quando se usa D_2O como solvente, a referência interna é o 2,2-dimetil-2-silapentano-5-sulfonato de sódio, solúvel em água, que tem um pico de ressonância em 0,00 ppm.

$$\text{CH}_3-\underset{\underset{\text{CH}_3}{|}}{\overset{\overset{\text{CH}_3}{|}}{\text{Si}}}-\text{CH}_2-\text{CH}_2-\text{CH}_2-\text{SO}_3^-\text{Na}^+$$

2,2-dimetil-2-silapentano-5-sulfonato de sódio (DSS)

Parte B. Ressonância Magnética Nuclear (^{1}H-RMN)

26.4 DESLOCAMENTO QUÍMICO

São muito pequenas as diferenças de intensidade do campo magnético aplicado no qual os diversos hidrogênios de uma molécula absorvem a radiação de 60 MHz. Essas diferenças são da ordem de algumas partes por milhão (ppm) da intensidade do campo magnético. Como é experimentalmente difícil medir, com precisão inferior a uma parte por milhão, a intensidade do campo em que cada hidrogênio absorve, desenvolveu-se uma técnica para medir diretamente a *diferença* entre duas posições de absorção. Usa-se uma substância de referência para isso, e as posições das absorções de todos os demais hidrogênios são medidas em relação aos valores de referência. A substância de referência aceita por todos é o **tetrametil-silano** $(\text{CH}_3)_4\text{Si}$, também chamada de **TMS**. A ressonância dos hidrogênios, que são equivalentes, desta molécula ocorre em uma intensidade de campo superior às ressonâncias dos hidrogênios da maior parte das moléculas.

Para dar a posição de absorção de um hidrogênio, uma medida quantitativa, utiliza-se um parâmetro chamado de **deslocamento químico** (δ). Uma unidade δ corresponde a um deslocamento de 1 ppm na intensidade do campo magnético. Para determinar os valores de deslocamento químico dos diversos hidrogênios de uma molécula, o operador obtém um espectro de RMN de uma amostra que contém uma pequena quantidade de TMS. Em outras palavras, o operador determina os dois espectros *simultaneamente*. A absorção do TMS é ajustada para corresponder à posição $\delta = 0$ ppm do papel de registro, calibrado em unidades δ e, com isso, os valores de δ dos picos de absorção dos demais hidrogênios podem ser lidos diretamente no papel de registro.

Como o espectrômetro de RMN aumenta a intensidade do campo magnético quando a pena se desloca da esquerda para a direita no papel de registro, a absorção de TMS aparece na extrema direita do espectro ($\delta = 0$), isto é, na extremidade em *campo alto* do espectro. O papel de registro é calibrado em unidades δ (ou ppm), e os demais hidrogênios (com poucas exceções) absorvem em uma intensidade de campo menor (ou em *campo baixo*) do que o TMS.

O deslocamento a partir do TMS de um dado hidrogênio depende da intensidade do campo magnético aplicado. Em um campo de 1,41 tesla, a ressonância de um hidrogênio é aproximadamente 60 MHz, e em um campo de 2,35 tesla (23.500 gauss), a ressonância é aproximadamente 100 MHz. A razão das freqüências de ressonância é igual à razão das intensidades dos dois campos:

$$\frac{100 \text{ MHz}}{60 \text{ MHz}} = \frac{2{,}35 \text{ Tesla}}{1{,}41 \text{ Tesla}} = \frac{23.500 \text{ Gauss}}{14.100 \text{ Gauss}} = \frac{5}{3}$$

Portanto, para um dado hidrogênio, o deslocamento (em hertz) a partir do TMS é cinco terços maior na faixa de 100 MHz do que na faixa de 60 MHz. Isto pode confundir quem tenta comparar resultados obtidos em espectrômetros que trabalham em intensidades do campo magnético aplicado diferentes. A confusão é facilmente desfeita quando se define um novo parâmetro, independente da intensidade do campo – por exemplo, dividindo o deslocamento em hertz de um dado hidrogênio pela freqüência em mega-hertz do espectrômetro em que a medida foi feita. É assim que se obtém a medida independente do campo, chamada de **deslocamento químico** (δ).

$$\delta = \frac{(\text{Deslocamento em Hz})}{(\text{Freqüência do espectrômetro em MHz})} \quad (1)$$

O deslocamento químico em unidades δ expressa o deslocamento da ressonância do hidrogênio, a partir do TMS, em partes por milhão (ppm) da freqüência de operação do espectrômetro. O valor de δ de um dado hidrogênio é sempre o mesmo, não importando se a medida foi feita em 60 MHz, 100 MHz ou 300 MHz. Assim, por exemplo, em 60 MHz o deslocamento dos hidrogênios de CH_3Br é 162 Hz a partir do TMS; em 100 MHz, é 270 MHz; e em 300 MHz, é 810 Hz. Todos os três, entretanto, correspondem ao mesmo valor de δ = 2,70 ppm:

$$\delta = \frac{162 \text{ Hz}}{60 \text{ MHz}} = \frac{270 \text{ Hz}}{100 \text{ MHz}} = \frac{810 \text{ Hz}}{300 \text{ MHz}} = 2,70 \text{ ppm}$$

26.5 EQUIVALÊNCIA QUÍMICA – INTEGRAÇÃO

Todos os hidrogênios de uma molécula que estão em ambientes químicos idênticos têm o mesmo deslocamento químico. Por isto, os valores respectivos de ressonância de todos os hidrogênios do TMS, do benzeno, do ciclo-pentano ou da acetona têm os mesmos δ. Cada um destes compostos tem um único pico de absorção no espectro de RMN. Diz-se que os hidrogênios são **quimicamente equivalentes**. Por outro lado, moléculas que têm conjuntos de hidrogênios quimicamente distintos um do outro dão um pico de absorção para cada conjunto.

Moléculas que dão um pico de absorção na RMN – todos os hidrogênios são quimicamente equivalentes

Moléculas que dão dois picos de absorção na RMN – dois conjuntos diferentes de hidrogênios quimicamente equivalentes

O espectro de RMN da Figura 26.3 é da fenil-acetona, um composto com *três* tipos de hidrogênios quimicamente distintos.

2,1 ppm (3 hidrogênios)
3,6 ppm (2 hidrogênios)
7,2 ppm (5 hidrogênios)

Como você vê, o espectro de RMN dá informações importantes. Na verdade, o espectro de RMN, além de distinguir os tipos de hidrogênios, diz o *número* de hidrogênios de cada tipo que ocorrem na molécula.

No espectro de RMN, a área sob cada pico é proporcional ao número de hidrogênios que geram aquele pico. Em conseqüência, no caso da fenil-acetona, a razão entre as áreas dos três picos é 5:2:3, a mesma razão entre o número de hidrogênios de cada tipo. O espectrômetro de RMN pode "integrar" eletronicamente a área sob cada pico. Ele indica isto traçando sobre cada pico uma linha que cresce verticalmente por um valor proporcional à área sob o pico. A Figura 26.5 mostra o espectro do acetato de benzila, com cada pico integrado desta maneira.

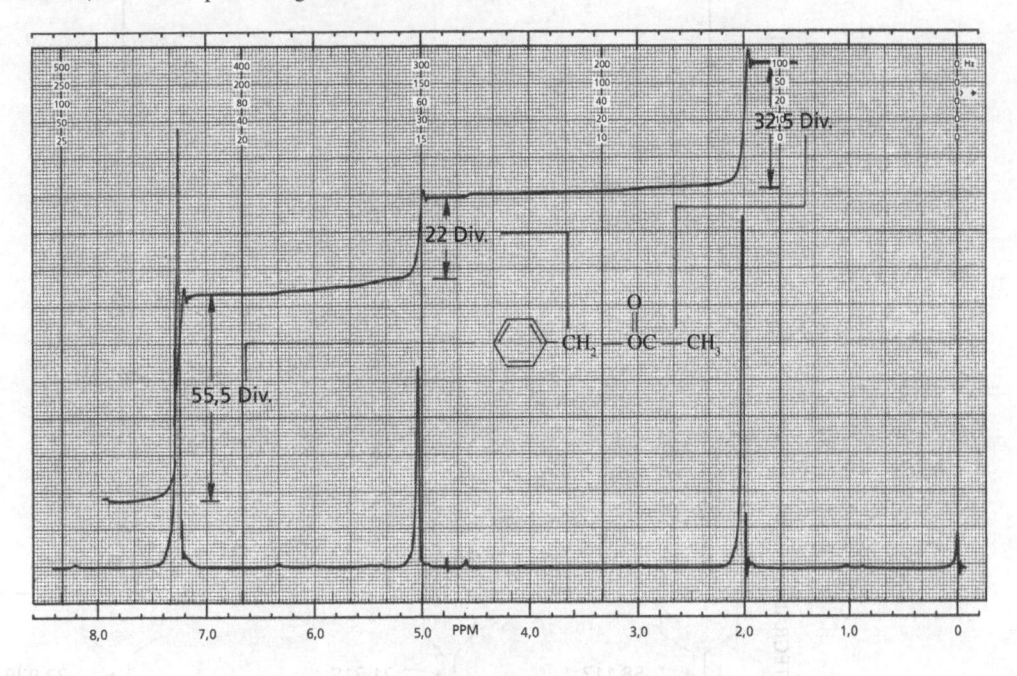

Figura 26.5 Determinação da razão entre as integrais para o acetato de benzila.

É importante notar que a altura da linha de integração não dá o número absoluto de hidrogênios, e sim, os números *relativos* de cada tipo de hidrogênio. Para que uma dada integral seja útil, deve haver uma segunda integral que sirva de referência. O acetato de benzila é um bom exemplo disto. A primeira integral sobe 55,5 divisões do papel de registro; a segunda, 22,0 divisões; e a terceira, 32,5 divisões. Estes números são relativos e dão as razões dos vários tipos de hidrogênio, que você encontra dividindo cada um dos valores pelo menor número.

$$\frac{55,5 \text{ div}}{22,0 \text{ div}} = 2,52 \qquad \frac{22,0 \text{ div}}{22,0 \text{ div}} = 1,00 \qquad \frac{32,5 \text{ div}}{22,0 \text{ div}} = 1,48$$

Assim, a razão entre os hidrogênios de cada tipo é 2,52:1,00:1,48. Se você admite que o pico em 5,1 ppm é formado por dois hidrogênios e que as integrais têm um pequeno erro (que pode chegar a 10%), você chegará à verdadeira razão. Multiplique cada número por 2 e arredonde. O resultado é 5:2:3. Está claro que o pico em 7,3, cuja integral é 5, corresponde aos hidrogênios do anel aromático, e que o pico em 2,0, cuja integral é 3, corresponde aos hidrogênios de metila. A ressonância de dois hidrogênios em 5,1 provém dos hidrogênios de benzila. Note, porém, que as integrais dão as razões mais simples, não necessariamente as razões verdadeiras, entre o número de hidrogênios de cada tipo.

Além da linha de integração, os instrumentos modernos dão usualmente os valores numéricos das integrais. Como as alturas das linhas de integração, estes valores digitais não são absolutos. Eles também são relativos e devem ser tratados como explicamos no parágrafo precedente. Estes valores digitais também não são exatos e têm um certo erro (que pode chegar a 10%). A Figura 26.6 é um exemplo de espectro integrado do acetato de benzila, determinado em um instrumento TF-RMN pulsado de 300 MHz. Os valores digitalizados aparecem sob os picos.

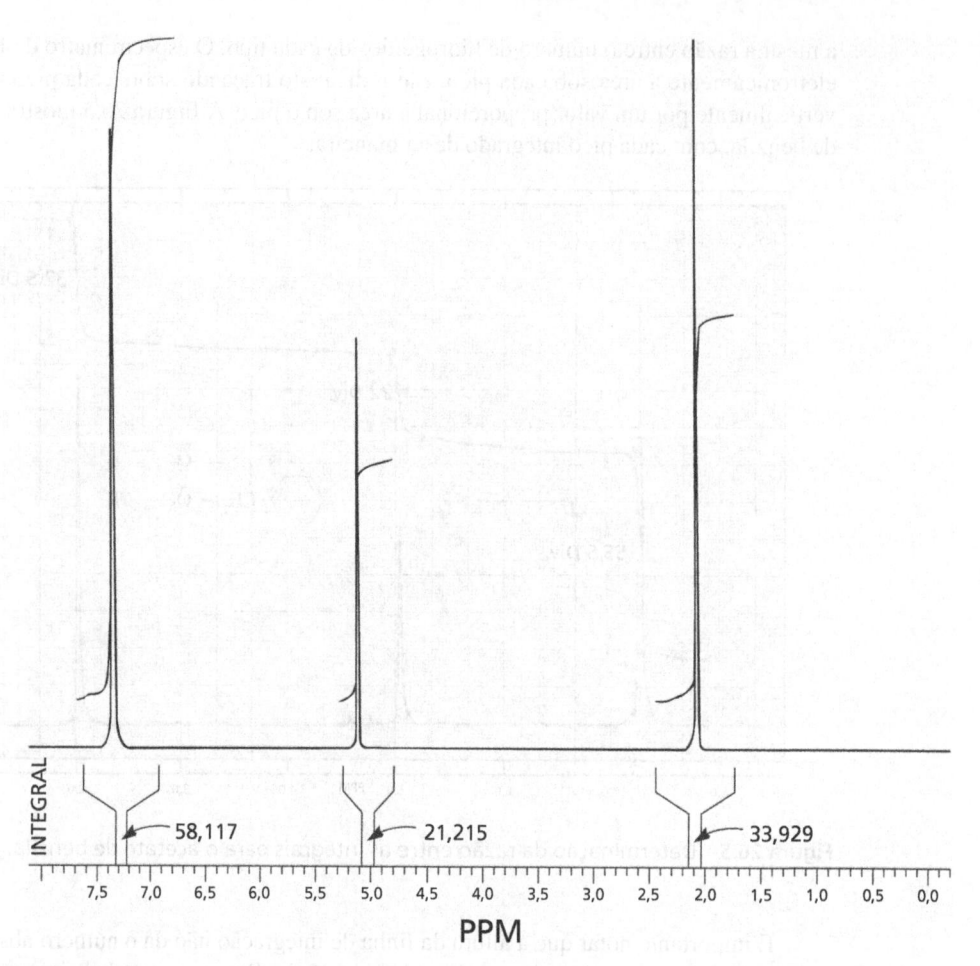

Figura 26.6 Espectro integrado do acetato de benzila, determinado em um TF-RMN de 300 MHz.

26.6 AMBIENTE QUÍMICO E DESLOCAMENTO QUÍMICO

Se a freqüência de ressonância de todos os hidrogênios de uma molécula fosse a mesma, a RMN teria pouca utilidade para o químico orgânico. Porém, os diversos tipos de hidrogênios têm deslocamentos químicos diferentes e, além disto, o valor do deslocamento químico caracteriza o tipo de hidrogênio a que corresponde. Cada tipo de hidrogênio entra em ressonância em uma faixa limitada de deslocamentos químicos. Por isto, o valor numérico do deslocamento químico indica o *tipo de hidrogênio* que deu origem ao sinal. Nisto, a RMN é semelhante ao infravermelho, em que a freqüência de vibração sugere o tipo de ligação ou grupo funcional. Note, por exemplo, que os hidrogênios aromáticos da fenil-acetona (Figura 26.3) e do acetato de benzila (Figura 26.5) entram em ressonância em cerca de 7,3 ppm e que os grupos metila ligados diretamente a um grupo carbonila entram em ressonância em 2,1 ppm, aproximadamente. A absorção característica dos hidrogênios de aromáticos ocorre entre 7 e 8 ppm, e a dos grupos acetila (hidrogênios de metila), em 2 ppm. Estes valores de deslocamento químico são diagnósticos. Note, também, que a ressonância dos hidrogênios de benzila ($-CH_2-$) ocorre em um deslocamento químico mais alto (5,1 ppm) no acetato de benzila do que na fenil-acetona (3,6 ppm). Estes hidrogênios estão ligados ao elemento eletronegativo oxigênio, o que os torna mais desblindados (veja a Seção 26.7) do que os hidrogênios da fenil-acetona. Um químico treinado teria reconhecido imediatamente a presença provável do oxigênio pelo deslocamento químico destes hidrogênios.

É importante conhecer as faixas de deslocamentos químicos dos tipos mais comuns de hidrogênios. A Figura 26.7 é um mapa de correlação que inclui os tipos de hidrogênio mais importantes e mais freqüentes. A Tabela 26.1 lista as faixas de deslocamentos químicos de tipos selecionados de hidrogênios. O iniciante terá dificuldade em memorizar o grande número de dados relacionados aos deslocamentos químicos e aos tipos de hidrogênios. Isto não deve ser, entretanto, feito de uma só vez. É mais importante ter uma boa idéia das regiões e tipos de hidrogênios do que saber todos os números. Para fazer isto, estude cuidadosamente a Figura 26.7.

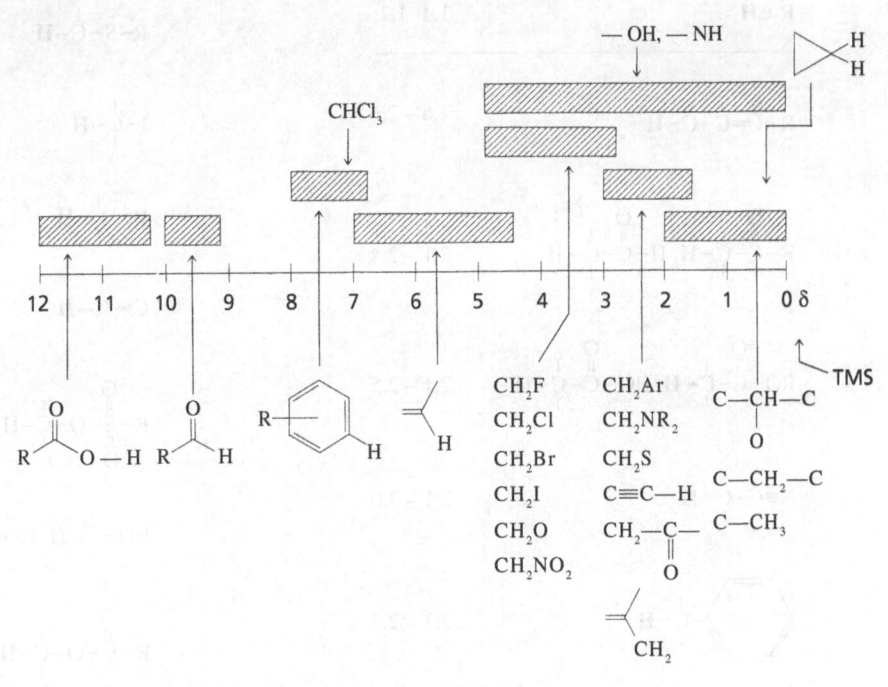

Figura 26.7 Mapa de correlação simplificado dos deslocamentos químicos de hidrogênios.

Os valores dos deslocamentos químicos dados na Figura 26.7 e na Tabela 26.1 podem ser compreendidos em termos de dois fatores: blindagem diamagnética local e anisotropia. Estes dois fatores são discutidos nas Seções 26.7 e 26.8.

26.7 BLINDAGEM DIAMAGNÉTICA LOCAL

As características dos deslocamentos químicos mais fáceis de explicar são as que envolvem elementos eletronegativos ligados ao mesmo átomo de carbono que contém o hidrogênio. O deslocamento químico aumenta quando a eletronegatividade do heteroelemento aumenta. A Tabela 26.2 ilustra este fato para vários compostos do tipo CH_3X.

Mais de um substituinte tem um efeito mais forte do que um substituinte. A influência do substituinte cai rapidamente com a distância. Um elemento eletronegativo tem pouco efeito sobre hidrogênios que estão afastados dele por mais de três carbonos. A Tabela 26.3 ilustra estes efeitos.

Devido aos efeitos de retirada de elétrons, os substituintes eletronegativos ligados a um átomo de carbono reduzem a densidade dos elétrons de valência em torno dos hidrogênios ligados àquele carbono. Estes elétrons *blindam* o hidrogênio em relação ao campo magnético aplicado. Este efeito, chamado de **blindagem diamagnética local,** ocorre porque o campo magnético aplicado faz circular os elétrons de valência, gerando um campo magnético induzido que se *opõe* ao campo magnético aplicado. A Figura 26.8 esquematiza este fenômeno. A eletronegatividade reduz a blindagem diamagnética local na vizinhança dos hidrogênios ligados porque reduz a densidade de elétrons em torno destes hidrogênios. Substituintes que produzem este efeito *desblindam* o hidrogênio. Quanto maior for a eletronegatividade do substituinte, maior será a desblindagem dos hidrogênios e seu deslocamento químico.

TABELA 26.1 Faixas de deslocamentos químicos aproximados (ppm) para tipos selecionados de hidrogênios

Grupo	Faixa (ppm)	Grupo	Faixa (ppm)
R–CH$_3$	0,7–1,3	R–N–C–H	2,2–2,9
R–CH$_2$–R	1,2–1,4		
R$_3$CH	1,4–1,7		
		R–S–C–H	2,0–3,0
R–C=C–C–H	1,6–2,6	I–C–H	2,0–4,0
		Br–C–H	2,7–4,1
R–C(=O)–C–H, H–C(=O)–C–H	2,1–2,4		
		Cl–C–H	3,1–4,1
RO–C(=O)–C–H, HO–C(=O)–C–H	2,1–2,5		
		R–S(=O)$_2$–O–C–H	ca. 3,0
N≡C–C–H	2,1–3,0		
		RO–C–H, HO–C–H	3,2–3,8
Ph–C–H	2,3–2,7		
		R–C(=O)–O–C–H	3,5–4,8
R–C≡C–H	1,7–2,7		
		O$_2$N–C–H	4,1–4,3
R–S–H	var	1,0–4,0[a]	
R–N–H	var	0,5–4,0[a]	F–C–H	4,2–4,8
R–O–H	var	0,5–5,0[a]		
		R–C=C–H	4,5–6,5
Ph–O–H	var	4,0–7,0[a]	Ph–H	6,5–8,0
Ph–N–H	var	3,0–5,0[a]		
		R–C(=O)–H	9,0–10,0
R–C(=O)–N–H	var	5,0–9,0[a]	R–C(=O)–OH	11,0–12,0

Nota: No caso dos hidrogênios representados por —C—H, se o hidrogênio é de um grupo metila (CH$_3$), o deslocamento fica, em geral, na parte inferior da faixa. Se é de metileno (—CH$_2$—), o deslocamento fica no meio da faixa, e se for de metino (—CH—), o deslocamento fica na parte superior da faixa.

[a] O deslocamento químico destes grupos varia dependendo do ambiente químico da molécula e da concentração, da temperatura e do solvente.

TABELA 26.2 Dependência do deslocamento químico de CH_3X no elemento X

Composto CH_3X	CH_3F	CH_3OH	CH_3Cl	CH_3Br	CH_3I	CH_4	$(CH_3)_4Si$
Elemento X	F	O	Cl	Br	I	H	Si
Eletronegatividade de X	4,0	3,5	3,1	2,8	2,5	2,1	1,8
Deslocamento químico (ppm)	4,26	3,40	3,05	2,68	2,16	0,23	0

TABELA 26.3 Efeitos de substituição

	$CHCl_3$	CH_2Cl_2	CH_3Cl	—CH_2Br	—CH_2—CH_2Br	—CH_2—CH_2CH_2Br
δ (ppm)	7,27	5,30	3,05	3,3	1,69	1,25

Nota: Os valores são dos hidrogênios sublinhados.

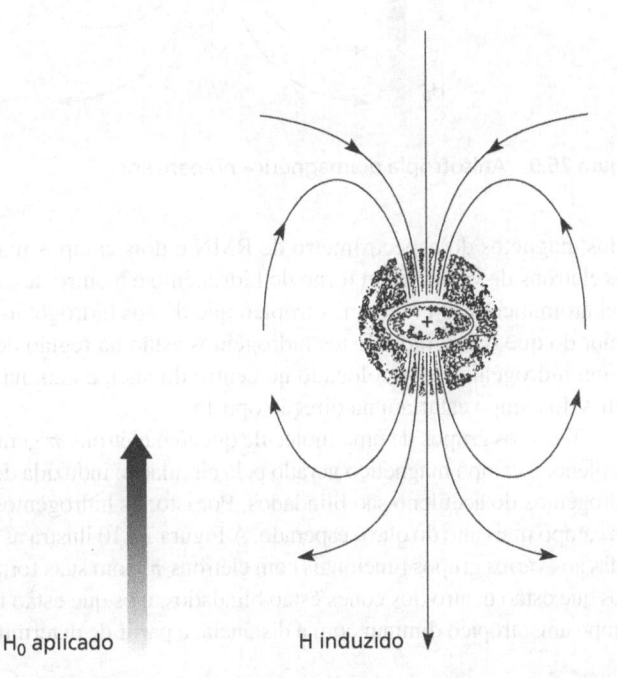

H_0 aplicado   H induzido

Figura 26.8 Blindagem diamagnética local de um hidrogênio devido aos seus elétrons de valência.

26.8 ANISOTROPIA

A Figura 26.7 mostra claramente que a eletronegatividade dos substituintes não explica os deslocamentos químicos de vários tipos de hidrogênios. Note, por exemplo, os hidrogênios do benzeno e de outros sistemas aromáticos. Os hidrogênios de arila têm, geralmente, um deslocamento químico tão alto como o do hidrogênio do clorofórmio. Os alquenos, alquinos e aldeídos também têm hidrogênios cujas ressonâncias não estão de acordo com o esperado para nenhum efeito de retirada de elétrons. Em todos os casos mencionados acima, o efeito é devido à presença de um sistema insaturado (elétrons π) na vizinhança do hidrogênio em questão. No benzeno, por exemplo, quando os elétrons do sistema do anel aromático são colocados em um campo magnético, ocorre circulação dos elétrons no anel, efeito chamado de **corrente do anel**. O movimento dos elétrons gera um campo magnético, como ocorre quando uma corrente elétrica passa por uma espiral de metal. O campo magnético gerado cobre um volume suficientemente grande para influenciar a blindagem dos hidrogênios do benzeno. A Figura 26.9 ilustra este efeito. Os hidrogênios do benzeno são desblindados pela **anisotropia diamagnética** do anel. O campo magnético aplicado não é uniforme (é anisotrópico) na vizinhança de uma molécula de benzeno porque os elétrons móveis do anel interagem com o campo aplicado. Assim, um hidrogênio ligado a um anel de benzeno é influenciado por *três* campos magnéticos: o campo magnético intenso aplicado

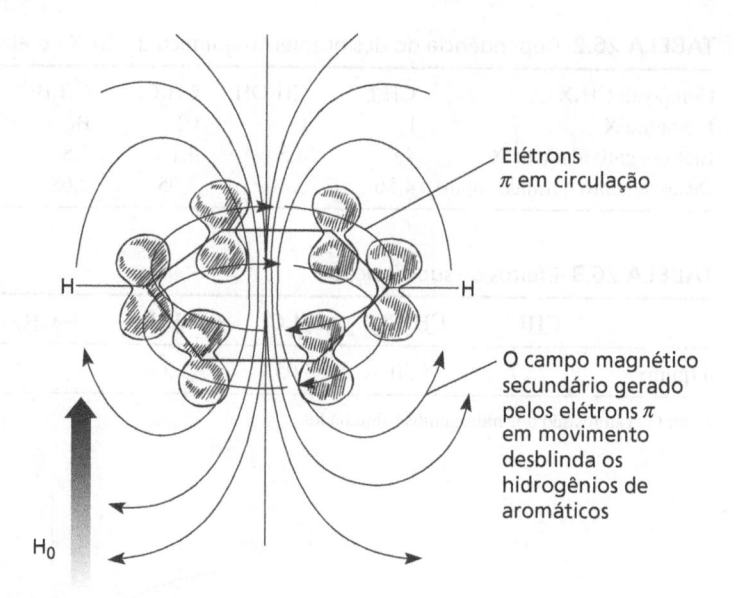

Figura 26.9 Anisotropia diamagnética no benzeno.

pelos magnetos do espectrômetro de RMN e dois campos mais fracos, um devido à blindagem usual dos elétrons de valência em torno do hidrogênio e o outro devido à anisotropia gerada pelos elétrons do anel aromático. É o efeito anisotrópico que dá aos hidrogênios do benzeno um deslocamento químico maior do que o esperado. Estes hidrogênios estão na região de **desblindagem** do campo anisotrópico. Se um hidrogênio fosse colocado no centro do anel, e não, na periferia, ele estaria blindado porque as linhas do campo estariam na direção oposta.

Todos os grupos de uma molécula que têm elétrons π geram campos anisotrópicos secundários. No acetileno, o campo magnético gerado pela circulação induzida de elétrons π tem uma geometria tal que os hidrogênios do acetileno são blindados. Por isto, os hidrogênios de acetileno entram em ressonância em um campo mais alto do que o esperado. A Figura 26.10 ilustra as regiões de blindagem e desblindagem devidas aos vários grupos funcionais com elétrons π, com suas formas e direções características. Os hidrogênios que estão dentro dos cones estão blindados, e os que estão fora, desblindados. Como a magnitude do campo anisotrópico diminui com a distância, a partir de determinado ponto o efeito é praticamente nulo.

26.9 ACOPLAMENTO SPIN-SPIN (REGRA $n + 1$)

Já vimos que o deslocamento químico e a integração (área do pico) podem dizer o número e os tipos de hidrogênios de uma molécula. O espectro de RMN pode dar um terceiro tipo de informação através do acoplamento spin-spin. Mesmo em moléculas simples, um determinado tipo de hidrogênio

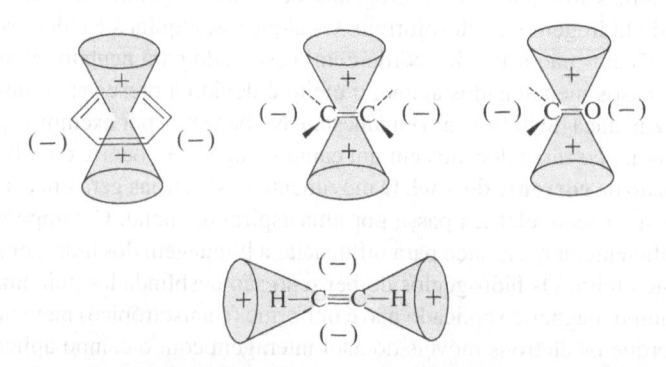

Figura 26.10 Anisotropia provocada pelos elétrons π em alguns sistemas com ligações múltiplas.

dá, raramente, um único sinal de ressonância. O 1,1,2-tricloro-etano, por exemplo, tem dois tipos de hidrogênio quimicamente distintos:

$$Cl-\underset{Cl}{\underset{|}{C}}(H)-(CH_2)-Cl$$

Pelo que sabemos até agora, esperaríamos dois sinais de ressonância no espectro de RMN do 1,1,2-tricloro-etano, com uma razão entre as áreas (razão de integração) igual a 2:1. O espectro deste composto, entretanto, tem *cinco* picos. Um grupo de três picos (chamado de **tripleto**) ocorre em 5,77 ppm, e um grupo de dois picos (chamado de **dubleto**), em 3,95 ppm. A Figura 26.11 mostra o espectro. A ressonância do metino (CH) em 5,77 ppm se desdobra em um tripleto, e a ressonância do metileno, em 3,95 ppm, em um dubleto. A área sob os três picos do tripleto é *um*, em relação a *dois*, sob os dois picos do dubleto.

Este fenômeno é chamado de **acoplamento spin-spin**. Pode-se explicar o acoplamento spin-spin empiricamente pela chamada "regra $n + 1$". Um determinado tipo de hidrogênio "sente" o número de hidrogênios equivalentes (n) ligados ao átomo ou aos átomos de carbono vizinhos àquele em que ele está ligado e seu pico de ressonância se desdobra em $n + 1$ componentes

Voltemos ao 1,1,2-tricloro-etano e apliquemos a regra $n + 1$. O hidrogênio de metino está situado em um carbono vizinho ao carbono que se liga a dois hidrogênios de metileno. De acordo com a regra, ele tem dois vizinhos equivalentes ($n = 2$) e se desdobra em $n + 1 = 3$ picos (um tripleto). Os hidrogênios de metileno, por sua vez, estão situados em um carbono cujo vizinho está ligado a um hidrogênio de metino. Segundo a regra, eles têm um vizinho ($n = 1$) e se desdobram em n + 1 = 2 picos (um dubleto).

Dois vizinhos dão um tripleto ($n + 1 = 3$) (área = 1)

Um vizinho dá um dubleto ($n + 1 = 2$) (área = 2)

Hidrogênios equivalentes se comportam como um grupo

O espectro do 1,1,2-tricloro-etano pode ser facilmente explicado pela interação, ou acoplamento, dos spins dos hidrogênios de átomos de carbono adjacentes. A posição de absorção do hidrogênio H_a

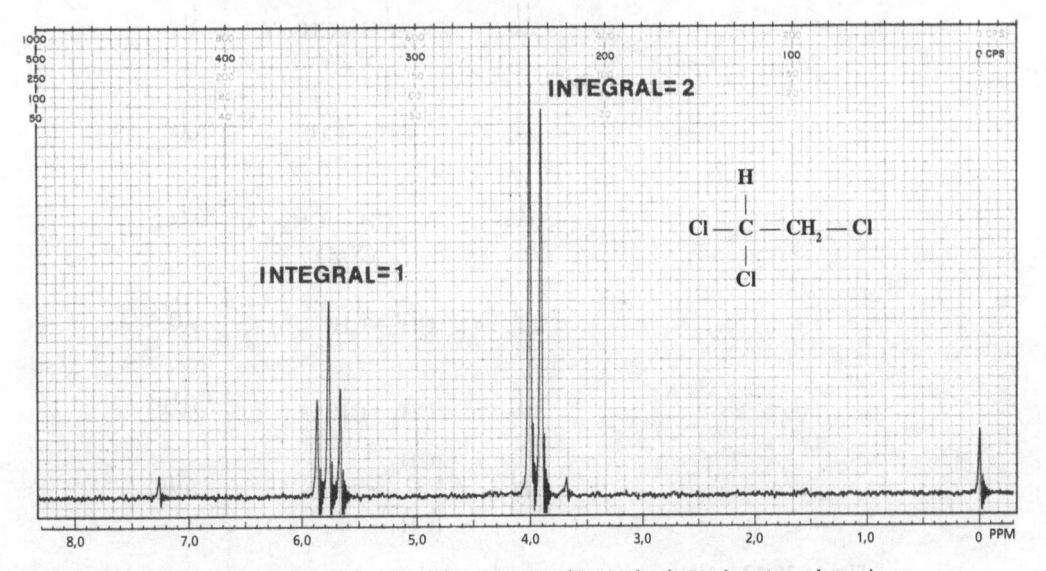

Figura 26.11 Espectro de RMN do 1,1,2-tricloro-etano. (Cortesia de Varian Associates.)

é afetada pelos spins dos hidrogênios H_b e H_c ligados ao átomo de carbono vizinho (adjacente). Se os spins destes hidrogênios estão alinhados com o campo magnético aplicado, o pequeno campo magnético gerado pelos spins nucleares aumentará a intensidade do campo sentido pelo hidrogênio H_a, que estará *desblindado*. Se os spins de H_b e H_c estiverem opostos ao campo aplicado, eles diminuirão o campo sentido pelo hidrogênio H_a, que estará *blindado*. Nas duas situações, a posição de ressonância de H_a será alterada. Dentre as moléculas da solução, ocorrerão todas as possíveis combinações de spin para H_b e H_c; logo, o espectro de RMN da solução dará *três* picos de absorção (um tripleto) para H_a porque H_b e H_c produzem três combinações diferentes de spins (Figura 26.12). Uma análise semelhante mostraria que os hidrogênios H_b e H_c devem aparecer como um dubleto.

A Figura 26.13 mostra alguns tipos comuns de acoplamento que podem ser previstos pela regra $n + 1$ e que são observados com freqüência em muitas moléculas. Note, particularmente, o último exemplo, em que *ambos* os grupos metila (seis hidrogênios ao todo) funcionam como uma unidade e desdobram o hidrogênio de metino em um septeto (6 + 1 = 7).

26.10 A CONSTANTE DE ACOPLAMENTO

A interação spin-spin entre dois hidrogênios pode ser definida quantitativamente pela **constante de acoplamento *J***, a distância entre dois picos de um multipleto. Ela é medida na mesma escala do deslocamento químico e é expressa em hertz (Hz).

As constantes de acoplamento de hidrogênios em átomos de carbono adjacentes são da ordem de 6 Hz a 8 Hz (veja a Tabela 26.4). Pode-se esperar constantes de acoplamento nesta faixa no caso de compos-

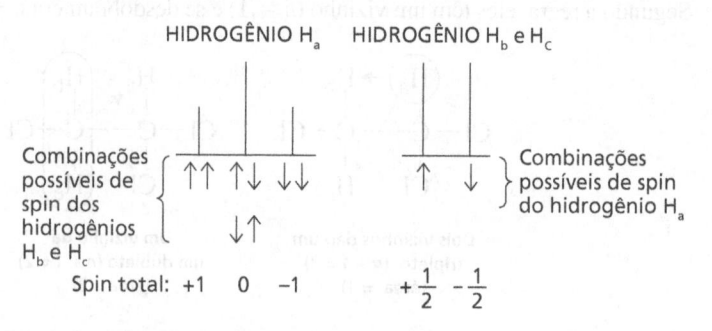

Figura 26.12 Análise do acoplamento spin-spin do 1,1,2-tricloro-etano.

Figura 26.13 Alguns tipos comuns de acoplamento.

TABELA 26.4 Constantes de acoplamento representativas e valores aproximados (Hz)

Estrutura	J (Hz)	Estrutura	J (Hz)	Estrutura	J (Hz)
H-C-C-H	^3J 6 – 8	orto	^3J 6 – 10	a,a	^3J 8 – 14
				a,e	0 – 7
				e,e	0 – 5
H₂C=CH (trans)	$^3J_{trans}$ 11 – 18	meta	^4J 1 – 4	ciclopropano	^3J cis 6 – 12
H₂C=CH (cis)	$^3J_{cis}$ 6 – 15				trans 4 – 8
H₂C=CH₂ (gem)	$^2J_{gem}$ 0 – 5	para	^5J ≈ 0	epóxido	^3J cis 2 – 5
					trans 1 – 3
CH=CH-C-H	^3J 4 – 10	ciclohexeno	^3J 8 – 11	ciclopenteno	^3J 5 – 7
H-C≡C-C-H	^4J 0 – 3				

tos em que há rotação livre em torno de uma ligação simples. Como os hidrogênios de átomos de carbono adjacentes estão separados uns dos outros por três ligações, representamos estas constantes de acoplamento como ^3J. Assim, por exemplo, a constante de acoplamento do composto da Figura 26.11 seria escrita como $^3J = 6$ Hz. As linhas em negrito no diagrama mostram as três ligações que separam os hidrogênios.

$$\text{Cl-CH(Cl)-CH(Cl)-Cl} \quad \text{ou} \quad \text{Cl-CH(Cl)-CH(Cl)-Cl}$$

Quando os compostos têm uma ligação dupla C=C, a rotação é restrita. Em compostos deste tipo, costuma-se encontrar, com freqüência, dois tipos de constantes de acoplamento ^3J: $^3J_{trans}$ e $^3J_{cis}$. Estas constantes de acoplamento têm valor variável (Tabela 26.4), mas $^3J_{trans}$ é quase sempre maior do que $^3J_{cis}$. A magnitude destes ^3Js é importante para a determinação da estrutura. Pode-se distinguir, por exemplo, entre um alqueno *cis* e um alqueno *trans* na base das constantes de acoplamento observadas dos dois hidrogênios de vinila de alquenos dissubstituídos. A maior parte das constantes de acoplamento da primeira coluna da Tabela 26.4 é de acoplamentos de três ligações, mas você notará uma constante de acoplamento de duas ligações (^2J). Estes hidrogênios ligados a um mesmo átomo de carbono são chamados de hidrogênios *geminais* e são representados por $^2J_{gem}$. As constantes de acoplamento de hidrogênios *geminais* são muito pequenas no caso de alquenos. Os acoplamentos ^2J só são observados quando os hidrogênios de um grupo metileno estão em ambientes diferentes (veja a Seção 26.11). A estrutura abaixo mostra os vários tipos de acoplamento que você encontrará para os hidrogênios de uma ligação dupla C=C de um alqueno típico, o acetato de vinila. O espectro deste composto está descrito em detalhes na Seção 26.11.

Acetato de vinila

Pode-se observar acoplamentos de maior distância (quatro ou mais ligações) em alguns alquenos e compostos aromáticos. Pode-se ver, na Tabela 26.4, que é possível observar um pequeno acoplamento H—H (^4J = 0-3 Hz) de quatro ligações em um alqueno. Em um composto aromático, observa-se freqüentemente um acoplamento pequeno, mas mensurável, entre hidrogênios *meta* que estão a quatro ligações de distância um do outro (^4J = 1-4 Hz). Acoplamentos a cinco ligações de distância são usualmente muito pequenos, com valores próximos de 0 Hz. Acoplamentos de longa distância são observados usualmente apenas em compostos *insaturados*. É mais fácil interpretar os espectros de compostos saturados porque eles só têm, em geral, acoplamentos de três ligações. Os compostos aromáticos são discutidos detalhadamente na Seção 26.13.

26.11 EQUIVALÊNCIA MAGNÉTICA

Note, no exemplo do acoplamento spin-spin do 1,1,2-tricloro-etano (Figura 26.11), que os dois hidrogênios H_b e H_c, ligados ao mesmo átomo de carbono, não desdobram um ao outro. Eles funcionam como um só grupo. Na verdade, os dois hidrogênios H_b e H_c *se acoplam* um ao outro, mas, por razões que não podemos explicar completamente aqui, hidrogênios ligados ao mesmo átomo de carbono e que têm o *mesmo deslocamento químico* não mostram acoplamento spin-spin. Outra maneira de dizer isto é que hidrogênios que se acoplam igualmente com *todos* os outros hidrogênios da molécula não mostram acoplamento spin-spin. Hidrogênios que têm o mesmo deslocamento químico e se acoplam igualmente, como os demais hidrogênios, são *equivalentes magneticamente* e não mostram acoplamento spin-spin. Assim, no 1,1,2-tricloro-etano, os hidrogênios H_b e H_c têm o mesmo valor de δ e se acoplam com o mesmo J ao hidrogênio H_a. Eles são equivalentes magneticamente e $^2J_{gem} = 0$.

É importante diferenciar a equivalência magnética e a equivalência química. Veja os dois compostos seguintes.

No derivado do ciclo-propano, os dois hidrogênios geminais H_A e H_B são equivalentes quimicamente, mas não, magneticamente. O hidrogênio H_A está no mesmo lado do anel dos dois halogênios. O hidrogênio H_B está no mesmo lado dos dois grupos metila. Os hidrogênios H_A e H_B têm deslocamentos químicos diferentes, se acoplam e se desdobram. O espectro mostra dois dubletos para H_A e H_B. A $^2J_{gem}$ para os anéis de ciclo-propano é, usualmente, da ordem de 5 Hz.

A estrutura geral de vinila (alqueno), mostrada na figura precedente, e o exemplo específico do acetato de vinila, mostrado na Figura 26.14, são exemplos de casos em que os hidrogênios de metileno H_A e H_B não são equivalentes. Eles têm deslocamento químico diferente e desdobram um ao outro. Esta constante de acoplamento $^2J_{gem}$ em geral é pequena no caso de compostos de vinila (cerca de 2 Hz).

A Figura 26.14 mostra o espectro do acetato de vinila. O H_C aparece em campo baixo, em cerca de 7,3 ppm devido à eletronegatividade do átomo de oxigênio próximo. Este hidrogênio é desdobrado por H_B em um dubleto ($^3J_{trans} = {^3}J_{BC} = 15$ Hz), e cada pico do dubleto é, por sua vez, desdobrado por H_A em outro dubleto ($^3J_{cis} = {^2}J_{AC} = 7$ Hz). Note que a regra $n + 1$ é aplicada sucessivamente a cada hidrogênio adjacente. O resultado é chamado de dubleto de dubletos (dd). A análise gráfica da Figura 26.15 ajuda a entender o resultado obtido para o hidrogênio H_C.

Olhe agora para o resultado mostrado na Figura 26.14 para o hidrogênio H_B em 4,85 ppm. Ele também é um dubleto de dubletos. O hidrogênio H_B é desdobrado pelo hidrogênio H_C em um dubleto ($^3J_{trans} = {^3}J_{BC} = 15$ Hz), e cada pico do dubleto, por sua vez, é desdobrado pelo hidrogênio geminal H_A em dubletos ($^2J_{gem} = {^2}J_{AB} = 2$ Hz).

O hidrogênio H_A, na Figura 26.14, aparece em 4,55 ppm. Esta absorção também é um dubleto de dubletos. O hidrogênio H_A é desdobrado pelo hidrogênio H_C em um dubleto ($^3J_{cis} = {^3}J_{AC} = 7$ Hz), e cada

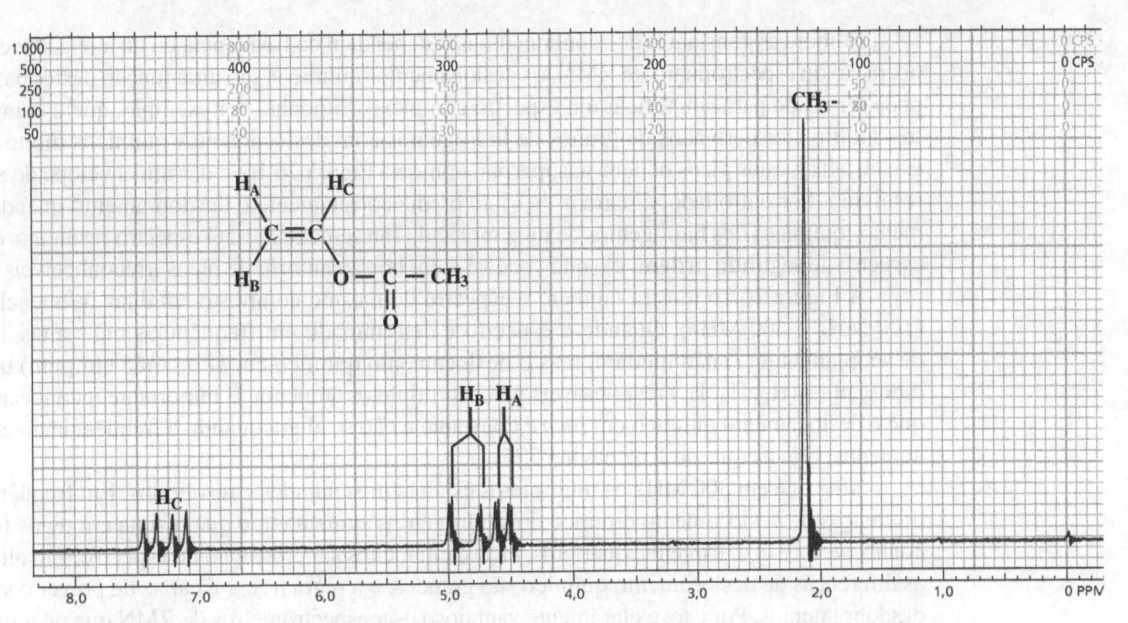

Figura 26.14 Espectro de RMN do acetato de vinila. (Cortesia de Varian Associates.)

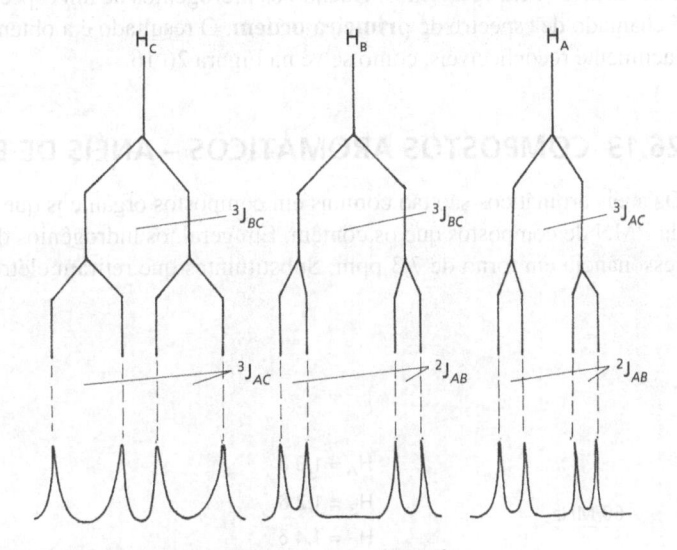

Figura 26.15 Análise dos desdobramentos do acetato de vinila.

pico do dubleto, por sua vez, é desdobrado pelo hidrogênio H_B em um dubleto ($^2J_{gem} = {}^2J_{AB} = 2$ Hz). Para cada hidrogênio da Figura 26.14, o espectro de RMN deve ser analisado graficamente, desdobramento por desdobramento. A Figura 26.15 mostra a análise gráfica completa.

26.12 ESPECTROS EM CAMPOS DE MAIOR INTENSIDADE

O espectro em 60 MHz de um composto orgânico, às vezes, é quase indecifrável devido aos deslocamentos químicos muito semelhantes de vários grupos de hidrogênios. Quando isto acontece, as ressonâncias dos hidrogênios ocorrem na mesma área do espectro, e os sinais se superpõem de tal forma que os picos e acoplamentos individuais não podem ser obtidos. Um modo de simplificar o problema é usar um espectrômetro que opera em freqüência mais alta. Embora os instrumentos de 60 MHz e 100 MHz ainda estejam em uso, tornou-se comum a utilização de instrumentos que operam em campos muito mais altos, em freqüências de 300, 400 ou 500 MHz.

Embora as constantes de acoplamento não dependam da freqüência ou da intensidade do campo de operação do espectrômetro de RMN, os deslocamentos químicos são uma função destes parâmetros. Isto pode ser usado para simplificar um espectro complexo. Suponha, por exemplo, que o composto contém três multipletos derivados de grupos de hidrogênios com deslocamentos químicos muito semelhantes. Em 60 MHz, estes picos podem se superpor, como na Figura 26.16, e dar um envelope de absorção não-resolvido. Por outro lado, a regra $n + 1$ não prediz corretamente o desdobramento quando os deslocamentos químicos dos hidrogênios de uma molécula são semelhantes. O espectro resultante é chamado de espectro de **segunda ordem**, e o que você vê é um borrão amorfo de picos irreconhecíveis.

A Figura 26.16 mostra também o espectro do mesmo composto em duas freqüências mais altas (100 MHz e 300 MHz). Quando o espectro é determinado em freqüências mais altas, as constantes de acoplamento (J) não mudam, mas o deslocamento químico em *hertz* (não em ppm) dos grupos de hidrogênios (H_A, H_B, H_C) responsáveis pelos multipletos aumenta. É importante reconhecer, entretanto, que o deslocamento químico em *ppm* é constante e não se altera quando a freqüência do espectrômetro aumenta (veja a equação 1 na página 775).

Note que em 300 MHz os multipletos estão bem-separados e resolvidos. Em freqüências altas, as diferenças de deslocamento químico dos hidrogênios aumentam, o que resulta em picos facilmente reconhecíveis (isto é, tripletos, quartetos, etc.) e em menos superposição no espectro. Em alta freqüência, as diferenças de deslocamento químico são grandes, e a regra $n + 1$ é capaz de prever corretamente os desdobramentos. Por isto, é claramente vantajoso usar espectrômetros de RMN que operam em alta freqüência (300 MHz ou acima) porque os espectros resultantes têm maior chance de não ter superposição e de ter picos bem-resolvidos. Quando os hidrogênios de um espectro seguem a regra $n + 1$, o espectro é chamado de espectro de **primeira ordem**. O resultado é a obtenção de um espectro com picos mais facilmente reconhecíveis, como se vê na Figura 26.16.

26.13 COMPOSTOS AROMÁTICOS – ANÉIS DE BENZENO SUBSTITUÍDOS

Os anéis aromáticos são tão comuns em compostos orgânicos que é importante conhecer as absorções de RMN de compostos que os contêm. Em geral, os hidrogênios do anel de sistemas benzenóides têm ressonância em torno de 7,3 ppm. Substituintes que retiram elétrons (por exemplo, nitro, ciano, car-

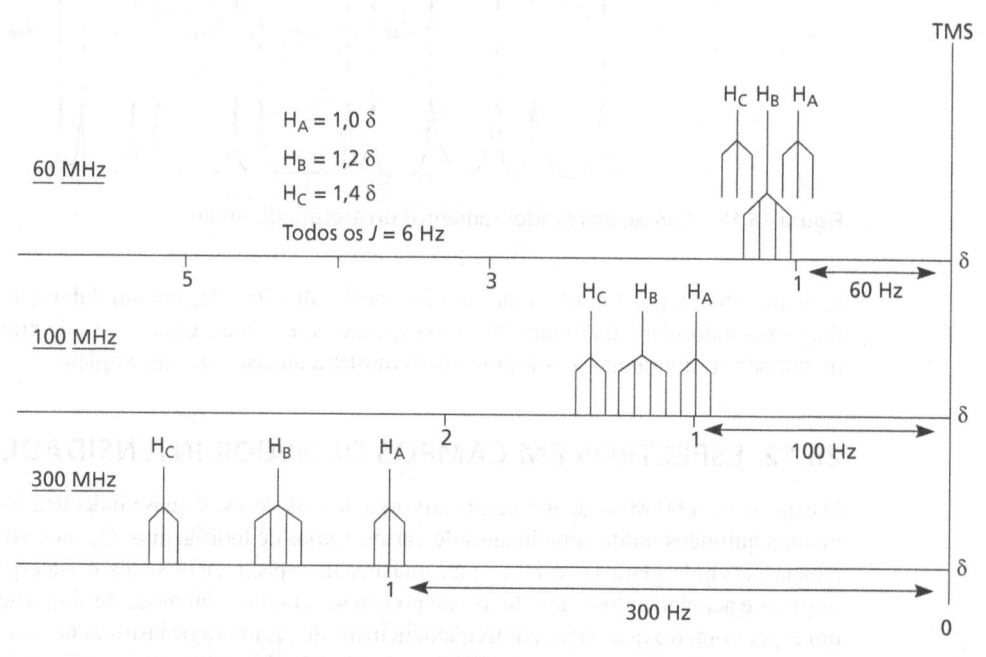

Figura 26.16 Comparação do espectro de um composto com multipletos superpostos em 60 MHz, com os espectros do mesmo composto em 100 MHz e 300 MHz.

boxila ou carbonila), porém, levam a ressonância para campo mais baixo (valores maiores em ppm) e substituintes que doam elétrons (por exemplo, metóxi ou amino) levam a ressonância para campo mais alto (valores menores em ppm). A Tabela 26.5 mostra estas tendências para uma série de derivados de benzeno *p*-substituídos. Eles foram escolhidos porque os dois planos de simetria tornam equivalentes todos os hidrogênios. Cada composto dá somente um pico de aromático (um singleto) no espectro de RMN de hidrogênio. Adiante, você verá que algumas posições são mais afetadas do que outras em sistemas com padrões de substituição diferentes deste.

Nas seções que se seguem, tentaremos descrever alguns dos tipos mais importantes de substituição no anel de benzeno. Em alguns casos, será necessário examinar espectros obtidos em 60 MHz e em 300 MHz. Muitos anéis benzenóides acusam acoplamentos de segunda ordem em 60 MHz, mas são essencialmente de primeira ordem em 300 MHz.

A. Anéis monossubstituídos

Alquil-benzenos. Em benzenos monossubstituídos em que o substituinte não é um grupo que retira nem que doa elétrons fortemente, todos os hidrogênios do anel dão um sinal que parece o de uma única ressonância quando o espectro é obtido em 60 MHz. Isto é particularmente comum no caso de alquil-benzenos. Embora os hidrogênios *orto*, *meta* e *para* não sejam equivalentes quimicamente, eles, em geral, dão um único pico de absorção não-resolvido. Uma explicação possível é que as diferenças de deslocamento químico, que deveriam ser pequenas, são de algum modo eliminadas pela corrente do anel, que tenderia a equalizá-las. Todos os hidrogênios são quase equivalentes nestas condições. Os espectros de RMN das partes aromáticas dos alquil-benzenos são bons exemplos deste tipo de fenômeno. A Figura 26.17A mostra o espectro de ^{1}H do etil-benzeno em 60 MHz.

O espectro do etil-benzeno em 300 MHz, mostrado na Figura 26.17B, revela um quadro diferente. Com os deslocamentos químicos maiores em 300 MHz, os hidrogênios quase equivalentes (em 60 MHz) se separam claramente em dois grupos. Os hidrogênios *orto* e *para* aparecem em campo mais alto do que os hidrogênios *meta*. O padrão de desdobramento é claramente de segunda ordem.

Grupos Doadores de Elétrons. Quando grupos doadores de elétrons estão ligados ao anel, os hidrogênios do anel não são equivalentes, mesmo em 60 MHz. Um substituinte muito ativante, como o grupo metóxi, aumenta a densidade eletrônica nas posições *orto* e *para* do anel (por ressonância) e faz com que estes hidrogênios fiquem mais blindados do que os da posição *meta*; logo, com um deslocamento químico substancialmente diferente.

TABELA 26.5 Deslocamentos químicos dos hidrogênios de derivados *p*-dissubstituídos de benzeno

Substituinte X	δ(ppm)	
—OCH₃	6,80	Doador de elétrons (blindagem)
—OH	6,60	
—NH₂	6,36	
—CH₃	7,05	
—H	7,32	
—COOH	8,20	Aceitador de elétrons (desblindagem)
—NO₂	8,48	

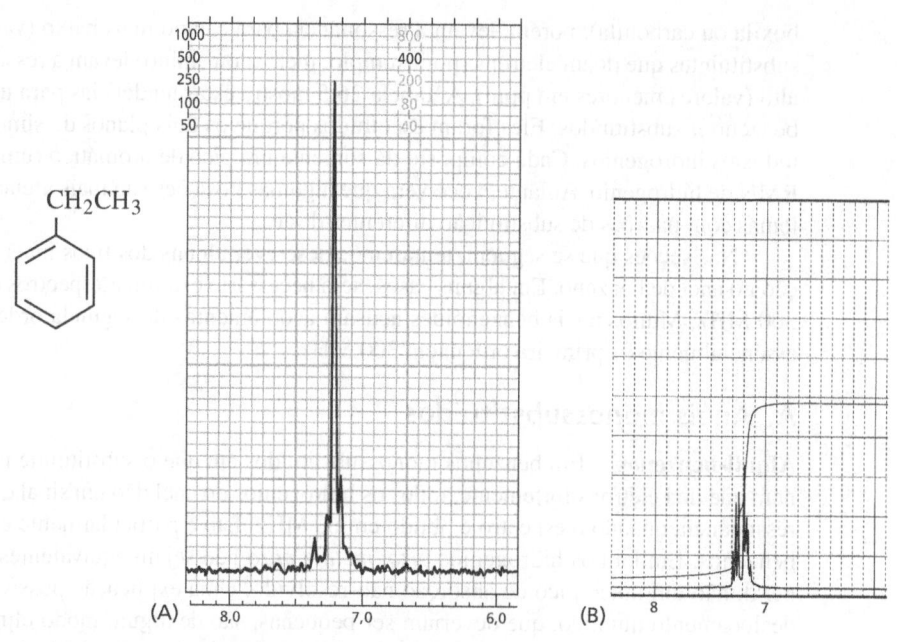

Figura 26.17 Porção do anel aromático do espectro de RMN de ¹H do etil-benzeno em (A) 60 MHz e (B) 300 MHz.

Em 60 MHz, esta diferença em deslocamento químico resulta em um padrão de desdobramento de segunda ordem complicado para o anisol (metóxi-benzeno), mas os hidrogênios formam, claramente, dois grupos, os hidrogênios *orto/para* e os hidrogênios *meta*. O espectro de RMN da porção aromática do anisol em 60 MHz (Figura 26.18A) mostra um multipleto complexo para os hidrogênios *o,p* (integração de três hidrogênios) em campo mais alto do que o dos hidrogênios *meta* (integração de dois hidrogênios), com uma separação nítida entre os dois tipos. A anilina (amino-benzeno) tem um espectro semelhante, também com uma separação 3:2 devido ao efeito de doação de elétrons do grupo amino.

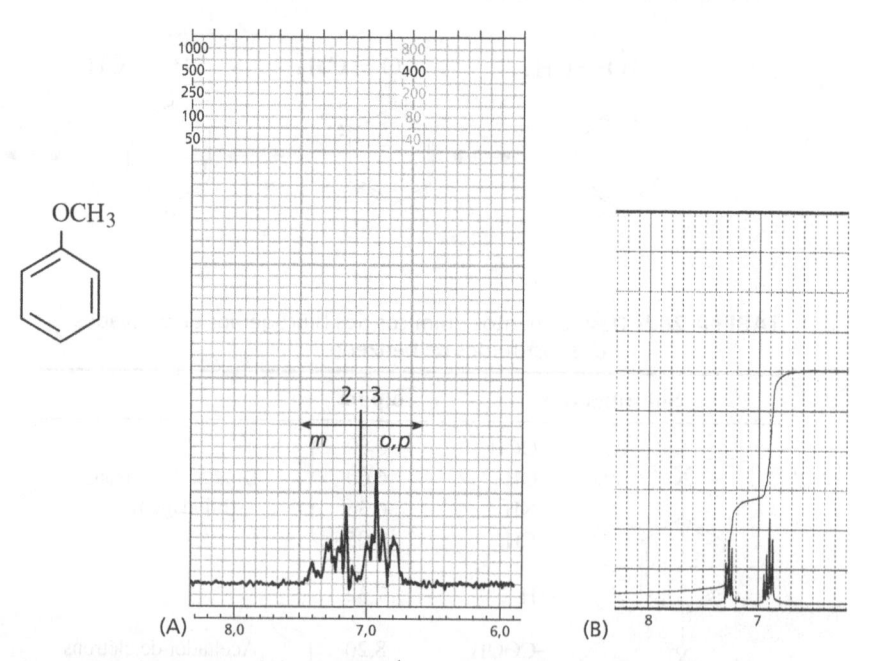

Figura 26.18 Porção dos espectros de RMN de ¹H correspondente ao anel aromático do anisol em (A) 60 MHz e (B) em 300 MHz.

O espectro do anisol em 300 MHz (Figura 26.18B) mostra a mesma separação entre os hidrogênios *orto/para* (em campo mais alto) e os hidrogênios *meta* (em campo mais baixo). Como, entretanto, a diferença de deslocamento, em hertz, entre os dois tipos de hidrogênio é maior, existe menos interação de segunda ordem e as linhas são mais finas em 300 MHz. É tentador interpretar o padrão observado como se fosse de primeira ordem: um tripleto em 7,25 ppm (*meta*, 2H) e um tripleto (*para*, 1H) superposto em um dubleto (*orto*, 2H) em 6,9 ppm.

Anisotropia – Grupos que Retiram Elétrons. Um grupo carbonila ou nitro deveria mostrar (além de efeitos de anisotropia) o efeito oposto, porque eles são retiradores de elétrons. Seria de se esperar que o grupo diminuiria a densidade eletrônica nas posições *orto* e *para*, desblindando os hidrogênios *orto* e *para* e resultando em um padrão inverso ao mostrado para o anisol (razão 3:2, campo baixo:campo alto). Convença-se disto com as estruturas de ressonância. Os espectros de RMN do nitrobenzeno e do benzaldeído, porém, não têm a aparência predita na base das estruturas de ressonância. Na verdade, os hidrogênios *orto* são muito mais desblindados do que os hidrogênios *meta* e *para* devido à anisotropia magnética das ligações π destes grupos.

Observa-se anisotropia quando um grupo carbonila se liga diretamente ao anel aromático (Figura 26.19). Novamente, os hidrogênios do anel formam dois grupos, com os hidrogênios *orto* em campo mais baixo do que os hidrogênios *meta/para*. O benzaldeído (Figura 26.20) e a acetofenona mostram este efeito nos espectros de RMN. Um efeito semelhante pode ser observado, às vezes, quando uma li-

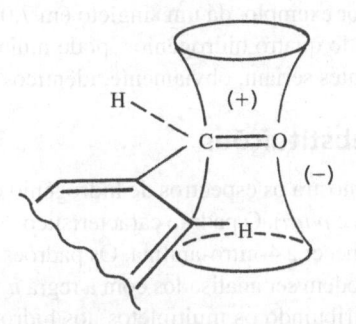

Figura 26.19 Desblindagem anisotrópica dos hidrogênios *orto* do benzaldeído.

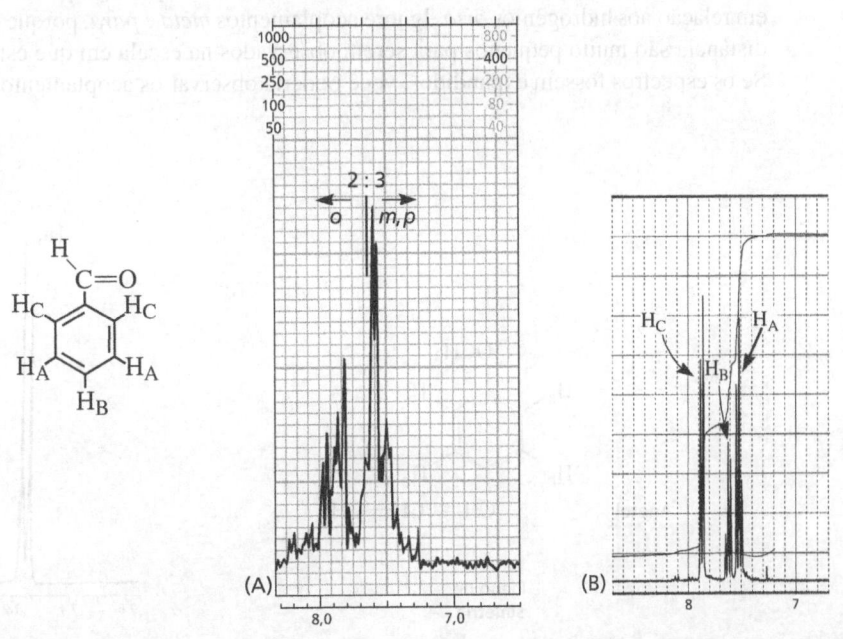

Figura 26.20 Porções aromáticas dos espectros de RMN do ^{1}H do benzaldeído em (A) 60 MHz e (B) 300 MHz.

gação dupla carbono-carbono se liga ao anel. O espectro do benzaldeído em 300 MHz (Figura 26.20b) é de primeira ordem, aproximadamente, e mostra um dubleto (H_C, 2H), um tripleto (H_B, 1H) e um tripleto (H_A, 1H). Ele pode ser analisado com a regra $n + 1$.

B. Anéis *para*-dissubstituídos

Dentre os padrões possíveis de substituição de um anel de benzeno, alguns são facilmente reconhecíveis. Examinemos o anetol (Figura 26.21) como um primeiro exemplo.

Em um lado do anel do anetol (Figura 26.21), o hidrogênio H_a se acopla com H_b, $^3J = 8$ Hz, resultando em um dubleto em cerca de 6,80 ppm. O hidrogênio H_a aparece em campo alto (menor ppm) em relação a H_b devido ao efeito de doação de elétrons do grupo metóxi (veja a página 789). Do mesmo modo, H_b se acopla com H_a, $^3J = 8$ Hz, produzindo outro dubleto em 7,25 ppm para este hidrogênio. Devido ao plano de simetria, as duas metades do anel são equivalentes. Logo, H_a e H_b do outro lado do anel também aparecem em 6,80 ppm e 7,25 ppm, respectivamente. Cada dubleto, portanto, integra dois hidrogênios. Um anel com dois substituintes diferentes em *para* é facilmente reconhecido pela aparência dos dois dubletos, cada um integrando dois hidrogênios.

Quando os deslocamentos químicos de H_a e H_b se aproximam, o padrão *para*-dissubstituído se assemelha ao do 4-alil-óxi-anisol (Figura 26.22). Os picos internos se aproximam, e os externos se reduzem, ou mesmo desaparecem. Quando os deslocamentos químicos de H_a e H_b se aproximam muito, os picos externos desaparecem e os picos internos se fundem em um singleto. O 1,4-dimetil-benzeno (*para*-xileno), por exemplo, dá um singleto em 7,05 ppm. Logo, um único sinal de ressonância de aromático, integrando quatro hidrogênios, pode muito bem corresponder a um anel *para*-dissubstituído, mas os substituintes seriam, obviamente, idênticos ou muito semelhantes.

C. Outras substituições

A Figura 26.23 mostra os espectros de hidrogênio dos anéis aromáticos de 2-, 3- e 4-nitro-anilina (isômeros *orto*, *meta* e *para*). O padrão característico de um anel *para*-substituído, com seu par de dubletos, torna fácil reconhecer a 4-nitro-anilina. Os padrões de desdobramento de 2- e 3-nitro-anilina são de primeira ordem e podem ser analisados com a regra $n + 1$. Veja, como um exercício, se você pode analisar estes padrões, atribuindo os multipletos aos hidrogênios respectivos do anel. Use as multiplicidades indicadas (s, d, t) e os deslocamentos químicos esperados para ajudá-lo a analisar os espectros. Lembre-se de que o grupo amino doa elétrons por ressonância e de que o grupo nitro tem anisotropia importante em relação aos hidrogênios *orto*. Ignore acoplamentos *meta* e *para*, porque estes acoplamentos de longa distância são muito pequenos para serem observados na escala em que estas figuras são apresentadas. Se os espectros fossem expandidos, você poderia observar os acoplamentos ^4J.

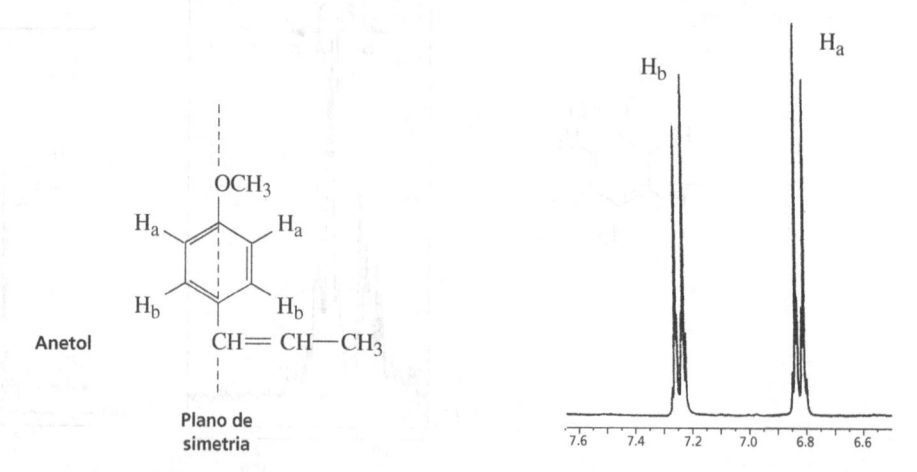

Figura 26.21 Hidrogênios do anel aromático no espectro de RMN do ^1H do anetol, em 300 MHz, mostra um padrão de substituição em *para*.

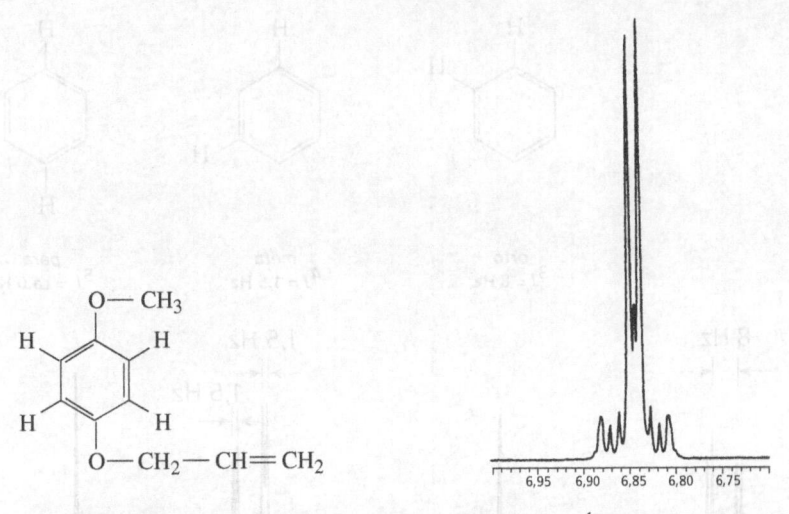

Figura 26.22 Hidrogênios do anel aromático no espectro de RMN de ¹H do 4-alil-óxi-anisol.

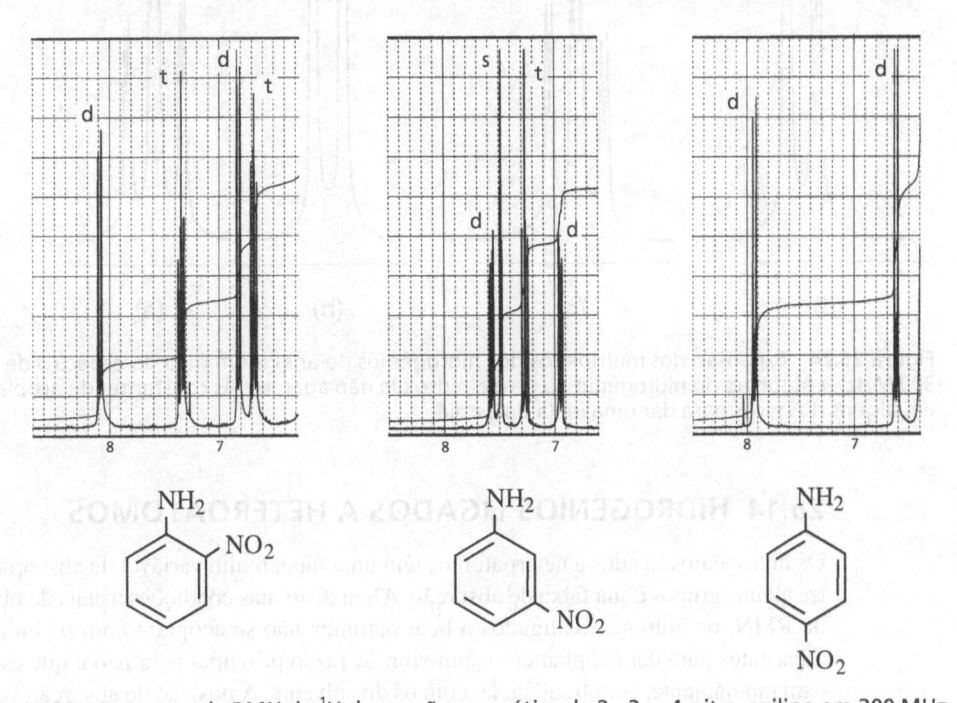

Figura 26.23 Espectros de RMN de ¹H da porção aromática de 2-, 3- e 4-nitro-anilina em 300 MHz.

O espectro da Figura 26.24 é do 2-nitro-fenol. É interessante verificar as constantes de acoplamento do anel de benzeno na Tabela 26.4. Como o espectro está expandido, é possível ver os acoplamentos ^3J (cerca de 8 Hz) e ^4J (cerca de 1,5 Hz). Os acoplamentos ^5J não são observados ($^5J \approx 0$). Os hidrogênios deste composto estão assinalados no espectro. O hidrogênio H_d aparece em campo baixo, em 8,11 ppm, como um dubleto de dubletos ($^3J_{ad} = 8$ Hz e $^4J_{cd} = 1,5$ Hz); H_c aparece em 7,6 ppm como um tripleto de dubletos ($^3J_{ac} = {}^3J_{bc} = 8$ Hz e $^4J_{cd} = 1,5$ Hz); H_b aparece em 7,17 ppm como um dubleto de dubletos ($^3J_{bc} = 8$ Hz e $^4J_{ab} = 1,5$ Hz); e H_a aparece em 7,0 ppm como um tripleto de dubletos ($^3J_{ac} = {}^3J_{ad} = 8$ Hz e $^4J_{ab} = 1,5$ Hz). H_d aparece no campo mais baixo devido à anisotropia do grupo nitro. H_a e H_b estão relativamente blindados por causa do efeito de doação de elétrons pela ressonância do grupo hidroxila, que blinda estes dois hidrogênios. H_c é assinalado por eliminação, na ausência dos dois efeitos.

orto
^3J = 8 Hz

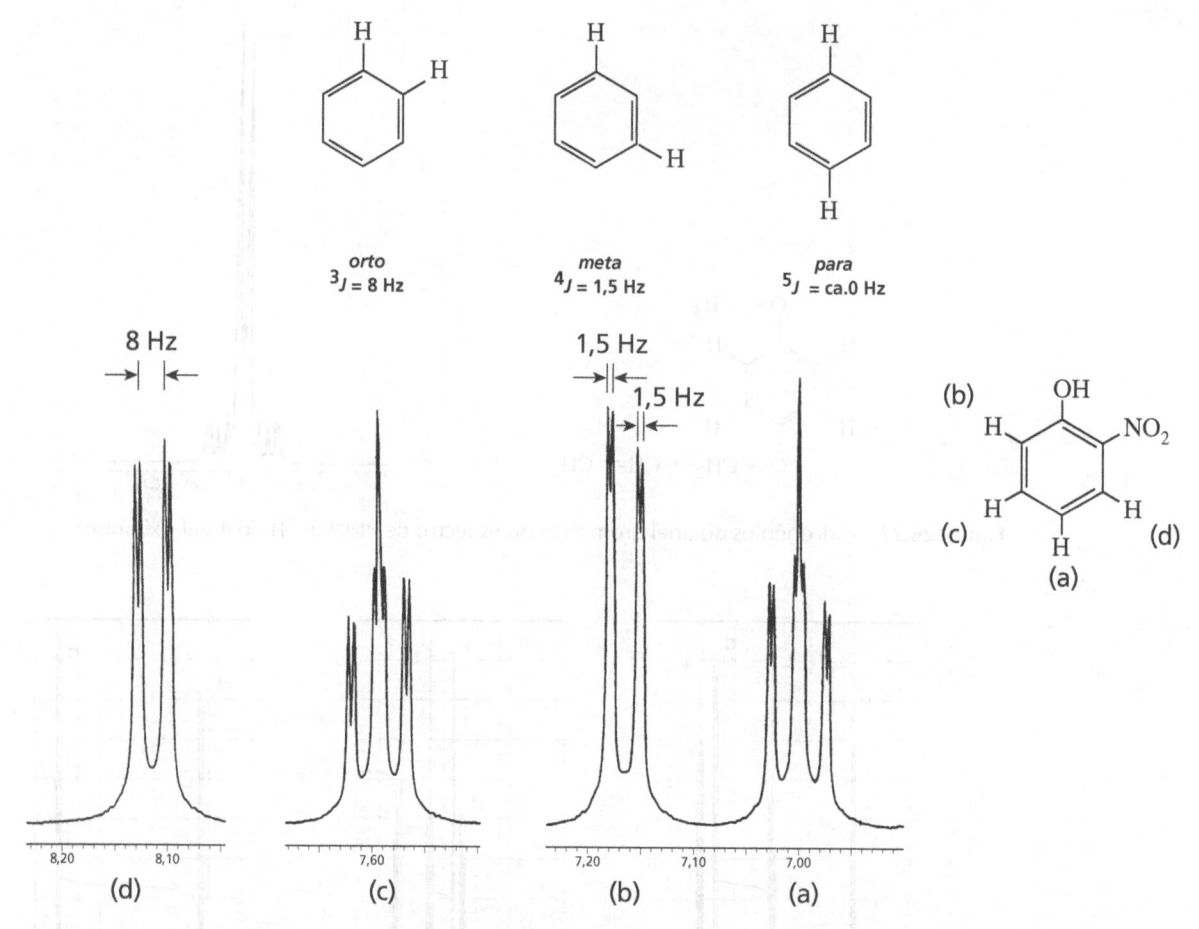

meta
^4J = 1,5 Hz

para
^5J = ca.0 Hz

Figura 26.24 Expansão dos multipletos dos hidrogênios do anel aromático do espectro de ^{1}H do 2-nitro-fenol em 300 MHz. A absorção do hidrogênio do grupo hidroxila não aparece. As constantes de acoplamento estão indicadas em alguns dos picos para dar uma idéia da escala.

26.14 HIDROGÊNIOS LIGADOS A HETEROÁTOMOS

Os hidrogênios ligados a heteroátomos têm uma faixa muito variável de absorções. A Tabela 26.6 mostra alguns grupos e sua faixa de absorção. Além disto, nas condições usuais de obtenção de um espectro de RMN, os hidrogênios ligados a heteroátomos não se acoplam com os hidrogênios dos carbonos adjacentes para dar acoplamento spin-spin. A razão principal para isto é que estes hidrogênios se trocam rapidamente, com freqüência, com os do solvente. A posição de absorção varia muito porque estes grupos também assumem vários graus de ligação hidrogênio em soluções de concentrações diferentes, o que afeta a densidade dos elétrons de valência em torno do hidrogênio, com grandes mudanças de deslocamento químico. Os picos de absorção dos hidrogênios em ligação hidrogênio ou dos que sofrem

TABELA 26.6 Faixas típicas dos grupos com deslocamento químico variável

Ácidos	RCOOH	10,5–12,0 ppm
Fenóis	ArOH	4,0–7,0
Álcoois	ROH	0,5–5,0
Aminas	RNH$_2$	0,5–5,0
Amidas	RCONH$_2$	5,0–8,0
Enóis	CH=CH—OH	≥ 15

troca são, com freqüência, largos em relação a outros singletos e podem ser reconhecidos por isto. Por uma razão diferente, chamada de **alargamento de quadrupolo**, os hidrogênios ligados a átomos de nitrogênio têm picos de ressonância muito largos, freqüentemente indistinguíveis da linha de base.

26.15 REAGENTES DE DESLOCAMENTO

Os cientistas sabem, há já algum tempo, que interações entre moléculas e solventes, como as devidas à ligação hidrogênio, podem provocar grandes deslocamentos das posições de ressonância de certos tipos de hidrogênios (por exemplo, hidroxila e amino). Eles também sabem que as posições de ressonância de alguns grupos de hidrogênios podem ser muito afetadas pela troca dos solventes comuns de RMN, como CCl_4 e $CDCl_3$, por solventes como o benzeno, que impõem efeitos anisotrópicos locais às moléculas de soluto. Em muitos casos, é possível resolver parcialmente multipletos com superposição parcial mudando o solvente. O uso de reagentes de deslocamento com este objetivo data de 1969. Muitos destes reagentes são complexos orgânicos de metais paramagnéticos de terras raras da série dos lantanídeos. Quando estes complexos de metal são adicionados ao composto cujo espectro está sendo determinado, ocorrem deslocamentos muito grandes das posições de ressonância dos vários grupos de hidrogênios. A direção do deslocamento (para campo alto ou campo baixo) depende primeiramente do metal que está sendo usado. Complexos de európio, érbio, túlio e itérbio deslocam as ressonâncias para campo mais baixo. Complexos de cério, praseodímio, neodímio, samário, térbio e hólmio geralmente deslocam as ressonâncias para campo mais alto. A vantagem de usar estes reagentes é que deslocamentos semelhantes aos observados em campo magnético mais alto podem ser induzidos sem ser preciso usar um instrumento caro de alto campo.

Dentre os lantanídeos, o európio é o metal mais comumente usado. Dois de seus complexos, muito usados, são o tris-(dipivalometanato)-európio e o tris-(6,6,7,7,8,8,8-heptafluoro-2,2-dimetil-3,5-ocanodionato)-európio. Estes compostos são abreviados como $Eu(dpm)_3$ e $Eu(fod)_3$, respectivamente.

Estes complexos de lantanídeos simplificam o espectro de RMN de qualquer composto que tenha um par de elétrons relativamente básicos (par livre) que possam se coordenar com Eu^{3+}. Tipicamente, aldeídos, cetonas, álcoois, tióis, éteres e aminas interagem:

$$2B\text{:} + Eu(dpm)_3 \longrightarrow \begin{array}{c} B\text{:} \diagdown \quad \diagup dpm \\ Eu-dpm \\ B\text{:} \diagup \quad \diagdown dpm \end{array}$$

O tamanho do deslocamento sofrido por cada grupo de hidrogênios depende (1) da distância que o separa do metal e (2) da concentração do reagente de deslocamento na solução. Devido a esta última dependência, é necessário especificar a concentração molar do reagente de deslocamento de lantanídeo utilizada ou o número de moles equivalentes no espectro.

As Figuras 26.25 e 26.26 ilustram o fator distância nos espectros do hexanol. Na ausência do reagente de deslocamento, obtém-se o espectro normal (Figura 26.25). Somente o tripleto do grupo metila terminal e o tripleto do grupo metileno próximo da hidroxila estão resolvidos no espectro. Os outros hidrogênios (a não ser o OH) estão juntos em um grupo largo não-resolvido. Com a adição do reagente de deslocamento (Figura 26.26), os grupos metileno se separam e são resolvidos nos multipletos esperados. O espectro é de primeira ordem e foi simplificado. Todos os desdobramentos podem ser explicados pela regra $n + 1$.

Deve-se notar uma última conseqüência do uso de um reagente de deslocamento. Veja na Figura 26.26 que os multipletos não estão bem-resolvidos em linhas agudas, como você poderia esperar. Isto ocorre porque os reagentes de deslocamento alargam um pouco os picos. Em concentrações elevadas de reagentes de deslocamento, este problema é sério, mas nas condições normais de uso, o alargamento é tolerável.

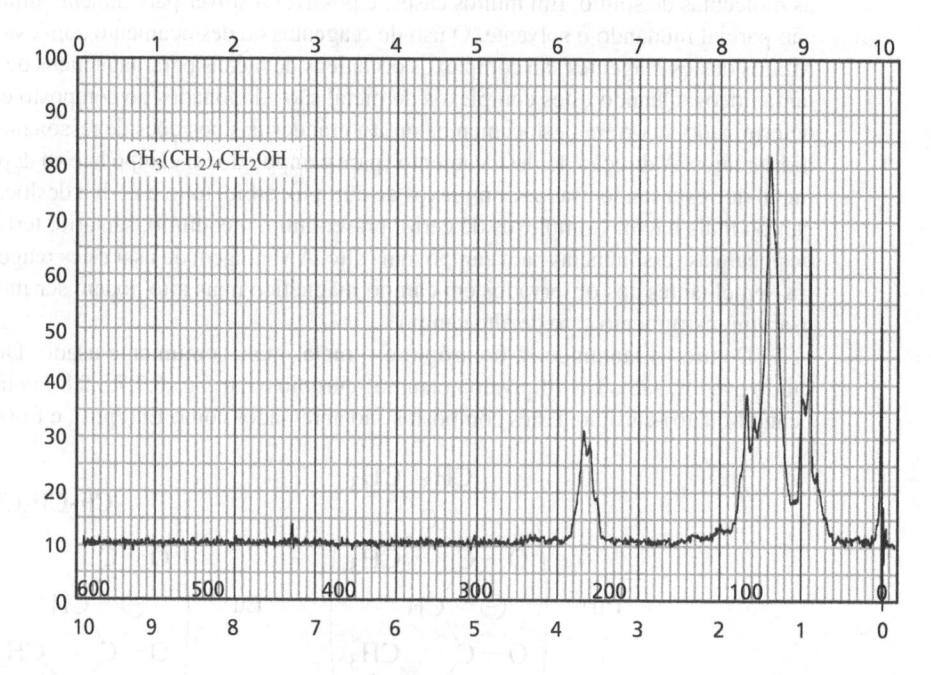

Figura 26.25 Espectro normal de RMN do ^{1}H do hexanol em 60 MHz. (Cortesia de Aldrich Chemical Co.)

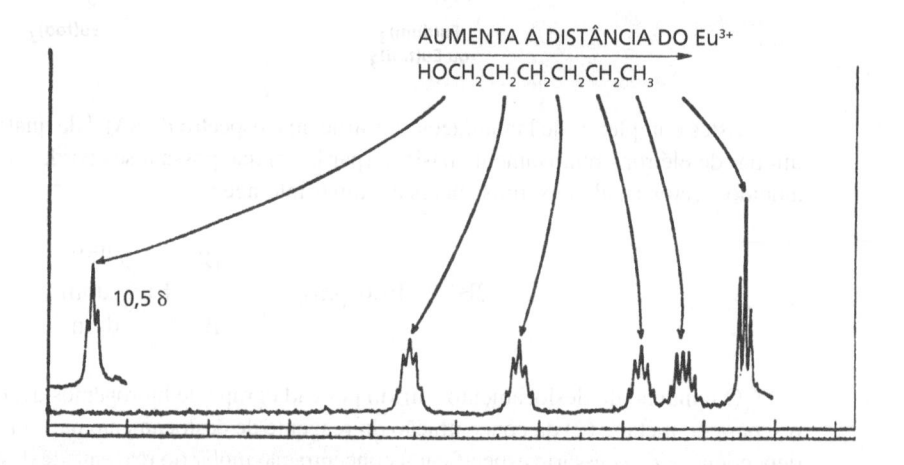

Figura 26.26 Espectro de RMN do ^{1}H do hexanol em 100 MHz contendo 0,29 moles equivalentes de Eu(dpm)$_3$. De J.K.M. Sanders e D.H. Williams, Chemical Communications, (1970): 422. Reproduzido com permissão da The Royal Society of Chemistry.

REFERÊNCIAS

Livros-texto
Friebolin, H. *Basic One- and Two-Dimensional NMR Spectroscopy*, 2nd ed. New York: VCH Publishers, 1993.
Gunther, H. *NMR Spectroscopy*, 2nd ed. New York: John Wiley & Sons, 1995.
Jackman, L. M., and Sternhell, S. *Nuclear Magnetic Resonance Spectroscopy in Organic Chemistry*, 2nd ed. New York: Pergamon Press, 1969.
Macomber, R. S. *A Complete Introduction to Modern NMR Spectroscopy*. New York: John Wiley & Sons, 1997.
Macomber, R. S. *NMR Spectroscopy: Essential Theory and Practice*. New York: College Outline Series, Harcourt Brace Jovanovich, 1988.
Pavia, D. L., Lampman, G. M., and Kriz, G. S. *Introduction to Spectroscopy*, 3rd ed. Philadelphia: Harcourt College Publishers, 2001.
Sanders, J. K. M., and Hunter, B. K. *Modern NMR Spectroscopy—a Guide for Chemists*, 2nd ed. Oxford: Oxford University Press, 1993.
Silverstein, R. M., and Webster, F. X. *Spectrometric Identification of Organic Compounds*, 6th ed. New York: John Wiley & Sons, 1998.
Williams, D. H., and Fleming, I. *Spectroscopic Methods in Organic Chemistry*, 4th ed. London–New York: McGraw-Hill, 1987.

Compilações de Espectros
Pouchert, C. J. *The Aldrich Library of NMR Spectra, 60 MHz*, 2nd ed. Milwaukee, WI: Aldrich Chemical Company, 1983.
Pouchert, C. J., and Behnke, J. *The Aldrich Library of 13C and 1H FT–NMR Spectra, 300 MHz*. Milwaukee, WI: Aldrich Chemical Company, 1993.
Pretsch, E., Clerc, T., Seibl, J., and Simon, W. *Tables of Spectral Data for Structure Determination of Organic Compounds*, 2nd ed. Berlin and New York: Springer-Verlag, 1989. Traduzido do alemão por K. Biemann.

Sítios da Rede
http://www.aist.go.jp/RIODB/SDBS/menu-e.html
Integrated Spectral DataBase System for Organic Compounds, National Institute of Materials and Chemical Research, Tsukuba, Ibaraki 305-8565, Japan. Esta base de dados inclui espectros de infravermelho, espectros de massas e dados de RMN (hidrogênio e carbono-13) de um grande número de compostos.
http://www.chem.ucla.edu/~webspectra/ UCLA
O Departamento de Química e Bioquímica e os Cambridge University Isotope Laboratories mantêm um sítio na Rede, WebSpectra, que fornece problemas de espectroscopia de RMN e IV para uso de estudantes. Eles fornecem *links* para outros sítios que contêm problemas para treinamento de estudantes.

PROBLEMAS

1. Descreva o método a ser usado para determinar o espectro de RMN de hidrogênio de um ácido carboxílico insolúvel em *todos* os solventes comuns que o seu professor possa arranjar.
2. Para economizar, um estudante usou clorofórmio no lugar de clorofórmio deuterado para obter um espectro de RMN de carbono-13. Esta é uma boa idéia?
3. Procure a solubilidade dos seguintes compostos e decida se você usará clorofórmio deuterado ou água deuterada para dissolver a amostra para a espectroscopia de RMN.
   a. Glicerol (1,2,3-propanotriol)
   b. 1,4-Dietóxi-benzeno
   c. Pentanoato de propila (éster de propila do ácido pentanóico)
4. Assinale cada um dos padrões de hidrogênio nos espectros de 2-, 3- e 4-nitro-anilina da Figura 26.23.
5. Os compostos seguintes são ésteres isômeros derivados do ácido acético, com fórmula $C_5H_{10}O_2$. Os picos do espectro foram marcados para indicar o grau de desdobramento. No primeiro espectro, como um exemplo, use a curva de integração para calcular o número de hidrogênios de cada multipleto. Os multipletos estão no espectro e na primeira coluna da tabela que se segue. A segunda coluna é obtida por divisão pelo menor número (1,7 div). A terceira coluna é obtida por multiplicação por 2 e arredondamento dos números. Note que a soma dos números da terceira coluna é igual ao número de átomos de hidrogênio da molécula (10). É possível determinar, por inspeção visual, o número relativo dos átomos de hidrogênio, evitando a matemática envolvida na tabela. Por qualquer dos métodos, o segundo espectro dá uma razão de 1:3:6. Quais são as estruturas dos dois ésteres?

1,7 div	1,0	2 H
2,5 div	1,47	3 H
1,7 div	1,0	2 H
2,5 div	1,47	3 H

a.

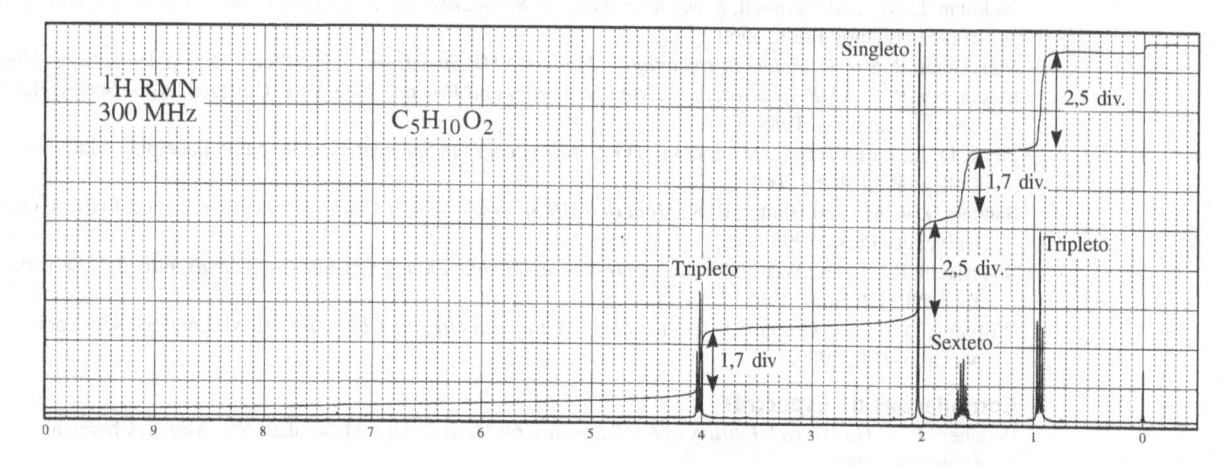

¹H RMN 300 MHz — C₅H₁₀O₂

Singleto — 2,5 div
1,7 div
Tripleto — 2,5 div — Tripleto
Sexteto
1,7 div

b.

¹H RMN 300 MHz — C₅H₁₀O₂

Singleto
Dubleto
Septeto

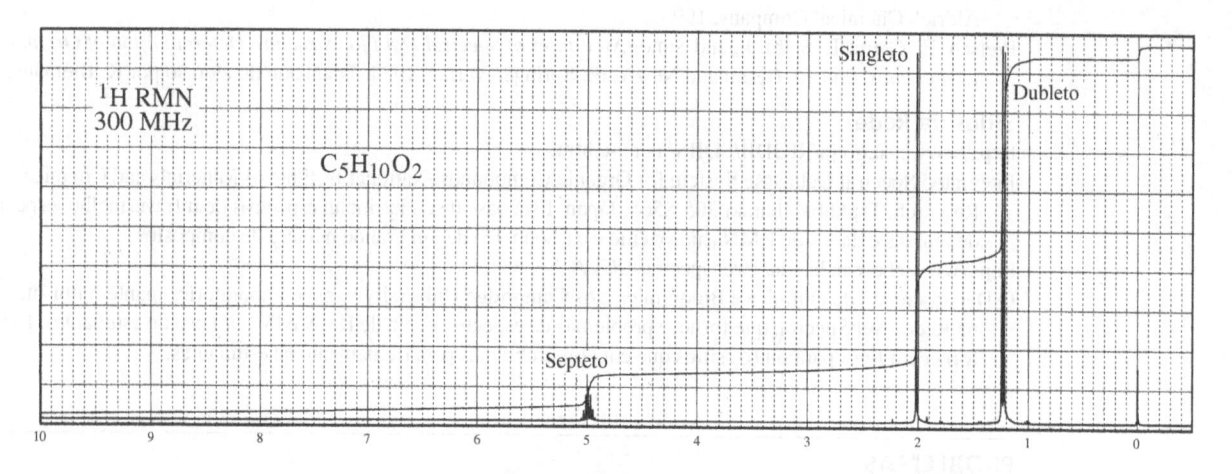

6. O composto que dá o espectro de RMN seguinte tem fórmula C₃H₆Br₂. Dê sua estrutura.

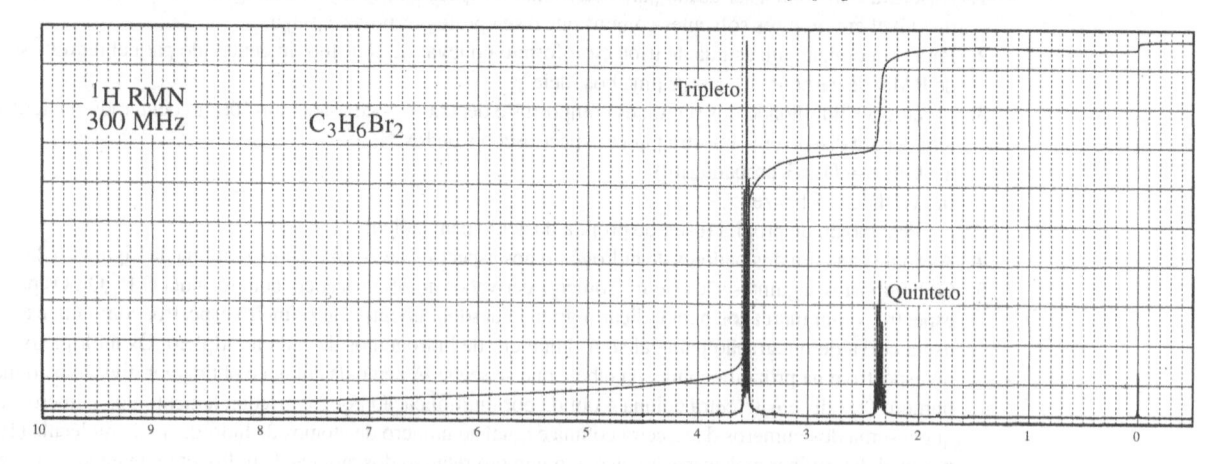

¹H RMN 300 MHz — C₃H₆Br₂

Tripleto
Quinteto

7. Dê a estrutura de um éter cuja fórmula é $C_5H_{12}O_2$ e tem o seguinte espectro de RMN.

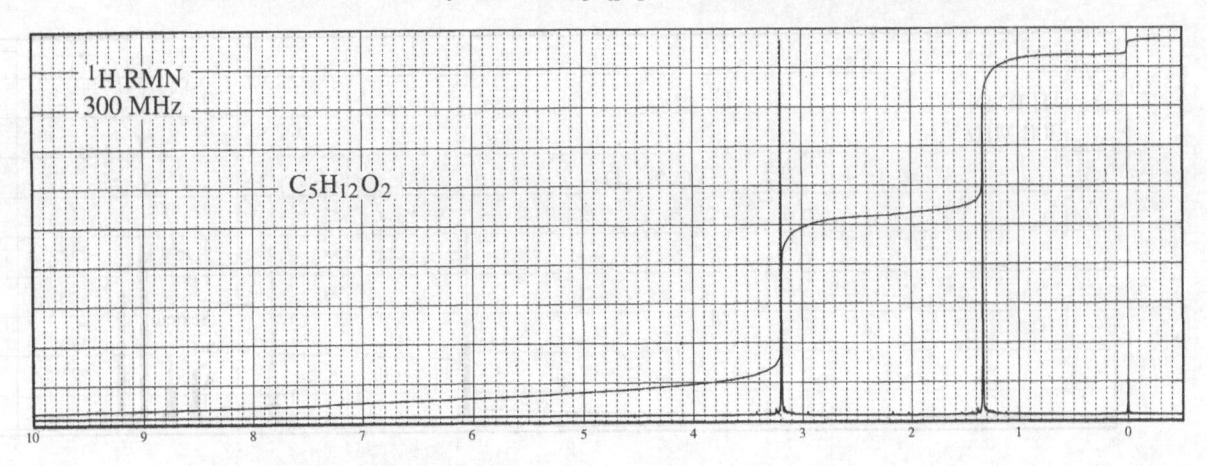

¹H RMN
300 MHz

$C_5H_{12}O_2$

8. Abaixo estão os espectros de RMN de três ésteres isômeros cuja fórmula é $C_7H_{14}O_2$, todos derivados do ácido propanóico. Dê suas estruturas.

a.

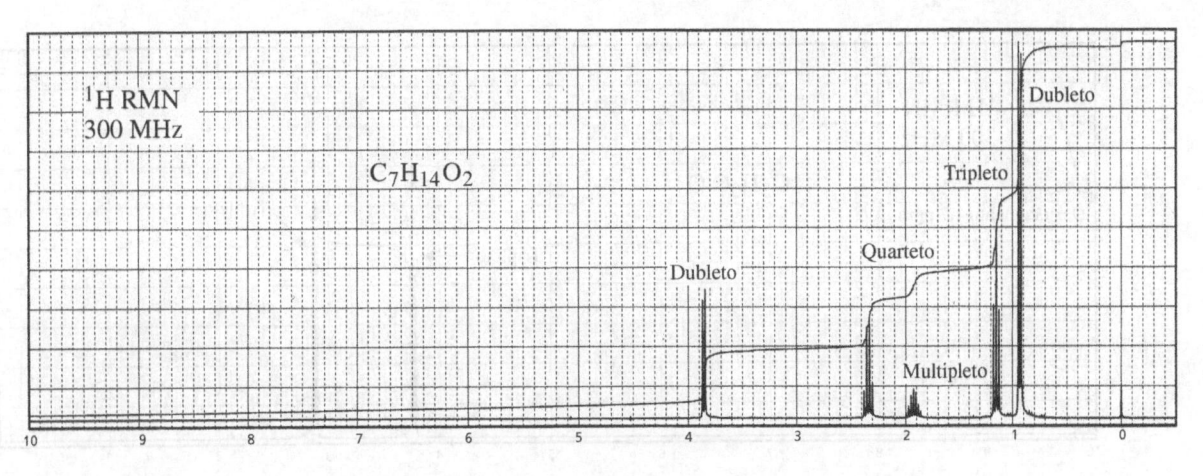

¹H RMN
300 MHz

$C_7H_{14}O_2$

Dubleto
Tripleto
Quarteto
Dubleto
Multipleto

b.

¹H RMN
300 MHz

$C_7H_{14}O_2$

Quarteto
Tripleto

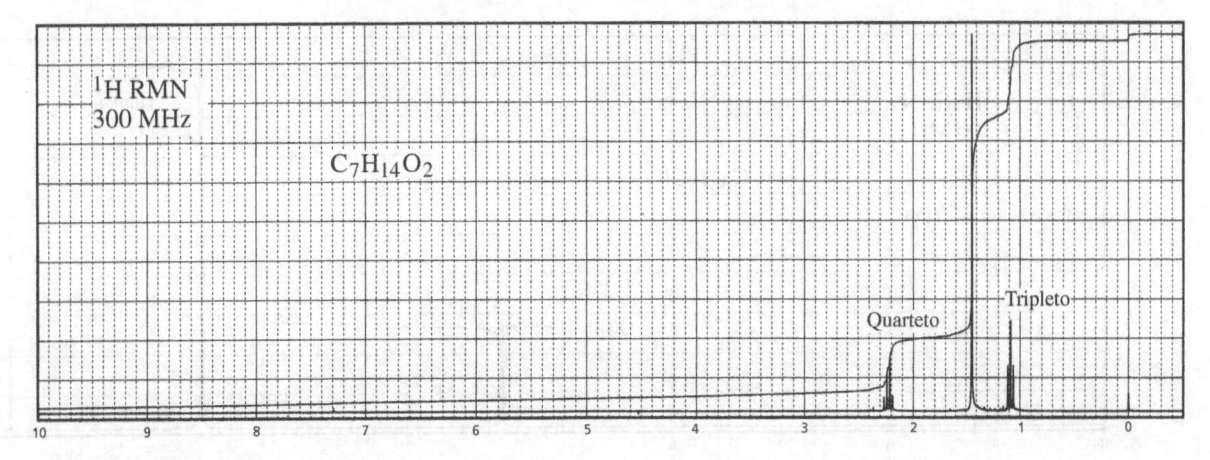

c.

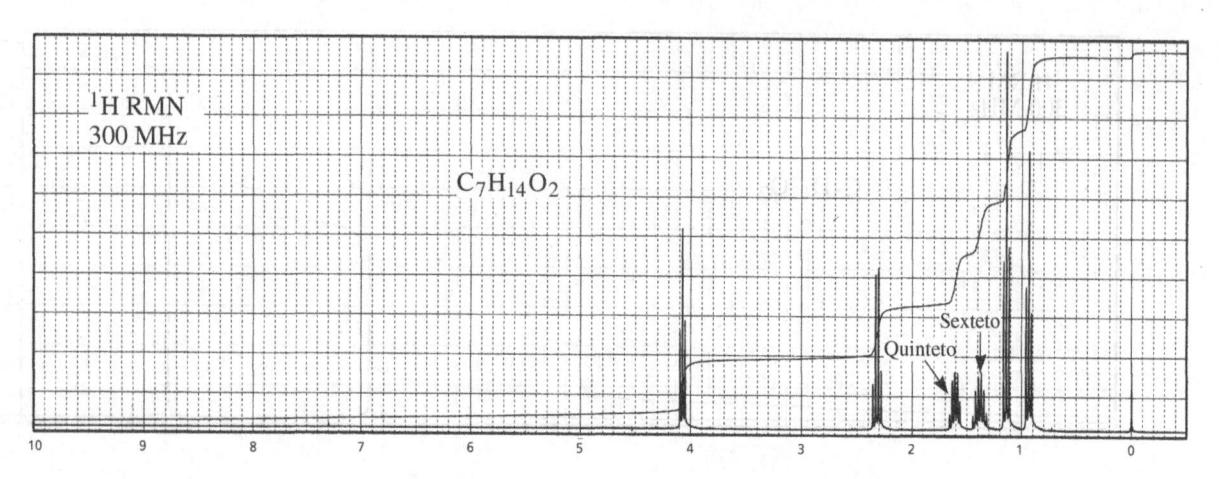

¹H RMN 300 MHz — C₇H₁₄O₂ (Sexteto, Quinteto)

9. Os dois ácidos carboxílicos isômeros que dão os espectros de RMN dados a seguir têm a fórmula $C_3H_5ClO_2$. Dê suas estruturas.

a.

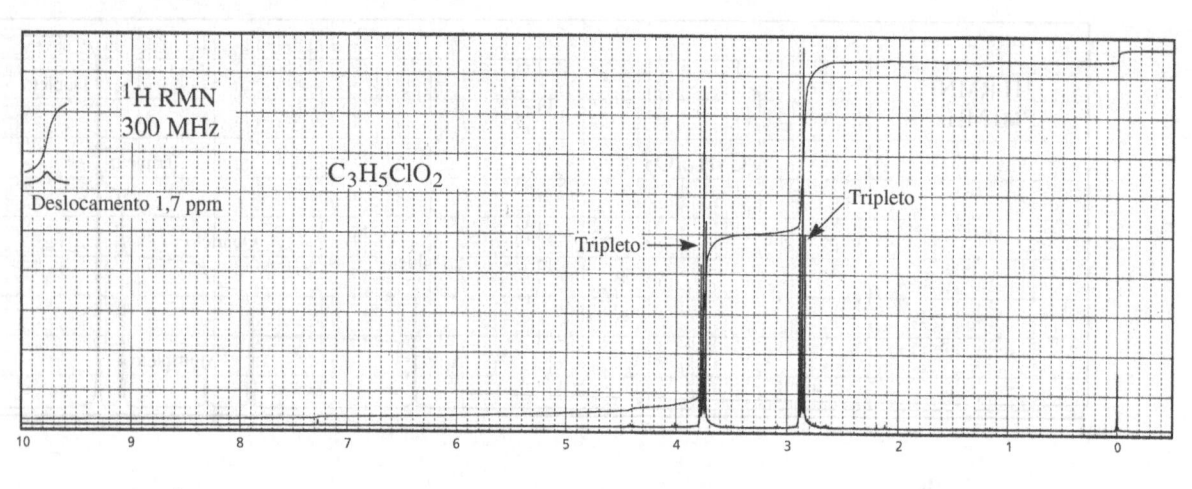

¹H RMN 300 MHz — $C_3H_5ClO_2$ — Deslocamento 1,7 ppm; Tripleto, Tripleto

b.

¹H RMN 300 MHz — $C_3H_5ClO_2$ — Deslocamento 2,2 ppm; Quarteto, Dubleto

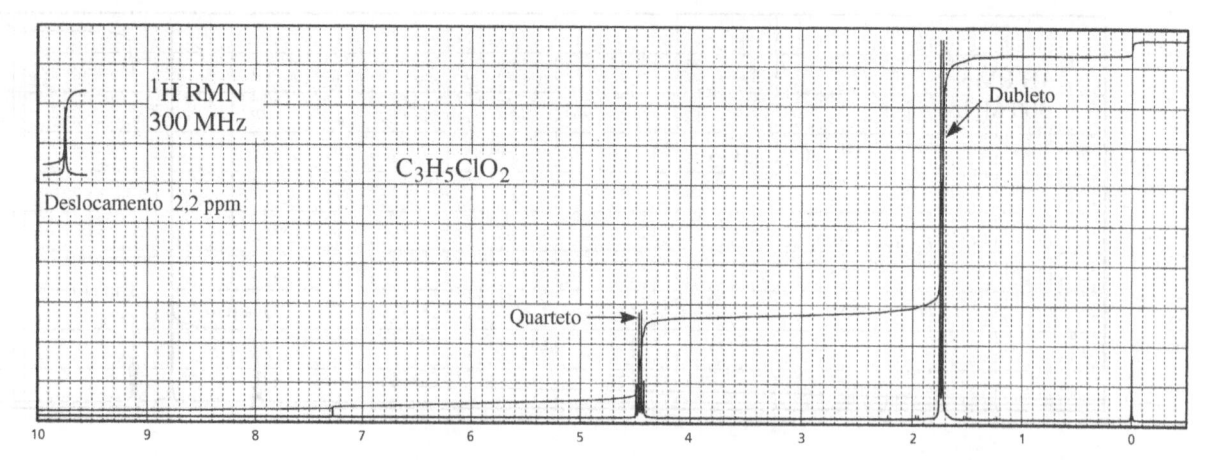

10. Os seguintes isômeros têm a fórmula $C_{10}H_{12}O$. O espectro de infravermelho mostra bandas intensas na região de 1.715 cm^{-1} e entre 1.600 cm^{-1} e 1.450 cm^{-1}. Dê suas estruturas.

a.

¹H RMN
300 MHz   C₁₀H₁₂O

Tripleto

Quarteto

b.

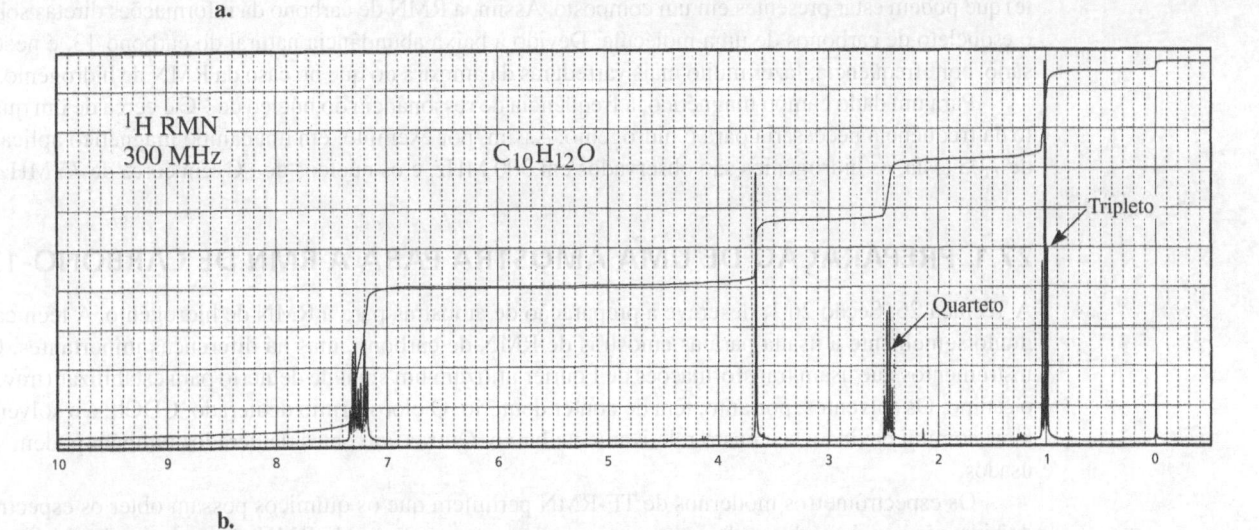

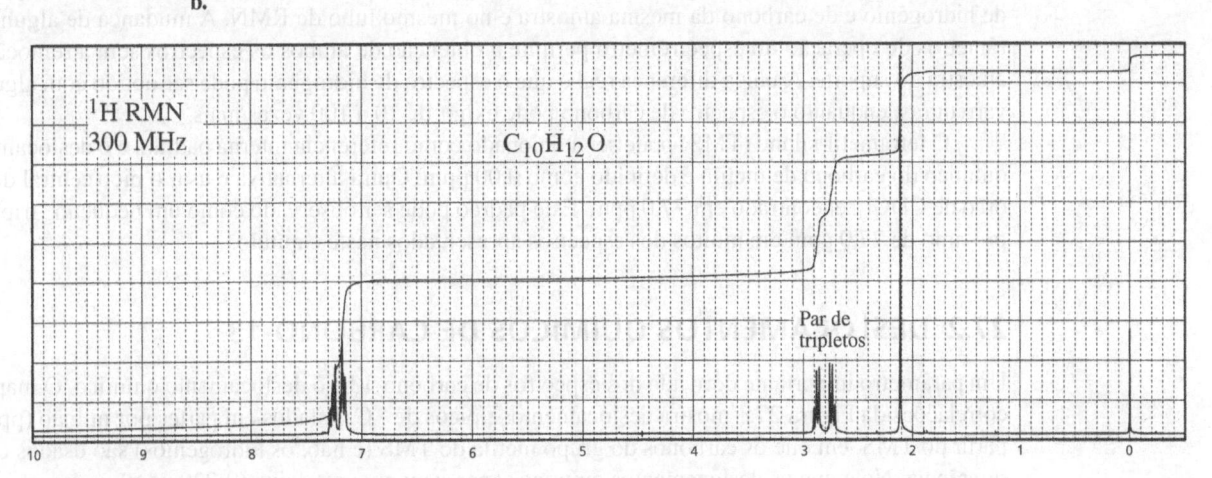

¹H RMN
300 MHz   C₁₀H₁₂O

Par de
tripletos

TÉCNICA 27

Espectroscopia de Ressonância Magnética Nuclear de Carbono-13

O carbono-12, o isótopo mais abundante do carbono, tem spin zero ($I = 0$). Ele tem número atômico par e peso atômico par. O segundo isótopo mais abundante do carbono, ^{13}C, entretanto, tem spin nuclear ($I = 1/2$). As ressonâncias de ^{13}C não são fáceis de observar devido a uma combinação de fatores. Em primeiro lugar, a abundância natural do ^{13}C é baixa, somente 1,08% de todos os átomos de carbono. Em segundo lugar, o momento magnético μ do ^{13}C é pequeno. Por estas duas razões, as ressonâncias de ^{13}C são cerca de *6.000 vezes mais fracas* do que as do hidrogênio. O uso de técnicas experimentais especiais de transformações de Fourier (TF) nos instrumentos, não-discutidas aqui, tornou possível observar espectros de ressonância magnética nuclear de ^{13}C (carbono-13) em amostras que contêm a abundância natural de ^{13}C.

O parâmetro mais útil derivado dos espectros de carbono-13 é o deslocamento químico. A integração não é confiável e não se relaciona necessariamente ao número relativo de átomos de ^{13}C da molécula. Os hidrogênios ligados aos átomos de ^{13}C provocam acoplamento spin-spin, mas a interação spin-spin entre átomos de carbono adjacentes é rara. Como a abundância natural do carbono-13 é baixa (0,0108), a probabilidade de encontrar dois átomos de ^{13}C adjacentes é extremamente pequena.

Os espectros de carbono podem ser usados para determinar o número de carbonos não-equivalentes e para identificar os tipos de átomos de carbono (metila, metileno, aromático, carbonila e assim por diante) que podem estar presentes em um composto. Assim, a RMN de carbono dá informações diretas sobre o esqueleto de carbonos de uma molécula. Devido à baixa abundância natural do carbono-13, é necessário, com freqüência, fazer muito mais varreduras da amostra do que no caso da RMN de hidrogênio.

Para um dado campo magnético, a freqüência de ressonância do núcleo de ^{13}C é cerca de um quarto da freqüência necessária para o hidrogênio. Assim, por exemplo, em um campo magnético aplicado de 7,05 tesla, os hidrogênios são observados em 300 MHz, e os núcleos de ^{13}C, em cerca de 75 MHz.

27.1 PREPARAÇÃO DE UMA AMOSTRA PARA A RMN DE CARBONO-13

A Técnica 26, Seção 26.1, descreve a preparação de amostras para a RMN de hidrogênio. A técnica é muito semelhante à usada para as amostras de RMN de carbono, mas há diferenças importantes. Os instrumentos que usam transformações de Fourier utilizam um sinal de deutério para estabilizar (travar) o campo. Os solventes, portanto, têm de conter deutério. O clorofórmio deuterado, $CDCl_3$, é o solvente mais comum devido a seu custo relativamente baixo. Outros solventes deuterados também podem ser usados.

Os espectrômetros modernos de TF-RMN permitem que os químicos possam obter os espectros de hidrogênio e de carbono da mesma amostra e no mesmo tubo de RMN. A mudança de alguns parâmetros de operação do espectrômetro permite a obtenção de ambos os espectros sem a remoção da amostra do suporte. A única diferença real é que o espectro de hidrogênio pode ser obtido com algumas varreduras, enquanto o espectro de carbono pode exigir de 10 a 100 vezes mais.

O tetrametil-silano (TMS) pode ser adicionado como referência interna padrão, e o deslocamento químico do carbono de metila é definido como 0,00 ppm. Outra alternativa é usar o pico central do padrão de $CDCl_3$, encontrado em 77,0 ppm. Este padrão pode ser observado como um pequeno "tripleto" próximo de 77,0 ppm em muitos dos espectros apresentados neste capítulo.

27.2 DESLOCAMENTOS QUÍMICOS DE CARBONO-13

Um parâmetro importante derivado dos espectros de carbono-13 é o deslocamento químico. O mapa de correlações da Figura 27.1 mostra deslocamentos típicos de ^{13}C, listados em partes por milhão (ppm) a partir do TMS, em que os carbonos do grupo metila do TMS (e não, os hidrogênios) são usados como referência. Note que os deslocamentos químicos aparecem em uma faixa (0-220 ppm) muito maior do que a observada no caso dos hidrogênios (0-12 ppm). Devido à grande faixa de valores, praticamente todos os átomos de carbono não-equivalentes de uma molécula orgânica dão um pico de deslocamento químico diferente. Os picos raramente se superpõem como acontece freqüentemente na RMN de hidrogênio.

O mapa de correlações se divide em quatro seções. Os átomos de carbono saturados aparecem em campo mais alto, próximos do TMS (8-60 ppm). A próxima seção do mapa mostra o efeito dos átomos eletronegativos (40-80 ppm). A terceira seção inclui os átomos de carbono de alquenos e de anéis aromáticos (100-175 ppm). Por fim, a quarta seção contém os carbonos de carbonilas, que aparecem em campo mais baixo (155-220 ppm).

A eletronegatividade, a hibridação e a anisotropia afetam os deslocamentos químicos de ^{13}C praticamente da mesma forma que afetam os deslocamentos químicos de ^{1}H, entretanto os deslocamentos químicos são cerca de 20 vezes maiores. A eletronegatividade (Seção 26.7) produz o mesmo efeito de desblindagem que produz na RMN de hidrogênio na RMN de carbono – o elemento eletronegativo provoca um grande deslocamento para campo mais baixo. O deslocamento é maior para o átomo de ^{13}C do que para o hidrogênio porque o átomo eletronegativo está ligado diretamente ao átomo de ^{13}C e o efeito se transmite por uma única ligação, C—X. No caso do hidrogênio, os átomos eletronegativos ligados ao carbono e o efeito se transmitem através de duas ligações, H—C—X.

De modo análogo aos deslocamentos de ^{1}H, as mudanças de hibridação provocam um deslocamento do sinal do carbono-13 *diretamente envolvido* (sem ligações) maior do que para os hidrogênios ligados àquele carbono (uma ligação). Na RMN de ^{13}C, os carbonos dos grupos carbonila têm os deslocamentos químicos maiores devido à hibridação sp^2 e ao fato do oxigênio eletronegativo estar dire-

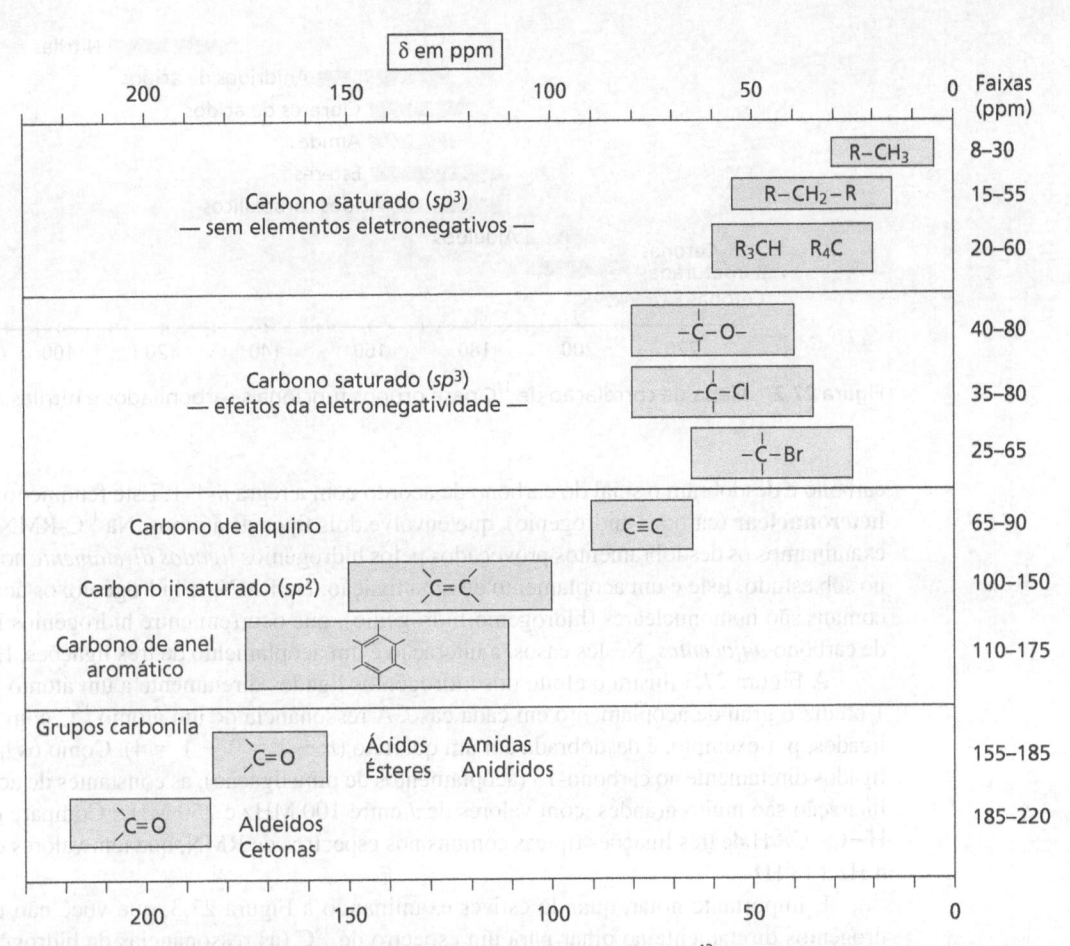

Figura 27.1 Mapa de correlação de deslocamentos químicos de ^{13}C (os deslocamentos químicos são listados em partes por milhão a partir do tetrametil-silano).

tamente ligado ao carbono da carbonila, o que os desblinda ainda mais. A anisotropia (Seção 26.8) é responsável pelos grandes deslocamentos químicos dos carbonos em anéis aromáticos e em alquenos.

Note que a faixa de deslocamentos químicos é maior para átomos de carbono do que para átomos de hidrogênio. Como os fatores que afetam os deslocamentos de carbono agem através de uma ligação ou diretamente no carbono, eles são maiores do que os do hidrogênio, que operam através de mais ligações. O resultado é que a faixa de deslocamentos é maior para ^{13}C (0-220 ppm) do que para ^{1}H (0-12 ppm).

Muitos grupos funcionais importantes da química orgânica contém um grupo carbonila. Ao determinar a estrutura de um composto que contém um grupo carbonila, é importante ter uma idéia do tipo de grupo carbonila do desconhecido. A Figura 27.2 ilustra as faixas típicas dos deslocamentos químicos de ^{13}C de grupos funcionais carbonilados. Embora ocorra superposição das faixas, cetonas e aldeídos são facilmente distinguidos dos outros tipos. Os dados de deslocamento químico de carbonos de carbonila são particularmente importantes quando combinados com dados do espectro de infravermelho.

27.3 ESPECTROS DE ^{13}C COM ACOPLAMENTO DE HIDROGÊNIOS – ACOPLAMENTO SPIN-SPIN DE SINAIS DE CARBONO-13

A menos que a molécula tenha sido artificialmente enriquecida por síntese, a probabilidade de encontrar dois átomos de ^{13}C na mesma molécula é muito baixa. A probabilidade de encontrar dois átomos de carbono ^{13}C adjacentes na mesma molécula é ainda menor. Isto significa que o acoplamento spin-spin **homonuclear** (carbono-carbono), em que a interação ocorre entre dois átomos de ^{13}C, é raramente observado. Os spins dos hidrogênios diretamente ligados aos átomos ^{13}C, porém, interagem com o spin do

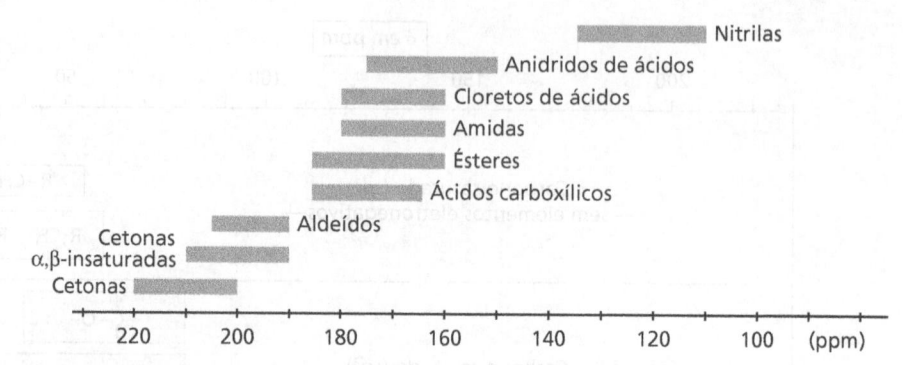

Figura 27.2 Mapa de correlação de ^{13}C para grupos funcionais carbonilados e nitrilas.

carbono e desdobram o sinal do carbono de acordo com a regra $n + 1$. Este fenômeno é o acoplamento **heteronuclear** (carbono-hidrogênio), que envolve dois tipos de átomos. Na ^{13}C-RMN, nós geralmente examinamos os desdobramentos provocados pelos hidrogênios *ligados diretamente* ao átomo de carbono sob estudo. Este é um acoplamento de uma ligação. Na RMN de hidrogênio, os acoplamentos mais comuns são homonucleares (hidrogênio-hidrogênio), que ocorrem entre hidrogênios ligados a átomos de carbono *adjacentes*. Nestes casos, a interação é um acoplamento de três ligações, $H-C-C-H$.

A Figura 27.3 ilustra o efeito dos hidrogênios ligados diretamente a um átomo ^{13}C. A regra $n + 1$ prediz o grau de acoplamento em cada caso. A ressonância de um átomo ^{13}C com três hidrogênios ligados, por exemplo, é desdobrada em um quarteto ($n + 1 = 3 + 1 = 4$). Como os hidrogênios estão ligados diretamente ao carbono-13 (acoplamentos de uma ligação), as constantes de acoplamento desta interação são muito grandes, com valores de J entre 100 MHz e 250 MHz. Compare os acoplamentos $H-C-C-H$ de três ligações típicas comuns nos espectros de RMN, que têm valores de J da ordem de 4 Hz a 18 Hz.

É importante notar, quando estiver examinando a Figura 27.3, que você não está "vendo" hidrogênios diretamente ao olhar para um espectro de ^{13}C (as ressonâncias de hidrogênio ocorrem em freqüências fora da faixa usada para obter os espectros de ^{13}C). Você está observando somente o efeito dos hidrogênios sobre os átomos ^{13}C. Lembre-se, também, de que não se pode observar ^{12}C porque ele é inativo para a RMN.

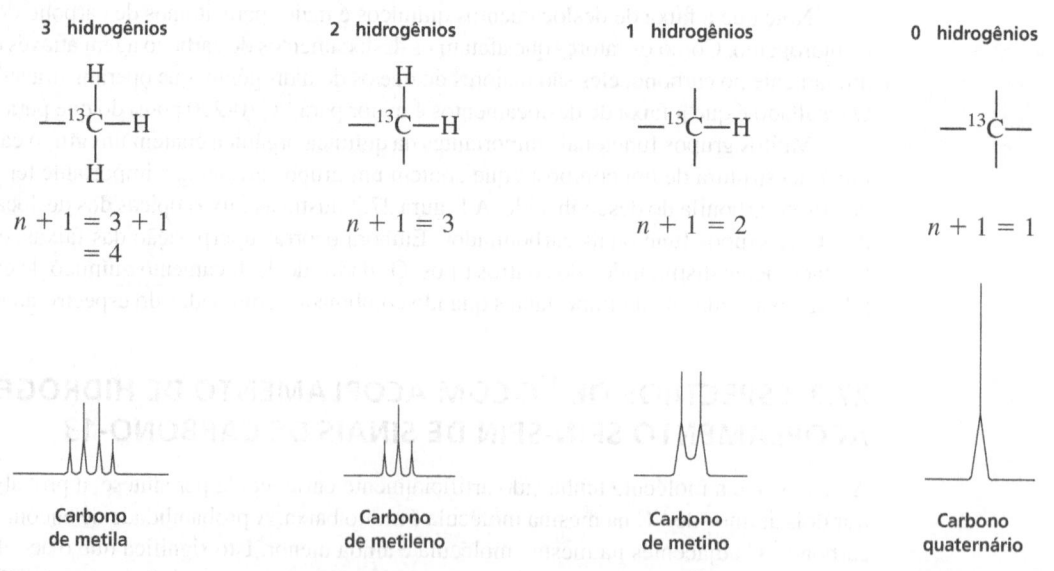

Figura 27.3 Efeito de hidrogênios ligados sobre as ressonâncias de ^{13}C.

Os espectros que mostram o acoplamento spin-spin, ou desdobramento, entre o carbono-13 e os hidrogênios diretamente ligados a ele são chamados de **espectros com acoplamento de hidrogênio**. A Figura 27.4A mostra o espectro de ^{13}C—RMN com acoplamento de hidrogênio do fenil-acetato de etila. Neste espectro, o primeiro quarteto em campo baixo em relação ao TMS (14,2 ppm) corresponde ao carbono do grupo metila. Ele está desdobrado em um quarteto ($J = 127$ Hz) pelos três átomos de hidrogênio ligados ($^{13}C-H$, acoplamentos de uma ligação). Além disto, embora não possa ser visto na escala deste espectro (uma expansão tem de ser usada), cada linha do quarteto está desdobrada em um tripleto de pequeno espaçamento ($J = 1$ Hz). Este acoplamento adicional é causado pelos dois hidrogênios do grupo —CH_2— adjacente. São acoplamentos de duas ligações (H—C—^{13}C) de um tipo comum nos espectros de ^{13}C, com constantes de acoplamento em geral muito pequenas ($J = 0$–2 ppm), para sistemas com átomos de carbono em uma cadeia alifática. Devido ao pequeno tamanho, estes acoplamentos são freqüentemente ignorados na análise de rotina dos espectros e toda a atenção é dada aos acoplamentos de uma ligação vistos no quarteto.

Existem dois grupos —CH_2— no fenil-acetato de etila. O sinal correspondente ao grupo —CH_2— de etila se encontra em campo mais baixo (60,6 ppm), porque este carbono está desblindado pelo oxigênio ligado. Ele é um tripleto devido aos dois hidrogênios ligados (acoplamentos de uma ligação). De novo, embora não seja visto neste espectro sem expansão, os três hidrogênios do grupo metila adjacentes desdobram cada sinal do tripleto em um quarteto. O —CH_2— de benzila corresponde ao tripleto intermediário (41,1 ppm). Para campo mais baixo, está o carbono do grupo carbonila (171,1 ppm). Na escala deste espectro, ele é um singleto (não há hidrogênios diretamente ligados), mas devido ao —CH_2— do grupo benzila adjacente, ele é dividido em um tripleto. Os carbonos do anel aromático também aparecem no espectro, com ressonâncias na faixa entre 127 ppm a 136 ppm. Discutiremos as ressonâncias de ^{13}C do anel aromático na Seção 27.7.

Os espectros com acoplamento de hidrogênio, com freqüência, são de interpretação difícil quando as moléculas são maiores. Os multipletos de carbonos diferentes se superpõem porque as constantes de

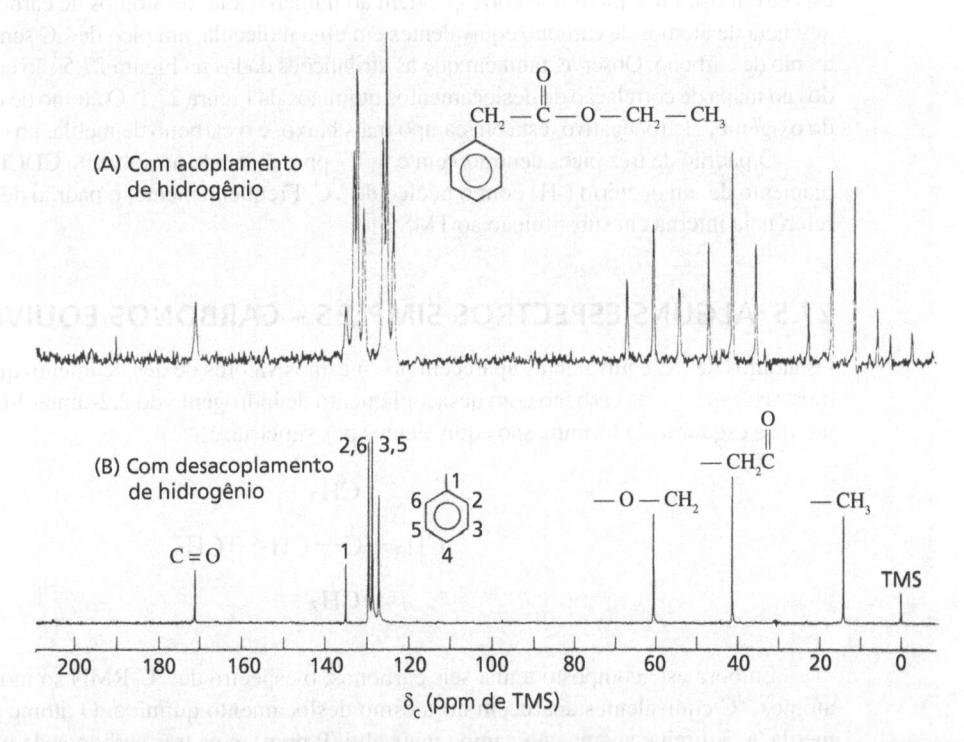

Figura 27.4 Fenil-acetato de etila. (A) Espectro de ^{13}C-RMN com acoplamento de hidrogênio (20 MHz). (B) Espectro de ^{13}C-RMN com desacoplamento de hidrogênio (20 MHz). (De J.A. Moore, D.L. Dalrymple, e O.R. Rodig, *Experimental Methods in Organic Chemistry*, 3rd ed. [Philadelphia: W.B. Sauders, 1982].)

acoplamento ^{13}C—H são usualmente maiores do que as diferenças de deslocamento químico dos carbonos. Às vezes, mesmo moléculas simples como o fenil-acetato de etila (Figura 27.4A) são de interpretação difícil. O desacoplamento de hidrogênios, discutido na próxima seção, evita este problema.

27.4 ESPECTROS DE ^{13}C COM DESACOPLAMENTO DE HIDROGÊNIO

De longe, a maior parte dos espectros de ^{13}C é obtida como **espectros com desacoplamento de hidrogênio**. A técnica de desacoplamento elimina todas as interações entre os hidrogênios e os núcleos de ^{13}C. Somente **singletos** são observados em um espectro de ^{13}C—RMN com desacoplamento de hidrogênio. Embora esta técnica evite os multipletos que se superpõem, ela tem a desvantagem de perder as informações dadas pelos hidrogênios ligados.

O **desacoplamento** de hidrogênios é obtido no processo de determinação do espectro de ^{13}C—RMN pela irradiação simultânea de todos os hidrogênios da molécula com um espectro largo de freqüências na faixa própria dos hidrogênios. Os espectrômetros modernos de RMN têm um segundo gerador de radio-freqüência, ajustável, o **desacoplador**, que é usado para isto. A irradiação satura os hidrogênios e eles sofrem transições rápidas que oscilam entre todos os estados de spin possíveis. Estas transições rápidas desacoplam todas as interações spin-spin entre os hidrogênios e os núcleos de ^{13}C em observação. Todas as interações são anuladas, na média, pelas mudanças rápidas. O núcleo de carbono "detecta" somente um estado de spin médio para os hidrogênios ligados, e não, os dois ou mais estados de spin distintos.

A Figura 27.4B é um espectro com desacoplamento de hidrogênio do fenil-acetato de etila. O espectro com acoplamento de hidrogênio foi discutido na Seção 27.3. É interessante comparar os dois espectros para ver como a técnica de desacoplamento de hidrogênio simplifica o espectro. Cada carbono química e magneticamente distinto só dá um sinal. Note, entretanto, que os dois carbonos *orto* do anel (carbonos 2 e 6) e os dois carbonos *meta* do anel (carbonos 3 e 5) são equivalentes por simetria, e cada par dá um único sinal.

A Figura 27.5 é um segundo exemplo de espectro com desacoplamento de hidrogênio. Note que o espectro mostra três picos que correspondem ao número exato de átomos de carbono do 1-propanol. Na ausência de átomos de carbono equivalentes em uma molécula, um pico de ^{13}C será observado para *cada* átomo de carbono. Observe, também que as atribuições dadas na Figura 27.5 são consistentes com os dados no mapa de correlação de deslocamentos químicos da Figura 27.1. O átomo de carbono mais próximo do oxigênio, eletronegativo, está em campo mais baixo, e o carbono de metila, no campo mais alto.

O padrão de três picos centrado em $\delta = 77$ ppm é devido ao solvente $CDCl_3$. Ele provém do acoplamento de um deutério (^2H) com o núcleo de ^{13}C. Freqüentemente, o padrão de $CDCl_3$ é usado como referência interna em substituição ao TMS.

27.5 ALGUNS ESPECTROS SIMPLES – CARBONOS EQUIVALENTES

Os átomos de ^{13}C equivalentes aparecem nos mesmos valores de deslocamento químico. A Figura 27.6 mostra o espectro de carbono com desacoplamento de hidrogênio do 2,2-dimetil-butano. Os três grupos metila à esquerda da fórmula são equivalentes por simetria.

$$CH_3-\underset{\underset{CH_3}{|}}{\overset{\overset{CH_3}{|}}{C}}-CH_2-CH_3$$

Embora este composto tenha seis carbonos, o espectro de ^{13}C-RMN só mostra quatro sinais. Os átomos ^{13}C equivalentes aparecem no mesmo deslocamento químico. O átomo de carbono do grupo metila, a, à direita, aparece no campo mais alto (9 ppm), e os três carbonos de metila equivalentes, b, aparecem em 29 ppm. O carbono quaternário, c, fornece o pequeno pico em 30 ppm, e o carbono de metileno, d, aparece em 37 ppm. As alturas dos picos estão parcialmente relacionadas ao número de cada tipo de carbono presentes na molécula. Observe na Figura 27.6, por exemplo, que o pico em 29

HO—CH₂—CH₂—CH₃
   c   b   a

Com desacoplamento de hidrogênio

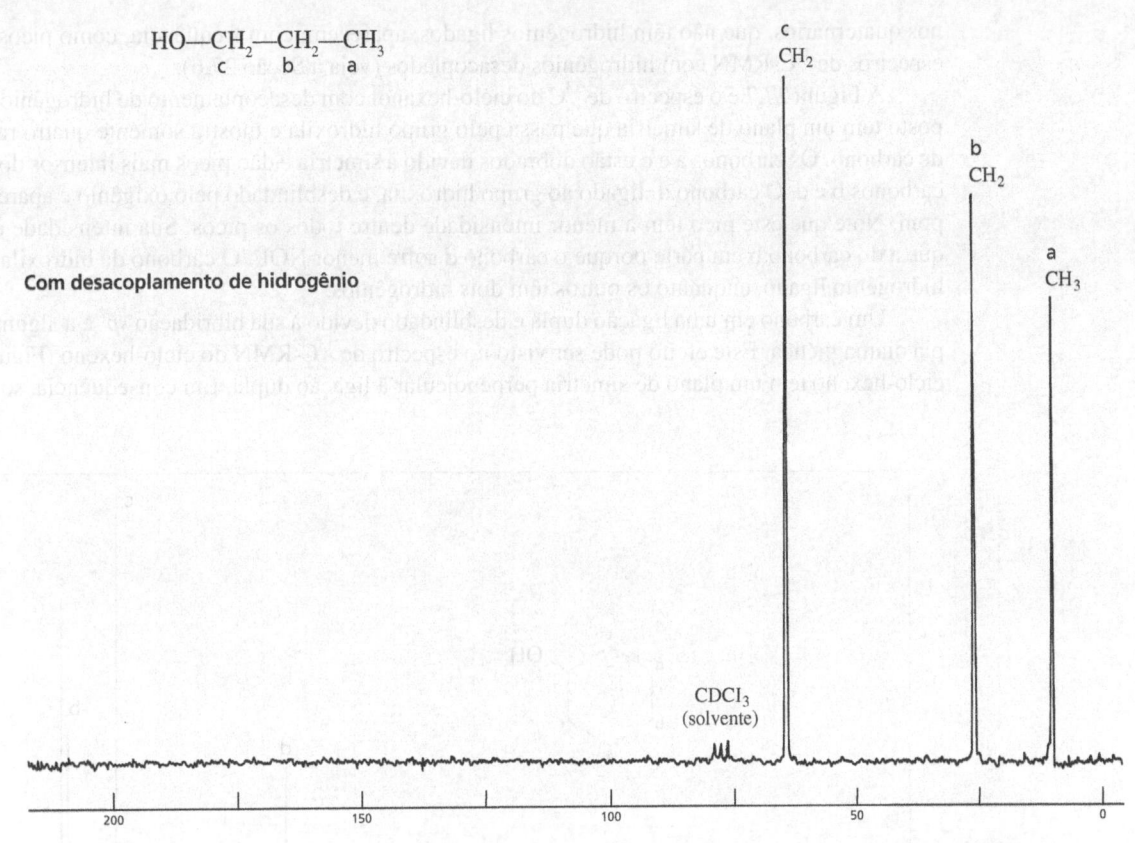

c CH₂

b CH₂

a CH₃

CDCl₃
(solvente)

200   150   100   50   0

Figura 27.5 Espectro de ¹³C-RMN do 1-propanol com desacoplamento de hidrogênio (22,5 ppm).

$$\begin{array}{c} ^{b}\text{CH}_3 \\ |^{c} \quad d \quad a \\ ^{b}\text{CH}_3-\text{C}-\text{CH}_2-\text{CH}_3 \\ | \\ \text{CH}_3\,^{b} \end{array}$$

b

d

a

TMS

c

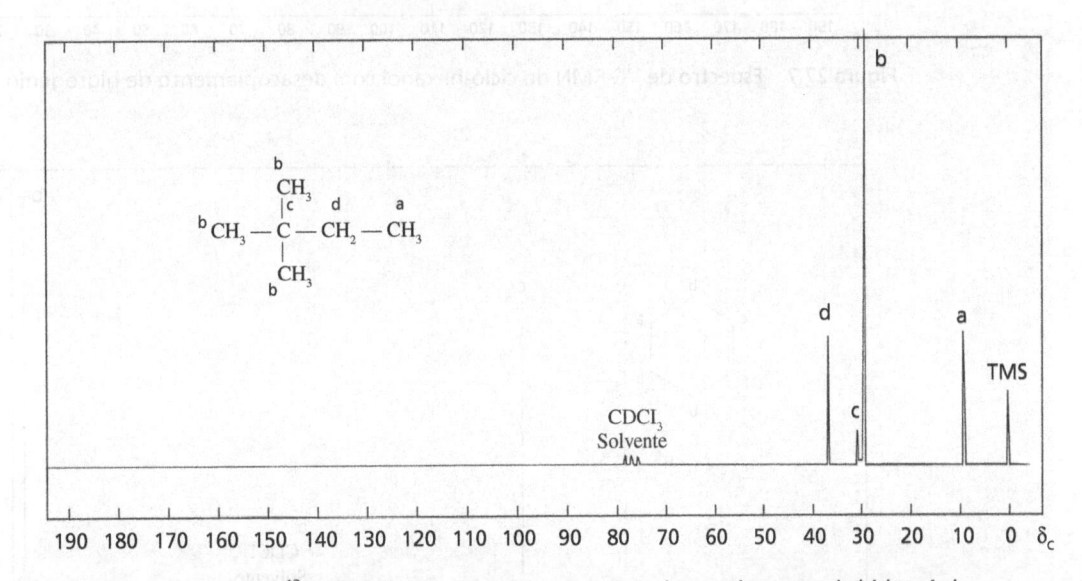

CDCl₃
Solvente

190 180 170 160 150 140 130 120 110 100 90 80 70 60 50 40 30 20 10 0 δ_c

Figura 27.6 Espectro de ¹³C-RMN do 2,2-dimetil-butano com desacoplamento de hidrogênio.

ppm (b) é muito maior do que os demais. Este pico é gerado por três carbonos. O carbono quaternário em 30 ppm (c) é muito fraco. Como nenhum hidrogênio se liga a este carbono, ocorre muito pouca intensificação pelo efeito Overhauser nuclear (NOE) (Seção 27.6). Sem os átomos de hidrogênio ligados, os tempos de relaxação são também mais longos do que para os demais átomos de carbono. Os carbonos quaternários, que não têm hidrogênios ligados, aparecem, com freqüência, como picos fracos nos espectros de ^{13}C-RMN com hidrogênios desacoplados (veja a Seção 27.6).

A Figura 27.7 é o espectro de ^{13}C do ciclo-hexanol com desacoplamento de hidrogênio. Este composto tem um plano de simetria que passa pelo grupo hidroxila e mostra somente quatro ressonâncias de carbono. Os carbonos a e c estão dobrados devido à simetria e dão picos mais intensos do que os dos carbonos b e d. O carbono d, ligado ao grupo hidroxila, é desblindado pelo oxigênio e aparece em 70,0 ppm. Note que este pico tem a menor intensidade dentre todos os picos. Sua intensidade é menor do que a do carbono b em parte porque o carbono d sofre menor NOE. O carbono da hidroxila só tem um hidrogênio ligado, enquanto os outros têm dois hidrogênios.

Um carbono em uma ligação dupla é desblindado devido à sua hibridação sp^2 e a alguma anisotropia diamagnética. Este efeito pode ser visto no espectro de ^{13}C-RMN do ciclo-hexeno (Figura 27.8). O ciclo-hexeno tem um plano de simetria perpendicular à ligação dupla. Em conseqüência, só se observa

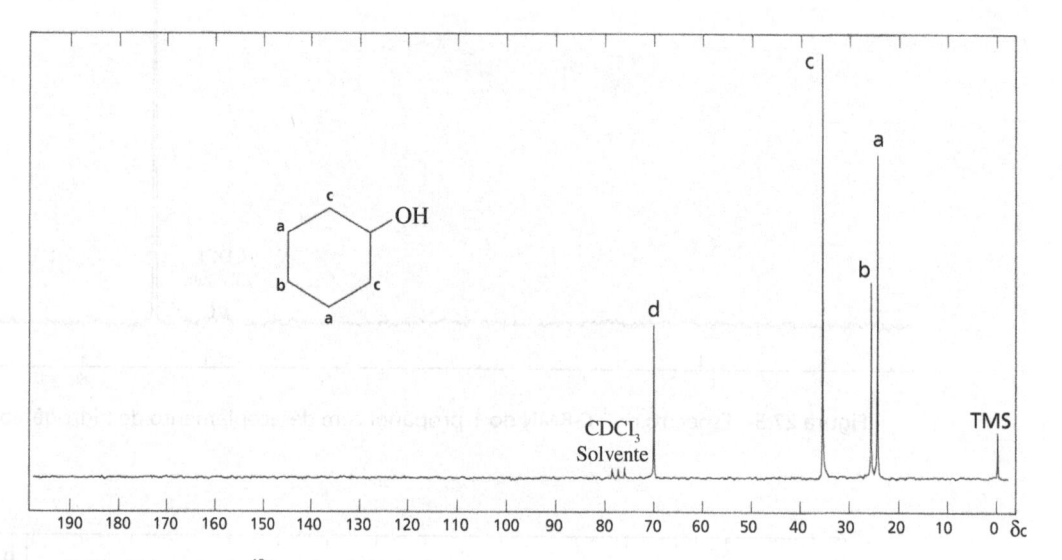

Figura 27.7 Espectro de ^{13}C-RMN do ciclo-hexanol com desacoplamento de hidrogênio.

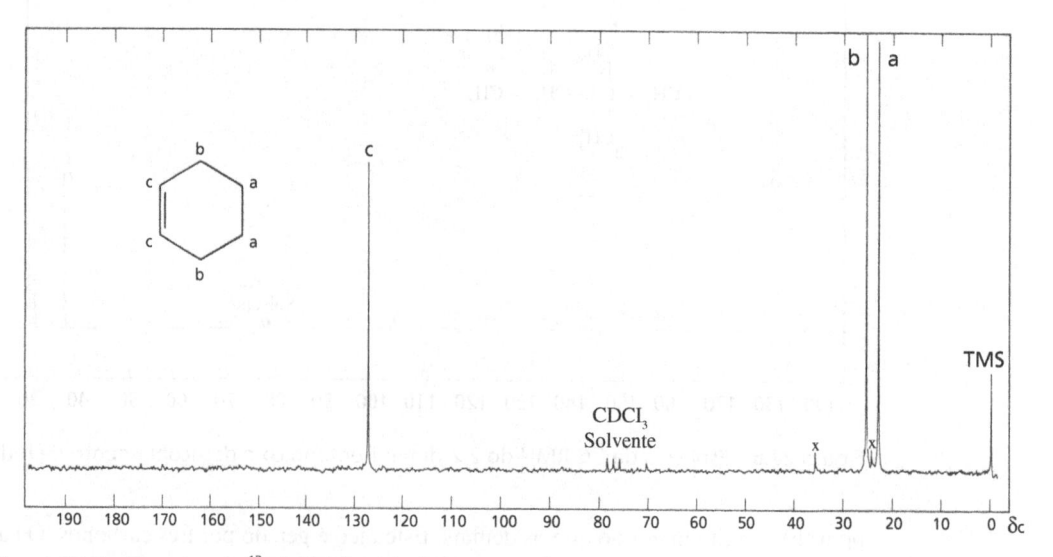

Figura 27.8 Espectro de ^{13}C-RMN do ciclo-hexeno com desacoplamento de hidrogênio. (Os picos marcados com um x são de impurezas.)

três picos de absorção no espectro. Existem dois de cada tipo de carbono sp^3. Cada um dos carbonos da ligação dupla c tem somente um hidrogênio, enquanto cada um dos demais carbonos tem dois. Em conseqüência de um NOE reduzido, os carbonos da ligação dupla (127 ppm) têm um pico de menor intensidade no espectro.

Na Figura 27.9, o espectro da ciclo-hexanona, o carbono da carbonila tem a menor intensidade. Isto se deve a um NOE reduzido (nenhum hidrogênio ligado) e ao tempo mais longo de relaxação do carbono da carbonila (Seção 27.6). Note também que a Figura 27.2 prediz um deslocamento químico maior para este carbono da carbonila (211 ppm).

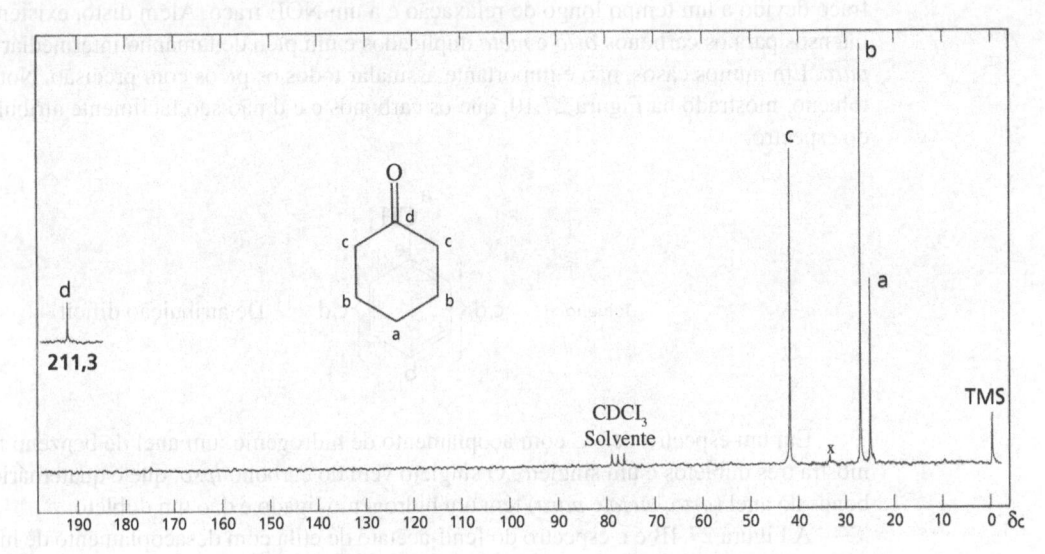

Figura 27.9 Espectro de ^{13}C-RMN da ciclo-hexanona com desacoplamento de hidrogênio. (O pico marcado com um x é de uma impureza.)

27.6 INTENSIFICAÇÃO OVERHAUSER NUCLEAR (NOE)

Quando obtemos um espectro de ^{13}C com desacoplamento de hidrogênio, as intensidades de muitas das ressonâncias de carbono aumentam significativamente em relação às observadas em um experimento com acoplamento de hidrogênio. Os átomos de carbono que têm hidrogênios diretamente ligados são mais intensificados, efeito que aumenta (nem sempre linearmente) quando mais hidrogênios estão ligados ao átomo em estudo. Este efeito é conhecido como efeito Overhauser nuclear, e o grau de aumento do sinal é chamado de **intensificação Overhauser nuclear (NOE)**. Portanto, espera-se que a intensidade dos picos de carbono de um espectro de ^{13}C típico aumente na seguinte ordem:

$$CH_3 > CH_2 > CH > C$$

Os tempos de relaxação do átomo de carbono influenciam a intensidade dos picos de um espectro. Quando um número maior de hidrogênios está ligado a um átomo de carbono, os tempos de relaxação ficam menores, e os picos ficam mais intensos. Assim, espera-se que os picos dos grupos metila e metileno sejam relativamente mais intensos do que os dos átomos de carbono quaternários, aos quais não se ligam átomos de hidrogênio. Logo, observa-se um pico, em 30 ppm, de baixa intensidade para o átomo de carbono quaternário do 2,2-dimetil-butano (Figura 27.6). Além disto, picos pouco intensos do carbono da carbonila são observados em 171 ppm no fenil-acetato de etila (Figura 27.4) e em 211 ppm na ciclo-hexanona (Figura 27.9).

27.7 COMPOSTOS COM ANÉIS AROMÁTICOS

Os compostos que têm ligações duplas carbono-carbono ou anéis aromáticos dão origem a picos com deslocamentos químicos na faixa de 100 ppm a 175 ppm. Como relativamente poucos picos, além destes, aparecem nesta faixa, muitas informações estruturais importantes podem ser obtidas quando picos aparecem nesta região.

Um anel de benzeno **monossubstituído** mostra *quatro* picos na região de carbonos aromáticos de um espectro de ^{13}C com desacoplamento de hidrogênio, já que os carbonos *orto* e *meta* são duplicados por simetria. Com freqüência, o átomo de carbono quaternário, o carbono *ipso*, tem um pico muito fraco devido a um tempo longo de relaxação e a um NOE fraco. Além disto, existem dois picos mais intensos para os carbonos *orto* e *meta* duplicados e um pico de tamanho intermediário para o carbono *para*. Em muitos casos, não é importante assinalar todos os picos com precisão. Note, no exemplo do tolueno, mostrado na Figura 27.10, que os carbonos c e d não são facilmente atribuídos por inspeção do espectro.

Em um espectro de ^{13}C com acoplamento de hidrogênio, um anel de benzeno monossubstituído mostra três dubletos e um singleto. O singleto vem do carbono *ipso*, que é quaternário. Os demais carbonos do anel (*orto*, *meta* e *para*) têm um hidrogênio ligado e dão um dubleto.

A Figura 27.4B é o espectro do fenil-acetato de etila com desacoplamento de hidrogênio, com as atribuições listadas nos picos. Note que a região do anel aromático mostra quatro picos entre 125 ppm e 135 ppm, consistente com um anel monossubstituído. Há um pico para o carbono de metila (13 ppm), e dois, para os carbonos de metileno. Um dos carbonos de metileno está diretamente ligado a um átomo de oxigênio, eletronegativo, e aparece em 61 ppm, e o outro está mais blindado (41 ppm). O carbono da carbonila (um éster) tem ressonância em 171 ppm. Todos os deslocamentos químicos de carbono concordam com os valores do mapa de correlação (Figura 27.1).

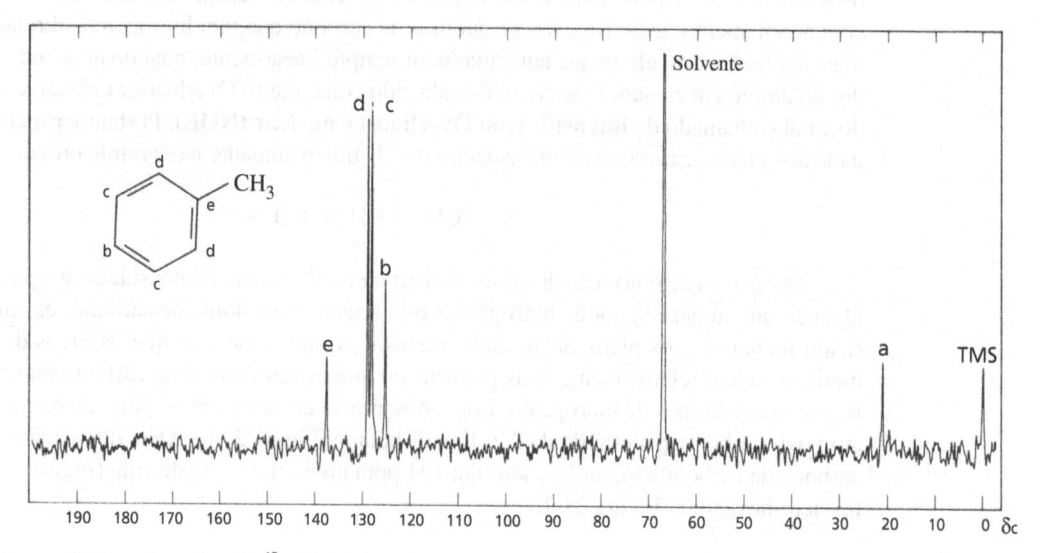

Figura 27.10 Espectro de ^{13}C-RMN do tolueno com desacoplamento de hidrogênio.

Dependendo do modo de substituição, um benzeno **dissubstituído** simetricamente pode mostrar dois, três ou quatro picos no espectro de ^{13}C com desacoplamento de hidrogênio. As figuras abaixo ilustram este efeito para o caso dos isômeros do dicloro-benzeno.

Três átomos de carbono distintos   Quatro átomos de carbono distintos   Dois átomos de carbono distintos

A Figura 27.11 mostra os espectros dos três dicloro-benzenos, cada um deles com um número de picos consistente com a análise acima. Você pode ver que a espectroscopia de RMN de ^{13}C é muito útil para a identificação de isômeros.

A maior parte dos padrões de polissubstituição de um anel de benzeno dá seis picos no espectro de ^{13}C-RMN com desacoplamento de hidrogênio. Entretanto, quando substituintes idênticos estão presentes, observe cuidadosamente a presença de planos de simetria que podem reduzir o número de picos.

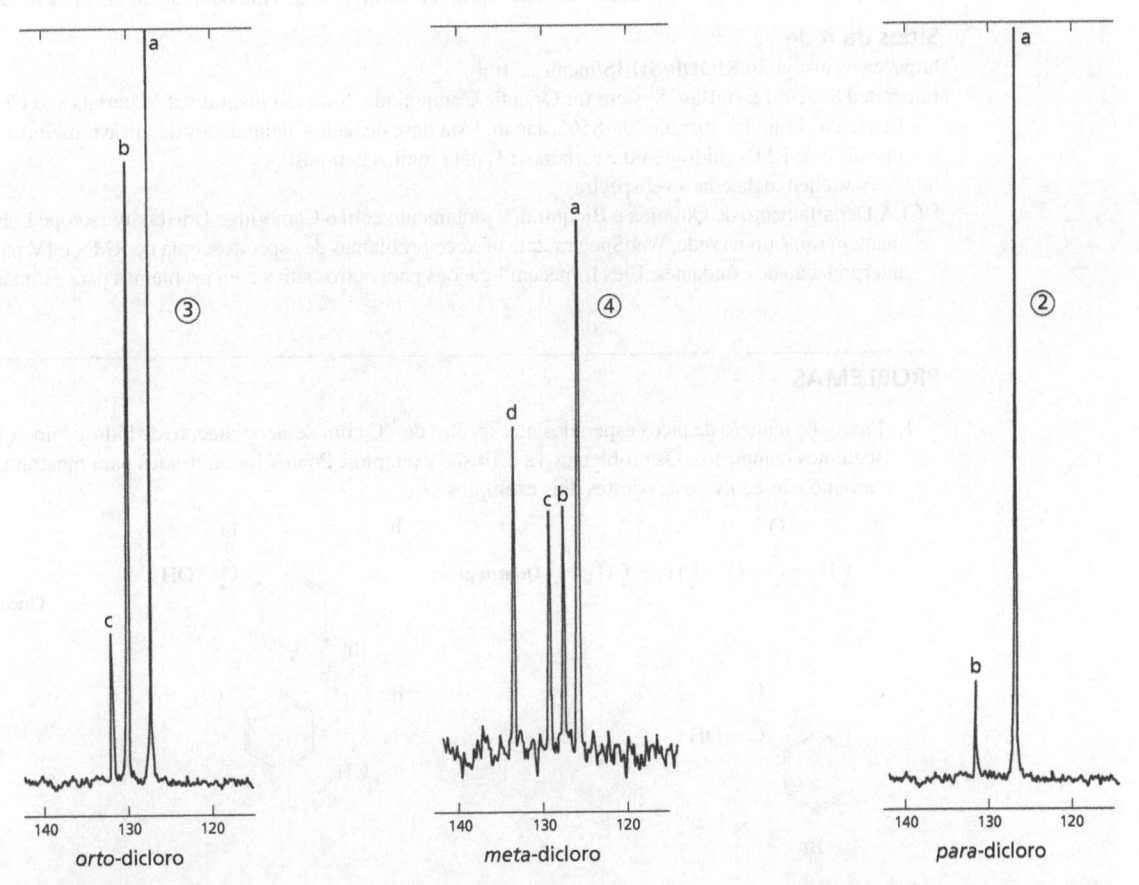

orto-dicloro   *meta*-dicloro   *para*-dicloro

Figura 27.11 Espectro de ^{13}C-RMN dos três isômeros do dicloro-benzeno com desacoplamento de hidrogênio (25 MHz).

REFERÊNCIAS

Livros-texto

Friebolin, H. *Basic One- and Two-Dimensional NMR Spectroscopy,* 2nd ed. New York: VCH Publishers, 1993.

Gunther, H. *NMR Spectroscopy,* 2nd ed. New York: John Wiley & Sons, 1995.

Levy, G. C. *Topics in Carbon-13 Spectroscopy.* New York: John Wiley & Sons, 1984.

Levy, G. C., Lichter, R. L., and Nelson, G. L. *Carbon-13 Nuclear Magnetic Resonance Spectroscopy,* 2nd ed. New York: John Wiley & Sons, 1980.

Macomber, R. S. *A Complete Introduction to Modern NMR Spectroscopy.* New York: John Wiley & Sons, 1997.

Macomber, R. S. *NMR Spectroscopy—Essential Theory and Practice.* New York: College Outline Series, Harcourt Brace Jovanovich, 1988.

Pavia, D. L., Lampman, G. M., and Kriz, G. S. *Introduction to Spectroscopy,* 3rd ed. Philadelphia: Harcourt College Publishers, 2001.

Sanders, J. K. M., and Hunter, B. K. *Modern NMR Spectroscopy—a Guide for Chemists,* 2d ed. Oxford, England: Oxford University Press, 1993.

Silverstein, R. M., and Webster, F. X. *Spectrometric Identification of Organic Compounds,* 6th ed. New York: John Wiley & Sons, 1998.

Compilações de espectros

Johnson, L. F., and Jankowski, W. C. *Carbon-13 NMR Spectra: A Collection of Assigned, Coded, and Indexed Spectra, 25 MHz.* New York: Wiley-Interscience, 1972.

Pouchert, C. J., and Behnke, J. *The Aldrich Library of ^{13}C and ^{1}H FT–NMR Spectra, 75 and 300 MHz.* Milwaukee, WI: Aldrich Chemical Company, 1993.

Pretsch, E., Clerc, T., Seibl, J., and Simon, W. *Tables of Spectral Data for Structure Determination of Organic Compounds,* 2nd ed. Berlin and New York: Springer-Verlag, 1989. Traduzido do alemão por K. Biemann.

Sítios da rede

http://www.aist.go.jp/RIODB/SDBS/menu-e.html

Integrated Spectral DataBase System for Organic Compounds, National Institute of Materials and Chemical Research, Tsukuba, Ibaraki 305-8565, Japan. Esta base de dados inclui dados de infravermelho, espectros de massas e de RMN (hidrogênio e carbono-13) para muitos compostos.

http://www.chem.ucla.edu/~webspectra

UCLA Departamento de Química e Bioquímica juntamente com o Cambridge University Isotope Laboratories mantém um sítio na rede, WebSpectra, que oferece problemas de espectroscopia de RMN e IV para a interpretação de estudantes. Eles fornecem ligações para outros sítios com problemas para estudantes.

PROBLEMAS

1. Prediga o número de picos esperados no espectro de ^{13}C com desacoplamento de hidrogênio de cada um dos seguintes compostos. Os problemas 1a e 1b são exemplos. Pontos foram usados para mostrar os átomos de carbono não-equivalentes destes dois exemplos.

a. $CH_3-C(=O)-O-CH_2-CH_3$ Quatro picos

b. 4-bromobenzoic acid (Br-C$_6$H$_4$-COOH)   Cinco picos

c. 3-bromobenzoic acid (Br-C$_6$H$_4$-COOH)

d. 1,4-dimethylbenzene (CH_3-C$_6$H$_4$-CH_3)

e. $Br-CH_2-CH=CH-\overset{\overset{\displaystyle O}{\|}}{C}-O-CH_3$

f. [estrutura: 2-metil-5-isopropenil-ciclohex-2-enona, com CH$_3$ e C=O no anel, e grupo isopropenil (CH$_3$, CH$_2$)]

g. [cânfora: biciclo com dois CH$_3$ geminais, um CH$_3$ e grupo C=O]

h. [γ-butirolactona: anel de 5 membros com O e C=O]

i. [anidrido metilmaleico: CH$_3$ ligado ao anel com duas C=O e O]

j. $Br-\underset{}{\langle\!\langle}\underset{}{\rangle\!\rangle}-CH_2-CH_3$ (para-bromoetilbenzeno)

k. $\underset{Br}{\langle\!\langle}\underset{}{\rangle\!\rangle}-CH_2-CH_3$ (orto-bromoetilbenzeno)

2. Seguem os espectros de ^{1}H e ^{13}C dos quatro bromo-alcanos isômeros de fórmula C$_4$H$_9$Br. Dê uma estrutura para cada um dos pares de espectros.

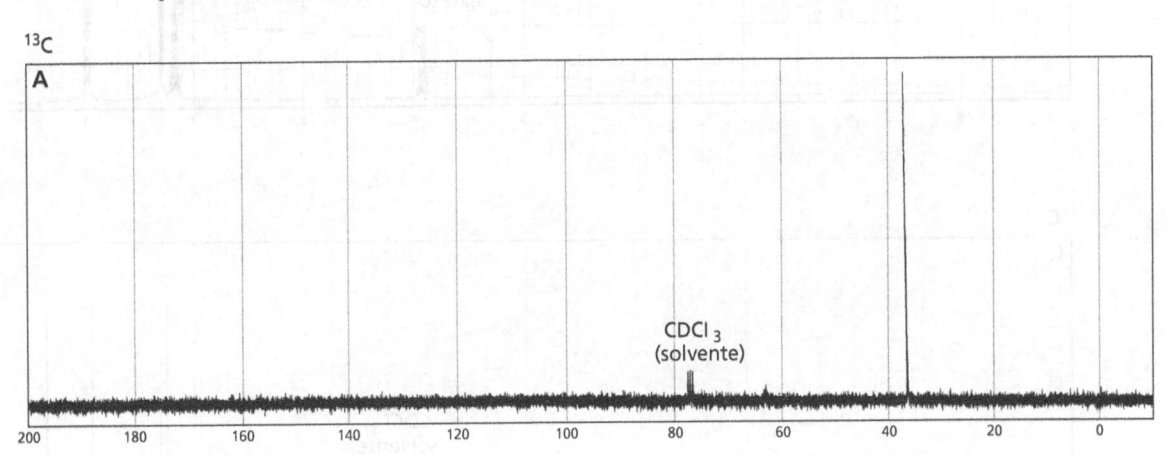

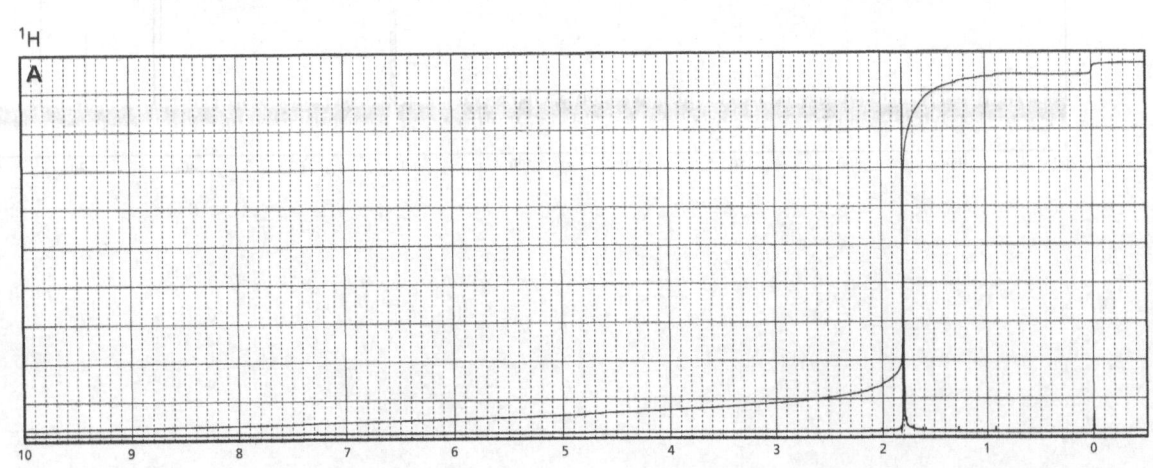

^{13}C

A

CDCl$_3$ (solvente)

^{1}H

A

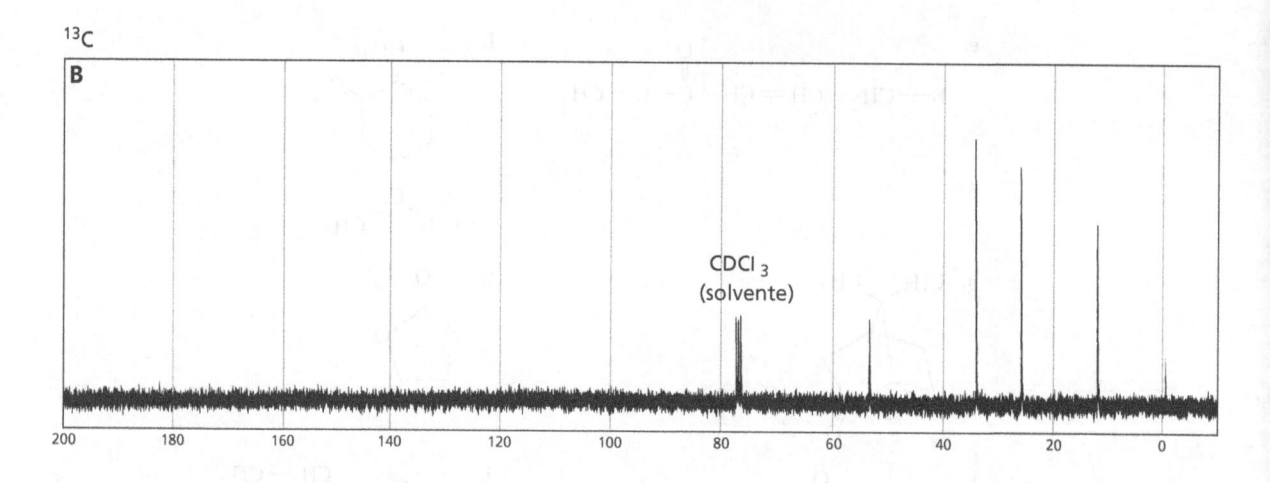

814 Parte Seis As Técnicas

¹³C

B

CDCl₃ (solvente)

200 180 160 140 120 100 80 60 40 20 0

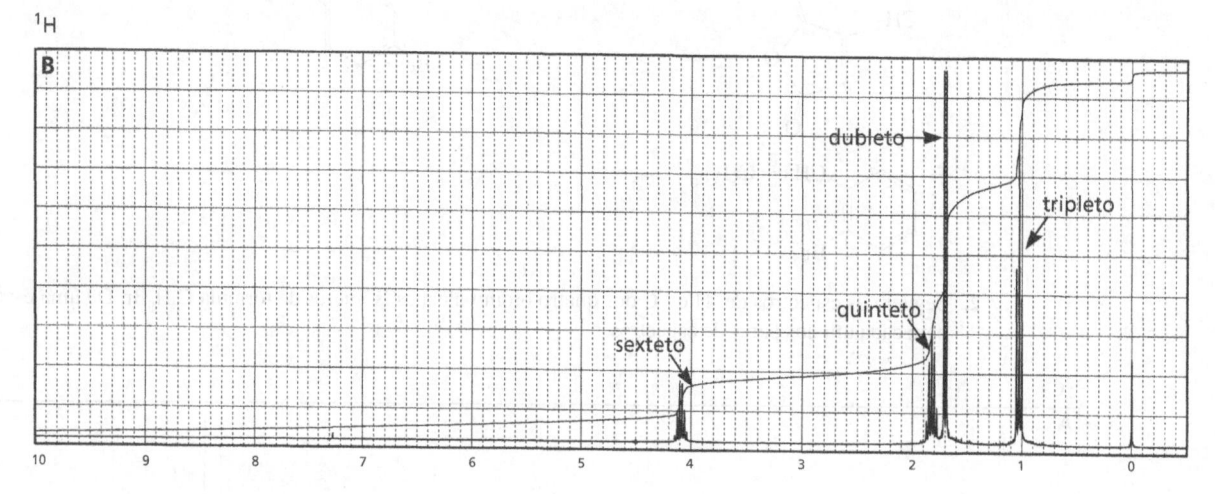

¹H

B

dubleto

tripleto

quinteto

sexteto

10 9 8 7 6 5 4 3 2 1 0

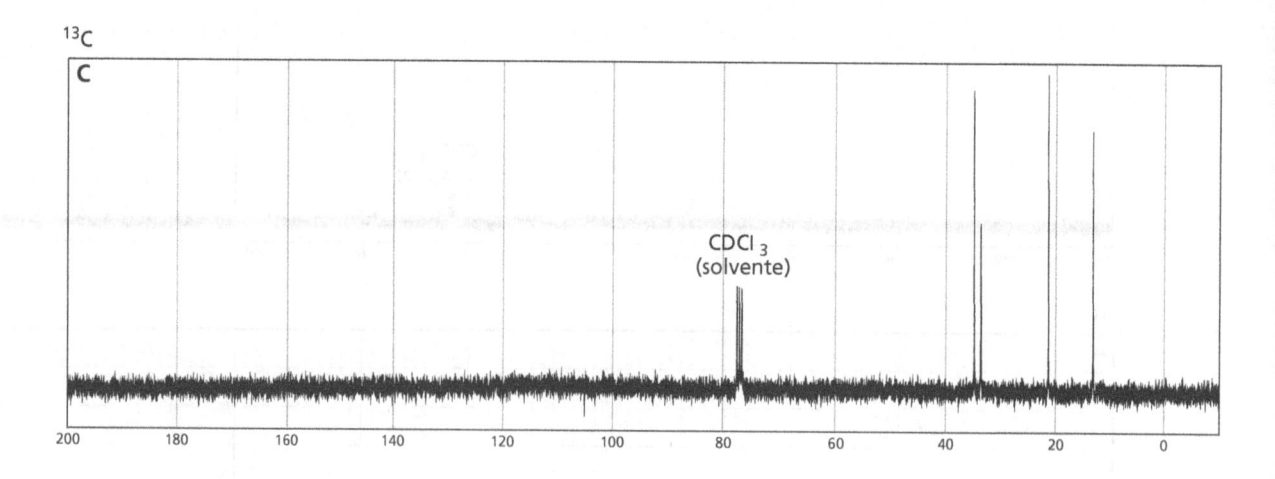

¹³C

C

CDCl₃ (solvente)

200 180 160 140 120 100 80 60 40 20 0

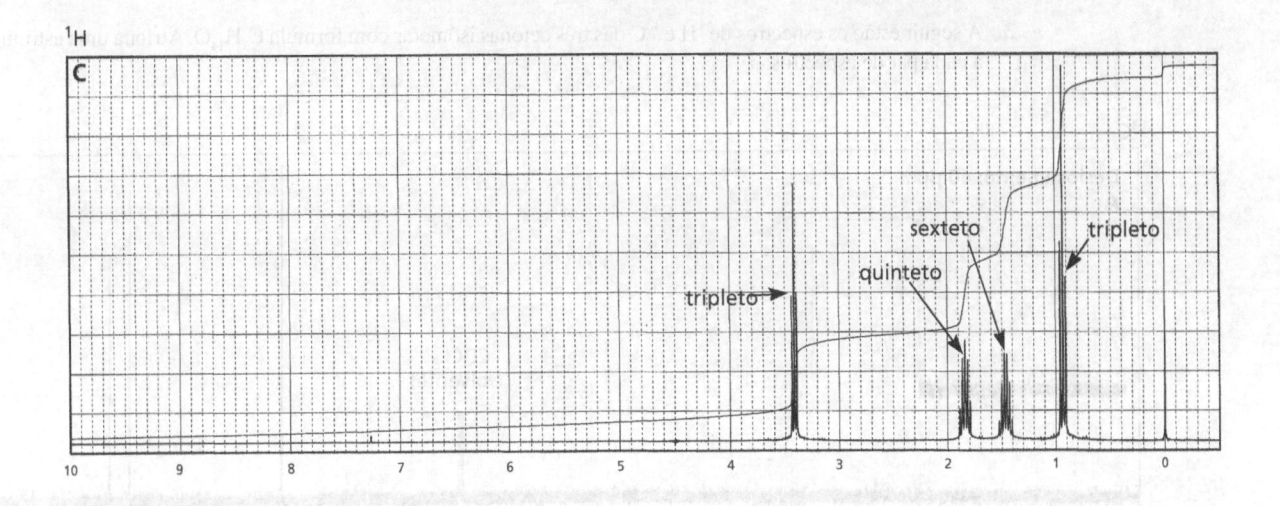

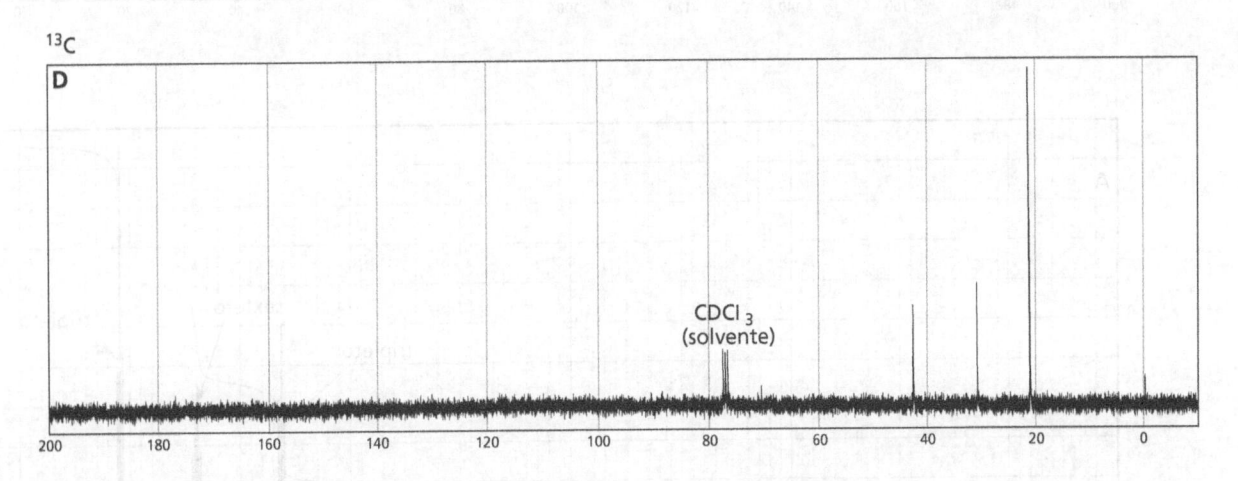

Técnica 27 Espectroscopia de ressonância magnética nuclear de carbono-13 **815**

¹H
C

tripleto
sexteto
quinteto
tripleto

¹³C
D

CDCl₃ (solvente)

¹H
D

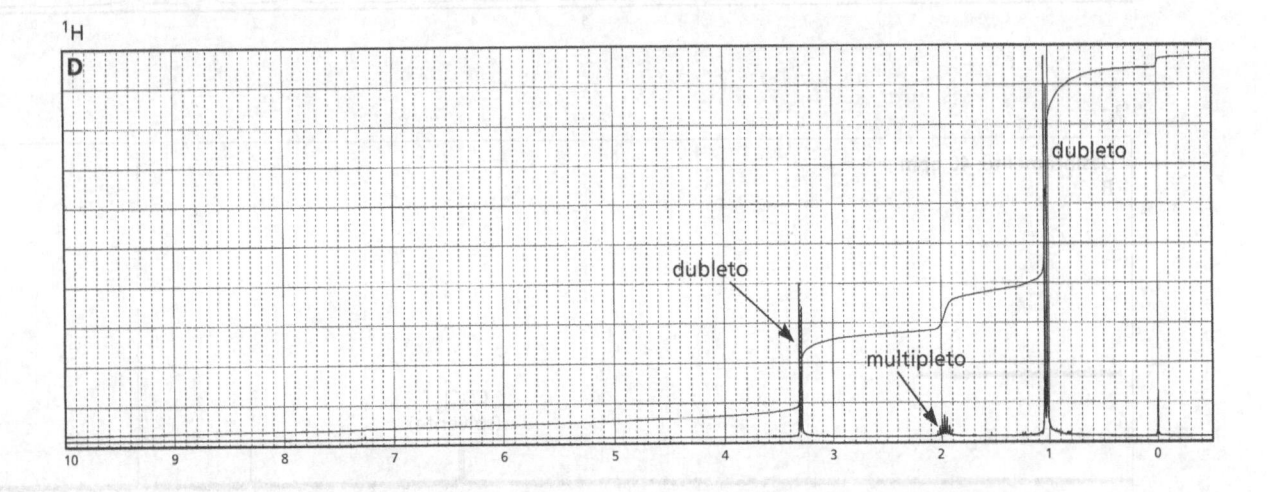

dubleto
dubleto
multipleto

3. A seguir estão os espectros de ^{1}H e ^{13}C das três cetonas isômeras com fórmula $C_7H_{14}O$. Atribua uma estrutura a cada par de espectros.

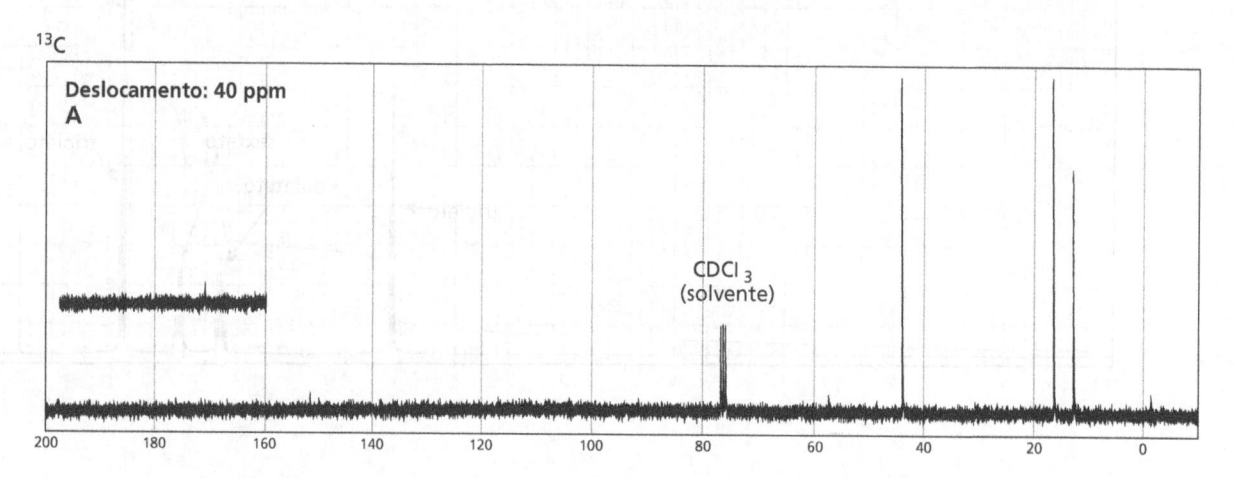

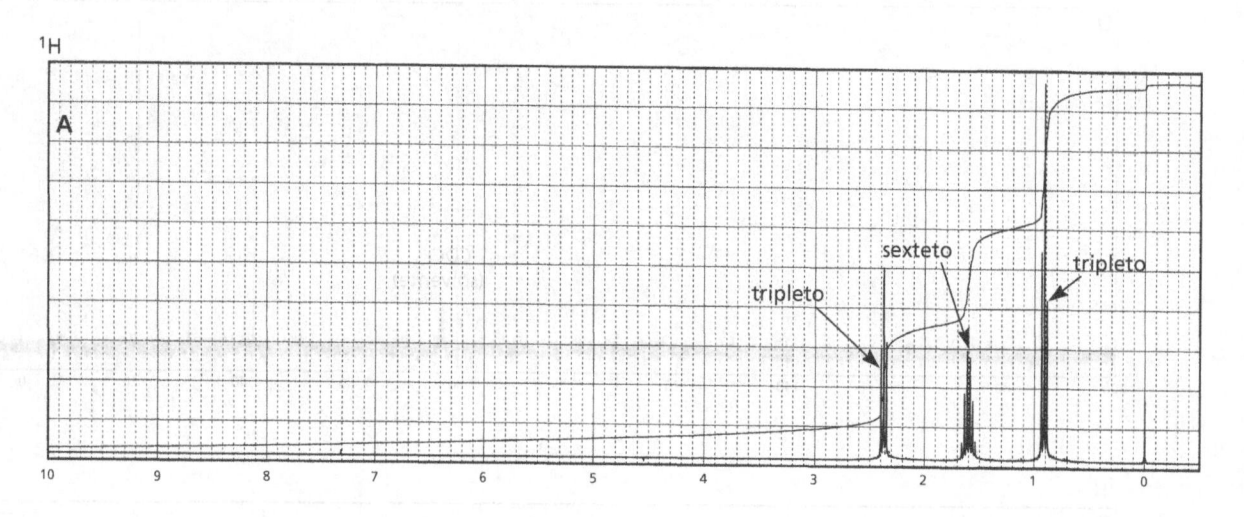

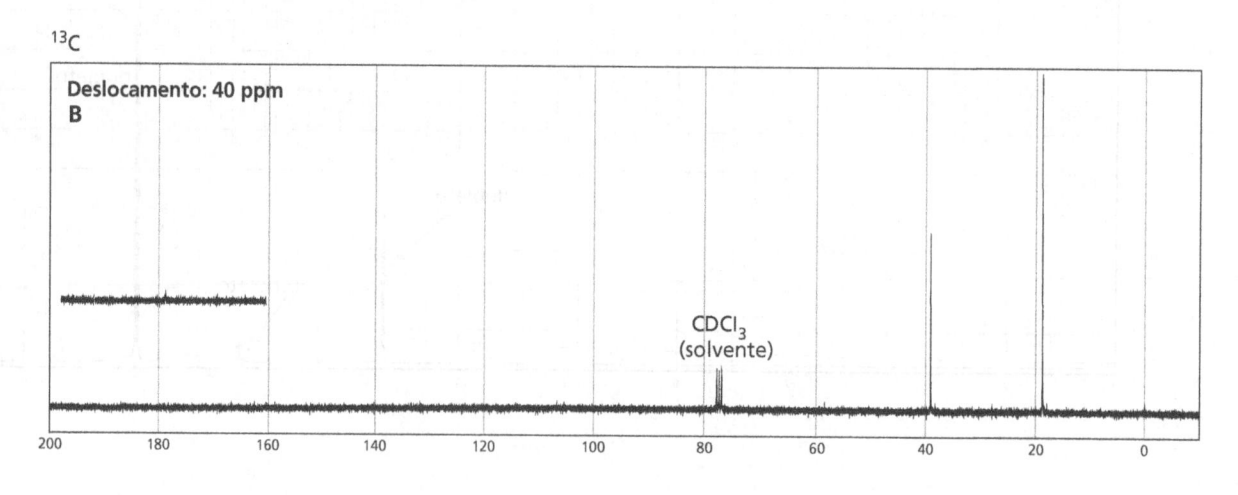

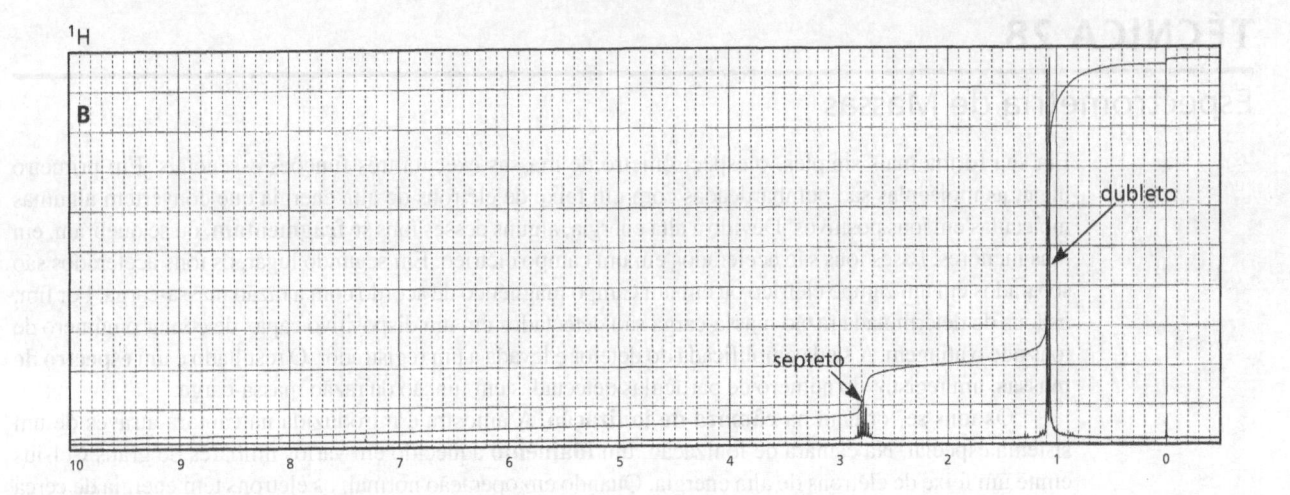

Técnica 27 Espectroscopia de ressonância magnética nuclear de carbono-13 817

¹H

B

dubleto

septeto

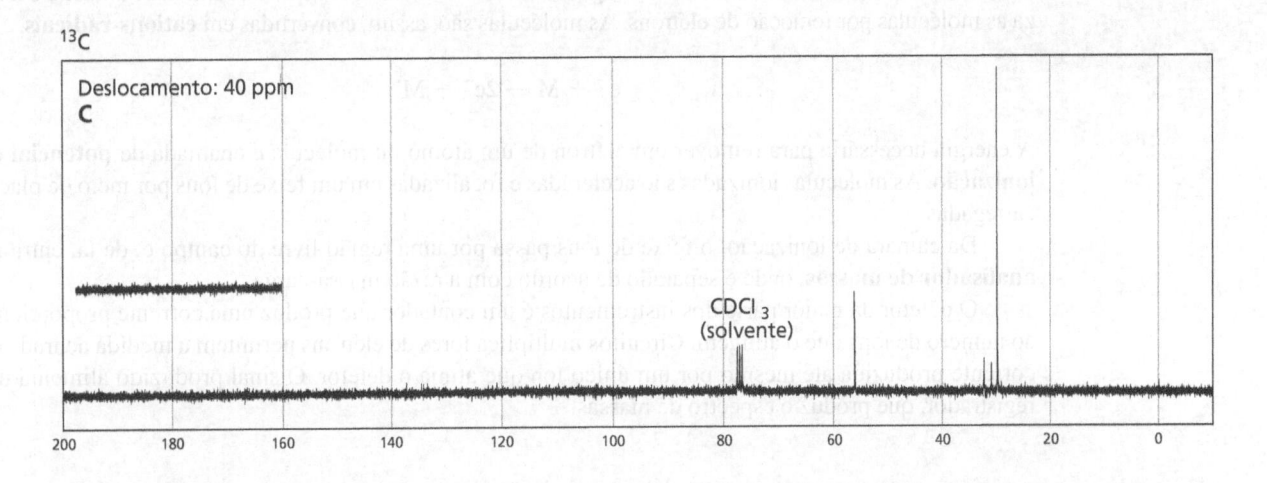

¹³C

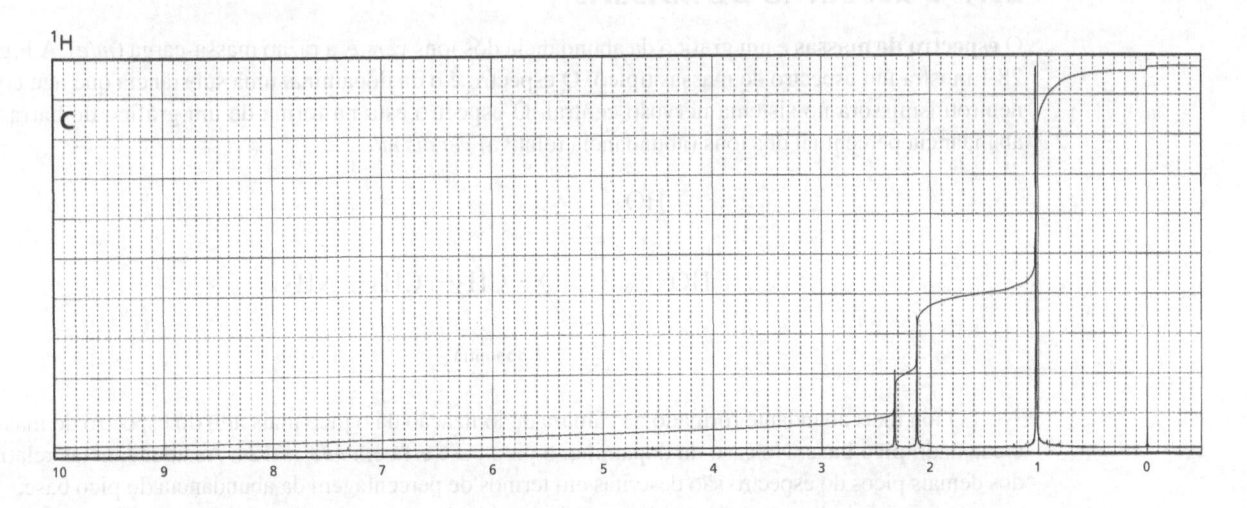

Deslocamento: 40 ppm
C

CDCl₃ (solvente)

¹H

C

TÉCNICA 28

Espectrometria de Massas

Em sua forma mais simples, o espectrômetro de massas executa três funções essenciais. Em primeiro lugar, as moléculas são bombardeadas com um feixe de elétrons de alta energia que convertem algumas moléculas em íons positivos. Devido à alta energia, alguns desses íons **se fragmentam,** ou se quebram, em íons menores. Esses íons são acelerados em um campo elétrico. Em segundo lugar, os íons acelerados são separados em um campo elétrico ou em um campo magnético de acordo com a razão massa-carga. Por fim, os íons de determinada razão massa-carga são detectados em um dispositivo capaz de contar o número de íons que o atingem. A saída amplificada do detector é levada a um registrador. O resultado é um **espectro de massas,** um registro do número de partículas detectadas em função da razão massa-carga.

Os íons se formam na **câmara de ionização**. A amostra é introduzida na câmara através de um sistema especial. Na câmara de ionização, um **filamento** aquecido em vários milhares de graus Celsius emite um feixe de elétrons de alta energia. Quando em operação normal, os elétrons têm energia de cerca de 70 elétron-volts. O feixe de elétrons atinge o feixe de moléculas admitido da câmara de amostra e ioniza as moléculas por remoção de elétrons. As moléculas são, assim, convertidas em **cátions-radicais**.

$$e^- + M \rightarrow 2e^- + M^{+\bullet}$$

A energia necessária para remover um elétron de um átomo ou molécula é chamada de **potencial de ionização**. As moléculas ionizadas são aceleradas e focalizadas em um feixe de íons por meio de placas carregadas.

Da câmara de ionização, o feixe de íons passa por uma região livre do campo e, de lá, entra no **analisador de massas**, onde é separado de acordo com a razão massa-carga.

O detector da maior parte dos instrumentos é um contador que produz uma corrente proporcional ao número de íons que o atingem. Circuitos multiplicadores de elétrons permitem a medida acurada da corrente produzida até mesmo por um único íon que atinja o detector. O sinal produzido alimenta um registrador, que produz o espectro de massas.

28.1 O ESPECTRO DE MASSAS

O **espectro de massas** é um gráfico da abundância dos íons *versus* a razão massa-carga (m/e). A Figura 28.1 mostra um espectro de massas típico. O espectro é o da dopamina, uma substância que age como neutrotrasmissora no sistema nervoso central. O espectro está na forma de um gráfico de barras da abundância percentual dos íons (abundância relativa) *versus* m/e.

Dopamina

O íon mais abundante formado na câmara de ionização dá o pico mais alto do espectro de massas, o chamado **pico base**. No caso da dopamina, o pico base está em $m/e = 124$. As abundâncias relativas dos demais picos do espectro são descritas em termos de percentagem da abundância do pico base.

O feixe de elétrons converte algumas das moléculas de amostra em íons positivos na câmara de ionização. A remoção de um único elétron dá um íon cujo peso é o peso molecular da molécula original. Este íon é o **íon molecular**, simbolizado, com freqüência, por M^+. O valor de m/e em que o íon aparece no espectro de massas, levando em conta que ele perdeu apenas um elétron, é o peso molecular da molécula original. No espectro de massas da dopamina, o íon molecular aparece em $m/e = 153$, o peso molecular da dopamina. Se você puder identificar o pico do íon molecular no espectro de massas, você

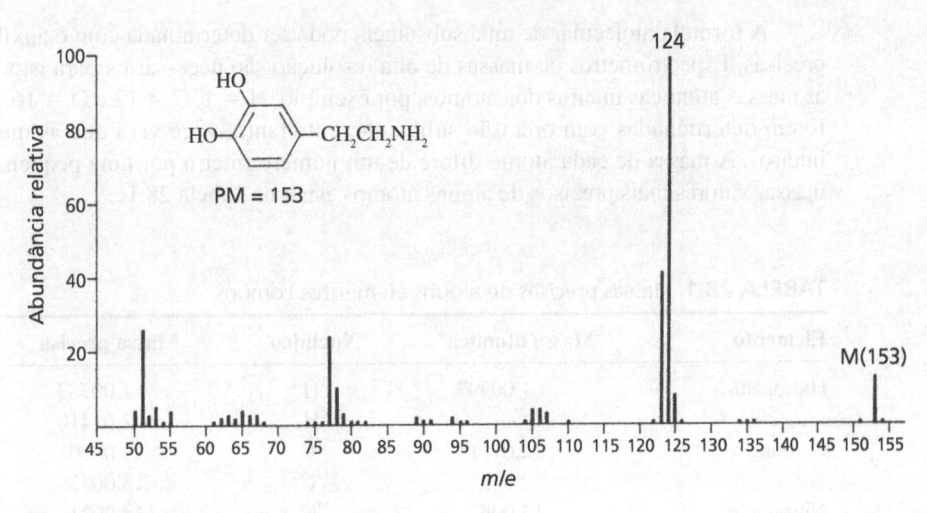

Figura 28.1 Espectro de massas da dopamina.

poderá usá-lo para determinar o peso molecular de uma substância desconhecida. Se a presença de isótopos pesados é ignorada no momento, o pico do íon molecular corresponde à partícula mais pesada observada no espectro de massas.

Na natureza, as moléculas não ocorrem na forma de espécies isotopicamente puras. Praticamente todos os átomos têm isótopos pesados que ocorrem em abundâncias naturais que variam. O hidrogênio ocorre principalmente como ^{1}H, mas uma pequena percentagem de átomos de hidrogênio é do isótopo ^{2}H. Além disto, o carbono ocorre normalmente como ^{12}C, mas uma pequena percentagem de átomos de carbono é do isótopo mais pesado, ^{13}C. Com a exceção do flúor, a maior parte dos elementos contém uma certa percentagem de isótopos pesados que ocorrem naturalmente. Os picos devidos a íons que contêm estes isótopos também são encontrados no espectro de massas. As abundâncias relativas destes picos de isótopos são proporcionais a suas abundâncias na natureza. Com muita freqüência, os isótopos ocorrem em uma ou duas unidades de massa acima da massa do átomo "normal". Portanto, além de procurar ao pico do íon molecular (M^{+}), você deve tentar encontrar os picos M + 1 e M + 2. Como veremos adiante, você pode usar as abundâncias relativas destes picos M + 1 e M + 2 para determinar a fórmula molecular da substância em estudo.

O feixe de elétrons pode produzir o íon molecular na câmara de ionização. Este feixe tem energia suficiente para quebrar, também, algumas das ligações da molécula, produzindo, assim, uma série de fragmentos moleculares. Os que têm carga positiva são acelerados na câmara de ionização, passam pelo analisador, são detectados e registrados na forma de um espectro de massas. Estes **picos de fragmentos ionizados** são encontrados nos valores de *m/e* correspondentes a suas massas individuais. Com muita freqüência, um fragmento ionizado é, em vez do íon molecular, o pico mais abundante do espectro de massas (o pico base). Uma outra maneira de produzir fragmentos ionizados é quando o íon molecular, uma vez formado, é tão instável que se desintegra antes de passar para a região de aceleração da câmara de ionização. Tempos de vida menores do que 10^{-5} segundos são típicos deste tipo de fragmentação. Os fragmentos carregados aparecem, então, como fragmentos ionizados no espectro de massas. Em conseqüência destes processos de fragmentação, o espectro de massas típico pode ser muito complexo e conter um número muito elevado de picos, além do pico do íon molecular e dos picos M + 1 e M + 2. Pode-se obter informações estruturais sobre uma substância pela análise do modo de fragmentação no espectro de massas. Os modos de fragmentação serão vistos em mais detalhes na Seção 28.4.

28.2 DETERMINAÇÃO DA FÓRMULA MOLECULAR

A espectrometria de massas pode ser usada para determinar as fórmulas moleculares de moléculas com íons moleculares relativamente abundantes. Embora existam pelo menos duas técnicas importantes de determinação de uma fórmula molecular, descreveremos aqui apenas uma.

A fórmula molecular de uma substância pode ser determinada com o auxílio de massas atômicas precisas. Espectrômetros de massas de alta resolução são necessários para isto. Usamos normalmente as massas atômicas inteiras dos átomos, por exemplo, H = 1, C = 12 e O = 16. Se as massas atômicas forem determinadas com precisão suficiente, entretanto, você verá que as massas não são números inteiros. A massa de cada átomo difere de um número inteiro por uma pequena fração da unidade de massa. Valores mais precisos de alguns átomos estão na Tabela 28.1.

TABELA 28.1 Massas precisas de alguns elementos comuns

Elemento	Massa atômica	Nuclídeo	Massa precisa
Hidrogênio	1,00797	^{1}H	1,00783
		^{2}H	2,01410
Carbono	12,01115	^{12}C	12,0000
		^{13}C	13,00336
Nitrogênio	14,0067	^{14}N	14,0031
		^{15}N	15,0001
Oxigênio	15,9949	^{16}O	15,9994
		^{17}O	16,9991
		^{18}O	17,9992
Flúor	18,9984	^{19}F	18,9984
Silício	28,086	^{28}Si	27,9769
		^{29}Si	28,9765
		^{30}Si	29,9738
Fósforo	30,974	^{31}P	30,9738
Enxofre	32,064	^{32}S	31,9721
		^{33}S	32,9715
		^{34}S	33,9679
Cloro	35,453	^{35}Cl	34,9689
		^{37}Cl	36,9659
Bromo	79,909	^{79}Br	78,9183
		^{81}Br	80,9163
Iodo	126,904	^{127}I	126,9045

Dependendo dos átomos de uma molécula, é possível que partículas de mesma massa nominal tenham massas ligeiramente diferentes quando medidas com precisão suficiente. Para ilustrar isto, uma molécula cuja massa molecular é 60 poderia ser C_3H_8O, $C_2H_8N_2$, $C_2H_4O_2$ ou CH_4N_2O. As espécies teriam as seguintes massas precisas.

C_3H_8O 60,05754
C_2H8N_2 60,06884
C_2H4O_2 60,02112
CH_4N_2O 60,03242

A observação de um íon molecular de massa 60,058 mostraria que a molécula desconhecida era C_3H_8O. A distinção entre essas possibilidades está dentro das características de um instrumento moderno de alta resolução.

Em outro método, estes quatro compostos podem também ser distinguidos pelas diferenças entre as intensidades relativas de seus picos M, M + 1 e M + 2. As intensidades preditas são calculadas por fórmulas ou encontradas em tabelas. Detalhes deste método podem ser encontrados nas Referências (página 834).

28.3 DETECÇÃO DE HALOGÊNIOS

Quando uma molécula contém cloro ou bromo, o pico de isótopo com duas unidades de massa a mais do que o íon molecular (o íon M + 2) torna-se importante. O isótopo pesado destes elementos é duas unidades de massa maior do que o isótopo mais leve. A abundância natural do ^{37}Cl é 32,5% da do ^{35}Cl, e a abundância natural do ^{81}Br é 98,0% da do ^{79}Br. Quando estes elementos estão presentes, o pico M + 2 torna-se razoavelmente intenso, e o padrão é característico de cada halogênio. Se um composto contém dois átomos de cloro ou de bromo, um pico típico M + 4 pode ser observado, juntamente com o pico M + 2. Nestes casos, tenha cuidado na identificação do pico do íon molecular no espectro de massas, porém observe que o padrão dos picos é muito característico da natureza da substituição dos halogênios na molécula. A Tabela 28.2 dá as intensidades relativas dos picos de isótopos para as várias combinações de átomos de cloro e bromo. Os padrões de íons moleculares e picos de isótopos observados quando a molécula contém halogênios estão na Figura 28.2. Exemplos destes padrões podem ser vistos nos espectros de massas do cloro-etano (Figura 28.3) e bromo-etano (Figura 28.4).

TABELA 28.2 Intensidades relativas dos picos de isótopos para várias combinações de bromo e cloro

Halogênio	M	M+2	M+4	M+6
Br	100	97,7	—	—
Br_2	100	195,0	95,4	—
Br_3	100	293,0	286,0	93,4
Cl	100	32,6	—	—
Cl_2	100	65,3	10,6	—
Cl_3	100	97,8	31,9	3,47
BrCl	100	130,0	31,9	
Br_2Cl	100	228,0	159,0	31,2
$BrCl_2$	100	163,0	74,4	10,4

28.4 MODOS DE FRAGMENTAÇÃO

Quando a molécula é bombardeada por elétrons de alta energia na câmara de ionização de um espectrômetro de massas, além de perder um elétron para formar um íon, ela também absorve parte da energia transferida na colisão entre a molécula e os elétrons incidentes. O excesso de energia coloca a molécula em um estado vibracional excitado. O íon molecular excitado vibracionalmente é geralmente instável e pode perder um pouco desta energia quebrando-se em fragmentos. Se o tempo de vida de um íon molecular é maior do que 10^{-5} segundos, observa-se um pico correspondente ao íon molecular no espectro de massas. Os íons moleculares cujos tempos de vida são inferiores a 10^{-5} segundos se fragmentam antes de serem acelerados na câmara de ionização. Os picos correspondentes aos fragmentos também aparecerão no espectro de massas. Nem todos os íons moleculares de um dado composto formados por ionização têm o mesmo tempo de vida. Os íons têm uma faixa de tempos de vida, com alguns tendo vida mais curta do que outros. O resultado é que se observa, em um espectro de massas típico, os picos oriundos do pico molecular e dos fragmentos ionizados.

O modo de fragmentação de muitas classes de compostos é razoavelmente característico. Em muitos casos, é possível predizer o modo de fragmentação de uma molécula. Lembre-se de que a ionização de uma molécula de amostra forma um íon que tem uma carga positiva e um elétron desemparelhado. O íon molecular é um cátion-radical que contém um número ímpar de elétrons. Nas fórmulas estruturais que se seguem, o cátion-radical é indicado por colchetes. A carga positiva e o elétron desemparelhado aparecem como sobrescritos.

$$[R-CH_3]^{+\cdot}$$

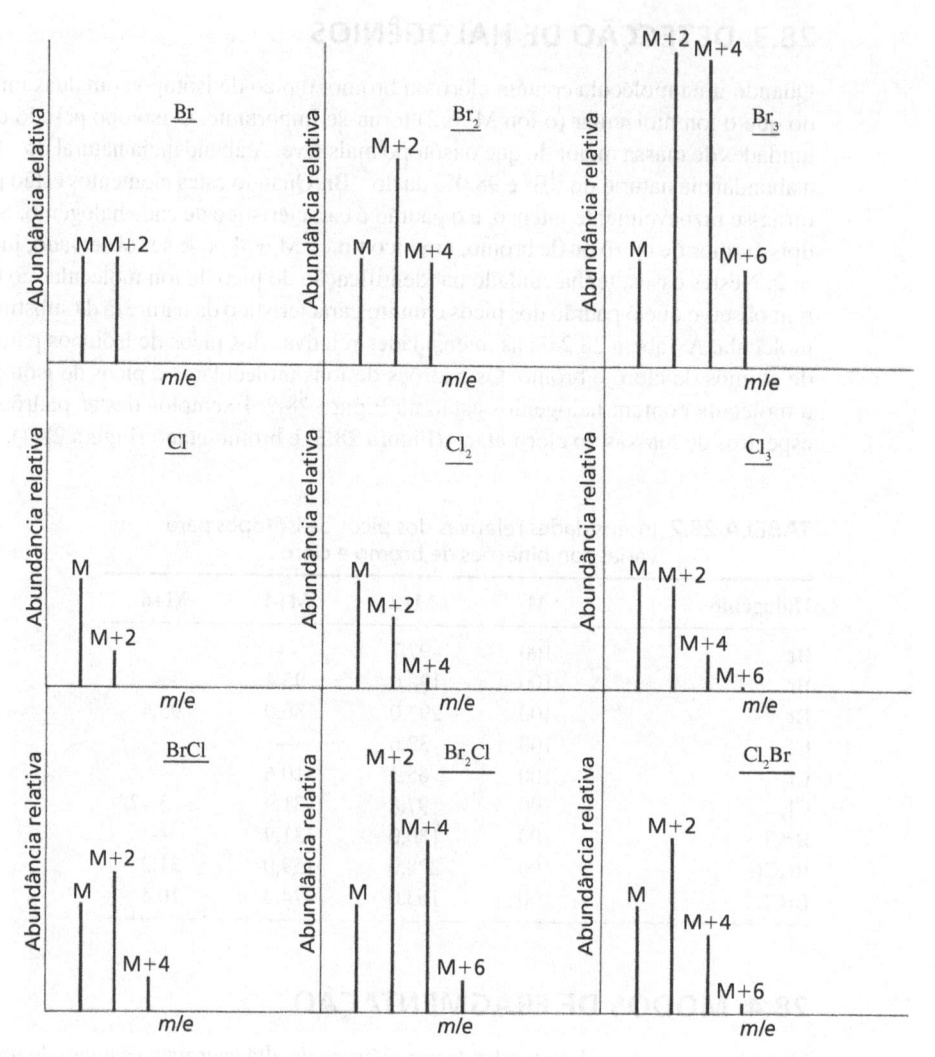

Figura 28.2 Espectros de massas esperados para as várias combinações de bromo e cloro.

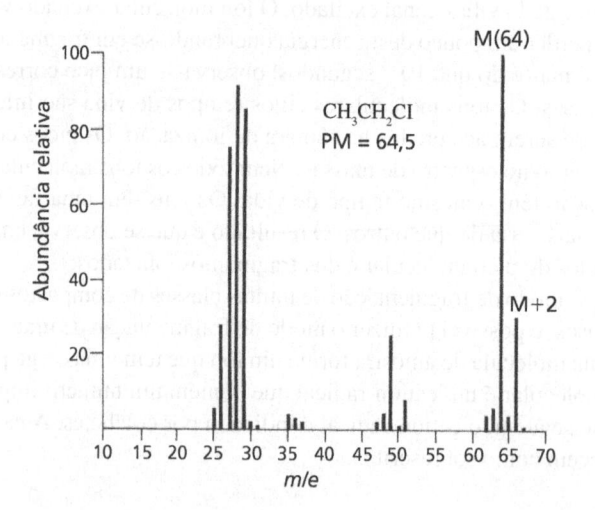

Figura 28.3 Espectro de massas do cloro-etano.

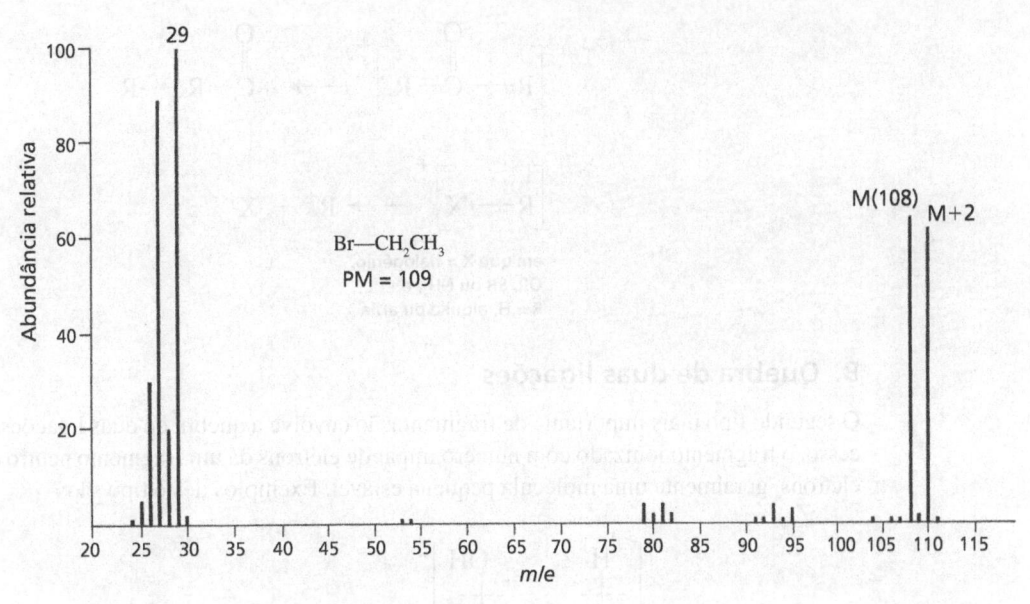

Figura 28.4 Espectro de massas do bromo-etano.

A formação de fragmentos ionizados no espectrômetro de massas segue processos unimoleculares. A pressão da amostra na câmara de ionização é muito baixa para que ocorra um número significativo de colisões bimoleculares. Os processos unimoleculares que exigem menos energia dão origem aos fragmentos ionizados mais abundantes.

Os fragmentos ionizados são cátions. Muito da química destes íons pode ser explicado em termos do que sabemos sobre carbocátions em solução. Por exemplo, substituintes alquila estabilizam os fragmentos ionizados (e promovem sua formação) como fazem com os carbocátions. Os processos de fragmentação que levam a íons mais estáveis são favorecidos sobre processos que levam a íons menos estáveis.

A fragmentação envolve, com freqüência, a perda de um fragmento eletricamente neutro. Os fragmentos neutros não aparecem no espectro de massas, mas pode-se deduzir sua existência pela diferença de massas entre o fragmento ionizado e o íon molecular original. Novamente, os processos que levam à formação de um fragmento neutro mais estável serão favorecidos em relação aos que levam aos fragmentos neutros menos estáveis. A perda de uma molécula neutra estável, como água, é observada comumente na espectrometria de massas.

A. Quebra de uma ligação

O modo mais comum de fragmentação envolve a quebra de uma ligação. Neste processo, o íon molecular com número ímpar de elétrons dá um fragmento neutro com número ímpar de elétrons e um fragmento ionizado com um número par de elétrons. O fragmento neutro perdido é um **radical livre**, e o fragmento ionizado é um carbocátion. As quebras que levam à formação do carbocátion mais estável são favorecidas. Logo, a facilidade de formação de íons aumenta na ordem:

$$CH_3^+ < RCH_2^+ < R_2CH^+ < R_3C^+ < CH_2=CH-CH_2^+ < C_6H_5-CH_2^+$$

A facilidade de formação aumenta →

As seguintes reações são exemplos de fragmentações que ocorrem com a quebra de uma ligação:

$$[R\!\!-\!\!\!\mid\!\!-\!\!CH_3]^{+\cdot} \longrightarrow R^+ + \cdot CH_3$$

$$\left[R \!-\!\!\!|\!-\! \overset{\overset{O}{\|}}{C} \!-\! R \right]^{+\cdot} \longrightarrow \ +\overset{\overset{O}{\|}}{C}\!-\!R \ + \ \cdot R$$

$$\left[R \!-\!\!\!|\!-\! X \right]^{+\cdot} \longrightarrow R^+ + \cdot X$$

em que X = halogênio,
OR, SR ou NH_2, e
R = H, alquila ou arila

B. Quebra de duas ligações

O segundo tipo mais importante de fragmentação envolve a quebra de duas ligações. Neste tipo de processo, o fragmento ionizado com número ímpar de elétrons dá um fragmento neutro com número par de elétrons, geralmente uma molécula pequena estável. Exemplos deste tipo são:

$$\left[\begin{array}{cc} H & OH \\ | & | \\ RCH \!-\!\!\!-\! CHR' \end{array} \right]^{+\cdot} \longrightarrow \left[RCH = CHR' \right]^{+\cdot} + H_2O$$

$$\left[\begin{array}{cc} CH_2 \!-\! CH_2 \\ | \quad\quad | \\ RCH \!-\!\!\!-\! CH_2 \end{array} \right]^{+\cdot} \longrightarrow \left[RCH = CH_2 \right]^{+\cdot} + CH_2 = CH_2$$

$$\left[\begin{array}{c} RCH \!-\! CH_2 \!-\!\!\!|\!-\! O \!-\! \overset{\overset{O}{\|}}{C}\!-\!CH_3 \\ | \\ H \end{array} \right]^{+\cdot} \longrightarrow \left[RCH = CH_2 \right]^{+\cdot} + HO\!-\!\overset{\overset{O}{\|}}{C}\!-\!CH_3$$

C. Outros processos de quebra

Além dos processos mencionados acima, reações de fragmentação que envolvem rearranjos, migrações de grupos e fragmentações secundárias de fragmentos ionizados também são possíveis. Estes processos ocorrem menos freqüentemente do que os tipos de processos descritos acima. No entanto, o padrão dos picos do íon molecular e dos fragmentos ionizados observado no espectro de massas típico é bastante complexo e característico de cada molécula em particular. Como resultado, o padrão do espectro de massas de uma dada substância pode ser comparado com os espectros de massas de compostos conhecidos para fins de identificação. O espectro de massas é como uma impressão digital. Para um tratamento dos modos específicos de fragmentação, característicos de classes particulares de compostos, veja livros mais avançados (veja a página 834). O padrão único do espectro de massas de um dado composto é a base da identificação de componentes de uma mistura na técnica da espectrometria de massas-cromatografia a gás (CG-EM) (veja a Técnica 22, Seção 22.13, página 723). O espectro de massas de cada componente da mistura é comparado com padrões guardados na memória do computador do instrumento. A saída impressa produzida nos instrumentos de CG-EM incluem a identificação baseada nos resultados da comparação computadorizada dos espectros de massas.

28.5 ESPECTROS DE MASSAS INTERPRETADOS

Nesta seção, são apresentados os espectros de massas de alguns compostos orgânicos representativos. Os fragmentos ionizados importantes de cada espectro de massas são identificados. Em alguns dos exemplos, a identificação dos fragmentos é apresentada sem explicações, embora interpretações sejam dadas quando ocorre um processo interessante ou fora do comum. No primeiro exemplo, o butano, damos uma explicação mais completa do simbolismo usado.

Butano, C_4H_{10}, PM = 58 (Figura 28.5)

$$CH_3 \dashv CH_2 \dashv CH_2 \dashv CH_3$$
$$\quad\quad\;\; 15 \quad\;\; 29 \quad\;\; 43$$

Na fórmula estrutural do butano, as linhas tracejadas representam a localização dos processos de quebra de ligações que ocorrem durante a fragmentação. Em cada caso, o processo de fragmentação envolve a quebra de uma ligação para dar um radical neutro e um cátion. As setas apontam para o fragmento com a carga positiva. O fragmento positivo é o íon que aparece no espectro de massas. A massa do fragmento ionizado é dada abaixo da seta.

O espectro de massas mostra o íon molecular em $m/e = 58$. A quebra da ligação C1-C2 dá um fragmento de três carbonos com massa 43.

$$CH_3-CH_2-CH_2 \dashv CH_3 \longrightarrow CH_3-CH_2-CH_2^+ + \cdot CH_3$$
$$m/e = 43$$

A quebra da ligação central dá um cátion etila, com massa 29.

$$CH_3-CH_2 \dashv CH_2-CH_3 \longrightarrow CH_3-CH_2^+ + \cdot CH_2-CH_3$$
$$m/e = 29$$

A ligação terminal também pode se quebrar para dar um cátion metila com massa 15.

$$CH_3 \dashv CH_2-CH_2-CH_3 \longrightarrow CH_3^+ + \cdot CH_2-CH_2-CH_3$$
$$m/e = 15$$

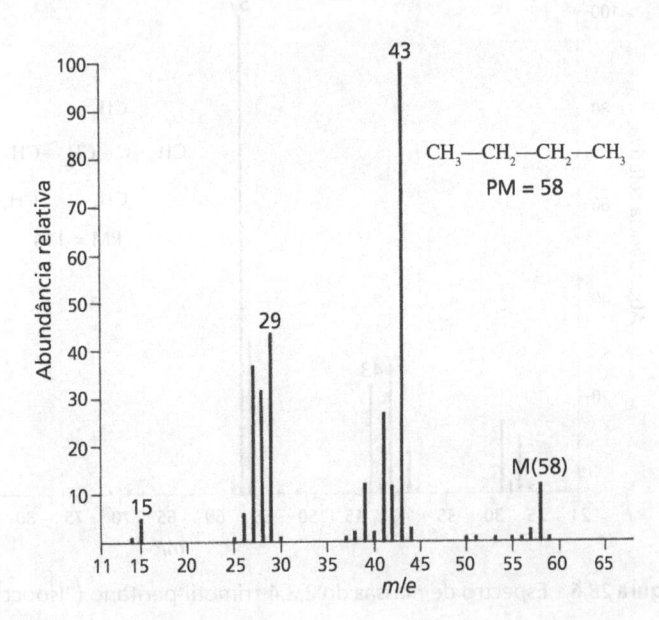

Figura 28.5 Espectro de massas do butano.

Cada um destes fragmentos aparecem no espectro de massas do butano e foram identificados.

2,2,4-Trimetil-pentano, C_8H_{18}, PM = 114 (Figura 28.6)

$$CH_3-\underset{\underset{CH_3}{|}}{\overset{\overset{CH_3}{|}}{C}}-CH_2-\underset{\underset{CH_3}{|}}{CH}-CH_3$$

$\leftarrow$ 57   43 $\rightarrow$

Note que, no caso do 2,2,4-trimetil-pentano, o fragmento de longe o mais abundante é o cátion *terc*-butila (m/e = 57). Este resultado não surpreende se nos lembrarmos de que o cátion *terc*-butila é um carbocátion particularmente estável.

Ciclo-pentano, C_5H_{10}, PM = 70 (Figura 28.7)

$$\begin{array}{c} CH_2 \\ CH_2 \quad CH_2 \\ | \quad\quad | \\ CH_2-CH_2 \end{array} \uparrow 42$$

No caso do ciclo-pentano, o fragmento mais abundante resulta da quebra simultânea de duas ligações. Este modo de fragmentação elimina uma molécula neutra de eteno (PM = 28) e leva à formação de um cátion em m/e = 42.

1-Buteno, C_4H_8, PM = 56 (Figura 28.8)

$$CH_2=CH-CH_2-CH_3$$

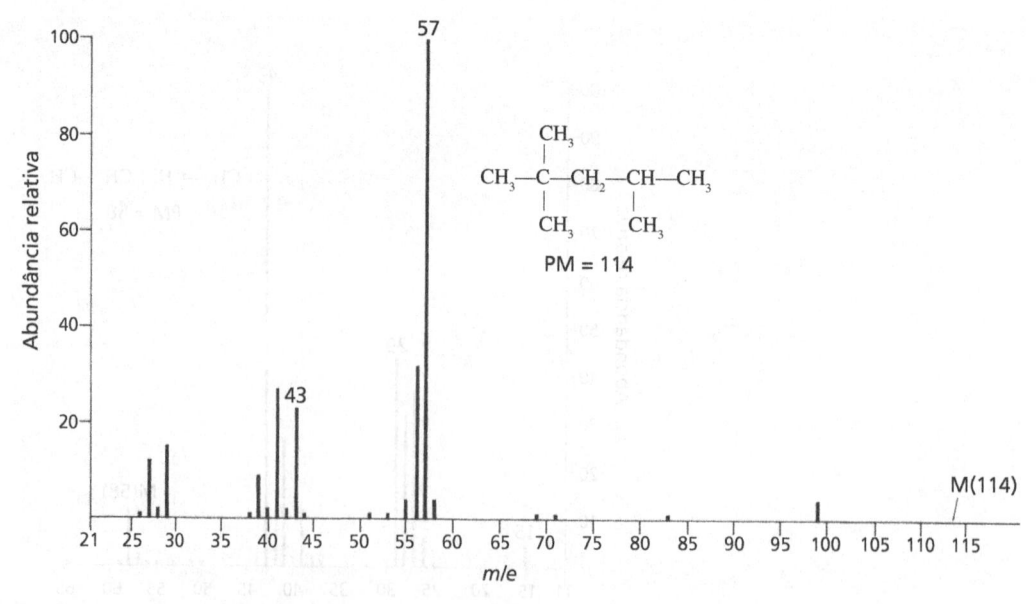

$\leftarrow$ 41

Figura 28.6 Espectro de massas do 2,2,4-trimetil-pentano ("isooctano").

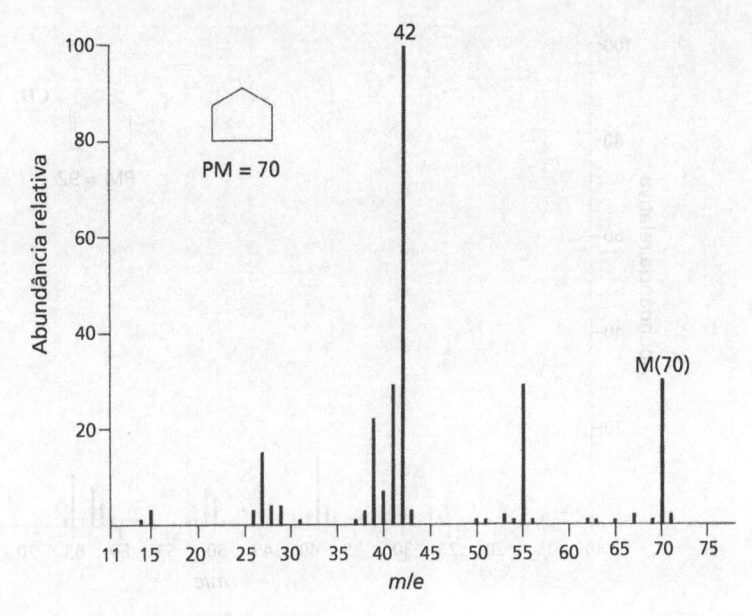

Figura 28.7 Espectro de massas do ciclo-pentano.

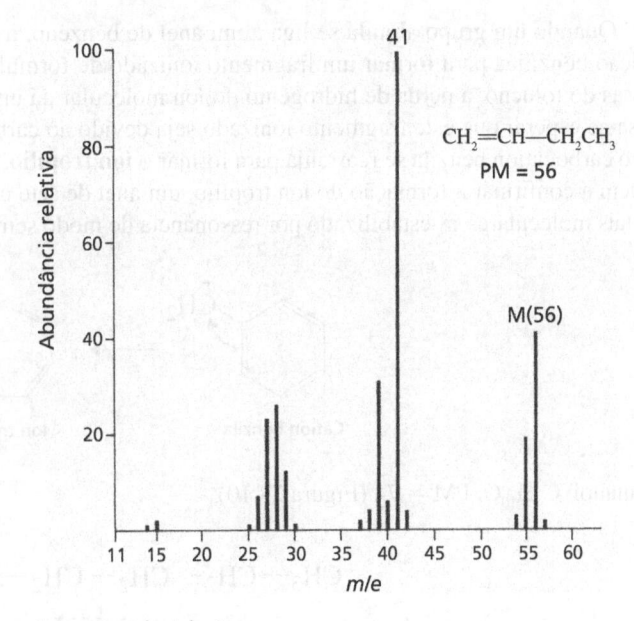

Figura 28.8 Espectro de massas do 1-buteno.

Um fragmento importante dos espectros de massas dos alquenos é o cátion alila ($m/e = 41$). Este cátion é particularmente estável devido à ressonância.

$$[^+CH_2-CH=CH_2 \longleftrightarrow CH_2=CH-CH_2^+]$$

Tolueno, C_7H_8, PM = 92 (Figura 28.9)

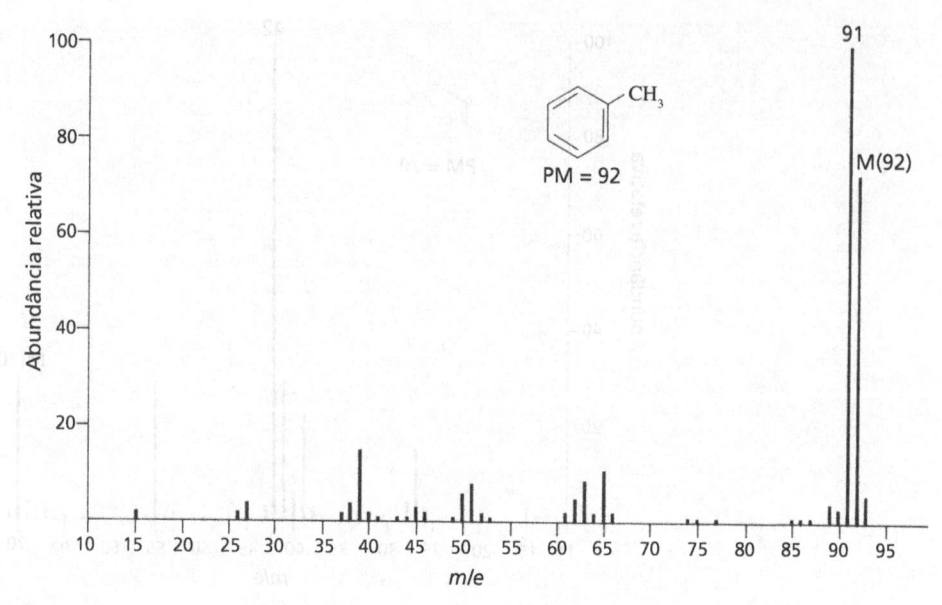

Figura 28.9 Espectro de massas do tolueno.

Quando um grupo alquila se liga a um anel de benzeno, a fragmentação preferencial ocorre na posição benzílica para formar um fragmento ionizado de fórmula $C_7H_7^+$ (m/e = 91). No espectro de massas do tolueno, a perda de hidrogênio do íon molecular dá um pico intenso em m/e = 91. Embora possa-se esperar que este fragmento ionizado seja devido ao carbocátion benzila, evidências sugerem que o carbocátion benzila se rearranja para formar o **íon tropílio**. Experimentos de marcação isotópica tendem a confirmar a formação do íon tropílio, um anel de sete carbonos que contém seis elétrons em orbitais moleculares π, estabilizado por ressonância de modo semelhante ao benzeno.

Cátion benzila → Íon tropílio

1-Butanol, $C_4H_{10}O$, PM = 74 (Figura 28.10)

$$CH_3-CH_2-CH_2\overset{|}{\underset{\underset{31}{\dashrightarrow}}{|}}CH_2-OH$$

O processo de fragmentação mais importante nos álcoois é a perda de um grupo alquila:

$$\left[R-\underset{R''}{\overset{R'}{\underset{|}{\overset{|}{C}}}}-OH \right]^{+\cdot} \longrightarrow R\cdot + \underset{R''}{\overset{R'}{>}}C=OH^+$$

O grupo alquila maior é o que se perde mais facilmente. No espectro do 1-butanol, o pico intenso em m/e = 31 é devido à perda de um grupo propila para formar

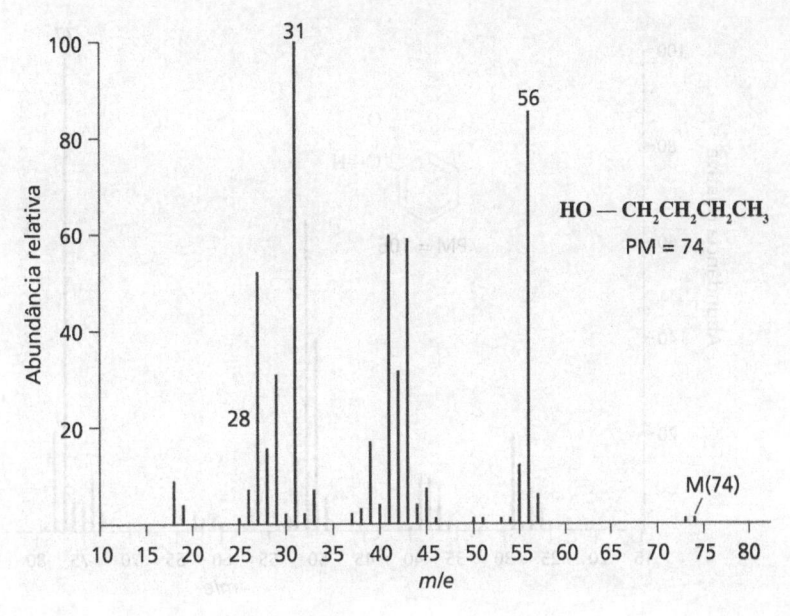

Figura 28.10 Espectro de massas do 1-butanol.

$$\begin{matrix} H \\ \diagdown \\ C={OH}^+ \\ \diagup \\ H \end{matrix}$$

Um modo comum de fragmentação envolve a desidratação. A perda de uma molécula de água do 1-butanol deixa um cátion de massa 56.

$$CH_3-CH_2-CH-CH_2 \uparrow 56$$
$$HOH$$

Benzaldeído, C_7H_6O, PM = 106 (Figura 28.11)

A perda de um átomo de hidrogênio de um aldeído é um processo muito favorecido. O fragmento resultante é um cátion benzoíla, um tipo particularmente estável de carbocátion.

$$m/e = 105$$

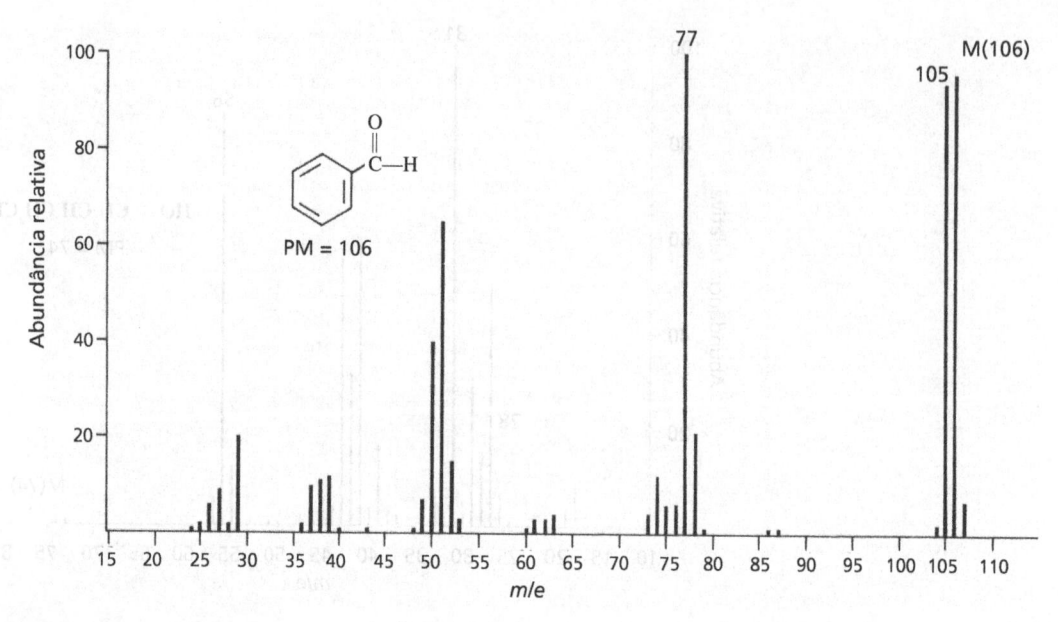

Figura 28.11   Espectro de massas do benzaldeído.

A perda do grupo funcional aldeído deixa um cátion fenila. Este íon pode ser visto no espectro em $m/e = 77$.

2-Butanona, C_4H_8O, PM = 72 (Figura 28.12)

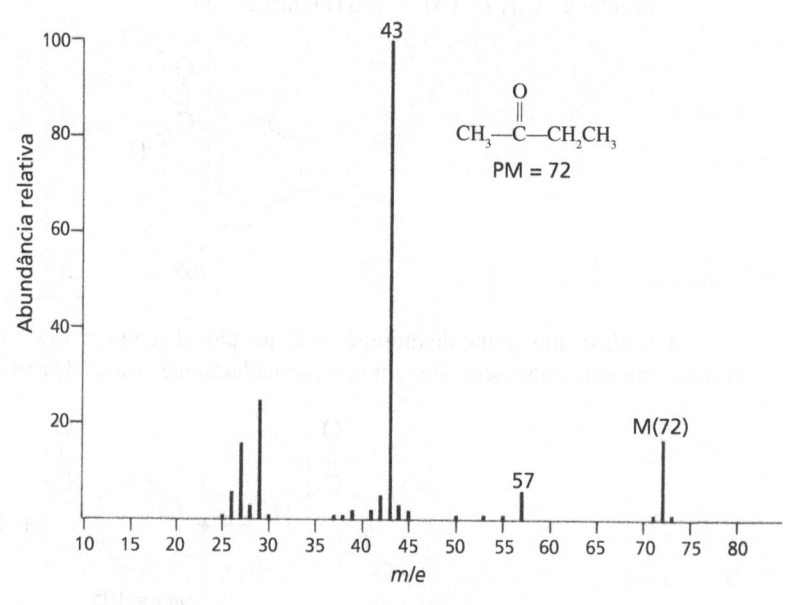

Figura 28.12   Espectro de massas da 2-butanona.

Se o grupo metila se perde como um fragmento neutro, o cátion resultante, um íon acílio, tem $m/e = 57$. Se o grupo etila se perde, o íon acílio resultante aparece em $m/e = 43$.

$$CH_3-CH_2-\overset{O}{\underset{\|}{C}}\!\!\mid\!\!CH_3 \longrightarrow \underset{m/e=57}{CH_3-CH_2-\overset{O}{\underset{\|}{C^+}}} + \cdot CH_3$$

$$CH_3-CH_2\!\!\mid\!\!\overset{O}{\underset{\|}{C}}-CH_3 \longrightarrow \underset{m/e=43}{CH_3-\overset{O}{\underset{\|}{C^+}}} + \cdot CH_2CH_3$$

Acetofenona, C_8H_8O, PM = 120 (Figura 28.13)

As cetonas aromáticas sofrem clivagem α e perdem o grupo alquila para formar o cátion benzoíla ($m/e = 105$). Este íon perde, subseqüentemente, monóxido de carbono, e forma o cátion fenila ($m/e = 77$). As cetonas aromáticas também sofrem clivagem α no outro lado do grupo carbonila e formam um íon acila de alquila. No caso da acetofenona, o íon aparece em m/e 43.

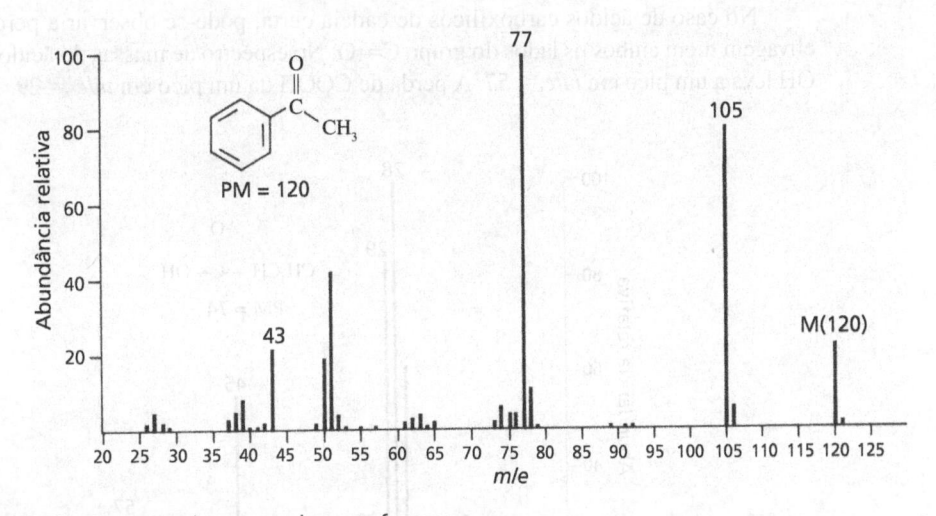

Figura 28.13 Espectro de massas da acetofenona.

$$\underset{m/e=105}{\text{Ph-CO-CH}_3} \longrightarrow \underset{m/e=105}{\text{Ph-CO}^+} + \cdot CH_3$$

$$\underset{m/e=77}{\text{Ph}^+} + CO$$

$$\underset{m/e=43}{\text{Ph-CO-CH}_3} \longrightarrow \underset{m/e=43}{\text{CH}_3\text{-CO}^+} + \text{Ph}\cdot$$

Ácido propanóico, $C_3H_6O_2$, PM = 74 (Figura 28.14)

$$CH_3-CH_2-C(=O)-O-H$$
29 57
45 73

No caso de ácidos carboxílicos de cadeia curta, pode-se observar a perda de OH e COOH por clivagem α em ambos os lados do grupo C=O. No espectro de massas do ácido propanóico, a perda de OH leva a um pico em m/e = 57. A perda de COOH dá um pico em m/e = 29. Também ocorre a perda

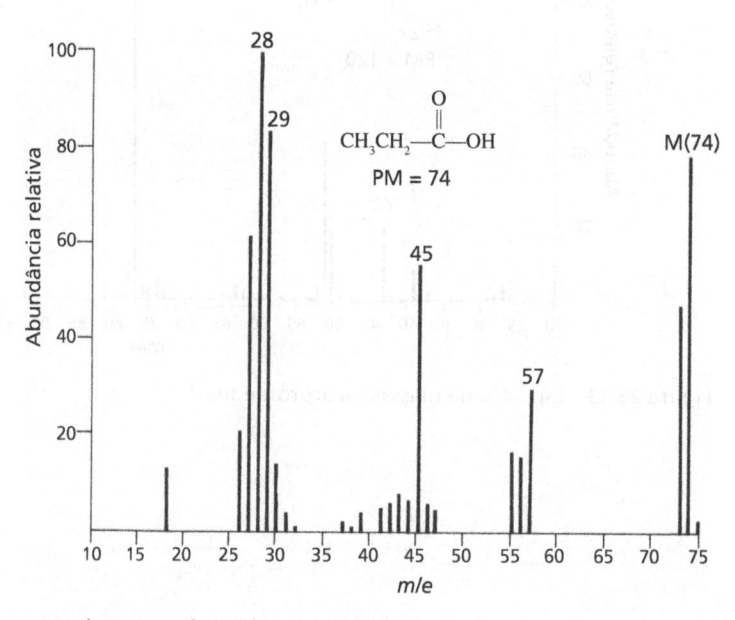

Figura 28.14 Espectro de massas do ácido propanóico.

de um grupo alquila como radical livre, deixando o íon COOH⁺ ($m/e = 45$). O pico intenso em $m/e = 28$ é devido à fragmentação adicional do grupo etila.

Butanoato de metila, $C_5H_{10}O_2$, PM = 102 (Figura 28.15)

$$CH_3-CH_2-CH_2\overset{|}{\underset{|}{\vert}}\overset{O}{\underset{\parallel}{C}}\overset{|}{\underset{|}{\vert}}O-CH_3$$

$$\underset{43}{\leftarrow}\quad \underset{59}{\leftarrow}$$
$$\underset{71}{\leftarrow}$$

A reação de clivagem α mais importante envolve a perda do grupo alcóxi do éster para formar o íon acílio correspondente, RCO⁺. O pico do íon acílio aparece em $m/e = 71$ no espectro do butanoato de metila. Um segundo pico importante resulta da perda do grupo alquila da porção acila da molécula de éster, que deixa o fragmento $CH_3-O-C=O^+$ que aparece em $m/e = 43$. O pico intenso em $m/e = 74$ provém de um processo de rearranjo (veja a Seção 28.6).

1-Bromo-hexano, $C_6H_{13}Br$, PM = 165 (Figura 28.16)

$$CH_3-CH_2\vert CH_2\vert CH_2-CH_2-CH_2\vert Br$$

$$\underset{43}{\leftarrow} \quad \underset{85}{\leftarrow}$$
$$\underset{135/137}{\rightarrow}$$

A característica mais interessante do espectro de massas do 1-bromo-hexano é a presença do dubleto do íon molecular. Estes dois picos de igual tamanho, separados por duas unidades de massa, são evidência forte de que o bromo está presente na substância. Note também que a perda do grupo etila terminal dá um fragmento que ainda contém bromo ($m/e = 135$ e 137). A presença do dubleto mostra que este fragmento contém bromo.

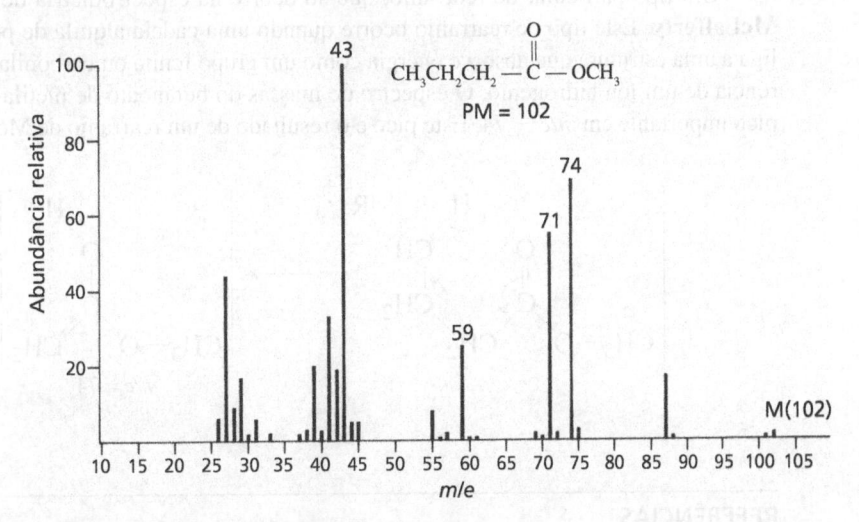

Figura 28.15 Espectro de massas do butanoato de metila.

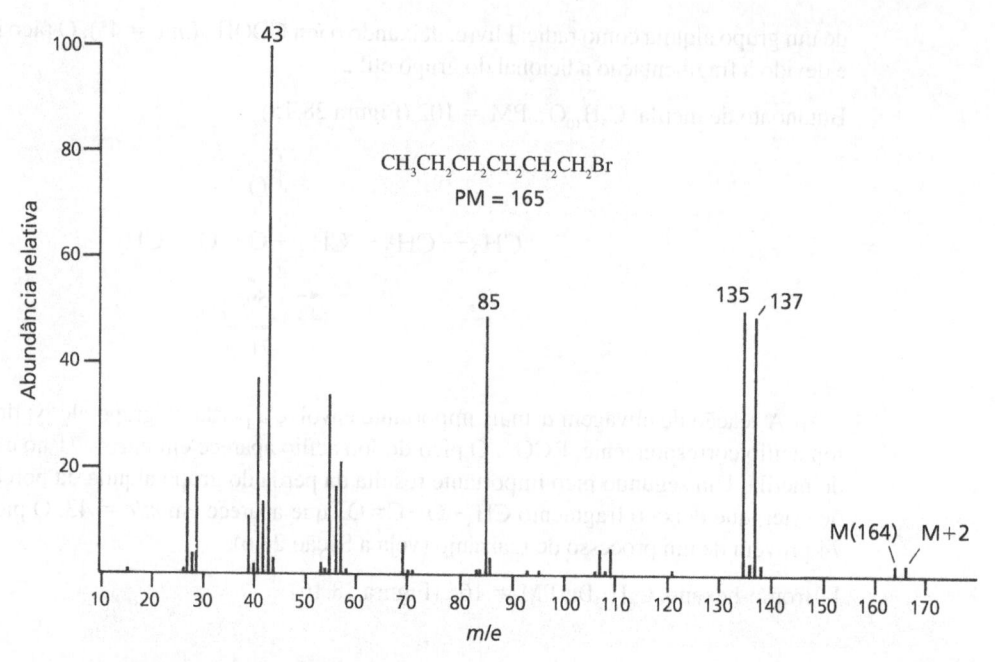

Figura 28.16 Espectro de massas do 1-bromo-hexano.

28.6 REAÇÕES DE REARRANJO

Como os fragmentos detectados no espectro de massas são cátions, podemos esperar que estes íons tenham o comportamento que estamos acostumados a associar com carbocátions. Sabe-se que os carbocátions se rearranjam para dar um carbocátion mais estável. Este tipo de rearranjo também é observado no espectro de massas. Se a abundância de um cátion é especialmente alta, pode-se concluir que ocorreu um rearranjo para dar um tempo de vida maior ao cátion.

Outros tipos de rearranjo também são conhecidos. Um exemplo de rearranjo normalmente observado na química em solução é o rearranjo de um cátion benzila a íon tropílio. Este rearranjo pode ser visto no espectro de massas do tolueno (Figura 28.9).

Um tipo particular de rearranjo, que só ocorre na espectrometria de massas, é o **rearranjo de McLafferty**. Este tipo de rearranjo ocorre quando uma cadeia alquila de pelo menos três carbonos se liga a uma estrutura que absorve energia como um grupo fenila ou carbonila que pode aceitar a transferência de um íon hidrogênio. O espectro de massas do butanoato de metila (Figura 28.15) contém um pico importante em $m/e - 74$. Este pico é o resultado de um rearranjo de McLafferty do íon molecular.

REFERÊNCIAS

Beynon, J. H. *Mass Spectrometry and Its Applications to Organic Chemistry.* Amsterdam: Elsevier, 1960.
Biemann, K. *Mass Spectrometry: Organic Chemical Applications.* New York: McGraw-Hill, 1962.
Budzikiewicz, H., Djerassi, C., and Williams, D. H. *Mass Spectrometry of Organic Compounds.* San Francisco: Holden-Day, 1967.

McLafferty, F. W., and Tureccek, F. *Interpretation of Mass Spectra,* 4th ed. Mill Valley, CA: University Science Books, 1993.
Pavia, D. L., Lampman, G. M., and Kriz, G. S. *Introduction to Spectroscopy: A Guide for Students of Organic Chemistry,* 3rd ed. Philadelphia: Harcourt College Publishers, 2001.
Silverstein, R. M., and Webster, F. X. *Spectrometric Identification of Organic Compounds,* 6th ed. New York: John Wiley & Sons, 1998.

TÉCNICA 29
Guia da Literatura Química

Muitas vezes você terá de ir além das informações contidas nos livros-texto comuns de química orgânica e usar o material de referência da biblioteca. À primeira vista, o uso dos recursos da biblioteca pode parecer uma tarefa formidável devido às numerosas fontes que ela contém. Se, entretanto, você adotar um procedimento sistemático, ela pode ser facilitada. A descrição das fontes mais comuns e a sugestão de etapas lógicas na procura de algum ponto da literatura, dadas a seguir, pode ser útil.

29.1 LOCALIZAÇÃO DE CONSTANTES FÍSICAS: MANUAIS DE LABORATÓRIO

Para encontrar constantes físicas de rotina, como pontos de fusão, pontos de ebulição, índices de refração e densidades, utilize, primeiro, um manual de laboratório. Exemplos de manuais adequados são:

Aldrich Handbook of Fine Chemicals. Milwaukee, WI: Sigma-Aldrich, 2003–2004.
Budavari, S., ed. *The Merck Index,* 12th ed. Whitehouse Station, NJ: Merck, 1996.
Dean, J. A., ed. *Lange's Handbook of Chemistry,* 14th ed. NewYork: McGraw-Hill, 1992.
Lide, D. R., ed. *CRC Handbook of Chemistry and Physics,* 80th ed. Boca Raton, FL: CRC Press, 1999.

Essas referências são discutidas em detalhes na Técnica 4. O *CRC Handbook* é a referência mais consultada porque é muito fácil encontrá-lo. Os outros manuais, porém, têm suas vantagens. O *CRC Handbook* usa o sistema de nomenclatura do *Chemical Abstracts,* exigindo que você identifique o nome principal. 3-metil-1-butanol está listado como 1-butanol, 3-metil.

O *The Merck Index* lista menos compostos, mas para estes dá mais informações. Se o composto é medicinal ou é um produto natural, é a melhor referência. Este manual contém referências da literatura sobre o isolamento e a síntese de compostos, juntamente com certas propriedades de interesse medicinal, como a toxicidade. O *Lange's Handbook* e o *Aldrich Handbook* listam os compostos na ordem alfabética. 3-metil-1-butanol está listado como 3-metil-1-butanol.

Um manual mais completo, usualmente colocado na biblioteca, é

Buckingham, J., ed. *Dictionary of Organic Compounds.* New York: Chapman & Hall/Methuen, 1982–1992.

Esta é uma versão revisada de um manual anterior em quatro volumes, editado por I. M. Heilbron e H. M. Bunbury. Na forma atual, ele consiste de sete volumes com 10 suplementos.

29.2 MÉTODOS GERAIS DE SÍNTESES

Muitos livros-texto introdutórios comuns na química orgânica fornecem tabelas que sumariam muitas reações comuns, inclusive reações laterais, das diversas classes de compostos. Estes livros descrevem, também, métodos alternativos de preparação de compostos.

Brown, W. H., and Foote, C. *Organic Chemistry,* 3rd ed. Pacific Grove, CA: Brooks/Cole, 2002.
Carey, F. A. *Organic Chemistry,* 5th ed. New York: McGraw-Hill, 2003.
Ege, S. *Organic Chemistry,* 5th ed. Boston: Houghton-Mifflin, 2004.

Fessenden, R. J., and Fessenden, J. S. *Organic Chemistry*, 6th ed. Pacific Grove, CA: Brooks/Cole, 1998.
Fox, M. A., and Whitesell, J. K. *Organic Chemistry*, 2nd ed. Boston: Jones & Bartlett, 1997.
Hornback, Joe, *Organic Chemistry*. Pacific Grove, CA: Brooks/Cole, 1998.
Jones, M., Jr. *Organic Chemistry*, 3rd ed. New York:W. W. Norton, 2003.
Loudon, G. M. *Organic Chemistry*, 4th ed. Menlo Park, CA: Benjamin/Cummings, 2004.
McMurry, J. *Organic Chemistry*, 6th ed. Pacific Grove, CA: Brooks/Cole, 2004.
Morrison, R. T., and Boyd, R. N. *Organic Chemistry*, 7th ed. Englewood Cliffs, NJ: Prentice-Hall, 1999.
Smith, M. B., and March, J. *Advanced Organic Chemistry*, 5th ed. New York: John Wiley & Sons, 2001.
Solomons, T. W. G., and Fryhle, C. *Organic Chemistry*, 8th ed. New York: John Wiley & Sons, 2003.
Streitwieser, A., Heathcock, C. H., and Kosower, E. M. *Introduction to Organic Chemistry*, 4th ed. New York: Prentice-Hall, 1992.
Vollhardt, K. P. C., and Schore, N. E. *Organic Chemistry*, 4th ed. New York: W. H. Freeman, 2003.
Wade, L. G., Jr. *Organic Chemistry*, 5th ed. Englewood Cliffs, NJ: Prentice-Hall, 2003.

29.3 PROCURA NA LITERATURA QUÍMICA

Se a informação que você está buscando não está disponível em um dos manuais descritos na Seção 29.1 ou se você está procurando informações mais completas, você deve fazer uma procura na literatura. Embora o exame dos livros-texto comuns possa ajudar, muitas vezes você deve usar todos os recursos da biblioteca, inclusive revistas, coleções de referência e coleções de resumos. As seções seguintes sugerem uma boa maneira de utilizar estas fontes e o tipo de informação que pode ser obtida.

Os métodos tradicionais de busca na literatura usam principalmente material impresso. Os métodos modernos de busca que utilizam bancos de dados computadorizados são descritos na Seção 29.11. Estas coleções contêm muitos dados e material bibliográfico e podem ser varridas muito rapidamente a partir de terminais remotos. Embora a busca computadorizada seja muito comum, seu uso nem sempre é acessível a alunos de graduação. As referências seguintes dão introduções excelentes à literatura da química orgânica:

Carr, C. "Teaching and Using Chemical Information." *Journal of Chemical Education, 70* (September 1993): 719.
Maizell, R. E. *How to Find Chemical Information*, 3rd ed. New York: John Wiley & Sons, 1998.
Smith, M. B., and March, J. *Advanced Organic Chemistry*, 5th ed. New York: John Wiley & Sons, 2001.
Somerville, A. N. "Information Sources for Organic Chemistry, 1: Searching by Name Reaction and Reaction Type." *Journal of Chemical Education, 68* (July 1991): 553.
Somerville, A. N. "Information Sources for Organic Chemistry, 2: Searching by Functional Group." *Journal of Chemical Education, 68* (October 1991): 842.
Somerville, A. N. "Information Sources for Organic Chemistry, 3: Searching by Reagent." *Journal of Chemical Education, 69* (May 1992): 379.
Wiggins, G. *Chemical Information Sources*. New York: McGraw-Hill, 1991. Integra materiais impressos e fontes de informação computadorizadas.

29.4 COLEÇÕES DE ESPECTROS

Coleções de espectros de infravermelho, ressonância magnética nuclear e massas podem ser encontradas nos seguintes catálogos de espectros:

Cornu, A., and Massot, R. *Compilation of Mass Spectral Data*, 2nd ed. London: Heyden and Sons, 1975.
High-Resolution NMR Spectra Catalog. Palo Alto, CA:Varian Associates. Vol. 1, 1962; Vol. 2, 1963.

Johnson, L. F., and Jankowski, W. C. *Carbon-13 NMR Spectra.* New York: John Wiley & Sons, 1972.
Pouchert, C. J. *Aldrich Library of Infrared Spectra,* 3rd ed. Milwaukee: Aldrich Chemical Co., 1981.
Pouchert, C. J. *Aldrich Library of FT-IR Spectra,* 2nd ed. Milwaukee: Aldrich Chemical Co., 1997.
Pouchert, C. J. *Aldrich Library of NMR Spectra,* 2nd ed. Milwaukee: Aldrich Chemical Co., 1983.
Pouchert, C. J., and Behnke, J. *Aldrich Library of 13C and 1H FT NMR Spectra.* Milwaukee: Aldrich Chemical Co., 1993.
Sadtler Standard Spectra. Philadelphia: Sadtler Research Laboratories. Continuing collection.
Stenhagen, E., Abrahamsson, S., and McLafferty, F. W. *Registry of Mass Spectral Data,* 4 vols. New York: Wiley-Interscience, 1974.

O American Petroleum Institute também publicou coleções de espectros de infravermelho, ressonância magnética nuclear e massas.

29.5 LIVROS-TEXTO AVANÇADOS

Muitas informações sobre métodos de síntese, mecanismos de reações e reações de compostos orgânicos estão disponíveis em qualquer um dos muitos livros-texto avançados de uso corrente. Exemplos destes livros são:

Carey, F. A., and Sundberg, R. J. *Advanced Organic Chemistry. Part A. Structure and Mechanisms; Part B. Reactions and Synthesis,* 4th ed. New York: Kluwer Academic, 2001.
Carruthers, W. *Some Modern Methods of Organic Synthesis,* 3rd ed. Cambridge, UK: Cambridge University Press, 1986.
Corey, E. J., and Cheng, Xue-Min. *The Logic of Chemical Synthesis.* New York: John Wiley & Sons, 1989.
Fieser, L. F., and Fieser, M. *Advanced Organic Chemistry.* New York: Reinhold, 1961.
Finar, I. L. *Organic Chemistry,* 6th ed. London: Longman Group, 1986.
House, H. O. *Modern Synthetic Reactions,* 2nd ed. Menlo Park, CA: W. H. Benjamin, 1972.
Noller, C. R. *Chemistry of Organic Compounds,* 3rd ed. Philadelphia: W. B. Saunders, 1965.
Smith, M. B. *Organic Synthesis,* 2nd ed. New York: McGraw-Hill, 2002.
Smith, M. B., and March, J. *Advanced Organic Chemistry,* 5th ed. New York: John Wiley & Sons, 2001.
Stowell, J. C. *Intermediate Organic Chemistry,* 2nd ed. New York: John Wiley & Sons, 1993.
Warren, S. *Organic Synthesis: The Disconnection Approach.* New York: John Wiley & Sons, 1982.

Estes livros fazem referência aos artigos originais da literatura para uso dos estudantes interessados em se aprofundar em determinado assunto. Em conseqüência, você obtém uma revisão de um dado assunto, além de uma referência que será útil para iniciar uma pesquisa mais completa da literatura. O livro-texto de Smith e March é particularmente útil para este objetivo.

29.6 MÉTODOS ESPECÍFICOS DE SÍNTESES

Quem estiver interessado em obter informações sobre um método particular de síntese de um composto deve consultar inicialmente um dos muitos livros-texto gerais sobre o assunto. Estes são úteis:

Anand, N., Bindra, J. S., and Ranganathan, S. *Art in Organic Synthesis,* 2nd ed. New York: John Wiley & Sons, 1988.
Barton, D., and Ollis, W. D., eds. *Comprehensive Organic Chemistry,* 6 vols. Oxford: Pergamon Press, 1979.
Buehler, C. A., and Pearson, D. E. *Survey of Organic Syntheses.* New York: Wiley-Interscience, 1970, 2 vols., 1977.
Carey, F. A., and Sundberg, R. J. *Advanced Organic Chemistry. Part B. Reactions and Synthesis,* 4th ed. New York: Kluwer, 2000.
Compendium of Organic Synthetic Methods. New York: Wiley-Interscience, 1971–2002. Esta série está agora em 10 volumes.

Fieser, L. F., and Fieser, M. *Reagents for Organic Synthesis.* New York: Wiley-Interscience, 1967–1999. ESta série está agora em 21 volumes.

Greene, T. W., and Wuts, P. G. M. *Protective Groups in Organic Synthesis,* 3rd ed. New York: John Wiley & Sons, 1999.

House, H. O. *Modern Synthetic Reactions,* 2nd ed. Menlo Park, CA:W. H. Benjamin, 1972.

Larock, R. C. *Comprehensive Organic Transformations,* 2nd ed. New York:Wiley-VCH, 1999.

Mundy, B. P., and Ellerd, M. G. *Name Reactions and Reagents in Organic Synthesis.* NewYork: John Wiley & Sons, 1988.

Patai, S., ed. *The Chemistry of the Functional Groups.* London: Interscience, 1964–present. Esta série inclui muitos volumes, cada um deles especializado em um determinado grupo funcional.

Smith, M. B., and March, J. *Advanced Organic Chemistry,* 5th ed. New York: John Wiley & Sons, 2001.

Trost, B. M., and Fleming, I. *Comprehensive Organic Synthesis.* Amsterdam: Pergamon/Elsevier Science, 1992. Esta série contém 9 volumes, além de suplementos.

Vogel, A. I. *Vogel's Textbook of Practical Organic Chemistry, including Qualitative Organic Analysis,* 5th ed. London: Longman Group, 1989. Revisto por membros da School of Chemistry, Thames Polytechnic.

Wagner, R. B., and Zook, H. D. *Synthetic Organic Chemistry.* New York: John Wiley & Sons, 1956.

Informações mais específicas, incluindo condições de reação, podem ser encontradas em coleções especializadas em métodos de sínteses orgânicas. Os mais importantes são:

Organic Syntheses. New York: John Wiley & Sons, 1921 – até o presente. Publicado anualmente.

Organic Syntheses, Collective Volumes. New York: John Wiley & Sons, 1941–1993.

Vol. 1, 1941, Annual Volumes 1–9
Vol. 2, 1943, Annual Volumes 10–19
Vol. 3, 1955, Annual Volumes 20–29
Vol. 4, 1963, Annual Volumes 30–39
Vol. 5, 1973, Annual Volumes 40–49
Vol. 6, 1988, Annual Volumes 50–59
Vol. 7, 1990, Annual Volumes 60–64
Vol. 8, 1993, Annual Volumes 65–69
Vol. 9, 1998, Annual Volumes 70–74

É muito mais conveniente usar os volumes coletivos, nos quais os volumes individuais de *Organic Syntheses* foram combinados em grupos de 9 ou 10 nos primeiros seis volumes (Volumes 1–6), e em grupos de 5 nos três volumes seguintes (Volumes 7, 8, e 9). No fim de cada volume coletivo, estão índices que classificam os métodos de acordo com o tipo de reação e do composto preparado com a fórmula do composto preparado, além da preparação ou purificação de solventes e reagentes e o uso dos vários tipos de aparelhagem especializada.

A principal vantagem do uso de um dos procedimentos de *Organic Syntheses* é que eles foram testados para garantir que funcionam. Os químicos orgânicos costumam adaptar estes procedimentos testados para a preparação de outro composto. Uma das características do livro-texto de química orgânica avançada de Smith e March é a inclusão de referências a métodos de preparação específicos que estão no *Organic Syntheses*.

Material mais avançado sobre reações da química orgânica e métodos de síntese pode ser encontrado em muitas publicações anuais que revisam a literatura original e a sumariam. Exemplos incluem:

Advances in Organic Chemistry: Methods and Results. New York: John Wiley & Sons, 1960– até o presente.

Annual Reports in Organic Synthesis. Orlando, FL: Academic Press, 1985–1995.

Annual Reports of the Chemical Society, Section B. London: Chemical Society, 1905 – até o presente. Especificamente a seção "Synthetic Methods."

Organic Reactions. New York: John Wiley & Sons, 1942–até o presente.

Progress in Organic Chemistry. New York: John Wiley & Sons, 1952–1973.

Estas publicações contêm muitas citações de artigos apropriados da literatura original.

29.7 TÉCNICAS AVANÇADAS DE LABORATÓRIO

O estudante interessado em estudar técnicas mais avançadas do que as descritas neste livro-texto, ou em descrições mais completas de técnicas, deve consultar um dos livros-texto avançados especializados em técnicas do laboratório de química orgânica. Além de focalizar a construção da aparelhagem e o desempenho de reações complexas, estes livros dão bons conselhos sobre a purificação de solventes e reagentes. Fontes úteis de informação sobre técnicas de laboratório em química orgânica incluem:

Bates, R. B., and Schaefer, J. P. *Research Techniques in Organic Chemistry.* Englewood Cliffs, NJ: Prentice-Hall, 1971.

Krubsack, A. J. *Experimental Organic Chemistry.* Boston: Allyn & Bacon, 1973.

Leonard, J., Lygo, B., and Procter, G. *Advanced Practical Organic Chemistry,* 2nd ed. London: Chapman & Hall, 1995.

Monson, R. S. *Advanced Organic Synthesis: Methods and Techniques.* New York: Academic Press, 1971.

Techniques of Chemistry. New York: John Wiley & Sons, 1970 – até o presente. No momento, 23 volumes. Sucessora de *Technique of Organic Chemistry,* esta série cobre métodos experimentais de química, como purificação de solventes, métodos espectroscópicos e cinéticos.

Weissberger, A., et al., eds. *Technique of Organic Chemistry,* 3rd ed, 14 vol. New York: Wiley-Interscience, 1959–1969.

Wiberg, K. B. *Laboratory Technique in Organic Chemistry.* New York: McGraw-Hill, 1960.

Muitos trabalhos e alguns livros-texto especializam-se em técnicas particulares. A lista precedente é representativa dos livros mais comuns desta categoria. Os livros seguintes tratam especificamente de técnicas de escala pequena e semi-micro.

Cheronis, N. D. "Micro and Semimicro Methods." In A. Weissberger, ed., *Technique of Organic Chemistry,* Vol. 6. New York: Wiley-Interscience, 1954.

Cheronis, N. D., and Ma, T. S. *Organic Functional Group Analysis by Micro and Semimicro Methods.* New York: Wiley-Interscience, 1964.

Ma, T. S., and Horak, V. *Microscale Manipulations in Chemistry.* New York: Wiley-Interscience, 1976.

29.8 MECANISMOS DE REAÇÕES

Como na localização de métodos de sínteses, você encontrará muitas informações sobre mecanismos de reação em livros-texto comuns de físico-química orgânica. Os aqui listados dão uma descrição geral de mecanismos, mas não contêm referências específicas da literatura. Livros-texto muito gerais incluem:

Bruckner, R. *Advanced Organic Chemistry: Reaction Mechanisms.* New York: Academic Press, 2001.

Miller, A., and Solomon, P. *Writing Reaction Mechanisms in Organic Chemistry,* 2nd ed. San Diego, CA: Academic Press, 1999.

Sykes, P. *A Primer to Mechanisms in Organic Chemistry.* Menlo Park, CA: Benjamin/Cummings, 1995.

Livros-texto mais avançados incluem:

Carey, F. A., and Sundberg, R. J. *Advanced Organic Chemistry. Part A. Structure and Mechanisms,* 4th ed. New York: Kluwer, 2000.

Technique 29 Guide to the Chemical Literature 989 Hammett, L. P. *Physical Organic Chemistry: Reaction Rates, Equilibria, and Mechanisms,* 2nd ed. New York: McGraw-Hill, 1970.

Hine, J. *Physical Organic Chemistry,* 2nd ed. New York: McGraw-Hill, 1962.

Ingold, C. K. *Structure and Mechanism in Organic Chemistry,* 2nd ed. Ithaca, NY: Cornell University Press, 1969.

Isaacs, N. S. *Physical Organic Chemistry,* 2nd ed. New York: John Wiley & Sons, 1995.

Jones, R. A. Y. *Physical and Mechanistic Organic Chemistry*, 2nd ed. Cambridge: Cambridge University Press, 1984.

Lowry, T. H., and Richardson, K. S. *Mechanism and Theory in Organic Chemistry*, 3rd ed. New York: Harper & Row, 1987.

Moore, J. W., and Pearson, R. G. *Kinetics and Mechanism*, 3rd ed. New York: John Wiley & Sons, 1981.

Smith, M. B., and March, J. *Advanced Organic Chemistry*, 5th ed. New York: John Wiley & Sons, 2001.

Estes livros incluem bibliografias extensas que permitem que o leitor desenvolva mais o assunto.

Muitas bibliotecas também assinam séries anuais de publicações especializadas em mecanismos de reação. Dentre estas estão:

Advances in Physical Organic Chemistry. London: Academic Press, 1963–até o presente.
Annual Reports of the Chemical Society. Section B. London: Chemical Society, 1905 – até o presente. Especificamente a seção "Reaction Mechanisms."
Organic Reaction Mechanisms. Chichester: John Wiley & Sons, 1965 – até o presente.
Progress in Physical Organic Chemistry. NewYork: Interscience, 1963 – até o presente.

Estas publicações dão ao leitor citações da literatura original que podem ser muito úteis para uma busca mais completa.

29.9 ANÁLISE ORGÂNICA QUALITATIVA

Muitos manuais de laboratório descrevem procedimentos fundamentais para a identificação de compostos orgânicos por reações e testes químicos. Você poderá, ocasionalmente, necessitar de uma descrição mais completa de métodos analíticos ou de um conjunto mais completo de tabelas de derivados. Livros-texto especializados em análise orgânica qualitativa cobrem esta necessidade. São exemplos de fontes deste tipo de informação:

Cheronis, N. D., and Entriken, J. B. *Identification of Organic Compounds: A Student's Text Using Semimicro Techniques*. New York: Interscience, 1963.

Pasto, D. J., and Johnson, C. R. *Laboratory Text for Organic Chemistry: A Source Book of Chemical and Physical Techniques*. Englewood Cliffs, NJ: Prentice-Hall, 1979.

Rappoport, Z. ed. *Handbook of Tables for Organic Compound Identification*, 3rd ed. Boca Raton, FL: CRC Press, 1967.

Shriner, R. L., Hermann, C. K. F., Merrill, T. C., Curtin, D. Y., and Fuson, R. C. *The Systematic Identification of Organic Compounds*, 7th ed. New York: John Wiley & Sons, 1998.

Vogel, A. I. *Elementary Practical Organic Chemistry. Part 2. Qualitative Organic Analysis*, 2nd ed. New York: John Wiley & Sons, 1966.

Vogel, A. I. *Vogel's Textbook of Practical Organic Chemistry, including Qualitative Organic Analysis*, 5th ed. London: Longman Group, 1989. Revisto por membros da School of Chemistry, Thames Polytechnic.

29.10 *BEILSTEIN* E *CHEMICAL ABSTRACTS*

Uma das fontes mais úteis de informação sobre propriedades físicas, sínteses e reações de compostos orgânicos é o *Beilsteins Handbuch der Organischen Chemie*. Trata-se de um trabalho monumental, editado inicialmente por Friedrich Konrad Beilstein e atualizado em várias revisões pelo Instituto Beilstein em Frankfurt am Main, Alemanha. A edição original (o *Hauptwerk*, abreviado como H), publicada em 1918, cobre completamente a literatura até 1909. Deste então, cinco séries suplementares (*Ergänzungswerken*) foram publicadas. O primeiro suplemento (*Erstes Ergänzungswerk*, abreviado como E I) cobre a literatura de 1910 a 1919. O segundo suplemento (*Zweites Ergänzungswerk*, E II) cobre 1920-1929; o terceiro (*Drittes Ergänzungswerk*, E III), 1930-1949; o quarto (*Viertes Ergänzungswerk*, E IV),

1950-1959; e o quinto suplemento (em inglês), 1960-1979. Os volumes 17-27 das séries suplementares III e IV, cobrindo os compostos heterocíclicos, foram combinados em um único volume, E III/IV. As séries suplementares III, IV e V não estão completas; logo, a cobertura do *Handbuch der Organischen Chemie* é total até 1929, com cobertura parcial até 1979.

O *Beilsteins Handbuch der Organischen Chemie*, conhecido como *Beilstein*, inclui dois tipos de índices cumulativos. O primeiro é um índice de nomes (*Sachregister*), e o segundo, um índice de fórmulas (*Formelregister*). Eles são particularmente úteis para quem deseja localizar um composto no *Beilstein*.

A principal dificuldade do uso do *Beilstein* é que está escrito em alemão até o quarto suplemento. O quinto suplemento está em inglês. Embora algum conhecimento de leitura em alemão seja útil, você pode obter informações aprendendo alguns termos. Por exemplo, *Bildung* é "formação" ou "estrutura". *Darst* ou *Darstellung* é "preparação", *KP* ou *Siedepunkt* é "ponto de ebulição" e *F* ou *Schmelzpunkt* é "ponto de fusão". Além disto, os nomes de alguns compostos não são semelhantes aos nomes em português. Alguns exemplos são *Apfelsäure* para "ácido málico" (*säure* significa "ácido"), *Harnstoff* para "uréia", *Jod* para "iodo", e *Zimtsäure* para "ácido cinâmico". Se você tiver acesso a um dicionário alemão-português para químicos, muitas destas dificuldades podem ser sanadas. Um bom dicionário alemão-inglês é:

Patterson, A. M. *German–English Dictionary for Chemists,* 4th ed. New York: John Wiley & Sons, 1991.

Beilstein está organizado de acordo com uma sistema muito elaborado e complicado. Muitos estudantes, porém, não precisam tornar-se especialistas em *Beilstein*. Um método simples, ligeiramente menos confiável, é procurar o composto no índice de fórmulas que acompanha o segundo suplemento. A fórmula molecular dará os nomes dos compostos. Após cada nome virá uma série de números que indicam as páginas e o volume em que aquele composto está listado. Suponha, por exemplo, que você esteja procurando informações sobre a *p*-nitro-anilina. Este composto tem a fórmula molecular $C_6H_6N_2O_2$. Se você procurar esta fórmula no índice de fórmulas do segundo suplemento, encontrará

4-Nitro-anilin **12** 711, **I** 349, **II** 383

Esta informação diz que a *p*-nitro-anilina está listada na edição principal, *Hauptwerk*, no Volume 12, páginas 604-605. Localize este volume, dedicado às monoaminas isocíclicas, e vá à páginas 604-605 para encontrar o início da seção que trata da *p*-nitro-anilina. No topo da página, à esquerda, está escrito "Syst. No. 1.671." Este é o número sistemático dado aos compostos desta parte do Volume 12. O número sistemático é útil porque ajuda a encontrar entradas para este composto em suplementos subseqüentes. A organização do *Beilstein* faz com que todas as entradas da *p*-nitro-anilina em qualquer um dos suplementos sejam encontradas no Volume 12. A entrada no índice de fórmulas indica também que material sobre este composto pode ser encontrado no primeiro suplemento na página 303 e no segundo, na páginas 330-331. Na página 303 do Volume 12 do primeiro suplemento, lê-se "XII, 710–712" e, à esquerda, "Syst. No. 1671." Material referente à *p*-nitro-anilina é encontrado em cada suplemento em uma página que contém o volume e a página do *Hauptwerk* em que este mesmo composto é encontrado. Na páginas 330-331 do Volume 12 do segundo suplemento, lê-se no centro do alto da página "H12, 710–712." À esquerda, você encontrará "Syst. No. 1671." Novamente, como a *p*-nitro-anilina apareceu no Volume 12, páginas 604-605, da edição principal, você pode localizá-la procurando no Volume 12 de qualquer suplemento até encontrar uma página com a entrada correspondente ao Volume 12, páginas 604-605.

Como o terceiro e o quarto suplementos não estão completos, não existe um índice completo de fórmulas para estes suplementos. Você pode, porém, encontrar informações sobre a *p*-nitro-anilina se usar o número sistemático e o volume e a página da edição principal. No terceiro suplemento, como a quantidade de informação disponível cresceu muito desde os dias do trabalho de Beilstein, o Volume 12 se expandiu e ocupa várias partes. Selecione, porém, a parte que inclui o número sistemático 1671. Nesta parte do Volume 12, procure pela página com a entrada "Syst. No. 1.671/H711." As informações sobre a *p*-nitro-anilina estão nesta página (página 1.580). Se o Volume 12 do quarto suplemento estivesse disponível, você seguiria o mesmo processo para localizar informações mais recentes sobre a *p*-nitro-anilina. Este exemplo serviu para mostrar como localizar informações sobre determinados compostos sem ter de aprender o sistema de classificação do *Beilstein*. Seria bom se você testasse sua capacidade de encontrar compostos no *Beilstein* usando o procedimento que descrevemos.

Recomenda-se o uso de Guias para o uso do *Beilstein*, que incluam uma descrição do sistema do *Beilstein*, para quem quiser trabalhar com o *Beilstein*. Dentre estas fontes estão:

Heller, S. R. *The Beilstein System: Strategies for Effective Searching.* New York: Oxford University Press, 1997.

How to Use Beilstein. Beilstein Institute, Frankfurt am Main. Berlin: Springer-Verlag.

Huntress, E. H. *A Brief Introduction to the Use of* Beilsteins Handbuch der Organischen Chemie, 2nd ed. NewYork: John Wiley & Sons, 1938.

Weissbach, O. *The Beilstein Guide: A Manual for the Use of* Beilsteins Handbuch der Organischen Chemie. New York: Springer-Verlag, 1976.

Números de referência do *Beilstein* estão listados em manuais como o *CRC Handbook of Chemistry and Physics* e o *Lange's Handbook of Chemistry*. Além disto, os números do *Beilstein* estão incluídos no *Aldrich Handbook of Fine Chemicals*, publicados pela Aldrich Chemical Company. Se o composto que você está procurando está listado em um destes manuais, o uso do *Beilstein* fica mais simples.

Outra publicação muito útil para encontrar referências sobre um determinado tópico de pesquisas é o *Chemical Abstracts*, publicado pelo Chemical Abstracts Service da American Chemical Society. O *Chemical Abstracts* contém resumos de artigos que apareceram em mais de 10.000 revistas de praticamente todos os países em que existe pesquisa científica. Estes resumos listam os autores, a revista em que o artigo foi publicado, seu título e um pequeno sumário. Os resumos de artigos publicados originalmente em outra língua são dados em inglês, com indicação da língua original.

Para usar o *Chemical Abstracts*, você deve saber utilizar os vários índices que o acompanham. No fim de cada volume, encontra-se um conjunto de índices que incluem um índice de fórmulas, um índice geral de assuntos, um índice de substâncias químicas, um índice de autores e um índice de patentes. O conteúdo de cada índice remete o leitor ao resumo apropriado, de acordo com o número que ele tomou. Existem, também, índices coletivos que combinam todo o material indexado que apareceu em um período de 5 anos (10 anos antes de 1956). Nos índices coletivos, o conteúdo inclui o número do volume e o número do resumo.

No caso do material posterior a 1929, o *Chemical Abstracts* dá a mais completa cobertura da literatura. Para material anterior a 1929, use o *Beilstein* antes de consultar o *Chemical Abstracts*. O *Chemical Abstracts* tem a vantagem de estar escrito em inglês. Todavia, como a maior parte dos estudantes faz uma busca da literatura para encontrar um composto relativamente simples, é muito mais fácil fazer isto no *Beilstein* do que no *Chemical Abstracts*. No caso de compostos simples, os índices do *Chemical Abstracts* geralmente contêm muitas entradas. Para localizar a informação desejada, você tem de trabalhar estas entradas múltiplas – uma tarefa que pode tomar tempo.

As páginas de abertura de cada índice do *Chemical Abstracts* contêm um breve conjunto de instruções de uso. Se você quiser um guia mais completo para o *Chemical Abstracts*, consulte um livrotexto escrito que o familiarize com os resumos e os índices. Dois deles são:

CAS Printed Access Tools: A Workbook. Washington, DC: Chemical Abstracts Service, American Chemical Society, 1977.

How to Search Printed CA. Washington, DC: Chemical Abstracts Service, American Chemical Society, 1989.

O Chemical Abstracts Service mantém um banco de dados computadorizado que permite o uso rápido e completo do *Chemical Abstracts*. Este serviço, chamado de *CA Online*, está descrito na Seção 29.11. O *Beilstein* também pode ser consultado por computador via Internet.

29.11 PESQUISA POR COMPUTADOR VIA INTERNET

É possível consultar algumas bases de dados de química pela rede usando um computador e um modem ou uma ligação direta à Internet. Muitas bibliotecas acadêmicas e da indústria podem usar seus computadores para consultar essas bases. Uma organização que mantém um grande número de bases de dados é a

Scientific and Technical Information Network (STN International). O preço do serviço depende do tempo total usado, do tipo de informação desejada e da hora do dia em que a pesquisa é feita.

A base de dados do The Chemical Abstracts Service database (*CA Online*) é uma das muitas disponíveis no STN. Ela é muito útil para os químicos. Infelizmente, esta base de dados só vai até 1967, embora algumas referências mais antigas estejam disponíveis. A busca de referências anteriores a 1967 tem de ser feita nos volumes impressos (Seção 29.10). A pesquisa pela rede é muito mais rápida do que a pesquisa feita nos volumes impressos. Além disto, você pode controlar a pesquisa usando palavras-chave e o Chemical Abstracts Service Registry Number (Número CAS). O número CAS é um número dado a cada composto listado na base de dados do *Chemical Abstracts*. Ele é usado como uma palavra-chave na busca por computador para localizar informações sobre o composto de interesse. No caso dos compostos orgânicos mais comuns, você pode obter facilmente os números CAS nos catálogos das companhias que vendem produtos químicos. Outra vantagem da pesquisa pela rede é que os registros do *Chemical Abstracts* são atualizados mais rapidamente do que as versões impressas dos resumos. Isto significa que sua pesquisa tem mais chance de encontrar as informações mais atualizadas disponíveis.

Outras bases de dados úteis, disponíveis no STN, incluem *Beilstein* e *CASREACTS*. Como vimos na Seção 29.10, o *Beilstein* é muito útil para os químicos orgânicos. Até hoje, existem cerca de 3,5 milhões de compostos listados no banco de dados. Você pode usar o número CAS para ajudar em uma pesquisa que tem o potencial de chegar a 1830. *CASREACTS* é uma base de dados de reações químicas derivadas de cerca de 100 revistas cobertas pelo *Chemical Abstracts* a partir de 1985. Nesta base, você pode especificar o composto de partida e o produto usando o número CAS. Você pode obter outras informações sobre *CA Online, Beilstein, CASREACTS* e outras bases de dados nas seguintes referências:

Smith, M. B., and March, J. *Advanced Organic Chemistry,* 5th ed. New York: John Wiley & Sons, 2001.
Somerville, A. N. "Information Sources for Organic Chemistry, 2: Searching by Functional Group." *Journal of Chemical Education, 68* (October 1991): 842.
Somerville, A. N. "Subject Searching of Chemical Abstracts Online." *Journal of Chemical Education, 70* (March 1993): 200.
Wiggins, G. *Chemical Information Sources.* New York: McGraw-Hill, 1990. Integra textos impressos e fontes de informação computadorizadas.

29.12 REVISTAS CIENTÍFICAS

Hoje em dia, quem desejar obter informações sobre uma determinada área de pesquisa terá de ler artigos de revistas científicas. Estas revistas são fundamentalmente de dois tipos: revistas de revisão e revistas científicas primárias. As revistas que se especializam em artigos de revisão sumariam todo o trabalho referente a um determinado tópico. Estes artigos podem focalizar a contribuição de um determinado pesquisador, mas, com freqüência, incluem as contribuições de muitos pesquisadores para um mesmo assunto. Estes artigos também contêm amplas bibliografias que fazem referência aos artigos de pesquisa originais. Dentre as revistas importantes que, pelo menos em parte, publicam artigos de revisão estão:

Accounts of Chemical Research Angewandte Chemie (International Edition, in English)
Chemical Reviews
Chemical Society Reviews (conhecido antigamente como *Quarterly Reviews*)
Nature
Science

Os detalhes da pesquisa aparecem nas revistas científicas primárias. Embora milhares de revistas sejam publicadas no mundo, algumas revistas importantes que se especializam em artigos que tratam da química orgânica incluem:

Canadian Journal of Chemistry
European Journal of Organic Chemistry (antigamente conhecido como *Chemische Berichte*)
Journal of Organic Chemistry

Journal of the American Chemical Society
Journal of the Chemical Society, Chemical Communications
Journal of the Chemical Society, Perkin Transactions (Partes I e II)
Journal of Organometallic Chemistry
Organic Letters
Organometallics
Synlett
Synthesis
Tetrahedron
Tetrahedron Letters

29.13 TÓPICOS ATUAIS DE INTERESSE

As seguintes revistas são boas fontes de tópicos de interesse atual e educacional. Elas se especializam em artigos sobre novidades e eventos atuais da química e das ciências em geral. Artigos publicados nestas revistas podem ser úteis para mantê-lo a par de desenvolvimentos da ciência que estão fora de sua especialidade.

American Scientist
Chemical and Engineering News
Chemistry and Industry
Chemistry in Britain
Chemtech
Discover
Journal of Chemical Education
Nature
Omni
Science
Scientific American

Outras fontes de tópicos atuais de interesse incluem:

Encyclopedia of Chemical Technology, 4th ed., 25 vols. plus index and supplements, 1992. Também chamada de *Kirk-Othmer Encyclopedia of Chemical Technology.*
McGraw-Hill Encyclopedia of Science and Technology, 20 volumes and supplements, 1997.

29.14 COMO FAZER UMA PESQUISA NA LITERATURA

A maneira mais fácil de fazer uma pesquisa na literatura é começar com as fontes secundárias e ir depois para as fontes primárias. Em outras palavras, tente localizar material em um livro-texto, no *Beilstein* ou no *Chemical Abstracts*. A partir dos resultados desta pesquisa, consulte uma das revistas científicas primárias.

Uma pesquisa da literatura que exige que você leia um ou mais artigos de revistas científicas é melhor conduzida se você puder identificar um artigo fundamental para o estudo. Com freqüência, você pode obter esta referência em um livro-texto ou em um artigo de revisão. Se isto não for possível, use o *Beilstein*. A pesquisa em um dos manuais que fornecem o número de referência do *Beilstein* (veja a Seção 29.10) pode ser útil. A pesquisa no *Chemical Abstracts* é a próxima etapa lógica. Usando estas fontes, você deveria ser capaz de identificar citações da literatura original de interesse para a pesquisa.

Você encontrará outras citações nas referências dadas no artigo da revista. Assim, você poderá examinar os tópicos relevantes para a pesquisa. É possível, também, fazer uma pesquisa no tempo a partir da data do artigo da revista usando o *Science Citation Index*. Esta publicação lista os artigos que citam a referência primária. Embora o *Science Citation Index* contenha vários tipos de índices, o *Citation Index* é o mais útil para nosso objetivo. Quem souber de uma referência fundamental sobre um dado assunto pode examinar o *Science Citation Index* para obter uma lista de artigos que usaram aquela referência para apoiar o trabalho descrito. O *Citation Index* lista os artigos pelo autor principal, revista, volume, página e data, seguido por citações de artigos que fazem referência ao artigo primário, autor, revista, volume, página e data de cada um deles. O *Citation Index* é publicado anualmente, com suplementos trimestrais editados durante o ano corrente. Cada volume contém uma lista completa das citações dos artigos fundamentais feita durante aquele ano. Uma desvantagem é que o *Science Citation Index* só cobre a literatura até 1961. Uma outra desvantagem é que você pode perder artigos importantes de revistas se o *Citation Index* não citar aquela a referência fundamental de interesse, uma possibilidade real.

Você pode, naturalmente, fazer a procura da literatura pelo método "manual", começando no *Beilstein* ou nos índices do *Chemical Abstracts*. A tarefa será facilitada se você começar com um livro ou um artigo de interesse geral que possa lhe dar algumas referências para começar a pesquisa.

Os seguintes guias para o uso da literatura química são dirigidos ao leitor interessado em avançar no assunto.

Bottle, R. T., and Rowland, J. F. B., eds. *Information Sources in Chemistry,* 4th ed. New York: Bowker-Saur, 1992.

Maizell, R. E. *How to Find Chemical Information: A Guide for Practicing Chemists, Educators, and Students,* 3rd ed. New York: John Wiley & Sons, 1998.

Mellon, M. G. *Chemical Publications,* 5th ed. New York: McGraw-Hill, 1982.

Wiggins, G. *Chemical Information Sources.* New York: McGraw-Hill, 1991. Integra material impresso e fontes computadorizadas de informação.

PROBLEMAS

1. Encontre os compostos abaixo no índice de fórmulas do *Second Supplement of Beilstein* (Seção 29.10). (1) Liste os números das páginas da edição principal e dos suplementos (primeiro e segundo). (2) Use estes números de páginas para encontrar o número sistemático (Syst. No.) e o número da edição principal (número *Hauptwerk*, H) de cada composto na edição principal e nos primeiro e segundo suplementos. Em alguns casos, você não encontrará o composto em nenhum destes três lugares. (3) Use o número sistemático e o número da edição principal para encontrar cada um dos compostos nos terceiro e quarto suplementos. Liste os números das páginas em que estes compostos são encontrados.
    a. 2,5-hexanodiona (acetonil-acetona)
    b. 3-nitro-acetofenona
    c. 4-*terc*-butil-ciclo-hexanona
    d. ácido 4-fenil-butanóico (ácido 4-fenil-butírico, γ-phenylbuttersäure)
2. Use o *Science Citation Index* (Seção 29.14) para listar cinco artigos de pesquisa pelo título completo e a citação da revista de cada um dos seguintes químicos que receberam o Prêmio Nobel. Use o *Five-Year Cumulative Source Index* dos anos 1980-1984 como fonte.
    a. H. C. Brown
    b. R. B. Woodward
    c. D. J. Cram
    d. G. Olah
3. O livro de referência de Smith e March está listado na Seção 29.2. Use o Apêndice 2 deste livro para dar dois métodos para preparar os seguintes grupos funcionais. Dê as equações.
    a. ácidos carboxílicos
    b. aldeídos
    c. ésteres (ésteres de ácidos carboxílicos)
4. *Organic Syntheses* está descrito na Seção 29.6. Esta série tem hoje nove volumes coletivos, cada um deles com seu índice próprio. Encontre os compostos listados abaixo e dê equações de um método de preparação de cada composto.
    a. 2-metil-ciclo-pentano-1,3-diona
    b. anidrido *cis*-Δ^4-tetra-hidro-ftálico (listado como anidrido tetra-hidro-ftálico)
5. Dê quatro métodos de oxidação de um álcool a aldeído. Dê referências completas da literatura para cada método, bem como equações químicas. Use o *Compendium of Organic Synthetic Methods* ou o *Survey of Organic Syntheses* por Buehler and Pearson (Seção 29.6).

Apêndices

APÊNDICE 1

Tabelas de Desconhecidos e Derivados

Tabelas mais completas de desconhecidos podem ser encontradas em Z. Rappoport, ed. *Handbook of Tables for Organic Compound Identification,* 3rd ed. Boca Raton, FL: CRC Press, 1967.

ALDEÍDOS

Composto	PE	PF	Semicarbazona*	2,4-Dinitro-fenil-hidrazona*
Etanal (acetaldeído)	21	—	162	168
Propanal (propionaldeído)	48	—	89	148
Propenal (acroleína)	52	—	171	165
2-Metil-propanal (isobutiraldeído)	64	—	125	187
Butanal (butiraldeído)	75	—	95	123
3-Metil-butanal (isovaleraldeído)	92	—	107	123
Pentanal (valeraldeído)	102	—	—	106
2-Butenal (crotonaldeído)	104	—	199	190
2-Etil-butanal (dietilacetaldeído)	117	—	99	95
Hexanal (caproaldeído)	130	—	106	104
Heptanal (heptaldeído)	153	—	109	108
2-Furaldeído (furfural)	162	—	202	212
2-Etil-hexanal	163	—	254	114
Octanal (caprilaldeído)	171	—	101	106
Benzaldeído	179	—	222	237
Nonanal (nonilaldeído)	185	—	100	100
Fenil-etanal (fenilacetaldeído)	195	33	153	121
2-Hidróxi-benzaldeído (salicilaldeído)	197	—	231	248
4-Metil-benzaldeído (*p*-tolualdeído)	204	—	234	234
3,7-Dimetil-6-octenal (citronelal)	207	—	82	77
Decanal (decilaldeído)	207	—	102	104
2-Cloro-benzaldeído	213	11	229	213
3-Cloro-benzaldeído	214	18	228	248
3-Metóxi-benzaldeído (*m*-anisaldeído)	230	—	233 d.	—
3-Bromo-benzaldeído	235	—	205	—
4-Metóxi-benzaldeído (*p*-anisaldeído)	248	2,5	210	253
trans-Cinamaldeído	250 d.	—	215	255
3,4-Metileno-dióxi-benzaldeído (piperonal)	263	37	230	266 d.
2-Metóxi-benzaldeído (*o*-anisaldeído)	245	38	215 d.	254
3,4-Dimetóxi-benzaldeído	—	44	177	261
2-Nitro-benzaldeído	—	44	256	265
4-Cloro-benzaldeído	—	48	230	254
4-Bromo-benzaldeído	—	57	228	257
3-Nitro-benzaldeído	—	58	246	293
2,4-Dimetóxi-benzaldeído	—	71	—	—
2,4-Dicloro-benzaldeído	—	72	—	—
4-(Dimetil-amino)-benzaldeído	—	74	222	325
4-Hidróxi-3-metóxi-benzaldeído (vanilina)	—	82	230	271

ALDEÍDOS *(Continuação)*

Composto	PE	PF	Semicarbazona*	2,4-Dinitro-fenil-hidrazona*
3-Hidróxi-benzaldeído	—	104	198	259
5-Bromo-2-hidróxi-benzaldeído (5-bromo-salicilaldeído)	—	106	297 d.	—
4-Nitro-benzaldeído	—	106	221	320 d.
4-Hidróxi-benzaldeído	—	116	224	280 d.
(±)-Gliceraldeído	—	142	160 d.	167

Nota: "d" indica "decomposição".
*Veja o Apêndice 2, "Procedimentos para a Preparação de Derivados".

CETONAS

Composto	PE	PF	Semicarbazona*	2,4-Dinitro-fenil-hidrazona*
2-Propanona (acetona)	56	—	187	126
2-Butanona (etil-metil-cetona)	80	—	146	117
3-Buteno-2-ona (metil-vinil-cetona)	81	—	140	—
3-Metil-2-butanona (isopropil-metil-cetona)	94	—	112	120
2-Pentanona (metil-propil-cetona)	102	—	112	143
3-Pentanona (dietil-cetona)	102	—	138	156
3,3-Dimetil-2-butanona (pinacolona)	106	—	157	125
4-Metil-2-pentanona (isobutil-metil-cetona)	117	—	132	95
2,4-Dimetil-3-pentanona (diisopropil-cetona)	124	—	160	86
3-Hexanona	125	—	113	130
2-Hexanona (metil-butil-cetona)	128	—	121	106
4-Metil-3-penteno-2-ona (óxido de mesitial)	130	—	164	200
Ciclo-pentanona	131	—	210	146
5-Hexeno-2-ona	131	—	102	108
2,3-Pentanediona	134	—	122 (mono) 209 (di)	209
5-Metil-3-hexanona	136	—	—	—
2,4-Pentanediona (acetilacetona)	139	—	122 (mono) 209 (di)	209
4-Heptanona (dipropil-cetona)	144	—	132	75
5-Metil-2-hexanona	145	—	—	—
1-Hidróxi-2-propanona (hidróxi-acetona, acetol)	146	—	196	129
3-Heptanona	148	—	101	—
2-Heptanona (amil-metil-cetona)	151	—	123	89
Ciclo-hexanona	156	—	166	162
2-Metil-ciclo-hexanona	165	—	191	136
3-Octanona	167	—	—	—
2,6-Dimetil-4-heptanona (diisobutil-cetona)	168	—	122	66
2-Octanona	173	—	122	92

CETONAS *(Continuação)*

Composto	PE	PF	Semicarbazona	2,4-Dinitro-fenil-hidrazona
Ciclo-heptanona	181	—	163	148
Acetoacetato de etila	181	—	129 d.	93
5-Nonanona	186	—	90	—
3-Nonanona	187	—	112	—
2,5-Hexanediona (acetonilacetona) (mono)	191	–9	185 (mono) 224 (di)	257 (di)
2-Nonanona	195	–8	118	—
Acetofenona (fenil-metil-cetona)	202	20	198	238
2-Hidróxi-acetofenona	215	28	210	212
1-Fenil-2-propanona (fenilacetona)	216	27	198	156
Propiofenona (1-fenil-1-propanona)	218	21	173	191
Isobutirofenona (2-metil-1-fenil-1-propanona)	222	—	181	163
1-Fenil-2-butanona	226	—	135	—
4-Metil-acetofenona	226	28	205	258
3-Cloro-acetofenona	228	—	232	—
2-Cloro-acetofenona	229	—	160	—
Butirofenona (1-fenil-1-butanona)	230	12	187	190
2-Undecanona	231	12	122	63
4-Cloro-acetofenona	232	12	204	231
4-Fenil-2-butanona (benzilacetona)	235	—	142	127
2-Metóxi-acetofenona	239	—	183	—
3-Metóxi-acetofenona	240	—	196	—
Valerofenona (1-fenil-1-pentanona)	248	—	160	166
4-Cloro-propiofenona	—	36	176	—
4-Fenil-3-buteno-2-ona (benzalacetona)	—	37	187	227
4-Metóxi-acetofenona	—	38	198	220
3-Bromo-propiofenona	—	40	183	—
1-Indanona	—	41	233	258
Benzofenona	—	48	164	238
4-Bromo-acetofenona	—	51	208	230
3,4-Dimetóxi-acetofenona	—	51	218	207
2-Acetonaftona (metil-2-naftil-cetona)	—	53	234	262 d.
Desóxi-benzoína (benzil-fenil-cetona)	—	60	148	204
1,1-Difenil-acetona	—	61	170	—
4-Cloro-benzofenona	—	76	—	185
3-Nitro-acetofenona	—	80	257	228
4-Nitro-acetofenona	—	80	—	—
4-Bromo-benzofenona	—	82	350	230
Fluorenona	—	83	—	283
4-Hidróxi-acetofenona	—	109	199	210
Benzoína	—	136	206	245
4-Hidróxi-propiofenona	—	148	—	229
(±)-Cânfora	—	179	237	164

Nota: "d" indica "decomposição".
*Veja o Apêndice 2, "Procedimentos para a Preparação de Derivados".

ÁCIDOS CARBOXÍLICOS

Composto	PE	PF	p-Toluidido*	Anilida*	Amida*
Ácido metanóico (ácido fórmico)	101	8	53	47	43
Ácido etanóico (ácido acético)	118	17	148	114	82
Ácido propenóico (ácido acrílico)	139	13	141	104	85
Ácido propanóico (ácido propiônico)	141	—	124	103	81
Ácido 2-metil-propanóico (ácido isobutírico)	154	—	104	105	128
Ácido butanóico (ácido butírico)	162	—	72	95	115
Ácido 3-butenóico (ácido vinil-acético)	163	—	—	58	73
Ácido 2-metil-propenóico (ácido metacrílico)	163	16	—	87	102
Ácido pirúvico	165 d.	14	109	104	124
Ácido 3-metil-butanóico (ácido isovalérico)	176	—	106	109	135
Ácido 3,3-dimetil-butanóico	185	—	134	132	132
Ácido pentanóico (ácido valérico)	186	—	74	63	106
Ácido 2-cloro-propanóico	186	—	124	92	80
Ácido dicloro-acético	194	6	153	118	98
Ácido 2-metil-pentanóico	195	—	80	95	79
Ácido hexanóico (ácido capróico)	205	—	75	95	101
Ácido 2-bromo-propanóico	205 d.	24	125	99	123
Ácido heptanóico	223	—	81	70	96
Ácido etil-hexanóico	228	—	—	—	102
Ácido ciclo-hexanocarboxílico	233	31	—	146	186
Ácido octanóico (ácido caprílico)	237	16	70	57	107
Ácido nonanóico	254	12	84	57	99
Ácido decanóico (ácido cáprico)	—	32	78	70	108
Ácido 4-oxo-pentanóico (ácido levulínico)	—	33	108	102	108 d.
Ácido trimetil-acético (ácido piválico)	—	35	120	130	155
Ácido cloro-propanóico	—	40	—	—	101
Ácido dodecanóico (ácido láurico)	—	43	87	78	100
Ácido 3-fenil-propanóico (ácido hidro-cinâmico)	—	48	135	98	105
Ácido bromo-acético	—	50	—	131	91
Ácido fenil-butanóico	—	52	—	—	84
Ácido tetradecanóico (ácido mirístico)	—	54	93	84	103
Ácido tricloro-acético	—	57	113	97	141
Ácido 3-bromo-propanóico	—	61	—	—	111
Ácido hexadecanóico (ácido palmítico)	—	62	98	90	106
Ácido cloro-acético	—	63	162	137	121
Ácido ciano-acético	—	66	—	198	120
Ácido octadecanóico (ácido esteárico)	—	69	102	95	109
Ácido trans-2-butenóico (ácido crotônico)	—	72	132	118	158
Ácido fenil-acético	—	77	136	118	156

ÁCIDOS CARBOXÍLICOS *(Continuação)*

Composto	PE	PF	*p*-Toluidido*	Anilida*	Amida*
Ácido α-metil-*trans*-cinâmico	—	81	—	—	128
Ácido 4-metóxi-fenil-acético	—	87	—	—	189
Ácido 3,4-dimetóxi-fenil-acético	—	97	—	—	147
Ácido pentanodióico (ácido glutárico)	—	98	218 (di)	224 (di)	176 (di)
Ácido fenóxi-acético	—	99	—	99	102
Ácido 2-metóxi-benzóico (ácido *o*-anísico)	—	100	—	131	129
Ácido metil-benzóico (ácido *o*-tolúico)	—	104	144	125	142
Ácido nonanodióico (ácido azeláico)	—	106	201 (di)	107 (mono) 186 (di)	93 (mono) 175 (di)
Ácido 3-metóxi-benzóico (ácido *m*-anísico)	—	107	—	—	136
Ácido metil-benzóico (ácido *m*-tolúico)	—	111	118	126	94
Ácido bromo-fenil-acético	—	117	—	—	194
Ácido (±)-fenil-hidróxi-acético (ácido mandélico)	—	118	172	151	133
Ácido benzóico	—	122	158	163	130
Ácido 2,4-dimetil-benzóico	—	126	—	141	180
Ácido 2-benzoil-benzóico	—	127	—	195	165
Ácido maléico	—	130	142 (di)	198 (mono) 187 (di)	172 (mono) 260 (di)
Ácido decanodióico (ácido sebácico)	—	133	201 (di)	122 (mono) 200 (di)	170 (mono) 210 (di)
Ácido 3-cloro-cinâmico	—	133	142	135	76
Ácido furóico	—	133	170	124	143
Ácido *trans*-cinâmico	—	133	168	153	147
Ácido 2-acetil-salicílico (aspirina)	—	138	—	136	138
Ácido 5-cloro-2-nitro-benzóico	—	139	—	164	154
Ácido 2-cloro-benzóico	—	140	131	118	139
Ácido 3-nitro-benzóico	—	140	162	155	143
Ácido 4-cloro-2-nitro-benzóico	—	142	—	—	172
Ácido 2-nitro-benzóico	—	146	—	155	176
Ácido amino-benzóico (Ácido antranílico)	—	146	151	131	109
Ácido difenil-acético	—	148	172	180	167
Ácido 2-bromo-benzóico	—	150	—	141	155
Ácido benzílico	—	150	190	175	154
Ácido hexanodióico (ácido adípico)	—	152	239	151 (mono) 241 (di)	125 (mono) 220 (di)
Ácido cítrico	—	153	189 (tri)	198 (tri)	210 (tri)
Ácido 4-nitro-fenil-acético	—	153	—	198	198
Ácido 2,5-dicloro-benzóico	—	153	—	—	155
Ácido 3-cloro-benzóico	—	156	—	123	134
Ácido 2,4-dicloro-benzóico	—	158	—	—	194
Ácido 4-cloro-fenóxi-acético	—	158	—	125	133
Ácido 2-hidróxi-benzóico (ácido salicílico)	—	158	156	136	142

ÁCIDOS CARBOXÍLICOS *(Continuação)*

Composto	PE	PF	p-Toluidido*	Anilida*	Amida*
Ácido 5-bromo-2-hidróxi-benzóico (Ácido 5-bromo-salicílico)	—	165	—	222	232
Ácido 3,4-dimetil-benzóico	—	165	—	104	130
Ácido 2-cloro-5-nitro-benzóico	—	166	—	—	178
Ácido metileno-succínico (ácido itacônico)	—	166 d.	—	152 (mono)	191 (di)
Ácido (+)-tartárico	—	169	—	180 (mono) 264 (di)	171 (mono) 196 (di)
Ácido 5-cloro-salicílico	—	172	—	—	227
Ácido 4-metil-benzóico (ácido p-tolúico)	—	180	160	145	160
Ácido 4-cloro-3-nitro-benzóico	—	182	—	131	156
Ácido 4-metóxi-benzóico (ácido p-anísico)	—	184	186	169	167
Ácido butanodióico (ácido succínico)	—	188	180 (mono) 255 (di)	143 (mono) 230 (di)	157 (mono) 260 (di)
Ácido 4-etóxi-benzóico	—	198	—	170	202
Ácido fumárico	—	200 s.	—	233 (mono) 314 (di)	270 (mono) 266 (di)
Ácido 3-hidróxi-benzóico	—	201 s.	163	157	170
Ácido 3,5-dinitro-benzóico	—	202	—	234	183
Ácido 3,4-dicloro-benzóico	—	209	—	—	133
Ácido ftálico	—	210 d.	150 (mono) 201 (di)	169 (mono) 253 (di)	144 (mono) 220 (di)
Ácido 4-hidróxi-benzóico	—	214	204	197	162
Ácido 3-nitro-ftálico	—	215	226 (di)	234 (di)	201 (di)
Ácido piridino-3-carboxílico (ácido nicotínico)	—	236	150	132	128
Ácido 4-nitro-benzóico	—	240	204	211	201
Ácido 4-cloro-benzóico	—	242	—	194	179
Ácido 4-bromo-benzóico	—	251	—	197	190

Nota: "d" indica "decomposição"; "s" indica "sublimação".
*Veja o Apêndice 2, "Procedimentos para a Preparação de Derivados".

FENÓIS†

Composto	PE	PF	a-Naftil-uretana*	Derivado de bromo*			
				Mono	Di	Tri	Tetra
2-clorofenol	176	7	120	48	76	—	—
3-metil-fenol (m-cresol)	203	12	128	—	—	84	—
2-Etil-fenol	207	—	—	—	—	—	—
2,4-Dimetil-fenol	212	23	135	—	—	—	—
2-Metil-fenol (o-cresol)	191	32	142	—	56	—	—
2-Metóxi-fenol (guaiacol)	204	32	118	—	—	116	—
4-Metil-fenol (p-cresol)	202	35	146	—	49	—	198
3-Cloro-fenol	214	35	158	—	—	—	—
4-Metil-2-nitro-fenol	—	35	—	—	—	—	—

FENÓIS† *(Continuação)*

Composto	PE	PF	a-Naftil-uretana*	Derivado de bromo*			
				Mono	Di	Tri	Tetra
2,4-Dibromo-fenol	238	40	—	95	—	—	—
Fenol	181	42	133	—	—	95	—
4-Cloro-fenol	217	43	166	33	90	—	—
4-Etil-fenol	219	45	128	—	—	—	—
2-Nitro-fenol	216	45	113	—	117	—	—
2-Isopropil-5-metil-fenol (timol)	234	51	160	55	—	—	—
4-Metóxi-fenol	243	56	—	—	—	—	—
3,4-Dimetil-fenol	225	64	141	—	—	171	—
4-Bromo-fenol	238	64	169	—	—	—	—
4-Cloro-3-metil-fenol	235	66	153	—	—	—	—
3,5-Dimetil-fenol	220	68	—	—	—	166	—
2,6-Di-*terc*-butil-4-metil-fenol	—	70	—	—	—	—	—
2,4,6-Trimetil-fenol	232	72	—	—	—	—	—
2,5-Dimetil-fenol	212	75	173	—	—	178	—
1-Naftol (α-naftol)	278	94	152	—	105	—	—
2-Metil-4-nitro-fenol	186	96	—	—	—	—	—
2-Hidróxi-fenol (catecol)	245	104	175	—	—	—	192
2-Cloro-4-nitro-fenol	—	106	—	—	—	—	—
3-Hidróxi-fenol (resorcinol)	—	109	—	—	—	112	—
4-Nitro-fenol	—	112	150	—	142	—	—
2-Naftol (β-naftol)	—	123	157	84	—	—	—
3-Metil-4-nitro-fenol	—	129	—	—	—	—	—
1,2,3-Tri-hidróxi-benzeno (pirogalol)	—	133	—	—	158	—	—
4-Fenil-fenol	—	164	—	—	—	—	—

*Veja o Apêndice 2, "Procedimentos para a Preparação de Derivados".
†Veja também:
Ácido salicílico (ácido 2-hidróxi-benzóico)
Ésteres do ácido salicílico (salicilatos)
Salicilaldeído (2-hidróxi-benzaldeído)
4-hidróxi-benzaldeído
4-hidróxi-propiofenona
Ácido 3-hidróxi-benzóico
Ácido 4-hidróxi-benzóico
4-hidróxi-benzofenona

AMINAS PRIMÁRIAS†

Composto	PE	PF	Benzamida*	Picrato*	Acetamida*
t-Butilamina	46	—	134	198	101
Propilamina	48	—	84	135	—
Alilamina	56	—	—	140	—
sec-Butilamina	63	—	76	139	—
Isobutilamina	69	—	57	150	—

AMINAS PRIMÁRIAS† (Continuação)

Composto	PE	PF	Benzamida*	Picrato*	Acetamida*
Butilamina	78	—	42	151	—
Isopentilamina (isoamilamina)	96	—	—	138	—
Pentilamina (amilamina)	104	—	—	139	—
Etilenodiamina	118	—	244 (di)	233 (di)	172 (di)
Hexilamina	132	—	40	126	—
Ciclo-hexilamina	135	—	149	—	101
1,3-Diaminopropano	140	—	148 (di)	250	126 (di)
Furfurilamina	145	—	—	150	—
Heptilamina	156	—	—	121	—
Octilamina	180	—	—	112	—
Benzilamina	184	—	105	194	65
Anilina	184	—	163	180	114
2-Metil-anilina (o-toluidina)	200	—	144	213	110
3-Metil-anilina (m-toluidina)	203	—	125	200	65
2-Cloro-anilina	208	—	99	134	87
2,6-Dimetil-anilina	216	11	168	180	177
2,5-Dimetil-anilina	216	14	140	171	139
3,5-Dimetil-anilina	220	—	144	225	—
4-Isopropil-anilina	225	—	162	—	102
2-Metóxi-anilina (o-anisidina)	225	6	60	200	85
3-Cloro-anilina	230	—	120	177	74
2-Etóxi-anilina (o-fenetidina)	231	—	104	—	79
4-Cloro-2-metil-anilina	241	29	142	—	140
4-Etóxi-anilina (p-fenetidina)	250	2	173	69	137
3-Bromo-anilina	251	18	120	180	87
2-Bromo-anilina	250	31	116	129	99
2,6-Dicloro-anilina	—	39	—	—	—
4-Metil-anilina (p-toluidina)	200	43	158	182	147
2-Etil-anilina	210	47	147	194	111
2,5-Dicloro-anilina	251	50	120	86	132
4-Metóxi-anilina (p-anisidina)	—	58	154	170	130
2,4-Dicloro-anilina	245	62	117	106	145
4-Bromo-anilina	245	64	204	180	168
4-Cloro-anilina	—	72	192	178	179
2-Nitro-anilina	—	72	110	73	92
2,4,6-Tricloro-anilina	262	75	174	83	204
p-Amino-benzoato de etila	—	89	148	—	110
o-Fenilenodiamina	258	102	301 (di)	208	185 (di)
2-Metil-5-nitro-anilina	—	106	186	—	151
4-Amino-acetofenona	—	106	205	—	167
2-Cloro-4-nitro-anilina	—	108	161	—	139
3-Nitro-anilina	—	114	157	143	155
4-Metil-2-nitro-anilina	—	116	148	—	99
4-Cloro-2-nitro-anilina	—	118	133	—	104
2,4,6-Tribromo-anilina	—	120	200	—	232
2-Metil-4-nitro-anilina	—	130	—	—	202
2-Metóxi-4-nitro-anilina	—	138	149	—	153
p-Fenilenodiamina	—	140	128 (mono) 300 (di)	—	162 (mono) 304 (di)
4-Nitro-anilina	—	148	199	100	215

AMINAS PRIMÁRIAS† *(Continuação)*

Composto	PE	PF	Benzamida*	Picrato*	Acetamida*
4-Amino-acetanilida	—	162	—	—	304
2,4-Dinitro-anilina	—	180	202	—	120

*Veja o Apêndice 2, "Procedimentos para a Preparação de Derivados".
†Veja também: ácido 4-amino-benzóico e seus ésteres.

AMINAS SECUNDÁRIAS

Composto	PE	PF	Benzamida*	Picrato*	Acetamida*
Dietilamina	56	—	42	155	—
Diisopropilamina	84	—	—	140	—
Pirrolidina	88	—	Óleo	112	—
Piperidina	106	—	48	152	—
Dipropilamina	110	—	—	75	—
Morfolina	129	—	75	146	—
Diisobutilamina	139	—	—	121	86
N-Metil-ciclo-hexilamina	148	—	85	170	—
Dibutilamina	159	—	—	59	—
Benzil-metilamina	184	—	—	117	—
N-Metil-anilina	196	—	63	145	102
N-Etil-anilina	205	—	60	132	54
N-Etil-m-toluidina	221	—	72	—	—
Diciclo-hexilamina	256	—	153	173	103
N-Benzil-anilina	298	37	107	48	58
Indol	254	52	68	—	157
Difenilamina	302	52	180	182	101
N-Fenil-1-naftilamina	335	62	152	—	115

*Veja o Apêndice 2, "Procedimentos para a Preparação de Derivados."

AMINAS TERCIÁRIAS†

Composto	PE	PF	Picrato*	Metiodido*
Trietilamina	89	—	173	280
Piridina	115	—	167	117
2-Metil-piridina (α-picolina)	129	—	169	230
2,6-Dimetil-piridina (2,6-lutidina)	143	—	168	233
4-Metil-piridina (4-picolina)	143	—	167	—
3-Metil-piridina (β-picolina)	144	—	150	92
Tripropilamina	157	—	116	207
N,N-Dimetil-benzilamina	183	—	93	179
N,N-Dimetil-anilina	193	—	163	228 d.
Tributilamina	216	—	105	186
N,N-Dietil-anilina	217	—	142	102
Quinolina	237	—	203	72/133

Nota: "d" indica "decomposição".
*Veja o Apêndice 2, "Procedimentos para a Preparação de Derivados."
†Veja também ácido nicotínico e seus ésteres.

ÁCOOIS

Composto	PE	PF	3,5-Dinitro-benzoato*	Fenil-uretana*
Metanol	65	—	108	47
Etanol	78	—	93	52
2-Propanol (álcool isopropílico)	82	—	123	88
2-Metil-2-propanol (álcool *t*-butílico)	83	26	142	136
3-Buteno-2-ol	96	—	54	—
2-Propeno-1-ol (álcool alílico)	97	—	49	70
1-Propanol	97	—	74	57
2-Butanol (álcool *sec*-butílico)	99	—	76	65
2-Metil-2-butanol (álcool *t*-pentílico)	102	−8,5	116	42
2-Metil-3-butino-2-ol	104	—	112	—
2-Metil-1-propanol (álcool isobutílico)	108	—	87	86
3-Buteno-1-ol	113	—	59	25
3-Metil-2-butanol	114	—	76	68
2-Propino-1-ol (álcool propargílico)	114	—	—	—
3-Pentanol	115	—	101	48
1-Butanol	118	—	64	61
2-Pentanol	119	—	62	—
3,3-Dimetil-2-butanol	120	—	107	77
2,3-Dimetil-2-butanol	121	—	111	65
2-Metil-2-pentanol	123	—	72	—
3-Metil-3-pentanol	123	—	96	43
2-Metóxi-etanol	124	—	—	(113)†
2-Metil-3-pentanol	128	—	85	50
2-Cloro-etanol	129	—	95	51
3-Metil-1-butanol (álcool isoamílico)	132	—	61	56
4-Metil-2-pentanol	132	—	65	143
2-Etóxi-etanol	135	—	75	(67)†
3-Hexanol	136	—	97	—
1-Pentanol	138	—	46	46
2-Hexanol	139	—	39	(61)†
2,4-Dimetil-3-pentanol	140	—	—	95
Ciclo-pentanol	140	—	115	132
2-Etil-1-butanol	146	—	51	—
2,2,2-Tricloro-etanol	151	—	142	87
1-Hexanol	157	—	58	42
2-Heptanol	159	—	49	(54)†
Ciclo-hexanol	160	—	113	82
3-Cloro-1-propanol	161	—	77	38
2-Furil-metanol (álcool furfurílico)	170	—	80	45
1-Heptanol	176	—	47	60
2-Octanol	179	—	32	114
2-Etil-1-hexanol	185	—	—	(61)†
1-Octanol	195	—	61	74
3,7-Dimetil-1,6-octadieno-3-ol (linalool)	196	—	—	66
2-Nonanol	198	—	43	(56)†
Álcool benzílico	204	—	113	77
1-Fenil-etanol	204	20	92	95
1-Nonanol	214	—	52	62
1,3-Propanodiol	215	—	178 (di)	137 (di)
2-Fenil-etanol	219	—	108	78

ÁLCOOIS (Continuação)

Composto	PE	PF	3,5-Dinitro-benzoato*	Fenil-uretana*
1-Decanol	231	7	57	59
3-Fenil-propanol	236	—	45	92
1-Dodecanol (álcool láurico)	—	24	60	74
3-Fenil-2-propeno-1-ol (álcool cinamílico)	250	34	121	90
α-Terpineol	221	36	78	112
1-Tetradecanol (álcool mirístico)	—	39	67	74
(2)-Mentol	212	41	158	111
1-Hexadecanol (álcool cetílico)	—	49	66	73
2,2-Dimetil-1-propanol (álcool neopentílico)	113	56	—	144
Álcool 4-metil-benzílico	217	59	117	79
1-Octadecanol (álcool esteárilico)	—	59	77	79
Difenil-metanol (benzidrol)	—	68	141	139
Álcool 4-nitro-benzílico	—	93	157	—
Benzoína	—	136	—	165
Colesterol	—	147	—	168
Trifenil-metanol	—	161	—	—
(+)-Borneol	—	208	154	138

*Veja o Apêndice 2, "Procedimentos para a Preparação de Derivados".
† α-Naftil-uretano.

ÉSTERES

Composto	PE	PF	Composto	PE	PF
Formato de metila	32	—	Isobutirato de etila		
Formato de etila	54	—	(2-metil-propanoato de etila)	110	—
Acetato de metila	57	—	Propionato de isopropila		
Formato de isopropila	71	—	(propanoato de isopropila)	110	—
Acetato de vinila	72	—	Acetato de 2-butila (acetato de sec-butila)	111	—
Acetato de etila	77	—	Isovalerato de metila	117	—
Propionato de metila (propanoato de metila)	80	—	(3-metil-butanoato de metila)		
Acrilato de metila	80	—	Acetato de isobutila		
Formato de propila	81	—	(acetato de 2-metil-propila)	117	—
Acetato de isopropila	89	—	Pivalato de etila		
Cloro-formato de etila	93	—	(2,2-dimetil-propanoato de etila)	118	—
Isobutirato de metila	93	—	Crotonato de metila (butenoato de metila)	119	—
(2-Metil-propanoato de metila)			Butirato de etila (butanoato de etila)	121	—
Acetato de 2-propenila (acetato de 2-propenila)	94	—	Propionato de propila (propanoato de propila)	123	—
Acetato de terc-butila			Acetato de butila	126	—
(acetato de 1,1-dimetil-etila)	98	—	Valerato de metila (pentanoato de metila)	128	—
Propionato de etila (propanoato de etila)	99	—	Metóxi-acetato de metila	130	—
Metacrilato de metila			Cloro-acetato de metila	130	—
(2-metil-propenoato de metila)	100	—	Isovalerato de etila		
Pivalato de metila			(3-metil-butanoato de etila)	134	—
(trimetil-acetato de metila)	101	—	Crotonato de etila (2-Butenoato de etila)	138	—

ÉSTERES *(Continuação)*

Composto	PE	PF	Composto	PE	PF
Acrilato de etila (propenoato de etila)	101	—	Acetato de isopentila		
Acetato de propila	102	—	(Acetato de 3-metil-butila)	142	—
Butirato de metila (butanoato de metila)	102	—	Acetato de 2-metóxi-etila	145	—
Cloro-acetato de etila	145	—	Fenil-acetato de metila	220	—
Valerato de etila (pentanoato de etila)	146	—	Salicilato de metila	224	—
α-Cloro-propanoato de etila	146	—	Maleato de dietila	224	—
Acetato de pentila	147	—	Fenil-acetato de etila	228	—
Hexanoato de metila	151	—	Benzoato de propila	231	—
Lactato de etila	154	—	Salicilato de etila	234	—
Butirato de butila	167	—	Suberato de dimetila	268	—
Hexanoato de etila	168	—	Cinamato de etila	271	—
Acetato de hexila	169	—	Ftalato de dimetila	284	—
Acetoacetato de metila	170	—	Ftalato de dietila	298	—
Heptanoato de metila (enantlato de metila)	172	—	Cinamato de metila	—	36
Acetato de furfurila	176	—	2-Furoato de etila	—	36
2-Furoato de metila	181	—	Estearato de metila	—	39
Malonato de dimetila	181	—	Itaconato de dimetila	—	39
Acetoacetato de etila	181	—	Salicilato de fenila	—	42
Oxalato de dimetila	185	—	Tereftalato de dietila	—	44
Heptanoato de etila	187	—	4-Cloro-benzoato de metila	—	44
Acetato de heptila	192	—	3-Nitro-benzoato de etila	—	47
Succinato de dimetila	196	—	Mandelato de metila	—	53
Acetato de fenila	197	—	4-Nitro-benzoato de etila	—	56
Malonato de dietila	199	—	Isoftalato de dimetila	—	68
Benzoato de metila	199	—	Benzoato de fenila	—	69
Malonato de dimetila	204	—	3-Nitro-benzoato de metila	—	78
Levulinato de etila	206	—	4-Bromo-benzoato de metila	—	81
Octanoato de etila	208	—	4-Amino-benzoato de etila	—	89
Ciano-acetato de etila	208	—	4-Nitro-benzoato de metila	—	96
Benzoato de etila	212	—	Fumarato de dimetila	—	102
Acetato de benzila	217	—	Acetato de colesterol	—	114
Succinato de dietila	217	—	4-hidróxi-benzoato de etila	—	116
Fumarato de dietila	219	—			

APÊNDICE 2

Procedimentos de Preparação de Derivados

> **Cuidado:** Alguns dos produtos químicos usados na preparação de derivados são possíveis cancerígenos. Antes de iniciar qualquer procedimento, consulte a lista de prováveis cancerígenos na páginas 488-489. Cuidado na manipulação destas substâncias.

ALDEÍDOS E CETONAS

Semicarbazonas. Coloque 0,5 mL de uma solução $2M$ de estoque de cloridrato de semicarbazida (ou 0,5 mL de uma solução preparada a partir de 1,11 g de cloridrato de semicarbazida [$PM = 111,5$] em água) em um tubo de ensaio pequeno. Coloque 0,15 g do composto desconhecido no tubo de ensaio. Se o composto desconhecido não se dissolver na solução ou se ela ficar turva, adicione metanol em quantidade suficiente (no máximo 2 mL) para dissolver o sólido e produzir uma solução límpida. Se restar um sólido ou turvação após a adição de 2 mL de metanol, não adicione mais solvente e continue o procedimento na presença de sólido. Use uma pipeta Pasteur para adicionar 10 gotas de piridina à mistura e aqueça-a em um banho de água quente (cerca de 60°C) por 10-15 minutos. Após este tempo, o produto deve ter começado a cristalizar. Colete-o por filtração a vácuo. O produto pode ser cristalizado a partir de etanol, se necessário.

Semicarbazonas (método alternativo). Coloque 0,5 mL de uma solução estoque de cloridrato de semicarbazida e 0,38 g de acetato de sódio em 1,3 mL de água. Dissolva 0,25 g do desconhecido em 2,5 mL de etanol. Misture as duas soluções em um frasco de Erlenmeyer de 25 mL e aqueça a mistura em ebulição por cerca de 5 minutos. Após o aquecimento, coloque o frasco de reação em um banho de gelo e raspe as paredes com um bastão de vidro para induzir a cristalização do derivado. Colete-o por filtração a vácuo e recristalize a partir de etanol.

2,4-Dinitro-fenil-hidrazonas. Coloque 10 mL de uma solução de 2,4-dinitro-fenil-hidrazina (preparada como no teste de classificação do Experimento 55D) em um tubo de ensaio e adicione 0,15 g do composto desconhecido. Se o desconhecido for um sólido, dissolva-o na menor quantidade possível de etanol 95% ou em 1,2-dimetóxi-etano antes de colocá-lo no tubo de ensaio. Se a cristalização não ocorrer imediatamente, aqueça ligeiramente a solução por um minuto em um banho de água quente (90°C) e deixe-a repousar, para cristalizar. Colete o produto por filtração a vácuo.

ÁCIDOS CARBOXÍLICOS

Em uma capela, coloque 0,50 g do ácido e 2 mL de cloreto de tionila em um balão pequeno de fundo redondo. Coloque uma barra de agitação magnética e ligue o balão em um condensador refrigerado a água e um tubo contendo cloreto de cálcio. Aqueça a mistura em uma placa, com agitação, em ebulição por trinta minutos. Deixe esfriar até a temperatura normal. Use esta mistura para preparar os derivados amida, anilida ou *p*-toluidido por um dos três procedimentos seguintes.

Amidas. Em uma capela, use uma pipeta Pasteur para transferir a mistura cloreto de tionila/ácido carboxílico, gota a gota, para um bécher contendo 5 mL de hidróxido de amônio concentrado gelado. A reação é bastante exotérmica. Após a adição, agite vigorosamente por cerca de 5 minutos. Quando a reação se completar, colete o produto por filtração a vácuo e recristalize-o a partir de água ou água-etanol, usando o método dos solventes mistos (Técnica 11, Seção 11.10).

Anilidas. Dissolva, em um frasco de Erlenmeyer de 50 mL l0,5 g de anilina em 13 mL de cloreto de metileno. Use uma pipeta Pasteur para adicionar cuidadosamente a mistura de cloreto de tionila/ácido carboxílico a esta solução. Aqueça a mistura. Aqueça por mais 5 minutos em uma placa, a menos que uma mudança significativa de cor ocorra. *Se isto acontecer*, interrompa o aquecimento, coloque uma barra de agitação no frasco e agite-o por 20 minutos na temperatura normal. Transfira a solução de cloreto de metileno para um funil de separação pequeno e lave-a, em seqüência, com 2,5 mL de água, 2,5 mL de ácido clorídrico a 5%, 2,5 mL de hidróxido de sódio a 5% e uma segunda porção de 2,5 mL de água (a camada de cloreto de metileno deve ser a inferior). Seque a camada de cloreto de metileno sobre uma pequena quantidade de sulfato de sódio anidro. Decante a camada de cloreto de metileno para um frasco pequeno e, em capela, evapore o cloreto de metileno em uma placa de aquecimento. Use uma corrente de ar ou de nitrogênio para facilitar a evaporação. Recristalize o produto a partir de água ou de etanol-água, usando o método dos solventes mistos (Técnica 11, Seção 11.10).

p-Toluididos. Use o mesmo procedimento descrito para a preparação das anilidas, mas substitua a anilina por *p*-toluidina.

FENÓIS

α-Naftil-uretanas. Siga o procedimento dado adiante para a preparação de fenil-uretanas a partir de álcoois, porém substitua o fenil-isocianato por α-naftil-cianato.

Derivados de Bromo. Primeiramente, prepare uma solução estoque de bromo, se necessário, dissolvendo 0,75 g de brometo de potássio em 5 mL de água e adicionando 0,5 g de bromo. Dissolva 0,1 g do fenol em 1 mL de metanol ou de 1,2-dimetóxi-etano e adicione 1 mL de água. Adicione 1 mL da solução de bromo à solução de fenol e agite-a vigorosamente, com rotação, até que a cor do reagente de bromo persista. Por fim, adicione 3-5 mL de água e agite vigorosamente. Colete o produto precipitado por filtração a vácuo e lave-o bem com água. Recristalize o derivado a partir de metanol-água, usando o método dos solventes mistos (Técnica 11, Seção 11.10).

AMINAS

Acetamidas. Coloque 0,15 g da amina e 0,5 mL de anidrido acético em um frasco de Erlenmeyer pequeno. Aqueça a mistura por cerca de 5 minutos, e adicione 5 mL de água, com agitação vigorosa, para precipitar o produto e hidrolisar o excesso de anidrido acético. Se o produto não cristalizar, raspe as paredes do frasco com um bastão de vidro. Colete os cristais por filtração a vácuo e lave-os com várias porções de ácido clorídrico 5% frio. Recristalize a partir de metanol-água, usando o método dos solventes mistos (Técnica 11, Seção 11.10).

As aminas aromáticas ou as que não são muito básicas podem necessitar de piridina (2 mL) como solvente e de um catalisador da reação. Quando se usa piridina, um período mais longo de aquecimento é necessário (até 1 hora) e a reação deve ser conduzida em uma aparelhagem como condensador de refluxo. Após o refluxo, extraia a mistura de reação com 5-10 mL de ácido sulfúrico a 5% para remover a piridina.

Benzamidas. Use um tubo de centrífuga para suspender 0,15 g da amina em 1 mL de solução de hidróxido de sódio a 10% e adicione 0,5 g de cloreto de benzoíla. Tampe o tubo e agite a mistura vigorosamente por cerca de 10 minutos. Após a agitação, adicione ácido clorídrico diluído suficiente para levar o pH da solução a 7 ou 8. Colete o precipitado por filtração a vácuo, lave-o bem com água fria e recristalize-o a partir de etanol-água, usando o método dos solventes mistos (Técnica 11, Seção 11.10).

Benzamidas (Método Alternativo). Dissolva, em um balão de fundo redondo pequeno, 0,25 g da amina em uma solução de 1,2 mL de piridina e 2,5 mL de tolueno. Adicione 0,25 mL de cloreto de benzoíla à solução e aqueça a mistura sob refluxo por cerca de 30 minutos. Derrame a mistura de reação fria em 25 mL de água e agite-a vigorosamente para hidrolisar o excesso de cloreto de benzoíla. Separe a camada de tolueno e lave-a, primeiro com 1,5 mL de água e, depois, com 1,5 mL de carbonato de sódio a 5%. Seque o tolueno sobre sulfato de sódio anidro em grãos, decante o tolueno para um frasco de Erlenmeyer pequeno e remova o tolueno, na capela, por evaporação em uma placa. Use uma corrente de ar ou de nitrogênio para acelerar a evaporação. Recristalize a benzamida a partir de etanol ou de etanol-água, usando o método dos solventes mistos (Técnica 11, Seção 11.10).

Picratos. Dissolva, em um frasco de Erlenmeyer, 0,2 g do desconhecido em cerca de 5 mL de etanol e adicione 5 mL de uma solução saturada de ácido pícrico em etanol. Aqueça a solução até a ebulição e deixe-a esfriar lentamente. Colete o produto por filtração a vácuo e lave-o com uma pequena quantidade de etanol gelado.

Metiodidos. Misture volumes iguais da amina e de iodeto de metila em um balão de fundo redondo pequeno (cerca de 0,25 mL é suficiente) e deixe a mistura em repouso por alguns minutos. Aqueça a mistura cuidadosamente, sob refluxo, por cerca da 5 minutos. O metiodido deve cristalizar ao resfriar. Se isto não ocorrer, induza a cristalização raspando as paredes do balão com um bastão de vidro. Colete o produto por filtração a vácuo e recristalize-o a partir de etanol ou acetato de etila.

ÁLCOOIS

3,5-Dinitro-benzoatos.

Álcoois Líquidos. Dissolva 0,25 g de cloreto de 3,5-dinitro-benzoíla em 0,25 mL do álcool e aqueça a mistura por cerca de 5 minutos.[1] Deixe a mistura esfriar e adicione 1,5 mL de uma solução de carbonato de sódio a 5% e 1 mL de água. Agite a mistura vigorosamente e esmague os sólidos que se formarem. Colete o produto por filtração a vácuo e lave-o com água gelada. Recristalize o derivado a partir de etanol-água, usando o método dos solventes mistos (Técnica 11, Seção 11.10).

Álcoois Sólidos. Dissolva 0,25 g do álcool em 1,5 mL de piridina seca e adicione 0,25 g de cloreto de 3,5-dinitro-benzoíla.[2] Aqueça a mistura em refluxo por 15 minutos. Derrame a mistura de reação fria em uma mistura gelada de 2,5 mL de carbonato de sódio a 5% e 2,5 mL de água. Esfrie a solução em um banho de água e gelo até cristalização do produto. Agite continuamente durante o processo. Colete o produto por filtração a vácuo, lave com água gelada e recristalize o derivado a partir de etanol-água, usando o método dos solventes mistos (Técnica 11, Seção 11.10).

Fenil-uretanas. Coloque 0,25 g do álcool *anidro* em um tubo de ensaio seco e adicione 0,25 mL de fenil-isocianato (α-naftil-isocianato no caso de um fenol). Se o composto for um fenol, adicione 1 gota de piridina para catalisar a reação. Se a reação não ocorrer espontaneamente, aqueça a mistura em um banho de água quente (90°C) por 5-10 minutos, esfrie o tubo de ensaio em um bécher com gelo e raspe a parede do tubo de ensaio com um bastão de vidro para induzir a cristalização. Decante o líquido para separá-lo do produto sólido ou, se necessário, colete-o por filtração a vácuo. Dissolva o produto em 2,5-3 mL de ligroína (ou hexano) quente e filtre-o por gravidade (funil pré-aquecido) para remover a difenil-uréia sólida indesejada. Esfrie o filtrado para induzir a cristalização da uretana. Colete o produto por filtração a vácuo.

ÉSTERES

Recomendamos a caracterização dos ésteres por métodos espectroscópicos sempre que possível. Pode-se preparar um derivado da parte álcool do éster usando o procedimento seguinte. Para outros derivados, consulte um livro-texto especializado. Vários deles foram indicados no Experimento 55 (página 402).

3,5-Dinitro-benzoatos. Coloque 1,0 mL do éster e 0,75 g de ácido 3,5-dinitro-benzóico em um balão pequeno de fundo redondo. Coloque 2 gotas de ácido sulfúrico concentrado e uma barra magnética no balão e ligue-o a um condensador. Se o ponto de ebulição do éster for inferior a 150°C, mantenha a mistura em refluxo, com agitação, por 30-45 minutos. Se o ponto de ebulição do éster for superior a 150°C, mantenha a mistura em cerca de 150°C por 30-45 minutos. Esfrie a mistura e transfira-a para um funil de separação pequeno. Adicione 10 mL de éter. Extraia a camada de éter duas vezes com 5 mL de carbonato de sódio a 5% (retenha a camada de éter). Lave a camada orgânica com 5 mL de água e seque-a sobre sulfato de magnésio. Evapore o éter, em capela, em um banho de água quente. Use uma corrente de ar ou de nitrogênio para acelerar a evaporação. Dissolva o resíduo, usualmente um óleo, em 2 mL de etanol fervente e adicione água, gota a gota, até que a mistura fique turva. Esfrie a solução para induzir a cristalização do derivado.

---

[1] O cloreto de 3,5-dinitro-benzoíla é um cloreto de ácido e se hidrolisa rapidamente. A pureza do reagente deve ser verificada antes do uso pelo ponto de fusão (pf 69-71°C). O ponto de fusão do ácido carboxílico é mais alto.

[2] Veja a nota 1.

Preparação de um Ácido Carboxílico Sólido a partir de um Éster. Um derivado excelente de um éster pode ser preparado por hidrólise básica quando o produto é um ácido carboxílico sólido. O procedimento está descrito no Experimento 55, Seção 55I (página 437). Pontos de fusão dos ácidos carboxílicos estão na Tabela dos Ácidos Carboxílicos no Apêndice 1 (páginas 851-853).

APÊNDICE 3
Índice de Espectros

Espectros de infravermelho

2-Acetil-ciclo-hexanona   294-295

Anisol   760-761

Benzaldeído   256, 763-765

Benzamida   766-767

Benzila   257-258

Ácido benzílico   260

Benzocaína   314-315

Ácido benzóico   272, 765-766

Benzoína   255

Benzonitrila   761-762

Borneol   244-245

Brometo de *n*-butila   170-171

n-Butilamina   760-761

Cânfora   244-245, 764-765

Disssulfeto de carbono   748-749

Tetracloreto de carbono   746-747

Carvona   108

Clorofórmio   747-748

Decano   755-756

1,2-Dicloro-benzeno   759-761

7,7-Dicloro-norcarano   180-181

N,N-Dietil-*m*-toluamida   325-326

6-Etóxi-carbonil-3,5-difenil-2-ciclo-hexenona   286-287

Isoborneol   245-246

Acetato de isopentila   91, 765-766

Limoneno   108-109

Óxido de mesitila   764-765

Benzoato de metila   766-767

Isopropil-metil-cetona   752-753

m-Nitro-benzoato de metila   308-309

Salicilato de metila   94-95

4-Metil-ciclo-hexanol   175-176, 751-752

4-Metil-ciclo-hexeno   174-175, 756-757
Óleo mineral   745-746
2-Naftol   759-761
Nitro-benzeno   761-762
Nonanal   762-763
Anidrido *cis*-norborneno-5,6-*endo*-dicarboxílico   361-362, 766-768
Nujol   745-746
Óleo de parafina   745-746
Cloreto de *t*-pentila   163-164
Poliestireno   749-750
Estireno   757-758
Sulfanilamida   332-333
Trifenil-metanol   270-271

Espectros de ^{1}H-RMN

2-Acetil-ciclo-hexanona   294-295
Benzocaína   314-315
Acetato de benzila (espectro de RMN em 60-MHz)   776-777
Acetato de benzila (espectro de RMN em 300 MHz)   778-779
Borneol   246-247
Cânfora   245-246
Carvona   108-109
3-Hidróxi-butanoato de etila   230-232
1-Hexanol   796-797
Isoborneol   246-247
Limoneno   108-110
Salicilato de metila   94-95
Fenil-acetona   911
1,1,2-Tricloro-etano   783-785
Acetato de vinila   787

Espectros de ^{13}C-RMN

Borneol   247-248
Cânfora   247-248
Carvona   110-111
Ciclo-hexanol   808-809
Ciclo-hexanona   808-809
Ciclo-hexeno   808-809
7,7-Dicloro-norcarano   181-182
2,2-Dimetil-butano   806-807
Fenil-acetato de etila   805-806
Isoborneol   248-249
1-Propanol   806-807
Tolueno   809-810

Espectros de massas

Acetofenona   831-833
Benzaldeído   830
Bromo-etano   821, 823
1-Bromo-hexano   834
Butano   825
1-Butanol   828-829
2-Butanona   830
1-Buteno   827
Cloro-etano   822
Ciclo-pentano   827
Dopamina   818-819
Butanoato de metila   833-834
Ácido propanóico   831-833
Tolueno   828-829
2,2,4-Trimetil-pentano   826

Espectros de ultravioleta-visível

Benzofenona   367
Naftaleno   367

Misturas

Borneol e isoborneol   294-250
Cloreto de *t*-butila e brometo de *t*-butila   161-162
1-Cloro-butano e 1-bromo-butano   160-161

ÍNDICE

A

Aberração cromática, 734-735
Acetamidas, 433;
  preparação, 860-861
Acetaminofeno, 64-65, 73-74
  preparação, 69-70
Acetanilida, 64-65
  cloro-sulfonação, 327-328
  preparação, 66-67
Acetato de benzila: espectro de RMN em 60-MHz, 776-777
  espectro de RMN em 300 MHz, 778-779
Acetato de isoamila. *Veja* Acetato de isopentila
Acetato de isopentila: esterificação, 89-90
  espectro de infravermelho, 91, 765-766
  preparação, 89-90
Acetato de vinila: espectro de RMN, 787
Acetilação: *p*-amino-fenol, 69-70
  ácido salicílico, 61
  álcoois C-4 e C-5, 30-31
  álcool isopentílico, 89-90
  ciclo-hexanona, 286-287
  substratos aromáticos, 451-452
2-Acetil-ciclo-hexanona: cálculo do conteúdo de enol, 293-294
  espectro de infravermelho, 294-295
  espectro de RMN, 294-295
  preparação, 286-287
Acetoacetato de etila: redução quiral, 226
  condensação, 282-283
Acetofenona: condensação de aldol, 279-280
  condensação com aldeídos, 465-466
  espectro de massas, 831-833
Acetona: condensação de aldol, 279-280
  condensação
  lavagem, 497-498
  perigos, 487-488
  tautomerismo, 144-145
Acetona de lavagem, 497-498
Ácido (S)-(1)-*O*-Acetil-mandélico: uso como agente de resolução quiral, 277-278
Ácido 3-nitro-ftálico: formação de amida, 373-374
Ácido acético: perigos, 487-488

Ácido acetil-salicílico: preparação, 61.
  Veja também Aspirina
Ácido benzílico: espectro de infravermelho, 260
  preparação, 258-259
  rearranjo, 258-259
Ácido benzóico: espectro de infravermelho, 272, 765-766
  estrutura, 388-389
  preparação, 263-264
Ácido gálico, 81-82
Ácido *m*-tolúico: formação de amida, 320-321
Ácido *p*-amino-benzóico: ação, 326-327
  esterificação, 313
Ácido propanóico: espectro d massas, 831-833
Ácido salicílico: acetilação, 61
  esterificação, 91-92
Ácidos: concentrações (veja a *capa interna frontal*); remoção por extração, 41-42, 609.
  Veja também Ácidos carboxílicos
Ácidos carboxílicos: cálculo da acidez, 147
  derivados, 427-428, 850-851, 860
  espectroscopia de infravermelho, 763-765
  espectroscopia de RMN, 427-428, 793-794
  preparação, 459
  tabelas de desconhecidos, 850-851
  testes de identificação, 425-426
  titulação, 426-427
Ácidos graxos, 183-184
Ácidos graxos *trans*, 184-186
Acil-glicerol, 182-183
Acilação: anilina, 66-67
Acoplamento spin-spin, 782-783
Açúcares: identificação, 380
  redução, 384-385
Açúcares redutores, 384-385
Adaptador de termômetro, 502, 627-628
Adaptador de vácuo, 502, 626-627
Adaptador: Neoprene, 503
  termômetro, 502, 627-628
  vácuo, 502, 626-627
Adição de carbeno: ciclo-hexeno, 176-177

Adição de Michael, 282-283
  preparação, 463-466
  síntese de chalconas substituídas, 463-464
Adivinhação da oxidação, 470-471
Adoçantes: teste, 377-378
Adsorvente ativado, 679-680
Agente de resolução quiral, 277-278
Agentes de secagem, 606-607
  tabela, 606-607
Agitadores magnéticos, 536-537
Água sanitária: como um oxidante, 237-238
Albuminas, 393-394
Alcalóide, 78-79
Alcanos: espectroscopia de infravermelho, 755-756
Álcoois C-4 e C-5: esterificação, 442
Álcool *n*-butílico: substituição nucleofílica, 154-155, 167-168
Álcool: derivados, 436-437, 856-857, 861-862
  detecção, 211-212
  espectroscopia de infravermelho, 436-437
  espectroscopia de RMN, 436-437, 793-794
  esterificação, 442
  oxidação, 470-471
  tabelas de desconhecidos, 856-857
  testes de identificação, 433
  velocidades de oxidação, 215
Álcool *sec*-butílico: substituição nucleofílica, 154-155
Álcool *t*-butílico: substituição nucleofílica, 154-155
Álcool *t*-pentílico: substituição nucleofílica, 167-168
Aldeídos: derivados, 424-425, 848, 860
  espectroscopia de infravermelho, 424, 762-763
  espectroscopia de RMN, 424-425, 782
  tabelas de desconhecidos, 848
  testes de identificação, 420
Aldrich Handbook of Fine Chemicals, 509-510
Aldrich Library of Infrared Spectra, 836-837

Aldrich Library of NMR Spectra, 836-837
Alquenos: deformação angular fora do plano de C–H id, 756-757
　espectroscopia de infravermelho, 418-419, 755-756
　espectroscopia de RMN, 782, 784-785
　testes de identificação, 416-417
Alquinos: testes de identificação, 416-417
　espectroscopia de infravermelho, 757-758
　espectroscopia de RMN, 418-419, 782
Alumina, 675
Alumina G, 696
Amidas: espectroscopia de infravermelho, 766-768
Amido, 122-123
Aminas: derivados, 433, 854-855, 860-861
　espectroscopia de infravermelho, 431-433, 759-761
　espectroscopia de RMN, 431-433, 793-794
　tabelas de desconhecidos, 854-855
Amino-fenol, 69-70
　acetilação, 69-70
5-Amino-ftalo-hidrazida: preparação, 373-374
Amostra de caderno de laboratório, 494-495
Analgésicos, 59-60
　composição, 66-67
　cromatografia em camada fina, 73-74
　teste, 64-65
Análise elementar, 410-411
Análise orgânica qualitativa, 402, 840
Anéis de ciclo-hexano substituído, 135-136
Anel de refluxo, 535-536
Anelação de Robinson, 290
Anestésicos: teste, 309-310
　estruturas, 312
　preparação, 313
Anidridos: espectroscopia de infravermelho, 766-768
Anidrido *cis*-norborneno-5, 6-*endo*-dicarboxílico: espectro de infravermelho, 361-362, 766-768
　preparação, 358-359
Anilina: acilação, 66-67
Anisaldeído: condensação de aldol, 279-280
Anisol: espectro de infravermelho, 760-761
Anisotropia na espectroscopia de RMN, 779, 781

Anti-histamínicos: análise CG-EM, 457-458
Anti-inflamatórios, 59-60
Antipiréticos, 59-60, 64-65
Aparelhagem de refluxo, 533, 535
Aromaticidade: detecção, 419-420
Aspartame, 379-380, 388-389
Aspirina, 73-74
　preparação, 61
　tabletes, 60-61
　tabletes de combinações, 60-61
　tamponada, 60-61
　teste, 59-60
Atividade óptica, 726-727
Atmosfera inerte, 538
　conjunto de balão, 540-541
Atraentes de insetos, 315-316
Atraentes sexuais, 315-316
Azeótropos, 641, 647-648

B
Bafômetro, 211-213
Balança: analítica, 519-521
　carga máxima, 519-521
　cobertura, 519-521
Balão de fundo redondo, 502
Bandas do espectro de infravermelho. *Veja a capa interna posterior*
Bando de areia, 528-529
Banho de água, 523-525
Banho de água e gelo, 529-531
Banho de gelo, 529-531
Banho de óleo, 523-525
Banhos de vapor, 528-530
Banhos frios, 529-531
Barra de agitação magnética, 504
Barras de agitação, 536-537
Bases: concentrações (*veja a capa interna frontal*)
　remoção por extração, 41-42, 609
Beilstein, 840
Benzalacetofenona: preparação, 279-280, 463-464
Benzaldeído: condensação de aldol, 279-280
　condensação de benzoína, 251
　espectro de infravermelho, 256, 763-765
　espectro de massas, 830
Benzamida, 433
　espectro de infravermelho, 766-767
　preparação, 861-862
Benzeno: perigos, 487-488
Benzila: condensação de aldol, 261
　espectro de infravermelho, 257-258
　preparação, 256
　rearranjo, 258-259

N-Benzilamidas, 439-440
Benzoato de metila: espectro de infravermelho, 766-767
　nitração, 304-306
Benzocaína: espectro de infravermelho, 314-315
　espectro de RMN, 314-315
　estrutura
　preparação, 313
Benzofenona: fotorredução, 363
　espectro de ultravioleta, 367
Benzoína: síntese de coenzima, 251
　condensação, 251
　espectro de infravermelho, 255
　oxidação, 256
Benzonitrila: espectro de infravermelho, 761-762
Benzopinacol: preparação, 363
　rearranjo, 368-369
Benzopinacolona: preparação, 368-369
Bifenila, 265-266
Biodegradável, 194-195
Bio-Gel P, 691-692
Bioluminescência, 370-371
Blindagem, 778-779
Bloco de aquecimento de alumínio, 525-526
Boileezer, 537-538
Bomba de água, 555-557
Bomba de pipeta, 514-515
Bomba de vácuo, 656-658
　retentor, 657-659
Bombas de transferência, 512-513
Borneol e isoborneol: espectro de RMN da mistura, 249-250
Borneol: espectro de ^{13}C-RMN, 247-248
　espectro de infravermelho, 244-245
　espectro de RMN, 246-247
　oxidação, 237-238
Boro-hidreto de sódio, 48-49, 237-238
Bromação: acetanilida, 301-302
　anilina, 301-302
　anisol, 301-302
　compostos insaturados, 173, 416-417
　fenóis, 429
Brometo de Fenil-magnésio: preparação, 263-264, 266-267
Brometo de *n*-butila: espectro de infravermelho, 170-171
　preparação, 167-168
Bromo-benzeno: reação de Grignard, 263-264
1-Bromo-hexano: espectro de massas, 834
Burns, 479-480
Butano: espectro de massas, 825
　mecânica molecular, 134

Butanoato de metila: espectro de massas, 833-834
1-Butanol: espectro de massas, 828-829
  substituição nucleofílica, 154-155, 167-168
2-Butanol: substituição nucleofílica, 154-155
2-Butanona: espectro de massas, 830
1-Buteno: espectro de massas, 827
2-Buteno: mecânica molecular, 136-137
Butenos: cálculo de calores de formação, 144-145
n-Butilamina: espectro de infravermelho, 760-761
Butil-*terc*-butil-éter, 205-206

C

CA Online, 842-843
Cabeça de Claisen, 502, 649-651
Cabeça de destilação, 502, 626-627
  Claisen, 502
  Hickman, 629-630
Cabeça de Hickman, 629-630
  remoção de frações, 631
Caderno de laboratório, 490-491
  páginas de amostra, 494-495
Caderno de notas, 490-497
Café, 77-81
Café descafeinado, 79-80
Cafeína: teste, 77-78
  estrutura, 388-389
  extração, 37-38
  isolamento do chá, 80-81
Cálculos *ab initio*, 137-138
Cálculos semi-empíricos, 137-138
Calibração do termômetro, 567-568
Calor de formação, 140-141
Campo baixo, 775
Campo de forças, 130
Campo mais alto, 775
Canalização, 681-683
Cancerígenos, 488-489
  definição, 476-477
Cânfora: espectro de ^{13}C-RMN, 247-248
  espectro de infravermelho, 244-245, 764-765
  espectro de RMN, 245-246
Carbocátions: mapas de densidade de potencial eletrostático, 148
  calores de formação, 146-147
Carboidratos: teste, 377-378
  identificação, 380
Carbonilação: halogenetos aromáticos, 459
β-Caroteno, 113-114
  cromatografia, 113-114
  isolamento, 113-114

Carotenóides, 113-114
Carta de correlação: espectroscopia de ^{13}C-RMN, 802-803
  espectroscopia de RMN, 779, 781
Carvão ativado, 589-590
Carvona, 104-105
  cromatografia a gás, 104-105
  espectro de ^{13}C-RMN, 110-111
  espectro de RMN, 108-109
  espectroscopia de infravermelho, 108
  isolamento, 24-25
Caseína, 391-392
  isolamento do leite, 395
  micela, 392-393
Catalisador reciclável, 232-235
Catalisadores de transferência de fase, 176-177
Catálogos de espectros, 836-837
Cátion-radical, 821, 823
Celite, 555-557
Célula de polarímetro, 727-728
Célula de solução: espectroscopia de infravermelho, 747-748
  espectroscopia de RMN, 771-772
Centrifugação, 558-561
Cetonas: derivados, 424-425, 848-849, 860
  espectroscopia de infravermelho, 424, 762-763
  espectroscopia de RMN, 782
  tabelas de desconhecidos, 848-849
  testes de identificação, 420
Cetoprofeno, 66-67
CG-EM, 723, 824-825
Chá, 77-78, 86
  conteúdo de cafeína, 79
  extração, 80-81
Chalcona, 279-280
Chama, 478-479
  aquecimento com, 528-530
Chemical Abstracts, 840
Ciclamato de sódio, 379-380
Ciclo-adição. *Veja* reação de Diels-Alder
Ciclo-hexano: mecânica molecular, 135-136
Ciclo-hexanol: espectro de RMN de Carbono-13, 808-809
Ciclo-hexanona: acetilação, 286-287
  espectro de RMN de carbono-13, 808-809
  reação da enamina, 286-287
Ciclo-hexeno: adição de carbeno, 176-177
  espectroscopia de RMN de carbono-13, 808-809
Ciclo-pentadieno: preparação, 358-359
Ciclo-pentano: espectro de massas, 827
Cinamaldeído: reação de Wittig, 296-297

Cinética: hidrólise de cloretos de alquila, 162-163
  oxidação de álcoois, 215
CLAE, 705-706
  aparelhagem, 705-706
  óleos essenciais, 450
  Veja Cromatografia líquida de alta eficiência
Classificação NFPA, 486-487
Cloreto de benzil-trifenil-fosfônio: preparação, 296-297
Cloreto de metileno: perigos, 488
Cloreto de *p*-acetamido-benzenossulfonila
  preparação, 330
Cloreto de *t*-pentila: espectro de infravermelho, 163-164
  preparação, 167-168
Cloreto e brometo de *t*-butila: espectro de RMN da mistura, 161-162
Cloretos de alquila: preparação, 162-163
  velocidade de hidrólise, 162-163
4-Cloro-benzaldeído: reação com base, 461-462
1-Cloro-butano e 1 bromo-butano: espectro de RMN da mistura, 160-161
Cloro-etano: espectro de massas, 822
Cloro-sulfonação: acetanilida, 327-328
Clorofila: cromatografia, 113-114
Clorofórmio: perigos, 487-488
  espectro de infravermelho, 747-748
Clorofórmio-*d*, 771-772
Cocaína, 309-310
Coeficiente de distribuição, 594-595
Coeficiente de partição, 594-595
Coenzima, 251-252
Coletores de fração, 655-656
Coluna cromatográfica, 676-677
  cromatográfica, escala grande, 683-684
  cromatográfica, escala pequena, 683-685
  fracionamento, 638-639
  Vigreux, 638-639
Coluna de banda rotatória, 638-639
Coluna Vigreux, 638-639
Colunas de fracionamento 632-633, 638-639
Combinação linear de orbitais atômicos, 138-139
Combinações analgésicas, 60-61
Compostos aromáticos: deformação angular fora do plano, 758-759
  acilação de Friedel-Crafts, 451-452
  espectroscopia de infravermelho, 419-420, 757-758
  espectroscopia de RMN, 419-420, 779, 781, 784-785, 788-789, 793-794

Compostos carbonilados: química computacional, 148
  espectroscopia de infravermelho, 426-427, 438-439, 761-762
Compostos desconhecidos: identificação, 402
  tabelas de, 848-865
  Veja também grupos funcionais específicos
Compostos nitro: detecção, 413-414
  espectroscopia de infravermelho, 759-761
Condensação de aldol, 261, 279-280, 283-284, 465-466
  preparação de chalconas, 463-464
Condensação de Michael, 465-466
Condensador, 502
  a água, 533, 535, 627-628
  dedo frio, 664-666
Condimentos, 99-100
  identificação de óleos essenciais, 450-451
Cones de filtração, 549
Cones de vapor, 528-530
Conformações do ciclo-hexano, 135
Constante de acoplamento, 783-785
Constante de velocidade: determinação, 162-163, 215
Controle do desenvolvimento de produtos, 239-240
Controle estérico de aproximação, 239-240
Conversão interna, 366-367
Corantes dos alimentos: lista aprovada, 335
  cromatografia, 334-336
  teste, 332-333
Correções de haste, 619-620
Corrente do anel na espectroscopia de RMN, 779, 781
Craqueamento, 202-203
CRC Handbook of Chemistry and Physics, 505-506
Cristais de semente, 590
Cristalização, 575-576, 593-594
  escala grande, 580-586
  escala pequena, 585-587
  experimento, 28-29
  indução da formação de cristais, 590
  seleção de solventes, 577-578, 585-589, 591-592
  solventes comuns, 588-589
  solventes mistos, 591-592
  sumário de etapas, 585-586
  tubo de Craig, 585-587
Cromatografia a gás, 52-53, 708-725
  análise de compostos nitro, 232-235
  análise quantitativa, 717-719

aparelhagem, 709-710
área dos picos, 717-719
cálculo da área dos picos, 717-719
carvona, 104-105
CG-EM, 723
coleta de amostra, 716-719
colunas, 709-710
detetores, 713-714
fase estacionária, 709-713
fase líquida, 711
fatores de resposta, 720-722
gasolina, 208-209
halogenetos de alquila, 154-155
resolução, 715-717
resultados de estações de trabalho modernas, 720
tempo de retenção, 715
tubo de coleta, 717-718
uso qualitativo, 715-717
Cromatografia a gás-espectrometria de massas, 723, 824-825
  análise de anti-estamínicos, 457-458
  óleos essenciais, 450
Cromatografia com fase reversa, 706-707
Cromatografia com peneiras moleculares, 691-692
Cromatografia em camada fina, 44-45, 694-704
  acompanhamento de uma reação, 48-49
  analgésicos, 73-74
  aplicação de amostras, 696-698
  aplicações químicas, 701-702
  câmaras de desenvolvimento, 697-698
  corantes de alimentos, 334-336
  espinafre, 113-114
  misturas de corantes, 334-336
  placas comerciais, 695-696
  preparação de plaquetas, 696
  preparação de uma micropipeta, 696-698
  preparativa, 700
  seleção do solvente, 47-48, 699
  valores de R_f, 700-701
Cromatografia em coluna, 44-45, 674-695
  adsorventes, 679-680
  aparelhagem, 676-677
  aplicação da amostra, 687-688
  coleta de frações, 689
  colunas em escala grande, 683-684
  colunas em escala pequena, 683-685
  cromatografia *flash*, 693
  depósito do adsorvente, 683-687
  empacotamento da coluna, 681-687
  preparação a base de suporte, 682-683
  quantidade de adsorvente, 680-681
  reservatórios de solventes, 688-689

separação de uma mistura, 49-50
solventes, 680
tamanho da coluna, 680-681
velocidade de fluxo, 681-683
Cromatografia em fase vapor. *Veja* Cromatografia a gás
Cromatografia em *flash*, 693
Cromatografia em gel, 691-692
Cromatografia em papel, 702-704
  corantes de alimentos, 334-336
  misturas de refrigerantes em pó, 334-336
Cromatografia líquida, 705-706
Cromatografia líquida com alta pressão, 705-706
Cromatografia líquida com alto desempenho, 705-709
  análise de refrigerantes de dieta, 388
  aparelhagem, 705-706
  apresentação de dados, 708
  colunas, 705-706
  cromatografia com fase reversa, 706-707
  cromatografia por exclusão de tamanho, 706-707
  cromatografia por troca de íons, 706-707
  detetores, 708
  fase normal, 706-707
  gradiente de eluição, 708
  isocrática, 707-708
  solventes, 707-708
Cromatografia por exclusão de tamanho
Cromatografia: coluna, 44-45
  a gás, 708-709
  CLAE, 705-706
  com fase reversa, 706-707
  em camada fina, 44-45, 694-695
  em papel, 702-704
  experimento, 44-45
  gel, 691-692
  Veja também Coluna, Gás, Papel, Cromatografias de alta eficiência e Camada fina
Cromatógrafo a gás, 709-710
Cruzamento entre sistemas, 364-365

D

Decano: espectro de infravermelho, 755-756
Densidade: determinação, 620-622
Derivados: métodos de preparação, 860-863
  tabelas de, 848-865
  Veja também grupos funcionais específicos
Derivados bromados de fenóis: preparação, 860-861

Derivados de amida, 427-428
    preparação, 860
Derivados de anilida: preparação, 860-861
Derivados *p*-toluidido, 860-861
Desacoplador, 806-807
Desblindagem, 782
Descarte de rejeitos, 477-479
Descarte de solvente, 477-478
Descoloração, 589-590
    com uma coluna, 590
    por cromatografia em coluna, 690-691
Desidratação: 4-metil-ciclo-hexanol, 172-173
Deslocamento químico, 775, 801-802
    tabelas (veja a cobertura interna posterior)
Dessecador, 591-592
Destilação, 622-674
    a vácuo, 648-649
    bulbo a bulbo, 656-657
    com vapor, 667-668
    simples, 622-623
    Veja também Destilações Fracionada, Simples, com vapor e a vácuo
Destilação a vácuo, 648-662
    acetofenonas, 451-452
    aparelhagem, 649-650, 655-657
    bulbo a bulbo, 656-657
    coletores de frações, 655-656
    instruções por etapas, 653-654
    salicilato de metila, 91-92
    Veja também Destilação
Destilação com vapor, 667-674
    aparelhagem, 670-674
    condimentos, 446
    escala convencional, 446
    métodos, 670-671
    óleos essenciais, 99-100, 446
    retentor, 671-672
    Veja também Destilação
Destilação de azeótropo, 286-287
    aparelhagem de escala pequena, 647-648
    aplicações, 645-646
Destilação fracionada, 632-649
    aparelhagem, 639-641
    colunas, 638-639
    etanol, 124-125
    experimento, 52-53
    Veja também Destilação
Destilação simples, 622-631
    aparelhagem, 626-630
    experimento, 52-53
    Veja também Destilação
Detergentes: teste, 191-193
    preparação, 199

problemas, 196-197
testes, 201-202
Determinação da percentagem de enol, 293-294
Determinação do ponto de ebulição em escala pequena, 617-619
Determinação do ponto de ebulição, 614-620: experimento, 56-57
    por refluxo, 614-615
Dextrorrotatório, 729-731
Diazotação: teste do ácido nitroso para aminas, 430-431
Dibenzil-cetona: condensação de aldol, 261
Diciclo-pentadieno, 359-361
    craqueamento, 359-361
1, 2-Dicloro-benzeno: espectro de infravermelho, 759-761
Diclorocarbeno, 176-177
Dicloro-metano. *Veja* Cloreto de metileno
7, 7-dicloro-norcarano: espectro de ^{13}C-RMN, 181-182
    espectro de infravermelho, 180-181
    preparação, 176-177
Dictionary of Organic Compounds, 834-835
Dietil-éter, 574-576
    perigos, 488
N, *N*-Dietil-*m*-toluamida: espectro de infravermelho, 325-326
    preparação, 320-321
1, 4-Difenil-1, 3-butadieno: preparação, 296-297
2, 2-Dimetil-butano: espectro de RMN de carbono-13, 806-807
1, 2-Dimetóxi-etano: perigos, 488
3, 5-Dinitro-benzoatos, 429-430, 436-437, 439-440, 862-863
    preparação, 861-862
2, 4-Dinitro-fenil-hidrazonas, 424-425
    preparação, 860
Dioxano: perigos, 488
Dióxido de carbono supercrítico, 224-225
Dissulfeto de carbono: espectro de infravermelho, 748-749
Diurético, 78-79
Dopamina: espectro de massas, 818-819
Dose letal, 486-487
Drogas: identificação, 72-73
    análise por CCF, 73-74

E
Economia de átomos, 224-225, 232-235
Efeito Overhauser Nuclear, 808-809
Eluatos, 677, 679
Eluentes, 677, 679
Eluintes, 677, 679

Emulsões, 608-609
Enamina: ciclo-hexanona, 286-287
    preparação, 286-287
Enantioespecífico, 226
Enantiosseletivo, 226
Encyclopedia of Chemical Technology, 844
Energia de tensão, 130
Energia estérica, 130
Enigma do aldeído, 461-462
Enxofre: análise elementar, 414-415
Equivalência magnética, 786-787
Equivalente de neutralização, 426-427
Equivalente químico, 775-776
Ervas: identificação de óleos essenciais, 450-451
Escala grande: definição, 19-20
Escala pequena: definição, 19-20
Espectro de massas, 818-819
Espectrofotometria: UV-VIS, 220-221;
    visível, 219-220
Espectrofotometria de ultravioleta-visível: índice de espectros, 863
Espectrometria de massas, 817-835
    análise de compostos nitro, 232-235
    CG-EM, 824-825
    detecção de halogênios, 820-821
    determinação da fórmula molecular, 818-819
    índice de espectros, 863
    íon molecular, 818-819
    massas precisas dos elementos, 820
    padrões de fragmentação, 820-834
    pico de base, 818-819
    picos de fragmentos iônicos, 818-819
    picos M + 1 e M + 2, 818-819
    razão *m/e*, 818-819
    rearranjo de McLafferty, 834
    rearranjos, 834
Espectroscopia: catálogos de espectros, 836-837
    índices de espectros, 863
    preparação da amostra, 738-749, 770-774
    Veja também Espectroscopias de Infravermelho, RMN e RMN de Carbono-13, Espectrometria de massas
Espectroscopia de infravermelho, 738-769
    ácidos carboxílicos, 763-765
    alcanos, 755-756
    álcoois, 436-437, 758-759
    aldeídos, 762-763
    alquenos, 755-756
    alquinos, 418-419, 757-758
    amidas, 766-768
    aminas, 431-433, 759-761

amostras líquidas, 739-743
anidridos, 766-768
aplicações, 750-751
calibração dos espectros, 749-750
célula de solução, 747-748
células de cloreto de prata, 740-741
cetonas, 424, 762-763
compostos aromáticos, 419-420, 757-758
compostos carbonilados, 424, 426-427, 438-439, 761-762
compostos nitro, 414, 759-761
deformação fora do plano de C-H de alquenos, 756-757
deformação fora do plano de C-H de aromáticos, 758-759
efeitos da conjugação, 763-765
efeitos do tamanho do anel, 763-765
emulsão de Nujol, 745-746
espectros de soluções, 745-749
espectros de soluções com placas de sal, 745-746
espectros de solventes, 745-749
ésteres, 438-439, 765-766
experimento, 56-57
fenóis, 429, 758-759
halogenetos, 766-768
índice de espectros, 863
interpretação, 751-755
líquidos puros, 739-740
método do filme seco, 742-743
minicélula de cloreto de prata, 747-748
nitrilas, 760-761
pastilhas de KBr, 742-745
placas de sal, 739-740
preparação das amostras, 738-749
procura de grupos funcionais, 755-769
tabela de correlações, 754 (*veja também a capa interna posterior*)
valores básicos, 754
valores básicos de carbonilas, 762-763
vibrações, 750-751
Espectroscopia de RMC, 800-801: *Veja também* Espectroscopia de RMN de Carbono-13
Espectroscopia de RMN, 769-801
absorção de energia, 769
ácidos carboxílicos, 427-428, 793-794
álcoois, 436-437, 793-794
aldeídos, 424-425, 782
alquenos, 418-419, 782, 784-785
alquinos, 418-419, 782
aminas, 431-433, 793-794
anisotropia, 779, 781
carbono-13, 800-801
carta de correlação, 779, 781
cetonas, 424-425, 782

compostos aromáticos, 419-420, 779, 781, 784-785, 788-794
constante de acoplamento, 783-785
corrente do anel, 779, 781
desdobramento spin-spin, 782-783
deslocamento químico, 775
deslocamentos químicos, 777-778
determinação da pureza óptica, 230-231
espectros em campo alto, 787
ésteres, 438-439
faixas de deslocamento químico, 780
fenóis, 429, 793-794
índices de espectros, 863
integrais, 775-776
padrões de desdobramento comuns, 784-786
preparação da amostra, 770-774
reagentes de deslocamento, 230-231, 794-795
reagentes de deslocamento químico, 794-795
regra $n + 1$, 782-783
solventes, 771-774
substâncias de referência, 774
tabela de correlação (*veja a capa interna posterior*)
tabelas de deslocamento químico (*veja a capa interna posterior*)
uso quantitativo, 159-160
Espinafre: isolamento de pigmentos, 113-114
Esquema de separação, 492, 610-611
Estado fundamental, 363-364
Estado tripleto, 364-365
Estearato de metila: preparação, 187-188
Ésteres: derivados, 438-439
espectroscopia de infravermelho, 438-439, 765-766
espectroscopia de RMN, 438-439
hidrólise, 438
tabela de desconhecidos, 858-859
teste, 87
testes de identificação, 437
Ésteres acetato: preparação, 442
Esterificação: ácido *p*-amino-benzóico, 313
ácido salicílico, 61, 91-92
álcoois C-4 e C-5, 442
álcool isopentílico, 89-90
vanilina, 469
Estireno: espectro de infravermelho, 757-758
Etanol, 121-122
perigos, 488
preparação, 124-125
Éter de petróleo, 574-576
perigos, 488-489

Éter. *Veja* Dietil-éter
Éteres: espectroscopia de infravermelho, 839-840
Éteres coroa, 178-179
2-Etil-1, 3-hexanodiol: oxidação com hipoclorito, 470-471
Etilenoglicol-dimetil-éter, 488
Etiquetas: garrafas comerciais, 487-488
amostra, 496-497
6-(Etóxi-carbonil)-3, 5-difenil-2-ciclohexenona; espectro de infravermelho, 286-287
preparação, 282-283
Eugenol, 99-100
Eutético, 562-563
Evaporação à secura, 544-545
Evaporação de solvente: método verde, 546-548
evaporador rotatório, 546-548
métodos, 544-545
pressão reduzida, 546-548
Evaporador rotatório, 546-548
Excesso enantiomérico, 731-732
Experimento de isolamento, 492-493
cafeína do chá, 80-81
β-caroteno do espinafre, 113-114
carvona de óleos de alcarávia e hortelã, 104-105
caseína do leite, 395
clorofila do espinafre, 113-114
lactose do leite, 395
óleos essenciais de condimentos, 99-100
Experimento de pesquisa guiada, 463-464
Experimento preparativo, 491
Experimentos baseados em projetos:
enigma do aldeído, 461-462
acilação de Friedel-Crafts, 451-452
análise por CG-EM de anti-histamínicos, 457-458
condensações de Michael e aldol, 465-466
esterificação da vanilina, 469
isolamento e identificação de óleos essenciais, 446
preparação de chalconas, 463-464
problema da oxidação, 470-471
separação e purificação de mistura, 444-445
Extração, 593-614
cafeína, 37-38
determinação da camada orgânica, 40-41, 605-606
experimento, 36-37
líquido-líquido, 611-613
seleção do solvente, 596-597
separação de uma mistura, 41-42

sólido-líquido, 611-612
   uso de um frasco cônico, 599-605
   uso de um funil de separação, 598-599
   uso de um tubo de centrífuga, 604-605
   uso em purificação, 609
Extração inversa, 610-611
Extrator de Soxhlet, 611-612

F
Fenacetina, 64-65, 71-72
Fenil-acetato de etila: espectro de RMN de carbono-13, 805-806
Fenil-acetona: espectro de RMN, 770-771
α-Fenil-etilamina: determinação da pureza óptica, 274-278
   resolução de enantiômeros, 273-274
Fenil-propanóides: teste, 96
Fenil-uretanas, 436-437
   preparação, 862-863
Fenóis: derivados, 429-430, 853-854, 860-861
   espectroscopia de infravermelho, 429, 758-759
   espectroscopia de RMN, 429, 793-794
   tabelas de desconhecidos, 853-854
   testes de identificação, 427-428
Fermentação: teste, 121-122
   acetoacetato de etila, 226
   sacarose, 121-122, 124-125
Feromônios, 87-89
   estruturas, 318
   teste, 315-316
Filter Aid, 555-557
Filtração, 549-561
   a vácuo, 554-555
   cones de filtração, 549
   filtro pregueado, 481, 583
   Tubo de Craig, 558-559
Filtração a vácuo, 554-555
Filtração por gravidade, 549
Filtração por sucção. *Veja* filtração a vácuo
Fluorescência, 364-365
Fluoro-fenol: preparação, 48-49
Fogos, 476
Folhas de Dados de Segurança de um Material (MSDS), 480, 486
Formação de amida, 66-67
   ácido 3-nitro-ftálico, 373-374
   ácido *m*-tolúico, 320-321
   p-amino-fenol, 69-70
Formação de cauda, 689-690, 700-701
Formação de derivados: osazonas de açúcares, 386-387
Fórmula molecular: determinação por espectrometria de massas, 818-819
Fosforescência, 364-365

Fotoquímica, 363, 373-374
   teste, 370-371
Fotorredução: benzofenona, 363
Fração molar, 633-634
Frações, 628-629, 632-633, 689
Fragmentos iônicos, 818-819
Fragrâncias: artificiais e sintéticas, 87-90
Frascos cônicos: uso em extrações, 599-605
Frascos de amostras, 496-497
   identificação, 496-497
Frascos filtrantes, 503, 554-555
Frutose, 124-125
Funil de adição, 537-538
Funil de Büchner, 554-555, 585-586
Funil de Hirsch, 503, 555
Funil de separação, 91-92, 503, 598-599
   uso, 445
Funis: métodos de pré-aquecimento, 583

G
Garrafas: etiquetas, 487-488
Garras, 504, 531-532
Gás carreador, 709-713
Gases: coleta, 543
   retentores de gases nocivos, 541-542
Gases nocivos: remoção, 541-542
Gasohol, 205-206
Gasolina: composição, 202-203, 211-212
   cromatografia a gás, 208-209
   cromatogramas a gás de amostras, 210-211
   oxigenada, 205-206
Gelo seco, 529-531
Glicerídeo, 182-183
Glicose, 122-125
Gorduras e óleos, 182-183
   composição em ácidos graxos, 185
   insaturados, 183-184
Gorduras poliinsaturadas, 183-184
Gradiente de eluição, 708
Grampos plásticos de juntas, 531-532
Grau de octanagem, 206-207
Gravidez: precauções, 476-477
Grupos ciano: detecção, 414
   espectroscopia, 414
Grupos de proteção, 328-329

H
Halogenetos: detecção, 410-411
   análise elementar, 414-415
   espectroscopia de infravermelho, 766-768
Halogenetos aromáticos: carbonilação, 459
Halogenetos de alquila: testes de identificação, 410-411
   preparação, 167-168

   reatividades, 152
   Veja também Halogenetos
   Veja também Halogenetos de alquila
Halogênios: detecção por espectrometria de massas, 820-821
Hamiltoniano, 138-139
Handbook of Chemistry and Physics, 834-835
Hartree, 140-141
Heme, 65-67
Hemoglobina, 65-67
HEPT, 639-641
Hexano: perigos, 488
1-Hexanol: espectro de RMN, 796-797
   espetro de RMN com reagente de deslocamento, 796-797
Hidrazidas, 439-440
Hidrazidas de ácidos, 439-440
Hidrogenação: oleato de metila, 187-188
Hidrólise: amidas, 327-328
   ésteres desconhecidos, 438
(*S*)-(+)-3-Hidróxi-butanoato de etila: determinação da pureza óptica, 230-231
   preparação, 226
3-Hidróxi-butanoato de etila: espectro de RMN, 230-232
Higroscópico, 591
Hipoclorito de sódio: uso na oxidação de álcoois, 470-471
HOMO, 141-142

I
Ibuprofeno, 65-67, 73-74
Identificação de desconhecidos, 402
Ilídeo, 252-253, 297-298
Imiscível, 570-571
Índice de espectros, 863
Índice de refração, 733
Índice de refração: correções de temperatura, 737
Inseticidas: teste, 354-355
Insolúvel, 570-571
Intensificação Nuclear Overhauser, 808-809
Interações dos adsorventes, 675
Íon molecular, 818-819
Isoborneol: espectro de ^{13}C-RMN, 248-249
   espectro de infravermelho, 245-246
   espectro de RMN, 246-247
   preparação, 237-238
Isocrático, 707-708
Isômeros do 2-buteno, 136-137
Isooctano, 204-205
Isopropil-metil-cetona: espectro de infravermelho, 752-753

J
Juntas coladas, 499-501
Juntas esmerilhadas, 498-499
Juntas padronizadas: definição, 498-499

L
Lactose: isolamento do leite, 395
   estrutura, 394, 396
Lama, 691-692
Lange's Handbook of Chemistry, 506-507, 834-835
Lasca de ebulição, 537-538
Lauril-sulfato de sódio, 195-196
   preparação, 199
Lavagem inversa, 610-611
Lei de Raoult, 633-634
   líquidos imiscíveis, 668-669
   líquidos miscíveis, 635-636, 668-669
Leis do direito de saber, 479-480
Leite: teste, 390
   isolamento da caseína, 395
   isolamento da lactose, 395
Levedura: uso em fermentação, 124-125
   uso como agente de redução, 226
Levorrotatório, 729-731
Licor mãe, 29-30, 559-560, 579-580
Ligações duplas: detecção, 416-417
   espectroscopia, 418-419
Ligações triplas: detecção, 416-417
Ligroína, 574-576
   perigos, 488
Limoneno: espectro de infravermelho, 108-109
   espectro de RMN, 108-110
Linha D do sódio, 727
Líquidos: adição de reagentes, 537-538
   determinação da densidade, 620-622
   determinação do ponto de ebulição, 614-615
Líquidos iônicos, 224-225
Líquidos puros, 739-740
Lista de acertos, 723-724
Literatura química, 834-845
   análise orgânica qualitativa, 840
   Beilstein, 840
   Chemical Abstracts, 840
   jornais científicos, 843
   manuais de laboratório, 834-835
   métodos de procura, 844
   procura na rede por computador (*CA Online*), 842-843
   Science Citation Index, 844-845
   uso na preparação de chalconas, 463-464
Luciferina, 371
Luminol: preparação, 373-374
LUMO, 141-142
Luvas de proteção, 479-480

M
Maltose, 121-122
Manômetros, 657-662
   construção e enchimento, 657-659
   ligação, 660-661
Manuais de laboratório, 505-506
   uso dos, 505-510
Mapa Elpot, 143-144
Mapas de densidade de potencial eletrostático, 143-144, 148
Marcas em placas de CCF, 696-698
Massas precisas dos elementos, 820
Mecânica molecular, 130
   conformações do butano, 134
Meia vida, 164, 218-219
Merck Index, 508-509, 834-835
Metanol: perigos, 481, 488
3-Metil-1-butanol: esterificação, 89-90
2-Metil-2-propanol: substituição nucleofílica, 154-155
4-Metil-ciclo-hexanol: desidratação, 172-173
   espectro de infravermelho, 175-176, 759-761
4-Metil-ciclo-hexeno: adição de bromo, 173
   espectro de infravermelho, 174-175, 756-757
   preparação, 172-173
Metiodidos, 433
   preparação, 861-862
Método do filme seco, 742-743
Métodos de adição: reagentes líquidos, 537-538
Métodos de aquecimento, 521-531
   banho de água, 523-525
   banho de areia, 528-529
   banho de óleo, 523-525
   banho de vapor, 528-530
   bico de Bunsen, 528-530
   bloco de alumínio, 525-526
   evaporação à secura, 544-545
   mantas de aquecimento, 521-522
   placas de aquecimentos, 523
   refluxo, 442-443, 533, 535
   solventes, 574, 576
Métodos de reação, 532-533
Métodos de reação: atmosfera inerte, 538
Métodos de resfriamento, 521-531
Métodos de separação, 609
Micela, 194-195, 392-393
   caseína, 392-393
Micropipeta, 696-698
Minimização de energia, 130-132
Mínimo global, 130-132
Mínimo local, 131-132
Miscível, 570-571
Mistura racêmica, 732
Misturas de corantes: cromatografia, 334-336
Misturas: separação, 609
   separação por extração, 41-42
m-Nitro-benzoato de metila: espectro de infravermelho, 308-309
Modelagem molecular, 130-137
   experimento, 133-137
   íons enolato, 281
   nitração do anisol, 308
   nitração do benzoato de metila, 308
   reação de Diels-Alder, 361-362
   substituição em aromáticos, 308
   Veja Química computacional; mecânica molecular
Monoglime, 488
Montagem de aparelhagem, 499-501, 531-532
   escala grande, 532-533
   escala pequena, 532-534
MSD, 480, 486
   páginas de amostra, 481-485
Mutarrotação, 396

N
Naftaleno: espectro de ultravioleta, 367
α-Naftil-uretana, 429-430
   preparação, 860-861
2-naftol: espectro de infravermelho, 759-761
Náilon: preparação, 350-351
Naproxeno, 66-67
Nitração: compostos aromáticos, 232-235
   benzoato de metila, 304-306
Nitrilas: espectroscopia de infravermelho, 414, 760-761
3-Nitro-benzaldeído: condensação de aldol, 279-280
Nitro-benzeno: espectro de infravermelho, 761-762
5-Nitro-ftalo-hidrazida: preparação, 373-374
   redução, 373-374
Nitrogênio: análise elementar, 414-415
   líquido, 529-531
NOE, 808-809
Nonanal: espectro de infravermelho, 762-763
Norit, 589-590
   peletizado, 589-590
Nujol: espectro de infravermelho, 745-746
   emulsão, 745-746
Número de ondas, 738
Número de registro do *CAS*, 480, 486, 505-507
NutraSweet, 379-380

Índice 875

O
Óculos de segurança, 476
Odor: teoria estereoquímica, 102
Odores, 87
Oleato de metila: hidrogenação, 187-188
Óleo, 587-589
Óleo de banana: preparação, 89-90
Óleo de hortelã, 104-105
Óleo de parafina: espectro de infravermelho, 745-746
Óleo mineral: espectro de infravermelho, 745-746
Óleos essenciais, 96
    Análise por CG-EM, 450
    Análise por CLAE, 450
    isolamento, 104-105, 446
Óleos: composição em ácidos graxos, 185
    vegetais, 184-186
Olestra, 186
Ondulação, 681-683
Orbitais de fronteira, 141-142
Orbitais do conjunto de base, 138-139
Organic Reactions, 838-839
Organic Syntheses, 837-838
Origami, 552
Otimização de geometria, 140-141
Oxidação: álcoois, 435-436, 470-471
    aldeídos, 421-422
    benzoína, 256
    borneol, 237-238
    estudo cinético, 215
    por ácido nítrico, 256
    por dicromato de sódio, 421-422, 435-436
    por hipoclorito de sódio, 237-238
Óxido de deutério, 773-774
Óxido de mesitila: espectro de infravermelho, 764-765
Oximas, 424-425

P
PABA. *Veja* Ácido *p*-amino-benzóico
Padrão de fragmentação, 820-834
Paládio sobre carvão, 187-188
Palheta de agitação, 536-537
Palheta de agitação magnética, 536-537
p-Amino-benzoato de etila. *Veja* Benzocaína
Papel de filtro, 549-555
Papel de filtro pregueado, 481, 550-551, 583
Pastilhas de KBr, 742-745
Pedras de ebulição, 537-538
PEL, 486-487
Penicilina, 326
Pentano: perigos, 488
Percentagem molar, 633-634

Perigos: solventes, 476-477
Pesagem: líquidos, 510-511
    sólidos, 511-512
Peso de tara, 510-511
Pesos atômicos. *Veja a capa interna frontal*
Pesquisa: experimento simulado de laboratório, 463-464
Petróleo: teste, 202-203
Pico base, 818-819
Picratos, 433
    preparação, 861-862
Piperonaldeído: condensação de aldol, 279-280
Pipeta: automática, 518-519
    com ponta em filtro, 517-518, 557-558
    descartável, 503
    filtrante, 551, 553, 583, 585
    graduada, 503, 513-514
    Pasteur, 503, 516-518
Pipeta automática, 518-519
Pipeta com ponta filtrante, 517-518, 557-558
Pipeta filtrante, 551, 553, 583, 585
Pipeta Pasteur, 503
    calibrada, 516-518
Pipetas descartáveis. Veja pipetas Pasteur
Piridina: perigos, 488-489
Placa de aquecimento, 523
Placa de aquecimento com agitação, 504
Placas de sal, 739-740
Placas teóricas, 637-638
Plantação: para induzir a cristalização, 590
Plásticos: teste, 339-340
    códigos de reciclagem, 346-347
Plastificante, 341-342
Polarimetria, 724-732
    carvona, 108
    (S)-3-hidróxi-butanoato de 1-etila, 226
    polarímetro digital, 730-731
    polarímetro Zeiss, 728-729
    resolução de α-fenil-etilamina, 273-274
Polarímetro, 726-727
Poliamida: preparação, 350-351
Poliéster: preparação, 349
Poliestireno: espectro de infravermelho, 749-750
    preparação, 351-352
Polimerização, 202-203
Polímeros, 339-355
    códigos de reciclagem, 346-347
    espectroscopia de infravermelho, 353-354
    preparação, 348-349
Poluição: petróleo, 207
Poly-Sep AA, 691-692

Ponto de decomposição, 566-568
Ponto de ebulição, 614-620
    construção do microcapilar, 619-620
    correção de pressão, 614-615
    nomógrafo pressão-temperatura, 615-617
    procura de valores da literatura, 505-510
Ponto de fusão, 561, 568-570
    aparelhagem elétrica, 564-566
    capilar, 563-564
    correções, 568-569
    decomposição, 566-568
    depressão, 562
    determinação, 563-568
    faixa, 562
    mistura, 563-564
    padrões, 568-570
    procura de valores da literatura, 505-510
    sublimação, 566-568
    tubos de empacotamento, 563-564
Ponto de fusão de misturas, 32-33
Porta de injeção, 711-713
Precursora, 628-629
Pré-ignição, 204-205
Pressão de vapor parcial, 635-636
Primeiros socorros, 479-480
Princípio variacional, 137-138
Procura da literatura pela rede, 463-464
1-Propanol: espectro de RMN de carbono-13, 806-807
Prostaglandinas, 59-60
Provetas, 511-512
Pureza óptica, 731-732
    determinação por RMN, 230-231
Purificação de produto: por extração, 609
Purificação de sólidos, 577-578

Q
Química ambiental, 223
Química computacional, 130, 136-137
    calores de reação, 140-141
    energias de carbocátions, 146-147
    força dos ácidos carboxílicos, 147
    isômeros do buteno, 144-145
    mapas de potencial eletrostático, 143-144, 148
    reatividade de grupos carbonila, 148
    tautomeria da acetona, 144-145
Química Verde: aplicação, 226, 232-235, 237-238, 250
    doze princípios, 223-224
    teste, 223
Quimioluminescência: definição, 370-371
    experimento (luminol), 376-377

R

Raspagem para induzir a cristalização, 590
Razão massa-carga, 817-818
Reação de Diels-Alder: ciclo-pentadieno, 358-359
   anidrido maléico, 358-359
   teste, 354-355
Reação de Friedel-Crafts, 451-452
Reação de Wittig, 296-297
Reações de condensação: aldol, 261
   benzoína, 251
   enamina, 286-287
   preparação do luminol, 373-374
   reação de Wittig, 296-297
Reações de eliminação: 4-metil-ciclo-hexanol (E1), 172-173
Reações de Grignard, 263-264, 459
   aparelhagem, 267-268
   início, 266-267
Reações E1/E2. *Veja* Reações de eliminação
Reações laterais, 490-491
Reações S_N1/S_N2. *Veja* Substituição nucleofílica,
Reagente de deslocamento de lantanídeo, 230-231, 794-795
Reagente de deslocamento químico, 230-231
Reagente limitante, 493, 496
Reagentes de adição: bromo a 4-metil-ciclo-hexeno, 173
   bromo a desconhecidos, 416-417
   cálculo da regiosseletividade, 145-146
   dicloro-carbeno a ciclo-hexano, 176-177
   reatividade de grupos carbonila, 148
Reagentes de deslocamento, 230-231, 794-795
Reagentes de deslocamento químico, 794-795
Reagentes de visualização para CCF, 699
Reagentes: adição de líquidos, 537-538
Reagents for Organic Synthesis, 837-838
Rearranjo: ácido benzílico, 258-259
Rearranjo de McLafferty, 834
Rearranjo de pinacol, 368-369
Reconhecimento quiral, 104-105
Recuperação percentual de peso, 496-497
Redução: cânfora, 237-238
   acetoacetato de etila, 226
   de fluorenona a fluorenol, 48-49
   de oleato de metila, 187-188
   do grupo nitro, 373-374, 413-414
   fotorredução, 363
   pelo boro-hidreto de sódio, 237-238
   pelo ditionito de sódio, 373-374
   por hidrogênio, 187-188
   por hidróxido ferroso, 413-414
   por levedura, 226
   quiral, 226
Redução quiral, 226
Referência de *Beilstein*, 506-507
Refluxo, 533, 535
Reforma, 204-205
Refratometria, 733-737
   método de escala pequena, 735-736
   refratômetro de Abbé, 733-735
   refratômetro digital, 736-737
Refratômetro: aparelhagem, 733-735, 737
Refrigerantes de dieta
   análise por CLAE, 388
Registros de laboratório, 492-493
Regra do isopreno, 96-98
Regra $n + 1$, 782-783
Rendimento: cálculo, 493, 496
Rendimento experimental, 493, 496
Rendimento percentual, 493, 496
Rendimento teórico, 493, 496
Repelentes de insetos, 319
   preparação, 320-321
Resolução de enantiômeros, 273-274
Ressonância magnética nuclear. *Veja* Espectroscopia de RMN
Retenção, 626-627, 638-639
Retentor, 555, 557-558, 651-652
Retentor: gases ácidos, 157-158, 170-171, 323, 330-331, 455, 541-542
   bomba de vácuo, 657-659
   destilação a vácuo, 651-652, 660-661
   destilação a vapor, 671-672
   manômetro, 660-661
   trompa d'água, 555
Retentor de bolhas, 190-191
Retinal, 112
Revistas Científicas, 843
Rodopsina, 112
Rotação específica, 727
Rotação molecular, 727
Rotação observada, 727

S

Sabão: ação de limpeza, 194-195
   fabricação, 192-193
   preparação, 197-198
   testes, 191-193, 201-202
Sacarina, 378-379
   estrutura, 388-389
Sacarose, 124-125
   fermentação, 124-125
   hidrólise, 387
Salicilamida, 65, 73-74
Salicilato de metila: espectro de infravermelho, 94-95
   espectro de RMN, 94-95
   preparação, 91-92
Saponificação, 193-194, 197-198
Science Citation Index, 844-845
Secagem ao ar, 591
Secagem na estufa, 591
Segurança, 476-491
Segurança dos olhos, 476
Semicarbazonas, 424-425
   preparação, 860
Sempre-viva: preparação, 91-92 *Veja também* Salicilato de metila
Separação e purificação de uma mistura, 444-445
Separador de água de Dean-Stark, 645-646
Separador de água: azeotrópico, 645-646
Sephadex, 691-692
Septo de borracha, 503
Seqüência de reações em múltiplas etapas, 250
Seringa, 504, 517-518
Sílica gel, 675
Sílica gel G, 696
Sódio, 775
Solavancos, 537-538
Sólidos: medida, 511-512
   determinação do ponto de fusão, 561
   purificação por sublimação, 661-662
Solubilidade, 568-578
   experimento, 22
   procura na literatura, 505-510
   regras, 570-573, 577-578
   testes, 406-407, 570-571
Solução de limpeza: preparação e precauções de segurança, 498
Solução ideal, 633-636
Soluções não-ideais, 641
Soluto, 568-570
Solúvel, 570-571
Solvente, 568-570
Solventes: abreviações, 506-509
   densidades, 597-598
   métodos de aquecimento, 521-522
   mistos, 591-592
   para cristalização, 588-589
   perigos, 476-477
   polaridades relativas, 570-571, 573-574
   pontos de ebulição, 575-576
   segurança, 476-477
   tabelas (*veja a cobertura interior da frente*)
   testes para a cristalização, 587-589
Solventes mistos, 822
STN Easy, 463-464
Sublimação, 661-668
   aparelhagem, 665-666
   cafeína, 84, 86
   durante a fusão, 566-568
   vácuo, 664

Substituição eletrofílica em aromáticos.
Veja Substituição em aromáticos
Substituição em aromáticos: acetanilida, 301-302
    acilação, 451-452
    anilina, 301-302
    anisol, 301-302
    benzoato de metila, 304-306
    cloro-sulfonação, 327-328
    nitração, 304-306
    reatividades relativas, 301-302
Substituição nucleofílica: álcool *n*-butílico (S_N2), 167-168
    álcool *t*-pentilíco (S_N1), 167-168
    estudo cinético, 162-163
    nucleófilos em competição, 154-155
    preparação de halogenetos de alquila, 162-163, 167-168
    reatividades de halogenetos de alquila, 152
    testes de reatividade, 152
    velocidades de reação S_N1, 146-147
Sulfanilamida: ação, 326-327
    espectro infravermelho, 332-333
    preparação, 327-328
Sulfas: teste, 325-326
    preparação, 327-328
    testes em bactérias (*veja o* Manual do Instrutor)
Sulfonação: álcool láurico, 195-196
Superfície de densidade de ligação, 142-143
Superfície de densidade eletrônica, 142-143
Suporte de garra, 504, 531-532
Supressão, 366-367

T

Tabela de correlação: Espectroscopia de infravermelho, 754
Tabelas de desconhecidos e derivados, 848-865
Tabletes de APC, 65
Taninos, 81-82
Tautomeria ceto-enol, 286-287
Technique of Organic Chemistry, 838-839
Tempo de retenção, 715
Teobromina, 78-79
Teofilina, 78-79
Termômetro: dial, 525-526
    correção da haste, 619-620
    imersão parcial, 619-620
    tipos, 619-620
Termoplástico, 341-342
Terpenos: teste, 96
Terra diatomácea, 555-557

Teste da 4-dinitro-fenil-hidrazina, 421-422
Teste da hidrólise básica de ésteres, 438
Teste de Baeyer, 417-418
Teste de Barfoed, 384-385
Teste de Beilstein, 410-411
Teste de Benedict, 384-385, 396, 398-399
Teste de Bial, 380-381
Teste de Hinsberg, 431-433
Teste de ignição, 419-420
Teste de Lucas, 434-435
Teste de Molisch, 380-381
Teste de Seliwanoff, 383-384
Teste de Tollens, 422-423
Teste do ácido crômico, 421-422, 435-436
Teste do ácido hidroxâmico, 437
Teste do ácido múcico, 388, 395
Teste do ácido nitroso, 430-431
Teste do açúcar redutor, 384-385
Teste do Amido-iodo, 63-64, 387
Teste do bromo em tetracloreto de carbono, 174-175
Teste do cloreto de acetila, 431-434
Teste do hidróxido ferroso, 61-63, 424, 428
Teste do iodeto de sódio, 152, 410-411
Teste do iodofórmio, 423-424, 436-437
Teste do nitrato de prata, 152, 410-411
Teste do permanganato de potássio, 174-175, 416-417
Testes de classificação. *Veja grupos funcionais específicos*
Testes de fusão do sódio, 414-415
Testes de insaturação, 173, 416-417
Tetracloreto de carbono: perigos, 487-488
    constantes de acoplamento, 803-804
    deslocamentos químicos, 801-802
    espectro de infravermelho, 746-747
    espectros com desacoplamento de hidrogênio, 803-804
    espectroscopia de RMN de carbono-13, 800-818
    índice de espectros, 863
    preparação de amostra, 801-802
    tabela de correlação, 802-803
Tetraetil-chumbo, 204-205
    perigos, 488-489
Tetrafenil-ciclo-pentadienona: preparação, 261
Tetrametil-silano, 774, 775
Thermoset, 341-342
Tiamina: ação catalítica, 251-252
    mecanismo de ação, 251
TLV, 480, 486
TMS, 774, 775

Tolueno: espectro de RMN de carbono-13, 809-810
    espectro de massas, 828-829
    perigos, 488-489
Transferência de energia, 366-367
Transições não radiativas, 364-365
Triangulação de picos de cromatografia a gás, 717-719
1, 1, 2-Tricloro-etano: espectro de RMN, 783-785
Trifenil-fosfina: reação de Wittig, 296-297
Trifenil-metanol: espectro de infravermelho, 270-271
    preparação, 263-264
Trifluoro-metanossulfonato de itérbio(III), 232-235
Triglicerídeo, 182-183
2, 2, 4-Trimetil-pentano: espectro de massas, 826
Trompa d'água, 555-557
Tubo de centrífuga, 503
    uso em extrações, 604-605
Tubo de Craig, 558-559, 585-587
    centrifugação, 558-559
Tubo de ebulição, 649-651
Tubo de ensaio: confundidos, 175-176
Tubo de entrada de gás, 544-545
Tubo de ponto de fusão, 563-564
    métodos de selagem, 567-568
Tubo de secagem, 504, 538
Tubo de Thiele, 564-565
Tubo de vácuo, 651-652
Tubos: de parede fina e de vácuo, 649-651

U

Unisol, 773-774

V

Vaga-lumes: testes, 370-371
Valor R_f, 700-701
Vanilina: esterificação, 469
Varian NMR Spectra Catalog, 836-837
Vidraria, 497-501
    cuidados e limpeza, 497-498
    identificação, 502-504
    juntas coladas, 499-501
    marca, 501
    secagem, 498
Visão: química da, 110-112
Vitamina, 251-252
Vitamina A, 113-114

X

Xantinos, 78-79

Solventes Orgânicos Comuns

Solvente	Ponto de Ebulição (°C)	Densidade (g/mL)
1-Propanol	98	0,80
2-Propanol	82	0,79
Acetato de etila	77	0,90
Acetona	56	0,79
Ácido acético	118	1,05
Anidrido acético	140	1,08
Benzeno*	80	0,88
Ciclo-hexano	81	0,78
Cloreto de metileno	40	1,32
Clorofórmio*	61	1,48
Dimetil-formamida (DMF)	153	0,94
Dimetil-sulfóxido (DMSO)	189	1,10
Etanol	78	0,80
Éter (dietil-éter)	35	0,71
Éter de petróleo	30–60	0,63
Heptano	98	0,68
Hexano	69	0,66
Ligroína	60–90	0,68
Metanol	65	0,79
Pentano	36	0,63
Piridina	115	0,98
Tetra-hidro-furano (THF)	65	0,99
Tetracloreto de carbono*	77	1,59
Tolueno	111	0,87
Xilenos	137–144	0,86

Os solventes indicados em negrito são inflamáveis.
*Carcinógenos suspeitos.

Valores das Massas Atômicas de Elementos Selecionados

Alumínio	26,98
Boro	10,81
Bromo	79,90
Carbono	12,01
Cloro	35,45
Enxofre	32,07
Flúor	18,99
Fósforo	30,97
Hidrogênio	1,008
Iodo	126,9
Lítio	6,941
Magnésio	24,30
Nitrogênio	14,01
Oxigênio	15,99
Potássio	39,09
Silício	28,09
Sódio	22,99

Ácidos e Bases Concentrados

Reagente	HCl	HNO_3	H_2SO_4	HCOOH	CH_3COOH	$NH_3(NH_4OH)$
Densidade (g/mL)	1,18	1,41	1,84	1,20	1,06	0,90
% Ácido ou base (por peso)	37,3	70,0	96,5	90,0	99,7	29,0
Peso molecular	36,47	63,02	98,08	46,03	60,05	17,03
Molaridade do ácido ou base concentrados	12	16	18	23,4	17,5	15,3
Normalidade do ácido ou base concentrados	12	16	36	23,4	17,5	15,3
Volume do reagente concentrado necessário para preparar 1 L da solução 1 M	83	64	56	42	58	65
Volume do reagente concentrado necessário para preparar 1 L da solução 10%*	227	101	56	93	95	384
Molaridade da solução 10%*	2,74	1,59	1,02	2,17	1,67	5,87

*Percentagens de solução por peso.

Bandas de absorção no infravermelho

		Tipos de vibração	Freqüência (cm^{-1})	Intensidade
C—H	Alcanos	(deformação linear)	3.000–2.850	F
	—CH$_3$	(deformação angular)	1.450 e 1.375	m
	—CH$_2$—	(deformação angular)	1.465	m
	Alquenos	(deformação linear)	3.100–3.000	m
		(deformação angular fora do plano)	1.000–650	F
	Aromáticos	(deformação linear)	3.150–3.050	F
		(deformação angular fora do plano)	900–690	F
	Alquinos	(deformação linear)	ca. 3.300	F
	Aldeído		2.900–2.800	f
			2.800–2.700	f
O—H	Álcoois, fenóis			
	Livres		3.650–3.600	m
	Em ligação hidrogênio		3.400–3.200	m
	Ácidos carboxílicos		3.400–2.400	m
N—H	Aminas e amidas primárias e secundárias			
	(deformação linear)		3.500–3.100	m
	(deformação angular)		1.640–1.550	m–F
C≡C	Alquinos		2.250–2.100	m–f
C≡N	Nitrilas		2.260–2.240	m
C=C	Alqueno		1.680–1.600	m–f
	Aromático		1.600 e 1.475	m–f
N=O	Nitro (R—NO$_2$)		1.550 e 1.350	F
C=O	Aldeído		1.740–1.720	F
	Cetona		1.725–1.705	F
	Ácido carboxílico		1.725–1.700	F
	Éster		1.750–1.730	F
	Amida		1.680–1.630	F
	Anidrido		1.810 e 1.760	F
	Cloreto de ácido		1.800	F
C—O	Álcoois, éteres, ésteres, ácidos carboxílicos, anidridos		1.300–1.000	F
C—N	Aminas		1.350–1.000	m–F
C—X	Fluoreto		1.400–1.000	F
	Cloreto		785–540	F
	Brometo, iodeto		< 667	F

Faixas de deslocamento químico de RMN (ppm) de hidrogênios selecionados

Grupo	δ (ppm)	Grupo	δ (ppm)
R–CH₃	0,7–1,3	R–N–C–H	2,2–2,9
R–CH₂–R	1,2–1,4		
R₃CH	1,4–1,7	R–S–C–H	2,0–3,0
R–C=C–C–H	1,6–2,6	I–C–H	2,0–4,0
R–C(=O)–C–H, H–C(=O)–C–H	2,1–2,4	Br–C–H	2,7–4,1
RO–C(=O)–C–H, HO–C(=O)–C–H	2,1–2,5	Cl–C–H	3,1–4,1
N≡C–C–H	2,1–3,0	R–S(=O)(=O)–O–C–H	ca. 3,0
Ph–C–H	2,3–2,7	RO–C–H, HO–C–H	3,2–3,8
R–C≡C–H	1,7–2,7	R–C(=O)–O–C–H	3,5–4,8
R–S–H var	1,0–4,0ᵃ	O₂N–C–H	4,1–4,3
R–N–H var	0,5–4,0ᵃ		
R–O–H var	0,5–5,0ᵃ	F–C–H	4,2–4,8
Ph–O–H var	4,0–7,0ᵃ	R–C=C–H	4,5–6,5
		Ph–H	6,5–8,0
Ph–N–H var	3,0–5,0ᵃ	R–C(=O)–H	9,0–10,0
R–C(=O)–N–H var	5,0–9,0ᵃ	R–C(=O)–OH	11,0–12,0

Nota: Para os hidrogênios mostrados como —C—H, se o hidrogênio está em um grupo metila (CH₃), o deslocamento está na parte inferior da faixa dada, se está em um grupo metileno (—CH₂—), o deslocamento está na parte intermediária da faixa, e se está em um grupo metino (—CH—), está na parte superior da faixa.

ᵃO deslocamento químico destes grupos varia, dependendo do ambiente químico da molécula e da concentração, da temperatura e do solvente.